复杂地质条件下双向八车道公路隧道绿色环保建设技术

——龙鼎、港沟隧道

安　斌　董文鲁　胡士旗　亓祥成　著

人民交通出版社股份有限公司
China Communications Press Co.,Ltd.

内 容 提 要

本书依托京沪高速公路济南连接线龙鼎、港沟隧道工程，详细阐述了复杂地质条件下超大断面公路隧道绿色环保建设技术，主要创新点为：隧道施工环境控制技术、聚能水压爆破技术、轻质泡沫土＋超前长管棚处理隧道塌方施工工法、施工安全风险评估等内容。

本书对复杂地质环境下超大断面隧道绿色环保建设具有较大的借鉴价值和指导意义，可作为相关工程技术人员的参考用书。

图书在版编目(CIP)数据

复杂地质条件下双向八车道公路隧道绿色环保建设技术：龙鼎、港沟隧道 / 安斌等著. — 北京：人民交通出版社股份有限公司，2018.12

ISBN 978-7-114-15134-7

Ⅰ. ①复… Ⅱ. ①安… Ⅲ. ①公路隧道—隧道施工 Ⅳ. ①U459.2

中国版本图书馆CIP数据核字(2018)第253848号

Fuza Dizhi Tiaojian Xia Shuangxiang Ba Chedao Gonglu Suidao Lüse Huanbao Jianshe Jishu——Longding、Ganggou Suidao

书　　名：复杂地质条件下双向八车道公路隧道绿色环保建设技术——龙鼎、港沟隧道

著 作 者：安　斌　董文鲁　胡士旗　亓祥成

责任编辑：韩亚楠　赵瑞琴

责任校对：张　贺

责任印制：张　凯

出版发行：人民交通出版社股份有限公司

地　　址：(100011)北京市朝阳区安定门外外馆斜街3号

网　　址：http://www.ccpress.com.cn

销售电话：(010)59757973

总 经 销：人民交通出版社股份有限公司发行部

经　　销：各地新华书店

印　　刷：北京虎彩文化传播有限公司

开　　本：787×1092　1/16

印　　张：12

字　　数：236千

版　　次：2018年12月　第1版

印　　次：2018年12月　第1次印刷

书　　号：ISBN 978-7-114-15134-7

定　　价：48.00元

前言

Foreword

隧道工程是地下铁路隧道、公路隧道、水工隧道、地下水电站、过江隧道、跨海隧道、海底隧道、地下厂房、地下商城、地下储油库、地下国防工程、地下核料库、矿区隧道及用于供水、供电、供热、供油、供气等微型隧道工程的总称。在土地退化、人口爆炸、资源短缺、环境恶劣、人类赖以生存的地球已不堪重负的情况下，世界各国除采取综合性的政治、经济措施外，都把目光转移到地下工程和隧道工程的开挖和利用上来。交通隧道是隧道工程的主体，随着交通事业的高速发展，隧道作为交通工程不可缺少的重要组成部分也得到了飞速发展。

我国是一个多山的国家，山丘区面积占全国总面积近70%。因此，今后我国的高等级公路建设主要在山丘区，而由于线路及地形的限制，必然伴随着大量山区公路隧道的出现。中国已经成为世界上隧道数量最多、建设规模最大、发展速度最快的国家。随着我国基础设施建设进程的加快，我国公路隧道设计、施工技术有了飞速的发展，隧道工程数量越来越多，隧道的长度越建越长，隧道工程施工跨度越来越大，越来越多的单洞三车道、四车道隧道应运而生。但是隧道埋深越来越大，根本无法准确了解其工程地质情况，只能通过现有的测试手段基本了解其所处的基本地质环境等，因此给隧道设计和施工带来很大的盲目性，从而导致施工中经常出现预料不到的大规模塌方、冒顶、涌水等工程事故，事故一旦发生，轻则影响施工、损坏施工机械、增加工程造价、损失国家财产，重则造成极大的人员伤亡，而且事故发生后的处理工作难度大，易带来极大的负面社会效应。

龙鼎隧道位于济南市历下区太平庄西侧，进口位于龙鼎大道以东520m处，出口位于太平庄西北方向350m处。左线起讫桩号K6+490~K8+675(有短链)，总长2183.439m；右线起讫桩号YK6+492.7~YK8+677.3(有短链)，总长2182.096m；左右幅相距13~36m，属长隧道。围岩等级范围为Ⅲ~Ⅴ级，采用双侧壁导坑法、CD法、台阶法3种开挖方法。初期支护采用锚喷混凝土，二次衬砌采用模筑防水混凝土,两层衬砌之间设置防水层。洞门形式采用端墙式和削竹式两种。

港沟隧道位于济南市历城区太平庄村东北侧,进口位于港沟村西南侧,出口位于济南民兵训练中心南侧。左线里程 K10 + 460 ~ K11 + 565,总长 1105m,其中Ⅲ级 275m,Ⅳ级 570m,Ⅴ级 260m;右线里程 YK10 + 459.2 ~ YK11 + 550.6,总长 1091.4m,其中Ⅲ级 280m,Ⅳ级 545m,Ⅴ级 266.4m。

龙鼎、港沟隧道的顺利贯通,为类似工程提供了宝贵的施工经验。在施工过程中,施工方要加强隧道工程施工安全管理,优化施工组织方案,完善风险控制措施,增强安全风险辨识意识,预防隧道施工重大生产安全事故发生,提高隧道工程施工安全风险控制能力。通过对隧道施工中风险的识别、估计和评价,确定风险等级,合理使用多种管理方法和技术手段对项目风险实行有效控制,将各类风险降低到可接受水平,进而达到保障安全、保护环境、保证建设工期、控制投资、提高效益,实现建设项目的总目标。

编写本书目的,是希望通过全面介绍龙鼎、港沟隧道的绿色设计、绿色施工方法,使读者了解大断面隧道绿色施工特点及一些比较特殊的施工方法。同时,也希望能够与有关单位相互交流,不断总结复杂条件下超大断面隧道绿色设计、绿色施工经验,提高隧道建设水平。

著　者

2018 年 12 月

目　录

Contents

第1章 总 述

1.1 工程简述

龙鼎隧道位于济南市历下区太平庄西侧,进口位于龙鼎大道以东520m处,出口位于太平庄西北方向350m处。左线起讫桩号K6+490~K8+675(有短链),总长2183.439m;右线起讫桩号YK6+492.7~YK8+677.3(有短链),总长2182.096m;左右幅相距13~36m,属长隧道。围岩等级范围为Ⅲ~Ⅴ级,采用双侧壁导坑法、CD法、台阶法开挖。初期支护采用锚喷混凝土,二次衬砌采用模筑防水混凝土,两层衬砌之间设置防水层。洞门形式采用端墙式和削竹式两种。

港沟隧道位于济南市历城区太平庄村东北侧,进口位于港沟村西南侧,出口位于济南民兵训练中心南侧。左线里程K10+460~K11+565,总长1105m,其中Ⅲ级275m,Ⅳ级570m,Ⅴ级260m;右线里程YK10+459.2~YK11+550.6,总长1091.4m,其中Ⅲ级280m,Ⅳ级545m,Ⅴ级266.4m。开挖方法包括双侧壁导坑法、CD法、台阶法3种。初期支护采用锚喷C25混凝土,二次衬砌采用模筑C30/P8防水混凝土,初期支护与二次衬砌之间铺设400g/m^2无纺布+1.5mm厚EVA防水板形成柔性防水夹层。进口洞门采用端墙式,出口洞门采用削竹式。

龙鼎、港沟隧道主要工程数量分别见表1-1、表1-2。

龙鼎隧道主要工程数量表 表1-1

部 位	工程项目	单 位	数 量	备 注
洞口	开挖土石方	m^3	174634	土方:157170.0 石方:17464.0
	C15混凝土	m^3	8210.9	仰拱回填
	C30混凝土	m^3	9455.4	明洞仰拱、拱墙
	ϕ22砂浆锚杆	t	58.4	
	钢筋	t	100.1	
	$\phi108\times6$钢花管	m	9900.0	
洞身开挖	Ⅴ级围岩	m^3	31496.7	
	Ⅳ级围岩	m^3	427344.9	
	Ⅲ级围岩	m^3	286121.1	

续上表

部　位	工 程 项 目	单 位	数 量	备　注
超前支护及洞身初期支护	φ22 早强砂浆锚杆	t	311.5	
	φ25 中空注浆锚杆	m	362095.7	
	φ42×4 超前小导管	m	36781.3	
	φ50×5 超前小导管	m	6815.0	
	I20b 型钢拱架	t	4217.8	
	H200×200 型钢拱架	t	609.3	
	格栅拱架	t	887.4	
	C25 喷射混凝土	m^3	8127.1	
二次衬砌	C30/P8 混凝土	m^3	69393.5	
	C30 混凝土	m^3	24348.5	
	C15 混凝土	m^3	68249.2	
	钢筋	t	7819.5	
防水层	1.5mm EVA 防水板	m^2	153629.9	
	400g/m^2 土工布	m^2	165738.8	

港沟隧道主要工程数量表　　表 1-2

部　位	工 程 项 目	单 位	数 量	备　注
洞口	开挖土石方	m^3	140725	其中清表土方 32120
	C15 混凝土	m^3	3843	仰拱回填
	C30 混凝土	m^3	7973.1	明洞仰拱、拱墙
	φ22 砂浆锚杆	t	38.6	
	钢筋	t	505.5	
	φ108×6 无缝钢管	m	6600	
洞身开挖	Ⅴ级围岩	m^3	106012	
	Ⅳ级围岩	m^3	222570.2	
	Ⅲ级围岩	m^3	83049.4	
超前支护及洞身初期支护	φ22 早强砂浆锚杆	t	79.85	
	φ25 中空注浆锚杆	m	278215.6	
	φ42×4 超前小导管	m	33919.7	
	φ50×5 超前小导管	m	153127.6	
	I20b 型钢拱架	t	1928.2	
	H200×200 型钢拱架	t	2155.5	
	格栅拱架	t	275.7	
	C25 喷射混凝土	m^3	27602.3	

续上表

部　位	工 程 项 目	单　位	数　量	备　　注
二次衬砌	C30/P8 混凝土	m^3	36735	
	C30 混凝土	m^3	17842.4	
	C15 混凝土	m^3	40471.2	
	钢筋	t	4674.8	
防水层	1.5mm EVA 防水板	m^2	77453.5	
	400g/m^2 土工布	m^2	83199.5	

1.2　地形、地貌及工程地质、气象水文情况

1.2.1　地形、地貌

工程施工区位于鲁中南低山丘陵与鲁西北冲积平原交接带上的中部丘陵地区，海拔100～900m，整个地势南高北低，山峰高度一般在海拔300～900m，山脉多为东西走向，隧址区地势起伏，海拔240～400m，切割深度100～200m，地形坡度20°～50°。

1.2.2　工程地质

1）工程地质层

据踏勘、钻探揭露的地层显示，与隧道工程有关的地层主要为第四系上更新统洪积层（Q_3^{pl}）、奥陶系马家沟组（O_2^{ml}）、奥陶系冶里-亮甲山组（O_1^{y+l}）、寒武系凤山组（$\in_3^f$）。

隧道区出露地层为奥陶系灰岩、白云质灰岩及生物碎屑灰岩，局部沟谷地段上覆上更新统粉质黏土及碎石，地层自上而下简述如下：

（1）碎石土（Q_3^{pl}）：杂色，中密，稍湿，由人工回填的黏性土、灰岩岩块和砂土组成，碎石岩块2～5cm不等，大者可达10cm。该层分布在隧道出口及出口部位，层厚小于10m。

（2）灰岩（O_2^{ml}）：中风化为主，青灰色，微晶、隐晶质结构，中厚层状构造，层理倾缓、结合较好，岩块较坚硬，岩体节理裂隙较发育，块状结构，岩溶不发育。该层分布在隧址区东部洞身段部位，纵波波速 $V_p = 2988 \sim 4000m/s$。

（3）白云质灰岩（O_2^{ml}）：以中风化为主，隧道出口部位局部呈强风化状态，灰白色、灰黄色，微晶结构，中厚层构造，局部夹薄层状泥质灰岩，层理倾缓、结合一般，岩块较坚硬，岩体节理裂隙较发育，结合一般，块状结构。局部节理裂隙发育部位岩溶发育，形成溶孔。该层连续分布在隧址区中东部和出口部位，纵波波速 $V_p = 2754 \sim 3921m/s$。

（4）灰岩（O_1^{y+l}）：中风化为主，青灰色，微晶结构，中厚层状构造，层理倾缓、结合较好，岩块较坚硬，岩体节理裂隙较发育，块状结构，岩溶不发育。该层分布在隧址区西部洞身段部位，

$V_p=3125\sim3636\text{m/s}$。

2)隧址区构造特征

隧址区出露的岩性为奥陶系寒武系灰岩、白云质灰岩,受区域地质构造活动影响,隧址区局部节理密集带或构造断裂带发育。依据物探解译成果结合地质调绘、地质钻探和收集的资料,隧址区发育2条断裂破碎带,沿构造产生的节理裂隙发育形成溶洞,具体分析评述如下:

F1断裂破碎带。由物探解译及地质调绘可知,F1北西向延伸,斜交洞体轴线K10+905、YK10+900处,其产状256°∠80°~85°,为挤压型断裂。破碎带宽约15m,带内岩体挤压强烈,形成灰白色断裂泥和断层角砾,结构松散,遇水泥化。

F2断裂破碎带。该破碎带北北东向延伸,斜交洞体轴线K10+810、YK10+806,倾向北西西,产状近直立,破碎带宽约28m,带内岩体破碎,沿断裂岩溶发育,局部形成较大溶孔。

3)地震

工程东距沂沭断裂带约130km,西为聊考断裂,隧址区地震动峰值加速度为0.05g,对应地震烈度为Ⅵ度。

4)不良地质

(1)岩溶

整个隧址区出露奥陶系灰岩、白云质灰岩,局部灰岩节理裂隙发育,沿节理裂隙发育成溶蚀裂隙、溶孔和溶洞。特别是奥陶系冶里-亮甲山组($O1^{y+1}$)白云质灰岩岩溶发育,洞体开挖时洞体内填充物易发生坍落,雨季洞体汇水后,易发生较大短时性涌水,注意设防。

(2)隧道区未发现风吹雪不良地质问题,不存在有毒、可燃性等有害气体溢出,本地区不存在放射性岩体。

1.2.3 气象与水文

本工程地处北温带湿润大区鲁淮区,为温暖半湿润季风气候,气温在7月最高,1月最低,年平均气温14.3℃,累年极高气温为42.5℃,累年极低气温为-19.7℃,每年12月~次年2月为冬季施工期,标准冻结深度为0.5m,年极大风速为33.3m/s。

区域年平均降水量669.30mm,隧道进、出口及洞身段未见水系发育,全线未见出水点及渗水点,整体地下水文条件较简单,地表水及地下水对灰岩有轻微溶蚀作用,未发现对隧址区有其他不良影响。

隧址区地下水的动态特征受大气降水和水文因素控制。地下水动态基本处于自然状态,年内受降水制约,季节性变化较明显,动态曲线呈波状起伏。本区内地下水化学类型以重碳酸硫酸钙钠型中性低矿化度淡水为主,对混凝土具有微侵蚀性。

1.3 施工规划组织

1.3.1 施工进度计划编制原则

施工进度计划编制原则如下：

(1)满足总工期和业主的阶段工期要求，充分考虑各种不利因素，使进度计划有效可控。确保按期或提前完成本隧道施工任务。

(2)以施工图为依据，以目标工期为前提，运用网络计划技术，统筹兼顾，合理安排各分项工程施工进度。

(3)在保证工程质量和安全生产的基础上，优化资源配置，挖掘机械设备潜力，充分发挥企业综合优势。

(4)抓住有利季节，减少雨季和冬期影响，采取平行、流水、平衡的作业方法，积极谋划，超前运作。

(5)遵循各分项工程施工作业安排与施工进度计划相协调的原则。

1.3.2 施工主要节点计划

隧道施工顺序：洞口开挖→管棚施工→洞身洞口段开挖→洞口模筑→明洞施工(同时洞身继续开挖、支护、衬砌)。

港沟隧道施工的主要节点计划详见表1-3。

港沟隧道施工的主要节点计划表 表1-3

项 目	主要分部工程	开始时间(年-月-日)	结束时间(年-月-日)	备 注
左洞 K11 +565 ~ K10 +460	出口洞口	2015-9-15	2015-10-24	洞口开挖、边仰坡支护
	洞身开挖	2012-4	2017-3-8	暗挖段开挖
	洞身衬砌	2016-5-7	2017-9-29	暗挖段衬砌
右洞 YK10 +459.2 ~ YK11 +550.6	进口洞口	2012-2	2016-3-10	洞口开挖、边仰坡支护
	洞身开挖	2016-4-13	2017-1-30	暗挖段开挖
	洞身衬砌	2016-5-5	2017-9-22	暗挖段衬砌

1.3.3 总体进度计划

主要分部工程施工进度指标见表1-4。

主要分部工程施工进度指标　　表 1-4

序　号	工 程 项 目	分 部 工 程	进 度 指 标
1	隧道工程	开挖及支护	Ⅲ级围岩:100～130m/月; Ⅳ级围岩:75～90m/月; Ⅴ级围岩:45～65m/月; 特殊不良地质:20～30m/月
2		衬砌	2 模/7d
3	路面工程	面层	4000m^2/d、1 台摊铺机

依据以往施工经验分析确定隧道掘进支护循环时间，如表 1-5 所示。

隧道掘进支护循环时间　　表 1-5

工 作 项 目	双线隧道围岩级别		
	Ⅲ	Ⅳ	Ⅴ
施工方法	台阶法	CD 法	双侧壁导坑法
超前地质预报(min)	7	5	2
测量放样(min)	30	45	45
围岩量测(min)	30	45	60
超前支护(min)	—	60	90
钻孔或开挖(min)	180	180	120
装药爆破(min)	15	15	15
通风排烟(min)	30	30	20
排危石(min)	15	30	30
出渣(min)	173	127	46
拱架、锚杆、喷射混凝土等(min)	90	130	150
合计循环时间(min)	1050	929	675
日循环次数(次)	1.37	1.55	13
循环进尺(m)	3	2.2	0.8
日均进尺(m)	4.1	3.4	1.7
月进度指标(m)	123	102	51
计划采用的指标(m/月)	120	90	50

第2章　隧道施工方案

2.1　洞口段施工

2.1.1　施工准备

正式施工前要做好如下准备工作：

(1)施工场地准备：根据临建施工方案，将主便道修建到洞口附近。平整施工场所，修建供水、供电设施等。

(2)施工设备准备，如准备液压潜孔钻机、挖掘机、装载机、自卸卡车、斗车等。

(3)施工材料准备，如准备砂子、碎石、片石、水泥、钢筋、钢管、型钢、炸药、雷管等。

2.1.2　测量放样与截水沟的施作

根据复测导线及高程成果，结合现场地形实际情况，放出洞顶截水沟及边仰坡开挖线。

洞顶截水沟位置结合现场实际情况布设，采用人工开挖，自低处向高处分段开挖，并根据现场实际情况进行分段，分段长度应根据天沟坡度确定，一般情况下为15～20m；必须在边仰坡施工前完成，确保坡面稳定。

2.1.3　边仰坡开挖与支护

根据测量放线的位置采取正确的开挖方法。洞口边仰坡开挖时，对于边坡厚度较大的地方采用机械辅助开挖、人工修坡的方式进行施工。开挖自上而下进行，分层开挖，并检查每层坡度。挖掘机开挖后预留20～30cm进行人工修坡，清除虚土。对于边坡土层较硬的围岩采用人工手持风镐进行施工。

洞口部位边仰坡采用锚喷混凝土支护，边仰坡开挖成型后打设锚杆，锚杆采用ϕ22螺纹钢，长4m，间距1.5m×1.5m梅花形布置，锚杆露出土体外10cm，焊接ϕ6.5钢筋网，间距为0.15m×0.15m，并喷射10cm厚、C25混凝土支护。

边仰坡开挖及支护纵、横断面分别如图2-1、图2-2所示。

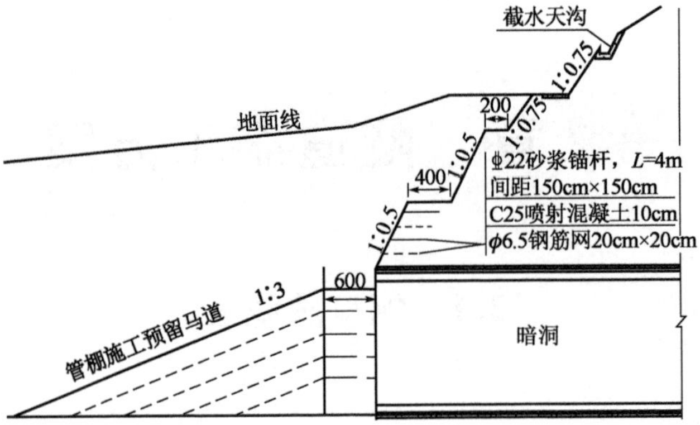

图 2-1　边仰坡开挖及支护纵断面图(尺寸单位:cm)

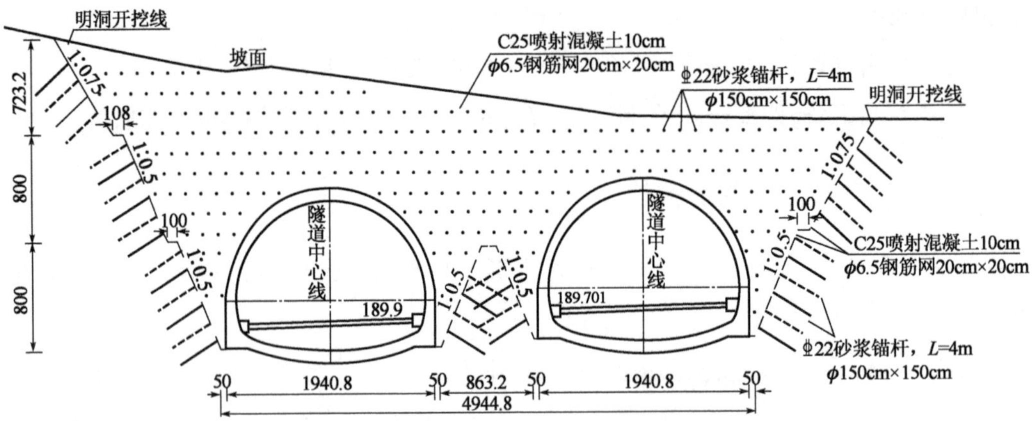

图 2-2　边仰坡开挖及支护横断面图(尺寸单位:cm)

2.1.4　隧道辅助施工措施

隧道采用的辅助施工措施主要为超前长管棚和超前小导管。

1)超前长管棚施工

超前长管棚设于隧道洞口段,通过注浆提高围岩自承能力,提高岩体对结构的弹性抗力,改善结构受力条件。长管棚采用 $\phi108\times6$mm 钢管,环向间距 40cm,洞口Ⅴ级围岩管棚长 30m。钢管设置于衬砌拱部,管心与衬砌设计外轮廓线间距大于 20cm,平行路面中线布置。

(1)施工工艺

长管棚施工工艺流程见图 2-3。

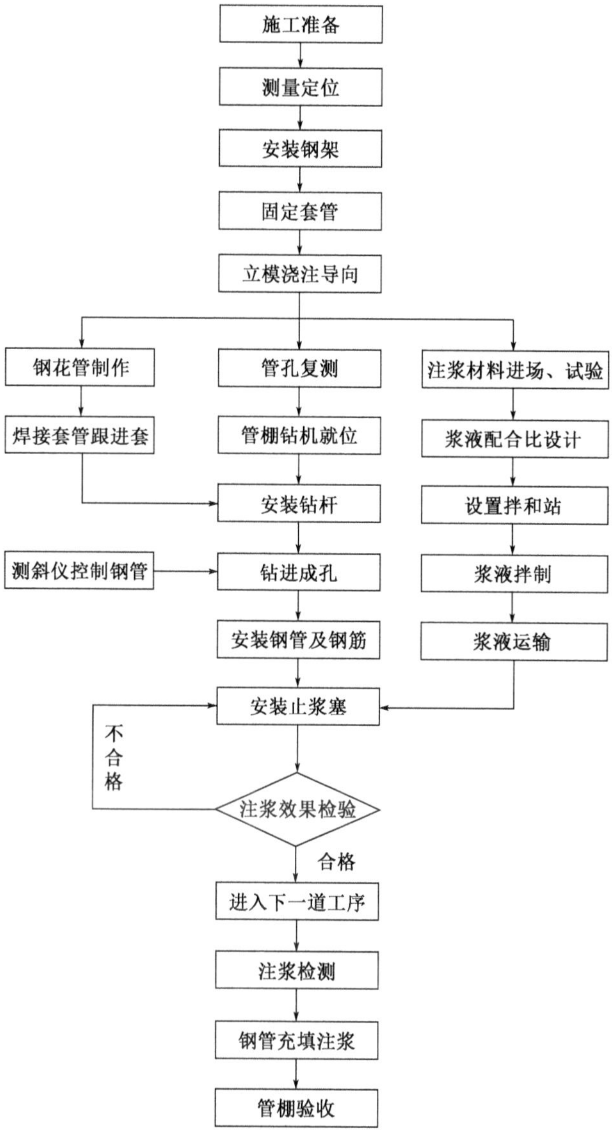

图 2-3　长管棚施工工艺流程图

(2)准备工作

开挖至洞顶设计高程时,洞口开挖改为台阶开挖预留核心土法进行施工,台阶开挖高度改为 2m,向下开挖至设计高程,分层预留长 4m、宽 5m 的管棚施工核心土,进行洞口大管棚导向墙施工,洞口段开挖示意图、管棚侧面图分别如图 2-4、图 2-5 所示。

(3)套拱施工

①套拱采用 I25a 工字钢制作,拱内共设四榀钢拱架,在其中布设 55 个 ϕ133 孔口管,孔口管通过 ϕ16 钢筋固定在 I25a 工字钢上,如图 2-6 所示。

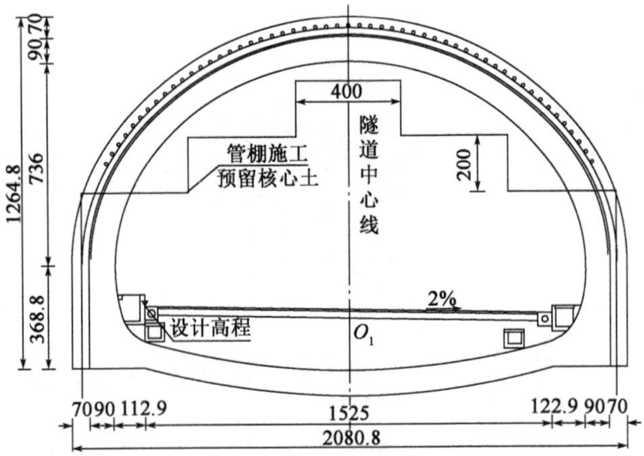

图 2-4 洞口段开挖示意图(尺寸单位:cm)

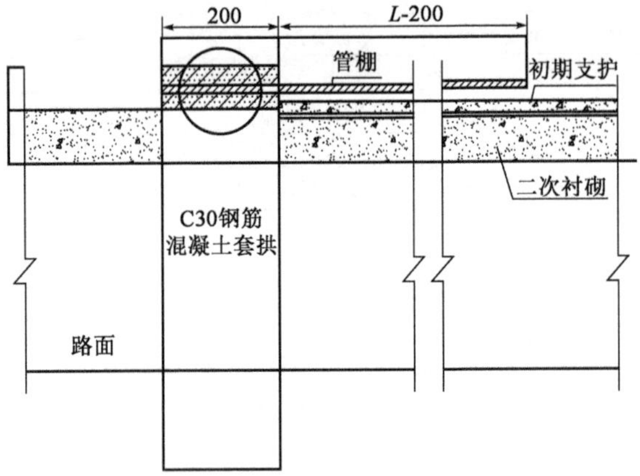

图 2-5 管棚侧面图(尺寸单位:cm)

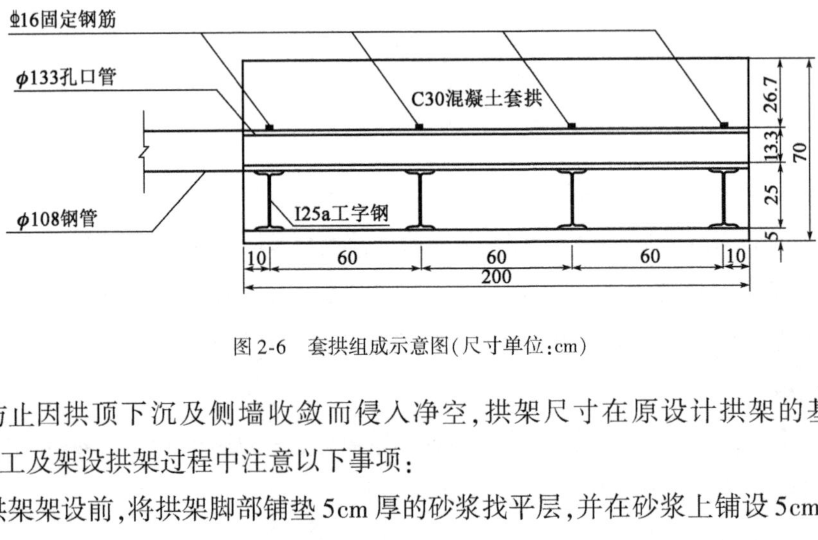

图 2-6 套拱组成示意图(尺寸单位:cm)

②为防止因拱顶下沉及侧墙收敛而侵入净空，拱架尺寸在原设计拱架的基础上外放20cm，在加工及架设拱架过程中注意以下事项：

a. 在拱架架设前，将拱架脚部铺垫5cm厚的砂浆找平层，并在砂浆上铺设5cm厚木板，以防拱架下沉。在铺设木板时要注意对拱架高程的控制。

b. 第一榀拱架要镶嵌于事先挖好的土槽中，并与锁脚锚杆焊接。在安设时不得随意切割拱架及钢管，并将各连接螺栓上齐、拧紧，不得用小型号的螺栓替代。

c. 套拱段拱架安设时要保证中线、法线的准确，其安设误差在允许误差范围之内，保证其不偏、不斜、不前俯、不后仰，并对拱架净空进行检查。

d. 套拱拱架架设完成以后，在拱架拱上焊接 $\phi25$ 钢筋作为纵向连接筋。同时焊接长管棚导向管，并在导向管外加焊导向管固定钢筋。

③套拱导向墙立模及混凝土浇筑：

a. 立模板：套拱导向墙拱形底模板及侧模板均采用 3cm 木板安装完成。

b. 混凝土浇筑：采用汽车泵将混凝土泵送入模，混凝土应从两侧拱脚向拱顶对称、水平、分层灌注并及时振捣，保证两侧混凝土高差不大于 1m。

c. 钻机作业平台定位：在所开挖的工作面上，利用预留核心土形成的作业平台放置移动式潜孔钻机。作业平台的高度需根据大管棚在隧道拱顶及拱脚部位处的设计尺寸和钻机作业高度要求调整。钻机安置的位置距工作面的距离不小于 2m。

④长管棚施工：

a. 钻孔：套拱混凝土强度达到 70% 以上后进行钻孔。钻孔顺序由高孔位向低孔位进行，先施工有孔钢花管（图 2-7），注浆后再施工无孔钢管，无孔钢管作为检查管，检查注浆质量，每钻完一孔便顶进一根钢管，在钻到一定深度时，及时检查孔的倾角是否正确，以便及时进行纠正，深度达到要求后，边退钻边清孔，根据地质情况，采用冲击钻钻孔。每钻进一定深度（2m 左右）后将钻杆退回，高压送风吹清杂物后继续钻进。钻进过程中，岩土对钻头的阻力较大时，采用 $\phi125$mm 钻头钻孔，以便顶入钢管。

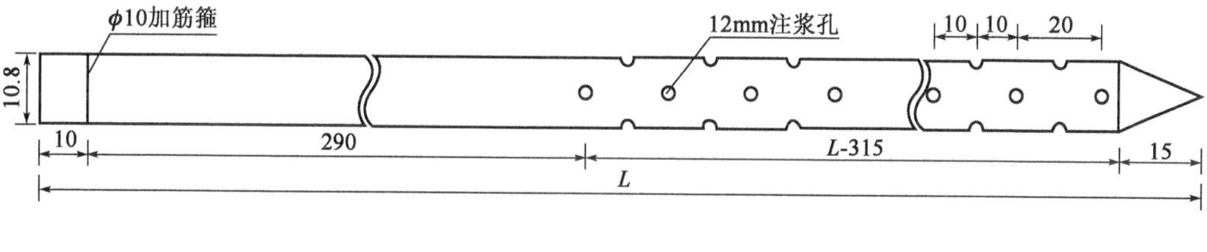

图 2-7　钢花管大样图（尺寸单位：cm）

b. 安装钢管：顶管以机械顶管为主，人工顶管为辅。管棚钢管采用热扎无缝钢管，第一节钢管应做成尖锥状，起导向和减少摩阻力的作用，尾部焊接 $\phi10$ 加筋箍，管壁四周钻 2 排 $\phi12$mm 压浆孔，在钻孔成形后，顶管工作要求尽早进行，避免因拖延时间过长，造成孔壁变形或孔内塌方。管连接采用丝扣连接，丝扣长 15cm。为使钢管接头错开，编号为奇数的第一节管采用长 4m 钢管，编号为偶数的第一节钢管采用长 8m 钢管，以后每节均采用长 8m 钢管。

钢管安装完成后，插入钢筋笼。钢筋笼由 ϕ42 ×4mm 的钢管外围焊接 4 根 ϕ20 钢筋而成，如图 2-8 和图 2-9 所示。

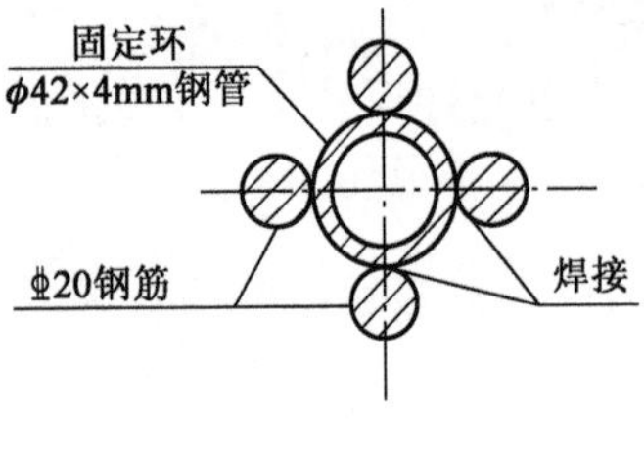

图 2-8 钢筋笼正面图

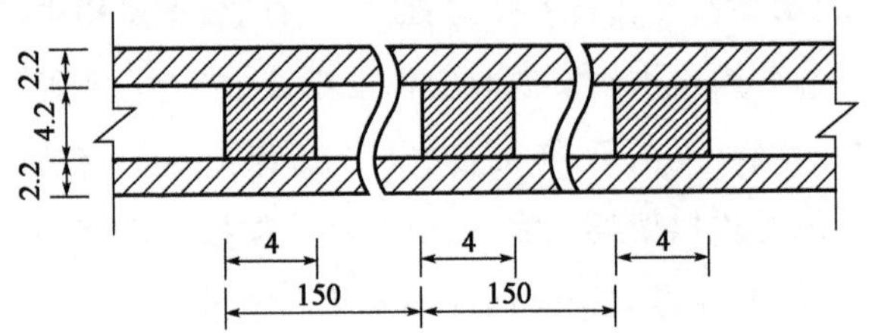

图 2-9 钢筋笼侧面图（尺寸单位：cm）

c. 注浆及封管：因围岩破碎，裂隙较多，设计要求在管棚内注浆。注浆机械采用注浆泵，注浆材料为水泥净浆，水泥浆水灰比 1∶1，注浆压力初压为 0.5 ~ 1.0MPa，终压为 2.0MPa。

管内压注浆：清孔后，按先稀后浓、由上而下、由里而外进行注浆。压浆完毕后采用 M30 水泥砂浆对管棚进行充填。

结束标准：对最终注浆量和达到预定压力时的持续时间两个指标进行控制。一般情况下，注浆压力达到设计终压，稳定约 20min，即可结束。达到要求后，停止注浆，并用清水将注浆系统清洗干净。

2）超前小导管施工

超前小导管设置在隧道洞身Ⅴ、Ⅳ级围岩地段，加固拱周围软弱岩体。超前小导管采用外径 50mm、壁厚 5mm 热轧无缝钢管，超前小导管构造见图 2-10，环向间距 40cm，小导管应保持不小于 1.0m 的搭接长度，尾端与钢拱架焊接。其中，Ⅴ级浅埋偏压、Ⅴ级加强衬砌段采用长 6.0m和 3.0m 交替布置的双排超前小导管，Ⅳ级围岩衬砌段采用长 4.5m 的超前小导管。小导管施工参数见表 2-1。

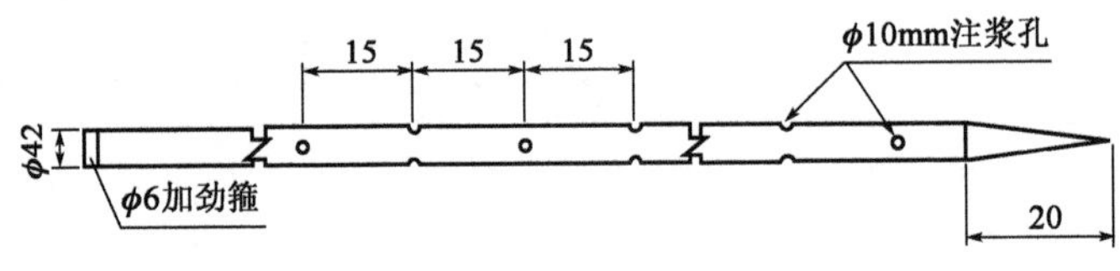

图 2-10 超前小导管构造图（尺寸单位：cm）

小导管施工参数表 表 2-1

序号	围岩类型	施工里程		设置形式				小导管布置（cm × cm）
		左洞里程	右洞里程	排数	长度（cm）	外插角（°）	搭接长度（cm）	
1	Ⅴ级浅埋	K10 +515 ~ K10 +550；K11 +495 ~ K11 +535	YK10 +514.2 ~ YK10 +544.2；YK11 +460 ~ YK11 +520.6	第一排	600	6	120	54 × 40
				第二排	300	15	120	54 × 40

续上表

序号	围岩类型	施工里程		设置形式				小导管布置(cm×cm)
		左洞里程	右洞里程	排数	长度(cm)	外插角(°)	搭接长度(cm)	
2	Ⅴ级加强	K10+775~K10+840;K10+875~K10+970	YK10+770~YK10+835;YK10+880~YK10+970	第一排	600	6	120	54×40
				第二排	300	15	120	54×40
3	Ⅳ级加强	K10+550~K10+642;K11+420~K11+495	YK10+544.2~YK10+630;YK11+375~YK11+460	单排	450	5~7	130	52×40
4	Ⅳ级一般	K10+642~K10+775;K11+170~K11+420	YK10+630~YK10+770;YK11+165~YK11+375	单排	450	5~7	150	52×40

(1)施工工艺

超前小导管注浆施工工艺流程见图2-11。

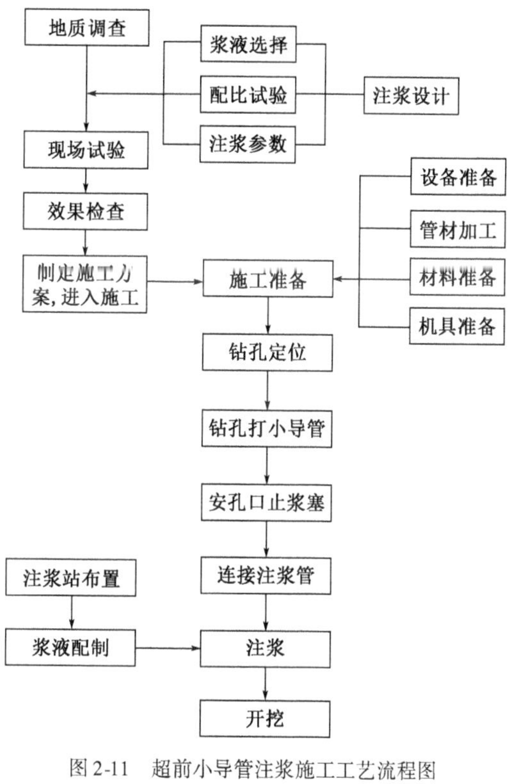

图2-11 超前小导管注浆施工工艺流程图

(2)施工过程

①钻孔:采用气腿钻机成孔,适当加深设计钻孔深度,成孔后孔径大于钢管直径3~5mm。施钻过程中及时观察钻杆方向及外插角度,发现钻杆方向及外插角偏差较大时,应予以调整。钻孔完成后用高压风清孔。

②钢管插入及密封:钢管尾部焊上ϕ6.5钢筋劲箍,采用锤击或者钻机冲击的方法将钢管

贯入孔内。注浆前检查导管孔口是否达到密闭标准，注浆结束后，将管口封堵。

③注浆：采用注浆机注浆，水泥浆水灰比在0.5～1.0之间调节，浆液由稀到浓逐级变换，即先注稀浆，然后逐级变浓，至水灰比1.0为止。位于土层时注浆压力不小于2MPa，其余地段注浆压力不小于1MPa。

2.2 洞身施工

2.2.1 开挖工法

暗挖段根据不同的围岩等级而采用不同的工法施工。Ⅴ级浅埋衬砌段和Ⅴ级加强衬砌段采用设临时仰拱的双侧壁导坑法，Ⅳ级加强衬砌段和Ⅳ级一般衬砌段采用CD工法，Ⅲ级衬砌段采用台阶法，港沟隧道左线、右线具体开挖工法选择分别见表2-2、表2-3。

港沟隧道右线分段设计类型及开挖工法选择表 表2-2

序号	围岩分布里程	长度(m)	围岩级别	衬砌类型	开挖工法	工期(d)
1	YK10+459.2～YK10+514.2	55	Ⅴ	明洞		45
2	YK10+514.2～YK10+530	15.8	Ⅴ	Ⅴ级浅埋	双侧壁导坑	11
3	YK10+530～YK10+620	90	Ⅳ	Ⅳ级加强	CD	36
4	YK10+620～YK10+780	160	Ⅳ	Ⅳ级一般	CD	60
5	YK10+780～YK10+825	45	Ⅴ	Ⅴ级加强	双侧壁导坑	30
6	YK10+825～YK10+890	65	Ⅲ	Ⅲ级	台阶法	18
7	YK10+890～YK10+960	70	Ⅴ	Ⅴ级加强	双侧壁导坑	47
8	YK10+960～YK11+175	215	Ⅲ	Ⅲ级	台阶法	59
9	YK11+175～YK11+335	160	Ⅳ	Ⅳ级一般	CD	60
10	YK11+335～YK11+375	40	Ⅳ	Ⅳ级一般	CD	15
11	YK11+375～YK11+470	95	Ⅳ	Ⅳ级加强	CD	38
12	YK11+470～YK11+520.6	50.6	Ⅴ	Ⅴ级浅埋	双侧壁导坑	34
13	YK11+520.6～YK11+550.6	30	Ⅴ	明洞		30

港沟隧道左线分段设计类型及开挖工法选择表 表2-3

序号	围岩分布里程	长度(m)	围岩级别	衬砌类型	开挖工法	工期(d)
1	K10+460～K10+515	55	Ⅴ	明洞		30
2	K10+515～K10+540	25	Ⅴ	Ⅴ级浅埋	双侧壁导坑	10
3	K10+540～K10+620	80	Ⅳ	Ⅳ级加强	CD	32
4	K10+620～K10+785	165	Ⅳ	Ⅳ级一般	CD	62
5	K10+785～K10+830	45	Ⅴ	Ⅴ级加强	双侧壁导坑	30
6	K10+830～K10+885	55	Ⅲ	Ⅲ级	台阶法	15
7	K10+885～K10+960	75	Ⅴ	Ⅴ级加强	双侧壁导坑	50
8	K10+960～K11+180	220	Ⅲ	Ⅲ级	台阶法	60
9	K11+180～K11+440	260	Ⅳ	Ⅳ级一般	CD	98
10	K11+440～K11+505	65	Ⅳ	Ⅳ级加强	CD	26
11	K11+505～K11+535	30	Ⅴ	Ⅴ级浅埋	双侧壁导坑	20
12	K11+535～K11+565	30	Ⅴ	明洞		30

1)Ⅴ级浅埋及Ⅴ级加强衬砌段围岩开挖施工

Ⅴ级浅埋及Ⅴ级加强衬砌段围岩采用双侧壁导坑法,即分部开挖隧道两侧的导坑,并进行初期支护,再分部开挖剩余部分的方法。

(1)双侧壁导坑法施工步骤、内容。

双侧壁导坑法开挖施工步骤示意如图2-12所示。双侧壁导坑法开挖施工内容如下:

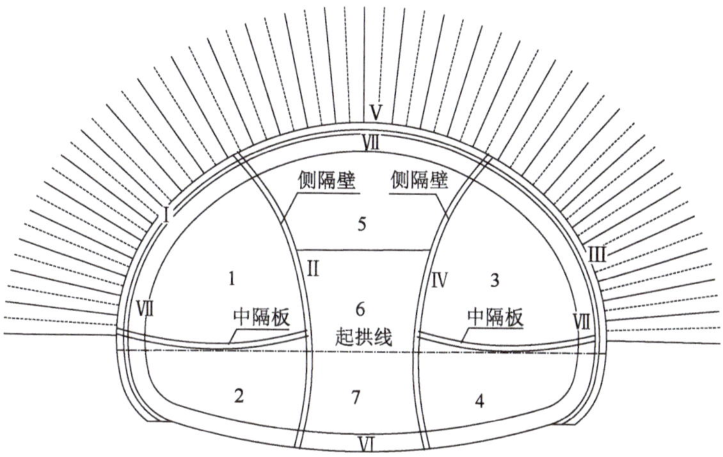

图2-12 双侧壁导坑法开挖施工步骤示意图

注:图1~7表示施工部;Ⅰ~Ⅶ表示施工范围或位置。

①打设1部超前小导管,注浆加固围岩。

②开挖先行导坑上台阶1部,循环进尺一榀拱架间距0.6m,施作初期支护Ⅰ及侧隔壁及中隔板Ⅱ(上部)。

③落后1部3m后开挖先行导坑下台阶2部,循环进尺一榀拱架0.6m,施作初期支护Ⅰ及侧隔壁、中隔板Ⅱ(下部),对仰拱初期支护进行封闭。

④打设3部拱部超前小导管,注浆加固围岩。

⑤落后1部15m后开挖后行导坑上台阶3部,循环进尺一榀拱架间距0.6m,施作初期支护Ⅲ、Ⅳ(上部)、中隔板和侧隔壁。

⑥落后3部3m后开挖后行导坑下台阶4部,循环进尺一榀拱架间距0.6m,施作初期支护及中隔板、中隔壁Ⅳ,仰拱初期支护封闭。

⑦打设5部拱顶超前小导管,注浆加固围岩;落后3部3~5m后开挖5部,循环进尺一榀拱架间距0.6m,施作拱部初期支护。

⑧落后5部30~50m后开挖6部、7部,循环进尺一榀拱架间距0.6m,施作底部初期支护及仰拱模筑,填充Ⅵ。

⑨围岩和初期支护变形稳定后,一般Ⅴ级围岩距离掌子面50m后可以逐段拆除侧隔壁和中隔板,逐段铺挂防水板,绑扎二次衬砌钢筋,浇筑二次衬砌混凝土。

(2)双侧壁导坑法施工要点如下：

①侧壁导坑形状宜近于椭圆形断面，导坑断面宽度宜为整个断面宽度的1/3。

②侧壁导坑、中槽部位宜采用短台阶法开挖，各部距离应根据隧道埋深、断面大小、结构类型等选取。各部开挖后应及时进行初期支护及临时支护，并尽早封闭成环。

③两侧壁导坑超前中槽部位10～15m，可独立同步开挖和支护；中槽部位采用台阶法开挖，并保持平行作业。

④中槽开挖后，拱部钢架与两侧壁钢架的连接时较困难，在两侧壁导坑施工中，钢架的位置应准确定位，确保各部架设钢架连接后在同一个垂直面内，避免钢架发生扭曲。

⑤根据监控量测信息，初期支护稳定后拆除临时支护，一次拆除长度不得大于15m，并加强监控量测。

⑥临时支护拆除完成后，应及时施作仰拱及二次衬砌。

(3)双侧壁导坑施工安全步距控制。

双侧壁导坑法施工中严格控制各部分安全步距，拟采用的施工安全步距如图2-13所示。

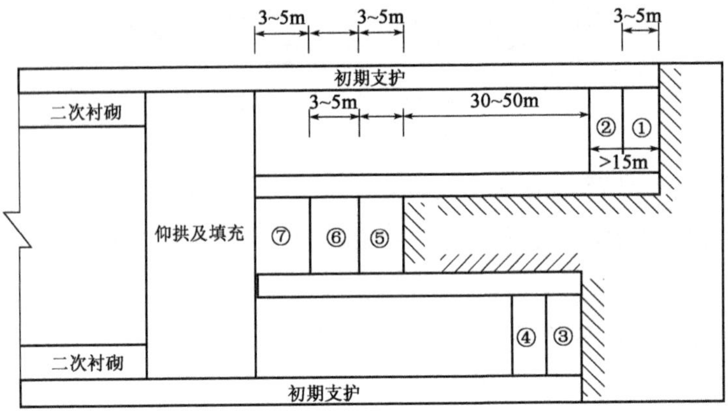

图2-13　双侧壁导坑法施工安全步距示意图

注：①～⑦表示施工部位，下同。

2)Ⅳ级围岩地段开挖方法

Ⅳ级围岩采用CD法施工。CD法是在软弱围岩大跨度隧道中，先分部开挖隧道的一侧，并施作中隔壁，然后再分部开挖隧道另一侧的施工方法。

(1)CD法施工步骤、内容。

CD法施工步骤示意如图2-14所示。CD法施工内容如下：

①施作先行导坑上台阶1部超前小导管，预注浆加固围岩。

②开挖先行导坑上台阶1部，循环进尺2榀拱架间距1.6～2m，施作拱架Ⅰ、中隔壁Ⅱ及锚喷混凝土(上部)。

③落后1部3m后开挖先行导坑下台阶2部，循环进尺2榀拱架间距1.6～2m，施作拱架

Ⅰ、中隔壁Ⅱ及锚喷混凝土（下部）。

④施作后行导坑上台阶3部超前小导管，预注浆加固围岩。

⑤落后2部15m后开挖后行导坑上台阶3部，循环进尺2榀拱架间距1.6～2m，施作拱架Ⅰ及锚喷混凝土（上部）。

⑥落后3部3m后开挖后行导坑下台阶4部，循环进尺2榀拱架间距1.6～2m，施作拱架Ⅰ及锚喷混凝土（下部）。

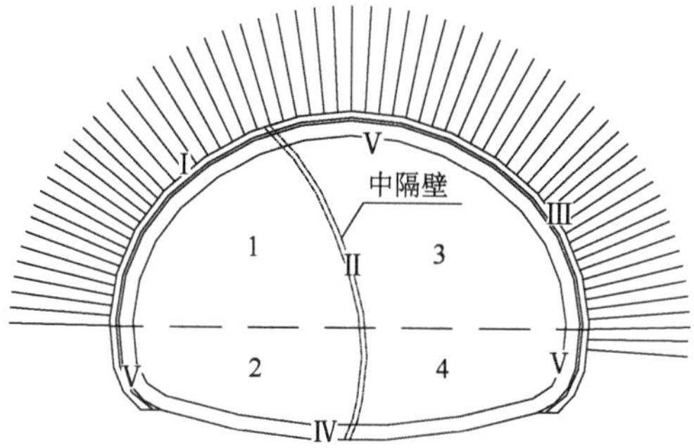

图2-14　CD法施工步骤示意图

⑦围岩和初期支护变形稳定后，一般Ⅴ级围岩距离掌子面80m以内，逐段拆除中隔壁，铺挂防水板，绑扎二次衬砌钢筋，浇筑二次衬砌混凝土。

（2）CD法施工要点。

①上部导坑的开挖循环进尺控制为2榀钢架间距1.6～2m，下部导坑的开挖进尺可依据地质情况适当加大。

②中隔壁法施工时，初期支护完成后方可进行下一分部开挖，各部开挖时，周边轮廓应尽量圆顺；应在先开挖侧喷射混凝土强度达到设计要求后再开挖另一侧；左右两侧导坑开挖工作面的纵向间距不宜小于15m；当开挖形成全断面时，应及时完成全断面初期支护闭合。

③导坑开挖孔径及台阶高度可根据施工机具、人员等安排，并进行适当调整，应配备适合导坑开挖的小型机械设备，提高导坑开挖效率。

④中隔壁的拆除应滞后于仰拱，并应于围岩变形稳定后才进行，一次拆除长度应根据量测数据慎重确定，拆除后应立即施作二次衬砌。

（3）CD法施工安全步距控制。

CD法施工中严格控制各部分安全步距，拟采用的安全步距如图2-15所示。

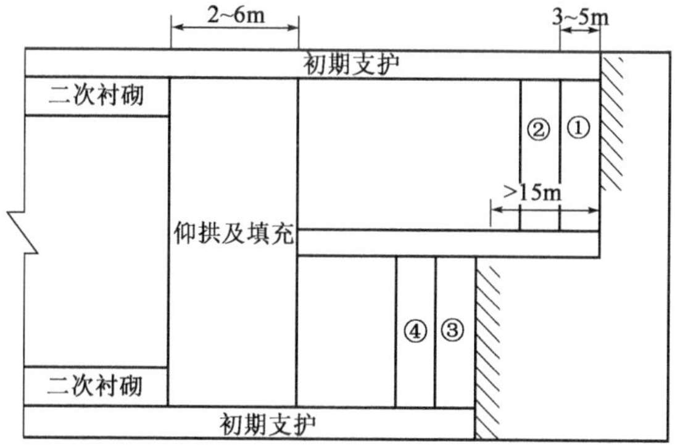

图2-15　CD法施工安全步距示意图

3)Ⅲ级围岩地段开挖方法

Ⅲ类围岩地段开挖采用台阶法。台阶法是先开挖上半断面,待开挖至一定长度后同时开挖下半断面,上下半断面同时并进的施工方法。

(1)台阶法施工步骤、内容。

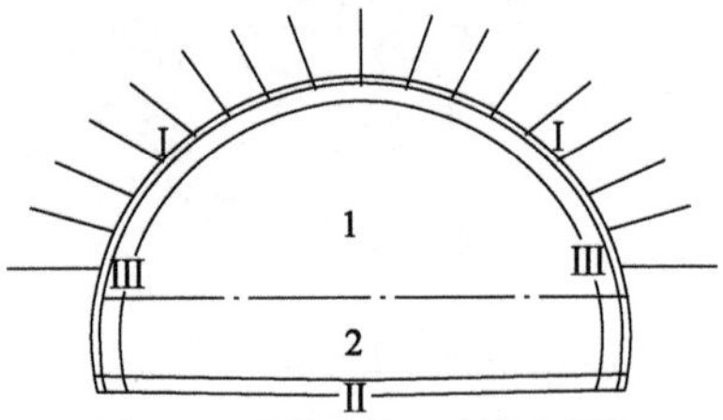

图2-16　台阶法施工步骤示意图

台阶法施工步骤见图2-16,内容如下:

①施作拱部超前小导管预注浆加固围岩。

②开挖上台阶(1部)岩体,循环进尺2榀拱架间距2.4m,或根据围岩情况循环进尺3榀拱架3.6m,台阶长度不大于2.5~3.5m,施作初期支护Ⅰ(上部)。

③落后1部3~5m后开挖下台阶岩体(2部),施作初期支护Ⅰ(下部)。

④清理基面,及时施作仰拱或铺底Ⅱ。铺设侧墙和拱顶防水层,施作拱墙二次衬砌,二次衬砌封闭成环。

(2)台阶法施工要点如下:

①台阶不宜多分层,上下台阶之间的距离尽可能满足机具正常作业,并减少翻渣工作量;当顶部围岩破碎,需支护紧跟时,可适当延长台阶长度。

②应"先护后挖",宜采用超前锚杆或超前小钢管辅助施工措施。开挖应尽量采用微震光面爆破技术。

③围岩整体性较差时,施工中应采取措施减少下部开挖时对上部围岩和支护的扰动,下部断面开挖应两侧交错进行,下部断面应在上部断面喷混凝土达到一定强度后开挖。

④隧道两侧的沟槽及铺底部分应和下台阶一次开挖成型。

⑤上部断面使用钢架时,可采用锁脚锚杆,防止拱部下沉变形。上下断面初期支护刚架连接应平顺,螺栓连接应牢固。

⑥台阶长度不宜过长,应尽快安排仰拱封闭,改善初期支护受力条件。

(3)台阶法施工安全步距控制。

台阶法施工中严格控制各部分安全步距,拟采用的安全步距如图2-17所示。

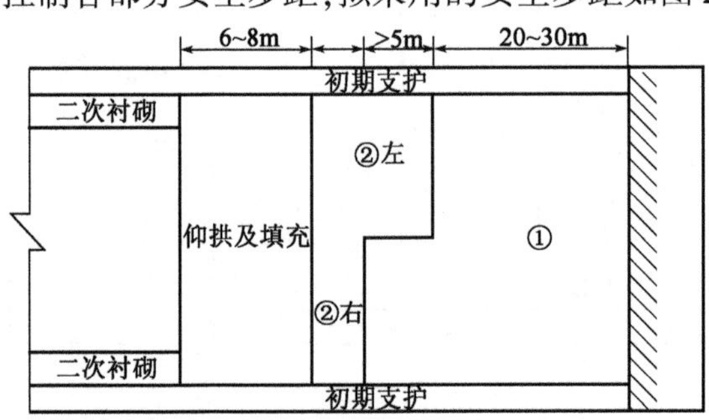

图2-17　台阶法施工安全步距示意图

2.2.2　初期支护施工

根据不同的衬砌类型采用不同的初期支护参数，具体设置见表2-4。

初期支护参数表

表2-4

序号	衬砌类型	初期支护							
		C25喷混凝土		锚杆				钢架	
		厚度(cm)	钢筋网间距(cm)	部位	形式	长度(m)	间距(cm) 纵×环	形式	间距(m)
1	Ⅴ级浅埋偏压	30	φ8(20×20)双层	拱墙	φ25中空注浆	5.0	100×60	H20×20型钢拱架	0.6
2	Ⅴ级加强	30	φ8(20×20)双层	拱墙	φ25中空注浆	5.0	100×60	H20×20型钢拱架	0.6
3	Ⅴ级一般	30	φ8(20×20)双层	拱墙	φ25中空注浆	4.5	100×75	H20×20型钢拱架	0.75
4	Ⅳ级加强	28	φ8(20×20)	拱墙	φ25中空注浆	4.0	100×80	I20b型钢拱架	0.8
5	Ⅳ级一般	28	φ8(20×20)	拱墙	φ25中空注浆	4.0	100×100	I20b型钢拱架	1.0
6	Ⅲ级	20	拱部φ8(20×20)	局部	φ22水泥砂浆	3.5	120×120	H14×16格栅拱架	1.2

1）砂浆锚杆

（1）砂浆锚杆工艺流程。

系统支护采用的砂浆锚杆主要设置在拱部位置，砂浆锚杆施工工艺流程见图2-18。

（2）砂浆锚杆施工要点如下：

①钻孔方向尽可能垂直结构面或初喷混凝土表面；锚杆孔比杆径大15mm，深度误差不得大于±50mm；成孔后采用高压风清孔。

②砂浆锚杆作业程序：先注浆，后放锚杆。

③锚杆孔中必须注满砂浆，发现未注满砂浆时，须拔出锚杆重新注浆。

④砂浆应随用随拌，在初凝前全部用完。使用掺速凝剂砂浆时，一次拌制砂浆数量不应多于3个孔，以免时间过长，使砂浆在泵管中凝结。

⑤锚注完成后，应及时清洗、整理注浆用具，除掉砂浆凝聚物，为下次使用创造良好条件。

2）中空锚杆

中空锚杆施工工艺流程如图2-19所示。

中空锚杆施工要点如下：

①中空注浆锚杆施工时应保持中空通畅，并留有专门排气孔。螺母应在砂浆初凝后拧紧，并使垫板与喷射混凝土面紧密接触。

②杆体插入锚杆孔时，保持位置居中，锚杆杆体露出混凝土面不大于复喷层厚度，然后复喷至设计图标示厚度。

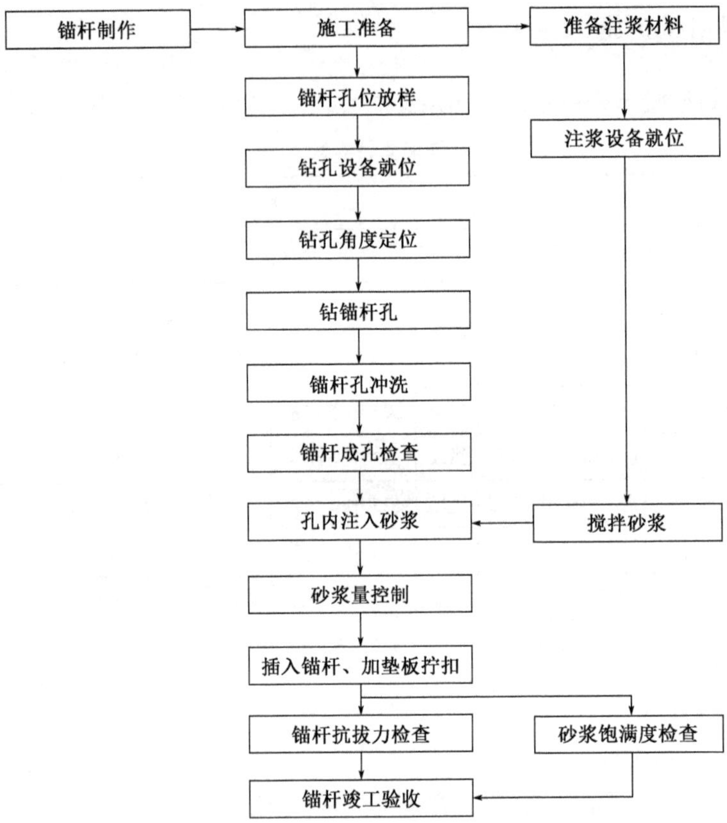

图 2-18　砂浆锚杆施工工艺流程图

③有水地段先引出孔内的水，或在附近另行钻孔，再安装锚杆。

④注浆压力为 1.0～1.5MPa，一般按单管达到设计图标示注浆量作为注浆结束标准。当注浆压力达到终压后不少于 20min、进浆量仍达不到注浆终量时，也可结束注浆。

⑤注浆结束后，将管口封堵，以防浆液倒流管外。

3）钢拱架施工

（1）钢架施工

①钢架施工工艺流程（图 2-20）

②型钢钢架加工

型钢钢架加工流程见图 2-21（以Ⅴ级加强衬砌断面为例）。

a. 施工准备

钢架加工场地用混凝土硬化，精确抹平，并按功能设置原材料存放区、加工区、预拼检验区、成品存放区。加工场设龙门吊，用于原材料装卸及成品、半成品吊装。安装与调试冷弯机，进行试生产，确保型钢钢架加工尺寸准确，弧形圆顺。

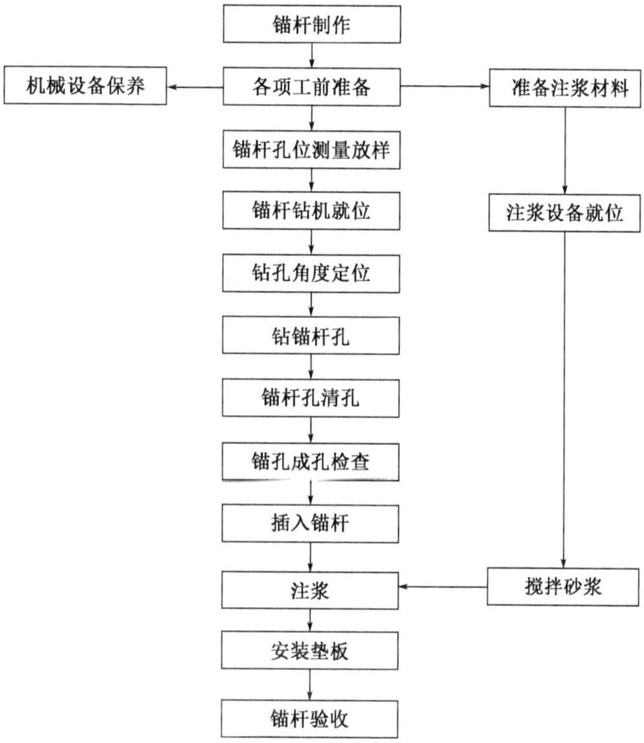

图 2-19 中空锚杆施工工艺流程图

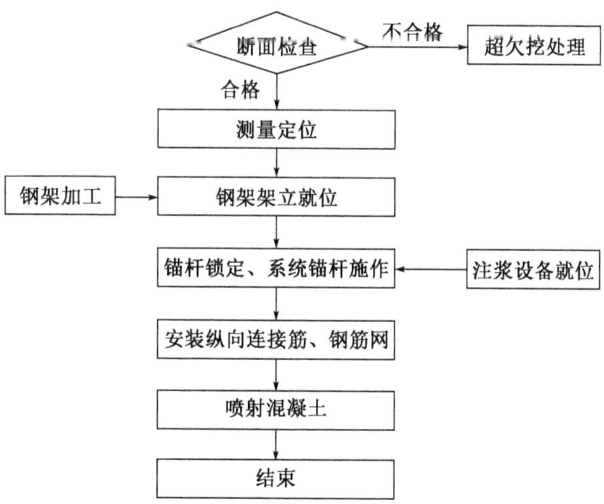

图 2-20 钢架施工工艺流程图

b. 型钢钢架冷弯

型钢钢架结合隧道开挖方法,采用型钢冷弯机按照隧道断面曲率分节进行弯制,加工钢架周边拼装允许偏差 ±3cm,平面翘曲应小于 1cm。弯曲完成后将工字钢吊至半成品加工区,采用等离子弧切割机进行切割,切割单元多余部分。

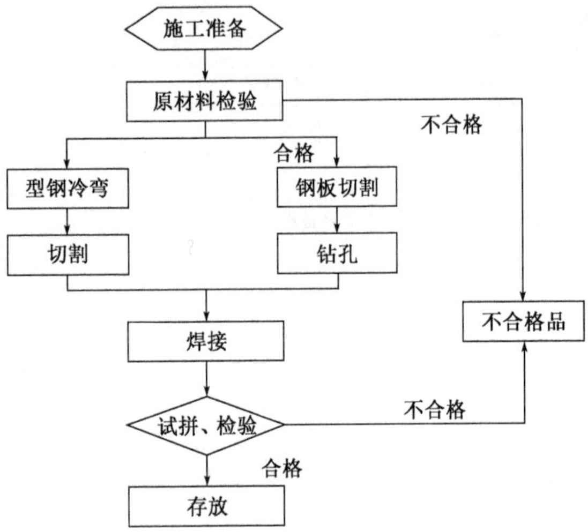

图 2-21　型钢钢架加工流程图

c. 连接板加工

首先,各分节连接板采用等离子弧切割机进行切割,连接板钻孔采用数控立式钻床进行钻孔,钻孔前先进行钻孔参数设置,参数包括孔径、孔深、孔间距等;然后安装钻头,再将工件夹牢;最后启动钻床进行钻孔。

d. 连接板焊接

各分节连接板采用连接板与型钢焊成一体,要求双面焊,焊缝饱满,保证焊接质量;各分节间采用螺栓形式连接。

e. 型钢钢架预拼

在预拼场地将加工好的各节段型钢钢架进行预拼,具体要求:尺寸准确,弧形圆顺沿隧道周边轮廓误差不大于 3cm;型钢钢架平放时,平面翘曲小于 2cm。

Ⅴ级加强衬砌初期支护型钢拱架示意如图 2-22 所示。

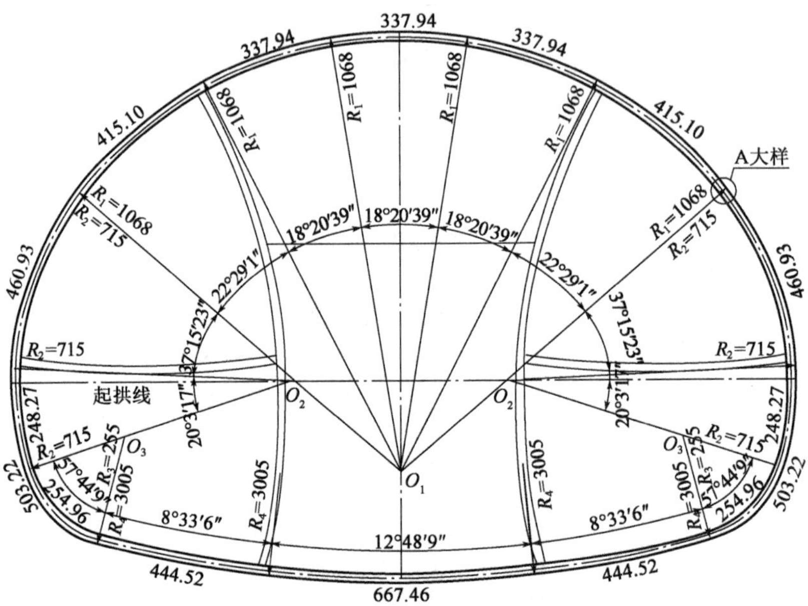

图 2-22　Ⅴ级加强衬砌初期支护型钢拱架示意图(尺寸单位:cm)

(2)格栅钢架施工

隧道Ⅲ级衬砌初期支护格栅钢架示意如图 2-23 所示,格栅钢架施工工艺流程如图 2-24 所示。

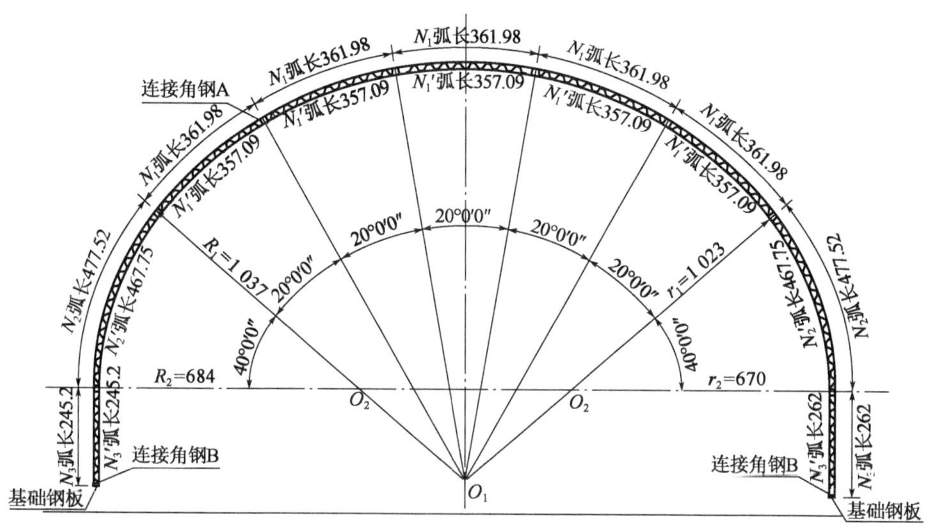

图2-23　隧道Ⅲ级衬砌初期支护格栅钢架示意图(尺寸单位:cm)

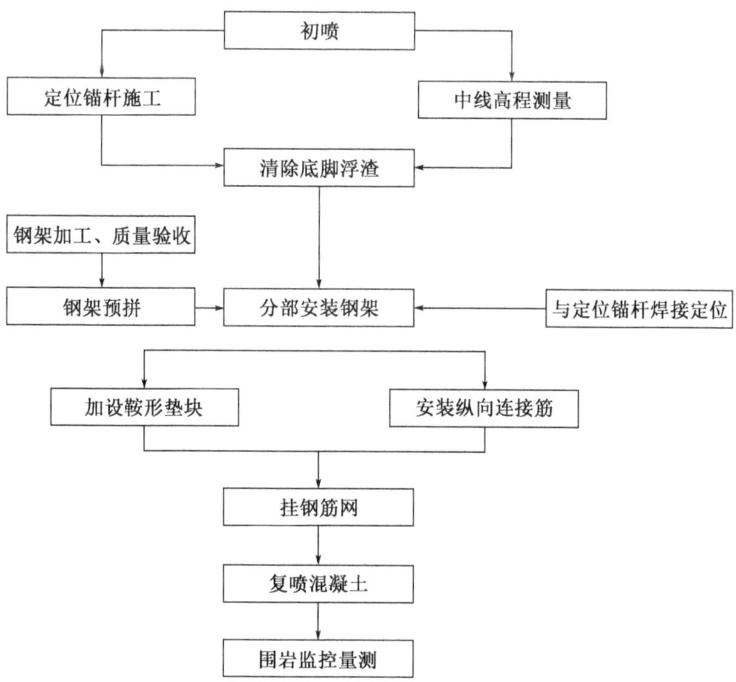

图2-24　格栅钢架施工工艺流程图

①格栅钢架加工

隧道Ⅲ级围岩格栅钢架设计分为9段,格栅钢架在现场设计的工装台上加工。工作台由 $\delta=20$mm 的钢板制成,其上根据不同断面的钢架主筋轮廓放样成钢筋弯曲模型。钢架的焊接在胎模内焊接,控制变形。

②格栅钢架检查与存放

按设计加工好各单元格栅钢架后，组织试拼，检查钢架尺寸及轮廓是否合格。格栅钢架各单元必须明确标出类型和单元号，并分单元堆放于地面干燥的防雨篷内。

(3)钢拱架施工要点

隧道钢拱架施工要点如下：

①钢架按设计尺寸在洞外下料分节焊接制作，制作时严格按设计图纸进行，保证每节的弧度与尺寸均符合设计要求，每节两端均焊连接板，节点间通过连接板用螺栓连接牢靠，加工后进行试拼检查，严禁不合格品进场。

②采用机械将钢架运至安装现场，人工作业平台配合装载机安装钢架，通过锚杆及纵向连接钢筋焊连接，使之成为整体。

③钢架按设计要求安装，安装尺寸偏差应符合设计和规范要求。钢架安装允许偏差：钢架间距及其横向位置和高程的允许偏差为 ±5cm，垂直度为 ±2°。钢架的下端设在稳固的地层上，拱脚高度低于上部开挖底线以下 15～20cm。拱脚开挖超深时，加设钢板或混凝土垫块。安装后利用锁脚锚杆定位。超挖较大时，拱背喷填同级混凝土，以使支护与围岩密贴，控制其变形的进一步发展。两排钢架间用钢筋拉杆纵向连接牢固，间距严格按设计要求施作，以便形成整体受力结构。

4)喷射混凝土

(1)开挖并找顶、撬帮完成后立即初喷混凝土封闭围岩，充分发挥围岩的自稳能力。喷射混凝土采用湿喷机作业，喷射混凝土施工工艺流程见图 2-25。喷射所用混凝土料由洞外喷锚料拌和站生产，混凝土运输车运送至施工部位。

湿式喷射混凝土作业程序如图 2-26 所示。

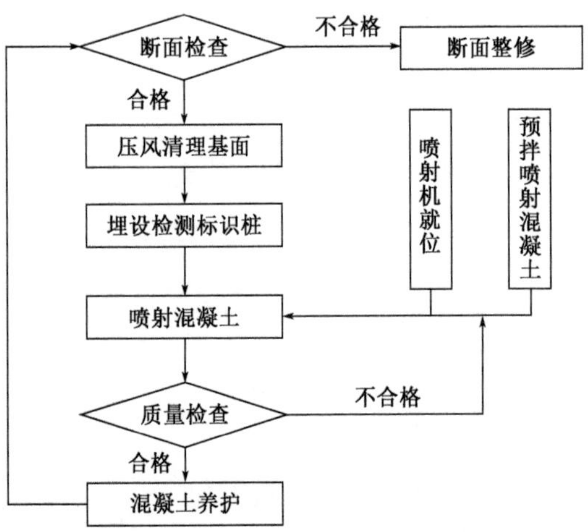

图 2-25　喷射混凝土施工工艺流程图

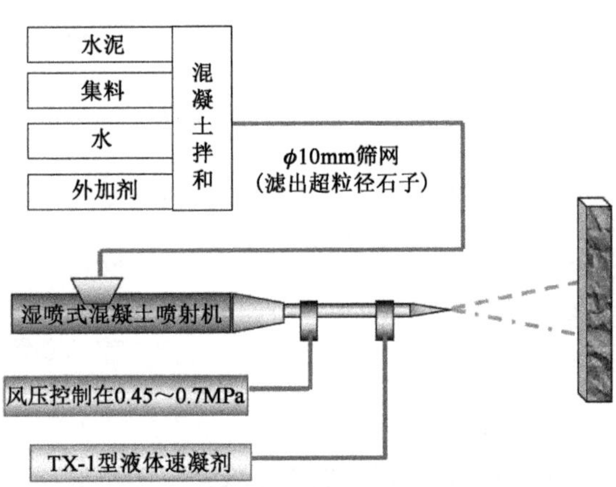

图 2-26　湿式喷射混凝土作业程序示意图

(2)隧道喷射混凝土施工要点如下：

①喷射混凝土严格按设计配合比进行拌和,配合比及搅拌的均匀性每班检查不少于两次。

②喷射混凝土作业采取分段、分块,先墙后拱、自下而上的顺序进行。喷嘴做反复、缓慢的螺旋形运动,螺旋直径为 20～30cm,以保证混凝土喷射密实。同时掌握风压、水压及喷射距离,减少回弹量。

③隧道喷射混凝土厚度大于 5cm 时分两层作业,第二次喷射混凝土如在第一层混凝土终凝 1h 后进行,需冲洗第一层混凝土面。初次喷射先找平岩面。

④喷射混凝土终凝 2h 后,进行喷水养护,养护时间不少于 7d。

⑤喷射混凝土开挖时,下次爆破距喷射混凝土完成的时间不得少于 4h。

5)复喷混凝土

Ⅴ级浅埋偏压及Ⅴ级加强衬砌段均采用双排钢筋网片,复喷混凝土在锚杆、挂网和钢架安装后进行,尽快形成喷锚支护受力整体,以抑制围岩变位。钢架间用混凝土喷平,喷混凝土覆盖钢筋网,并保证保护层厚度不小于 2cm。

喷射时尽量垂直于岩面,喷嘴距岩面一般保持 1.5～2.0m 为宜。喷射混凝土分段、分片由下而上顺序进行,每段长度不超过 6m,一次喷射厚度控制在 6cm 以下,喷射时插入长度比设计厚度大 5cm 的铁丝,每 1～2m 设一根,作为施工喷层厚度控制用,后一层喷射在前层混凝土终凝后进行,喷射混凝土按规定洒水养护。

2.2.3　防排水施工

防排水工程遵循“防、截、排、堵相结合,先堵后排,因地制宜,综合治理”的原则,在洞室开挖过程中对出水裂隙、初喷后出水点先进行封堵,尽量使水绕开作业面,最后形成完整的防水体系,使隧道防水可靠,排水通畅,后期可维护,保证结构的正常使用和行车安全。

1)防水施工

龙鼎隧道和港沟隧道采用复合式衬砌,初期支护采用 C25 喷射混凝土封闭岩面裂隙,喷射前预埋 Ω 形环向排水管,二次衬砌采用 C30 模筑混凝土,在初期支护与二次衬砌间铺设 400g/m^2 的无纺布 +1.5mm 厚的 EVA 防水板形成柔性防水夹层。施工缝使用背贴式止水带 + 带注浆管遇水膨胀橡胶止水条,如图 2-27 所示;沉降缝及伸缩缝使用背贴式止水带 + 橡胶止

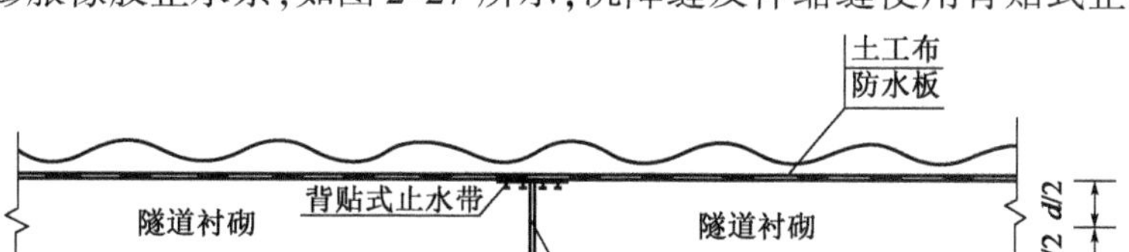

图 2-27　施工缝防水构造

水带,缝内填塞沥青麻絮止水,如图 2-28 所示,防止施工缝和沉降缝处渗漏水;明洞与二次衬砌接缝处采用背贴式止水带 + 橡胶止水带,止水带后采用 BR 防水砂浆保护层,如图 2-29 所示。

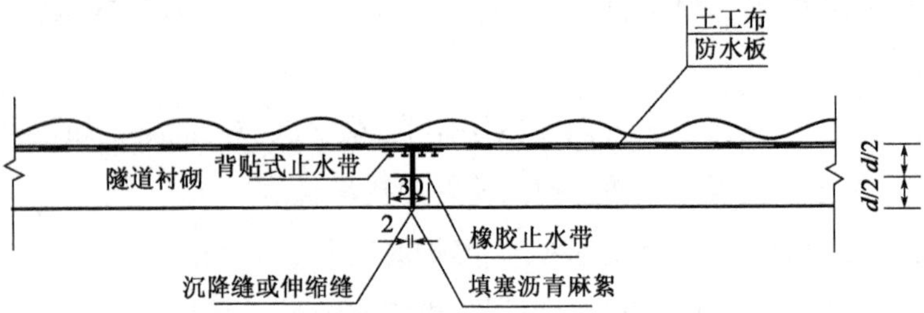

图 2-28 沉降缝、伸缩缝防水构造(尺寸单位:cm)

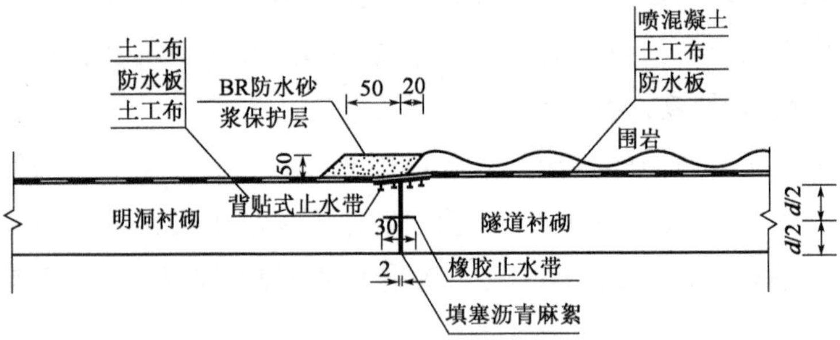

图 2-29 明洞、二次衬砌接缝(尺寸单位:cm)

(1)初期支护基面的处理

①喷射混凝土基面平整度要求,墙面 $D/L \leqslant 1/6$;拱顶 $D/L \leqslant 1/8$(L 为喷射混凝土相邻两凸面间的距离,D 为相邻凸面间凹进去的距离)。

②割除基面锚杆、管件等尖锐突出物,并在割除部位用砂浆抹成圆曲面,以免扎破防水层。

③要求底板基面平整,无明显的凹凸起伏。

④要求喷射混凝土强度达到设计强度。

⑤防水板施工时基面如有明水,应采取措施封堵或引排。在该处安设一道环向 ϕ50mm 软式透水管,以防以后在此处渗水而无法排出。

(2)土工布的铺设

用人工滚铺;布面要平整,并适当留有变形余量。长丝或短丝土工布的安装通常采取搭接、缝合和焊接方法。缝合和焊接的宽度一般为 0.1m 以上,搭接宽度一般为 0.2m 以上。在施工中,土工膜上面的土工布采用自然搭接,土工膜上层土工布采用缝接或热风焊接。采用热风焊接对长丝土工布进行连接,即用热风枪对两片布的连接处进行瞬间高温加热,使其部分达到融熔状态,立即使用一定的外力使其牢牢地黏合在一起。

(3)防水板的铺设

①将防水板横向中线同隧道中线对齐重合,由拱顶向侧墙方向铺设。铺设时应留出足够的空余量(一般留5%的余量),保证足够的松弛度,避免防水板被混凝土过度压紧,导致防水板固定处被拉裂,甚至防水板被拉断裂,造成渗漏水。压焊器将防水板热贴于塑料垫圈上。防水板铺设大样图如图2-30所示。焊缝连接时,先将两幅防水板铺挂定位,端头各预留20cm,由一人在焊机前方约50cm处将两端防水板扶正,另一人手握焊机,将焊机保持在离初期支护表面5~10cm处,以试调好的恒定速度向前行走,中途不能停顿,整条焊缝的焊接要一气呵成。

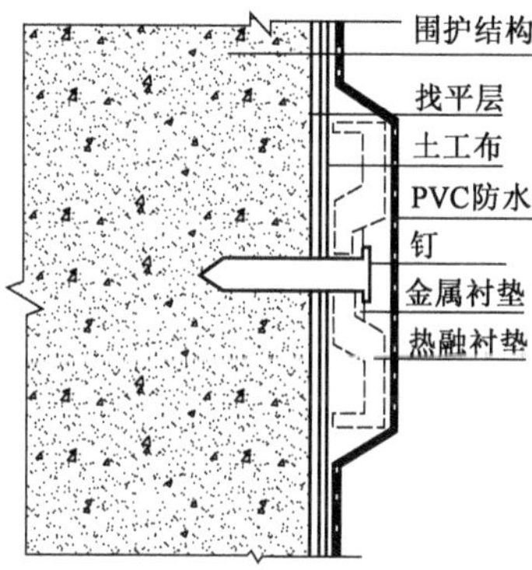

图2-30 防水板铺设大样图

②两层板间搭接长度不小于15cm,焊成双焊缝,每条焊缝宽1.5cm,中间有2 cm宽空腔,用于充气检查焊缝的严密性。

(4)铺设防水层的注意事项

①沿隧道纵向一次铺挂防水层长度要比本次二次衬砌施工长度多1.0m以上,以便与下一循环的防水板连接;同时可使防水板接缝与混凝土接缝错开1m以上,以利于防止混凝土施工缝渗漏水。

②铺设防水层地段距爆破开挖作业面一般不小于100m。

③防水层施工是以高空作业为主,因此必须注意:在台架上高空作业时,除在作业台架上设置防跌落的栏杆外,作业人员必须系安全带;为防止作业台架滑动,要放置止楔后才能开始作业;应有足够的照明亮度,以确保作业安全;要防止材料和工具等从作业台架上掉落,以免砸伤通行作业人员;除上述规定外,还需遵守其他有关高空作业的安全规定。

④EVA板皆为易燃材料,必须采取可靠的防火措施,堆放这些材料的场所不准使用明火。当钢筋焊接作业不得不使用明火时,除用非燃材料覆盖在防水板上外,要求设置足够数量的灭火器,并安排值班人员。

⑤防水板施工完毕后,必须注意严加保护。

⑥有钢筋地段,焊接钢筋时必须在防水板周围用石棉水泥板等不燃、不导热材料进行遮挡,以免焊接时溅出的火花灼烧防水板。另外,在钢筋端头要套上3cm长的塑料软管,以防钢筋头刺破防水板。

⑦在二次衬砌台车定位前,应检查防水板铺设质量和焊接质量,如出现防水板有破损情况,必须进行处理。

(5)防水板加压检测

将5号注射针与压力表相接,用打气筒进行充气,当压力表达到0.25MPa时停止充气,保持15min,压力下降在10%以内,说明焊缝合格;如压力下降过快,说明有未焊接好的地方。用肥皂水涂在焊缝上,有气泡的地方重新补焊,直到不漏气为止。

2)排水施工

(1)隧道进出口边、仰坡5m以外设截水天沟,将地表水截流排入地表自然水沟或路基边沟。

(2)明洞结构防水由双层400g/m² 的无纺布+1.5mm厚的EVA板组成,无纺布每10m设环向排水管一道,并与纵向排水管连通,通过ϕ116横向引水管排至隧道侧式排水暗沟。

(3)隧道两侧拱脚处纵向通长设置ϕ116半边打孔HDPE管;暗挖段二次衬砌间每隔5~10m设置25mm×200mm环向塑料盲沟一道;每隔4~8m设置Ω形环向排水管一道,排水管及排水盲沟末端均与纵向排水管连通;纵向排水管的汇水通过每隔25m设置的ϕ116横向排水管排入隧道侧式排水暗沟排出洞外。

(4)隧道左、右两侧排水边沟,每隔25m设一沉砂井,沉砂井盖板上设专用排水孔,将隧道内的消防、冲洗水汇入排水沟至洞外。

(5)隧道侧式排水暗沟沿隧道纵向每隔100m设一处检查井,以便沉积淤泥,疏通管道,保证排水通畅。

(6)隧道路面基层中埋设塑料盲沟,纵向间距20m一道井,在路面低侧靠近侧式排水暗沟沟壁外铺设纵向碎料盲沟,通过暗沟沟壁上的泄水孔排除路面积水,避免路面底部渗水冒出,地下水丰富时适当加密。

3)排水管试验

为避免因施工过程中杂物堵塞排水管,影响隧道排水系统正常的使用功能,应待排水管施工完成后,进行排水管试验。试验主要采用灌水法,利用水头差检测排水管的排水效果。灌水处选择在高程较高排水管接头处,首先进行连续灌水,灌水压力不宜过大,以防损坏排水管道。依次从灌水位置由近到远检测井内水位及水流情况,如果检查井内有持续流水且水流速度相近,说明排水管排水正常。若检查井水流速度减缓,前一个检查井水位增加,说明中间的排水管存在问题,此时应立即检查并排除问题。

2.2.4 二次衬砌施工

1)施工方法

衬砌施工工艺流程见图2-31。

(1)施工准备

使用全液压衬砌台车,混凝土在拌和站集中拌和,混凝土输送车运输,混凝土输送泵整体灌注。衬砌作业机械化配套见图2-32。

二次衬砌的施工时间主要由监控量测数据来决定,在初期支护和围岩变形基本稳定并具备以下条件时方可进行二次衬砌的施工。

①位移速率有明显减缓趋势,水平收敛(拱脚附近)速度小于0.1~0.2 mm/d或拱顶下沉速度小于0.07~0.15mm/d。

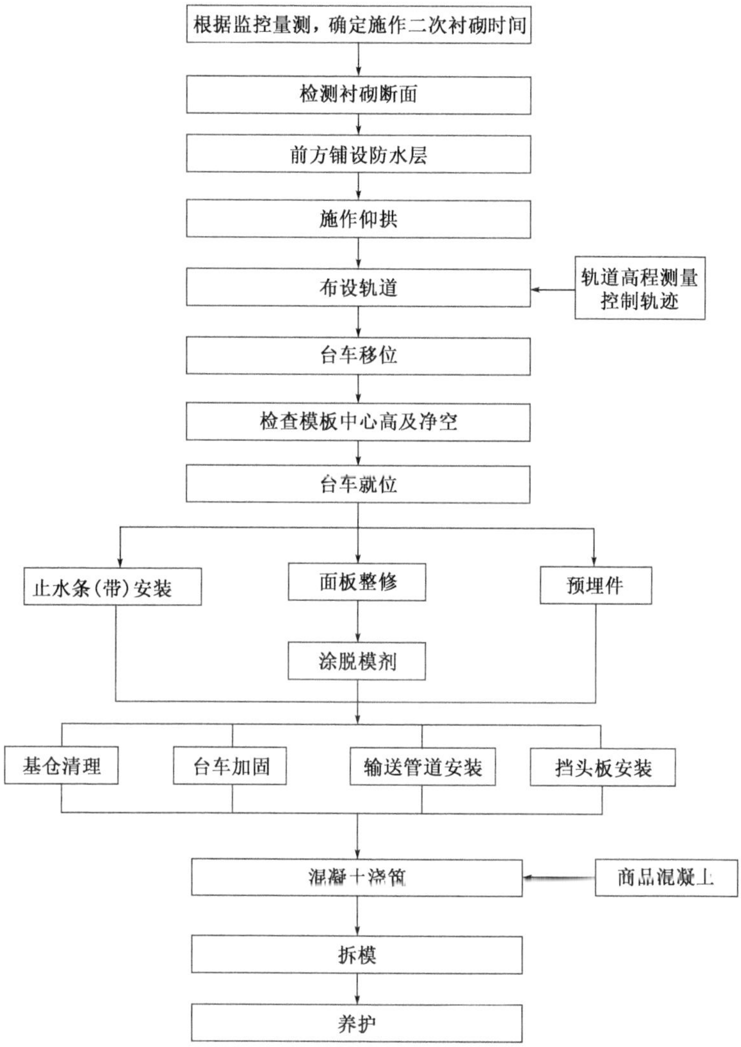

图 2-31　衬砌施工工艺流程图

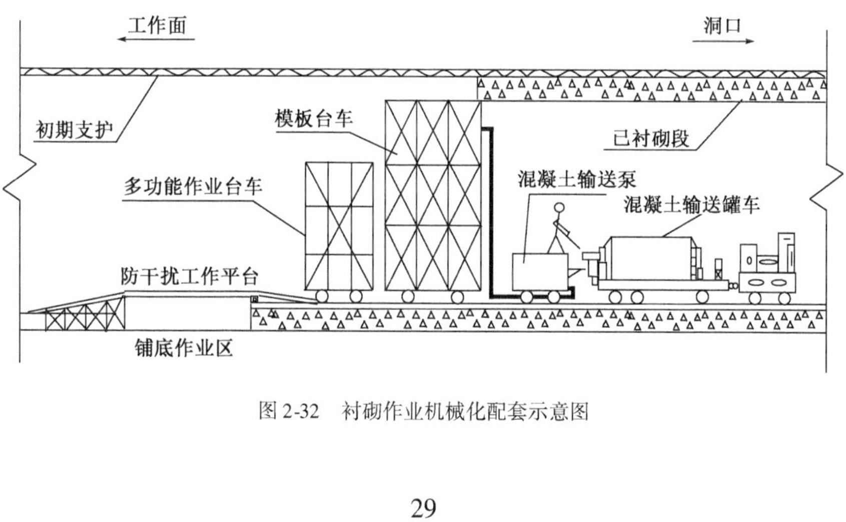

图 2-32　衬砌作业机械化配套示意图

②衬砌前的位移值占总位移值的80% ~90%，初期支护表面裂缝不再继续发展。

当不能满足这些条件、支护变形无收敛趋势、初期支护的支护能力又难以增加时，要及时进行二次衬砌，需加强二次衬砌混凝土的强度并合理配筋。

(2)台车拼装

①调整好两行走轨道中心距，并使其高程处于同一水平面内。

②将横梁、立柱及斜撑组成两个端门架和三个中门架，组拼时应保证两立柱平行，且两对角线长度相等。

③将四个行走机构吊装在行走轨上，并调整好相互位置，安装好制动装置。

④将两个端门架分别吊装在行走机构支座上，并调正且垂直于走行轨，然后支撑牢靠，再将车架两下纵梁安装于两端门架之间，并校正台车架整体尺寸，保证台车两水平对角线相等，并将下纵梁调直。

⑤安装中门架于下纵梁，再安装门架上纵梁、斜拉杆，并与端门架连为一体，并再次调整，校正车架各部相互位置，以保证：

a. 每侧的车轮应在同一直线上，并保证轮距与轨距相等，误差不大于10cm；

b. 各立柱均应垂直于走行轨，不得歪斜；

c. 车架在水平面内，其下部和上部对角线长度相等，无扭曲现象，调整正确后，再次检查并拧紧各部螺栓。

⑥将横向调整装置千斤顶等安装于门架横梁上，再将侧向丝杠机构安装于门架两侧。

⑦安装顶部两上纵梁，并使两纵梁高度相同且与走行轨平行。

⑧吊装拱架安装于上纵梁上，并调整好相互间距，然后安装加强槽钢，再吊装边墙架，方法同上。

⑨安装模板：对全液压衬砌台车而言，先安装拱部模板，顺序为从拱脚向拱顶、从台车中部向两端安装，拱部安装完毕后，与边墙架相邻的模板，应在拱架上焊挡板，以防模板下滑，然后再按顺序安装边墙模板，在安装中，应尽量减小模板之间间隙，保证模板接缝一致，调整好后再焊挡板。

⑩模板安装允许偏差和检验方法见表2-5。

模板安装允许偏差和检验方法 表2-5

序号	项　目	允许偏差(mm)	检验方法
1	边墙角	±15	尺量
2	起拱线	±10	尺量
3	拱　顶	+10、0	水准测量
4	模板表面平整度	5	2m靠尺和塞尺
5	相邻浇筑段表面高低差	±10	尺量

(3)仰拱施工

整幅施作,以保证隧道底部的施工质量,从根本上消除隧底质量隐患,确保结构稳定。仰拱和填充混凝土超前施工,为拱墙衬砌模板台车作业提供条件。仰拱混凝土自中间向两侧对称浇筑,插入式振捣器进行振捣密实。仰拱混凝土终凝后才可进行填充混凝土的施工,混凝土强度达到规范要求后,方可在其上方行车。

仰拱施工示意如图 2-33 所示,仰拱栈桥施工现场如图 2-34 所示。

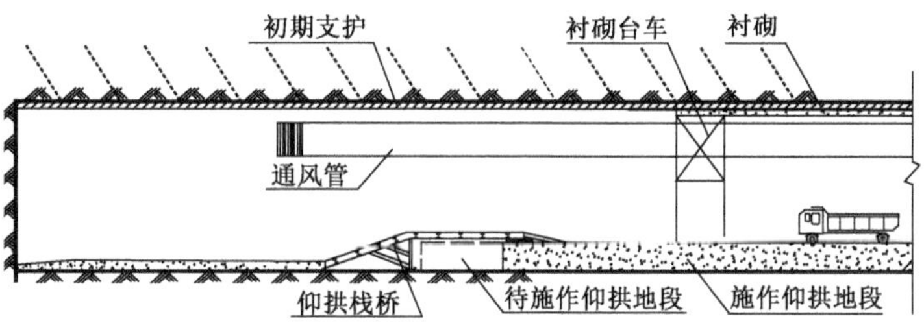

图 2-33 仰拱施工示意图

(4)台车定位

借助测量仪器进行台车定位,要用全站仪将隧道衬砌中心线测出,并用钢钉钉点做好标记,找出衬砌台车的中心,用吊锤找出台车中心线与衬砌中心线的偏差后进行调整,直至两中心线重合;再用水平仪测出衬砌台车中心顶面的高程,计算出其与衬砌中心顶面高程的差值后调整高度;分别测出左右两个脚点的方位,与设计方位对比,找出差值后进行调整。至此,台车就定位完成。将台车的支撑螺旋杆全部撑开并扭紧,每根螺旋杆必须由专人负责检验,以防松动(混凝土浇筑过程中也要不定时地进行检验)。绑扎钢筋完毕后用钢模板将台车端头封闭,封闭后的端头要密合,不能出现较大的缺口;要保证混凝土施工过程中,外模板及堵头模板不漏浆。

图 2-34 仰拱栈桥施工现场图

(5)二次衬砌施工

①衬砌工序安排:先浇筑仰拱混凝土,再填充混凝土,后拱墙施工。仰拱采用栈桥辅助全幅超前施工,拱墙衬砌采用模板台车浇筑。衬砌混凝土均采用商品混凝土。严格按设计和技术标准施工,达到"尺寸准确、强度合格、内实外美、不渗不漏、快速施工"的目标。

②衬砌施工步骤:

a. 仰拱每节长度依据围岩情况划分,并立端头模板,浇筑仰拱混凝土。

b. 施作拱墙防水层(用工作台车),绑扎拱、墙钢筋。

c. 验收钢筋,凿毛施工缝,并将其清洗干净,台车就位,并检查衬砌整体尺寸,其应达到设计要求。

d. 灌注拱墙混凝土,当混凝土达到要求强度时可脱模,脱模后及时进行养生。

图 2-35　衬砌台车现场图

衬砌台车现场如图 2-35 所示。

2)衬砌施工要点

隧道衬砌施工要点如下:

(1)在初期支护完成后适时进行隧道衬砌施工。隧道深埋段二次衬砌施工在围岩量测净空变化速率小于 0.2mm/d、变形量已达到预计总量的 80% 以上,且变形速率有明显减缓趋势时进行,浅埋段二次衬砌紧跟初期支护施作。

(2)模板台车组装好后,须严格检查台车的断面尺寸、各部位的工作状况,合格后方可交付使用。

(3)台车就位前,须严格检查初期支护断面尺寸是否符合要求、防排水设施、预埋件位置、孔洞尺寸是否达标。台车就位时,须用仪器严格控制拱顶高度及中线、起拱线尺寸、拱腰中线尺寸和轨面中线尺寸。台车就位后,先锁定,后进行加固支撑并立即对模板表面涂抹脱模剂,脱模剂要均匀涂抹在模板上,严禁局部淤积或将脱模剂喷洒到钢筋上。

(4)混凝土采用泵送浇筑工艺,由下至上分层、左右交替、对称灌注。泵送混凝土入仓自下而上,从已灌注段接头处向未灌注方向。上层混凝土在下层混凝土初凝前完成振捣,振捣时,不得碰撞模板、钢筋和预埋件,振捣时间宜为 10 ~ 30s。

(5)灌注混凝土按规范操作,特别是封顶混凝土,一定要从内向端模方向灌注,排除空气,保证拱顶灌注密实。在拱顶端模位置预留观察孔,当混凝土灌注至拱顶高度时,必须保证混凝土的流动性和输送泵的压力,将拱部灌满后,再封闭端模观察孔,避免出现空洞现象。混凝土灌注前,在拱顶沿纵向安设 2 根注浆管,待衬砌混凝土强度达到规范要求后,注浆回填拱顶背后空隙。

(6)拆模板时利用最后一盘封顶混凝土试件达到的强度来控制。拆模板时混凝土芯部与表层、表层与环境之间的温差不得大于 20℃,结构内外侧表面温差不得大于 15℃。混凝土内部开始降温前不得拆模板。

(7)混凝土灌注后应根据气候条件,12h 内进行养护,养护时间应满足混凝土强度要求;当气温过低时不得进行洒水养护。混凝土养护的最低期限应符合设计规定,且不得中断,混凝土养护期间,混凝土内部温度不宜超过 60℃,最高不得大于 65℃,混凝土内部温度与表面温度之差、表面温度与环境温度之差不宜大于 20℃,养护用水温度与混凝土表面温度之差不得大于 15℃。

(8)为防止初期支护与二次衬砌之间出现空洞或不密实,隧道二次衬砌施工完成并达到 80% 强度后,在衬砌背后进行充填压浆。

(9)在隧道二次衬砌设置结构筋的地段,严格按照设计要求的尺寸及规范要求,在洞外钢筋加工棚内加工钢筋,平板运输车运入洞内,焊接绑扎成形;钢筋加工运输过程中严禁污染钢筋,对锈蚀处进行处理后方可使用。

(10)在衬砌结构发生变化处,设置沉降缝,在沉降缝的中间埋置止水带。沿衬砌设计轴线间隔0.5m在挡头板上钻一 $\phi12$ 钢筋孔,将加工成形的 $\phi12$ 钢筋由待模筑混凝土一侧向另一侧穿入,内侧卡紧止水带的一半,另一半止水带平结在挡头板。待模筑混凝土凝固拆除挡头板,将止水带靠中心的钢筋接直,然后弯曲 $\phi12$ 钢筋套上止水带,模筑下一环混凝土。

2.2.5　隧道开挖工法转换

隧道开挖方法的合理转换,是影响隧道开挖作业安全的重要因素,在接近开挖方法变换里程时,应提前计划,确定合理的临时支撑参数。工法转换的重要前提是确保不同开挖工法条件下的上台阶两侧底脚与上台阶底部高程保持一致,如图2-36所示。

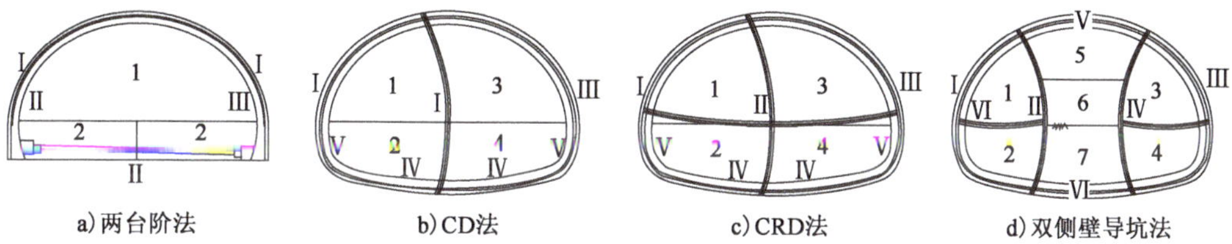

图2-36　不同工法开挖断面及断面中线高度示意图

1)台阶法与其他工法之间的转换

由两台阶法转换到CD法、CRD法时,提前调整上台阶两侧底脚,使其与CD法、CRD法施工时上台阶底部高程一致,满足临时支撑及临时仰拱架设需要。

2)CD法与CRD法之间的转换

由CD法转入CRD法施工时,中部增设临时横撑,同时CRD法临时竖撑应比CD法对应竖撑长些,以使临时钢架拱脚置于同一水平面上,便于拱脚的稳定。由CRD法转入CD法施工时,取消临时横撑。

3)CD法、CRD法与双侧壁导坑施工之间的转换

CD法、CRD法转为双侧壁导坑施工时,应提前调整CRD法临时横撑安装高度,使其与双侧壁导坑上部横撑位于同一高度上,从而利于后续双侧壁导坑上部的开挖作业。由双侧壁导坑转为CRD法施工时,待施工至设计地段后,继续向前按双侧壁导坑施工,同时将1部断面(图2-36)加宽,利用3个掘进循环将中隔壁过渡至CRD法的中隔壁位置。

2.2.6　临时支护拆除

1)拆除方案

临时支护拆除必须满足以下几个条件:

(1)临时支护拆除前必须保证拆撑段的永久支护已经封闭完成,且结构符合规范和设计要求;

(2)为确保安全,洞口段中隔壁、临时仰拱、临时支撑钢架的拆除安排在隧道仰拱填充施工完毕后进行;

(3)临时支护拆除前该拆除段的沉降和收敛测量结果都满足稳定条件,沉降收敛达到稳定的标准为收敛不超过0.2mm/d;

(4)临时支撑拆除位置与二次衬砌台车间距不大于12.4m;

(5)采用可伸缩式防水板、钢筋绑扎台车,该台车可在二次衬砌台车车架内穿行,临时支撑拆除段落的防水板施工、钢筋绑扎作业应在24h内完成,并在36h内施作二次衬砌。

临时支护拆除顺序为:搭脚手架及安全网→凿除喷射混凝土→临时钢支撑拆除→处理初期支护表面→拆除位置补喷混凝土找平。

每次临时支护的拆除长度控制在10.5m,分两步进行,第一步拆除5m,第二步拆除5.5m,并在临时钢支撑拆除后,加强隧道的监控量测。

2)CD法临时支护拆除

CD法施工时,当第一环仰拱填充施工完成后,即可安排拆除临时支撑钢架、临时仰拱,第一次拆除长度5m(拆除试验),满足要求后再拆除5.5m,以满足第一环衬砌要求。以后每一次拆除长度10.5m(每一环衬砌按照10.5m计算),CD法开挖临时支护如图2-37所示。

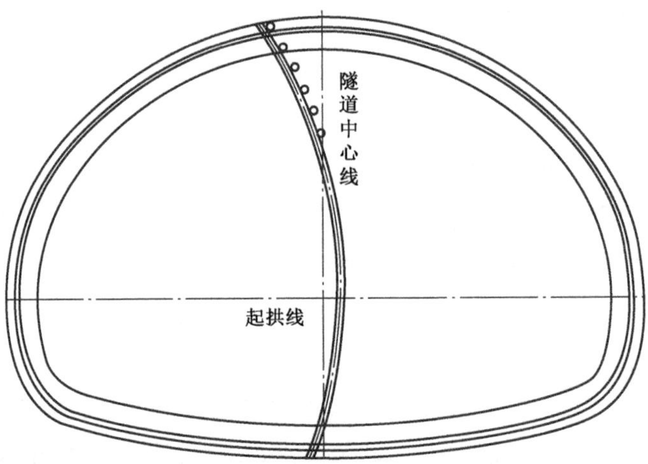

图2-37 CD法开挖临时支护示意图

(1)布置变形观测点,确保安全。

拆除临时钢架前,进行监控量测,取得拆除前的初始数据。在整个临时支架拆除过程中,对隧道拱顶下沉采取不间断观测,每1~2h观测一次,及时反馈监测数据,以保证施工安全。

(2)凿除隔壁支撑、临时仰拱钢架间的喷射混凝土及钢筋网。

首先采用风镐人工凿除钢架间喷射混凝土,采用电气焊切断钢筋网,搭设钢管脚手架作为工作平台。

在凿除喷射混凝土过程中,应逐榀钢架自上而下进行,凿除过程中,下方严禁人员及机械通过。作业区前后设专人防护人员。注意在凿除喷射混凝土、切断钢筋网过程中,尽量保证钢架连接筋的连接不被破坏,防止凿除期间中隔壁钢架失稳。凿除完毕后,及时清理混凝土渣与废钢筋网,废钢筋网应在指定地点堆放,集中处理。

(3)进行拆除试验,确保拆除安全。

隧道在拆除临时支护过程中受力体系转换。为防止初期支护因应力突变而失稳,在拆除前,选取靠近已施作二次衬砌端6m进行拆除试验。

①采取隔三拆一的方法(如图2-38所示的带斜纹钢架),在中支撑钢架顶部切开2~3cm,观察隧道变形量及变形速率。

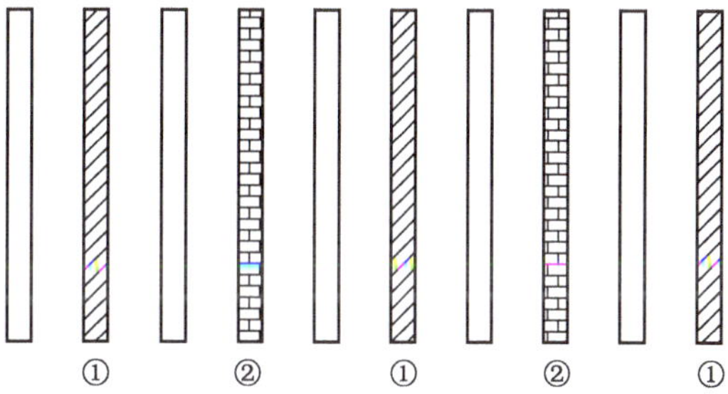

图2-38　中支撑钢架拆除顺序示意图

②隧道变形量及变形速率在正常范围内时,采取隔一拆一的方法(如图2-38所示的带方格的钢架)切开中支撑钢架顶部,继续观察隧道变形量及变形速率。严禁连续切开钢架,以防止中支撑突然失稳,倒塌伤人。

③变形稳定后分析监控量测结果,确定隧道初期支护的稳定性。

(4)逐榀拆除中隔壁、临时仰拱钢架。

拆除钢架时,采用逐环拆除的方法。每环钢架拆除顺序为:

①除去第1、2榀顶部连接板处螺母;

②破碎第2榀与第3榀之间上部混凝土,并隔断连接钢筋及钢筋网;

③拆除第1、2榀中间连接板处螺母,即可拆除第1、2榀中隔壁上半部分;

④按上述步骤③依次拆除后续临时钢支撑中隔壁上半部分;

⑤破碎第2榀与第3榀之间下部混凝土,并割断连接钢筋及钢筋网;

⑥拆除第1、2榀下部连接板处螺母,即可拆除第1、2榀中隔壁下半部分;

⑦按上述步骤⑤、步骤⑥依次拆除后续临时钢支撑中隔壁下半部分。

3)双侧壁导坑法临时支护拆除

双侧壁导坑法临时支护如图2-39所示。

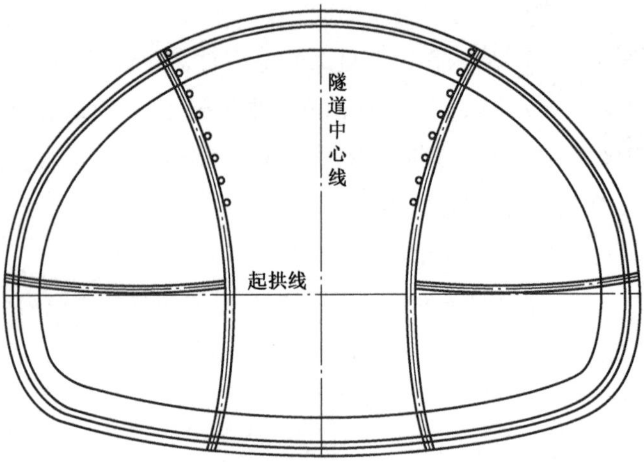

图 2-39 双侧壁导坑法临时支护示意图

(1)拆除施工步骤

双侧壁导坑法临时支护拆除施工,应在仰拱填充施工完毕后进行。每模衬砌范围内临时支护的拆除施工分两次进行,第一次拆除长度 5m,第二次拆除长度 5.5m。衬砌结束后,顺序拆除下一模衬砌段侧壁支撑、临时仰拱。具体步骤如下:

①设置变形观测点,确保安全。

洞口段拆除临时钢架前,进行监控量测,取得拆除前的初始数据。在整个拆除过程,对隧道拱顶下沉采取不间断观测,每 1 ~ 2h 观测一次,及时反馈监测数据,以保证施工安全。

②凿除侧壁支撑、临时仰拱钢架间的喷混凝土及钢筋网。

采用风镐凿除喷混凝土,采用电气焊切断钢筋网,搭设钢管脚手架作为工作平台。

在凿除喷混凝土过程中,应逐榀钢架自上而下进行,凿除过程中,下方严禁行人机械通过;作业区前后专人防护。注意在凿除混凝土、切断钢筋网过程中,尽量保证连接筋的连接,防止凿除期间侧壁支撑、钢架失稳。凿除完毕后,及时清理混凝土渣与废钢筋网,废钢筋网应在指定地点堆放,以便日后集中处理。

③进行拆除试验,确保拆除安全。

在拆除隧道临时支护过程中受力体系转换。为防止初期支护因应力突变发生失稳,在拆除前,选取洞口大管棚段 5.5m 进行拆除试验。

a. 首先采取隔 3 拆 1 的方法(如图 2-40 所示带斜纹的钢架),在两侧壁钢架顶部切开 2 ~ 3cm,观测隧道变形量和变形速率。

b. 隧道变形量和变形速率在正常范围内时,采取隔 1 拆 1 的方法(如图 2-40 所示带方格的钢架),切开两侧壁支撑钢架顶部,观测隧道变形量和变形速率。严禁连续切开钢架,以防止两侧壁支撑突然失稳,倒塌伤人。

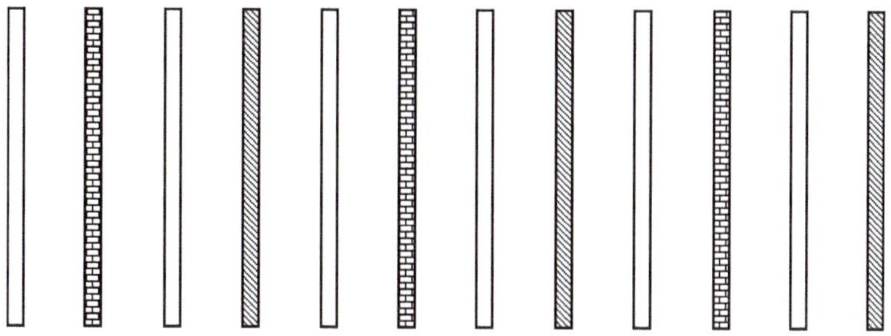

图 2-40 两侧壁支撑钢架顶部拆除顺序示意图

c. 变形稳定后,分析监控量测结果,确定隧道初期支护的稳定性。

④逐榀拆除侧壁、临时仰拱钢架。

拆除钢架时,采用逐环拆除的方法。每环钢架拆除顺序为:1 部(图 2-36)临时仰拱钢架→3 部(图 2-36)临时仰拱钢架→上部侧壁钢架→下部侧壁钢架→下一环钢架拆除循环。

a. 拆除 1 部、3 部(图 2-36)临时仰拱钢架

利用下一环临时仰拱钢架采用绳索固定临时仰拱钢架两端,然后切断与该钢架相连的所有连接筋,切开焊接处后,放松两端绳索,去掉与初期支护、中隔墙钢架的连接螺栓,把临时仰拱钢架慢慢放到地面。

b. 拆除上部、下部侧壁钢架

利用下一榀侧壁钢架采用绳索、滑轮固定侧壁钢架上部和底部,然后去掉与初期支护的连接螺栓,切断与该钢架相连的所有连接筋,先放松上部绳索,放倒侧壁钢架后,同时放松上部、底部绳索,把钢架放到地面上。

4)拆除钢架注意事项

(1)做好拆除过程中监控量测工作,随时监测初期支护的稳定性。

(2)严格按照上述拆除步骤进行,严禁同时拆除多榀钢架,防止隧道因支护体系转换应力过大,造成初期支护失稳。

(3)拆除时,必须采用人工拆除方式,严禁采用挖掘机、装载机等机械破坏方式拆除钢架,以防造成隧道初期支护体系变形失稳,严禁一次性大范围拆除临时支护。

(4)做好在拆除过程中的安全防护工作,拆除过程中,严禁施工人员、机具设备通过,防止坠物伤人。

(5)钢架拆除,尽量利用绳索等安全设施,严禁钢架以自由落体形式直接落到地面,以免钢架弹起伤人。

(6)钢架拆除过程中,全程进行围岩沉降变形观测,观测密度为 1 次/2h,必要时增加到 2 次/h。

(7)拆除钢架时,及时清除残留在初期支护上的短钢筋头、型钢头,为后续铺设防水板施

工创造条件。

(8)拆除钢架后,对钢架上残留的钢筋进行清除,以防止在钢架运输或再利用过程中,短钢筋碰伤、划伤施工人员。

2.3 明洞及洞门施工

(1)暗挖段进洞30m左右后先施工洞口2模二次衬砌,然后开始施工明洞衬砌。

(2)洞门与明洞段衬砌同时施工,出口采用削竹式洞门,采用六棱砖护坡;进口采用端墙式洞门,采用M10浆砌片石砌筑洞门墙,墙面采用30cm厚花岗岩镶面。

(3)防水验收通过后进行明洞段回填,明洞段回填采用两侧对称法,由人工分层砌筑7m高M10浆砌片石,待拱圈混凝土强度及浆砌片石强度达到设计强度后由人工分层夯填碎石土至拱顶1m以上,之后方可采用机械进行回填夯实。回填至设计要求高度后(最大回填高度不应大于4m),施工30cm厚黏土隔水层,上覆20cm厚种植土。

2.4 不良地质段施工

2.4.1 岩溶裂隙水探测及控制措施

龙鼎隧道和港沟隧道岩溶水受季节影响较大,地表水与地下水水力联系密切,雨季南部山区汇水并下渗,地下水向北渗流。因此雨季后将沿基岩表面裂隙下渗形成季节性孔隙潜水,隧道施工期间对岩溶裂隙水须加强探测与控制,具体处治方案见表2-6。

局部注浆、帷幕注浆横断面、纵断面分别如图2-41~图2-43所示。

隧道岩溶裂隙水处治方案 表2-6

序号	施工名称	施工工艺
1	断层破碎带	通过断层破碎带时,采取加设横向支撑的双侧壁导坑法施工,采取机械或人工方式开挖,尽量减少对围岩的扰动,开挖循环进尺控制在0.6~1m,台阶长度及各台阶纵向错台长度控制在5m以内,以便封闭成环。挤压型软弱破碎带变形较大,应及时监测,并确定二次衬砌时间
2	岩溶水、裂隙水的超前探测	采用综合超前地质预报手段(TSP-203、红外线探水和地质雷达探测法)探测掌子面前方岩溶发育情况(规模、性质及位置等)、地下水赋存情况(水量及水压等),并用超前探孔进行验证,据此进行突水突泥危险性判别
3	地下水处理原则	(1)地下水发育地段,采取"以堵为主,防突防涌"的治理原则,通过注浆堵水加固围岩,防止突泥突水,确保施工安全; (2)对隧道开挖导致地下水流失,有可能引起地表环境变化并影响居民生产生活用水,采取"以堵为主"的防水措施

续上表

序号	施工名称	施工工艺
4	岩溶水、裂隙水的处治措施	1. 局部注浆堵水 (1)局部注浆堵水适用于超前探水孔中总出水量小于 $15m^3/h$，但个别探水孔出水量大于 $3m^3/h$； (2)注浆范围为：在出水通道范围内，隧道开挖外轮廓线以外 5～6m，单孔注浆有效扩散半径为 3.6m，注浆结束最终压力为净水压力的 2～3 倍； (3)施工中根据探水孔探明的出水点位置、水量和预注浆段岩层节理、裂隙发育情况，布置注浆孔个数和位置，注浆孔孔径为 108mm，开孔孔径 150mm； (4)注浆后，总出水量小于 $2m^3/h$，且一处出水量小于 $0.6m^3/h$，即可结束注浆； (5)注浆材料主要采用单液浆，注浆困难时采用水泥-水玻璃双液浆，水泥为 32.5 普通硅酸盐水泥，水灰比(*W/C*)为 0.6～1.1，水泥浆与水玻璃体积比为 1:0.05 2. 周边帷幕预注浆堵水 (1)周边帷幕预注浆适用于未发现明显的漏水通道而漏水较严重的地段。 (2)周边帷幕预注浆分两次进行。第一次钻孔数 18 个，注浆孔位离开挖边界 0.5m，注浆孔的外岔角为 9.3°。第二次钻孔数 20 个，注浆孔位离开挖边界 1m，注浆孔的外岔角为 9.7°。 (3)注浆施工中，当注浆压力突然升高，应停止水玻璃注浆泵，只注入水泥浆或清水。当进浆量很大，压力长时间不升高，则应调整注浆浓度及配合比。 (4)当注浆压力达到 3MPa、进浆量小于 100L/min，而且压力升高较快，则可停止注浆。最大注浆压力不能超过 5MPa。 (5)为防止串浆，第一次与第二次注浆之间宜隔开 2～3h。 (6)注浆后，总出水量小于 $2m^3/h$，且一处出水量小于 $0.6m^3/h$，即可结束注浆。 (7)注浆材料主要采用单液浆，注浆困难时采用水泥-水玻璃双液浆，水泥为 32.5 普通硅酸盐水泥，水灰比(*W/C*)为 0.6～1.1，水泥浆与水玻璃体积比 1:0.05

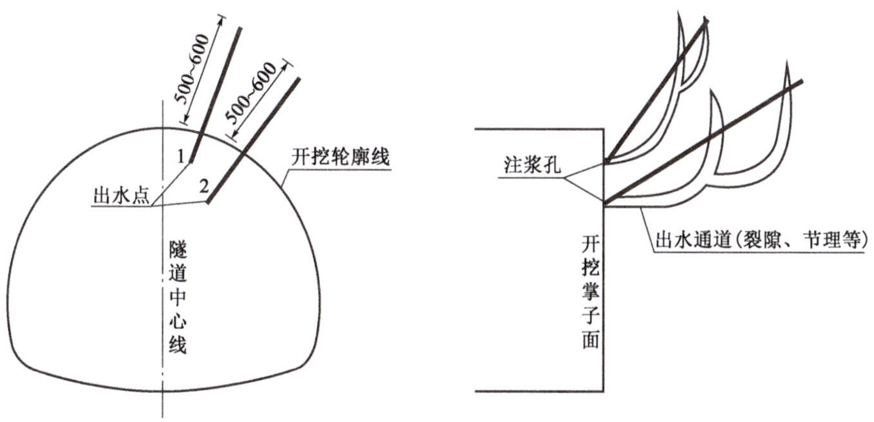

图 2-41　局部注浆横断面、纵断面示意图(尺寸单位:cm)

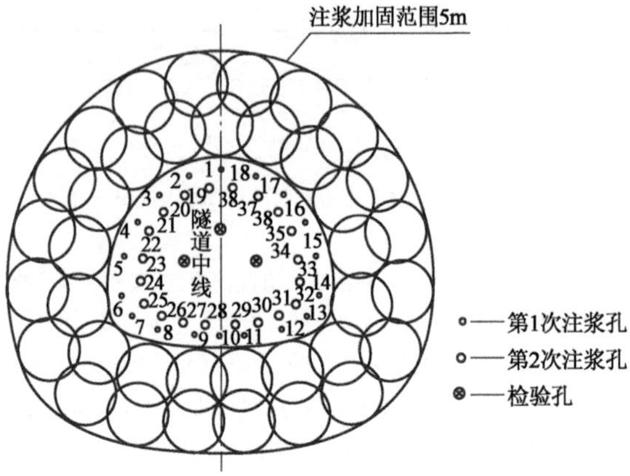

图 2-42　帷幕注浆横断面示意图

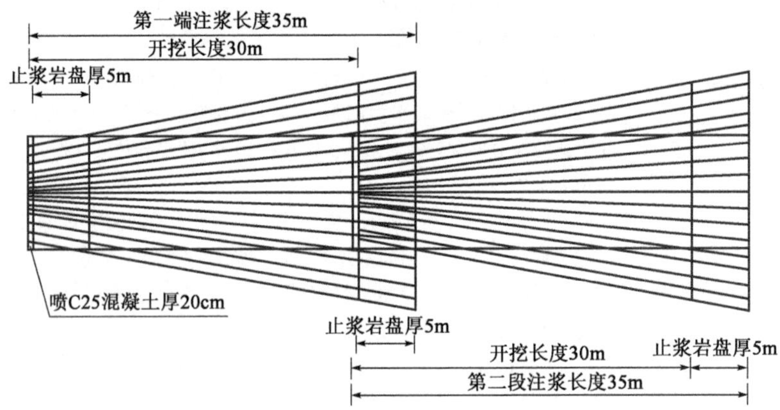

图 2-43　帷幕注浆纵断面示意图

2.4.2　隧道其他不良地质情况处治方案

根据隧道设计阶段地质勘探情况，施工期间可能遇到的不良地质情况可能有大、小溶洞，隧道塌方，隧道突水突泥等。

隧道施工不良地质情况处治方案，见表 2-7。拱腰、边墙及拱腰、底板的溶洞处治方案如图 2-44 ~ 图 2-48 所示。

隧道施工不良地质情况处治方案表　　表 2-7

序号	不 良 情 况	具体处治方案
1	小型溶洞	隧道开挖面外（拱腰以上、基础路面以下）的溶洞发育深度小于 2m 的地段，及在边墙发育的溶洞，原则上采用回填方式处理，主要分以下三种情况。 （1）溶洞在拱腰以上发育：采用泵送 C15 混凝土回填。为避免回填混凝土对二次衬砌局部产生过大压力，根据溶洞大小，在其四周施作 1.2m × 1.2m 间距的锚杆，锚杆深入围岩不小于 1m。回填以后再施作喷射混凝土和钢筋网初期支护等。 （2）溶洞在边墙发育：采用 M10 号浆砌片石回填，厚度不小于 1.5m，每隔 2m 设置一处 ϕ160 HDPE 透水管与侧水沟相连，可取消该处喷射混凝土和钢筋网。 （3）溶洞在基础及路面下发育：采用 M10 号浆砌片石回填，如有填充物，则必须清除。每隔 2m 设置一处 ϕ160 HDPE 透水管，左右相通

续上表

序号	不良情况	具体处治方案
2	大型溶洞	拱腰以上隧道开挖面外溶洞发育深度大于2m，溶洞宽度小于隧道开挖面的处理方案包括如下两种情况。 (1)溶洞内无充填物(或可清除)：采用泵送C20混凝土浇筑，最薄厚度不小于50cm，要求两侧嵌入岩石内不小于50cm，并施作1.2m×1.2m间距的锚杆，锚杆深入围岩不小于1.5m，以上施工完成后，再施作原结构的喷射混凝土和钢筋网初期支护等。施工时预埋ϕ160 HDPE透水管，并以Ω形排水管引出。 (2)溶洞内有充填物：先在溶洞侧水平密布$\phi 50 \times 5$mm超前注浆小导管，间距30cm×30cm，开挖采用预裂爆破，施作I18工字钢，间距50cm，注意钢架基脚处适当扩挖，保证基础牢靠。施作锁脚锚杆，铺钢筋网。二次衬砌根据溶洞发育情况，采用钢筋混凝土结构。施工时预埋ϕ160 HDPE透水管，并以Ω形排水管引出
3	隧道塌方	隧道地质不良影响隧道结构失稳，出现围岩变形、垮塌造成的事故因素较多。隧道大部分地段为灰岩，局部岩体裂隙发育，埋深较浅，地下水较丰富，且经过断层破碎带，易出现大的坍塌，侧壁易失稳，局部可能出现地表塌陷，拟采取以下处理隧道塌方的措施： (1)中、小塌方： 对于中小型塌方，从塌腔口可观察到坍壁的稳定性，确定是否采用清渣方案，同时根据塌腔的矢跨比采取不同的处治措施。当塌腔矢跨比$H/B<0.7$，且塌腔稳定时，采用WNF法处治；当塌腔矢跨比$H/B \geqslant 0.7$，且塌腔稳定时，采用WF法处治。 纵向延伸不长，坍穴不高，首先加固坍体两端洞身，并抓紧喷射混凝土或采用锚喷联合支护封闭坍穴顶部，再进行清渣；对塌方范围前后原有的支护进行加固，以防止坍穴扩大；在确保安全的前提下，可在坍渣上架设临时支架，稳定顶部，然后清渣；临时支架待灌注衬砌混凝土达到要求强度后方可拆除。 (2)大塌方：坍穴高、坍渣数量大，坍渣体完全堵封洞口时，宜采取先护后挖的方法。在查清坍穴规模大小和穴顶位置后，可采用管棚法和注浆固结法稳固周围岩体和渣体，等其基本稳定后，按先上部后下部的顺序清除渣体，采取短进尺、弱爆破、早封闭的原则挖坍体，并尽快完成衬砌。 (3)塌方冒顶：在清渣前应支护陷穴口，地层极差时，在陷穴口附近地面打设地表锚杆，洞内可采用管棚支护和钢架支撑。 (4)坍塌范围的围岩不够稳定，在处理坍塌方时有继续坍塌的可能时，可在塌方范围内选择适当位置施作坍体护拱，以掩护施工操作，护拱上应以碎渣铺填约2m厚的缓冲层。 (5)处理塌方时应加强排水工作。治坍先治水，防止地表水渗入塌方地段，以免塌方扩大，具体措施：地表沉陷和裂缝，用不透水性土壤夯填紧密，开挖截水沟，防止地表水渗入坍体；塌方通顶时，应在陷穴口地表四周挖沟排水，并设雨棚遮盖穴顶。陷穴口回填应高出地面并用黏土或圬工封口，做好排水，坍体内有地下水活动时，应用管槽引至排水沟排出，防止塌方扩大
4	隧道突水	洞内突水对隧道施工的危害很大，施工中必须采取相应的防水、排水措施。根据涌水量的大小，提前封堵和疏排，同时做好应急准备，一旦发生涌水，要尽快安装设备，迅速排出，以防大量地下水涌入洞内，造成危害。 涌水预测：根据在类似地质条件隧道施工中的成功经验，以超前探水为主，相似比拟法预测为辅。 施工方案：施工中认真研究设计文件，加强地质调查，进行超前钻孔探测，采用综合物探手段预测预报，判明水源补给、涌水量和突出水压等情况，有针对性地采取帷幕注浆、超前注浆或管道引排等方案。

续上表

序号	不良情况	具体处治方案
4	隧道突水	施工顺序： (1)地质预探、预报。根据设计文件，在开挖进入富水地段前，加强地质预探、预报工作，准确掌握前方地下水含量、压力、分布，并结合预测结果设置超前探水孔，判断是否有发生涌水的可能。 (2)根据水源补给、涌水量和突出水压等预测预报情况，分别采用帷幕注浆、超前注浆和管道引排等方法，排出部分地下水，减少水量，降低水压。 (3)采用分部开挖施工，并辅以超前小导管预注浆止水(浆液采用水泥-水玻璃双液浆)穿越突水段。按顺序分步开挖隧道断面，施作支护结构。 (4)铺设复合式防水层，全断面模筑衬砌混凝土
5	隧道突泥	在较厚断层泥或溶洞充填物中涌水往往导致突泥，而且使隧道周围岩体产生空隙以至大体积的空洞，造成更大危害。 施工中，首先要依靠地质超前预报做出判断，根据断层或溶洞规模及充填物的性质，提前采用超前帷幕注浆或超前小导管注浆进行封堵，以加固地层并堵水。 出现突泥时，必须尽快采用钢筋、钢管和型钢为骨架，填塞草袋、方木和木板堵口；用喷射混凝土将其封闭加固；然后沿开挖面周边设长、大超前钢管支护，压注水泥-水玻璃浆液；同时在此断面附近设置监控量测点，监控量测围岩的收敛变形情况。 遵循“先预报、短开挖、强支护、早衬砌、早封闭、勤量测、稳扎稳打”的原则，严格按规定程序安排各工序，严禁盲目冒进，避免塌方。对于透水地段，做好超前地质预报工作，开挖前进行钻孔探查，及时施作初期支护，尤其注意仰拱的超前，采用径向注浆、小导管注浆等多种手段，通过注浆堵水，贯彻“以堵为主、限量排放、综合治理”的方针，严防隧道突泥突水，安全稳妥地通过不良地质地段，以保证工期

注：1. WNF 法。先清除坍体，利用围岩暂时基本稳定状态，抓紧时间沿坍塌面采用喷锚支护技术加固未塌的地层(W 是指外层初期支护)，然后沿二次衬砌外轮廓施作钢架混凝土壳体(N 是指内层初期支护)。同时利用钢架将内外层支护联成整体，待二次衬砌完成后，沿内层初期支护外轮廓依次设防水层、1m 厚混凝土护拱及 1m 以上的土石缓冲层(F 是指防护)。

2. WF 法。塌方发生后，利用围岩的自稳能力，抓紧时间沿坍塌面外层进行初期支护，不设内层初期支护，待二次衬砌完成后，设置与 WNF 法相同的防水层、护拱及缓冲层。

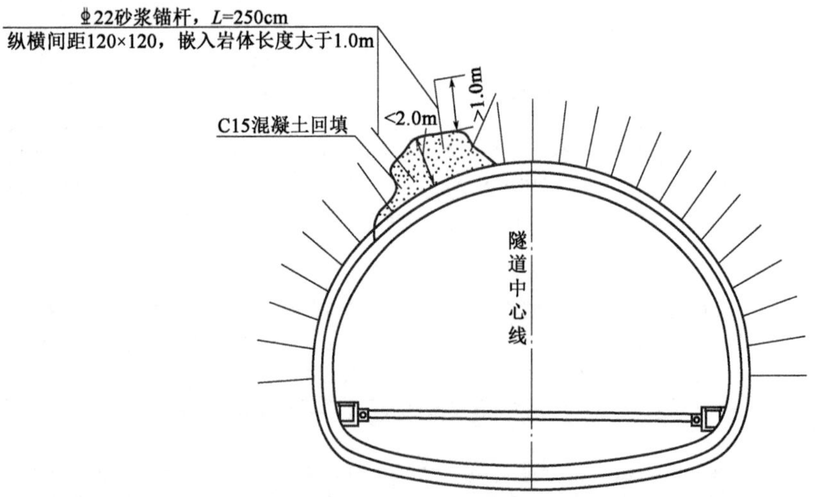

图 2-44　拱腰以上小溶洞处治方案示意图

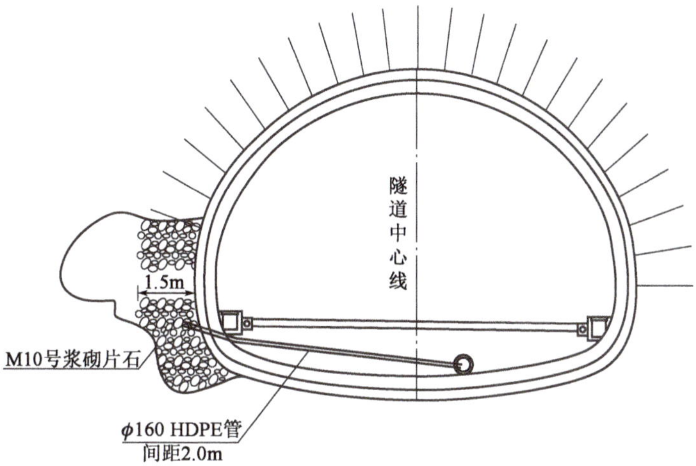

图 2-45 边墙及拱腰小溶洞处治方案示意图

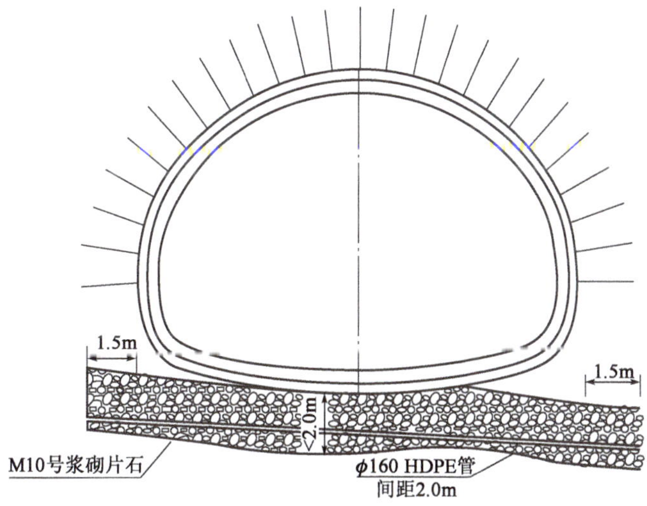

图 2-46 底板小溶洞处治方案示意图

隧道施工注意事项：

(1)在隧道施工挖、填时，应及时运走废弃的土石，以免洪水季节废弃土石被冲入河谷内，堵塞河道，诱发泥石流，从而造成危害。

(2)隧道掘进施工应加强地质工作，重视超前地质预报。当前方地质出现变化迹象或接近围岩分界线时必须用地质雷达、超前小导坑、超前探孔等方法，先探明隧道的工程地质和水文地质情况，方可进行开挖。

(3)明洞开挖后基底必须进行承载力测试，达不到设计值的应进行有效处理，确保地基承载力满足设计要求。

(4)应尽早施作明洞衬砌，二次衬砌台车在暗挖段部分施作 2 模二次衬砌后，宜退出来施作明洞，确保隧道洞口安全。

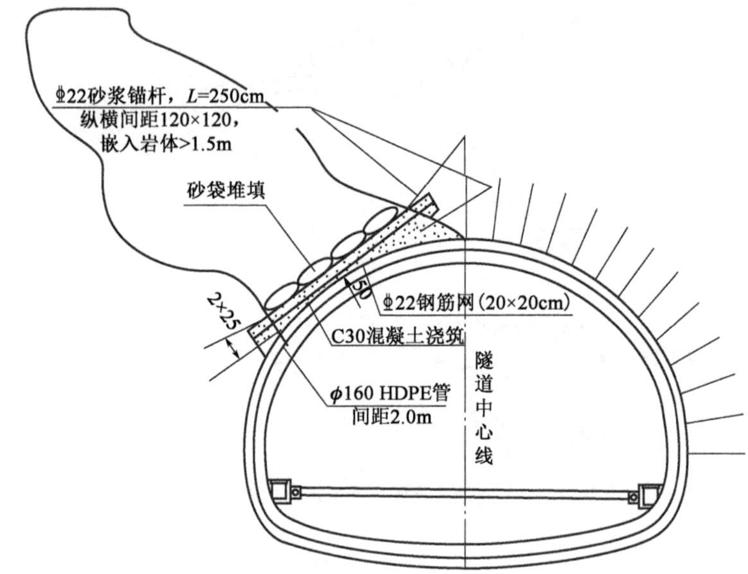

图 2-47　拱腰以上大溶洞(无填充物)处治方案示意图

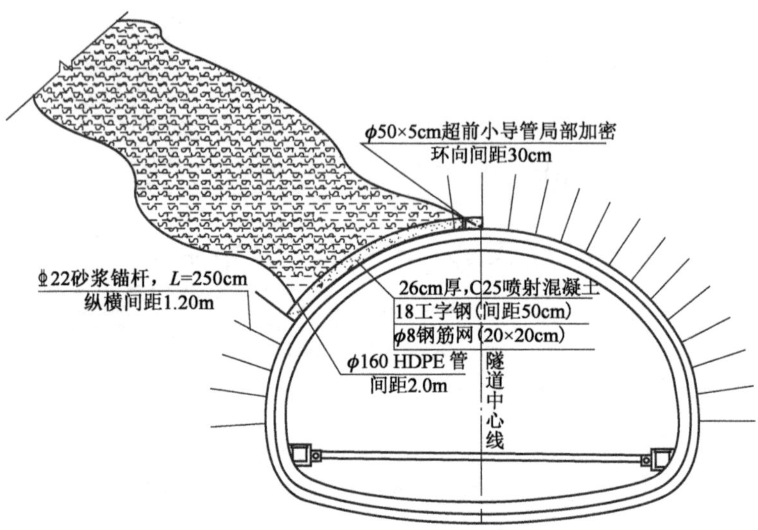

图 2-48　拱腰以上大溶洞(有填充物)处治方案示意图

(5)隧道内施工环境对施工质量、安全和施工人员的健康有着重要影响,必须保证洞内空气质量良好、照明充足、道路平整、排水畅通。

(6)洞口段(含明洞)施工时应先做好洞顶、坡顶截水沟,预先处理地表不稳定部分,加固影响开挖洞口稳定的岩体后,再刷坡。应加强对仰坡稳定性的观测,若出现异常情况,应立即停止施工,采取恰当的处理措施后,方可继续施工。

(7)隧道爆破严格控制炸药用量,并根据围岩情况对爆破方案进行动态设计。

(8)爆破后应及时喷射混凝土,尽快封闭开挖岩面,使初期支护与围岩共同组成受力体系。

(9)严禁在初期支护与围岩间回填片石。

(10)喷射混凝土表面渗漏水段应架设半边盲沟,将水引入墙底设置的纵向排水管后,方可铺设防水层。

(11)浇筑二次衬砌前应做好洞内照明灯具、供电装置等预留预埋工作。

(12)严格按照《公路隧道施工技术规范》(JTG F60—2009)等有关规范、规程施工。

第3章　隧道超前地质预报与监控量测

3.1　隧道超前地质预报

项目部设置地质工作管理办公室,该办公室设在工程管理部,负责组织项目部有关人员进行隧道超前地质预报培训工作,预报物探设备管理与协调使用,预报实施情况监督检查。项目部分别成立专职隧道超前地质预测预报实施小组,负责现场隧道超前地质预测预报工作的具体实施和资料收集整理。隧道超前地质预报人员组成及职责见表3-1。

隧道超前地质预报人员组成及职责　　表3-1

序号	姓　名	职　务	职　责
1	杨某某	总工程师	对地质预报工作负全责,制订预报工作计划和实施细则,审核预报成果
2	魏某某	副总工程师	负责预报工作的全面落实,分析整理预报数据,编制预报成果报告,提出施工建议
3	刘某某	副总工程师	负责预报工作的落实,分析整理预报数据,编制预报成果报告,提出施工建议
4	李某某	专业工程师	负责段预报工作的物探仪器设备操作,进行数据采集与整理。资料收集整理、归档
5	安某某	专业工程师	负责段预报工作的物探仪器设备操作,进行数据采集与整理。资料收集整理、归档

3.1.1　隧道超前地质预报方法

在可能出现不良地质地段,采用隧道超前地质预报的技术手段,探明前方可能遇到的不良地质情况,及时进行处理,保证施工安全和工程正常进行。根据地层岩性、物探异常、水量等的变化,动态调整地质复杂程度分级和预报方法,按不同分级进行隧道超前地质预报。

拟采取TSP-203预报系统、地质雷达、红外线探测仪及超前探测钻孔等方法进行预报。依据设计中的围岩情况确定具体预报方法,如设计需要进行红外探水,则需进行隧道贯通预报。

隧道超前地质预报方法见表3-2。

隧道超前地质预报方法 表 3-2

序号	地 段	地质预报方法
1	地质条件较为复杂地段	1. 地质素描贯通; 2. 超前 TSP 贯通; 3. 超前地质雷达和红外探水,在 TSP 揭示异常区探测; 4. 超前水平钻探 1 孔贯通,每 25m 一个循环,每循环 1 孔,每孔 30m; 5. 加深炮孔 3 孔贯通,每 2m 一个施工循环,每循环 3 孔,每孔 5m
2	地质条件简单地段	1. 地质素描贯通; 2. 加深炮孔 3 孔贯通,每 2m 一个施工循环,每循环 3 孔,每孔 5m

1)TSP-203 预报系统

(1)基本原理

人工制造一系列规则排列的轻微震源,形成地震源断面。这些震源发出的地震波遇到地层层面、节理面,特别是断层破碎带界面和溶洞、暗河、岩溶陷落柱,淤泥带等不良地质界面时,将产生反射波;这些发射波信号的传播速度、延迟时间、波形、强度和方向均与相关界面的性质、产状密切相关。

(2)主要技术指标

①探测距离:最大探测距离可达工作面前方 150m 左右。

②有效解译距离:一般为工作面前方 100m。如与地质前兆定量预测法相结合,则有效解译距离可达工作面前方 150m 左右。

③最大分辨率:1m。

④探测精度:如与地质前兆定量预测法结合,不良地质的性质判断可更加准确;不良地质的位置和规模预报精度可达 90%。

(3)主要操作方法

①在测试前首先要布置炮孔和接收器孔,钻孔布置在隧道边墙,一般是 2 个接收器孔和 18 个以上炮孔。接收器孔布置在两侧边墙上,距掌子面约 55m,孔径 32 ~ 45mm,孔深 2.4m,孔口距隧底一般为 1.0m 左右,向洞口倾斜 10°,向下斜 15°左右(当地质状况较简单时,也可采用 1 个接收器);炮孔布置在隧道一侧边墙上(当布置一个接收器时应与接收器同侧),距接收器 20m 开始设第一个炮孔,孔间距 1.5m,孔径 19 ~ 45mm,孔深 1.5m,向掌子面方向倾斜 10°,向下倾斜 15°左右,孔口距隧底约 1.0m。

②接收孔打好后,立即埋设接收器套管,可采用不收缩的快凝砂浆,将其注满钻孔,使套管壁与围岩无缝隙,套管应在测试开始 12h 前埋设,最好能提前 24h。

③在正式测试开始前,在记录仪中输入隧道的基本参数,接收器孔和炮孔的坐标,掌子面里程及地震波的采集参数。

④在准备工作完成后，开始洞内测试工作，测试时首先将记录器、接收器、起爆器连接起来，然后用模拟爆炸装置检验连接的性能，进行模拟测试。将炮孔装药和雷管进行测试，测试一般接炮孔顺序依次起爆，所得结果记录在记录器上，在测试过程中一般要求洞内作业暂停，以消除噪声对地震波信号的干扰，整个测试过程需要 30 ~ 40min。

2) 地质雷达

通过岩面外的发射天线(T)向围岩内发射高频电磁波(主频为数十、数百兆赫兹乃至数千兆赫兹)，当它遇到地下地质体或介质分界面时发生反射，并返回地面，被放置在地表的接收天线(R)接收，并由主机记录下来，形成雷达剖面图。由于电磁波在介质中传播时，其路径、电磁波场强度以及波形将随所通过介质的电磁特性及其几何形态而发生变化。因此，根据接收到的电磁波特征，即波的旅行时间(也称为双程走时)、幅度、频率和波形等，通过对雷达图像的分析和处理，可确定地下界面或目标体的空间位置或结构特征。

使用 RAMAC/GPR 雷达系统，实测采用剖面法，且收发天线的连线方向与测线方向平行，分别选用主频 50MHz 和 250MHz 两种天线进行测试，记录点距 0.2 ~ 0.5m。

3) 红外线探测仪

采用 HY-303 红外线探测仪进行预报。HY-303 红外线探测仪利用物体时刻向周围空间进行红外辐射，在不同距离处的红外场强值也不同的原理进行工作。在工程现场，当掌子面前方存在含水构造等异常体时，异常体产生的异常场会迭加到掌子面后方的正常场上，产生场的畸变，由于到场源的距离不同，畸变后的场强也不同，仪器显示屏上的读数值会发生明显变化，在数据曲线上表现为突变。而当掌子面前方没有含水构造等异常体时，由掌子面到其后一定距离内所测的红外辐射场场值均为正常场值，为一常数，其数据曲线表现为一近似直线。

4) 超前探测钻孔

根据现场实际情况，进行超前探测钻孔，以探明前方地质及水量情况，为施工处理提供可靠的数据。配合孔内成像设备观察，钻孔并取芯留样。

钻孔位置要有记录，孔深符合设计规定；钻孔必须保证孔向准确；钻机安装要平整稳固，钻孔宜埋设孔口管，钻进压力适当。

钻孔时应对岩层、岩性以及孔内各种情况进行详细记录。钻孔遇有洞穴、塌孔、掉块或涌水等问题难以钻进时，可先进行注浆处理，而后继续钻进。

5) 地质素描

现场地质素描应对掌子面及掌子面附近开挖段进行详细观察。从岩性、岩体完整性、出水量大小等方面进行大范围、前后左右对比，宏观把握地层岩性等的变化。对于地层颜色、软硬程度、节理裂隙发育状况、出水量与周围岩体发生明显差异的部位，进行重点、详细观察，通过手触、锤击、采集样本，详细观察查明差异的性质，分析造成差异的原因。地质素描应记录的信息如表 3-3 所示。

地质素描记录信息表　　表3-3

序号	信息类别	具体内容
1	工程地质信息	1. 地层岩性:描述地层时代、岩性、产状、层间结合程度、风化程度等 2. 地质构造:描述褶皱、断层、节理裂隙特征等。断层的发育位置、产状、性质、破碎带的宽度、物质成分、含水情况以及与隧道的关系;褶皱的性质、形态、地层的完整程度等;节理裂隙的组数、产状、间距、充填物、延伸长度、张开度及节理面特征,分析组合特征、判断岩体完整程度。 3. 岩溶:描述岩溶规模、形态、位置、所属地层和构造部位,充填物成分、状态,以及岩溶展布的空间关系。 4. 特殊地层:对煤层、沥青层、含膏盐层、膨胀岩和含黄铁矿层应单独描述。 5. 人为坑洞:正在使用或废弃的各种坑道和洞穴的分布位置及其与隧道的空间关系。 6. 地应力:包括高地应力显示性标志及其发生部位,如岩爆、软弱夹层挤出、探孔饼状岩芯等现象。 7. 塌方:应记录塌方部位、方式与规模及其随时间的变化特征,并分析产生塌方的地质原因,及其对继续掘进的影响。 8. 有害气体及放射性危害源存在情况
2	水文地质信息	出水段落及范围、出水形态及出水量大小[渗水、滴水、滴水成线、股水(涌水)、暗河]。必要时进行地表相关气象、水文观测,判断洞内涌水与地表径流、降雨的关系
3	影像信息	对隧道内重要、具有代表性的地质现象应进行摄影或录像

3.1.2　地质信息收集处理与综合判断

超前地质预报要建立一个地质信息系统,通过各种方法收集地质信息,进行综合分析、判断,编制信息预报成果由地质工程师予以复核,并报设计、监理单位,为变更设计、施工提供决策依据,以利于及时调整施工方法和支护参数。经分析、整理的地质资料作为施工技术资料存档。采用新的施工方法和支护参数后,用从施工过程中获取新的地质信息,更新地质信息系统,经处理后,再一次反馈给施工单位,如此往复,形成地质信息系统化。

3.2　围岩监控量测

3.2.1　监控量测项目

隧道以洞内外观察、水平相对净空变化值的量测、拱顶下沉量测等三项为施工监测必测项目,浅埋地段的地表下沉量测为应测项目,必要时选测地表下沉、地下水水位、围岩位移、二次衬砌应力、初期支护应力状态等量测项目。

3.2.2　监控量测布置

控制测量项目及方法见表3-4。

控制测量项目及方法一览表 表 3-4

<table>
<tr><th colspan="2">项 目 名 称</th><th>方法及工具</th><th>布置</th><th colspan="4">量测间隔时间</th></tr>
<tr><td rowspan="7">必测项目</td><td>地质及支护状态观察</td><td>对岩性、结构面产状及支护裂隙进行观察或描述,工具有地质罗盘及规尺等</td><td>开挖后及初期支护后进行</td><td colspan="4">每次爆破后、支护后进行</td></tr>
<tr><td>地表下沉</td><td>水准仪、水准尺</td><td>浅埋地表,每 2 ~ 3m 一个测点</td><td colspan="4">开挖面前后 <30m,2 次/1d
开挖面后 30 ~ 80m,1 次/2d</td></tr>
<tr><td rowspan="3">水平收敛及拱顶下沉量测</td><td rowspan="3">收敛计、水平仪</td><td rowspan="3">Ⅴ级围岩每 15 ~ 20m 一个,Ⅳ级围岩每 20 ~ 40m 一个</td><td colspan="4">爆破后 24h 内进行</td></tr>
<tr><td>0 ~ 1B</td><td>2B ~ 3B</td><td>3B ~ 5B</td><td>>5B</td></tr>
<tr><td>1 ~ 2 次/d</td><td>1 次/d</td><td>1 次/d</td><td>1 次/周</td></tr>
<tr><td colspan="7"></td></tr>
<tr><td colspan="7"></td></tr>
</table>

<table>
<tr><td rowspan="15">选测项目</td><td rowspan="3">围岩内部位移</td><td rowspan="3">多点杆式位移计</td><td rowspan="3">每一级围岩段选一断面,每个断面 3 ~ 11 个测点</td><td colspan="4">爆破 24h 后内进行</td></tr>
<tr><td>0 ~ 15d</td><td>16d ~ 1 月</td><td>1 ~ 3 月</td><td>>3 月</td></tr>
<tr><td>1 ~ 2 次/d</td><td>1 次/2d</td><td>1 ~ 2 次/周</td><td>1 ~ 3 次/月</td></tr>
<tr><td rowspan="3">二次压力</td><td rowspan="3">压力盒</td><td rowspan="3">每一级围岩段选一组,每组 2 ~ 5 个断面,每断面 7 ~ 11 个测点</td><td colspan="4">二次衬砌施作后开始</td></tr>
<tr><td>0 ~ 15d</td><td>16d ~ 1 月</td><td>1 ~ 3 月</td><td>>3 月</td></tr>
<tr><td>1 次/d</td><td>1 次/2d</td><td>2 次/周</td><td>2 次/月</td></tr>
<tr><td rowspan="3">锚杆内力</td><td rowspan="3">锚杆测力计或钢筋计及拉拔仪</td><td rowspan="3">每一级围岩段选一组,每组 3 ~ 5 根</td><td colspan="4">锚杆施作后进行</td></tr>
<tr><td>0 ~ 18m</td><td>18 ~ 36m</td><td>36 ~ 90m</td><td>>90m</td></tr>
<tr><td>1 ~ 2 次/d</td><td>1 次/2d</td><td>1 ~ 2 次/周</td><td>1 ~ 3 次/月</td></tr>
<tr><td rowspan="3">钢支撑内力</td><td rowspan="3">应变片及支柱压力计</td><td rowspan="3">每 20 ~ 30 榀钢支撑中选一榀,每一级围岩段选一组,每组 3 ~ 5 个测点</td><td colspan="4">钢支撑施作后开始</td></tr>
<tr><td>0 ~ 15d</td><td>16d ~ 1 月</td><td>1 ~ 3 月</td><td>>3 月</td></tr>
<tr><td>1 ~ 2 次/d</td><td>1 次/2d</td><td>1 ~ 2 次/周</td><td>1 ~ 3 次/月</td></tr>
<tr><td rowspan="3">混凝土应力</td><td rowspan="3">应力计</td><td rowspan="3">每 20 ~ 30 榀钢支撑中选一榀,每一级围岩段选一组,每组 3 ~ 5 个测点</td><td colspan="4">二次衬砌施作前开始</td></tr>
<tr><td>0 ~ 15d</td><td>16d ~ 1 月</td><td>1 ~ 3 月</td><td>>3 月</td></tr>
<tr><td>1 ~ 2 次/d</td><td>1 次/2d</td><td>1 ~ 2 次/周</td><td>1 ~ 3 次/月</td></tr>
</table>

3.2.3 监测方法

1)地质及支护状态观察

细致的目测观察,对于监视围岩稳定性是既省事,作用又很大的监测方法,它可以获得与围岩稳定状态有关的直观信息,所以目测观察是新奥法量测中的必测项目,应当予以足够的重视。

(1)观察目的

①预测开挖面前方的地质条件。

②为判断围岩、隧道的稳定性提供地质依据。

③根据喷层表面状态及锚杆的工作状态，分析支护结构的可靠程度。

(2)观察内容

观察掌子面地质水文条件、岩性、结构面产状，有无断层，是否偏压，围岩类别，掌子面自稳情况，地下水的影响情况等，并做好记录。

对初期支护效果观察内容包括：锚杆的锚固效果，喷层的光洁度，喷层有无裂缝，裂缝的部位、长度、宽度、深度，喷层是否把钢支撑全部覆盖。

2)地表沉降观测

(1)监测目的

了解隧道开挖过程中隧道顶部地表的最大沉降值，为调整隧道开挖速度和支护强度参数提供依据，以确保隧道支护结构和周边环境的安全。

(2)监测仪器设备

使用精密水准仪、铟钢尺进行监测。用精密水准仪以二级沉降监测的精度（观测点测站高差中误差≤0.5mm）来施测，组成变形监测的高程监测控制网。仪器在开始使用前均需检定，作业过程中严格遵守规范。每次观测都采用相同的观测仪器，相同的观测人员按相同的观测线路进行。监测精度 $\Delta h=0.1\mathrm{mm}$。

(3)测点布置

①监测基准点的设置

沉降监测是根据监测基准点高程进行的，基准点的形式和埋设可参考三等水准点的要求进行，其数目不少于3个，以便组成水准控制网。对基准点定期进行校核，防止其本身发生变化，以保证沉降监测结果的准确性。基准点应在沉降监测的初次观测之前1个月埋设好。

基准点埋设方法如图3-1所示。埋设基准点应考虑如下因素：

a.基准点应布设在监测对象的沉降影响范围以外，保证其坚固稳定。

b.尽量远离道路和空压机房等，以防受到碾压和震动的影响。

c.力求通视良好，与观测点接近，其距离不宜超过100m，以保证监测量精度。

d.避免将基准点埋设在低洼容易积水处。

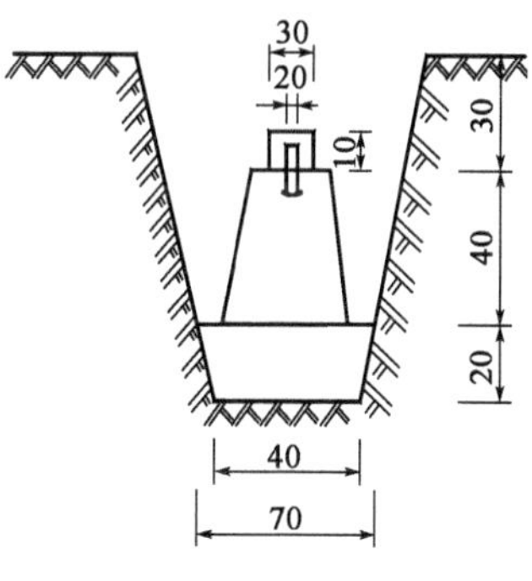

图3-1　基准点埋设方法示意图
（尺寸单位：cm）

②监测点的设置

测点布置在洞口浅埋地段，共设置12个观测横断面，每2~3m一个测点。地表监测点布置示意，如图3-2所示。

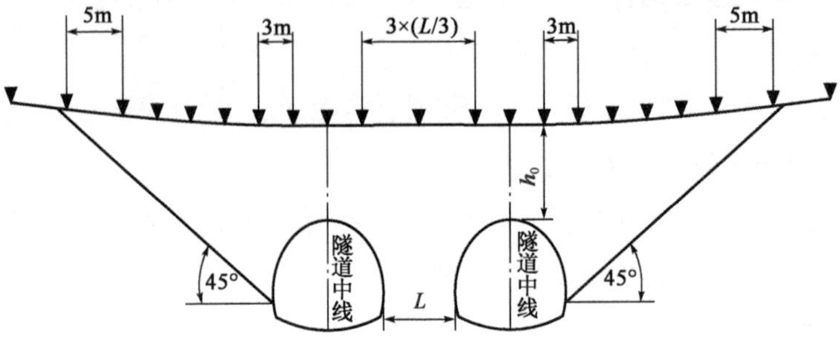

图 3-2　地表监测点布置示意图

(4)监测频率

开挖面前后小于 30m，2 次/1d；开挖面后 30 ~ 80m，1 次/2d；开挖面后大于 80m，1 次/7d。

(5)注意事项

①施工前应做好监测准备工作：如设置测点，引入高程控制点，配置技术水平高的监测人员及水平仪等仪器。

②在布置测点时应注意在位移量较大的地段将测点布置密一点。

③地表量测与地下洞室各项监测应同步进行，以利于对资料进行相关分析。

④量测数据及分析结果全部纳入竣工资料，备查。

(6)量测数据的整理

①绘制每一横断面沉降槽沉降随时间的变化关系图；

②绘制每一横断面最大沉降量随时间的变化关系图；

③绘制每一横断面最大沉降量与开挖面距离关系图；

④对横断面沉降槽垂直位移进行回归分析；

⑤对纵断面沉降槽垂直位移进行回归分析；

⑥根据隧道顶部地表沉降值及拱顶沉降值对土体内部垂直位移进行回归分析；

⑦根据回归分析数据求出每一断面沉降稳定值。

主要成果如图 3-3 ~ 图 3-5 所示。

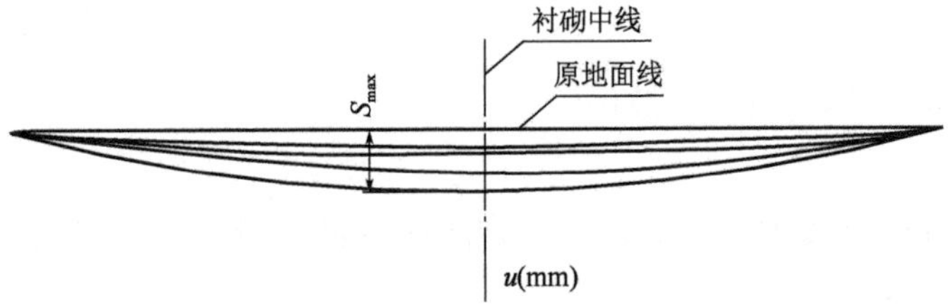

图 3-3　横断面沉降随时间变化图

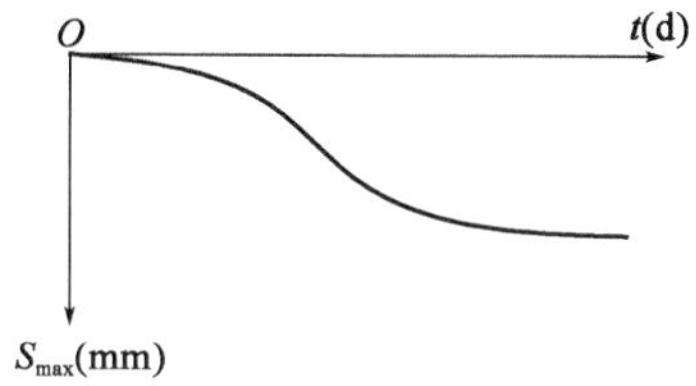

图 3-4 横断面最大沉降量随时间变化关系图

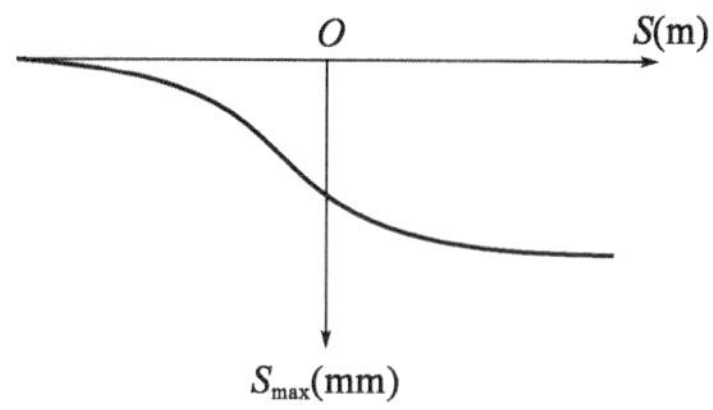

图 3-5 横断面最大沉降量随开挖面距离关系图

(7)处理措施

①在整理资料时,若发现地表位移量过大或下沉速度无稳定趋势时,对下部结构应采取补强措施。

a. 增加喷混凝土厚度,或加长加密锚杆,或加挂更凑密、更粗的钢筋网;

b. 提前施作二次衬砌,要求通过反分析校核二次衬砌强度;

c. 提前施作仰拱。

②在整理资料时,若发现地表下沉速度具有稳定趋势时,应据此求出隧道结构初期支护及二次衬砌上的最终荷载,以便对结构的安全度作出正确的判断。

③若经过对各种量测数据联合反分析后,发现初期支护或二次衬砌结构安全系数较大,在经过设计人员同意后,可对下一段与此地质类型相近的支护参数作适当调整。

3)周边位移及拱顶下沉量测

(1)周边位移监测

①监测目的

地下工程开挖后,净空收敛也是反映围岩与支护结构力学形态变化的最直接、最明显的参数,通过监测可了解围岩和支护结构的稳定状态。

②监测仪器

使用收敛计进行监测。

③测点布设原则

周边位移监测最重要的是合理确定监测断面的数量,而断面数量的确定应充分考虑国家隧道施工技术规范相关内容和设计图纸要求,并应遵守如下原则:

a. 设计单位有指导意见的,按设计单位的指导意见考虑布置;

b. 若设计单位没有指导意见的,按规范规定选择具有代表性地段进行布置。

当然,在施工过程中可根据实际情况做适当调整。每个断面上周边位移的测线数量,根据隧道地质条件和施工方法的不同而不同,测线数一般如表 3-5 所示。

周边位移测点与拱顶下沉测点布置在同一个断面上。在同一断面内,收敛基线的布设,应根据断面大小、开挖方法选择不同的布置形式。结合龙鼎、港沟隧道开挖方法,周边收敛位移量测断面测点布置如图3-6、图3-7所示。安装测点时，在被测断面上用风钻或冲击钻成孔，孔径为40～80mm、深度20cm，在孔中填塞水泥砂浆后插入收敛预埋件，尽量使两预埋件轴线在基线方向上，并使销与孔轴线处于垂直位置，安装保护帽，待砂浆凝固后即可进行监测。

周边位移量测断面的测线数　　表3-5

开挖方法	地段			
	一般地段	特殊地段		
		洞口附近	埋深小于2B	有膨胀压力或偏压地段
全断面开挖	1条水平线		3条或6条	
短台阶法	2条水平线	4条或6条	4条或6条	4条或6条
多台阶法	每一台阶1条水平测线	每一台阶3条水平测线	每一台阶3条水平测线	每一台阶3条水平测线

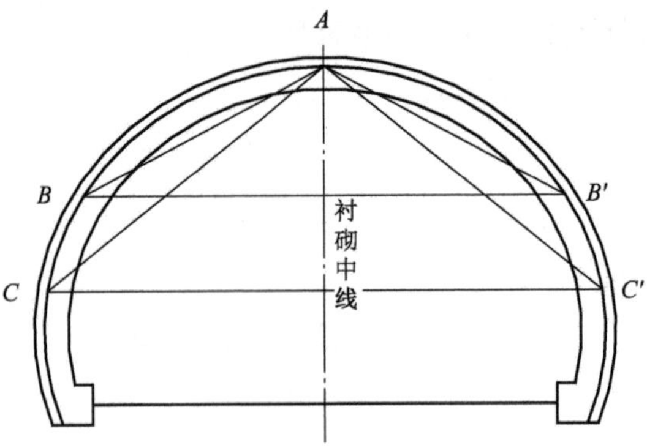

图3-6　上下台阶法开挖周边收敛位移量测断面测点布置示意图

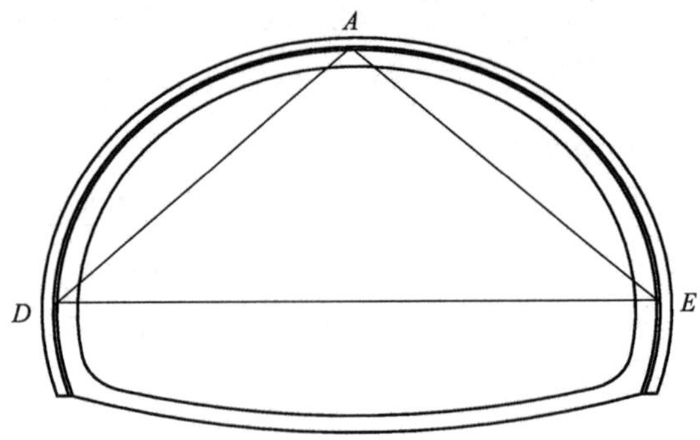

图3-7　全断面法开挖周边收敛位移量测断面测点布置示意图

④收敛观测方法

a. 将百分表读数调至2.5～3.0cm；

b. 将收敛计钢尺挂钩分别挂在两个测点上，收紧钢尺，将销钉插入钢尺上适当的小孔内，用卡钩将其固定；

c. 转动调节螺母使钢尺收紧到观测窗中的线条与面板呈一直线为止；

d. 读取钢尺百分表中的数值，两者相加即为测点间距离；

e. 每次测量完毕后，先松开调节螺母，然后退出卡钩，将钢尺取下，擦净收好，并定期涂上防锈油脂；

f. 将每条测线前后两次测线距离相减即可算出各测点间相对位移（即隧洞位移收敛值）。

⑤周边位移监测提交成果

a. 绘制位移随时间变化的曲线；

b. 绘制位移速度随时间变化的曲线；

c. 绘制位移与开挖面距离关系曲线；

d. 找出位移-时间回归曲线，求出最终净空位移量。

(2)拱顶下沉监测

①监测目的

了解断面变化情况,判断拱顶的稳定性,防止塌方。

②监测仪器

使用水准仪和铟钢尺进行监测。

③测点布置

拱顶下沉断面测点与周边位移的测点设在同一个断面,测点布置示意如图 3-8 所示。

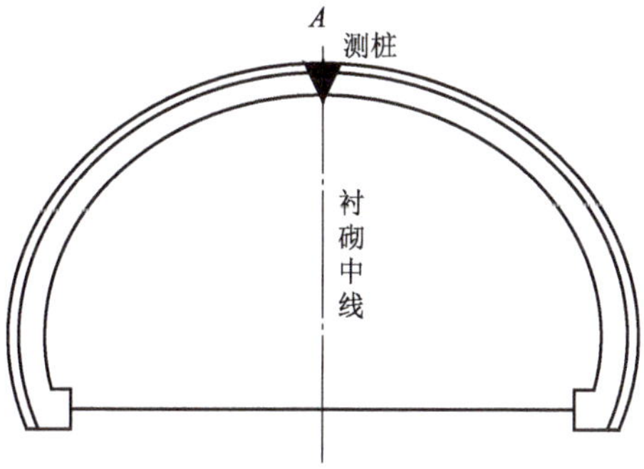

图 3-8 拱顶下沉断面测点布置示意图

④监测方法

在拱顶固定一带倒三角环的测桩,测试时将水准仪安放在标准高程点和拱顶测点之间,铟钢尺底端抵在标准高程点上,并将铟钢尺调整到水平位置,然后通过水准仪后视铟钢尺记下读数为 H_1,再前视普通钢卷尺(注意钢卷尺在每次测试时均要保持相同的张紧力)记下读数位 H_2,若标准高程点的高程为 H_0,则本次测试拱顶测点的高程为 $H_1+H_2+H_0$,两次不同测试的拱顶高程差即为两次间隔时间内的拱顶下沉。拱顶下沉测试方法示意如图 3-9 所示。测桩长度要考虑喷射混凝土的厚度,不能将测桩埋入喷射混凝土的厚度内。

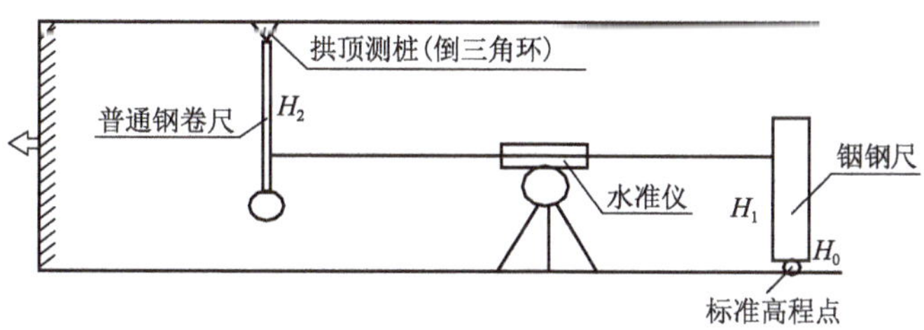

图 3-9 拱顶下沉测试方法示意图

⑤注意事项

a. 在施工初期阶段,或地质较差,或位移下沉量及速度较大时,应适当增加量测断面及量测频率。

b. 测点设置应可靠,并应妥善保护,测量仪器使用前应严格标定。

c. 各测量项目应尽可能布置在同一断面,测量点应尽可能选择具有代表性的地方,以便分析测量数据、为以后的工作提供经验。

⑥数据处理分析

a. 当隧道水平位移收敛速度为 0.1 ~0.2mm/d、拱顶下沉位移速度为 0.1mm/d 时可认为围岩已基本稳定。对Ⅳ、Ⅴ级围岩，应根据量测结果确定二次衬砌施作的适当时间，施作过早可能使二次衬砌承受过大的荷载。

b.在监测过程中，若发现净空位移过大或收敛速度无稳定趋势时，对结构应采取补强措施。

c.若发现净空位移收敛速度具有稳定趋势时，应据此求出隧道结构初期支护及二次衬砌上的最终荷载，以便对结构的安全度做出正确的判断。

d.若经过对各种量测数据联合反分析后，发现初期支护或二次衬砌结构安全系数较大，在经过设计人员同意后，可对下一段与此地质类型相近的支护参数作适当调整。

e.对围岩级别的变更及对支护参数的调整，均必须有相应的量测数据并得到设计单位认可。

(3)注意事项及监测数据处理

①在施工初期阶段，或地质较差，或位移下沉量及速度较大时，应适当增加量测断面及量测频率；

②测点设置应可靠，并应妥善保护，测量仪器使用前应严格标定；

③各测量项目应尽可能布置在同一断面，测量点应尽可能选择具有代表性的地方，以便分析测量数据、为以后的工作提供经验。

(4)对测量资料的整理

①绘制位移随时间变化的曲线；

②绘制位移、速度随时间变化的曲线；

③绘制位移与开挖面距离关系曲线；

④找出位移-时间回归曲线，求出最终净空位移量。

(5)围岩稳定标准

当隧道水平位移收敛速度为0.1～0.2mm/d，拱顶下沉位移速度为0.1mm/d时可以认为围岩已基本稳定。对Ⅳ、Ⅴ级围岩，应根据量测结果确定二次衬砌施作的适当时间，施作过早可能使二次衬砌承受过大的荷载。

(6)特殊情况处理

在监测过程中，若发现净空位移过大或收敛速度无稳定趋势时，对结构应采取补强措施。根据我国现行《公路隧道施工技术规范》(JTG F60—2009)的规定，隧道周边允许相对位移值见表3-6。结构补强的主要措施如下：

①增加喷混凝土厚度，或加密锚杆，或加挂钢筋网；

②提前施作二次衬砌，要求通过反分析校核二次衬砌强度；

③提前施作仰拱。

隧道周边允许相对位移值(%)　表3-6

围岩级别	覆盖层厚度		
	<50m	50~300m	>300m
Ⅲ	0.1~0.3	0.2~0.5	0.4~1.2
Ⅳ	0.15~0.5	0.4~1.2	0.8~2.0
Ⅴ	0.2~0.8	0.6~1.6	1.0~3.0

注:1.相对位移值是指实测位移值与两侧点距离之比,或拱顶下沉与隧道宽度比。
2.脆性围岩取表中较小值,塑性围岩取表中较大值。
3.Ⅰ、Ⅱ、Ⅵ级围岩可按工程类比初步选定允许值范围。
4.本表所列数值可在施工过程中通过实测和资料积累,并作适当修正。

4)围岩内部位移

(1)目的

为了探明支护系统上承受的荷载,进一步研究支架与围岩相互作用之间的关系,不仅需要量测支护空间产生的相对位移(或空间断面的变形),而且还需要对围岩深部岩体位移进行监测:

①确定围岩位移随深度变化的关系;

②找出围岩的移动范围,深入研究支架与围岩相互作用的关系;

③判断开挖后围岩的松动区、强度下降区以及弹性区的范围;

④判断锚杆长度是否适宜,以便确定合理的锚杆长度。

(2)量测仪器

围岩内部位移量测的仪器主要使用位移计,它可量测隧道不同深度处围岩位移量。随着岩土工程的发展,位移计被广泛应用于地下空间围岩稳定性监测。

目前较多采用机械式位移计,按位移计可以测取位移量的个数多少,位移计可分为单点位移计和多点位移计。单点位移计只能量测围岩内某一深度处的位移量,多点位移计可在围岩内部不同深度埋设多个测点,同时量测围岩内不同深度处位移量,在工程实践中被广泛采用。

多点位移计的工作原理是将隧道围岩内部不同深度处某些点的位移状态通过与之固定的某种传递介质(杆、弦)引至岩体外部,以便进行量测。每个位移点由锚头、位移传递杆和量测端头组成,量测时以基准面为表面基准,每次测量出围岩内部各测点到表面基准的距离,同一测点在不同时刻量测得到的距离差值,即为该点在此时间内围岩表面与围岩内部测点之间的相对位移,测点相对位移用专用的百分表直接测得。

(3)提交成果

根据围岩内变位曲线判断围岩内强度下降区和松动区的限界,绘制围岩内变位曲线,对围岩的稳定性进行判定。

第 4 章　超大断面隧道爆破施工技术

4.1　V级围岩双侧壁导坑开挖爆破设计

4.1.1　V级围岩 1 部开挖爆破参数设计

(1)孔径 d 及药卷规格

隧道掘进钻孔采用气腿凿岩机,钻孔直径 d 为 40mm。采用普通乳化炸药(直径 32mm,长度 18cm,质量 150g)。

(2)孔深 L

根据 V 级岩层的稳固性和钢拱架间距,确定设计掘进进尺 0.8m,炮眼利用率为 85%,则钻孔深度 L 为 0.9m(掏槽眼除外),掏槽眼深度 $L_{掏槽}$ 为 1.2m。

(3)炮孔布置

辅助孔间距取值 0.4 ~0.8m,周边孔间距取值 0.5 ~1.0m,周边孔距离隧道轮廓线取 0.1 ~0.2m;底板孔间距一般为 0.4 ~0.7m,孔口比隧道底板高出 0.1 ~0.2m,孔底低于底板 0.1 ~0.2m。

周边眼孔径 d 取 40mm。周边炮眼的孔间距 E 一般为(8 ~18)d,现取 50cm。V级围岩采用多打孔少装药,因此辅助孔间距取 0.6m,底板孔间距取 0.5m。

(4)掏槽类型

隧道开挖爆破掏槽类型分为楔形掏槽和直孔掏槽。本阶段爆破掏槽采用单级楔形掏槽,如图 4-1 所示。

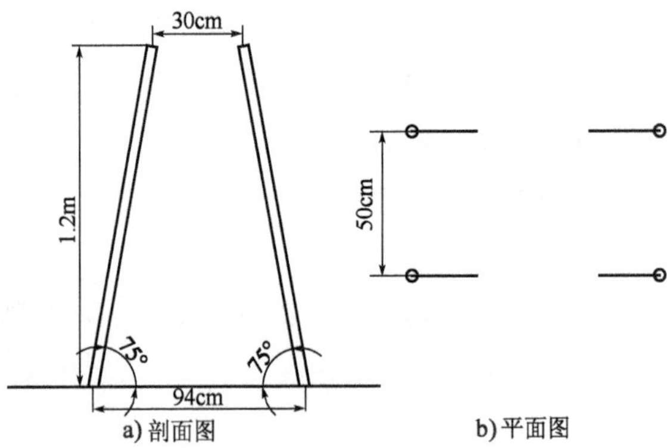

图 4-1　单级楔形掏槽图

(5)单位炸药消耗量

单位炸药消耗量不仅影响岩石破碎块度、岩块飞散距离和爆堆形状，而且影响炮眼利用率、断面轮廓质量及围岩的稳定性等。

单位炸药消耗量的合理确定取决于多个因素，其中主要包括：炸药性质（密度、爆力、猛度、可塑性）、岩石性质、断面、装药直径和炮眼直径、炮眼深度等。因此，要精确计算单位炸药消耗量 q 是很困难的。设计中所选取的单位炸药消耗量参考国家定额标准或工程类比法确定，以供施工初期参考。根据不同的隧道岩性爆破试验和经验总结，在实践中对得出的 q 值作适当调整。

巷道掘进炸药消耗量见表4-1、表4-2。

掘进每延米巷道炸药消耗量经验值　　表4-1

掘进断面面积(m^2)	岩石坚固性系数 f			
	2~4	5~7	8~10	11~14
	每延米巷道炸药消耗量($kg \cdot m^{-1}$)			
4	7.28	9.26	12.8	15.72
6	9.3	12.24	132	20.58
8	11.04	14.8	19.92	24.88
10	12.06	17.2	23	28.8
12	14.04	19.32	25.8	32.4
14	15.4	21.42	28.7	322
16	134	23.36	31.04	39.36
18	17.82	24.38	33.66	42.3

平巷与平硐掘进单位体积炸药消耗量定额值　　表4-2

岩石坚固系数 f	巷道断面面积(m^2)									
	<4	<6	<8	<10	<12	<15	<20	<25	<30	>30
	平巷与平硐掘进单位体积炸药消耗量定额值(kg/m^3)									
煤	1.2	1.01	0.89	0.83	0.76	0.69	0.65	0.63	0.6	0.56
<3	1.91	1.57	1.39	1.32	1.21	1.08	1.05	1.02	0.97	0.91
<6	2.85	2.34	2.08	1.93	1.79	1.61	1.54	1.47	1.42	1.39
<10	3.38	2.79	2.42	2.24	2.09	1.92	1.86	1.73	1.59	1.46
>10	4.07	3.39	3.03	2.82	2.59	2.33	2.22	14	1.93	1.85

根据表4-1、表4-2及类似工程施工经验，选取单位体积炸药消耗量 q 为 $0.80kg/m^3$。

(6)一次爆破炸药量 Q

Q 为单位体积炸药消耗量（以下简称“炸药单耗”）q 与一次爆破进尺的体积 V 之积。V 为断面面积 S 与进尺长度 L 之积，其中上左侧台阶断面面积经计算有 $S=38.41m^2$，则：

$$V=S \cdot L=38.41\times0.8=30.728(m^3);Q=q \cdot V=0.80\times30.728=24.58(kg)$$

(7)单孔装药量 $Q_单$ 及其孔数

不同围岩条件下的不同炮眼装药系数 n 如表4-3所示。

炮眼装药系数 n 表4-3

岩石 f 值	10~20	8~10	7~8	5~6	3~4	1~2
掏槽眼	0.80	0.70	0.65	0.60	0.55	0.50
辅助眼	0.70	0.60	0.55	0.50	0.45	0.40
周边眼	0.75	0.65	0.60	0.55	0.45	0.40

注:1. 软岩隧道的炮眼装药系数 n 平均值大约在0.2~0.4的范围内。
2. 硬岩隧道的炮眼装药系数 n 平均值在0.6左右。

掏槽眼长1.2m,炮眼装药系数0.6,则装药长度为0.72m,应装药卷0.72÷0.18=4(卷),取整数4卷,装药量 $Q_单$=0.15×4=0.6(kg)。掏槽眼4个,掏槽区总装药量为0.6×4=2.4(kg)。

周边眼均采用光面爆破,周边眼孔深 L 为0.9m,光面爆破孔线装药密度为0.13~0.18kg/m。对于周边眼,由于光面炮孔孔距(约50cm)较小,故应取较小的线装药密度,该处取0.15kg/m,由此可算出周边眼单孔装药量为0.15×0.9=0.135(kg)。

根据图纸测算,周边孔个数为20个,周边眼总装药量为0.135×20=2.7(kg)。

对于底眼,由于本爆破为左上台阶爆破,所以底眼采用与辅助眼同样的装药量。

辅助眼长度0.9m,装药系数为0.5,可计算出装药长度为0.45m,可装炸药0.45/0.18=2.5(卷),则取单孔装药量为2.5×0.15=0.375(kg)。

辅助眼装药总量=一次爆破炸药量 Q-周边眼总装药=24.58-2.7-2.4=19.48(kg)。由此计算:辅助眼数=辅助眼装药总量/辅助眼单孔装药量=19.48÷0.375=51.9(个),取整数52个。

根据上述确定的钻孔数,将钻孔合理布置于开挖断面中,如图4-2所示。

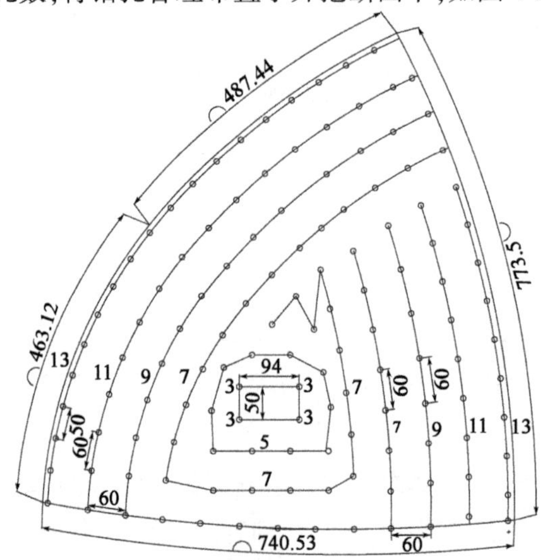

图4-2 V类围岩左上台阶炮孔布置及起爆段别图(尺寸单位:cm)

4.1.2　V级围岩2部（图4-9）开挖爆破设计

下台阶开挖爆破与上台阶爆破相比，增加了临空面，减少了掏槽数量。为了控制底板平整度，增加了底板孔，其他爆破参数与上台阶爆破类似。

(1)一次爆破炸药量 Q

经计算，下台阶断面面积 $S=29.57(\mathrm{m}^2)$，则：

$$V=S\cdot L=29.57\times0.8=23.656(\mathrm{m}^3);Q=q\cdot V=0.80\times23.656=18.92(\mathrm{kg})$$

(2)单孔装药量 $Q_{单}$ 及其孔数

不同围岩下的不同炮眼装药系数 n 如表4-3所示。

周边眼均采用光面爆破，周边眼眼深 $L=0.9$m，光面爆破孔线装药密度为0.13～0.18kg/m。对于周边眼，由于前面确定的光面炮孔孔距（约50cm）较小，故取较小的线装药密度，取0.15kg/m，由此可计算出周边眼单孔装药量为 $0.15\times0.9=0.135(\mathrm{kg})$。

根据图纸测算，周边孔个数为6个，周边孔总装药量 $0.135\times6=0.81(\mathrm{kg})$。

底眼孔深 $L=0.9$m，装药系数取0.5，可算出装药长度为 $0.9\times0.5=0.45(\mathrm{m})$，可装药卷 $0.45\div0.18=2.5$(个)，则单孔装药量为 $2.5\times0.15=0.375(\mathrm{kg})$，底眼个数为15个，总装药量为 $0.375\times15=5.625(\mathrm{kg})$。

辅助眼长度0.9m，装药系数为0.5，则装药长度为 $0.9\times0.5=0.45(\mathrm{m})$，可装炸药 $0.45/0.18=2.5$(卷)，则取单孔装药量为 $2.5\times0.15=0.375(\mathrm{kg})$。

辅助眼装药总量为一次爆破药量 Q − 周边孔总装药量 $=18.92-0.81-5.625=12.485(\mathrm{kg})$。可计算出辅助眼数为 $12.485\div0.375=33.3$(个)，取整数34个。

V级围岩各台阶炮孔布置及起爆段别如图4-3～图4-7所示。

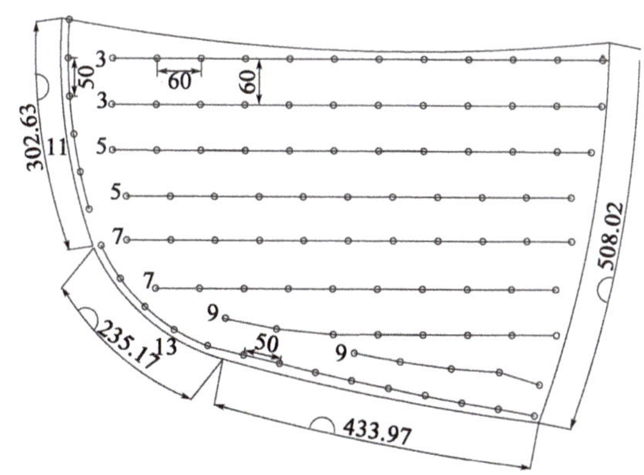

图4-3　V级围岩左下台阶炮孔布置及起爆段别图(尺寸单位:cm)

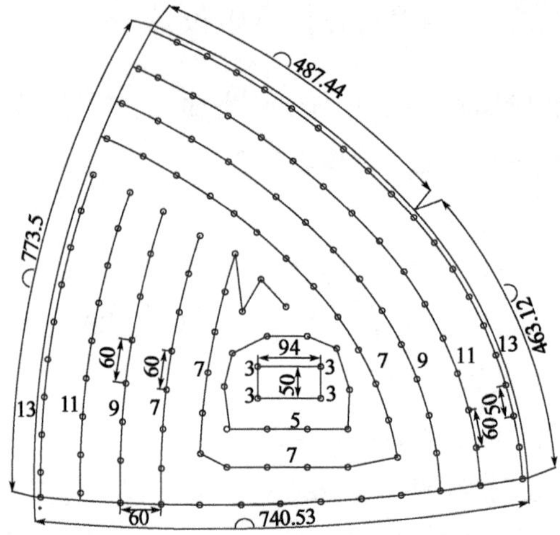

图 4-4　Ⅴ级围岩右上台阶炮孔布置及起爆段别图(尺寸单位:cm)

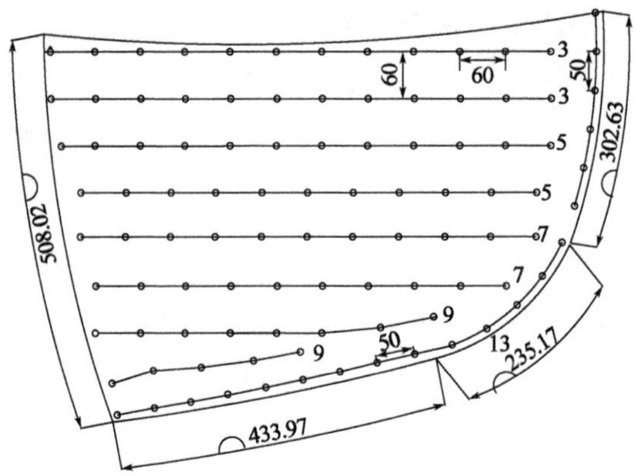

图 4-5　Ⅴ级围岩右下台阶炮孔布置及起爆段别图(尺寸单位:cm)

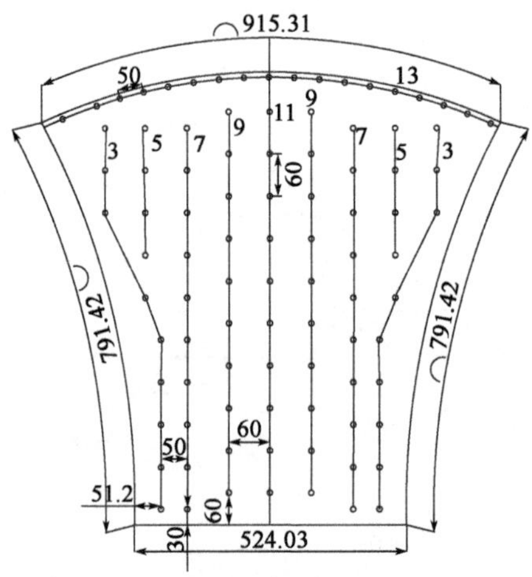

图 4-6　Ⅴ级围岩中部上台阶炮孔布置及起爆段别图(尺寸单位:cm)

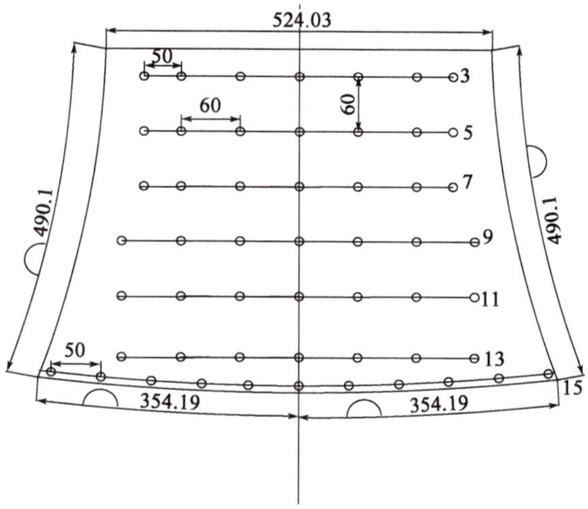

图 4-7　Ⅴ级围岩中部下台阶炮孔布置及起爆段别图(尺寸单位:cm)

同理,右上台阶、右下台阶炮孔布置类似于左下台阶。

根据围岩情况及经验公式计算,Ⅴ级围岩双侧壁导坑法开挖爆破参数如表4-4所示,爆破技术经济指标如表4-5所示。

Ⅴ级围岩双侧壁导坑法开挖爆破参数表　　表4-4

开挖部位	炮孔名称	雷管段别	炮孔数（个）	孔深（m）	单孔装药量（kg）	装药量小计（kg）	装药方式	堵塞长度（cm）	备注
左上台阶	掏槽孔	3	4	1.2	0.6	2.4	反向	48	
	辅助孔	5～11	52	0.9	0.375	19.5	反向	45	
	周边孔	13	20	0.9	0.135	2.7	正向	50	
	底板孔								
	小计		76			24.6			
左下台阶	辅助孔	3～9	34	0.9	0.375	12.75	反向	45	
	周边孔	11	6	0.9	0.135	0.81	正向	50	
	底板孔	13	15	0.9	0.375	5.625	反向	45	
	小计		55			19.185			
右上台阶	掏槽眼	3	4	1.2	0.6	2.4	反向	45	
	辅助孔	5～11	53	0.9	0.375	19.88	正向	45	
	周边孔	13	20	0.9	0.135	2.7		50	
	小计		77			24.98			
右下台阶	辅助孔	3～9	33	0.9	0.375	12.38	反向	45	
	周边孔	11	6	0.9	0.135	0.81	正向	50	
	底板孔	13	15	0.9	0.375	5.625	反向	45	
	小计		54			18.81			
中间上部	辅助孔	3～11	86	0.9	0.375	32.25	反向	45	

续上表

开挖部位	炮孔名称	雷管段别	炮孔数（个）	孔深（m）	单孔装药量（kg）	装药量小计（kg）	装药方式	堵塞长度（cm）	备注
中间上部	周边孔	13	18	0.9	0.135	2.43	正向	50	
	小计		104			34.68			
中间下部	辅助孔	3～13	36	0.9	0.375	13.5	反向	45	
	底孔	15	14	0.9	0.375	55	反向	45	
	小计		50			18.75			
合计			416			141.005	炸药单耗＝0.80kg/m^3		

V级围岩爆破技术经济指标　　表4-5

序　号	项　目	单　位	数　量
1	开挖断面面积	m^2	219.7
2	预计每循环进尺	m	0.8
3	每循环爆破石方	m^3	175.76
4	炮眼总数	个	416
5	雷管用量	发	430
6	炸药用量	kg	141
7	单位体积岩体炸药消耗量	kg/m^3	0.8
8	单位体积岩体雷管消耗量	发/m^3	2.4
9	炮眼利用率	%	85

4.1.3　V级围岩炮眼装药结构及堵塞方式

采用连续装药，引爆药包必须装在孔口，所有炮眼剩余部分必须填满炮泥。

每孔装药量按以下原则进行控制：掏槽眼和底眼装药量不超过眼深的2/3，辅助眼装药量不超过眼深的1/2，周边眼装药量不超过眼深的1/3。起爆顺序为先掏槽眼、辅助眼（由内向外每一层增加一段）、周边眼、底眼。掏槽眼和底眼连续装药。周边眼采用间隔不耦合装药结构，炮泥封口，V类围岩炮眼装药结构见图4-8。

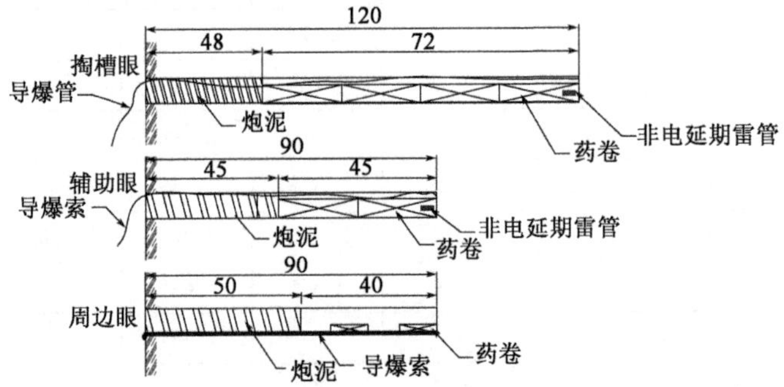

图4-8　V级围岩炮眼装药结构图（尺寸单位：cm）

4.2　Ⅳ级围岩CD法钻孔爆破设计

4.2.1　Ⅳ级围岩上台阶开挖法爆破参数设计

港沟隧道Ⅳ级围岩一般衬砌段CD法开挖顺序如图4-9所示。

(1)孔深L

考虑到Ⅳ级岩层的稳固性和钢拱架间距,决定Ⅳ级加强按照2榀拱架间距1.6m进尺,Ⅳ级一般按照2榀拱架间距2m进尺。先计算一次爆破进尺$L=1.6$m,若炮眼利用率为85%,则钻孔深度$L=1.8$m,掏槽眼深度$L_{掏槽}=1$m。

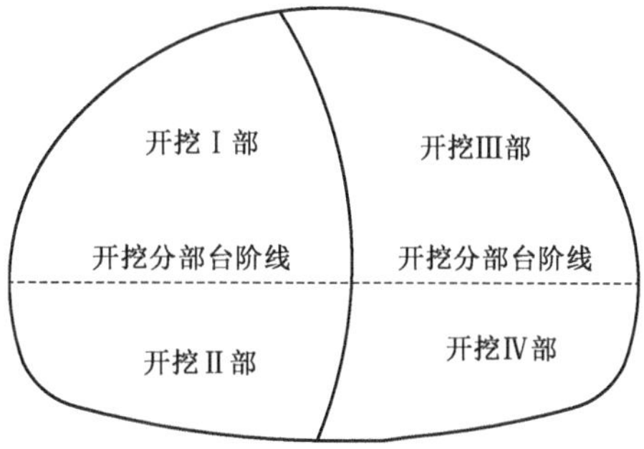

图4-9　港沟隧道Ⅳ级围岩一般衬砌段CD法开挖顺序图

注:先开挖左侧Ⅰ、Ⅱ部;错开右侧5~10m开挖Ⅲ、Ⅳ部。

(2)炮孔布置

一般辅助孔间距取0.4~0.8m,周边孔间距取0.3~0.7m,周边孔距离隧道轮廓线取0.1~0.2m;底板孔[1]间距一般为0.4~0.7m,孔口比隧道底板高出0.1~0.2m,孔底低于底板0.1~0.2m。

周边眼孔径$d=40$mm。周边炮眼的孔间距E一般为$(8\sim18)d$,取50cm,辅助孔间距取0.8m,底板孔间距取0.7m。

(3)掏槽类型

本阶段爆破掏槽采用单级楔形掏槽,如图4-10所示。

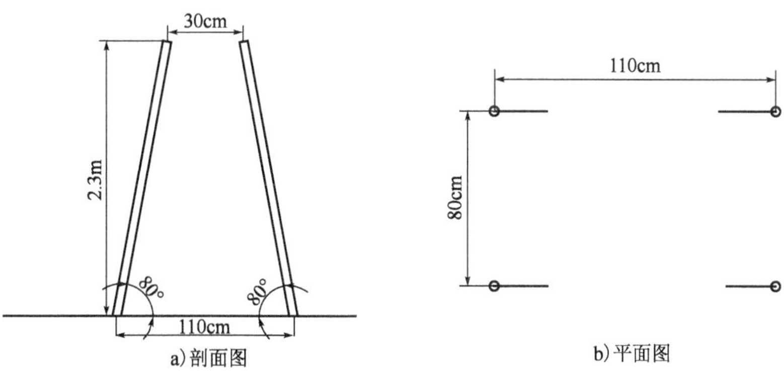

图4-10　单级楔形掏槽图

根据不同的隧道岩性的爆破试验和经验总结,在实践中对得出的q值作适当调整。巷道掘进炸药消耗量见表4-1、表4-2。

---

[1] 底板孔也称为底眼,其余炮孔称呼类同。

根据表4-1、表4-2及类似工程施工经验，选取单位体积炸药消耗量 $q=0.85\text{kg/m}^3$。

(4)一次爆破炸药量 Q

经计算，上左侧台阶断面面积 $S=61.57\text{m}^2$，则：

$$V=S\cdot L=61.57\times1.6=98.512(\text{m}^3);Q=q\cdot V=0.85\times98.512=83.74(\text{kg})$$

(5)单孔装药量 $Q_{单}$ 及其孔数

不同围岩下的不同炮眼装药系数 n 如表4-3所示。

掏槽眼长2.3m，装药系数0.8，则装药长度为1840mm，计算装药卷10.2，取装10卷药，装药量 $Q_{单}=1.5\text{kg}$。掏槽眼4个，掏槽区总装药量为6kg。

周边眼均采用光面爆破，周边眼眼深 $L=2.0\text{m}$，工程上常取光面爆破孔线装药密度为0.13~0.18kg/m。对于周边眼，由于前面确定的光面炮孔孔距(约50cm)较小，故取较小的线装药密度，取0.15kg/m，由此可计算出周边眼单孔装药量为0.3kg。

根据图纸测算，周边孔个数为26个，总装药量7.8kg。

对于底眼，由于本爆破为左上台阶爆破，所以底眼采用与辅助眼同样的装药量。

辅助眼长度2.0m，装药系数为0.6，可算出装药长度为1200mm，可装6.7卷炸药，则取单孔装药量为1.0kg。

辅助眼装药总量为94.2−6−7.8=80.4(kg)。可算出辅助眼数为80.4，取整数81个。

根据上述确定的钻孔数，将钻孔合理布置于开挖断面中，如图4-11所示。

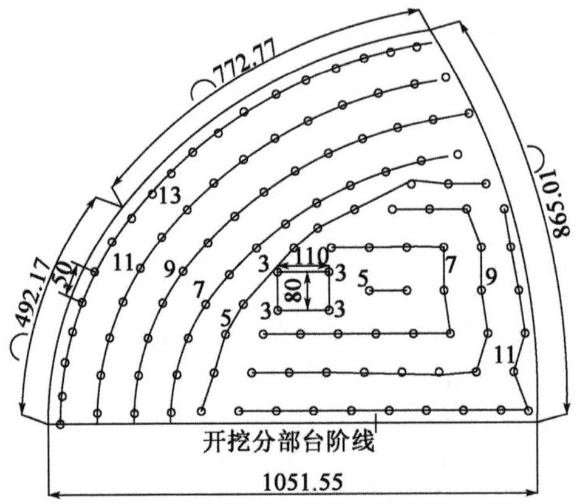

图4-11　Ⅳ级围岩左上台阶炮孔布置及起爆段别图(尺寸单位:cm)

4.2.2　Ⅳ级围岩左下台阶开挖爆破设计

下台阶开挖爆破与上台阶爆破相比，增加了临空面，减少了掏槽。为了控制底板平整度，增加了底板孔，其他爆破参数与上台阶爆破类似。

(1)一次爆破炸药量 Q

经计算，上台阶断面面积 $S=41.24\text{m}^2$，则：

$V=S\cdot L=41.24\times1.8=74.23(\mathrm{m}^3)$；$Q=q\cdot V=0.85\times74.23=63.1(\mathrm{kg})$

(2)单孔装药量 $Q_{单}$ 及其孔数

不同围岩下的不同炮眼装药系数如表 4-3 所示。

周边眼均采用光面爆破，周边眼眼深 $L=2.0\mathrm{m}$，工程上常取光面爆破孔线装药密度为 0.13～0.18kg/m。对于周边眼，由于前面确定的光面炮孔孔距（约 50cm）较小，故取较小的线装药密度，取 0.15kg/m，由此可计算出周边眼单孔装药量为 0.3kg。

根据图纸测算，周边孔个数为 9 个，总装药量 2.7kg。

对于底眼，底眼眼深 $L=2.0\mathrm{m}$，装药系数取 0.7，可计算出装药长度为 1400mm，可装 7.77 卷炸药，则取单孔装药量为 1.17kg，底眼个数为 14 个，总装药量为 16.33kg。

辅助眼长度 2.0m，装药系数为 0.6，可计算出装药长度为 1200mm，可装 37 卷炸药，则取单孔装药量为 1.0kg。

辅助眼装药总量为 63.1－3.0－16.33＝43.77(kg)。可计算出辅助眼数为 43.8，取整数 44 个。

Ⅳ级围岩左下台阶炮孔布置及起爆段别如图 4-12 所示。

同理，右上台阶、右下台阶炮孔布置类似于左下台阶，其炮孔布置及起爆段别分别如图 4-13、图 4-14 所示。

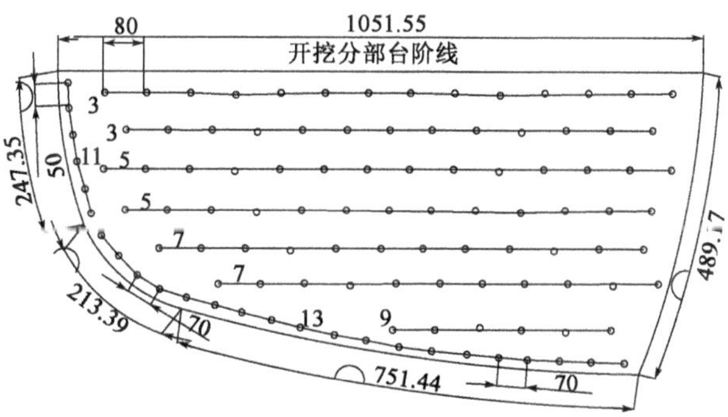

图 4-12　Ⅳ级围岩左下台阶炮孔布置及起爆段别图（尺寸单位：cm）

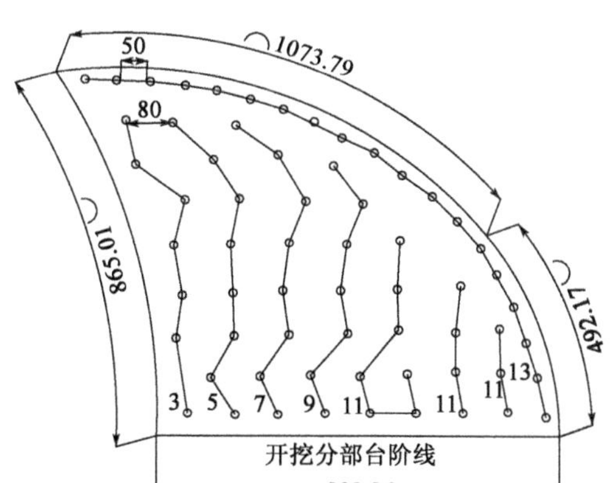

图 4-13　Ⅳ级围岩右上台阶炮孔布置及起爆段别图（尺寸单位：cm）

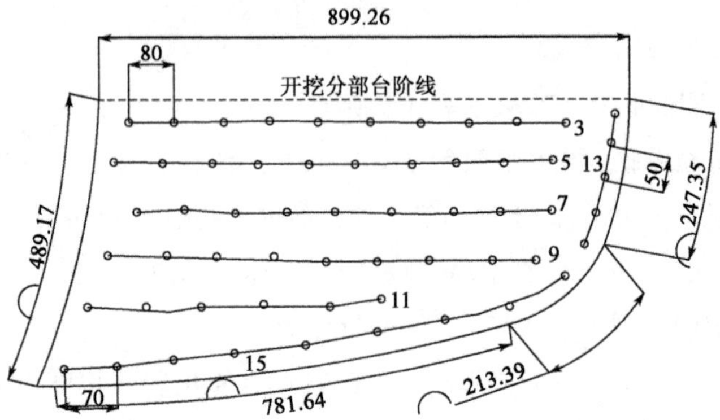

图 4-14 Ⅳ级围岩右下台阶炮孔布置及起爆段别图(尺寸单位:cm)

根据围岩情况及经验公式计算,Ⅳ级围岩 CD 法开挖爆破参数如表 4-6 所示。

Ⅳ级围岩 CD 法开挖爆破参数表　　表 4-6

开挖部位	炮孔名称	雷管段别	炮孔数(个)	孔深(m)	单孔装药量(kg)	装药量小计(kg)	装药方式	堵塞长度(cm)	备注
左上台阶	掏槽孔	3	4	2.3	1.5	6	反向	46	
	辅助孔	5～11	81	2.0	1.0	81	反向	80	
	周边孔	13	26	2.0	0.3	7.8	正向	50	
	底板孔								
	小计		111			94.8			
左下台阶	辅助孔	3～9	44	2.0	1.0	44	反向	80	
	周边孔	11	9	2.0	0.3	2.7	正向	50	
	底板孔	13	14	2.0	1.17	16.38	反向	60	
	小计		67			63.08			
右上台阶	辅助孔	3～11	87	2.0	1.0	87	反向	80	
	周边孔	13	32	2.0	0.3	9.6	正向	50	
	小计		119			93			
右下台阶	辅助孔	3～11	40	2.0	1.0	40	反向	80	
	周边孔	13	9	2.0	0.3	2.7	正向	50	
	底板孔	15	14	2.0	1.17	16.38	反向	60	
	小计		63			59.08			
合计			360			313.56	炸药单耗 = 0.86kg/m^3		

同理，掘进进尺为2.2m的Ⅳ级围岩爆破参数如表4-7、表4-8所示。

Ⅳ级围岩CD法开挖爆破参数表

表4-7

开挖部位	炮孔名称	雷管段别	炮孔数（个）	孔深（m）	单孔装药量（kg）	装药量小计（kg）	装药方式	堵塞长度（cm）	备注
左上台阶	掏槽孔	3	4	2.7	1.65	3	反向	54	
	辅助孔	5~11	83	2.4	1.2	99.6	反向	96	
	周边孔	13	26	2.4	0.36	9.36	正向	50	
	底板孔								
	小计		113			115.56			
左下台阶	辅助孔	3~9	46	2.4	1.2	55	反向	96	
	周边孔	11	9	2.4	0.36	3.24	正向	50	
	底板孔	13	14	2.4	1.4	19.6	反向	72	
	小计		69			78.04			
右上台阶	辅助孔	3~11	89	2.4	1.2	106.8	反向	96	
	周边孔	13	32	2.4	0.36	11.16	正向	50	
	小计		121			117.96			
右下台阶	辅助孔	3~11	41	2.4	1.2	49.2	反向	96	
	周边孔	13	9	2.4	0.36	3.24	正向	50	
	底板孔	15	14	2.4	1.4	19.6	反向	72	
	小计		64			72.04			
合计			367			383.6	炸药单耗 = 0.86kg/m³		

Ⅳ级围岩爆破技术经济指标

表4-8

序号	项目	单位	数量
1	开挖断面面积	m^2	207.36
2	预计每循环进尺	m	2.0
3	每循环爆破石方量	m^3	414.72
4	炮眼总数	个	367
5	雷管用量	发	460
6	炸药用量	kg	383.6
7	单位体积岩体炸药消耗量	kg/m^3	0.85
8	单位体积岩体雷管消耗量	发/m^3	1.1
9	炮眼利用率	%	85

4.2.3 Ⅳ级围岩炮眼装药结构图

Ⅳ级围岩掏槽眼、辅助眼、周边眼装药结构见图 4-15。

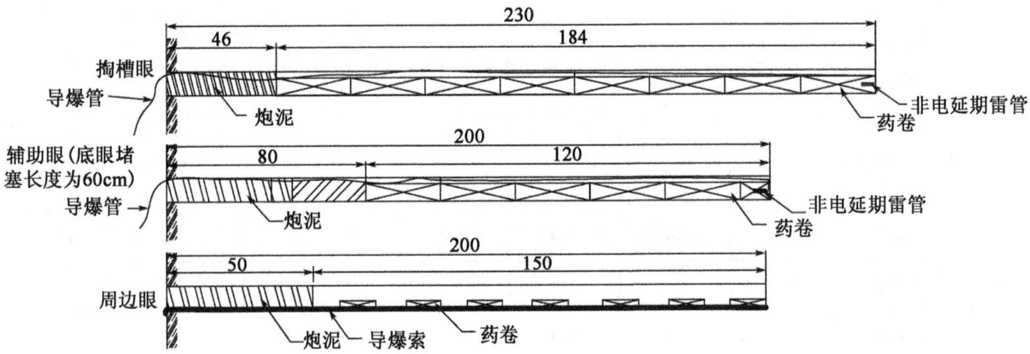

图 4-15 Ⅳ级围岩炮眼装药结构图(尺寸单位:cm)

4.3 Ⅲ级围岩台阶开挖法

上下台阶爆破时,上下两部分断面分次单独钻眼、分次单独起爆,不允许一次钻眼分次起爆。以上部分断面超前下断面 5 ~ 10m 的间距为宜。

4.3.1 Ⅲ级围岩台阶法爆破参数设计

(1)孔径 d 及药卷规格

隧道掘进钻孔常用普通气腿凿岩机,钻孔直径 d = 40mm。对于孔径 40mm 钻孔,常用普通乳化炸药(直径 32mm,长度 18cm,质量 150g)。

(2)孔深 L

一般气腿凿岩机所打钻孔长度在 3m 以下,考虑到Ⅲ级岩层的稳固性问题和支护榀架距离,应控制一次爆破进尺。设计一次爆破进尺 L = 2.6m,若炮眼利用率为 85%,则钻孔深度 L = 3.0m,掏槽眼深度 $L_{掏槽}$ = 3.3m。

(3)炮孔布置

一般辅助孔间距取 0.4 ~ 0.8m,周边孔间距取 0.5 ~ 1.0m,周边孔距隧道轮廓线距离取 0.1 ~ 0.2m;底板孔间距一般为 0.4 ~ 0.7m,孔口比隧道底板高出 0.1 ~ 0.2m,孔底低于底板 0.1 ~ 0.2m。

设计周边眼孔径与普通眼相同，$d=40$mm。周边炮眼的孔间距 E 一般为（8～18）d，取50cm。辅助孔间距取0.8m，底板孔间距取0.7m。

（4）掏槽类型

隧道开挖爆破掏槽类型分为斜眼掏槽和直孔掏槽。本阶段爆破掏槽采用二级楔形掏槽，如图4-16所示，装药系数为0～0.8。

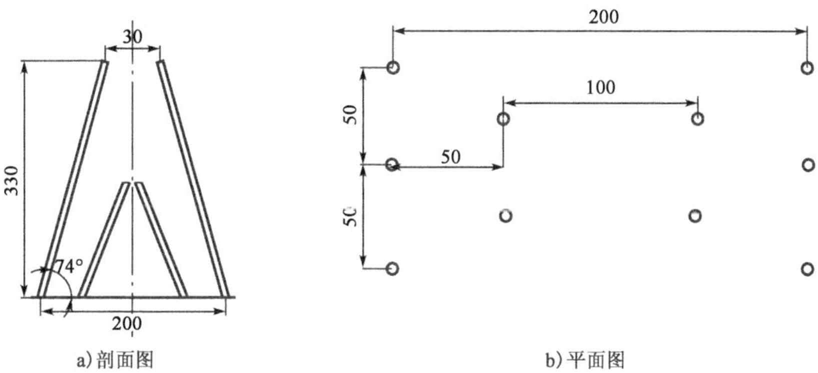

图4-16 二级楔形掏槽图（尺寸单位：cm）

（5）单位炸药消耗量 q

巷道掘进炸药消耗量见表4-1、表4-2。

根据以上及类似工程施工经验，选取单位体积炸药消耗量 $q=0.95\text{kg/m}^3$。

（6）一次爆破炸药量 Q

经计算，上台阶断面面积 $S=828\text{m}^2$，则：

$$V=S\cdot L=828\times2.6=224.068(\text{m}^3);Q=q\cdot V=0.95\times224.068=212.86(\text{kg})$$

（7）单孔装药量 $Q_{单}$ 及其孔数

不同围岩下的不同炮眼装药系数如表4-3所示。

掏槽眼长3.3m，装药系数0.8，则装药长度为2640mm，装14.7卷药，装药量 $Q_{单}=2.2$kg。掏槽眼10个，掏槽区总装药量为22kg。

周边眼均采用光面爆破，周边眼眼深 $L=3.0$m，工程上常取光面爆破孔线装药密度为0.13～0.18kg/m。对于周边眼，由于前面确定的光面炮孔孔距（约50cm）较小，故取较小的线装药密度，取0.15kg/m，由此，可计算出周边眼单孔装药量为0.45kg。

根据图纸测算，周边孔个数为48个，总装药量21.6kg。

底眼：由于本爆破为上台阶爆破，所以不设底眼。

辅助眼长度3.0m，装药系数为0.6，可计算出装药长度为1800mm，可装10卷炸药，则取单孔装药量为1.5kg。

辅助眼装药总量为212.86－22－21.6＝173.66（kg），可计算出辅助眼数为112.84，取整数113个。

根据上述确定的钻孔数，将钻孔合理布置于开挖断面中，如图 4-17 所示。

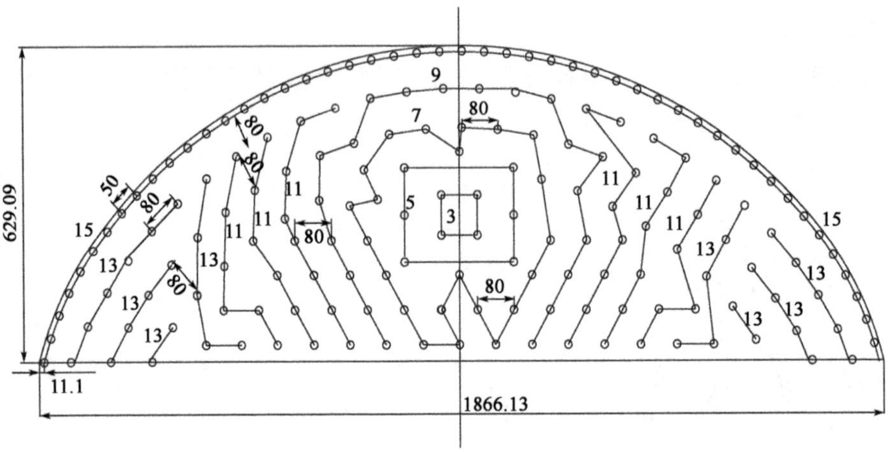

图 4-17 Ⅲ级围岩上台阶炮孔布置及起爆段别图(尺寸单位:cm)

4.3.2 Ⅲ级围岩下台阶开挖爆破设计

下台阶开挖爆破与上台阶爆破相比，增加了临空面，减少了掏槽。为了控制底板平整度，增加了底板孔，其他爆破参数与上台阶爆破类似。

(1)一次爆破炸药量 Q

经计算，上台阶断面面积 $S = 81\text{m}^2$，则：

$$V = S \cdot L = 81 \times 2.6 = 213.46(\text{m}^3);Q = q \cdot V = 0.95 \times 213.46 = 202.79(\text{kg})$$

(2)单孔装药量 $Q_{单}$ 及其孔数

不同围岩条件下的不同炮眼装药系数如表 4-3 所示。

周边眼均采用光面爆破，周边眼眼深 $L = 3.0\text{m}$，工程上常取光面爆破孔线装药密度为 0.13 ~ 0.18kg/m。对于周边眼，由于前面确定的光面炮孔孔距(约 50cm)较小，故取较小的线装药密度，取 0.15kg/m，由此可计算出周边眼单孔装药量为 0.45kg。

根据图纸测算，周边孔个数为 16 个，总装药量 7.2kg。

对于底眼，底眼眼深 $L = 3.0\text{m}$，装药系数取 0.7，可计算出装药长度为 2100mm，可装 11.7 卷炸药，则取单孔装药量为 1.75kg，底眼个数为 26 个，总装药量为 45.5kg。

辅助眼长度 3.0m，装药系数为 0.6，可计算出装药长度为 1800mm，可装 10 卷炸药，则取单孔装药量为 1.5kg。

辅助眼装药总量为 202.79 − 7.2 − 45.5 = 150.09(kg)。可计算出辅助眼数为 100.06，取整数 101 个。Ⅲ级围岩下台阶炮孔布置及起爆段别如图 4-18 所示。

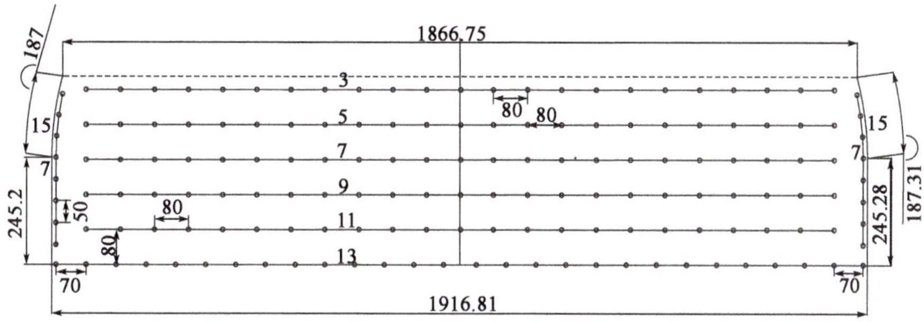

图4-18　Ⅲ级围岩下台阶炮孔布置及起爆段别图(尺寸单位:cm)

根据围岩情况及经验公式计算,Ⅲ级围岩台阶法开挖爆破参数见表4-9。

Ⅲ级围岩台阶法开挖爆破参数表　　表4-9

开挖部位	炮孔名称	雷管段别	炮孔数（个）	孔深（m）	单孔装药量（kg）	装药量小计（kg）	装药方式	堵塞长度（cm）	备注
上台阶	掏槽孔	3	4	3.3	2.2	8.8	反向	66	
	扩槽炮孔	5	6	3.3	2.2	13.2	反向	66	
	辅助孔	7～13	113	3.0	1.5	174	反向	120	
	周边孔	15	48	3.0	0.45	21.6	正向	50	
	底板孔								
	小计		171			213.2			
下台阶	辅助孔	3～11	101	3.0	1.5	151.5	反向	120	
	周边孔	15	16	3.0	0.45	7.2	正向	50	
	底板孔	13	26	3.0	1.75	45.5	正向	90	
	小计		143			204.2			
合计			314			417.4	炸药单耗＝0.95kg/m³		

同理,爆破进尺为3.8m时Ⅲ级围岩台阶法开挖爆破参数计算如表4-10所示,爆破技术经济指标见表4-11。

Ⅲ级围岩台阶法开挖爆破参数表(爆破进尺3.8m)　　表4-10

开挖部位	炮孔名称	雷管段别	炮孔数（个）	孔深（m）	单孔装药量（kg）	装药量小计（kg）	装药方式	堵塞长度（cm）	备注
上台阶	掏槽孔	3	4	4.8	3.2	12.8	反向	96	
	扩槽炮孔	5	6	4.8	3.2	12.8	反向	96	
	辅助孔	7～13	113	4.5	2.25	254.25	反向	180	
	周边孔	15	48	4.5	0.675	32.4	正向	50	
	底板孔								
	小计		169			312.25			

续上表

开挖部位	炮孔名称	雷管段别	炮孔数（个）	孔深（m）	单孔装药量（kg）	装药量小计（kg）	装药方式	堵塞长度（cm）	备注
下台阶	辅助孔	3～11	97	4.5	2.25	218.25	反向	180	
	周边孔	15	16	4.5	0.675	10.8	正向	50	
	底板孔	13	26	4.5	2.625	68.25	反向	135	
	小计		139			297.3			
合计			308			609.55	炸药单耗 =0.96kg/m^3		

Ⅲ级围岩爆破技术经济指标 表 4-11

序　号	项　目	单　位	数　量
1	开挖断面面积	m^2	170.1
2	预计每循环进尺	m	2.6
3	每循环爆破石方量	m^3	442.26
4	炮眼总数	个	308
5	雷管用量	发	380
6	炸药用量	kg	609.55
7	单位体积岩体炸药消耗量	kg/m^3	0.95
8	单位体积岩体雷管消耗量	发/m^3	0.85
9	炮眼利用率	%	85

4.3.3 Ⅲ级围岩炮眼装药结构图

Ⅲ级围岩掏槽眼、辅助眼、周边眼装药结构见图 4-19。

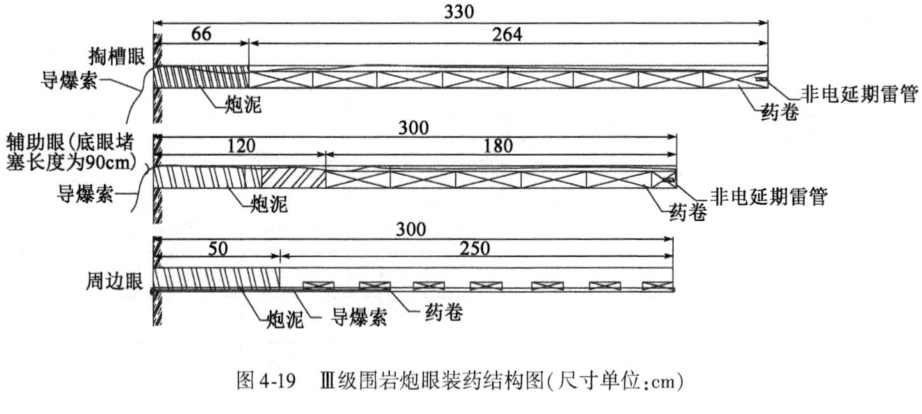

图 4-19 Ⅲ级围岩炮眼装药结构图(尺寸单位:cm)

4.4　爆破器材的现场管理

(1)爆破器材卸车:爆破器材到达工地后,首先由爆破器材保管员与运输车辆押运员进行交接,在清点完数量、品种规格相符,并且保管员登记在爆破器材登记簿后,工地负责人组织有关人员将爆破器材卸至爆破器材临时存放点或工地。

(2)爆破器材临时存放点。炸药临时存放点与雷管临时存放点距离至少25m,四周设置明显的警戒标志,并安排两名警戒人员警戒。炸药应对放在垫木之上,并且码放高度不超过1.6m;夏天天气炎热时,应使用非金属材料搭设遮阳棚。应在雷管临时存放点设立雷管保管箱,将雷管锁在雷管箱内,并且实行双人双锁,保管员一把钥匙,工地负责人一把钥匙。

(3)爆破器材到达施工现场后,保管员让相应爆破员对爆破器材种类、数量签字确认,领用后爆破员开始装药作业。炸药与雷管应分开放在炮孔两侧。爆破作业人员开始装药后,保管员及两名警戒员负责爆破器材现场警戒,防止外来人员接触爆破器材,同时安全员也要兼顾爆破器材的现场安全。

(4)爆破装药完毕后,保管员、安全员及工地负责人在网路连接前,从工地一端开始无接缝地检查工地是否存在遗漏爆破器材的现象。

(5)爆破结束后,如果剩余爆破器材,保管员应将实际数量和品种登记在爆炸物品登记簿上,并由相应爆破员签字确认。工地负责人及时通知将爆破器材运输车辆清退回炸药库,清退时双方要签字确认。

4.5　爆破警戒范围和任务

(1)在爆破区凡有路口或洞口处均设爆破警戒,每岗不小于2人。

(2)起爆前20min开始清理现场,在20min内,警戒范围内的所有人员和设备、车辆全部清理到安全地点。

(3)爆破负责人按设计要求派出警戒,按规定时间发出警报信号,确认警戒范围内安全无事后,现场负责人下达起爆命令,方可起爆。

(4)爆破网路连接必须由施爆专业人员实施,应专人分发雷管,专人连接网路,专人复核雷管分段和检查网路,网路设置完后,需经现场值班人员确认后,方可进行施爆。

(5)隧道爆破后检查及盲炮处理。隧道爆破后主要检查内容:有无盲炮;有无坍塌冒顶;有无支护破坏等。如果发现盲炮,应立即报告给工地技术负责人,工地爆破技术负责人现场查看后,制定盲炮处理方案,并组织有关人员实施。

①因连接不良、错连、漏连引起的盲炮,要重新连线。经检查确认起爆线路完好时,方可重新起爆。

②因其他原因造成的瞎炮，则应在距瞎炮至少0.3m处重钻和盲炮炮孔平行的新炮孔，重新装药爆破。

③禁止在炮孔残底继续打孔加深，严禁用镐刨，或从炮孔中取出原位置的引药或从引药中拉出雷管。

④处理瞎炮的炮孔爆破后，须经详细检查并收集未爆破的爆破材料，并予以销毁。

(6)各警戒岗哨要认真负责，不得怠慢，发现任何紧急情况，要及时向现场负责人汇报。

(7)统一使用对讲机，开通稳定频道，统一指挥，实施爆破施工安全措施。

安全警戒：

(1)警戒音响器材：手摇手持警报器和哨子。

(2)警戒信号。预警信号：起爆前15min发出，时长0s；起爆信号：起爆前30s发出，时长20s；解除信号：起爆15min爆破员进入现场检查确认安全后发出，时长30s。

(3)安全警戒点及各点负责人。

根据本工程周围环境，爆破区域设置6个安全警戒点，具体位置爆破时由爆破指挥员指定。

4.6 水压爆破

4.6.1 水压爆破原理

向炮眼中一定位置注入一定量的水，并用专用炮泥回填堵塞炮眼，利用在水中传播的冲击波对水的不可压缩性，使爆炸能量经过水传递到围岩中，且能量几乎无损失。同时，水在爆炸气体膨胀作用下产生“水楔”效应，有利于岩石破碎，炮眼中的水可以起到雾化降尘作用，大大降低粉尘对环境的污染。

4.6.2 装药结构

首先向炮眼最底部装入水袋，随后装药卷，再装水袋，最后用炮泥回填堵塞，装药结构见图4-20。

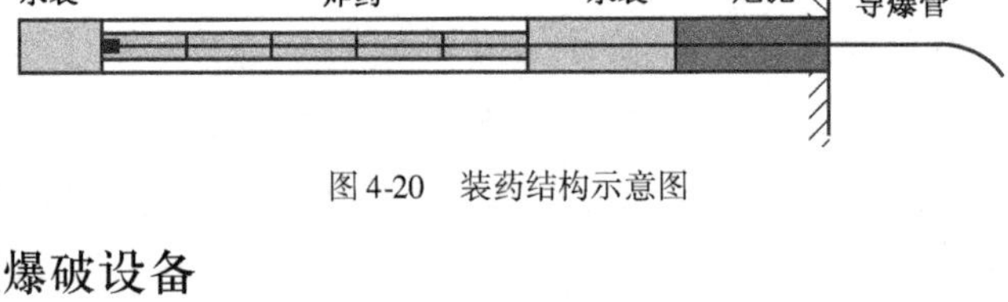

图4-20　装药结构示意图

4.6.3 水压爆破设备

(1)炮泥机(图4-21)

①炮泥具有规格统一、质地均匀、软硬适中、表面光滑等特点，炮泥提高了炮眼封堵质量，

减少明火产生。炮泥机制作炮泥速度快，减少了人工劳动强度，提高了工作效率，制作炮泥方便，操作简单。

②炮泥主要采用黏土、砂和水三种材料。黏土采用干净的普通黏土，含水率控制在8%以下。砂的最大颗粒不超过10mm，不得有草根等杂物，大颗粒要人工破碎。采用干净的细砂，最好用河砂，含水率控制在3%以下。黏土和砂掺杂小碎石块时，应过筛处理，不得将石块投入料斗中，以防止小碎块卡叶片或成型器中的转动螺旋发生故障，加工炮泥的前一天，应把已筛好的泥砂和水按质量配比人工拌和好，当天制作成的炮泥比临时拌和的炮泥柔韧性更好。

图4-21　炮泥机

③炮泥制作。开机前在料斗中加入已预拌和的泥砂料约20kg，然后打开电源，在转动螺旋的推压下，泥料边向前输送边挤压密实，最后在卧式螺旋输送成型器端头源源不断地挤压出来，三种成分的质量比为黏土:砂:水＝0.75:0.09:0.16，按照配合比例人工拌均匀后，装入炮泥机的进料仓，按下电源按钮开始生产。

图4-22　塑料袋灌装封口机

(2)塑料袋灌装封口机(图4-22)

①水袋具有规格统一、质地均匀、自动灌水封口等特点，保护环境和作业人员的身体健康，减少粉尘和炸药等的异味，制作速度快，减少了人工劳动强度，提高了工作效率，制作水袋方便，操作简单。

②水袋的原材料即水和塑料袋，塑料袋采用常用的聚乙烯塑料，水袋长200mm，直径为35mm，袋厚约为0.8mm。

③封口机开动之前进行定量调节，打开机器后门，松开泵连杆端头螺母，调节移位蝶形螺母，即通过调节泵连杆滑块左右位置得到所需灌装容量：顺时针减少，反之增大。调整好后拧紧端头螺母，以防松动移位，影响灌装容量，损坏调整杆。封口机定量调节好后，打开电源，指示灯亮，调节温控调节器到适当封口温度，由绿灯变红灯时，即达到所调解封口温度(初始温度应以设定130℃为宜，再逐步调节升高)。在开始灌注封口前，接通主开关，等机器运转两次，使计量泵内吸满水，将空气排出后，把主开关断开，塑料袋由人工用双手拇指和食指夹住套在出水管口上，按启动开关，即完成自动灌注和封口。

4.6.4 装药作业

(1)先在所有炮眼眼底装入水袋,再按爆破设计少装入一个药卷,剩余炮孔依次装入3个水袋并全部用炮泥堵塞。

(2)起爆作业:

①起爆网路采取孔内延期微差、孔外簇联的起爆方式,各引爆雷管之间采取并联的方式,以保证起爆网路的可靠性和准确性。联结时要注意,导爆索的连接方向和连接点的牢固性;导爆管不能打结和拉细;引爆雷管用黑胶布紧紧包扎在离一簇导爆管自由端10cm以上处,网路联结好后,要有专人负责检查,确认无误后,方准起爆。

②起爆顺序:从掏槽眼开始,一层一层向外进行,最后是周边眼、底板眼。起爆前应按要求做好各项安全防护工作。

4.7 车行横洞开挖爆破设计

Ⅳ级围岩车行横洞采用全断面法开挖、周边孔光面爆破。

(1)光面爆破参数:

①不耦合系数:选用1.6;

②周边光面爆破孔炮眼间距E:选用50cm;

③光面层厚度(周边光面爆破孔最小抵抗线):选用70cm;

④周边炮眼密集系数K:$K=E/W=0.714$。

(2)计划掘进循环进尺:2.0m/循环。

车行横洞开挖爆破图、表如图4-23、表4-12、表4-13所示。

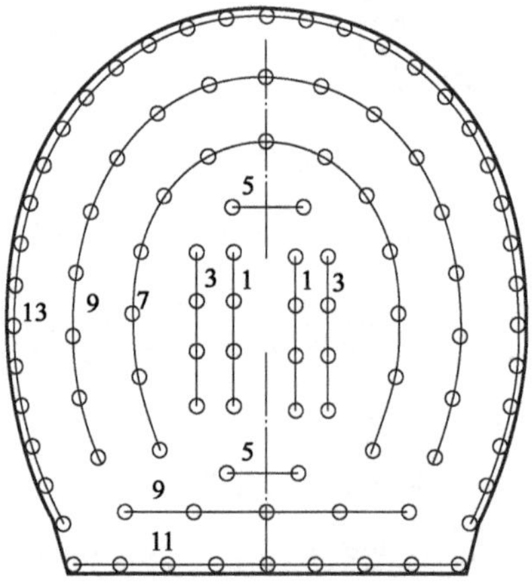

图4-23 车行横洞炮孔布置及起爆段别图

车行横洞开挖爆破参数表　　表4-12

开挖部位	名称	雷管段别	数量（个）	孔深（m）	单孔装药量（kg）	同段齐爆药量（kg）	装药方式	堵塞长度（cm）	备注
上台阶	掏槽孔	1	8	2.2	1.2	9.6	反向	80	
	掏槽孔	3	8	2.2	1.2	9.6	反向	80	
	辅助孔	5~11	37	2.0	0.8	29.6	反向	120	
	周边孔	13	35	2.0	0.45	15.75	正向	50	
	底板孔	11	12	2.0	1.0	12			
	小计		100			76.55			

车行横洞爆破技术经济指标　　表4-13

序　号	项　目	单　位	数　量
1	开挖断面面积	m^2	38.29
2	预计每循环进尺	m	2.0
3	每循环爆破石方	m^3	76.58
4	炮眼总数	个	100
5	雷管用量	发	120
6	炸药用量	kg	76.55
7	单位体积岩体炸药消耗量	kg/m^3	1.0
8	单位体积岩体雷管消耗量	发$/m^3$	1.3
9	炮眼利用率	%	90

4.8　人行横洞开挖爆破设计

Ⅳ级围岩人行横洞采用全断面法开挖、周边孔光面爆破。

(1)光面爆破参数：

①不耦合系数：选用1.6；

②周边光面爆破孔炮眼间距 E：选用50cm；

③光面层厚度(周边光面爆破孔最小抵抗线)：选用70cm；

④周边炮眼密集系数 K：$K=E/W=0.714$。

(2)计划掘进循环进尺：2.0m/循环。

人行横洞开挖爆破图、表如图4-24、表4-14、表4-15所示。

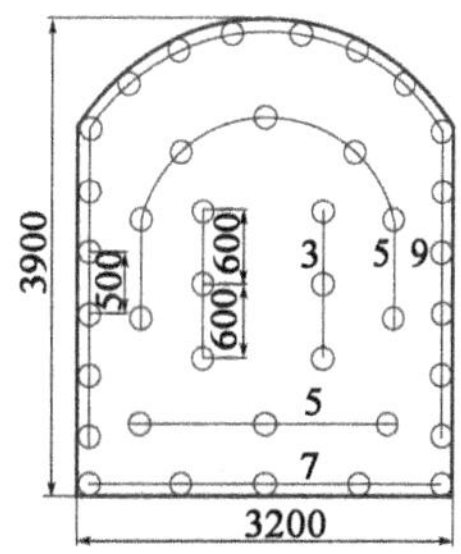

图4-24　人行横洞炮孔布置及起爆段别图(尺寸单位：mm)

人行横洞开挖爆破参数表 表 4-14

开挖部位	名称	雷管段别	数量（个）	孔深（m）	单孔装药量（kg）	同段齐爆药量(kg)	装药方式	堵塞长度（cm）	备注
上台阶	掏槽孔	1	6	2.2	1.2	7.2	反向	80	
	辅助孔	5～11	10	2.0	0.8	8	反向	120	
	周边孔	13	18	2.0	0.375	6.75	正向	50	
	底板孔	11	3	2.0	1.0	6			
	小计		37			27.95			

人行横洞爆破技术经济指标 表 4-15

序　号	项　目	单　位	数　量
1	开挖断面面积	m^2	11.64
2	预计每循环进尺	m	2.0
3	每循环爆破石方量	m^3	23.28
4	炮眼总数	个	37
5	雷管用量	发	50
6	炸药用量	kg	27.95
7	单位体积岩体炸药消耗量	kg/m^3	1.2
8	单位体积岩体雷管消耗量	发/m^3	1
9	炮眼利用率	%	85

第 5 章　超大断面隧道施工安全风险评估

5.1　评估过程和评估方法

5.1.1　成立风险评估小组

评估小组均由具有工作经验,且对工程风险有足够认识的高级工程师组成,见表 5-1。

风险评估专家人员表　　表 5-1

序　号	成员组成	职　称	专　业
1	项目经理	高级工程师	土木工程
2	项目总工程师	高级工程师	土木工程
3	安全负责人	高级工程师	土木工程
4	风险评估专家	高级工程师	土木工程
5	应急救援专家	高级工程师	土木工程

5.1.2　总体风险评估

1)总体风险评估方法

根据隧道工程的地质环境条件、建设规模、结构特点等风险环境与致险因子,估测隧道工程施工期间的整体安全风险大小,确定其静态条件下的安全风险等级。总体风险评估采用风险指标体系法进行,评估小组根据隧道工程实际情况,并结合自身经验,对总体风险评估指标体系进行改进。

2)总体安全风险评估指标体系

隧道工程施工安全总体风险评估主要考虑隧道地质条件、建设规模、气候与地形条件等评估指标,评估指标的分类、赋值标准见表 5-2。

隧道工程施工安全总体风险评估指标体系　　表 5-2

评估指标	分类		分　值	说　明
地质 $G=a+b+c$	围岩情况 a	1. Ⅴ、Ⅵ围岩长度占全隧道长度 70% 以上	3~4	根据设计文件和施工实际情况确定
		2. Ⅴ、Ⅵ围岩长度占全隧道长度 40% 以上、70% 以下	2	
		3. Ⅴ、Ⅵ围岩长度占全隧道长度 20% 以上、40% 以下	1	
		4. Ⅴ、Ⅵ围岩长度占全隧道长度 20% 以下	0	

续上表

<table>
<tr><th>评估指标</th><th colspan="2">分类</th><th>分值</th><th>说明</th></tr>
<tr><td rowspan="6">地质
$G=a+b+c$</td><td rowspan="3">瓦斯含量
b</td><td>1. 隧道洞身穿越瓦斯地层</td><td>2～3</td><td rowspan="6">根据设计文件和施工实际情况确定</td></tr>
<tr><td>2. 隧道洞身附近可能存在瓦斯地层</td><td>1</td></tr>
<tr><td>3. 隧道施工区域不会出现瓦斯</td><td>0</td></tr>
<tr><td rowspan="3">富水情况
c</td><td>1. 隧道全程存在可能发生涌水突泥的地质</td><td>2～3</td></tr>
<tr><td>2. 有部分可能发生涌水突泥的地质</td><td>1</td></tr>
<tr><td>3. 无涌水突泥可能的地质</td><td>0</td></tr>
<tr><td rowspan="4">开挖断面 A</td><td colspan="2">1. 特大断面(单洞四车道隧道)</td><td>4</td><td></td></tr>
<tr><td colspan="2">2. 大断面(单洞三车道隧道)</td><td>3</td><td></td></tr>
<tr><td colspan="2">3. 中断面(单洞双车道隧道)</td><td>2</td><td></td></tr>
<tr><td colspan="2">4. 小断面(单洞单车道隧道)</td><td>1</td><td></td></tr>
<tr><td rowspan="4">隧道全长 L</td><td colspan="2">1. 特长(3000m 以上)</td><td>4</td><td></td></tr>
<tr><td colspan="2">2. 长(大于 1000m、小于 3000m)</td><td>3</td><td></td></tr>
<tr><td colspan="2">3. 中(大于 500m、小于 1000m)</td><td>2</td><td></td></tr>
<tr><td colspan="2">4. 短(小于 500m)</td><td>1</td><td></td></tr>
<tr><td rowspan="3">洞口形式 S</td><td colspan="2">1. 竖井</td><td>3</td><td></td></tr>
<tr><td colspan="2">2. 斜井</td><td>2</td><td></td></tr>
<tr><td colspan="2">3. 水平洞</td><td>1</td><td></td></tr>
<tr><td rowspan="2">洞口特征 C</td><td colspan="2">1. 隧道进口施工困难</td><td>2</td><td rowspan="2">从施工便道难易、地形特点等考虑</td></tr>
<tr><td colspan="2">2. 隧道进口施工较容易</td><td>1</td></tr>
</table>

注:1. 指标的取值针对单洞。

2. 表中“以上”表示含本数,“以下”表示不含本数,下同。

3)总体风险评估计算

(1)隧道工程施工安全总体风险大小计算公式为:

$$R=G(A+L+S+C)$$

式中:G——隧道、竖井、斜井路线周围的地质所赋分值;

A——标准的开挖断面所赋分值;

L——隧道入口到出口的长度所赋分值;

S——成为通道入口的形式所赋分值;

C——隧道洞口地形条件所赋分值。

(2)计算得到总体风险值 R 后,对照表 5-3 确定隧道工程施工安全总体风险等级。

隧道工程施工安全总体风险等级标准表　　表 5-3

风险等级	计算分值 R	风险等级	计算分值 R
等级Ⅳ(极高风险)	22 分及 22 分以上	等级Ⅱ(中度风险)	7~13 分
等级Ⅲ(高度风险)	14~21 分	等级Ⅰ(低度风险)	0~6 分

5.1.3　专项风险评估

1)专项风险评估方法

将经总体风险评估等级为Ⅲ级(高度风险)及Ⅲ以上隧道工程中的高风险施工作业活动(或施工区段)作为评估对象,根据其作业风险特点以及类似工程事故情况,进行风险源普查,建立风险源普查清单,并通过风险分析和评估,确定重大风险源。按照风险矩阵法和指标体系法对重大风险源进行定量风险估测,确定风险等级。对具有潜在危险性作业环境中的一般风险源采用半定量的 LEC 法进行评估。

2)专项风险评估程序

专项风险评估的基本程序包括风险源普查、辨识、分析,并针对重大风险源进行估测、控制。专项风险评估具体流程见图 5-1。

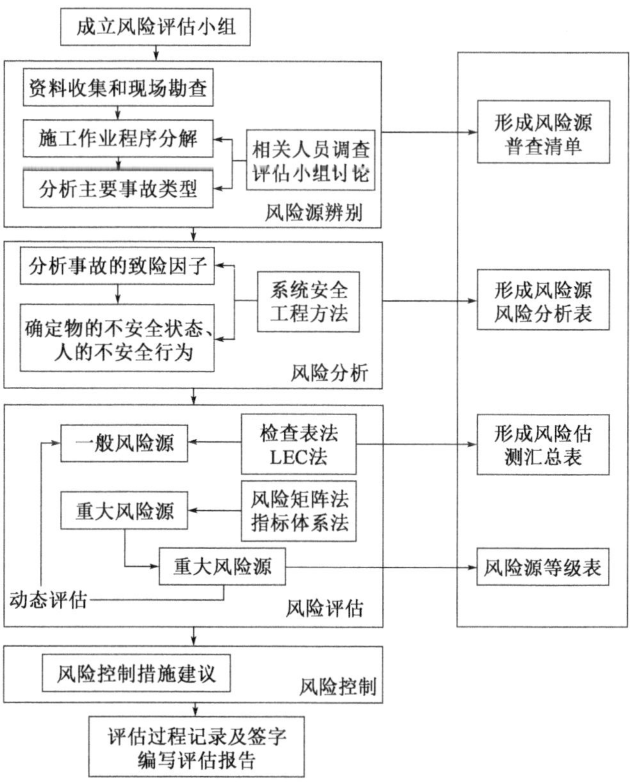

图 5-1　专项风险评估具体流程图

5.2 评估内容

5.2.1 龙鼎隧道施工安全总体风险评估

1)龙鼎隧道左线施工安全总体风险评估

龙鼎隧道左线施工安全总体风险评估主要考虑隧道地质条件、建设规模、气候与地形条件等评估指标,参照表5-2隧道工程施工安全总体风险评估指标体系,形成表5-4。

龙鼎隧道左线施工安全总体风险评估指标体系　　表5-4

评估指标	分类		分值	说明
地质 $G=a+b+c$	围岩情况 a	Ⅴ、Ⅵ围岩长度占全隧道长度20%以下	0	龙鼎隧道左线Ⅴ、Ⅵ围岩长度占全隧道长度分别为4%;施工区域无瓦斯地质;雨季洞体汇水后,易发生较大短期性涌水
	瓦斯含量 b	隧道施工区域不会出现瓦斯地质	0	
	富水情况 c	有部分可能发生涌水突泥的地质	1	
开挖断面 A	特大断面(单洞四车道隧道)		4	单洞三车道加硬路肩 (3×3.75m+3.5m)
隧道全长 L	长(大于1000m、小于3000m)		3	长隧道
洞口形式 S	水平洞		1	均为水平洞
洞口特征 C	隧道进口施工较容易		1	综合考虑便道、地形

龙鼎隧道左线施工安全总体风险大小计算公式为:

$$R=G(A+L+S+C)$$

龙鼎隧道左线施工安全总体风险值 $R=G(A+L+S+C)=1\times(4+3+1+1)=9,7<R<13$。

依据表5-3隧道工程施工安全总体风险分级标准,龙鼎隧道左线总体风险值 R 在7~13之间,因此龙鼎隧道左线总体风险等级为Ⅱ级(中度风险)。

2)龙鼎隧道右线总体风险评估

龙鼎隧道右线施工安全总体风险评估主要考虑隧道地质条件、建设规模、气候与地形条件等评估指标,参照表5-2隧道工程施工安全总体风险评估指标体系,形成表5-5。

龙鼎隧道右线施工安全总体风险评估指标体系　　表5-5

评估指标	分类		分值	说明
地质 $G=a+b+c$	围岩情况 a	Ⅴ、Ⅵ围岩长度占全隧道长度20%以下	0	龙鼎隧道右线Ⅴ、Ⅵ围岩长度占全隧道长度分别为5%;施工区域无瓦斯地质;雨季洞体汇水后,易发生较大短期性涌水
	瓦斯含量 b	隧道施工区域不会出现瓦斯地质	0	
	富水情况 c	有部分可能发生涌水突泥的地质	1	

续上表

评估指标	分类	分值	说明
开挖断面 A	特大断面(单洞四车道隧道)	4	单洞三车道加硬路肩 ($3\times3.75\text{m}+3.5\text{m}$)
隧道全长 L	长(大于1000m、小于3000m)	3	长隧道
洞口形式 S	水平洞	1	均为水平洞
洞口特征 C	隧道进口施工较容易	1	综合考虑便道、地形

龙鼎隧道右线施工安全总体风险大小计算公式为：

$$R=G(A+L+S+C)$$

龙鼎隧道右线施工安全总体风险值 $R=G(A+L+S+C)=1\times(4+3+1+1)=9$，$7<R<13$，依据表5-3隧道工程施工安全总体风险分级标准，龙鼎隧道右线总体风险值 R 在7～13之间，因此龙鼎隧道右线施工安全总体风险等级为Ⅱ级(中度风险)。

5.2.2 港沟隧道施工安全总体风险评估

1)港沟隧道左线施工安全总体风险评估

港沟隧道左线施工安全总体风险评估主要考虑隧道地质条件、建设规模、气候与地形条件等评估指标，参照表5-2隧道工程施工安全总体风险评估指标体系，形成表5-6。

港沟隧道左线总体风险评估指标体系 表5-6

评估指标	分类		分值	说明
地质 $G=a+b+c$	围岩情况 a	Ⅴ、Ⅵ围岩长度占全隧道长度20%以下	0	港沟隧道左线Ⅴ、Ⅵ围岩长度占全隧道长度为19%，接近20%；港沟隧道施工区域无瓦斯地质；雨季洞体汇水后，易发生较大短期性涌水
	瓦斯含量 b	隧道施工区域不会出现瓦斯地质	0	
	富水情况 c	有部分可能发生涌水突泥的地质	1	
开挖断面 A	特大断面(单洞四车道隧道)		4	单洞三车道加硬路肩 ($3\times3.75\text{m}+3.5\text{m}$)
隧道全长 L	长(大于1000m、小于3000m)		3	长隧道
洞口形式 S	水平洞		1	水平洞
洞口特征 C	隧道进口施工较容易		1	综合考虑便道、地形

港沟隧道左线施工安全总体风险大小计算公式为：

$$R=G(A+L+S+C)$$

港沟隧道左线施工安全总体风险值 $R=G(A+L+S+C)=1\times(4+3+1+1)=9$，$7<R<13$，依据表5-3隧道工程施工安全总体风险分级标准，港沟隧道左线施工安全总体风险值 R 在

7～13之间，因此港沟隧道左线总体风险等级为Ⅱ级（中度风险）。

2）港沟隧道右线施工安全总体风险评估

港沟隧道右线施工安全总体风险评估主要考虑隧道地质条件、建设规模、气候与地形条件等评估指标，参照表5-2隧道工程施工安全总体风险评估指标体系，形成表5-7。

港沟隧道右线施工安全总体风险评估指标体系 表5-7

<table>
<tr><th>评估指标</th><th colspan="2">分类</th><th>分值</th><th>说明</th></tr>
<tr><td rowspan="3">地质
$G=a+b+c$</td><td>围岩情况 a</td><td>Ⅴ、Ⅵ围岩长度占全隧道长度20%以上、40%以下</td><td>1</td><td rowspan="3">港沟隧道右线Ⅴ、Ⅵ围岩长度占全隧道长度为24%；施工区域无瓦斯地质；雨季洞体汇水后，易发生较大短期性涌水</td></tr>
<tr><td>瓦斯含量 b</td><td>隧道施工区域不会出现瓦斯地质</td><td>0</td></tr>
<tr><td>富水情况 c</td><td>有部分可能发生涌水突泥的地质</td><td>1</td></tr>
<tr><td>开挖断面 A</td><td colspan="2">特大断面（单洞四车道隧道）</td><td>4</td><td>单洞三车道加硬路肩（3×3.75m+3.5m）</td></tr>
<tr><td>隧道全长 L</td><td colspan="2">长（大于1000m、小于3000m）</td><td>3</td><td>长隧道</td></tr>
<tr><td>洞口形式 S</td><td colspan="2">水平洞</td><td>1</td><td>水平洞</td></tr>
<tr><td>洞口特征 C</td><td colspan="2">隧道进口施工较容易</td><td>1</td><td>综合考虑便道、地形</td></tr>
</table>

港沟隧道右线施工安全总体风险大小计算公式为：

$$R=G(A+L+S+C)$$

港沟隧道右线施工安全总体风险值 $R=G(A+L+S+C)=2\times(4+3+1+1)=18$，$14<R<21$。

依据表5-3隧道工程施工安全总体风险分级标准，港沟隧道右线施工安全总体风险值 R 在14～21之间，因此港沟隧道右线总体风险等级为Ⅲ级（高度风险）。

5.2.3 隧道工程施工安全总体风险评估汇总

根据《山东省公路桥梁和隧道工程施工安全风险评估实施细则》相关规定。总体风险在Ⅲ级（高度风险）及Ⅲ级以上的隧道工程，应纳入专项风险评估范围。隧道工程施工安全总体风险评估汇总结果见表5-8。

隧道工程施工安全总体风险评估汇总表 表5-8

隧道名称	分计算值 R	风险等级	是否纳入专项评估
龙鼎隧道左线	9	等级Ⅱ（中度风险）	否
龙鼎隧道右线	9	等级Ⅱ（中度风险）	否
港沟隧道左线	9	等级Ⅱ（中度风险）	否
港沟隧道右线	18	等级Ⅲ（高度风险）	是

因此,港沟隧道右线施工安全总体风险为Ⅲ级(高度风险),应进行专项风险评估;虽然港沟隧道左线施工安全总体风险为Ⅱ(中度风险),但隧道Ⅴ、Ⅵ围岩长度占全隧道长度为19%(接近20%),且穿过2条断裂破碎带,可能存在重大风险,因此也应进行专项风险评估。评估小组根据总体风险评估情况,提出专项风险评估中需要重点评估的风险源。

5.2.4　专项风险评估

1)风险源辨识

风险源辨识包括3个步骤:工程资料的收集整理、施工作业程序分解、施工作业可能发生的安全事故辨识。

(1)工程资料的收集整理

评估小组先进行现场踏勘,收集风险评估相关的基础资料并进行整理。收集整理的工程资料主要包括:

①类似工程事故资料;

②"京沪高速公路济南连接线工程地质勘察报告(隧道部分)"、京沪高速公路济南连接线工程两阶段施工图设计港沟隧道、"京沪高速公路济南连接线工程初步设计"及专家审查意见;

③其他与风险源辨识对象相关资料。

(2)施工作业程序分解

参照《公路工程质量检验评定标准　第一册　土建工程》(JTG F80/1)、"实施性施工组织设计"及《山东省公路桥梁和隧道工程施工安全风险评估实施细则》表6中所确定的施工工艺,将港沟隧道按照分部工程—分项工程—作业(施工)过程进行施工作业程序分解,详见表5-9。

港沟隧道施工作业程序分解表　　表5-9

分部工程	分项工程	作业过程
洞口工程	洞口开挖	清表作业
		挖掘作业
		爆破作业
	洞口边、仰坡防护	超前管棚
		锚杆布设
		危石清除
		截水沟施工
		喷射混凝土
		植被防护

续上表

分部工程	分项工程	作业过程
洞身开挖	钻爆作业	钻孔作业
		装药与起爆
		通风
		危石清除
	洞内运输	装渣
		无轨运输
		卸渣
		爆破器材运输
洞身衬砌	初期支护	超前小导管
		钢拱架
		锚杆支护
		喷射混凝土
	二次衬砌	铺设防水层
		绑扎二次衬砌钢筋
		浇筑二次衬砌混凝土
		仰拱作业
隧道路面	基层、面层	水泥混凝土路面
		沥青路面
交通工程	安全设施	高处作业
	机电工程	机电安装

(3)施工作业可能发生的安全事故辨识

通过调查及评估小组讨论，分析隧道施工作业程序可能发生的典型事故类型，找出风险源。

①港沟隧道地质情况风险

隧道洞口段围岩级别均为Ⅴ级，隧道进、出口围岩均为白云质灰岩，强风化、软化性弱，产状平缓，层间结合差，岩体破碎，节理裂隙发育。洞体平时潮湿，雨季洞体发生小股涌水或涌流。洞体围岩无自稳能力，无支护发生大的塌方，洞口开挖深度最小处近20m。

隧道穿越2条构造破碎带，围岩级别均为Ⅴ级，破碎带均斜交洞体，其中F1断裂带处围岩受断裂带影响，白云质灰岩、灰岩岩体极破碎，结构松散，断裂处岩体泥化严重，岩质较柔软，软化性强。沿断裂面岩溶化较强烈，多发育微小溶孔。地下水为岩溶水，洞体平时潮湿无水，雨季小股涌水为主，局部大股涌水。顶板不稳定，无支护发生大的坍塌。F2 断裂带产状较陡，节理带岩体破碎，岩溶化较强烈，多形成溶蚀裂隙、溶孔。地下水为岩溶水，洞体平时无水，顶板无支护，易发生重大坍塌。

港沟隧道洞口段围岩无自稳能力，有发生洞口失稳可能；隧道穿越 2 条构造破碎带岩体极破碎，有发生坍塌的可能性，雨季沿节理裂隙及溶蚀裂隙形成较大涌流，有发生涌水突泥的可能性。

②隧道施工设备风险

隧道施工设备在组装和运行过程中会发生一些故障，根据故障的影响程序可分为主要故障和其他故障。主要故障是指一旦发生故障很难在洞内处理，需要一些特殊和方式进行处理，这些故障直接影响工期并造成严重的经济损失；其他故障是指可以在洞内维修的设备故障，这些故障对工期相对较小，造成的经济损失也相对少些。

a. 施工用电设备

电动空气压缩机、隧道轴流通风机、电焊机、湿喷机、整体钢模衬砌台车、混凝土输送泵易发生触电、电气起火等。

b. 生产设备

混凝土拌和站易发生触电、机械伤害。

c. 施工机械、车辆

挖掘机、装载机、自卸车、混凝土罐车等易发生机械伤害和交通事故。

③隧道施工作业风险

a. 隧道洞口开挖易发生洞口失稳、坍塌。

b. 二次衬砌施工属于高空作业，存在人员高空坠落和高空坠物等危险因素。

c. 挖掘机、装载机、空压机等特种设备存在使用过程中出现事故的危险因素。

④周边环境的影响

a. 隧道施工对周边环境的影响

隧道施工的噪声、粉尘、施工废水排放、夜间施工对附近居民区的影响。

b. 隧道爆破施工对周边环境的影响

隧道爆破施工产生的噪声、冲击波、爆破震动对附近居民区、地表建筑物产生的影响。

c. 隧道弃渣运输对周边环境的影响

隧道施工中运渣自卸车辆会产生一定的噪声和粉尘污染，运渣车辆道路行驶时沿途洒落渣土对道路造成污染。

(4)形成风险普查清单

通过采取与现场施工作业人员座谈、评估小组讨论、专家咨询、工程类比等方式，结合港沟隧道钻爆施工作业活动与典型事故类型对照表(表 5-10)，分析得出风险源普查清单，详见表 5-11。

港沟隧道钻爆施工作业活动与典型事故类型对照表

表 5-10

主要作业内容及程序	事故类型												
	物体打击	高处坠落	触电	起重伤害	瓦斯爆炸	冒顶片帮	涌水突泥	放炮	火灾	机械伤害	车辆伤害	坍塌	其他
一、临时工程													
1. 场地平整													
便道施工及危险点处理		○	○							○			
2. 施工场地布置													
a. 临时建筑	○		○									○	
b. 混凝土拌和场		○	○									○	
c. 钢拱架、锚杆等级工场			○							○			
d. 弃渣场		○									○		
e. 重型机具进场				○							○		
二、洞口边坡工程													
1. 边坡开挖防护													
a. 地表清除		○								○			
b. 坡面开挖	○	○								○		○	
c. 弃土运输	○									○			
d. 搭设锚杆		○											
e. 喷射混凝土		○											
f. 截水沟开挖		○											
2. 洞口施工													
a. 洞口测量													
b. 架设钢拱架		○	○							○		○	
c. 洞口管棚或小导管		○	○				○						
d. 注浆										○			
e. 洞口开挖(爆破或机械开挖)						○	○	○		○		○	

续上表

主要作业内容及程序	事故类型												
	物体打击	高处坠落	触电	起重伤害	瓦斯爆炸	冒顶片帮	涌水突泥	放炮	火灾	机械伤害	车辆伤害	坍塌	其他
f. 锚喷支护	○	○											
g. 明洞工程	○	○	○										
三、洞身工程													
1. 洞身开挖													
a. 中心	○	○											
b. 布孔		○				○	○						
c. 钻孔		○	○			○	○	○		○			
d. 装药及结线	○		○					○					
e. 起爆	○					○	○	○					
f. 通风			○										
g. 盲炮检查和找顶	○				○	○	○						
h. 出渣	○				○	○	○	○					
2. 初期支护													
a. 初喷	○		○		○	○	○			○			
b. 立钢拱架	○	○	○		○	○	○					○	
c. 钢筋网铺设		○	○		○	○	○					○	
d. 打锚杆		○			○	○	○			○			
e. 喷射混凝土	○	○			○	○	○						
3. 仰拱施工													
a. 仰拱开挖										○	○		
b. 仰拱钢拱架施工			○		○	○	○						
c. 绑扎钢筋			○										
d. 混凝土浇筑			○		○	○	○						

续上表

主要作业内容及程序	事故类型												
	物体打击	高处坠落	触电	起重伤害	瓦斯爆炸	冒顶片帮	涌水突泥	放炮	火灾	机械伤害	车辆伤害	坍塌	其他
4. 监控量测													
监测仪器装设及量测	○	○											
四、二次衬砌													
1. 防水层工程													
a. 搭设施工台车		○	○										
b. 初期支护表面处理	○	○											
c. 土工布铺设		○							○	○			
d. 防水板铺设									○	○			
2. 二次衬砌工程													
a. 钢筋绑扎	○	○	○									○	
b. 模板架设		○								○			
c. 混凝土浇筑		○	○							○	○		
d. 养生			○										
e. 拆模板		○	○										
五、其他工程													
1. 管沟施工													
管沟混凝土工程			○							○			
2. 路面工程													
沥青或混凝土路面摊铺			○							○	○		
3. 交通工程													
a. 机电工程		○	○							○			
b. 安全设施		○								○		○	

注：○标书易发生。

风险源普查清单　　表 5-11

序号	风险源	判断依据
1	场地平整	可能发生高处坠落、触电、机械伤害
2	施工场地布置	可能发生物体打击、高处坠落、触电、起重伤害、机械伤害、车辆伤害、坍塌
3	边仰坡开挖防护	可能发生物体打击、高处坠落、机械伤害、坍塌
4	洞口施工	可能发生物体打击、高处坠落、触电、冒顶片帮、涌水突泥、放炮、机械伤害、倒塌
5	洞身开挖	可能发生物体打击、高处坠落、触电、瓦斯爆炸、冒顶片帮、涌水突泥、放炮、机械伤害
6	初期支护	可能发生物体打击、高处坠落、触电、瓦斯爆炸、冒顶片帮、涌水突泥、机械伤害、坍塌
7	仰拱施工	可能发生触电、瓦斯爆炸、冒顶片帮、涌水突泥、机械伤害、坍塌
8	监控量测	可能发生物体打击、高处坠落
9	防水层施工	可能发生物体打击、高处坠落、触电、火灾、机械伤害
10	二次衬砌工程	可能发生物体打击、高处坠落、触电、机械伤害、车辆伤害、坍塌
11	管沟施工	可能发生触电、机械伤害
12	路面工程	可能发生触电、机械伤害、车辆伤害
13	交通工程	可能发生高处坠落、触电、机械伤害、坍塌

注：判断依据参考《企业职工伤亡事故分类标准》。涉及参考该标准的叙述，“放炮”不改为“爆破”，余同。

2)风险分析

采用系统安全工程的方法，从人、机、料、法、环五个方面分析导致事故的致险因子。人员方面，未接受安全教育、未持证上岗、无相关证件等；机械方面，未经过安全检查、劳损严重等；原料方面，物料乱堆放、原材料不合格或不符合实际要求等；施工方法方面，未按设计施工、重大施工方案未经审查等；气候、环境等方面及围岩情况复杂。以上五方面均给施工带来困难。港沟隧道风险源分析见表 5-12。

3)风险估测

风险估测方法选择：风险估测是采用定性或定量的方法对风险事故发生的可能性及严重程度进行的数值估算。综合各风险估测方法的优缺点，决定采用 LEC 进行风险估测。该方法采用与系统风险率相关的 3 方面指标值之积来评价系统中人员伤亡风险大小。

港沟隧道风险源分析表

表 5-12

评估单元			潜在的事故类型	致险因子	受伤害人员类型	伤害程度	不安全状态	不安全行为
分部工程	分项工程	单位作业						
洞口工程	边仰坡开挖及防护	清表作业	高处坠落	陡坡作业	作业人员本身	轻伤	在陡坡上作业	冒险作业
		坡面开挖	滑坡	围岩不稳	作业人员本身或同一场所的其他作业人员	重伤	坡体不稳	扰动围岩
		弃土运输	车辆伤害	弃渣运输车	作业人员本身或同一场所的其他作业人员	重伤	车辆故障	进入危险区域
		打设锚杆	物体打击	高处松动土石	作业人员本身或同一场所的其他作业人员	重伤	高处松动土石	在危险区域作业
		喷射混凝土	物体打击	喷料回弹	作业人员本身或同一场所的其他作业人员	轻伤	设备故障	防护不到位
		截水沟开挖	高处坠落	陡坡作业	作业人员本身	重伤	防护不到位	冒险作业
	洞口工程	架设钢拱架	触电	电焊作业	作业人员本身或同一场所的其他作业人员	重伤	防护不到位	不规范操作
		洞口管棚施工	机械伤害	管棚机械操作	作业人员本身或同一场所的其他作业人员	重伤	打孔机故障	不规范操作
		注浆	机械伤害	注浆机操作	作业人员本身或同一场所的其他作业人员	重伤	注浆机故障	不规范操作
		洞口爆破	1. 坍塌	爆破扰动	作业人员本身	死亡	围岩扰动	进入危险区域
			2. 放炮	爆破作业	同一场所的作业人员	重伤	爆破器材管理不规范	违章操作
			3. 机械伤害	凿岩机	作业人员本身或同一场所的其他作业人员	重伤	机械故障	违章操作
		危石清除	1. 物体打击	松动围岩	作业人员本身	重伤	松动围岩	进入危险区域
			2. 车辆伤害	运输车辆	作业人员本身或同一场所的其他作业人员	重伤	车辆故障	进入危险区域
		锚喷支护	物体打击	松动围岩	作业人员本身或同一场所的其他作业人员	重伤	松动围岩	进入危险区域
洞身开挖	洞身钻爆作业	钻孔	1. 高处坠落	登高作业	作业人员本身	重伤	防护不到位	违章作业
			2. 机械伤害	凿岩机	作业人员本身或同一场所的其他作业人员	重伤	机械故障	违章作业
			3. 坍塌（冒顶片帮）	围岩坍塌	同一场所的作业人员	死亡	围岩扰动	进入危险区域
			4. 物体打击	松动围岩	作业人员本身或同一场所的其他作业人员	重伤	松动围岩	进入危险区域
			5. 涌水突泥	积水积泥	作业人员本身或同一场所的其他作业人员	重伤	松动围岩	进入危险区域
		装药及启爆	1. 物体打击	松动围岩工具	作业人员本身或同一场所的其他作业人员	重伤	松动围岩	进入危险区域

续上表

评估单元			潜在的事故类型	致险因子	受伤害人员类型	伤害程度	不安全状态	不安全行为
分部工程	分项工程	单位作业						
洞身开挖	洞身钻爆作业	装药及启爆	2. 火药爆炸	爆破作业	作业人员本身或同一场所的其他作业人员	死亡	爆破器材管理不规范	违章操作
			3. 坍塌（冒顶片帮）	爆破扰动	同一场所的作业人员	死亡	松动围岩	进入危险区域
			4. 涌水突泥	积水积泥	作业人员本身或同一场所的其他作业人员	重伤	松动围岩	进入危险区域
			5. 中毒和窒息	有毒气体和粉尘	同一场所的作业人员	死亡	通风不够	进入危险区域
		通风	触电	操作风机	作业人员本身	重伤	电气线路故障	违章操作
		盲炮检查和危石清理	1. 物体打击	松动围岩	作业人员本身或同一场所的其他作业人员	重伤	松动围岩	进入危险区域
			2. 火药爆炸	意外爆炸	同一场所的作业人员	死亡	爆破器材管理不规范	违章操作
			3. 涌水突泥	积水积泥	作业人员本身或同一场所的其他作业人员	重伤	松动围岩	进入危险区域
			4. 坍塌	爆破扰动围岩	同一场所的作业人员	死亡	松动围岩	进入危险区域
	洞内运输	装渣	1. 物体打击	松动围岩洞渣	作业人员本身或同一场所的其他作业人员	重伤	松动围岩	进入危险区域
			2. 坍塌（冒顶片帮）	围岩松动	作业人员本身或同一场所的其他作业人员	死亡	松动围岩	进入危险区域
		无轨运输	车辆伤害	出渣车	同一场所的其他作业人员	重伤	车辆故障	进入危险区域
		卸渣	车辆伤害	出渣车	作业人员本身或同一场所的其他作业人员	重伤	车辆故障	进入危险区域
		爆破器材运输	1. 车辆伤害	民爆物品运输车辆	同一场所的其他作业人员	重伤	车辆故障	进入危险区域
			2. 火药爆炸	民爆物品	作业人员本身或同一场所的其他作业人员	死亡	意外爆炸	违章操作

续上表

评估单元			潜在的事故类型	致险因子	受伤害人员类型	伤害程度	不安全状态	不安全行为
分部工程	分项工程	单位作业						
洞身衬砌	初期支护	超前支护	1. 物体打击	松动围岩	作业人员本身或同一场所的其他作业人员	重伤	松动围岩	进入危险区域
			2. 机械伤害	施工机械	作业人员本身	重伤	机械故障	违章操作
			3. 坍塌（冒顶片帮）	松动围岩	作业人员本身或同一场所的其他作业人员	死亡	围岩扰动	进入危险区域
			4. 涌水突泥	积水积泥	作业人员本身或同一场所的其他作业人员	重伤	松动围岩	进入危险区域
			5. 高处坠落	登高作业	作业人员本身	重伤	防护不当	违章操作
		立钢拱架	1. 触电	违章作业 机械故障	作业人员本身或同一场所的其他作业人员	重伤	电气线路故障	违章操作
			2. 物体打击	松动围岩	作业人员本身或同一场所的其他作业人员	重伤	松动围岩	进入危险区域
			3. 高处坠落	登高作业	作业人员本身	重伤	防护不当	违章操作
			4. 坍塌（冒顶片帮）	围岩松动	作业人员本身或同一场所的其他作业人员	死亡	围岩扰动	进入危险区域
		钢筋网铺设	1. 高处坠落	登高作业	作业人员本身	重伤	防护不当	违章操作
			2. 触电	违章作业 机械故障	作业人员本身或同一场所的其他作业人员	重伤	电气线路故障	违章操作
			3. 坍塌（冒顶片帮）	围岩松动	作业人员本身或同一场所的其他作业人员	死亡	围岩扰动	进入危险区域
		打锚杆	1. 高处坠落	登高作业	作业人员本身	重伤	防护不当	违章操作
			2. 机械伤害	台车、钻孔风镐	作业人员本身或同一场所的其他作业人员	重伤	机械故障	违章操作
			3. 坍塌（冒顶片帮）	围岩松动	作业人员本身或同一场所的其他作业人员	死亡	围岩扰动	进入危险区域
			4. 涌水突泥	积水积泥	作业人员本身或同一场所的其他作业人员	重伤	松动围岩	进入危险区域

续上表

评估单元			潜在的事故类型	致险因子	受伤害人员类型	伤害程度	不安全状态	不安全行为
分部工程	分项工程	单位作业						
洞身衬砌	初期支护	喷射混凝土	1. 高处坠落	登高作业	作业人员本身	重伤	防护不当	违章操作
			2. 物体打击	吊物、二锁具	作业人员本身或同一场所的其他作业人员	重伤	松动围岩	进入危险区域
			3. 坍塌（冒顶片帮）	围岩松动	作业人员本身或同一场所的其他作业人员	死亡	围岩扰动	进入危险区域
			4. 涌水突泥	积水积泥	作业人员本身或同一场所的其他作业人员	重伤	松动围岩	进入危险区域
		填充仰拱混凝土	坍塌（冒顶片帮）	围岩扰动	作业人员本身	死亡	围岩扰动	进入危险区域
	二次衬砌	防水板铺设	1. 高处坠落	登高作业	作业人员本身	重伤	防护不当	违章操作
			2. 火灾	违章作业	作业人员本身或周围其他作业人员	重伤	电焊防护不当	违章操作
		二次衬砌钢筋绑扎	1. 高处坠落	登高作业	作业人员本身	重伤	防护不当	违章操作
			2. 触电	电焊作业	作业人员本身或同一场所的其他作业人员	重伤	电气线路故障	违章操作
		混凝土浇筑	1. 高处坠落	登高作业	作业人员本身	重伤	防护不当	违章操作
			2. 机械伤害	二次衬砌台车	作业人员本身	重伤	机械故障	违章操作
			3. 车辆伤害	混凝土泵车	作业人员本身	重伤	车辆故障	进入危险区域
		拆模	1. 高处坠落	登高作业 照明不良	作业人员本身	重伤	防护不当	违章操作
			2. 物体打击	违章作业 机械故障	作业人员本身或同一场所的其他作业人员	重伤	防护不当	违章操作

$$D = L \times E \times C$$

式中,L 为发生事故的可能性大小;E 为暴露于危险环境的频繁程度;C 为旦发生事故会造成的损失后果。

D 值越大,说明该系统危险性越大,需要增加安全措施,或改变发生事故的可能性,或减少人体暴露于危险环境中的频繁程度,或减轻事故损失,直到调整到允许范围内。

(1)事故发生的可能性(L)等级划分及赋值(表 5-13)

事故发生的可能性(L)等级划分及赋值 表 5-13

分 数 值	10	6	3	1	0.5	0.1
事故发生的可能性	完全可以预料	相当可能	可能,但不经常	可能性小,完全意外	很不可能,可以设想	极不可能

(2)人员暴露时间(E)等级划分及赋值(表 5-14)

人员暴露时间(E)等级划分及赋值 表 5-14

分 数 值	10	6	3	2	1	0.5
暴露于危险环境的频繁程度	连续暴露	每天工作时间内暴露	每周一次或偶然暴露	每月暴露一次	每年几次暴露	非常罕见暴露

(3)事故后果严重程度(C)等级划分及赋值(表 5-15)

事故后果严重程度(C)等级划分及赋值 表 5-15

分 数 值	100	40	15	7	3	1
事故造成的后果	10 人以上死亡	3~9 人死亡	1~2 人死亡	严重	重大,伤残	引人注意

(4)LEC 法评估结果分级及风险估测计算表(表 5-16)

LEC 法评估结果分级及风险估测计算 表 5-16

危险性分数值 D	>320	160~320	70~160	20~70	<20
危险程度	极其危险,不能继续作业	高度危险,要立即整改	显著危险,需要整改	一般危险,需要注意	稍有危险,可以接受

根据现场调研情况,经过评估小组讨论,得出具体评价结果,见表 5-17。

从表 5-17 分析结果可以判断坍塌(冒顶片帮)、涌水突泥为重大风险源,具体见表 5-18。

表 5-17

LEC 风险估测计算表

评估单元			潜在的事故类型	致险因子	受伤害人员类型	风险估测				
分部工程	分项工程	单位作业				可能性（L）	频繁程度（E）	后果（C）	风险（D）	危险程度
洞口工程	边仰坡开挖及防护	清表作业	高处坠落	陡坡作业	作业人员本身	1	6	3	18	稍有危险
		坡面开挖	坍塌	围岩破碎	作业人员本身或同一场所的其他作业人员	1	6	3	18	稍有危险
		弃土运输	车辆伤害	弃渣运输车	作业人员本身或同一场所的其他作业人员	1	6	3	18	稍有危险
		打设锚杆	物体打击	高处松动土石	作业人员本身或同一场所的其他作业人员	1	6	3	18	稍有危险
		喷射混凝土	物体打击	喷料回弹	作业人员本身或同一场所的其他作业人员	1	5	2	10	稍有危险
		截水沟开挖	高处坠落	陡坡作业	作业人员本身	1	6	3	18	稍有危险
	洞口工程	架设钢拱架	触电	电焊作业	作业人员本身或同一场所的其他作业人员	1	6	3	18	稍有危险
		洞口管棚施工	机械伤害	管棚机械操作	作业人员本身或同一场所的其他作业人员	1	5	2	10	稍有危险
		注浆	机械伤害	注浆机操作	作业人员本身或同一场所的其他作业人员	1	6	2	12	稍有危险
		洞口爆破	1. 坍塌	爆破扰动	作业人员本身	1	6	15	90	显著危险
			2. 放炮	爆破作业	作业人员本身或同一场所的其他作业人员	0.5	5	20	50	一般危险
			3. 机械伤害	凿岩机	作业人员本身或同一场所的其他作业人员	1	5	3	15	稍有危险
		危石清除	物体打击	松动围岩	作业人员本身	2	5	3	30	一般危险
		锚喷支护	物体打击	松动围岩	作业人员本身或同一场所的其他作业人员	2	5	2	20	一般危险
洞身开挖	洞身钻爆作业	钻孔	1. 高处坠落	登高作业	作业人员本身	1	6	7	42	一般危险
			2. 机械伤害	凿岩机	作业人员本身或同一场所的其他作业人员	1	6	3	18	稍有危险
			3. 坍塌（冒顶片帮）	围岩坍塌	作业人员本身	1	6	20	120	显著危险

续上表

评估单元			潜在的事故类型	致险因子	受伤害人员类型	风险估测				
分部工程	分项工程	单位作业				可能性（L）	频繁程度（E）	后果（C）	风险（D）	危险程度
洞身开挖	洞身钻爆作业	钻孔	4. 涌水突泥	积水积泥	作业人员本身或同一场所的其他作业人员	1	6	15	90	显著危险
			5. 物体打击	松动围岩	作业人员本身或同一场所的其他作业人员	2	6	3	36	一般危险
		装药及启爆	1. 物体打击	松动围岩工具	作业人员本身或同一场所的其他作业人员	1.5	6	3	27	一般危险
			2. 火药爆炸	爆破作业	作业人员本身或同一场所的其他作业人员	0.5	5	20	50	一般危险
			3. 坍塌（冒顶片帮）	爆破扰动	作业人员本身或同一场所的其他作业人员	1	6	15	90	显著危险
			4. 中毒和窒息	有毒气体和粉尘	作业人员本身和同一场所的其他作业人员	0.5	6	15	45	一般危险
		通风	触电	操作风机	作业人员本身或同一场所的其他作业人员	0.5	5	7	17.5	稍有危险
		盲炮检查和危石清理	1. 物体打击	松动围岩	作业人员本身或同一场所的其他作业人员	2	6	3	36	一般危险
			2. 火药爆炸	意外爆炸	作业人员本身	0.5	5	20	50	一般危险
			3. 坍塌（冒顶片帮）	爆破扰动围岩	作业人员本身或同一场所的其他作业人员	1	6	15	90	显著危险
			4. 涌水突泥	积水积泥	作业人员本身或同一场所的其他作业人员	1	6	15	90	显著危险
	洞内运输	装渣	1. 物体打击	松动围岩洞渣	作业人员本身或同一场所的其他作业人员	1	6	7	42	一般危险
			2. 坍塌（冒顶片帮）	围岩松动	作业人员本身或同一场所的其他作业人员	1	6	15	90	显著危险
		无轨运输	车辆伤害	出渣车	同一场所的其他作业人员	1	6	7	42	一般危险
		卸渣	车辆伤害	出渣车	作业人员本身或同一场所的其他作业人员	1	6	3	18	稍有危险
		爆破器材运输	1. 车辆伤害	民用爆炸物品运输车辆	同一场所的其他作业人员	1	6	7	21	一般危险
			2. 火药爆炸	民爆物品	作业人员本身或同一场所的其他作业人员	0.5	6	20	60	一般危险

续上表

评估单元			潜在的事故类型	致险因子	受伤害人员类型	风险估测				
分部工程	分项工程	单位作业				可能性（L）	频繁程度（E）	后果（C）	风险（D）	危险程度
洞身衬砌	初期支护	超前支护	1. 物体打击	松动围岩	作业人员本身或同一场所的其他作业人员员	2	6	3	36	一般危险
			2. 机械伤害	施工机械	作业人员本身	1	6	7	42	一般危险
			3. 坍塌（冒顶片帮）	松动围岩	作业人员本身或同一场所的其他作业人员	1	6	15	90	显著危险
			4. 涌水突泥	积水积泥	作业人员本身和同一场所的其他作业人员	1	6	15	90	显著危险
			5. 高处坠落	登高作业	作业人员本身	1	6	7	42	一般危险
		立钢拱架	1. 触电	违章作业 机械故障	作业人员本身或同一场所的其他作业人员	1	6	7	42	一般危险
			2. 物体打击	松动围岩	作业人员本身或同一场所的其他作业人员	1	6	7	42	一般危险
			3. 高处坠落	登高作业	作业人员本身	1	6	7	42	一般危险
			4. 坍塌（冒顶片帮）	围岩松动	作业人员本身或同一场所的其他作业人员	1	6	15	90	显著危险
		钢筋网铺设	1. 高处坠落	登高作业	作业人员本身	1	6	7	42	一般危险
			2. 触电	违章作业 机械故障	作业人员本身或同一场所的其他作业人员	1	6	7	42	一般危险
			3. 坍塌（冒顶片帮）	围岩松动	作业人员本身或同一场所的其他作业人员	1	6	15	90	显著危险
		打锚杆	1. 高处坠落	登高作业	作业人员本身	1	6	7	42	一般危险
			2. 机械伤害	台车、钻孔风镐	作业人员本身或同一场所的其他作业人员	0.5	6	3	9	稍有危险
			3. 坍塌（冒顶片帮）	围岩松动	作业人员本身或同一场所的其他作业人员	1	6	15	90	显著危险

续上表

评估单元			潜在的事故类型	致险因子	受伤害人员类型	风险估测				
分部工程	分项工程	单位作业				可能性（L）	频繁程度（E）	后果（C）	风险（D）	危险程度
洞身衬砌	初期支护	打锚杆	4. 涌水突泥	积水积泥	作业人员本身和同一场所的其他作业人员	1	6	15	90	显著危险
		喷射混凝土	1. 高处坠落	登高作业	作业人员本身	1	6	7	42	一般危险
			2. 物体打击	吊物、工锁具	作业人员本身和同一场所的其他作业人员	1	6	3	18	稍有危险
			3. 坍塌（冒顶片帮）	围岩松动	作业人员本身或同一场所的其他作业人员	1	6	15	90	显著危险
			4. 涌水突泥	积水积泥	作业人员本身和同一场所的其他作业人员	1	6	15	90	显著危险
		填充仰拱混凝土	坍塌（冒顶片帮）	围岩扰动	作业人员本身	1	6	15	90	显著危险
		防水板铺设	1. 高处坠落	登高作业	作业人员本身	1	6	7	42	一般危险
			2. 火灾	违章作业	作业人员本身或周围其他作业人员	1	6	7	42	一般危险
		二次衬砌钢筋绑扎	1. 高处坠落	登高作业	作业人员本身	1	6	4	24	一般危险
			2. 触电	电焊作业	作业人员本身或同一场所的其他作业人员	1	5	4	20	一般危险
		混凝土浇筑	1. 高处坠落	登高作业	作业人员本身	1	5	3	15	稍有危险
			2. 机械伤害	二次衬砌台车	作业人员本身	1	3	7	21	一般危险
			3. 车辆伤害	混凝土泵车	作业人员本身	1	3	7	21	一般危险
		拆模	1. 高处坠落	登高作业洞内照明不良	作业人员本身	1	5	3	15	稍有危险
			2. 物体打击	违章作业机械故障	作业人员本身或同一场所的其他作业人员	1	5	3	15	稍有危险

重大风险源一览表　　表 5-18

序号	重大风险源	所在作业单元	危险程度
1	洞口失稳	清表作业、洞口边仰坡开挖及防护、明洞开挖、套拱施工、洞口开挖	显著危险
2	坍塌（冒顶片帮）	布孔、钻孔、装药结线、启爆、盲炮检查和排除、危石清理、装渣、超前支护、侧导洞开挖、施作临时支护、拆除临时支护、初喷、立钢拱架、钢筋网铺设、超前支护、打锚杆、喷射混凝土	显著危险
3	涌水突泥	钻孔、盲炮检查和危石清理、超前支护、打锚杆、喷射混凝土	显著危险

4)重大风险源风险估测

针对风险估测所确定的坍塌、涌水突泥等重大危险源，将采用风险矩阵法和指标体系法进行动态风险估测，以确定风险等级。

(1)风险矩阵法

根据《山东省公路桥梁和隧道工程施工安全风险评估实施细则》，风险矩阵方法按照事故发生的可能性、事故后果严重程度建立风险矩阵表。

①事故可能性的概率等级分为四级，如表 5-19 所示。

事故可能性概率等级标准　　表 5-19

概率范围	中心值	概率等级描述	概率等级
>0.3	1	很可能	4
0.03～0.3	0.1	可能	3
0.003～0.03	0.01	偶然	2
<0.003	0.001	不太可能	1

注：1. 当概率值难以取得时，可用频率代替概率。
2. 中心值代表所给区间的对数平均值。

②事故严重程度等级分为四级，主要考虑人员伤亡和直接经济损失。人员伤亡是指施工活动过程中所发生的人员伤亡。依据人员伤亡的类别和严重程度进行分级，等级标准如表 5-20 所示。

人员伤亡等级标准　　表 5-20

等级	1	2	3	4
定性描述	一般	较大	重大	特大
人员伤亡	人员死亡（含失踪）人数 <3 或重伤人数 <10	3≤人员死亡（含失踪）人数 <10 或 10≤重伤人数 <50	10≤人员死亡（含失踪）人数 <30 或 50≤重伤人数 <100	人员死亡（含失踪）人数≥30 或重伤人数≥100

③直接经济损失是指事故发生后造成工程项目发生的各种费用的总和，包括直接费用和事故处理所需（不含恢复重建）的各种费用，等级标准如表 5-21 所示。

直接经济损失等级标准　　表 5-21

等级	1	2	3	4
定性描述	一般	较大	重大	特大
经济损失(万元)	$Z<10$	$10\leqslant Z<50$	$50\leqslant Z<500$	$Z\geqslant500$

④专项风险等级分为四级，如表 5-22 所示。

专项风险等级标准　　表 5-22

可能性等级		严重程度等级			
		一般	较大	重大	特大
		1	2	3	4
很可能	4	高度Ⅲ	高度Ⅲ	极高Ⅳ	极高Ⅳ
可能	3	中度Ⅱ	高度Ⅲ	高度Ⅲ	极高Ⅳ
偶然	2	中度Ⅱ	中度Ⅱ	高度Ⅲ	高度Ⅲ
不太可能	1	低度Ⅰ	中度Ⅱ	中度Ⅱ	高度Ⅲ

注：1. 低度（Ⅰ级）表示有一般危险，需要注意。
2. 中度（Ⅱ级）表示有显著风险，需加强管理不断改进。
3. 高度（Ⅲ级）表示高度风险，需制定风险消减措施。
4. 极高（Ⅳ级）表示极高风险，不可忍受风险，需纳入目标管理或制定管理方案。

(2) 安全管理评估指标体系

根据《山东省公路桥梁和隧道工程施工安全风险评估实施细则》要求，按照表 5-23 确定安全管理评估指标体系，计算指标分值 M。

安全管理评估指标体系　　表 5-23

评估指标	分类	标准分值	评估分值	评估说明
总包企业资质 A	三级	3	0	中国建筑股份有限公司工程施工特级资质
	二级	2		
	一级	1		
	特级	0		
专业及劳务分包企业资质 B	无资质	1	0	分包单位具有专业资质
	有资质	0		
历史事故情况 C	发生过重大事故	3	0	项目部主要管理人员管理经验丰富，从事过的工程项目未见发生过一般及以上生产安全事故
	发生过较大事故	2		
	发生过一般事故	1		
	未发生过事故	0		
作业人员经验 D	无经验	2	1	现场作业人员均有一定的隧道施工经验，多数施工经验丰富，但存在个别经验不足现象
	经验不足	1		
	经验丰富	0		

续上表

评估指标	分类	标准分值	评估分值	评估说明
安全管理人员配备 *E*	不足	2	0	配备的持证专职安全管理人员符合规定
	基本符合规定	1		
	符合规定	0		
安全投入 *F*	不足	2	0	严格按照国家法律法规及项目业主要求,结合现场施工实际,每月投入足额专项安全费用
	基本符合规定	1		
	符合规定	0		
机械设备配置及管理 *G*	不符合合同要求	2	1	基本符合合同要求
	基本符合合同要求	1		
	符合合同要求	0		
专项施工方案 *H*	可操作性较差	2	1	专项施工方案由项目部从事隧道工程的管理人员编制
	可操作性一般	1		
	可操作性强	0		

则 $M=A+B+C+D+E+F+G+H=3$,根据表5-24确定折减系数。

安全管理评估指标与折减系数对照表 表5-24

计算分值 M	折减系数 γ
$M>12$	1.2
$9\leqslant M\leqslant 12$	1.1
$6\leqslant M\leqslant 8$	1
$3\leqslant M\leqslant 5$	0.9
$0\leqslant M\leqslant 2$	0.8

由 $M=3$,可在表5-24中查得折减系数 $\gamma=0.9$。

(3)坍塌事故风险评估

根据《山东省公路桥梁和隧道工程施工安全风险评估实施细则》中隧道施工区段坍塌事故可能性评估指标及隧道施工区段坍塌事故可能性等级标准,确定港沟隧道左、右线坍塌事故的可能性。

港沟隧道左、右线主要由Ⅴ、Ⅳ、Ⅲ三个级别的围岩构成,按照围岩等级情况不同,分别对不同区段坍塌事故的风险等级进行评估。

①Ⅴ级围岩

港沟隧道左线Ⅴ级围岩施工区段包括:进口施工段(K10+460~K10+540)、出口施工段(K11+505~K11+565)、破碎带F2施工段(K10+785~K10+830)、破碎带F1施工段(K10+885~K10+960)。

右线Ⅴ级围岩施工区段包括:进口施工段(YK10+459.2~YK10+530)、出口施工段

(YK11 +470 ~ YK11 +550.5)、破碎带 F2 施工段(YK10 +780 ~ YK10 +825)、破碎带 F1 施工段(YK10 +890 ~ YK10 +960)。

a. 港沟隧道洞口Ⅴ级围岩施工区段(以右线进口为例)坍塌事故可能性评估指标详见表 5-25。

港沟隧道洞口Ⅴ级围岩施工区段坍塌事故可能性评估指标 表 5-25

<table>
<tr><th>评估指标</th><th colspan="2">分类</th><th>分值</th><th>评估分值</th><th>评估说明</th></tr>
<tr><td rowspan="4">围岩级别
A</td><td colspan="2">Ⅴ、Ⅵ</td><td>4 ~ 5</td><td rowspan="4">4</td><td rowspan="4">围岩为强风化白云质灰岩,岩体破碎,稳定性差</td></tr>
<tr><td colspan="2">Ⅳ</td><td>3</td></tr>
<tr><td colspan="2">Ⅲ</td><td>2</td></tr>
<tr><td colspan="2">Ⅰ、Ⅱ</td><td>0 ~ 1</td></tr>
<tr><td rowspan="4">断层破碎情况
B</td><td colspan="2">存在宽度 50m 以上的大规模断层破碎带</td><td>3 ~ 4</td><td rowspan="4">0</td><td rowspan="4">不存在断裂破碎带</td></tr>
<tr><td colspan="2">存在宽度 20m 以上、50m 以下的中等规模断层破碎带</td><td>2</td></tr>
<tr><td colspan="2">存在宽度 20m 以下小规模断层破碎带</td><td>1</td></tr>
<tr><td colspan="2">不存在断层破碎带</td><td>0</td></tr>
<tr><td rowspan="4">渗水状态
C</td><td colspan="2">岩溶管道式涌水</td><td>1.5</td><td rowspan="4">1.2</td><td rowspan="4">洞体平时潮湿,雨季洞体发生小股涌水或涌流</td></tr>
<tr><td colspan="2">线状 - 股状</td><td>1.2</td></tr>
<tr><td colspan="2">线状</td><td>1.0</td></tr>
<tr><td colspan="2">干 - 滴渗</td><td>0.9</td></tr>
<tr><td rowspan="3">地质符合性
D</td><td colspan="2">工程地质条件与设计文件相比较差</td><td>2 ~ 3</td><td rowspan="3">1</td><td rowspan="3">设计图中有关工程地质条件的描述与现场实际地质条件基本一致</td></tr>
<tr><td colspan="2">工程地质条件与设计文件基本一致</td><td>1</td></tr>
<tr><td colspan="2">施工控制与设计完全相符</td><td>0</td></tr>
<tr><td rowspan="3">施工方法
E</td><td colspan="2">施工方法不适合水文地质条件的要求</td><td>2 ~ 3</td><td rowspan="3">1</td><td rowspan="3">所选施工方法基本适合水文地质的要求</td></tr>
<tr><td colspan="2">施工方法基本适合水文地质条件的要求</td><td>1</td></tr>
<tr><td colspan="2">施工方法完全适合水文地质条件要求</td><td>0</td></tr>
<tr><td rowspan="6">施工步距
$F = a + b$</td><td rowspan="4">a</td><td>Ⅴ、Ⅵ级围岩衬砌到掌子面距离在 200m 以上,或全断面开挖衬砌到掌子面距离在 250m 以上</td><td>4 ~ 5</td><td rowspan="4">1</td><td rowspan="4">在具体施工中,Ⅴ级围岩衬砌到掌子面距离在 70m 以下</td></tr>
<tr><td>Ⅴ、Ⅵ级围岩衬砌到掌子面距离在 120m 以上、200m 以下,或全断面开挖衬砌到掌子面距离在 160m 以上、250m 以下</td><td>3</td></tr>
<tr><td>Ⅴ、Ⅵ级围岩衬砌到掌子面距离在 70m 以上、120m 以下,或全断面开挖衬砌到掌子面距离在 120m 以上、160m 以下</td><td>2</td></tr>
<tr><td>Ⅴ、Ⅵ级围岩衬砌到掌子面距离在 70m 以下,或全断面开挖衬砌到掌子面距离在 120m 以下</td><td>0 ~ 1</td></tr>
<tr><td rowspan="2">b</td><td>一次性仰拱开挖长度在 8m 以上</td><td>2 ~ 3</td><td rowspan="2">1</td><td rowspan="2">施工中,仰拱一次开挖长度控制在 8m 以下</td></tr>
<tr><td>一次性仰拱开挖长度在 8m 以下</td><td>0 ~ 1</td></tr>
</table>

则 $P=\gamma(C\times A+B+D+E+F)=0.9\times(1.2\times4+0+1+1+2)=7.92$（取8），根据表5-26，确定港沟隧道洞口Ⅴ级围岩施工区段发生坍塌事故可能性等级为3级（可能）。

隧道施工区段坍塌事故可能性等级标准　　表5-26

计算分值 P	事故可能性描述	等　级
12~19	很可能	4
7~11	可能	3
3~6	偶然	2
1~2	不可能	1

洞口段施工时会安排开挖班、支护班、锚喷班等作业班组施工，作业面会有3~10人或10人以上施工。若隧道发生坍塌，会造成施工作业环境中的3~10名人员死亡或10人以上人员重伤事故，人员伤亡的等级为2级（较大），直接经济损失为2级（较大），所以参照表5-22专项风险等级标准，确定港沟隧道洞口Ⅴ级围岩施工区段发生坍塌事故的风险等级为高度Ⅲ级，需针对港沟隧道洞口Ⅴ级围岩段制定坍塌事故风险消除措施。

港沟隧道F2断裂带Ⅴ级围岩施工区段（以右线F2断裂带为例）坍塌事故可能性评估指标详见表5-27。

港沟隧道F2断裂带Ⅴ级围岩施工区段坍塌事故可能性评估指标　　表5-27

评估指标	分　类	分值	评估分值	评估说明
围岩级别 A	Ⅴ、Ⅵ	4~5	4	节理带岩体破碎，岩溶化较强烈，多形成溶蚀裂隙、溶孔
	Ⅳ	3		
	Ⅲ	2		
	Ⅰ、Ⅱ	0~1		
断层破碎情况 B	存在宽度50m以上的大规模断层破碎带	3~4	2	F2破碎带宽约28m
	存在宽度20m以上、50m以下的中等规模断层破碎带	2		
	存在宽度20m以下小规模断层破碎带	1		
	不存在断层破碎带	0		
渗水状态 C	岩溶管道式涌水	1.5	1.5	洞体平时无水，雨季沿节理裂隙及溶蚀裂隙形成较大涌流
	线状－股状	1.2		
	线状	1.0		
	干－滴渗	0.9		
地质符合性 D	工程地质条件与设计文件相比较差	2~3	1	设计图中有关工程地质条件的描述与现场实际地质条件基本一致
	工程地质条件与设计文件基本一致	1		
	施工控制与设计完全相符	0		
施工方法 E	施工方法不合适水文地质条件的要求	2~3	1	所选施工方法基本适合水文地质的要求
	施工方法基本适合水文地质条件的要求	1		
	施工方法完全适合水文地质条件要求	0		

续上表

<table>
<tr><th>评估指标</th><th colspan="2">分类</th><th>分值</th><th>评估分值</th><th>评估说明</th></tr>
<tr><td rowspan="6">施工步距
$F = a + b$</td><td rowspan="4">a</td><td>Ⅴ、Ⅵ级围岩衬砌到掌子面距离在 200m 以上，或全断面开挖衬砌到掌子面距离 250m 以上</td><td>4～5</td><td rowspan="4">1</td><td rowspan="4">在具体施工中，Ⅴ级围岩衬砌到掌子面距离在 70m 以下</td></tr>
<tr><td>Ⅴ、Ⅵ级围岩衬砌到掌子面距离在 120m 以上、200m 以下，或全断面开挖衬砌到掌子面距离在 160m 以上、250m 以下</td><td>3</td></tr>
<tr><td>Ⅴ、Ⅵ级围岩衬砌到掌子面距离在 70m 以上、120m 以下，或全断面开挖衬砌到掌子面距离在 120m 以上、160m 以下</td><td>2</td></tr>
<tr><td>Ⅴ、Ⅵ级围岩衬砌到掌子面距离在 70m 以下，或全断面开挖衬砌到掌子面距离在 120m 以下</td><td>0～1</td></tr>
<tr><td rowspan="2">b</td><td>一次性仰拱开挖长度在 8m 以上</td><td>2～3</td><td rowspan="2">1</td><td rowspan="2">施工中，仰拱一次开挖长度控制在 8m 以下</td></tr>
<tr><td>一次性仰拱开挖长度在 8m 以下</td><td>0～1</td></tr>
</table>

则 $P = \gamma(C \times A + B + D + E + F) = 0.9 \times (1.5 \times 4 + 2 + 1 + 1 + 2) = 10.8$（取 11），根据表 5-26隧道施工区段坍塌事故可能性等级标准，确定港沟隧道 F2 断裂带Ⅴ级围岩施工区段发生坍塌事故可能性等级为 3 级（可能）。

F2 断裂带施工时会安排开挖班、支护班、锚喷班等作业班组施工，作业面会有 3～10 人或 10 人以上施工。若隧道发生坍塌，会造成施工作业环境中的 3～10 名人员死亡或 10 人以上人员重伤事故，人员伤亡的等级为 2 级（较大），直接经济损失为 2 级（较大），所以参照表 5-22 专项风险等级标准，确定港沟隧道 F2 断裂带Ⅴ级围岩施工区段发生坍塌事故的风险等级为高度Ⅲ级，需针对港沟隧道 F2 断裂Ⅴ级围岩施工区段制定坍塌事故风险消除措施。

b. 港沟隧道 F1 断裂带Ⅴ级围岩施工区段（以右线 F1 断裂带为例）坍塌事故可能性评估指标详见表 5-28。

港沟隧道 F1 断裂带Ⅴ级围岩施工区段坍塌事故可能性评估指标 表 5-28

<table>
<tr><th>评估指标</th><th>分类</th><th>分值</th><th>评估分值</th><th>评估说明</th></tr>
<tr><td rowspan="4">围岩级别
A</td><td>Ⅴ、Ⅵ</td><td>4～5</td><td rowspan="4">4</td><td rowspan="4">受断裂影响白云质灰岩、灰岩岩体破碎、极破碎，结构松散，断裂处岩体泥化严重，岩质较软弱，软化性强</td></tr>
<tr><td>Ⅳ</td><td>3</td></tr>
<tr><td>Ⅲ</td><td>2</td></tr>
<tr><td>Ⅰ、Ⅱ</td><td>0～1</td></tr>
<tr><td rowspan="4">断层破碎情况
B</td><td>存在宽度 50m 以上的大规模断层破碎带</td><td>3～4</td><td rowspan="4">1</td><td rowspan="4">F1 破碎带宽约 15m</td></tr>
<tr><td>存在宽度 20m 以上、50m 以下的中等规模断层破碎带</td><td>2</td></tr>
<tr><td>存在宽度 20m 以下小规模断层破碎带</td><td>1</td></tr>
<tr><td>不存在断层破碎带</td><td>0</td></tr>
</table>

续上表

<table>
<tr><th>评估指标</th><th colspan="2">分　　类</th><th>分值</th><th>评估分值</th><th>评估说明</th></tr>
<tr><td rowspan="4">渗水状态
C</td><td colspan="2">岩溶管道式涌水</td><td>1.5</td><td rowspan="4">1.2</td><td rowspan="4">洞体平时潮湿无水，雨季滴水或小股涌流</td></tr>
<tr><td colspan="2">线状－股状</td><td>1.2</td></tr>
<tr><td colspan="2">线状</td><td>1.0</td></tr>
<tr><td colspan="2">干－滴渗</td><td>0.9</td></tr>
<tr><td rowspan="3">地质符合性
D</td><td colspan="2">工程地质条件与设计文件相比较差</td><td>2～3</td><td rowspan="3">1</td><td rowspan="3">设计图中有关工程地质条件的描述与现场实际地质条件基本一致</td></tr>
<tr><td colspan="2">工程地质条件与设计文件基本一致</td><td>1</td></tr>
<tr><td colspan="2">施工控制与设计完全相符</td><td>0</td></tr>
<tr><td rowspan="3">施工方法
E</td><td colspan="2">施工方法不适合水文地质条件的要求</td><td>2～3</td><td rowspan="3">1</td><td rowspan="3">所选施工方法基本适合水文地质的要求</td></tr>
<tr><td colspan="2">施工方法基本适合水文地质条件的要求</td><td>1</td></tr>
<tr><td colspan="2">施工方法完全适合水文地质条件要求</td><td>0</td></tr>
<tr><td rowspan="6">施工步距
$F=a+b$</td><td rowspan="4">a</td><td>Ⅴ、Ⅵ级围岩衬砌到掌子面距离在200m以上，或全断面开挖衬砌到掌子面距离在250m以上</td><td>4～5</td><td rowspan="4">1</td><td rowspan="4">在具体施工中，Ⅴ级围岩衬砌到掌子面距离在70m以下</td></tr>
<tr><td>Ⅴ、Ⅵ级围岩衬砌到掌子面距离在120m以上、200m以下，或全断面开挖衬砌到掌子面距离在160m以上、250m以下</td><td>3</td></tr>
<tr><td>Ⅴ、Ⅵ级围岩衬砌到掌子面距离在70m以上、120m以下，或全断面开挖衬砌到掌子面距离在120m以上、160m以下</td><td>2</td></tr>
<tr><td>Ⅴ、Ⅵ级围岩衬砌到掌子面距离在70m以下，或全断面开挖衬砌到掌子面距离在120m以下</td><td>0～1</td></tr>
<tr><td rowspan="2">b</td><td>一次性仰拱开挖长度在8m以上</td><td>2～3</td><td rowspan="2">1</td><td rowspan="2">施工中，仰拱一次开挖长度控制在8m以下</td></tr>
<tr><td>一次性仰拱开挖长度在8m以下</td><td>0～1</td></tr>
</table>

则 $P=\gamma(C\times A+B+D+E+F)=0.9\times(1.2\times4+1+1+1+2)=8.82$（取9），根据表5-26隧道施工区段坍塌事故可能性等级标准，确定港沟隧道F1断裂带Ⅴ级围岩施工区段发生坍塌事故可能性等级为3级（可能）。

F1断裂带施工时会安排开挖班、支护班、锚喷班等作业班组施工，作业面会有3～10人或10人以上施工。若隧道发生坍塌，会造成施工作业环境中的3～10名人员死亡或10人以上人员重伤事故，人员伤亡的等级为2级（较大），直接经济损失为2级（较大），所以参照专项风险等级标准表5-22，确定港沟隧道F1断裂带Ⅴ级围岩施工区段发生坍塌事故的风险等级为高度Ⅲ级，需针对港沟隧道F1断裂带Ⅴ级围岩施工区段制定坍塌事故风险消除措施。

②Ⅳ级围岩

港沟隧道Ⅳ级围岩施工区段分别包括：

隧道左线：K10+540～K10+620、K10+620～K10+785、K11+180～K11+440、K11+440～K11+505；

隧道右线：YK10 +530 ~ YK10 +620、YK10 +620 ~ YK10 +780、YK11 +175 ~ YK11 +335、YK11 +335 ~ YK11 +470。

港沟隧道Ⅳ级围岩施工区段（以右线 YK10 +530 ~ YK10 +620 段为例）坍塌事故可能性评估指标详见表 5-29。

港沟隧道Ⅳ级围岩施工区段坍塌事故可能性评估指标　　表 5-29

<table>
<tr><th>评估指标</th><th colspan="2">分类</th><th>分值</th><th>评估分值</th><th>评估说明</th></tr>
<tr><td rowspan="4">围岩级别
A</td><td colspan="2">Ⅴ、Ⅵ</td><td>4 ~ 5</td><td rowspan="4">3</td><td rowspan="4"></td></tr>
<tr><td colspan="2">Ⅳ</td><td>3</td></tr>
<tr><td colspan="2">Ⅲ</td><td>2</td></tr>
<tr><td colspan="2">Ⅰ、Ⅱ</td><td>0 ~ 1</td></tr>
<tr><td rowspan="4">断层破碎情况
B</td><td colspan="2">存在宽度 50m 以上的大规模断层破碎带</td><td>3 ~ 4</td><td rowspan="4">0</td><td rowspan="4">Ⅳ级围岩施工区不存在断层破碎带</td></tr>
<tr><td colspan="2">存在宽度 20m 以上、50m 以下的中等规模断层破碎带</td><td>2</td></tr>
<tr><td colspan="2">存在宽度 20m 以下小规模断层破碎带</td><td>1</td></tr>
<tr><td colspan="2">不存在断层破碎带</td><td>0</td></tr>
<tr><td rowspan="4">渗水状态
C</td><td colspan="2">岩溶管道式涌水</td><td>1.5</td><td rowspan="4">1.2</td><td rowspan="4">洞体平时潮湿无水，雨季滴水或小股涌水</td></tr>
<tr><td colspan="2">线状 - 股状</td><td>1.2</td></tr>
<tr><td colspan="2">线状</td><td>1.0</td></tr>
<tr><td colspan="2">干 - 滴渗</td><td>0.9</td></tr>
<tr><td rowspan="3">地质符合性
D</td><td colspan="2">工程地质条件与设计文件相比较差</td><td>2 ~ 3</td><td rowspan="3">1</td><td rowspan="3">施工设计图中有关工程地质条件的描述与现场实际地质条件基本一致</td></tr>
<tr><td colspan="2">工程地质条件与设计文件基本一致</td><td>1</td></tr>
<tr><td colspan="2">施工控制与设计完全相符</td><td>0</td></tr>
<tr><td rowspan="3">施工方法
E</td><td colspan="2">施工方法不适合水文地质条件的要求</td><td>2 ~ 3</td><td rowspan="3">1</td><td rowspan="3">所选施工方法基本适合水文地质的要求</td></tr>
<tr><td colspan="2">施工方法基本适合水文地质条件的要求</td><td>1</td></tr>
<tr><td colspan="2">施工方法完全适合水文地质条件要求</td><td>0</td></tr>
<tr><td rowspan="6">施工步距
$F = a + b$</td><td rowspan="4">a</td><td>Ⅴ、Ⅵ级围岩衬砌到掌子面距离在 200m 以上，或全断面开挖衬砌到掌子面距离在 250m 以上</td><td>4 ~ 5</td><td rowspan="4">1</td><td rowspan="4">全断面开挖衬砌到掌子面距离在 120m 以下</td></tr>
<tr><td>Ⅴ、Ⅵ级围岩衬砌到掌子面距离在 120m 以上、200m 以下，或全断面开挖衬砌到掌子面距离在 160m 以上、250m 以下</td><td>3</td></tr>
<tr><td>Ⅴ、Ⅵ级围岩衬砌到掌子面距离在 70m 以上、120m 以下，或全断面开挖衬砌到掌子面距离在 120m 以上、160m 以下</td><td>2</td></tr>
<tr><td>Ⅴ、Ⅵ级围岩衬砌到掌子面距离在 70m 以下，或全断面开挖衬砌到掌子面距离在 120m 以下</td><td>0 ~ 1</td></tr>
<tr><td rowspan="2">b</td><td>一次性仰拱开挖长度在 8m 以上</td><td>2 ~ 3</td><td rowspan="2">1</td><td rowspan="2">施工中，仰拱一次开挖长度控制在 8m 以下</td></tr>
<tr><td>一次性仰拱开挖长度在 8m 以下</td><td>0 ~ 1</td></tr>
</table>

则 $P=\gamma(C\times A+B+D+E+F)=0.9\times(1.2\times3+0+1+1+2)=6.84$(取7),根据表5-26隧道施工区段坍塌事故可能性等级标准,确定港沟隧道Ⅳ级围岩施工区坍塌事故可能性等级为3级(可能)。隧道Ⅳ级围岩施工时会安排开挖班、支护班、锚喷班等作业班组施工,作业面会有3~10人或10人以上施工。若隧道发生坍塌,会造成在施工作业环境中的3~10名作业人员死亡或10人以上人员重伤事故,人员伤亡的等级为2级(较大),直接经济损失为2级(较大),所以参照专项风险等级标准表5-22,确定港沟隧道Ⅳ级围岩施工区段发生坍塌事故的风险等级为高度Ⅲ级,需针对港沟隧道Ⅳ级围岩施工区段制定坍塌事故风险消除措施。

③Ⅲ级围岩

港沟隧道Ⅲ级围岩施工段分别包括:

隧道左线:K10+830~K10+885、K10+960~K11+180;

隧道右线:YK10+825~YK10+890、YK10+960~YK11+175。

港沟隧道Ⅲ级围岩施工区段(以右线YK10+825~YK10+890段为例)坍塌事故可能性评估指标详见表5-30。

港沟隧道Ⅲ级围岩施工区段坍塌事故可能性评估指标　　表5-30

评估指标	分　类	分值	评估分值	评估说明
围岩级别 A	Ⅴ、Ⅵ	4~5	2	
	Ⅳ	3		
	Ⅲ	2		
	Ⅰ、Ⅱ	0~1		
断层破碎情况 B	存在宽度50m以上的大规模断层破碎带	3~4	0	Ⅳ级围岩施工区不存在断层破碎带
	存在宽度20m以上、50m以下的中等规模断层破碎带	2		
	存在宽度20m以下小规模断层破碎带	1		
	不存在断层破碎带	0		
渗水状态 C	岩溶管道式涌水	1.5	1.0	洞体平时潮湿无水,雨季滴水或小股涌流
	线状-股状	1.2		
	线状	1.0		
	干-滴渗	0.9		
地质符合性 D	工程地质条件与设计文件相比较差	2~3	1	施工设计图中有关工程地质条件的描述与现场实际地质条件基本一致
	工程地质条件与设计文件基本一致	1		
	施工控制与设计完全相符	0		
施工方法 E	施工方法不适合水文地质条件的要求	2~3	1	所选施工方法基本适合水文地质的要求
	施工方法基本适合水文地质条件的要求	1		
	施工方法完全适合水文地质条件要求	0		

续上表

<table>
<tr><th>评估指标</th><th colspan="2">分类</th><th>分值</th><th>评估分值</th><th>评估说明</th></tr>
<tr><td rowspan="6">施工步距
$F=a+b$</td><td rowspan="4">a</td><td>Ⅴ、Ⅵ级围岩衬砌到掌子面距离在200m以上，或全断面开挖衬砌到掌子面在距离250m以上</td><td>4~5</td><td rowspan="4">1</td><td rowspan="4">全断面开挖衬砌到掌子面的距离在120m以下</td></tr>
<tr><td>Ⅴ、Ⅵ级围岩衬砌到掌子面距离在120m以上、200m以下，或全断面开挖衬砌到掌子面距离在160m以上、250m以下</td><td>3</td></tr>
<tr><td>Ⅴ、Ⅵ级围岩衬砌到掌子面距离在70m以上、120m以下，或全断面开挖衬砌到掌子面距离在120m以上、160m以下</td><td>2</td></tr>
<tr><td>Ⅴ、Ⅵ级围岩衬砌到掌子面距离在70m以下，或全断面开挖衬砌到掌子面距离在120m以下</td><td>0~1</td></tr>
<tr><td rowspan="2">b</td><td>一次性仰拱开挖长度在8m以上</td><td>2~3</td><td rowspan="2">0</td><td rowspan="2">Ⅲ级围岩支护类型无仰拱</td></tr>
<tr><td>一次性仰拱开挖长度在8m以下</td><td>0~1</td></tr>
</table>

则 $P=\gamma(C\times A+B+D+E+F)=0.9\times(1.0\times2+0+1+1+1)=4.5$（取5），根据表5-26隧道施工区段坍塌事故可能性等级标准，确定港沟隧道Ⅲ级围岩施工区段坍塌事故可能性等级为2级（偶然）。隧道Ⅲ级围岩施工时会安排开挖班、支护班、锚喷班等作业班组施工，作业面会有3~10人或10人以上施工。若隧道发生坍塌，会造成在施工作业环境中的3~10名作业人员死亡或10人以上人员重伤事故，人员伤亡的等级为2级（较大），直接经济损失为2级（较大），所以参照专项风险等级标准表5-22，确定港沟隧道Ⅲ级围岩施工区段发生坍塌事故的风险等级为中度Ⅱ级，针对港沟隧道Ⅲ级围岩段需加强管理不断改进，避免坍塌事故的发生。

④港沟隧道各施工区段坍塌事故风险分析汇总

港沟隧道各施工区段坍塌事故风险分析汇总详见表5-31。

港沟隧道各施工区段坍塌事故风险分析汇总表 表5-31

序号	围岩级别	施工区段（里程桩号）	事故可能性等级	严重程度等级	风险等级
1	Ⅴ级围岩	右线进口（YK10+459.2~YK10+530）、左线进口（K10+460~K10+540）、右线F2断裂带（YK10+780~YK10+825）、左线F2断裂带（K10+785~K10+830）、右线F1断裂带（YK10+890~YK10+960）、左线F1断裂带（K10+885~K10+960）、右线出口（YK11+470~YK11+550.5）、左线进口（K11+505~K11+565）	3级（可能）	2级（较大）	Ⅲ级（高度风险）

续上表

序　号	围岩级别	施工区段(里程桩号)	事故可能性等级	严重程度等级	风险等级
2	Ⅳ级围岩	YK10+530~YK10+620、K10+540~K10+620、YK10+620~YK10+780、K10+620~K10+785、YK11+175~YK11+335、K11+180~K11+440、YK11+335~YK11+470、K11+440~K11+505	3级(可能)	2级(较大)	Ⅲ级(高度风险)
3	Ⅲ级围岩	YK10+825~YK10+890、K10+830~K10+885、YK10+960~YK11+175、K10+960~K11+180	2级(偶然)	2级(较大)	Ⅱ级(中度风险)

(4)涌水突泥事故风险评估

根据《山东省公路桥梁和隧道工程施工安全风险评估实施细则》中"隧道涌水突泥事故的可能性评估指标",从隧道施工区段的岩溶发育程度、断层破碎带、外水压力水头等指标对隧道涌水突泥事故进行评估,根据隧道施工区段涌水突泥事故可能性等级标准确定风险等级。

根据"隧道涌水突泥事故的可能性评估指标"及"隧道施工区段涌水突泥事故可能性分值计算公式"可知港沟隧道断裂破碎段施工区段有发生涌水突泥的可能性。

港沟隧道左线可能发生涌水突泥事故的施工区段包括:破碎带F2施工段(K10+785~K10+830)、破碎带F1施工段(K10+885~K10+960);

港沟隧道右线可能发生涌水突泥事故的施工区段包括:破碎带F2施工段(YK10+780~YK10+825)、破碎带F1施工段(YK10+890~YK10+960)。

①港沟隧道破碎带F2施工区段(以右线破碎带F2为例)涌水突泥事故可能性评估指标详见表5-32。

港沟隧道破碎带F2施工区段涌水突泥事故可能性评估指标　　表5-32

评估指标	分　类	分值	评估分值	评估说明
岩溶发育程度 A	岩溶极发育,有宽大岩溶洞穴、地下暗河、坍塌坑等	4~5	2	断裂破碎带F2斜交洞体,产状较陡,节理带岩体破碎,岩溶化较强烈,多形成溶蚀裂隙、溶孔
	岩溶发育,有宽大岩溶发育带和大岩溶洞穴	3		
	岩溶较发育,有岩溶裂隙和较大岩溶洞	2		
	岩溶不发育,有岩溶裂隙、小溶洞发育	0~1		
断层破碎带 B	施工区段及附近存在断层破碎带或较大裂隙	2~3	2	施工区段及附近存在断层破碎带
	施工区段不存在断层破碎带或较大裂隙	0~1		
周围水体情况 C	隧道上方存在湖泊、河流、水库等水体	3	2	隧址区位于地下石灰岩裂隙水径流补给区
	隧道附近存在补给性水体	2		
	隧道周围不存在补给性水体	0~1		

隧道施工区段涌水突泥事故可能性分值计算公式为:$P=\gamma B(A+C)=0.9\times2\times(2+2)=7.2$(取7),根据隧道施工区段涌水突泥事故可能性等级标准表5-33,确定港沟隧道施工区段涌水突泥事故可能性等级标准为3级(可能)。

隧道施工区段涌水突泥事故可能性等级标准　表5-33

计算分值 P	事故可能性描述	等级
12~16	很可能	4
6~8	可能	3
2~4	偶然	2
1	不可能	1

该区段施工时会安排开挖班、支护班、锚喷班等作业班组施工，作业面会有3~10人或10人以上施工。若发生涌水突泥事故，会造成施工作业环境中的3~10名人员死亡或10人以上人员重伤事故，人员伤亡的等级为2级（较大），直接经济损失为2级（较大），所以参照表5-22专项风险等级标准，确定港沟隧道施工区段发生涌水突泥事故的风险等级为高度Ⅲ级，需针对港沟隧道施工区段制定涌水突泥事故风险消除措施。

②港沟隧道破碎带F1施工区段（以右线破碎带F1为例）涌水突泥事故可能性评估指标详见表5-34。

港沟隧道破碎带F1施工区段涌水突泥事故可能性评估指标　表5-34

评估指标	分类	分值	评估分值	评估说明
岩溶发育程度 A	岩溶极发育，有宽大岩溶洞穴、地下暗河、坍塌坑等	4~5	2	断裂破碎带F1斜交洞体，沿断裂面岩溶化较强烈，多发育成微小溶孔
	岩溶发育，有宽大岩溶发育带和大岩溶洞穴	3		
	岩溶较发育，有岩溶裂隙和较大岩溶洞	2		
	岩溶不发育，有岩溶裂隙、小溶洞发育	0~1		
断层破碎带 B	施工区段及附近存在断层破碎带或较大裂隙	2~3	2	施工区段及附近存在断层破碎带
	施工区段不存在断层破碎带或较大裂隙	0~1		
周围水体情况 C	隧道上方存在湖泊、河流、水库等水体	3	2	隧址区位于地下石灰岩裂隙水径流补给区
	隧道附近存在补给性水体	2		
	隧道周围不存在补给性水体	0~1		

隧道施工区段涌水突泥事故可能性分值计算公式为：$P=\gamma B(A+C)=0.9\times2\times(2+2)=7.2$（取7），根据隧道施工区段涌水突泥事故可能性等级标准表5-33，确定港沟隧道施工区涌水突泥事故可能性等级标准为3级（可能）。

区段施工时会安排开挖班、支护班、锚喷班等作业班组施工，作业面会有3~10人或10人以上施工。若发生涌水突泥事故，会造成施工作业环境中的3~10名人员死亡或10人以上人员重伤事故，人员伤亡的等级为2级（较大），直接经济损失为2级（较大），所以参照表5-22专项风险等级标准，确定港沟隧道施工区段发生涌水突泥事故的风险等级为高度Ⅲ级，需针对港沟隧道施工区段制定涌水突泥事故风险消除措施。

（5）洞口失稳事故风险评估

港沟隧道左、右线进、出洞口施工区段围岩级别均为Ⅴ级。参考《公路桥梁和隧道工程施工安全风险评估制度及指南解析》中关于洞口失稳指标体系确定港沟隧道洞口施工区段洞口失稳事故可能性评估指标，以港沟隧道右线进口施工区段为例，其洞口失稳事故可能性评估指标详见表5-35。

沟隧道进口施工区段洞口失稳事故可能性评估指标 表5-35

<table>
<tr><th>评估指标</th><th>分类</th><th>标准分值</th><th>评估分值</th><th>说明</th></tr>
<tr><td rowspan="4">围岩级别
A</td><td>Ⅴ、Ⅵ级</td><td>4~5</td><td rowspan="4">4</td><td rowspan="4">洞口围岩为Ⅴ级围岩</td></tr>
<tr><td>Ⅳ级</td><td>3</td></tr>
<tr><td>Ⅲ级</td><td>2</td></tr>
<tr><td>Ⅰ、Ⅱ级</td><td>1</td></tr>
<tr><td rowspan="3">施工方法
B</td><td>施工方法不适合水文地质条件的要求</td><td>2~3</td><td rowspan="3">1</td><td rowspan="3">所选开挖方法基本适合水文地质的要求</td></tr>
<tr><td>施工方法基本适合水文地质条件的要求</td><td>1</td></tr>
<tr><td>施工方法完全适合水文地质条件的要求</td><td>0</td></tr>
<tr><td rowspan="3">洞口偏压
C</td><td>洞口存在较严重偏压</td><td>3</td><td rowspan="3">2</td><td rowspan="3">洞口存在不明显偏压</td></tr>
<tr><td>洞口存在可矫正偏压</td><td>2</td></tr>
<tr><td>洞口无偏压</td><td>0~1</td></tr>
</table>

隧道洞口施工区段洞口失稳事故可能性分值计算公式为 $P=\gamma(A+B+C)=0.9\times(4+1+2)=6.3$（取6），根据隧道施工区段洞口失稳事故可能性等级标准表5-36，确定港沟隧道洞口施工区段洞口失稳事故可能性等级标准为3级（可能）。

隧道施工区段洞口失稳事故可能性等级标准 表5-36

计算分值	事故可能性描述	等级
8~12	很可能	4
5~8	可能	3
2~5	偶然	2
0~2	不可能	1

隧道洞口区段施工时会安排开挖班、支护班、锚喷班、砌筑班等作业班组施工，作业面会有3~10人或10人以上施工，但人员不集中，容易发现事故发生后及时逃脱和展开救援。若隧道发生洞口失稳事故，会造成施工作业环境中的1~3名人员死亡或10人以下人员重伤事故，人员伤亡的等级为1级（一般），直接经济损失为2级（较大），所以参照专项风险等级标准表5-22，确定港沟隧道进、出口施工区段发生洞口失稳事故的风险等级为高度Ⅲ级，需针对港沟隧道进、出口施工区段制定洞口失稳风险消除措施。

(6)绘制港沟隧道安全风险分布表(表5-37)

港沟隧道安全风险分布表　　表5-37

地质概况	灰岩,强风化,呈碎裂状松散结构,围岩自稳能力差,易坍塌	围岩为灰岩,中风化,呈镶嵌碎裂结构,围岩自稳能力较差,易掉块	围岩为灰岩,中风化,呈块状体结构,围岩自稳能力较好
围岩级别	Ⅴ级	Ⅳ级	Ⅲ级
坍塌	高度风险Ⅲ级	高度风险Ⅲ级	中度风险Ⅱ级
涌水突泥	高度风险Ⅲ级		
洞口失稳	高度风险Ⅲ级		

注:低度风险Ⅰ级用绿色表示,中度风险Ⅱ级用黄色表示,高度风险Ⅲ级用橙色表示。

5.3 风险控制措施及建议

5.3.1 风险接受准则

参照《公路桥梁和隧道工程施工安全风险评估制度及指南解析》风险接受准则(表5-38)要求,隧道洞口失稳、坍塌属高度“不期望”风险,需采取处理措施并加强监测,防止事故发生。

风险接受准则　　表5-38

风险等级	接收准则	处理措施
低度	可忽略	不需采取风险处理措施和监测
中度	可接受	一般不需采取风险处理措施,但需予以监测
高度	不期望	必须采取风险处理措施降低风险并加强监测,且满足降低风险的成本不高于风险发生后的损失
极高	不可接受	必须高度重视,采取切实可行的规避措施并加强监测,否则要不惜一切代价,将风险降低到期望的程度

5.3.2 一般风险源控制建议

一般风险源是指风险源相对简单,影响因素间关联性较低,运用一般知识与经验即可防范的风险源。为此建议做好以下工作:

1)现场管理

(1)安全用电方面

①隧道施工供电采用三相五线制供电系统。供电线路高压和低压、动力线和照明线应分开。施工作业段照明,必须使用安全变压器配电,输出安全电压宜有36V以下。特别潮湿地段、导电良好的地面及金属容器内照明电压不得大于12V。建议同时配置满足需求的备用发电机。

②所有施工人员掌握安全用电的基本知识和所用设备性能,用电人员各自保护好设备的负荷线、地线和开关,发现问题及时解决,严禁非专业电气操作人员乱动电气设备。

③洞内电气设备的操作符合下列规定:非专职电工不得操作电气设备;手持式电气设备的

操作手柄和工作中接触的部位,设有良好的绝缘。

④高压线引至施工现场的室内变电所,变电所内通风及排水良好,门向外开,上锁并有专人负责。人员不得随便进入,变压器安设位置、接地电阻符合规范要求。

⑤配电系统分级配电,配电箱、开关箱外观完整、牢固,防雨防尘、外涂安全色、统一编号。箱内电气可靠、完好,造型、定值符合规定,并标明用途。

⑥施工现场所有用电设备,必须按规定设置漏电保护装置,严格按 TN-S 系统布置,定期检查,发现问题及时解决。

⑦现场内各用电设备,尤其是电焊、电热设备、电动工具,其装设使用符合规范要求,维修保管有专人负责。

⑧直接向洞内供电的馈线上,严禁设自动重合闸,手动合闸时与洞内值班人员联系。

⑨掌子面施工区域应照明良好,使用防潮电缆、灯具,每隔一定距离设置照明灯具,同时对应配置应急照明设施,确保作业人员施工环境安全。

(2)安全焊接作业

①工作时穿戴工作服、绝缘鞋、电焊手套、防护面罩、护目镜等防护用品,高处作业时系安全带。

②焊接作业周围 10m 范围内不得堆放易燃易爆品。

③作业前检查焊机、线路、料机外壳保护接零,确认安全。

④焊接时二次线必须双线到位,严禁用其他金属物作二线回路。

⑤焊把线不得放在电弧附近或炽热的焊缝旁,不得碾压焊把线。

⑥气焊时先开乙炔阀点火,后开氧气阀调整火焰。关闭时先关闭乙炔阀,再关闭氧气阀。

⑦氧气瓶和乙炔气瓶保持距离 5m 以上,与焊炬、割炬和其他明火的距离不小于 10m。

⑧焊机必须设单独的电源开关、自动断电装置,外壳设可靠的保护接地。

(3)洞内防火

①对现场作业人员进行安全防火知识教育,利用多种形式宣传防火知识。

②施工现场配足灭火器,消防器材周围不得堆放其他材料,确保消防通道畅通。

③施工中电气设备的安装、维修,均由专业电工负责。

④焊接二次衬砌钢筋时使用垫板,隔离防水板。

⑤易燃易爆品与料具不得混放。

⑥严禁私点明火。不得任意动用明火。

⑦危险区域严禁吸烟。

(4)洞内通风、防尘、防有害气体

①在风量计算时要考虑低气压、缺氧对施工人员、设备影响。隧道施工须采用机械通风,在进入隧道 150m 后必须以设计能量全速通风,压入式通风送风口距开挖面不宜大于 15m,掘

进1500m后须进行氧含量监测及其他有害气体含量监测。

②无论通风机运转与否，严禁人员在风管的进出口附近停留。

③通风机停止运转时，任何人员不得靠近通风软管行走和在软管旁边停留，不得将任何物品放在通风管或管口上。

④隧道施工必须采用综合防尘措施，定期检查测定粉尘浓度（要做到湿式凿岩标准化、机械通风正常化、喷雾洒水经常化、个人防护普遍化）。

⑤隧道施工在凿岩和装渣工作面，必须做好下列防尘工作。

a. 爆破前后必须进行喷雾与洒水。

b. 出渣前应用水淋透渣堆和喷湿岩壁。

c. 在压入式的出风口，宜设置喷雾器。

（5）防、排水方面

①围岩水量较大时，在隧道洞内选择合适设置集水坑，把水排出洞外；必要时设置抽水设施，将集水坑中的水及时排出。

②掌子面拱顶、拱腰有水流出时，应凿眼安置套管集中引排，使其不致漫流。

③施工时谨慎通过围岩水量较大区域，要制定稳妥、合理、安全的防突涌水施工方案。

2）安全管理

（1）劳动防护用品

各工区应当向作业人员提供安全防护用具和安全防护服装，并书面告知危险岗位的操作规程和违章操作的危害。作业人员应当遵守安全施工的强制性标准、规章制度和操作规程，正确使用安全防护用具、机械设备等。

①劳动防护用品的发放

a. 根据工作场所中的职业危害因素及危害程度，按照法律、法规、标准的规定，为从业人员免费提供符合国家规定的防护用品。

b. 应到定点经营单位或生产企业购买特种劳动防护用品。防护用品必须具有“三证”，即生产许可证、产品合格证和安全鉴定证。购买的防护用品须经本单位安全管理部门验收，并在使用前对其防护功能进行检验。

c. 应教育从业人员，按照防护用品的使用规则和防护要求，正确使用防护用品。使职工做到“三会”，即会检查防护用品的可靠性、会正确使用防护用品、会正确维护防护用品。

d. 应按照产品说明书的要求，及时更换、报废过期和失效的防护用品。

e. 应建立健全防护用品的购买、验收、保管、发放、使用、更换、报废等管理制度和使用档案。

②劳动防护用品的使用

a. 使用前首先做外观检查。检查的目的是认定用品对有害因素防护效能程度，用品外观有无质量缺陷或损坏,各部件组装是否严密,启动是否灵活等。

b. 劳动防护用品的使用必须在其性能范围内,不得超极限使用;不得使用未经国家指定检测部门认可或检测达不到标准的产品;不得随便代替,更不能以次充好。

c. 严格按照“使用说明书”正确使用劳动防护用品。

(2)安全标志

各工区应当在施工现场出入口或者沿线各交叉口、施工起重机械、拌和场、临时用电设施、爆破物、有害危险气体和液体存放处以及作业平台边沿等危险部位,应设置明显的安全警示标志。

安全警示标志应根据有关“安全色”“安全标志”的规定,正确使用红(禁止、危险)、黄(警告、注意)、蓝(指令、遵守)、绿(通行、安全)四种传递安全信息的安全色,使人员能够迅速发现或分辨安全标志,及时得到提醒以防止事故、危害的发生。安全标志要醒目清晰、简单易懂、易懂易记,并且清晰持久;每年至少检查一次安全标志,如发现变形、破损或图形符号脱落及变色等影响效果的情况,应及时修正或更换。

(3)安全教育

①必须对新上岗的管理人员及作业人员进行岗前安全教育培训,保证其具备本岗位安全操作、自救互救以及应急处置所需的知识和技能后,方能安排上岗作业。

应对新进场的作业人员进行三级安全教育培训,具体培训内容如下:

a. 公司级安全教育

(a)国家安全生产方针、政策和有关安全生产的法律、法规;

(b)从业人员安全生产权利和义务;

(c)安全生产基本常识;

(d)本项目安全生产状况及特点;

(e)本项目安全生产规章制度;

(f)有关事故案例;

(g)其他需要培训的内容。

b. 项目级安全教育

(a)本分部施工现场危害因素的分析与辨识;

(b)本分部安全设备设施及个人防护用品的使用和维护;

(c)本分部易发事故和职业危害的预防措施及安全注意事项;

(d)本分部易发事故的自救互救、急救方法、疏散和现场紧急情况的处理;

(e)有关事故案例;

(f)其他需要培训的内容。

c. 班组级安全教育

(a)本岗位安全职责和操作规程;

(b)岗位之间工作衔接配合的安全与职业卫生事项;

(c)有关事故案例;

(d)其他需要培训的内容。

②作业人员在本项目内调整工作岗位或离岗一年以上重新上岗时,应当按照前款规定重新接受公司级、项目级和班组级的安全教育培训。

实施新工艺、新技术或者使用新设备、新材料时,应当对相关作业人员重新进行有针对性的安全教育培训。

③新上岗的作业人员参加公司级安全教育培训时间不得少于24学时;参加项目级安全教育培训时间不得少于16学时;参加班组级安全教育培训时间不得少于8学时。

④安全教育培训的形式应根据教育培训的内容和对象灵活选择。常见的安全教育培训的形式有:每天的班前班后会上说明安全注意事项,安全活动日(月),安全生产会议,安全技术交底,各类安全生产业务培训班,事故现场分析会,张贴安全生产招贴画、宣传标语及标志,安全文化知识竞赛等。

5.3.3 重大风险源控制建议

经过评估,港沟隧道相应作业区段发生洞口失稳、坍塌、涌水突泥均为高度风险,应在加强监测的同时,采取必要的降低风险的措施,防止事故的发生。

1)洞口失稳控制措施及建议

洞口失稳征兆:已施作掌子面拱顶下沉、周边收敛等数据超标,表面明显裂缝增大,拱架变形超标;洞口顶地表沉降加剧、开裂等。洞口施工一般视线较好,观察外表变化较为直观,但是施工过程中不得大意。

坚持"管超前、少扰动、强支护、短进尺、快成环、紧二衬"的施工原则,确保施工安全。洞口失稳事故控制措施及具体建议如表5-39所示。

洞口失稳事故控制措施及建议　　表5-39

序　　号	作 业 内 容	控制措施及建议
1	监控量测	增加地表下沉监控量测频率,分析洞口变形发展趋势
2	开挖	控制爆破,优化炮孔布置、装药方式、装药量、起爆方式等,减少对围岩的扰动。超前支护及时到位,严格按照设计施工,开挖后及时封闭初期支护,根据量测数据及时施作二次衬砌;同时在施工过程中,加强第三方监控量测,做到预测预警。 合理控制开挖所需高度,根据围岩级别适时调整开挖方法
3	支护	加强超前支护施工管理,提高支护结构整体性;边坡、仰坡防护严格按设计及施工方案施工砂浆锚杆、钢筋网片,尾部采用焊接;喷射混凝土喷射速度适当,并调节水量,使混凝土具有适宜的稠度,并降低回弹量,正确掌握喷射顺序,避免角隅处及钢筋背面出现蜂窝或砂囊。严格保证厚度和强度;套拱应按设计施工,一次性开挖到设计高程,应扩大底部断面,并保证一定厚度

续上表

序　　号	作 业 内 容	控制措施及建议
4	排水	必须做好洞顶、洞口的地表截水、排水系统；按设计要求进行边坡、仰坡放线，自上而下逐段开挖，不得掏底开挖或上下重叠开挖，不得随意采用爆破施工。洞口防排水，洞顶边坡、仰坡刷坡线外修筑截水沟，拦截地表水，确保排水畅通，并与周围排水系统联通
5	明洞回填	严格按设计要求进行明洞回填，确保强度，以利于排水。做好明洞与暗洞的衔接

2）坍塌事故控制建议

建议：先排水、短开挖、弱爆破、强支护、快衬砌、勤检查、勤量测（坍塌方前征兆有：量测信息所反映的围岩变形速度或数值超过允许值；喷射混凝土产生横向的裂纹或龟裂；在掌子面顶或拱腰发现不断掉下土块，小石块或构件支撑间隙不断漏出砂、石屑；岩层层理、节理缝或裂隙变大、张开；拱架变形或木支撑发生"噼啪"破裂声；掌子面渗水、滴水突然加剧或变浑）。坍塌事故控制具体建议如表5-40所示。

坍塌事故控制建议　　表5-40

工　　序		控 制 建 议
开挖	开挖方式	开挖前掌子面有水位置凡排水，利用纵坡合理安排临时排水。隧道出口洞口端采用环形开挖留核心土法开挖，Ⅴ级围岩采用双侧壁导坑法开挖，Ⅳ级围岩采用CD法开挖，严格按设计要求开挖
	爆破	隧道主要有中风化灰岩组成，围岩节理、裂隙较发育，岩体结构为碎裂状结构，爆破震动过大时易产生坍塌，优化爆破设计（采用微差预裂爆破，减小开挖进尺，优化装药结构）
	危石	在开挖爆破后，应仔细检查，及时清除危石；及时封闭岩面；围岩节理、裂隙较发育，岩体结构为碎裂状结构，隧道开挖并清理危岩后，应进行初喷，及时封闭岩面
支护	超前支护	超前小导管：在Ⅴ级围岩地段，应施作超前小导管，注浆加固围岩； 超前双排小导管：在Ⅴ级围岩单排小导管不能保证稳定性地段，应施作超前小双排导管，注浆加固围岩； 径向小导管注浆：在锚喷支护不能保证稳定性地段，应施作径向小导管
	锚杆	锚杆施工质量：重点监管锚杆施工，防止漏打、少打、打长度不够锚杆
	喷射混凝土	喷射混凝土质量：对超挖地段一定保证喷射混凝土的厚度，防止出现初次衬砌后空洞和衬砌不密实
	钢拱架	在Ⅴ级围岩地段，应施作钢拱架锚喷支护，应根据围岩情况变更钢拱架的间距、断面、底板和垫板等参数
监控量测		监测指标：拱顶下沉、水平收敛、钢拱架应力； 监测频率：Ⅴ级围岩地段应增加监控量测频度； 监测反馈：监控量测结果显示围岩及初期支护不稳定时，应采取有效的加固措施
超前预报		加强地质预报工作，尤其是破碎带的预报
二次衬砌		二次衬砌在浇筑过程中，振捣密实，拱部预留注浆孔及时补浆，养护要到位，保证二次衬砌的施工质量、强度和厚度
防坍塌培训		1. 坍塌事故的危险性； 2. 防止事故发生的对策及注意事项； 3. 坍塌来临时的预兆及发生险情时的应急措施

(1)开挖、钻孔方面安全

①隧道进出、口段为小净距隧道，控制好先行洞与后行洞掌子面错开距离(应大于2倍隧道开挖宽度)，尽量减轻两洞施工期间相互干扰，确保施工安全。

②开挖人员到达工作地点时，检查工作面是否处于安全状态，并检查支护是否牢固，顶板和两帮是否稳定，如遇松动土、石块或裂缝，应先予以清除或支护。

③凿岩机钻眼时，采用湿式凿岩机。钻眼前，检查工作面是否处于安全状态，灯光是否良好，支护顶板及两帮是否牢固，是否有松动的岩石。

④风钻钻眼前，对设备工具进行以下检查：机身、螺栓、卡套、弹簧、支架是否完好；管路是否良好，连接是否牢固；钻杆有无不直、带伤以及钻孔是否有堵塞现象。

⑤使用支架的风钻钻眼时，确保支架安置稳妥。站在渣堆上钻眼时，注意石渣的稳定，防止操作中滑塌伤人。

⑥严禁在残眼中继续钻眼，严禁在工作面拆卸修理钻孔工具。

⑦围岩变化段应加强超前地质预报(Ⅳ、Ⅴ级围岩)，全面预测变化段围岩岩性、裂缝断层等，以便做好应对措施。

⑧进洞施工人员佩戴好安全帽、防护手套、穿工作服；电工和电钻工穿绝缘鞋和戴绝缘手套。

(2)装渣与运输

①运输车辆严禁人、料混装(宜采用柴油车辆)，洞内限速5km，严禁超车，不得带故障行车。

②装渣不得高于车厢，装载机工作半径范围内严禁有人，专人指挥装车、运输。

③车辆行驶遵守下列规定：严禁超车；同向行驶车辆保持20m距离，洞内能见度较差时，车辆启动前看望与鸣笛，驾驶室不得搭载其他人员；车辆不得带故障运行。

运输车辆限速见表5-41。

运输车辆限速(km/h) 表5-41

项　目	作业地段	非作业地段	非作业地段
正常行车	10	20	20
会车	5	10	10

④洞外卸渣时，在渣堆边内80cm处设置挡木及标志。

⑤洞内倒车与转向时，要开灯、鸣笛并派专人指挥。

⑥洞口和狭窄的施工场地，设置“缓行”标志，必要时安排人员指挥交通。

(3)初期支护

①在洞身Ⅴ级浅埋及Ⅴ级加强围岩中所采用的双侧壁导坑法是分部开挖隧道两侧的导

坑,并进行初期支护,再分部开挖剩余部分的方法。

②洞身Ⅳ级围岩地质条件较差,自稳能力低,为确保施工安全,采用CD法。

③喷射混凝土严格按照规范要求施作,施工不得采用干喷工艺,应采用湿喷工艺。

④设计图中设计有锁脚锚管(杆)时,按设计要求执行,如果设计图纸中没有设计锁脚锚杆时,可以把部分系统锚杆当作锁脚锚杆使用。

⑤严格控制锁脚锚管(杆)施工质量,并且与拱架同时施作。锁脚锚杆的设置要保证一定角度,锚杆和钢架的连接必须用U形钢筋焊接。

⑥钢架拱脚应采用整块刚性材料支垫,且支垫面积应大于拱架连接板面积,并保证连接板固定牢固。拱脚下的虚渣及其他杂物应清除干净,超挖部分应用喷射混凝土填充。

⑦严格控制钢拱架间距,钢拱架间距不宜出现正偏差。

⑧地基承载力不得小于设计值,仰拱地基承载力不足时,应采取加固处理。

⑨合理控制仰拱距掌子面的距离,及时跟进仰拱封闭成环,仰拱混凝土应整体浇筑、一次成型,确保安全。

⑩当发现测量数据有异常,洞内或地表位移值大于允许值,洞内或地面出现裂缝以及喷层出现异常时,必须立即通知作业人员撤离现场,待制定处理措施后,才能继续施工。

(4)衬砌施工

①衬砌使用的台车、工作平台、跳板等应安装牢固,不得有露头的钉子和突出的尖角。衬砌台车、工作台车的净空可确保运输车辆的正常通行。

②脚手架及工作平台上的铺板,钉铺结实。木板的端头,必须置于支点上。高于2m的工作平台上设置不低于1m的栏杆,栏杆四周外轮廓应设置醒目的安全警示、限速、限高等标识,平台跳板设防滑条。

③机械转动部分设置防护罩,电机有接地装置。

④台车走行轨道中心线确保与隧道中心线重合,两侧轨面在同一水平面,台车上不得堆放料具;工作台板面铺满;两端挡板,安装牢固可靠、不漏浆,灌注时两侧对称进行,不得使台车受到偏压,前后轮的相反方向固定牢靠,防止产生位移。

⑤工作平台设置围挡,安全网。

⑥拆除混凝土软管时,必须停止混凝土泵的运转。

(5)爆破作业

①爆破器材应存放于公安、民用爆炸物品管理部门指定的炸药、雷管库房,分别设专人轮流值守;自行爆破时应办理民用爆炸物品作业许可证,安全员、爆破员、保管员、押运员、巡守员须持证上岗。

②严格领用流程审批制度,施工班组、当班队长等逐级上报项目部签字同意后方可领用,炸药、雷管不得同车装运,使用药量仅限于当班用量,剩余炸药、雷管须退库保存。

③爆破作业和爆破器材加工人员必须穿棉质工作服，严禁穿着化纤衣物。

④适宜采用光面爆破的Ⅲ级围岩，一般要通过爆破试验确定相关参数，根据不同围岩情况，合理布置掏槽眼、辅助眼、周边眼、底板眼的位置、深度、装药量等，采用塑料导爆管非电起爆系统，毫秒微差有序起爆，起爆先后顺序：掏槽眼、辅助眼、周边眼、底板眼，确保光面爆破有良好的效果。

⑤装药前检查爆破工作面附近的初期支护是否牢靠；炮眼内的泥浆、石灰是否吹洗干净；刚钻好的炮眼温度过高，不得立即装药。

⑥洞内爆破作业做到指挥信号统一，人员撤离到安全距离外，避免受到有害气体冲击。其安全距离为：半断面开挖时，安全距离不少于400m；全断面开挖时，安全距离不少于500m。

⑦隧道爆破施工由取得特种作业证的爆破员担任，严格执行防护距离和爆破警戒的有关规定。

⑧根据施工条件明确规定每日爆破时间及次数，装药离爆破时间不应过久。爆破前爆破人员严格检查爆破网路，确保一次起爆。

⑨爆破后必须经过15min通风排烟后，并经过以下各项检查和妥善处理后，其他工作人员才准进入工作面：有无瞎炮及可疑现象，（有瞎炮由原爆破人员按规定处理）；有无残余炸药或雷管；顶板两帮有无松动石块；支护有无损坏与变形。

⑩装药时严禁携带火种，严禁明火爆破，严禁同时进行装药与打眼。

⑪两端工作面接近贯通时，加强两端作业人员的联系与统一指挥。两个工作面的距离接近预留8倍循环进尺时，应及时报告相关负责人，停止一端作业，并将人员机具撤走，在安全距离处设立警告标志。

3）涌水突泥事故控制建议

隧道施工中涌水突泥的处理方法，首先应根据设计文件中关于隧道防水、排水构造设计资料对隧道可能出现涌水地段的涌水量大小、补给方式、变化规律及水质成分等进行详细调查及预报，因地制宜结合工程实际情况，选择既经济合理，又确保围岩稳定、保护环境、便于初期支护施工的治水方案。

涌水突泥事故控制建议见表5-42。

涌水突泥事故控制建议 表5-42

序　号	工　序	控制措施
1	施工准备	收集项目周围已完工和在建隧道工程出现涌水情况的资料； 根据不同的地质条件选择适合的辅助施工方法，如钻排水孔、设置集水坑
2	开挖作业	水平钻孔应进行短距离钻孔； 在涌水量较大处设置集水坑； 测量洞内的涌水量、地下水水位、水质的变化等，根据需要连续调查开挖面的地层变化并进行地质素描； 明确测量结果的联络及报告机制； 记录并整理施工中的各项测量结果，根据数据把握涌水的危险度

续上表

序　　号	工　　序	控制措施
3	警报	设置发生紧急情况的警报装置。提前确定发出警报的标准、警报的种类。警报后的应急行动,并通知相关人员
4	应急措施	根据预测涌水量、隧道断面面积等设置具有充分排水能力的排水设备。进行紧急情况避险训练及人员救护训练
5	防涌水培训	培训内容包括:涌水的危险性、防止事故发生的措施及注意事项、发生紧急情况的对策

5.3.4　不良地质地段施工控制措施

断层带塌方征兆:顶板岩石开裂,有岩粉喷出或洞内稳固粉尘飞扬;支撑拱架变形或发出响声;拱顶岩石掉块裂缝逐渐扩大;干燥围岩突涌水。具体控制措施如下:

(1)为减少对围岩的扰动,宜采用微震爆破或人工配合机械开挖法。

(2)加强初期支护,必要时增设30~70cm后的临时仰拱(I20b型钢并灌注混凝土),使初期支护成环。

(3)在进行下半断面施工时会造成上半断面拱架悬空,支护结构失稳,为确保安全,在拱脚处增设锁脚锚杆或在拱脚设立钢肋支撑。

(4)在有地下水的情况下,采取全断面或局部预注浆对地下水进行封堵,并加强隧道衬砌防排水设计。

(5)视断层软弱、破碎情况,采用双排或单排注浆小导管进行超前支护。

(6)对衬砌结构进行加强,并通过基础设置注浆小导管,提高衬砌结构承载力。

5.3.5　强制性安全方面控制措施

(1)洞口设置值班室,实行分洞管理,建立隧道施工班组交接班制度,建立24h值班制度和进出检查登记制度,同时配备电子门禁系统和电子安全监控系统,实行洞内全程监控。

(2)开挖作业面作业人员不宜超过20人,施工过程中由专职安全人员随时检查作业面安全情况。

(3)隧道须采用长、中、短距离相结合的综合物探技术进行超前地质预报,每个水平地质钻探断面至少布设3个钻孔,前后两次钻孔搭接长度必须达到5m以上(Ⅳ、Ⅴ级围岩)。

(4)洞口土石方施工前,须做好洞顶、洞口的地表截水、排水系统,洞口地质条件较差时,宜先进行明洞施工。

(5)Ⅳ、Ⅴ围岩,严禁全断面开挖。采用双侧壁导坑法和CD法施工,应符合以下规定:①每循环开挖支护进尺Ⅳ、Ⅴ级围岩,不应大于1榀钢架间距;每循环开挖支护进尺Ⅳ级围岩不应大于2榀钢架间距。②边墙每循环开挖支护进尺不得大于2榀。③仰拱开挖必须完成钢架锁脚锚杆,每循环开挖进尺不应大于3m。④初期支护应及时施作并封闭成环(仰拱),Ⅳ、Ⅴ围岩封闭位置距掌子面不得大于35m。⑤二次衬砌必须在围岩和锚喷支护变形基本稳定后及时施作,Ⅳ、Ⅴ围岩距离开挖面分别不得大于90m、70m。

(6)开挖面至二次衬砌之间,应设置直径不小于500mm钢管作为救生通道。其中,不良地质开挖面必须设置长度大于80m、壁厚大于10mm、直径为800mm的钢管,作为必要的安全逃生通道,紧跟开挖进尺不断前进。同时,需布设应急照明和通风通道,安装声光报警装置、有线通信设备、视频远程监控系统。

(7)监控量测应作为关键工序,不良地质区域须安排专人随时检查洞内拱顶或地表下沉情况。当发现测量数据出现异常或突变,实际位移值大于允许位移值,以及洞内开挖面或喷层的拱顶或地表出现异常裂缝时,必须立即组织人员撤离现场,并及时报告建设单位。

5.3.6 完善专项应急预案

针对隧道施工范围内有可能出现的突发性事故,隧道各级人员在一旦发生突发性事故时,应作出应急快速反应,按既定的预防和控制措施,实施抢救,忙而不乱,最大限度地减少事故对人员造成的伤害、对财产造成的损失、对环境造成的污染和对企业与社会造成的影响,发挥整体救灾效能,迅速控制局面。建议进一步完善洞口失稳、坍塌等方面的应急救援预案,并定期进行必要的防灾演练,检验预案的有效性和可操作性。

隧道施工专职安全员要加强巡视,掌握监控量测资料有关数据,经常观测掌子面围岩表面有无明显变化,发现异常,第一时间上报项目部,情况危急时应先停止洞内施工,通知施工人员撤出隧道,由项目部组织相关人员议定处理方案(处理方案应上报监理、业主单位),及时采取有效措施进行加固。同时配置足量的应急救援物资,靠近掌子面通风管(ϕ800钢管,长度100m),作为隧道洞内塌方时被困人员的逃生通道,掌子面附近应常备应急救援食品、药品等,洞内设置无线电话、应急照明设施,洞外设置临时钢架、木材、抽水机等设施,做到有备无患。

另外,还应制定突发情况下的防火、防涌水、防爆炸等应急救援预案,有效应对各种可能的突发情况。

第6章　大断面隧道施工技术保证措施

采用分步开挖法如：台阶法、CD 法、双侧壁导坑法，将隧道断面分解为小断面，以确保隧道开挖安全。

6.1　开挖技术措施

1）光面爆破目标

隧道开挖爆破炮眼残留率确保硬岩达到80%以上、中硬岩达到60%以上。软弱破碎围岩地段支护及早封闭成环。

2）光面爆破对策

优化光面爆破设计，实行程序化、标准化作业，加强全过程动态管理，完善激励监督机制。

3）光面爆破采用的技术措施

（1）施工前据地质调查结果，选择有代表性的位置，进行现场爆破试验，提出爆破参数。

（2）软弱围岩采用微震爆破技术，减小对围岩的扰动。密打眼，少装药，并根据爆破震动衰减规律公式反算控制最大装药量。加强爆破震动地震波测试，控制爆破振动速度。合理安排段间隔时差，毫秒雷管跳段使用，段间隔时差控制在100ms左右，降低爆破震动强度。采用大直径中空眼复式掏槽技术。根据计算单次起爆药量，对底板眼、周边眼等进行分段起爆。

（3）采用周边光面爆破技术，以减轻爆破对周边的扰动，控制超欠挖。周边眼光面爆破参数的选择：初步设计周边眼光面爆破参数按以往施工经验及规范要求选取。周边眼装药结构：采用不耦合装药结构，其中Ⅳ、Ⅴ级围岩采用双传爆线装药结构，Ⅲ级围岩采用小直径药卷间隔装药结构。在破碎地段进行光面爆破时，周边眼采用钻密眼，人为切开一条缝，采用不装药或隔孔装药措施。

（4）科学布眼，合理安排起爆顺序。一般周边眼、内圈眼按环形布孔，掘进眼呈线性布孔。预裂爆破时先预裂爆破后掏槽，光面爆破，从掏槽眼开始，由内向外，最后是周边眼光面爆破。

（5）认真进行装药量计算，科学进行药量分配。先根据周边眼的装药集中度和掏槽眼的装药长度进行周边眼和掏槽眼的药量计算，其他炮眼按式（6-1）计算，按式（6-2）复核，科学进行药量分配。

单眼装药量计算公式

$$q = KaWL\lambda \tag{6-1}$$

总装药量计算公式

$$Q = KLS \tag{6-2}$$

(6)强装药堵塞:使用长药卷爆破工艺,定做长药卷,提高装药速度,增加装药密度。

(7)采用先进仪器设备,完善检测手段。采用激光准直仪定向,使中线测量准确快捷;采用断面仪测定开挖轮廓及超欠挖情况,并以图表形式快速反馈到施工中,以便及时调整爆破参数,进一步提高爆破效果。

(8)加强光面爆破管理。采用全面质量管理理念,以超欠挖和残眼率为产品质量控制点,通过加强现场全过程的工序质量控制,来达到预期的产品质量目标;光面爆破作业管理控制:按"一标准、两要求、三控制、四保证"原则进行。

6.2 支护技术措施

隧道支护技术措施具体如下。

(1)超前支护

Ⅳ、Ⅴ级围岩采用 ϕ108 超前大管棚支护、ϕ42 超前注浆小导管、ϕ25 中空注浆锚杆保证隧道开挖安全。

注浆前先喷射混凝土封闭作业面,防止漏浆,喷射厚度不小于 50mm。

注浆材料的选择根据地质条件、注浆目的和注浆工艺全面考虑,确保满足:浆液流动性好,固结后收缩小,具有良好的黏结力和较高的早期强度;结石体透水性低,抗渗性能好。注浆过程中根据地质、注浆目的等控制注浆压力,注浆终压为注浆压力的 2 ~ 3 倍,派专人做好记录。注浆结束后检查注浆效果,不合格者补注浆。

(2)支护系统锚杆、锚管

支护系统锚杆采用带排气装置 ϕ25 中空注浆锚杆、ϕ22 砂浆锚杆,支护系统锚管为 ϕ42 注浆小导管。

锚杆锚固力不低于设计要求,每 300 根抽样一组进行抗拔试验,每组不少于 3 根。注浆锚杆严格控制注浆压力及注浆量,锚杆施工时采用锚固力和注浆饱满度双指标控制。

(3)钢筋网

在洞外预制网片,洞内铺设达到快速施工,保证安全。

与受喷面的间隙为 3cm。钢筋网的喷混凝土保护层厚度不小于 2cm。钢筋网与锚杆或其他固定装置连接牢固,网片之间搭接长度不小于 20cm,在喷射混凝土时钢筋不晃动。钢筋直径及网格尺寸符合设计要求。

(4)喷射混凝土

采用 PBT20 大方量湿喷机配湿喷作业员实现快速喷混凝土作业施工。

按照监理工程师指示进行现场生产性喷混凝土试验。喷射前,受喷面除按照规范中有关条款的要求进行准备之外,用水或风对受喷面进行清理。喷混凝土充分凝固前避免受水流的直接冲刷。

喷射混凝土分片依次进行,喷射作业自下而上,分段作业。采取分层喷射时,一次喷射厚度不大于 5cm。后一层喷射在前一次喷射混凝土终凝后进行,各层间隔 30 ~ 60min,如果间隔时间大于 1h,对已喷混凝土面用水或风清洗。按照规范要求对喷混凝土进行养生。

6.3 衬砌技术措施

1)隧道衬砌混凝土不渗、不漏措施

(1)爆破开挖。严格按照光面爆破规范组织施工,严格控制超欠挖,是保证隧道不渗、不漏、不裂的基础,如果光面爆破不好,极易带来以下问题:拱部回填困难,一旦不密实,易形成水囊;岩面凹凸不平,喷射混凝土难以找平;铺设防水板困难等。

(2)注浆加固。需要进行注浆加固的止水地段,施工前根据工程地质和水文地质条件,通过试验后,再进行注浆;根据预注浆范围、地质条件和地下水情况,选择合理的注浆参数和浆液配合比,确保注浆加固堵水效果;注浆过程中,严格按照注浆设计施工,确保注浆防水的质量达到止水效果,基本实现注浆段无线流,初步形成初期支护外的止水环,为隧道防水创造条件。严格控制注浆压力,防止出现结构变形、串浆等现象;注浆结束后,采用钻孔注水法检测注浆效果。

(3)初期支护。认真做好初期支护,特别是初期支护背后的回填注浆,做到渗漏水无线流,否则在严重渗漏水处打孔、下管补充注浆,直至符合要求。该项工作务必做到平行作业,分段进行,做好一段,初验一段,否则,将不允许施作二次衬砌。

湿喷法喷射混凝土,在喷射混凝土时埋入检测喷射混凝土厚度的标识钢筋,以检查喷设混凝土的厚度;拌制混凝土时要确保混凝土严格按照配合比配制,严格控制速凝剂的添加量,完成喷射混凝土后,隧道基本实现干燥。局部有渗流处,可以采取插管补注浆的措施;较大渗流处插管接排水盲管固定,引至侧沟排走。

(4)防排水施工。严格按结构防水设计要求施作防排水,先设置纵向、环向透水管盲沟及导流管,再铺设防水板。防水层施工由专业化队伍施工;处理好基面;采用无钉铺设、双焊缝焊接的施工工艺;把好防水层施工接缝质量关;加强防水层成品的保护措施;在施工过程中,保证接缝焊接质量,避免创伤产生孔洞。

(5)衬砌混凝土。严格按防水混凝土有关规范和有关标准控制原材料,杜绝因材料因素造成衬砌渗漏;严格控制施工配合比,杜绝随意改变水灰比,导致混凝土产生收缩裂缝,降低其防水性能。为提高混凝土的抗渗性而掺加的外加剂,应具有质量证明文件和产品技术资料;混凝土采用分层浇筑、分层振捣,每层厚度不超过30~40cm,相邻两层浇筑时间间隔不超过2h。

混凝土浇筑连续,避免造成施工缝,因施工需要留设施工缝,必须征得监理工程师认可,允许间歇时间不超过规范要求。灌注施工采用整环灌注施工,当混凝土灌至墙拱交界处时,间歇约1h,以便于边墙混凝土沉实。拱圈封顶时,随拱圈灌注及时捣实;振捣时,振捣器不得接触防水层及模板,且每次移动距离不大于振捣器作用半径的一半;严格控制拆模板时间,严禁混凝土强度未达到规范要求前拆模板;加强混凝土的养护。

(6)施工缝处理。表面凿毛,并用水冲刷干净;环向施工缝设置中埋式橡胶止水带及排水管,纵环向施工缝涂刷混凝土界面剂;变形缝在地层显著变化处、断面明显变化处设置,采用中埋式橡胶止水带,界面涂刷界面剂。嵌缝材料采用双组分聚硫密封膏。

2)防止隧道衬砌开裂的技术措施

从爆破开挖、初期支护、混凝土二次衬砌工艺上保证工作面平顺圆滑,便于防排水的施工操作,大面积渗漏水地段除采取相应的光面爆破、初期支护等外,还应进行注浆加固,堵水。在混凝土灌注施工间歇或施工中断的工作面进行技术处理后,才能继续灌注施工。

隧道衬砌开裂的原因分析如下。

(1)原材料影响因素

水。水灰比(单位用水量)越大,收缩趋势就越大,用水量大既增加收缩,又降低强度。

水泥。水泥用量多的混凝土的收缩大;水化热大的水泥,混凝土的收缩大。

集料。集料的矿物成分、形状、表面结构和级配会影响混凝土的配合比、热膨胀系数、干缩、刚度、徐变和强度。集料中含有黏土等杂质会引起混凝土的高压缩性而开裂。

外加剂。某些外加剂影响混凝土硬化速度、用水量、收缩和徐变从而对混凝土开裂产生影响。

(2)施工工艺影响因素

泌水。泌水集中在大颗粒集料和钢筋的下方会形成内部裂缝。

浇筑。浇筑条件和浇筑速度会通过泌水、模板内的离析、温度、模板变形等对混凝土的开裂产生影响。

养护。保证足够养护湿度、养护时间会缓解混凝土收缩引起的体积变化,增加抗裂效果。

温度。温度在最初几个小时使混凝土达到初凝变成固体时,确定混凝土的基长,随后冷却时从这个长度产生收缩,这就是温度对混凝土开裂的主要影响。

气候。高的温度、湿度梯度会在混凝土表面和内部或背面之间产生大的内部约束,从而导致混凝土开裂。

管理因素。施工管理的任何疏漏,都可能造成混凝土破坏。

一般从衬砌控制原材料、施工工艺、施工过程控制、养护控制、施工环节接缝控制等几方面防止隧道二次衬砌开裂。防止开裂特殊措施一般包括隧道围岩变化、隧道开挖质量控制措施。防止隧道衬砌开裂的一般措施如下。

①严格控制原材料。通过合理选择原材料和混凝土配合比,降低混凝土的热强比,提高混凝土的抗裂性能。选用热膨胀系数相接近的岩石集料,使拌制的混凝土弹性模量低,极限拉伸值也较大;选用符合规定要求的低热水泥,在配合比设计时,在满足设计强度的前提下,尽可能改善集料级配,特别要发挥外加剂的作用,最大限度地减小水泥用量,同时减小水灰比。应用能满足和易性要求的最小用水量,不用过大的坍落度。

根据外加剂对混凝土性能的影响,综合考虑多种因素的共同作用,通过试验选择合适的外加剂。

②严格控制混凝土施工质量。认真执行"三检制",严格控制水灰比、骨料级配、拌和时间、平仓、振捣、初凝等各个环节,确保原材料符合标准要求,混凝土拌和质量优良,混凝土试件设计龄期、强度、离差系数等均满足设计要求。采用二次振捣工艺,以提高混凝土的密实度和抗拉强度,并采用附着式振捣器振实,去除浮浆,以减少表面收缩裂缝。均匀浇筑混凝土,施工时充分考虑模板内、围绕钢筋和斜面部位混凝土早期沉淀收缩作用。

③加强施工养护。采取洒水养护和覆盖养护法尽早开始养护,保证混凝土在适宜温度、湿度条件下使硬化过程正常进行,不至于因蒸发变干而引起水化作用失常,产生强度增长受阻、干缩裂缝等有害现象。

④控制拆模时间。根据现场试验龄期和气候条件确定拆模时间,一般须在混凝土强度达到5MPa以上时,方可拆模。

⑤施工环节缝处理。设置异型挡头模板,相邻两仓混凝土采用"榫接头",确保环向接缝密实。

除一般性防裂措施外,施工中将做好以下措施:

一是,岩性变化处的处理措施。隧道从一种岩性地段变化到另一种岩性地段,衬砌在这一部位采用施工环节缝的形式通过,严格按衬砌施工接缝处理。

二是,隧底质量控制措施。隧道基底质量不好,不仅影响基床,而且影响衬砌质量,处理不好会造成下沉开裂。施工中将认真清理浮渣、排除积水,防止基底软化;对软弱围岩,严格初期支护,及时施作仰拱,尽快封闭成环。

6.4　小净距段专项施工方案

6.4.1　小净距段隧道衬砌支护参数

港沟隧道小净距段衬砌类型为Ⅴ级浅埋偏压及Ⅳ级加强,该隧道小净距段为隧道进出口段,具体衬砌支护参数见表6-1。

小净距段隧道衬砌支护参数 表 6-1

<table>
<tr><td rowspan="3">序号</td><td rowspan="3">衬砌类型</td><td colspan="8">初 期 支 护</td><td colspan="2">C30 模筑衬砌(cm)</td></tr>
<tr><td colspan="2">C25 喷混凝土</td><td colspan="4">锚杆</td><td colspan="2">钢架</td><td rowspan="2">拱墙厚度</td><td rowspan="2">仰拱</td></tr>
<tr><td>厚度(cm)</td><td>钢筋网间距(cm)</td><td>部位</td><td>形式</td><td>长度(m)</td><td>间距(纵×环)(m)</td><td>形式</td><td>间距(m)</td></tr>
<tr><td>1</td><td>Ⅴ级浅埋偏压</td><td>30</td><td>ϕ8(20×20)双层</td><td>拱墙</td><td>ϕ25 中空注浆</td><td>5.0</td><td>100×60</td><td>H20×20型钢拱架</td><td>0.6</td><td>70 钢筋混凝土</td><td>70 钢筋混凝土</td></tr>
<tr><td>2</td><td>Ⅳ级加强</td><td>28</td><td>ϕ8(20×20)</td><td>拱墙</td><td>ϕ25 中空注浆</td><td>4.0</td><td>100×80</td><td>I20b 型钢拱架</td><td>0.8</td><td>55 钢筋混凝土</td><td>55 钢筋混凝土</td></tr>
</table>

6.4.2 小净距段隧道支护方式

1)小净距Ⅴ级浅埋衬砌断面(YK10+514.2~YK10+530、YK11+470~YK11+520.6、K10+515~K10+540、K11+505~K11+535)

(1)中岩柱 5m 范围内布设 ϕ50×5mm、长 500cm 注浆小导管,间距为 100×60cm。

(2)采用 ϕ50×5mm 双排超前小导管注浆,第一排 $L=6$m,6°外插角,第二排 $L=3$m,15°外插角,环向间距 40cm,搭接长度 1.2m,当小净距段处于管棚段时,小导管只布设第二排。

(3)其余拱、墙位置布设 ϕ25 中空注浆锚杆,$L=500$cm,间距 60cm(纵)×100(环)。

(4)采用 ϕ8 钢筋网 20cm×20cm 双层布置,H200×200 型钢拱架,纵向间距 60cm,喷射 C25 混凝土 30cm 厚,预留变形量 20cm。

(5)属于Ⅴ级浅埋段,采用双侧壁导坑法,循环进尺 60cm,尽量采用机械开挖,如需采用爆破施工,应控制爆破震动速度。

2)小净距Ⅳ级加强衬砌断面(YK10+530~YK10+620、YK11+375~YK11+470、K10+540~K10+620、K11+440~K11+505)

(1)中岩柱范围内布设 ϕ25 中空注浆锚杆,$L=500$cm,间距为 80×100cm。

(2)采用 ϕ50×5mm 超前小导管注浆,第一排 $L=4.5$m,5°~7°外插角,环向间距 40cm,搭接长度 1.3m。

(3)其余拱、墙位置布设 ϕ25 中空注浆锚杆,$L=400$cm,间距 80cm(纵)×100(环)。

(4)采用 ϕ8 钢筋网 20cm×20cm 单层布置,I20b 型钢拱架,纵向间距 80cm,喷射 C25 混凝土 28cm 厚,预留变形量 14cm。

(5)采用 CD 工法,开挖时严格控制进尺,及时施作初期支护。

6.4.3 小净距段隧道施工要点

港沟隧道左线采取从出口进洞,从进口出洞的开挖方式,右线采取从进口进洞,从出口出洞的开挖方式,单洞对向施工,经过小净距段时对方隧道并未开挖或者二次衬砌已经施工完成,对小净距段中岩柱的保护较为有利,按照设计支护参数施工,能保证中岩柱的安全。若相邻隧道内已开挖且未施工二次衬砌,则应在已开挖的隧道内对中岩柱进行锚杆注浆加固。具体要点如下:

(1)加强对中岩柱的保护。

(2)及时进行洞顶、洞内监控量测及隧道超前地质预报,方便对掌子面前方围岩开挖方式及支护参数进行及时调整。

(3)先行洞与后行洞掌子面错开距离大于2倍隧道开挖宽度。

(4)开挖隧道对先行开挖隧道初期支护爆破震动速度限制为15cm/s,相邻爆破分段起爆间隔时间不小于100ms。

(5)衬砌及仰拱及时施工,仰拱、衬砌距离开挖掌子面的安全距离按照相关要求执行。

(6)分部开挖时,前后各部掌子面之间保持一定的安全距离。前部掌子面封端后,后方掌子面应及时跟进,使整个隧道开挖断面的支护尽快成环。

(7)施作仰拱前应控制临时竖隔壁拆除的范围,并做好隧道断面变形监测。

(8)CD法、双侧壁导坑法和台阶法等开挖方法之间进行工序转换时,应提前做好技术准备和钢拱架等各项物资准备工作。分部开挖断面的超前导坑开挖前做好测量放样和复核,控制爆破用药量,减少超欠挖。

6.5　轻质泡沫土+超前长管棚处理隧道塌方施工

6.5.1　工法特点

1)施工安全

本工法采用轻质泡沫土全部或大部分填充塌腔,根据实际塌方体高度辅以超前长管棚预支护后实施非爆破开挖,充分保证了塌方处治施工过程中的人员和机械设备安全。

2)处治快捷

本工法可以根据塌腔填充的体积,选择多台适宜的轻质泡沫土灌注设备分层灌注,灌注厚度2~2.5m/层,一般的中、大型塌方处理周期不超过45d。

3)处治成本较低

本工法采用轻质泡沫土回填+超前预支护再开挖的方式。处治过程不需要采取大量型钢支护、注浆固结等辅助措施,施工安全和工期均可控,相对于传统方法可大幅降低施工费用,尤其是中、大型塌方处治费用降低率更高。

4)避免后期病害

本工法在塌腔高度不大于30m的情况下,可以实现塌腔全部填充密实,轻质泡沫土避免了后期的再次塌方和塌腔积水等引起的二次衬砌开裂、渗漏水等隧道病害,保证了运营期的结构安全。

6.5.2 适用范围

本工法适用于各种跨度的隧道中以石质围岩为主的无较大涌水区段发生的主要位于拱腰以上的顶部和掌子面塌方,对于小型、中型及大型塌方均适用。对塌方体为松散的粒径较大岩块的塌方尤为适用。

隧道穿越断层、构造破碎带、岩性接触带等特殊地质区段时,施工过程中极易发生隧道顶部、掌子面前上方塌方,由于围岩破碎、自稳能力差再加上裂隙水的作用,塌方往往会多次或持续发生,尤其在中、厚层水平或小角度倾斜的岩体中,塌方体碎块呈较大粒径,有的粒径甚至达到几米,采用常规的"管棚法""棚架法""分段支护开挖法"等均无法确保施工中的安全,工期难以控制。在这种情况下采用本工法,可以确保施工安全和运营后的结构安全,且工期受控。

6.5.3 工艺原理

本工法采用轻质泡沫土对隧道塌方后的塌腔进行填充,依靠材料良好的流动性对塌方体进行固结。填充、固结完成后,根据塌方体侵入拱顶以上高度情况对隧道塌方区域拱顶一定范围实施超前预支护。完成后,根据隧道断面、地质情况等因素对塌方已填充和固结区段采取分部开挖方法,实施再次开挖和支护。填充后轻质泡沫土与塌腔周围岩体有效结合,形成轻质材料固结圈,加上超前预支护的联合作用,可以防止重新开挖过程中发生再次塌方,既保证施工过程安全,又避免了后期运营过程中由于塌腔次生塌方、地下水聚集等原因引起的二次衬砌开裂、渗漏水、二次衬砌局部掉块等病害。

轻质泡沫土是将发泡剂水溶液制备成泡沫,与水泥基胶凝材料、水及可选组分集料、掺和料、外加剂按一定比例混合搅拌,经过物理化学作用硬化形成的一种轻质材料。主要特点是干密度比一般的土体小,干密度一般可在 400 ~ 1200kg/m^3 的范围内调整,28d 单轴抗压强度可以在 0.3 ~ 5.0MPa 的范围内调整,流动性指标即扩展度在 180 ± 20mm 左右,具有良好的流动性、水硬性、施工性等。

轻质泡沫土可在填充完成后 48h 后进行分部开挖,为保证施工的安全性和减少塌腔填充材料对初期支护竖向荷载,同时满足非爆破开挖的要求,可在拱顶以下范围配制较高的单轴抗压强度(一般 2.5MPa 左右)的轻质泡沫土,拱顶以上配制较低的单轴抗压强度的轻质泡沫土(一般1.0 ~ 1.5MPa,干密度 500 ~ 700kg/m^3)。分部开挖方法可根据实际情况采取"CD 法""台阶法"等。塌方体顶部侵入拱顶以上超过 3m 时,为确保施工安全,在完成轻质泡沫土填充后,可在拱顶 120° ~ 150°范围打设 ϕ89 ~ ϕ108mm 超前长管棚实施超前预支护;塌方体顶部侵入拱顶以上0 ~ 3m 时,可在拱顶 120° ~ 150°范围打设 ϕ50mm 双层超前小导管,实施超前预支护。

6.5.4　塌方处理施工工艺流程及操作要点

1)施工工艺流程

塌方处理施工工艺流程见图6-1。

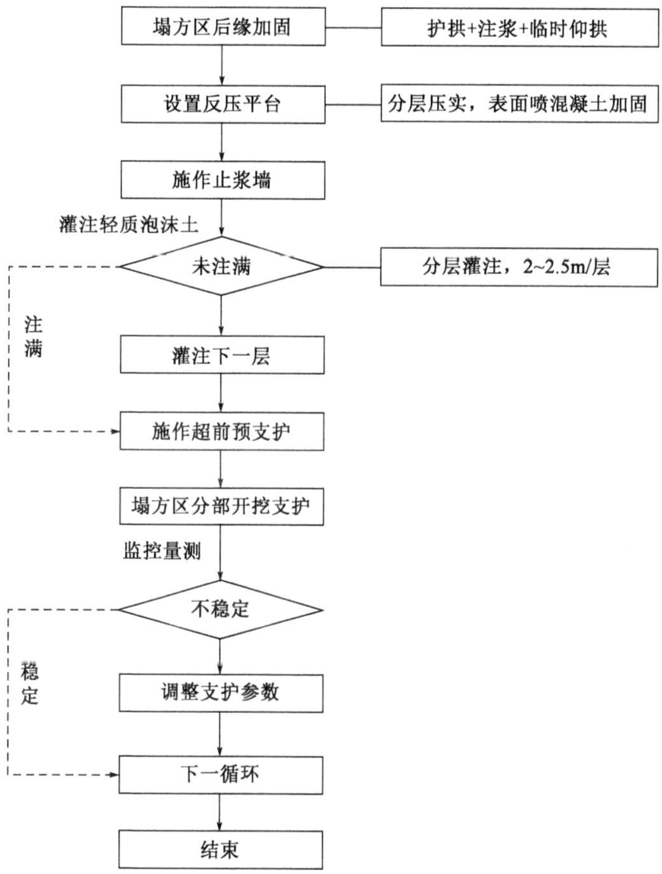

图6-1　塌方处理施工工艺流程图

2)操作要点

(1)塌方区后缘加固

①加固范围确定

隧道塌方区前后一定范围的围岩均会受到不同程度的扰动。为防止塌方区域向后缘延伸扩大,需对其后缘一定范围内已经施工的初期支护实施加固,加固的范围依据监控量测结果确定,一般加固至初期支护未发生明显变形位置向后15m左右。

②主要加固方法

a.初期支护外侧采用I18～I20工字钢按照原拱架间距设置型钢护拱,拱架需与原初期支护喷射混凝土表面密贴,护拱尺寸按照原初期支护内侧弧度加工成型,详见图 6-2。

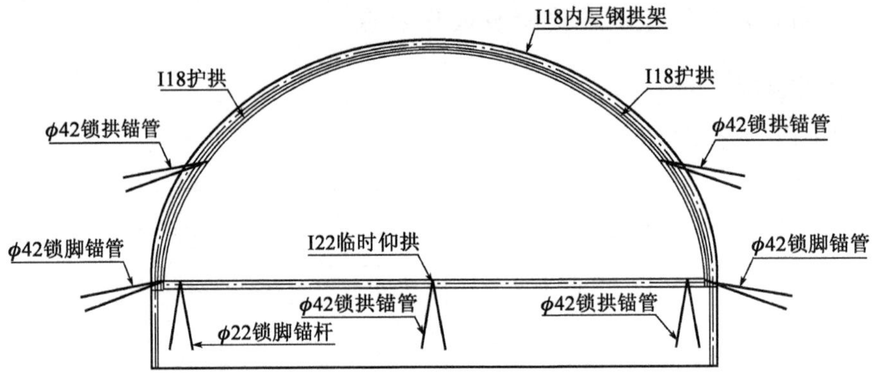

图 6-2　塌方区后缘加固示意图

b. 每榀护拱拱架之间按照环向间距 120cm 设置 $\phi22$ 连接钢筋,与护拱拱架焊接连接,局部与喷射混凝土不密贴处采用楔形钢板塞紧。护拱型钢之间喷射 10cm 厚的 C25 混凝土将拱架与初期支护之间的空隙填充密实。

c. 在每榀护拱的两侧拱脚处各打设 4 根 $\phi42$mm 锁脚锚管,拱腰处两侧各打设 2 根 $\phi42$mm 锁拱锚管,护拱拱脚必须落在坚实稳定的基础上。

d. 自塌方区后缘 5 ~ 10 榀护拱拱架间设置临时仰拱。临时仰拱采用 I22 ~ I25 工字钢作为骨架,型钢之间采用 $\phi22$ 连接钢筋按照纵向间距 100cm 焊接连接,表面喷射 26cm 厚的 C25 混凝土形成整体。

e. 护拱段拱部 120°范围径向打设 $L = 5$m 的 $\phi50$ 钢花管,间距 3m(环) × 2.4m(纵),按照梅花形布置。利用钢花管注浆加固周边围岩,注浆自下而上,由两侧向中间分两序孔进行,浆液材料为 1:1 水泥浆,初压 0.5 ~ 1.0MPa,终压 2.0MPa,持压 15min 后停止注浆,详见图 6-3。

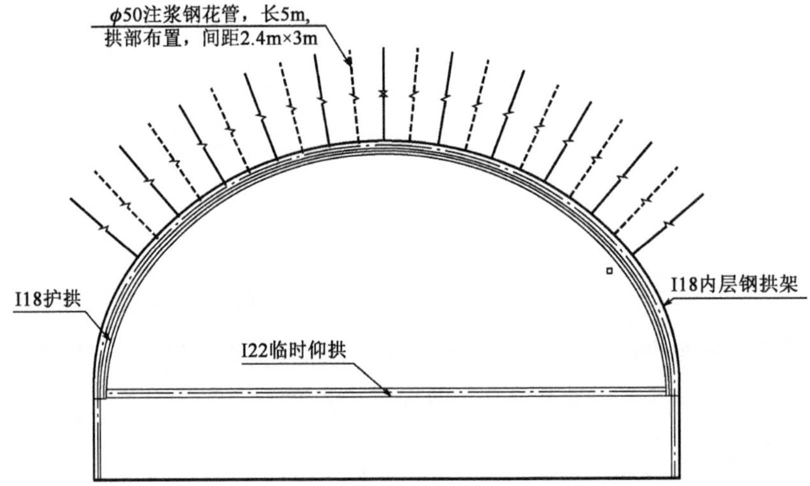

图 6-3　塌方区后缘加固注浆示意图

(2)设置反压平台

①设置要求

自塌方体后缘向后一定范围内设置反压平台,反压平台按照不大于25%的纵坡填筑,顶部自塌腔后缘退后6m范围填筑成平台,其中前方1.5m范围用于设置止浆墙,剩余4.5m范围作为作业平台。作业顶距初期支护拱顶约2m,以便于设置止浆墙和埋设注浆管。

②主要施工方法

a.反压平台填料选用含水率适中的黏性土或碎石土,施工顺序由塌方体后缘向后纵向分层填筑。

b.填料:采用15t自卸车将填料运输至距离塌方体较近的安全区域后卸车,采用ZL50装载机将填料运输至填筑位置,采用PC220挖掘机摊铺并分层压实,分层厚度不宜大于0.5m。填筑完成后,表面采用PC220挖掘机顺坡找平,并再次碾压,使表层尽可能密实。

c.找平碾压完成后,反压平台表面采用厚度10cm的C20喷射混凝土硬化,以方便施工,并防止洞内渗漏水软化平台。

(3)施作止浆墙

①止浆墙基本要求

由于轻质泡沫土具有轻质、直立性好的特点,止浆墙可采用土袋码砌。土袋采用编织袋装黏土,用扎丝封口。

②主要施工方法

a.施工前根据止浆墙的厚度和高度计算出所需土袋的数量,预先装好黏土放置在安全区域。袋口要用扎丝绑扎牢固。

b.根据测量的塌腔高度和纵向长度,预先设计出注浆管和回浆管设置的数量和角度。采用ϕ42mm钢管焊接导向架,导向架纵向长度1.5m,横向宽度根据实际需要确定。根据拟定的注浆管、回浆管的数量和角度在导向架相应位置安装ϕ80mm的导向管。

c.在平台顶部紧贴塌腔后缘向后1.5m范围分层码砌土袋,土袋长度方向与隧道总线一致,纵向2排,上下层之间砌缝要错开30cm;导向架和土袋连接成整体。

d.土袋码砌至距拱顶位置30cm时,在两侧和拱顶位置分别预留一处观察孔,便于观察轻质泡沫土的灌注情况。

e.码砌完成后,在止浆墙外侧紧贴止浆墙按照间距1m竖向打设ϕ42mm钢管,以防止止浆墙在灌注轻质泡沫土过程中发生纵向倒塌。

塌方处治措施纵断面示意如图6-4所示。

(4)灌注轻质泡沫土

①轻质泡沫土形成

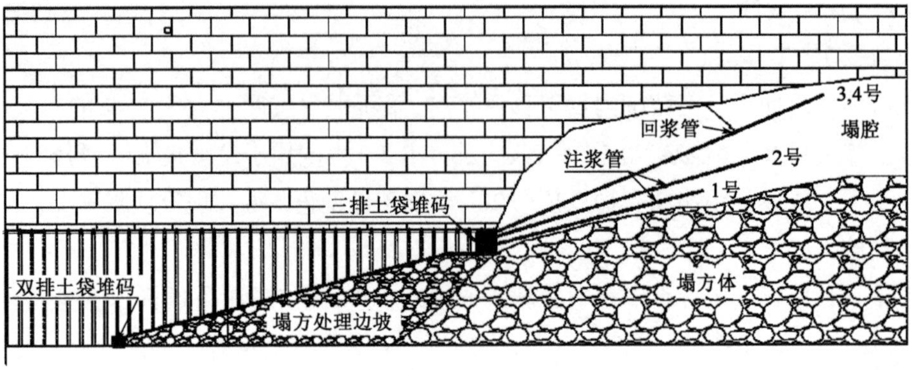

图6-4 塌方处治措施纵断面示意图

轻质泡沫土是用物理机械方法将泡沫剂水溶液制备成泡沫，再将泡沫加入由水泥、集料、水等制成的料浆中，经均匀混合，浇注成型、养护而成的轻质混凝土材料。由于其含有大量的封闭孔隙，因而质轻，表现出良好的物理力学性能。

②技术要求及配合比

执行《气泡混合轻质土填筑工程技术规程》(CJJ/T 177—2012)。

使用专用生产设备现场制作的轻质泡沫土作为黏稠的流体，其中含有大量的空气和吸附水，其养护成型后的性能指标符合表6-2、表6-3有关要求。

拱顶以下轻质泡沫土性能指标及配合比 表6-2

序号	项 目	单位	标准值	备 注
1	湿密度	kg/m^3	900	控制消泡、坍落率，保证湿密度在控制值内
2	干密度	kg/m^3	665	消泡、塌落后，检测干密度在控制值内
3	42.5水泥	kg	470	控制主材用量在控制值内
4	气泡群	L		
5	水	kg/m^3	324	
6	泡沫剂稀释比		1:75	

拱顶以上轻质泡沫土性能指标及配合比 表6-3

序号	项 目	单位	标准值	备 注
1	湿密度	kg/m^3	650	控制消泡、坍落率，保证湿密度在控制值内
2	干密度	kg/m^3	450	消泡、塌落后，检测干密度在控制值内
3	42.5水泥	kg	370	控制主材用量在控制值内
4	气泡群	L	603	
5	水	kg/m^3	238	
6	泡沫剂稀释比		1:75	

③轻质泡沫土生产制备

a. 轻质泡沫土生产制备流程如图 6-5 所示。

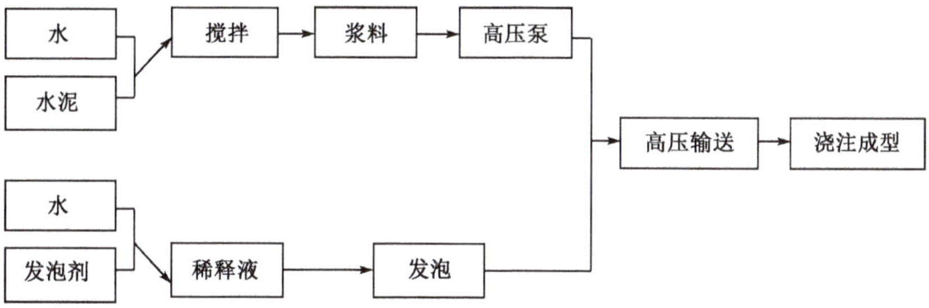

图 6-5　轻质泡沫土生产制备流程图

b. 轻质泡沫土注浆预埋示意如图 6-6 所示。

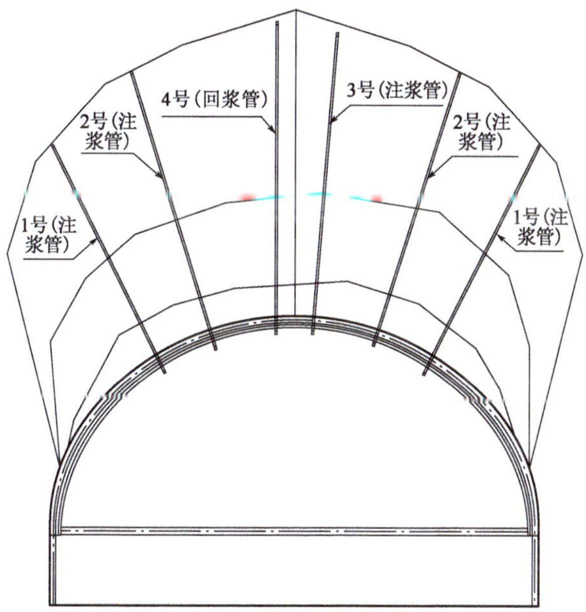

图 6-6　轻质泡沫土注浆管预埋示意图

④轻质泡沫土填筑施工要点

a. 施工准备

(a) 施工现场安全区加固、作业平台填筑、止浆墙设置等已经完成。

(b) 组织施工人员进场，并进行技术交底、安全、质量教育。

(c) 施工所需的水泥、外加剂、发泡剂等材料按照施工计划分批进场。

(d) 施工所需的轻质泡沫土制备、灌注组合设备、水泥浆拌和机运输设备等按计划进场。

b. 轻质泡沫土制备

(a) 确定配合比：根据设计要求的轻质泡沫土的干密度、抗压强度等确定水泥浆的配合比、泡沫稀释液的配合比以及泡沫和水泥浆的混合比例。

(b)水泥浆制备:根据配合比将水泥、水和外加剂放入搅拌站中搅拌成均匀浆体。

(c)泡沫制备:将发泡剂和水按配合比混合成稀释液,将发泡液和压缩空气在设备发泡系统中混合,在压缩空气的作用下,通过发泡筒将发泡剂溶液完全吹制成具有高稳定性、极强立体张力和韧性的泡沫囊。注意检查泡囊的大小、韧性是否符合要求,这直接影响轻质泡沫土的填筑质量和后期强度。

(d)浆泡混合:发好的泡沫囊通过发泡系统直接压入水泥浆中,进行混合。轻质泡沫土的制备可通过在轻质泡沫土输送机上设置好各项配合比参数,实现数字自动化控制。

(e)施工过程中注意观察浇注后轻质泡沫土的消泡塌落情况,必要时加入稳泡剂、增强剂、速凝剂等外加剂。

c. 泵送浇筑

(a)利用止浆墙预埋的第1层导向管将1号 ϕ50mm 钢管人工推送至预定位置开始灌注,灌注2~2.5m 停止作业,12h 后再灌注下一层,至管顶位置后改为2号管灌注。按此方式依次灌注2号、3号管。4号管(回浆管)管口出浆后封堵3号管,继续利用4号管灌注至不再进浆为止。

(b)轻质泡沫土浇筑过程中及浇筑后10h 内,注意观察轻质泡沫土浆料的消泡、塌落情况,若整体坍落度大于10%,则需调整单次浇注厚度及浆料外加剂用量。

(c)灌注过程中注意止浆墙有无浆液渗漏情况,如有,则暂停灌注,并采取措施进行封堵。

(d)填筑施工过程中要避免过度振动,避免发生消泡和材料离析现象。

(5)施作超前预支护

塌方体侵入拱顶以上超过3m 时,为确保施工过程安全,宜在拱顶120°~150°范围内打设 ϕ89~ϕ108mm 超前长管棚预支护。现以 ϕ108mm 管棚为例,介绍超前长管棚主要施工要点。

①施工工艺流程

超前长管棚施工工艺流程见图6-7。

②管棚设计参数

管棚采用 $\phi108\times6$mm 无缝钢管(周边打孔布置,孔直径12mm),长度根据塌方体纵向长度综合确定,塌方体纵向长度不大于40m 时,管棚宜伸入掌子面前方顶部稳定岩层3~4m。管棚钢管环向间距40cm,内设三角形钢筋笼加固,主筋采用 ϕ22 带肋钢筋,灌注1:1 水泥浆。超前长管棚纵向布置示意如图6-8 所示,超前长管棚环向布置示意如图6-9 所示。

③主要施工方法

a. 施作管棚工作室:轻质泡沫土灌注完成3d 后,向前开挖支护3m 并扩挖0.5m 作为管棚工作室。以掌子面向后第2 榀拱架作为管棚导向架安装长1m 的导向管,并喷射厚76cm 的C25 混凝土形成导向墙。

b. 钻机作业平台定位:在已设置的1 级作业平台上放置2 台移动式潜孔钻机。作业平台的高度需根据管棚在隧道拱顶及拱脚部位处的设计尺寸和钻机作业高度进行调整。钻机安置的位置距工作面的距离不小于2m。

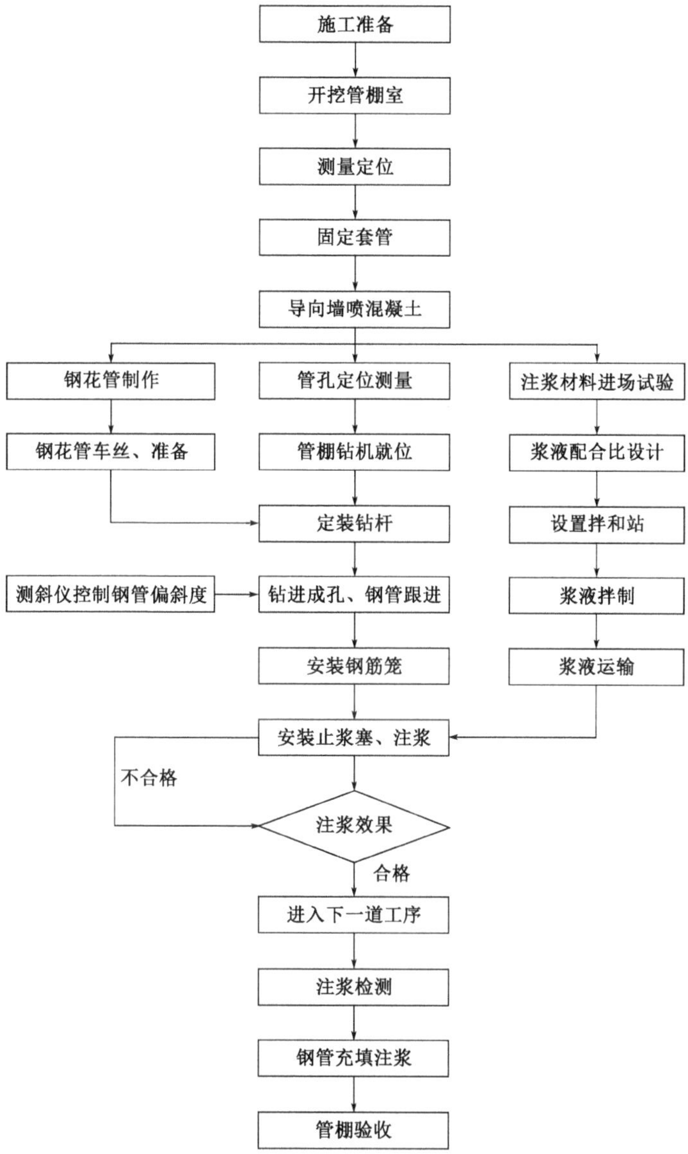

图6-7　超前长管棚施工工艺流程图

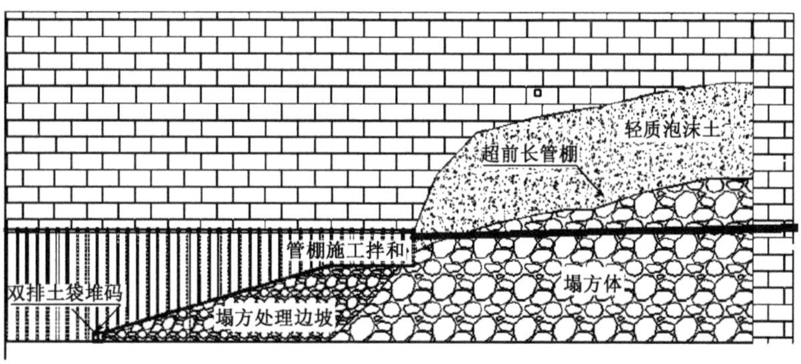

图6-8　超前长管棚纵向布置示意图

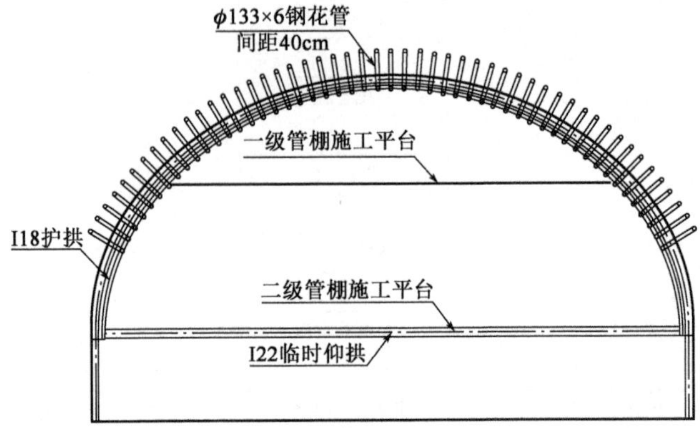

图 6-9　超前长管棚环向布置示意图

c. 钻孔：导向墙混凝土强度达到 70% 以上后进行钻孔。钻孔顺序由高孔位向低孔位进行，采用跟管法进行钻进施工，在钻到一定深度时，及时检查孔的倾角是否正确，以便及时进行纠正，深度达到要求后，边退钻边清孔。每钻进一定深度（2m 左右）后将钻杆退回，高压送风吹清杂物后继续钻进。钻进过程中，岩土对钻头的阻力较大时，采用 ϕ130mm 钻头钻孔，以便顶入钢管。

d. 跟管规格：管棚钢管采用热扎无缝钢管，第一节钢管应做成尖锥状，起导向和降低摩阻力的作用，尾部焊接 ϕ8 加筋箍，管壁四周钻 2 排 ϕ12mm 压浆孔，管连接采用丝扣连接，丝扣长 15cm。为使钢管接头错开，编号为奇数的第一节管采用 2m 钢管，编号为偶数的第一节钢管采用 4m 钢管，以后每节均采用 4m 长钢管，钢管大样图如图 6-10 所示。

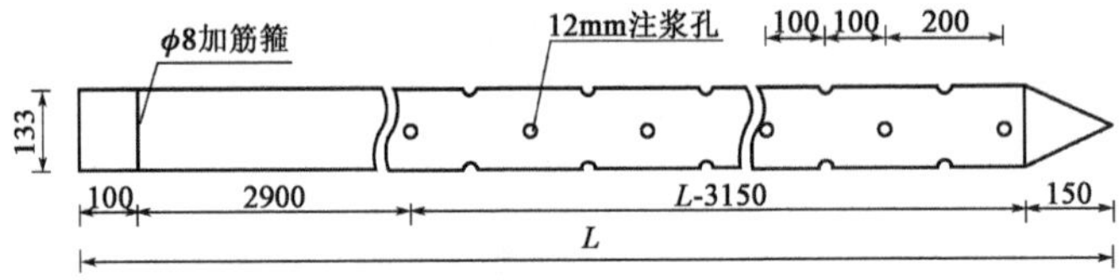

图 6-10　钢管大样图（尺寸单位 mm）

钢管安装完成后，插入钢筋笼。钢筋笼由 $\phi50\times4$mm 的钢管外围焊接 3 根 ϕ22 钢筋焊接而成，管棚钢筋笼正面示意如图 6-11 所示，管棚钢筋笼侧面示意如图 6-12 所示。

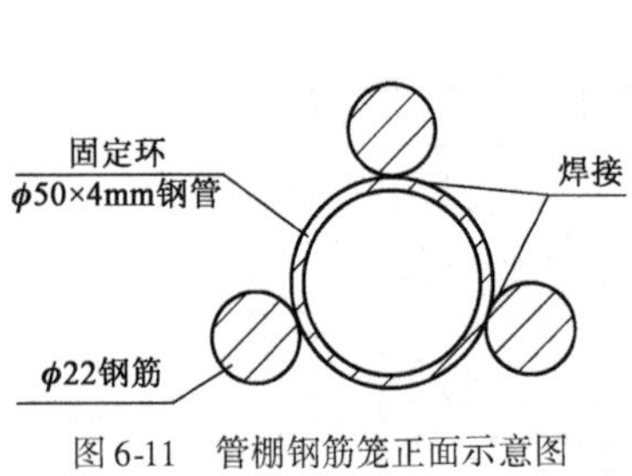

图 6-11　管棚钢筋笼正面示意图

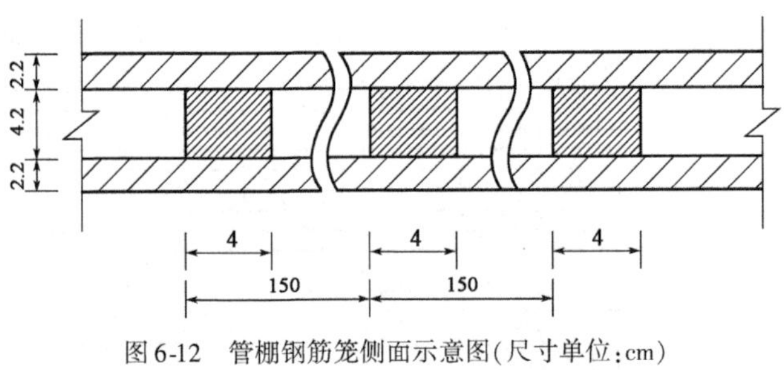

图 6-12　管棚钢筋笼侧面示意图（尺寸单位：cm）

e. 注浆及封管。

注浆机械采用注浆泵，注浆材料为水泥净浆，水泥浆水灰比 1:1，注浆初压为 0.5 ~ 1.0MPa，终压为 2.0MPa，持压 2min 后停止注浆。

管内压注浆:清孔后,按先稀后浓、由上而下、由里而外进行注浆。压浆完毕后采用 M30 水泥砂浆对管棚进行充填。

结束标准:以最终注浆量和达到预定压力时的持续时间两个指标进行控制。一般情况是:注浆压力达到设计终压、稳定约 2min,即可结束,并用清水将注浆系统清洗干净。

(6)塌方区分部开挖支护

①施工工艺流程

塌方区分部开挖施工工艺流程见图 6-13。

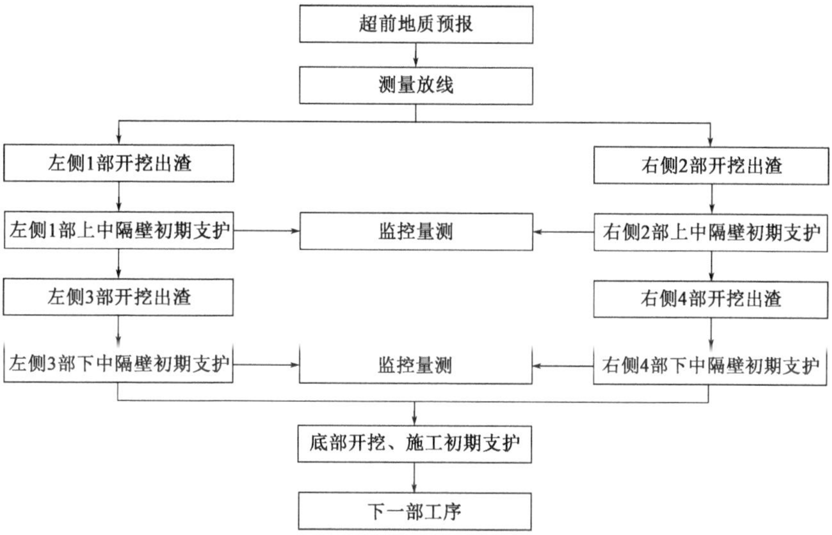

图 6-13　塌方区分部开挖施工工艺流程图

②施工要点

塌方区分部开挖示意见图 6-14。

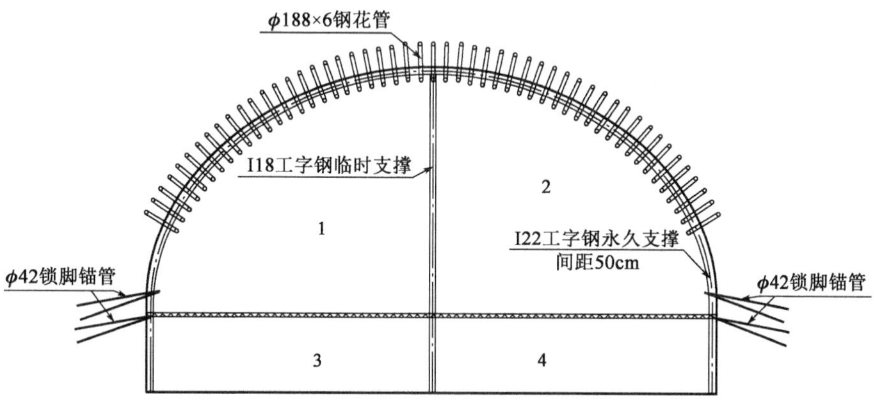

图 6-14　塌方区分部开挖示意图

注:1 ~ 4 表示开挖顺序。

a. 开挖均采用破碎锤辅以人工风镐修边开挖，避免因爆破震动引起塌方填充固结体产生较大沉降。

b. 锁脚锚管可根据需要设置，以确保下台阶施工的安全。

c. 各部台阶一次开挖长度宜在3～5m之间。右侧4部开挖纵向长度超过15m，仰拱初期支护应及时施作。

d. 右侧导洞开挖，以滞后于左侧导洞不小于10m为宜。

e. 施工中，应按有关规范及施工方案的要求，进行监控量测，及时反馈结果，分析洞身结构的稳定性，为支护参数的调整、浇筑二次衬砌时机的选择提供依据。

f. 上、下导坑的开挖循环进尺应控制每循环不大于2榀拱架距离。

6.5.5 质量控制

(1)建立并落实质量保证体系，落实"三级交底"制度和"三检制度"。

(2)对所有进场的机械设备、物资材料按照相关规定进行验收、检验和试验。

(3)钢架底脚应置于牢固的基础上，各节点钢架间连接螺栓必须拧紧，连接钢板应紧密贴合。

(4)按下倾角大于30°打设锁脚、锁拱锚管，型钢和锚管之间用槽钢钻孔连接，连接槽钢和型钢拱架焊接牢固。

(5)施工前应对轻质泡沫土设备进行定量调试，内容包括：水泥及集料的上料、供水、搅拌、发泡剂发泡、集料与泡沫的混合、轻质泡沫土浆料输送等。

(6)施工中对现浇轻质泡沫土的气泡密度、湿密度、流值严格控制，确保工程质量。严格分层灌注，每层最大厚度不得大于2.5m。

(7)严格按照管棚施工的总体要求和设计技术交底的具体要求进行每一工序的施工；管棚的偏斜应控制在10‰以内，终端最大控制间距为200mm，施工中采用激光导向仪控制方向。

(8)注浆工程中严格控制注浆压力，初压、终压和持压时间严格按照方案要求实施。

6.5.6 安全措施

(1)成立隧道塌方处治安全领导小组，对处治过程中的方案确定、现场交底、方案落实、应急预案、过程实施等全面落实监督检查。

(2)落实每日班前安全教育和交接班制度，提高现场作业人员的安全意识和操作，避免操作失误而导致的安全事故。

(3)领导小组每周组织一次专项检查，值班安全员全过程跟班作业，及时消除各种事故隐患，确保塌方处治施工安全。

(4)严格执行进洞、出洞登记制度，保证门禁、车禁系统正常使用，发现安全隐患，必须坚决制止。

(5)施工安全注意事项。

①在塌方区向后20m处设警戒线,未经允许或非施工人员不得进入施工作业区域,所有人员不得进入塌腔内操作。

②加强现场用电管理,确保各种施工机械和电气设备的漏电保护装置处于完好状态;塌方区附近设置警示灯,加强照明并安排专职电工24h值班。

③施工人员进洞前及施工过程中严格检查防护用具的佩戴情况,正确佩戴防护用具,严格按照各项操作规程施工,禁止酒后进洞、禁止不正确佩戴防护用具进洞、禁止洞内抽烟。

④加强现场技术带班制度,技术员进行24h不间断观测,发现险情,第一时间将施工人员撤出,并及时报告项目部。

⑤加强监控量测,严格执行量测方案,监控量测数据一旦超过警戒值,立即分级上报,由领导小组确定应急处置措施。

⑥现场配备通信工具、急救箱和便携式氧气瓶等救助器材。

⑦落实轻质泡沫土机械、注浆机等安全操作规程、措施及标牌挂牌制度。

6.5.7 环境保护措施

环境保护措施具体如下:

(1)建立环境保护体系,组织作业人员进行环境保护和绿色施工知识的学习,树立环境保护意识,减少施工噪声扰民。

(2)废弃的洞渣、非适用材料统一运输至弃土场存放处理,不得随意堆放;渣土运输严格遵守当地环保部门的规定,按照指定时间段、指定路线和规定的覆盖方式运输,渣土车严禁超速、超载。

(3)因塌方而破坏的型钢、钢筋等,尽量采取措施回收利用,不能回收利用的集中存放。

(4)所有进场机械设备在进场时,应处于良好状态,达到环保要求,避免漏油等污染环境。

(5)采取必要措施,防止燃料、外加剂、发泡剂等有害物质流出现场,对周边环境造成化学污染。

6.5.8 效益分析

1)经济效益

处治纵向长度30m、塌方高度14m、塌方体积5000m^3左右的塌方传统方法为:塌方体反压+塌方体注浆+超前长管棚预支护+"CD法"爆破开挖+超前小导管预支护+塌腔浇筑C20混凝土填充(厚度3m)+缓冲层(厚度大于3m)。采用传统方法处理上述塌方需要120名熟练工人,历时90d以上且难以避免施工过程中再次塌方,其他机械、人工、通风、电力等消耗都会随着工期的延长而增加。

轻质泡沫土+超前长管棚法与传统方法处治塌方主要成本对比分析见表6-4。

轻质泡沫土＋超前长管棚法与传统方法处治塌方主要成本对比分析表　　表 6-4

项　目	单位	数量	单价(元)	合计(元)	备　注
一、传统方法					
人工	工·日	10800	150	1620000	工期 90d
反压平台	m^3	2800	30	84000	
塌方体注浆	m^3	2200	650	1430000	
塌方体 ϕ25 自进式锚杆	m	1200	130	156000	
炸药	kg	6100	14	85400	
非电雷管	发	5600	5	28000	
电	度	86400	1	86400	
混凝土	m^3	1400	380	532000	
缓冲层填砂	m^3	1400	180	252000	
ϕ108mm 管棚	m	1950	260	507000	
装载机	d	90	550	49500	
挖掘机	d	90	1100	99000	
空压机	d	90	280	25200	
小计				4954500	
二、轻质泡沫土＋长管棚法					工期 45d
人工	工·日	3600	150	540000	
反压平台	m^3	2800	30	84000	
轻质泡沫土灌注	m^3	5000	180	900000	
ϕ108mm 管棚	m	1950	260	507000	
电	kW·h	54000	1	54000	
装载机	d	45	550	24750	
挖掘机	d	45	1100	49500	
空压机	d	45	280	12600	
				2171850	
三、差额				2782650	

处治同类型中型塌方，轻质泡沫土＋超前长管棚工法比传统方法可节约成本 9.26 万元/延米，工期缩短 100%，且施工安全和工期可控性方面优势更为明显。

2）社会效益

采用轻质泡沫土＋超前长管棚工法处理隧道塌方处治京沪高速公路济南连接线港沟隧道出口中型塌方，在塌方尚未完全稳定的情况下，历时 43d 安全顺利完成。拱顶以上 14.2m 高的塌腔全部采用轻质泡沫土注满，避免了后期的多种病害，确保了该项目 2017 年年底通车目标的实现。该工法的成功实践为处治类似塌方处理提供了成功经验，社会效益非常显著。

6.5.9　应用实例

港沟隧道位于济南市历城区太平庄村东北侧，进口位于港沟村西南侧，出口位于济南民兵训练中心南侧。隧道左线总长1105m，右线总长1091.4m，左右幅洞身间相距11.69～26.5m。隧道设计为分离式结构，单洞四车道，隧道净高11.161m，净宽17.608m。

2017年3月31日9:50，港沟出口右洞开挖至YK11+040处。完成爆破排烟后，施工人员发现刚开挖段拱顶有掉块现象，开挖后方已支护范围伴随拱架变形的声音，检查发现拱顶初期支护喷射混凝土有开裂现象，10:50自掌子面上方开始出现塌方，并迅速向后方延伸，11:00掌子面后方30m范围整体塌落。塌方初步稳定后，经观察拱顶以上塌腔呈平行四边形，横向宽度约14m，高度约5.2m，塌落岩层3层，厚度1.5～1.8m，塌落围岩呈不均匀块状。

2017年4月1日至2017年4月12日，又陆续发生多次塌方，经测量可知，塌腔纵向长度约30m，拱顶以上最大高度14.2m，横向宽度15.1～17.1m，塌方体体积大约5000m^3。

经过充分研究和科学论证，决定采用该工法处治。经过43d的施工，2017年5月24日塌方段处治完成。综合比较，节约施工成本278万元。

第 7 章　隧道建设管理与质量控制

7.1　质量保证体系

施工中,坚持“百年大计,质量第一”的方针,按照 ISO9001 系列标准和公路工程质量管理的特点、要求,在施工现场建立完善的质量保证体系,开展全员、全过程质量管理活动,并在体系的运行过程中不断完善、补充该质量保证体系,确保工程质量达到优良。

7.1.1　思想保证

1)形势教育

(1)做好开工前职工思想总动员,教育全员要以为国家、为人民高度负责的精神自觉搞好工程质量,并结合建筑市场激烈竞争的形势,深刻理解“质量就是生命、质量就是效益、质量就是信誉、质量就是发展、质量就是企业实力”的含义。

(2)实施贯彻施工形势教育,使工程的每一个建设者时刻明确当前的施工指导思想、形势和任务、施工计划以及保证工程质量、施工安全和形象进度计划实现的措施。

2)质量目标意识教育

(1)树立质量品牌意识。使全员明确质量方针和质量目标,牢固树立“质量在我心中,创优在我手中”的思想,提高全员质量意识,增强全员质量责任。

(2)教育全员,特别是各级工程管理人员和质检人员,要正确处理好质量、进度和效益之间的关系。坚持严格按标准、规范和设计要求组织、指导施工,不能因为抢工期、争效益而忽视工程质量。

3)质量法规教育

深入开展质量法规教育,组织全员学习《公路法》《合同法》《公路工程质量管理办法》等法律、法规,以及“技术规范”等规范、规程,积极开展“一学、五严、一追查”(学法规;严守设计标准、严守操作规程、严用合格产品、严格程序办事、严格履行合同;追查质量问题责任者)活动,充分发动职工群众,切实履行法律规定的质量义务,做到依法经营。

质量保证体系框图如图 7-1 所示。

4)积极开展质量活动

适时召开现场会,树典型,及时总结推广先进经验,鼓励先进,鞭策后进,不断提高工程质量水平。

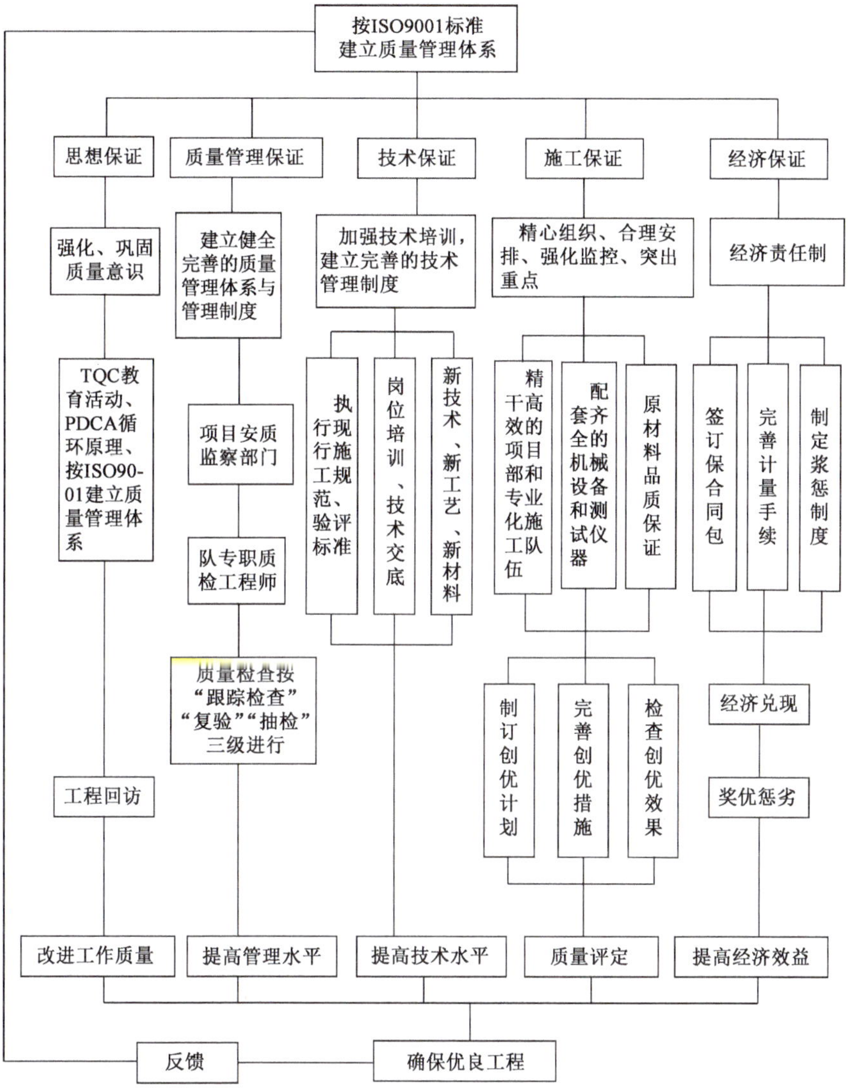

图7-1　质量保证体系框图

7.1.2　组织保证

1)建立质量管理领导小组

(1)建立由项目经理任组长，总工程师任副组长，横向包括项目部各部室负责人，纵向到各队队长及工班主要骨干的质量管理领导小组。项目经理负责组织领导小组的工作，组织协调各部门配合好质量监察部工作。质量管理领导小组及职责见表7-1。

质量管理领导小组及职责 表 7-1

职　务	职　责
项目经理	组长:负责质量管理全面工作,并对工程质量负终身制责任
项目总工	副组长:协助组长落实质量管理工作。督促各队具体抓好落实全面质量管理工作,实现项目质量计划、目标
项目副经理	副组长:主持制定质量目标、计划、制度,并布置检查抓落实
质量总监	组员:落实建设单位关于质量的各项指示,按质量和安全有关规定,协助组长做好质量创优管理和质量事故的预防工作
主管专业工程师	负责编制施工组织设计和施工技术指导性作业书,负责现场技术指导和做好质量预控工作,负责组织 QC 小组课题攻关。接受并落实监理工程师的各项质量监督指示
试验室主任	组员:自主完成混凝土配合比、原材料、土工试验工作及其他试验的工作,把好质量关
物资设备部长	组员:按照工程质量要求,做好材料的进货、保管和使用
财务部部长	组员:按经济质量责任制进行考核,奖优罚劣,促进工程质量的提高
质量工程师	组员:按技术规范、施工规范有关规定实施内部质量监控、检查,实现质量目标、计划,与监理共同完成质量监控
各专业工程师	按设计图、技术规范、施工规范督促指导施工,实现本项目的质量目标
各施工队队长	按规范和作业指导书督促执行施工,接受上级的督促、检查和指导

(2)项目经理部设质量部,在项目经理的直接领导下,负责相应标段所有工程的质量管理日常工作。各施工队设兼职质检员,配合项目部质检工作。测量队、工地试验室、工程技术部、工程保障部等承担相应的质量管理职责,形成纵向到底、横向到边、环环相扣的质量管理网络。

(3)质量工程师直接对项目经理负责。每月定期组织一次质量检查,召开一次工程质量总结分析会,项目经理和总工程师参加。

(4)质检员负责分项工程质量的监督检查,落实质量管理措施,填写质量管理记录并妥善保管。重要部位或重点工序的作业,质检员必须跟班作业。

(5)施工队、班组坚持"三检制",分项工程自检合格后,由专职质检员进行检查验收,然后由项目经理部质检工程师报请驻地工程师及监理工程师验收签证。

(6)质量部人员发现违反施工程序,不按设计图纸、规范、规程施工,使用不符合质量要求的原材料、成品和设备时,有制止权。质检工程师有权下达"质量整改通知单",必要时可先行下达停工指令,再向项目经理汇报处理。

2)落实质量责任终身负责制

项目经理与企业法人签订质量责任状,对本合同工程质量终身负责。建立"工程质量责任卡",落实工程质量终身负责制。项目经理、总工程师和各部门负责人,以及质量检查、工程技术、试验检验、测量监控、物资供应人员、施工人员都要明确各自的质量责任,层层签订质量责任状,实行质量岗位责任制,使每个分项工程、每道工序的质量都有明确的责任人。

3）健全系统的质量管理制度

（1）实行ISO9001系列质量管理模式，强化企业质量自控能力。严格按照设计文件（图纸）、技术标准和施工规范进行施工，进一步加强全面质量管理，认真贯彻ISO9001系列质量保证体系标准，不断完善，确保质量体系有效运行。

（2）制定工程质量管理办法，对质量管理中各项工作做明确规定，把工程质量管理纳入规范化轨道。签订质量包保责任状，实行质量风险抵押金制度；建立定期不定期检查制度，质检员旁站检查监督制度，质量例会制度；制定分项工程质量奖惩细则，使操作有标准、行为有准则。

（3）积极开展QC小组活动。采取自愿结合或行政组织等方式，做好质量管理小组的活动组织、资料管理、成果推广总结工作。结合标段施工特点，开展支护技术等QC小组活动，真正解决施工过程中的关键质量问题，把对工程不利的因素消灭在过程中。通过过程控制，确保提高工程质量，降低物能消耗，提高经济效益。

4）建立质量情报信息网络

为搞好工程项目质量目标管理，保证和有效控制工程质量，施工管理、工程技术、监控量测、质量检查人员经常深入施工现场，及时、准确掌握大量第一手质量情报信息资料，做到及时收集、及时分析、及时反馈、及时应用，更好地保证工程质量。质量情报信息的内容主要包括：

（1）进入工地的各种原材料、成品、半成品的产品合格证及质量检查验收情况。

（2）施工组织设计或施工方案、图纸会审、技术交底、变更设计、隐蔽工程签证等质量记录。重点做好地基处理、沉降的监控量测、地质预报等方面的信息收集、分析、反馈与应用。

（3）历次质量检查、各种验收检查的记录；质量问题（或事故）调查和处理记录。

（4）新材料、新技术、新工艺、新标准等信息的收集整理。

（5）机械设备、计量测试仪器、人员素质等其他影响工程质量的调查记录和处理情况。

（6）国内外同行业和其他兄弟标段有关工程质量的管理办法、手段，及其发展方向等。

7.1.3　技术保证

1）建立量测监控中心

（1）量测监控中心设监控量测组和工程测量组，分别负责沉降监测、全管段的控制测量及抽查性测量工作。施工队组建测量班负责施工放样，在监控量测中心指导下工作。

（2）装配全站仪、精密水准仪等先进的量测仪器，做到量测信息及时收集、及时分析、及时反馈、及时应用，更好地保证工程质量，保证中线，高程和各结构物几何尺寸的准确性。

2）建立工地试验室

（1）选派有资质的试验技术人员，组成精干的试验队伍，在有关专家的指导下，装备精良齐全的试验仪器，满足工地质量检测和工程试验的需要。试验人员持证上岗，试验仪器设备经国家有资质的部门标定认可。

(2)建立严格的检测试验制度,把工作程序用制度的形式固定下来,按照“跟踪检测”“复检”“抽检”三个等级进行。

3)成立技术专家组

选派山东大学、中国矿业大学、中国建筑股份有限公司技术中心、国内知名隧道施工专家组成专家组,协助总工程师制定合理的施工组织方案,对关键部位和关键技术组织科技攻关,确保本工程安全、优质、按期完成。

7.1.4 施工保证

1)工艺控制措施

(1)单位工程开工前,认真编制实施性施工组织设计,主要分部、分项工程开工前,编制施工方案,经监理工程师审批后,严格按照施工组织设计施工。

(2)认真进行技术交底,交方法、交工艺、交标准。

(3)在施工过程中,经常检查施工组织设计及施工方案落实情况,以确保施工生产正常进行。

2)工序质量控制措施

工序质量的好坏,施工操作者是关键。

(1)施工操作者必须具有相应的操作技能,特别是重点部位工程以及专业性较强的工种,操作者必须具有相应工种岗位的实践技能,必须做到考核合格、持证上岗。

(2)施工操作中,坚持“三检”制度,即自检、互检、交接检。牢固树立“上道工序为下道工序服务”和“下道工序就是用户”的思想,坚持做到不合格的工序不交工。做到工前有交底、工中有检查、工后有验收的“一条龙”操作管理方法,确保施工质量。

(3)按已明确的质量责任制检查操作者的落实情况,各工序实行操作者挂牌制,督促操作者提高自我控制施工质量的意识。

(4)推行工序作业样板制,以点带面,达到全面程序化、标准化、规范化作业的目的。

3)工程原材料质量控制措施

工程材料和辅助材料(包括构件、成品、半成品)构成建筑工程的实体。因此,保证工程材料按质、按量、按时的供应是提高和保证工程质量的前提。

(1)材料采购制度:按业主的有关要求和规定实行招标采购。

(2)材料检验制度:建立材料进场前检查验收和取样送检制度,杜绝不合格材料进入现场。水泥、钢材等外购材料进场必须三证(出厂证、合格证、检验证)齐全;地方材料先调查料源,取样试验,试验合格经驻地工程师及监理工程师认可后方可进料;所有材料使用前必须进行分批量检验合格后方可使用。

(3)材料保管制度:设专业仓储保管员,仓库和储料场。钢材、水泥、防水板等主材,特种材料集中库存;所有材料必须挂牌标示,防止有害物质污染和物资混杂。严格仓库管理制度,作好材料进出库记录。

(4)不合格材料拒收和清场制度:设专人收料,不合格的材料拒收;对经检验不合格,或已变质、被污染的不合格材料必须限时清理出现场。

4)严格工序质量验收

按"技术规范"和《公路工程质量检验评定标准》(JTG F80/1)验收工序质量,填写中间交工证书,并经监理工程师签证。对存在个别缺陷的工序,限期改正;对质量不合格工序,坚决返工。

7.1.5 奖惩措施

(1)落实经济责任制,使工程质量与经济利益挂钩,队以上领导实行质量风险抵押金制度,项目经理的风险抵押金交至上级公司,对领导的业绩考核,实行质量一票否决制度。

(2)全体人员实行工资、奖金与工程质量挂钩,奖罚分明,促进质量监督制度的落实。

7.2 保证质量的主要技术措施

结合本项目工程特点和以往的施工经验教训,要求各施工队必须重点落实以下几方面的技术措施:

7.2.1 控制超欠挖的技术措施

硬岩光面爆破参数必须进行现场设计动态调整。同一级围岩经试爆取得的技术参数,作为初步施工依据,每一循环爆破作业都要由有经验的爆破工程师根据上一循环爆破效果,以及本循环围岩特征进行适当调整,选择一组最佳技术参数,以取得本循环理想的光面爆破效果,上一循环是下一循环的预设计和试爆破。在光面爆破前,根据钻爆设计图准确标出炮眼位置。钻孔时按设计要求严格控制炮眼的间距、深度和角度。掏槽眼的眼口间距和深度允许偏差为±5cm。周边眼的间距允许偏差为±5cm,外插角符合钻爆设计要求,眼底不超出开挖断面轮廓线15cm。

光面爆破钻孔时,应统一指挥、协调行动,实行定人、定位、定机、定质、定量的"五定"岗位责任制;分区按顺序钻孔,避免相互干扰、碰撞、拥挤;固定钻孔班,以便熟练技术,掌握规律,提高钻孔的速度,按爆破设计装药量装药连线。

7.2.2 保护隧道基底的技术措施

隧道基底开挖高程应符合设计要求,每一开挖循环应用水准仪检测基底4~6点,并用激光自动断面仪测量周边轮廓断面，绘制断面图并与设计断面核对。

基底承载力应符合设计要求，对土质基底采用动力触探，击数标准经试验确定或设计给定；石质基底采用现场目测鉴别方法。

基底应完整、无损伤，边墙底与基底顺接应圆顺。

基底底面无虚渣、积水及杂物。

仰拱混凝土（或初期支护）施工完毕后，采用探地雷达对其进行检测，发现空洞，及时采取基底注浆措施进行回填。

7.2.3 防止围岩失稳和坍塌的技术措施

1）围岩坍方前兆

围岩的变形破坏、失稳坍方，是一个从量变到质变的过程。在量变过程中，围岩的工程水文地质特征及岩石力学特性会反映出一些征兆。根据这些征兆可预测围岩的稳定性，进行地质预报，采取相应措施，保证施工安全，防止隧道坍方。围岩的变形破坏、失稳坍方，有以下征兆：

水文地质条件的变化。如干燥围岩突然出水、地下水突然增多、涌水量增大、水质由清变浊等都是即将发生坍方的前兆。

拱顶不断掉下小石块，甚至较大的石块相继掉落，预示着围岩即将发生坍方。

围岩节理面裂缝逐步扩大，很可能要发生坍方。

支护结构变形（钢架接头挤偏或压劈、喷射混凝土出现明显裂纹或剥落等），甚至发出声响，有坍塌的可能。

围岩或支护结构拱脚附近的水平收敛率大于0.2mm/d或拱顶下沉量大于0.1mm/d，并继续增大时，说明围岩仍在发生变形，处于不稳定的状态，有可能出现失稳坍方。如出现加速收敛现象，则表明坍方已经临近。

2）隧道塌方预防措施

做好超前地质预报。对开挖面前方地层进行探测预报，判明地层和含水情况，为超前支护和止水提供依据，及时修改或加强超前支护和支护参数。

加强施工监控量测，实行信息化施工。对地表沉降、拱顶下沉、围岩收敛进行量测，及时对数据进行整理分析，及时向设计和施工反馈，及时优化设计参数和施工方法。当量测数据表明围岩收敛变形接近控制标准的警戒值时，尽快采取加强措施进行加固，以抑制变形，防止因变形突变引起坍塌。

根据不同地质情况和开挖方式，采取超前小导管预注浆加固地层的超前支护措施，提高其自承能力，减少围岩松弛变形。

对不同围岩，分别采取台阶法、中隔壁法、双侧壁导坑法等开挖方法。开挖时，支护要及时闭合成环,每一环支护均施作锁脚锚杆,加强支护,防止因拱脚下沉和内移而引起过大变形,导致拱部岩层坍塌。

严格控制开挖工序,尤其是一次开挖进尺,杜绝各种违章施工。控制爆破装药量,减小对软弱破碎围岩的扰动。

超前预注浆固结围岩、钢架制作、支护和衬砌混凝土质量必须符合设计及规范要求。

施工期间,洞口常备一定数量的抢险材料,如方木、型钢钢架等,以备急用。

有以下现象发生时,先撤出工作面施工人员和机械设备,指定专人观察和进行加固处理后,确认险情排除,方可恢复工作面施工:围岩量测所反映的围岩变形速度急剧加快;围岩面不断掉块剥落;支护喷混凝土表面龟裂、裂缝或脱皮掉块,钢架严重变形;掌子面节理裂隙中渗水量或涌水量明显加大。

7.2.4 控制光面爆破轮廓的技术措施

根据地质条件、开挖断面、开挖方法、掘进循环进尺、钻眼机具和爆破器材等进行光面爆破设计,审定批准后,严格按设计施工,并根据爆破效果,及时修整有关参数。钻眼深度、角度按设计施工,钻孔偏斜度不大于1°,开挖的周边孔在断面轮廓上开孔,并向外发散,外张量不大于20cm。

提高画线、钻眼精度,尤其是周边眼的精度,其是直接影响超欠挖的主要因素;要认真测画中线高程,准确画出开挖轮廓线。

保持合理的分部开挖断面和各部的纵向间距,开挖轮廓要圆顺,以减少应力集中现象的出现。

及时施作符合质量要求的初期支护,并使之尽早闭合,以控制围岩变形和缩短围岩暴露时间;加强对围岩的量测监控。

7.2.5 防水施工的技术措施

由专业的防水作业队施作防水层,所有防水施工人员经专门培训,经考核合格后上岗。

建立防水施工质保体系,严格把好工序关,跟随施工过程经常检查防水施工质量,发现问题,及时纠正。

各种原材料符合现行国家标准和行业标准的规定,并符合设计要求,使用前向监理工程师上报质量证明文件和试验资料,得到同意后再用于施工,并在施工过程中经常进行检验试验。

防水混凝土混合料的配比成分和配制方法,符合设计要求和有关技术标准,并通过试验确定。

防水层施工过程中,当下道工序或相邻工程同时施工时,对已完成部分加强防护,防止破坏。

现场焊接衬砌钢筋时，在钢筋接头与防水层之间用移动保护板隔开，防止焊接火花将防水层烧坏。

衬砌钢筋安装完成后，再次对防水层进行检查，发现问题，及时处理，确保混凝土灌注前防水层的施工质量。

防水工程的施工工艺严格遵守现行国家及行业规范，并符合设计及规范要求。

7.2.6 隧道防渗、防漏的施工技术措施

防水是隧道施工重点控制工序。有水地段的处理原则一般是以堵截为主，排引为辅，堵水效果达到90%以上。堵截水的办法有两种：一种是对富水地段沿隧道开挖轮廓线以外进行深孔帷幕注浆，形成止水帷幕，并加固松散岩体；另一种是对少水地段采用浅孔注浆、小导管注浆等进行注浆止水，防止或减小地下水进入开挖工作面。

隧道衬砌防水标准从防水层质量和衬砌结构自防水质量两方面来保证，根据本工程设计情况，施工中采取以下技术措施：

(1)隧道防水材料：选用信誉好，质量有保证的企业采购优质的防水材料，防水材料要有足够的强度且有一定的柔性，使用前检测其质量，不能有断裂、变形、孔洞等缺陷。

(2)在混凝土施工缝安装止水带由专人负责，定岗定责，确保安装质量。

(3)降低混凝土的入模温度，炎热季节施工应尽量安排在气温较低的时间段进行混凝土浇筑，同时可用降低砂、石及拌和水温度的方法来控制混凝土的入模温度。

(4)混凝土运输过程应不断加以搅拌，确保进入施工现场混凝土的质量。

(5)隧道内混凝土在运输过程中不能发生离析、漏浆、严重泌水及坍落度损失过多等现象，浇筑混凝土连续进行，如必须间断时，其允许时间由试验确定。混凝土振捣以台车附着式振捣器为主，辅以插入式捣固棒，确保混凝土均匀密实，不存在空洞、露筋、露骨、蜂窝麻面、气泡、裂缝等缺陷。

(6)衬砌分段长度采用12m，以减少施工缝数量；一段衬砌连续浇筑，不留水平施工缝，因特殊原因必须留水平施工缝时，必须做好防水处理，清除底面杂物，浇一层砂浆，再接灌上层混凝土。

(7)二次衬砌施工应在围岩和初期支护变形基本稳定期间进行，混凝土浇筑施工应严格按照顺序进行，浇灌时适当放慢速度，两侧边墙对称分层灌注，浇筑到墙、拱交界处停0.5～1.0h，待边墙混凝土下沉稳定后，再灌注拱部混凝土。振捣时避免因漏捣而引起蜂窝麻面，或因振捣时间过长、过短所引起的翻砂和捣固不密实等不良现象的发生。浇筑混凝土的间隙时间应控制在允许范围内，间隙时间超出允许范围时必须待其达到强度要求，对其按施工缝有关要求进行处理后，方可再进行混凝土浇筑。

7.2.7 喷射混凝土主要施工技术措施

喷射混凝土大堆料要储放于储料棚内,避免因露天堆放而淋雨、造成环境污染,避免倒运材料而引起的集料污染,进而避免堵管和强度降低等现象的发生。

喷射前,先开风,再送料,后开速凝剂阀门,以易黏结、回弹小、表面湿润光泽为准。严禁随意增加速凝剂和防水剂的掺量,尽量用新鲜的水泥,存放较长时间的水泥将会影响喷射混凝土的凝结时间。

喷射机的工作风压严格控制在0.3~0.5MPa范围内。严格控制好喷嘴与受喷面的距离和角度。喷嘴与受喷坡面垂直,有钢筋时角度适当偏30°左右,喷嘴与受喷坡面距离控制在1.0~1.2m范围内。喷射顺序自下而上,料束呈旋转轨迹运动,一圈压半圈,纵向按蛇形移动喷射。

喷射混凝土由专人喷水养护,以减少由于水化热引起的开裂,发现裂纹用红油漆作上标识,进行观察和监测,确定其是否继续发展,并找出原因进行处理。对不再发展的裂纹,采取在其附近加设土钉或加喷一层混凝土的办法处理,以确保安全。

用预埋钢筋标尺法测设喷射混凝土厚度,不够设计厚度的,重新加喷补够。

7.2.8 注浆技术措施

为防止孔口漏浆,在花管尾端用麻绳及胶泥封堵管孔缝隙。

注浆管与花管采用活接头联结,保证快速装拆。

注浆的次序由两侧对称向中间进行,自下而上逐孔注浆。

拆下活接头后,快速封堵花管口,防止未凝的浆液外流。

注浆过程中专人记录,完成后检验注浆效果,不合格者进行补注浆。注浆达到设计强度后方可进行开挖作业。

当停止注浆时间超过30min时,注浆泵在停止前应吸入40L清水,将管路内浆液换出,避免浆液凝结,造成堵泵。

7.2.9 二次衬砌主要技术措施

(1)混凝土浇筑时除使拌和物充满整个模型外,还应注意拌和物入模的均匀性,保证不离析。拌和物自由下落高度控制在2m以内,超过时,采用ϕ150mm的软管接长下料,软管沿纵向每3m布置一道。施工过程中严禁水渗透到正在浇灌的混凝土中。

(2)采用插入式振动棒捣固,必须符合下列规定:

①每一振点的捣固延续时间,应使混凝土表面呈现浮浆和不再沉落。

②振动棒的移动间距不大于振捣器作用半径的1.5倍。

③振动棒与模板的距离不大于其作用半径的0.5倍,并避免碰撞钢筋、模板、预埋

件等。

④振动棒插入下层混凝土内的深度不小于50mm。

(3)试验室工作人员按规定要求在灌筑混凝土现场做试件，并详细填写施工记录。

(4)泵送混凝土。碎石最大粒径与输送管内径之比不大于1:3，通过0.315mm筛孔的砂不小于15%，最小水泥用量为300kg/m^3，坍落度为180～220mm。

(5)管道管线安装要求直、转弯缓；灌筑点先远后近；泵送混凝土施工先后顺序为：泵水湿润管道—泵水泥砂浆—泵混凝土—泵砂浆—泵水洗管。泵水湿润管道时，先在变径管内用水泥袋卷成筒封堵严密，以保证在泵水过程中水能够充分湿润管壁，泵水量不宜过多，以1m^{3}左右为宜；为防止砂浆在管道内离析造成堵管，砂浆用细砂拌制。换管时先湿润后接驳；泵送过程严禁加水、空泵；开泵后无意外情况中途不要停歇。洗管时，为防止洗管水在压力作用下进入混凝土内造成混凝土离析而堵管，洗管前，先泵两斗1:1的水泥砂浆，并将水与砂浆用2个海绵球、1个水泥袋卷和1个橡胶活塞隔开。

(6)采用钢结构全断面衬砌台车，保证尺寸准确，二次衬砌混凝土用高压混凝土输送泵(HBT 60型)浇灌混凝土，确保拱顶部位压满混凝土；加强混凝土的振捣，不漏振。

7.2.10 保证二次衬砌拱顶填充密实的措施

严格控制混凝土的坍落度。结构防水混凝土的入模坍落度控制在11～14cm。

在模板台车上预留观察(注浆)孔，间距4～5m，观察孔用ϕ50mm的锥形螺栓紧密堵塞，混凝土初凝后拧开螺栓，探测拱顶是否回填密实，如果有空洞，在混凝土具备一定强度后且于模板拆除前压浆回填。

如果混凝土浇筑过程中拱顶回填不满，那么应采取二次插管浇筑的方法，首先在挡头板位置预留排气孔，然后由内向挡头板方向压灌混凝土。

在挡头板处拱腰线以上预埋注浆管，间距3m，如果发现有空洞，在混凝土具备一定强度后且于模板拆除前压浆回填。

7.2.11 隧道衬砌防开裂技术措施

隧道衬砌开裂的原因分析见表7-2。

隧道衬砌开裂的原因分析表 表7-2

影响因素		作用机理
原材料	水泥	水泥用量多的混凝土的收缩大；水化热大的水泥，混凝土的收缩大
	集料	集料的矿物成分、形状、表面结构和级配会影响混凝土的配合比、热膨胀系数、干缩、刚度、徐变和强度。集料中含有黏土等杂质会引起混凝土的高压缩性而开裂
	外加剂	某些外加剂影响混凝土的硬化速度、用水量、收缩和徐变，从而对混凝土的开裂产生影响

续上表

影响因素	作用机理	
施工工艺因素	泌水	泌水集中在大颗粒集料和钢筋的下方，会形成内部裂缝
	浇筑	浇筑条件和浇筑速度会通过泌水、模板内的离析、温度、模板变形等对混凝土的开裂产生影响
	养护	足够的养护温度、养护时间会缓解混凝土收缩引起的体积变化，增加抗裂效果
	温度	温度在最初几个小时使混凝土达到初凝，变成固体时，确定了混凝土的基长，随后冷却时从这个长度产生收缩，这就是温度对混凝土开裂的主要影响

衬砌防开裂施工技术措施如下：

(1)采取保湿措施。要求混凝土表面不能失水，始终保持混凝土表面湿润，防止产生干缩裂纹。隧道混凝土施工完成后，立即进行养护，对空气湿度进行监测，当空气湿度不能满足养生要求时，必须进行喷洒水雾，从而保证混凝土表面始终保持湿润。

(2)控制拆模时间。根据隧道衬砌进度安排，每节衬砌拆模时间安排在5d以上，使混凝土强度达到设计强度的70%以上，洞口地段承受围岩压力较大时，混凝土强度要达到100%设计强度。控制拆模有两个指标：一是混凝土强度要满足设计规范的要求；二是混凝土温度控制要满足两个条件，即混凝土中心温度与混凝土表面温度之差小于20℃，混凝土表面温度与大气环境温度之差小于20℃。这两个指标必须同时满足。

(3)隧道混凝土施工完成后，立即进行养护，对空气湿度进行监测，当空气湿度不能满足养生要求时，必须进行喷水养护。

(4)控制衬砌混凝土与开挖面的距离，洞身开挖爆破时间与衬砌混凝土尽量错开，以防止混凝土受爆破震动而开裂。

(5)严格控制衬砌混凝土的施作时间，隧道浅埋段采用整体衬砌，在开挖后及时施作，控制围岩变形；采用复合式衬砌时，须待初期支护变形基本稳定(拱顶下沉速度0.1mm/d，收敛速度0.2mm/d)后进行二次衬砌，并在混凝土强度达到2.5MPa以上后拆模，以确保衬砌结构质量，防止开裂。

7.2.12　检测、试验保证措施

根据合同段工程项目特点及试验要求，建立设备精良、齐全的工地试验室，进行试验检测工作。检验和试验工作流程见图7-2。

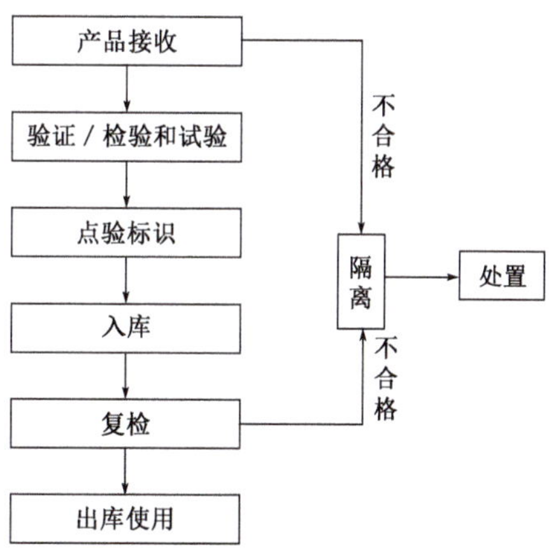

图7-2　检验、试验工作流程图

1)进场材料检验和试验

对采购的原材料、成品和半成品按规定要求进行检验和试验,不合格的产品不投入使用或安装。

2)过程检验和试验

在组织施工前按程序规定,所有工序的程序必须经质检工程师签字认可,否则不得转入下一道工序。所有检验和试验记录清晰、完整、准确无误、结论明确、有签字日期。

3)最终检验和试验

通过最终检验和试验,提出产品符合规定要求的证据。填写"位工程质量自检评定",编写"工程竣工验收报告",并附有关附件,向业主提出竣工申请。

第8章　安全生产保证措施及应急预案

8.1　安全生产保证措施

8.1.1　组织保证

1)建立安全组织机构

(1)安全领导小组以项目经理为组长、项目书记和总工程师为副组长。项目部的安全部负责本项目的安全监察、保障和管理工作。施工队设专职安全员,工班设兼职安全员。

(2)项目部每周组织一次安全大检查,安全领导小组成员参加;施工队每日组织一次安全例行检查,安全工程师参加。安全保障部负责建立安全工作台账,大、小检查均详细记录,提出保持或改进措施、整改期限,并负责落实。

(3)建立严格的安全生产责任制。明确各职能部门、各级人员在安全管理工作中所承担的职责、任务和权限,形成一个人人讲安全,事事为安全,时时想安全,处处要安全的氛围。建立以安全生产责任制为主要内容的考核奖惩办法和安全否决权评比管理制度。

(4)建立高效灵敏的安全管理信息系统。该系统规定各种安全信息的传递方法和程序,在施工中形成畅通无阻的信息网,准确及时地搜集各种安全信息(如执行“三同时”“五同时”的信息,安全技术措施方案编制、审批、交底、落实、确认的信息,安全隐患、险肇事故及工伤的信息等),设专人负责予以处理。

2)安全教育

加强全员的安全教育,使各级领导和广大职工认识到安全生产的重要性、必要性。懂得安全生产、文明生产的科学知识,牢固树立“安全第一,预防为主”的思想,克服麻痹思想,自觉遵守各项安全生产法律和规章制度。加强专业技术工人技术培训与考核,提高专业技术人员的素质和技术水平,减少因操作失误而导致的安全事故。

3)安全检查

安全检查主要查思想、查制度、查纪律、查隐患、查事故处理,重点检查防触电、防机械车辆事故、防汛、防火等措施的落实。检查采取自查和互查相结合的方法。

8.1.2　技术保证

(1)在开工前编制施工安全技术措施,并经过审批后严格执行;

(2)将安全技术措施中的各种安全设施、防护设置的实施列入施工任务单,责任落实到班组或个人,实行验收制度;

(3)安全管理人员经常深入工地检查安全技术措施的实施情况,及时纠正违反安全技术措施的行为、问题;

(4)安全部检查人员以安全技术措施为依据,以安全法规和各项安全规章制度为准则,经常性地对工地实施情况进行检查,并监督各项安全技术措施的落实;

(5)对安全技术措施的执行情况进行检查,严格落实奖惩制度。

8.1.3 施工保证

1)施工现场布置原则

(1)施工现场布置有利于生产,方便职工生活,符合安全要求,具备安全生产、文明施工的条件。

(2)施工现场设置醒目安全警示标志;保证安全设施完备,且定期检查,发现损坏,立即修理。

(3)现场运输道路平整、畅通、排水设施良好;特殊、危险地段设醒目标志,夜间设有照明设施。

(4)施工现场内各种材料分类码放、整齐稳固,拆除的模板、钢管及其他废旧物品及时清理,以保持现场的整洁有序。

(5)在易燃易爆品仓库、发电机房、变电所设置安全防护措施,不用易燃材料修建。

(6)将对环境有污染的设施和材料设置在远离居住区的空旷地点,设防污染设施。

(7)施工时对既有供水管线做好安全防护措施和方案,报有关部门审批许可。

2)临时电力及照明线路

(1)变压器处设围栏防护,根据用电位置,在主干线电杆上装设分线箱。

(2)在施工现场专用中性点直接接地的电力系统中,必须采用 TN-S 接零保护系统,电气设备的外壳必须与专用保护零线连接。

(3)工地内架设的电力及照明线路,其悬吊高度及距工作地点的水平距离按电力部门规定执行。

(4)工地内的电线按标准架设。不得将电线捆在无瓷瓶的钢筋、树木、脚手架上;露天设置的闸刀开关安装在专用配电箱内;不得用铁丝或其他金属丝替代保险丝。

(5)生活区室内照明线路用瓷夹固定,电线接头牢固,并用绝缘胶布包扎;保险丝按实际用电负荷量装设。

(6)电工在接近高压线操作时,必须符合安全距离。

(7)使用高温灯具时,高温灯具与易燃物的距离不得小于 1m,一般电灯泡距易燃物品的距离不得小于 50cm。

(8)移动式电动机具设备用橡胶电缆供电，注意经常将其理顺；跨越道路时，应采用埋入地下或穿管的方式对电缆进行保护。

(9)在电气设备的传动轮、转轮、飞轮等外露部位安设防护罩。

3)火工品管理

坚持“安全第一，预防为主”的方针，切实做好火工品管理工作。设一火工品仓库，仓库设置位置距离人员居住区大于200m，火工品库包括炸药库、雷管库、发放室和看守房，按安全要求呈三角形布置。火工品仓库建设符合公安部门的规定，室内不得堆放易燃品，严禁在室内吸烟；现场的易燃杂物，必须随时清理。

火工品仓库由经培训并持证的专业人员看守，火工品仓库管理制度措施符合公安部门规定。

建立严格的爆炸物品管理制度。爆破材料领发、收回、保管、装卸、运输、销毁严格按照国家有关规程条款执行，专人保管、专人使用、随用随取、及时归库，领取时办理交接登记。

4)门禁与监控系统

(1)门禁系统

①为加强对隧道进出车辆及人员的有效管控，隧道进口、出口设置门禁系统，建成效果见图8-1。

②设备进出通过右侧大门，左侧刷卡系统为人员专用通道，通过后立即关门上锁，禁止人员进入，人车分流，避免干扰。

③所有项目部、监理及施工队的人员必须刷卡进入，无关人员禁止进入隧道；施工车辆进出隧道需经门卫确认后，升起降杆进入，严禁社会车辆进入隧道。

(2)监控系统

监控系统包括施工人员定位子系统、隧道施工视频监控子系统。

①施工人员定位子系统

该系统可在任一时间查询并显示某个区域人员的身份、数量和分布情况，查询一个或多个人员实时位置、活动轨迹，系统运行界面如图8-2所示。

图8-1　隧道口门禁系统示意图

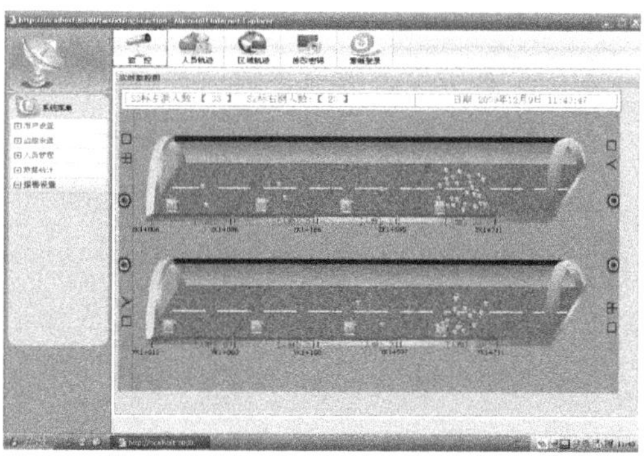

图8-2　施工人员定位子系统运行界面

图 8-3　隧道施工视频监控示意图

②隧道施工视频监控子系统

该系统在隧道施工中需要进行监控的部位（如洞外广场、洞内二次衬砌、掌子面附近等）安装相应的摄像设备，通过联网，在项目部会议室实现远程、异地查看施工现场实时情况的目标，建成效果如图 8-3 所示。

5）施工过程保证措施

（1）钻孔安全保证措施

①钻眼前，检查工作面是否处于安全状态，灯光照明是否良好，支护、顶板及两帮是否牢固，有无松动的岩石，如有松动的岩石及时支护或清除；检查加固操作平台，确保钻眼平台不变形、不垮塌。

②凿岩机钻眼时，采用湿式或带有捕尘器的凿岩机。

③风钻钻眼的支架需确保安置稳妥。风钻钻眼前，检查机身、螺栓、卡套、弹簧、支架是否完好，管路是否良好，连接是否牢固，钻杆有无不直、带伤以及钎孔是否有堵塞孔现象，发现不合格的，立即修理或更换。

④严禁在残眼中继续钻眼，严禁在工作面拆卸修理钻孔工具。

⑤进洞施工人员必须佩戴安全帽、防护手套，穿工作服；电工和电钻工穿绝缘鞋和佩戴绝缘手套。

（2）爆破施工安全保证措施

①爆破作业时统一指挥信号，人员撤离到安全距离外，以免受到有害气体冲击。其安全距离为：独头掘进坑道内不少于 200m。

②隧道爆破作业，由取得“安全技术合格证”的爆破工担任，严格执行防护距离和爆破警戒有关规定。爆破后 15min 才准许人员进入工作面，经找顶清除危石、锚喷支护后，方能继续施工。

③爆破时间及次数根据施工条件明确规定，装药离爆破时间不应过久。爆破前爆破人员严格检查爆破网路连接线，确保一次起爆。

④遇到照明不足、工作面岩石破碎尚未支护、高压水涌出地段等情况时，严禁装药爆破。

⑤每次爆破后必须进行不少于 15min 的通风排烟，并经过以下各项检查和妥善处理后，其他工作人员才准进入工作面：有无瞎炮及可疑现象（有瞎炮，则必须由原爆破人员按规定处理）；有无残余炸药或雷管；顶板两帮有无松动石块；支护有无损坏与变形。

⑥装药时严禁火种，严禁明火爆破，严禁装药与打眼同时进行。

⑦抓好现场管理，搞好文明施工。现场必须灯明、路平、无积水，对易燃、易爆等危险品按规定保存和堆放，并进行标示，严格发放制度。切实做好防洪、防火、防中毒等工作，杜绝重大

伤亡事故,减少一般性事故。

(3)洞渣装运安全保证措施

①装渣时,坑道断面尺寸必须满足装渣机械安全运转要求,装渣作业符合以下要求:装渣高度不准高于车厢;装渣机与运渣车之间不准有人;为确保运渣车就位良好和人员安全进出,应派专人指挥。

②运输车辆必须按规定限速行驶。

③洞口、狭窄的施工场地,设置“缓行”标志,安排人员指挥交通。

④车辆行驶遵守下列规定:严禁超车;同向行驶车辆保持20m的距离,洞内能见度较差时,加大距离;车辆启动前必须瞭望与鸣笛;驾驶室不得搭载其他人员;车辆不得带故障运行。

⑤严禁运输车辆人、料混装,车辆在洞内行驶时,不准抢道,不准扒车、追车和强行搭车。

(4)临时支护安全保证措施

①现场负责人会同有关人员对各部位支护定期检查。在不良地段,每班指定专人检查,当发现支护变形或损坏时,立即修整加固。

②严禁将支撑放在虚渣或软弱的岩石上,软弱围岩地段底面加设垫板或垫梁,并加木楔塞紧。

③开挖后自稳程度差的围岩,喷射混凝土尚未达到一定强度即趋于失稳的围岩,喷锚后变形量超过设计允许值以及发生突变的围岩,采取及时加强临时支护措施。

④加强对洞内拱顶和地表布置的测点定期观测,发现洞内和地表位移值等于或大于允许位移值,以及地面或洞内出现裂缝时,必须立即通知作业人员撤离现场,待制定处理措施后再施工。

⑤及时处理喷锚地段危石,确保脚手架、防护设施、临电设施安全。

⑥混凝土喷射机械定机、定人、定岗,认真执行安全操作规程,坚持交接班,并作好记录。

(5)衬砌施工安全保证措施

①衬砌台车下的净空确保运输车辆正常通行,悬挂明显的缓行标志,并在台车周围设置安全防护栏。

②衬砌台车施工时必须注意下列事项:台车走行轨中心线必须与隧道中心线重合,两侧轨面在同一水平面;台车上不准堆放料具;工作台面板必须满铺;台车前后轮的相反方向固定牢靠,防止位移;临时用电设置安装使用符合规范。

(6)通风与防尘安全保证措施

①隧道施工的通风设专人管理。

②通风机停止运转时,任何人不准靠近通风软管行走和在软管旁边停留,不准将任何物品放在通风管或管口上。

③风管与掌子面距离不大于50m。

(7)洞内防火与防水安全保证措施

①施工区域设置有效、足够的消防器材,放在易取的位置,并设明显标志。做到各种器材定期检查、补充和更换,不得挪用。

②洞内严禁明火作业与取暖。

③在雨季前进行防洪及洞顶地表水检查,防止洪水灌入洞内。

④对地表水丰富和地质条件复杂的地层,在施工时制定妥善的防排水措施,备足排水设备。

(8)洞内电气设备安全保证措施

①洞内电气设备的操作,必须符合下列规定:非专职电工不得操作电气设备;手持式电气设备的操作手柄和工作中接触部位均有良好绝缘,使用前进行绝缘检查。

②电气设备外露和传动部分,必须加装遮拦或防护罩。

③供电设备的金属外壳、构架等,必须有接地保护;进洞高压电缆质量必须合格,洞内移动变压器采取周围加设围栏等措施。

④严禁在向洞内供电的馈线设自动重合闸,手动合闸时必须与洞内值班人员联系。

8.2 安全应急救援预案

8.2.1 相关生产风险源的识别

生产风险源包含隧道塌方,爆炸,高空坠落,突泥突水事故,物体打击,机械伤害,防洪度汛,交通事故,滑坡、暴雨、雷电等自然灾害,触电,食物中毒,突发传染病等。

8.2.2 安全风险应急准备

1)应急机构

结合标段特点,防范自然灾害和安全事故造成较大危害,成立应急救援组织机构,制定应急救援预案和措施,确保突发事件时能够迅速启动应急预案程序,以利于抢险救灾,将突发事件造成的损失降到最低。

项目部成立应急救援指挥部,指挥部设以项目经理为总指挥、项目书记和安全总监为副组长,下设六个小组,明确各组负责人。各工区成立应急领导小组,工区下设应急救援队。应急救援管理指挥部的办公室设在项目部综合管理办公室,办公室主任兼任应急救援指挥部办公室主任。应急救援管理组织机构见图8-4。

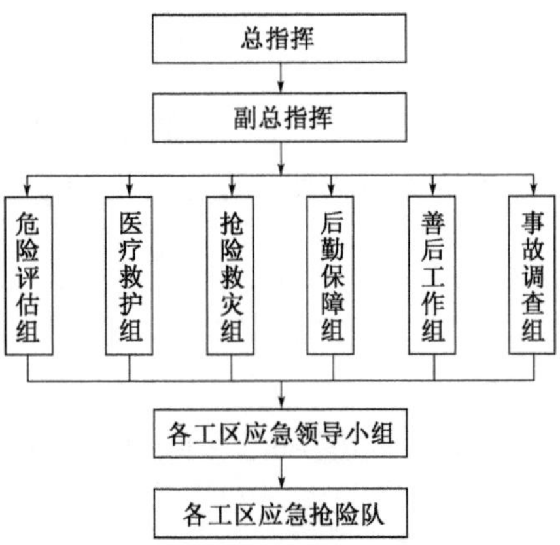

图8-4 应急救援管理组织机构图

2）突发事故应急处理工具、器材和物资

在各施工场地、各隧道作业面及生活区备足与突发事故救援相适应的各种应急工具和器材等物资，单独储存，不得移作他用。

应急救援物资进场前须有出厂合格证或材料品质证明，材质性能必须经试验室检验合格，满足工程需要。材料不合格、不能满足工程需要或设计要求的，不得进场。应急救援的设备、机械实行“定人、定岗、定设备”的责任制度，责任人必须经常对机械设备进行维护与保养，保证其始终处于完好、无故障状态。救援指挥车辆、救援工程车辆、医疗卫生车与驾驶员，保持良好状态，满足应急救援工作需要。

安全部经常性组织人员对各应急救援工具、器材等设备进行检查，确保应急工具和器材完好，能够正常使用。

（1）为防止当掌子面后方发生塌方等事故时，造成掌子面施工人员被困，将靠近掌子面的通风管设置为直径 800mm、壁厚 10mm、长度 100m 的钢管，以作为施工人员应急逃生通道使用，具体设置如图 8-5、图 8-6 所示。

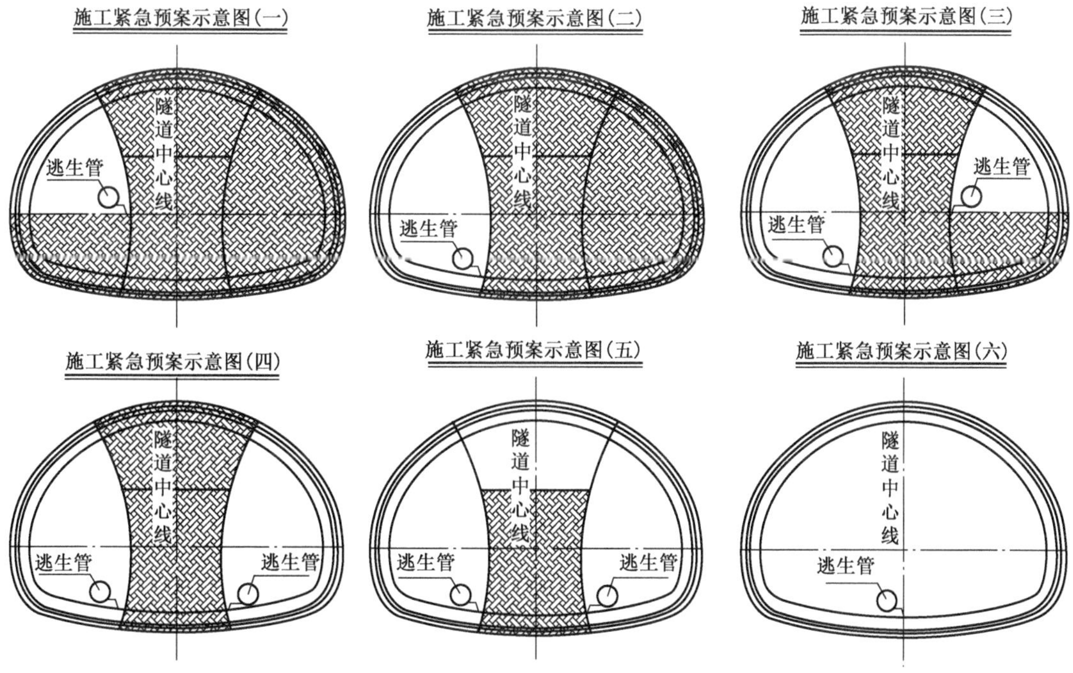

图 8-5　逃生管布置横断面图

（2）隧道主洞施工至人行或车行横通道时，及时贯通横通道，紧急时作为急救援通道使用。

（3）在洞外准备临时钢架、木材、钻机、抽水机具等设施。

（4）在洞内设置无线电话，施工照明采用 UPS 供电照明。

（5）在掌子面附近准备食物、紧急医用药物及相关设备，并按照保质期定期更新。

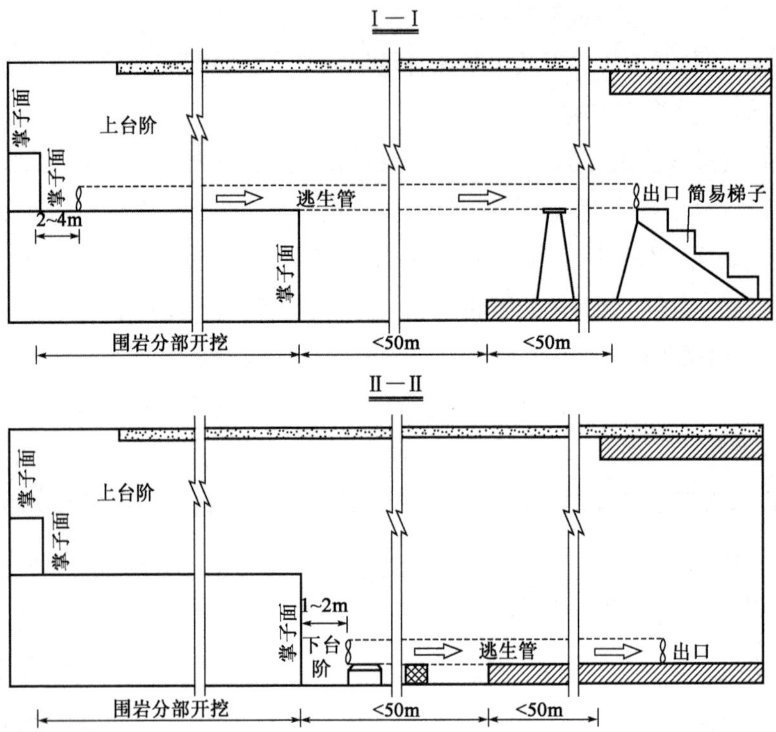

图8-6 逃生管布置纵断面图

3)突发事故应急处理的协调

一旦发生应急事故,由应急工作领导小组统一指挥,协调行动,快速组建突发事故应急救援队,各有关部门和人员通力合作,相互配合,协同作战,各尽其责,执行突发事故的紧急预案措施,尽快控制事故态势的发展,缩小事故的扩散范围,最终消除事故。把突发事故的危害降低到最小限度,努力减少突发事件带来的损失。与此同时,立即向建设单位、监理单位、地方政府有关部门报告。

发生突发事故后,要密切注意现场周围的动态,非救援人员和无关人员禁止进入或随意出入现场,尽力保持通往现场与外界道路的畅通。

突发事故应急处理的原则是把人身安全放在第一位,应急医疗队利用现场医疗卫生条件对伤员进行急救处理,减少其痛苦,尽快送往附近医院进行检查和治疗。

8.2.3 险情报告制度及应急预案启动程序

由工程技术部对不同的地质灾害制定详细的施工方案和防范措施,以书面的形式上报监理、设计等有关单位。

1)险情报告制度

(1)项目部应急领导小组接到事故报告后在第一时间向业主应急救援领导委员会汇报。

(2)在重大安全突发事件发生后,除在第一时间进行现场救助外,还应在1h内将事件的发生地点、时间、伤亡人数及现场救助等情况报告业主应急救援领导委员会。安全突发事件紧迫的,应先口头汇报。

(3)在重大安全突发事件发生24h内,每半小时向应急领导委员会口头报告一次安全突发事件的应急救援进展情况;24h后,根据上级应急救援领导委员会的要求,定时或随时报告有关情况。

(4)发生重大安全突发事件所在的部门或单位应在安全突发事件发生后24h内向业主上报书面报告,书面报告内容应包括事件发生的时间、地点、单位;简要经过、伤亡人数,直接经济损失的初步估计;原因、性质的初步判断;采取的救援措施和进展情况等。

2)应急预案启动程序

根据事故应急救援系统的应急响应程序要求,应急预案启动程序分为:接事故报告、响应级别确定、应急启动、救援行动、应急恢复和应急结束等六个过程。

(1)接到事故报告后,按程序对施工情况进行分析,做出判断,初步确定相应的响应级别。如果事故不足以启动应急救援体系的最低响应级别,响应关闭。

(2)应急响应级别确定后,按所确定的响应级别启动应急程序,通知指挥人员到位,开通信息与通信网络,通知调配救援资源(包括应急队伍和物资、设备等),成立现场指挥部,向临近单位和群众发出警报,疏散人员,撤离危险物品,妥善保护文件资料和重要的设施设备,隔离或切断其他危险源的扩散途径,及时进行现场扑救、伤员转移、急救等。如不能控制事故时,应立即向协助单位求援,以避免事故的蔓延扩大。

8.2.4　应急救援预案实施

1)隧道塌方应急救援措施

(1)现场处置原则:员工安全优先,防止事故蔓延优先。

(2)现场处理组及时深入现场掌握事故情况和初步了解塌方发生的原因,迅速疏散现场与抢险无关人员和围观群众。警戒维护组同时封锁事故现场,拉好隔离带,划出各类抢险、抢救区域(如救护区、运输通道、抢险区等),保证良好的现场抢险秩序。

(3)医疗救护组直接进入现场将伤员运至指定地点进行救护,及时界定每位伤员的伤势,决定现场救治、外送转移,还是现场急救后转移等,交通运输组及时提供运送伤员的各类车辆。

(4)专业抢险组根据情况选择合适的机械设备和器材,及时进入事故现场进行现场抢险,采用人工、机械清除障碍,救助被困人员,及时撤离伤亡人员;清理、拆除危险物品,关闭、撤离有毒有害物的泄漏源,视情况关闭风、水、电;对事故源头采取临时支护、封闭等措施,防止事故再次发生,并尽量降低损失。

(5)交通运输组和后勤保障组及时了解各类物资消耗和需求量,视情况给各专业队提供充足的物资和设备。

(6)对事故及其抢险过程进行监控和记录,掌握和提供事故评价的第一手资料。

(7)做好情况通报工作,对严重地段进一步制定方案,执行下一步抢险方案,为抢险决策提供可靠依据。

(8)塌方处理工作由项目技术负责人牵头,根据现场实际情况和事故抢险过程记录等,制定可行的处理方案,并经有关部门审批后实施。

2)防爆应急救援措施

警戒维护组划定警戒线范围,一般为事发现场周围500m内,阻止不知情者进入,以免发生无谓的伤亡。

医疗救护组将专业抢险队救下的伤员运至指定地点进行救护,及时界定每位伤员的伤势,决定现场救治、外送转移,或是现场急救后转移等,交通运输组及时提供运送伤员的各类车辆。

交通运输组和后勤保障组及时了解各类物资的消耗量和需求量,视情况给专业队提供充足的物资和设备。

对事故及其抢险过程进行监控和记录,掌握和提供事故评价的第一手资料。

由于炸药库爆炸的严重性,一般不提倡项目部人员进行直接抢险,应等待专业抢险队进入现场救援后协助其工作。

3)防洪度汛应急救援措施

当接到可能发生暴雨、洪水警报后,由调度人员立即通知责任区负责人、施工队队长、值班人员。各负责人接到通知后,对各处有地质灾害的危险地段进行普查,划分危险等级,并安排人员值班。当出现险情时值班人员立即通知附近施工人员和附近居民;向施工队队长汇报,由施工队队长组织技术人员对汇报情况进行分析,并立即采取措施,保持施工便道畅通,疏通道路的侧沟、管涵;并对是否疏散下游居民、施工设备,是否撤离施工人员,是否需要疏通下游河道等做出判断,并立即执行。分别由现场工程师向项目经理部调度员汇报桥位处的降雨量、危险情况、采取的措施及可能发生的危害。调度员向项目经理汇报,并向监理、建设单位汇报。必要时向下游地方政府通报。

4)机械事故应急救援措施

发现险情的人员立即向机械队队长报告;并在需要时,切断电源;机械队队长召集抢险小组进入应急状态,由施工队队员上报项目部调度员,由项目经理组织技术人员对险情制定抢修方案;各小组按职责实施方案。

5)不可抗力自然灾害应急措施

由项目经理下达发出警报令,进行抢险救灾状态,抢险队及全体人员投入抢险工作;在项目经理的统一指挥下,由项目副经理及时、有序地将人员疏散到安全区,由安全部部长负责重要物资撤离危险区;由施工队长负责危险区隔离,标出警示;根据分析判断的结果,项目经理组织技术人员制定出抢险的方案，调动必要的机具、设备、材料等资源；各抢险组长根据抢险方案，将具体任务下达给各小组成员，各小组成员按要求完成；由调度员负责接收媒体或气象部门有关事态后续发展的预测报告，密切跟踪灾害变化，以采取相应的措施。

6）触电、火灾应急措施

（1）预防措施

①制定完善的施工用电安全管理制度、安全技术措施，按规定维修检查电气设备和线路，确保电器安全可靠。

②施工用电临时用电应采用 TN-S 保护系统，按电源系统中性点是否接地，分别对电气设备采用保护接零系统或保护接地系统。

③在电源系统中性点接地的 TN-S 系统中，按“漏电保护器安装和运行”要求，对所有设备安装漏电保护器和实现漏电保护器的分级保护。

④在潮湿、金属占有比例较大的工作环境，如机械加工车间、空压房、锅炉房等场所，应选用加强绝缘或双重绝缘（Ⅱ）的电动工具、设备和导线，隧道内作业台架、衬砌台车和移动照明应采用安全电压。

⑤施工现场的配电箱、开关箱、电线路应严格执行日常巡查制度，破损的配电箱、开关箱应立即更换，高压、变配电设备的围栏、屏护高度应满足“防护屏安全要求”中的规定，并树立明显的标志牌。当安全距离不足时，还应采取相应的安全技术措施。

⑥采用连锁保护安全技术防止触电事故，如采用双电源的自动切换保护安全装置、电焊机空载断电或降低空载电压装置等。

⑦采用绝缘防护用品（绝缘手套、绝缘鞋、绝缘垫等）预防触电事故。

⑧对作业人员进行触电应急救援知识培训。

（2）应急抢险物资

每个施工队伍应配备如下物资：常用急救箱，2 个；急救担架，2 个；常用急救药品，若干（随时补充以保证使用数量）；止血绷带，若干（随时补充以保证使用数量）。

（3）应急处理措施

首先发现触电、起火，应立即呼救报警，迅速关闭电源，在场员工均应立即协助抢救。事故发生时，应立即按突发性事件上报程序上报项目经理部领导，同时拨打报警电话。

发现火灾应迅速将着火物附近的可燃、易燃物移开，并用现场的灭火器材灭火。

火势较大时，立即通知项目经理部应急领导小组，启动预案，结合实际，迅速制定灭火方案，组织项目经理部义务消防队进行灭火；有人员伤亡时，拨打急救中心电话 120，要求急救。如火势一时不能扑灭，项目经理部应急领导小组应一边组织指挥疏散人员，一边指挥灭火和抢救物品，同时向当地消防部门报警，派人到交通路口引导消防车辆进入现场灭火。

火警发生时，电话总机应优先接通火警电话。

7)涌水突泥应急措施

(1)预防措施

①加强地质预报预测,成立专门的地质预测预报队伍,制定严格的实施细则,选择经验丰富的工程技术人员负责预报工作,采用地质素描,配备先进的地质预测预报仪器(如TSP 203地震波反射、地质雷达、红外探水)和超前钻探相结合的手段,探明前方地层的富水情况,并预测可能发生的突泥涌水。工程部技术人员首先查阅设计图纸及相关地质资料,分析地质及地下水系发育情况。

②为确保隧道安全顺利通过不良地质地带,防止突泥、突水,首先应对不良地质地带采取加固措施。

③开挖前要严格按照设计进行超前小管棚及小导管的施工,支护效果必须达到设计要求,否则不得进行开挖作业。

④不良地段施工时,实行弱爆破,采取控制爆破震动的方法和措施,严格控制爆破震动对岩体的影响,以保证施工安全。

⑤在施工过程中根据围岩类别严格控制爆破进尺,防止支护不及时,造成过度变形和坍塌。

⑥隧道开挖完成后应及时进行"喷、锚、网、喷"作业,严格按照设计进行施工,确保施工质量,及时封闭围岩,尽快发挥初期支护的作用,并应尽快封闭成环,改善支护结构受力条件,保证施工安全。

⑦加强监控量测,为保证施工安全,施工中应建立监测系统,采集围岩和结构安全信息,认真进行分析、处理和反馈,实行信息化施工。

⑧二次衬砌施工应适时紧跟开挖作业面,以尽快发挥其主要承载作用,确保隧道施工安全。

⑨派值班干部进行观察防护,以保证发生突泥涌水时,人员及机械设备能及时撤除而不受到损害。

⑩专职质检员应加强预注浆、超前小管棚及小导管初期支护施工工序的质量控制,安全员应加强初期支护变形情况的日常检查,发现隐患,及时整改,预防事故发生。

(2)应急抢险物资

为应对可能发生的隧道突泥涌水事件,要事先准备一定量编织袋、注浆设备、排水泵、注浆材料(现场配制)及其他突泥涌水处理用材料、机具。设专人进行管理,确保应急抢险物资设备能随时投入使用,应急抢险设备物资见表8-1。

应急抢险物资设备 表8-1

序号	名称	数量	性能状态	备注
1	装载机	2台	合格	
2	汽车	5台	合格	
3	编织袋	若干	合格	

续上表

<table>
<tr><th>序　号</th><th>名　称</th><th>数　量</th><th>性能状态</th><th>备　注</th></tr>
<tr><td>4</td><td>注浆机</td><td>2 台</td><td>合格</td><td></td></tr>
<tr><td>5</td><td>速凝剂</td><td>2t</td><td colspan="2" rowspan="2">随时更换批次，并保持在有效期内</td></tr>
<tr><td>6</td><td>水泥</td><td>30t</td></tr>
<tr><td>7</td><td>抽水机</td><td>10 台</td><td>合格</td><td></td></tr>
<tr><td>8</td><td>钢管</td><td>若干</td><td>合格</td><td></td></tr>
</table>

(3)应急处理措施

①发现突泥涌水先兆，且极其危险时

必须立即停止施工，现场值班领导、领工员、工班长或值班安全员，要立即组织人员、机械迅速撤离危险区域，若洞内有无法迅速撤离的部分机械设备，则以人为主，先撤人，直至撤出洞外，保证人员生命安全。同时做好安全防护，必要时在洞外设置沙袋，防止突泥涌水涌出洞外，对洞外机械设备造成损坏，确保人员生命安全及财产不受损失。

撤离危险场所(一般撤离至洞外)后，立即清点现场施工人员数量，查看有无人员未逃离现场，并立即将有关情况上报给项目经理部领导。

项目经理部领导接到通知后，应立即启动应急救灾程序，组织人力、物力全力抢险救灾，降低灾害损失。

当发生人员伤亡时，按紧急抢险方案及时开展救援工作。在确保救援工作人员无生命安全威胁的情况下进行抢救工作，若自身无救援能力时，及时上报当地政府或相关部门进行救援，同时做好相关配合救援工作。

当抢救出伤员时，根据伤员人数、受伤程度，由医务人员在现场采取相应的急救措施后，按照“先重后轻”的原则，及时将伤员送到医院进行抢救、治疗。

现场采取安全警戒线或隔离措施，防止其他人员进入危险区域，避免灾害损失的扩大。

②工作面发生突泥涌水险情时

工作面人员迅速按逃生路线撤离，同时启动报警系统，发出警报信号。其他工作面人员听到报警后迅速撤出，对掌子面采用提前储备沙袋等物资材料，以用于封堵，减少泥水对其他工作面的破坏；如果涌水量较大，人员可利用救生圈、救生衣等进行逃生。根据发生险情的情况，及时上报地方政府或相关救助部门，请求紧急救援，并做好相关救援配合工作。

③发生突泥突水险情时

根据施工人员所在的位置，各班组负责人应带领自己的班组，就近选择逃生线路，向洞口方向撤离，进行避难，不允许有人员在非避难处(所)停留，避免发生拥挤。

现场最高管理者负责疏散撤离的指挥工作，各级调度人员坚守岗位，保持通信畅通，及时反馈人员撤离及险情出现情况等信息。

待涌水突泥保持稳定后，用潜水泵进行排水，并采取必要的措施进行事故处理。

涌水量较大、受害地段较长，可采用迂回导洞，避开受害地段施工，与原隧道相接，然后处理受害隧道。

(4)逃生路线

为预防在出现不可预见情况下的人身安全，减少损失，在某一个作业面发生涌水时，洞内有规定的逃生路线，以便人员能够及时撤离。

当遇到突发事故，如涌水突水时人员需要紧急撤离，能够安排人员根据确定路线有序撤离工作面。

施工过程中对进入隧道内的作业人员进行紧急情况下的撤离训练，特别是在不良地质地段施工之前，使所有的作业人员了解和熟悉洞内的安全设备和紧急撤离规划，避免涌水时发生慌乱，使人员能在预期的撤离时间内安全撤离。

8)高处坠落应急措施

(1)预防措施

①项目经理部按照业主指挥部的要求，根据施工工序安排制定施工方案，对作业进行安全技术教育培训。施工前，应逐级进行安全技术教育与交底，落实所有安全技术措施和人身防护用品，未经落实不得进行施工。

②设备物资提供合格的个体安全防护用品，并定期进行检查，及时更换不合格的用品。

③攀登和悬空高处作业以及搭设高处作业安全设施的人员，必须经过专业技术培训及专业考试合格，持证上岗，必须定期进行体格检查。

④施工中采取高处作业的安全技术设施，发现缺陷和隐患时，必须及时解决，危及人身安全时，必须停止作业。

⑤施工作业场所有坠落可能的物体，应一律先行撤除或加以固定，高处作业中所用的物料，均应堆放平稳，不得妨碍通行和装卸，工具应随手放入工具袋，作业中的走道、通道板和登高工具，应随时清扫干净，拆卸下的物体和废料均应及时清理运走，不得随意乱放或向下丢弃，传递物体时禁止抛掷。

⑥雨天进行高处作业时，必须采取可靠的防滑措施，凡积水均应及时清除，遇有六级以上强风、浓雾等恶劣气候，不得进行高空作业；台风暴雨后，应对高处作业安全设施逐一加以检查，发现松动、变形、损坏或脱落等现象，应立即修理。

⑦高处作业安全设施的主要受力杆件按一般结构力学公式进行力学计算，强度计算按现行有关规范进行。

⑧因作业必须临时拆除或变动安全防护设施时，必须经工地负责人同意，并应采取相应的可靠措施，作业后立即恢复。

⑨作业人员必须从规定的通道上下，不得从脚手架或提升设施等施工工具处上下。

⑩施工期间定期或不定期对各种安全防护设施进行抽查，凡不符合规定的，必须修理合格才能继续使用。

(2)应急抢险物资

为应对可能发生的高处坠落事件，要事先准备一定数量的抢险材料、机具。设专人进行管理，确保应急抢险物资能随时投入使用。应急抢险物资具体见表8-2。

应急抢险物资　　表8-2

序号	名称	规格型号	数量	性能状态	备注
1	常用急救箱		3～4	合格	
2	急救担架		2	合格	
3	常用急救药品		若干	有效	
4	止血绷带纱布		若干	合格	

(3)应急处理措施

①事故发生后，现场人员应立即向值班人员(项目经理)汇报事故时间、地点、方位、受伤人员情况。

②项目经理部应急领导小组根据情况启动预案，组织人员设备进行抢救。

③施工时人员不慎从高处摔下，会造成不同程度损伤，甚至死亡。根据施工高度、着地部位、地面软硬程度等因素，坠落可造成颅脑损伤、胸外伤、腹部受伤、四肢及脊椎骨折等损伤。颅脑损伤是因为头部着地，形成颅骨骨折，如人员坠落后即刻昏迷不醒等。胸外伤主要是肋骨骨折，吸气时胸痛，不敢咳嗽等。腹部受伤多发生肝、脾破裂及肾挫裂伤，伤员内脏出血时表现为：面色苍白、脉搏细弱而快、口渴、腹痛、恶心呕吐等。坠落时臀部着地往往发生脊椎压缩性骨折，下肢瘫痪等。

④现场急救：对坠落的伤员正确进行现场处理十分重要，否则会贻误治疗时机，而不正确的现场处理又容易使伤员伤势雪上加霜。

⑤坠落往往造成多发性损伤，救护时不能顾此失彼。胸部骨折包扎固定，四肢骨折包扎所用材料可就地取材，所用木板长度应超过上下两个关节长度。特别要注意对脊椎损伤人员的脊椎骨折的处理。搬运伤员时应有一人抱伤员头部，牵引固定颈部抬上木板担架，用衣服、毛巾、沙袋等固定头颈两侧，以防头部摆动。用担架运送伤员时，使伤员脚在前、头在后，这样便于抬担架的人员观察伤员的神态及病情变化。

⑥对伤员进行现场处理之后，及时送往医院治疗。

第9章 绿色施工保证措施

隧道施工围绕“四节一环保”要求，结合工程质量、工程成本、施工安全管理和文明施工标准，进行全过程管理。

项目部成立绿色施工指挥部，下设五个小组，明确各组负责人。绿色施工管理机构如图9-1所示。

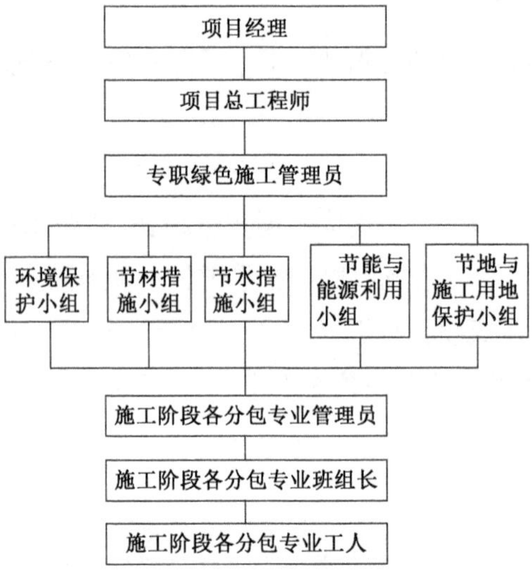

图9-1 绿色施工管理机构

各绿色施工小组管理职责如表9-1所示。

各绿色施工小组管理职责表 表9-1

序号	管理小组	管理职责
1	环境保护小组	按照绿色施工方案及项目部环境管理规定，落实国家规定的“减排”指标： ①扬尘控制； ②噪声和振动控制； ③光、水污染控制； ④土壤保护控制； ⑤建筑垃圾控制； ⑥地下设施、文物和资源保护计划和措施
2	节材措施小组	针对工程项目实际情况，在保证工程质量和安全的前提下，执行节材措施： ①准确的材料计划； ②按工程需要数量及时分批次进场；

续上表

序号	管理小组	管理职责
2	节材措施小组	③材料运输过程中保护及进场后材料安置堆放、利用； ④施工过程中材料运用的优化节约； ⑤废旧材料的再次循环利用； ⑥推广应用“四新技术”
3	节水措施小组	根据现场水资源情况，利用非传统水源，提高用水效率措施： ①按现场用水方案，合理布置施工及生活用水； ②用水管路及设施按要求加设相应水表、节水开关并定期检查； ③利用自然情况及现场地理情况，利用自然水及部分施工、生活用水； ④根据定期检查结合施工情况制定相应措施
4	节能与能源利用小组	落实国家规定的“节能”指标，确定目标，并制定节能措施： ①合理布置施工用电线路，确保施工用电安全； ②定期检查用电设备情况，并做好用电管理记录； ③充分利用现场机械用电效率等情况，根据定期检查情况，结合施工情况制定相应措施
5	节地与施工用地保护小组	按照施工总平面布置图、临时用地指标、临时用地保护制定相应措施

9.1 环境保护措施

环境保护工作的重点是噪声及振动控制、节约用地及临时用地恢复、扬尘控制及施工扬尘对农作物生长的影响控制和施工固体废弃物管理等。

施工中，将大气污染、水污染、噪声污染、粉尘污染的控制，火工品及化工品的运输，固体废物处置，建筑垃圾及生活垃圾的处置作为重点，采取针对性措施，确保实现环保工作目标。

9.1.1 防止大气污染措施

弃土必须运至弃土场，严禁随意抛撒。施工垃圾及时清运，适量洒水，减少扬尘。

施工期间做好既有道路养护工作，不得随意占用道路施工、堆放物料、搭设建筑物。对现场临时道路经常洒水并栽树种草进行绿化，防止尘土飞扬，污染空气。

严禁在施工现场焚烧废弃物及会产生有害有毒气体、烟尘、臭气的物品。施工中若产生有害气体，则采取有效措施，及时治理，尽量减少有害气体排放对大气的污染。

施工现场使用的锅炉、茶炉、固定的炉灶，排烟必须符合环保要求。烟尘排放黑度达到林格曼Ⅰ级以下。

9.1.2 防止水污染措施

施工驻地及材料场尽量避开环境敏感地段，选址与河岸及水源井之间有一定的缓冲距离，防止对水体造成污染，防护距离约20～30m。对施工驻地产生的污水进行集中处理，其中粪便污水设化粪池并定期清掏,工程结束后化粪池用土填埋并恢复地表植被。

凡需进行混凝土、砂浆等搅拌作业的现场,必须设置沉淀池。清洗机械和运输车的废水经过沉淀后,方可排入污水管线,亦可回收用于洒水降尘。

凡进行施工作业产生的污水,必须控制污水流向,防止其直接流入河流和灌溉渠中,并在合理的位置设置沉淀池,经沉淀后方可排入污水管线。

现场存放沥青、油料、漆料等化学品的库房,不得设于河流、鱼塘、湖泊及饮用水井附近,须备有遮盖的帆布,进行防渗处理;化学品的储存和使用都要采取措施,防止跑、冒、滴、漏,污染水源。

施工现场临时食堂用餐人数超过100人时,设置简易有效的隔油池,定期掏油,防止污染。

施工过程中严禁将含有污染的物质或可见悬浮物的水排入河渠、水道。所有机械废油须回收利用或妥善处理,严禁随意泼倒。

9.1.3 降低噪声、减少扰民的主要措施

施工现场严格遵照《建筑施工场界环境噪声排放标准》(GB 12523—2011)制定降噪的相应制度和措施。做好宣传工作,倡导科学管理和文明施工。

合理安排施工场地,高噪声作业场地的设置尽量避开居民集中区,施工场界内合理安排施工机械,根据场地的布置情况实测或估算场界噪声,特别是有敏感点一侧的噪声,如果超标,可采取加防振垫、包覆和隔声罩等有效措施减轻噪声污染。

在居民生活区的施工,应合理安排作业时间,噪声大的作业尽量安排在白天,在村庄、居民区附近施工时注意避开午休、夜间施工,减少扰民。一般情况下把作业时间限定在7:00—22:00时,避免夜间作业,或按监理工程师限定的作业时间施工;必须昼夜连续作业的施工现场,须采取降噪措施,做好周围群众工作,并报有关环保单位备案。

合理规划施工便道和载重车辆走行时间,尽量远离村庄,减小运输噪声对村民的影响。同时做好施工人员的环保意识教育,降低人为因素造成的噪声污染。

施工选择性能优良、噪声小的施工机械,对工程使用的机械设备进行详细的建筑噪声影响评估,并采取消音材料、隔音材料、护板等设施降低噪声。对各种车辆和机械进行强制性的定期维护,以减少因机械故障产生的附加噪声与振动。

9.1.4 减少粉尘污染措施

每天专人清扫施工区域运输道路,晴天洒水,防止车辆行驶时扬尘。

水泥等粉细散装材料采取室内存放,运至工点后用棚布遮盖,卸载时采取必要措施,减少扬尘。

现场临时道路面层采用泥结碎石结构,在施工场地和道路定时洒水,防止施工扬尘对地表

植被和农作物产生不利影响。

9.1.5　化工品的运输及固体废废物的处置措施

有害的化工品运输前先向公安部门提出申请,得到批复后,按照公安部门指定的路线和时间用专用的运输车辆运输,并派专人押运。

设临时堆放场,对纸质、木质、金属和玻璃类垃圾实行分类管理,回收再利用或送废品收购站;对于废油纱、物料包装垃圾等进行综合利用,不能利用的应单独封装,运至市政垃圾场处理。

9.1.6　建筑垃圾及生活垃圾的处置措施

要妥善处理,施工中建筑垃圾及生活垃圾,防止影响环境:建筑垃圾运至有关部门指定的渣土场。

生活垃圾分类集中堆放,按当地环保部门要求进行处理。施工现场设垃圾站,专人负责清理,做到及时清扫、清运,不随意倾倒;办公区食堂的生活垃圾实行袋装,专人集中运送至垃圾房,并及时组织外运,防止污染环境。

9.1.7　施工水土保持措施

1)建立完整的水土保持体系

按照《水土保持法》《水土保持法实施条例》及地方政府有关法律、条例的规定,本着“谁施工谁负责、谁污染谁治理”的水土保持原则,项目经理部由环境保护领导小组负责对水土保持工作的领导,并指定由安全监察部设专人负责水土保持方面的具体协调和管理。基层队由队级环境保护基层小组负责本队施工范围内的水土保持具体工作,坚持按国家水土保持政策和法律法规的要求进行施工。从组织、制度、经济和技术管理四个方面,建立完整的水土保持管理体系。

2)制定相应的管理制度

依据国家水土保持的法律法规,制定项目部水土保持工作的管理制度。同时,采取经济手段,保证水土保持工作的投入,建立奖惩激励机制,从严要求,从制度上保证水土保持工作的实施。

3)水土保持技术组织措施

严格组织施工管理,开展文明施工,创标准化施工现场。施工前做到全员教育,全面规划,合理布局。针对工程特点,开工前与当地水土保持部门签订水土保持施工协议,保持与当地有关部门的经常联系,对下属施工单位提出施工过程中水土保持要求,定期检查、监督各工点的各项水土保持工作的落实。

建立健全水土保持体系,坚持“预防为主,综合防治,全面规划”原则,抓住工程水土保持工作重点,有针对性地采取措施,确保水源、植被不被污染和破坏。

施工前邀请地方政府主管部门共同对沿线水文、地质、植被情况进行调查,共同研究制定可行的水土保持方案以及详细的水土保持施工措施。

按照设计要求,并与当地水保部门共同协商,确定施工弃渣位置,避免将弃渣弃于河道、沟谷之内,杜绝随意倾倒,及时做好挡护和绿化。临时用地时事先将表层耕植土集中堆放,完工后复耕或绿化,同时修好排水系统,防止水土流失。

采取必要措施,防止所占临时用地及河流、水道或排灌系统的堤坡底岸的土壤受到冲刷,并保证在任何河渠水道排灌系统中不产生淤积。施工过程中严禁将含有污染的物质或可见悬浮物的水排入河渠或水道,并保护好原有的防护设施。

做好临时用地复耕和永久用地水土保持工作。对永久用地范围内暴露地表用植被覆盖,临时用地要进行复耕,裸露部分要植草或种树,注意保护树木、农田、果林。

加强施工机械管理,注重日常保养,防止油品存放时和机械在使用、维修、停放时,油料发生泄漏、渗漏,流入江中污染水体。

9.2 “四节”利用措施

9.2.1 节材与材料资源利用措施

(1)废旧钢筋二次利用:现场钢筋废料分类存放,按照规格及尺寸划分分别作为马镫筋制作、钢筋S形拉钩、构造柱、压顶、圈梁使用。

(2)项目部深化研究设计图纸,合理进料。现场对工人进行详细的技术、质量交底,减少因返工造成钢筋或其他材料不必要的浪费。

(3)现场保管:在施工现场钢材必须妥善保管,堆放顺序与构件制作、工程安装顺序相匹配,周转期短的钢材避免长期存放。

(4)施工过程中派专人控制钢筋加工损耗,降低钢材消耗,并做好防锈处理,不可与酸、盐、油一起存放,以防止钢筋腐蚀带来的不必要损失。

(5)在混凝土浇筑方面,项目部详细核对图纸,做到精确计算,拌和站订货时最后保留足够混凝土余量,确保最后两车混凝土用料数据精确,节约混凝土。

(6)振捣前安排质检人员会同木工监护模板支撑系统,以避免或减少因爆模造成的混凝土浪费,合理利用每次浇筑混凝土后的余料,利用混凝土搅拌车及泵管内的余料对临时道路进行修补等。

(7)临时设施采用可周转利用结构,如隧道开挖临边采用定型化临边防护等,保证结构可持续周转利用。

9.2.2　节水与水资源利用措施

(1)循环水再利用:在隧道洞口及洗车台建立三级沉淀池,沉淀后的水经过水泵泵送至水箱,实现再次利用。

(2)施工用水及生活用水分开计量,单独设水表。

(3)临建设施的水龙头采用按压式或感应式水龙头,控制用水量。

(4)临建设施的卫生间可采用按压式或自感应装置进行冲洗,这类装置具有方便卫生、自动开关、节约水资源等特点。

9.2.3　节能及能源利用措施

(1)隧道施工临建、工人生活区以及办公区等采用 LED 照明,节能高效。

(2)限时限电器在临电中应用:工人区宿舍安装限时限电器,控制用电功率。

(3)分路供电、分别设置电表:电表最少 4 块,1 路向生活区供电,1 路向办公区供电,1 路向施工现场供电,分别计量、统计用电数据。

9.2.4　节地及土地资源保护措施

(1)合理规划工地临设、临时围墙和施工道路;施工区域与生活办公区分开,各种生产设施布置应便于施工生产安排;隧道施工临时办公用房和生活用房采用彩钢板活动房,其经济、美观、占地小,对周围地貌环境影响小。

(2)在施工临时水电布置时,经过专门讨论和方案设计,在施工现场合理布置线路走向,以节约材料。

(3)洞口及路基开挖放线时按照设计要求施工,最大限度地减少对土地的扰动,保护周边自然生态环境。

(4)施工平面在道路红线内布置,减少道路红线外占地。

参考文献

[1] 李涛.基于云模型的超大断面隧道施工期全过程安全风险评估系统及应用[D].济南:山东大学,2017.

[2] 万利,王春河,王琦,等.超大断面隧道软弱围岩控制机制及应用[J].山东大学学报(工学版),2017,47(01):59-67.

[3] 朱永泽.软弱围岩大断面隧道施工方法研究[D].北京:北京交通大学,2016.

[4] 张全全.浅埋大断面隧道围岩变形特性与施工参数优化研究[D].昆明:昆明理工大学,2015.

[5] 黄林.复杂条件下大断面隧道施工关键技术研究[D].北京:北京交通大学,2015.

[6] 李利平,李术才,等.超大断面隧道软弱破碎围岩空间变形机制与荷载释放演化规律[J].岩石力学与工程学报,2012,31(10):2109-2118.

[7] 郭文明.公路超大断面隧道扁平率及施工方法优选研究[D].西安:长安大学,2012.

[8] 李利平,李术才,赵勇,等.超大断面隧道软弱破碎围岩渐进破坏过程三维地质力学模型试验研究[J].岩石力学与工程学报,2012,31(03):550-560.

[9] 李晋宝,高爱林,赵志涛.超大断面暗挖隧道双侧壁导坑法施工沉降预测及控制[J].铁道建筑技术,2011(S2):167-172.

[10] 旷文涛.超前预加固大断面隧道围岩稳定性影响因素研究[D].成都:西南交通大学,2010.

[11] 黄治炉.山区高速公路总体设计与应用研究[D].西安:长安大学,2010.

[12] 刘飞.基于环境保护的隧道洞门选型研究[D].重庆:重庆交通大学,2010.

[13] 葛娟.景区旅游公路景观美学质量评价及景观营造[D].重庆:重庆交通大学,2010.

[14] 李亚茹.节约型公路交通建设评价体系研究[D].武汉:武汉理工大学,2009.

[15] 陈志强.钻爆法隧道施工粉尘防治的研究[D].济南:山东大学,2008.

[16] 陈斌.公路工程建设生态研究[D].合肥:合肥工业大学,2008.

[17] 柏松平.云南复杂地质环境公路地质病害诱发机理及其对策研究[D].昆明:昆明理工大学,2008.

[18] 汤振兴.高速公路与沿线景观协调性研究[D].北京:北京林业大学,2008.

[19] 高瞻.锚杆悬吊 GRC 模板在隧道支护中的应用研究[D].西安:西安科技大学,2008.

[20] 刘洋.生态公路建设的初步评价与研究[D].北京:北京林业大学,2007.

[21] 陈剑伟. 公路建设项目工程环境监理及其决策支持系统研究[D]. 长沙:中南大学,2007.

[22] 王跃飞,龚道平,蔡大江. 复杂山地条件、特长、大埋深公路隧道工程地震勘探技术方法[J]. 物探与化探,2007(01):81-85.

[23] 先斌. 重庆市生态公路建设理论与实践研究[D]. 重庆:重庆大学,2006.

[24] 唐果良,黄伦海. 城区浅埋大断面隧道减震爆破技术[J]. 地下空间与工程学报,2005(02):310-314.

[25] 王康. 超大断面小净距隧道施工围岩空间变形与荷载释放机制及工程应用[D]. 济南:山东大学,2017.

[26] 霍明. 高速公路建设中若干问题的思考[J]. 中国公路,2002(04):6-18.

[27] 赵然,李涛,袁哲,等. 超大断面公路隧道围岩变形及荷载释放率研究[J]. 山东建筑大学学报,2018(01):14-17,31.

[28] 苟德明. 深切沟谷高陡地形条件下基于环保理念的高速公路隧道设计[J]. 公路与汽运,2017(03):175-179.

[29] 张永杰. 浅埋大断面隧道下穿既有公路爆破控制技术研究[D]. 西安:西安工业大学,2017.

[30] 贺酰淑. 不同类型地域环境与公路项目相互影响研究[D]. 西安:长安大学,2015.

[31] 黄林. 复杂条件下大断面隧道施工关键技术研究[D]. 北京:北京交通大学,2015.

[32] 赵建勋. 基于宝汉高速公路环境保护及资源循环利用的关键技术研究[D]. 西安:长安大学,2014.

[33] 王菲. 高速公路路侧安全与景观协调处理技术研究[D]. 天津:河北工业大学,2014.

[34] 毛正君. 脆弱生态区隧道群施工期地下水运移特征及环境效应研究[D]. 西安:长安大学,2013.

[35] 黄永辉. 立井硬岩深孔锥形掏槽爆破技术研究[D]. 北京:中国矿业大学(北京),2013.

[36] 李欣欣. 地域文化在高速公路隧道洞口中的景观设计研究[D]. 北京:北京交通大学,2011.

[37] 毕仁忠. 旅游公路景观协调性量化评价模型及应用研究[D]. 西安:长安大学,2011.

[38] 杜文涛. 特大断面小净距隧道支护力学特性及施工方法研究[D]. 北京:北京交通大学,2017.

[39] 李奉霖. 王家寨1号隧道塌方成因分析与处理措施研究[D]. 成都:成都理工大学,2017.

[40] 冉军林. 阳灵隧道充填岩溶区围岩塌方机理与防控技术研究[D]. 北京:中国矿业大学,2015.

[41] 田卫明. 隧道施工安全风险与现场管理研究[D]. 重庆:重庆交通大学,2012.

[42] 宋波. 达陕高速公路隧道塌方机制及处治措施研究[D]. 成都:成都理工大学,2011.

[43] 巢万里,彭帆,周利金. 大跨度隧道塌方分析与处治[J]. 公路工程,2011,36(02):115-119.

[44] 吴强. 马垭口隧道塌方灾害发生机理及处治措施的研究[D]. 重庆:重庆大学,2009.

[45] 郑陈旻. 隧道塌方预警预测体系及治理措施研究[D]. 上海:同济大学,2008.

[46] 侯福金,孙克国,赵然,等. 超大断面小净距隧道工法适用性研究[J]. 土木工程学报,2017,50(S1):111-116.

高等学校通用教材

应用非线性动力学
（第2版）

胡海岩　金栋平　王在华　编著

北京航空航天大学出版社

内容简介

本书是力学学科研究生核心课程的教材，其内容符合国务院学位委员会力学学科评议组制定的研究生核心课程指南，也可作为航空、航天、船舶、车辆、机械、能源、动力、控制等专业研究生选修课的教材，适用于64学时的课程。

本书体现时代发展和中国特色，强调理论、计算与实验的相互融合，吸取了国内外近期研究成果，融入了作者多年的教学和研究心得。

全书共10章。第1章绪论，概述非线性动力学的基本概念和研究思路，介绍本书框架和学习方法。第2章介绍基于知识和基于数据的非线性系统建模方法。第3章和第4章分别介绍单自由度自治系统的定性分析和定量分析；第5章和第6章分别讨论单自由度非自治系统和多自由度系统的非线性振动规律。第7章介绍非线性系统的运动稳定性及分岔理论；第8章概述混沌运动及其控制方法；第9章介绍用数值方法研究非线性动力学问题，特别是系统的周期运动、分岔与混沌。第10章通过三个案例，介绍非线性动力学的工程应用。附录主要介绍利用计算机代数软件Maple研究非线性动力学问题，按章节顺序提供了20多个计算程序。

图书在版编目(CIP)数据

应用非线性动力学 / 胡海岩，金栋平，王在华编著. 2版. -- 北京 ：北京航空航天大学出版社，2025. 4.
ISBN 978 - 7 - 5124 - 4714 - 1

Ⅰ. O322

中国国家版本馆CIP数据核字第2025XM6242号

应用非线性动力学(第2版)
胡海岩　金栋平　王在华　编著
策划编辑　赵延永　蔡　喆　　责任编辑　蔡　喆　赵延永

*

北京航空航天大学出版社出版发行
北京市海淀区学院路37号(邮编100191)　http://www.buaapress.com.cn
发行部电话：(010)82317024　传真：(010)82328026
读者信箱：goodtextbook@126.com　邮购电话：(010)82316936
北京雅图新世纪印刷科技有限公司印装　各地书店经销

*

开本：787×1 092　1/16　印张：18.25　字数：467千字
2025年7月第2版　2026年1月第2次印刷　印数：1 001～2 000册
ISBN 978 - 7 - 5124 - 4714 - 1　定价：59.00元

第 2 版前言

NEW PREFACE

本书第 1 版出版于 2000 年，用作力学学科研究生的 60 学时必修课教材，并供工科其他专业的研究生作为选修课教材。全国数十所大学将其作为力学、航空、航天、船舶、车辆、机械、能源、动力、控制等专业的研究生教材，使其经历了长期的教学实践检验。

近年来，我国高等教育发生深刻变革，研究生教育更加注重理论基础与学术创新并举。2019 年，第七届国务院学位委员会力学学科评议组制定了力学学科研究生教育核心课程指南，将"非线性动力学"确立为不低于 60 学时的核心课程。

为了适应上述教育教学需求，作者根据长期从事非线性动力学教学和研究的体会，参考本书第 1 版在教学实践中收到的反馈意见，开展全书修订工作。

本书第 2 版的修订工作具有如下特点：

第一，选用新内容替代传统内容，力求反映学科发展态势。例如，在第 2 章，将非线性系统的实验建模更新为数据驱动建模，增加稀疏辨识等内容；在第 4 章，增加强非线性系统的近似解法；在第 6 章，增加多自由度非线性系统的降阶分析；在第 9 章，增加新的胞映射方法等；新增加的第 10 章介绍非线性动力学的典型应用，内容包括非线性能量采集技术、准零刚度非线性隔振技术、非线性振动抑制技术。此外，补充了许多新例题，对习题内容也进行了拓展。

第二，为引导读者开展研究性学习，将非线性动力学的若干基本概念和研究方法做逐级递进式分解，设计思考环节，推动认知过程的螺旋式上升。例如，在新撰写的绪论中，通过案例介绍基本概念和方法思路，并要求读者自行尝试，建立对非线性动力学的初步认识。在后续章节，再采用较为严谨的方式来介绍重要概念和主要方法。

第三，引导读者在计算机代数软件 Maple 上处理非线性动力学问题。从绪论起，就介绍如何在 Maple 平台上完成数学推导、数值计算、绘图分析；在后续章节和习题中，大量使用 Maple 软件。对所有含上标^{M} 的例题和注解，均在附录 A 中提供了相应的 Maple 程序。这些程序可通过扫描附录 A 的二维码下载。

本书内容可作为 64 学时课程的教材，其中带 * 号的内容可作为选修。对于 32 学时左右的非线性振动入门课程，可仅选用前 6 章，并省略其中带 * 号的内容。

在此次修订中，胡海岩教授撰写第 1 章～第 9 章，并负责统稿；南京航空航天大学金栋平教授撰写第 10 章；陆军工程大学王在华教授撰写附录。同济大学郭铁丁教授提供了 6.4 节的素材，西安交通大学江俊教授提供了 9.4.1 小节的部分素材。上海大学陈立群教授、南京航空航天大学王怀磊副教授分别审阅书稿并提出修改意见。在此一并致以诚挚的谢意。

胡海岩

2024 年 12 月

前言
PREFACE

本书是为力学专业硕士研究生专业课编写的教材，也可供机械、动力、车辆、船舶、飞行器、自动控制、土木、水利等专业的硕士和博士研究生作为选修课教材。考虑到从事非线性动力学研究工作人员的需要，在内容上略加扩充，以便读者能进一步应用这些基本理论和方法去解决工程问题或者探索解决工程问题的正确途径。

本书的主要内容曾作为南京航空航天大学力学专业硕士研究生的必修课和其他专业博士研究生的选修课讲授多年，经过不断充实更新，汇集了作者多年来的教学心得和部分研究结果。撰写时，除了着重对经典内容作简明、严谨的阐述，还吸取了国内外近期文献报道的一些研究成果，力求反映本学科的最新进展和发展趋势。

全书共分 8 章。依次阐述了非线性系统的动力学建模，单自由度自治系统、单自由度非自治系统和多自由度系统的分析方法及动力学规律，非线性系统的运动稳定性与分岔，混沌运动及其控制，以及非线性动力学的数值分析方法。每章有一定数量的习题，以便读者加深对正文内容的理解，了解所学方法可能拓宽的应用范围。为了使读者从繁琐的数学推导中解放出来，并通过数值计算和图形显示来加深理解本书内容，书末附录扼要介绍了如何借助计算机代数软件 Maple 分析非线性动力学问题。

本书可作为 60 学时课程的教材，目录中带 * 号的内容可作为选修。对于 30 学时左右的非线性振动入门课程，可仅选用前 5 章，并略去目录中带 * 号的内容。

南京航空航天大学振动工程研究所金栋平副教授参与了本书初稿撰写过程中一些问题的研讨和习题的编写，博士研究生王在华协助编写了部分附录。博士研究生冯志华、郭大蕾，硕士研究生钱晓勇等承担了部分书稿的校对。在此一并致以诚挚的谢意。

北京航空航天大学应用数理系陆启韶教授认真审阅了全书并提出许多宝贵意见。对此，作者表示由衷的感谢。此外，作者感谢责任编辑孙平凡编审为提高本书出版质量付出的辛勤劳动。

胡海岩

2000 年 1 月

目 录
CONTENTS

第1章 绪 论

在研究动力学问题时，可将其抽象为具有输入和输出的动力学系统，简称系统。若系统的输入和输出关系满足齐次性和可叠加性，则称为线性系统；否则为非线性系统。非线性动力学聚焦非线性系统的动态行为，开展理论、计算和实验相互融合的研究。

在工程实践中，使系统成为非线性系统的因素比比皆是。例如，机械系统的部件间隙、轴承油膜，结构系统的大变形、弹塑性材料的本构关系，控制系统的非线性作动器等。线性系统可视为真实系统的一种简化模型。在许多情况下，线性系统可提供对真实系统动力学行为的很好逼近。然而，这种线性逼近并非总是可靠的，被忽略的非线性因素有时会在分析和计算中引起无法接受的误差，导致工程设计不可靠甚至不可行。特别对于非线性系统的长时间历程动力学问题，有时即使略去很微弱的非线性因素，也会在分析和计算中出现本质性的错误，导致工程设计失败。因此，非线性动力学已成为从事工程研究的学者必须具备的知识，而正在蓬勃发展的人工智能则为学习和研究非线性动力学提供了重要工具。

本书旨在引导读者从三个方面学习和研究非线性动力学。一是理解非线性动力学现象及其机理，二是掌握非线性动力学研究方法，三是开展非线性动力学应用研究。本章作为绪论，首先通过若干案例引导读者了解上述三方面内容的大致脉络，然后简要介绍本书后续各章内容及其逻辑关系。

1.1 非线性动力学的典型现象

本节将用两个简单力学系统来介绍若干典型的非线性动力学现象，并通过与线性系统动力学的对比，帮助读者建立对非线性动力学的初步认识。

1. 非线性系统不具有固有频率

单自由度线性系统具有仅依赖系统弹性和惯性的固有频率，系统的无阻尼自由振动频率等同于固有频率。然而，即使是最简单的非线性系统，也并非如此。

例 1.1.1[M] 针对图 1.1.1(a)所示单摆，记 $\theta \equiv \theta(t)$，讨论给定初始摆角 θ_0 的自由振动问题。

解 单摆受到的重力矩为 $mgl\sin\theta$，其自由振动满足动力学方程的初值问题

$$\begin{cases}\ddot{\theta} + \dfrac{g}{l}\sin\theta = 0 \\ \theta(0) = \theta_0, \quad \dot{\theta}(0) = 0\end{cases} \tag{a}$$

其中，$\dot{\theta} \equiv \mathrm{d}\theta/\mathrm{d}t$。若摆角幅值足够小（如 $|\theta| < \pi/36\mathrm{rad}$），可根据 $\sin\theta \approx \theta$，将重力矩近似为

$mgl\theta$。此时,单摆的力学模型简化为线性系统,其自由振动频率为系统固有频率 $f_n=\sqrt{g/l}/(2\pi)\approx 0.996$ Hz,与系统初始条件无关。但如果摆角 θ 不满足近似条件 $\sin\theta\approx\theta$,则其力学模型是非线性系统。如图 1.1.1(b)所示,单摆自由振动频率随着初始摆角 θ_0 增加而降低,不再具有仅依赖系统参数 g/l 的固有频率。

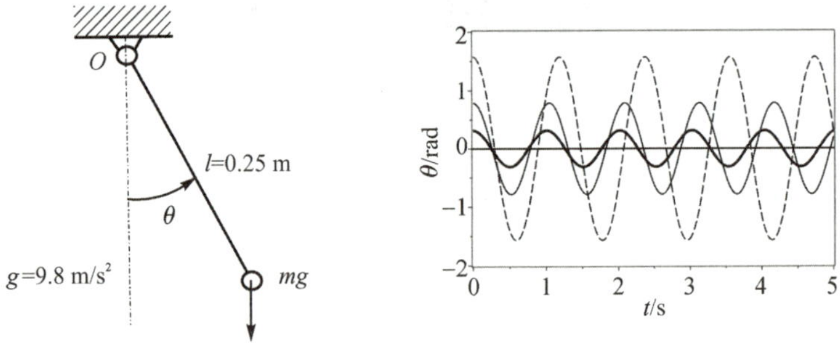

(a) 单摆示意图　　(b) 摆角的时间历程

图 1.1.1　单摆的自由振动问题(粗实线:$\theta_0=0.1\pi$ rad;细实线:$\theta_0=0.25\pi$ rad;虚线:$\theta_0=0.5\pi$ rad)

单摆自由振动频率与振幅相关,属于非线性系统的普适现象。在本书第3章和第4章,将详细介绍非线性系统的自由振动,并阐述其与线性系统固有振动的关系。

2. 非线性系统具有稳态响应多解现象

线性系统具有唯一平衡位置。对于任意初始扰动,线性阻尼系统的自由振动最终趋于该平衡位置。线性系统在简谐激励下的响应包括瞬态部分和稳态部分:前者与系统初始条件相关,但因阻尼的耗散作用而衰减消失;后者与系统初始条件无关,可长时间保持。对于非线性系统,其平衡位置和稳态运动均未必是唯一的。

例 1.1.2[M]　考察图 1.1.2(a)所示受轴向压力的细长梁,当压力 P 超过梁的临界屈曲载荷后,梁的静平衡位形 $w_s(x)=0$ 失稳,出现虚线所示的两个静屈曲位形 $\pm w_b(x)$;此时的梁称为屈曲梁。参考屈曲梁的中点位移 $w_b(l/2)$,将梁中点振动位移无量纲化为 $\bar{w}(\tau)\equiv w(l/2,\tau)/w_b(l/2)$,其中,$\tau$ 为无量纲时间。受初始扰动的自由振动 $\bar{w}(\tau)$ 近似满足

$$\begin{cases}\bar{w}''(\tau)+0.1\bar{w}'(\tau)-\bar{w}(\tau)+\bar{w}^3(\tau)=0\\ \bar{w}(0)=\bar{w}_0,\quad \bar{w}'(0)=\bar{w}'_0\end{cases}\tag{a}$$

此处,$(\ )'\equiv d(\ )/d\tau$。根据不同初始条件,$\bar{w}(\tau)$ 趋于图 1.1.2(b)中的两个静平衡位置 ±1 之一。

若在屈曲梁中点施加横向简谐激励,即在式(a)的微分方程右端增加 $f(\tau)=0.2\sin\tau$,则 $\bar{w}(\tau)$ 既可能是在某个静屈曲位形附近的小幅振动,如图 1.1.2(c)所示;也可能是在两个静屈曲位形之间的大幅振动,如图 1.1.2(d)所示;具体是何种运动取决于梁的初始条件。

由此可见,不论是屈曲梁的自由振动还是受迫振动,其长时间稳态响应均表现出多解现象,其物理实现与系统初始条件相关。本书第5章~第8章将讨论非线性系统稳态响应的多解问题,第9章将介绍如何求解多解问题。

3. 非线性系统简谐激励振动具有多频现象

在简谐激励下,线性阻尼系统的稳态响应是与激励同频率的振动。在图 1.1.2(c)中,屈

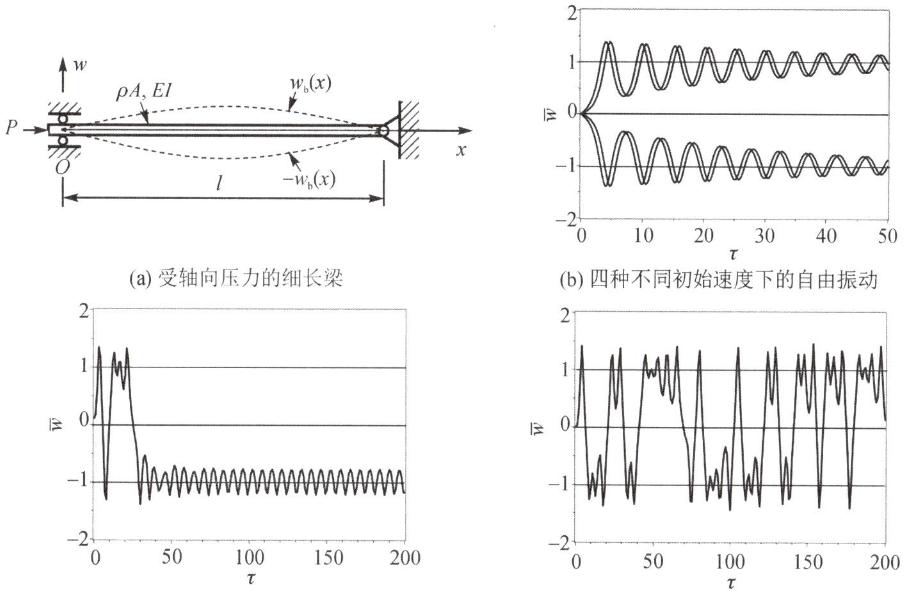

(a) 受轴向压力的细长梁　(b) 四种不同初始速度下的自由振动

(c) 简谐激励下的受迫振动($\overline{w}(0)=0.1,\ \overline{w}'(0)=0$)　(d) 简谐激励下的受迫振动($\overline{w}(0)=0,\ \overline{w}'(0)=0$)

图 1.1.2　屈曲梁中点的自由振动和受迫振动问题

曲梁的稳态响应是小幅振动，其频率与简谐激励频率一致；但在图 1.1.2(d)中，屈曲梁的稳态响应是大幅振动，其频率成分不仅有别于激励频率，还增加了许多其他成分，即非线性系统在简谐激励下的振动呈现多频现象。因此，研究简谐激励下的非线性系统稳态响应时，有必要考虑与激励频率不一致的频率成分。本书第 5 章和第 6 章将介绍非线性系统在简谐激励下的多频共振问题。

4. 非线性系统具有混沌运动

线性系统在确定性激励下的响应是确定性的。然而，许多非线性系统在确定性激励下的响应却难以预测，呈现所谓混沌运动。即系统响应对初始状态的微小变化极其敏感，但并不发散，致使系统的长时间响应变得无法预测。以图 1.1.2(c)和图 1.1.2(d)为例，受简谐激励的屈曲梁具有略微不同的初始位移，虽然屈曲梁的第一次正向运动差异不大，但此后的运动呈现巨大差异。然而，梁在这两种初始条件下的响应都是有界的，并不发散。本书第 8 章和第 9 章将详细介绍混沌运动的机理及其规律。

对于上述几种现象，只有基于非线性动力学方法才能揭示其内在机理，认识其普遍规律。因此，下节简要介绍非线性动力学的研究方法。

1.2　非线性动力学的研究思路

线性系统的基本性质是，系统的输入与输出关系具有齐次性和可叠加性。因此，研究线性系统动力学问题时，可基于齐次性和可叠加性建立单位脉冲响应函数或频响函数，将诸多简单激励引起的系统响应叠加，获得复杂激励下的系统响应；还可基于模态坐标变换，将多自由度系统的响应分解为若干单自由度系统的响应之叠加。

非线性系统不具有上述齐次性和可叠加性,这给研究带来很大困难。但在某些情况下,非线性系统可近似为线性系统。本节先讨论将非线性系统做线性化处理的可行性,再简要介绍无法做线性化处理时研究非线性问题的思路。

1.2.1 线性化的前提

根据例 1.1.1 对单摆自由振动的讨论,如果摆角 θ 足够小,即 $\sin\theta\approx\theta$,单摆自由振动接近线性振动。换言之,在单摆的动力学方程中,略去 $\sin\theta$ 导致的非线性项,仍可获得近似自由振动。但对于例 1.1.2 的屈曲梁,若略去其动力学方程中的非线性项,则得到的线性常微分方程无法描述图 1.1.2 中的任何一种振动。事实上,对于大多数非线性系统,直接略去非线性项会出现错误。为进一步理解该问题,现讨论卫星自旋运动问题。

例 1.2.1 图 1.2.1(a)是某自旋卫星示意图,记其绕图中主轴的转动惯量分别为 I_x,I_y,I_z,绕主轴的转动角速度为 $\omega_x(t),\omega_y(t),\omega_z(t)$。若卫星自旋角速度比较大,可将卫星视为自由刚体,忽略地球引力对其施加的力矩。在卫星设计中,通常采用绕最大主轴自旋准则,选择 $I_y/I_x=1,I_z/I_x>1$,并使初始自旋角速度幅值 $|\omega_z(0)|$ 远大于初始扰动角速度幅值 $|\omega_x(0)|$ 和 $|\omega_y(0)|$。在满足和不满足最大主轴自旋准则前提下,讨论卫星的自旋运动。

解 视卫星为三维空间的自由刚体,根据刚体动力学,其绕主轴的转动角速度满足瑞士科学家欧拉(Leonhard Euler,1707—1783)[①]建立的动力学方程,其对应的初值问题为

$$\begin{cases} I_x\dot{\omega}_x+(I_z-I_y)\omega_z\omega_y=0 \\ I_y\dot{\omega}_y+(I_x-I_z)\omega_x\omega_z=0 \\ I_z\dot{\omega}_z+(I_y-I_x)\omega_y\omega_x=0 \\ \omega_x(0)=\omega_{x0}, \quad \omega_y(0)=\omega_{y0}, \quad \omega_z(0)=\omega_{z0}>0 \end{cases} \tag{a}$$

如果忽略式(a)中角速度乘积导致的非线性项,则式(a)具有定常解

$$\omega_x(t)=\omega_{x0}, \quad \omega_x(t)=\omega_{y0}, \quad \omega_x(t)=\omega_{z0} \tag{b}$$

即卫星绕各主轴的自旋运动彼此独立。这明显有悖于常识,故该问题无法做线性化处理。

现给定卫星初始角速度

$$\omega_x(0)=0.4\pi\ \text{rad/s}, \quad \omega_y(0)=-0.4\pi\ \text{rad/s}, \quad \omega_z(0)=2\pi\ \text{rad/s} \tag{c}$$

考察卫星在三种主轴转动惯量配置下的自旋运动。

① 理想工况:卫星的主轴惯量比满足 $I_y/I_x=1.00$ 和 $I_z/I_x=1.50$。此时,卫星的角速度时间历程如图 1.2.1(b)所示;即角速度 $\omega_z(t)$保持为初始值,而角速度 $\omega_x(t)$和 $\omega_y(t)$呈现周期振动,卫星绕 z 轴的自旋保持稳定。

② 实际工况:卫星的主轴惯量比为 $I_y/I_x=1.01$ 和 $I_z/I_x=1.50$,其中,$I_y/I_x=1.01$ 来自加工和装配误差。此时,图 1.2.1(c)与图 1.2.1(b)大致相同,但对角速度 $\omega_z(t)$的局部放大表明,其在初始值 2π rad/s 上下呈小幅周期振动。

③ 失败工况:卫星的主轴惯量比为 $I_y/I_x=1.60$ 和 $I_z/I_x=1.50$。由于 $I_x<I_z<I_y$,这种情况违背了最大主轴原则。此时,各角速度均发生大幅振动;尤其是角速度 $\omega_y(t)$和 $\omega_z(t)$的正负号发生周期性变化,即卫星自旋方向来回切换,呈现不稳定状态。

---

① 除参考文献作者,对书中首次出现的学者提供中文姓、英文全名和生卒年份,再次出现时用英文姓。

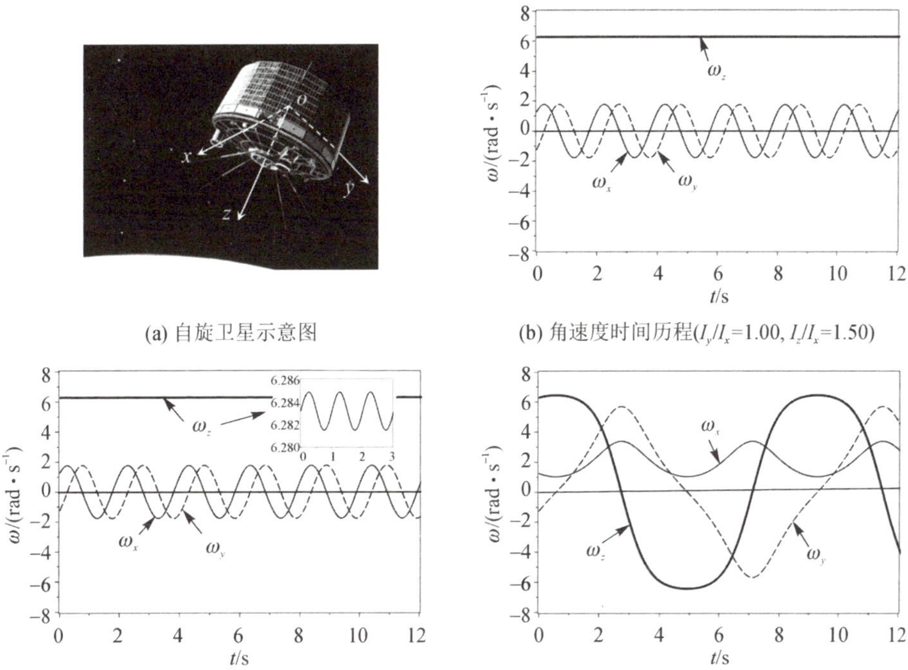

(a) 自旋卫星示意图　　(b) 角速度时间历程(I_y/I_x=1.00, I_z/I_x=1.50)

(c) 角速度时间历程(I_y/I_x=1.01, I_z/I_x=1.50)　　(d) 角速度时间历程(I_y/I_x=1.60, I_z/I_x=1.50)

图 1.2.1　卫星自旋动力学问题

回顾例 1.1.1 的单摆问题，虽然将重力矩 $mgl\sin\theta$ 近似为 $mgl\theta$ 时略去了非线性项，但仍保留下小幅摆动时动量矩的变化率等于重力矩的本质，因此可近似描述单摆的小幅摆动。对于例 1.1.2 的屈曲梁，其中间平衡位形不稳定，梁无法在其附近振动，故略去非线性项导致错误。在例 1.2.1 中，式(a)是自由刚体在连体坐标系中的动力学方程，其左端是动量矩向量对连体坐标系的相对变化率和连体坐标系的转动效应，略去式(a)中的非线性项，导致动量矩向量成为常向量，自由刚体无法在平衡点附近振动。

上述情况表明，在处理非线性动力学问题时，必须慎重考虑能否略去非线性项。通常，若系统在某个平衡点处的线性刚度项非正(或刚度矩阵非正定)，则略去非线性项会引起本质性错误。上述屈曲梁和卫星自旋问题，均属于这类情况。

1.2.2　获得解析解的思路

在一般情况下，非线性动力学问题并无解析解。但在某些特殊情况下，有可能存在解析解或近似解析解。

例 1.2.2　针对例 1.2.1 中的情况①，求卫星运动的解析解。

解　记 $\eta \equiv I_z/I_x > 1$，根据 $I_y/I_x = 1$，可将例 1.2.1 中的式(a)简化为

$$\begin{cases} \dot{\omega}_x + (\eta - 1)\omega_z\omega_y = 0 \\ \dot{\omega}_y + (1 - \eta)\omega_x\omega_z = 0 \\ I_z\dot{\omega}_z = 0 \\ \omega_x(0) = \omega_{x0}, \quad \omega_y(0) = \omega_{y0}, \quad \omega_z(0) = \omega_{z0} > 0 \end{cases} \tag{a}$$

先求解式(a)中的第三个微分方程,将解 $\omega_z(t)=\omega_{z0}$ 代入前两个微分方程,可得到简化的二阶线性微分方程

$$\begin{cases}\ddot{\omega}_x+(\eta-1)^2\omega_{z0}^2\omega_x=0\\ \omega_x(0)=\omega_{x0}, \quad \dot{\omega}_x(0)=(1-\eta)\omega_{z0}\omega_{y0}\end{cases} \tag{b}$$

由式(b)解出

$$\omega_x(t)=\omega_{x0}\cos(\omega t)-\omega_{y0}\sin(\omega t), \quad \omega\equiv\omega_{z0}(\eta-1) \tag{c}$$

将式(c)代入式(a)的第一式,得到

$$\omega_y(t)=\omega_{x0}\sin(\omega t)+\omega_{y0}\cos(\omega t) \tag{d}$$

由式(c)和式(d)可见,卫星角速度 $\omega_x(t)$ 和 $\omega_y(t)$ 的振动频率 ω 正比于自旋角速度幅值 ω_{z0},有别于线性系统的固有频率。

例 1.2.3[M] 针对例 1.2.1 的情况②,讨论获得卫星运动近似解的可能性。

解 仍记 $\eta\equiv I_z/I_x>1$,此时 $I_y/I_x-1=0.01$ 是一个小量,这启发我们引入无量纲的小参数 $0<\varepsilon\ll1$,使得 $I_y/I_x=1+\varepsilon$,进而将例 1.2.1 中的式(a)改写为

$$\begin{cases}\dot{\omega}_x+[\eta-(1+\varepsilon)]\omega_z\omega_y=0\\ (1+\varepsilon)\dot{\omega}_y+(1-\eta)\omega_x\omega_z=0\\ \eta\dot{\omega}_z+\varepsilon\omega_y\omega_x=0\\ \omega_x(0)=\omega_{x0}, \quad \omega_y(0)=\omega_{y0}, \quad \omega_z(0)=\omega_{z0}>0\end{cases} \tag{a}$$

现允许小参数 ε 连续变化,根据常微分方程的解关于参数依赖性,可将式(a)的解表示为

$$\begin{cases}\omega_x(t)=\omega_x^0(t)+\varepsilon\omega_x^1(t)+\cdots\\ \omega_y(t)=\omega_y^0(t)+\varepsilon\omega_y^1(t)+\cdots\\ \omega_z(t)=\omega_z^0(t)+\varepsilon\omega_z^1(t)+\cdots\end{cases} \tag{b}$$

将式(b)代入式(a)的微分方程组,比较 ε 的同次幂,得到

$$\varepsilon^0:\quad\begin{cases}\dot{\omega}_x^0+(\eta-1)\omega_z^0\omega_y^0=0\\ \dot{\omega}_y^0+(1-\eta)\omega_x^0\omega_z^0=0\\ \dot{\omega}_z^0=0\\ \omega_x^0(0)=\omega_{x0}, \quad \omega_y^0(0)=\omega_{y0}, \quad \omega_z^0(0)=\omega_{z0}\end{cases} \tag{c}$$

$$\varepsilon^1:\quad\begin{cases}\dot{\omega}_x^1+(\eta-1)(\omega_y^0\omega_z^1+\omega_z^0\omega_y^1)-\omega_z^0\omega_y^0=0\\ \dot{\omega}_y^1+(1-\eta)(\omega_x^0\omega_z^1+\omega_z^0\omega_x^1)+\dot{\omega}_y^0=0\\ \eta\dot{\omega}_z^1+\omega_x^0\omega_y^0=0\\ \omega_x^1(0)=0, \quad \omega_y^1(0)=0, \quad \omega_z^1(0)=0\end{cases} \tag{d}$$

显然,式(c)与例 1.2.2 中的式(a)相同,其解为

$$\begin{cases}\omega_x^0(t)=\omega_{x0}\cos(\omega t)-\omega_{y0}\sin(\omega t), \quad \omega\equiv\omega_{z0}(\eta-1)\\ \omega_y^0(t)=\omega_{y0}\cos(\omega t)+\omega_{x0}\sin(\omega t)\\ \omega_z^0(t)=\omega_{z0}\end{cases} \tag{e}$$

将式(e)代入式(d),得到可求解的线性微分方程组。以其第三个方程为例,可表示为

$$\eta\dot{\omega}_z^1=-\omega_x^0\omega_y^0=-\omega_{x0}\omega_{y0}\cos(2\omega t)+\frac{(\omega_{y0})^2-(\omega_{x0})^2}{2}\sin(2\omega t) \tag{f}$$

对式(f)积分并代入例 1.2.1 中式(c)所给的初始条件，得到

$$\omega_z^1(t) = -\frac{\omega_{x0}\omega_{y0}}{2\eta(\eta-1)\omega_{z0}}\sin(2\omega t) \approx 0.168\sin(2\omega t) \tag{g}$$

根据式(b)和 $\varepsilon=0.01$，得到 $\omega_z(t)$ 的一次近似解

$$\omega_z(t) \approx \omega_z^0(t) + \varepsilon\omega_z^1(t) = 2\pi + 0.00168\sin(2\omega t) \tag{h}$$

图 1.2.2 给出式(h)与图 1.2.1(c)的对比，表明该近似解析解可描述卫星绕 z 轴自旋角速度的变化，但得到的频率略低。此外，若增大 ε，则近似解精度显著下降。建议读者思考，如何改进近似解的精度。

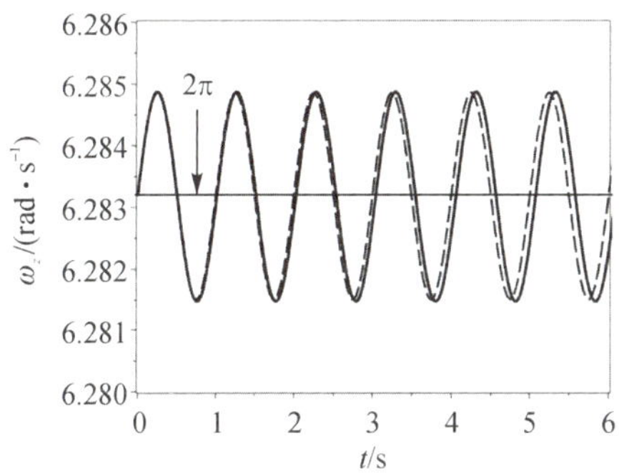

图 1.2.2　卫星绕 z 轴自旋角速度的计算结果(实线:高精度数值解;虚线:近似解)

值得指出，1849 年，德国数学家雅可比(Carl G. J. Jacobi，1804—1851)采用椭圆函数表示的积分，得到了可精确描述例 1.2.1 中所有情况的解析解①。在非线性动力学研究中，这属于罕见的情况。

虽然例 1.2.3 仅给出例 1.2.1 中情况②的近似解，但提供了一类求解非线性动力学问题的思路：即采用小参数 $0\leqslant\varepsilon\ll 1$ 来描述待求解的非线性动力学问题，从 $\varepsilon=0$ 时相对容易求解的问题出发，通过小参数摄动，获得 $0<\varepsilon\ll 1$ 时的近似解。在本书第 4 章～第 6 章，将介绍基于这种思路的几种摄动法，并用这些方法处理丰富多彩的非线性动力学问题。

1.2.3　获得数值解的思路

虽然例 1.2.2 和例 1.2.3 给出了例 1.2.1 在两种特殊情况下的精确解和近似解，但要在一般情况下获得三维自由刚体动力学方程的精确解并非易事。事实上，在非线性动力学中，只有少数简单问题有精确解。由于线性系统的叠加原理不适用于非线性系统，这些简单问题的精确解无法叠加组成复杂问题的解。因此，需要采用数值方法来求解非线性动力学问题。

本书第 9 章将较为系统地介绍数值方法。在第 9 章之前，也时常涉及数值方法，故在此简要介绍数值方法的思路。

例 1.2.4　对于例 1.2.1 中的卫星自旋动力学问题，构造数值计算格式。

解　将例 1.2.1 的式(a)写为向量形式

$$\dot{\boldsymbol{\omega}} = \boldsymbol{f}(\boldsymbol{\omega}),\quad \boldsymbol{\omega}(0) = \boldsymbol{\omega}_0 \tag{a}$$

① 刘延柱. 陀螺力学 [M]. 2 版. 北京：科学出版社，2009，39-40.

其中

$$\boldsymbol{\omega} \equiv \begin{bmatrix} \omega_x \\ \omega_y \\ \omega_z \end{bmatrix}, \quad \boldsymbol{f}(\boldsymbol{\omega}) \equiv \begin{bmatrix} a_x\omega_y\omega_z \\ a_y\omega_z\omega_x \\ a_z\omega_x\omega_y \end{bmatrix}, \quad \boldsymbol{\omega}_0 \equiv \begin{bmatrix} \omega_{x0}(0) \\ \omega_{y0}(0) \\ \omega_{z0}(0) \end{bmatrix},$$

$$a_x \equiv \frac{I_y - I_z}{I_x}, \quad a_y \equiv \frac{I_z - I_x}{I_y}, \quad a_z \equiv \frac{I_x - I_y}{I_z} \tag{b}$$

求解式(a)的思路是：对于给定的初始时刻 $t=0$ 和终止时刻 t_e，取正整数 N，将时间段 $[0,t_e]$ 离散为

$$t_k = k\Delta t, \quad \Delta t \equiv t_e/N, \quad k \in I_N \tag{c}$$

其中，$I_N \equiv \{1,2,\cdots,N\}$ 是本书定义的**指标集**。在各时间区间 $[t_{k-1},t_k]$ 上对式(a)积分，根据积分中值定理，存在 $\tau_k \in [t_{k-1},t_k]$，使得

$$\boldsymbol{\omega}(t_k) = \boldsymbol{\omega}(t_{k-1}) + \int_{t_{k-1}}^{t_k} \boldsymbol{f}(\boldsymbol{\omega}(\tau))\,\mathrm{d}\tau = \boldsymbol{\omega}(t_{k-1}) + \boldsymbol{f}(\boldsymbol{\omega}(\tau_k))\Delta t, \quad k \in I_N \tag{d}$$

显然，如果 Δt 足够小，则可视 $\boldsymbol{f}(\boldsymbol{\omega}(\tau_k)) \approx \boldsymbol{f}(\boldsymbol{\omega}(t_{k-1}))$，得到计算格式

$$\boldsymbol{\omega}(t_k) \approx \boldsymbol{\omega}(t_{k-1}) + \boldsymbol{f}(\boldsymbol{\omega}(t_{k-1}))\Delta t, \quad k \in I_N \tag{e}$$

这种格式用一阶差分替代微分，简称为**一阶差分法**。以例 1.2.1 中最复杂的情况③为例，图 1.2.3(a)给出选取 $\Delta t=0.01$ s 得到的计算结果，它与图 1.2.1(d)高度吻合。

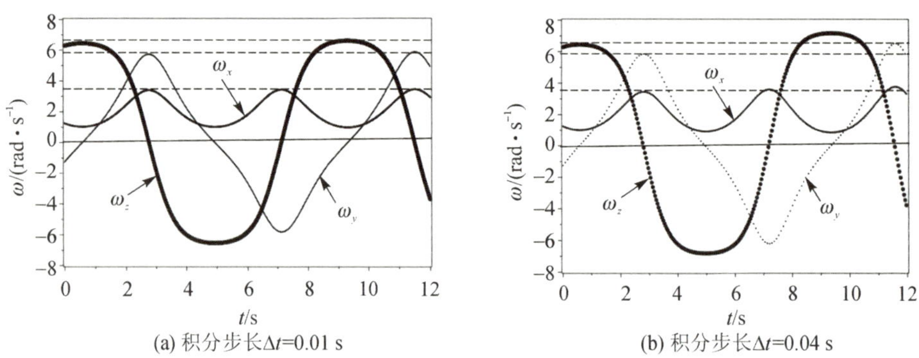

图 1.2.3　卫星自旋角速度的时间历程($I_y/I_x=1.60, I_z/I_x=1.50$)

当然，如果无法保证 Δt 足够小，则一阶差分法可能失效。例如，本例中的自旋卫星是保守系统，其角速度振幅应为常数。但如果取 $\Delta t=0.04$ s，则图 1.2.3(b)中的三个振幅均随时间延续而增加，不满足保守系统的要求，计算结果失效。

由例 1.2.4 可见，数值方法的关键是获得高精度向量 $\boldsymbol{f}(\boldsymbol{\omega}(\tau_k))$，$\tau_k \in [t_{k-1},t_k]$。对于随时间连续变化的向量 $\boldsymbol{f}(\boldsymbol{\omega}(t))$，可采用区间 $[t_{k-1},t_k]$ 中多个点的向量来构造高阶计算格式。在历史上，德国数学家龙格(Carl D. T. Runge，1856—1927)和库塔(Martin W. Kutta，1867—1944)最先构造了通用的四阶计算格式，简称为**Runge - Kutta 法**。本书后续章节常用 Runge - Kutta 法提供的数值解作为参考基准，并在 9.1.1 节介绍该方法及其改进格式。

1.2.4　计算机辅助分析简介

上述几个例题表明，非线性动力学研究涉及许多公式推导、数值计算、绘图分析。读者若

采用 Matlab、Maple 等计算机软件来完成这些工作，则可将精力聚焦到非线性动力学的内涵上。目前，理工类本科生大多已熟悉数值计算软件 Matlab，故本书引导读者用计算机代数软件 Maple 完成公式推导、数值计算和绘图分析。

例 1.2.5 将例 1.1.2 中屈曲梁中点自由振动的动力学方程改写为

$$v\frac{\mathrm{d}v}{\mathrm{d}u}-u+u^3=0,\quad u\equiv\bar{w},\quad v\equiv\frac{\mathrm{d}u}{\mathrm{d}\tau},\quad \frac{\mathrm{d}^2\bar{w}}{\mathrm{d}\tau^2}=\frac{\mathrm{d}v}{\mathrm{d}\tau}=\frac{\mathrm{d}v}{\mathrm{d}u}\frac{\mathrm{d}u}{\mathrm{d}\tau}=v\frac{\mathrm{d}v}{\mathrm{d}u}\tag{a}$$

在 Maple 平台上对式(a)中第一式积分，得到能量函数

$$E(u,v)=\frac{v^2}{2}-\frac{u^2}{2}+\frac{u^4}{4}+c\tag{b}$$

其中，c 为积分常数。依次选取 $c=-0.1,\ 0.0,\ 0.1$，在二维平面(u,v)上绘制隐函数 $E(u,v)=0$ 所确定的曲线(u,v)，进而讨论屈曲梁的运动。

解 启用 Maple，进入 New Worksheet，在命令提示符“>”后逐行输入表 1.2.1 中的命令(黑色细圆体)并按回车键，即可得到图 1.2.4 中的结果。

此处，命令“restart”是清零启动；命令“with(plots)”是调用绘图命令包；“#”用于进行注解，“:=”是赋值符；“;”和“:”是命令结束符，分别是显示和不显示结果；命令“diff”是求导数；命令“int”是求不定积分；命令“for ... do... od”定义循环语句；命令“implicitplot”是对二维隐函数绘图；命令“display”将多幅后台绘制的图合并显示。

表 1.2.1 例 1.2.5 的 Maple 程序

```
>restart: with(plots):
>#定义微分方程并获得能量积分
>eq:=(diff(v(u), u)) * v(u)-u+u^3:
>E:=int(eq, u)+c;
```

$$E=-\frac{1}{2}u^2+\frac{1}{4}u^4+\frac{1}{2}v(u)^2+c$$

```
>#定义 c 的变化步长 dc 和存放绘图的集合 P,对不同能量 E 绘图,最后一并显示
>dc:=0.1: P:={}:
>for i to 3 do c:=(i-2) * dc: p:=implicitplot(E, u=-1.5..1.5, v=-1..1, numpoints=20000): P:=p union P od:
>display([op(P)]);
```

为分析图 1.2.4，在曲线(u,v)上标注其随时间增加的延伸方向，称该曲线为梁运动的相轨线。由图可见，当 $c=-0.1$ 时，相轨线是平衡点$(\pm1,0)$附近的封闭曲线，代表小幅周期运

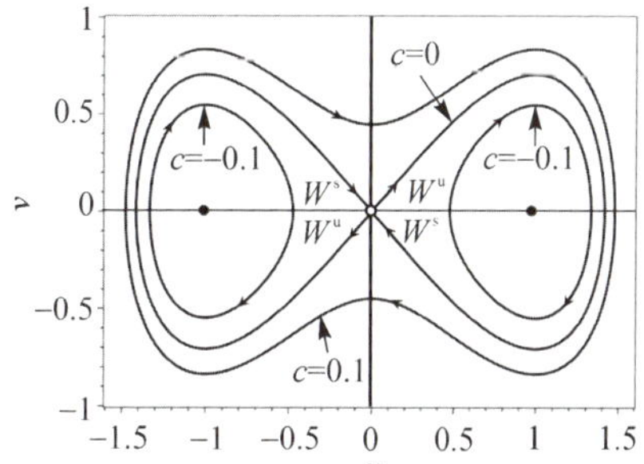

图 1.2.4 屈曲梁自由振动的相轨线(圆点:中心;圆圈:鞍点)

动;这类平衡点称为中心。当 $c=0.1$ 时,相轨线为大幅周期运动。当 $c=0$ 时,梁在平衡点(0,0)附近的运动既可沿相轨线 W^s 趋于点(0,0),也可沿相轨线 W^u 离开点(0,0);这类平衡点称为鞍点,W^s 和 W^u 分别为它的稳定流形和不稳定流形,可统称不变流形。流形是几何术语,可理解为由光滑曲线或曲面拼成的几何体,其每个局部开集与欧氏空间的开集间有可逆光滑映射。

值得指出,上述程序的运行结果 E 是表达式,而不是数值,这就是 Maple 的符号推导功能。建议读者阅读本书附录,更全面了解 Maple 软件功能及为各章提供的程序。

1.3 非线性动力学的发展与应用

1.3.1 非线性动力学简史

人类对非线性动力学的研究可追溯到 16～17 世纪对行星运动规律的探索,并由此形成了“观测数据—研究数据—发现知识”的科学研究范式。1563—1600 年,丹麦天文学家第谷(Brahe Tycho,1546—1601)通过长期观测,记录下许多行星的轨道数据;1600—1618 年,德国天文学家开普勒(Johannes Kepler,1571—1630)从这些数据中计算总结出行星的运动学规律;1687 年,英国科学家牛顿(Isaac Newton,1643—1727)基于上述运动学规律推导出万有引力公式。按现代系统动力学的观点,上述研究属于动力学反问题,即已知系统运动(输出),建立描述系统的动力学方程和求解作用在系统上的力(输入)。

所谓动力学正问题,是已知系统动力学方程和力(输入),求解系统运动(输出)。由于非线性动力学方程的求解非常困难,从 18 世纪到 19 世纪中期,非线性动力学的研究进展缓慢。自 19 世纪后期起,对非线性动力学正问题的探索取得重要进展。1881—1886 年,法国数学力学家庞加莱(Henri Poincaré,1854—1912)对二维非线性系统的平衡点进行分类,开创了定性研究非线性动力学问题的先河。1882 年,瑞典数学家林德斯泰特(Anders Lindstedt,1854—1939)在前人对小参数摄动法的研究基础上,建立了可消除永年项、求解周期运动的奇异摄动法,为定量研究非线性动力学问题开辟了途径。

进入 20 世纪后,非线性动力学的研究进入蓬勃发展期,并开始涉及工程系统的非线性振动。例如,1918 年德国工程师杜芬(Georg Duffing,1861—1944)研究了具有立方非线性的机械系统自由振动;1920 年荷兰物理学家范德波尔(Balthasar van der Pol,1889—1959)研究了非线性电路的自激振动;1933 年美国力学家邓哈托(Jacob P. den Hartog,1901—1989)研究了输电线因结冰而引起的非线性自激振动。他们的研究提供了直观、清晰的物理图像。与此同时,一批数学家致力于非线性振动的理论研究。例如,1934—1955 年,苏联数学家克雷洛夫(Nikolay M. Krylov,1879—1955)和博戈留波夫(Nikolay N. Bogoliubov,1909—1992)针对含小参数的非线性系统,提出平均法求解周期振动,可获得慢时变幅值和慢时变初相位。该方法经苏联数学家米特罗波尔斯基(Yurii A. Mitropolsky,1917—2008)的严格证明,发展为以他们三人姓氏首字母命名的 KBM 方法,又称渐近分析方法。他们的研究不仅为非线性振动分析奠定了严格的数学基础,而且推动解决了一批工程问题。

自 20 世纪 60 年代起,现代数学、计算机的发展促使非线性动力学研究走向理论、计算和实验的融合发展。例如,1963 年,美国气象学家洛伦茨(Edward N. Lorenz,1917—2008)在计算机上求解热对流问题时发现了混沌现象，即非线性系统的动响应对初值异常敏感。几乎同期，美国数学家斯梅尔(Stephen Smale，1930—)从拓扑学角度揭示了马蹄映射意义下的混沌内在规律。这些研究极大地推动了对非线性系统的稳定性、分岔和混沌研究，逐步形成了非线性科学。

近年来，数据驱动研究正有力推动着非线性动力学的发展。目前的研究热点之一是，基于海量数据来建立非线性系统的动力学模型，揭示其动力学规律并实施动力学控制①。

1.3.2 非线性动力学的工程应用

20 世纪上半叶，工程界对非线性动力学的了解还不多，通常回避或忽略非线性问题。自 20 世纪下半叶起，工程界对非线性共振、同步等现象有了认识，开始在振动机械中利用这些现象，改善产品性能。进入 21 世纪以来，工程界日益关注和利用非线性动力学的研究成果。例如，利用非线性屈曲现象，发明了具有准零刚度的非线性隔振系统，可有效隔离低频振动。又如，利用缺失线性刚度项的非线性系统，设计了能量转移装置，可有效降低结构振动。再如，非线性动力学理论在面向深空探测的航天器轨道设计中发挥了不可替代的作用。

例 1.3.1 为了研究航天器在太阳-地球系统中的运动，在地球轨道平面上建立图 1.3.1(a)所示旋转坐标系 Oxy，其原点位于日-地系统的质心。在该旋转坐标系中，航天器受到太阳引力 $\boldsymbol{f}_s$、地球引力 $\boldsymbol{f}_e$、坐标系旋转引起的惯性力 $\boldsymbol{f}_c$。在图中的五个点 $L_i, i \in I_5$(称为 Lagrange 点)，上述合力为零。其中，L_4 和 L_5 点是例 1.2.5 所介绍的中心，航天器可在其附近做不消耗能量的周期运动；L_1, L_2, L_3 点是鞍点，在每个鞍点附近都存在类似于例 1.2.5 的稳定流形 W^s 和不稳定流形 W^u，航天器可不耗能而沿着 W^s 飞向鞍点，或沿着 W^u 飞离鞍点。

此外，在上述三个鞍点附近均存在不稳定的周期轨道和拟周期轨道(后者的多个谐波频率之比为无理数)，它们都具有二维稳定流形和不稳定流形。图 1.3.1(b)以 L_2 点附近的一个拟周期轨道为例②，给出三维空间中的二维管状稳定流形 W^s 和不稳定流形 W^u。图中坐标单位 AU≡1.5×10^0 km 是日-地间平均距离，简称为天文单位。

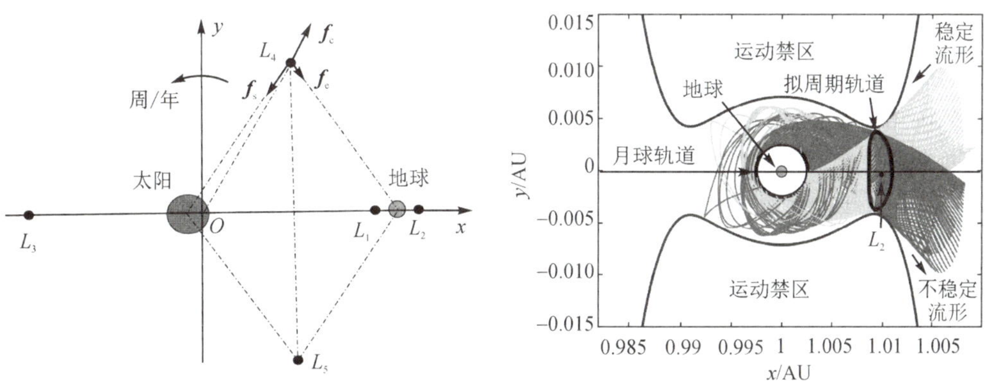

(a) 日-地质心旋转坐标系中的Lagrange点　　(b) L_2点附近的拟周期轨道及其不变流形

彩图

图 1.3.1 日-地系统中的 Lagrange 点及拟周期轨道的不变流形

---

① Brunton S L, Kutz J N. Data-Driven Science and Engineering: Machine Learning, Dynamical Systems and Control [M]. 2nd ed. Cambridge: Cambridge University, 2021: 303-501.

② 胡海岩. 力学工程问题 [M]. 北京：科学出版社，2024：202.

2011 年 6 月 8 日～8 月 25 日，我国“嫦娥二号”探测器在完成绕月球探测任务后，从距离地球约 3.8×10^5 km 的绕月轨道出发，用很少的剩余燃料转移到日-地系统 L_2 点附近的拟周期轨道稳定流形 W^s 上，自动飞往距离地球约 1.5×10^6 km 的拟周期轨道，对 L_2 点实施了科学探测。2012 年 4 月 15 日～12 月 13 日，该探测器又沿着相应的不稳定流形 W^u 飞离该轨道，飞往距离地球 6.93×10^6 km 的图塔蒂斯(Toutatis)小行星，在人类历史上首次探测该小行星，获得了 10 m 分辨率的高清晰度照片。图 1.3.2 是“嫦娥二号”探测器的飞行轨道示意图。

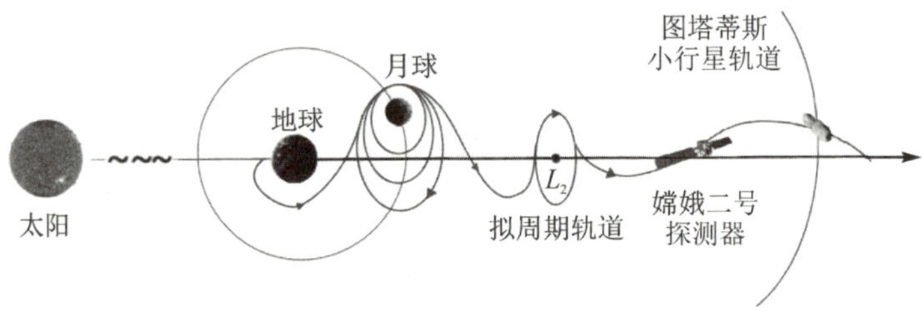

图 1.3.2 “嫦娥二号”探测器的飞行轨道示意图

由此可见，工程师一旦掌握了非线性动力学规律，就可根据这些规律发明新技术、研制新产品。因此，目前越来越多的工程师希望学习和利用非线性动力学。本书第 10 章将进一步通过案例，介绍非线性动力学的若干应用。

1.4 本书框架与内容安排

本书的主要读者大多首次接触非线性动力学问题。因此，作者在本书选材和内容编排上的首要考虑就是少而精，易入门；其次是适当压缩传统内容，使读者尽可能多接触现代研究进展，为今后从事非线性动力学的应用研究提供向导。

本书内容分为四部分：第 2 章，非线性系统的动力学建模；第 3 章～6 章，经典的非线性振动定性分析和定量分析；第 7 章～第 9 章，近代的非线性动力学理论与数值计算；第 10 章，非线性动力学的应用；现逐一介绍如下。

(a) 研究非线性动力学问题的第一步是基于数理知识或实验数据建立研究对象的数学模型，简称为理论建模和实验建模。鉴于建模问题在非线性动力学研究中的重要性和机器学习的快速发展，第 2 章专门介绍如何基于知识和数据建立非线性系统的动力学模型。

(b) 第 3 章至第 6 章属于经典的非线性振动分析，其传统内容体系有两种。一是介绍非线性振动系统的分析方法，二是介绍非线性振动系统的特有现象。这两种体系各有优点，不易兼顾。为了分散难点，本书先以单自由度自治系统为对象，在第 3 章和第 4 章分别介绍定性分析方法和定量分析方法。在第 5 和第 6 章中，则采用定量分析方法分别讨论单自由度非自治系统振动和多自由度系统振动，介绍非线性振动问题的若干现象和规律。

(c) 第 7 章至第 9 章属于近代非线性动力学理论与数值计算。第 7 章将介绍非线性动力学的稳定性与分岔理论，这是非线性振动经典内容向近代内容的转折。为了与近代文献相衔接并使读者接受必要的学术训练，该章包括了若干理论证明。第 8 章以通俗方式介绍混沌运动及其控制方法，这是 20 世纪 80 年代后兴起的研究热点。第 9 章则在第 7 章和第 8 章基础上，介绍若干数值计算方法，对非线性系统的稳定性、分岔和混沌进行计算和分析。

(d) 第 10 章通过三个工程案例介绍非线性动力学的应用，其内容包括：基于非线性系统主共振的能量采集技术，基于准零刚度弹性元件的非线性隔振技术，基于摩擦阻尼的绳系卫星纵向振动抑制技术。该章将综合运用前三个部分所介绍的动力学建模、分析和计算方法，为读者提供综合性训练。

习　题

1-1　通过检索网络资料，概述 20 世纪 60 年代以来的非线性动力学发展简史。

1-2　通过查阅学术文献，了解日一地系统的 Lagrange 点及其性质；将航天器视为旋转坐标系中的质点，根据受力平衡，分析为何 L_2 点是鞍点，而 L_4 点是中心。

1-3　对于例 1.1.2 所介绍的屈曲梁，根据图 1.2.4 中的相轨线，思考图 1.1.2 中自由振动现象和受迫振动现象的力学机理。

1-4　回顾例 1.2.3，采用小参数摄动方法求解卫星的自旋角速度 $\omega_z(t)$，得到的结果不够精确，思考解决该问题的途径。

1-5　在 Maple 平台上，将例 1.2.4 提供的一阶差分法撰写为程序，计算图 1.2.3 所示的卫星自旋角速度时间历程。

1-6　在 Maple 平台上，将单摆动力学方程表示为一阶常微分方程组；编写一阶差分法的程序，计算初始角速度为零、初始角位移为 $\theta(0)=0.5\pi$ rad 和 $\theta(0)=0.9\pi$ rad 的自由振动；将单摆动力学方程中的 $(g/l)\sin\theta$ 近似为五次幂函数，通过数值计算验证近似动力学方程的有效性。

第 2 章　非线性系统的动力学建模

研究非线性动力学问题的第一步是建立系统的数学模型。通常，建模前要对系统的构成进行分析，尽可能把握系统的主要因素；然后，根据已掌握的信息决定建模方法。完全基于科学知识进行建模可称作理论建模，而基于实验的建模可称作实验建模。在实践中，可交替采用这两种建模方法进行相互检验，或混合采用两种方法进行复杂系统的联合建模。通常，实验建模基于测试数据，可理解为数据驱动建模；而理论建模基于知识，可理解为知识驱动建模。本章先介绍系统的非线性因素及其分类，然后分别介绍这两类建模方法。

2.1　非线性系统及其分类

力学系统的非线性因素可分为以下两类：一是几何非线性，源自系统的大范围运动和大变形；二是物理非线性，源自材料的非线性本构关系，系统内部或边界发生的碰撞和摩擦，流场、电磁场的非线性效应等。

显然，上述非线性力学因素的分类是表象的。在非线性动力学中，主要根据非线性力学因素导致的系统行为差异对系统分类。本节以单自由度系统为例，介绍由非线性力学因素确定的系统分类。不失一般性，将单自由度系统的动力学方程表示为

$$m\ddot{u}(t)+f(u(t),\dot{u}(t),t)=f_e(t) \tag{2.1.1}$$

其中，$f_e(t)$是作用在系统上的外力，$-m\ddot{u}(t)$ 是系统惯性力；$-f(u,\dot{u},t)$是系统位移 $u(t)$、速度 $\dot{u}(t)$和时间 t 的非线性函数，是作用在系统上的其他力，而 $f(u,\dot{u},t)$是对应的非线性反力。本节通过一些例子，帮助读者建立对非线性反力 $f(u,\dot{u},t)$的认识。

2.1.1　保守系统

能量守恒的系统称作保守系统。此时，式(2.1.1)简化为

$$m\ddot{u}(t)+f(u(t))=0 \tag{2.1.2}$$

其中，非线性反力 $f(u)$是仅依赖于系统位移 u 的有势力，例如重力的反力、弹性力的反力等。

图 2.1.1(a)所示单摆是最简单的保守系统之一，其摆动角满足动力学方程

$$\ddot{u}(t)+\frac{g}{l}\sin(u(t))=0 \tag{2.1.3}$$

将式(2.1.2)与式(2.1.3)对比可见，该系统的非线性反力是

$$f(u)=\frac{g}{l}\sin u \tag{2.1.4}$$

如图 2.1.1(b)所示，若摆角幅值 $|u|<1$ rad，可利用正弦函数的三次幂展开，将式(2.1.3)简化为

$$\ddot{u}(t)+\frac{g}{l}\left[u(t)-\frac{1}{6}u^3(t)\right]=0 \tag{2.1.5}$$

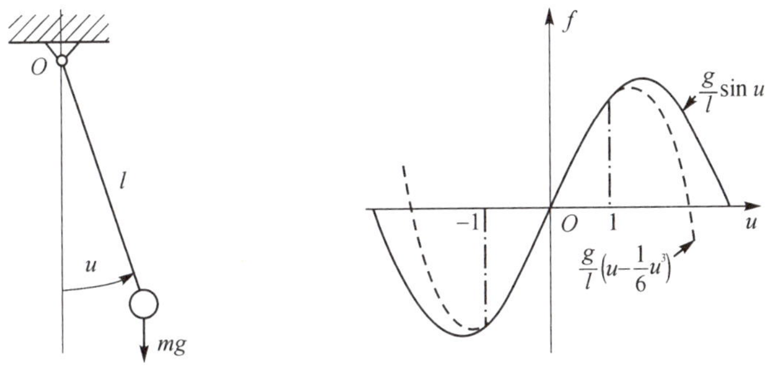

(a) 力学模型　　(b) 非线性反力及其三次近似

图 2.1.1　重力场中的单摆自由振动问题

式(2.1.5)的一般形式是具有立方非线性项的动力学方程

$$\ddot{u}(t)+au(t)+bu^3(t)=0 \tag{2.1.6}$$

其中，系数 a 和 b 是常数。为了纪念最早研究这类非线性系统振动的德国工程师 Duffing，人们将式(2.1.6)所描述的系统称为Duffing 系统。因此，摆角幅值满足 $|u|<1$rad 的单摆可简化为 Duffing 系统，其系数是 $a=g/l>0$ 和 $b=-g/(6l)<0$。

Duffing 系统的另一个例子是图 2.1.2 所示端部有集中质量的细长梁。梁的中等挠度变形(指梁的端部挠度与长度之比为 0.1～0.3)会产生图示的非线性反力，若梁的质量远小于端部集中质量，则梁的中等挠度自由振动近似满足式(2.1.6)，其中，$a>0$ 且 $b>0$。

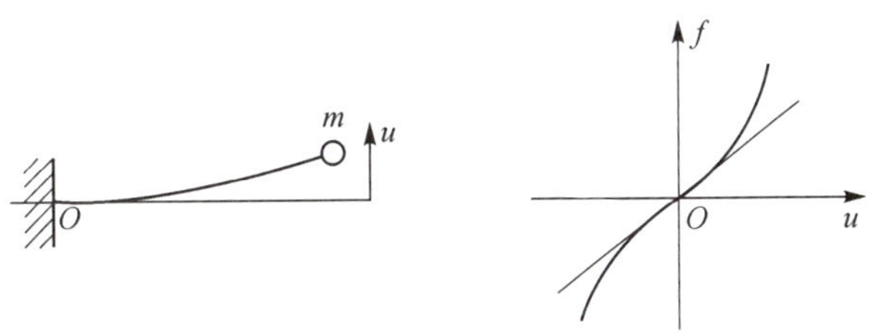

图 2.1.2　具有端部质量的细长梁中等挠度变形及其非线性反力

如果将式(2.1.2)所描述的保守系统与单自由度线性系统类比，可认为 $f(u)$ 相当于非线性弹簧产生的反力。因此，可定义非线性刚度系数

$$k(u)\equiv\frac{\mathrm{d}f(u)}{\mathrm{d}u} \tag{2.1.7}$$

显然，非线性刚度系数与系统位移 u 大小有关。如果 $|k(u)|$ 随着 $|u|$ 增加而递增，则称系统刚度渐硬或刚度硬化；反之则为刚度渐软或刚度软化。因此，单摆属于刚度软化系统，而带集中质量的中等挠度细长梁则属于刚度硬化系统。

在机械系统中,含间隙的约束比比皆是。例如,图 2.1.3 中两根杆件通过圆柱铰相连接,铰内部具有间隙。当杆件运动时,铰的轴颈和轴套会发生碰撞,产生非线性反力。

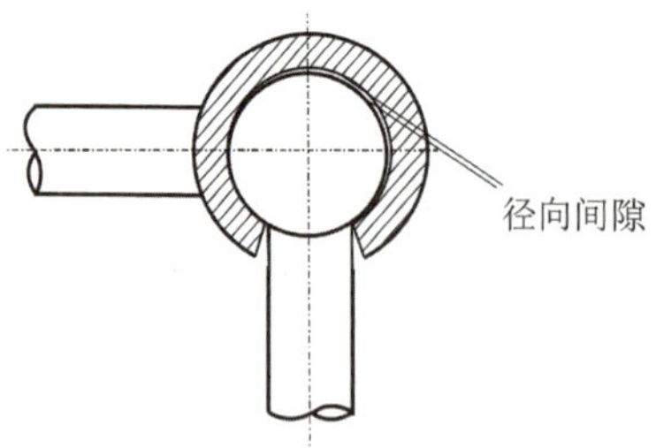

图 2.1.3　含间隙的圆柱铰

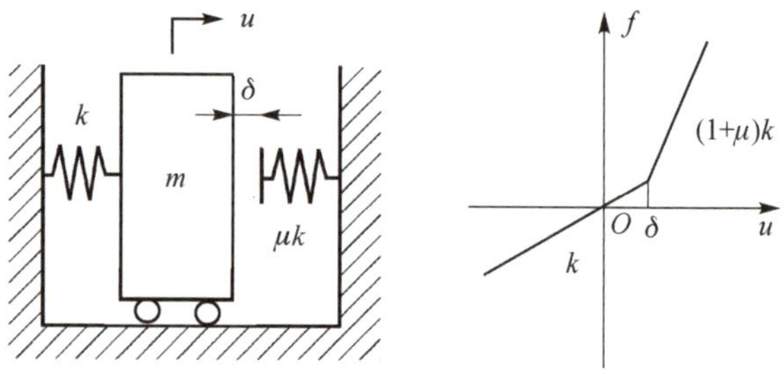

图 2.1.4　含弹性约束的系统及其分段线性反力

图 2.1.4 是含间隙约束的单自由度系统,其非线性反力是位移 u 的分段线性函数

$$f(u)=\begin{cases}ku, & u\leqslant\delta\\ ku+\mu k(u-\delta), & u>\delta\end{cases}\tag{2.1.8}$$

因此,该系统被称为分段线性系统。显然,它是刚度硬化系统。

2.1.2　非保守系统

非保守系统的能量不守恒,系统或是存在内部耗能因素,或是从外界吸收能量。下面讨论几种造成系统非保守的非线性力学因素。

1. 非线性阻尼

由阻尼耗能导致的非保守系统可表示为

$$m\ddot{u}(t)+f(\dot{u}(t))+ku(t)=0\tag{2.1.9}$$

其中,非线性反力形如

$$f(\dot{u})=c\,|\dot{u}|^{s-1}\dot{u},\quad c>0,\quad s=0,1,2,\cdots\tag{2.1.10}$$

(a) 当 $s=1$ 时,$f(\dot{u})$是读者已熟悉的线性黏性阻尼反力,适用于描述物体在空气或液体中做低速运动时产生的阻尼反力。

(b) 当 $s=2$ 时,$f(\dot{u})$是低黏度流体阻尼反力,适用于描述物体在空气或低黏度液体中做高速运动时产生的阻尼反力。

(c) 当 $s=0$ 时,可在形式上得到

$$f(\dot{u})=c\,\mathrm{sgn}\dot{u}\equiv\mu N\,\mathrm{sgn}\dot{u}\tag{2.1.11}$$

此时,$f(\dot{u})$是以法国物理学家库伦(Charles-Augustin de Coulomb,1736—1806)名字命名的 Coulomb 摩擦反力;其中,N 为界面间正压力,μ 为动摩擦因数。若根据符号函数的定义,取 $f(0)=0$,则有悖于实际情况。事实上,Coulomb 摩擦反力 f 的正确描述如图 2.1.5(a)所示:当 $\dot{u}=0$ 时,$f\in[-f_s,f_s]$,f_s 为最大静摩擦反力;当 $\dot{u}\neq0$ 时,$f=f_k\mathrm{sgn}\,\dot{u}=\mu N\mathrm{sgn}\,\dot{u}$;$f_k=\mu N<f_s$ 为动摩擦反力。

当界面间相对速度在零附近变化时,Coulomb 摩擦反力不连续,无法描述德国工程师斯特里贝克(Richard Stribeck,1861—1950)在实验中观测到静摩擦与动摩擦之间的光滑过渡,即图 2.1.5(b)中的Stribeck 效应。历史上,许多学者试图建立描述 Stribeck 效应的模型。目

前，力学界普遍认可由瑞典隆德(Lund)工学院和法国格勒诺布尔(Grenoble)自动控制实验室共同提出的LuGre 模型。以下举例说明 LuGre 模型。

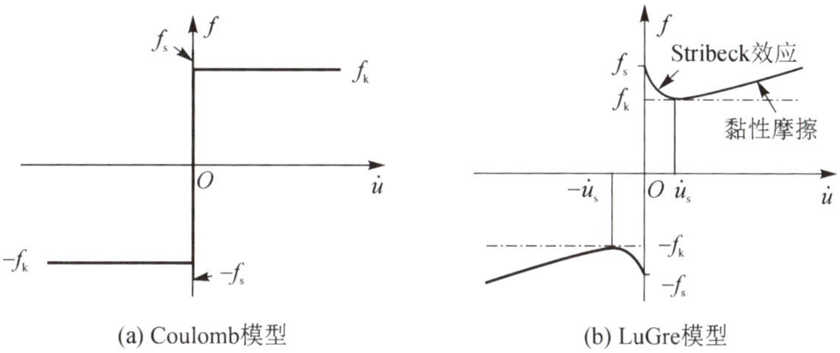

图 2.1.5　两种摩擦反力模型的对比

例 2.1.1　为了描述 Stribeck 效应，可设想两个界面间有许多微观弹性鬃毛，在正压力和摩擦力作用下，鬃毛发生弹性变形，而卸载后又恢复原状。在该模型中，摩擦反力为

$$f=\sigma_0 z+\sigma_1\dot{z}+\sigma_2\dot{u} \tag{a}$$

此处，σ_0 为鬃毛刚度，σ_1 为阻尼系数，σ_2 为黏性摩擦系数；z 为描述鬃毛平均变形的内变量，满足常微分方程

$$\dot{z}=\dot{u}-\sigma_0|\dot{u}|[f_k+(f_s-f_k)\exp(-|\dot{u}/\dot{u}_s|^\gamma)]^{-1}z \tag{b}$$

其中，$\dot{u}_s$ 如图 2.1.5(b)所示，决定着函数 $f(\dot{u})$接近 f_k 的快慢程度；γ 是描述 Stribeck 效应的形状系数。

LuGre 模型具有较高精度，但需要求解式(b)中的微分方程。如果采用数值积分方法求解系统的动力学问题，可在每个时间积分步内将 $\dot{u}(t)$视为常数，此时的式(b)是具有常系数的线性常微分方程，具有解析解。

2. 非线性迟滞

众所周知，当弹性结构的应力超过弹性极限后，结构会发生塑性变形。此时，即使完全卸载，结构仍有残余应变。即结构塑性变形后的应力不仅与当前应变有关，而且与应变历史有关。因此，应变—应力曲线会呈现多值。

图 2.1.6(a)是描述理想弹塑性结构变形的唯象模型，其非线性反力为

$$f(u,t)=k_1u+z(t),\quad dz=\begin{cases}k_2du, & |z|\leqslant z_s\\ 0, & |z|>z_s\end{cases} \tag{2.1.12}$$

其中，$z(t)$是右弹簧通过点 P 处摩擦自锁提供的反力，z_s 是摩擦反力上限。该模型确定的非线性反力 $f(u,t)$呈现分段线性，要由增量形式的微分方程来描述。若 $u(t)=u_0\sin(\omega t)$，则 $f(u,t)$随 t 周期变化，在(u,f)平面上形成图 2.1.6(b)所示的迟滞回线。该模型除了描述理想弹塑性材料，还可描述类比为图 2.1.6(a)所示系统的力学问题，如金属橡胶隔振器等。

在一般情况下，对非线性迟滞的描述需要用分段曲线。例如，采用磁流变体的阻尼器具有如下形式的非线性反力：

$$f(\dot{u},\ddot{u})=a_1\dot{u}+a_2\arctan(a_3(\dot{u}-a_4\mathrm{sgn}\ddot{u})) \tag{2.1.13}$$

图 2.1.7 是其对应的典型迟滞回线。学术界已提出许多非线性迟滞模型，《Differential Models of Hysteresis》①对其一般形式进行了归纳和抽象。

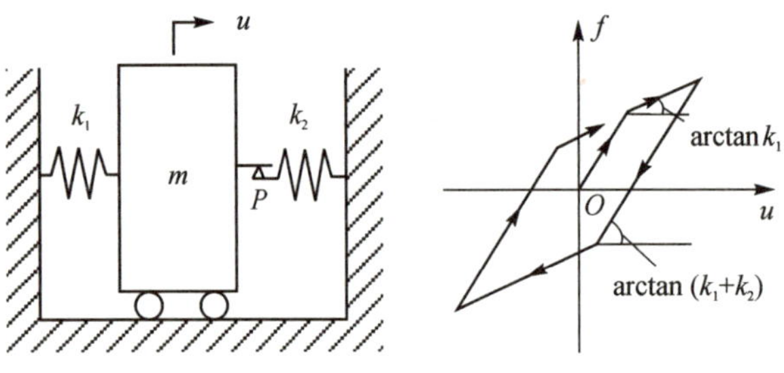

(a) 唯象模型　　(b) 迟滞回线

图 2.1.6　理想弹塑性模型及其迟滞现象

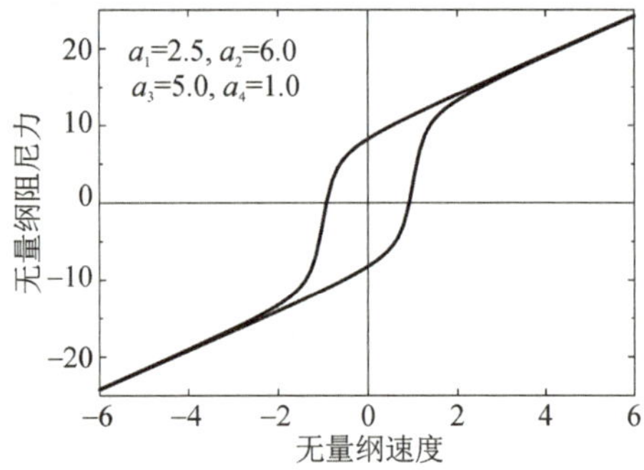

图 2.1.7　磁流变阻尼器的迟滞现象

3. 参数激励

图 2.1.8 是基础做铅垂运动 $v(t)$ 的单摆，其动力学方程为

$$ml^2\ddot{u}(t)=ml[\ddot{v}(t)-g]\sin(u(t)) \tag{2.1.14}$$

若基础做铅垂简谐振动 $v(t)=a\sin(2t)$，则上式成为

$$\ddot{u}(t)+\frac{1}{l}[g+4a\sin(2t)]\sin(u(t))=0 \tag{2.1.15}$$

将上式与式(2.1.3)对比可见，非线性项 $\sin(u(t))$ 的系数由常数 g/l 变为时间 t 的函数 $[g+4a\sin(2t)]/l$。

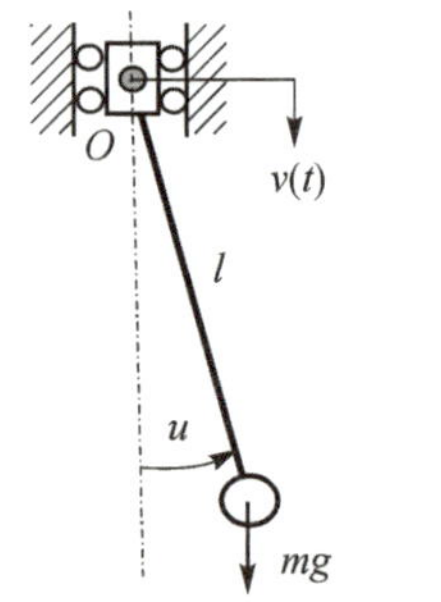

图 2.1.8　基础激励下的单摆

在本例中，基础激励以时变参数的形式出现在系统动力学方程中，因此被称作参数激励，相应的振动称作参激振动。当系统摆角幅值足够小时，式(2.1.15)的线性化方程为

$$\ddot{u}(t)+[\delta+2\varepsilon\sin(2t)]u(t)=0 \tag{2.1.16}$$

其中，$\delta\equiv g/l$，$\varepsilon\equiv 2a/l$。尽管式(2.1.16)是线性常微分方程，但其系数是随时间变化的。5.5 节将指出，这类系统的动力学行为有别于读者所熟悉的线性定常系统的振动。为了纪念最早研究这类方程的法国数学家马蒂厄(Émile L. Mathieu，1835—1890)，人们将式(2.1.16)称为 Mathieu 方程或 Mathieu 系统。

对非线性系统的分类除了按保守与非保守之外，还可按自治与非自治进行分类。自治系统是指式(2.1.1)的特殊形式

$$m\ddot{u}(t)+f(u(t),\dot{u}(t))=0 \tag{2.1.17}$$

其中，非线性反力不显含时间 t；不具备这种形式的系统称作非自治系统。在本书中，自治系统可理解为做自由振动的系统，以及将要介绍的自激振动系统；而非自治系统可理解为受外激励或参数激励的系统。

① Visitin A. Differential Models of Hysteresis [M]. Berlin: Springer-Verlag, 1994.

2.2　知识驱动建模

在本书中，知识驱动建模是指基于科学知识建立系统的动力学方程，亦即理论建模。根据系统构成要素，理论建模可分为离散系统的建模和连续系统的建模。

2.2.1　离散系统建模

由质点、刚体、不计惯性的弹性元件和阻尼元件构成的系统具有有限个自由度，通常称为离散系统。当离散系统的自由度不多时，可采用理论力学和分析力学方法建模。相对而言，采用分析力学建模更方便。分析力学的特点是基于系统能量来建立系统动力学方程，而无需对系统取分离体进行受力分析。此处不详细介绍分析力学的理论，仅概述与非线性系统动力学建模有关的概念和结果。

1. 广义坐标

若系统运动能用一组独立坐标来完备描述，则这组坐标称为系统的广义坐标。广义坐标的属性不限于长度和角度，模态坐标、机电系统的电压和电流均可作为广义坐标。

广义坐标的选择是人为的，有无穷多种方式，建立系统力学模型时用的物理坐标是其中一种方式。为了客观描述系统，任意两组广义坐标须能相互转换。例如，n 自由度系统的一组物理坐标$(u_1,u_2,\cdots,u_n)$与另一组广义坐标$(q_1,q_2,\cdots,q_n)$之间必须具有可逆变换。

为表述方便，现将上述两组坐标记为坐标列阵形式 $\boldsymbol{u}=[u_1\ u_2\cdots\ u_n]^{\mathrm{T}}\in\mathscr{R}^n$ 和 $\boldsymbol{q}=[q_1\ q_2\cdots\ q_n]^{\mathrm{T}}\in\mathscr{R}^n$。在本书中，$\mathscr{R}^n$ 代表实数域上的 n 维向量空间，$\mathscr{R}^{n\times m}$ 则代表 $n\times m$ 阶矩阵空间。此外，不区分向量和坐标列阵，约定如下表述规则：$\boldsymbol{u}\cdot\boldsymbol{u}\equiv\boldsymbol{u}^{\mathrm{T}}\boldsymbol{u}\equiv\|\boldsymbol{u}\|_2^2$。

2. 系统的能量

考察由 N 个质点和 s 个定常完整约束组成的系统，其自由度为 $n\equiv 3N-s$。采用 1.2.3 节定义的指标集 $I_N\equiv\{1,2,\cdots,N\}$，将各质点相对于空间某固定点的位置向量记为

$$\boldsymbol{r}_k=\boldsymbol{r}_k(\boldsymbol{q}),\quad \boldsymbol{q}\in\mathscr{R}^n,\quad k\in I_N \tag{2.2.1}$$

各质点的速度向量可表示为

$$\dot{\boldsymbol{r}}_k=\frac{\partial\boldsymbol{r}_k}{\partial\boldsymbol{q}^{\mathrm{T}}}\dot{\boldsymbol{q}}=\sum_{i=1}^{n}\frac{\partial\boldsymbol{r}_k}{\partial q_i}\dot{q}_i,\quad k\in I_N \tag{2.2.2}$$

记各质点的质量为 $m_k,k\in I_N$，系统动能是各质点动能之和，即

$$T=\frac{1}{2}\sum_{k=1}^{N}m_k\dot{\boldsymbol{r}}^{\mathrm{T}}\dot{\boldsymbol{r}}=\frac{1}{2}\sum_{k=1}^{N}m_k\left(\sum_{i=1}^{n}\frac{\partial\boldsymbol{r}_k^{\mathrm{T}}}{\partial q_i}\dot{q}_i\right)\left(\sum_{j=1}^{n}\frac{\partial\boldsymbol{r}_k}{\partial q_j}\dot{q}_j\right)=\frac{1}{2}\sum_{i=1}^{n}\sum_{j=1}^{n}m_{ij}\dot{q}_i\dot{q}_j \tag{2.2.3}$$

其中，m_{ij} 称为广义质量系数，是广义坐标向量 $\boldsymbol{q}$ 的函数，其定义为

$$m_{ij}\equiv\sum_{k=1}^{N}m_k\frac{\partial\boldsymbol{r}_k^{\mathrm{T}}}{\partial q_i}\frac{\partial\boldsymbol{r}_k}{\partial q_j},\quad i,j\in I_n \tag{2.2.4}$$

当研究振动问题时，通常取 m_{ij} 为式(2.2.4)在平衡位置 $\boldsymbol{q}=\boldsymbol{0}$ 的值，即广义质量系数为常数。

定常约束系统的势能是广义坐标向量 $\boldsymbol{q}$ 的函数，记作 $V(\boldsymbol{q})$，而系统有势力可表示为

$$\boldsymbol{f}_{\mathrm{v}}=-\frac{\partial V}{\partial\boldsymbol{q}} \tag{2.2.5}$$

如果取平衡位置为零势能参考点，并考虑到势能在平衡位置取极值，则有条件

$$V(\mathbf{0})=0,\quad \left.\frac{\partial V}{\partial \boldsymbol{q}}\right|_{\boldsymbol{q}=\mathbf{0}}=\mathbf{0} \tag{2.2.6}$$

3. Lagrange 方程

现基于法国数学家达朗贝尔(Jean le R. d′ Alembert，1717—1783)提出的动力学原理，推导定常完整约束系统的动力学方程，即以法国力学家拉格朗日(Joseph-Louis Lagrange，1736—1813)名字命名的第二类Lagrange 方程。对于非定常完整约束系统，方程形式不变。

首先，将系统的约束分为两类：第一类是理想约束，其约束力做的虚功为零，如刚体的内力、不可伸长绳索的内力、光滑固定面的支撑力等。第二类是非理想约束，其约束力做功，如动摩擦力等。以下将系统中除理想约束力之外的所有力归并在一起，称为作用力。

上述质点系统的 d′Alembert 原理可表示为等价形式

$$\sum_{k=1}^{N}(\boldsymbol{f}_k-m_k\ddot{\boldsymbol{r}}_k)^{\mathrm{T}}\delta\boldsymbol{r}_k=0 \quad\Leftrightarrow\quad \sum_{k=1}^{N}m_k\ddot{\boldsymbol{r}}_k^{\mathrm{T}}\delta\boldsymbol{r}_k=\sum_{k=1}^{N}\boldsymbol{f}_k^{\mathrm{T}}\delta\boldsymbol{r}_k=\delta W \tag{2.2.7}$$

其中，$\boldsymbol{f}_k, k\in I_N$ 是各质点上的作用力向量，$\delta\boldsymbol{r}_k, k\in I_N$ 是虚位移向量，δW 是所有作用力所做的虚功。根据式(2.2.2)，虚位移向量可表示为广义坐标向量的等时变分

$$\delta\boldsymbol{r}_k=\frac{\partial\boldsymbol{r}_k}{\partial\boldsymbol{q}^{\mathrm{T}}}\delta\boldsymbol{q},\quad k\in I_N \tag{2.2.8}$$

将式(2.2.8)代入式(2.2.7)中第一式，得到

$$\sum_{k=1}^{N}(\boldsymbol{f}_k-m_k\ddot{\boldsymbol{r}}_k)^{\mathrm{T}}\delta\boldsymbol{r}_k=\left[\sum_{k=1}^{N}\boldsymbol{f}_k^{\mathrm{T}}\frac{\partial\boldsymbol{r}_k}{\partial\boldsymbol{q}^{\mathrm{T}}}-\sum_{k=1}^{N}m_k\ddot{\boldsymbol{r}}_k^{\mathrm{T}}\frac{\partial\boldsymbol{r}_k}{\partial\boldsymbol{q}^{\mathrm{T}}}\right]\delta\boldsymbol{q}=0 \tag{2.2.9}$$

下面根据作用力所做的虚功和动能变化，对上式进行化简。

根据式(2.2.7)中第二式，式(2.2.9)的第一个求和项可表示为作用力所做虚功 δW，由此得到对应广义坐标向量 $\boldsymbol{q}$ 的广义力向量$\boldsymbol{f}_{\mathrm{q}}$，即

$$\delta W=\left(\sum_{k=1}^{N}\boldsymbol{f}_k^{\mathrm{T}}\frac{\partial\boldsymbol{r}_k}{\partial\boldsymbol{q}^{\mathrm{T}}}\right)\delta\boldsymbol{q}=\boldsymbol{f}_{\mathrm{q}}^{\mathrm{T}}\delta\boldsymbol{q},\quad \boldsymbol{f}_{\mathrm{q}}\equiv\sum_{i=1}^{N}\frac{\partial\boldsymbol{r}_k^{\mathrm{T}}}{\partial\boldsymbol{q}}\boldsymbol{f}_k \tag{2.2.10}$$

为了简化式(2.2.9)的第二个求和项，对式(2.2.2)两端求偏导数，得到两个重要关系式

$$\frac{\partial\dot{\boldsymbol{r}}_k}{\partial\dot{\boldsymbol{q}}^{\mathrm{T}}}=\frac{\partial\boldsymbol{r}_k}{\partial\boldsymbol{q}^{\mathrm{T}}},\quad \frac{\partial\dot{\boldsymbol{r}}_k}{\partial\boldsymbol{q}^{\mathrm{T}}}=\frac{\mathrm{d}}{\mathrm{d}t}\frac{\partial\boldsymbol{r}_k^{\mathrm{T}}}{\partial\boldsymbol{q}^{\mathrm{T}}},\quad k\in I_N \tag{2.2.11}$$

利用式(2.2.11)和式(2.2.3)，可将上述第二个求和项改写为

$$\begin{aligned}\sum_{k=1}^{N}m_k\ddot{\boldsymbol{r}}_k^{\mathrm{T}}\frac{\partial\boldsymbol{r}_k}{\partial\boldsymbol{q}^{\mathrm{T}}}\delta\boldsymbol{q}&=\left[\sum_{k=1}^{N}m_k\frac{\mathrm{d}}{\mathrm{d}t}\left(\dot{\boldsymbol{r}}_k^{\mathrm{T}}\frac{\partial\boldsymbol{r}_k}{\partial\boldsymbol{q}^{\mathrm{T}}}\right)-\sum_{k=1}^{N}m_k\dot{\boldsymbol{r}}_k^{\mathrm{T}}\frac{\mathrm{d}}{\mathrm{d}t}\frac{\partial\boldsymbol{r}_k}{\partial\boldsymbol{q}^{\mathrm{T}}}\right]\delta\boldsymbol{q}\\&=\left[\frac{\mathrm{d}}{\mathrm{d}t}\sum_{k=1}^{N}\left(m_k\dot{\boldsymbol{r}}_k^{\mathrm{T}}\frac{\partial\dot{\boldsymbol{r}}_k}{\partial\dot{\boldsymbol{q}}^{\mathrm{T}}}\right)-\sum_{k=1}^{N}m_k\dot{\boldsymbol{r}}_k^{\mathrm{T}}\frac{\partial\dot{\boldsymbol{r}}_k}{\partial\boldsymbol{q}^{\mathrm{T}}}\right]\delta\boldsymbol{q}\\&=\left(\frac{\mathrm{d}}{\mathrm{d}t}\frac{\partial T}{\partial\dot{\boldsymbol{q}}^{\mathrm{T}}}-\frac{\partial T}{\partial\boldsymbol{q}^{\mathrm{T}}}\right)\delta\boldsymbol{q}\end{aligned} \tag{2.2.12}$$

将式(2.2.10)和式(2.2.12)代入式(2.2.9)，得到

$$\left(\boldsymbol{f}_{\mathrm{q}}^{\mathrm{T}}-\frac{\mathrm{d}}{\mathrm{d}t}\frac{\partial T}{\partial\dot{\boldsymbol{q}}^{\mathrm{T}}}+\frac{\partial T}{\partial\boldsymbol{q}^{\mathrm{T}}}\right)\delta\boldsymbol{q}=0 \tag{2.2.13}$$

对于完整约束系统，向量 $\delta\boldsymbol{q}$ 的 n 个分量彼此独立，进而得到第二类 Lagrange 方程

$$\frac{\mathrm{d}}{\mathrm{d}t}\frac{\partial T}{\partial \dot{\boldsymbol{q}}}-\frac{\partial T}{\partial \boldsymbol{q}}=\boldsymbol{f}_{\mathrm{q}} \tag{2.2.14}$$

若将广义力 $\boldsymbol{f}_{\mathrm{q}}$ 分解为有势力 $\boldsymbol{f}_{\mathrm{v}}$ 和非有势力 $\boldsymbol{f}_{\mathrm{n}}$ 之和，根据式(2.2.5)，可将式(2.2.14)表示为

$$\frac{\mathrm{d}}{\mathrm{d}t}\frac{\partial T}{\partial \dot{\boldsymbol{q}}}-\frac{\partial T}{\partial \boldsymbol{q}}+\frac{\partial V}{\partial \boldsymbol{q}}=\boldsymbol{f}_{\mathrm{n}} \tag{2.2.15}$$

例 2.2.1[M]　在我国台北 101 大楼的设计中，为了降低风载荷导致大楼顶部的横向振动，在大楼内部的第 92 层用 4 组钢丝绳向下悬吊图 2.2.1(a)所示钢球作为消振装置。图 2.2.1(b)是该问题的力学模型。在消振装置的初步设计阶段，将大楼简化为图 2.2.1(c)所示的集中质量—弹簧系统，消振装置视为平面内的单摆，风载荷简化为外力 $f_A(t)$，阻尼力简化为 $-c\dot{u}_A(t)$。基于第二类 Lagrange 方程，建立图 2.2.1(c)中两自由度系统的动力学方程。

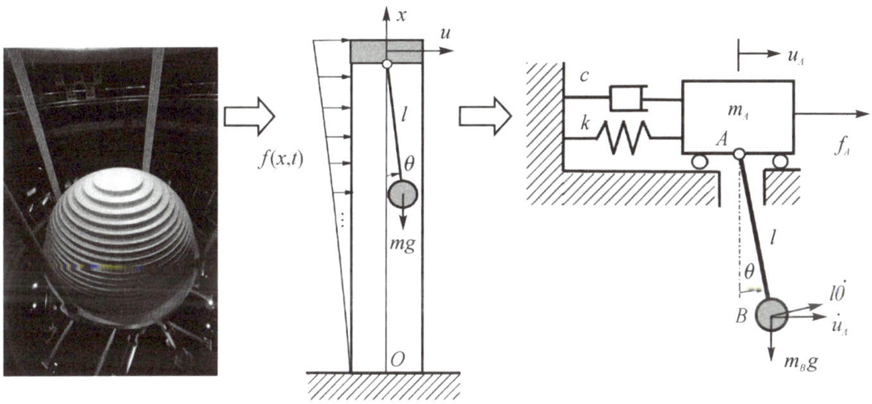

(a) 大楼内悬挂的消振装置　　(b) 大楼—消振装置系统　　(c) 简化的两自由模型

图 2.2.1　高耸建筑动力消振问题的简化力学模型

解　选取图 2.2.1(c)所示 u_A 和 θ 为广义坐标，以摆的静平衡位置作为系统零势能参考点。根据单摆端部集中质量 B 的牵连速度 $\dot{u}_A$ 和相对速度 $l\dot{\theta}$，得到其绝对速度为

$$\dot{u}_B=\sqrt{(\dot{u}_A+l\dot{\theta}\cos\theta)^2+(l\dot{\theta}\sin\theta)^2} \tag{a}$$

由此可写出系统的动能

$$\begin{aligned}T&=\frac{1}{2}m_A\dot{u}_A^2+\frac{1}{2}m_B[(\dot{u}_A+l\dot{\theta}\cos\theta)^2+(l\dot{\theta}\sin\theta)^2]\\&=\frac{1}{2}m_A\dot{u}_A^2+\frac{1}{2}m_B(\dot{u}_A^2+2l\dot{u}_A\dot{\theta}\cos\theta+l^2\dot{\theta}^2)\end{aligned} \tag{b}$$

系统的势能为

$$V=\frac{1}{2}ku_A^2+m_Bgl(1-\cos\theta) \tag{c}$$

非有势力所做的虚功和对应广义坐标的广义力分别为

$$\delta W=(f_A-c\dot{u}_A)\delta u_A+0\cdot\delta\theta,\quad \boldsymbol{f}_{\mathrm{n}}=[f_A-c\dot{u}_A\quad 0]^{\mathrm{T}} \tag{d}$$

将式(b)、式(c)和式(d)代入式(2.2.15)，得到系统的非线性动力学方程

$$\begin{cases}(m_A+m_B)\ddot{u}_A+m_Bl\ddot{\theta}\cos\theta-m_Bl\dot{\theta}^2\sin\theta+ku_A=f_A-c\dot{u}_A\\ m_Bl\ddot{u}_A\cos\theta+m_Bl^2\ddot{\theta}+m_Blg\sin\theta=0\end{cases}\tag{e}$$

对于小幅摆角,即 $|\theta|<\pi/36\text{rad}$,可将式(e)简化为线性系统

$$\begin{cases}(m_A+m_B)\ddot{u}_A+m_Bl\ddot{\theta}+c\dot{u}_A+ku_A=f_A\\ \ddot{u}_A+l\ddot{\theta}+g\theta=0\end{cases}\tag{f}$$

该线性系统的惯性力存在耦合,而阻尼力、有势力分别是解耦的。基于线性系统的反共振理论,可选择恰当的摆长来实现大楼顶部消振①。

对于中幅摆角,即 $|\theta|<1\text{rad}$,保留式(e)中的三次非线性项,得到

$$\begin{cases}[(m_A+m_B)\ddot{u}_A+m_Bl\ddot{\theta}+c\dot{u}_A+ku_A]-m_Bl\left(\dfrac{1}{2}\ddot{\theta}\theta^2+\dot{\theta}^2\theta\right)=f_A\\ (\ddot{u}_A+l\ddot{\theta}+g\theta)-\left(\dfrac{1}{2}\ddot{u}_A\theta^2+\dfrac{g}{6}\theta^3\right)=0\end{cases}\tag{g}$$

此时,系统的线性部分和非线性部分均具有惯性耦合。读者可对照附录 A2 中的 Maple 程序及其结果,检查式(e)~式(g)的正确性。

由例 2.2.1 可见,虽然该系统只有两个自由度,但两个自由度之间具有非线性耦合,导致系统动力学方程是复杂的非线性常微分方程组。在工程中,研究机器人、汽车、列车的非线性动力学问题时,需要对具有数百个自由度的离散系统建模。此时,手工建模极为困难,通常采用多刚体系统动力学的程式化流程②,借助 ADAMS 等软件来完成建模。

2.2.2 连续系统建模

由连续介质组成的系统具有无限多个自由度,通常称为连续系统,其建模的理论基础是连续介质力学。在连续介质力学框架下,对连续系统建模时应依次列出系统的力平衡方程、描述系统变形的几何方程和描述材料应力-应变关系的本构方程,然后尽可能消去这些联立方程中的未知函数。根据待求解的未知物理量,连续系统建模方法有位移法、力法和混合法。其中,位移法是最常用的。

以线弹性材料构成的梁和板为例,采用不同的变形假设,建模精度和难易程度不同。采用材料力学对梁建模,需根据实验观察引入小变形假设,建模精度较低,但过程和结果简洁。采用弹性力学对板建模,也同样如此。若基于非线性弹性力学来建模,可放弃小变形假设,提高建模精度,但过程和结果都非常复杂。至于飞行器结构、可展开卫星天线等复杂连续系统,则需借助非线性有限元③、多柔体系统动力学④等专门方法和相应的软件。

在研究非线性动力学时,总希望建立能描述问题主要特征的简化模型。现以细长梁(Euler 梁)的中等挠度振动问题为例,介绍如何拓展材料力学方法来建立其动力学方程。具体地

① 胡海岩. 机械振动基础[M]. 2 版. 北京:北京航空航天大学出版社,2022:91.

② 刘延柱,潘振宽,戈新生. 多体系统动力学[M]. 2 版. 北京:高等教育出版社,2014:60-240.

③ Belytschko T, Liu W K, Moran B, et al. Nonlinear Finite Elements for Continua and Structures [M]. 2nd ed. London: John Wiley & Sons, 2014: 1-461.

④ 田强,刘铖,李培,胡海岩. 多柔体系统动力学研究进展与挑战[J]. 动力学与控制学报,2017,15(5):385-405.

说，考察图 2.2.2 所示两端铰支、由线弹性材料构成的等截面梁，其左端铰固定，右端铰可纵向移动，并沿未变形轴线作用压力 $f(t)$，建立其非线性动力学方程。

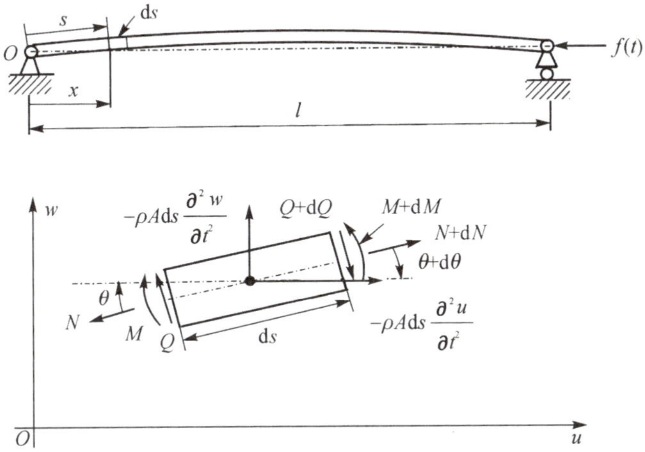

图 2.2.2　轴向力作用下的梁中等挠度振动及其微段受力分析

1. 横向-纵向耦合动力学方程

首先，在梁上距左端 x 处（对应于弧长坐标 s）取微段 $\mathrm{d}s=\mathrm{d}x/\cos\theta$。根据图中的受力分析，注意到各增量为 $\mathrm{d}(\cdot)=[\partial(\cdot)/\partial s]\mathrm{d}s$，得到该微段质心纵向运动 $u(x,t)$ 和横向运动 $w(x,t)$ 所满足的动力学方程

$$
\begin{cases}
\rho A\dfrac{\partial^2 u}{\partial t^2}\mathrm{d}s=\dfrac{\partial}{\partial s}(N\cos\theta+Q\sin\theta)\,\mathrm{d}s \\[2ex]
\rho A\dfrac{\partial^2 w}{\partial t^2}\mathrm{d}s=\dfrac{\partial}{\partial s}(N\sin\theta-Q\cos\theta)\,\mathrm{d}s
\end{cases}
\tag{2.2.16}
$$

其中，$N(x,t)$ 是梁在 x 截面上沿梁变形后中性层切线方向的轴力，$Q(x,t)$ 是剪力。若略去梁微段的转动惯量，则剪力 $Q(x,t)$ 与弯矩 $M(x,t)$ 满足准静态关系

$$
Q=\frac{\partial M}{\partial s}=\frac{\partial M}{\partial x}\cos\theta \tag{2.2.17}
$$

将式(2.2.17)代入式(2.2.16)，并注意 $\mathrm{d}s=\mathrm{d}x/\cos\theta$，得到

$$
\begin{cases}
\rho A\dfrac{\partial^2 u}{\partial t^2}=\dfrac{\partial}{\partial x}\left(N\cos\theta+\dfrac{\partial M}{\partial x}\cos\theta\sin\theta\right)\cos\theta & \text{(2.2.18a)} \\[2ex]
\rho A\dfrac{\partial^2 w}{\partial t^2}=\dfrac{\partial}{\partial x}\left(N\sin\theta-\dfrac{\partial M}{\partial x}\cos\theta\cos\theta\right)\cos\theta & \text{(2.2.18b)}
\end{cases}
$$

对于梁的中等挠度变形，可将式(2.2.18)中的三角函数近似为

$$
\sin\theta\approx\frac{\partial w}{\partial x},\quad \cos\theta\approx 1-\frac{1}{2}\left(\frac{\partial w}{\partial x}\right)^2 \tag{2.2.19}
$$

在后续分析中，将保持这样的二阶截断。

其次，在建立描述变形的几何方程时，根据实验观察结果引入变形假设，使问题得以简化。此处引入的基本假设是：变形前垂直于梁轴线的横截面在变形后垂直于变形的轴线。根据该假设，距中性层 z 处点的纵向位移 $\tilde{u}(x,z,t)$ 由三部分组成：一是由轴力引起的横截面纵向平

动 $\tilde{u}(x,0,t)$，即微段质心的纵向位移 $u(x,t)$；二是由横截面转动引起的纵向位移 $z\theta(x,t)$；三是由横向弯曲引起的纵向位移 $\int_0^x \sqrt{1+(\partial w/\partial x)^2}\,\mathrm{d}x - x$。因此，该点的纵向位移是

$$\tilde{u}(x,z,t) = u + z\theta + \int_0^x \sqrt{1+\left(\frac{\partial w}{\partial x}\right)^2}\,\mathrm{d}x - x \tag{2.2.20}$$

由此得到该点的正应变

$$\begin{aligned}\varepsilon(x,z,t) = \frac{\partial \tilde{u}}{\partial s} &= \left[\frac{\partial u}{\partial x} + z\,\frac{\partial \theta}{\partial x} + \sqrt{1+\left(\frac{\partial w}{\partial x}\right)^2} - 1\right]\cos\theta \\ &\approx \left[\frac{\partial u}{\partial x} + z\,\frac{\partial \theta}{\partial x} + \frac{1}{2}\left(\frac{\partial w}{\partial x}\right)^2\right]\cos\theta\end{aligned} \tag{2.2.21}$$

再次，对于线弹性材料，梁在横截面上的正应力为

$$\sigma(x,z,t) = E\varepsilon(x,z,t) \tag{2.2.22}$$

其中，E 是材料的弹性模量。

现以梁的纵向位移 $u(x,t)$ 和横向位移 $w(x,t)$ 为未知量，建立梁的动力学方程。将式(2.2.21)代入式(2.2.22)，在梁的横截面上积分，得到轴力和弯矩

$$\begin{aligned}N(x,t) &= \iint_A \sigma(x,z,t)\mathrm{d}A = E\iint_A \left\{\frac{\partial u(x,t)}{\partial x} + z\,\frac{\partial \theta(x,t)}{\partial x} + \frac{1}{2}\left[\frac{\partial w(x,t)}{\partial x}\right]^2\right\}\cos\theta(x,t)\mathrm{d}A \\ &= EA\left[\frac{\partial u}{\partial x} + \frac{1}{2}\left(\frac{\partial w}{\partial x}\right)^2\right]\cos\theta\end{aligned} \tag{2.2.23}$$

$$\begin{aligned}M(x,t) &= \iint_A \sigma(x,z,t)z\mathrm{d}A = E\iint_A z\left\{\frac{\partial u(x,t)}{\partial x} + z\,\frac{\partial \theta(x,t)}{\partial x} + \frac{1}{2}\left[\frac{\partial w(x,t)}{\partial x}\right]^2\right\}\cos\theta(x,t)\mathrm{d}A \\ &= EI\,\frac{\partial \theta}{\partial x}\cos\theta\end{aligned} \tag{2.2.24}$$

其中，$I \equiv \iint_A z^2\mathrm{d}A$ 是梁的截面惯性矩。根据几何关系 $\tan\theta = \partial w/\partial x$，可得到

$$\frac{\partial \theta}{\partial x} = \frac{\partial^2 w}{\partial x^2}\cos^2\theta \tag{2.2.25}$$

因此，可将弯矩 $M(x,t)$ 表示为

$$M(x,t) = EI\,\frac{\partial^2 w}{\partial x^2}\cos^3\theta \tag{2.2.26}$$

将式(2.2.23)、式(2.2.26)和式(2.2.19)代回式(2.2.18)，得到仅含未知位移的动力学方程

$$\begin{aligned}&\left(\rho A\,\frac{\partial^2 u}{\partial t^2} - EA\,\frac{\partial^2 u}{\partial x^2} - EI\,\frac{\partial^2 w}{\partial x^2}\,\frac{\partial^3 w}{\partial x^3}\right) - \\ &\left[EA\left(1 - 2\,\frac{\partial u}{\partial x}\right)\frac{\partial^2 w}{\partial x^2} + EI\,\frac{\partial^4 w}{\partial x^4} - 6EI\left(\frac{\partial^2 w}{\partial x^2}\right)^3\right]\frac{\partial w}{\partial x} + \\ &\left(\frac{3}{2}EA\,\frac{\partial^2 u}{\partial x^2} + \frac{25}{2}EI\,\frac{\partial^2 w}{\partial x^2}\,\frac{\partial^3 w}{\partial x^3}\right)\left(\frac{\partial w}{\partial x}\right)^2 = 0\end{aligned} \tag{2.2.27a}$$

$$\begin{aligned}&\left[\rho A\,\frac{\partial^2 w}{\partial t^2} - EA\,\frac{\partial u}{\partial x}\,\frac{\partial^2 w}{\partial x^2} + EI\,\frac{\partial^4 w}{\partial x^4} - 3EI\left(\frac{\partial^2 w}{\partial x^2}\right)^3\right] - \\ &\left(EA\,\frac{\partial^2 u}{\partial x^2} + 11EI\,\frac{\partial^2 w}{\partial x^2}\,\frac{\partial^3 w}{\partial x^3}\right)\frac{\partial w}{\partial x} +\end{aligned}$$

$$\left[2EA\left(\frac{\partial u}{\partial x}-\frac{3}{4}\right)\frac{\partial^2 w}{\partial x^2}-3EI\frac{\partial^4 w}{\partial x^4}+\frac{21}{2}EI\left(\frac{\partial^2 w}{\partial x^2}\right)^3\right]\left(\frac{\partial w}{\partial x}\right)^2=0 \quad (2.2.27\text{b})$$

这就是计入几何非线性效应的梁纵横向运动耦合的动力学方程，其最低阶截断误差为$(\partial w/\partial x)^3$。

2. 简化的横向动力学方程

在研究梁的横向非线性振动时，通常对梁的纵向振动引入简化假设。如果略去梁横向振动对纵向振动的影响，式(2.2.27a)可简化为线性波动方程

$$\rho A\frac{\partial^2 u}{\partial t^2}-EA\frac{\partial^2 u}{\partial x^2}=0 \quad (2.2.28\text{a})$$

其边界条件是

$$u(0,t)=0,\quad EA\frac{\partial u(x,t)}{\partial x}\bigg|_{x=l}=-f(t) \quad (2.2.28\text{b})$$

在给定的初始条件下，解出纵向振动 $u(x,t)$后代入式(2.2.27b)，得到以横向振动 $w(x,t)$为未知函数、纵向振动 $u(x,t)$为时变系数的非线性偏微分方程。

对于定常轴向压力 $f(t)=f_0$，一般可略去梁的纵向惯性效应，视梁的轴力为

$$N(x,t)\approx EA\frac{\partial u}{\partial x}=-f_0 \quad (2.2.29)$$

这意味着

$$\frac{\partial N}{\partial x}=EA\frac{\partial^2 u}{\partial x^2}=0 \quad\Rightarrow\quad \rho A\frac{\partial^2 u}{\partial t^2}=0 \quad (2.2.30)$$

因此，式(2.2.27b)可简化为

$$\rho A\frac{\partial^2 w}{\partial t^2}+f_0\frac{\partial^2 w}{\partial x^2}+EI\frac{\partial^4 w}{\partial x^4}-3EI\left(\frac{\partial^2 w}{\partial x^2}\right)^3-\left(11EI\frac{\partial^2 w}{\partial x^2}\frac{\partial^3 w}{\partial x^3}\right)\frac{\partial w}{\partial x}-$$
$$\frac{1}{2}\left[(4f_0+3EA)\frac{\partial^2 w}{\partial x^2}+6EI\frac{\partial^4 w}{\partial x^4}-21EI\left(\frac{\partial^2 w}{\partial x^2}\right)^3\right]\left(\frac{\partial w}{\partial x}\right)^2=0 \quad (2.2.31)$$

或简记为

$$\rho A\frac{\partial^2 w(x,t)}{\partial t^2}+\mathrm{D}_x[w(x,t)]=0 \quad (2.2.32)$$

其中，D_x 是偏导数算子，代表式(2.2.31)中所有对 x 求偏导数的运算。

3. Galerkin 截断

式(2.2.32)是非线性偏微分方程，其解空间具有无限维。此时，可采用苏联力学家伽辽金(Boris Galerkin，1871—1945)提出的方法，将偏微分方程简化为有限个常微分方程来进行研究。Galerkin 方法的基本思路是：取一组满足梁边界条件的基函数 $\varphi_k(x)$，$k\in I_n$，构造

$$w(x,t)=\sum_{k=1}^{n}\varphi_k(x)q_k(t) \quad (2.2.33)$$

将式(2.2.33)代入式(2.2.32)，方程残差反映了残余力。为了尽量减小残余力，可选择未知函数 $q_k(t)$，$k\in I_n$，使残余力关于各基函数 $\varphi_k(x)$，$k\in I_n$ 的平均做功为零，即

$$\int_0^l\left\{\rho A\sum_{j=1}^{n}\varphi_j(x)\ddot{q}_j(t)+\mathrm{D}_x\left[\sum_{j=1}^{n}\varphi_j(x)q_j(t)\right]\right\}\varphi_k(x)\mathrm{d}x=0,\quad k\in I_n \quad (2.2.34)$$

由此得到关于未知函数 $q_k(t)$，$k\in I_n$ 的二阶常微分方程组。

例 2.2.2[M] 对于图 2.2.2 所示的简支梁，取梁的第一阶固有振型 $\varphi_1(x)=\sin(\pi x/l)$ 作为基函数，推导式(2.2.31)所对应的简化动力学方程。

解 将 $w(x,t)=\varphi_1(x)q_1(t)$ 代入式(2.2.31)后再代入式(2.2.34)，经计算得到

$$\rho A\ddot{q}_1(t)+\left(\frac{\pi^4 EI}{l^4}-\frac{\pi^2 f_0}{l^2}\right)q_1(t)+\left[\frac{\pi^4(4f_0+3EA)}{8l^4}-\frac{5\pi^6 EI}{4l^6}\right]q_1^3(t)-\frac{21\pi^8 EI}{16l^8}q_1^5(t)=0 \tag{a}$$

在本书中，常采用式(a)的三次截断来讨论梁屈曲后的动力学问题，并将其表示为

$$m\ddot{q}_1(t)-k_1q_1(t)+k_3q_1^3(t)=0 \tag{b}$$

其中

$$m=\rho A,\quad k_1\equiv\frac{\pi^2}{l^2}\left(f_0-\frac{\pi^2 EI}{l^2}\right)>0,\quad k_3\equiv\frac{\pi^4(4f_0+3EA)}{8l^4}-\frac{5\pi^6 EI}{4l^6} \tag{c}$$

引入无量纲时间 $\tau\equiv t\sqrt{k_1/m}$，无量纲位移 $q=q_1\sqrt{k_3/k_1}$，导数记号 $(\ )'\equiv \mathrm{d}(\ )/\mathrm{d}\tau$，将式(b)简化为

$$q''(\tau)-q(\tau)+q^3(\tau)=0 \tag{d}$$

这对应例 1.1.2 中式(a)的无阻尼情况，附录 A2 提供了采用 Maple 软件推导的结果。

最后指出，许多文献在推导式(2.2.19)时取 $\cos\theta\approx 1$，但取弯矩表达式(2.2.26)中的 $\cos\theta\approx 1-(\partial w/\partial x)^2/2$。这样的不一致截断导致如下结果：

$$\rho A\ddot{q}_1(t)+\left(\frac{\pi^4 EI}{l^4}-\frac{\pi^2 f_0}{l^2}\right)q_1(t)-\frac{3\pi^6 EI}{4l^6}q_1^3(t)=0 \tag{2.2.35}$$

在后续章节将会看到，由于 $q_1^3(t)$ 前系数的差异，例 2.2.2 的式(b)和式(2.2.35)会具有不同的动力学性质。

2.3 数据驱动建模

在工程系统中，阻尼等因素无法用力学理论来确定。因此，早在“数据驱动”和“机器学习”这些概念形成之前，力学界就研究如何基于实验数据来建立力学系统的模型。基于实验数据的建模问题可分为两类。一类是系统的数学模型已知，但模型中某些未知参数需要通过实验数据来确定；另一类是系统的数学模型未知，需要由实验数据来确定。通常，将第一类问题称作参数估计，第二类问题称作模型辨识。在数据驱动研究中，解决这两类问题均属于机器学习①。

2.3.1 参数估计

现以单自由度非线性系统为例，说明参数估计问题及其解法。考察系统

① Brunton S L, Kutz J N. Data-Driven Science and Engineering: Machine Learning, Dynamical Systems and Control [M]. 2nd ed. Cambridge: Cambridge University, 2021: 158-300.

$$\ddot{u}(t)+f(u(t),\dot{u}(t),t,\boldsymbol{p})=f_e(t) \tag{2.3.1}$$

其中，非线性反力 $f(u(t),\dot{u}(t),t,\boldsymbol{p})$ 的表达形式已知，但参数向量 $\boldsymbol{p}\in\mathscr{R}^m$ 是未知的。参数估计的任务是设计实验，用实验数据来确定未知参数向量 $\boldsymbol{p}$。在统计学中，将这类根据数据建立数学模型的工作称为回归。在数据驱动研究中，则将这类工作称为机器学习。本节基于机器学习的观点来讨论参数估计问题。

对式(2.3.1)中的系统位移、速度、加速度和激励进行采样，记 $u_k\equiv u(t_k)$，$\dot{u}_k\equiv\dot{u}(t_k)$，$\ddot{u}_k\equiv\ddot{u}(t_k)$，$f_{ek}\equiv f_e(t_k)$，$k\in I_n$ 为采样序列，则非线性反力的采样序列可表示为

$$f_k\equiv f(u_k,\dot{u}_k,t_k,\boldsymbol{p})=f_{ek}-\ddot{u}_k,\quad k\in I_n \tag{2.3.2}$$

若式(2.3.2)关于参数向量 $\boldsymbol{p}$ 是线性的，则称问题为线性参数估计；反之为非线性参数估计。在机器学习中，通常取式(2.3.2)的部分采样序列作为训练数据，根据某种最优准则来求解参数向量 $\boldsymbol{p}$，获得数学模型；然后用剩余采样序列来验证数学模型的正确性；并将该过程称为监督学习。本节为了叙述方便，将全部采样序列作为训练数据。在 2.3.3 节，将讨论如何用尽可能少的传感器获得训练数据。

1. 线性参数估计

如果式(2.3.1)所描述的系统为 Duffing 系统，则其非线性反力可表示为

$$f(u,\dot{u},\boldsymbol{p})=p_1u+p_2u^3+p_3\dot{u},\quad \boldsymbol{p}\equiv[p_1\quad p_2\quad p_3]^{\mathrm{T}} \tag{2.3.3}$$

将该问题的训练数据写作

$$u_k\equiv u(t_k),\quad \dot{u}_k\equiv\dot{u}(t_k),\quad f_k\equiv p_1u_k+p_2u_k^3+p_3\dot{u}_k,\quad k\in I_n \tag{2.3.4}$$

它们可以直接测量而得，也可以经测量的加速度采样序列积分而得。式(2.3.4)对应的矩阵形式为

$$\boldsymbol{U}\boldsymbol{p}=\boldsymbol{f} \tag{2.3.5}$$

其中

$$\boldsymbol{U}\equiv\begin{bmatrix}u_1 & u_1^3 & \dot{u}_1\\ u_2 & u_2^3 & \dot{u}_2\\ \vdots & \vdots & \vdots\\ u_n & u_n^3 & \dot{u}_n\end{bmatrix},\quad \boldsymbol{f}\equiv\begin{bmatrix}f_1\\ f_2\\ \vdots\\ f_n\end{bmatrix} \tag{2.3.6}$$

式(2.3.5)是关于未知参数向量 $\boldsymbol{p}$ 的线性代数方程组，其中 $\operatorname{rank}\boldsymbol{U}=3$。为了消除测量误差的影响，通常选取 $n\gg3$。因此，式(2.3.5)是具有无穷多解的方程组。

为了获得该方程组的最佳近似解 $\hat{\boldsymbol{p}}$，将式(2.3.5)表示为方程的残差平方和最小问题，即由范数 l_2 定义的极值问题

$$\min_{\hat{\boldsymbol{p}}}\left\|\boldsymbol{U}\hat{\boldsymbol{p}}-\boldsymbol{f}\right\|_2^2 \tag{2.3.7}$$

式(2.3.7)取极值的必要条件为

$$\frac{\partial}{\partial\hat{\boldsymbol{p}}}\left\|\boldsymbol{U}\hat{\boldsymbol{p}}-\boldsymbol{f}\right\|_2^2=\frac{\partial}{\partial\hat{\boldsymbol{p}}}(\boldsymbol{U}\hat{\boldsymbol{p}}-\boldsymbol{f})^{\mathrm{T}}(\boldsymbol{U}\hat{\boldsymbol{p}}-\boldsymbol{f})=2\boldsymbol{U}^{\mathrm{T}}(\boldsymbol{U}\hat{\boldsymbol{p}}-\boldsymbol{f})=\boldsymbol{0} \tag{2.3.8}$$

由式(2.3.8)解出

$$\hat{\boldsymbol{p}}=\boldsymbol{U}^{+}\boldsymbol{f},\quad \boldsymbol{U}^{+}\equiv(\boldsymbol{U}^{\mathrm{T}}\boldsymbol{U})^{-1}\boldsymbol{U}^{\mathrm{T}} \tag{2.3.9}$$

其中，$\boldsymbol{U}^{+}$ 称为矩阵 $\boldsymbol{U}$ 的广义逆矩阵，式(2.3.9)称为式(2.3.5)的最小二乘解，而上述求解过程

称为最小二乘法。统计学研究表明,在矩阵 $\boldsymbol{U}$ 和向量 $\boldsymbol{f}$ 含测量误差时,最小二乘解 $\hat{\boldsymbol{p}}$ 是参数向量 $\boldsymbol{p}$ 的无偏估计。

2. 非线性参数估计

当 $f(u(t),\dot{u}(t),t,\boldsymbol{p})$ 与未知参数向量 $\boldsymbol{p}$ 具有非线性关系时,参数估计问题变得比较困难。原则上,总可以构造如下残差平方和最小问题:

$$\min_{\boldsymbol{p}\in D}\sum_{k=1}^{n}[f(u_k,\dot{u}_k,t_k,\boldsymbol{p})-f_k]^2 \tag{2.3.10}$$

采用数值优化方法,在某个给定参数域 $D\subset\mathscr{R}^m$ 中寻求未知参数向量 $\boldsymbol{p}$。

鉴于多变量优化问题的难度,在实践中通常尽可能回避非线性参数估计问题。事实上,有许多非线性参数估计问题可通过某些技巧转换为线性参数估计问题。

例 2.3.1 考察含间隙 δ 的单自由度系统,其非线性反力可表示为

$$f(u,\dot{u},\boldsymbol{p})=\begin{cases}k_1u+c\dot{u}, & u\leqslant\delta\\ k_1\delta+(k_1+k_2)(u-\delta)+c\dot{u}, & u>\delta\end{cases} \tag{a}$$

讨论如何估计其参数向量

$$\boldsymbol{p}\equiv[k_1\quad k_2\quad c\quad \delta]^{\mathrm{T}} \tag{b}$$

解 如果直接由式(a)所对应的训练数据来确定 $\boldsymbol{p}$,必须处理非线性参数估计问题。为了回避该难题,可用足够强的激励使系统发生碰撞振动,选择反向和正向位移峰值附近的采样序列,分别构造线性参数估计问题

$$f_k^-=p_1^-u_k+p_2^-\dot{u}_k,\quad k\in I_{n_1} \tag{c}$$

$$f_k^+=p_1^+u_k+p_2^+\dot{u}_k+p_3^+,\quad k\in I_{n_2} \tag{d}$$

采用最小二乘法,由式(2.3.9)得到两个参数估计向量

$$\hat{\boldsymbol{p}}^-\equiv[\hat{p}_1^-\quad \hat{p}_2^-]^{\mathrm{T}}=[\hat{k}_1\quad \hat{c}]^{\mathrm{T}},\quad \hat{\boldsymbol{p}}^+\equiv[\hat{p}_1^+\quad \hat{p}_2^+\quad \hat{p}_3^+]^{\mathrm{T}}=[\hat{k}_1+\hat{k}_2\quad \hat{c}\quad -\hat{k}_2\hat{\delta}]^{\mathrm{T}} \tag{e}$$

由此可解出

$$\hat{k}_1=\hat{p}_1^-,\quad \hat{k}_2=\hat{p}_1^+-\hat{p}_1^-,\quad \hat{c}=\hat{p}_2^+,\quad \hat{\delta}=\frac{\hat{p}_3^+}{\hat{p}_1^--\hat{p}_1^+} \tag{f}$$

上述对非线性系统的多个参数分批辨识思路可进一步推广。例如,将构成系统的元件分为保守类和非保守类来辨识。现考察由线性弹簧、含间隙弹簧、立方非线性弹簧、理想弹塑性元件、线性阻尼器以及平方非线性阻尼器并联提供的非线性反力

$$f(u,\dot{u},t)=k_1u+k_2f_1+k_3u^3+k_4f_2+c_1\dot{u}+c_2\dot{u}|\dot{u}| \tag{2.3.11}$$

其中,k_2f_1 是含间隙弹簧的反力,k_4f_2 是弹塑性元件的反力,分别满足

$$f_1=\begin{cases}0, & |u|\leqslant\delta\\ u-\delta\,\mathrm{sgn}(u), & |u|>\delta\end{cases}\qquad \mathrm{d}f_2=\begin{cases}\mathrm{d}u, & |f_2|\leqslant b\\ \eta\mathrm{d}u, & |f_2|>b\end{cases} \tag{2.3.12}$$

此处,$0\leqslant\eta<1$ 代表塑性刚度与弹性刚度之比。根据保守元件在相等变形间的任意变形历史上不耗能的性质,可以建立仅含耗能元件参数 c_1,c_2,k_4,b 的线性识别方程并完成参数辨识;以此为基础,再利用能量积分可建立仅含保守元件参数 k_1,k_2,k_3,δ 的线性识别方程①。

此外,还可以对含有非线性参数的项进行多项式逼近,辨识出多项式的系数后再反演出未

① 李岳锋,胡海岩. 非线性系统参数识别的能量法[J]. 振动工程学报,1991,4(3):34-40.

知的非线性参数。例如，作者提出用切比雪夫(Pafnuty Chebyshev，1821—1894)多项式展开或傅里叶(Joseph Fourier，1768—1830)级数来逼近上式中的非线性迟滞力 f_2，构造最小二乘算法，辨识出钢丝绳、钢丝网垫隔振器的非线性动力学参数①。

2.3.2　模型辨识

考察单自由度非线性系统

$$\ddot{u}(t)+f(u(t),\dot{u}(t),t)=f_e(t) \tag{2.3.13}$$

其中，非线性反力 $f(u(t),\dot{u}(t),t)$ 的具体形式未知。模型辨识的任务是要设计一种实验，用实测的激励和响应数据作为训练数据，确定函数 $f(u(t),\dot{u}(t),t)$。具体地说，就是通过实验获得激励和系统响应的采样序列

$$u_k\equiv u(t_k),\quad \dot{u}_k\equiv\dot{u}(t_k),\quad f_k\equiv f_e(t_k)-\ddot{u}(t_k),\quad k\in I_n \tag{2.3.14}$$

并由这些训练数据来确定函数 $f(u(t),\dot{u}(t),t)$。

该问题没有精确解，解决问题的途径是：在某种函数类或映射类中寻求指定范数意义下的最佳逼近。在实践中，可根据对系统的某些先验了解，选择正交多项式、人工神经网络来逼近函数 $f(u(t),\dot{u}(t),t)$，这也属于机器学习中的监督学习。现以基于 Chebyshev 多项式的函数逼近为例，说明模型辨识的思路。

1. Chebyshev 多项式

在闭区间[－1,1]上，第 i 阶 Chebyshev 多项式定义为

$$T_i(x)\equiv\cos(i\arccos x),\quad x\in[-1,1],\quad i=0,1,2,\cdots \tag{2.3.15}$$

根据该定义，可得到各阶 Chebyshev 多项式之间的递推关系

$$T_0(x)=1,\quad T_1(x)=x,\quad T_{i+1}(x)=2xT_i(x)-T_{i-1}(x),\quad i=1,2,3,\cdots \tag{2.3.16}$$

利用变量代换 $x=\cos\theta$，可以证明加权正交关系

$$\int_{-1}^{1}\frac{T_i(x)T_j(x)}{\sqrt{1-x^2}}\mathrm{d}x=\int_0^{\pi}\cos(i\theta)\cos(j\theta)\mathrm{d}\theta=\begin{cases}\pi, & i=j=0\\ \pi/2, & i=j\neq 0\\ 0, & i\neq j\end{cases} \tag{2.3.17}$$

根据函数逼近论，Chebyshev 多项式可以在闭区间[－1,1]上逼近任意连续函数 $g(x)$，即

$$g(x)=\sum_{i=0}^{+\infty}c_iT_i(x),\quad x\in[-1,1] \tag{2.3.18}$$

利用式(2.3.17)，可得到

$$\begin{aligned}J_i&\equiv\int_{-1}^{1}\frac{g(x)T_i(x)}{\sqrt{1-x^2}}\mathrm{d}x=\int_0^{\pi}g(\cos\theta)\cos(i\theta)\mathrm{d}\theta=\sum_{j=1}^{+\infty}c_j\int_0^{\pi}\cos(i\theta)\cos(j\theta)\mathrm{d}\theta\\&=\begin{cases}c_i\pi, & i=0\\ c_i\pi/2, & i\neq 0\end{cases}\end{aligned} \tag{2.3.19}$$

如果已有函数 $g(x)$ 的采样序列 $g_k=g(x_k)$，$k\in I_n$，用数值方法完成上式左端的积分 J_i 后即可解出系数 c_i，进而获得逼近关系式(2.3.18)。

① 胡海岩，李岳锋. 具有记忆特性的非线性减振器参数识别[J]. 振动工程学报，1989，2(2)：17-27.

对于二元函数,可类似得到

$$g(x,y)=\sum_{i=0}^{+\infty}\sum_{j=0}^{+\infty}c_{ij}T_i(x)T_j(y),\quad (x,y)\in[-1,1]\otimes[-1,1] \tag{2.3.20}$$

其中,符号 $A\otimes B$ 代表任取 $x\in A$ 和 $y\in B$ 构成的元素 (x,y) 集合;系数 c_{ij} 由下式确定

$$J_{ij}\equiv\int_{-1}^{1}\int_{-1}^{1}\frac{g(x,y)T_i(x)T_j(y)}{\sqrt{1-x^2}\sqrt{1-y^2}}\mathrm{d}x\mathrm{d}y=\int_0^{\pi}\int_0^{\pi}g(\cos\varphi,\cos\theta)\cos(i\varphi)\cos(j\theta)\mathrm{d}\varphi\mathrm{d}\theta$$

$$=\begin{cases}c_{ij}\pi^2, & i=j=0\\ c_{ij}\pi^2/2, & i\times j=0,\quad i^2+j^2\neq 0\\ c_{ij}\pi^2/4, & i\times j\neq 0\end{cases} \tag{2.3.21}$$

2. 辨识思路

为了叙述方便,考虑 $f(u,\dot{u})$ 的辨识问题。在利用 Chebyshev 多项式进行逼近之前,先将所测得的系统状态归一化到 $[-1,1]\otimes[-1,1]$ 上,即引入新的状态变量采样序列

$$x_k=\frac{2u_k-(u_{\min}+u_{\max})}{u_{\max}-u_{\min}},\quad y_k=\frac{2\dot{u}_k-(\dot{u}_{\min}+\dot{u}_{\max})}{\dot{u}_{\max}-\dot{u}_{\min}},\quad k\in I_n \tag{2.3.22}$$

此时,二维非线性反力的采样序列可近似为

$$f(u_k,\dot{u}_k)=\tilde{f}(x_k,y_k)\approx\sum_{i=0}^{m}\sum_{j=0}^{n}c_{ij}T_i(x_k)T_j(y_k) \tag{2.3.23}$$

其中,m 和 n 是根据 $f(u_k,\dot{u}_k)$ 的波动情况所选定的截断阶次,通常取 $m,n=5\sim7$ 即可。显然,只要确定了式(2.3.23)中的未知系数 c_{ij},即获得二维非线性反力的逼近

$$f(u,\dot{u})\approx\sum_{i=0}^{m}\sum_{j=0}^{n}c_{ij}T_i\left(\frac{2u-u_{\min}-u_{\max}}{u_{\max}-u_{\min}}\right)T_j\left(\frac{2\dot{u}-\dot{u}_{\min}-\dot{u}_{\max}}{\dot{u}_{\max}-\dot{u}_{\min}}\right) \tag{2.3.24}$$

式(2.3.23)关于未知参数 c_{ij} 是线性的,因此可用 2.3.1 节中的最小二乘法完成参数估计。

例 2.3.2 考察图 2.3.1 所示三层建筑结构的简化模型辨识问题。在该模型中,各楼板与剪切墙的无量纲等效质量为 $m_1=m_2=m_3=12$;剪切墙的非线性反力模型依次是:刚度硬化弹性元件和线性黏性阻尼器,刚度软化弹性元件和线性黏性阻尼器,理想弹塑性元件。它们对应的无量纲非线性反力满足

$$\begin{cases}f_1(v_1,\dot{v}_1)=7241v_1+72.41v_1^3+21\dot{v}_1\\ f_3(v_3,\dot{v}_3)=14900v_3-223v_3^3+60\dot{v}_3\end{cases} \tag{a}$$

$$\mathrm{d}f_2(v_2,\dot{v}_2)=\begin{cases}14900\mathrm{d}v_2, & |v_2|\leqslant v_s\\ 6169\mathrm{d}v_2, & |v_2|>v_s\end{cases} \tag{b}$$

其中,$v_l\equiv u_l-u_{l-1}$,$l\in I_3$ 是描述楼板相对运动的无量纲位移,$v_s=2.5$ 是无量纲屈服位移。

解 《Non-parametric Identification of Nearly Arbitrary Nonlinear Systems》①对图 2.3.1 所示模型的底层施加水平随机激励 u_0,获得各楼板的水平位移 u_l 和速度 $\dot{u}_l$,进而得到训练数据 $v_l\equiv u_l-u_{l-1}$,$\dot{v}_l\equiv\dot{u}_l-\dot{u}_{l-1}$,$f_l(v_l,\dot{v}_l)$,$l\in I_3$。根据式(2.3.23),取 $m=7$ 和 $n=7$,用 Chebyshev 多项式来逼近非线性反力 $f_l(v_l,\dot{v}_l)$,$l\in I_3$,得到较好的逼近结果。由于每个非线性

① Masri S F, Sassi H, Caughey T K. Non-parametric Identification of Nearly Arbitrary Nonlinear Systems [J]. Journal of Applied Mechanics, 1979, 46(2): 433-447.

反力的 Chebyshev 多项式模型均包含 64 个参数 $\hat{c}_{ij}$，$i,j\in\{0,I_7\}$，此处不列出识别结果。

值得指出，由于式(b)描述的理想弹塑性反力具有分段特性，上述水平随机激励 u_0 的幅值必须足够大，满足 $|v_2|>v_s=2.5$，得到的系统响应才能体现弹塑性变形，获得较为真实的逼近结果。即使如此，非线性反力 $f_2(v_2,\dot{v}_2)$ 的 Chebyshev 多项式模型是与变形历史无关的二维曲面，无法辨识理想弹塑性模型中的无量纲屈服位移 $v_s=2.5$。

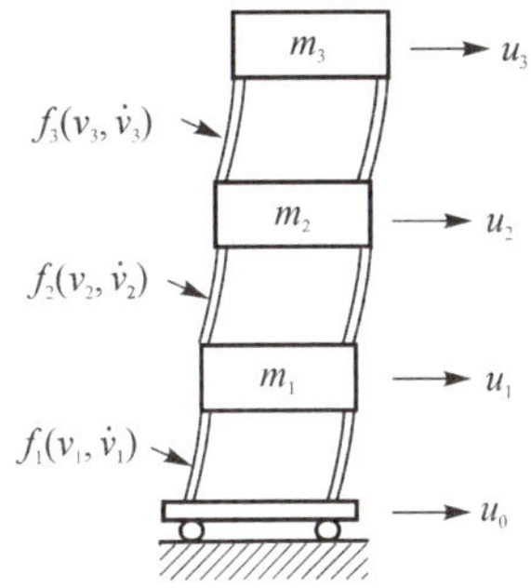

图 2.3.1　三层建筑结构的简化模型

研究表明，人工神经网络具有比正交多项式更强大的逼近能力。对于例 2.3.2，采用两个隐含层共 25 个节点的人工神经网络，也可获得很好效果，但涉及较为复杂的参数优化①。

2.3.3　稀疏辨识*

基于数据所建立的模型，往往缺乏可解释性。以 2.3.2 节所介绍的模型辨识为例，其结果只是几何意义上的逼近，并无任何可解释的物理意义。相对而言，2.3.1 节所介绍的参数估计具有一定的物理可解释性。但若对模型的物理本质缺乏了解，仍然会产生过拟合问题，导致可解释性下降。因此，有必要研究如何使回归模型尽可能简单，即所谓稀疏辨识。

1. 正则化方法

在 2.3.1 节和 2.3.2 节，均采用最小二乘法来进行参数估计和模型辨识。最小二乘法的优点是可获得统计意义下的无偏估计，其缺点是容易产生过拟合，即最小二乘解向量的分量均不为零。例如，由例 2.3.2 得到的系数 $\hat{c}_{ij}$，$i,j\in\{0,I_7\}$均不为零。

从数学角度看，为了避免最小二乘解的过拟合，可采用苏联数学家吉洪诺夫(Andrey N. Tikhonov，1906～1993)提出的正则化方法。以式(2.3.5)所描述的参数估计为例，所谓正则化是对式(2.3.7)所定义的极值问题增加由范数 l_1 描述的惩罚项，将其改写为

$$\min_{\hat{\boldsymbol{p}}}\{\|\boldsymbol{U}\hat{\boldsymbol{p}}-\boldsymbol{f}\|_2^2+\lambda\|\hat{\boldsymbol{p}}\|_1\} \tag{2.3.25}$$

其中，$\lambda>0$ 称为罚因子。由于参数向量 $\hat{\boldsymbol{p}}$ 的范数 l_1 是其诸分量绝对值之和，式(2.3.25)取极小值，则意味着 $\hat{\boldsymbol{p}}$ 的分量必须尽可能小。罚因子 λ 越大，对参数向量 $\hat{\boldsymbol{p}}$ 的惩罚越强，过拟合的可能性就越小。通过罚因子 λ，可使模型在描述能力和复杂性之间取得某种平衡。

目前，已有多种数值方法和商业软件可求解式(2.3.25)所定义的优化问题。例如，在 Matlab 软件中启动标准凸规划工具箱 cvx，调用优化命令 minimize 即可求上述优化问题。

例 2.3.3　在图 2.3.2(a)所示非线性隔振系统中，质量为 m 的设备通过 4 个图 2.3.2(b)所示的橡胶隔振器对称安装在刚性基础上，使设备仅做铅垂运动。4 个橡胶隔振器提供的弹性反力之和为 $f(y)$，y 是隔振器相对变形；提供的等效黏性阻尼反力之和为 $c\dot{y}$，$c>0$。现设计基于数据的非线性隔振器建模方案，并通过数值仿真验证。

① Masri S F, Chassiakos A G, Caughey T K. Identification of Nonlinear Dynamic Systems Using Neural Networks [J]. Journal of Applied Mechanics, 1993, 60(1): 123-133.

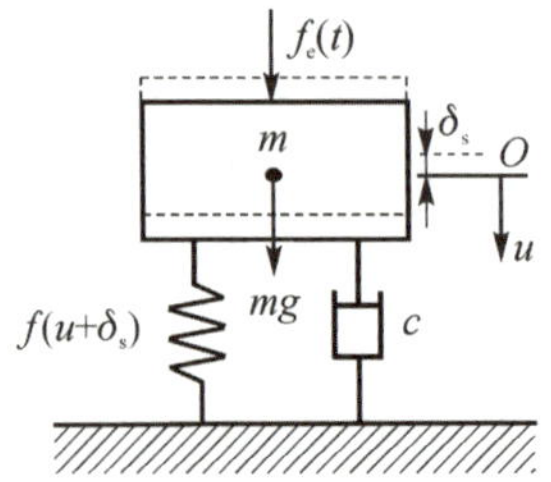

(a) 非线性隔振系统

(b) 橡胶隔振器

图 2.3.2　非线性隔振系统的数据建模问题

解　以设备在重力作用下的静平衡位置为原点，记系统动态位移为 u，重力引起的弹簧静变形为 δ_s，即 $f(\delta_s)=mg$。建立设备在外激励 $f_e(t)$ 和重力 mg 联合作用下的动力学方程和静平衡方程

$$\begin{cases} m\ddot{u}(t)+c\dot{u}(t)+f(u(t)+\delta_s)=f_e(t)+mg \\ f(\delta_s)=mg \end{cases} \tag{a}$$

将式(a)中的函数 $f(u(t)+\delta_s)$ 在 δ_s 处展开为 5 次幂表达式，利用 $f(\delta_s)=mg$，得到

$$m\ddot{u}(t)+c\dot{u}(t)+\sum_{i=1}^{5}p_i u^i(t)=f_e(t) \tag{b}$$

以 Δt 为周期采样，获得离散化的激励 $f_{ek}\equiv f_e(t_k)$、位移 $u_k\equiv u(t_k)$、速度 $\dot{u}_k\equiv\dot{u}(t_k)$ 和加速度 $\ddot{u}_k\equiv\ddot{u}(t_k)$，$k\in I_n$，$n=1024$，由式(b)得到离散动力学方程

$$\sum_{i=1}^{5}p_i u_k^i+c\dot{u}_k=g_k\equiv f_{ek}-m\ddot{u}_k,\quad k\in I_n \tag{c}$$

现安排两位研究者 A 和 B 参加该系统的数据建模，分五步完成双盲研究。

第一步： 研究者 A 秘密选择系统参数。取隔振器的等效黏性阻尼系数为 $c=5$ N·s/mm，弹性反力为 $f(y)=k_1y+k_3y^3$，其中，$k_1=100$ N/mm 和 $k_3=500$ N/mm^3；隔振器静变形为 $\delta_s=0.5$ mm，相应的设备质量为 $m=f(\delta_s)/g=11.48$ kg。将 $f(u(t)+\delta_s)$ 在 $\delta_s=0.5$ mm 处展开，得到非零系数

$$p_1=k_1+3k_3\delta_s^2=475\ \text{N/mm},\quad p_2=3k_3\delta_s=750\ \text{N/mm}^2,\quad p_3=k_3=500\ \text{N/mm}^3 \tag{d}$$

再取系统位移(单位为 mm)$u_k=\sin(8\pi t_k)$，$k\in I_n$，根据式(c)产生训练数据 u_k，$\dot{u}_k$，g_k，$k\in I_n$，并对所有数据添加 5%的随机噪声，其结果如图 2.3.3 所示。

第二步： 研究者 B 获得上述训练数据后进行粗略分析。由图 2.3.3(b)可见，隔振器反力序列 g_k 和位移序列 u_k 之间具有非对称滞后环。根据式(c)，研究者 B 构造数据模型

$$\begin{cases} \mathbf{U}\mathbf{p}=\mathbf{g} \\ \mathbf{U}\equiv[u_k\quad u_k^2\quad u_k^3\quad u_k^4\quad u_k^5\quad \dot{u}_k],\quad \mathbf{p}\equiv[p_1\quad p_2\quad p_3\quad p_4\quad p_5\quad c]^{\mathrm{T}},\quad \mathbf{g}\equiv[g_k],\quad k\in I_n \end{cases} \tag{e}$$

由式(e)得到参数向量 $\mathbf{p}$ 的最小二乘解

$$\hat{\mathbf{p}}=(\mathbf{U}^{\mathrm{T}}\mathbf{U})^{-1}\mathbf{U}^{\mathrm{T}}\mathbf{g} \tag{f}$$

将参数向量 $\hat{\mathbf{p}}$ 提交给研究者 A。

第三步： 研究者 A 将第一步设定的参数精确值和研究者 B 提供的参数向量 $\hat{\mathbf{p}}$ 列为表 2.3.1 的第二行和第三行。其中，最右两列是对式(d)的验证，即

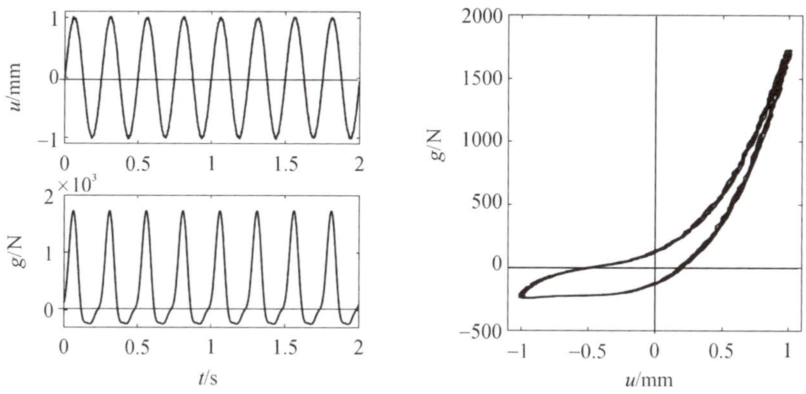

(a) 隔振器的动态变形和反力历程　　(b) 隔振器的迟滞回线

图 2.3.3　非线性隔振系统的训练数据

$$\hat{k}_1=\hat{p}_1-\frac{\hat{p}_2^2}{3\hat{p}_3},\quad \hat{\delta}_s=\frac{\hat{p}_2}{3\hat{p}_3} \tag{g}$$

研究者 A 告知研究者 B,其数据建模存在过拟合问题,即参数向量 $\hat{\boldsymbol{p}}$ 不够稀疏。

第四步:研究者 B 检查参数向量 $\hat{\boldsymbol{p}}$,判断 $\hat{p}_4u_k^4$ 和 $\hat{p}_5u_k^5$ 对隔振器反力的相对贡献较小,拟忽略不计。为了采用稀疏辨识方法得到此结果,取惩罚因子 $\lambda\in(0,1)$,参考式(2.3.25)所定义的正则化问题,求解

$$\min_{\hat{p}}\{\|\boldsymbol{U}\hat{\boldsymbol{p}}-\boldsymbol{g}\|_2^2+\lambda\|\hat{\boldsymbol{p}}\|_1\} \tag{h}$$

在 Matlab 平台上,取 $\lambda=0.2$ 和 $\lambda=0.4$,启动 cvx 工具箱,调用优化命令 minimize 求解式(h),获得正则解向量 $\hat{\boldsymbol{p}}$,其元素 $\hat{p}_4\approx0,\hat{p}_5\approx0$。根据该结果,研究者 B 判断非线性隔振器的弹性反力表达式为 $f(y)=\hat{k}_1y+\hat{k}_3y^3$,并且推断出

$$\hat{p}_1=\hat{k}_1+3\hat{k}_3\delta_s^2,\quad \hat{p}_2=3\hat{k}_3\hat{\delta}_s,\quad \hat{p}_3=\hat{k}_3 \tag{i}$$

这等价于具有物理意义的隔振器参数

$$\hat{k}_1=\hat{p}_1-\frac{\hat{p}_2^2}{3\hat{p}_3},\quad \hat{k}_3=\hat{p}_3,\quad \hat{\delta}_s=\frac{\hat{p}_2}{3\hat{p}_3} \tag{j}$$

因此,研究者 B 可给出式(e)中数据模型的物理解释性。

第五步:研究者 A 收到正则解向量 $\hat{\boldsymbol{p}}$,将其列为表 2.3.1 中的第四行和第五行。将这两行结果与第二行和第三行对比可见,正则解明显优于最小二乘解,非常接近精确值。因此,研究者 A 接受研究者 B 提交的参数辨识结果,宣布结束数据建模任务。

表 2.3.1　非线性隔振系统数据建模结果

参考标准和解法	p_1	p_2	p_3	p_4	p_5	c	k_1	δ_s
精确值	475.0	750.0	500.0	0.000	0.000	5.000	100.0	0.5000
最小二乘解	460.3	757.5	566.8	−10.10	−57.86	5.000	122.8	0.4455
正则解($\lambda=0.2$)	479.3	748.7	492.9	−0.000	0.000	5.007	100.2	0.5063
正则解($\lambda=0.4$)	479.9	748.2	491.6	0.000	0.000	5.007	100.2	0.5073

2. 非线性动力学的稀疏辨识

上述稀疏辨识方法可推广到整个非线性系统,并被称为非线性动力学的稀疏辨识(Sparse Identification of Nonlinear Dynamics,SINDy)。

例 2.3.4[M] 考察1.3.1节所提及美国气象学家Lorenz所研究的热对流问题,简称为Lorenz系统,其动力学方程的初值问题为

$$\begin{cases}\dot{u}_1=-\alpha u_1+\alpha u_2, \quad \dot{u}_2=\gamma u_1-u_2-u_1u_3, \quad \dot{u}_3=-\beta u_3+u_1u_2\\ u_1(0)=-8.0, \quad u_2(0)=7.0, \quad u_3(0)=27.0\end{cases} \tag{a}$$

其中,$\alpha=10,\beta=8/3,\gamma=28$。取采样周期和采样点数为$\Delta t=0.01,n=5000$,在Maple平台上用Runge—Kutta法计算式(a)的数值解作为训练数据,辨识系统模型。

解 为了从训练数据中辨识式(a)中的微分方程,将其右端项视为具有待识别系数的三次多项式。它有20个基函数,依次为$1,u_1,u_2,u_3,u_1^2,u_1u_2,u_1u_3,u_2^2,u_2u_3,u_3^2,u_1^3,u_1^2u_2,\cdots,u_3^3$。将训练数据$\dot{u}_1(t_k),\dot{u}_2(t_k),\dot{u}_3(t_k),u_1(t_k),u_2(t_k),u_3(t_k),k\in I_n$按采样时刻排为列阵,又称快照,形成图2.3.4所示的数据矩阵关系,即

$$\dot{\boldsymbol{U}}=\boldsymbol{\Phi}(\boldsymbol{U})\boldsymbol{P} \tag{b}$$

其中,$\dot{\boldsymbol{U}}\in\mathscr{R}^{n\times3},\boldsymbol{\Phi}(\boldsymbol{U})\in\mathscr{R}^{n\times20},\boldsymbol{P}\in\mathscr{R}^{20\times3}$。

彩图

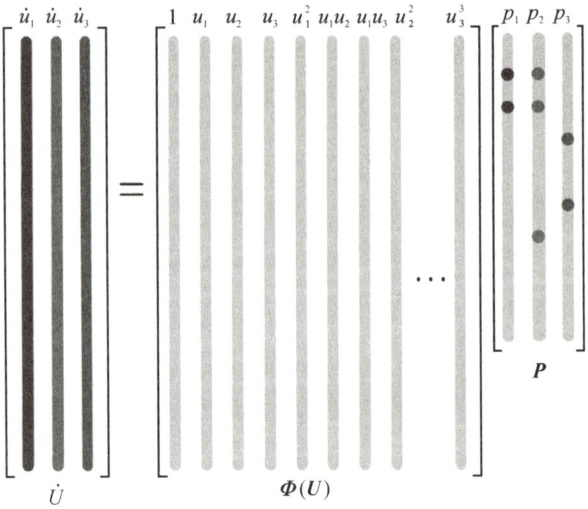

图 2.3.4 Lorenz系统的稀疏辨识示意图

将式(b)表示为带惩罚项的极值问题

$$\min_{\hat{\boldsymbol{P}}}\left\{\left\|\boldsymbol{\Phi}(\boldsymbol{U})\hat{\boldsymbol{P}}-\dot{\boldsymbol{U}}\right\|_2^2+\lambda\left\|\hat{\boldsymbol{P}}\right\|_1\right\} \tag{c}$$

取$\lambda=0.025$,采用序贯阈值最小二乘算法求解式(c),得到矩阵$\hat{\boldsymbol{P}}$①。在矩阵$\hat{\boldsymbol{P}}$的60个元素中,仅图2.3.4中7个实心圆处的元素具有非零参数,即$\hat{p}_{21}=-9.9996,\hat{p}_{31}=9.9998,\hat{p}_{22}=$

① Brunton S L, Proctor J L, Kuntz J N. Discovering Governing Equations from Data by Sparse Identification of Nonlinear Dynamical Systems [J]. Proceedings of the National Academy of Sciences, 2016, 113(15): 3932-3937.

27.9980，$\hat{p}_{32}=-0.9997$，$\hat{p}_{72}=-0.9999$，$\hat{p}_{43}=-2.6667$，$\hat{p}_{63}=1.0000$。由该结果得到数据建模结果为

$$\begin{cases}\dot{u}_1=-9.9996u_1+9.9998u_2,\\ \dot{u}_2=27.998u_1-0.9997u_2-0.9999u_1u_3\\ \dot{u}_3=-2.6667u_3+1.0000u_1u_2\end{cases} \tag{d}$$

将式(d)与式(a)中的微分方程对比可见，该结果具有很高精度。对于无污染的训练数据，采用最小二乘法也可得到高精度模型，详见附录 A2 提供的 Maple 程序和结果。

近年来，上述稀疏辨识方法 SINDy 引起学术界的广泛关注，并已被推广用于流体力学系统、非线性光学系统的数据建模。

2.3.4　数据建模的有效性

在机器学习领域，如何检验和保证数据建模的有效性是个难题。研究表明，数据建模存在两个共性问题：一是数据模型中的参数往往缺乏物理意义，即数据模型缺乏可解释性；二是基于训练数据建立的模型未必能预测其他数据，即模型缺乏可泛化性。因此，提高数据模型的有效性，必须提高数据模型的可解释性和可泛化性。现将作者在数据建模中为提高模型有效性所做的一些尝试归纳如下。

1. 充分利用先验信息

本书的研究对象是工程中的非线性系统，主要是人造系统。因此，在建模前总有若干先验信息。充分利用这些信息可使黑箱问题转化为灰箱问题，减少建模的盲目性，提高模型的可解释性和可泛化性。为此，建议采用如下举措。

(a) 鉴于非线性系统往往具有多种稳态运动，在建模实验中应选择适宜的激励，使系统尽可能接近实际工作状态。基于这样的训练数据建立模型，有利于反映系统在工作状态下的非线性动力学行为。

(b) 对于非线性反力的建模，应在选择建模方法前先观察训练数据。一般来说，从位移与非线性反力的关系或速度与非线性反力的关系，能观察到非线性的强弱，以及系统是否具有间隙、干摩擦等典型的非线性因素。对于多数工程系统，这种观察有助于将数据建模问题简化为参数估计问题，并决定非线性逼近的阶次。

(c) 通常，模型中的未知参数越多，参数估计中越容易产生病态解。因此，可先通过静态测量获得系统的质量、间隙等参数作为先验信息，减少动力学模型中待确定的未知参数。这正是 2.3.1 节将式(2.3.1)关于质量做归一化处理的原因。

2. 提高数据的信噪比

采样数据的测试误差对建模有很大影响。为了减小这种影响，应尽可能提高数据的信噪比。为此，建议采用以下举措。

(a) 直接测量系统位移、速度和加速度数据，避免数值微分和数值积分带来的误差。

(b) 如果必须从加速度数据积分获得速度数据和位移数据，选择采样频率(间隔)时应兼顾数值积分的精度，并采用数字滤波消除由于数值积分引起的零漂和趋势项。

(c) 如果必须从位移数据获得速度数据和加速度数据，可设置一个随时间移动的窗口，用正交多项式拟合窗口内的局部位移数据，获得局部位移的表达式；对该表达式求导数，即可得

到局部速度数据和局部加速度数据。

(d) 实验中应尽可能使系统处于某种共振状态,使得所测响应数据具有比较高的信噪比。如果在实验中采用宽频带激励,可将采样序列变换为频域数据,其共振频带内的数据将具有较高的信噪比。

3. 对模型进行检验

对于不同的非线性动力学问题,建模的目的不同,所建的模型不同,模型的有效性检验也不同。以系统动力学分析为例,只要模型能反映系统的主要动力学特性即可。为此,建议进行如下检验。

(a) 将实测响应与根据模型计算出的响应进行对比。

(b) 改变激励幅值或频率进行重复训练和检验。

(c) 考察不同模型阶次对识别结果的影响,采用正则化方法来惩罚模型中的次要项,特别是系数比较小的高阶非线性项。

最后指出,统计学界已对如何检验和选择数据模型开展了大量研究,提出了简约准则、交叉验证、信息准则等方法①。本书限于篇幅,不再展开介绍。

习 题

2-1 通过检索网络资料,对 2.1 节所介绍的非线性因素进行补充。

2-2 图 2-1 所示集中质量 m 连接于长为 $2l$ 的金属丝中点,位于无重力环境中;已知金属丝的截面积为 A,弹性模量为 E,张力为 S。

(a) 设张力 S 保持不变,建立集中质量沿 u 方向做大位移的动力学方程;

(b) 证明 $|u| \ll l$ 时,该系统可近似为 Duffing 系统。

2-3 考察图 2-2 所示重力场中的弹簧摆,忽略弹簧质量,在 Maple 平台上用 Lagrange 方程验证其具有动力学方程

$$\begin{cases} m(l+u_2)^2\ddot{u}_1 + 2m(l+u_2)\dot{u}_1\dot{u}_2 + mg(l+u_2)\sin u_1 = 0 \\ m\ddot{u}_2 - m(l+u_2)\dot{u}_1^2 + mg(1-\cos u_1) + ku_2 = 0 \end{cases}$$

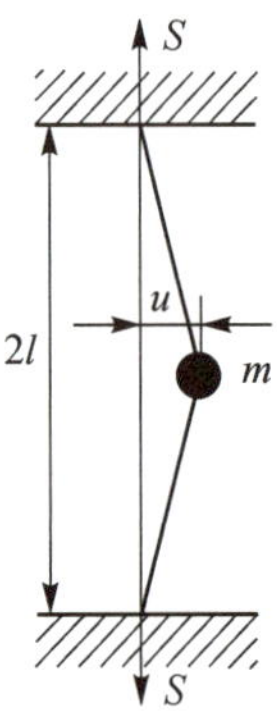

图 2-1 题 2-2 图

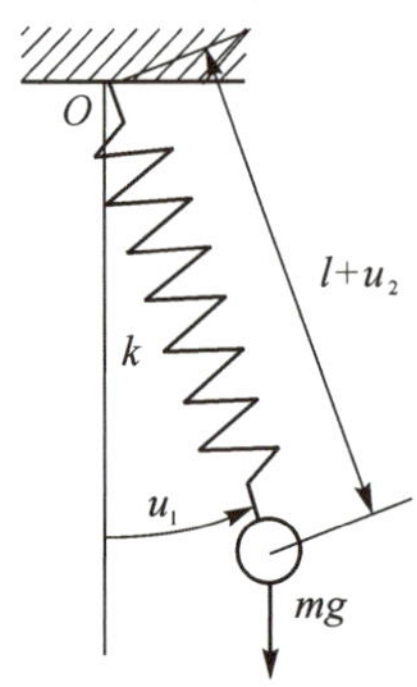

图 2-2 题 2-3 图

① Brunton S L, Kutz J N. Data-Driven Science and Engineering: Machine Learning, Dynamical Systems and Control [M]. 2nd ed. Cambridge: Cambridge University, 2021: 186-200.

2-4　在图 2-3 中，太阳质量 m_1、地球质量 m_2 和航天器质量 m_3 间满足 $m_3 \ll m_2 \ll m_1$，故航天器运动不影响太阳和地球运动；日-地质心坐标系以角速度 ω 绕 z 轴做圆周运动，$b_1 = m_2 d/(m_1 + m_2)$，$b_2 = m_1 d/(m_1 + m_2)$，$d_1 = \sqrt{(b_1 + x)^2 + y^2}$，$d_2 = \sqrt{(b_2 - x)^2 + y^2}$，$\omega = \sqrt{G(m_1 + m_2)/d^3}$，其中，$G$ 为天体引力常数。记 $\mu = m_1/(m_1 + m_2)$，航天器在惯性参考系中的速度为 $\boldsymbol{v} = (\dot{x} - y\omega)\boldsymbol{e}_1 + (\dot{y} + x\omega)\boldsymbol{e}_2$，$\boldsymbol{e}_1$ 和 $\boldsymbol{e}_2$ 为沿 x 轴和 y 轴的单位向量。在 Maple 平台上，验证航天器在日—地质心旋转坐标系中满足无量纲动力学方程

$$\begin{cases} \ddot{x} - 2\dot{y} - x = -\dfrac{\mu(x - 1 + \mu)}{d_1^3} - \dfrac{(1-\mu)(x+\mu)}{d_2^3} \\ \ddot{y} - 2\dot{x} - y = -\dfrac{\mu y}{d_1^3} - \dfrac{(1-\mu)y}{d_2^3} \end{cases}$$

2-5　在图 2-4 中，以角速度 ω 旋转的轴受到约束，只能沿 y 方向做横向振动。轴的横截面因键槽失去轴对称性，其相对固定坐标系 Oxy 的截面惯性矩 I 为转角 $\varphi = \omega t$ 的函数，可表示为 $I(t) = I_0 + \Delta I\cos(\omega t)$。建立该转轴沿 y 方向的横向振动微分方程，并证明转轴的横向振动受参数激励，满足 Mathieu 方程。

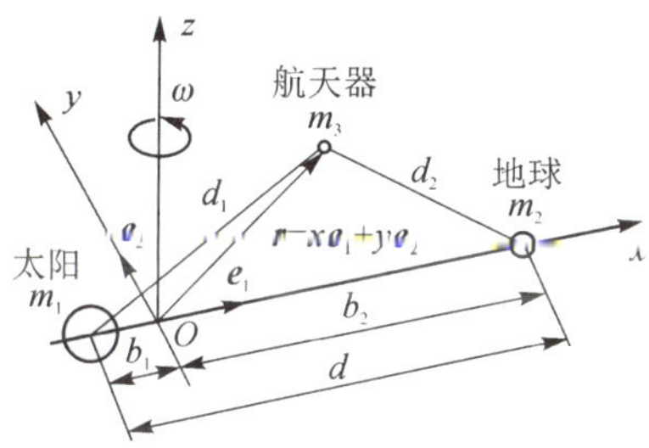

图 2-3　题 2-4 图

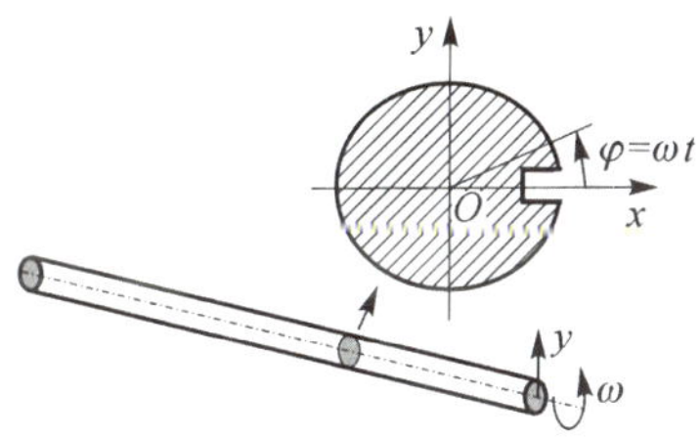

图 2-4　题 2-5 图

2-6　对于 2.2.2 节中受轴向力作用的两端铰支细长梁，若其材料具有非线性本构关系

$$\sigma = E\left(\varepsilon + \alpha\varepsilon^3 + \beta\frac{\partial\varepsilon}{\partial t}\right),\quad E > 0,\quad \alpha > 0,\quad \beta > 0$$

(a) 在 Maple 平台上，建立梁做小挠度振动的动力学方程；

(b) 用 Galerkin 方法和两端铰支梁的第一阶固有振型，将上述动力学方程简化为单自由度系统的动力学方程。

2-7　四边铰支的矩形薄板受横向均布载荷 $f(t) = f_0\cos(\omega t)$激励，板的长度为 a，宽度为 b，厚度为 h，材料的弹性模量和 Poisson 比分别为 E 和 ν。

(a) 参考弹性力学，建立薄板做中等挠度振动的动力学方程；

(b) 根据 Galerkin 方法和薄板的第一阶固有振型，获得单自由度系统的动力学方程。

2-8　通过检索网络资料，梳理从非线性系统模型辨识到机器学习的研究脉络。

2-9　两人一组，按如下流程完成非线性联接件的实验建模：

$$f(u, \dot{u}) = k_1 u + k_3 u^3 + c_1\dot{u} + k_2\begin{cases} 0, & |u| \leqslant \delta \\ (u - \delta\,\mathrm{sgn}u), & |u| > \delta \end{cases}$$

首先，每人秘密选择一组参数$(k_1, k_2, k_3, \delta, c_1)$，然后对联接件施加正弦位移激励 $u(t) = u_0\sin(20\pi t)$，$u_0 > \delta$，通过数值计算获得训练数据 $u_k, \dot{u}_k, p_k, k \in I_n$；其次，将数

据交给对方,由其辨识联接件的参数,并返回进行检验。

2 - 10 在题 2 - 9 的训练数据中分别叠加 2%和 5%的白噪声,再次辨识联接件的参数,并对诸参数的识别精度进行讨论。

2 - 11 针对题 2 - 10 的训练数据,对最小二乘法和正则化方法的辨识效果进行对比。

2 - 12 两端铰支细长梁,其一端支座的螺钉发生了松动,导致梁的横向运动呈现碰撞振动。构思一个非线性动力学建模实验,确定松动间隙的大小。

第3章 单自由度自治系统的定性分析

研究非线性系统动力学的解析方法可以分为两类,即定性分析和定量分析。对于单自由度自治系统,定性分析比定量分析要直观,而且可以提供若干全局性结果。按照循序渐进原则,本章介绍单自由度自治系统的定性分析,第4章介绍这类系统的定量分析。

3.1 基本概念

考察单自由度自治系统,其位移 $u(t)$ 满足动力学方程

$$\ddot{u}(t)+f(u(t),\dot{u}(t))=0 \tag{3.1.1}$$

读者不难证明该自治系统的一个基本性质:对于时间 t 的平移,系统动力学方程的形式保持不变。因此,本书一般不写出自治系统的时间变量 t,并取系统初始时刻为 $t=0$。

3.1.1 相轨线

用系统位移 u 和速度 $\dot{u}$ 组成二维状态向量

$$\boldsymbol{u}\equiv\begin{bmatrix}u_1\\u_2\end{bmatrix}\equiv\begin{bmatrix}u\\\dot{u}\end{bmatrix} \tag{3.1.2}$$

将式(3.1.1)改写为

$$\dot{\boldsymbol{u}}=\begin{bmatrix}\dot{u}_1\\\dot{u}_2\end{bmatrix}=\begin{bmatrix}u_2\\-f(u_1,u_2)\end{bmatrix}=\boldsymbol{f}(\boldsymbol{u}),\quad \boldsymbol{f}(\boldsymbol{u})\equiv\begin{bmatrix}u_2\\-f(u_1,u_2)\end{bmatrix} \tag{3.1.3}$$

其中,二维向量函数 $\boldsymbol{f}(\boldsymbol{u})$ 称为式(3.1.3)的向量场。给定初始条件后,式(3.1.3)的解 $u_1(t)$ 和 $u_2(t)$,$t\geqslant 0$ 是(u_1,u_2)平面上随时间 t 增加而演化的一条曲线,称为解曲线。通常,称平面(u_1,u_2)为相平面,称上述解曲线为相轨线,而称相轨线的全体为相图。

将式(3.1.3)消去 $\mathrm{d}t$,得到相轨线的切方向

$$\frac{\mathrm{d}u_2}{\mathrm{d}u_1}=-\frac{f(u_1,u_2)}{u_2} \tag{3.1.4}$$

这说明,相轨线在相平面上点 $\boldsymbol{u}$ 处的方向取决于 $\boldsymbol{f}(\boldsymbol{u})$ 的两个分量,与时间 t 无关。只要式(3.1.4)中分子和分母在点(u_1,u_2)处不同时为零,则相轨线在该点的切方向是唯一的。此时,过点(u_1,u_2)有且仅有一条相轨线。这正是常微分方程解的存在性与唯一性定理的几何意义。为了直观地理解相轨线,现考察一个可解析求解的例题。

例 3.1.1 图3.1.1(a)所示系统含有间隙且左右刚度不等,其动力学方程为

$$m\ddot{u}+f(u)=0 \tag{a}$$

其中

$$f(u)=\begin{cases}ku, & u\leqslant\delta\\ k\delta+k(1+\mu)(u-\delta), & u>\delta\end{cases}\tag{b}$$

研究系统自 $u(0)=\delta>0,\dot{u}(0)=\dot{u}_0>0$ 出发的相轨线及其振动周期。

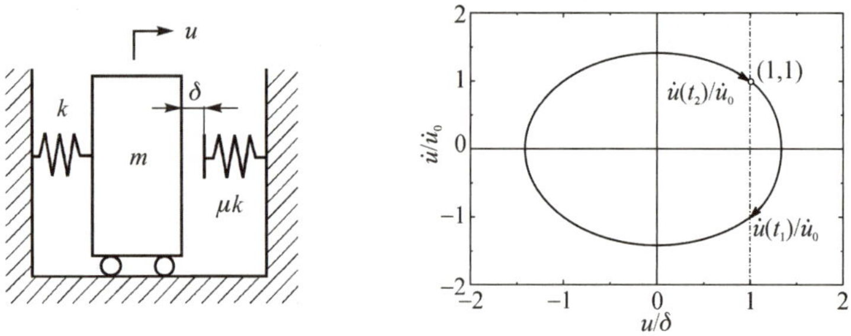

(a) 力学模型　　(b) 典型相轨线(m=1, k=1, μ=1)

图 3.1.1　含间隙的单自由度系统及其相轨线

解　该系统具有分段线性特征,其运动在 $u<\delta$ 和 $u\geqslant\delta$ 分别有解析解,每段解的切换位移 $u(t)=\delta$ 和切换速度 $\dot{u}(t)$ 是下一段解的初始条件,从而可逐段衔接求解。这种解法称作接缝法。以下分两种情况进行讨论。

① 根据给定的系统初始状态,集中质量的最初运动 $u\geqslant\delta$,满足

$$\begin{cases}m\ddot{u}+k(1+\mu)u-k\mu\delta=0\\ u(0)=\delta, \quad \dot{u}(0)=\dot{u}_0>0\end{cases}\tag{c}$$

由式(c)得到该系统的自由振动

$$u(t)=\frac{\mu\delta}{1+\mu}+\frac{\delta}{1+\mu}\cos(\omega_1 t)+\frac{\dot{u}_0}{\omega_1}\sin(\omega_1 t), \quad \omega_1\equiv\sqrt{\frac{k(1+\mu)}{m}}\tag{d}$$

该自由振动达到最大值后反向运动,记集中质量在 t_1 时刻与右弹簧相脱离,脱离时的位移为

$$u(t_1)=\frac{\mu\delta}{1+\mu}+\frac{\delta}{1+\mu}\cos(\omega_1 t_1)+\frac{\dot{u}_0}{\omega_1}\sin(\omega_1 t_1)=\delta\tag{e}$$

由式(e)得到时间 t_1 的最小正解为

$$t_1=\frac{2}{\omega_1}\arctan\left(\frac{\dot{u}_0(1+\mu)}{\delta\omega_1}\right)=2\sqrt{\frac{m}{k(1+\mu)}}\arctan\left(\frac{\dot{u}_0}{\delta}\sqrt{\frac{m(1+\mu)}{k}}\right)\tag{f}$$

此时,系统的动能与初始动能相同,由此得到速度

$$\dot{u}(t_1)=-\dot{u}_0<0\tag{g}$$

② 当 $t>t_1$ 后,$u<\delta$,系统运动是由式(e)和式(g)作为初始状态的线性系统自由振动

$$\begin{cases}m\ddot{u}+ku=0, \quad t>t_1\\ u(t_1)=\delta, \quad \dot{u}(t_1)=-\dot{u}_0\end{cases}\tag{h}$$

由此得到

$$u(t)=\delta\cos(\omega_2(t-t_1))-\frac{\dot{u}_0}{\omega_2}\sin(\omega_2(t-t_1)), \quad \omega_2\equiv\sqrt{\frac{k}{m}}\tag{i}$$

记集中质量再次与右弹簧相接触的时刻为 t_2,它满足条件

$$u(t_2)=\delta\cos(\omega_2(t_2-t_1))-\frac{\dot{u}_0}{\omega_2}\sin(\omega_2(t_2-t_1))=\delta \tag{j}$$

由式(j)得到时间 t_2 的最小正解为

$$t_2=t_1+\frac{2}{\omega_2}\left[\pi-\arctan\left(\frac{\dot{u}_0}{\delta\omega_2}\right)\right]=t_1+2\sqrt{\frac{m}{k}}\left[\pi-\arctan\left(\frac{\dot{u}_0}{\delta}\sqrt{\frac{m}{k}}\right)\right] \tag{k}$$

相应的系统速度为

$$\dot{u}(t_2)=\dot{u}_0=\dot{u}(0) \tag{l}$$

此后，系统的运动与第一阶段重复，形成周期运动，图 3.1.1(b)是其相轨线。

根据上述分析，系统的振动周期为

$$T=t_2=2\sqrt{\frac{m}{k(1+\mu)}}\arctan\left(\frac{\dot{u}_0}{\delta}\sqrt{\frac{m(1+\mu)}{k}}\right)+2\sqrt{\frac{m}{k}}\left[\pi-\arctan\left(\frac{\dot{u}_0}{\delta}\sqrt{\frac{m}{k}}\right)\right] \tag{m}$$

由此可见，该系统的自由振动周期与系统初始条件有关，这是非线性系统所具有的性质。将式(m)求偏导数可以发现，随着系统初速度 $\dot{u}_0$ 或约束刚度比 μ 增加，系统自由振动周期 T 从线性系统的固有周期 $2\pi\sqrt{m/k}$ 起单调递减，其规律如图 3.1.2(a)和图 3.1.2(b)所示。

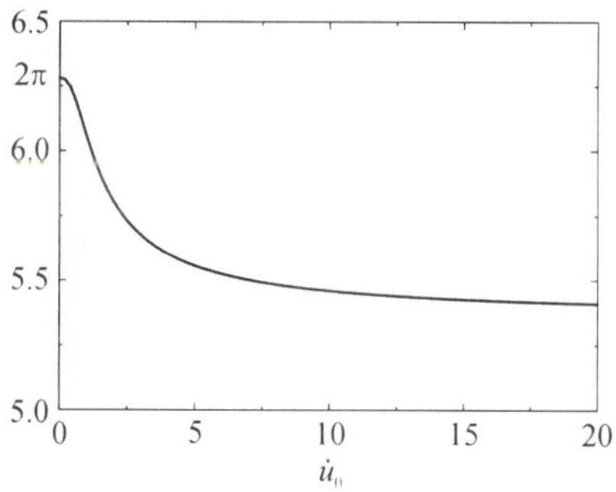

(a) 振动周期随初始速度的变化(μ=1)

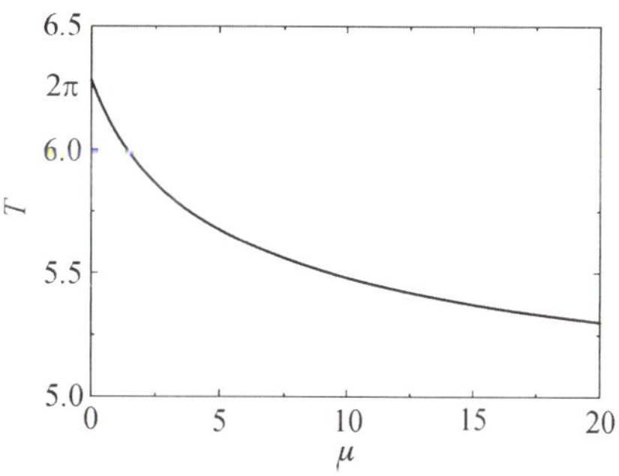

(b) 振动周期随约束刚度比的变化($\dot{u}_0$=1)

图 3.1.2　分段线性系统的振动周期变化($m=1,k=1,\delta=1$)

3.1.2　平衡点及其稳定性

系统在相平面上的静止位置 $\boldsymbol{u}_s$ 称为平衡点。从式(3.1.3)不难看出，平衡点 $\boldsymbol{u}_s$ 满足

$$\boldsymbol{f}(\boldsymbol{u}_s)=\boldsymbol{0} \tag{3.1.5}$$

对照式(3.1.4)可见，相轨线的切方向在平衡点处不唯一。因此，平衡点又称为奇点。

如果对于任给的 $\varepsilon>0$，存在 $\delta(\varepsilon)>0$，当 $\|\boldsymbol{u}(0)-\boldsymbol{u}_s\|<\delta(\varepsilon)$ 时，系统的运动满足

$$\|\boldsymbol{u}(t)-\boldsymbol{u}_s\|<\varepsilon,\quad t\geqslant 0 \tag{3.1.6}$$

则称系统的平衡点 $\boldsymbol{u}_s$ 是稳定的，否则称为不稳定的。若在稳定前提下还有

$$\lim_{t\to+\infty}\boldsymbol{u}(t)=\boldsymbol{u}_s \tag{3.1.7}$$

则称系统的平衡点 $\boldsymbol{u}_s$ 是渐近稳定的。建议读者按该定义检验例 3.1.1 系统平衡点的稳定性。

3.2 平衡点的性质

为研究系统在平衡点 $\boldsymbol{u}_s$ 附近的行为,将式(3.1.3)展开并利用式(3.1.5),得到

$$\dot{\boldsymbol{u}}=\boldsymbol{f}(\boldsymbol{u})=\mathbf{D}\boldsymbol{f}(\boldsymbol{u}_s)(\boldsymbol{u}-\boldsymbol{u}_s)+O(\|\boldsymbol{u}-\boldsymbol{u}_s\|^2)=\mathbf{D}\boldsymbol{f}(\boldsymbol{u}_s)(\boldsymbol{u}-\boldsymbol{u}_s)+o(\|\boldsymbol{u}-\boldsymbol{u}_s\|) \tag{3.2.1}$$

其中,$\mathbf{D}\boldsymbol{f}(\boldsymbol{u}_s)$代表向量函数 $\boldsymbol{f}(\boldsymbol{u})$在 $\boldsymbol{u}_s$ 处的 Jacobi 矩阵,$\mathbf{D}$ 是关于全部自变量的偏导数算子;$O(\cdot)$代表同阶量,$o(\cdot)$代表高阶量。上式可简写为

$$\dot{\tilde{\boldsymbol{u}}}=\boldsymbol{A}\tilde{\boldsymbol{u}}+o(\|\tilde{\boldsymbol{u}}\|),\quad \tilde{\boldsymbol{u}}\equiv\boldsymbol{u}-\boldsymbol{u}_s,\quad \boldsymbol{A}\equiv\mathbf{D}\boldsymbol{f}(\boldsymbol{u}_s) \tag{3.2.2}$$

在 7.1 节将证明:除了某些临界情况,式(3.2.2)与其对应的线性系统(简称派生系统)

$$\dot{\tilde{\boldsymbol{u}}}=\boldsymbol{A}\tilde{\boldsymbol{u}} \tag{3.2.3}$$

在平衡点附近具有相同性质。因此,本节讨论由式(3.2.3)描述的线性系统。

显然,矩阵 $\boldsymbol{A}$ 中第一行元素为

$$a_{11}=0,\quad a_{12}=1 \tag{3.2.4}$$

鉴于许多高维系统在一定条件下可简化为二维系统,只是系数矩阵 $\boldsymbol{A}$ 更一般,以下放弃式(3.2.4)的限制,研究一般情况下式(3.2.3)在平衡点 $\tilde{\boldsymbol{u}}=\mathbf{0}$ 附近的相轨线性质。

将线性系统的待定解 $\tilde{\boldsymbol{u}}(t)=\boldsymbol{\varphi}\exp(\lambda t)$代入式(3.2.3),得到对应的特征值问题

$$(\boldsymbol{A}-\lambda\boldsymbol{I})\boldsymbol{\varphi}=\mathbf{0} \tag{3.2.5}$$

记矩阵 $\boldsymbol{A}$ 的特征值为λ_1 和 λ_2,如果特征向量 $\boldsymbol{\varphi}_1$ 和 $\boldsymbol{\varphi}_2$ 线性无关,可引入满秩线性变换

$$\tilde{\boldsymbol{u}}=\boldsymbol{\Phi}\boldsymbol{q},\ \boldsymbol{\Phi}\equiv[\boldsymbol{\varphi}_1\quad \boldsymbol{\varphi}_2],\ \boldsymbol{q}\equiv[q_1\quad q_2]^{\mathrm{T}} \tag{3.2.6}$$

将式(3.2.3)变换为

$$\dot{\boldsymbol{q}}=\boldsymbol{\Phi}^{-1}\boldsymbol{A}\boldsymbol{\Phi}\boldsymbol{q}=\boldsymbol{B}\boldsymbol{q},\quad \boldsymbol{B}\equiv\boldsymbol{\Phi}^{-1}\boldsymbol{A}\boldsymbol{\Phi}=\begin{bmatrix}\lambda_1 & 0\\ 0 & \lambda_2\end{bmatrix} \tag{3.2.7}$$

根据λ_1 和λ_2 的取值,矩阵 $\boldsymbol{B}$ 为实对角阵或复对角阵。式(3.2.6)将相轨线 $\boldsymbol{u}(t)$相似变形为 $\boldsymbol{q}(t)$,但不改变其本质特征。因此,可通过研究式(3.2.7)来定性了解式(3.2.3)。由于前者已完全解耦,可直接求解。

如果特征向量 $\boldsymbol{\varphi}_1$ 和 $\boldsymbol{\varphi}_2$ 线性相关,此时必有 $\lambda_1=\lambda_2=\lambda$,根据法国数学家约当(Camille Jordan,1838—1922)建立的线性代数标准型理论,存在满秩线性变换 $\tilde{\boldsymbol{u}}=\boldsymbol{\Psi}\boldsymbol{q}$,使得

$$\dot{\boldsymbol{q}}=\boldsymbol{\Psi}^{-1}\boldsymbol{A}\boldsymbol{\Psi}\boldsymbol{q}=\boldsymbol{B}\boldsymbol{q},\quad \boldsymbol{B}\equiv\boldsymbol{\Psi}^{-1}\boldsymbol{A}\boldsymbol{\Psi}=\begin{bmatrix}\lambda & 1\\ 0 & \lambda\end{bmatrix} \tag{3.2.8}$$

该方程也可依次求解。

综上所述,矩阵 $\boldsymbol{B}$ 的最简形式有三种:实对角、实上三角、复对角。矩阵 $\boldsymbol{A}$ 有零特征值时系统做刚体运动,讨论平衡点类型需按 $\det\boldsymbol{A}$ 是否为零分别进行,共有六种情况。

$$\det\boldsymbol{A}\neq 0:\quad (1)\boldsymbol{B}=\begin{bmatrix}\lambda_1 & 0\\ 0 & \lambda_2\end{bmatrix},\quad (2)\boldsymbol{B}=\begin{bmatrix}\lambda & 1\\ 0 & \lambda\end{bmatrix},\quad (3)\boldsymbol{B}=\begin{bmatrix}\lambda & 0\\ 0 & \bar{\lambda}\end{bmatrix} \tag{3.2.9a}$$

$$\det\boldsymbol{A}=0:\quad (4)\boldsymbol{B}=\begin{bmatrix}0 & 0\\ 0 & \lambda\end{bmatrix},\quad (5)\boldsymbol{B}=\begin{bmatrix}0 & 1\\ 0 & 0\end{bmatrix},\quad (6)\boldsymbol{B}=\begin{bmatrix}0 & 0\\ 0 & 0\end{bmatrix} \tag{3.2.9b}$$

1. det$A\neq 0$ 且 B 为实对角矩阵

此时，式(3.2.7)解耦为两个独立方程

$$\dot{q}_1=\lambda_1 q_1,\quad \dot{q}_2=\lambda_2 q_2 \tag{3.2.10}$$

给定初始状态(q_{10},q_{20})，解出

$$q_1=q_{10}\exp(\lambda_1 t),\quad q_2=q_{20}\exp(\lambda_2 t) \tag{3.2.11}$$

根据 $\lambda_1\lambda_2$ 的正负号又可分为两种情况：

(a) 若 $\lambda_1\lambda_2>0$，即 λ_1 与 λ_2 同号，称平衡点为结点。若 $\lambda_1<0$ 且 $\lambda_2<0$，由式(3.2.11)知，$t\to+\infty$时 q_1 和 $q_2\to 0$，因此这是渐近稳定结点。图 3.2.1 给出了 $\lambda_1\neq\lambda_2$ 时结点附近的相图。当 $\lambda_1=\lambda_2$ 时，由式(3.2.11)得

$$\frac{q_2}{q_1}=\frac{q_{20}}{q_{10}}=\text{const.} \tag{3.2.12}$$

这说明相轨线是过结点的直线，不同的相轨线在结点处斜率不同，见图 3.2.2，这种结点称作奇结点。若 $\lambda_1>0$ 且 $\lambda_2>0$，则 $t\to+\infty$时$|q_1|$和$|q_2|\to+\infty$，这类结点是不稳定的。此时，相轨线类似于图 3.2.1 和图 3.2.2，但需将图中箭头反向。

(b) 若 $\lambda_1\lambda_2<0$，即 λ_1 与 λ_2 异号，称平衡点为鞍点，它总是不稳定的。若 $\lambda_2<0<\lambda_1$，由式(3.2.11)知，$t\to+\infty$时$|q_1|\to\infty$，而 $q_2\to 0$。图 3.2.3 给出了此时鞍点附近的相图。若 $\lambda_1<0<\lambda_2$，则图 3.2.3 中箭头反向。

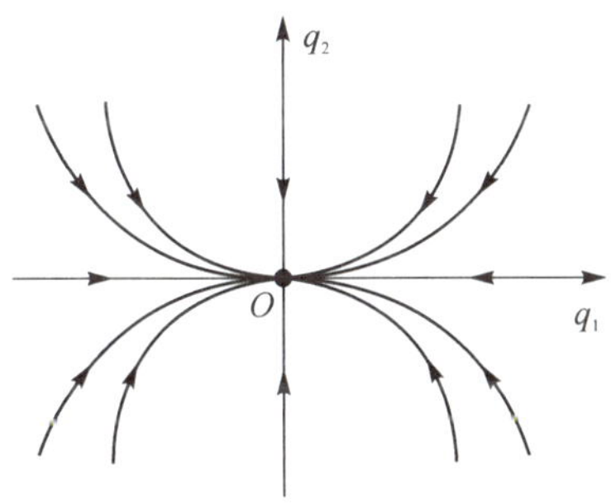

图 3.2.1　渐近稳定结点(圆点)

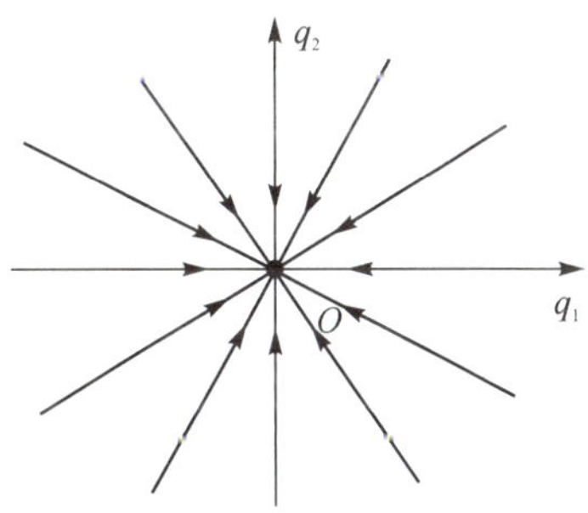

图 3.2.2　渐近稳定奇结点(圆点)

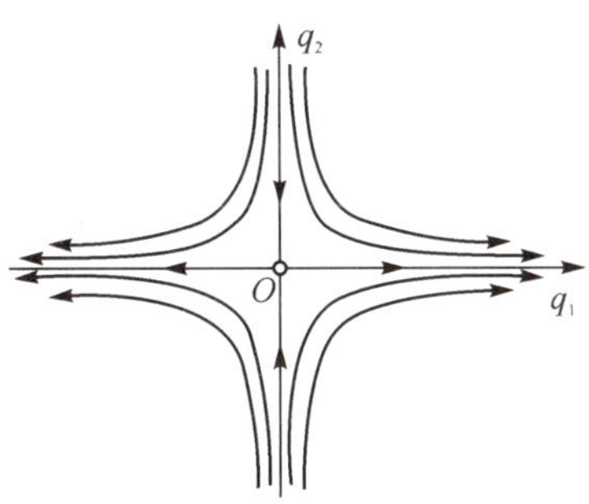

图 3.2.3　鞍点(圆圈)

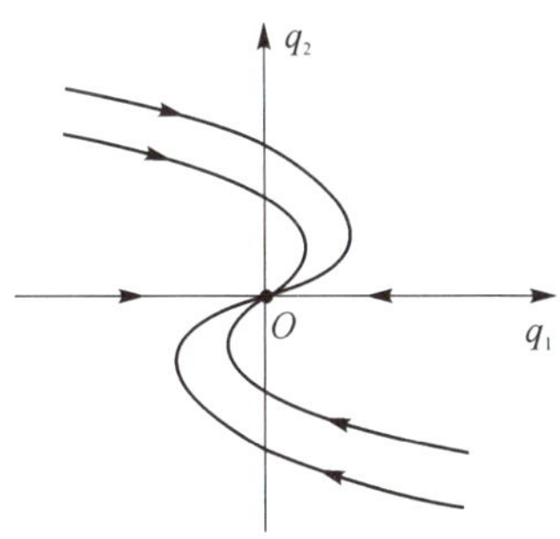

图 3.2.4　渐近稳定退化结点(圆点)

2. det$A\neq 0$ 且 B 为实上三角矩阵

此时，式(3.2.8)为

$$\dot{q}_1=\lambda q_1+q_2,\quad \dot{q}_2=\lambda q_2 \tag{3.2.13}$$

在初始状态(q_{10},q_{20})下解出

$$\frac{q_2}{q_1}=\frac{q_{20}\exp(\lambda t)}{(q_{10}+q_{20}t)\exp(\lambda t)}=\frac{q_{20}}{q_{10}+q_{20}t} \tag{3.2.14}$$

这种平衡点称作退化结点。图 3.2.4 是$\lambda<0$时的相图,$\lambda>0$时将图中箭头反向。

3. det$A\neq0$且B为复共轭对角矩阵

记$\lambda=\alpha+\mathrm{i}\beta$,则式(3.2.7)的解为

$$q_1=q_{10}\exp((\alpha+\mathrm{i}\beta)t),\quad q_2=q_{20}\exp((\alpha-\mathrm{i}\beta)t) \tag{3.2.15}$$

此时的平衡点称作焦点。根据 Euler 公式,可将上式表示为

$$\begin{cases}\mathrm{Re}q_1=q_{10}\exp(\alpha t)\cos(\beta t),\quad \mathrm{Im}q_1=q_{10}\exp(\alpha t)\sin(\beta t)\\ \mathrm{Re}q_2=q_{20}\exp(\alpha t)\cos(\beta t),\quad \mathrm{Im}q_2=-q_{20}\exp(\alpha t)\sin(\beta t)\end{cases} \tag{3.2.16}$$

这代表复平面上两条性质相同的对数螺线,只需讨论其中之一。以$q_{10}\neq0$为例,若$\alpha<0$,$t\to+\infty$时$|q_1|\to0$,螺线向焦点收缩,这种焦点是渐近稳定的,如图 3.2.5 所示;而$\alpha>0$时则相反,成为不稳定焦点。$\alpha=0$为临界情况,螺线成为图 3.2.6 所示的圆。此时的平衡点称作中心,是稳定的,但非渐近稳定;环绕它的圆代表周期运动,简称为闭轨。

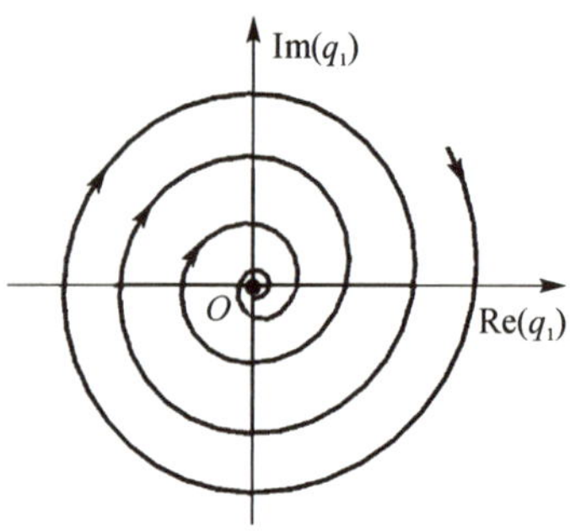

图 3.2.5　渐近稳定焦点(圆点)

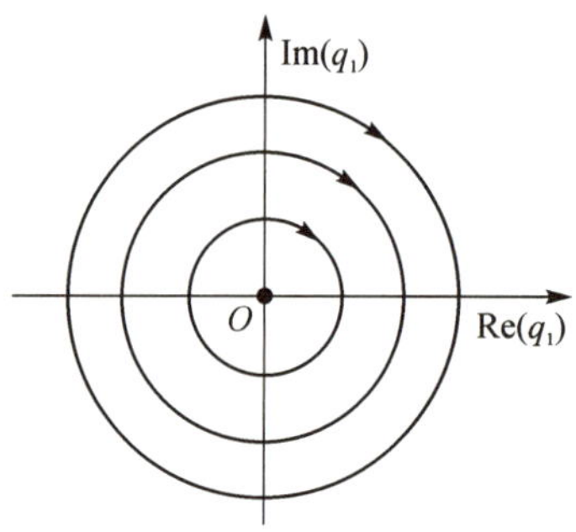

图 3.2.6　中心(圆点)

4. det$A=0$且B为实对角矩阵

此时,式(3.2.7)解耦为两个独立方程

$$\dot{q}_1=0,\quad \dot{q}_2=\lambda q_2 \tag{3.2.17}$$

在初始状态(q_{10},q_{20})下解出相轨线

$$q_1=q_{10},\quad q_2=q_{20}\exp(\lambda t) \tag{3.2.18}$$

显然,直线$q_2=0$上的每一点都是奇点,可称作奇线。若将稳定性的定义拓宽到奇线,则$\lambda<0$时,该奇线渐近稳定,而$\lambda>0$时不稳定。图 3.2.7 是$\lambda<0$时的相图,可理解为图 3.2.1 的退化情况;$\lambda>0$时,则将图中箭头反向。渐近稳定奇线$q_2=0$意味着,原系统在直线$\tilde{\boldsymbol{u}}=\boldsymbol{\varphi}_1$上处于渐近稳定。

5. det$A=0$且B为实上三角矩阵

此时,式(3.2.8)是两个可顺序求解的方程

$$\dot{q}_1=q_2,\quad \dot{q}_2=0 \tag{3.2.19}$$

在初始状态(q_{10},q_{20})下解出相轨线

$$q_1 = q_{10} + q_{20}t, \quad q_2 = q_{20} \tag{3.2.20}$$

图 3.2.8 是此时的相图，$q_2 = 0$ 是不稳定奇线，即原系统在直线 $\tilde{\boldsymbol{u}} = \boldsymbol{\varphi}_1$ 上不稳定。

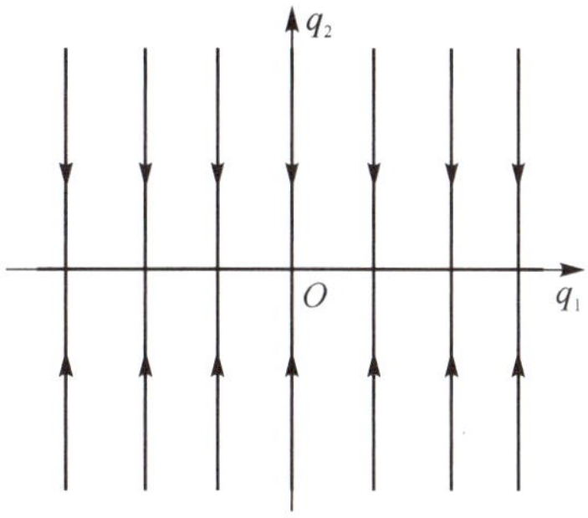

图 3.2.7　渐近稳定奇线(粗实线)

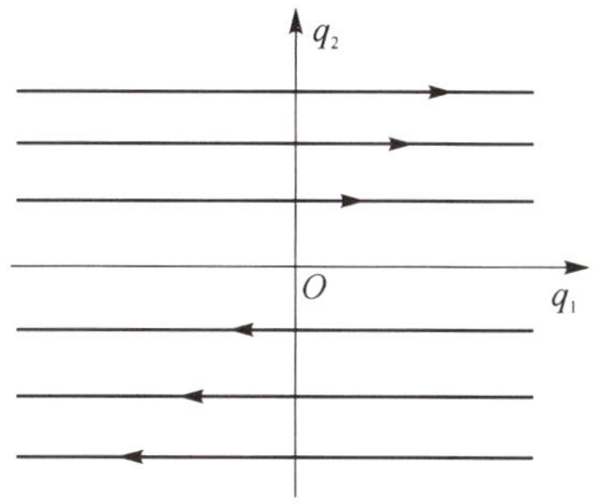

图 3.2.8　不稳定奇线(细实线)

6. det$\boldsymbol{A}$=0 且 $\boldsymbol{B}$ 为零矩阵

此时，$\boldsymbol{A} = \boldsymbol{0}$，相平面上的每个点都是稳定奇点，相平面为稳定奇面。

最后，还可从另一角度对上述情况进行总结。将式(3.2.5)对应的特征值方程写作

$$\lambda^2 - P\lambda + Q = 0, \quad P \equiv \mathrm{tr}\boldsymbol{A}, \quad Q \equiv \det\boldsymbol{A} \tag{3.2.21}$$

由此解出

$$\lambda_{1,2} = \frac{1}{2}\left(P \mp \sqrt{P^2 - 4Q}\right) \tag{3.2.22}$$

根据不同的组合(P,Q)，可对奇点分类汇总于图 3.2.9，并讨论如下。

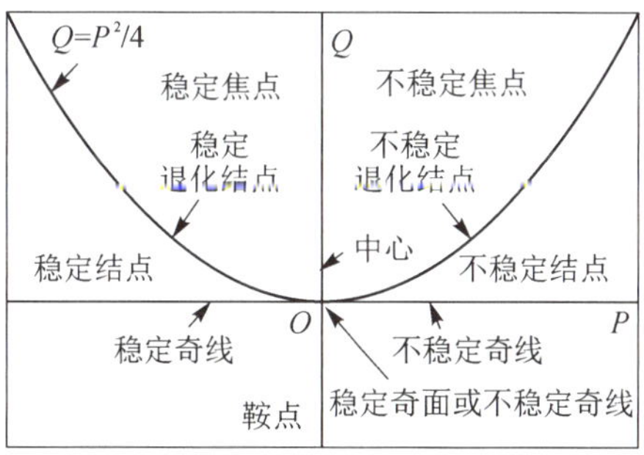

图 3.2.9　在参数(P,Q)平面上的奇点分类

(a) $P^2 - 4Q > 0$：$\lambda_{1,2}$ 为互异实特征值。若 $Q < 0$，则 $\lambda_1\lambda_2 < 0$，奇点为鞍点。若 $Q > 0$，则 $\lambda_1\lambda_2 > 0$。此时若 $P < 0$，奇点是渐近稳定结点；若 $P > 0$，奇点为不稳定结点；若 $Q = 0$，则 $\lambda_1\lambda_2 = 0$，系统有稳定($P > 0$)或不稳定($P < 0$)奇线。

(b) $P^2 - 4Q = 0$：$\lambda_{1,2}$ 为重实特征值。若 $P < 0$，奇点是渐近稳定退化结点(或奇结点)；若 $P > 0$，则为不稳定退化结点(或奇结点)；若 $P = 0$，对应稳定奇面或不稳定奇线。

(c) $P^2 - 4Q < 0$：$\lambda_{1,2}$ 为共轭复特征值。若 $P < 0$，奇点是渐近稳定焦点；若 $P > 0$，奇点为不稳定焦点；若 $P = 0$，奇点为中心。

显然，奇点渐近稳定的条件是

$$P < 0, \quad Q > 0 \tag{3.2.23}$$

如果 $\boldsymbol{f}(\boldsymbol{u})$ 在平衡点具有一阶连续偏导数，在平衡点附近可视式(3.2.2)是对式(3.2.3)的小扰动。在 7.1 节中将证明：式(3.2.3)受扰后，原来的结点、退化结点、鞍点和焦点类型不变。此外，将用例题说明，奇结点和中心可能成为焦点。至于奇线，则可能成为某种孤立奇点。

例 3.2.1[M] 考察含线性黏性阻尼的单摆，其动力学方程为

$$\ddot{u}+2\zeta\omega_0\dot{u}+\omega_0^2\sin u=0,\quad \zeta\geqslant 0,\quad \omega_0>0 \tag{a}$$

分析其平衡点的类型，绘制相图。

解 将式(a)改写为状态方程

$$\dot{\boldsymbol{u}}=\begin{bmatrix}\dot{u}_1\\ \dot{u}_2\end{bmatrix}=\begin{bmatrix}u_2\\ -\omega_0^2\sin u_1-2\zeta\omega_0 u_2\end{bmatrix}=\boldsymbol{f}(\boldsymbol{u}) \tag{b}$$

系统的平衡点是(0,0)和($\pm\pi$,0)，现分别讨论。

首先，考察平衡点(0,0)，在该点的局部线性化微分方程组具有系数矩阵

$$\boldsymbol{A}=\begin{bmatrix}0 & 1\\ -\omega_0^2\cos u_1 & -2\zeta\omega_0\end{bmatrix}\Bigg|_{u_1=0}=\begin{bmatrix}0 & 1\\ -\omega_0^2 & -2\zeta\omega_0\end{bmatrix} \tag{c}$$

该矩阵的特征值为

$$\lambda_{1,2}=-\omega_0(\zeta\mp\sqrt{\zeta^2-1}) \tag{d}$$

① 若 $\zeta=0$(无阻尼)，则 λ_1 和 λ_2 为共轭虚数，平衡点是中心，其附近的相图类似于图 3.2.6。

② 若 $0<\zeta<1$(欠阻尼)，则 λ_1 和 λ_2 为共轭复数，平衡点是渐近稳定的焦点，其附近的相图类似于图 3.2.5。

③ 若 $\zeta=1$(临界阻尼)，则 λ_1 和 λ_2 为相同负实数，对应图 3.2.9 的情况(b)，平衡点是渐近稳定退化结点，其附近的相图类似于图 3.2.4。

④ 若 $\zeta>1$(过阻尼)，则 λ_1 和 λ_2 为互异负实数，平衡点是渐近稳定结点，其附近的相图类似于图 3.2.1。

其次，考察平衡点($\pm\pi$,0)。该点的局部线性化微分方程组具有系数矩阵

$$\boldsymbol{A}=\begin{bmatrix}0 & 1\\ -\omega_0^2\cos u_1 & -2\zeta\omega_0\end{bmatrix}\Bigg|_{u_1=\pm\pi}=\begin{bmatrix}0 & 1\\ \omega_0^2 & -2\zeta\omega_0\end{bmatrix} \tag{e}$$

其特征值为

$$\lambda_{1,2}=-\omega_0(\zeta\mp\sqrt{\zeta^2+1}) \tag{f}$$

它们分别是正实数和负实数，故平衡点为鞍点，其附近的相图类似于图 3.2.3。

值得指出的是，由于将式(3.2.1)简化为式(3.2.7)时忽略了非线性项并进行坐标变换，这两个方程在平衡点附近的相图有一定差异。前者的相图为真实相图，后者的相图为等价相图。对于本例题，图 3.2.10 给出用附录 A3 中 Maple 程序计算和绘制的真实相图。由于 u_1 代表摆角，图中($\pm\pi$,0)本质是同一个点。读者可将各相图绕 u_2 轴卷成圆柱面，理解其关于 u_1 的周期性。与等价相图相比，真实相图在焦点和结点附近发生变形，但保持拓扑等价。

在非线性动力学的定性分析中，经常关注所研究的问题是否拓扑等价。此处，拓扑是几何术语，指几何图形经过连续变形后保持不变的整体性质。例如，圆和椭圆具有相同拓扑，圆球面和椭球面也具有相同拓扑；在定性分析中，可视它们为拓扑等价。又如，任何连续变形都无法将圆球面变为圆环面，即这两种曲面不具有相同拓扑，彼此无法拓扑等价。

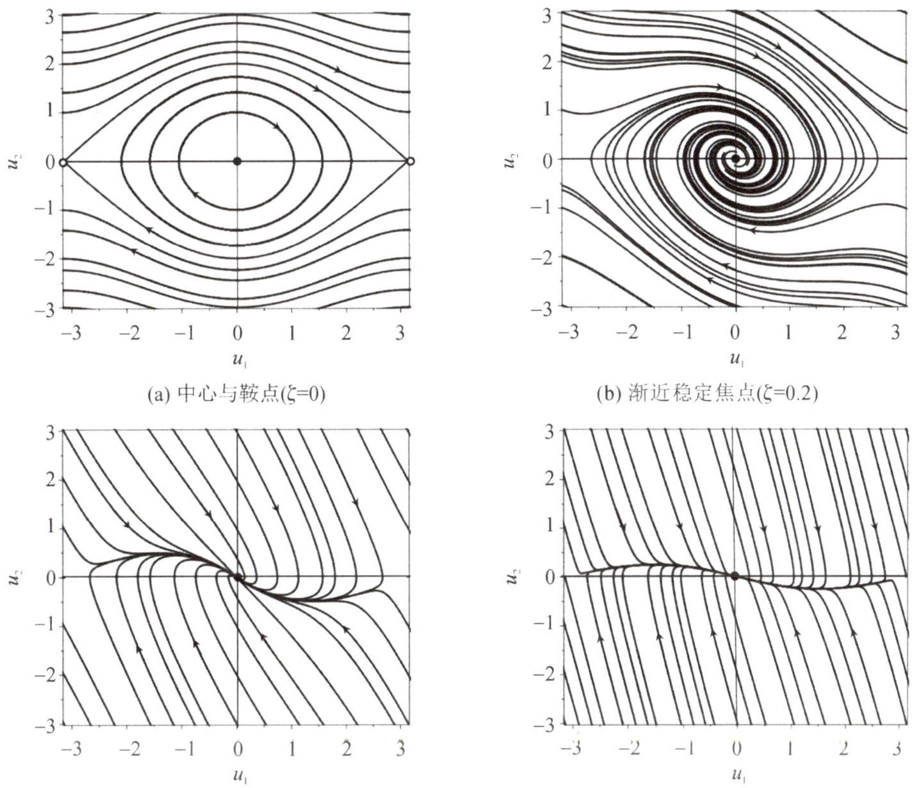

(a) 中心与鞍点(ζ=0)　(b) 渐近稳定焦点(ζ=0.2)

(c) 渐近稳定退化结点(ζ=1.0)　(d) 渐近稳定结点(ζ=2.0)

图 3.2.10　单摆的相图(圆点:中心和结点;圆圈:鞍点)

3.3　保守系统的分析

本节从能量角度来研究保守系统

$$\ddot{u} + f(u) = 0 \tag{3.3.1}$$

根据导数关系

$$\ddot{u} = \frac{\mathrm{d}\dot{u}}{\mathrm{d}t} = \frac{\mathrm{d}\dot{u}}{\mathrm{d}u}\ \frac{\mathrm{d}u}{\mathrm{d}t} = \dot{u}\ \frac{\mathrm{d}\dot{u}}{\mathrm{d}u} \tag{3.3.2}$$

将式(3.3.1)化为

$$\dot{u}\mathrm{d}\dot{u} + f(u)\mathrm{d}u = 0 \tag{3.3.3}$$

对其积分,得到能量守恒关系

$$\frac{1}{2}\dot{u}^2 + V(u) = E = \text{const.} \tag{3.3.4}$$

上式左端第一项是系统的动能,第二项

$$V(u) \equiv \int_0^u f(\xi)\mathrm{d}\xi \tag{3.3.5}$$

是系统的势能,E 是系统的总能量。对于给定的系统能量 E,式(3.3.4)等价于(u_1, u_2)相平

面上的等能量相轨线

$$\frac{1}{2}u_2^2+V(u_1)=E \tag{3.3.6}$$

由此解出

$$\frac{\mathrm{d}u_1}{\mathrm{d}t}=u_2=\pm\sqrt{2[E-V(u_1)]} \tag{3.3.7}$$

从上式看出,保守系统的相轨线关于 u_1 轴对称,故系统的平衡点不可能是焦点。读者不难证明,相平面上的任意相轨线均随着时间增加呈顺时针走向。

现从势能出发,进一步分析保守系统平衡点$(u_{1s},0)$的类别。根据平衡点的定义

$$V'(u_{1s})\equiv\left.\frac{\mathrm{d}V}{\mathrm{d}u_1}\right|_{u=u_{1s}}=f(u_{1s})=0 \tag{3.3.8}$$

这说明平衡点使势能取驻值。此外,派生系统的特征值满足

$$\det(\boldsymbol{A}-\lambda\boldsymbol{I})=\det\begin{bmatrix}-\lambda & 1\\ -f'(u_{1s}) & -\lambda\end{bmatrix}=\lambda^2+f'(u_{1s})=\lambda^2+V''(u_{1s})=0 \tag{3.3.9}$$

故有

$$\lambda_{1,2}=\mp\sqrt{-V''(u_{1s})} \tag{3.3.10}$$

(a) 若 $V''(u_{1s})<0$,即 $V(u_{1s})$为极大值,λ_1 和 λ_2 为异号实数,平衡点为鞍点;

(b) 若 $V''(u_{1s})>0$,即 $V(u_{1s})$为极小值,λ_1 和 λ_2 为共轭虚数,平衡点为中心。

对于 $V''(u_{1s})=0$ 或更高阶导数为零的情况,需要进行更精细的分析。为此,记

$$a_k\equiv\left.\frac{\mathrm{d}^k f(u_1)}{\mathrm{d}u_1^k}\right|_{u_1=u_{1s}}=\left.\frac{\mathrm{d}^{k+1}V(u_1)}{\mathrm{d}u_1^{k+1}}\right|_{u_1=u_{1s}},\quad k=0,1,2,\cdots \tag{3.3.11}$$

其中,$a_0=a_1=a_2=\cdots=a_{k-1}=0$,$a_k\neq0$,$k\geqslant2$。现按 k 为偶数和奇数分别进行讨论。

(a) 如果 k 为偶数,u_{1s} 是 $V(u_1)$的拐点,相应的平衡点称作k 阶奇点。以 $k=2$ 为例,此时

$$a_0=V'(u_1)=f(u_1)=-\dot{u}_2=-u_2\frac{\mathrm{d}u_2}{\mathrm{d}u_1}=0 \tag{3.3.12}$$

$$a_1=V''(u_1)=-\frac{\mathrm{d}}{\mathrm{d}u_1}\left(u_2\frac{\mathrm{d}u_2}{\mathrm{d}u_1}\right)=-\left[\left(\frac{\mathrm{d}u_2}{\mathrm{d}u_1}\right)^2+u_2\frac{\mathrm{d}^2u_2}{\mathrm{d}u_1^2}\right]=0 \tag{3.3.13}$$

在平衡点 u_{1s} 处 $u_2=0$,将其代入式(3.3.13),得到

$$\left.\frac{\mathrm{d}u_2}{\mathrm{d}u_1}\right|_{u_1=u_{1s}}=0 \tag{3.3.14}$$

这表明,两支相轨线在二阶奇点处水平相切。

(b) 如果 k 为奇数,则 u_{1s} 是 $V(u_1)$的极值点,u_{1s} 附近的相轨线结构与中心或鞍点附近的相轨线结构相近。因此,若 $a_k<0$,$V(u_{1s})$为极大值,称极值点 u_{1s} 为k 阶鞍点;若 $a_k>0$,$V(u_{1s})$为极小值,称极值点 u_{1s} 为k 阶中心。

图 3.3.1 是某保守系统的势能函数与相轨线对应关系示意图。由图可见,随着 u_1 自零开始增加,势能函数依次呈现极小值、极大值、拐点、极小值;系统平衡点则依次为中心(圆点)、鞍点(圆圈)、二阶奇点(菱形)、中心(圆点)。其中,二阶奇点不稳定,两支相轨线在该奇点处相切。由于势能函数的极大值和极小值总是交替出现,保守系统的鞍点和中心必然在 u_1 轴上交替出现。过鞍点的相轨线是例 1.2.5 所介绍的不变流形,它将相平面分为若干个区域,每个区

域中必有一个中心，而中心附近有无限多闭轨。这样，保守系统相图的全局结构便非常清楚了。

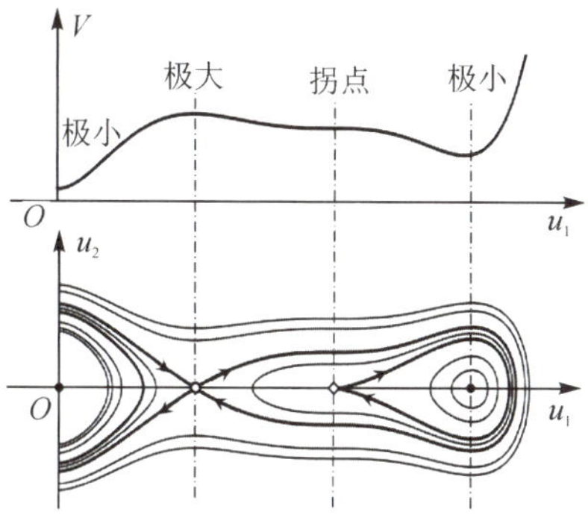

图 3.3.1　势能函数与相图的关系示意图(圆点:中心;圆圈:鞍点;菱形:二阶奇点)

最后，对式(3.3.7)分离变量后积分，得到系统位移与时间的关系。对于闭轨，即可得到其周期为

$$T=2\int_{u_{1\min}}^{u_{1\max}}\frac{\mathrm{d}u_1}{\sqrt{2[E-V(u_1)]}} \tag{3.3.15}$$

显然，该周期依赖于系统的非线性强弱及振幅大小。

例 3.3.1　图 3.3.2(a)中质量为 m 的质点在转速为 $\omega>\sqrt{g/a}$ 的光滑圆环上运动，分析其相图的结构。

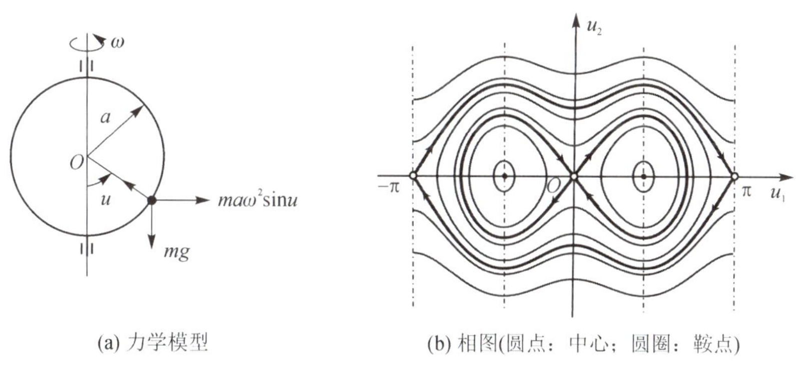

(a) 力学模型　　(b) 相图(圆点：中心；圆圈：鞍点)

图 3.3.2　旋转摆问题

解　取图 3.3.2(a)中的角度 u 描述质点运动，根据动量矩定理建立质点的动力学方程

$$ma^2\ddot{u}=ma^2\omega^2\sin u\cos u-mga\sin u \tag{a}$$

引入

$$u_1\equiv u,\quad u_2\equiv\frac{\dot{u}}{\omega},\quad \tau\equiv\omega t,\quad \mu\equiv\frac{g}{a\omega^2}\in(0,1) \tag{b}$$

将式(a)改写为二维自治系统的动力学方程

$$\frac{\mathrm{d}u_1}{\mathrm{d}\tau}=u_2,\quad \frac{\mathrm{d}u_2}{\mathrm{d}\tau}=(\cos u_1-\mu)\sin u_1 \tag{c}$$

注意到式(c)中第二式右端项是有势力 $-V'(u_1)$，因此势能的二次导数为

$$V''(u_1)=\frac{\mathrm{d}}{\mathrm{d}u_1}[(\mu-\cos u_1)\sin u_1]=\mu\cos u_1+1-2\cos^2 u_1 \tag{d}$$

该系统的平衡点为(0,0)、($\pm\pi$,0)和($\pm\arccos\mu$,0),根据对式(3.3.10)的讨论可知:

① $V''(0)=\mu-1<0$,点(0,0)为鞍点;

② $V''(\pm\pi)=-1-\mu<0$,点($\pm\pi$,0)为鞍点,它们本质是同一个点;

③ $V''(\pm\arccos\mu)=1-\mu^2>0$,点($\pm\arccos\mu$,0)为中心。

此外,对上述有势力积分,得到系统势能

$$V(u_1)=-\int_0^{u_1}(\cos\xi-\mu)\sin\xi\mathrm{d}\xi=\mu-\mu\cos u_1-\frac{1}{2}\sin^2 u_1 \tag{e}$$

将其代入式(3.3.6),得到等能量相轨线方程

$$u_2^2-(\sin^2 u_1+2\mu\cos u_1)=2(E-\mu) \tag{f}$$

根据鞍点坐标,计算出过鞍点(0,0)和($\pm\pi$,0)的相轨线(即不变流形)为

$$u_2=\pm\sqrt{\sin^2 u_1+2\mu(\cos u_1-1)},\quad u_2=\pm\sqrt{\sin^2 u_1+2\mu(\cos u_1+1)} \tag{g}$$

它们将相平面分为五个区域,系统相图结构如图3.3.2(b)所示。该系统具有两个中心,质点围绕哪个中心做周期运动,将取决于系统初始条件,这是非线性系统的特征之一。

3.4 非保守系统的分析

本节介绍非保守系统的定性分析,先讨论较为简单的耗散系统,再讨论较为复杂的自激振动系统。

3.4.1 耗散系统

考察非保守自治系统

$$\ddot{u}+f_1(u,\dot{u})+f_2(u)=0 \tag{3.4.1}$$

其中,$f_2(u)$代表系统中所有的有势反力。该系统的总能量为

$$E=\frac{1}{2}\dot{u}^2+\int_0^u f_2(\xi)\mathrm{d}\xi \tag{3.4.2}$$

将式(3.4.2)对时间求导并利用式(3.4.1),得到系统总能量随时间的变化率

$$\dot{E}=[\ddot{u}+f_2(u)]\dot{u}=-f_1(u,\dot{u})\dot{u} \tag{3.4.3}$$

如果

$$\begin{cases}f_1(u,\dot{u})=0, & \dot{u}=0\\ f_1(u,\dot{u})\dot{u}>0, & \dot{u}\neq 0\end{cases} \tag{3.4.4}$$

则除孤立点 $\dot{u}=0$ 外,$\dot{E}<0$。此时系统总能量随时间增加而减少,系统运动趋于一个渐近稳定的平衡点,其行为比较简单。这类系统称作耗散系统,式(3.4.1)中的 $f_1(u,\dot{u})$是阻尼反力。

例3.4.1 考察含Coulomb摩擦的单自由度系统,其动力学方程为

$$m\ddot{u}+\mu N\mathrm{sgn}\dot{u}+ku=0 \tag{a}$$

其中,$m>0$为系统质量,$k>0$为系统刚度系数,$N>0$为正压力,$\mu>0$为动摩擦因数。该系统

满足式(3.4.4)，讨论系统的相轨线演化。

解 记 $\omega_0 \equiv \sqrt{k/m}$ 和 $\delta \equiv \mu N/k$，将式(a)改为显式表达的分段线性微分方程

$$\begin{cases} \ddot{u} + \omega_0^2 u + \delta\omega_0^2 = 0, & \dot{u} > 0 \\ \ddot{u} + \omega_0^2 u - \delta\omega_0^2 = 0, & \dot{u} < 0 \end{cases} \tag{b}$$

式(b)在 $\dot{u}>0$ 和 $\dot{u}<0$ 分别有解析解，每段解在切换条件 $\dot{u}=0$ 处的位移将是下一段解的初始条件。所以，可用接缝法逐段衔接构造系统的相图。

根据式(3.1.4)，系统的相轨线满足

$$\frac{\mathrm{d}u_2}{\mathrm{d}u_1} = \begin{cases} -\omega_0^2(u_1+\delta)/u_2, & u_2 > 0 \\ -\omega_0^2(u_1-\delta)/u_2, & u_2 < 0 \end{cases} \tag{c}$$

积分得

$$\begin{cases} \dfrac{(u_1+\delta)^2}{R_1^2} + \dfrac{u_2^2}{\omega_0^2 R_1^2} = 1, & u_2 > 0 \\ \dfrac{(u_1-\delta)^2}{R_2^2} + \dfrac{u_2^2}{\omega_0^2 R_2^2} = 1, & u_2 < 0 \end{cases} \tag{d}$$

其中，R_1 和 R_2 分别是相应的积分常数。式(d)中的两个方程分别代表上半相平面以 $(-\delta,0)$ 为中心的半椭圆和下半相平面以 $(\delta,0)$ 为中心的半椭圆，它们组成了图3.4.1所示的螺旋线，表示振动逐渐衰减。一旦螺旋线进入位移区间 $(-\delta,\delta)$，弹性恢复力小于静摩擦力，运动即告终止。由此可解释，为何有些机械仪表的指针因机构摩擦而不能回到原点。

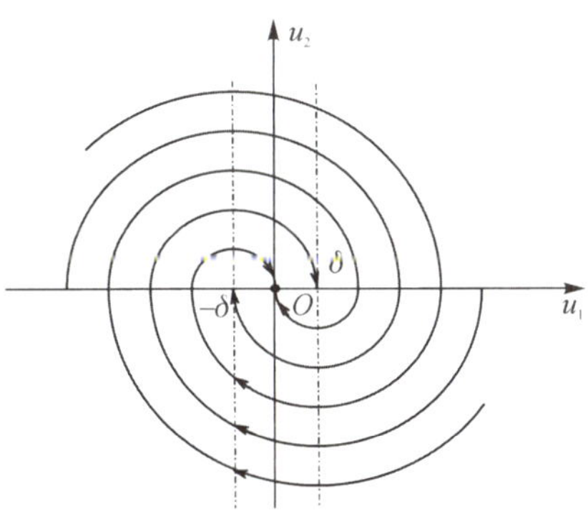

图3.4.1 干摩擦系统的相图

3.4.2 自激振动系统

非保守系统要实现不衰减的振动，需不断补充能量耗散。如果用时变激励来补充能量，则系统动力学方程显含时间 t，属于非自治系统。如果用不显含时间 t 的激励方法或控制手段来驱动系统，使其做不衰减的振动，则系统为自治系统，称作自激振动系统。

自激振动的基本机理是：当系统的振动位移或速度比较小时，系统会从非时变的能源吸取能量，增加振动位移或速度；而当振动位移或速度大到一定程度后，系统将消耗多余的能量；最终，系统会趋于某一稳态振动。

在工程中，干摩擦力、气动弹性力、滑动轴承的油膜力等会使系统能量随振幅发生这样的

变化，从而诱发金属切削机床、飞行器、燃气轮机等装备在工作中发生自激振动，造成危害乃至灾难性事故。本小节介绍两个典型的自激振动系统。

1. Van der Pol 系统

对自激振动的研究可追溯到荷兰物理学家 Van der Pol 建立的振荡电路方程

$$\ddot{u}+c(u^2-1)\dot{u}+u=0,\quad c>0 \tag{3.4.5}$$

该方程又称为Van der Pol 系统。对照式(3.4.3)，该系统总能量随时间的变化率满足

$$\dot{E}=c(1-u^2)\dot{u}^2=\begin{cases}<0, & |u|>1\\ >0, & |u|<1\end{cases} \tag{3.4.6}$$

因此，当系统的振幅 $|u|<1$ 时，系统吸收能量增加振幅；而当 $|u|>1$ 时，系统消耗能量减小振幅；最终形成固定振幅的周期振动。

例 3.4.2[M] 选择不同参数 c，在 Maple 平台上计算和绘制 Van der Pol 系统的相轨线。

解 根据附录 A3 的程序，在 Maple 平台上调用 Runge－Kutta 法，得到图 3.4.2 所示 $c=0.1$ 和 $c=1.0$ 时的系统相轨线。由图可见，对于两个任选的非零初始状态，系统分别沿着实线和虚线趋于周期运动。当 $c=0.1$ 时，该周期运动接近简谐运动，即相轨线接近椭圆；当 $c=1.0$ 时，周期运动的相轨线则明显远离简谐运动对应的椭圆。

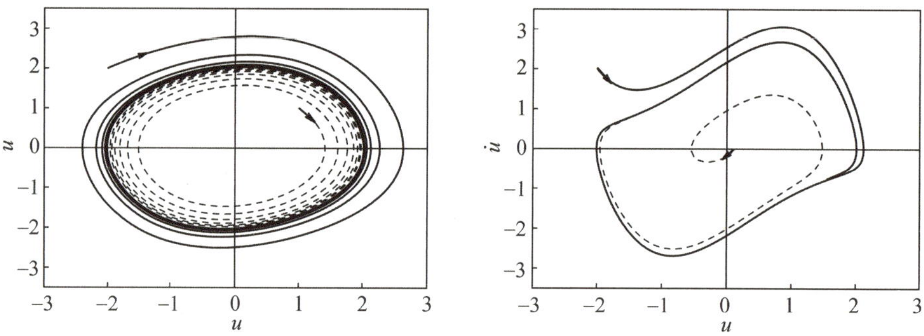

图 3.4.2 Van der Pol 系统的相轨线

图 3.4.3 给出 $c=10$ 时该系统的位移时间历程和相轨线。由图 3.4.3(a)可见，系统位移绝对值 $|u|>1$ 会在长达 10 s 的时间内缓慢减小；一旦位移绝对值 $|u|<1$，位移骤减或骤增到反向极值；此后，位移又进入缓慢变化。这种张弛交替的运动被称作张弛振动。由于系统位移的张弛临界条件是 $|u|=1$，读者可根据式(3.4.6)对系统振动一个周期中总能量的变化进行讨论。

2. 干摩擦引起的自激振动

如 2.1.2 节所述，两界面间的干摩擦反力与界面相对速度有关，其关系如图 2.1.5 所示。在一定的条件下，这样的摩擦力会诱发系统自激振动。例如，在音乐家演奏弦乐时，通过琴弓与琴弦间的摩擦产生自激振动而发出声音。在工程中，摩擦导致的自激振动非常普遍，典型案例是车辆刹车过程中的自激振动。有趣的是，即使没有摩擦力的具体数学表达式，采用定性分析也可判断刹车过程存在自激振动。

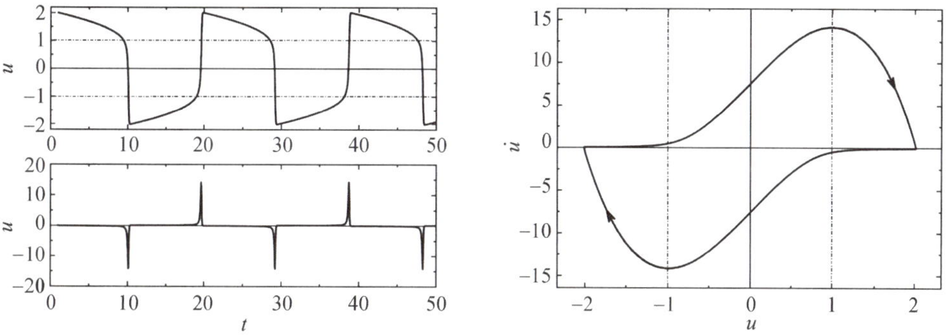

(a) 位移与速度时间历程　　(b) 相轨线

图 3.4.3　Van der Pol 系统的张弛振动($c=10$)

例 3.4.3　图 3.4.4(a)是由刹车钳和刹车盘构成的刹车执行系统，图 3.4.4(b)是其简化力学模型。其中，m 为刹车钳质量，k 为刹车钳沿铅垂方向的刚度，u 是刹车钳沿铅垂方向的位移，v 是旋转刹车盘在刹车钳处沿铅垂方向的线位移；刹车钳在驱动力作用下与刹车盘接触，产生的摩擦反力 $f(\dot{u}-\dot{v})$ 满足图 2.1.5(b)中的 LuGre 摩擦模型。试建立刹车钳的动力学方程并讨论其自激振动。

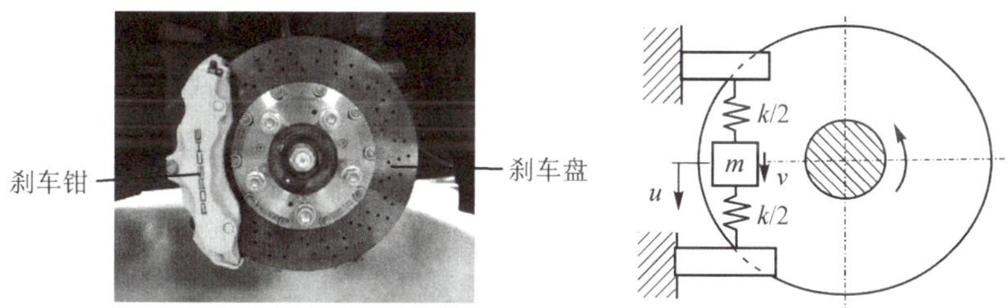

(a) 刹车钳-刹车盘　　(b) 简化力学模型

图 3.4.4　汽车刹车执行系统及其力学模型

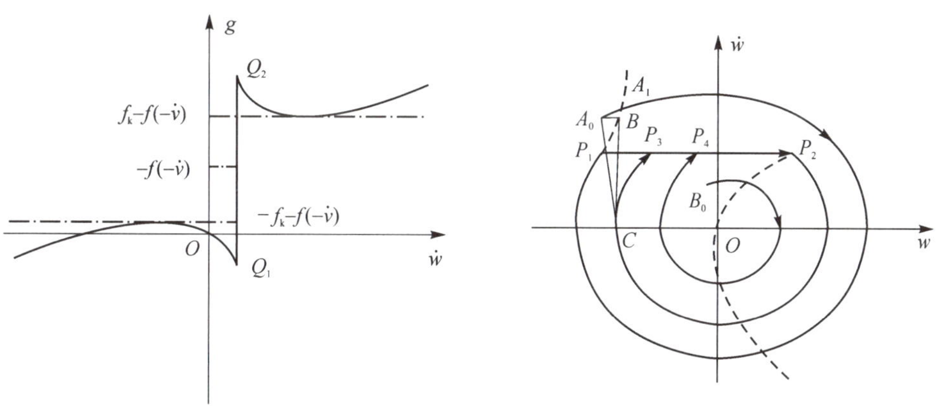

(a) 刹车钳平衡位置附近的非线性阻尼反力　　(b) 刹车钳自激振动的相轨线

图 3.4.5　汽车刹车执行系统的自激振动分析

解　将刹车钳视为图 3.4.4(b)所示单自由度系统，其铅垂运动满足动力学方程

$$m\ddot{u}+ku+f(\dot{u}-\dot{v})=0 \tag{a}$$

其中,$f(\dot{u}-\dot{v})$是刹车钳对刹车盘的摩擦反力。当刹车钳运动产生的弹性反力与摩擦反力平衡时,刹车钳处于平衡状态,即 $\dot{u}=0,\ddot{u}=0$。将该条件代入式(a),可确定刹车钳的平衡位置 $u_e=-f(-\dot{v})/k$,此处$-f(-\dot{v})>0$。引入坐标变换 $w=u-u_e$,将式(a)改写为

$$m\ddot{w}+g(\dot{w})+kw=0,\quad g(\dot{w})\equiv f(\dot{u}-\dot{v})-f(-\dot{v}) \tag{b}$$

式(b)中的非线性阻尼反力 $g(\dot{w})$如图 3.4.5(a)所示,它在原点 O 附近具有负斜率,即负阻尼系数,自然会引发自激振动。在没有阻尼反力表达式 $g(\dot{w})$的情况下,可采用奥地利数学家列纳德(Alfred - Marie Liénard,1869—1958)提出的图解法来绘制系统自激振动的近似相轨线,进而定性分析刹车系统的动力学行为。

为便于讨论,不妨取 $m=1$ 和 $k=1$。若不然,可定义时间坐标 $\tau\equiv t\sqrt{k/m}$,将式(b)中的系数归一化。因此,式(b)中第一式可改写为

$$\frac{\mathrm{d}\dot{w}}{\mathrm{d}w}=-\frac{w+g(\dot{w})}{\dot{w}} \tag{c}$$

如图 3.4.5(b)所示,在相平面上做辅助虚线 $w=-g(\dot{w})$,任取点 A_0 开始绘制相轨线:通过点 A_0 做平行于 w 轴的直线,与曲线 $w=-g(\dot{w})$相交于点 B;再过点 B 做平行于 $\dot{w}$ 轴的直线,与 w 轴相较于点 C;显然,连线 A_0C 的斜率为

$$\frac{BC}{A_0B}=\frac{\dot{w}}{g(\dot{w})+w}=-\frac{\mathrm{d}w}{\mathrm{d}\dot{w}} \tag{d}$$

这表明,相轨线在点 A_0 与连线 A_0C 正交。因此,过点 A_0 做短直线段 A_0A_1 与连线 A_0C 垂直,即得到一段近似相轨线。再从点 A_1 出发,重复以上步骤,可一步步得到近似相轨线。

由于 $kw+g(\dot{w})=0$ 等价于 $\mathrm{d}\dot{w}=0$,对应相平面$(w,\dot{w})$上水平线段 P_1P_2,即图 3.4.5(a)中相对速度 $\dot{w}$ 为常数的静摩擦段 Q_1Q_2。如图 3.4.5(b)所示,从任意点 A_0 出发的相轨线抵达水平线段 P_1P_2 后,就以恒定速度 $\dot{w}$ 向右移动到点 P_2,即刹车盘通过静摩擦带动刹车钳运动到点 P_2;此后静摩擦力不足以抵消刹车钳的弹性力,刹车钳相对于刹车盘运动,速度 $\dot{w}$ 逐步降低到 $w=0$,导致弹性力为零;随后速度 $\dot{w}$ 递增,刹车钳抵达点 P_3。因此,从点 P_3 出发顺时针回到 P_3 的相轨线封闭,代表周期振动。类似地,从上述闭轨内部任意点 B_0 出发的相轨线到达点 P_4,随即由左至右到达点 P_2,再到达点 P_3,也成为闭轨。因此,该自激振动是渐近稳定的。

3.4.3 极限环

对于 3.3 节讨论的保守系统,可由无限接近的初始条件获得无限稠密的、围绕同一中心的闭轨,而这些闭轨彼此不相交。与此不同,3.4.2 节讨论的自激振动系统具有孤立闭轨,其周围的相轨线随着时间延续趋于该闭轨,以闭轨作为极限。因此,将非保守系统的孤立闭轨称作极限环。如果它还是其邻近相轨线的极限,则称为渐近稳定的极限环。在 7.4.2 节,将给出自治系统闭轨渐近稳定的严格定义。

19 世纪末至 20 世纪初,法国数学家 Poincaré、挪威数学家本迪克松(Ivar O. Bendixson,1861—1935)率先研究二维系统

$$\dot{\boldsymbol{u}}=\boldsymbol{f}(\boldsymbol{u})\equiv\begin{bmatrix}f_1(u_1,u_2)\\ f_2(u_1,u_2)\end{bmatrix} \tag{3.4.7}$$

获得了极限环存在的必要条件和充分条件。

1. 必要条件

定理 3.4.1(Bendixson 定理)　定义向量场 $\boldsymbol{f}(\boldsymbol{u})$的散度

$$\operatorname{div} \boldsymbol{f} \equiv \frac{\partial f_1}{\partial u_1} + \frac{\partial f_2}{\partial u_2} \tag{3.4.8}$$

如果式(3.4.7)在单连通区域 D 内有闭轨,则上述散度在 D 内恒为零或变号。

证明　设闭轨为 $\Gamma \in D$,其所围面积为 A。根据以英国数学家格林(George Green,1793—1841)名字命名的 Green 公式和式(3.4.8),得到

$$\iint_A \operatorname{div}\boldsymbol{f}\,\mathrm{d}u_1\mathrm{d}u_2 = \oint_\Gamma (f_1\mathrm{d}u_2 - f_2\mathrm{d}u_1) = \oint_\Gamma (\dot{u}_1\mathrm{d}u_2 - \dot{u}_2\mathrm{d}u_1) = \oint_\Gamma (\dot{u}_1\dot{u}_2 - \dot{u}_2\dot{u}_1)\mathrm{d}t = 0 \tag{a}$$

若 $\operatorname{div} \boldsymbol{f}$ 在 D 内恒正或恒负,均与上式矛盾。证毕。

例 3.4.4　对于二维自治系统

$$\ddot{u} + 2\dot{u} - \sin(2\dot{u}) + f(u) = 0 \tag{a}$$

研究其存在闭轨的可能性。

解　将式(a)写成式(3.4.7)的形式,其向量场为

$$\boldsymbol{f}(\boldsymbol{u}) = \begin{bmatrix} f_1(u_1,u_2) \\ f_2(u_1,u_2) \end{bmatrix} = \begin{bmatrix} u_2 \\ -f(u_1) - 2u_2 + \sin(2u_2) \end{bmatrix} \tag{b}$$

在二维相平面上,恒有不等式

$$\operatorname{div} \boldsymbol{f} = -2 + 2\cos(2u_2) = -4\sin^2 u_2 \leqslant 0 \tag{c}$$

因此,该二维系统在整个相平面上没有闭轨。

2. 充分条件

定理 3.4.2(Poincaré 环域定理)[①]　在图 3.4.6 中,圆环 D 以同心圆 C_1 和 C_2 为边界,式(3.4.7)在 D 及 C_1 和 C_2 上无奇点。若向量场在 C_1 和 C_2 上均指向 D 内侧,则 D 内至少有一渐近稳定的极限环;若向量场在 C_1 和 C_2 上均指向 D 外侧,则 D 内至少有一不稳定极限环。

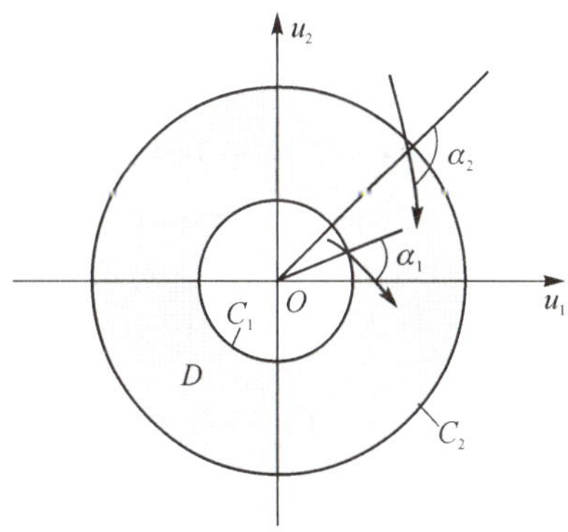

图 3.4.6　进入圆环 D 的相轨线

该定理的几何意义非常明显,现用一例题来说明定理的使用方法。

例 3.4.5[M]　验证下述系统具有一个渐近稳定的极限环

$$\begin{cases} \dot{u}_1 = f_1(u_1,u_2) \equiv u_2 + \dfrac{u_1}{\sqrt{u_1^2 + u_2^2}}[1 - (u_1^2 + u_2^2)] \\ \dot{u}_2 = f_2(u_1,u_2) \equiv -u_1 + \dfrac{u_2}{\sqrt{u_1^2 + u_2^2}}[1 - (u_1^2 + u_2^2)] \end{cases} \tag{a}$$

解　考察相平面上半径为 r 的圆

① 陆启韶. 常微分方程的定性方法和分叉[M]. 北京: 北京航空航天大学出版社, 1989: 241-244.

$$q(u_1,u_2,r)\equiv u_1^2+u_2^2-r^2=0 \tag{b}$$

其法向量为

$$\boldsymbol{n}\equiv\begin{bmatrix}\dfrac{\partial q}{\partial u_1} & \dfrac{\partial q}{\partial u_2}\end{bmatrix}^{\mathrm{T}}=[2u_1 \quad 2u_2]^{\mathrm{T}} \tag{c}$$

式(a)的向量场与该法向量的夹角余弦为

$$\boldsymbol{n}^{\mathrm{T}}\boldsymbol{f}=2u_1f_1+2u_2f_2=2\sqrt{u_1^2+u_2^2}\,[1-(u_1^2+u_2^2)] \tag{d}$$

由此可见:对于任意的 $\varepsilon>0$,向量场与下述两个圆的法线夹角余弦满足

$$C_1: q(u_1,u_2,1-\varepsilon)=0,\quad \cos\alpha_1=\boldsymbol{n}^{\mathrm{T}}\boldsymbol{f}>0 \tag{e}$$

$$C_2: q(u_1,u_2,1+\varepsilon)=0,\quad \cos\alpha_2=\boldsymbol{n}^{\mathrm{T}}\boldsymbol{f}<0 \tag{f}$$

式(e)表明,向量场与圆 C_1 的法线夹角为锐角;而式(f)表明,向量场与圆 C_2 的法线夹角为钝角。参考图 3.4.6 可见,向量场在两个圆上均指向圆环 D 的内侧。由于式(a)在 D 及其边界上没有奇点,故 D 内至少有一渐近稳定的极限环。鉴于 ε 的任意性,该极限环就是圆 $q(u_1,u_2,1)=0$,并且是唯一的。附录 A3 给出在 Maple 平台上采用不同思路的分析结果。

3. Poincaré 指数

在研究上述必要条件和充分条件时,引入闭曲线划分区域并利用了 Green 公式。Poincaré 进一步发现,采用类似技巧,可定量研究式(3.4.7)中平面系统的奇点和极限环。

参考图 3.4.7,在相平面(u_1,u_2)上绘制简单闭曲线 C,使其不经过式(3.4.7)的任何奇点且 C 所包含的区域内至多有一个奇点。在这样定义的曲线 C 上,每一点 $\boldsymbol{u}$ 都对应有唯一的向量 $\boldsymbol{f}(\boldsymbol{u})$,它与 u_1 坐标轴的夹角为

$$\theta=\tan^{-1}\left[\frac{f_2(u_1,u_2)}{f_1(u_1,u_2)}\right] \tag{3.4.9}$$

其中,$\tan^{-1}(\cdot)$是反正切函数,其取值不限于主解支 $\arctan(\cdot)$限定的$(-\pi/2,\pi/2)$。设想曲线 C 上的动点 P 沿着 C 逆时针移动一周,它对应的向量 $\boldsymbol{f}(\boldsymbol{u})$与 u_1 坐标轴的夹角 θ 将连续变化。定义向量场 $\boldsymbol{f}(\boldsymbol{u})$在曲线 C 上的Poincaré 指数为

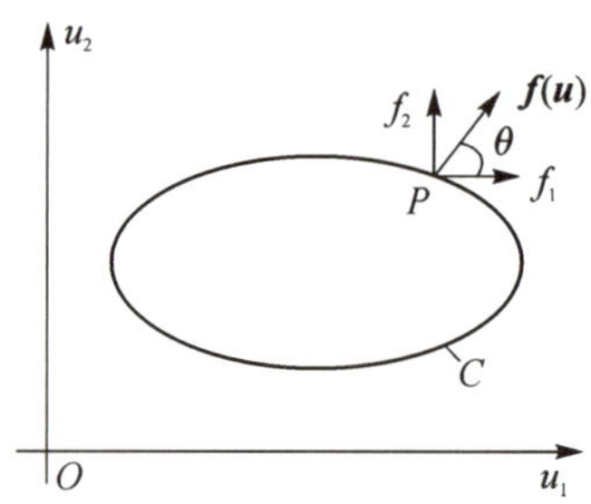

图 3.4.7 Poincaré 指数

$$k(C,\boldsymbol{f})\equiv\frac{1}{2\pi}\oint_C \mathrm{d}\left\{\tan^{-1}\left[\frac{f_2(u_1,u_2)}{f_1(u_1,u_2)}\right]\right\}=\frac{1}{2\pi}\oint_C\frac{f_1\mathrm{d}f_2-f_2\mathrm{d}f_1}{f_1^2+f_2^2} \tag{3.4.10}$$

该指数又称作旋转数。

采用 Green 公式,可证明下述定理①。

定理 3.4.3 Poincaré 指数具有如下性质:

(a) 若 C 内无奇点,则 $k(C,\boldsymbol{f})=0$。

(b) 若 C 内有一焦点、结点或中心,则 $k(C,\boldsymbol{f})=1$;若有一鞍点,则 $k(C,\boldsymbol{f})=-1$。

(c) 若 C 内只有一闭轨,则 $k(C,\boldsymbol{f})=1$。

(d) 闭轨所包围的区域内至少有一个奇点;当有多个奇点时,鞍点的个数比其他奇点的数目少一个。

显然,如果闭曲线 C 包含 n 个奇点,可对 C 所围区域划分网格,使每个网格中至多只有一

① 陆启韶. 常微分方程的定性方法和分叉[M]. 北京:北京航空航天大学出版社,1989:120-123.

个奇点,则 $k(C,f)$ 为各奇点对应的 Poincaré 指数之和。

最后指出,上述讨论未涉及极限环个数。1900 年,德国数学家希尔伯特(David Hilbert,1862—1943)曾提出 23 个重要数学问题,其第 16 个问题的第二部分是:若式(3.4.7)的右端函数为多项式,方程最多有几个极限环? 此问题极为复杂,迄今尚未破解。为直观理解其复杂性,图 3.4.8 给出二维多项式系统的相图,连接圆圈所示鞍点的不变流形将相平面分为许多区域,而极限环不能跨区域。由此可见,这类系统具有优美和复杂的相图结构。

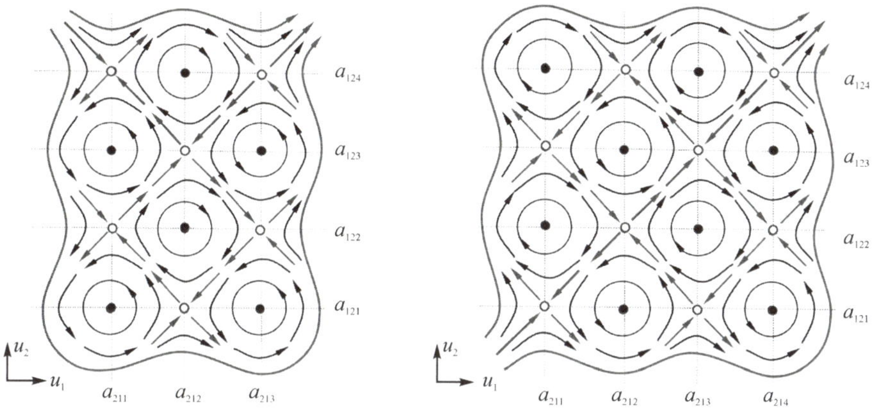

(a) 6个中心和6个鞍点　　(b) 8个中心和8个鞍点

图 3.4.8　二维多项式系统的平衡点和闭轨(圆点:中心;圆圈:鞍点)①

习　题

3-1　图 3-1 所示的系统无阻尼,其质量块位于中央位置时弹簧无变形,求系统受到扰动后的自由振动频率。

3-2　考察图 3-2 所示的无阻尼单摆,其在振动过程与刚性墙发生重复性正碰撞,每次碰撞后的速度与碰撞前的速度之比为常数 $\gamma<1$。

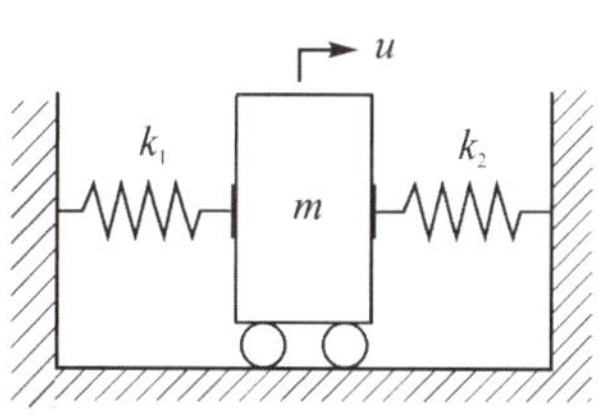

图 3-1　习题 3-1 图

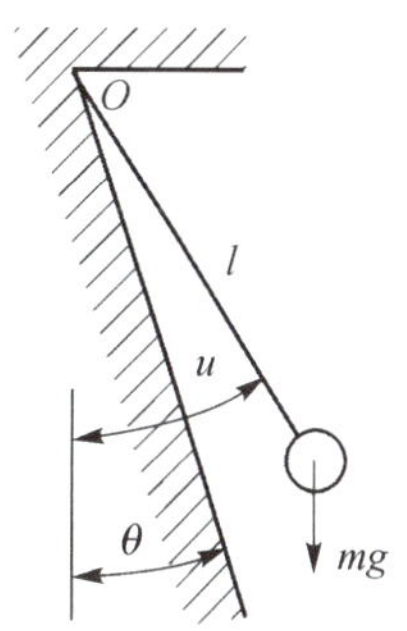

图 3-2　习题 3-2 图

① Luo A C J. Limit Cycles and Homoclinic Networks in Two Dimensional Polynomial Systems [J]. Chaos, 2024, 34: 022104.

(a) 若摆的初始角位移$|u(0)|>|\theta|$,分别绘制$\theta>0$、$\theta=0$和$\theta<0$时摆的相图;

(b) 证明$\theta>0$时摆经过有限时间达到静止,而$\theta<0$时永不静止。

3-3　对于二维自治系统

$$\begin{cases}\dot{u}_1=u_1^2-u_2\\ \dot{u}_2=u_1-u_2\end{cases}$$

在 Maple 平台上,绘制平衡点附近的相图,讨论系统平衡点的稳定性。

3-4　根据习题 2-4 建立的日-地质心旋转坐标系中航天器动力学方程,求解航天器在该旋转坐标系中的平衡点(即例 1.3.1 定义的 Lagrange 点),讨论平衡点的类型。

3-5　设单自由度保守系统的质量为$m=1$,势能为$V(u)=8-2\cos(\pi u/2)$。对于给定总能$E=6,8,10,12$这四种情况,在 Maple 平台上绘制系统的相轨线。

3-6　证明二维保守系统不具有极限环。

3-7　考察单自由度耗散系统

$$\ddot{u}+c\dot{u}+u^3=0,\quad c>0$$

对不同的阻尼系数c,在 Maple 平台上绘制系统在原点附近的相图,讨论该系统与单自由度线性阻尼系统的差异。

3-8　考察图 3-3 所示无阻尼倒摆,其扭转弹簧的恢复力矩与摆角u成正比,刚度系数为k。

(a) 建立系统动力学方程,并在摆角满足$|u|<\pi$的范围内,确定系统平衡点的分布;

(b) 如果$k=ml^2$、$l=2g/\pi$,求出摆的平衡点位置和类型,并分析平衡点的稳定性;

(c) 如果空气阻尼与摆的角速度成正比,摆的平衡点位置和类型会发生什么变化?

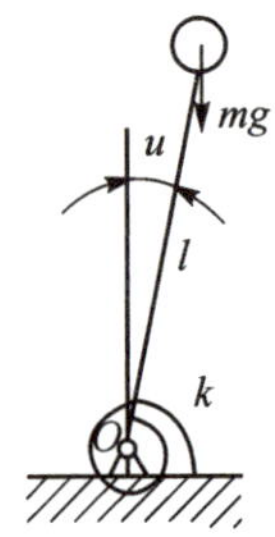

图 3-3　习题 3-8 图

3-9　针对单自由度系统

$$\ddot{u}+\alpha\beta\dot{u}+(\alpha+\beta)u=0$$

基于 Maple 平台,在参数平面(α,β)上确定系统原点为不同类型奇点的区域。

3-10　考察 Van der Pol-Duffing 系统受初始扰动的振动问题

$$\begin{cases}\ddot{u}+0.2(u^2-1)\dot{u}-u+u^3=0\\ u(0)=u_0,\quad \dot{u}(0)=0\end{cases}$$

在 Maple 平台上,选择初始位移为$u_0=0.5,0.9,1.5$,分别计算并绘制系统相轨线;讨论该系统有几个极限环。

3-11　通过查阅学术文献,了解如何将低速飞机的平直机翼简化为两自由度系统,讨论系统发生自激振动的力学机理。

3-12　考察极坐标系中的二维自治系统

$$\begin{cases}\dot{r}=(r-1)(a+\sin^2\theta)\\ \dot{\theta}=1\end{cases}$$

其中,a为实参数。讨论在什么条件下该系统具有稳定或不稳定的极限环。

3 - 13 对于二维自治系统

$$\begin{cases}\dot{u}_1 = u_1(u_2 - 1) \\ \dot{u}_2 = u_1 + u_2 - 2u_2^2\end{cases}$$

判断其是否存在极限环。

3 - 14 对于二维自治系统

$$\begin{cases}\dot{u}_1 = u_1^2 - u_2^2 \\ \dot{u}_2 = 2u_1 u_2\end{cases}$$

计算系统在原点的 Poincaré 指数。

第 4 章　单自由度自治系统的定量分析

本章介绍单自由度自治系统的定量分析，先讨论弱非线性系统，再讨论强非线性系统。所谓弱非线性系统，是指其动力学方程含某个小参数 ε；当 $\varepsilon=0$ 时，系统退化为线性系统。本章从 1.2.2 节求近似解的思路出发，先介绍求弱非线性系统近似解的摄动法，再介绍平均法和多尺度法。最后，介绍求强非线性系统近似解的几种方法。

4.1　摄动法

本章的弱非线性自治系统满足动力学方程

$$\begin{cases}\ddot{u}+\omega_0^2 u+\varepsilon f(u,\dot{u})=0 & (4.1.1\text{a})\\ u(0)=a_0,\quad \dot{u}(0)=0 & (4.1.1\text{b})\end{cases}$$

其中，$\omega_0>0$，ε 是满足条件 $0\leqslant\varepsilon\ll 1$ 的无量纲小参数，$f(u,\dot{u})$是光滑的二元函数。如果 ε 不是小参数，则系统有强非线性，需根据系统特点对方法进行改造。如 3.1 节所述，对时间 t 做平移不改变自治系统的形式，故在式(4.1.1b)中将时间起点选在初速度为零的时刻。

当 $\varepsilon=0$ 时，将式(4.1.1)描述的系统称为派生系统，其运动称为派生解，即

$$u_0=a_0\cos(\omega_0 t) \tag{4.1.2}$$

与此对应，当 $\varepsilon\neq 0$ 时，将式(4.1.1)所描述的系统称为原系统。本章将要介绍的几种方法都是研究 $0<\varepsilon\ll 1$ 时如何对派生解进行修正，得到原系统的近似解。

4.1.1　直接摄动法

式(4.1.1)含有小参数 ε，其解 u 自然依赖于小参数 ε，可记为 $u(t,\varepsilon)$。对于 $0<\varepsilon\ll 1$，将 $u(t,\varepsilon)$展开为 ε 的幂级数

$$u(t,\varepsilon)=u_0(t)+\varepsilon u_1(t)+\varepsilon^2 u_2(t)+\cdots \tag{4.1.3}$$

其中，$\varepsilon u_1(t)$，$\varepsilon^2 u_2(t)$，…是计入非线性影响后对派生解 $u_0(t)$的修正。这种基于简单问题的解求解困难问题级数解的方法称为摄动法，源于 19 世纪人们研究天体力学问题。

为了确定式(4.1.3)中的未知函数 $u_1(t)$，$u_2(t)$，…，将式(4.1.3)代入式(4.1.1a)。此时，式(4.1.1a)中的线性部分和非线性项分别为

$$\begin{aligned}\ddot{u}+\omega_0^2 u&=(\ddot{u}_0+\varepsilon\ddot{u}_1+\varepsilon^2\ddot{u}_2+\cdots)+\omega_0^2(u_0+\varepsilon u_1+\varepsilon^2 u_2+\cdots)\\&=(\ddot{u}_0+\omega_0^2 u_0)+\varepsilon(\ddot{u}_1+\omega_0^2 u_1)+\varepsilon^2(\ddot{u}_2+\omega_0^2 u_2)+\cdots\end{aligned} \tag{4.1.4a}$$

$$\begin{aligned}\varepsilon f(u,\dot{u}) &= \varepsilon f(u_0+\varepsilon u_1+\varepsilon^2 u_2+\cdots,\dot{u}_0+\varepsilon\dot{u}_1+\varepsilon^2\dot{u}_2+\cdots)\\ &= \varepsilon f(u_0,\dot{u}_0)+\varepsilon^2[\mathrm{D}_u f(u_0,\dot{u}_0)u_1+\mathrm{D}_{\dot{u}} f(u_0,\dot{u}_0)\dot{u}_1]+\cdots\end{aligned}\tag{4.1.4b}$$

其中，D_u 和 $\mathrm{D}_{\dot{u}}$ 分别是关于 u 和 $\dot{u}$ 的偏导数算子。因此，式(4.1.1)成为

$$\begin{cases}(\ddot{u}_0+\omega_0^2 u_0)+\varepsilon(\ddot{u}_1+\omega_0^2 u_1)+\varepsilon^2(\ddot{u}_2+\omega_0^2 u_2)+\cdots\\ \qquad +\varepsilon f(u_0,\dot{u}_0)+\varepsilon^2[\mathrm{D}_u f(u_0,\dot{u}_0)u_1+\mathrm{D}_{\dot{u}} f(u_0,\dot{u}_0)\dot{u}_1]+\cdots=0\\ u_0(0)+\varepsilon u_1(0)+\varepsilon^2 u_2(0)+\cdots=a_0,\quad \dot{u}_0(0)+\varepsilon\dot{u}_1(0)+\varepsilon^2\dot{u}_2(0)+\cdots=0\end{cases}\tag{4.1.5}$$

若满足条件 $0<\varepsilon\ll 1$ 的参数 ε 具有任意性，则式(4.1.5)中的 ε 同次幂系数必须为零，从而有

$$\varepsilon^0:\quad \begin{cases}\ddot{u}_0+\omega_0^2 u_0=0\\ u_0(0)=a_0,\quad \dot{u}_0(0)=0\end{cases}\tag{4.1.6a}$$

$$\varepsilon^1:\quad \begin{cases}\ddot{u}_1+\omega_0^2 u_1+f(u_0,\dot{u}_0)=0\\ u_1(0)=0,\quad \dot{u}_1(0)=0\end{cases}\tag{4.1.6b}$$

$$\varepsilon^2:\quad \begin{cases}\ddot{u}_2+\omega_0^2 u_2+\mathrm{D}_u f(u_0,\dot{u}_0)u_1+\mathrm{D}_{\dot{u}} f(u_0,\dot{u}_0)\dot{u}_1=0\\ u_2(0)=0,\quad \dot{u}_2(0)=0\end{cases}\tag{4.1.6c}$$

这是一组可依次求解的线性常微分方程初值问题，每个问题都是读者所熟悉的线性无阻尼系统振动问题，它们的解分别为派生解、一阶修正解、二阶修正解。将这些修正解代回式(4.1.3)，即可获得所需的近似解。这种方法称作直接摄动法。

在上述过程中，式(4.1.6)的高阶修正解很复杂，检验式(4.1.3)的收敛性并非易事。因此，通常通过参数变换获得无量纲小参数 ε，谋求 $\varepsilon\to 0$ 时式(4.1.3)的有效性，即解的渐近性。当然，也可采用有量纲小参数 ε，因为这不改变问题的物理本质。

例 4.1.1　考察如下单自由度二次非线性系统的自由振动问题：

$$\begin{cases}\ddot{u}+\omega_0^2 u+\varepsilon p u^2=0\\ u(0)=a_0,\quad \dot{u}(0)=0\end{cases}\tag{a}$$

其中，$0<\varepsilon\ll 1$，$p=O(1)$。用直接摄动法求解一次近似解。

解　根据式(4.1.1)和式(4.1.2)，由式(a)得到

$$f(u_0,\dot{u}_0)=p u_0^2,\quad u_0=a_0\cos(\omega_0 t)\tag{b}$$

将式(b)代入式(4.1.6b)，对方程中的三角函数平方项进行积化和差，得到

$$\begin{cases}\ddot{u}_1+\omega_0^2 u_1+\dfrac{p a_0^2}{2}[1+\cos(2\omega_0 t)]=0\\ u_1(0)=0,\quad \dot{u}_1(0)=0\end{cases}\tag{c}$$

求解该线性微分方程的初值问题，得到一阶修正解

$$u_1(t)=\frac{p a_0^2}{6\omega_0^2}[-3+2\cos(\omega_0 t)+\cos(2\omega_0 t)]\tag{d}$$

所以，系统的自由振动一次近似解为

$$u(t)=a_0\cos(\omega_0 t)+\frac{\varepsilon p a_0^2}{6\omega_0^2}[-3+2\cos(\omega_0 t)+\cos(2\omega_0 t)]\tag{e}$$

由式(e)可见，二次非线性因素使系统的自由振动出现了直流成分和二次谐波成分，不再对称于系统的平衡位置。

在 Maple 平台上用 Runge—Kutta 法计算该系统的数值解作为基准,图 4.1.1 给出一个周期内近似解与数值基准解的对比。由图可见上述不对称现象,并且一次近似解可计入弱非线性因素对系统的影响。随着小参数 ε 增加,一次近似解明显偏离数值基准解。

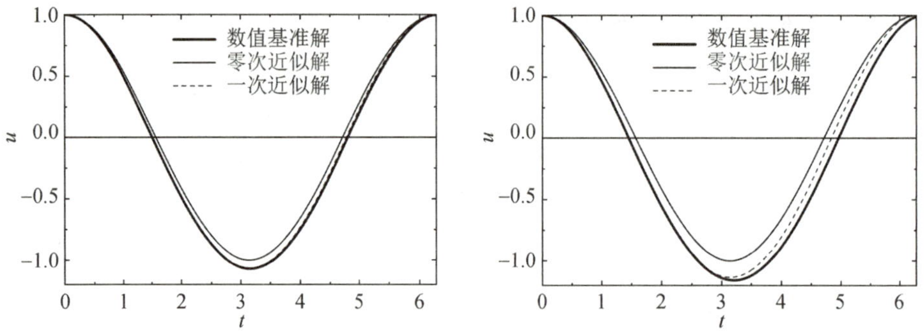

图 4.1.1　具有二次非线性系统的自由振动位移时间历程($\omega_0=1, p=1, a_0=1$)

例 4.1.2　用直接摄动法研究如下 Duffing 系统自由振动的一次近似解:

$$\begin{cases}\ddot{u}+\omega_0^2 u+\varepsilon p u^3=0, \quad p=O(1), \quad 0<\varepsilon \ll 1 \\ u(0)=a_0, \quad \dot{u}(0)=0\end{cases} \tag{a}$$

解　根据式(4.1.1)和式(4.1.2),由式(a)得到

$$f(u_0, \dot{u}_0)=p u_0^3, \quad u_0=a_0 \cos(\omega_0 t) \tag{b}$$

将式(b)代入式(4.1.6),将方程中的三角函数立方项进行积化和差,得到

$$\begin{cases}\ddot{u}_1+\omega_0^2 u_1+\dfrac{p a_0^3}{4}[3\cos(\omega_0 t)+\cos(3\omega_0 t)]=0 \\ u_1(0)=0, \quad \dot{u}_1(0)=0\end{cases} \tag{c}$$

由此得到一阶修正解

$$u_1(t)=\frac{p a_0^3}{32\omega_0^2}[-\cos(\omega_0 t)+\cos(3\omega_0 t)]-\frac{3 p a_0^3}{8\omega_0} t \sin(\omega_0 t) \tag{d}$$

所以,Duffing 系统自由振动的一次近似解为

$$u(t)=a_0 \cos(\omega_0 t)+\varepsilon\left\{\frac{p a_0^3}{32\omega_0^2}[-\cos(\omega_0 t)+\cos(3\omega_0 t)]-\frac{3 p a_0^3}{8\omega_0} t \sin(\omega_0 t)\right\} \tag{e}$$

值得注意的是,该近似解只在 $t\in[0,1/\varepsilon]$ 时有效。随着时间增加,式(d)会因永年项 $t\sin(\omega_0 t)$ 的存在而趋于无穷。图 4.1.2 给出了数值基准解与零次近似解、一次近似解的比较。

根据第 3 章的分析,像 Duffing 系统这样的保守系统,从非零初始状态出发的运动应该是周期振动;而且根据能量分析,保守系统的振动总有界。因此,即使没有数值解作为参照,也可断言近似解出了问题。但问题出自何处呢?

从物理角度看,Duffing 系统的自由振动频率 ω 是受非线性影响的,并不是派生系统的固有频率 ω_0。因此,直接摄动法对解的形式假设存在问题。读者若继续求解例 4.1.1 的二次近似解,就会发现它也存在永年项 $t\sin(\omega_0 t)$。只因平方非线性项没有影响到系统自由振动频率的一次近似解,所以例 4.1.1 的一次近似解是正确的。

从数学角度看,仅由派生解的周期性未必能保证原系统具有唯一周期解。Poincaré 指出,

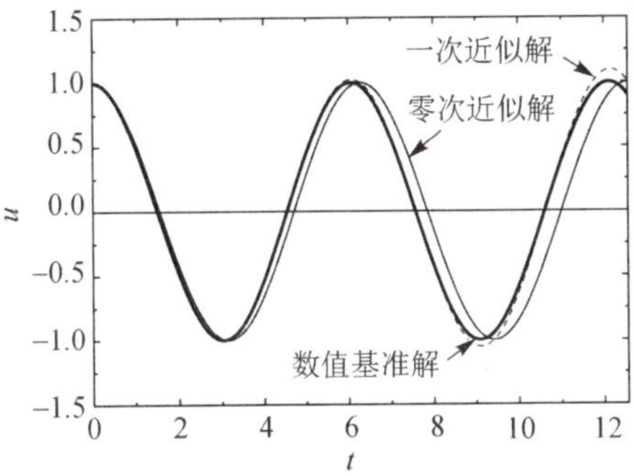

(a) $\varepsilon=0.1$

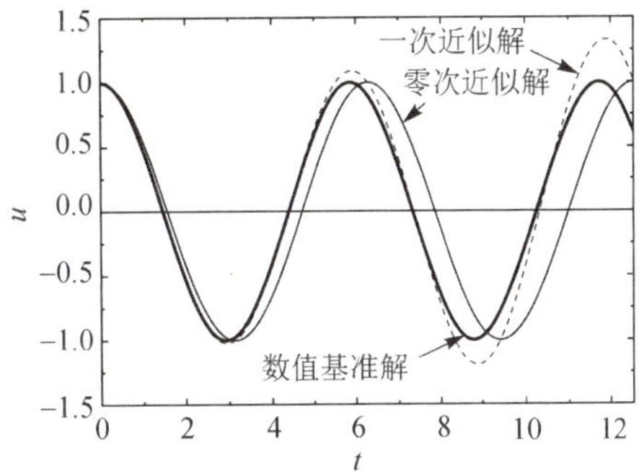

(b) $\varepsilon=0.2$

图 4.1.2　Duffing 系统的自由振动位移时间历程($\omega_0=1,p=1,a_0=1$)

为了保证原系统周期解的存在性和唯一性，还需要附加其他条件①。

事实上，当周期振动频率与非线性因素 ε 有关时，按 ε 的幂级数展开必有永年项。例如，当简谐振动的频率为 $\omega=(1+\varepsilon)\omega_0$ 时，其关于 ε 的展开式为

$$\cos(\omega t)=\cos(\omega_0 t+\varepsilon\omega_0 t)=\cos(\omega_0 t)-\varepsilon\omega_0 t\sin(\omega_0 t)+\frac{\varepsilon^2\omega_0^2 t^2}{2}\cos(\omega_0 t)+\cdots \tag{4.1.7}$$

一般地，如果函数级数中每一项与前一项之比很小，则称之为一致有效展开；出现永年项的函数级数属于非一致有效展开。对于这种情况，需要设法消除永年项。

4.1.2　Lindstedt - Poincaré 摄动法

1882 年，瑞典数学家 Lindstedt 对直接摄动法做出重要改进，将引起永年项的周期振动频率也展开为小参数的幂级数，获得消除永年项的条件，得到了周期振动的级数解。1893 年，法国数学力学家 Poincaré 证明：该级数解对于任意时间是一致有效的渐近展开。由此形成了 Lindstedt - Poincaré 摄动法，简称为 L - P 摄动法。现采用与原始形式不同、但便于理解的方式来介绍该方法。

仍考虑式(4.1.1)的周期解问题，将解 $u(t)$ 和其振动频率的平方 ω^2 展开为 ε 的幂级数

$$\begin{cases}u(t,\varepsilon)=u_0(t)+\varepsilon u_1(t)+\varepsilon^2 u_2(t)+\cdots & (4.1.8\text{a})\\ \omega^2(\varepsilon)=\omega_0^2+\varepsilon b_1+\varepsilon^2 b_2+\cdots & (4.1.8\text{b})\end{cases}$$

如果能确定未知的 $u_j(t),b_j,j=1,2,\cdots$，就可获得式(4.1.1)在派生解附近的一个周期解以及相应的周期和频率。

将式(4.1.8a)和(4.1.8b)分别代入式(4.1.1a)和(4.1.1b)，得到

$$\begin{aligned}&\ddot{u}_0+\varepsilon\ddot{u}_1+\varepsilon^2\ddot{u}_2+\cdots+(\omega^2-\varepsilon b_1-\varepsilon^2 b_2+\cdots)(u_0+\varepsilon u_1+\varepsilon^2 u_2+\cdots)+\\ &\quad\varepsilon f(u_0+\varepsilon u_1+\varepsilon^2 u_2+\cdots,\dot{u}_0+\varepsilon\dot{u}_1+\varepsilon^2\dot{u}_2+\cdots)=0\end{aligned} \tag{4.1.9a}$$

$$\begin{cases}u_0(0)+\varepsilon u_1(0)+\varepsilon^2 u_2(0)+\cdots=a_0\\ \dot{u}_0(0)+\varepsilon\dot{u}_1(0)+\varepsilon^2\dot{u}_2(0)+\cdots=0\end{cases} \tag{4.1.9b}$$

① 王海期. 非线性振动 [M]. 北京：高等教育出版社，1992：73－77.

比较等式两端 ε 的同次幂系数,得到一系列线性常微分方程的初值问题

$$\varepsilon^0: \begin{cases} \ddot{u}_0 + \omega^2 u_0 = 0 \\ u_0(0) = a_0, \quad \dot{u}_0(0) = 0 \end{cases} \tag{4.1.10a}$$

$$\varepsilon^1: \begin{cases} \ddot{u}_1 + \omega^2 u_1 = b_1 u_0 - f(u_0, \dot{u}_0) \\ u_1(0) = 0, \quad \dot{u}_1(0) = 0 \end{cases} \tag{4.1.10b}$$

$$\varepsilon^2: \begin{cases} \ddot{u}_2 + \omega^2 u_2 = b_2 u_0 + b_1 u_1 - \mathrm{D}_u f(u_0, \dot{u}_0) u_1 - \mathrm{D}_{\dot{u}} f(u_0, \dot{u}_0) \dot{u}_1 \\ u_2(0) = 0, \quad \dot{u}_2(0) = 0 \end{cases} \tag{4.1.10c}$$

显然,上述初值问题可依次求解。

式(4.1.10a)是线性无阻尼系统自由振动问题,解出

$$u_0 = a_0 \cos(\omega t) \tag{4.1.11}$$

将其代入式(4.1.10b),得到

$$\begin{cases} \ddot{u}_1 + \omega^2 u_1 = b_1 a_0 \cos(\omega t) - f(a_0 \cos(\omega t), -\omega a_0 \sin(\omega t)) \equiv \tilde{f}(t) \\ u_1(0) = 0, \quad \dot{u}_1(0) = 0 \end{cases} \tag{4.1.12}$$

其中,函数 $f(a_0\cos(\omega t), -\omega a_0 \sin(\omega t))$ 是时间 t 的周期函数,函数 $\tilde{f}(t)$ 亦如此。因此,式(4.1.12)是线性无阻尼系统在周期激励下的受迫振动问题,其激励 $\tilde{f}(t)$ 可表示为 Fourier 级数

$$\tilde{f}(t) = b_1 a_0 \cos(\omega t) + \left\{ \alpha_0 + \sum_{k=1}^{+\infty} [\alpha_k \cos(k\omega t) + \beta_k \sin(k\omega t)] \right\} \tag{4.1.13}$$

其中,大括号中各项是 $-f(a_0\cos(\omega t), -\omega a_0 \sin(\omega t))$ 的 Fourier 级数。

根据线性振动理论,若 $\tilde{f}(t)$ 中含有 $\cos(\omega t)$ 或 $\sin(\omega t)$,则式(4.1.12)的受迫振动中将含有 $t\cos(\omega t)$ 或 $t\sin(\omega t)$ 这样随时间增加趋于无穷的永年项,即该系统发生幅值无限大的共振。欲使该系统做周期运动,必须消除永年项。为此,令式(4.1.13)中 $\cos(\omega t)$ 和 $\sin(\omega t)$ 项的系数为零,即

$$b_1 a_0 + \alpha_1 = 0, \quad \beta_1 = 0 \tag{4.1.14}$$

此时,式(4.1.12)成为

$$\begin{cases} \ddot{u}_1 + \omega^2 u_1 = \alpha_0 + \sum_{k=2}^{+\infty} [\alpha_k \cos(k\omega t) + \beta_k \sin(k\omega t)] \\ u_1(0) = 0, \quad \dot{u}_1(0) = 0 \end{cases} \tag{4.1.15}$$

由式(4.1.14)可以得到对自由振动频率的修正量 b_1,而由式(4.1.15)得到对派生解的一阶修正解 $u_1(t)$。再将结果代入式(4.1.10c),可以类似地确定二阶修正解 $u_2(t)$ 和修正量 b_2。式(4.1.14)给出的消除永年项条件,就是原系统存在周期解的附加条件。

例 4.1.3 用 L-P 摄动法求解下述 Duffing 系统自由振动的一次近似解

$$\begin{cases} \ddot{u} + \omega_0^2 u + \varepsilon p u^3 = 0, \quad p = O(1), \quad 0 < \varepsilon \ll 1 \\ u(0) = a_0, \quad \dot{u}(0) = 0 \end{cases} \tag{a}$$

解 将 $f(u_0, \dot{u}_0) = p u_0^3$ 和 $u_0 = a_0 \cos(\omega t)$ 代入式(4.1.12),对 $\cos^3(\omega t)$ 积化和差后得到

$$\ddot{u}_1+\omega^2u_1=\left(b_1-\frac{3}{4}pa_0^2\right)a_0\cos(\omega t)-\frac{1}{4}pa_0^3\cos(3\omega t) \tag{b}$$

为了消除永年项，取

$$b_1=\frac{3}{4}pa_0^2 \tag{c}$$

在该条件下，可确定一阶修正解 u_1 的初值问题为

$$\begin{cases}\ddot{u}_1+\omega^2u_1=-\dfrac{1}{4}pa_0^3\cos(3\omega t)\\ u_1(0)=0,\quad \dot{u}_1(0)=0\end{cases} \tag{d}$$

解出

$$u_1=\frac{pa_0^3}{32\omega^2}[\cos(3\omega t)-\cos(\omega t)] \tag{e}$$

将上述 b_1 和 u_1 代回展开式(4.1.8)，得到自由振动的一次近似解

$$u=a_0\cos\omega t+\frac{\varepsilon pa_0^3}{32\omega^2}[\cos(3\omega t)-\cos(\omega t)] \tag{f}$$

其中

$$\omega=\sqrt{\omega_0^2+\varepsilon\frac{3pa_0^2}{4}}\approx\omega_0\left(1+\varepsilon\frac{3pa_0^2}{8\omega_0^2}\right) \tag{g}$$

为了与例 4.1.2 进行对比，仍取 $\omega_0=1, p=1, a_0=1$。对于 $\varepsilon\in(0,0.4)$，在 Maple 平台上用 Runge - Kutta 法求式(a)的数值解作为基准，可验证近似解与数值解几乎完全重合。

由式(f)和式(g)可见：立方非线性使 Duffing 系统的自由振动包括了基频 ω 和三次谐波成分；而基频 ω 不同于派生系统的固有频率 ω_0，当系统刚度硬化($\varepsilon>0$)时，ω 随着振幅(亦即初位移)的增加而增加，刚度软化时则相反。这些均有别于线性系统的自由振动。

L - P 摄动法的思想是：当解的直接摄动展开出现永年项时，将引起永年项的周期振动频率表示为小参数的幂级数，得到消除永年项的条件并获得解的一致有效展开。20 世纪，人们借鉴上述思想，将导致时间域或空间域中非一致有效展开的物理量表示为小参数的幂级数，解决了许多非一致有效展开问题，并将这类方法统称为奇异摄动法。例如，1949 年，英国数学家莱特希尔(James Lighthill，1924—1998)在求解非线性偏微分方程时，将在空间域引起非一致有效展开的方程自变量表示为小参数的函数，建立了坐标变换法。1953 年，我国力学家郭永怀(Yung - Huai Kuo，1909—1968)将这种方法修改后成功求解了黏性可压缩流体力学问题。此后，奇异摄动法被广泛应用于流体力学、固体力学以及物理学的多个分支。

4.2 平均法

虽然 L - P 摄动法比较直观，但局限于求解周期运动。研究表明，式(4.1.1)的解未必是周期运动，而是与周期运动接近、但振幅和初相位缓慢变化的运动。因此，可将待求运动表示为

$$\begin{cases}u(t)=a(t)\cos(\psi(t)) & (4.2.1a)\\ \dot{u}(t)=-\omega_0a(t)\sin(\psi(t)),\quad \psi(t)\equiv\omega_0t+\varphi(t) & (4.2.1b)\end{cases}$$

其中,$a(t)$为振幅,$\psi(t)$为总相位,$\varphi(t)$为初相位,$\omega_0>0$ 为派生系统的固有频率。

将式(4.2.1a)和式(4.2.1b)分别对时间 t 求一次导数,得到

$$\begin{cases}\dot{u}(t)=\dot{a}(t)\cos(\psi(t))-a(t)\sin(\psi(t))[\omega_0+\dot{\varphi}(t)]\\ \ddot{u}(t)=-\omega_0\{\dot{a}(t)\sin(\psi(t))+a(t)\cos(\psi(t))[\omega_0+\dot{\varphi}(t)]\}\end{cases} \tag{4.2.2}$$

将式(4.2.1)和式(4.2.2)代入式(4.1.1a)并化简,得到未知函数 $\dot{a}(t)$ 和 $\dot{\varphi}(t)$ 的线性代数方程组

$$\begin{cases}\cos(\psi(t))\dot{a}(t)-a(t)\sin(\psi(t))\dot{\varphi}(t)=0\\ \sin(\psi(t))\dot{a}(t)+a(t)\cos(\psi(t))\dot{\varphi}(t)=\dfrac{\varepsilon}{\omega_0}f(a(t)\cos(\psi(t)),-\omega_0 a(t)\sin(\psi(t)))\end{cases} \tag{4.2.3}$$

由式(4.2.3)解出

$$\begin{cases}\dot{a}(t)=\dfrac{\varepsilon}{\omega_0}f(a(t)\cos(\psi(t)),-\omega_0 a(t)\sin(\psi(t)))\sin(\psi(t))\\ \dot{\varphi}(t)=\dfrac{\varepsilon}{\omega_0 a(t)}f(a(t)\cos(\psi(t)),-\omega_0 a(t)\sin(\psi(t)))\cos(\psi(t))\end{cases} \tag{4.2.4}$$

至此,已通过式(4.2.1)所定义的变换将式(4.1.1a)中的二阶非线性常微分方程等价地转化为式(4.2.4)描述的一阶非线性常微分方程组。虽然这并没有解决问题,但式(4.2.4)表明:如果原系统的运动形如式(4.2.1),则其振幅 $a(t)$和初相位 $\varphi(t)$随时间的变化是 ε 的同阶小量;与总相位 $\psi(t)$相比,它们是缓慢变化的。

为简化问题,可用式(4.2.4)在总相位 $\psi(t)$变化一周内的平均值来代替其慢时变的真值,将式(4.2.4)近似为

$$\dot{a}(t)=\frac{\varepsilon}{2\pi\omega_0}\int_0^{2\pi}f(a\cos\psi,-\omega_0 a\sin\psi)\sin\psi\mathrm{d}\psi \tag{4.2.5a}$$

$$\dot{\varphi}(t)=\frac{\varepsilon}{2\pi\omega_0 a}\int_0^{2\pi}f(a\cos\psi,-\omega_0 a\sin\psi)\cos\psi\mathrm{d}\psi \tag{4.2.5b}$$

此时,式(4.2.5)右端积分后仅含未知振幅 $a(t)$。式(4.2.5a)成为关于振幅 $a(t)$的可分离变量一阶常微分方程,解出振幅 $a(t)$后代入式(4.2.5b),积分得到初相位 $\varphi(t)$。如果求稳态振动,则在式(4.2.5a)中取 $\dot{a}(t)=0$,使其成为定常振幅 $\bar{a}$ 的代数方程,进而解出 $\bar{a}$;同理,由 $\dot{\varphi}(t)=0$ 得到定常初相位 $\bar{\varphi}$。最后,将 $\bar{a}$ 和 $\bar{\varphi}$ 代回式(4.2.1),得到一次近似解。

例 4.2.1 考察含有幂次阻尼的单自由度系统

$$\begin{cases}\ddot{u}+\omega_0^2 u+\varepsilon|\dot{u}|^{m-1}\dot{u}=0, \quad m=0,1,2,\cdots\\ u(0)=a_0, \quad \dot{u}(0)=0\end{cases} \tag{a}$$

用平均法求解其自由振动的一次近似解。

解 根据式(4.2.5)及三角函数乘幂的积分公式,计算得到

$$\begin{aligned}\dot{a}&=\frac{\varepsilon}{2\pi\omega_0}\int_0^{2\pi}|-\omega_0 a\sin\psi|^{m-1}(-\omega_0 a\sin\psi)\sin\psi\mathrm{d}\psi=-\frac{\varepsilon a|a|^{m-1}\omega_0^{m-1}}{2\pi}\int_0^{2\pi}|\sin\psi|^{m-1}\sin^2\psi\mathrm{d}\psi\\ &=\begin{cases}-\varepsilon\dfrac{2m!!}{\pi(m+1)!!}a^m\omega_0^{m-1}, & m\text{ 为偶数}\\ -\varepsilon\dfrac{m!!}{(m+1)!!}a^m\omega_0^{m-1}, & m\text{ 为奇数}\end{cases}\end{aligned} \tag{b}$$

$$\dot{\varphi}=0 \tag{c}$$

将上述结果代入式(4.2.1)，得到一次近似解

$$u=a(t)\cos(\omega_0 t+\varphi_0) \tag{d}$$

由此可见：对于这类系统的自由振动一次近似解，小阻尼仅影响其振幅，而不影响其频率。以下考察不同阻尼对自由振动振幅变化的影响。

① $m=0$(Coulomb 摩擦)：此时式(b)为

$$\dot{a}=-\frac{2\varepsilon}{\pi\omega_0} \tag{e}$$

积分得到振幅的线性衰减规律

$$a=a_0-\frac{2\varepsilon}{\pi\omega_0}t \tag{f}$$

② $m=1$(线性黏性阻尼)：此时式(b)为

$$\dot{a}=-\frac{\varepsilon}{2}a \tag{g}$$

分离变量后积分，得到振幅的指数衰减规律

$$a=a_0\exp\left(\frac{-\varepsilon t}{2}\right) \tag{h}$$

③ $m=2$(平方阻尼)：此时式(b)为

$$\dot{a}=-\frac{4\varepsilon\omega_0}{3\pi}a^2 \tag{i}$$

分离变量后积分得到

$$a=\frac{3\pi a_0}{3\pi+4\varepsilon\omega_0 a_0 t} \tag{j}$$

④ $m=3$(立方阻尼)：此时式(b)为

$$\dot{a}=-\frac{3\varepsilon\omega_0^2}{8}a^3 \tag{k}$$

分离变量后积分得到

$$a=a_0\sqrt{\frac{4}{4+3\varepsilon\omega_0^2 a_0^2 t}} \tag{l}$$

给定初位移 $a_0=1$ 和 $a_0=2$，图 4.2.1 给出不同阻尼对系统自由振动幅值衰减的影响规律。由图可见，平方阻尼与立方阻尼对大位移具有强衰减作用，而对小位移则作用减弱。

例 4.2.2 [M]　用平均法求解如下 Van der Pol 系统的自激振动一次近似解：

$$\begin{cases}\ddot{u}+u+\varepsilon(u^2-1)\dot{u}=0, \quad 0<\varepsilon\ll 1\\ u(0)=a_0, \quad \dot{u}(0)=0\end{cases} \tag{a}$$

解　根据式(4.2.5)，系统振动时的振幅和初相位服从

$$\begin{aligned}\dot{a}(t)&=\frac{\varepsilon}{2\pi}\int_0^{2\pi}(a^2\cos^2\psi-1)(-a\sin\psi)\sin\psi\mathrm{d}\psi\\&=\frac{\varepsilon a}{2\pi}\int_0^{2\pi}\left[\left(1-\frac{a^2}{4}\right)\sin\psi-\frac{a^2}{4}\sin(3\psi)\right]\sin\psi\mathrm{d}\psi=\frac{\varepsilon a}{2}\left(1-\frac{a^2}{4}\right)\end{aligned} \tag{b}$$

$$\dot{\varphi}(t)=0 \tag{c}$$

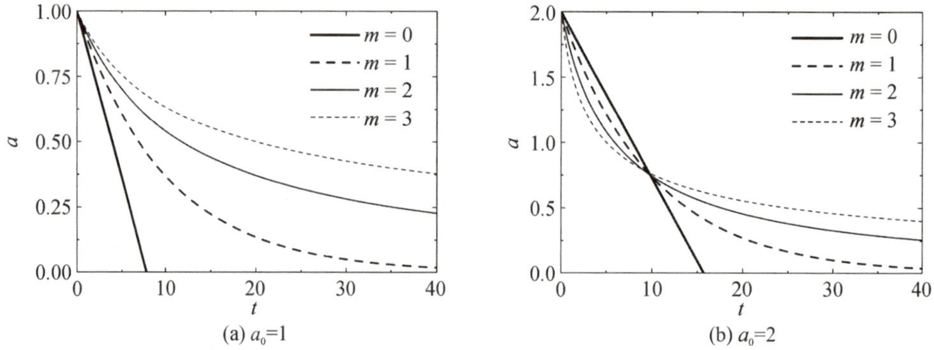

图 4.2.1　含不同阻尼的单自由度系统自由振动振幅衰减规律($\varepsilon=0.2,\omega_0=1$)

将式(b)改写为

$$\frac{\mathrm{d}a^2}{\mathrm{d}t}=\varepsilon a^2\left(1-\frac{a^2}{4}\right) \tag{d}$$

分离变量后积分,得到

$$\ln\left(\frac{a^2}{4-a^2}\right)-\ln\left(\frac{a_0^2}{4-a_0^2}\right)=\varepsilon t \tag{e}$$

由此可解出慢时变的振幅

$$a(t)=\frac{a_0\exp(\varepsilon t/2)}{\sqrt{1+\dfrac{a_0^2}{4}[\exp(\varepsilon t)-1]}}=\frac{2}{\sqrt{1+\left(\dfrac{4}{a_0^2}-1\right)\exp(-\varepsilon t)}} \tag{f}$$

而初相位满足

$$\varphi(t)=\varphi(0)=0 \tag{g}$$

从式(f)可见:对于任意初始扰动 $a_0\neq 0$,系统振幅都会趋于常数

$$\lim_{t\to+\infty}a(t)=\lim_{t\to+\infty}2\left[1+\left(\frac{4}{a_0^2}-1\right)\exp(-\varepsilon t)\right]^{-1/2}=2 \tag{h}$$

该结果与附录 A4 中 Maple 程序的结果一致,与图 3.4.2 中 $\varepsilon=0.1$ 时的精确相图非常吻合。

最后指出,上述平均法的导出过程基于直观,只计入了 ε 的一阶修正解。1934 年,苏联数学家 Krylov 和 Bogoliubov 提出计入 ε 高阶修正解的平均法,被称为K－B 平均法。1955 年,Mitropolsky 对 K－B 平均法进行推广,将式(4.1.1)的解表示为如下三个级数展开式:

$$\begin{cases}u(t)=a(t)\cos(\psi(t))+\varepsilon u_1(a(t),\psi(t))+\varepsilon^2u_2(a(t),\psi(t))+\cdots\\ \dot{a}(t)=\varepsilon A_1(a(t))+\varepsilon^2A_2(a(t))+\cdots\\ \dot{\psi}(t)=\omega_0+\varepsilon B_1(a(t))+\varepsilon^2B_2(a(t))+\cdots\end{cases} \tag{4.2.6}$$

其中,u_j,$j=1,2,\cdots$是待定函数,A_j,B_j,$j=1,2,\cdots$可通过消除永年项来确定。Mitropolsky 严格证明了式(4.2.6)是一致有效展开,并将求解方法称为渐近法①②。该方法也被称为KBM法或三级数法,其求解精度高,但过程比较繁琐。

① Oliveira R E A. History of Krylov-Bogoliubov-Mitropolsky Methods of Nonlinear Oscillations [J]. Advances in Historical Studies, 2017, 6: 40-55.

② 胡海岩. 应用非线性动力学 [M]. 北京: 航空工业出版社, 2000: 52-57.

4.3 多尺度法

1957 年,美国物理学家斯特洛克(Peter A. Sturrock,1924—2024)发现,等离子体的非线性效应具有快慢不同的时间尺度,可引入多个时间尺度来进行研究,且这种思路具有普适性。如 4.2 节所述,若以时间 t 来描述单自由度自治系统的振动,则描述其振幅和初相位变化的时间为 εt,而 $0<\varepsilon\ll 1$。因此,可采用两个不同的时间尺度来研究单自由度自治系统的振动,这就是多尺度法。本节以式(4.1.1)描述的初值问题为例来介绍多尺度法。

根据 4.1 节的分析,将自治系统周期振动的频率展开为 ε 的幂级数,则周期振动的快变相位可表示为

$$\omega t=\omega_0 t+\varepsilon\omega_1 t+\varepsilon^2\omega_2 t+\cdots=\omega_0 t+\omega_1(\varepsilon t)+\omega_2(\varepsilon^2 t)+\cdots \tag{4.3.1}$$

式中,εt 和 $\varepsilon^2 t$ 是越来越慢的时间尺度。受此启发,引入依次慢变的多时间尺度

$$T_k\equiv\varepsilon^k t,\quad k=0,1,2,\cdots \tag{4.3.2}$$

并视这些时间尺度为独立变量,将式(4.1.1)的解表示成

$$u(t)=u_0(T_0,T_1,\cdots)+\varepsilon u_1(T_0,T_1,\cdots)+\varepsilon^2 u_2(T_0,T_1,\cdots)+\cdots \tag{4.3.3}$$

为表述简洁,定义如下偏导数算子来表示对时间的导数运算:

$$\mathrm{D}_k\equiv\frac{\partial}{\partial T_k},\quad \frac{\mathrm{d}}{\mathrm{d}t}=\sum_{k=0}^{+\infty}\frac{\mathrm{d}T_k}{\mathrm{d}t}\frac{\partial}{\partial T_k}=\sum_{k=0}^{+\infty}\varepsilon^k\mathrm{D}_k \tag{4.3.4a}$$

$$\frac{\mathrm{d}^2}{\mathrm{d}t^2}=\sum_{k=0}^{+\infty}\varepsilon^k\mathrm{D}_k\Big(\sum_{j=0}^{+\infty}\varepsilon^j\mathrm{D}_j\Big)=\mathrm{D}_0^2+2\varepsilon\mathrm{D}_0\mathrm{D}_1+\varepsilon^2(\mathrm{D}_1^2+2\mathrm{D}_0\mathrm{D}_2)+\cdots \tag{4.3.4b}$$

将式(4.3.3)和式(4.3.4)代入式(4.1.1a),比较 ε 同次幂的系数,得到一系列线性偏微分方程

$$\varepsilon^0:\quad \mathrm{D}_0^2u_0+\omega_0^2u_0=0 \tag{4.3.5a}$$

$$\varepsilon^1:\quad \mathrm{D}_0^2u_1+\omega_0^2u_1=-2\mathrm{D}_0\mathrm{D}_1u_0-f(u_0,\mathrm{D}_0u_0) \tag{4.3.5b}$$

$$\begin{aligned}\varepsilon^2:\quad \mathrm{D}_0^2u_2+\omega_0^2u_2=&-(\mathrm{D}_1^2+2\mathrm{D}_0\mathrm{D}_2)u_0-2\mathrm{D}_1\mathrm{D}_0u_1-\mathrm{D}_uf(u_0,\mathrm{D}_0u_0)u_1-\\&\mathrm{D}_{\dot u}f(u_0,\mathrm{D}_0u_0)(\mathrm{D}_1u_0+\mathrm{D}_0u_1)\end{aligned} \tag{4.3.5c}$$

不难发现,这组方程可依次求解。

现介绍如何求解上述线性偏微分方程。首先易见,式(4.3.5a)的解形如

$$u_0=a(T_1,T_2,\cdots)\cos(\omega_0T_0+\varphi(T_1,T_2,\cdots)) \tag{4.3.6}$$

为便于求解 u_1,根据 Euler 公式,引入式(4.3.6)右端项对应的复幅值

$$A(T_1,T_2,\cdots)\equiv\frac{a(T_1,T_2,\cdots)}{2}\exp(\mathrm{i}\varphi(T_1,T_2,\cdots)) \tag{4.3.7}$$

将式(4.3.6)改写为复函数形式

$$u_0=A(T_1,T_2,\cdots)\exp(\mathrm{i}\omega_0T_0)+\mathrm{cc} \tag{4.3.8}$$

其中,cc 代表其前面各项的共轭,后不赘述。将式(4.3.8)代入式(4.3.5b),得到

$$\mathrm{D}_0^2u_1+\omega_0^2u_1=-2\mathrm{i}\omega_0\mathrm{D}_1A\exp(\mathrm{i}\omega_0T_0)+\mathrm{cc}-f(A\exp(\mathrm{i}\omega_0T_0)+\mathrm{cc},\mathrm{i}\omega_0A\exp(\mathrm{i}\omega_0T_0)+\mathrm{cc}) \tag{4.3.9}$$

这可理解为周期激励下的无阻尼系统,其固有频率为 ω_0。为了不出现永年项,上式右端项不能含有 $\exp(\mathrm{i}\omega_0T_0)$ 或 $\exp(-\mathrm{i}\omega_0T_0)$,这要求上式右端项对应的 Fourier 系数为零,即

$$-2\mathrm{i}\omega_0 \mathrm{D}_1 A-\frac{\omega_0}{2\pi}\int_0^{2\pi/\omega_0} f(A\exp(\mathrm{i}\omega_0 T_0)+\mathrm{cc},\mathrm{i}\omega_0 A\exp(\mathrm{i}\omega_0 T_0)+\mathrm{cc})\exp(-\mathrm{i}\omega_0 T_0)\mathrm{d}T_0=0 \tag{4.3.10}$$

将式(4.3.7)代入式(4.3.10),得到该条件的三角函数形式

$$\mathrm{i}(\mathrm{D}_1 a+\mathrm{i}a\mathrm{D}_1\varphi)+\frac{1}{2\pi\omega_0}\int_0^{2\pi} f(a\cos\psi,-\omega_0 a\sin\psi)(\cos\psi-\mathrm{i}\sin\psi)\mathrm{d}\psi=0 \tag{4.3.11}$$

分离上式的实部和虚部,得到

$$\begin{cases}\mathrm{D}_1 a=\dfrac{1}{2\pi\omega_0}\displaystyle\int_0^{2\pi} f(a\cos\psi,-\omega_0 a\sin\psi)\sin\psi\mathrm{d}\psi\\ \mathrm{D}_1\varphi=\dfrac{1}{2\pi\omega_0 a}\displaystyle\int_0^{2\pi} f(a\cos\psi,-\omega_0 a\sin\psi)\cos\psi\mathrm{d}\psi\end{cases} \tag{4.3.12}$$

在这组条件下求解式(4.3.9),得到一阶修正解 $u_1(T_0,T_1,\cdots)$,将其连同 $u_0(T_0,T_1,\cdots)$ 代入式(4.3.5c),可类似确定消除永年项的条件,进而获得二阶修正解 $u_2(T_0,T_1,\cdots)$。

不难发现,式(4.3.12)与式(4.2.5)的平均法结果相同。形式上的差异在于:平均法中的振幅和初相位以 t 为自变量,而此处则以 $T_1=\varepsilon t$ 为自变量,所以两种导数之间差 ε 倍。

例 4.3.1[M] 用多尺度法求解如下 Van der Pol 系统自激振动的二次近似解:

$$\begin{cases}\ddot{u}+u+\varepsilon(u^2-1)\dot{u}=0, & 0<\varepsilon\ll 1\\ u(0)=a_0, & \dot{u}(0)=0\end{cases} \tag{a}$$

解 为获得二次近似解,采用三个时间尺度 $T_0=t$、$T_1=\varepsilon t$ 和 $T_2=\varepsilon^2 t$,将解设为

$$u(t)=u_0(T_0,T_1,T_2)+\varepsilon u_1(T_0,T_1,T_2)+\varepsilon^2 u_2(T_0,T_1,T_2) \tag{b}$$

将式(a)与式(4.3.5)进行对照,得到

$$\begin{cases}\mathrm{D}_0^2 u_0+u_0=0\\ \mathrm{D}_0^2 u_1+u_1=-2\mathrm{D}_0\mathrm{D}_1 u_0-(u_0^2-1)\mathrm{D}_0 u_0\\ \mathrm{D}_0^2 u_2+u_2=-(\mathrm{D}_1^2+2\mathrm{D}_0\mathrm{D}_2)u_0-2\mathrm{D}_1\mathrm{D}_0 u_1-2u_0 u_1\mathrm{D}_0 u_0-(u_0^2-1)(\mathrm{D}_1 u_0+\mathrm{D}_0 u_1)\end{cases} \tag{c}$$

式(c)中第一个方程的解为

$$u_0=A(T_1,T_2)\exp(\mathrm{i}T_0)+\mathrm{cc} \tag{d}$$

将式(d)代入式(c)中第二个方程,略加整理可得到

$$\mathrm{D}_0^2 u_1+u_1=-\mathrm{i}(2\mathrm{D}_1 A-A+A^2\bar{A})\exp(\mathrm{i}T_0)-\mathrm{i}A^3\exp(3\mathrm{i}T_0)+\mathrm{cc} \tag{e}$$

其中,$\bar{A}$ 代表 A 的共轭。式(e)的消除永年项条件是

$$2\mathrm{D}_1 A-A+A^2\bar{A}=0 \tag{f}$$

因此,式(e)的特解为

$$u_1=\frac{\mathrm{i}}{8}A^3\exp(3\mathrm{i}T_0)+\mathrm{cc} \tag{g}$$

将式(d)和式(g)代入式(c)中第三个方程,考虑到式(f)的消除永年项条件,整理得到

$$\mathrm{D}_0^2 u_2+u_2=-\left(2\mathrm{i}\mathrm{D}_2 A-\frac{1}{4}A+A^2\bar{A}-\frac{7}{8}A^3\bar{A}^2\right)\exp(\mathrm{i}T_0)+\frac{1}{8}(2A^3+A^4\bar{A})\exp(3\mathrm{i}T_0)+\frac{5}{8}A^5\exp(5\mathrm{i}T_0)+\mathrm{cc} \tag{h}$$

为消除式(h)的永年项，要求

$$2\mathrm{i}D_2A-\frac{1}{4}A+A^2\bar{A}-\frac{7}{8}A^3\bar{A}^2=0 \tag{i}$$

此时，式(h)的特解为

$$u_2=-\frac{1}{64}(2A^3+A^4\bar{A})\exp(3\mathrm{i}T_0)-\frac{5}{192}A^5\exp(5\mathrm{i}T_0)+\mathrm{cc} \tag{j}$$

现根据消除永年项条件来确定函数 $A(T_1,T_2)$。将其表示为时间 t 的函数 $A(\varepsilon t,\varepsilon^2 t)$，按照复合函数求导规则，利用 $D_0A=0$ 及式(f)和式(i)，得到

$$\frac{\mathrm{d}A}{\mathrm{d}t}=D_0A+\varepsilon D_1A+\varepsilon^2D_2A=\frac{\varepsilon}{2}(A-A^2\bar{A})-\frac{\mathrm{i}\varepsilon^2}{2}\left(\frac{1}{4}A-A^2\bar{A}+\frac{7}{8}A^3\bar{A}^2\right) \tag{k}$$

为了求解式(k)，根据式(4.3.7)，将复幅值 $A(\varepsilon t,\varepsilon^2 t)$ 表示为

$$A(\varepsilon t,\varepsilon^2 t)=\frac{a(t)}{2}\exp(\mathrm{i}\varphi(t)) \tag{l}$$

其中，$a(t)$ 和 $\varphi(t)$ 是实函数。将式(l)代入式(k)后分离实部和虚部，得到

$$\begin{cases}\dot{a}=\dfrac{\varepsilon}{2}a\left(1-\dfrac{a^2}{4}\right)\\[2ex] \dot{\varphi}=-\varepsilon^2\left(\dfrac{1}{8}-\dfrac{1}{8}a^2+\dfrac{7}{256}a^4\right)\end{cases} \tag{m}$$

例 4.2.2 已给出了式(m)中第一个方程的解，即

$$a(t)=\frac{2}{\sqrt{1+(4/a_0^2-1)\exp(-\varepsilon t)}} \tag{n}$$

其中，a_0 是积分常数。

若将式(n)代入式(m)中第二个方程积分，会遇到数学困难。因此，利用 $\dot{\varphi}=(\mathrm{d}\varphi/\mathrm{d}a)\dot{a}$ 及式(m)的第一个方程，将式(m)的第二个方程改写为

$$\frac{\mathrm{d}\varphi}{\mathrm{d}a}=-\frac{\varepsilon\left(1-a^2+\dfrac{7}{32}a^4\right)}{a(4-a^2)} \tag{o}$$

对其分离变量积分，整理得到

$$\varphi(t)=\varphi_0-\frac{\varepsilon^2}{16}t-\varepsilon\left(\frac{1}{8}\ln a-\frac{7}{64}a^2\right) \tag{p}$$

其中，φ_0 是积分常数。

根据式(b)、式(d)、式(g)和式(j)，得到二次近似解

$$u(t)=a(t)\cos(t+\varphi(t))-\frac{\varepsilon}{32}a^3(t)\sin(3t+3\varphi(t)) \tag{q}$$

其中，振幅 $a(t)$ 和初相位 $\varphi(t)$ 分别满足式(n)和式(p)，这与附录 A4 中 Maple 程序结果一致。

此外，根据式(n)和式(p)，振幅 $a(t)$ 和初相位 $\varphi(t)$ 分别是慢变时间 εt 和 $\varepsilon^2 t$ 的函数。为简便起见，将它们分别记为 $a(\varepsilon t)$ 和 $\varphi(\varepsilon^2 t)$，则式(q)可表示为

$$u(t)=a(\varepsilon t)\cos(t+\varphi(\varepsilon^2 t))-\frac{\varepsilon}{32}a^3(\varepsilon t)\sin(3t+3\varphi(\varepsilon^2 t)) \tag{r}$$

由此可见，Van der Pol 系统自激振动的二次近似解确实包含三个时间尺度。

4.4 强非线性系统的近似方法

考察强非线性自治系统的初值问题

$$\begin{cases}\ddot{u}+f(u,\dot{u})=0\\ u(0)=a_0, \quad \dot{u}(0)=0\end{cases} \tag{4.4.1}$$

其中,$f(u,\dot{u})$并非含小参数 ε 的弱非线性函数,本节讨论如何获得式(4.4.1)的近似周期解。

4.4.1 谐波平衡法

将式(4.4.1)的待求周期解 $u(t)$做 Fourier 级数的有限近似展开,得到

$$u(t)\approx a_0+\sum_{k=1}^{n}[a_k\cos(k\omega t)+b_k\sin(k\omega t)] \tag{4.4.2}$$

将式(4.4.2)代入 $f(u,\dot{u})$后也做 Fourier 级数的有限近似展开,即

$$f(u,\dot{u})\approx f_0+\sum_{k=1}^{n}[f_k\cos(k\omega t)+g_k\sin(k\omega t)] \tag{4.4.3}$$

把式(4.4.2)和式(4.4.3)代入式(4.4.1)中第一式,可定义残差力

$$\begin{aligned}f_R(t)&\equiv\ddot{u}(t)+f(u(t),\dot{u}(t))\\&=f_0+\sum_{k=1}^{n}[(f_k-k^2\omega^2a_k)\cos(k\omega t)+(g_k-k^2\omega^2b_k)\sin(k\omega t)]\end{aligned} \tag{4.4.4}$$

若要求式(4.4.4)为零,则上述三角函数的系数应满足

$$f_0=0, \quad f_k-k^2\omega^2a_k=0, \quad g_k-k^2\omega^2b_k=0, \quad k\in I_n \tag{4.4.5}$$

这意味着:将式(4.4.2)代入式(4.4.1)后,同次谐波的力必须自相平衡。这就是谐波平衡法。

谐波平衡法能否取得成功取决于有限 Fourier 展开的阶次 n。对于弱非线性问题,取 n 为 1~3 就可获得满意结果。对于强非线性问题,则 n 的取值较大,谐波平衡方程成为多元非线性代数方程组,需要采用数值方法求解。在 9.2 节,将对此进行更细致的讨论。

例 4.4.1 用谐波平衡法求解如下 Duffing 系统的周期振动一次近似解:

$$\begin{cases}\ddot{u}+\omega_0^2u+pu^3=0, \quad p=O(1)\\ u(0)=a_0, \quad \dot{u}(0)=0\end{cases} \tag{a}$$

解 根据系统初始条件,取式(a)的一次近似周期解为

$$u(t)=a_0\cos(\omega t), \qquad \omega=\frac{2\pi}{T} \tag{b}$$

其中,频率 ω 待定。将式(b)代入式(a)并进行三角函数积化和差,得到残差力

$$f_R\equiv(\omega_0^2-\omega^2)a_0\cos(\omega t)+\frac{1}{4}pa_0^3[3\cos(\omega t)+\cos(3\omega t)] \tag{c}$$

由式(c)得到一次谐波平衡条件

$$(\omega_0^2-\omega^2)a_0+\frac{3}{4}pa_0^3=0 \tag{d}$$

由式(d)解出自由振动频率

$$\omega=\sqrt{\omega_0^2+\frac{3pa_0^2}{4}} \tag{e}$$

对照例 4.1.3 的前提和结果，此处得到的是 $\varepsilon=1$ 时 Duffing 系统的自由振动近似解。这表明，谐波平衡法并未引入小参数假设，可求解强非线性系统的周期振动。

虽然谐波平衡法可放弃对式(4.4.1)的弱非线性要求，但为保证其可靠性，美国学者 Mickens 提出如下必要条件①：

(a) 非线性函数 $f(u,\dot{u})$应是有限个形如 $u^i\dot{u}^j$ 的单项式之和，其中 i,j 是非负整数，而 $i+j$ 为奇数；

(b) 对于保守系统，非线性函数 $f(u)$仅有一个极小值；

(c) 在有限 Fourier 展开时，高阶项系数比基波项系数小。

4.4.2　同伦分析法*

如果式(4.4.1)中非线性函数 $f(u,\dot{u})$的线性部分为零，则式(4.4.1)对应的线性化系统退化为 $\ddot{u}=0$，其受扰运动并非周期振动。此时，式(4.4.1)无法提供求周期解的出发点。同伦分析法通过构造一个含线性部分的新系统，可解决该问题。此处，同伦是拓扑学术语，指两个几何体在连续变形下相互等价。

我国学者廖世俊基于同伦概念②，将式(4.4.1)改造为一个含参数 δ 的新系统

$$\begin{cases}\ddot{u}+(1-\delta)u+\delta f(u,\dot{u})=0, & \delta\in[0,1]\\ u(0)=a_0, & \dot{u}(0)=0\end{cases} \tag{4.4.6}$$

易见，当 $\delta=0$，式(4.4.6)是线性系统的初值问题；而当 $\delta=1$ 时，式(4.4.6)就是式(4.4.1)。根据常微分方程的解关于参数连续依赖性，可先获得 $\delta=0$ 时线性系统的解，再通过参数连续变化，获得 $\delta=1$ 时式(4.4.1)的解。在此过程中，当 $0<\delta<1$ 时，式(4.4.6)是弱非线性系统，可先求此时的周期解，再取 $\delta\to 1$ 获得式(4.4.1)的周期解。

例 4.4.2　针对如下强非线性系统，求其受初始扰动的周期解：

$$\begin{cases}\ddot{u}+u^3=0\\ u(0)=a_0, & \dot{u}(0)=0\end{cases} \tag{a}$$

解　根据式(4.4.6)和式(a)，构造微分方程初值问题

$$\begin{cases}\ddot{u}+(1-\delta)u+\delta u^3=0, & \delta\in[0,1]\\ u(0)=a_0, & \dot{u}(0)=0\end{cases} \tag{b}$$

对于小参数 $0<\delta<1$，由例 4.1.3 得到式(b)的一次近似解为

$$u(t)=a_0\cos(\omega t),\quad \omega=\sqrt{1-\delta+\frac{3\delta a_0^2}{4}} \tag{c}$$

在式(c)中取 $\delta\to 1$，得到式(a)的周期解

$$u(t)=a_0\cos\left(\frac{\sqrt{3}a_0}{2}t\right) \tag{d}$$

---

① Mickens R E. Comments on the Method of Harmonic Balance [J]. Journal of Sound and Vibration, 1984, 94(3): 456-460.

② 廖世俊. 超越摄动 — 同伦分析方法导论 [M]. 北京：科学出版社，2006:1-45.

在 Maple 平台上采用 Runge - Kutta 法求式(a)的数值解,可验证式(d)具有足够精度。

4.4.3 慢变-快变分析法*

回顾 3.4.2 节,式(4.4.1)可描述 Van der Pol 系统的自激振动,包括 $c\gg1$ 时 Van der Pol 系统所呈现的张弛振动。然而,若用谐波平衡法或同伦分析法求解张弛振动,会非常复杂。现介绍一种简洁方法,其思路是:在状态空间中将系统表示为慢变—快变动力学方程组,从几何角度进行研究。该方法称为慢变-快变分析法,又称为几何奇异摄动法①。

考察具有强非线性的 Van Der Pol 系统

$$\ddot{u}+c(u^2-1)\dot{u}+f(u)=0 \tag{4.4.7}$$

其中,$c=1/\sqrt{\varepsilon}$,$0<\varepsilon\ll1$,$f(u)$为光滑奇函数。

将式(4.4.7)的时间 t 代换为 $s\equiv t/c$,并记$(\;)'\equiv \mathrm{d}(\;)/\mathrm{d}s$,得到

$$\frac{1}{c^2}u''+(u^2-1)u'+f(u)=0 \tag{4.4.8}$$

将式(4.4.8)关于 s 积分并记积分常数为 C,得到

$$\frac{1}{c^2}u'+\frac{u^3}{3}-u+\int f(u(\tau))\mathrm{d}\tau+C=0 \tag{4.4.9}$$

引入新变量 $v(s)\equiv\int f(u(s))\mathrm{d}s+C$,可将式(4.4.9)改写为一阶常微分方程组

$$\begin{cases}\varepsilon u'=u-\dfrac{u^3}{3}-v & (4.4.10\text{a})\\ v'=f(u) & (4.4.10\text{b})\end{cases}$$

式中,u'的量级为$O(1/\varepsilon)$,而v'的量级为$O(1)$;即 u 为快变量,v 为慢变量。因此,式(4.4.10)是一个快变—慢变常微分方程组。

若取 $\varepsilon\to0$,则式(4.4.10a)退化为代数方程

$$u-\frac{u^3}{3}-v=0 \tag{4.4.11}$$

它是系统状态变量 u 和 v 之间的约束关系。记(u,v)平面上满足式(4.4.11)的点集为 M,它是光滑曲线,即(u,v)平面上的流形。在流形 M 上,$u'=0$,变量 u 受慢变量 v 的支配,故称 M 为慢变流形。

现将慢变量 v 视为参数,在式(4.4.10a)中取 $u'=0$,由式(4.4.11)得到稳态解 $u=u_s(v)$。根据式(4.4.10a),系统在稳态解 $u=u_s(v)$处的小扰动 Δu 满足

$$\varepsilon\frac{\mathrm{d}\Delta u}{\mathrm{d}s}=[1-u_s^2(v)]\,\Delta u \tag{4.4.12}$$

显然,当 $u_s^2(v)>1$ 时,稳态解 $u=u_s(v)$渐近稳定;当 $u_s^2(v)<1$ 时,稳态解 $u=u_s(v)$不稳定。图 4.4.1 给出式(4.4.11)的解 $u=u_s(v)$。图中,实线解 M_1 和 M_2 是渐近稳定解支,虚线解 M_3 是不稳定解支,它们相交于两个转折点 B 和 D。随着 v 变化,$u=u_s(v)$沿着渐近稳定解支 M_1(或 M_2)演化,当抵达转折点 B(或 D)时,快速跃迁到另一个稳定解支 M_2(或 M_1)上。

① Verhulst F. Singular Perturbation Methods for Slow-fast Dynamics [J]. Nonlinear Dynamics, 2007, 50: 747-753.

因此，图 4.4.1 中四个点 $ABCD$ 的连线构成了闭轨，可视为式(4.4.10)的近似解析解。

有趣的是，该闭轨与式(4.4.10)中的参数 ε 和函数 $f(u)$ 无关。当然，闭轨的周期与 $f(u)$ 相关。为确定闭轨周期，可忽略系统状态快速跃迁所耗时间，将该周期近似为系统状态在相轨线 M_1 和 M_2 上所消耗时间之和，或系统状态从点 A 到点 B 所消耗时间的二倍。为确定点 A 的纵坐标，取点 D 的纵坐标 $u_D=-1$ 代入式(4.4.11)，得到对应的横坐标 $v_D=-2/3$，将 $v_D=-2/3$ 代入式(4.4.11)，解出点 A 的纵坐标 $u_A=2$；而点 B 的纵坐标为 $u_B=1$。将式(4.4.11)代入式(4.4.10b)，得到

$$\frac{\mathrm{d}v}{\mathrm{d}s}=\frac{\mathrm{d}u-u^2\mathrm{d}u}{\mathrm{d}s}=f(u) \tag{4.4.13}$$

对式(4.4.13)分离变量积分，并注意到时间变换 $s=t/c$，得到式(4.4.7)的闭轨周期

$$T=2c\int_{u_A}^{u_B}\left[\frac{1-u^2}{f(u)}\right]\mathrm{d}u=2c\int_2^1\left[\frac{1-u^2}{f(u)}\right]\mathrm{d}u \tag{4.4.14}$$

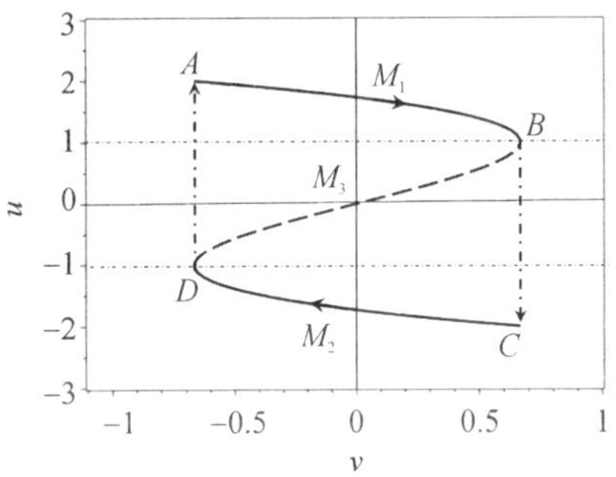

图 4.4.1　慢变流形

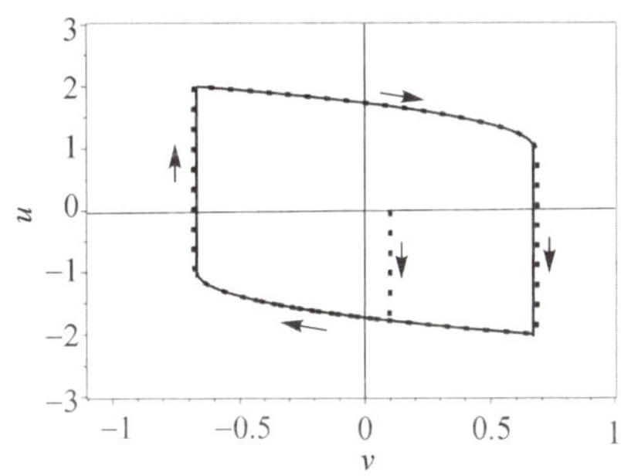

图 4.4.2　例 4.4.3 结果(实线：近似解，圆点：数值解)

例 4.4.3　在式(4.4.7)中，取 $c=40$ 和 $f(u)=u$，任选一组初始条件计算张弛振动的数值解，验证近似解析解的精度；计算张弛振动的周期。

解　根据 $c=40$，得到 $\varepsilon=1/c^2=1/40^2$。考察式(4.4.10)的初值问题

$$\begin{cases}u'=40^2\left(u-\dfrac{u^3}{3}-v\right), \quad v'=u\\ u(0)=0.1, \quad v(0)=0.0\end{cases} \tag{a}$$

在 Maple 平台上用 Runge-Kutta 法求解式(a)，得到图 4.4.2 所示的数值解。它与近似解析解高度吻合，表明后者具有很高精度。

将 $f(u)=u$ 代入式(4.4.14)，计算得到系统张弛振动的近似周期为

$$T=2c\int_2^1\left(\frac{1-u^2}{u}\right)\mathrm{d}u=c\,(2\ln u-u^2)\Big|_2^1\approx 64.56 \tag{b}$$

该结果与数值解高度吻合。

习　题

4-1　通过查阅学术文献，梳理从直接摄动法到奇异摄动法的发展脉络，评述在此过程中数学和力学所起的作用。

4-2　针对单自由度系统的自由振动问题

$$\begin{cases}\ddot{u}+u+\varepsilon u^2=0, & 0<\varepsilon\ll 1\\ u(0)=a_0, & \dot{u}(0)=0\end{cases}$$

分别用直接摄动法和 L-P 摄动法求其二次近似解,并对结果进行一致有效展开检验。

4-3　在介绍 L-P 摄动法的多数教材中,对系统引入无量纲自变量 $\tau=\omega t$,将待求自由振动频率展开为 $\omega=\omega_0+\varepsilon\omega_1+\varepsilon^2\omega_2+\cdots$,获得摄动解后再还原系统时间 t。针对例 4.1.3 的 Duffing 系统,采用上述思路求其自由振动的一次近似解,并与例 4.1.3 进行对比。

4-4　考察图 4-1 所示重力场中的单自由度无阻尼系统,其非线性弹簧恢复力 f 与变形 δ 间关系为

$$f(\delta)=k_1\delta+k_3\delta^3,\quad k_1>0,\quad k_3>0$$

(a) 以系统静平衡位置为位移原点,建立系统的振动微分方程;

(b) 用 L-P 摄动法分析重力对系统自由振动频率的影响。

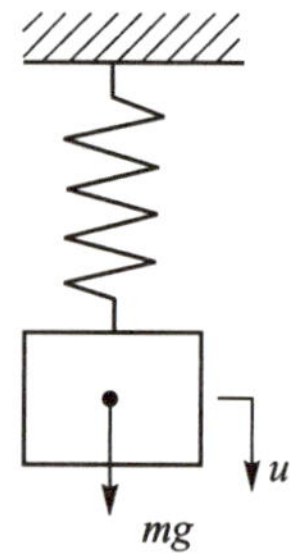

图 4-1　题 4-4 图

4-5　在 Maple 平台上,用平均法求下述单自由度系统自由振动的一次近似解

$$\begin{cases}\ddot{u}+u+\varepsilon(u^2+u^3)=0, & 0<\varepsilon\ll 1\\ u(0)=a_0, & \dot{u}(0)=0\end{cases}$$

4-6　论证可否用平均法求解下述单自由度系统的自由振动

$$\begin{cases}\ddot{u}+u^3=0\\ u(0)=a_0, & \dot{u}(0)=0\end{cases}$$

4-7　在多尺度法中,为何将 $T_0=t$ 和 $T_1=\varepsilon t$ 视为独立的自变量,阐述其物理意义。

4-8　在 Maple 平台上,用多尺度法求题 4-5 中系统自由振动的一次近似解。

4-9　考察含 Coulomb 摩擦的单自由度系统自由振动问题

$$\begin{cases}\ddot{u}+\varepsilon\,\mathrm{sgn}(\dot{u})+\omega_0^2u=0, & 0<\varepsilon\ll 1\\ u(0)=a_0, & \dot{u}(0)=0\end{cases}$$

用多尺度法求其一次近似解。

4-10　考察 Van der Pol 系统

$$\begin{cases}\ddot{u}+u+\varepsilon(u^2-1)\dot{u}=0, & 0<\varepsilon\ll 1\\ u(0)=a_0, & \dot{u}(0)=0\end{cases}$$

在 Maple 平台上,用谐波平衡法求自激振动的一次近似解。

4-11　考察强非线性系统

$$\begin{cases}\ddot{u}+u^5=0\\ u(0)=a_0, & \dot{u}(0)=0\end{cases}$$

采用同伦分析法,求解系统的自由振动一次近似解。

4-12　英国物理学家瑞利(John W. S. Rayleigh,1842—1919)在研究管道内气柱振动时,得到下述简化动力学方程,即 Rayleigh 方程

$$\ddot{u}+c(b\dot{u}^2-1)\dot{u}+u=0,\quad 0<b<1,\quad c\gg 1$$

参考 4.4.3 节的方法,求气柱张弛振动的近似解。

4－13 在 4.4.3 节，通过引入时间变量 s 和慢变量 $v(s)$，获得了 Van der Pol 系统在 (u,v) 平面上的相轨线。思考如何获得 Van der Pol 系统在 $(u,\dot{u})$ 平面上的相轨线。

4－14 在图 4－2 中，为主动抑制悬臂梁受扰后的自由振动，在梁根部布置压电传感器和作动器，通过速度负反馈施加控制弯矩 M。采用梁的第一阶固有振型 $\varphi(x)$ 描述梁的振动形态，可建立梁做中等挠度振动的动力学方程

$$m\ddot{q}(t)+k_1q(t)+k_3q^3(t)=p\dot{q}(t-\tau)$$

其中，$q(t)$ 为模态坐标，$m>0$ 为模态质量系数，$k_1>0$ 模态刚度系数，$k_3>0$ 为非线性刚度系数，$p<0$ 为模态反馈增益，$\tau>0$ 为反馈时滞。求该系统受初始位移扰动后的自由振动一次近似解，讨论反馈时滞对自由振动幅值和频率的影响①。

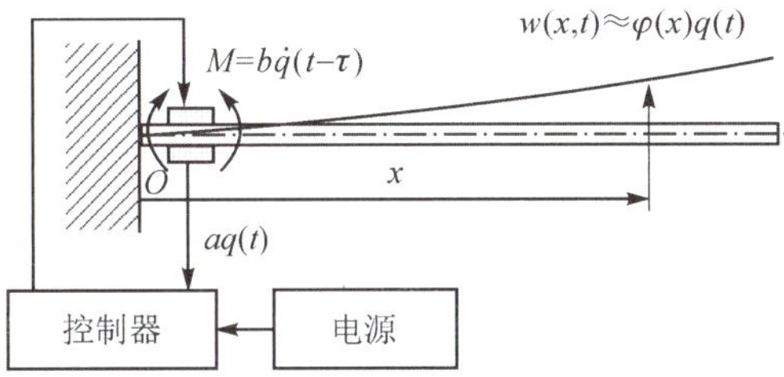

图 4－2 题 4－14 图

① Hu H Y, Wang Z H. Dynamics of Controlled Mechanical Systems with Delayed Feedback [M]. Berlin: Springer-Verlag, 2002:243-247.

第 5 章　单自由度非自治系统的振动

对第 4 章介绍的定量分析方法稍加修改，即可用于分析非自治系统的振动。本章侧重讨论非自治系统的行为和规律。先以 Duffing 系统为例，分析其在外激励下受迫振动的一次近似解。然后，分析慢时变系统参数对受迫振动的影响以及快时变系统参数激发的振动。

5.1　Duffing 系统的受迫主共振

考察含线性黏性阻尼的 Duffing 系统在简谐激励下的受迫主共振问题，其动力学方程为

$$\ddot{u}(t)+2\zeta\omega_0\dot{u}(t)+\omega_0^2u(t)+\varepsilon\omega_0^2u^3(t)=F_0\cos(\omega t),\quad 0<\varepsilon\ll 1 \tag{5.1.1}$$

在非线性动力学中，**主共振**是指外激励频率 ω 接近派生系统固有频率 ω_0 时的系统共振。如果系统是线性弱阻尼系统，则很小的激励幅值 F_0 就会激发出强烈共振。因此，研究主共振时对系统阻尼、外激励幅值和频率施加如下限制：

$$\zeta\omega_0=\varepsilon\mu,\ \mu=O(1),\ F_0=\varepsilon f_0,\ f_0=O(1),\ \omega=\omega_0+\varepsilon\sigma,\ \sigma=O(1) \tag{5.1.2}$$

其中，σ 称作**激励频率失调参数**。本节用多尺度法求解式(5.1.1)的主共振。

注解 5.1.1[M]　本节的多尺度法求解过程在非线性动力学研究中具有示范性，建议读者结合附录 A5 中提供的 Maple 程序，领会其推导细节。

5.1.1　一次近似解

在式(5.1.2)所给定的条件下，将式(5.1.1)改写为

$$\ddot{u}(t)+\omega_0^2u(t)=\varepsilon\left[-2\mu\dot{u}(t)-\omega_0^2u^3(t)+f_0\cos((\omega_0+\varepsilon\sigma)t)\right] \tag{5.1.3}$$

根据 4.3 节可知，用多尺度法研究一次近似解时只需两个时间尺度 $T_0=t, T_1=\varepsilon t$，故设

$$u(t)=u_0(T_0,T_1)+\varepsilon u_1(T_0,T_1) \tag{5.1.4}$$

将式(5.1.4)代入式(5.1.3)并利用式(4.3.4)，比较 ε 同次幂，得到一组线性偏微分方程

$$\varepsilon^0:\quad \mathrm{D}_0^2u_0+\omega_0^2u_0=0 \tag{5.1.5a}$$

$$\varepsilon^1:\quad \mathrm{D}_0^2u_1+\omega_0^2u_1=-2\mathrm{D}_0\mathrm{D}_1u_0-2\mu\mathrm{D}_0u_0-\omega_0^2u_0^3+f_0\cos(\omega_0T_0+\sigma T_1) \tag{5.1.5b}$$

式(5.1.5a)的解可表示为三角函数或复指数函数形式，即

$$u_0(T_0,T_1)=a(T_1)\cos(\omega_0T_0+b(T_1))=A(T_1)\exp(\mathrm{i}\omega_0T_0)+\mathrm{cc} \tag{5.1.6}$$

其中，函数 $A(T_1)$ 为复幅值，定义为

$$A(T_1)\equiv\frac{a(T_1)}{2}\exp(\mathrm{i}b(T_1)) \tag{5.1.7}$$

将式(5.1.6)代入式(5.1.5b)，得到

$$D_0^2u_1+\omega_0^2u_1=-[2\mathrm{i}\omega_0(D_1A+\mu A)+3\omega_0^2A^2\bar{A}]\exp(\mathrm{i}\omega_0T_0)-\omega_0^2A^3\exp(3\mathrm{i}\omega_0T_0)+\frac{f_0}{2}\exp(\mathrm{i}(\omega_0T_0+\sigma T_1))+\mathrm{cc} \tag{5.1.8}$$

由此得消除永年项的条件

$$2\mathrm{i}\omega_0(D_1A+\mu A)+3\omega_0^2A^2\bar{A}-\frac{f_0}{2}\exp(\mathrm{i}\sigma T_1)=0 \tag{5.1.9}$$

将式(5.1.7)代入式(5.1.9)，通过分离其实部和虚部，得到

$$\begin{cases}D_1a=-\mu a+\dfrac{f_0}{2\omega_0}\sin(\sigma T_1-b)\\ aD_1b=\dfrac{3\omega_0^2}{8}a^3-\dfrac{f_0}{2\omega_0}\cos(\sigma T_1-b)\end{cases} \tag{5.1.10}$$

这就是一次近似解的慢时变振幅和初相位应满足的微分方程。为后续讨论方便，引入

$$\varphi(T_1)\equiv b(T_1)-\sigma T_1 \tag{5.1.11}$$

将式(5.1.10)改写为等价自治系统的常微分方程组，简称自治常微分方程组，即

$$\begin{cases}D_1a=-\mu a-\dfrac{f_0}{2\omega_0}\sin\varphi\\ aD_1\varphi=-\sigma a+\dfrac{3\omega_0^2}{8}a^3-\dfrac{f_0}{2\omega_0}\cos\varphi\end{cases} \tag{5.1.12}$$

式(5.1.6)中的一次近似解可表示为

$$u(t)=a(T_1)\cos(\omega_0T_0+\sigma T_1+\varphi(T_1))=a(\varepsilon t)\cos(\omega t+\varphi(\varepsilon t)) \tag{5.1.13}$$

5.1.2　稳态主共振

为确定式(5.1.12)所对应稳态主共振的振幅 $\bar{a}$ 和初相位 $\bar{\varphi}$，在式(5.1.12)中取 $D_1a=0$ 和 $D_1\varphi=0$，得到振幅 $\bar{a}$ 和初相位 $\bar{\varphi}$ 满足的代数方程组

$$\begin{cases}\mu\bar{a}=-\dfrac{f_0}{2\omega_0}\sin\bar{\varphi} & (5.1.14\text{a})\\ \sigma\bar{a}-\dfrac{3\omega_0}{8}\bar{a}^3=-\dfrac{f_0}{2\omega_0}\cos\bar{\varphi} & (5.1.14\text{b})\end{cases}$$

消去式(5.1.14)中的三角函数，得到振幅 $\bar{a}$ 和初相位 $\bar{\varphi}$ 与激励频率失调参数 σ 间的关系

$$\begin{cases}\left[\mu^2+\left(\sigma-\dfrac{3\omega_0\bar{a}^2}{8}\right)^2\right]\bar{a}^2=\left(\dfrac{f_0}{2\omega_0}\right)^2 & (5.1.15\text{a})\\ \bar{\varphi}=\tan^{-1}\left(\dfrac{\mu}{\sigma-3\omega_0\bar{a}^2/8}\right) & (5.1.15\text{b})\end{cases}$$

它们分别简称为幅频响应方程和相频响应方程。式(5.1.15)还可用原系统参数表示为

$$\begin{cases}\left[(\zeta\omega_0)^2+\left(\omega-\omega_0-\dfrac{3\varepsilon\omega_0\bar{a}^2}{8}\right)^2\right]\bar{a}^2=\left(\dfrac{F_0}{2\omega_0}\right)^2 & (5.1.16\text{a})\\ \bar{\varphi}=\tan^{-1}\left(\dfrac{\zeta\omega_0}{\omega-\omega_0-3\varepsilon\omega_0\bar{a}^2/8}\right) & (5.1.16\text{b})\end{cases}$$

式(5.1.16a)是关于 ω 的实系数二次代数方程。对于 $0<\bar{a}\leqslant F_0/(2\zeta\omega_0^2)$，可解出一对实根

$$\omega_{1,2}=\omega_0\left(1+\frac{3\varepsilon\bar{a}^2}{8}\right)\pm\sqrt{\left(\frac{F_0}{2\omega_0\bar{a}}\right)^2-(\zeta\omega_0)^2} \tag{5.1.17}$$

对给定的 $\bar{a}$，由上式得到两条幅频响应曲线 $\omega_{1,2}(\bar{a})$；将 $\omega_{1,2}(\bar{a})$代入式(5.1.16b)，得到对应的相频响应曲线 $\bar{\varphi}_{1,2}(\bar{a})$；结果如图 5.1.1 所示。由图可见，对于固定的激励频率，主共振可能是唯一的，也可能有三个。类似于自治系统有多个平衡点，Duffing 系统呈现哪个稳态主共振取决于主共振的稳定性及系统初始条件。

从式(5.1.16a)可发现有趣的现象：主共振一次近似解的峰值与非线性因素无关，恒为

$$\bar{a}_{\max}=\frac{F_0}{2\zeta\omega_0^2} \tag{5.1.18}$$

但出现峰值的激励频率则与非线性因素有关，即

$$\omega=\omega_0\left(1+\varepsilon\,\frac{3\bar{a}_{\max}^2}{8}\right) \tag{5.1.19}$$

在例 4.1.3 中取 Duffing 系统的参数 $p=\omega_0^2$，则系统自由振动频率的一次近似解与式(5.1.19)的形式相同。原因是：主共振一次近似解为简谐振动，共振时外激励与系统阻尼力平衡，主共振犹如振幅为 $\bar{a}_{\max}$ 的无阻尼自由振动。通常，将式(5.1.19)确定的曲线称为主共振的骨架线。它给出不同激励下主共振峰值与激励频率的关系，确定了主共振幅频响应曲线的形状。

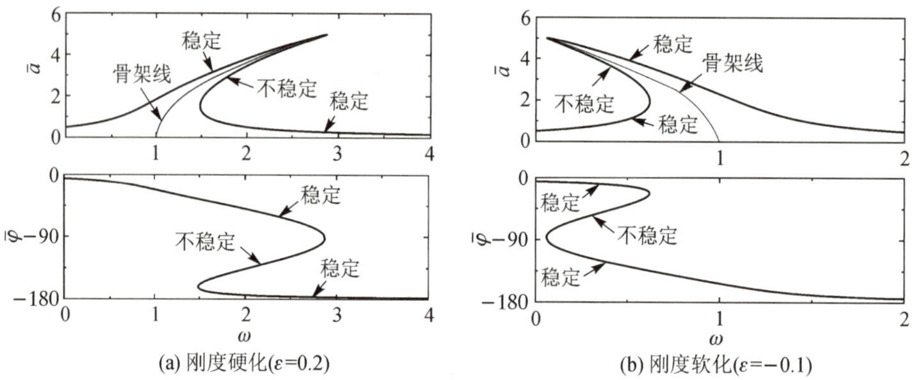

图 5.1.1　稳态主共振的幅频响应和相频响应 ($\omega_0=1.0,\zeta=0.1,F_0=1.0$)

5.1.3　稳态主共振的稳定性

Duffing 系统在简谐激励下的稳态主共振是周期运动，其稳定性的严格定义见 7.2 节。由于描述主共振非定常解的式(5.1.12)是自治常微分方程组，故主共振的稳定性等同于自治系统在定常解$(\bar{a},\bar{\varphi})$处的稳定性。因此，可采用 3.2 节中的结论来分析主共振的稳定性。

将式(5.1.12)在$(\bar{a},\bar{\varphi})$处线性化，形成关于扰动量 Δa 和 $\Delta\varphi$ 的线性常微分方程组

$$
\begin{cases}
D_1\Delta a=-\mu\Delta a-\left(\dfrac{f_0\cos\bar{\varphi}}{2\omega_0}\right)\Delta\varphi & (5.1.20a)\\
D_1\Delta\varphi=\left(\dfrac{3\omega_0\bar{a}}{4}+\dfrac{f_0\cos\bar{\varphi}}{2\omega_0\bar{a}^2}\right)\Delta a+\left(\dfrac{f_0\sin\bar{\varphi}}{2\omega_0\bar{a}}\right)\Delta\varphi & (5.1.20b)
\end{cases}
$$

利用式(5.1.14)消去上式中的三角函数项，得到

$$
\begin{cases}
D_1\Delta a=-\mu\Delta a+\bar{a}\left(\sigma-\dfrac{3\omega_0\bar{a}^2}{8}\right)\Delta\varphi\\
D_1\Delta\varphi=-\dfrac{1}{\bar{a}}\left(\sigma-\dfrac{9\omega_0\bar{a}^2}{8}\right)\Delta a-\mu\Delta\varphi
\end{cases}
\tag{5.1.21}
$$

该线性常微分方程组的特征方程是

$$
\lambda^2+2\mu\lambda+\mu^2+\left(\sigma-\frac{3\omega_0\bar{a}^2}{8}\right)\left(\sigma-\frac{9\omega_0\bar{a}^2}{8}\right)=0 \tag{5.1.22}
$$

由于 $\mu>0$，根据式(3.2.23)可知，系统稳态主共振的渐近稳定性条件为

$$
\Gamma\equiv\mu^2+\left(\sigma-\frac{3\omega_0\bar{a}^2}{8}\right)\left(\sigma-\frac{9\omega_0\bar{a}^2}{8}\right)>0 \tag{5.1.23}
$$

通过将式(5.1.15a)关于 $\bar{a}^2$ 求导数，可发现幅频曲线在 $\Gamma=0$ 处的斜率趋于无穷，这对应图 5.1.2 中两处铅垂切线 BC 和 EF。因此，失稳条件 $\Gamma<0$ 对应于图 5.1.2 中幅频响应曲线有多值解时的虚线解支。

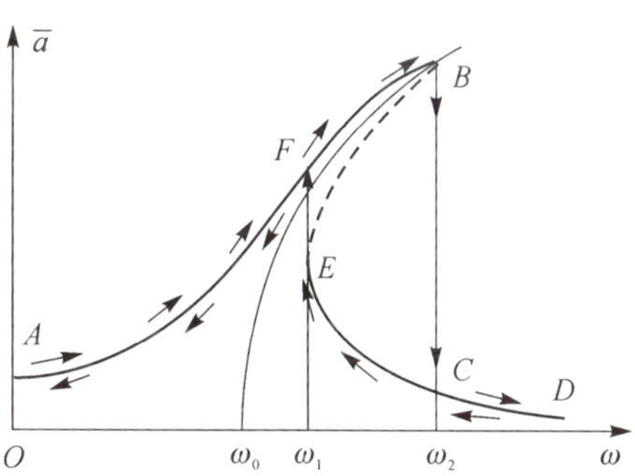

图 5.1.2　主共振幅频响应的跳跃现象

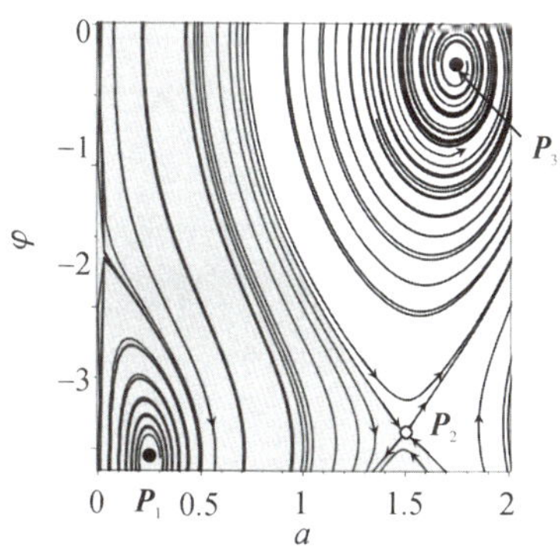

图 5.1.3　主共振的多解现象(圆点:焦点;圆圈:鞍点)

例 5.1.1　为理解上述分析结果，取 $\omega_0=1,\mu=0.04,\sigma=1.0,f_0=0.5$，用 Runge - Kutta 法计算式(5.1.12)自(a,φ)平面上不同点出发的相轨线，得到图 5.1.3，对该图进行讨论。

解　图中点 P_1,P_2 和 P_3 是式(5.1.12)的三个奇点，对应图 5.1.2 中幅值由小到大的三个幅频响应解支上的点，即系统的三个稳态主共振。点 P_1 和 P_3 是焦点，而点 P_2 是鞍点。

自图中阴影区的任意状态出发，系统状态将趋于点 P_1；而从非阴影区的任意状态出发，系统状态将趋于点 P_3。这表明，幅频响应的上下两个解支是渐近稳定的。只有恰好位于两区域分界线上的系统状态才会沿箭头方向趋于点 P_2，即分界线是鞍点 P_2 的稳定流形；若该状态受到偏离稳定流形的小扰动，则会趋于点 P_1 或 P_3，即幅频响应的中间解支是不稳定的。

根据上述分析和例 5.1.1，在主共振幅频响应的多解频带上，有两个渐近稳定解和一个不稳定解。在对 Duffing 系统的简谐慢扫频激励实验中，只能观察到渐近稳定运动。因此，对系

统主共振幅频响应的测试结果如图 5.1.2 所示,在 BC 段和 EF 段会呈现跳跃现象。

5.2 Duffing 系统的受迫次共振

本节继续研究 Duffing 系统在简谐激励下的受迫振动问题,着重分析激励频率 ω 远离派生系统固有频率 ω_0 时系统可能发生的共振,简称次共振。

5.2.1 次共振的可能性

为便于理解,先考察无阻尼 Duffing 系统,再分析含线性黏性阻尼的 Duffing 系统。

1. 无阻尼 Duffing 系统

首先,考察无阻尼 Duffing 系统在简谐激励下的受迫振动问题

$$\ddot{u}(t)+\omega_0^2u(t)+\varepsilon\omega_0^2u^3(t)=F_0\cos(\omega t),\quad 0<\varepsilon\ll 1 \tag{5.2.1}$$

现用谐波平衡法验证该系统具有精确解

$$u(t)=\bar{a}\cos\left(\frac{\omega t}{3}\right) \tag{5.2.2}$$

将式(5.2.2)代入式(5.2.1),运用三角函数积化和差关系得到

$$\left(\omega_0^2-\frac{\omega^2}{9}\right)\bar{a}\cos\left(\frac{\omega t}{3}\right)+\frac{\varepsilon\omega_0^2\bar{a}^3}{4}\left[3\cos\left(\frac{\omega t}{3}\right)+\cos(\omega t)\right]=F_0\cos(\omega t) \tag{5.2.3}$$

若式(5.2.3)在任意时刻均成立,式中的同次谐波必须自相平衡,进而得到

$$\left(\omega_0^2-\frac{\omega^2}{9}\right)+\frac{3\varepsilon\omega_0^2\bar{a}^2}{4}=0,\quad \frac{\varepsilon\omega_0^2\bar{a}^3}{4}-F_0=0 \tag{5.2.4}$$

由此可解出振幅和频率

$$\bar{a}=\sqrt[3]{\frac{4F_0}{\varepsilon\omega_0^2}},\quad \frac{\omega}{3}=\omega_0\sqrt{1+\frac{3\varepsilon\bar{a}^2}{4}} \tag{5.2.5}$$

这表明,简谐激励下的无阻尼 Duffing 系统的确会发生频率为激励频率 1/3 的受迫振动。若在例 4.1.3 中取 $p=\omega_0^2$,则 Duffing 系统自由振动频率近似解与该受迫振动频率重合,系统发生共振;该共振频率是激励频率的 1/3,故称为1/3 次亚谐共振。由习题 5-7 可验证,若将式(5.2.1)中的 3 次非线性项替换为 n 阶 Chebyshev 多项式,则系统存在 $1/n$ 次亚谐共振。

为了理解 1/3 次亚谐共振,考察式(5.2.4)的力学意义。其中,第一式体现系统惯性力和部分弹性力平衡;第二式则体现外力与另一部分弹性力平衡。因此,外力 $F_0\cos(\omega t)$激发系统自由振动,而系统自由振动表现为 $\bar{a}\cos(\omega t/3)$的形式。

2. 含线性黏性阻尼的 Duffing 系统

对于含线性黏性阻尼的 Duffing 系统,现考察其在简谐激励下的振动问题

$$\ddot{u}(t)+2\zeta\omega_0\dot{u}(t)+\omega_0^2u(t)+\varepsilon\omega_0^2u^3(t)=F_0\cos(\omega t) \tag{5.2.6}$$

因激励频率 ω 远离 ω_0,不再要求激励幅值为小量,但仍限定非线性及阻尼比较弱,即

$$0<\varepsilon\ll 1,\quad \zeta\omega_0=\varepsilon\mu>0,\quad \mu=O(1) \tag{5.2.7}$$

该系统不具有形如式(5.2.2)的精确解,但可采用多尺度法研究其一次近似解

$$u(t)=u_0(T_0,T_1)+\varepsilon u_1(T_0,T_1) \tag{5.2.8}$$

将式(5.2.8)代入式(5.2.6)，比较 ε 的同次幂，得到一组线性偏微分方程

$$\varepsilon^0:\quad D_0^2u_0+\omega_0^2u_0=F_0\cos(\omega T_0) \tag{5.2.9a}$$

$$\varepsilon^1:\quad D_0^2u_1+\omega_0^2u_1=-2D_0D_1u_0-2\mu D_0u_0-\omega_0^2u_0^3 \tag{5.2.9b}$$

式(5.2.9a)的解为

$$u_0(T_0,T_1)=A(T_1)\exp(\mathrm{i}\omega_0T_0)+B\exp(\mathrm{i}\omega T_0)+\mathrm{cc},\quad B\equiv\frac{F_0}{2(\omega_0^2-\omega^2)} \tag{5.2.10}$$

将其代入式(5.2.9b)得

$$\begin{aligned}&D_0^2u_1+\omega_0^2u_1\\&=-\left[2\mathrm{i}\omega_0(D_1A+\mu A)+6\omega_0^2AB^2+3\omega_0^2A^2\bar{A}\right]\exp(\mathrm{i}\omega_0T_0)-\\&\quad B\left[2\mathrm{i}\mu\omega+3\omega_0^2B^2+6\omega_0^2A\bar{A}\right]\exp(\mathrm{i}\omega T_0)-\\&\quad\omega_0^2\Big\{A^3\exp(3\mathrm{i}\omega_0T_0)+B^3\exp(3\mathrm{i}\omega T_0)+3A^2B\exp(\mathrm{i}(2\omega_0+\omega)T_0)+\\&\quad3\bar{A}^2B\exp(\mathrm{i}(\omega-2\omega_0)T_0)+3AB^2\exp(\mathrm{i}(\omega+2\omega_0)T_0)+3AB^2\exp(\mathrm{i}(\omega_0-2\omega)T_0)\Big\}+\mathrm{cc}\end{aligned} \tag{5.2.11}$$

分析上式右端各项可发现：激励频率 ω 远离 ω_0 时，仍有某些 ω 的取值会导致永年项。例如，大括号中第二项和第四项分别在条件 $3\omega\approx\omega_0$ 和 $\omega-2\omega_0\approx\omega_0$ 下诱发永年项。在消除永年项条件下可确定出 $A(T_1)\neq0$，这将使式(5.2.10)中的自由振动部分保留下来。这是振动频率 $\omega_0\neq\omega$ 且振幅依赖于激励幅值的受迫振动。由于这种受迫振动的频率分别是 $3\omega\approx\omega_0$ 和 $\omega/3\approx\omega_0$，故称其为3 次超谐共振和1/3 次亚谐共振，统称为次共振，以下分别进行研究。

5.2.2　1/3 次亚谐共振

1. 一次近似解

为了研究 $\omega/3\approx\omega_0$ 时的亚谐共振，定义新的激励频率失调参数 σ，使

$$\omega=3\omega_0+\varepsilon\sigma,\quad \sigma=O(1) \tag{5.2.12}$$

由式(5.2.11)可写出消除永年项的条件

$$2\mathrm{i}\omega_0(D_1A+\mu A)+6\omega_0^2AB^2+3\omega_0^2A^2\bar{A}+3\omega_0^2\bar{A}^2B\exp(\mathrm{i}\sigma T_1)=0 \tag{5.2.13}$$

现将复幅值 $A(T_1)$ 表示为

$$A(T_1)\equiv\frac{a(T_1)}{2}\exp(\mathrm{i}b(T_1)),\quad \varphi(T_1)\equiv3b(T_1)-\sigma T_1 \tag{5.2.14}$$

将式(5.2.14)的第一式代入式(5.2.13)后分离实部和虚部，再将式(5.2.14)的第二式代入该结果，得到 1/3 次亚谐共振的慢时变振幅和初相位满足的自治常微分方程组

$$\begin{cases}D_1a=-\mu a+\dfrac{3\omega_0B}{4}a^2\sin\varphi & (5.2.15\mathrm{a})\\ aD_1\varphi=(9\omega_0B^2-\sigma)a+\dfrac{9\omega_0}{8}a^3+\dfrac{9\omega_0B}{4}a^2\cos\varphi & (5.2.15\mathrm{b})\end{cases}$$

由式(5.2.10)得到 1/3 次亚谐共振的一次近似解，它包含频率为 $\omega/3$ 和 ω 的两个谐波，即

$$u(t)=a(\varepsilon t)\cos\left[\frac{\omega t+\varphi(\varepsilon t)}{3}\right]+\frac{F_0}{\omega_0^2-\omega^2}\cos(\omega t) \tag{5.2.16}$$

2. 稳态亚谐共振及其条件

在式(5.2.15)中取 $D_1 a=0$ 和 $D_1\varphi=0$,得到稳态振幅 $\bar{a}$ 和初相位 $\bar{\varphi}$ 满足的代数方程组

$$\begin{cases}\mu\bar{a}=\dfrac{3\omega_0 B\bar{a}^2}{4}\sin\bar{\varphi}\\[2ex](\sigma-9\omega_0 B^2)\bar{a}-\dfrac{9\omega_0}{8}\bar{a}^3=\dfrac{9\omega_0 B\bar{a}^2}{4}\cos\bar{\varphi}\end{cases} \tag{5.2.17}$$

式(5.2.17)有零解 $\bar{a}=0$,而非零定常解 $\bar{a}$ 满足幅频响应方程

$$9\mu^2+\left(\sigma-9\omega_0 B^2-\frac{9\omega_0}{8}\bar{a}^2\right)^2=\left(\frac{9\omega_0 B\bar{a}}{4}\right)^2 \tag{5.2.18}$$

这是关于 $\bar{a}^2$ 的二次代数方程,由其可解出

$$\bar{a}^2=P\pm\sqrt{P^2-Q} \tag{5.2.19}$$

其中

$$P\equiv\frac{8\sigma}{9\omega_0}-6B^2,\quad Q\equiv\left(\frac{8}{9\omega_0}\right)^2[9\mu^2+(\sigma-9\omega_0 B^2)^2]>0 \tag{5.2.20}$$

由于 $Q>0$,式(5.2.19)取正解的条件是 $P>0$ 且 $P^2\geqslant Q$,这给出 1/3 次亚谐共振的必要条件

$$B^2<\frac{4\sigma}{27\omega_0},\quad 2\mu^2\leqslant\omega_0 B^2\left(\sigma-\frac{63\omega_0 B^2}{8}\right) \tag{5.2.21}$$

式(5.2.21)的第一个不等式要求 $\sigma>0$,这说明对于刚度硬化的 Duffing 系统,1/3 次亚谐共振发生在激励频率 ω 略高于 $3\omega_0$ 的频段上。式(5.2.21)的第二个不等式表明,增加阻尼可破坏 1/3 次亚谐共振。当上述条件不满足时,式(5.2.17)只有零解 $\bar{a}=0$。由式(5.2.16)可见,此时系统响应的一次近似解与线性系统在远离共振频段的响应相同。

为讨论 1/3 次亚谐共振的必要条件,视式(5.2.21)中的 B^2 为未知量,解二次不等式得

$$\frac{27\omega_0}{4}B^2<\sigma,\quad\left|\frac{63\omega_0}{4}B^2-\sigma\right|\leqslant\sqrt{\sigma^2-63\mu^2} \tag{5.2.22}$$

不难证明,上式中第二个不等式可覆盖第一个不等式,从而成为 1/3 次亚谐共振的存在性条件。该条件还可用原外激励参数表示为

$$\left|\frac{63\omega_0}{16}\frac{F_0^2}{(\omega_0^2-\omega^2)^2}-\frac{\omega-3\omega_0}{\varepsilon}\right|\leqslant\sqrt{\left(\frac{\omega-3\omega_0}{\varepsilon}\right)^2-63\mu^2} \tag{5.2.23}$$

根据该条件,图 5.2.1 给出了两种阻尼条件下产生 1/3 次亚谐共振时激励幅值 F_0 和激励频率 ω 的关系。显然,随着系统阻尼的增加,发生共振的区域缩小。图 5.2.2 是给定激励幅值下对应上述两种阻尼的幅频响应曲线。

3. 稳态亚谐振动的稳定性

将式(5.2.15)在非零定常解$(\bar{a},\bar{\varphi})$处关于小扰动 Δa 和 $\Delta\varphi$ 局部线性化,得到

$$\begin{cases}D_1\Delta a=-\left(\mu+\dfrac{3\omega_0 B\bar{a}\sin\bar{\varphi}}{2}\right)\Delta a+\left(\dfrac{3\omega_0 B\bar{a}^2\cos\bar{\varphi}}{4}\right)\Delta\varphi\\[2ex]D_1\Delta\varphi=\dfrac{9\omega_0}{4}(\bar{a}+B\cos\bar{\varphi})\Delta a+\left(\dfrac{9\omega_0 B\bar{a}\sin\bar{\varphi}}{4}\right)\Delta\varphi\end{cases} \tag{5.2.24}$$

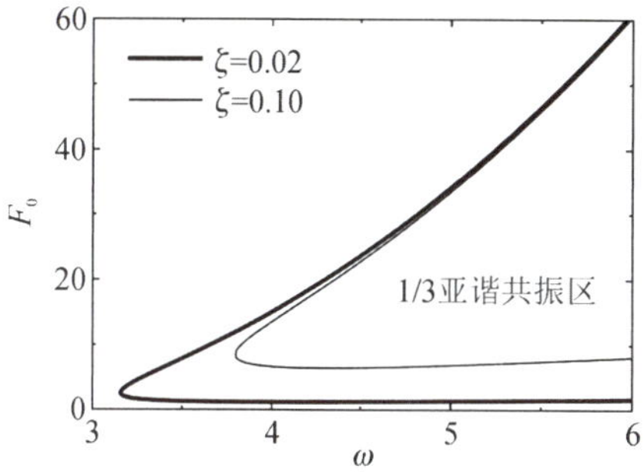

图 5.2.1　1/3 次亚谐共振的激励条件
($\omega_0=1,\varepsilon=0.5$)

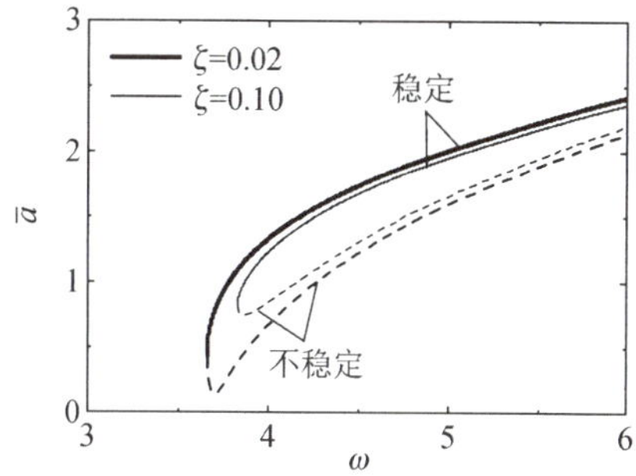

图 5.2.2　1/3 次亚谐共振的幅频响应
($F_0=10,\omega_0=1,\varepsilon=0.5$)

该线性常微分方程组对应的特征方程为

$$\det\begin{bmatrix} -\left(\mu+\dfrac{3\omega_0 B\bar{a}\sin\bar{\varphi}}{2}\right)-\lambda & \dfrac{3\omega_0 B\bar{a}^2\cos\bar{\varphi}}{4} \\ \dfrac{9\omega_0}{4}(\bar{a}+B\cos\bar{\varphi}) & \dfrac{9\omega_0 B\bar{a}\sin\bar{\varphi}}{4}-\lambda \end{bmatrix}=0 \tag{5.2.25}$$

利用式(5.2.17)和式(5.2.20)的第一式，可将式(5.2.25)简化为

$$\lambda^2+2\mu\lambda+\gamma=0,\quad \gamma\equiv\frac{27\omega_0^2\bar{a}^2}{32}(\bar{a}^2-P) \tag{5.2.26}$$

由于 $\mu>0$，根据式(3.2.23)可知，1/3 次亚谐共振的渐近稳定性条件是 $\gamma>0$，亦即条件

$$\bar{a}^2>P \tag{5.2.27}$$

这表明，振幅大的解支渐近稳定，而振幅小的解支不稳定，这正如图 5.2.2 所示。

例 5.2.1　为理解上述分析结果，取 $\omega_0=1.0,\mu=0.8,\sigma=8.0,B=0.7$，用 Runge - Kutta 法计算式(5.2.15)自(a,φ)平面上不同点出发的相轨线，得到图 5.2.3，对该图进行讨论。

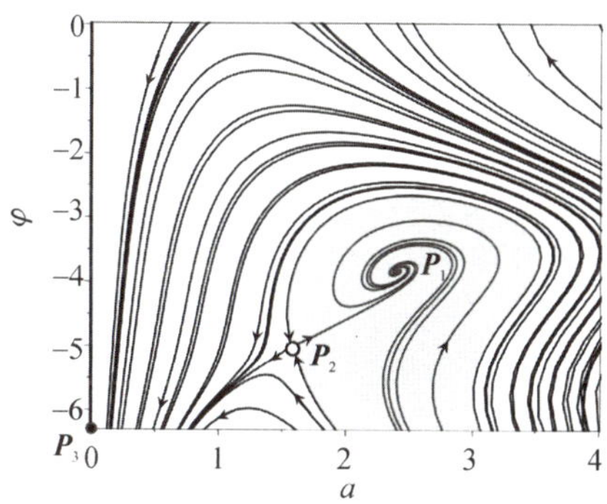

图 5.2.3　1/3 次亚谐共振的多解现象(圆点:焦点;圆圈:鞍点)

解　图 5.2.3 中的点 P_1 和 P_2 是式(5.2.15)的两个奇点，对应图 5.2.2 中幅频响应的两个解支上点，即系统的两个稳态亚谐共振。其中，P_1 是焦点，而 P_2 是鞍点。

自阴影区中任意点出发的系统状态将趋于点 P_1，形成稳态 1/3 次亚谐共振；而自非阴影区中任意点出发的系统状态将趋于原点 P_3，即式(5.2.15)的零解 $\bar{a}=0$，系统呈现类似线性系统的稳态受迫振动。

如果系统状态恰好位于上述两区域分界线上，即鞍点 P_2 的稳定流形上，系统状态会被吸引到点 P_2；在此过程中，系统状态一旦受到偏离稳定流形的小扰动，就会被吸引到点 P_1 或 P_3。因此，图 5.2.2 中幅频响应的下解支是不稳定的。

如前所述，若系统具有 n 次方非线性，则可能产生 $1/n$ 次亚谐共振。这种高频激励诱发低频共振的现象在工程中屡见不鲜。例如，在历史上，曾有商用飞机的螺旋桨激发了机翼的 1/2 次共振，机翼共振又激发了尾翼的 1/4 次共振，以致飞机被破坏①。又如，当隔振系统具有弱非线性时，尽管激励频率远高于系统固有频率，仍可能在隔振频段内发生亚谐共振，产生危险。因此，避免上述危险是研究非线性振动的目的之一。

注解 5.2.1M 在上述两小节中，式(5.2.10)之后的数学推导较为复杂。因此，附录 A5 提供了相关的 Maple 程序，以帮助读者理解推导细节。

5.2.3 3 次超谐共振*

1. 一次近似解

为了研究 $\omega\approx\omega_0/3$ 时的超谐共振，重新定义激励频率失调参数 σ，使得

$$3\omega=\omega_0+\varepsilon\sigma,\quad \sigma=O(1) \tag{5.2.28}$$

根据式(5.2.11)，可写出此时消除永年项的条件

$$2\mathrm{i}\omega_0(\mathrm{D}_1A+\mu A)+6\omega_0^2AB^2+3\omega_0^2A^2\bar{A}+\omega_0^2B^3\exp(\mathrm{i}\sigma T_1)=0 \tag{5.2.29}$$

采用复幅值 $A(T_1)$ 的复指数函数形式

$$A(T_1)\equiv\frac{a(T_1)}{2}\exp(\mathrm{i}b(T_1)),\quad \varphi(T_1)\equiv b(T_1)-\sigma T_1 \tag{5.2.30}$$

将式(5.2.30)的第一式代入式(5.2.29)后分离实部和虚部，再将式(5.2.30)的第二式代入上述结果，得到 3 次超谐共振的慢时变振幅和初相位满足的常微分方程组

$$\begin{cases}\mathrm{D}_1a=-\mu a+\omega_0B^3\sin\varphi\\ a\mathrm{D}_1\varphi=-(\sigma-3\omega_0B^2)a+\dfrac{3\omega_0}{8}a^3+\omega_0B^3\cos\varphi\end{cases} \tag{5.2.31}$$

由式(5.2.10)得到 3 次超谐共振的一次近似解，它包含频率为 ω 和 3ω 的两个谐波，即

$$u(t)=a(\varepsilon t)\cos[3\omega t+\varphi(\varepsilon t)]+\frac{F_0}{\omega_0^2-\omega^2}\cos(\omega t) \tag{5.2.32}$$

2. 稳态超谐共振

在式(5.2.31)中，取 $\mathrm{D}_1a=0$ 和 $\mathrm{D}_1\varphi=0$，得到定常解 $\bar{a}$ 的幅频响应关系

$$\left[\mu^2+\left(\sigma-3\omega_0B^2-\frac{3\omega_0}{8}\bar{a}^2\right)^2\right]\bar{a}^2=\omega_0^2B^6 \tag{5.2.33}$$

现对该式进行讨论：

(a) 由于 $B\neq0$，式(5.2.31)的定常解必满足 $\bar{a}\neq0$，这显著有别于 1/3 次亚谐共振。

(b) 将式(5.2.33)与式(5.1.15a)对比可见，3 次超谐共振的幅频响应与主共振幅频响应

---

① Lefschetz S. Linear and Nonlinear Oscillations [M] // Beckenbach E F. Modern Mathematics for the Engineer. New York: McGraw-Hill Company, 1956: 7-30.

非常相似。即 3 次超谐共振存在三个解共存现象，其上下两个解支渐近稳定，中间解支不稳定，从而在正弦慢扫频实验中会发生跳跃现象。

(c) 3 次超谐共振的峰值为

$$|\bar{a}|_{\max}=\frac{\omega_0|B|^3}{\mu}=\frac{\varepsilon}{8\zeta}\left|\frac{F}{\omega_0^2-\omega^2}\right|^3 \tag{5.2.34}$$

它与系统的非线性程度有关，这显著有别于主共振。由于共振峰值与 ε 量级相同，弱非线性系统的 3 次超谐共振的危险性比较小。

5.3 Duffing 系统的受迫组合共振*

现采用多尺度法分析受两个简谐激励作用的 Duffing 系统，其动力学方程为

$$\ddot{u}(t)+2\zeta\omega_0\dot{u}(t)+\omega_0^2u(t)+\varepsilon\omega_0^2u^3(t)=F_1\cos(\omega_1 t)+F_2\cos(\omega_2 t) \tag{5.3.1}$$

其中

$$0<\varepsilon\ll 1,\quad \zeta\omega_0=\varepsilon\mu,\quad \mu=O(1),\quad F_k=O(1),\quad \omega_k\neq\omega_0>0,\quad k\in I_2 \tag{5.3.2}$$

仍采用两尺度展开式，求系统响应的一次近似解

$$u(t)=u_0(T_0,T_1)+\varepsilon u_1(T_0,T_1) \tag{5.3.3}$$

将式(5.3.3)代入式(5.3.1)，比较 ε 同次幂，得到一组线性偏微分方程

$$\varepsilon^0:\quad \mathrm{D}_0^2u_0+\omega_0^2u_0=F_1\cos(\omega_1T_0)+F_2\cos(\omega_2T_0) \tag{5.3.4a}$$

$$\varepsilon^1:\quad \mathrm{D}_0^2u_1+\omega_0^2u_1=-2\mathrm{D}_0\mathrm{D}_1u_0-2\mu\mathrm{D}_0u_0-\omega_0^2u_0^3 \tag{5.3.4b}$$

求解式(5.3.4a)，得到

$$u_0(T_0,T_1)=A(T_1)\exp(\mathrm{i}\omega_0T_0)+B_1\exp(\mathrm{i}\omega_1T_0)+B_2\exp(\mathrm{i}\omega_2T_0)+\mathrm{cc} \tag{5.3.5}$$

其中

$$B_k\equiv\frac{F_k}{2(\omega_0^2-\omega_k^2)},\quad k\in I_2 \tag{5.3.6}$$

将式(5.3.5)代入式(5.3.4b)右端，展开立方项后得到长达一页的非齐次项，包括总计 22 种引起永年项的可能性①。如果约定 $\omega_1<\omega_2$，仍有 11 种可能性，即

$$\omega_0\approx 3\omega_1,\quad \omega_0\approx 3\omega_2,\quad \omega_0\approx\omega_1/3,\quad \omega_0\approx\omega_2/3 \tag{5.3.7a}$$

$$\omega_0\approx\omega_2\pm 2\omega_1,\quad \omega_0\approx 2\omega_2\pm\omega_1,\quad \omega_0\approx 2\omega_1-\omega_2,\quad \omega_0\approx\frac{\omega_2\pm\omega_1}{2} \tag{5.3.7b}$$

式(5.3.7a)中的 4 种情况对应于两个激励各自引起的 3 次超谐共振和 1/3 次亚谐共振。式(5.3.7b)中的 7 种情况则表明：若两个外激励频率的线性组合接近派生系统固有频率，也会发生共振，即组合共振。

现以情况 $\omega_0\approx 2\omega_1+\omega_2$ 为例，讨论组合共振。重新定义激励频率失调参数

$$2\omega_1+\omega_2=\omega_0+\varepsilon\sigma,\quad \sigma=O(1) \tag{5.3.8}$$

此时，消除永年项的条件为

$$2\mathrm{i}\omega_0(\mathrm{D}_1A+\mu A)+\omega_0^2(3A\bar{A}+6B_1^2+6B_2^2)A+3\omega_0^2B_1^2B_2\exp(\mathrm{i}\sigma T_1)=0 \tag{5.3.9}$$

---

① Nayfeh A H, Mook D T. Nonlinear Oscillations [M]. New York: John Wiley & Sons, 1979: 183-184.

继续采用复幅值 $A(T_1)$ 的复指数函数形式

$$A(T_1) \equiv \frac{a(T_1)}{2}\exp(\mathrm{i}b(T_1)), \quad \varphi(T_1) \equiv b(T_1) - \sigma T_1 \tag{5.3.10}$$

将式(5.3.10)的第一式代入式(5.3.9)后分离实部和虚部,再将式(5.3.10)的第二式代入上述结果,得到组合共振的慢时变振幅和初相位满足的自治常微分方程组

$$\begin{cases} \mathrm{D}_1 a = -\mu a + H_1 \sin\varphi \\ a\mathrm{D}_1 \varphi = -(\sigma - H_2)a + \dfrac{3\omega_0}{8}a^3 + H_1 \cos\varphi \end{cases} \tag{5.3.11}$$

其中

$$H_1 \equiv \frac{3\omega_0 F_1^2 F_2}{8(\omega_0^2 - \omega_1^2)^2(\omega_0^2 - \omega_2^2)}, \quad H_2 \equiv \frac{3\omega_0}{4}\left[\frac{F_1^2}{(\omega_0^2 - \omega_1^2)^2} + \frac{F_2^2}{(\omega_0^2 - \omega_2^2)^2}\right] \tag{5.3.12}$$

由式(5.3.5)得到系统组合共振的一次近似解,它包含三个不同频率的谐波,即

$$u(t) = a(\varepsilon t)\cos((2\omega_1 + \omega_2)t + \varphi(\varepsilon t)) + \frac{F_1}{\omega_0^2 - \omega_1^2}\cos(\omega_1 t) + \frac{F_2}{\omega_0^2 - \omega_2^2}\cos(\omega_2 t) \tag{5.3.13}$$

显然,除非 ω_1/ω_2 是分数,否则组合共振是非周期振动。

在式(5.3.11)中取 $\mathrm{D}_1 a = 0$ 和 $\mathrm{D}_1\varphi = 0$,得到定常解 $\bar{a}$ 的幅频响应关系

$$\left[\mu^2 + \left(\sigma - H_2 - \frac{3\omega_0 \bar{a}^2}{8}\right)^2\right]\bar{a}^2 = H_1^2 \tag{5.3.14}$$

由式(5.3.14)可得到组合共振的最大振幅

$$|\bar{a}|_{\max} = \frac{H_1}{\mu} \tag{5.3.15}$$

它对应的激励频率满足

$$\sigma = H_2 + \frac{3\omega_0 |\bar{a}|_{\max}^2}{8} = \frac{3\omega_0 H_1^2}{8\mu^2} + H_2 \tag{5.3.16}$$

将式(5.3.14)与式(5.1.15)对比可知:组合共振具有与主共振相似的骨架线、稳定性和跳跃现象。由于 $H_1 \neq 0$,式(5.3.14)只能有非零解 $\bar{a}$。因此,组合共振与亚谐共振不同,它是必然发生的。组合共振现象再次说明,非线性系统具有比线性系统更多的共振机会。同时表明,系统的响应并非各个激励引起的响应之和。

5.4 慢时变参数系统的振动*

在工程中,系统的参数会在运行过程中发生变化,导致系统数学模型含有随时间变化的参数,这类系统被称为时变参数系统。例如,运载火箭在发射过程中因消耗燃料而减少质量,属于时变质量系统。起重机吊起货物时犹如摆长不断缩短的单摆,属于时变刚度系统。

本节先研究慢时变参数系统,即系统参数变化速率远低于系统振动频率。为具体起见,考察 Duffing 系统在简谐激励下的受迫振动,并着重分析慢时变激励频率对系统通过主共振区的影响。为此,将 Duffing 系统的动力学方程表示为

$$\ddot{u}(t)+\omega_0^2u(t)+\varepsilon[2\mu\dot{u}(t)+\omega_0^2u^3(t)]=\varepsilon f_0\cos(\theta(t,\varepsilon t)) \tag{5.4.1}$$

其中，$0<\varepsilon\ll1$，$\mu=O(1)$，而简谐激励的总相位满足

$$\begin{cases}\theta(t,\varepsilon t)\equiv\omega_0t+\psi(\varepsilon t)\\ \dot{\theta}(t,\varepsilon t)=\omega_0+\varepsilon\psi'(\varepsilon t)\equiv\omega_0+\varepsilon\sigma(\varepsilon t)\end{cases} \tag{5.4.2}$$

此处，$\psi'\equiv\mathrm{d}\psi/\mathrm{d}(\varepsilon t)$。用多尺度法研究该问题的一次近似解

$$u(t)=u_0(T_0,T_1)+\varepsilon u_1(T_0,T_1) \tag{5.4.3}$$

将式(5.4.3)代入式(5.4.1)，比较 ε 同次幂，得到一组线性偏微分方程

$$\varepsilon^0:\quad \mathrm{D}_0^2u_0+\omega_0^2u_0=0 \tag{5.4.4a}$$

$$\varepsilon^1:\quad \mathrm{D}_0^2u_1+\omega_0^2u_1=-2\mathrm{D}_0\mathrm{D}_1u_0-2\mu\mathrm{D}_0u_0-\omega_0^2u_0^3+f_0\cos(\omega_0T_0+\psi) \tag{5.4.4b}$$

式(5.4.4a)的解为

$$\begin{aligned}u_0(T_0,T_1)&=a(T_1)\cos(\omega_0T_0+b(T_1))\\&=A(T_1)\exp(\mathrm{i}\omega_0T_0)+\mathrm{cc},\quad A(T_1)\equiv\frac{a(T_1)}{2}\exp(\mathrm{i}b(T_1))\end{aligned} \tag{5.4.5}$$

将式(5.4.5)代入式(5.4.4b)，得到

$$\begin{aligned}\mathrm{D}_0^2u_1+\omega_0^2u_1=&-[2\mathrm{i}\omega_0(\mathrm{D}_1A+\mu A)+3\omega_0^2A^2\bar{A}]\exp(\mathrm{i}\omega_0T_0)-\\&\omega_0^2A^3\exp(3\mathrm{i}\omega_0T_0)+\frac{f_0}{2}\exp(\mathrm{i}(\omega_0T_0+\psi))+\mathrm{cc}\end{aligned} \tag{5.4.6}$$

由此得消除永年项的条件

$$2\mathrm{i}\omega_0(\mathrm{D}_1A+\mu A)+3\omega_0^2A^2\bar{A}-\frac{f_0}{2}\exp(\mathrm{i}\psi)=0 \tag{5.4.7}$$

将式(5.4.5)的第二式代入式(5.4.7)，通过分离实部和虚部，得到

$$\begin{cases}\mathrm{D}_1a=-\mu a+\dfrac{f_0}{2\omega_0}\sin(\psi-b)\\ a\mathrm{D}_1b=\dfrac{3\omega_0}{8}a^3-\dfrac{f_0}{2\omega_0}\cos(\psi-b)\end{cases} \tag{5.4.8}$$

引入

$$\varphi(T_1)\equiv b(T_1)-\psi(T_1) \tag{5.4.9}$$

根据式(5.4.2)，$\mathrm{D}_1\psi(T_1)=\sigma(T_1)$，将其连同式(5.4.9)代入式(5.4.8)，得到

$$\begin{cases}\mathrm{D}_1a=-\mu a-\dfrac{f_0}{2\omega_0}\sin\varphi\\ a\mathrm{D}_1\varphi=-\sigma a+\dfrac{3\omega_0}{8}a^3-\dfrac{f_0}{2\omega_0}\cos\varphi\end{cases} \tag{5.4.10}$$

将式(5.4.10)所确定的慢时变振幅和初相位代回式(5.4.5)，得到系统响应的一次近似解

$$u(t)=a(\varepsilon t)\cos(\omega_0t+\psi(\varepsilon t)+\varphi(\varepsilon t)) \tag{5.4.11}$$

取慢时变激励频率 $\dot{\theta}(t,\varepsilon t)=\omega_0+\varepsilon\sigma(\varepsilon t)$ 按线性规律变化，即

$$\sigma(\varepsilon t)=\sigma(T_1)=\sigma_0+\gamma T_1 \tag{5.4.12}$$

其中，常数 γ 为扫频速率。由于 $\sigma(T_1)$ 非定常，式(5.4.10)是非线性非自治系统，无解析解。现从 $\gamma=0$ 时式(5.1.13)确定的主共振解出发，在 Maple 平台上用 Runge - Kutta 方法求解式

(5.4.10),得到图 5.4.1。显然,快速扫频使共振峰偏移,这与在实验中观察到的现象相吻合。

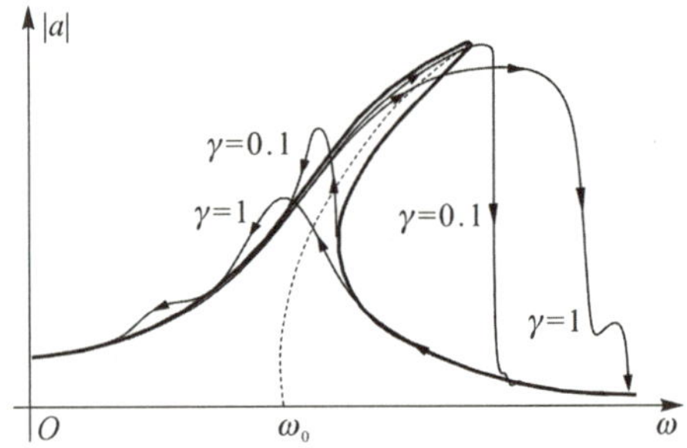

图 5.4.1　不同扫频速率 γ 对系统主共振幅频特性的影响

5.5　线性时变系统的参激振动

本节讨论具有快时变参数的系统,即系统参数随时间变化的速率达到与系统振动频率相同的量级,其最简单的例子是 2.1.2 节所介绍的基础做铅垂简谐振动的单摆以及相应的 Mathieu 方程。这类系统会出现由参数快速变化激发的振动,简称为参激振动。

5.5.1　参激振动的例子

1831 年,英国物理学家法拉第(Michael Faraday,1791—1867)首先发现如下参激振动现象:当充液容器做铅垂振动时,液体的自由表面波动频率是容器振动频率的一半。由于充液容器在运载工具、化工等领域占有重要地位,该问题引起许多学者关注,推动了对参激振动的研究。弹性结构在周期载荷作用下的动力稳定性也归结为参激振动问题。

例 5.5.1　图 5.5.1 所示两端铰支细长梁的长度为 l,单位长度密度为 ρA,抗弯刚度为 EI,受简谐纵向力 $f(t)=f_0\cos(\omega t)$作用。忽略梁的纵向惯性,在图示坐标系中建立其受扰后的横向小幅振动方程,并获得由模态坐标描述的动力学方程。

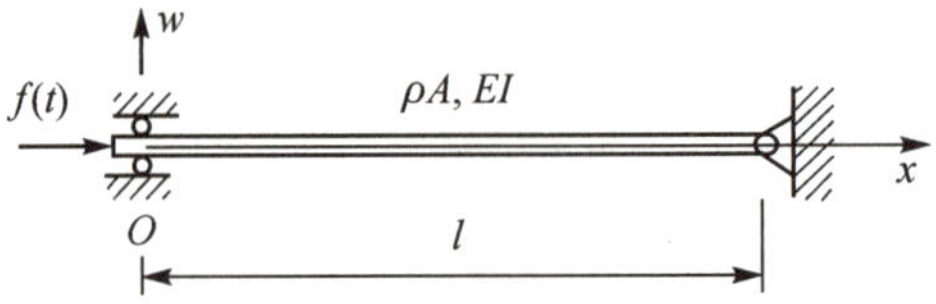

图 5.5.1　两端铰支细长梁的动力稳定性问题

解　忽略梁的纵向惯性,梁在轴向力 $f(t)=f_0\cos(\omega t)$作用下的横向动力学方程为

$$\rho A\frac{\partial^2 w(x,t)}{\partial t^2}+f_0\cos(\omega t)\frac{\partial^2 w(x,t)}{\partial x^2}+EI\frac{\partial^4 w(x,t)}{\partial x^4}=0 \tag{a}$$

以两端铰支细长梁的前 n 阶固有振型作为 Galerkin 函数,将梁的挠度近似为

$$w(x,t)=\sum_{k=1}^{n}\sin\left(\frac{k\pi x}{l}\right)q_k(t) \tag{b}$$

将式(b)代入式(a),根据固有振型的加权正交性,得到一组解耦的常微分方程

$$\ddot{q}_k(t)+\omega_k^2[1-f_k\cos(\omega t)]q_k(t)=0,\quad k\in I_n \tag{c}$$

其中

$$\omega_k^2\equiv\frac{k^4\pi^4EI}{\rho Al^4},\quad f_k\equiv\frac{f_0l^2}{k^2\pi^2EI},\quad k\in I_n \tag{d}$$

显然,随着固有振型阶次 k 提高,f_k 迅速趋于零。对式(c)引入参数

$$\tau\equiv\frac{\omega t}{2},\quad \delta_k\equiv\left(\frac{2\omega_k}{\omega}\right)^2,\quad \varepsilon_k\equiv-\frac{f_k\delta_k}{2},\quad k\in I_n \tag{e}$$

得到 n 个 Mathieu 方程

$$\frac{\mathrm{d}^2q_k(\tau)}{\mathrm{d}\tau^2}+[\delta_k+2\varepsilon_k\cos(2\tau)]q_k(\tau)=0,\quad k\in I_n \tag{f}$$

如果梁受横向扰动时稳定,则要求上述 Mathieu 方程的解均稳定。

本节先讨论具有周期系数的线性齐次常微分方程,给出其解的稳定性准则,然后用摄动法求解 Mathieu 方程解的稳定性边界问题。

5.5.2 具有周期系数的线性常微分方程理论

考察线性常微分方程,其时变系数以时间 T 为周期,即

$$\begin{cases}\ddot{u}(t)+f_1(t)\dot{u}(t)+f_2(t)u(t)=0\\ f_k(t)=f_k(t+T),\quad t\in\mathscr{R},\quad k\in I_2\end{cases} \tag{5.5.1}$$

此处,$t\in\mathscr{R}$ 代表周期 T 适用任意时间,后不赘述。将式(5.5.1)写作向量形式的状态方程

$$\dot{\boldsymbol{u}}(t)=\boldsymbol{A}(t)\boldsymbol{u}(t) \tag{5.5.2}$$

其中

$$\boldsymbol{u}(t)\equiv\begin{bmatrix}u_1\\u_2\end{bmatrix}\equiv\begin{bmatrix}u\\\dot{u}\end{bmatrix},\quad \boldsymbol{A}(t)\equiv\begin{bmatrix}0&1\\-f_2(t)&-f_1(t)\end{bmatrix}=\boldsymbol{A}(t+T) \tag{5.5.3}$$

本小节针对式(5.5.2),介绍法国数学家弗洛凯(Gaston A. M. Floquet,1847—1920)所建立的稳定性理论。

1. 基本解

根据线性常微分方程理论,式(5.5.2)具有两个线性无关的基本解 $\boldsymbol{\varphi}_1(t)$ 和 $\boldsymbol{\varphi}_2(t)$。对于式(5.5.2)的任意解 $\boldsymbol{u}(t)$,存在常数 a_1 和 a_2,使得

$$\boldsymbol{u}(t)=a_1\boldsymbol{\varphi}_1(t)+a_2\boldsymbol{\varphi}_2(t)=\boldsymbol{\Phi}(t)\boldsymbol{a},\quad \boldsymbol{a}\equiv[a_1\quad a_2]^{\mathrm{T}} \tag{5.5.4}$$

其中,$\boldsymbol{\Phi}(t)$称作基本解矩阵,其定义为

$$\boldsymbol{\Phi}(t)\equiv[\boldsymbol{\varphi}_1(t)\quad\boldsymbol{\varphi}_2(t)] \tag{5.5.5}$$

鉴于 $\boldsymbol{A}(t)$以 T 为周期,若 $\boldsymbol{u}(t)$是式(5.5.2)的解,则 $\boldsymbol{u}(t+T)$也是该方程的解,$\boldsymbol{\Phi}(t+T)$中的列阵 $\boldsymbol{\varphi}_1(t+T)$和 $\boldsymbol{\varphi}_2(t+T)$亦如此。因此,存在两个常数向量 $\boldsymbol{b}_1$ 和 $\boldsymbol{b}_2$ 使得

$$\boldsymbol{\Phi}(t+T)=[\boldsymbol{\varphi}_1(t+T)\quad\boldsymbol{\varphi}_2(t+T)]=\boldsymbol{\Phi}(t)[\boldsymbol{b}_1\quad\boldsymbol{b}_2]\equiv\boldsymbol{\Phi}(t)\boldsymbol{B} \tag{5.5.6}$$

其中,矩阵 $\boldsymbol{B}$ 称作单值矩阵。不难证明,矩阵 $\boldsymbol{B}$ 具有如下性质:

(a) $\boldsymbol{B}$ 是可逆矩阵;

(b) $\boldsymbol{B}=\boldsymbol{\Phi}(t)^{-1}\boldsymbol{\Phi}(t+T)$ (5.5.7)

(c) 若取 $\boldsymbol{\Phi}(0)=\boldsymbol{I}$,则 $\boldsymbol{B}=\boldsymbol{\Phi}(T)$ (5.5.8)

(d) 根据线性常微分方程理论的刘维尔(Joseph Liouville,1809—1882)公式,可导出

$$\det \boldsymbol{B} = \exp\left(\int_0^T \mathrm{tr}\boldsymbol{A}(t)\mathrm{d}t\right) = \exp\left(-\int_0^T f_1(t)\mathrm{d}t\right) \tag{5.5.9}$$

对于保守系统,由 $f_1(t) \equiv 0$ 和式(5.5.9)给出

$$\det \boldsymbol{B} = 1 \quad \Rightarrow \quad \det\boldsymbol{\Phi}(t+T) = \det\boldsymbol{\Phi}(t) \tag{5.5.10}$$

式(5.5.10)的几何涵义是:对于保守系统,两个不共线的状态向量 $\boldsymbol{\varphi}_1(t)$ 和 $\boldsymbol{\varphi}_2(t)$ 所张平行四边形面积经过时间 T 后保持不变。这通常称作保守系统相轨线的保面积特性。

2. 特征乘数与特征指数

根据矩阵 $\boldsymbol{B}$ 的特征值问题

$$(\boldsymbol{B} - \lambda_k \boldsymbol{I})\boldsymbol{b}_k = \boldsymbol{0}, \quad k \in I_2 \tag{5.5.11}$$

定义 λ_k 为式(5.5.2)的第 k 阶特征乘数,而满足下述关系的 μ_k 称为第 k 阶特征指数

$$\lambda_k = \exp(\mu_k T), \quad k \in I_2 \tag{5.5.12}$$

定理 5.5.1 特征乘数和特征指数反映式(5.5.2)的内在性质,与 $\boldsymbol{\Phi}(t)$ 的选取无关。

证明 设有两个不同的基本解矩阵 $\boldsymbol{\Phi}(t)$ 和 $\hat{\boldsymbol{\Phi}}(t)$,它们各自满足

$$\boldsymbol{\Phi}(t+T) = \boldsymbol{\Phi}(t)\boldsymbol{B}, \quad \hat{\boldsymbol{\Phi}}(t+T) = \hat{\boldsymbol{\Phi}}(t)\hat{\boldsymbol{B}} \tag{a}$$

由于 $\hat{\boldsymbol{\Phi}}(t)$ 是解矩阵,自然存在可逆矩阵 $\boldsymbol{C}$ 使其由基本解矩阵 $\boldsymbol{\Phi}(t)$ 表示,即

$$\hat{\boldsymbol{\Phi}}(t) = \boldsymbol{\Phi}(t)\boldsymbol{C}, \quad \hat{\boldsymbol{\Phi}}(t+T) = \boldsymbol{\Phi}(t+T)\boldsymbol{C} \tag{b}$$

由此可见

$$\begin{aligned}\hat{\boldsymbol{B}} &= \hat{\boldsymbol{\Phi}}^{-1}(t)\hat{\boldsymbol{\Phi}}(t+T) = [\boldsymbol{\Phi}(t)\boldsymbol{C}]^{-1}\boldsymbol{\Phi}(t+T)\boldsymbol{C} \\ &= \boldsymbol{C}^{-1}\boldsymbol{\Phi}(t)^{-1}\boldsymbol{\Phi}(t+T)\boldsymbol{C} = \boldsymbol{C}^{-1}\boldsymbol{B}\boldsymbol{C}\end{aligned} \tag{c}$$

根据线性代数,单值矩阵 $\boldsymbol{B}$ 和 $\hat{\boldsymbol{B}}$ 互为相似矩阵,它们具有相同的特征值。证毕。

3. Floquet 定理

定理 5.5.2(Floquet 定理) 式(5.5.2)存在正规解

$$\boldsymbol{u}_k(t) = \boldsymbol{q}_k(t)\exp(\mu_k t), \quad k \in I_2 \tag{5.5.13}$$

满足

$$\boldsymbol{u}_k(t+T) = \lambda_k \boldsymbol{u}_k(t), \quad k \in I_2 \tag{5.5.14}$$

其中

$$\boldsymbol{q}_k(t+T) = \boldsymbol{q}_k(t), \quad k \in I_2 \tag{5.5.15}$$

证明 取基本解矩阵和由式(5.5.11)所确定的特征向量,构造式(5.5.2)的正规解

$$\boldsymbol{u}_k(t) = \boldsymbol{\Phi}(t)\boldsymbol{b}_k, \quad k \in I_2 \tag{a}$$

不难导出

$$\boldsymbol{u}_k(t+T) = \boldsymbol{\Phi}(t+T)\boldsymbol{b}_k = \boldsymbol{\Phi}(t)\boldsymbol{B}\boldsymbol{b}_k = \lambda_k\boldsymbol{\Phi}(t)\boldsymbol{b}_k = \lambda_k\boldsymbol{u}_k(t), \quad k \in I_2 \tag{b}$$

再取

$$\boldsymbol{q}_k(t) = \boldsymbol{u}_k(t)\exp(-\mu_k t), \quad k \in I_2 \tag{c}$$

可验证其周期性如下:

$$\begin{aligned}\boldsymbol{q}_k(t+T) &= \boldsymbol{u}_k(t+T)\exp(-\mu_k(t+T)) = \lambda_k\boldsymbol{u}_k(t)\exp(-\mu_k t)\exp(-\mu_k T) \\ &= \boldsymbol{u}_k(t)\exp(-\mu_k t) = \boldsymbol{q}_k(t), \quad k \in I_2\end{aligned} \tag{d}$$

证毕。

推论 5.5.1　根据式(5.5.13)及 $\boldsymbol{q}_k(t)$ 的周期性，得出定理 5.5.2 的如下推论：

(a) 若某个 $\mathrm{Re}\,\mu_k<0$，即 $|\lambda_k|<1$，对应的正规解满足 $\lim\limits_{t\to+\infty}\boldsymbol{u}_k(t)=\boldsymbol{0}$；

(b) 若某个 $\mathrm{Re}\,\mu_k>0$，即 $|\lambda_k|>1$，对应的正规解满足 $\lim\limits_{t\to+\infty}\|\boldsymbol{u}_k(t)\|=+\infty$；

(c) 若某个 $\mathrm{Re}\,\mu_k=0$，即 $|\lambda_k|=1$，此时如果存在正整数 m，使得 $\lambda_k^m=1$，对应的正规解满足 $\boldsymbol{u}_k(t+mT)=\lambda_k^m\boldsymbol{u}_k(t)=\boldsymbol{u}_k(t)$，即该正规解以 mT 为周期。

推论 5.5.2　式(5.5.2)的零解渐近稳定等价于 $|\lambda_1|<1$ 和 $|\lambda_2|<1$；临界稳定等价于有某个 $|\lambda_k|=1$，而且 $|\lambda_j|\leqslant 1, j\neq k$；不稳定等价于有某个 $|\lambda_k|>1$。

4. Hill 方程

当 $f_1(t)\equiv 0$ 时，记 $f(t)\equiv f_2(t)$，将式(5.5.1)改写为

$$\begin{cases}\ddot{u}(t)+f(t)u(t)=0\\ f(t+T)=f(t)\end{cases}\tag{5.5.16}$$

1886 年，美国数学与天文学家希尔(George W. Hill，1838—1914)分析月球在近地点进动时研究了该方程，故式(5.5.16)被称作Hill 方程。显然，Mathieu 方程是其特款。

当 $f_1(t)\equiv 0$ 不成立时，不难验证，可通过变换

$$u(t)=v(t)\exp\left(-\frac{1}{2}\int_0^t f_1(\tau)\mathrm{d}\tau\right)\tag{5.5.17}$$

将式(5.5.1)简化为 Hill 方程

$$\ddot{v}(t)+f(t)v(t)=0,\quad f(t)\equiv f_2(t)-\frac{1}{4}f_1^2(t)-\frac{1}{2}\dot{f}_1(t)\tag{5.5.18}$$

因此，对 Hill 方程的认识将有助于对更一般的式(5.5.1)进行研究。

根据式(5.5.10)和式(5.5.11)，Hill 方程的特征乘数满足特征方程

$$\lambda^2-(\mathrm{tr}\,\boldsymbol{B})\lambda+1=0\tag{5.5.19}$$

故式(5.5.19)的解 λ_1 和 λ_2 满足

$$\lambda_{1,2}=\frac{\mathrm{tr}\,\boldsymbol{B}}{2}\pm\sqrt{\left(\frac{\mathrm{tr}\,\boldsymbol{B}}{2}\right)^2-1},\quad \lambda_1\lambda_2=1\tag{5.5.20}$$

由此可知 Hill 方程的正规解特性：

(a) 若 $|\mathrm{tr}\,\boldsymbol{B}|>2$，必有某个 $|\lambda_k|>1$，对应的正规解随时间延续而发散；

(b) 若 $|\mathrm{tr}\,\boldsymbol{B}|<2$，$\lambda_1=\bar{\lambda}_2$ 且 $|\lambda_1|=|\lambda_2|=1$，对应的正规解有界；

(c) 若 $|\mathrm{tr}\,\boldsymbol{B}|=2$，$\lambda_1=\lambda_2=\pm 1$，对应的正规解以 T 或 $2T$ 为周期。

最后，讨论 Hill 方程的零解在下述条件下的稳定性

$$f(t)=\delta+\varepsilon s(t)\tag{5.5.21}$$

其中

$$s(t+T)=s(t),\quad \int_0^T s(t)\mathrm{d}t=0\tag{5.5.22}$$

此处，δ 和 ε 是两个参数，它们的组合决定了 Hill 方程的零解是否稳定。根据前述分析，零解失稳的临界条件是 $\lambda_1=\lambda_2=\pm 1$，相应的 (δ,ε) 为临界值。德国数学家霍普特(Otto Haupt，1887—1988)指出：给定 $\delta-\varepsilon$ 平面上的直线 $\varepsilon=\mathrm{const.}$，则在该直线上存在无限多个孤立临界

值 $\delta^{(0)}(\varepsilon)<\delta^{(1)}(\varepsilon)<\delta^{(2)}(\varepsilon)\cdots$,形成图 5.5.2 所示 Haupt 图。当 $\delta(\varepsilon)<\delta^{(0)}(\varepsilon)$时,零解不稳定;当 $\delta^{(0)}(\varepsilon)<\delta(\varepsilon)<\delta^{(1)}(\varepsilon)$时,零解稳定,但非渐近稳定;零解的稳定性依次交替。

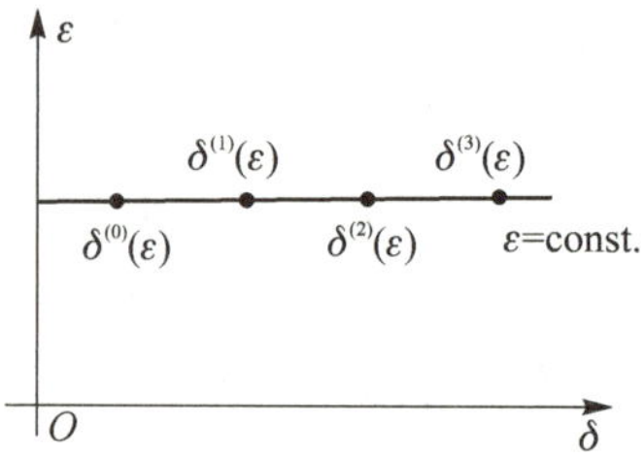

图 5.5.2 Haupt 图

5.5.3 含阻尼 Mathieu 方程的稳定边界

在工程中,许多问题可表示为含线性黏性阻尼的 Mathieu 方程。若忽略阻尼,则 Mathieu 方程是 Hill 方程的特例,且其周期系数满足式(5.5.22)。根据对 Haupt 图的讨论,Hill 方程零解的稳定性取决于参数(δ,ε)。在 $\delta-\varepsilon$ 平面的部分区域,参数组合(δ,ε)使零解保持稳定;而在另一部分区域,参数组合(δ,ε)会使受扰零解以指数形式发散。在这两类区域的分界线上,受扰零解具有周期 π 或 2π,这就是系统的参激振动,也是确定分界线的条件。分界线 $\delta=\delta(\varepsilon)$称作 Hill 方程零解的稳定性边界,也就是参激振动条件。

计入线性黏性阻尼后,Mathieu 方程为

$$\ddot{u}(t)+2\zeta\dot{u}(t)+[\delta+2\varepsilon\cos(2t)]u(t)=0,\quad 0<\zeta\ll 1,\quad 0<\varepsilon\ll 1 \tag{5.5.23}$$

本小节确定使该方程零解保持稳定的参数组合(δ,ε)。鉴于部分文献对阻尼影响的处理存在不妥之处,以下给出较为细致的分析。

1. 确定稳定性边界的条件

计入弱阻尼后,Mathieu 方程零解的稳定性边界发生变化,如何确定稳定性边界呢?现对此进行分析。式(5.5.23)的系数以 π 为周期,将其表示为式(5.5.2)的形式。由式(5.5.9)得

$$\det \boldsymbol{B}=\exp\left(-\int_0^{\pi}2\zeta \mathrm{d}t\right)=\exp(-2\pi\zeta) \tag{5.5.24}$$

因此,Mathieu 方程的特征乘数满足实系数代数方程

$$\lambda^2-(\mathrm{tr}\,\boldsymbol{B})\lambda+\exp(-2\pi\zeta)=0 \tag{5.5.25}$$

由此得到

$$\lambda_{1,2}=\frac{\mathrm{tr}\,\boldsymbol{B}}{2}\pm\sqrt{\left(\frac{\mathrm{tr}\,\boldsymbol{B}}{2}\right)^2-\exp(-2\pi\zeta)},\quad \lambda_1+\lambda_2=\mathrm{tr}\,\boldsymbol{B},\quad \lambda_1\lambda_2=\exp(-2\pi\zeta)<1 \tag{5.5.26}$$

根据推论 5.5.2,Mathieu 方程零解稳定的临界条件是下述三个条件之一

$$|\lambda_1|=1,\quad |\lambda_2|<1 \tag{5.5.27a}$$

$$|\lambda_1|<1,\quad |\lambda_2|=1 \tag{5.5.27b}$$

$$|\lambda_1|=|\lambda_2|=1 \tag{5.5.27c}$$

根据式(5.5.26)中的不等式约束,式(5.5.27c)永不满足。而满足前两个条件的特征乘数只能是式(5.5.25)的实根,不会是共轭复根。因此,仅有如下两种情况。

情况(a)

$$\lambda_1=\frac{\mathrm{tr}\,\boldsymbol{B}}{2}+\sqrt{\left(\frac{\mathrm{tr}\,\boldsymbol{B}}{2}\right)^2-\exp(-2\pi\zeta)}=1,\quad \lambda_2=\frac{\mathrm{tr}\,\boldsymbol{B}}{2}-\sqrt{\left(\frac{\mathrm{tr}\,\boldsymbol{B}}{2}\right)^2-\exp(-2\pi\zeta)}<1 \tag{5.5.28}$$

此时，Mathieu 方程的第一个正规解以 π 为周期，第二个正规解趋于零。

情况(b)

$$\begin{aligned}\lambda_1&=\frac{\mathrm{tr}\,\boldsymbol{B}}{2}+\sqrt{\left(\frac{\mathrm{tr}\,\boldsymbol{B}}{2}\right)^2-\exp(-2\pi\zeta)}>-1,\\ \lambda_2&=\frac{\mathrm{tr}\,\boldsymbol{B}}{2}-\sqrt{\left(\frac{\mathrm{tr}\,\boldsymbol{B}}{2}\right)^2-\exp(-2\pi\zeta)}=-1\end{aligned} \tag{5.5.29}$$

此时，Mathieu 方程的第一个正规解趋于零，第二个正规解以 2π 为周期。

综上所述，如果式(5.5.23)受扰动零解中含有以 π 或 2π 为周期的正规解成分，则解会随着时间延续而趋于以 π 或 2π 为周期的正规解。因此，可采用求周期解的各种近似方法来确定零解的稳定性边界。

2. 稳定性边界的确定

现用摄动法在小阻尼条件下确定稳定性边界，将式(5.5.23)中的阻尼标记为

$$\zeta=\varepsilon\mu,\quad \mu=O(1) \tag{5.5.30}$$

对于 $0<\varepsilon\ll 1$，把待求的周期解 $u(t)$ 及稳定性边界 $\delta(\varepsilon)$ 关于 ε 展开为

$$\begin{cases}u(t)=u_0(t)+\varepsilon u_1(t)+\varepsilon^2u_2(t)+\cdots\\ \delta(\varepsilon)=\delta_0+\varepsilon\delta_1+\varepsilon^2\delta_2(t)+\cdots\end{cases} \tag{5.5.31}$$

其中，$u_k(t)$，$k=0,1,2\cdots$ 以 π 或 2π 为周期。将上式代入式(5.5.23)，比较 ε 同次幂，得到

$$\varepsilon^0:\quad \ddot{u}_0(t)+\delta_0u_0(t)=0 \tag{5.5.32a}$$

$$\varepsilon^1:\quad \ddot{u}_1(t)+\delta_0u_1(t)=-[\delta_1+2\cos(2t)]u_0(t)-2\mu\dot{u}_0(t) \tag{5.5.32b}$$

$$\varepsilon^2:\quad \ddot{u}_2(t)+\delta_0u_2(t)=-\delta_2u_0(t)-[\delta_1+2\cos(2t)]u_1(t)-2\mu\dot{u}_1(t) \tag{5.5.32c}$$

解式(5.5.32a)，得到周期解

$$u_0(t)=a\cos(\sqrt{\delta_0}\,t)+b\sin(\sqrt{\delta_0}\,t) \tag{5.5.33}$$

其中

$$\delta_0=n^2,\quad n=0,1,2,\cdots \tag{5.5.34}$$

以下依次讨论 δ_0 取这些值时的稳定性边界。

(a) $\delta_0=0$：将 $\delta_0=0$ 代入式(5.5.32a)，得到零初始速度时的定常解

$$u_0(t)=a=\mathrm{const.} \tag{5.5.35}$$

将 $\delta_0=0$ 和式(5.5.35)代入式(5.5.32b)，得到

$$\ddot{u}_1(t)=-a\,[\delta_1+2\cos(2t)] \tag{5.5.36}$$

为了消除式(5.5.36)的永年项，取 $\delta_1=0$，进而解出

$$u_1(t)=\frac{a}{2}\cos(2t) \tag{5.5.37}$$

式(5.5.35)已含常数项，故省略此处积分常数。将 $\delta_0=0$ 和式(5.5.37)代入式(5.5.32c)，得到

$$\ddot{u}_2(t) = -a\left(\delta_2 + \frac{1}{2}\right) + 2\mu a\sin(2t) - \frac{a}{2}\cos(4t) \tag{5.5.38}$$

消除式(5.5.38)中永年项的条件是 $\delta_2 = -1/2$,在此条件下求解式(5.5.38),得到特解

$$u_2(t) = -\frac{\mu a}{2}\sin(2t) + \frac{a}{32}\cos(4t) \tag{5.5.39}$$

将上述结果代回式(5.5.31)并采用式(5.5.30),得到在 $\delta_0 = 0$ 附近的稳定性边界和 π 周期解

$$\delta(\varepsilon) = -\frac{\varepsilon^2}{2} + o(\varepsilon^2) \tag{5.5.40}$$

$$u(t) = a + \frac{\varepsilon a}{2}[\cos(2t) - \zeta\sin(2t)] + \frac{\varepsilon^2 a}{32}\cos(4t) + o(\varepsilon^2) \tag{5.5.41}$$

(b) $\delta_0 = 1$:此时,式(5.5.33)成为

$$u_0(t) = a\cos t + b\sin t \tag{5.5.42}$$

将其代入式(5.5.32b),得到

$$\ddot{u}_1(t) + u_1(t) = -[(\delta_1 + 1)a + 2\mu b]\cos t + [2\mu a - (\delta_1 - 1)b]\sin t - a\cos(3t) - b\sin(3t) \tag{5.5.43}$$

消除永年项的条件为

$$\begin{cases}(\delta_1 + 1)a + 2\mu b = 0\\ 2\mu a - (\delta_1 - 1)b = 0\end{cases} \tag{5.5.44}$$

式(5.5.44)有非零解(a,b)的条件是

$$\det\begin{bmatrix}\delta_1 + 1 & 2\mu\\ 2\mu & 1 - \delta_1\end{bmatrix} = 1 - \delta_1^2 - 4\mu^2 = 0 \tag{5.5.45}$$

即

$$\delta_1 = \pm\sqrt{1 - 4\mu^2}, \quad |\mu| < 1/2 \tag{5.5.46}$$

在上述两个条件下,式(5.5.43)的特解为

$$u_1(t) = \frac{1}{8}[a\cos(3t) + b\sin(3t)] \tag{5.5.47}$$

再将式(5.5.42)和式(5.5.47)代回式(5.5.32c),得到

$$\ddot{u}_2(t) + u_2(t) = -\left(\delta_2 + \frac{1}{8}\right)(a\cos t + b\sin t) - \left(\frac{\delta_1 a}{8} + \frac{3\mu b}{4}\right)\cos(3t) + \left(\frac{3\mu a}{4} - \frac{\delta_1 b}{8}\right)\sin(3t) - \frac{a}{8}\cos(5t) - \frac{b}{8}\sin(5t) \tag{5.5.48}$$

消除上式中永年项的条件是

$$\delta_2 = -\frac{1}{8} \tag{5.5.49}$$

在此条件下求解式(5.5.48),得到

$$u_2(t) = \frac{1}{64}[(\delta_1 a + 6\mu b)\cos(3t) + (\delta_1 b - 6\mu a)\sin(3t)] + \frac{1}{192}[a\cos(5t) + b\sin(5t)] \tag{5.5.50}$$

最后,将上述结果代回式(5.5.31)并采用式(5.5.30),得到 $\delta_0 = 1$ 附近的两条稳定性边界和对

应的 2π 周期解

$$\delta = 1 \pm \sqrt{\varepsilon^2 - 4\zeta^2} - \frac{1}{8}\varepsilon^2 + o(\varepsilon^2) \tag{5.5.51}$$

$$u(t) = a\cos t + b\sin t + \frac{\varepsilon}{8}\left[\left(a + \frac{3\zeta b}{4}\right)\cos(3t) + \left(b - \frac{3\zeta a}{4}\right)\sin(3t)\right] + \\ \frac{\varepsilon}{64}\left\{\pm\sqrt{\varepsilon^2 - 4\zeta^2}\,[a\cos(3t) + b\sin(3t)] + \frac{\varepsilon}{3}[a\cos(5t) + b\sin(5t)]\right\} + o(\varepsilon^2) \tag{5.5.52}$$

(c) $\delta_0 = 4$：此时，式(5.5.33)成为

$$u_0(t) = a\cos(2t) + b\sin(2t) \tag{5.5.53}$$

将 $\delta_0 = 4$ 和式(5.5.53)代入式(5.5.32b)，得到

$$\ddot{u}_1(t) + 4u_1(t) = -a - (\delta_1 a + 4\mu b)\cos(2t) + (4\mu a - \delta_1 b)\sin(2t) - a\cos(4t) - b\sin(4t) \tag{5.5.54}$$

消除上式的永年项的条件是

$$\begin{cases} \delta_1 a + 4\mu b = 0 \\ 4\mu a - \delta_1 b = 0 \end{cases} \tag{5.5.55}$$

由于 $\delta_1^2 + 16\mu^2 > 0$，上式只有零解。这表明，$O(\varepsilon)$ 量级的阻尼过大，需引入更小的阻尼

$$\zeta = \varepsilon^2 \hat{\mu}, \quad \hat{\mu} = O(1) \tag{5.5.56}$$

将式(5.5.32b)和式(5.5.32c)改写为

$$\ddot{u}_1(t) + \delta_0 u_1(t) = -[\delta_1 + 2\cos(2t)]\,u_0(t) \tag{5.5.57a}$$

$$\ddot{u}_2(t) + \delta_0 u_2(t) = -\delta_2 u_0(t) - [\delta_1 + 2\cos(2t)]\,u_1(t) - 2\hat{\mu}\dot{u}_0(t) \tag{5.5.57b}$$

将 $\delta_0 = 4$ 和式(5.5.53)代入式(5.5.57a)，得到

$$\ddot{u}_1(t) + 4u_1(t) = -a - \delta_1[a\cos(2t) + b\sin(2t)] - a\cos(4t) - b\sin(4t) \tag{5.5.58}$$

式(5.5.58)消除永年项的条件是

$$\delta_1 = 0 \tag{5.5.59}$$

在此条件下求解式(5.5.58)，得到特解

$$u_1(t) = -\frac{a}{4} + \frac{a}{12}\cos(4t) + \frac{b}{12}\sin(4t) \tag{5.5.60}$$

将 $\delta_0 = 4$ 和式(5.5.60)代入式(5.5.57b)，得到

$$\ddot{u}_2(t) + 4u_2(t) = -\left[\left(\delta_2 - \frac{5}{12}\right)a + 4\hat{\mu}b\right]\cos(2t) + \left[4\hat{\mu}a - \left(\delta_2 + \frac{1}{12}\right)b\right]\sin(2t) - \\ \frac{a}{12}\cos(6t) - \frac{b}{12}\sin(6t) \tag{5.5.61}$$

其消除永年项的条件是

$$\begin{cases} \left(\delta_2 - \dfrac{5}{12}\right)a + 4\hat{\mu}b = 0 \\ 4\hat{\mu}a - \left(\delta_2 + \dfrac{1}{12}\right)b = 0 \end{cases} \tag{5.5.62}$$

上式有非零解的条件为

$$\delta_2^2-\frac{1}{3}\delta_2-\left(\frac{5}{144}+16\hat{\mu}^2\right)=0 \tag{5.5.63}$$

由此解出

$$\delta_2=\frac{1}{6}\pm\sqrt{\frac{1}{16}+16\hat{\mu}^2} \tag{5.5.64}$$

式(5.5.61)在此条件下的特解是

$$u_2(t)=\frac{1}{384}[a\cos(6t)+b\sin(6t)] \tag{5.5.65}$$

将上述结果代回式(5.5.31)并利用式(5.5.56),得到 $\delta_0=4$ 附近的稳定性边界和对应的 π 周期解

$$\delta(\varepsilon)=4+\frac{\varepsilon^2}{6}\pm\sqrt{\frac{\varepsilon^4}{16}+16\zeta^2}+o(\varepsilon^2) \tag{5.5.66}$$

$$u(t)=a\cos(2t)+b\sin(2t)-\varepsilon\left[\frac{a}{4}-\frac{a}{12}\cos(4t)-\frac{b}{12}\sin(4t)\right]+ \\ \frac{\varepsilon^2}{384}[a\cos(6t)+b\sin(6t)]+o(\varepsilon^2) \tag{5.5.67}$$

根据式(5.5.40)、式(5.5.51)和式(5.5.66),得到图 5.5.3 所示 Mathieu 方程零解在参数(δ,ε)平面上的稳定性分区,解在阴影区不稳定。将图 5.5.3(a)和图 5.5.3(b)对比可见,系统阻尼会使不稳定区缩小。经数值计算发现:该结论仅当 ε 较小时正确;当 ε 较大时,阻尼会使原来的稳定区变为不稳定区①;由上述摄动法得到的不稳定区是偏小的②。

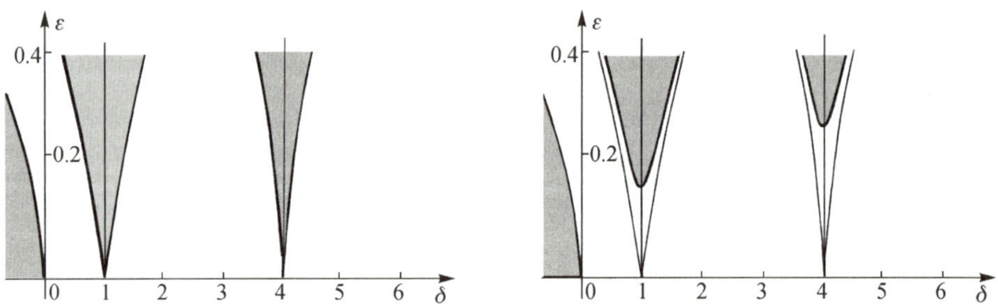

(a) 无阻尼情况　　(b) 小阻尼情况

图 5.5.3　Mathieu 方程零解的不稳定区

例 5.5.2　对于 $\omega\approx2\omega_k$,讨论例 5.5.1 中梁受横向小扰动的稳定性。

解　由于 $\zeta=0$ 和 $\delta_k=(2\omega_k/\omega)^2\approx1$,根据式(5.5.51)和例 5.5.1 中式(e),不稳定性条件的一次近似为

$$|\delta_k-1|<|\varepsilon_k|=\frac{f_k\delta_k}{2}\quad\Rightarrow\quad\frac{1}{1+f_k/2}<\delta_k<\frac{1}{1-f_k/2} \tag{a}$$

将例 5.5.1 中关于 δ_k 和 f_k 的表达式代入式(a),根据激励条件 $0<f_k\ll1$,得到

① 凌复华. 线性阻尼会扩大 Mathieu 方程的稳定域吗[M]. 力学与实践, 1985, 7(2): 36-37.

② Kovacic I, Rand R, Sah S M. Mathieu's Equation and Its Generalizations: Overview of Stability Charts and Their Features [J]. Applied Mechanics Review, 2018, 70: 020802.

$$1-\frac{f_0 l^2}{2k^2\pi^2 EI}<\left(\frac{2\omega_k}{\omega}\right)^2<1+\frac{f_0 l^2}{2k^2\pi^2 EI} \tag{b}$$

这表明，如激励频率 ω 与梁的某阶固有频率 ω_k 的二倍足够接近，梁会发生参激振动。这种现象与充液容器表面波的参激振动一致，均称为半频共振。

5.6 非线性时变系统的参激振动*

对于 5.5 节讨论的线性时变系统，当系统参数的某种组合使系统处于不稳定区时，系统响应将趋于无穷。事实上，当系统响应达到一定幅度后，系统动力学行为将偏离线性系统模型所预测的结果，系统响应并不会无限大。因此，本节讨论含非线性因素的时变系统参激振动问题。

5.6.1 参激共振的一般形式

考察具有弱非线性项的 Mathieu 系统

$$\ddot{u}(t)+[\delta+2\varepsilon\cos(2t)]u(t)=\varepsilon f(u(t),\dot{u}(t)),\quad 0<\varepsilon\ll 1 \tag{5.6.1}$$

现采用多尺度法，研究式(5.6.1)在 $\delta\approx 1$ 时的一次近似解，即

$$u(t)=u_0(T_0,T_1)+\varepsilon u_1(T_0,T_1) \tag{5.6.2}$$

将式(5.6.2)代入式(5.6.1)，比较 ε 的同次幂，得到

$$\varepsilon^0:\ \mathrm{D}_0^2 u_0+\delta u_0=0 \tag{5.6.3a}$$

$$\varepsilon^1:\ \mathrm{D}_0^2 u_1+\delta u_1=-2\mathrm{D}_1\mathrm{D}_0 u_0-2u_0\cos(2T_0)+f(u_0,\mathrm{D}_0 u_0) \tag{5.6.3b}$$

式(5.6.3a)的解为

$$u_0=A(T_1)\exp(\mathrm{i}\omega T_0)+\mathrm{cc},\quad \omega\equiv\sqrt{\delta} \tag{5.6.4}$$

其中，$A(T_1)$为待定的复幅值，可表示为

$$A(T_1)\equiv\frac{a(T_1)}{2}\exp(\mathrm{i}b(T_1)) \tag{5.6.5}$$

将式(5.6.4)代入式(5.6.3b)，整理后得到

$$\begin{aligned}\mathrm{D}_0^2 u_1+\delta u_1=&-2\mathrm{i}\omega D_1 A\exp(\mathrm{i}\omega T_0)-\bar{A}\exp(\mathrm{i}(2-\omega)T_0)-\bar{A}\exp(-\mathrm{i}(2+\omega)T_0)+\mathrm{cc}+\\&f(A\exp(\mathrm{i}\omega T_0)+\mathrm{cc},\mathrm{i}\omega A\exp(\mathrm{i}\omega T_0)+\mathrm{cc})\end{aligned} \tag{5.6.6}$$

为明确 ω 接近于 1 的程度，记

$$1-\omega=\varepsilon\sigma,\quad \sigma=O(1) \tag{5.6.7}$$

在该条件下，式(5.6.6)右端第二项的指数函数自变量为

$$\mathrm{i}(2-\omega)T_0=\mathrm{i}[2(\omega+\varepsilon\sigma)-\omega]T_0=\mathrm{i}(\omega T_0+2\sigma T_1) \tag{5.6.8}$$

由此得到消除式(5.6.6)中永年项的条件

$$\begin{aligned}&2\mathrm{i}\omega\mathrm{D}_1 A+\bar{A}\exp(2\mathrm{i}\sigma T_1)-\\&\frac{\omega}{2\pi}\int_0^{\frac{2\pi}{\omega}}f(A\exp(\mathrm{i}\omega T_0)+\mathrm{cc},\mathrm{i}\omega A\exp(\mathrm{i}\omega T_0)+\mathrm{cc})\exp(-\mathrm{i}\omega T_0)\mathrm{d}T_0=0\end{aligned} \tag{5.6.9}$$

将式(5.6.5)代入式(5.6.9)，通过分离实部和虚部，得到

$$\begin{cases} D_1 a = -\dfrac{a}{2\omega}\sin(2(\sigma T_1 - b)) - \dfrac{1}{2\pi\omega}\displaystyle\int_0^{2\pi} f(a\cos\theta, -a\omega\sin\theta)\sin\theta \mathrm{d}\theta \\ a D_1 b = \dfrac{a}{2\omega}\cos(2(\sigma T_1 - b)) - \dfrac{1}{2\pi\omega}\displaystyle\int_0^{2\pi} f(a\cos\theta, -a\omega\sin\theta)\cos\theta \mathrm{d}\theta \end{cases} \tag{5.6.10}$$

其中,$\theta \equiv \omega T_0 - b$。引入

$$\varphi(T_1) \equiv b(T_1) - \sigma T_1 \tag{5.6.11}$$

可将式(5.6.10)化为慢时变振幅和初相位所满足的常微分方程组

$$\begin{cases} D_1 a = \dfrac{a}{2\omega}\sin(2\varphi) - \dfrac{1}{2\pi\omega}\displaystyle\int_0^{2\pi} f(a\cos\theta, -a\omega\sin\theta)\sin\theta \mathrm{d}\theta \\ a D_1 \varphi = -\sigma a + \dfrac{a}{2\omega}\cos(2\varphi) - \dfrac{1}{2\pi\omega}\displaystyle\int_0^{2\pi} f(a\cos\theta, -a\omega\sin\theta)\cos\theta \mathrm{d}\theta \end{cases} \tag{5.6.12}$$

最后,将式(5.6.5)代入式(5.6.4)并利用式(5.6.11)和(5.6.7),得到系统响应的一次近似解

$$u(t) = a\cos(\omega T_0 + b) = a\cos(\omega T_0 + \sigma T_1 + \varphi) = a\cos(t + \varphi) \tag{5.6.13}$$

它的振动频率是参数激励频率的 1/2,即发生半频共振。

5.6.2 平方阻尼系统的参激共振

为考察非线性因素对线性系统不稳定参激振动的影响,取

$$f(u, \dot{u}) = -(\mu_1 \dot{u} + \mu_2 \dot{u}|\dot{u}|), \quad \mu_1 \geqslant 0, \quad \mu_2 > 0 \tag{5.6.14}$$

将其代入式(5.6.12)并完成积分,得到慢时变振幅和初相位所满足的常微分方程组

$$\begin{cases} D_1 a = -\dfrac{\mu_1 a}{2} - \dfrac{4\mu_2 a^2}{3\pi} + \dfrac{a}{2\omega}\sin(2\varphi) \\ a D_1 \varphi = -\sigma a + \dfrac{a}{2\omega}\cos(2\varphi) \end{cases} \tag{5.6.15}$$

在式(5.6.15)中,取 $D_1 a = 0$ 和 $D_1 \varphi = 0$,得到定常解 $\bar{a}$ 和 $\bar{\varphi}$ 满足的代数方程组

$$\begin{cases} \bar{a}\left[-\dfrac{\mu_1}{2} - \dfrac{4\mu_2 \bar{a}}{3\pi} + \dfrac{1}{2\omega}\sin(2\bar{\varphi})\right] = 0 \\ \bar{a}\left[-\sigma + \dfrac{1}{2\omega}\cos(2\bar{\varphi})\right] = 0 \end{cases} \tag{5.6.16}$$

由上式消去三角函数,得到稳态振动满足的幅频关系

$$\left(\mu_1 + \frac{8\omega\mu_2 \bar{a}}{3\pi}\right)^2 + 4\sigma^2 = \frac{1}{\omega^2} \tag{5.6.17}$$

显然,当且仅当 $\mu_2 \neq 0$ 时,可由式(5.6.17)得到振幅

$$\bar{a} = \frac{3\pi}{8\omega\mu_2}\left(\pm\sqrt{\frac{1}{\omega^2} - 4\sigma^2} - \mu_1\right) \tag{5.6.18}$$

换言之,仅靠线性阻尼无法获得这样的稳态参激振动。

现进一步考察上述稳态参激振动的存在条件。根据式(5.6.18)和 $\omega \approx 1$,应有

$$|2\sigma| < \frac{1}{\omega} \approx 1 \tag{5.6.19}$$

而式(5.6.4)中第二式和式(5.6.7)意味着

$$\delta = \omega^2 = (1-\varepsilon\sigma)^2 \approx 1 - 2\sigma\varepsilon \tag{5.6.20}$$

将式(5.6.19)和式(5.6.20)合并,得到稳态参激振动存在的近似条件

$$\delta \in (\delta_{\min}, \delta_{\max}), \quad \delta_{\min} \approx 1-\varepsilon, \quad \delta_{\max} \approx 1+\varepsilon \tag{5.6.21}$$

这近似为线性无阻尼 Mathieu 系统的失稳条件,而平方阻尼可使 Mathieu 系统呈现有限振幅的稳态参激振动。

此外,上述稳态参激振动能否实现还取决于其是否具有渐近稳定性。将式(5.6.15)在定常解$(\bar{a}, \bar{\varphi})$处线性化,得到微扰动$(\Delta a, \Delta\varphi)$所满足的线性常微分方程组

$$\begin{cases} D_1 \Delta a = -\left(\dfrac{\mu_1}{2} + \dfrac{8\mu_2 \bar{a}}{3\pi}\right)\Delta a + \dfrac{\bar{a}\cos(2\bar{\varphi})}{\omega}\Delta\varphi \\ D_1 \Delta\varphi = -\dfrac{\sin(2\bar{\varphi})}{\omega}\Delta\varphi \end{cases} \tag{5.6.22}$$

对于 $\bar{a}>0$,该方程所对应的特征值为

$$\lambda_1 = -\left(\frac{\mu_1}{2} + \frac{8\mu_2\bar{a}}{3\pi}\right) < 0, \quad \lambda_2 = -\frac{\sin(2\bar{\varphi})}{\omega} = -\left(\mu_1 + \frac{8\mu_2\bar{a}}{3\pi}\right) < 0 \tag{5.6.23}$$

其中,改写 λ_2 时利用了式(5.6.16)的第一式。式(5.6.23)表明,该稳态参激振动是渐近稳定的。因此,平方阻尼可以将 Mathieu 系统的不稳定参激振动稳定为半频共振,即共振频率为激励频率的 1/2。

最后,取 $\mu_1=\mu_2=0.1$,$\varepsilon=0.05, 0.10$,根据 $\sigma=(1-\omega)/\varepsilon$ 和 $\omega=\sqrt{\delta}$,可由式(5.6.17)绘制稳态参激振动振幅 $\bar{a}$ 与系统刚度 δ 的关系,得到图 5.6.1。由图可见,振幅曲线与水平轴的两个交点近似为 $\delta=1\mp\varepsilon$,这正是式(5.6.21)所给出近似条件的下界和上界。

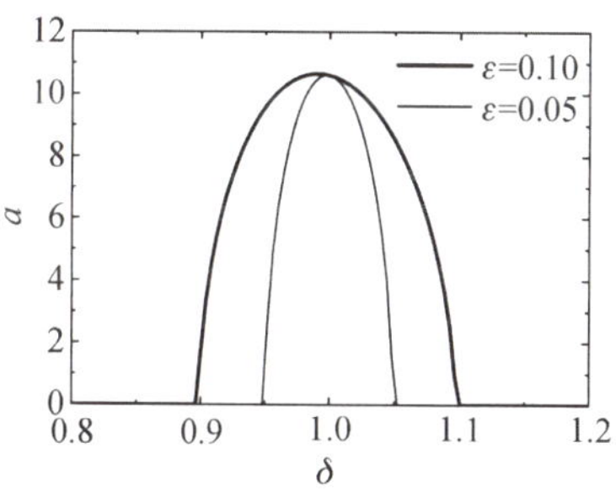

图 5.6.1　稳态参激振动的振幅 $\bar{a}$ 与系统刚度系数 δ 的关系($\mu_1=\mu_2=0.1$)

习　题

5-1　对于 5.1 节的 Duffing 系统主共振问题,讨论可否不限定激励幅值为 ε 级小量。

5-2　阐述如何用平均法求解 5.1 节的 Duffing 系统主共振问题。

5-3　对于受简谐激励的单自由度系统

$$\ddot{u}(t) + \omega_0^2 u(t) + \varepsilon[2\mu\dot{u}(t) + \omega_0^2 u^2(t)] = \varepsilon f_0 \cos(\omega t),$$

$$\mu = O(1), \quad f_0 = O(1), \quad 0 < \varepsilon \ll 1$$

在 Maple 平台上,求该系统主共振的一次近似解并讨论其稳定性。

5-4 对于含 Coulomb 摩擦的 Duffing 系统

$$\ddot{u}(t)+\omega_0^2u(t)+\varepsilon[\mu\,\mathrm{sgn}\dot{u}(t)+\omega_0^2u^3(t)]=\varepsilon f_0\cos(\omega t),$$
$$\mu=O(1),\quad f_0=O(1),\quad 0<\varepsilon\ll 1$$

在 Maple 平台上,求系统主共振的一次近似解,并讨论激励幅值对主共振峰的影响。

5-5 考察 Van der Pol 系统在简谐激励下的振动问题

$$\ddot{u}(t)+\omega_0^2u(t)+\varepsilon[u^2(t)-1]\dot{u}(t)=F_0\cos(\omega t),\quad 0<\varepsilon\ll 1$$

证明:在非共振情况下,如果外激励比较强,则自激振动条件被外激励破坏,系统呈现受迫振动。

5-6 对于单自由度系统

$$\ddot{u}(t)+\varepsilon[u^2(t)+\dot{u}^2(t)-1]\dot{u}(t)+u(t)=\varepsilon f_0\cos(\omega t),\ f_0=O(1),\ 0\leqslant\varepsilon\ll 1$$

在 Maple 平台上,求 $\omega\approx 1$ 时周期振动的一次近似解。

5-7 对于受简谐激励的单自由度无阻尼系统

$$\ddot{u}(t)+f(u(t))=F_0\cos(\omega t)$$

证明:其具有 $1/n$ 次亚谐共振 $u=a\cos(\omega t/n)$ 的条件是

$$f(u)=\left(\frac{\omega}{n}\right)^2u+F_0T_n\left(\frac{u}{a}\right)$$

其中,$T_n(w)=\cos(n\arccos w)$是第一类 Chebyshev 多项式。

5-8 在某细长结构的简谐激励振动实验中,观测到两个低频共振峰对应的频率之比为正整数;有人认为这是非线性系统的次共振,也有人认为这是线性系统的共振。阐述应如何进行判断和检验。

5-9 对于简谐激励下的单自由度系统

$$\ddot{u}(t)+\omega_0^2u(t)+\varepsilon[2\mu\dot{u}(t)+\omega_0^2u^2(t)]=F_0\cos(2\omega t),\ \mu=O(1),\ 0<\varepsilon\ll 1$$

在 Maple 平台上,求其 1/2 次亚谐共振的一次近似解,并讨论解的稳定性。

5-10 对于受组合激励的单自由度系统

$$\ddot{u}(t)+u(t)+\varepsilon[2\mu\dot{u}(t)+u^3(t)]=F_1\cos(\omega_1t)+F_2\cos(\omega_2t),$$
$$\omega_1\approx 1,\quad \omega_2\approx 3,\quad 0<\varepsilon\ll 1$$

针对 $F_1=O(\varepsilon)$,用多尺度法求系统受迫振动的一次近似解,并给出周期振动条件。

5-11 考察含 Coulomb 摩擦的 Duffing 系统

$$\ddot{u}(t)+\omega_0^2u(t)+\varepsilon[\mu\,\mathrm{sgn}(\dot{u}(t))+\omega_0^2u^3(t)]=\varepsilon f_0\cos(\theta(t))$$

其中,$\mu=O(1)$, $f_0=O(1)$, $0<\varepsilon\ll 1$。若其激励频率按下述规律线性变化

$$\dot{\theta}(t)=\omega_0+\varepsilon(\sigma_0+\varepsilon\gamma t),\quad \sigma_0>0,\quad \gamma>0$$

在 Maple 平台上,求系统主共振的一次近似解。

5-12 对于线性时变系统,阐述是否能定义系统的固有频率和阻尼比。

5-13 对于荡秋千过程,有人认为这是自激振动,也有人认为这是参激振动。对这两种观点进行评述。

5-14 对于无阻尼 Mathieu 系统

$$\ddot{u}(t)+[\delta+2\varepsilon\cos(2t)]u(t)=0,\quad 0<\varepsilon\ll 1$$

根据 5.5.2 节的分析,当参数 δ 和 ε 满足某种关系时,该系统具有周期振动。试用平均法求解该周期振动,给出稳定振动所满足的参数 δ 和 ε 间的关系。

5-15 考察具有周期系数的二维线性系统

$$\begin{cases}\dot{u}_1(t)=-\dfrac{\sin(2t)}{\cos(2t)}u_1(t)+\dfrac{1}{\cos(2t)}u_2(t)\\ \dot{u}_2(t)=\dfrac{1}{\cos(2t)}u_1(t)-\dfrac{\sin(2t)}{\cos(2t)}u_2(t)\end{cases}$$

(a) 验证该系统有两个基本解组 $u_1(t)=\cos t, u_2(t)=\sin t$ 和 $u_1(t)=\sin t, u_2(t)=\cos t$；

(b) 求系统的特征乘数和特征指数。

第 6 章　多自由度系统的振动

对于线性系统的振动问题，模态理论在单自由度系统和多自由度系统之间架设了一座桥梁，使得多自由度系统的振动可以分解为一系列等价于单自由度系统振动的模态振动。对于非线性多自由度系统，与这种模态振动相对应的是系统在特殊初始状态下的同步振动，即非线性模态振动。然而，非线性系统在任意初始条件或激励下的振动并不是非线性模态振动的线性组合。因此，非线性多自由度系统的振动分析变得十分复杂。

本章将基于第 4 章介绍的多尺度法，重点分析非线性系统的自由度从一到二变化引起的新现象。最后，介绍如何对多自由度非线性耗散系统进行降阶分析。

6.1　两自由度非线性系统的自由振动

对于两自由度非线性系统的自由振动，其新现象是内共振，即系统不同自由度之间能量耦合导致的共振。为了说明这种现象，考察如下例题。

例 6.1.1　图 6.1.1(a)是铅垂平面内的弹簧摆，其集中质量为 $m=0.2$ kg，弹簧的惯性可忽略，长度为 $l=0.5$ m，刚度为 $k=15.68$ N/m。该系统的派生系统是两个互不耦合的单自由度系统，分别具有以 $\omega_1=\sqrt{g/l}\approx 4.427$ rad/s 为频率的小幅摆动和以 $\omega_2=\sqrt{k/m}\approx 8.854$ rad/s 为频率的小幅弹簧伸缩振动。由于 $\omega_2\approx 2\omega_1$，这两种振动通过系统的二次非线性因素耦合，发生如图 6.1.1(b)所示的内共振：若给定初始摆角 $u_1(0)=0.01$ rad 并将弹簧拉长到 $u_2(0)=0.1$ m 释放，则集中质量起初主要做上下振动，然后过渡到以大摆动为主；此后回到上下振动为主，然后再次以大摆动为主，不断重复。图 6.1.1(b)是上述位移 u_1 和 u_2 的时间历程。

6.1.1　内共振条件

本节考察具有弱阻尼、平方非线性的两自由度系统

$$\begin{cases}\ddot{u}_1+2\varepsilon\mu_1\dot{u}_1+\omega_1^2u_1-b_1u_1u_2=0\\ \ddot{u}_2+2\varepsilon\mu_2\dot{u}_2+\omega_2^2u_2-b_2u_1^2=0\end{cases}\tag{6.1.1}$$

其中

$$0<\omega_1<\omega_2,\quad 0<\varepsilon\ll 1,\quad 0\leqslant\mu_k=O(1),\quad b_k=O(1),\quad k\in I_2\tag{6.1.2}$$

该系统呈强非线性，可用摄动法研究其小幅振动的一次近似解。采用多尺度法，将解表示为

$$\begin{cases}u_1=\varepsilon u_{11}(T_0,T_1)+\varepsilon^2u_{12}(T_0,T_1)\\ u_2=\varepsilon u_{21}(T_0,T_1)+\varepsilon^2u_{22}(T_0,T_1)\end{cases}\tag{6.1.3}$$

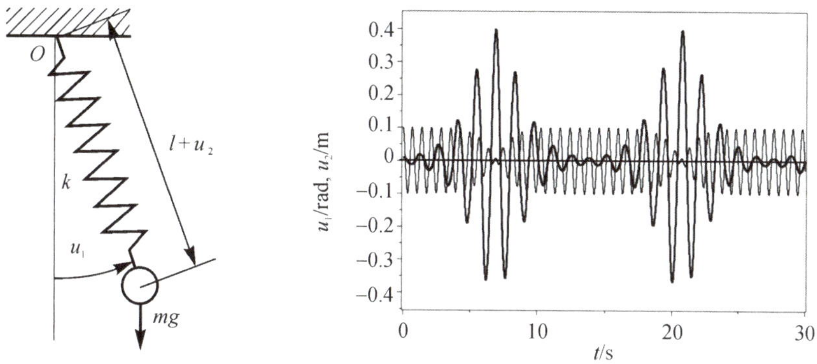

(a) 两自由度弹簧摆　　(b) 弹簧摆自由振动(粗实线：u_1；细实线：u_2)

图 6.1.1　重力场中弹簧摆的内共振现象($l=0.5\text{m}, g=9.8\text{m/s}^2, m=0.2\text{kg}, k=15.68\text{N/m}$)

将式(6.1.3)代入式(6.1.1)后比较 ε 同次幂,得到

$$\varepsilon^1:\quad \begin{cases} D_0^2 u_{11}+\omega_1^2 u_{11}=0 \\ D_0^2 u_{21}+\omega_2^2 u_{21}=0 \end{cases} \tag{6.1.4a}$$

$$\varepsilon^2:\quad \begin{cases} D_0^2 u_{12}+\omega_1^2 u_{12}=-2D_0(D_1 u_{11}+\mu_1 u_{11})+b_1 u_{11}u_{21} \\ D_0^2 u_{22}+\omega_2^2 u_{22}=-2D_0(D_1 u_{21}+\mu_2 u_{21})+b_2 u_{11}^2 \end{cases} \tag{6.1.4b}$$

式(6.1.4a)的解形如

$$\begin{cases} u_{11}=A_1(T_1)\exp(\mathrm{i}\omega_1 T_0)+\mathrm{cc} \\ u_{21}=A_2(T_1)\exp(\mathrm{i}\omega_2 T_0)+\mathrm{cc} \end{cases} \tag{6.1.5}$$

将式(6.1.5)代入式(6.1.4b),得到

$$\begin{cases} D_0^2 u_{12}+\omega_1^2 u_{12}=-2\mathrm{i}\omega_1(D_1 A_1+\mu_1 A_1)\exp(\mathrm{i}\omega_1 T_0)+ \\ \qquad b_1[A_1 A_2\exp(\mathrm{i}(\omega_1+\omega_2)T_0)+\bar{A}_1 A_2\exp(\mathrm{i}(\omega_2-\omega_1)T_0)]+\mathrm{cc} \\ D_0^2 u_{22}+\omega_2^2 u_{22}=-2\mathrm{i}\omega_2(D_1 A_2+\mu_2 A_2)\exp(\mathrm{i}\omega_2 T_0)+ \\ \qquad b_2[A_1^2\exp(2\mathrm{i}\omega_1 T_0)+\bar{A}_1 A_1]+\mathrm{cc} \end{cases} \tag{6.1.6}$$

观察式(6.1.6)的右端项可发现:含 $\exp(\mathrm{i}\omega_1 T_0)$和 $\exp(\mathrm{i}\omega_2 T_0)$的项分别使这两个方程的解产生永年项;此外,当 $\omega_2=2\omega_1$ 时,含 $\exp(\mathrm{i}(\omega_2-\omega_1)T_0)$和 $\exp(2\mathrm{i}\omega_1 T_0)$的项分别会使这两个方程的解产生永年项,这称为 1∶2内共振引起的永年项。因此,求解过程需要根据 ω_2 是否接近 $2\omega_1$ 来分别讨论。类似地,立方非线性系统会产生 1∶3内共振。

6.1.2　非共振情况

此时,派生系统的两个固有频率满足

$$\omega_2=2\omega_1+O(1) \tag{6.1.7}$$

消除式(6.1.6)中永年项的条件是

$$D_1 A_k+\mu_k A_k=0,\quad k\in I_2 \tag{6.1.8}$$

解出

$$A_k = a_k \exp(-\mu_k T_1), \quad k \in I_2 \tag{6.1.9}$$

其中,a_1 和 a_2 是积分常数。将式(6.1.9)代回式(6.1.5)和式(6.1.3),得到振动一次近似解

$$u_k = \varepsilon a_k \exp(-\mu_k T_1)\exp(\mathrm{i}\omega_k T_0) + \mathrm{cc} = \varepsilon a_k \exp(-\varepsilon\mu_k t)\cos(\omega_k t + \beta_k), \quad k \in I_2 \tag{6.1.10}$$

此处,$a_k, \beta_k, k \in I_2$ 是由系统初始条件确定的常数,这是互不耦合的单自由度系统振动。

6.1.3 内共振情况

此时,引入频率失调参数 σ,将派生系统的两个固有频率表示为

$$\omega_2 - 2\omega_1 = \varepsilon\sigma, \quad \sigma = O(1) \tag{6.1.11}$$

从而使

$$\begin{cases}(\omega_2 - \omega_1)T_0 = \omega_1 T_0 + \varepsilon\sigma T_0 = \omega_1 T_0 + \sigma T_1 \\ 2\omega_1 T_0 = (\omega_2 - \varepsilon\sigma)T_0 = \omega_2 T_0 - \sigma T_1\end{cases} \tag{6.1.12}$$

将式(6.1.12)代入式(6.1.6)的右端,得到消除永年项的条件

$$\begin{cases}-2\mathrm{i}\omega_1(\mathrm{D}_1 A_1 + \mu_1 A_1) + b_1 \bar{A}_1 A_2 \exp(\mathrm{i}\sigma T_1) = 0 \\ -2\mathrm{i}\omega_2(\mathrm{D}_1 A_2 + \mu_2 A_2) + b_2 A_1^2 \exp(\mathrm{i}\sigma T_1) = 0\end{cases} \tag{6.1.13}$$

引入复幅值 $A_k(T_1)$ 的指数函数形式

$$A_k(T_1) = \frac{a_k(T_1)}{2}\exp(\mathrm{i}\beta_k(T_1)), \quad k \in I_2 \tag{6.1.14}$$

将式(6.1.14)代入式(6.1.13),通过分离实部和虚部,得到

$$\begin{cases}\mathrm{D}_1 a_1 + \mu_1 a_1 - \dfrac{b_1}{4\omega_1}a_1 a_2 \sin(\beta_2 - 2\beta_1 + \sigma T_1) = 0 \\ \mathrm{D}_1 a_2 + \mu_2 a_2 + \dfrac{b_2}{4\omega_2}a_1^2 \sin(\beta_2 - 2\beta_1 + \sigma T_1) = 0 \\ a_1 \mathrm{D}_1 \beta_1 + \dfrac{b_1}{4\omega_1}a_1 a_2 \cos(\beta_2 - 2\beta_1 + \sigma T_1) = 0 \\ a_2 \mathrm{D}_1 \beta_2 + \dfrac{b_2}{4\omega_2}a_1^2 \cos(\beta_2 - 2\beta_1 + \sigma T_1) = 0\end{cases} \tag{6.1.15}$$

引入新的初相位

$$\varphi(T_1) \equiv \beta_2(T_1) - 2\beta_1(T_1) + \sigma T_1 \tag{6.1.16}$$

将式(6.1.16)代入式(6.1.15),并注意到式(6.1.15)中最后两式可合二为一,即

$$\begin{aligned}a_2 \mathrm{D}_1 \varphi &= a_2 \mathrm{D}_1(\beta_2 - 2\beta_1 + \sigma T_1) = a_2 \mathrm{D}_1 \beta_2 - 2a_2 \mathrm{D}_1 \beta_1 + \sigma a_2 \\ &= \sigma a_2 + \left(\frac{b_1}{2\omega_1}a_2^2 - \frac{b_2}{4\omega_2}a_1^2\right)\cos\varphi\end{aligned} \tag{6.1.17}$$

进而将式(6.1.15)简化为

$$\begin{cases} D_1 a_1 + \mu_1 a_1 - \dfrac{b_1}{4\omega_1} a_1 a_2 \sin\varphi = 0 \\ D_1 a_2 + \mu_2 a_2 + \dfrac{b_2}{4\omega_2} a_1^2 \sin\varphi = 0 \\ a_2 D_1 \varphi - \sigma a_2 - \left(\dfrac{b_1}{2\omega_1} a_2^2 - \dfrac{b_2}{4\omega_2} a_1^2 \right) \cos\varphi = 0 \end{cases} \tag{6.1.18}$$

式(6.1.18)描述了一次近似解的慢时变振幅和慢时变初相位。将其解依次代回式(6.1.14)、式(6.1.16)、式(6.1.5)和式(6.1.3)，得到稳态振动的一次近似解

$$\begin{cases} u_1 = \varepsilon a_1(\varepsilon t)\cos(\omega_1 t + \beta_1(\varepsilon t)) \\ u_2 = \varepsilon a_2(\varepsilon t)\cos(2\omega_1 t + 2\beta_1(\varepsilon t) + \varphi(\varepsilon t)) \end{cases} \tag{6.1.19}$$

其中，$\beta_1(\varepsilon t)$可由式(6.1.18)的解代回式(6.1.15)中第三式积分而得。以下按照系统是否具有阻尼，分别讨论式(6.1.18)的解。

注解 6.1.1[M]　下述推导不仅冗长，而且具有数学技巧，建议读者参考附录 A6 提供的 Maple 程序，逐步完成推导。

1. 阻尼系统的定常解

一般情况下，当 $\mu_1>0$ 和 $\mu_2>0$ 时，系统做衰减振动。只有在特殊的刚度和阻尼匹配下，系统才可能出现非零稳态振动。为了确定这种非零定常解，令式(6.1.18)左端的导数为零，得到定常解振幅和初相位应满足的代数方程组

$$\begin{cases} \mu_1 \bar{a}_1 - \dfrac{b_1}{4\omega_1} \bar{a}_1 \bar{a}_2 \sin\bar{\varphi} = 0 & (6.1.20\text{a}) \\ \mu_2 \bar{a}_2 + \dfrac{b_2}{4\omega_2} \bar{a}_1^2 \sin\bar{\varphi} = 0 & (6.1.20\text{b}) \\ \sigma \bar{a}_2 + \left(\dfrac{b_1}{2\omega_1} \bar{a}_2^2 - \dfrac{b_2}{4\omega_2} \bar{a}_1^2 \right) \cos\bar{\varphi} = 0 & (6.1.20\text{c}) \end{cases}$$

由式(6.1.20a)和式(6.1.20b)消去 $\sin\bar{\varphi}$，得到

$$\bar{a}_1^2 = -\frac{b_1 \mu_2 \omega_2}{b_2 \mu_1 \omega_1} \bar{a}_2^2 \tag{6.1.21}$$

这意味着，有非零定常解的条件是

$$b_1 b_2 \mu_1 \mu_2 < 0 \tag{6.1.22}$$

将式(6.1.21)代入式(6.1.20c)，消去 $\bar{a}_1$ 并注意 $\bar{a}_2 \neq 0$，得到

$$\sigma + \frac{b_1}{2\omega_1}\left(1 + \frac{\mu_2}{2\mu_1}\right) \bar{a}_2 \cos\bar{\varphi} = 0 \tag{6.1.23}$$

将式(6.1.23)与式(6.1.20a)相比较，解出

$$\cot\bar{\varphi} = -\frac{\sigma}{(2\mu_1 + \mu_2)} = \frac{2\omega_1 - \omega_2}{\varepsilon(2\mu_1 + \mu_2)} \tag{6.1.24}$$

由此可得到非零初相位 $\bar{\varphi} \in (0,\pi)$。因此，由式(6.1.20a)得到

$$\bar{a}_2 = \frac{4\mu_1 \omega_1}{b_1 \sin\bar{\varphi}} \tag{6.1.25}$$

回顾式(6.1.21)，得到

$$\bar{a}_1=\sqrt{-\frac{b_1\mu_2\omega_2}{b_2\mu_1\omega_1}}\,|\bar{a}_2| \tag{6.1.26}$$

将上述振幅 $\bar{a}_1$ 和 $\bar{a}_2$ 及初相位 $\bar{\varphi}$ 代回式(6.1.19),得到一次近似定常解。

值得指出,此定常解能否真正实现,将取决于其是否具有渐近稳定性。为了讨论渐近稳定性,将定常解 $\bar{a}_1$ 和 $\bar{a}_2$ 及 $\bar{\varphi}$ 代入式(6.1.18),然后将该方程在定常解处线性化,得到对应的特征方程。以 $\sigma=0$ 为例,此时 $\bar{\varphi}=\pi/2$,特征方程为

$$[\lambda+(2\mu_1+\mu_2)]\left[\lambda(\lambda+\mu_2)+\frac{b_1b_2}{8\omega_1\omega_2}\bar{a}_1^2\right]=[\lambda+(2\mu_1+\mu_2)](\lambda^2+\mu_2\lambda-2\mu_1\mu_2)=0 \tag{6.1.27}$$

由此解出

$$\lambda_1=-(2\mu_1+\mu_2),\quad \lambda_{2,3}=\frac{1}{2}\left(-\mu_2\mp\sqrt{\mu_2^2+8\mu_1\mu_2}\right) \tag{6.1.28}$$

因此,对于 $\mu_1>0,\mu_2>0$ 的耗散系统,该定常解并不稳定;定常解渐近稳定的条件是

$$\mu_1<0,\quad \mu_2>-2\mu_1>0 \tag{6.1.29}$$

即系统含有某种自激因素。注意到式(6.1.22),系统非线性刚度还需满足 $b_1b_2>0$。

2. 无阻尼系统的非定常解

此时,式(6.1.18)可简化为

$$\begin{cases}D_1a_1-\dfrac{b_1}{4\omega_1}a_1a_2\sin\varphi=0 & \text{(6.1.30a)}\\[2mm] D_1a_2+\dfrac{b_2}{4\omega_2}a_1^2\sin\varphi=0 & \text{(6.1.30b)}\\[2mm] a_2D_1\varphi-\sigma a_2-\left(\dfrac{b_1}{2\omega_1}a_2^2-\dfrac{b_2}{4\omega_2}a_1^2\right)\cos\varphi=0 & \text{(6.1.30c)}\end{cases}$$

从式(6.1.30)的前两个方程消去 $\sin\varphi$,得到全微分关系

$$a_1D_1a_1+\nu a_2D_1a_2=0,\quad \nu\equiv\frac{b_1\omega_2}{b_2\omega_1} \tag{6.1.31}$$

对式(6.1.31)两端积分,得到能量守恒关系

$$a_1^2+\nu a_2^2=E=\text{const.} \tag{6.1.32}$$

显然,当 $\nu>0$,即 $b_1b_2>0$ 时,等能量线是 (a_1,a_2) 平面上的椭圆;而当 $b_1b_2<0$ 时,等能量线是双曲线。以下研究第一种情况。

视 a_2 为间接变量,利用式(6.1.30b)将(6.1.30c)左端第一项改写为

$$a_2D_1\varphi=a_2\frac{d\varphi}{da_2}D_1a_2=-\frac{a_1^2a_2b_2\sin\varphi}{4\omega_2}\frac{d\varphi}{da_2} \tag{6.1.33}$$

将式(6.1.33)代入式(6.1.30c),利用式(6.1.31)所定义的 ν,整理得到

$$a_1^2a_2\sin\varphi\frac{d\varphi}{da_2}+\frac{4\sigma\omega_2}{b_2}a_2+(2\nu a_2^2-a_1^2)\cos\varphi=0 \tag{6.1.34}$$

式(6.1.34)可改写为

$$a_1^2a_2d(\cos\varphi)-\frac{2\sigma\omega_2}{b_2}d(a_2^2)-2\nu a_2^2\cos\varphi da_2+a_1^2\cos\varphi da_2=0 \tag{6.1.35}$$

利用式(6.1.31)，将式(6.1.35)中的$-\nu a_2 \mathrm{d}a_2$替换为$a_1 \mathrm{d}a_1$，整理后得到全微分关系

$$\mathrm{d}(a_1^2 a_2 \cos\varphi) - \frac{2\sigma\omega_2}{b_2}\mathrm{d}(a_2^2) = 0 \tag{6.1.36}$$

对式(6.1.36)积分，得到

$$a_1^2 a_2 \cos\varphi - \frac{2\sigma\omega_2}{b_2} a_2^2 = L = \text{const.} \tag{6.1.37}$$

由于三个未知量a_1、a_2和φ之间具有两个积分关系，式(6.1.30)中的未知量只剩一个，不妨取作$a_1(T_1)$。为了最终描述的方便，引入一个未知函数$\xi(T_1)$，要求它满足

$$a_1^2 = E\xi \tag{6.1.38}$$

根据式(6.1.32)和式(6.1.38)，可将a_2表示为

$$a_2^2 = \frac{E(1-\xi)}{\nu} \tag{6.1.39}$$

将式(6.1.30a)中的$b_1 a_1 a_2 \sin\varphi/(4\omega_1)$移项后两端平方，利用式(6.1.37)、式(6.1.38)和式(6.1.39)，得到

$$\begin{aligned}(\mathrm{D}_1 a_1)^2 &= \frac{b_1^2}{16\omega_1^2} a_1^2 a_2^2 (1-\cos^2\varphi) = \frac{b_1^2}{16\omega_1^2} a_1^2 a_2^2 \left[1 - \frac{1}{a_1^4 a_2^2}\left(L + \frac{2\sigma\omega_2}{b_2} a_2^2\right)^2\right] \\ &= \frac{b_1^2}{16\omega_1^2 a_1^2}\left\{\frac{E^3}{\nu}\xi^2(1-\xi) - \left[L + \frac{2\sigma\omega_2 E}{b_2 \nu}(1-\xi)\right]^2\right\}\end{aligned} \tag{6.1.40}$$

注意到将式(6.1.38)对T_1求导数时有

$$2a_1 \mathrm{D}_1 a_1 = E\frac{\mathrm{d}\xi}{\mathrm{d}T_1} \tag{6.1.41}$$

将式(6.1.40)写作

$$\frac{4\nu\omega_1^2}{Eb_1^2}\left(\frac{\mathrm{d}\xi}{\mathrm{d}T_1}\right)^2 = \xi^2(1-\xi) - \frac{\nu}{E^3}\left[L + \frac{2\sigma\omega_2 E}{b_2\nu}(1-\xi)\right]^2 = F^2(\xi) - G^2(\xi) \tag{6.1.42}$$

其中

$$F(\xi) \equiv \pm\xi\sqrt{(1-\xi)}, \quad G(\xi) \equiv \pm\sqrt{\frac{\nu}{E^3}}\left[L + \frac{2\sigma\omega_2 E}{b_2\nu}(1-\xi)\right] \tag{6.1.43}$$

它们关于ξ变化的情况如图 6.1.2 所示。

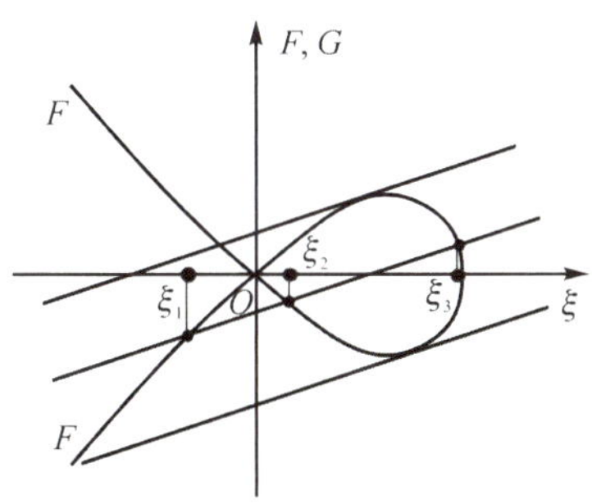

图 6.1.2　由坐标ξ描述的无阻尼系统自由振动条件

显然,由式(6.1.42)确定的运动要求 $F^2(\xi)\geqslant G^2(\xi)$,$F(\xi)$与$G(\xi)$的交点对应于 $\mathrm{d}\xi/\mathrm{d}T_1=0$,即 $\mathrm{D}_1a_1=0$。这对应于式(6.1.30)的定常解,也就是原系统的周期振动。一般情况下,$F(\xi)$与$G(\xi)$交于三点,对应的横坐标为 $\xi_1<0\leqslant\xi_2\leqslant\xi_3$。根据式(6.1.38)的要求 $\xi>0$,系统运动满足 $\xi_2\leqslant\xi\leqslant\xi_3$。以下证明,$\xi$ 随时间在区间$[\xi_2,\xi_3]$内振荡,对应的系统运动是非周期性振动。关于 $\xi_1=\xi_2$ 或 $\xi_2=\xi_3$ 的退化情况,可参见《Nonlinear Oscillations》①。

首先,将式(6.1.42)的右端因式分解为

$$\frac{4\nu\omega_1^2}{Eb_1^2}\left(\frac{\mathrm{d}\xi}{\mathrm{d}T_1}\right)^2=(\xi_3-\xi)(\xi_2-\xi)(\xi_1-\xi)\tag{6.1.44}$$

引入变换

$$\xi=\xi_3-(\xi_3-\xi_2)\sin^2y\tag{6.1.45}$$

即

$$\sin^2y=\frac{\xi_3-\xi}{\xi_3-\xi_2},\quad \cos^2y=1-\frac{\xi_3-\xi}{\xi_3-\xi_2}=\frac{\xi-\xi_2}{\xi_3-\xi_2}\tag{6.1.46}$$

将式(6.1.45)对 T_1 求导数并利用式(6.1.46),得到

$$\left(\frac{\mathrm{d}\xi}{\mathrm{d}T_1}\right)^2=\frac{1}{\varepsilon^2}\left(\frac{\mathrm{d}\xi}{\mathrm{d}t}\right)^2=\frac{4}{\varepsilon^2}(\xi_3-\xi_2)^2\sin^2y\cos^2y\left(\frac{\mathrm{d}y}{\mathrm{d}t}\right)^2=\frac{4}{\varepsilon^2}(\xi_3-\xi)(\xi-\xi_2)\left(\frac{\mathrm{d}y}{\mathrm{d}t}\right)^2\tag{6.1.47}$$

联立式(6.1.44)和式(6.1.47),解出

$$\frac{\mathrm{d}y}{\mathrm{d}t}=\pm\sqrt{\frac{\varepsilon^2Eb_1^2}{16\nu\omega_1^2}(\xi-\xi_1)}=\pm\rho\sqrt{1-\eta^2\sin^2y}\tag{6.1.48}$$

其中

$$\eta\equiv\sqrt{\frac{\xi_3-\xi_2}{\xi_3-\xi_1}},\quad \rho\equiv\frac{\varepsilon b_1}{4\omega_1}\sqrt{\frac{E(\xi_3-\xi_1)}{\nu}}=O(\varepsilon)\tag{6.1.49}$$

其次,采用分离变量法求解式(6.1.48),得到

$$\pm\int_0^y\frac{\mathrm{d}z}{\sqrt{1-\eta^2\sin^2z}}=\rho t\tag{6.1.50}$$

用 Jacobi 椭圆函数 $\mathrm{sn}(\rho t,\eta)$表达式(6.1.50)中的积分,得到

$$y=\arcsin(\mathrm{sn}(\rho t,\eta))\tag{6.1.51}$$

将其代回式(6.1.45),并将结果代入式(6.1.38)得到

$$a_1=\pm\sqrt{\xi E}=\pm\sqrt{E[\xi_3-(\xi_3-\xi_2)\mathrm{sn}^2(\rho t,\eta)]}\tag{6.1.52}$$

根据式(6.1.39),得到

$$a_2=\pm\sqrt{\frac{E(1-\xi)}{\nu}}=\pm\sqrt{\frac{E}{\nu}}\sqrt{1-[\xi_3-(\xi_3-\xi_2)\mathrm{sn}^2(\rho t,\eta)]}\tag{6.1.53}$$

这表明,系统两个自由度的振幅像调幅波一样随时间 εt 缓慢变化,此起彼伏,能量在两个自由度间来回传递。由于该系统无阻尼,ε 的大小取决于振幅。因此,振幅越大,振幅的波动也越快。

图 6.1.3 给出了两种初位移下系统内共振的数值解,充分支持上述结论。将图(a)和

① Nayfeh A H, Mook D T. Nonlinear Oscillations [M]. New York: John Wiley & Sons, 1979: 386-387.

图(b)对比,后者的初始位移大于前者,且能量在两个自由度间来回传递的频次明显高于前者。

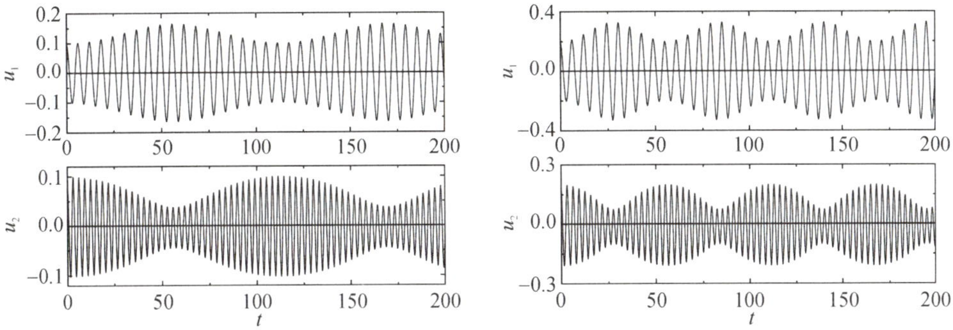

(a) $u_1(0)=u_2(0)=0.1,\ \dot{u}_1(0)=\dot{u}_2(0)=0$　　(b) $u_1(0)=u_2(0)=0.2,\ \dot{u}_1(0)=\dot{u}_2(0)=0$

图 6.1.3　二次非线性系统的内共振($b_1=b_2=1,\quad \omega_1=1,\quad \omega_2=2.01$)

值得指出,内共振现象普遍存在于非线性多自由度系统的自由振动中。一般情况下,n 自由度非线性系统的派生系统具有 n 个不同的固有频率 $\omega_k, k\in I_n$,当它们中的某对频率之比为整数 m 时,系统的 m 次非线性项就可能导致内共振发生。例如,若将式(6.1.1)中的平方非线性项改为立方非线性项,则当 $\omega_2\approx 3\omega_1$ 时系统的自由振动会发生内共振。读者可仿照本节的思路对其进行分析,只是相应的方程形式不同。由于得到的方程没有精确解,只能通过数值积分来完成分析。

6.2　两自由度非线性系统的受迫振动

考察具有弱阻尼、平方非线性的两自由度系统在简谐激励下的振动问题

$$\begin{cases}\ddot{u}_1+2\varepsilon\mu_1\dot{u}_1+\omega_1^2u_1-b_1u_1u_2=F_1\cos(\omega t+\theta_1)\\ \ddot{u}_2+2\varepsilon\mu_2\dot{u}_2+\omega_2^2u_2-b_2u_1^2=F_2\cos(\omega t+\theta_2)\end{cases}\tag{6.2.1}$$

其中

$$0<\omega_1<\omega_2,\quad 0<\varepsilon\ll 1,\quad 0\leqslant\mu_k=O(1),\quad b_k=O(1),\quad k\in I_2\tag{6.2.2}$$

本节研究该系统在下述激励条件下的受迫振动

$$F_1=\varepsilon f_1,\quad F_2=\varepsilon^2 f_2,\quad f_k=O(1),\quad k\in I_2\tag{6.2.3a}$$

$$\omega=\omega_2+\varepsilon\sigma_1,\quad \sigma_1=O(1)\tag{6.2.3b}$$

即作用在第二个自由度上的激励很弱,但其频率接近派生系统的第二阶固有频率。

式(6.2.1)可用于描述许多力学问题。例如,船舶在规则波浪作用下绕纵轴滚转振动和绕横轴俯仰振动的非线性耦合问题。本节将通过理论分析说明,这类船舶的非线性耦合振动具有某些出乎意料的复杂行为。

6.2.1　一次近似解

类似于 6.1 节,采用多尺度法研究该强非线性系统小幅振动的一次近似解,设其为

$$\begin{cases}u_1=\varepsilon u_{11}(T_0,T_1)+\varepsilon^2u_{12}(T_0,T_1)+\cdots\\ u_2=\varepsilon u_{21}(T_0,T_1)+\varepsilon^2u_{22}(T_0,T_1)+\cdots\end{cases}\tag{6.2.4}$$

将式(6.2.4)和式(6.2.3a)代入式(6.2.1),比较 ε 同次幂得到

$$\varepsilon^1:\begin{cases}D_0^2u_{11}+\omega_1^2u_{11}=f_1\cos(\omega T_0+\theta_1)\\D_0^2u_{21}+\omega_2^2u_{21}=0\end{cases}\tag{6.2.5a}$$

$$\varepsilon^2:\begin{cases}D_0^2u_{12}+\omega_1^2u_{12}=-2D_0(D_1u_{11}+\mu_1u_{11})+b_1u_{11}u_{21}\\D_0^2u_{22}+\omega_2^2u_{22}=-2D_0(D_1u_{21}+\mu_1u_{21})+b_2u_{11}^2+f_2\cos(\omega T_0+\theta_2)\end{cases}\tag{6.2.5b}$$

式(6.2.5a)的解形如

$$\begin{cases}u_{11}=A_1(T_1)\exp(\mathrm{i}\omega_1T_0)+B\exp(\mathrm{i}(\omega T_0+\theta_1))+\mathrm{cc}\\u_{21}=A_2(T_1)\exp(\mathrm{i}\omega_2T_0)+\mathrm{cc}\end{cases}\tag{6.2.6}$$

其中

$$B\equiv\frac{f_1}{2(\omega_1^2-\omega^2)}\tag{6.2.7}$$

将式(6.2.6)代入式(6.2.5b),得到

$$\begin{cases}D_0^2u_{12}+\omega_1^2u_{12}=-2\mathrm{i}\omega_1(D_1A_1+\mu_1A_1)\exp(\mathrm{i}\omega_1T_0)-2\mathrm{i}\mu_1\omega B\exp(\mathrm{i}(\omega T_0+\theta_1))+\\\qquad b_1[A_1A_2\exp(\mathrm{i}(\omega_1+\omega_2)T_0)+\bar{A}_1A_2\exp(\mathrm{i}(\omega_2-\omega_1)T_0)+\\\qquad A_2B\exp(\mathrm{i}(\omega+\omega_2)T_0+\theta_1)+\bar{A}_2B\exp(\mathrm{i}(\omega-\omega_2)T_0+\theta_1)]+\mathrm{cc}\\D_0^2u_{22}+\omega_2^2u_{22}=-2\mathrm{i}\omega_2(D_1A_2+\mu_2A_2)\exp(\mathrm{i}\omega_2T_0)+f_2\exp(\mathrm{i}(\omega T_0+\theta_2))/2+\\\qquad b_2[A_1^2\exp(2\mathrm{i}\omega_1T_0)+\bar{A}_1A_1+B^2+2A_1B\exp(\mathrm{i}(\omega+\omega_1)T_0+\theta_1)+\\\qquad 2\bar{A}_1B\exp(\mathrm{i}(\omega-\omega_1)T_0+\theta_1)+B^2\exp(2\mathrm{i}(\omega T_0+\theta_1))]\end{cases}\tag{6.2.8}$$

根据 6.1 节的分析知,式(6.2.8)的解出现永年项的条件与 ω_2 是否接近 $2\omega_1$ 有关,需要分别进行讨论。

1. 非内共振情况

此时,派生系统的两个固有频率满足

$$\omega_2=2\omega_1+O(1)\tag{6.2.9}$$

为了消除式(6.2.8)中的永年项,要求

$$\begin{cases}D_1A_1+\mu_1A_1=0\\4\mathrm{i}\omega_2(D_1A_2+\mu_2A_2)-f_2\exp(\mathrm{i}(\sigma_1T_1+\theta_2))=0\end{cases}\tag{6.2.10}$$

解该线性微分方程组,得到

$$\begin{cases}A_1=\dfrac{a_1}{2}\exp(-\mu_1T_1+\mathrm{i}\theta_1)\\A_2=\dfrac{a_2}{2}\exp(-\mu_2T_1+\mathrm{i}\theta_2)-\dfrac{\mathrm{i}f_2}{4\omega_2(\mu_2+\mathrm{i}\sigma_1)}\exp(\mathrm{i}(\sigma_1T_1+\theta_2))\end{cases}\tag{6.2.11}$$

其中,a_1 和 a_2 是积分常数。

将式(6.2.11)代回式(6.2.6),再将结果代入式(6.2.4),可得到系统的受迫振动响应。注意到式(6.2.11)中第一项的衰减特性,系统稳态受迫振动的一次近似解为

$$\begin{cases} u_1 = \dfrac{\varepsilon f_1}{\omega_1^2 - \omega^2}\cos(\omega t + \theta_1) = \dfrac{F_1}{\omega_1^2 - \omega^2}\cos(\omega t + \theta_1) \\ u_2 = \dfrac{\varepsilon f_2}{2\omega_2\sqrt{\mu_2^2 + \sigma_1^2}}\sin(\omega t + \theta_2 + \varphi) = \dfrac{F_2}{2\varepsilon\omega_2\sqrt{\mu_2^2 + \sigma_1^2}}\sin(\omega t + \theta_2 + \varphi) \end{cases} \tag{6.2.12}$$

其中

$$\varphi \equiv \tan^{-1}\left(-\frac{\sigma_1}{\mu_2}\right) \tag{6.2.13}$$

这说明，系统受迫振动的一次近似解不受系统非线性的影响。此时，系统犹如两个单自由度线性系统，做不相耦合的受迫简谐振动。读者不难从线性系统受迫振动的精确解出发，证明式(6.2.12)的正确性。

2. 内共振情况

此时，派生系统的两个固有频率满足

$$\omega_2 - 2\omega_1 = \varepsilon\sigma_2, \quad \sigma_2 = O(1) \tag{6.2.14}$$

由式(6.2.3b)和式(6.2.14)，可得到相位关系

$$\begin{cases} (\omega_2 - \omega_1)T_0 = \omega_1 T_0 + \varepsilon\sigma_2 T_0 = \omega_1 T_0 + \sigma_2 T_1 \\ 2\omega_1 T_0 = (\omega_2 - \varepsilon\sigma_2)T_0 = \omega_2 T_0 - \sigma_2 T_1 \\ \omega T_0 = (\omega_2 + \varepsilon\sigma_1)T_0 = \omega_2 T_0 + \sigma_1 T_1 \end{cases} \tag{6.2.15}$$

将式(6.2.15)代入式(6.2.8)的右端，获得消除其永年项的条件

$$\begin{cases} -2\mathrm{i}\omega_1(\mathrm{D}_1 A_1 + \mu_1 A_1) + b_1\bar{A}_1 A_2\exp(\mathrm{i}\sigma_2 T_1) = 0 \\ -2\mathrm{i}\omega_2(\mathrm{D}_1 A_2 + \mu_2 A_2) + b_2 A_1^2\exp(-\mathrm{i}\sigma_2 T_1) + \dfrac{f_2}{2}\exp(\mathrm{i}(\sigma_1 T_1 + \theta_1)) = 0 \end{cases} \tag{6.2.16}$$

将复幅值 $A_k(T_1)$ 写为指数函数形式

$$A_k(T_1) = \frac{a_k(T_1)}{2}\exp(\mathrm{i}\beta_k(T_1)), \quad k \in I_2 \tag{6.2.17}$$

将式(6.2.17)代入式(6.2.16)，通过分离实部和虚部，得到

$$\begin{cases} \mathrm{D}_1 a_1 + \mu_1 a_1 - \dfrac{b_1}{4\omega_1}a_1 a_2\sin(\beta_2 - 2\beta_1 + \sigma_2 T_1) = 0 \\ \mathrm{D}_1 a_2 + \mu_2 a_2 + \dfrac{b_2}{4\omega_2}a_1^2\sin(\beta_2 - 2\beta_1 + \sigma_2 T_1) - \dfrac{f_2}{2\omega_2}\sin(\sigma_1 T_1 - \beta_2 + \theta_2) = 0 \\ a_1\mathrm{D}_1\beta_1 + \dfrac{b_1}{4\omega_1}a_1 a_2\cos(\beta_2 - 2\beta_1 + \sigma_2 T_1) = 0 \\ a_2\mathrm{D}_1\beta_2 + \dfrac{b_2}{4\omega_2}a_1^2\cos(\beta_2 - 2\beta_1 + \sigma_2 T_1) + \dfrac{f_2}{2\omega_2}\cos(\sigma_1 T_1 - \beta_2 + \theta_2) = 0 \end{cases} \tag{6.2.18}$$

再引入

$$\begin{cases} \varphi_1 = \sigma_1 T_1 - \beta_2 + \theta_2 \\ \varphi_2 = \beta_2 - 2\beta_1 + \sigma_2 T_1 \end{cases} \tag{6.2.19}$$

由此解出

$$\begin{cases}\beta_1=\dfrac{1}{2}[(\sigma_1+\sigma_2)T_1+\theta_2-\varphi_1-\varphi_2]\\ \beta_2=\sigma_1 T_1+\theta_2-\varphi_1\end{cases}\tag{6.2.20}$$

因此,可将式(6.2.18)简化为

$$\begin{cases}D_1 a_1+\mu_1 a_1-\dfrac{b_1}{4\omega_1}a_1 a_2\sin\varphi_2=0\\ D_1 a_2+\mu_2 a_2+\dfrac{b_2}{4\omega_2}a_1^2\sin\varphi_2-\dfrac{f_2}{2\omega_2}\sin\varphi_1=0\\ a_2 D_1\varphi_1-\sigma_1 a_2-\dfrac{b_2}{4\omega_2}a_1^2\cos\varphi_2-\dfrac{f_2}{2\omega_2}\cos\varphi_1=0\\ a_2 D_1\varphi_2-\sigma_2 a_2+\left(\dfrac{b_2}{4\omega_2}a_1^2-\dfrac{b_1}{2\omega_1}a_2^2\right)\cos\varphi_2+\dfrac{f_2}{2\omega_2}\cos\varphi_1=0\end{cases}\tag{6.2.21}$$

把式(6.2.21)确定的慢时变振幅和慢时变初相位代回式(6.2.17),再将结果代入式(6.2.6),注意到由式(6.2.15)和式(6.2.20)所给出的相位关系

$$\begin{cases}\omega_1 T_0+\beta_1=\dfrac{1}{2}(\omega t+\theta_2-\varphi_1-\varphi_2)\\ \omega_2 T_0+\beta_2=(\omega-\varepsilon\sigma_1)T_0+\sigma_1 T_1+\theta_2-\varphi_1=\omega t+\theta_2-\varphi_1\end{cases}\tag{6.2.22}$$

可得到系统受迫振动的一次近似解

$$\begin{cases}u_1=\varepsilon a_1(\varepsilon t)\cos\left(\dfrac{\omega t+\theta_2-\varphi_1(\varepsilon t)-\varphi_2(\varepsilon t)}{2}\right)+\dfrac{F_1}{\omega_1^2-\omega^2}\cos(\omega t+\theta_1)\\ u_2=\varepsilon a_2(\varepsilon t)\cos(\omega t+\theta_2-\varphi_1(\varepsilon t))\end{cases}\tag{6.2.23}$$

6.2.2 内共振条件下的定常解

令式(6.2.21)左端的导数为零,得到定常解振幅和初相位满足的代数方程

$$\mu_1\bar{a}_1-\frac{b_1}{4\omega_1}\bar{a}_1\bar{a}_2\sin\bar{\varphi}_2=0\tag{6.2.24a}$$

$$\mu_2\bar{a}_2+\frac{b_2}{4\omega_2}\bar{a}_1^2\sin\bar{\varphi}_2-\frac{f_2}{2\omega_2}\sin\bar{\varphi}_1=0\tag{6.2.24b}$$

$$\sigma_1\bar{a}_2+\frac{b_2}{4\omega_2}\bar{a}_1^2\cos\bar{\varphi}_2+\frac{f_2}{2\omega_2}\cos\bar{\varphi}_1=0\tag{6.2.24c}$$

$$-\sigma_2\bar{a}_2+\left(\frac{b_2}{4\omega_2}\bar{a}_1^2-\frac{b_1}{2\omega_1}\bar{a}_2^2\right)\cos\bar{\varphi}_2+\frac{f_2}{2\omega_2}\cos\bar{\varphi}_1=0\tag{6.2.24d}$$

式(6.2.24)的解可根据 $\bar{a}_1$ 是否为零分为两种情况,分别称为单自由度运动和两自由度运动。

1. 单自由度运动

将由式(6.2.24a)确定的 $\bar{a}_1=0$ 代入式(6.2.24b)和式(6.2.24c),得到

$$\begin{cases}\mu_2\bar{a}_2=\dfrac{f_2}{2\omega_2}\sin\bar{\varphi}_1\\ \sigma_1\bar{a}_2=-\dfrac{f_2}{2\omega_2}\cos\bar{\varphi}_1\end{cases}\tag{6.2.25}$$

由此可解出 $\bar{a}_2$，故定常解的振幅是

$$\bar{a}_1=0, \quad \bar{a}_2=\frac{f_2}{2\omega_2\sqrt{\mu_2^2+\sigma_1^2}} \tag{6.2.26}$$

由式(6.2.25)可确定 $\bar{\varphi}_1$，连同 $\bar{a}_1$ 和 $\bar{a}_2$ 代回式(6.2.24d)，即可求出 $\bar{\varphi}_2$。

2. 两自由度运动

将式(6.2.24c)减去式(6.2.24d)，得到

$$(\sigma_1+\sigma_2)\bar{a}_2+\frac{b_1}{2\omega_1}\bar{a}_2^2\cos\bar{\varphi}_2=0 \tag{6.2.27}$$

如果将式(6.2.27)所确定的 $\bar{a}_2=0$ 代入式(6.2.24b)、式(6.2.24c)和式(6.2.24d)，可发现结果与 $f_2\neq0$ 矛盾。因此，恒有 $\bar{a}_2\neq0$。以下依次求非零解 $\bar{a}_2$ 和 $\bar{a}_1$。

约去式(6.2.24a)中 $\bar{a}_1\neq0$ 和式(6.2.27)中 $\bar{a}_2\neq0$，两式联立后消去 $\sin\bar{\varphi}_2$，得到

$$\mu_1^2+\frac{(\sigma_1+\sigma_2)^2}{4}=\left(\frac{b_1\bar{a}_2}{4\omega_1}\right)^2 \tag{6.2.28}$$

由式(6.2.28)解出

$$\bar{a}_2=\frac{2\omega_1}{b_1}\sqrt{4\mu_1^2+(\sigma_1+\sigma_2)^2} \tag{6.2.29}$$

为了求解 $\bar{a}_1$，先由式(6.2.24a)和式(6.2.27)解出

$$\sin\bar{\varphi}_2=\frac{4\mu_1\omega_1}{b_1\bar{a}_2}, \quad \cos\bar{\varphi}_2=-\frac{2\omega_1(\sigma_1+\sigma_2)}{b_2\bar{a}_2} \tag{6.2.30}$$

将式(6.2.30)代入式(6.2.24b)和式(6.2.24c)，整理后得到

$$\mu_1\omega_1b_2\bar{a}_1^2+\mu_2\omega_2b_1\bar{a}_2^2=\frac{b_1\bar{a}_2f_2}{2}\sin\bar{\varphi}_1, \quad \frac{\omega_1b_2\bar{a}_1(\sigma_1+\sigma_2)}{2}-\sigma_1\omega_2b_1\bar{a}_2=\frac{b_1\bar{a}_2f_2}{2}\cos\bar{\varphi}_1 \tag{6.2.31}$$

将式(6.2.31)中各式两端平方后相加，得到

$$(\mu_1\omega_1b_2\bar{a}_1^2+\mu_2\omega_2b_1\bar{a}_2^2)^2+\left[\frac{\omega_1b_2\bar{a}_1^2(\sigma_1+\sigma_1)}{2}-\sigma_1\omega_2b_1\bar{a}_2^2\right]^2=\left(\frac{b_1\bar{a}_2f_2}{2}\right)^2 \tag{6.2.32}$$

即

$$\begin{aligned}&\omega_1^2b_2^2\left[\mu_1^2+\frac{(\sigma_1+\sigma_1)^2}{4}\right]\bar{a}_1^4+\omega_1\omega_2b_1b_2\left[2\mu_1\mu_2-\sigma_1(\sigma_1+\sigma_2)\right]\bar{a}_1^2\bar{a}_2^2+\\&\omega_2^2b_1^2(\mu_2^2+\sigma_1^2)\bar{a}_2^4=\left(\frac{b_1\bar{a}_2f_2}{2}\right)^2\end{aligned} \tag{6.2.33}$$

再把式(6.2.29)代入式(6.2.33)，约去 $b_1^2\bar{a}_2^2\neq0$，整理后得到

$$\left(\frac{\bar{a}_1}{2}\right)^4+2P_1\left(\frac{\bar{a}_1}{2}\right)^2+P_2=0 \tag{6.2.34}$$

其中

$$\begin{cases}P_1\equiv\dfrac{2\omega_1\omega_2}{b_1b_2}\left[2\mu_1\mu_2-\sigma_1(\sigma_1+\sigma_2)\right]=\dfrac{2\omega_1\omega_2}{b_1b_2}\left[2\mu_1\mu_2-\dfrac{(\omega-\omega_2)(\omega-2\omega_1)}{\varepsilon^2}\right]\\P_2\equiv\left(\dfrac{2\omega_1\omega_2}{b_1b_2}\right)^2(\mu_2^2+\sigma_1^2)\left[4\mu_1^2+(\sigma_1+\sigma_2)^2\right]-\left(\dfrac{f_2}{2b_2}\right)^2\end{cases} \tag{6.2.35}$$

由式(6.2.34)解出

$$\bar{a}_1 = 2\sqrt{-P_1 \pm \sqrt{P_1^2 - P_2}} \tag{6.2.36}$$

由于

$$P_1^2 - P_2 = \left(\frac{f_2}{2b_2}\right)^2 - \left(\frac{2\omega_1\omega_2}{b_1 b_2}\right)^2 [2\sigma_1\mu_1 + \mu_2(\sigma_1 + \sigma_2)]^2 \tag{6.2.37}$$

记

$$P_3^2 \equiv \left(\frac{2\omega_1\omega_2}{b_1 b_2}\right)^2 [2\sigma_1\mu_1 + \mu_2(\sigma_1 + \sigma_2)]^2 \tag{6.2.38}$$

改写式(6.2.36),并将结果与式(6.2.29)并列,即

$$\bar{a}_1 = 2\sqrt{-P_1 \pm \sqrt{\left(\frac{f_2}{2b_2}\right)^2 - P_3^2}}, \quad \bar{a}_2 = \frac{2\omega_1}{b_1}\sqrt{4\mu_1^2 + (\sigma_1 + \sigma_2)^2} \tag{6.2.39}$$

将 $\bar{a}_2$ 代回式(6.2.30)可求得 $\bar{\varphi}_2$,再连同 $\bar{a}_1$ 代回式(6.2.24b)可得到 $\bar{\varphi}_1$。

不论哪种情况,将式(6.2.21)在所求得的定常解 $\bar{a}_1, \bar{a}_2, \bar{\varphi}_1, \bar{\varphi}_2$ 处线性化,通过计算扰动方程的特征值,即可对定常解的稳定性进行判断。

6.2.3 定常解的特性

式(6.2.39)说明了一种有趣现象:一方面,系统总有一定常解 $\bar{a}_2 > 0$,但它却与激励 f_2 无关;即系统第二个自由度的振幅 $\bar{a}_2$ 与直接作用在该自由度上的激励 f_2 无关。另一方面,激励 f_2 有可能激发起第一个自由度的振动,且其振幅 $\bar{a}_1$ 与该激励有关。

现讨论第一个自由度振动被激发的条件,亦即式(6.2.39)有正实解 $\bar{a}_1$ 的条件

$$\left(\frac{f_2}{2b_2}\right)^2 - P_3^2 \geqslant 0, \quad -P_1 \pm \sqrt{\left(\frac{f_2}{2b_2}\right)^2 - P_3^2} > 0 \tag{6.2.40}$$

由此得到上述两个不等式的临界条件

$$f_2 = g_1 \equiv 2|b_2 P_3|, \quad f_2 = g_2 \equiv 2|b_2|\sqrt{P_1^2 + P_3^2} \tag{6.2.41}$$

显然,$0 < g_1 < g_2$。以下着重讨论激励幅值对定常解振幅的影响:

(a) 当 $P_1 < 0$ 时,若 $f_2 < g_1$,则式(6.2.34)无实解,故式(6.2.24)只有式(6.2.26)给出的单自由度振动,即系统只有近乎线性系统的受迫振动。不难证明,它是渐近稳定的。

(b) 当 $P_1 < 0$ 时,若 $g_1 < f_2 < g_2$,式(6.2.34)有一对正实解,故式(6.2.24)有式(6.2.26)给出的一组解和式(6.2.39)给出的两组正实解,即系统有一种近乎线性系统的受迫振动和两种非线性受迫振动。可以证明,振幅小的非线性受迫振动不稳定,其余两种受迫振动渐近稳定。

(c) 当 $P_1 < 0$ 时,若 $f_2 > g_2$,则式(6.2.34)有一个正实解,故式(6.2.24)有式(6.2.26)给出的一组解和式(6.2.39)给出的一组正实解。此时,系统有一种近乎线性系统的受迫振动和一种非线性受迫振动。前者不稳定,后者渐近稳定。

(d) 当 $P_1 \geqslant 0$ 时,若 $f_2 < g_2$,则式(6.2.34)无正实解,故式(6.2.24)只有式(6.2.26)给出的单自由度振动。此时,系统只有近乎线性系统的受迫振动,它是渐近稳定的。

(e) 当 $P_1 \geqslant 0$ 时,若 $f_2 > g_2$,则式(6.2.34)有一正实解,从而式(6.2.24)有式(6.2.26)给

出的一组解和式(6.2.39)给出的一组正实解。此时，系统有一种近乎线性系统的受迫振动和一种非线性受迫振动。前者不稳定，后者渐近稳定。

图 6.2.1 分别给出 $P_1<0$ 和 $P_1>0$ 时激励幅值 f_2 对应的解支 $\bar{a}_1$ 和 $\bar{a}_2$，并用实线代表渐近稳定解，虚线代表不稳定解。根据式(6.2.35)，激励频率与派生系统的两个固有频率差以及阻尼和非线性项系数决定 P_1 的取值，从而决定系统行为属于图 6.2.1(a)或图 6.2.1(b)。

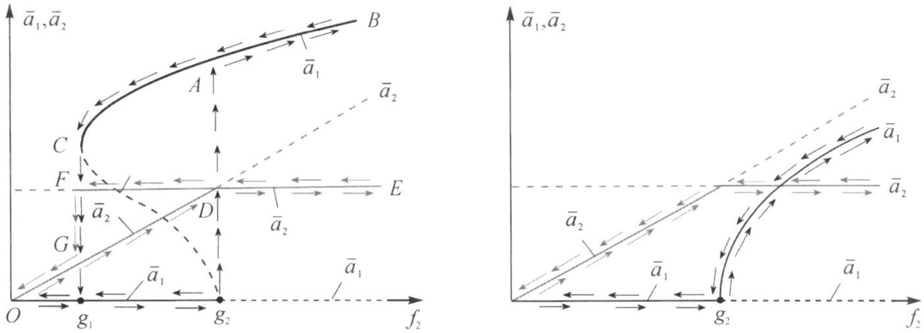

(a) $P_1<0$ ($b_1=b_2=1,\sigma_2=0$)　　(b) $P_1>0$ ($b_1=b_2=1,\sigma_1=\sigma_2=0$)

图 6.2.1　定常解振幅随激励幅值的变化规律

彩图

现考察图 6.2.1(a)所示 $P_1<0$ 的情况，随着 f_2 自零开始逐渐增加，$\bar{a}_1$ 保持为零，$\bar{a}_2$ 沿着由式(6.2.26)给出的渐近稳定解支 OD 线性递增。一旦 $f_2>g_2$，$\bar{a}_2$ 转入由式(6.2.39)给出的渐近稳定解支 DE，呈现饱和现象；$\bar{a}_1$ 跳跃到相应的渐近稳定非零解支上的 A 点，继续增加的激励使 $\bar{a}_1$ 向 B 点移动，系统能量的增量均转移到第一个自由度，称为渗透现象。如果此时逐渐减小 f_2，则 $\bar{a}_1$ 沿着解支 BC 递减，$\bar{a}_2$ 沿解支 EF 保持不变。一旦 $f_2<g_1$，$\bar{a}_1$ 落到零解支，$\bar{a}_2$ 则落到渐近稳定解支 OD 上的 G 点，然后线性递减。需要指出的是，$\bar{a}_2$ 的解支 GD 实际是二重的，还包含了与 $\bar{a}_1$ 的不稳定解支相对应的 $\bar{a}_2$ 的不稳定解。建议读者学习完第 7 章的分岔理论后，再重新分析这里的多解现象。

对于图 6.2.1(b)中 $P_1>0$ 的情况，当 f_2 自零开始逐渐增加到 $f_2>g_2$ 时，上述振动的饱和现象以及能量转移现象均存在，但 $\bar{a}_1$ 和 $\bar{a}_2$ 均连续变化，不发生跳跃。

注解 6.2.1[M]　为理解两自由度系统在内共振条件下的受迫振动，附录 A6 提供了用数值方法检验式(6.2.26)和式(6.2.39)的 Maple 程序。读者可运行该程序，对比程序注解和计算结果的一致性。

例 6.2.1　考察图 6.2.2 所示船舶沿着规则波浪传播方向行驶的振动问题。其中，船舶绕纵轴 x_1 的滚转振动和绕横轴 x_2 的俯仰振动分别为 u_1 和 u_2，对应的派生系统固有频率为 $\omega_1<\omega_2$；规则波浪冲击船舶的频率为 $\omega\approx\omega_2$，其沿 u_1 和 u_2 方向的分量幅值分别为 $F_1\approx 0$ 和 $F_2>0$。设该船舶的动力学方程满足式(6.2.1)，讨论船舶的振动问题。

解　首先，考虑非内共振情况，即 $\omega_2=2\omega_1+O(1)$。根据式(6.2.12)，船舶的滚转振动 u_1 和俯仰振动 u_2 相互解耦，它们犹如两个单自由度线性系统的受迫振动。根据波浪激励条件 $F_1\approx 0$、$F_2>0$ 和 $\omega\approx\omega_2$，此时船舶振动主要表现为俯仰振动 u_2。

其次，考虑内共振情况，即 $\omega_2\approx 2\omega_1$。记 $F_2=\varepsilon^2 f_2$，由式(6.2.23)可知，船舶振动是滚转振动 u_1 和俯仰振动 u_2 的耦合。根据图 6.2.1，若波浪激励使得 $f_2>g_2$，则俯仰振动 u_2 处于

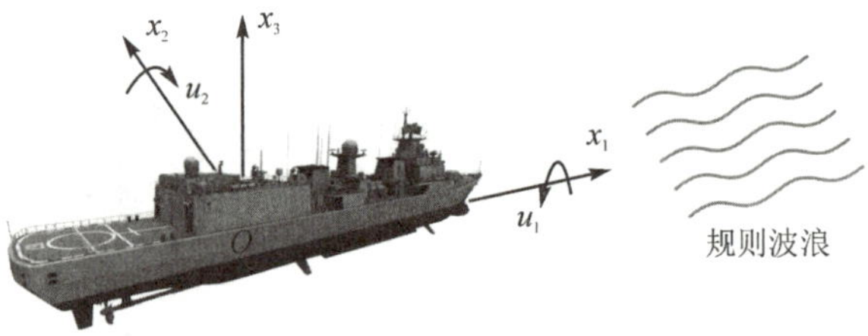

图 6.2.2　船舶振动问题示意图

饱和,而滚转振动 u_1 会随着 f_2 的增加而加大,即输入能量从俯仰振动 u_2 渗透到滚转振动 u_1 上。

据文献记载,早在 1863 年英国船舶设计师弗劳德(William Froude,1810—1879)就发现:对于顺浪或逆浪行驶的船舶,若船的俯仰振动频率接近两倍的滚转振动频率,则随着波浪增大,船的俯仰振动不再增加,会产生令人极不舒适的滚转振动。

饱和现象是非线性多自由度系统受迫振动的特有现象,在机电系统、自动控制等领域具有广泛的应用。例如,美国力学家奈弗(Ali H. Nayfeh,1933—2017)团队设计了一种具有平方非线性的控制器及压电作动器,作为动力吸振器安装于悬臂梁上,使组合系统满足 1:2内共振条件。当悬臂梁受到简谐激励后,其响应可进入饱和状态,外激励能量自动转移到吸振器上①。

6.3　两自由度线性系统的参激振动*

本节以两自由度线性系统为例,阐明多自由度系统参激振动的一些特点。鉴于线性无阻尼系统可在模态坐标下完全解耦,现讨论系统

$$\begin{cases}\ddot{u}_1+\omega_1^2u_1+2\varepsilon\cos(\omega t)(b_{11}u_1+b_{12}u_2)=0\\ \ddot{u}_2+\omega_2^2u_2+2\varepsilon\cos(\omega t)(b_{21}u_1+b_{22}u_2)=0,\quad 0<\omega_1<\omega_2,\quad 0<\varepsilon\ll 1\end{cases}\tag{6.3.1}$$

其中,$b_{ij}=O(1)$,$i,j\in I_2$。采用多尺度法分析系统的一次近似解,设其为

$$\begin{cases}u_1=u_{10}(T_0,T_1)+\varepsilon u_{11}(T_0,T_1)\\ u_2=u_{20}(T_0,T_1)+\varepsilon u_{21}(T_0,T_1)\end{cases}\tag{6.3.2}$$

将式(6.3.2)代入式(6.3.1),比较 ε 同次幂系数得

$$\varepsilon^0:\quad\begin{cases}D_0^2u_{10}+\omega_1^2u_{10}=0\\ D_0^2u_{20}+\omega_2^2u_{20}=0\end{cases}\tag{6.3.3a}$$

$$\varepsilon^1:\quad\begin{cases}D_0^2u_{11}+\omega_1^2u_{11}=-2D_1D_0u_{10}-(b_{11}u_{10}+b_{12}u_{20})\exp(\mathrm{i}\omega T_0)+\mathrm{cc}\\ D_0^2u_{21}+\omega_2^2u_{21}=-2D_1D_0u_{20}-(b_{21}u_{10}+b_{22}u_{20})\exp(\mathrm{i}\omega T_0)+\mathrm{cc}\end{cases}\tag{6.3.3b}$$

式(6.3.3a)的解形如

① Oueini S S, Nayfeh A H. Experimental Implementation of Saturation Control [M] // van Campen D H. Interaction between Dynamics and Control in Advanced Mechanical Systems. Dordrecht: Kluwer Academic Publishers, 1997: 263-270.

$$\begin{cases} u_{10} = A_1(T_1)\exp(\mathrm{i}\omega_1 T_0) + \mathrm{cc} \\ u_{20} = A_2(T_1)\exp(\mathrm{i}\omega_2 T_0) + \mathrm{cc} \end{cases} \tag{6.3.4}$$

将其代入式(6.3.3b)，得到

$$\begin{cases} \mathrm{D}_0^2 u_{11} + \omega_1^2 u_{11} = -2\mathrm{i}\omega_1 \mathrm{D}_1 A_1 \exp(\mathrm{i}\omega_1 T_0) - \\ \qquad \sum_{k=1}^{2} b_{1k} A_k \left[\exp(\mathrm{i}(\omega_k + \omega)T_0) + \exp(\mathrm{i}(\omega_k - \omega)T_0)\right] + \mathrm{cc} & (6.3.5\mathrm{a}) \\ \mathrm{D}_0^2 u_{21} + \omega_2^2 u_{21} = -2\mathrm{i}\omega_2 \mathrm{D}_1 A_2 \exp(\mathrm{i}\omega_2 T_0) - \\ \qquad \sum_{k=1}^{2} b_{2k} A_k \left[\exp(\mathrm{i}(\omega_k + \omega)T_0) + \exp(\mathrm{i}(\omega_k - \omega)T_0)\right] + \mathrm{cc} & (6.3.5\mathrm{b}) \end{cases}$$

显然，当 $\omega = 2\omega_1$ 或 $\omega = 2\omega_2$ 时，式(6.3.5)右端的方括号中第二项出现永年项，系统会像 5.5 节介绍的单自由度系统那样发生频率为 $2\omega_1$ 或 $2\omega_2$ 的参激共振，即半频共振。以下讨论两种有别于半频共振的参激共振问题。

1. $\omega \approx \omega_1 + \omega_2$

这种情况称为加法型参激组合共振。引入激励频率失调参数

$$\omega = \omega_1 + \omega_2 + \varepsilon\sigma \tag{6.3.6}$$

则有

$$(\omega - \omega_1)T_0 = \omega_2 T_0 + \sigma T_1, \quad (\omega - \omega_2)T_0 = \omega_1 T_0 + \sigma T_1 \tag{6.3.7}$$

因此，消除式(6.3.5a)和式(6.3.5b)中永年项的条件分别是

$$\begin{cases} 2\mathrm{i}\omega_1 \mathrm{D}_1 A_1 + b_{12}\bar{A}_2 \exp(\mathrm{i}\sigma T_1) = 0 \\ 2\mathrm{i}\omega_2 \mathrm{D}_1 A_2 + b_{21}\bar{A}_1 \exp(\mathrm{i}\sigma T_1) = 0 \end{cases} \tag{6.3.8}$$

这组一阶线性偏微分方程可改写为一个二阶线性偏微分方程

$$\mathrm{D}_1^2 A_1 - \mathrm{i}\sigma \mathrm{D}_1 A_1 - \frac{b_{12}b_{21}}{4\omega_1\omega_2} A_1 = 0 \tag{6.3.9}$$

由式(6.3.9)求得一组特解

$$A_1 = a_1 \exp(-\mathrm{i}\lambda T_1), \quad A_2 = a_2 \exp(\mathrm{i}(\bar{\lambda} + \sigma)T_1) \tag{6.3.10}$$

其中

$$\lambda \equiv -\frac{1}{2}\left(\sigma \pm \sqrt{\sigma^2 - \beta}\right), \quad \beta \equiv \frac{b_{12}b_{21}}{\omega_1\omega_2} \tag{6.3.11}$$

a_1 和 a_2 是复积分常数。显然，当且仅当 $\sigma^2 \geqslant \beta$ 时 $\mathrm{i}\lambda$ 为纯虚数，从而 A_1 和 A_2 有界。所以，当 $b_{12}b_{21} < 0$ 时，系统运动总是稳定的；而当 $b_{12}b_{21} > 0$ 时，系统会有不稳定运动。在 (ε, ω) 平面上，对应稳定和不稳定解的参数区边界近似为两根直线

$$\omega = \omega_1 + \omega_2 \pm \varepsilon\sqrt{\beta} + o(\varepsilon) = \omega_1 + \omega_2 \pm \varepsilon\sqrt{\frac{b_{12}b_{21}}{\omega_1\omega_2}} + o(\varepsilon) \tag{6.3.12}$$

当 $|\omega - (\omega_1 + \omega_2)| < \varepsilon\sqrt{\beta}$ 时，系统产生振幅无限的参激组合共振。

2. $\omega \approx \omega_2 - \omega_1$

这种情况称为减法型参激组合共振，其结果可从上一情形的结果中改变 ω_1 的正负号来

得到。显然,当 $b_{12}b_{21}>0$ 时,系统的运动总是稳定的;当 $b_{12}b_{21}<0$ 时,系统会有不稳定运动。在(ε,ω)平面上,对应稳定和不稳定解的参数区边界为

$$\omega=\omega_2-\omega_1\pm\varepsilon\sqrt{-\frac{b_{12}b_{21}}{\omega_1\omega_2}}+o(\varepsilon) \tag{6.3.13}$$

最后指出,若系统自由度超过二,则可能出现多重组合共振问题。例如,对于三自由度系统,有可能出现 $\omega\approx\omega_1+\omega_2$ 并且 $\omega\approx\omega_3-\omega_2$ 的情况。消除永年项的条件增加到三个,计算过程较为复杂[①]。

6.4 多自由度非线性系统的降阶分析*

当非线性系统的自由度数大于二时,前述多尺度法的计算结果会非常复杂。庆幸的是,工程中的绝大多数非线性系统是耗散系统,其稳态振动仅由派生系统的少数几个模态主导。例如,主共振由单个模态主导,而1∶2和1∶3内共振由两个模态主导。通常,人们将外激励直接激发的模态和以内共振方式间接激发的模态称为主导模态,认为系统耗散因素会使非主导模态的贡献趋于零。因此,许多学者直接略去非主导模态(简称传统模态截断),用多尺度法研究系统的主导模态响应,并解决了直梁、平板等含立方非线性项的系统主共振问题。

20世纪90年代,美国力学家Nayfeh及其合作者发现,采用传统模态截断处理含平方非线性项的系统时会给出错误结果。随后,人们在研究含初始曲率结构(如曲梁、悬索、屈曲梁)的大幅振动时,发现了类似问题。因此,本节介绍如何对基于传统模态截断的多尺度法进行改进,并讨论由此引出的模型降阶问题。

6.4.1 多尺度法的改进

如果在传统模态截断时保留较多模态,自然可提高后续多尺度分析的精度,但因没有充分利用主导模态,其推导和结果都很复杂。为此,Nayfeh等对多尺度法进行改进,提出两类新格式[②③]:基于全基离散模型的多尺度法和基于连续偏微分方程的直接多尺度法。本小节介绍全基离散模型的多尺度法,并将其与传统模态截断的多尺度法进行比较。

1. 全基离散模型的多尺度法

首先,选择非线性系统的派生系统前 n 个模态坐标,构建原非线性系统的高精度离散模型。此处 n 的取值足够大,以确保离散模型可真实描述原非线性系统(尤其是连续系统),并称其为全基离散模型。现考察由 n 个模态坐标描述的全基离散模型动力学方程

$$\ddot{u}_l+\omega_l^2u_l=-2\mu_l\dot{u}_l+\sum_{i,j=1}^{n}\alpha_{lij}u_iu_j+\sum_{i,j,k=1}^{n}\beta_{lijk}u_iu_ju_k+f_l\cos(\omega t),\quad l\in I_n \tag{6.4.1}$$

其中,$\omega_l>0$ 是派生系统的第 l 阶固有频率,诸固有频率间无内共振关系;μ_l 为第 l 阶模态阻

---

① 褚亦清,李翠英. 非线性振动分析[M]. 北京:北京理工大学出版社,1996:1105-1106.

② Nayfeh A H, Lacarbonara W. On the Discretization of Spatially Continuous Systems with Quadratic and Cubic Nonlinearities[J]. JSME International Journal, Series C, 1998, 41: 510-531.

③ Lacarbonara W, Rega G, Nayfeh A H. Resonant Non-linear Normal Modes, Part I: Analytical Treatment for Structural One-dimensional Systems[J]. International Journal Non-Linear Mechanics, 2003, 38: 851-872.

尼系数；α_{lij} 和 β_{lijk} 分别为系统的平方项系数和立方项系数；$f_l\cos(\omega t)$ 为模态激励。

现研究式(6.4.1)在派生系统的第 m 阶固有频率 ω_m 处的主共振，为突出主导模态坐标的作用，引入弱阻尼和弱激励条件

$$\mu_l=\varepsilon^2\hat{\mu}_l,\quad f_l=\varepsilon^3\hat{f}_l,\quad \omega=\omega_m+\varepsilon^2\sigma,\quad \hat{\mu}_l=O(1),\quad \hat{f}=O(1),\quad \sigma=O(1),\quad l\in I_n \tag{6.4.2}$$

其中，$0<\varepsilon\ll1$ 是任选的小参数。鉴于式(6.4.1)具有强非线性，采用三个时间尺度 $T_0=t$，$T_1=\varepsilon t$，$T_2=\varepsilon^2 t$，求解系统主共振的三尺度展开式，即

$$u_l(t)=\varepsilon u_{l1}(T_0,T_1,T_2)+\varepsilon^2u_{l2}(T_0,T_1,T_2)+\varepsilon^3u_{l3}(T_0,T_1,T_2),\quad l\in I_n \tag{6.4.3}$$

根据式(4.3.2)和式(4.3.4)，将式(6.4.2)和式(6.4.3)代入式(6.4.1)，比较 ε 同次幂，得到线性偏微分方程

$$\varepsilon:\quad \mathrm{D}_0^2u_{l1}+\omega_l^2u_{l1}=0, \tag{6.4.4a}$$

$$\varepsilon^2:\quad \mathrm{D}_0^2u_{l2}+\omega_l^2u_{l2}=-2\mathrm{D}_0\mathrm{D}_1u_{l1}+\sum_{i,j=1}^{n}\alpha_{lij}u_{i1}u_{j1}, \tag{6.4.4b}$$

$$\begin{aligned}\varepsilon^3:\quad \mathrm{D}_0^2u_{l3}+\omega_l^2u_{l3}=&-2\mathrm{D}_0\mathrm{D}_2u_{l1}-2\mathrm{D}_0\mathrm{D}_1u_{l2}-\mathrm{D}_1^2u_{l1}+\sum_{i,j=1}^{n}(\alpha_{lij}+\alpha_{lji})u_{i1}u_{j2}-\\&2\hat{\mu}_l\mathrm{D}_0u_{l1}+\sum_{i,j,k=1}^{n}\beta_{lijk}u_{i1}u_{j1}u_{k1}+\hat{f}_l\cos(\omega_mT_0+\sigma T_2),\quad l\in I_n\end{aligned} \tag{6.4.4c}$$

由于派生系统的第 m 阶模态为主导模态，即 $|u_l|\ll|u_m|$，$l\neq m$，取式(6.4.4a)的解为

$$u_{m1}=A_m(T_1,T_2)\exp(\mathrm{i}\omega_mT_0)+\mathrm{cc},\quad u_{l1}=0,\quad l\in I_n/\{m\} \tag{6.4.5}$$

将式(6.4.5)代入式(6.4.4b)，因派生系统的固有频率间无内共振关系，式(6.4.4b)消除永年项的条件是 $D_1A_m=0$，即复幅值 A_m 与时间 T_1 无关。因此，式(6.4.4b)的解为

$$\begin{cases}u_{m2}=\dfrac{\alpha_{mmm}}{\omega_m^2}A_m\bar{A}_m+\dfrac{\alpha_{mmm}}{\omega_m^2-4\omega_m^2}A_m^2\exp(2\mathrm{i}\omega_mT_0)+\mathrm{cc},\quad l=m & (6.4.6\mathrm{a})\\[2ex] u_{l2}=\dfrac{\alpha_{lmm}}{\omega_l^2}A_m\bar{A}_m+\dfrac{\alpha_{lmm}}{\omega_l^2-4\omega_m^2}A_m^2\exp(2\mathrm{i}\omega_mT_0)+\mathrm{cc},\quad l\neq m & (6.4.6\mathrm{b})\end{cases}$$

在求解式(6.4.4c)时，根据 $|u_l|\ll|u_m|$，$l\in I_n/\{m\}$，可仅求解 u_{m3}。根据复幅值 A_m 与时间 T_1 无关，将式(6.4.4c)简化为

$$\begin{aligned}\mathrm{D}_0^2u_{m3}+\omega_m^2u_{m3}=&-2\mathrm{D}_0\mathrm{D}_2u_{m1}+2\alpha_{mmm}u_{m1}u_{m2}+\sum_{l\neq m}(\alpha_{mml}+\alpha_{mlm})u_{m1}u_{l2}-\\&2\hat{\mu}_m\mathrm{D}_0u_{m1}+\beta_{mmmm}u_{m1}^3+\hat{f}_m\cos(\omega_mT_0+\sigma T_2)\end{aligned} \tag{6.4.7}$$

其中，平方非线性项诱导的 $O(\varepsilon^3)$ 项耦合包含两部分：一是主导模态坐标的一次近似解 u_{m1} 和二阶修正解 u_{m2} 之间的**自耦合项** $u_{m1}u_{m2}$；二是主导模态坐标的一次近似解 u_{m1} 与非主导模态坐标的二阶修正解 u_{l2} 之间的**互耦合项** $u_{m1}u_{l2}$。

将式(6.4.5)和式(6.4.6)代入式(6.4.7)，消除含 $\exp(\mathrm{i}\omega_mT_0)$ 的永年项，得到主导模态坐标的复幅值 A_m 应满足的常微分方程

$$2\mathrm{i}\omega_m(\mathrm{D}_2A_m+\hat{\mu}_mA_m)=\kappa_mA_m|A_m|^2+\frac{\hat{f}_m}{2}\exp(\mathrm{i}\sigma T_2) \tag{6.4.8}$$

其中,κ_m 称为有效非线性项系数,其表达式为

$$\kappa_m\equiv3\beta_{mmmm}+\sum_{l=1}^{n}(\alpha_{mml}+\alpha_{mlm})\left(\frac{2\alpha_{lmm}}{\omega_l^2}+\frac{\alpha_{lmm}}{\omega_l^2-4\omega_m^2}\right) \tag{6.4.9}$$

将式(6.4.8)中的复幅值 A_m 改写为指数函数形式,即

$$A_m(T_2)\equiv\frac{\hat{a}_m(T_2)}{2}\exp(\mathrm{i}b_m(T_2)),\quad b_m(T_2)\equiv\varphi_m(T_2)+\sigma T_2 \tag{6.4.10}$$

类比 5.1.1 节的推导,由式(6.4.8)得到振幅 $a_m(T_2)$ 和初相位 $\varphi_m(T_2)$ 所满足的常微分方程组

$$\begin{cases}\mathrm{D}_2\hat{a}_m=-\hat{\mu}_m\hat{a}_m-\dfrac{\hat{f}_m}{2\omega_m}\sin\varphi_m & (6.4.11\mathrm{a})\\ \hat{a}_m\mathrm{D}_2\varphi_m=-\sigma\hat{a}_m-\dfrac{\kappa_m}{8}\hat{a}_m^3-\dfrac{\hat{f}_m}{2\omega_m}\cos\varphi_m & (6.4.11\mathrm{b})\end{cases}$$

鉴于式(6.4.1)是原非线性系统在其派生系统模态坐标下的动力学方程,通过派生系统的模态坐标变换,可获得对原非线性系统的分析结果。以无量纲化的梁为例,记梁的弯曲振动位移为 $w(x,t)$,$x\in[0,1]$,线性化梁模型的前 n 阶固有振型为 $\psi_l(x)$,$x\in[0,1]$,$l\in I_n$,得到梁的非线性主共振二次近似解

$$\begin{aligned}w(x,t)={}&\varepsilon\hat{a}_m(\varepsilon^2t)\psi_m(x)\cos(\omega t+\varphi_m(\varepsilon^2t))+\\&\frac{1}{2}\varepsilon^2\hat{a}_m^2(\varepsilon^2t)\left[\sum_{l=1}^{n}\frac{\alpha_{lmm}\psi_l(x)}{\omega_l^2}+\left(\sum_{l=1}^{n}\frac{\alpha_{lmm}\psi_l(x)}{\omega_l^2-4\omega_m^2}\right)\cos(2\omega t+2\varphi_m(\varepsilon^2t))\right]+o(\varepsilon^2)\end{aligned} \tag{6.4.12}$$

为了获得稳态主共振,在式(6.4.11)中取 $\mathrm{D}_2\hat{a}_m=0$ 和 $\mathrm{D}_2\varphi_m=0$,将式中的参数替换为原系统参数,得到稳态主共振的幅频方程

$$\left[\mu_m^2+\left(\omega-\omega_m+\frac{\kappa_m}{8}\bar{a}_m^2\right)^2\right]\bar{a}_m^2=\left(\frac{f_m}{2\omega_m}\right)^2,\quad \bar{a}_m\equiv\varepsilon\hat{a}_m \tag{6.4.13}$$

在式(6.4.13)中取 $\mu_m=0$ 和 $f_m=0$,得到系统在主导模态频率 ω_m 附近的非线性自由振动频率

$$\omega_{\mathrm{N}m}(\bar{a}_m)=\omega_m-\frac{\kappa_m}{8}\bar{a}_m^2 \tag{6.4.14}$$

这正是主导模态坐标的主共振幅频响应骨架线方程。值得指出,多自由度非线性系统要实现这样纯主导模态的自由振动,其初始状态必须与主导模态的固有振型成比例。

2. 与传统模态截断多尺度法的比较

在传统模态截断中,仅关注式(6.4.1)中第 m 阶模态坐标 u_m 的动力学方程

$$\ddot{u}_m+\omega_m^2u_m=-2\mu_m\dot{u}_m+\alpha_{mm}u_m^2+\beta_{mmmm}u_m^3+f_m\cos(\omega t) \tag{6.4.15}$$

用多尺度法求解式(6.4.15),其慢时变复幅值 A_m 满足常微分方程

$$2\mathrm{i}\omega_m(\mathrm{D}_2A_m+\mu_mA_m)=\tilde{\kappa}_mA_m|A_m|^2+\frac{f_m}{2}\exp(\mathrm{i}\sigma T_2) \tag{6.4.16}$$

其中，有效非线性系数 $\tilde{\kappa}_m$ 为

$$\tilde{\kappa}_m = 3\beta_{mmmm} + 2\alpha_{mmm}\left(\frac{2\alpha_{mmm}}{\omega_m^2} + \frac{\alpha_{mmm}}{\omega_m^2 - 4\omega_m^2}\right) \tag{6.4.17}$$

显然，式(6.4.17)忽略了式(6.4.9)中求和号中所有 $l \neq m$ 的项，未体现主导模态与非主导模态的耦合。因此，式(6.4.5)和式(6.4.6)展示了全基离散模型多尺度法和传统模态截断多尺度法的区别。即在 $O(\varepsilon)$ 阶分析时仅保留主导模态坐标 u_{m1}，但在 $O(\varepsilon^2)$ 阶分析时考虑主导模态坐标的二阶修正解 u_{m2} 和非主导模态坐标的二阶修正解 u_{l2}，并将两者均视为一次近似解 u_{m1} 的函数。

研究表明：尽管非主导模态坐标幅值远小于主导模态坐标幅值，但非线性会诱发两类坐标的跨阶次耦合，即式(6.4.4c)中第一个求和号中的 $u_{i1}u_{j2}$，这将对有效非线性系数产生重要影响。传统模态截断法无法完整描述这种跨阶次耦合作用，有可能导致错误结果。

为了进行对比，根据式(6.4.16)与式(6.4.8)的相似性，将式(6.4.13)中的 κ_m 替换为 $\tilde{\kappa}_m$，得到对应传统模态截断的主导模态坐标主共振的幅频响应骨架线方程

$$\tilde{\omega}_{\mathrm{N}m}(\bar{a}_m) = \omega_m - \frac{\tilde{\kappa}_m}{8}\bar{a}_m^2 \tag{6.4.18}$$

显然，有效非线性系数 κ_m 和 $\tilde{\kappa}_m$ 的正负号将决定主共振幅频响应骨架线呈现刚度渐硬或渐软特性。已有研究表明，对于平方/立方非线性系统，式(6.4.18)将低估平方非线性项引起的主共振幅频响应刚度渐软特性①。

例 6.4.1　考察非线性弹性地基上受简谐激励的两端铰支细长梁，其无量纲化的动力学方程为

$$\frac{\partial^2 w(x,t)}{\partial t^2} + 2\mu\frac{\partial w(x,t)}{\partial t} + \frac{\partial^4 w(x,t)}{\partial x^4} + k_2 w^2(x,t) + k_3 w^3(x,t) = f_0\cos(\omega t) \tag{a}$$

其中，$\mu=0.0035$，$k_2=3000$，$k_3=10000$。在派生系统的第 3 阶固有频率附近，分别用全基离散模型多尺度法和传统模态截断的多尺度法分析该系统的主共振响应。

解　取 $n=10$ 和 $m=3$，两端铰支梁的固有振型为

$$\psi_l(x) = \sqrt{2}\sin(l\pi x), \quad l \in I_{10} \tag{b}$$

将梁的横向位移表示为

$$w(x,t) = \sum_{l=1}^{n}\psi_l(x)u_l(t) \tag{c}$$

将式(c)代入式(a)后分别与各固有振型做内积，即可得到式(6.4.1)中的系数

$$\begin{cases} \omega_l = (l\pi)^2, \quad \mu_l = \mu\int_0^1 \psi_l^2(x)\mathrm{d}x = \mu, \quad f_l = f_0\int_0^1 \psi_l(x)\mathrm{d}x \\ \alpha_{lij} = -k_2\int_0^1 \psi_l(x)\psi_i(x)\psi_j(x)\mathrm{d}x, \quad \beta_{lijk} = -k_3\int_0^1 \psi_l(x)\psi_i(x)\psi_j(x)\psi_k(x)\mathrm{d}x, \quad l,i,j,k \in I_{10} \end{cases} \tag{d}$$

在 Maple 平台上计算式(d)，将结果代入式(6.4.9)和式(6.4.17)，得到有效非线性系数

① Rega G, Lacarbonara W, Nayfeh A H. Reduction Methods for Nonlinear Vibrations of Spatially Continuous Systems with Initial Curvature[M]//Dao N, Kreuzer E. Solid Mechanics and Its Applications 77. Dordrecht: Springer-Verlag, 2000: 235-246.

$\kappa_3=272497$ 和 $\tilde{\kappa}_3=-44391.2$。根据式(6.4.13)和式(6.4.18),得到图 6.4.1 中粗实线表示的主共振幅频响应骨架线。选择 $f_3=0.002,0.004,0.006$,取上述 κ_3 和 $\tilde{\kappa}_3$ 替换式(6.4.13)中的 κ_m,分别绘制三组主共振幅频响应曲线,得到图 6.4.1(a)和图 6.4.1(b)。图中的数值计算结果表明,全基离散模型多尺度法可准确获得主共振的幅频响应;而图中基于传统模态截断多尺度法的结果有误,未能预测平方非线性项引起的幅频响应刚度渐软特性。

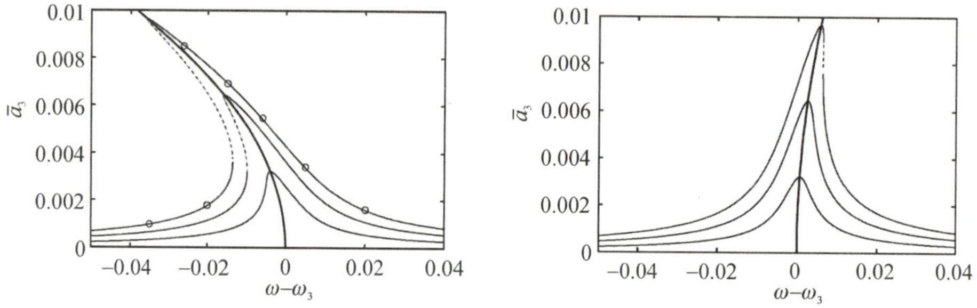

(a) 全基离散模型多尺度法　　(b) 传统模态截断多尺度法

图 6.4.1　非线性梁的稳态主共振幅频响应对比

(粗实线:骨架线;细实线:稳定响应;细虚线:不稳定响应;圆圈:数值解)

6.4.2　模型降阶问题

在 6.4.1 节的讨论中,虽然式(6.4.1)是非自治系统,但根据式(6.4.2)引入的弱激励假设,式(6.4.1)的 $O(\varepsilon^2)$ 量级振动满足式(6.4.4b)。该式是自治系统,因此可构造主导模态坐标对非主导模态坐标的支配关系,即式(6.4.6b)中的 $u_{l2}=u_{l2}(A_m), l\in I_n/\{m\}$。由此可将 n 自由度系统的主共振问题简化为单自由度系统的主共振问题,该过程可称为降阶分析或模型降阶。

在多自由度非线性系统的研究中,模型降阶有许多方法。最简单的模型降阶方法是传统模态截断,即直接取 $u_l=0, l\in I_n/\{m\}$。精度稍高的模型降阶方法是静态缩聚,又称绝热近似,其要点是:区分描述非线性系统动力学的快慢变量,选择某些变化非常快的变量,忽略其惯性效应,获得慢变量对快变量的静态支配关系①。在 6.4.1 节构造式(6.4.6b)时,已计入 $l\neq m$ 的非主导模态坐标动力学效应,所以式(6.4.6b)可视为对非主导模态坐标的动态缩聚,这无疑具有更高精度。无论是静态缩聚还是动态缩聚,其共同特点是:构造主导变量对非主导变量的支配关系,而不像传统模态缩聚那样直接删除非主导变量。

现讨论如何将式(6.4.6b)中的支配关系 $u_{l2}(A_m)$ 转化为 $u_l(u_m,\dot{u}_m)$②。利用关系

$$u_{m1}=A_m\exp(\mathrm{i}\omega_m t)+\bar{A}_m\exp(-\mathrm{i}\omega_m t),\quad \dot{u}_{m1}=\mathrm{i}\omega_m[A_m\exp(\mathrm{i}\omega_m t)-\bar{A}_m\exp(-\mathrm{i}\omega_m t)] \tag{6.4.19}$$

解出

$$A_m\exp(\mathrm{i}\omega_m t)=\frac{1}{2\mathrm{i}\omega_{m1}}(\mathrm{i}\omega_m u_{m1}+\dot{u}_{m1}),\quad \bar{A}_m\exp(-\mathrm{i}\omega_m t)=\frac{1}{2\mathrm{i}\omega_m}(\mathrm{i}\omega_m u_{m1}-\dot{u}_{m1}) \tag{6.4.20}$$

---

① 胡海岩. 力学工程问题[M]. 北京:科学出版社,2024:108-109

② Guo T D, Rega G. Reduced-order Modeling of Geometrical Nonlinear Structures, Part II: Correspondence and Unified Perspectives on Different Reduction Techniques [J]. Nonlinear Dynamics, 2023. 111: 19655-19684.

由此得到

$$2A_m\bar{A}_m=\frac{u_{m1}^2}{2}+\frac{\dot{u}_{m1}^2}{2\omega_m^2},\quad A_m^2\exp(2\mathrm{i}\omega_m t)+\mathrm{cc}=\frac{u_{m1}^2}{2}-\frac{\dot{u}_{m1}^2}{2\omega_m^2}\tag{6.4.21}$$

将式(6.4.21)代入式(6.4.6b),得到

$$u_{l2}(u_{m1},\dot{u}_{m1})=\frac{\alpha_{lmm}}{\omega_l^2}\left(\frac{u_{m1}^2}{2}+\frac{\dot{u}_{m1}^2}{2\omega_m^2}\right)+\frac{\alpha_{lmm}}{\omega_l^2-4\omega_m^2}\left(\frac{u_{m1}^2}{2}-\frac{\dot{u}_{m1}^2}{2\omega_m^2}\right),\quad l\in I_n/\{m\}\tag{6.4.22}$$

采用关系 $u_m=\varepsilon u_{m1}+o(\varepsilon)$,$u_l=\varepsilon^2u_{l2}+o(\varepsilon^2)$,$l\in I_n$,可将式(6.4.22)改写为

$$u_l(u_m,\dot{u}_m)=\frac{\alpha_{lmm}}{\omega_l^2}\left(\frac{u_m^2}{2}+\frac{\dot{u}_m^2}{2\omega_m^2}\right)+\frac{\alpha_{lmm}}{\omega_l^2-4\omega_m^2}\left(\frac{u_m^2}{2}-\frac{\dot{u}_m^2}{2\omega_m^2}\right)+o(\varepsilon^2),\quad l\in I_n/\{m\}\tag{6.4.23a}$$

将式(6.4.23a)对时间 t 求导数,利用近似关系 $\ddot{u}_m\approx-\omega_m^2u_m$,可得到

$$\dot{u}_l(u_m,\dot{u}_m)=\frac{2\alpha_{lmm}}{\omega_l^2-4\omega_m^2}u_m\dot{u}_m+o(\varepsilon^2),\quad l\in I_n/\{m\}\tag{6.4.23b}$$

式(6.4.23)是前述 n 自由度非线性系统振动趋于稳态主共振时应满足的约束条件。

从几何角度看,将$(u_m,\dot{u}_m,u_l)$视为三维空间的坐标,则式(6.4.23a)的右端两项分别是椭圆抛物面和双曲抛物面,式(6.4.23b)的右端项则为双曲抛物面。因此,式(6.4.23)描述嵌入在 $2n$ 维相空间中的 2 维子流形。受式(6.4.23)的制约,前述 n 自由度非线性系统的渐近稳定主共振会趋于该子流形。当系统主共振抵达该子流形后,其振幅和初相位将随着时间 ε^2t 趋于定常,成为周期振动,即子流形上的闭轨。

例 6.4.2　对于例 6.4.1 所给的非线性弹性地基上的两端铰支细长梁及其参数,取激励参数 $f_3=0.06$ 和 $\omega=\omega_3-0.02$,考察系统相轨线的演化。

解　采用例 6.4.1 的参数和式(a)～式(c),得到由 10 个模态位移和 10 个模态速度为状态变量的常微分方程组。选择不同初始条件对微分方程组进行数值求解,将得到的相轨线投影到三维相空间$(u_3,\dot{u}_3,u_1)$,得到图 6.4.2 所示结果。其中,图 6.4.2(a)表明系统相轨线先趋于子流形 $u_1(u_3,\dot{u}_3)$,再在该子流形上趋于周期振动对应的闭轨;图 6.4.2(b)给出振幅不同的两个稳态主共振周期振动在该子流形上形成的两条闭轨。受式(6.4.23)的制约,从上述子流形上任意点出发的系统相轨线将始终位于该子流形上,故这类子流形为不变子流形。

对于 n 自由度非线性系统,其渐近稳定振动均有类似的动力学演化性质,即趋于某个低维不变子流形。当然,若 n 自由度非线性系统所对应派生系统的两个固有频率满足内共振关系,则系统的渐近稳定振动将趋于 $2n$ 维相空间中的某个 4 维不变子流形,其分析过程比本节的主共振分析要复杂许多。

自 20 世纪 90 年代以来,以美国力学家 Shaw、瑞士匈牙利裔力学家 Haller 为代表的一批学者基于不变子流形概念研究高维非线性系统的降阶方法,已取得丰富成果①②,并研制了计算软件。虽然他们得到的不变子流形表达式与式(6.4.23)不尽相同,但都描述了高维非线性

① Shaw S W, Pierre P. Normal Modes for Non-linear Vibratory Systems [J]. Journal of Sound and Vibration, 1993, 164: 85-124.

② Haller G, Ponsioen S. Nonlinear Normal Modes and Spectral Submanifolds: Existence, Uniqueness and Use in Model Reduction [J]. Nonlinear Dynamics, 2016, 86: 1-42.

彩图

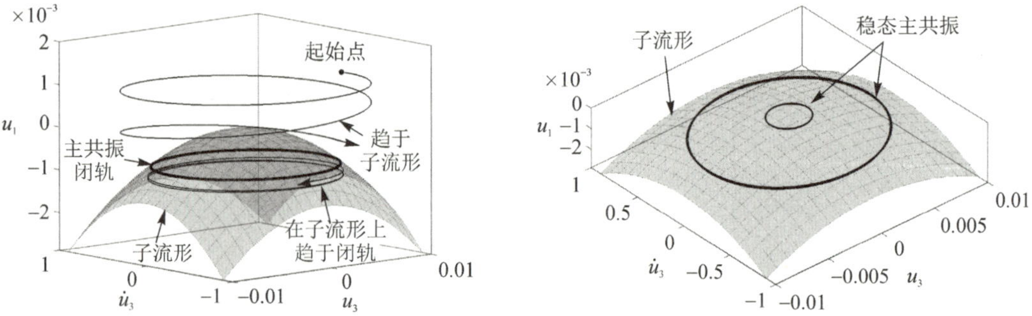

(a) 系统相轨线趋于子流形$u_1(u_3,\dot{u}_3)$上的闭轨　　(b) 两个稳态主共振在子流形$u_1(u_3,\dot{u}_3)$上的闭轨

图 6.4.2　非线性梁主共振降阶分析的几何意义

系统的渐近稳定运动趋于某个低维不变子流形的物理本质。

习　题

6－1　思考和列举工程中的多自由度非线性振动问题，分别举例说明系统的自由振动、受迫振动、自激振动。

6－2　针对例 2.2.1 所介绍的我国台北 101 大厦的两自由度简化模型，给出产生内共振的条件。

6－3　设计一个具有弯扭耦合的梁结构，使其满足 $\omega_1\approx\omega_2$ 的内共振条件。

6－4　对于例 6.1.1 的重力场中弹簧摆系统，在 Maple 平台上再现图 6.1.1(b)中的内共振现象。

6－5　考察两自由度系统

$$\begin{cases}\ddot{u}_1+\omega_1^2u_1+b_1u_1^2u_2=0\\ \ddot{u}_2+\omega_2^2u_2+b_2u_1^3=0\end{cases}$$

其中，$\omega_2\approx3\omega_1$，$b_1,b_2=O(1)$；在 Maple 平台上，求解系统自由振动的一次近似解。

6－6　考察由两个 Van der Pol 振子耦合组成的自激振动系统

$$\begin{cases}\ddot{u}_1+\omega_1^2u_1=\varepsilon(1-u_1^2)\dot{u}_1+\varepsilon b_1u_2\\ \ddot{u}_2+\omega_2^2u_2=\varepsilon(1-u_2^2)\dot{u}_2+\varepsilon b_2u_1\end{cases}$$

其中，$\omega_2\approx\omega_1$，$b_1,b_2=O(1)$，$0<\varepsilon\ll1$；在 Maple 平台上，求系统振动一次近似解。

6－7　考察简谐激励下的两自由度系统

$$\begin{cases}\ddot{u}_1+\omega_1^2u_1=-2\varepsilon\mu_1\dot{u}_1+\varepsilon b_1u_1u_2+F_1\cos(\omega t)\\ \ddot{u}_2+\omega_2^2u_2=-2\varepsilon\mu_2\dot{u}_2+\varepsilon b_2u_1^2+F_2\cos(\omega t)\end{cases}$$

其中，$\omega_2\approx2\omega_1$，$b_1,b_2=O(1)$，$0<\varepsilon\ll1$；在下述激励条件下求系统振动一次近似解：

(a) $\omega\approx\omega_1/2$；

(b) $\omega\approx\omega_1+\omega_2$。

6－8　考察两自由度系统

$$\begin{cases}\ddot{u}_1+\omega_1^2u_1=-2\varepsilon\mu_1\dot{u}_1-\varepsilon\dfrac{\partial V}{\partial u_1}+2F_1\cos(\omega_1t)\\ \ddot{u}_2+\omega_2^2u_2=-2\varepsilon\mu_2\dot{u}_2-\varepsilon\dfrac{\partial V}{\partial u_2}+2F_2\cos(\omega_2t)\end{cases}$$

其中，$\mu_1,\mu_2=O(1)$，$0<\varepsilon\ll 1$，V 为势函数

$$V=b_1u_1^4+b_2u_1^3u_2+b_3u_1^2u_2^2+b_4u_1u_2^3+b_5u_2^4$$

在 Maple 平台上，推导发生组合共振的条件。

6-9　考察式(6.2.1)～式(6.2.3)所描述的两自由度平方非线性系统在内共振条件下的受迫振动问题，其中 $f_1=0$。现将耦合项 $b_1u_1(t)u_2(t)$ 视为 $u_2(t)$ 对 $u_1(t)$ 的参数激励，而内共振条件 $\omega_2\approx 2\omega_1>0$ 类比于 Mathieu 方程的共振条件，思考是否可按 Mathieu 方程的参激振动来定性讨论 f_2 超过某个门槛值后系统响应的饱和现象与渗透现象。

6-10　考察两自由度系统的参激振动问题

$$\begin{cases}\ddot{u}_1+\omega_1^2u_1+2\mu_1\dot{u}_1+b_{11}u_1^3+b_{12}u_1^2u_2+b_{13}u_1u_2^2+b_{14}u_2^3+\\ \quad 2(c_{11}u_1+c_{12}u_2)\cos(\omega t)=0\\ \ddot{u}_2+\omega_2^2u_2+2\mu_2\dot{u}_2+b_{21}u_1^3+b_{22}u_1^2u_2+b_{23}u_1u_2^2+b_{24}u_2^3+\\ \quad 2(c_{21}u_1+c_{22}u_2)\cos(\omega t)=0\end{cases}$$

其中，$\omega_2\approx 3\omega_1$，其余参数均为正；针对如下激励条件，用多尺度法求振动一次近似解：

(a) $\omega\approx 2\omega_1$；

(b) $\omega\approx 2\omega_2$；

(c) $\omega\approx\omega_1+\omega_2$。

6-11　考察两自由度系统

$$\begin{cases}\ddot{u}_1+2\mu_1\dot{u}_1+\omega_1^2u_1-b_{11}u_1u_2-b_{12}u_2^2=F_1\cos(\omega t)\\ \ddot{u}_2+2\mu_2\dot{u}_2+\omega_2^2u_2-b_{21}u_1^2-b_{22}u_1u_2=0\end{cases}$$

其中，$\omega_2=\omega_1+O(1)$，其余参数均为正；用多尺度法研究如下问题：

(a) 系统满足弱阻尼、弱激励条件，且 $\omega\approx\omega_1$，求系统主共振的一次近似解和二次近似解；

(b) 完成(a)后，证明该系统可降阶为单自由度系统：即一次近似解适用于小幅线性振动，可直接忽略 u_2 对 u_1 的影响；二次近似解适用于非线性振动，需计入 u_2 对 u_1 的影响；

(c) 用多尺度法构造$(u_1,\dot{u}_1)$对$(u_2,\dot{u}_2)$的支配关系，选取合适的系统参数，绘制曲面 $u_2(u_1,\dot{u}_1)$和 $\dot{u}_2(u_1,\dot{u}_1)$；

(d) 忽略阻尼和外激励，求解 u_1 为主导模态坐标时的系统非线性自由振动频率。

6-12　考察三自由度系统

$$\begin{cases}\ddot{u}_1+2\mu_1\dot{u}_1+\omega_1^2u_1-b_{11}u_1u_2-b_{12}u_2^2-b_{13}u_1u_3=F_1\cos(\omega t)\\ \ddot{u}_2+2\mu_2\dot{u}_2+\omega_2^2u_2-b_{21}u_1^2-b_{22}u_1u_2-b_{23}u_2u_3=0\\ \ddot{u}_3+2\mu_3\dot{u}_3+\omega_3^2u_3-b_{31}u_1^2-b_{32}u_2^2-b_{33}u_1u_2=0\end{cases}$$

其中，$\omega_2\approx 2\omega_1$，其余参数均为正；用多尺度法研究如下问题：

(a) 系统满足弱阻尼、弱激励条件，且 $\omega\approx\omega_1$，求系统主共振的一次近似解和二次近似解；

(b) 在完成(a)的基础上，证明该系统可降阶为两自由度系统：即求一次近似解时可直接忽略 u_3 对 u_1 和 u_2 的影响；求二次近似解时不能忽略 u_3 的上述影响，构造 u_1 和 u_2 对 u_3 的支配关系。

第7章 运动稳定性与分岔理论

在非线性动力学研究中，系统运动稳定性及其对系统参数的依赖性属于基本问题。最初，人们致力于先获得非线性系统的解，再研究解的稳定性及其对系统参数的依赖性，但进展非常缓慢。19世纪30年代至40年代，有两件大事促使人们转变研究思路。一是1835年法国数学家柯西(Augustin L. Cauchy，1789—1857)证明，常微分方程初值问题在相当宽的条件下具有存在性和唯一解；二是1841年法国数学家Liouville证明，虽然以意大利数学家黎卡提(Jacopo F. Riccati，1676—1754)名字命名的Riccati方程很简单，但其解无法用初等函数或其积分表示。这表明，虽然非线性微分方程有解，但求解并非易事。

此后，人们开始根据微分方程的向量场结构来研究解的特性。1881—1886年，法国数学力学家Poincaré在研究天体力学问题中开创了对微分方程所确定的解曲线特性的研究。1882—1892年，俄罗斯数学力学家李雅普诺夫(Aleksandr M. Lyapunov，1857—1918)在其博士论文中开创了对系统运动稳定性的研究。进入20世纪后，基于现代几何的微分方程定性研究取得许多重要进展，如苏联数学家安德洛诺夫(Aleksendr A. Andronov，1901—1952)等对二维系统局部及全局特性的研究，美国数学家伯克霍夫(George D. Birkhoff，1884—1944)对向量场规范型的研究，美国数学家Smale用符号动力学方法对解的拓扑结构的研究等。

本书第3章已对二维自治系统做了定性分析，本章将研究对象从二维扩展到高维，并进行更深入的分析。为了帮助读者阅读近代文献，本章采用相对抽象的数学描述，但通常以简单的低维系统为例，阐述基本概念和力学意义。

7.1 自治系统平衡点的稳定性

考察 n 维非线性自治系统

$$\dot{\boldsymbol{u}}=\boldsymbol{f}(\boldsymbol{u}),\quad \boldsymbol{u}\in U\subset\mathscr{R}^n,\quad \boldsymbol{f}:U\subset\mathscr{R}^n\rightarrow\mathscr{R}^n \tag{7.1.1}$$

记 $\boldsymbol{u}_s\in U$ 是系统的孤立平衡点，满足 $\boldsymbol{f}(\boldsymbol{u}_s)=\boldsymbol{0}$。不失一般性，可取 $\boldsymbol{u}_s=\boldsymbol{0}$。否则，可将平衡点 $\boldsymbol{u}_s$ 作为原点建立新坐标系，对式(7.1.1)实施坐标变换，进而研究其原点的稳定性。

本节研究上述 n 维系统在原点的稳定性，即系统在原点受小扰动后是否返回原点。3.1节对二维自治系统平衡点的稳定性定义采用向量函数描述，完全适用于此处的系统原点。这样的稳定性概念出自Lyapunov的研究，称作Lyapunov意义下的稳定性。

7.1.1 Lyapunov直接方法

在3.4节，已根据系统总能量随时间的变化率考察了系统运动趋势。历史上，Lyapunov

最早提出这一思路，研究了如何针对微分方程构造类似于能量的某种函数，通过计算该函数随系统运动的时间变化率来判断系统稳定性。该方法不必求解微分方程，因此被称为研究运动稳定性的Lyapunov 直接方法，应用该方法时所需构造的函数被称为Lyapunov 函数。

1. Lyapunov 函数

定义 7.1.1　考察以向量 $\boldsymbol{u}\in U\subset\mathcal{R}^n$ 为自变量的单值连续可微标量函数

$$V(\boldsymbol{u})\equiv V(u_1,u_2,\cdots,u_n),\quad V(\mathbf{0})=0 \tag{7.1.2}$$

其定义域为 n 维球体

$$U\equiv\{\boldsymbol{u}\mid\|\boldsymbol{u}\|\leqslant R\},\quad R>0 \tag{7.1.3}$$

如果在 U 内恒有 $V(\boldsymbol{u})\geqslant 0$ 或 $V(\boldsymbol{u})\leqslant 0$，则称 $V(\boldsymbol{u})$ 为正常号函数或负常号函数，统称为常号函数；否则称为变号函数。

定义 7.1.2　对于常号函数 $V(\boldsymbol{u})$，若当且仅当 $\boldsymbol{u}=\mathbf{0}$ 时，$V=0$，则称正常号函数 $V(\boldsymbol{u})$ 为正定函数，负常号函数 $V(\boldsymbol{u})$ 为负定函数，通称为定号函数。如果 $V=0$ 不等价于 $\boldsymbol{u}=\mathbf{0}$，则称正常号函数 $V(\boldsymbol{u})$ 为半正定函数，负常号函数 $V(\boldsymbol{u})$ 为半负定函数，统称为半定号函数。

例如，二次型是最常用的常号函数，线性代数理论已给出了二次型正定、半正定等判据。以 $n=3$ 为例，不难验证下述三种情况：

(a) $V(u_1,u_2,u_3)=u_1^2+u_2^2+u_3^2$ 是正定函数；

(b) $V(u_1,u_2,u_3)=u_1^2+u_2^2$ 是正常号函数，因为对于 $u_3\neq 0$ 有 $V(0,0,u_3)=0$；

(c) $V(u_1,u_2,u_3)=u_1^2+u_2^2-u_3^2$ 是变号函数，因为有 $V(1,0,0)=1, V(0,0,1)=-1$。

现以 $n=2$ 为例，说明正定函数 $V(u_1,u_2)$ 的几何意义。在 U 中取原点的任一邻域 $\Omega=\{(u_1,u_2)\mid u_1^2+u_2^2<\delta\}$，记其边界为 $\partial\Omega$。根据 $V(u_1,u_2)$ 的正定性质，易见

$$V_{\mathrm{m}}\equiv\min_{(u_1,u_2)\in\partial\Omega}V(u_1,u_2)>0 \tag{7.1.4}$$

现取一常数 c 满足 $0<c<V_{\mathrm{m}}$，则 $V(u_1,u_2)=c$ 是 (u_1,u_2) 平面上的曲线。参考图 7.1.1，从原点 O 任做一直线与 $\partial\Omega$ 相交于点 P。根据 $V(0,0)=0$，$V(u_1,u_2)=c$ 以及 $V(u_1,u_2)$ 的连续性，函数 V 将在线段 OP 上某点 Q 取值为 c。因该直线任意，故 $V(u_1,u_2)=c$ 是包围原点的闭曲线。根据函数 $V(u_1,u_2)$ 的连续性，当 $c\to 0$ 时，闭曲线 $V(u_1,u_2)=c$ 收缩到原点。当 $n>2$ 时，只要将曲线改为曲面或超曲面，结论相同。

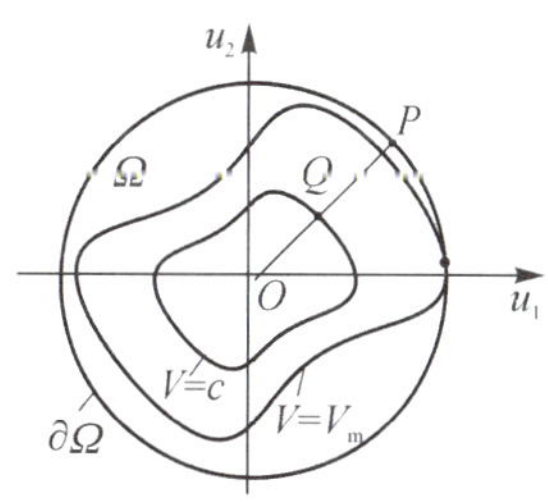

图 7.1.1　正定函数的几何意义

读者或许认为，若 $c_2<c_1$，则闭曲线 $V(u_1,u_2)=c_2$ 包含在闭曲线 $V(u_1,u_2)=c_1$ 之内；即当 $c\to 0$ 时，闭曲线 $V(u_1,u_2)=c$ 向原点的收缩过程单调。事实上，很容易举出反例。例如，极坐标系中的下述二元函数是正定的

$$V(r,\theta)=\begin{cases}r^4\left[2+\cos(1/r)\right](1+\theta^2), & r\neq 0\\ 0, & r=0\end{cases} \tag{7.1.5}$$

它在原点附近的剖面 $V(r,0)$ 如图 7.1.2 所示；当 $c\to 0$ 时，$V(r,0)=c$ 的收缩过程并非单调。

2. 稳定性分析

定理 7.1.1(稳定性定理)　对于定号函数 $V(\boldsymbol{u})$，定义其沿式(7.1.1)的相轨线上全导数为

$$\dot{V}(\boldsymbol{u}(t))=\mathrm{D}V(\boldsymbol{u})\cdot\dot{\boldsymbol{u}}=\mathrm{D}V(\boldsymbol{u})\cdot\boldsymbol{f}(\boldsymbol{u}) \tag{7.1.6}$$

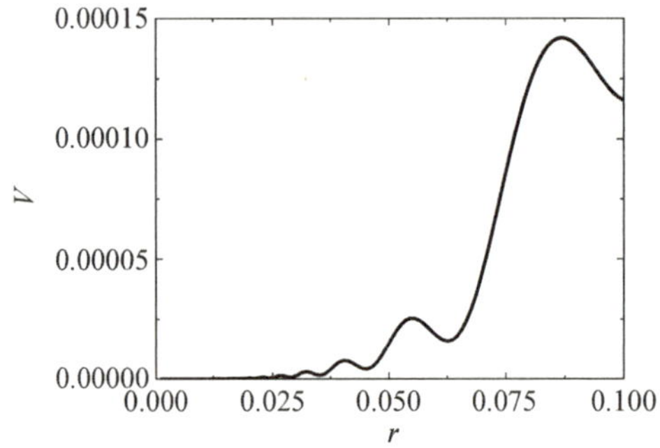

图 7.1.2 正定函数的剖面 $V(r,0)$

若它满足 $\dot{V}(\boldsymbol{u})V(\boldsymbol{u})\leqslant 0$,则系统原点是稳定的。

证明 不妨设 $V(\boldsymbol{u})$是 U 内的正定函数,$\dot{V}(\boldsymbol{u}(t))\leqslant 0$ 是负常号函数或恒为零。以下先导出一个不等式,然后用反证法完成证明。

任给 $\varepsilon>0$,记 $\bar{\varepsilon}$ 为函数 $V(\boldsymbol{u})$在超球面 $\|\boldsymbol{u}\|=\varepsilon$ 上的下确界。因 $V(\boldsymbol{u})$正定,必有 $\bar{\varepsilon}>0$。根据函数 $V(\boldsymbol{u})$在 $\boldsymbol{u}=\boldsymbol{0}$ 的连续性和 $V(\boldsymbol{0})=0$,对于上述 $\bar{\varepsilon}>0$,存在 $0<\delta<\varepsilon$,只要 $\|\boldsymbol{u}_0\|<\delta$,则有 $V(\boldsymbol{u}_0)<\bar{\varepsilon}$。注意到 $\dot{V}(\boldsymbol{u}(t))\leqslant 0$,沿着自 $\boldsymbol{u}(t_0)=\boldsymbol{u}_0$ 出发的相轨线必满足

$$V(\boldsymbol{u}(t))\leqslant V(\boldsymbol{u}_0)<\bar{\varepsilon} \tag{a}$$

现用反证法证明 $\boldsymbol{u}=\boldsymbol{0}$ 稳定。若不然,则存在某个时刻 $t_1>t_0$ 使得 $\|\boldsymbol{u}(t_1)\|=\varepsilon$。注意到 $\bar{\varepsilon}$ 是 $V(\boldsymbol{u})$在 $\|\boldsymbol{u}\|=\varepsilon$ 上的下确界,这连同式(a)可得到矛盾结果

$$\bar{\varepsilon}\leqslant V(\boldsymbol{u}(t_1))\leqslant V(\boldsymbol{u}_0)<\bar{\varepsilon} \tag{b}$$

因此,系统原点 $\boldsymbol{u}=\boldsymbol{0}$ 是稳定的。证毕。

定理 7.1.2(渐近稳定性定理) 对于定号函数 $V(\boldsymbol{u})$,若其沿式(7.1.1)的相轨线上全导数满足 $\dot{V}(\boldsymbol{u})V(\boldsymbol{u})<0$,则系统原点是渐近稳定的。

证明 不妨设 $V(\boldsymbol{u})$是 U 内的正定函数,$\dot{V}(\boldsymbol{u}(t))$是负定函数。根据定理 7.1.1,系统的原点是稳定的。现考察 $\boldsymbol{u}(t)$的渐近性质。由于 $\dot{V}(\boldsymbol{u}(t))<0$,定理 7.1.1 证明中的式(a)可推广为

$$0<V(\boldsymbol{u}_{k+1})<V(\boldsymbol{u}_k)<\cdots<V(\boldsymbol{u}_2)<V(\boldsymbol{u}_1)<V(\boldsymbol{u}_0) \tag{a}$$

其中

$$\boldsymbol{u}_k\equiv u(t_k),\quad t_{k+1}>t_k,\quad k\in\mathscr{Z} \tag{b}$$

此处,$\mathscr{Z}\equiv\{0,1,2,\cdots\}$定义为全体自然数的集合。根据式(a)和式(b),可用反证法推知 $\lim\limits_{k\to+\infty}V(\boldsymbol{u}(t_k))=0$。根据函数 $V(\boldsymbol{u})$的连续性,得到 $\lim\limits_{t\to+\infty}V(\boldsymbol{u}(t))=0$。再根据函数 $V(\boldsymbol{u})$的连续性及正定条件,必有 $\lim\limits_{t\to+\infty}\boldsymbol{u}(t)=\boldsymbol{0}$。证毕。

现从几何角度来理解定理 7.1.1 和 7.1.2。根据前述分析,不妨设 $V(\boldsymbol{u})$是正定函数,对于 $c>0$,$V(\boldsymbol{u})=c$ 是包围原点的闭曲面,将其记为 S。根据上述两个定理的前提,此时

$$\dot{V}(\boldsymbol{u}(t))=\mathbf{D}V(\boldsymbol{u})\cdot\boldsymbol{f}(\boldsymbol{u})\leqslant 0 \tag{7.1.7}$$

这意味着相轨线的切方向与闭曲面 S 的法方向的夹角为钝角或直角。若 $\dot{V}(\boldsymbol{u}(t))<0$,则夹角为钝角,此时相轨线从该闭曲面 S 的外部进入内部,并随着 $c\to 0$ 与闭曲面 S 同时收缩到原

点，即原点渐近稳定。若 $\dot{V}(\boldsymbol{u}(t))=0$，则夹角为直角，此时相轨线与闭曲面 S 相切，并停留在曲面上，原点是稳定的。

例 7.1.1 在研究飞行器姿态控制时，可视飞行器为刚体，用其绕三个惯性主轴的角速度分量 $\omega_i, i\in I_3$ 来描述飞行器的姿态运动。根据刚体动力学，飞行器的受控动力学方程为

$$\begin{cases} J_1\dot{\omega}_1+(J_3-J_2)\omega_2\omega_3=-k_1J_1\omega_1 \\ J_2\dot{\omega}_2+(J_1-J_3)\omega_3\omega_1=-k_2J_2\omega_2 \\ J_3\dot{\omega}_3+(J_2-J_1)\omega_1\omega_2=-k_3J_3\omega_3 \end{cases} \tag{a}$$

其中，$J_i>0, i\in I_3$ 是飞行器绕其惯性主轴的转动惯量，$k_i>0, i\in I_3$ 是线性控制力矩的增益。现给定飞行器角速度为 $\omega_{i0}=0, i\in I_3$，研究飞行器的稳定性。

解 取 Lyapunov 函数为正定二次型

$$V(\omega_1,\omega_2,\omega_3)=J_1\omega_1^2+J_2\omega_2^2+J_3\omega_3^2 \tag{b}$$

其沿式(a)的相轨线全导数是负定函数

$$\dot{V}=2(J_1\omega_1\dot{\omega}_1+J_2\omega_2\dot{\omega}_2+J_3\omega_3\dot{\omega}_3)=-2(k_1J_1\omega_1^2+k_2J_2\omega_2^2+k_3J_3\omega_3^2)<0 \tag{c}$$

因此，飞行器的受控姿态是渐近稳定的。

例 7.1.2 针对刚度软化的 Duffing 系统

$$\ddot{u}+2\zeta\omega_0\dot{u}+\omega_0^2u-\varepsilon\omega_0^2u^3=0,\quad \zeta>0,\quad 0<\varepsilon\ll 1 \tag{a}$$

研究其平衡点(0,0)的稳定性。

解 采用坐标变换 $u_1=u, u_2=\dot{u}$，将式(a)改写为状态向量形式，即

$$\dot{\boldsymbol{u}}=\begin{bmatrix}\dot{u}_1\\ \dot{u}_2\end{bmatrix}=\begin{bmatrix}u_2\\ \omega_0^2(-u_1+\varepsilon u_1^3)-2\zeta\omega_0u_2\end{bmatrix}=\boldsymbol{f}(\boldsymbol{u}) \tag{b}$$

取系统总能量为 Lyapunov 函数

$$V(\boldsymbol{u})=\frac{1}{2}\omega_0^2u_1^2-\frac{\varepsilon}{4}\omega_0^2u_1^4+\frac{1}{2}u_2^2 \tag{c}$$

根据 $0<\varepsilon\ll 1$，存在除去点(0,0)的某个邻域，使 $u_1^2-\varepsilon u_1^4/2>0$，进而在该邻域中恒有 $V>0$。根据式(b)，得到函数 V 沿系统相轨线的全导数

$$\dot{V}=\mathbf{D}V(\boldsymbol{u})\cdot\dot{\boldsymbol{u}}=\omega_0^2(u_1-\varepsilon u_1^3)\dot{u}_1+u_2\dot{u}_2=[\omega_0^2(u_1-\varepsilon u_1^3)+\dot{u}_2]u_2=-2\zeta\omega_0u_2^2\leqslant 0 \tag{d}$$

根据定理 7.1.1，该系统的平衡点(0,0)稳定；但无法用定理 7.1.2 判断其渐近稳定。

为分析平衡点(0,0)的渐近稳定性，对式(c)的 Lyapunov 函数增加修正量，将其定义为

$$V(\boldsymbol{u})=V(u_1,u_2)=\frac{1}{2}\omega_0^2u_1^2-\frac{\varepsilon}{4}\omega_0^2u_1^4+\frac{1}{2}u_2^2+\alpha u_1u_2,\quad \alpha>0 \tag{e}$$

对于充分小的 α 和 $0<\varepsilon\ll 1$，函数 V 在除去点(0,0)的某个邻域内正定。经计算

$$\begin{aligned}\dot{V}&=\mathbf{D}V(\boldsymbol{u})\cdot\dot{\boldsymbol{u}}=\omega_0^2(u_1-\varepsilon u_1^3)\dot{u}_1+u_2\dot{u}_2+\alpha(\dot{u}_1u_2+u_1\dot{u}_2)\\ &=-2\zeta\omega_0u_2^2+\alpha[\omega_0^2(-u_1^2+\varepsilon u_1^4)-2\zeta\omega_0u_1u_2+u_2^2]\end{aligned} \tag{f}$$

对于 $u_2=0$，在除去点(0,0)的某个邻域内，恒有 $\dot{V}=\alpha\omega_0^2(-u_1^2+\varepsilon u_1^4)<0$；对于 $u_2\neq 0$，只要 α 充分小，则式(f)右端的第一项可保证 $\dot{V}<0$。根据定理 7.1.2，平衡点(0,0)渐近稳定。

在例 7.1.2 中，虽然式(c)所定义的函数 $V(u_1,u_2)$ 具有清晰物理意义，但它沿系统相轨线的全导数在相平面的横轴 $D=\{(u_1,u_2)\,|\,u_2=0\}$ 为零，因此无法用定理 7.1.2 判断系统原点

的渐近稳定性。事实上，该系统相轨线在 $u_1\neq0$ 处穿越横轴而不逗留，可不断趋于系统原点。这表明，定理 7.1.2 的条件过于苛刻。

1961 年，美国数学家拉萨尔(Joseph P. La Salle，1916—1983)研究系统相轨线的渐近性质，将定理 7.1.2 中对函数 $V(\boldsymbol{u})$ 沿系统相轨线的全导数定号要求放宽到半定号。

定理 7.1.3(La Salle 定理) 对于定号函数 $V(\boldsymbol{u})$，若其沿式(7.1.1)的相轨线全导数 $\dot V(\boldsymbol{u})$ 满足 $\dot V(\boldsymbol{u})V(\boldsymbol{u})\leqslant 0$，并且集合 $D\equiv\{\boldsymbol{u}\,|\,\dot V(\boldsymbol{u})=0\}$ 不含原点外的任何一段相轨线，则系统原点渐近稳定。

回顾例 7.1.2，式(b)的解与集合 $D=\{(u_1,u_2)\,|\,u_2=0\}$ 的交集是孤立点。根据式(c)和式(d)，可由定理 7.1.3 判断平衡点(0,0)是渐近稳定的。

3. 不稳定性分析

从数学角度看，对于渐近稳定的系统原点，其邻域中的相轨线将随时间 $t\to-\infty$ 而远离该领域。因此，将定理 7.1.2 中的判据改为 $\dot V(\boldsymbol{u})V(\boldsymbol{u})>0$，可判断相轨线是否远离该邻域。鉴于定理 7.1.2 是充分性判据，还可将定号函数 $V(\boldsymbol{u})$ 弱化为在原点的任意邻域内总能取到正值(或负值)。由此得到不稳定性定理。

定理 7.1.4(不稳定性定理) 对于连续可微函数 $V(\boldsymbol{u})$，如果它在原点的任意邻域内总能取到正值(或负值)，并且沿式(7.1.1)的相轨线上全导数正定(或负定)，则系统原点是不稳定的。

例 7.1.3 针对刚度软化的 Duffing 系统

$$\ddot u+2\zeta\omega_0\dot u+\omega_0^2u-\varepsilon\omega_0^2u^3=0,\quad \zeta>0,\quad 0<\varepsilon\ll 1 \tag{a}$$

研究其两个平衡点 $(1/\sqrt{\varepsilon},0)$ 和 $(-1/\sqrt{\varepsilon},0)$ 的稳定性。

解 这两个平衡点对称，只需研究其中之一。对于平衡点 $(1/\sqrt{\varepsilon},0)$，引入坐标变换

$$u_1=u-1/\sqrt{\varepsilon},\quad u_2=\dot u \tag{b}$$

将式(a)改写为

$$\dot{\boldsymbol{u}}=\begin{bmatrix}\dot u_1\\ \dot u_2\end{bmatrix}=\begin{bmatrix}u_2\\ \omega_0^2(2u_1+3\sqrt{\varepsilon}u_1^2+\varepsilon u_1^3)-2\zeta\omega_0u_2\end{bmatrix}=\boldsymbol{f}(\boldsymbol{u}) \tag{c}$$

借鉴例 7.1.2 研究平衡点渐近稳定性的经验，构造 Lyapunov 函数

$$V(\boldsymbol{u})=V(u_1,u_2)=-\omega_0^2\left(u_1^2+\sqrt{\varepsilon}u_1^3+\frac{\varepsilon u_1^4}{4}\right)+\frac{1}{2}u_2^2+\alpha u_1u_2,\quad \alpha>0 \tag{d}$$

显然，若 $u_1>0$，则 $V(u_1,0)<0$。计算 $V(u_1,u_2)$ 沿系统相轨线的全导数，得到

$$\begin{aligned}\dot V&=\mathbf{D}V(\boldsymbol{u})\cdot\dot{\boldsymbol{u}}=-\omega_0^2(2u_1+3\sqrt{\varepsilon}u_1^2+\varepsilon u_1^3)\dot u_1+u_2\dot u_2+\alpha(\dot u_1u_2+u_1\dot u_2)\\&=-2\zeta\omega_0u_2^2+\alpha\left[-\omega_0^2(2u_1^2+3\sqrt{\varepsilon}u_1^3+\varepsilon u_1^4)-2\zeta\omega_0u_1u_2+u_2^2\right]\end{aligned} \tag{e}$$

对于 $u_2=0$，在除去点(0,0)的某个邻域，恒有 $\dot V=-\alpha\omega_0^2(2u_1^2+3\sqrt{\varepsilon}u_1^3+\varepsilon u_1^4)<0$；对于 $u_2\neq0$，只要 $\alpha>0$ 充分小，由式(e)右端的第一项可保证在除去点(0,0)的某邻域内恒有 $\dot V<0$。根据定理 7.1.4，该系统在 (u_1,u_2) 平面的原点(0,0)不稳定，即系统在 $(u,\dot u)$ 平面上的平衡点 $(1/\sqrt{\varepsilon},0)$ 不稳定。同理，该系统的平衡点 $(-1/\sqrt{\varepsilon},0)$ 也不稳定。

至此，读者已看到 Lyapunov 直接方法的威力。当然，使用该方法的成败取决于能否构造

适当的 Lyapunov 函数。这是富有技巧的工作，目前尚无普遍规律。对于力学系统，通常可尝试用系统总能量作为 Lyapunov 函数。当这类正定 Lyapunov 函数沿相轨线的全导数半负定时，可采用 La Salle 定理判断渐近稳定性。

7.1.2　根据派生系统判定稳定性

将式(7.1.1)在 $\boldsymbol{u}_s=\boldsymbol{0}$ 附近做幂级数展开，利用 $\boldsymbol{f}(\boldsymbol{u}_s)=\boldsymbol{0}$，得到

$$\dot{\boldsymbol{u}}=\boldsymbol{f}(\boldsymbol{u})=\boldsymbol{A}\boldsymbol{u}+o(\|\boldsymbol{u}\|) \tag{7.1.8}$$

其中，矩阵 $\boldsymbol{A}\equiv \mathrm{D}\boldsymbol{f}(\boldsymbol{0})\in\mathscr{R}^{n\times n}$ 是向量函数 $\boldsymbol{f}(\boldsymbol{u})$ 在 $\boldsymbol{u}=\boldsymbol{0}$ 处的 Jacobi 矩阵。因此，式(7.1.8)对应的派生系统满足

$$\dot{\boldsymbol{u}}=\boldsymbol{A}\boldsymbol{u} \tag{7.1.9}$$

现研究如何根据式(7.1.9)的稳定性来判断式(7.1.8)的稳定性。为此，先回顾有关线性系统稳定性的研究结果，然后给出对非线性系统稳定性判断的两个充分条件。

1. 线性系统的稳定性

定理 7.1.5　记矩阵 $\boldsymbol{A}$ 的特征值为 λ_k，$k\in I_n$，式(7.1.9)的稳定性分为三种情况：

(a) 如果 $\mathrm{Re}\,\lambda_k<0$，$k\in I_n$，则系统渐近稳定；反之亦然。

(b) 如果存在某个 λ_k 使得 $\mathrm{Re}\,\lambda_k>0$，则系统不稳定。

(c) 如果矩阵 $\boldsymbol{A}$ 的单重特征值有零实部，而其余特征值有负实部，则系统稳定，但非渐近稳定；若矩阵 $\boldsymbol{A}$ 的重特征值具有零实部，且其特征向量无法将 $\boldsymbol{A}$ 对角化，则系统不稳定。

该定理的证明见《非线性振动》①，其要点是用相似变换将矩阵 $\boldsymbol{A}$ 转化为 Jordan 标准型。以情况(c)为例，若矩阵 $\boldsymbol{A}$ 有单重特征值 $\lambda_k=\mathrm{i}\omega_k$，则式(7.1.9)的解含 $\exp(\mathrm{i}\omega_k t)$ 项，属于临界稳定；若矩阵 $\boldsymbol{A}$ 有二重特征值 $\lambda_j=\lambda_k=\mathrm{i}\omega_k$，则式(7.1.9)的解含 $t\exp(\mathrm{i}\omega_k t)$ 项，属于不稳定。

在研究工程问题时，系统的渐近稳定性具有特别重要的意义。为了判断系统是否渐近稳定，需要了解矩阵 $\boldsymbol{A}$ 的全部特征值的实部。记矩阵 $\boldsymbol{A}$ 的特征值方程为

$$\det(\boldsymbol{A}-\lambda\boldsymbol{I})=a_0\lambda^n+a_1\lambda^{n-1}+\cdots+a_{n-1}\lambda+a_n=0 \tag{7.1.10}$$

如果系统的维数 $n<5$，可以用代数方法求解式(7.1.10)，否则只能用数值方法求 λ。英国数学力学家劳斯(Edward J. Routh，1831—1907)和德国数学家赫尔维茨(Adolf Hurwitz，1859—1919)通过各自独立研究，发现可根据式(7.1.10)的系数判断特征值 λ 的实部是否为负，从而免去求特征值。这特别适用于含参数的高维线性系统渐近稳定性分析。

定理 7.1.6(Routh - Hurwitz 判据)②　记 $a_0>0$，用式(7.1.10)的系数构造矩阵

$$\boldsymbol{\Delta}\equiv\begin{bmatrix} a_1 & a_0 & 0 & 0 & 0 & 0 & \cdots & 0\\ a_3 & a_2 & a_1 & a_0 & 0 & 0 & \cdots & 0\\ a_5 & a_4 & a_3 & a_2 & a_1 & a_0 & \cdots & 0\\ \vdots & \vdots & \vdots & \vdots & \vdots & \vdots & \ddots & \vdots\\ 0 & 0 & 0 & 0 & 0 & 0 & \cdots & a_n \end{bmatrix} \tag{7.1.11}$$

其中，对于 $k<0$ 或 $k>n$ 的 a_k，填充 $a_k=0$。式(7.1.10)的所有根均有负实部的充分必要条

① 刘延柱，陈立群. 非线性振动［M］. 2 版. 北京：高等教育出版社，2024：418-421.

② 尤秉礼. 常微分方程补充教程［M］. 北京：人民教育出版社，1983：372-377.

件是,矩阵 $\boldsymbol{\Delta}$ 的所有主子式为正,即

$$\Delta_1 = a_1 > 0,\quad \Delta_2 = \det\begin{bmatrix} a_1 & a_0 \\ a_3 & a_2 \end{bmatrix} > 0,\quad \Delta_3 = \det\begin{bmatrix} a_1 & a_0 & 0 \\ a_3 & a_2 & a_1 \\ a_5 & a_4 & a_3 \end{bmatrix} > 0,\quad \cdots \tag{7.1.12}$$

例 7.1.4 图 7.1.3 所示气室两端开口,稳定气流由端口 A 入室,在端口 B 经一阀门流出。当阀芯处于平衡位置时,流入量和流出量平衡,气室压强 p 定常。若阀芯受扰动而产生位移 u,则气室压强 p 随之变化,阀芯的动力学方程为

$$\begin{cases} m\ddot{u} + c\dot{u} + ku = sp \\ \dot{p} = -bu \end{cases} \tag{a}$$

其中,$m>0, s>0, c>0, k>0$ 分别是阀芯的质量、截面积、阻尼系数和弹簧刚度,$b>0$ 为反馈增益。讨论阀芯在平衡位置的稳定性。

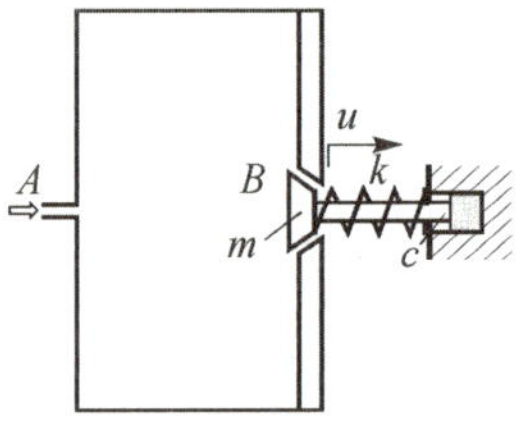

图 7.1.3 阀芯稳定性问题

解 将式(a)中第一个方程对时间求导,然后代入第二个方程,得到

$$m\dddot{u} + c\ddot{u} + k\dot{u} + sbu = 0 \tag{b}$$

取式(b)的待定解为 $u(t)=\exp(\lambda t)$,得到式(b)对应的特征方程

$$m\lambda^3 + c\lambda^2 + k\lambda + sb = 0 \tag{c}$$

根据 $m>0$ 和 Routh - Hurwitz 判据,该系统的渐近稳定性条件是

$$\Delta_1 = c > 0,\quad \Delta_2 = \det\begin{bmatrix} c & m \\ sb & k \end{bmatrix} = ck - msb > 0,\quad \Delta_3 = \det\begin{bmatrix} c & m & 0 \\ sb & k & c \\ 0 & 0 & sb \end{bmatrix} = bs(ck - msb) > 0 \tag{d}$$

显然,式(d)中的第一个条件自然满足;而第二个条件与第三个条件相同,即

$$ck > msb \tag{e}$$

由此可见,刚度系数和阻尼系数在保证阀芯渐近稳定性中起着决定性作用。

2. 非线性系统的稳定性

定理 7.1.7 若式(7.1.9)中派生系统渐近稳定,则式(7.1.8)中的非线性系统原点亦如此。

证明 先取待定的对称矩阵 $\boldsymbol{B} \in \mathscr{R}^{n\times n}$,构造二次型作为 Lyapunov 函数

$$V(\boldsymbol{u}) = \boldsymbol{u}^{\mathrm{T}}\boldsymbol{B}\boldsymbol{u} \tag{a}$$

该函数沿式(7.1.9)的相轨线全导数为

$$\dot{V}(\boldsymbol{u}(t)) = \dot{\boldsymbol{u}}^{\mathrm{T}}\boldsymbol{B}\boldsymbol{u} + \boldsymbol{u}^{\mathrm{T}}\boldsymbol{B}\dot{\boldsymbol{u}} = \boldsymbol{u}^{\mathrm{T}}(\boldsymbol{A}^{\mathrm{T}}\boldsymbol{B} + \boldsymbol{B}\boldsymbol{A})\boldsymbol{u} = \boldsymbol{u}^{\mathrm{T}}\boldsymbol{C}\boldsymbol{u} \tag{b}$$

其中,$\boldsymbol{C}$ 是对称矩阵,其定义为

$$\boldsymbol{C}\equiv\boldsymbol{A}^{\mathrm{T}}\boldsymbol{B}+\boldsymbol{B}\boldsymbol{A} \tag{c}$$

由于派生系统渐近稳定,矩阵 $\boldsymbol{A}$ 的特征值 λ_k,$k\in I_n$ 皆有负实部。根据附录 B,如果取负定矩阵 $\boldsymbol{C}=-\boldsymbol{I}$,则可由式(c)解出唯一的对称矩阵 $\boldsymbol{B}$。

现证明这样的矩阵 $\boldsymbol{B}$ 正定。若不然,则式(a)是不定号函数、负常号函数或正常号函数中的一种。对于前两种情况,总有某个 $\boldsymbol{u}_0\neq\boldsymbol{0}$ 使 $V(\boldsymbol{u}_0)<0$,进而对一切常数 $c\neq0$ 有 $V(c\boldsymbol{u}_0)=c^2V(\boldsymbol{u}_0)<0$,这说明在除去原点的邻域内,总存在某个 $\boldsymbol{u}$,使得 $V(\boldsymbol{u})<0$。根据定理 7.1.4,这将出现式(7.1.9)不稳定的矛盾。对于第三种情况,存在某个 $\boldsymbol{u}_0\neq\boldsymbol{0}$ 使 $V(\boldsymbol{u}_0)=0$。但沿着过该点的相轨线,仍有

$$\dot{V}(u(t))=\boldsymbol{u}^{\mathrm{T}}\boldsymbol{C}\boldsymbol{u}=-\|\boldsymbol{u}\|^2<0 \tag{d}$$

该不等式与 $V(\boldsymbol{0})=0$ 矛盾。

最后,根据式(a)是正定二次型,可证明式(7.1.8)在原点的渐近稳定性。根据式(c),$V(\boldsymbol{u})$ 沿式(7.1.8)的相轨线全导数为

$$\dot{V}(u(t))=\mathrm{D}V(\boldsymbol{u})\cdot\boldsymbol{f}(\boldsymbol{u})=-\|\boldsymbol{u}\|^2+\mathrm{D}V(\boldsymbol{u})\cdot o(\|\boldsymbol{u}\|) \tag{e}$$

由于 $\|\mathrm{D}V(\boldsymbol{u})\|^2=o(\|\boldsymbol{u}\|)$,只要 $\|\boldsymbol{u}\|$ 足够小,上式可保持负定。根据定理 7.1.2,式(7.1.8)的原点渐近稳定。证毕。

定理 7.1.8　若式(7.1.9)的某一特征值有正实部,则系统(7.1.8)的原点不稳定。

该定理的证明思路与定理 7.1.7 的证明思路类似,具体过程见《常微分方程的定性方法和分叉》①。

上述两条定理表明:只要派生系统的特征值实部不为零,就可免去构造 Lyapunov 函数,用 Routh - Hurwitz 判据确定派生系统的特征值实部的正负,从而推断非线性系统的渐近稳定性或不稳定性。这是工程中最常用的方法。建议读者用这种方法讨论例 7.1.2 和例 7.1.3。

需要注意的是:这两条定理恰好对应于定理 7.1.5 中的前两种情况。对于第三种情况,非线性系统原点的稳定性将取决于系统的非线性项。现举例说明该论断。

例 7.1.5　考察含立方非线性弹性力的系统

$$\ddot{u}+ku^3=0,\quad k>0 \tag{a}$$

分析其平衡点(0,0)的稳定性。

解　将式(a)改写为

$$\begin{bmatrix}\dot{u}_1\\\dot{u}_2\end{bmatrix}=\begin{bmatrix}u_2\\-ku_1^3\end{bmatrix}=\begin{bmatrix}0&1\\0&0\end{bmatrix}\begin{bmatrix}u_1\\u_2\end{bmatrix}+\begin{bmatrix}0\\-ku_1^3\end{bmatrix} \tag{b}$$

其对应的派生系统有二重特征值 $\lambda_1=\lambda_2=0$,根据定理 7.1.5 的情况(c),派生系统不稳定。事实上,该派生系统具有不稳定奇线 $u_2=u_{20}=\mathrm{const.}$。若系统初速度 $u_{20}\neq0$,则派生系统做匀速直线运动,其相轨线如图 3.2.8 所示。

对具有立方非线性弹性力的原系统,可构造 Lyapunov 函数并根据定理 7.1.1 证明其稳定性。经细致分析,该系统具有势函数 $V(u_1)=ku_1^4/4$,其在平衡点(0,0)的前 3 阶导数均为零,而第 4 阶导数大于零。根据 3.3 节的分析,该平衡点是稳定的 3 阶中心,但并非渐近稳定。

① 陆启韶.常微分方程的定性方法和分叉[M].北京:北京航空航天大学出版社,1989:212.

例7.1.5表明，当派生系统具有奇线时，其非线性系统可能具有孤立中心和周期运动。然而，由于这类派生系统的受扰运动不是振动，无法用前几章的小参数法求解对应的非线性系统周期运动。近年来，人们发展了若干新方法来处理这类问题。

例7.1.6 考察立方非线性系统

$$\begin{bmatrix} \dot{u}_1 \\ \dot{u}_2 \end{bmatrix} = \begin{bmatrix} 0 & 1 \\ -1 & 0 \end{bmatrix} \begin{bmatrix} u_1 \\ u_2 \end{bmatrix} + b \begin{bmatrix} u_1^3 \\ u_2^3 \end{bmatrix} \tag{a}$$

对于参数 $b \neq 0$，分析其平衡点(0,0)的稳定性。

解 该系统的派生系统具有一对纯虚特征值 $\lambda_{1,2} = \pm \mathrm{i}$，平衡点(0,0)是中心。为考察非线性项对平衡点的影响，引入极坐标 $r \equiv \sqrt{u_1^2 + u_2^2}$，将其对时间 t 求导数并代入式(a)，得到

$$\dot{r} = \frac{u_1 \dot{u}_1 + u_2 \dot{u}_2}{r} = \frac{u_1(u_2 + bu_1^3) + u_2(-u_1 + bu_2^3)}{r} = \frac{b(u_1^4 + u_2^4)}{r} \tag{b}$$

由式(b)可见：如果 $b > 0$，则平衡点(0,0)不稳定；如果 $b < 0$，则平衡点(0,0)渐近稳定。

对于 $b \ll 0$ 的情况，在 Maple 平台上绘制平衡点(0,0)附近的相轨线，其呈螺旋状缓慢趋于零点，即零点为稳定焦点。这种非线性项影响线性系统中心导致的焦点称为细焦点。

7.1.3 平衡点附近的相图结构

1. 线性系统

考察式(7.1.9)对应的矩阵 $\boldsymbol{A}$，设其特征值的重数与特征向量所张的子空间维数相同。现按照矩阵 $\boldsymbol{A}$ 的特征值实部 $\mathrm{Re}\,\lambda_j, j \in I_n$ 的正负号，将特征向量 $\boldsymbol{\varphi}_j, j \in I_n$ 分为三组，每组特征向量张成一个特征子空间，则有如下三种情况：

(a) 对于所有的 $\mathrm{Re}\,\lambda_i < 0$，记 $\boldsymbol{\varepsilon}^{\mathrm{s}} \equiv \mathrm{span}\{\boldsymbol{\varphi}_{i_1}, \boldsymbol{\varphi}_{i_2}, \cdots, \boldsymbol{\varphi}_{n_{\mathrm{s}}}\}$，称其为稳定子空间；

(b) 对于所有的 $\mathrm{Re}\,\lambda_j > 0$，记 $\boldsymbol{\varepsilon}^{\mathrm{u}} \equiv \mathrm{span}\{\boldsymbol{\varphi}_{j_1}, \boldsymbol{\varphi}_{j_2}, \cdots, \boldsymbol{\varphi}_{n_{\mathrm{u}}}\}$，称其为不稳定子空间；

(c) 对于所有的 $\mathrm{Re}\,\lambda_k = 0$，记 $\boldsymbol{\varepsilon}^{\mathrm{c}} \equiv \mathrm{span}\{\boldsymbol{\varphi}_{k_1}, \boldsymbol{\varphi}_{k_2}, \cdots, \boldsymbol{\varphi}_{n_{\mathrm{c}}}\}$，称其为中心子空间；

其中，$n_{\mathrm{s}} + n_{\mathrm{u}} + n_{\mathrm{c}} = n$。由此可得到 n 维空间 $\mathscr{R}^n$ 的直和分解

$$\mathscr{R}^n = \boldsymbol{\varepsilon}^{\mathrm{s}} \oplus \boldsymbol{\varepsilon}^{\mathrm{u}} \oplus \boldsymbol{\varepsilon}^{\mathrm{c}} \tag{7.1.13}$$

不难证明，任取 $\boldsymbol{u}(t_0) = \boldsymbol{u}_0 \in \boldsymbol{\varepsilon}^r, r = \mathrm{s,u,c}$，当 $t > t_0$ 时的相轨线 $\boldsymbol{u}(t)$ 将驻留在对应子空间内，即恒有 $\boldsymbol{u}(t) \in \boldsymbol{\varepsilon}^r, r = \mathrm{s,u,c}$。换言之，这三个子空间都是不变子空间。

2. 非线性系统

对于式(7.1.8)描述的非线性系统，使系统相轨线保持驻留的点集是 $\mathscr{R}^n$ 中的 C^m 阶(m 阶连续可微)流形，简称不变流形。具体地说，记以平衡点 $\boldsymbol{u}_{\mathrm{s}}$ 为中心、以 $\delta > 0$ 为半径的邻域为 $\delta(\boldsymbol{u}_{\mathrm{s}})$，将由 $\boldsymbol{u} \in \delta(\boldsymbol{u}_{\mathrm{s}})$ 出发的相轨线在时刻 t 的状态向量记为 $\boldsymbol{\varphi}_t(\boldsymbol{u})$，可证明如下中心流形定理①。

定理7.1.9 若式(7.1.8)的向量场 $\boldsymbol{f}(\boldsymbol{u}) \in C^m, m \geqslant 1$，其对应线性系统满足式(7.1.13)，则系统在平衡点 $\boldsymbol{u}_{\mathrm{s}}$ 附近的形态如下：

(a) 存在与 $\boldsymbol{\varepsilon}^{\mathrm{s}}$ 相切、唯一的 C^m 阶局部稳定流形 W^{s}，与 $\boldsymbol{\varepsilon}^{\mathrm{u}}$ 相切、唯一的 C^m 阶局部不稳定流形 W^{u}；即存在某个时刻 t_0，使得

① Chow S N, Hale J K. Methods of Bifurcation Theory [M]. New York: Springer - Verlag, 1981: 312-323.

$$W^{s}=\{\boldsymbol{u}\in\delta(\boldsymbol{u}_{s})\mid t>t_{0},\boldsymbol{\varphi}_{t}(\boldsymbol{u})\in\delta(\boldsymbol{u}_{s})\text{且}\lim_{t\to+\infty}\boldsymbol{\varphi}_{t}(\boldsymbol{u})=\boldsymbol{u}_{s}\}\tag{7.1.14a}$$

$$W^{u}=\{\boldsymbol{u}\in\delta(\boldsymbol{u}_{s})\mid t<t_{0},\boldsymbol{\varphi}_{t}(\boldsymbol{u})\in\delta(\boldsymbol{u}_{s})\text{且}\lim_{t\to-\infty}\boldsymbol{\varphi}_{t}(\boldsymbol{u})=\boldsymbol{u}_{s}\}\tag{7.1.14b}$$

(b) 存在与 $\boldsymbol{\varepsilon}^{c}$ 相切、但未必唯一的 C^{m-1} 阶局部中心流形 W^{c}，$\boldsymbol{\varphi}_{t}(\boldsymbol{u})$在该流形上可能具备式(7.1.14)所描述的渐近特性，也可能不具备这样的特性，甚至呈现复杂的游荡特征。

现参考图 7.1.4 给出中心流形定理的几何解释。在平衡点 $\boldsymbol{u}_{s}=\mathbf{0}$ 附近的相轨线分为三束：第一束相轨线在流形 W^{s} 上收缩；第二束相轨线在流形 W^{u} 上扩张；第三束相轨线在流形 W^{c} 上的行为比较复杂，取决于向量函数 $\boldsymbol{f}(\boldsymbol{u})$中的非线性项。当 W^{c} 对应的中心子空间为零维时，称平衡点为双曲型平衡点，否则为非双曲型平衡点。

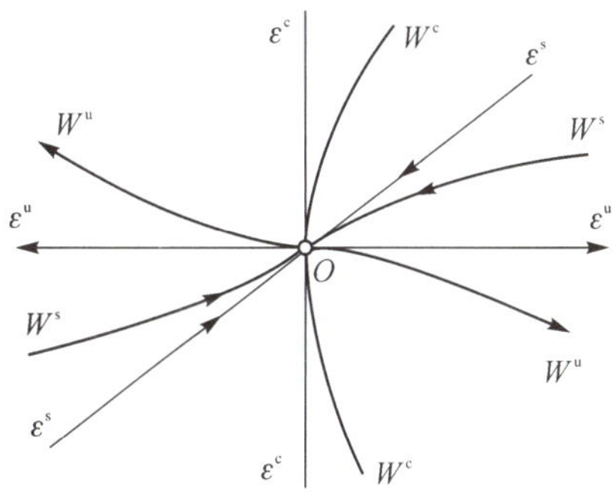

图 7.1.4　中心流形定理示意图

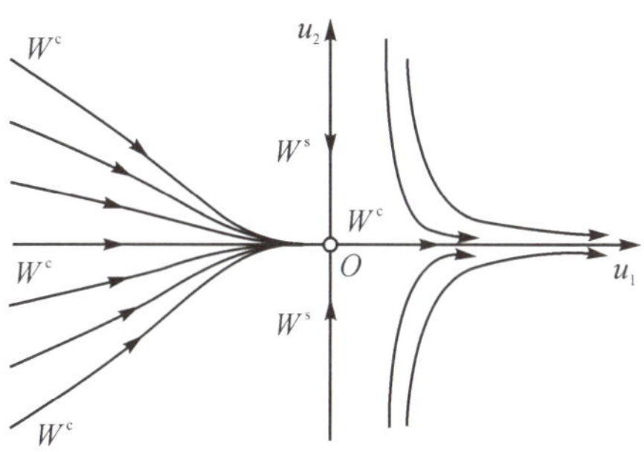

图 7.1.5　中心流形的不唯一性

例 7.1.7　针对二维自治系统

$$\begin{bmatrix}\dot{u}_{1}\\ \dot{u}_{2}\end{bmatrix}=\begin{bmatrix}0 & 0\\ 0 & -1\end{bmatrix}\begin{bmatrix}\dot{u}_{1}\\ \dot{u}_{2}\end{bmatrix}+\begin{bmatrix}u_{1}^{2}\\ 0\end{bmatrix}\tag{a}$$

讨论其原点附近的不变流形。

解　式(a)的派生系统具有特征值 $\lambda_{1}=-1$ 和 $\lambda_{2}=0$，对应的特征向量为 $\boldsymbol{\varphi}_{1}=[0\quad 1]^{\mathrm{T}}$ 和 $\boldsymbol{\varphi}_{2}=[1\quad 0]^{\mathrm{T}}$。因此，图 7.1.5 中的 u_{2} 轴为稳定子空间 $\boldsymbol{\varepsilon}^{s}$，$u_{1}$ 轴为中心子空间 $\boldsymbol{\varepsilon}^{c}$。

任取初始条件 $u_{1}(0)=u_{10}$ 和 $u_{2}(0)=u_{20}$，求出式(a)的解为

$$u_{1}(t)=\frac{u_{10}}{1-u_{10}t},\quad u_{2}(t)=u_{20}\exp(-t)\tag{b}$$

图 7.1.5 是该系统的相图。系统的稳定流形 W^{s} 与稳定子空间 $\boldsymbol{\varepsilon}^{s}$ 重合；对于 $u_{1}<0$，系统有无限多个中心流形在原点与 $\boldsymbol{\varepsilon}^{c}$ 相切；对于 $u_{1}>0$，系统有一个中心流形$\{(u_{1},0)\mid u_{1}>0\}$与 $\boldsymbol{\varepsilon}^{c}$ 重合；它们共同组成系统在原点附近的中心流形 W^{c}。在中心流形 W^{c} 的 $u_{1}<0$ 部分，相轨线随着时间增加趋于原点；但在中心流形 W^{c} 的 $u_{1}>0$ 部分，相轨线随着时间增加趋于 u_{1} 轴上的无穷远点。因此，该中心流形在原点的邻域内不具备式(7.1.14)这样的渐近特性。

根据定理 7.1.9 和例 7.1.7，非线性系统的复杂性主要体现在非双曲型的平衡点附近。此时，可将系统动力学方程约化到中心流形上来分析。在研究非线性工程系统时，通常关注系统未失稳时的长期动力学行为，即系统动力学向低维中心流形 W^{c} 的约化。

最后，简单讨论中心流形与 6.4.2 节所介绍的不变子流形关系。回顾 6.4.1 节的式(6.4.12)，非线性梁的主共振 $w(x,t)$可表示为由主导模态坐标振幅 $\varepsilon\hat{a}_{m}(\varepsilon^{2}t)$和初相位 $\varphi_{m}(\varepsilon^{2}t)$描述的单自由度系统振动。因此，梁的渐近稳定主共振抵达二维不变子流形 $u_{l}(u_{m},\dot{u}_{m})$后趋于闭轨，等价于

其在二维平面$(\varepsilon\hat{a}_m,\varphi_m)$上趋于平衡点$(\bar{a}_m,\bar{\varphi}_m)$,即平面$(\varepsilon\hat{a}_m,\varphi_m)$是平衡点$(\bar{a}_m,\bar{\varphi}_m)$的稳定流形。因此,6.4.2 节所介绍的不变子流形可视为此处中心流形的拓展。

7.2 非自治系统平衡点的稳定性*

7.2.1 稳定性概念的拓展

本小节研究 n 维非自治系统

$$\dot{\boldsymbol{u}}=\boldsymbol{f}(\boldsymbol{u},t),\quad \boldsymbol{u}\in U\subset\mathscr{R}^n,\quad t>t_0\geqslant 0,\quad \boldsymbol{f}:U\otimes[t_0,+\infty)\to\mathscr{R}^n \tag{7.2.1}$$

记 $\boldsymbol{u}_s\in U$ 是该系统的孤立平衡点,满足条件

$$\boldsymbol{f}(\boldsymbol{u}_s,t)=\boldsymbol{0},\quad t>t_0\geqslant 0 \tag{7.2.2}$$

非自治系统有别于自治系统的特点之一是,时间起点对系统行为有影响。因此,需要拓宽 3.2 节中对平衡点稳定性的定义。

定义 7.2.1 如果对于任给的 $\varepsilon>0$ 和初始时刻 $t_0\geqslant 0$,存在 $\delta(\varepsilon,t_0)>0$,使得 $\|\boldsymbol{u}(t_0)-\boldsymbol{u}_s\|<\delta(\varepsilon,t_0)$时,系统的运动满足 $\|\boldsymbol{u}(t)-\boldsymbol{u}_s\|<\varepsilon,t>t_0$,则称系统平衡点 $\boldsymbol{u}_s$ 是稳定的,否则为不稳定的。若在稳定前提下还有 $\lim\limits_{t\to+\infty}\boldsymbol{u}(t)=\boldsymbol{u}_s$,则称平衡点 $\boldsymbol{u}_s$ 是渐近稳定的。

与自治系统平衡点的稳定性概念相比较,定义 7.2.1 明确了一般情况下 δ 与初始时间 t_0 有关。如果 δ 与 t_0 无关,则称平衡点为一致稳定。若平衡点在一致稳定前提下还渐近稳定,则称其为一致渐近稳定。类似于 7.1 节,本节取 $\boldsymbol{u}_s=\boldsymbol{0}$,讨论其稳定性。

7.2.2 Lyapunov 直接方法

1. 预备知识

定义 7.2.2 考察单值可微函数

$$V(\boldsymbol{u},t)\equiv V(u_1,u_2,\cdots,u_n,t),\quad V(\boldsymbol{0},t)=0 \tag{7.2.3}$$

其定义域为

$$\Omega\equiv\{(\boldsymbol{u},t)\mid\|\boldsymbol{u}\|\leqslant R,t>t_0\},\quad R>0,\quad t_0\geqslant 0 \tag{7.2.4}$$

如果式(7.2.3)在 Ω 内恒有 $V(\boldsymbol{u},t)\geqslant 0$ 或 $V(\boldsymbol{u},t)\leqslant 0$,则称其为正常号函数或负常号函数,统称为常号函数。

定义 7.2.3 如果常号函数 V 与时间 t 有关,但存在与时间 t 无关的正定函数 W 使得 $V-W\geqslant 0$,则称 V 为正定函数;若 $V+W\leqslant 0$,则称 V 为负定函数;通称为定号函数。

例如,当 $t_0>0$ 时,$W=t_0(u_1^2+u_2^2+\cdots+u_n^2)$是正定函数,从而 $t>t_0$ 时 $V=t(u_1^2+u_2^2+\cdots+u_n^2)$是域 U 上的正定函数。

定义 7.2.4 设函数 V 在 Ω 上有界。如果对于任意的 $\varepsilon>0$ 和 $t>t_0$,存在 $\delta>0$,使得 $\|\boldsymbol{u}\|<\delta$ 时恒有 $|V(\boldsymbol{u},t)|<\varepsilon$,则称 V 具有无穷小上界。

例如,不显含时间的连续函数必具有无穷小上界。若函数显含时间,则很容易举出有界但不具有无穷小上界的例子。例如,$V=\sin((u_1+u_2+\cdots+u_n)t)$。

2. Lyapunov 定理

定理 7.2.1(稳定性定理)　对于定号函数 $V(\boldsymbol{u},t)$，其沿式(7.2.1)的相轨线全导数为

$$\dot{V}(\boldsymbol{u}(t),t)=\frac{\partial V}{\partial t}+\mathbf{D}V(\boldsymbol{u},t)\cdot\boldsymbol{f}(\boldsymbol{u},t) \tag{7.2.5}$$

若它满足 $\dot{V}(\boldsymbol{u}(t),t)V(\boldsymbol{u}(t),t)\leqslant 0$，则系统原点稳定。

证明　不妨设 $V(\boldsymbol{u},t)$ 是 Ω 内的正定函数，$\dot{V}(\boldsymbol{u}(t),t)\leqslant 0$ 是负常函数或恒为零。类似于定理 7.1.1 的证明，下面先导出两个不等式，然后用反证法证明。

根据定义 7.2.3，存在与时间 t 无关的正定函数 $W(\boldsymbol{u})$，在 Ω 内恒有

$$W(\boldsymbol{u})\leqslant V(\boldsymbol{u},t) \tag{a}$$

任给 $\varepsilon>0$，记 $\bar{\varepsilon}$ 为 W 在超球面 $\|\boldsymbol{u}\|=\varepsilon$ 上的下确界。W 正定保证 $\bar{\varepsilon}>0$。注意到 $V(\boldsymbol{u},t_0)$ 在 $\boldsymbol{u}=\mathbf{0}$ 处关于 $\boldsymbol{u}$ 连续，即对于上述 $\bar{\varepsilon}>0$，存在 $0<\delta(\varepsilon,t_0)<\bar{\varepsilon}$，只要 $\|\boldsymbol{u}(t_0)\|<\delta$，恒有 $V(\boldsymbol{u}(t_0),t_0)<\bar{\varepsilon}$。注意到 $\dot{V}(\boldsymbol{u}(t),t)\leqslant 0$，沿着自 $\boldsymbol{u}(t_0)=\boldsymbol{u}_0$ 出发的相轨线必有

$$V(\boldsymbol{u}(t),t)\leqslant V(\boldsymbol{u}(t_0),t_0)<\bar{\varepsilon} \tag{b}$$

如果系统的原点不稳定，则存在某一时刻 $t_1>t_0$ 使得 $\|\boldsymbol{u}(t_1)\|=\varepsilon$。这就由 $\bar{\varepsilon}$ 是下确界以及式(a)和式(b)导出了矛盾结果

$$\bar{\varepsilon}\leqslant W(\boldsymbol{u}(t_1))\leqslant V(\boldsymbol{u}(t_1),t_1)\leqslant V(\boldsymbol{u}(t_0),t_0)<\bar{\varepsilon} \tag{c}$$

因此，系统的原点是稳定的。证毕。

类似地，读者可以证明如下定理①。

定理 7.2.2(渐近稳定性定理)　对具有无穷小上界的定号函数 $V(\boldsymbol{u},t)$，若其沿式(7.2.1)的相轨线上全导数满足 $\dot{V}(\boldsymbol{u}(t),t)V(\boldsymbol{u}(t),t)<0$，则系统原点渐近稳定。

定理 7.2.3(不稳定性定理)　对于连续可微、具有无穷小上界的函数 $V(\boldsymbol{u},t)$，若在原点的某个邻域内存在 $\boldsymbol{u}$ 使 $V(\boldsymbol{u},t_0)>0$(或 $V(\boldsymbol{u},t_0)<0$)，而其沿式(7.2.1)的相轨线上全导数正定(或负定)，则系统原点不稳定。

例 7.2.1　考察参数激励线性系统

$$\begin{cases}\dot{u}_1=-(1+\sin^2 t)u_1+(1-\sin t\cos t)u_2\\ \dot{u}_2=-(1+\sin t\cos t)u_1-(1+\cos^2 t)u_2\end{cases} \tag{a}$$

研究其在原点(0,0)的稳定性。

解　取与时间无关的正定二次型

$$V(u_1,u_2)=u_1^2+u_2^2 \tag{b}$$

它自然具有无穷小上界，而它沿式(a)的相轨线全导数是

$$\begin{aligned}\dot{V}&=2(u_1\dot{u}_1+u_2\dot{u}_2)=2[-(1+\sin^2 t)u_1^2-2(\sin t\cos t)u_1u_2-(1+\cos^2 t)u_2^2]\\&=-2(u_1^2+u_2^2)-2(u_1\sin t+u_2\cos t)^2\end{aligned} \tag{c}$$

如果取正定函数

$$W(u_1,u_2)=2(u_1^2+u_2^2) \tag{d}$$

则

---

① 陆启韶. 常微分方程的定性方法和分叉[M]. 北京：北京航空航天大学出版社，1989：221-223.

$$\dot{V}+W=-2(u_1\sin t+u_2\cos t)^2\leqslant 0 \tag{e}$$

对照定义 7.2.3 知，$\dot{V}$ 是负定函数。根据定理 7.2.2，该系统的原点渐近稳定。

例 7.2.2 考察瑞士数学家伯努利(James Bernoulli，1654—1705)研究的非自治系统

$$\dot{u}(t)=\frac{1}{t+1}u(t)-\varepsilon u^3(t),\quad u(0)=1 \tag{a}$$

其中，$0<\varepsilon\ll 1$。在 Maple 平台上，可得到式(a)的解析解

$$u(t)=\frac{3(t+1)}{\sqrt{6\varepsilon(t+1)^3+9-6\varepsilon}},\quad t\geqslant 0 \tag{b}$$

显见，$t\to+\infty$ 时 $u(t)\to 0$，即系统原点是渐近稳定的。然而，该系统对应的派生系统是变量可分离的一阶微分方程，具有不稳定运动

$$u(t)=t+1,\quad t\geqslant 0 \tag{c}$$

例 7.2.2 表明，对于式(7.2.1)所描述的非线性非自治系统，一般未必可通过其派生系统是否稳定来推断系统的稳定性。但 7.4.1 节表明，对非线性非自治系统进行局部线性化，仍可提供许多有用信息。

7.3 向量场的规范型

本节用平衡点附近的局部光滑坐标变换，将非线性系统动力学方程在平衡点附近约化为尽可能简单的、但仍保留其本质特性的规范形式，即所谓的规范型。

7.3.1 规范型的概念

考察 n 维非线性自治系统

$$\dot{\boldsymbol{u}}=\boldsymbol{f}(\boldsymbol{u}),\quad \boldsymbol{u}\in U\subset\mathscr{R}^n,\quad \boldsymbol{f}:U\subset\mathscr{R}^n\to\mathscr{R}^n \tag{7.3.1}$$

设 $\boldsymbol{f}(\boldsymbol{u})$ 足够光滑，且 $\boldsymbol{f}(\boldsymbol{0})=\boldsymbol{0}$。现考虑如何通过对状态向量 $\boldsymbol{u}$ 实施一系列多项式变换，使得 $\boldsymbol{f}(\boldsymbol{u})$ 的幂级数展开式中直到第 k 项($k\geqslant 2$ 为正整数)皆有比较简单的形式。鉴于由低次到高次逐步实现这一简化过程的步骤是类似的，故仅讨论其中之一。

记 $\mathscr{H}_n^k$ 为 n 维向量构成的线性空间，其向量的分量是由向量 $\boldsymbol{u}$ 的分量组成的 n 元 k 次齐次多项式。将式(7.3.1)右端向量函数写为幂级数展开式

$$\boldsymbol{f}(\boldsymbol{u})=\boldsymbol{A}\boldsymbol{u}+\boldsymbol{g}_2(\boldsymbol{u})+\cdots+\boldsymbol{g}_{k-1}(\boldsymbol{u})+\boldsymbol{h}_k(\boldsymbol{u})+o(\|\boldsymbol{u}\|^k) \tag{7.3.2}$$

其中，$\boldsymbol{g}_i(\boldsymbol{u})\in\mathscr{H}_n^i$，$i\in I_{k-1}$ 是已简化的项，$\boldsymbol{h}_k(\boldsymbol{u})\in\mathscr{H}_n^k$ 是待简化的项。本节的主要任务是寻找具有如下形式的多项式变换：

$$\boldsymbol{u}=\boldsymbol{v}+\boldsymbol{q}_k(\boldsymbol{v}),\quad \boldsymbol{q}_k(\boldsymbol{v})\in\mathscr{H}_n^k \tag{7.3.3}$$

通过选择多项式 $\boldsymbol{q}_k(\boldsymbol{v})$ 来简化 $\boldsymbol{h}_k(\boldsymbol{u})$，并要求式(7.3.2)中所有次数低于 k 的项保持不变。

将式(7.3.3)代入式(7.3.1)，可得到

$$\dot{\boldsymbol{v}}=[\boldsymbol{I}+\mathbf{D}\boldsymbol{q}_k(\boldsymbol{v})]^{-1}\boldsymbol{f}(\boldsymbol{v}+\boldsymbol{q}_k(\boldsymbol{v})) \tag{7.3.4}$$

根据矩阵二项式定理，可将上式中的逆矩阵表示为

$$[\boldsymbol{I}+\mathbf{D}\boldsymbol{q}_k(\boldsymbol{v})]^{-1}=\boldsymbol{I}-\mathbf{D}\boldsymbol{q}_k(\boldsymbol{v})+o(\|\boldsymbol{v}\|^k) \tag{7.3.5}$$

将式(7.3.5)代入式(7.3.4)并利用式(7.3.2),得到

$$\begin{aligned}\dot{\boldsymbol{v}} &= \boldsymbol{A}\boldsymbol{v} + \boldsymbol{g}_2(\boldsymbol{v}) + \cdots + \boldsymbol{g}_{k-1}(\boldsymbol{v}) + \boldsymbol{h}_k(\boldsymbol{v}) - [\mathbf{D}\boldsymbol{q}_k(\boldsymbol{v})\boldsymbol{A}\boldsymbol{v} - \boldsymbol{A}\boldsymbol{q}_k(\boldsymbol{v})] + o(\|\boldsymbol{v}\|^k) \\ &= \boldsymbol{A}\boldsymbol{v} + \boldsymbol{g}_2(\boldsymbol{v}) + \cdots + \boldsymbol{g}_{k-1}(\boldsymbol{v}) + \boldsymbol{h}_k(\boldsymbol{v}) - \mathrm{ad}_A\boldsymbol{q}_k(\boldsymbol{v}) + o(\|\boldsymbol{v}\|^k)\end{aligned} \tag{7.3.6}$$

其中,ad_A 称作同调算子,它是关于向量函数 $\boldsymbol{q}(\boldsymbol{v})$的线性算子,定义为

$$\mathrm{ad}_A\boldsymbol{q}(\boldsymbol{v}) \equiv \mathbf{D}\boldsymbol{q}(\boldsymbol{v})\boldsymbol{A}\boldsymbol{v} - \boldsymbol{A}\boldsymbol{q}(\boldsymbol{v}) \tag{7.3.7}$$

现记$\mathscr{F}_n^k$为同调算子ad_A 在$\mathscr{H}_n^k$上的值域,即$\mathscr{F}_n^k \equiv \mathrm{ad}_A(\mathscr{H}_n^k) \subset \mathscr{H}_n^k$,再记$\mathscr{F}_n^k$在$\mathscr{H}_n^k$中的补空间为$\mathscr{G}_n^k$,将$\mathscr{H}_n^k$直和分解为

$$\mathscr{H}_n^k = \mathscr{F}_n^k \oplus \mathscr{G}_n^k \tag{7.3.8}$$

因此,对于任意的多项式 $\boldsymbol{h}_k(\boldsymbol{v}) \in \mathscr{H}_n^k$,可将其分解为

$$\boldsymbol{h}_k(\boldsymbol{v}) = \boldsymbol{f}_k(\boldsymbol{v}) + \boldsymbol{g}_k(\boldsymbol{v}), \quad \boldsymbol{f}_k(\boldsymbol{v}) \in \mathscr{F}_n^k, \quad \boldsymbol{g}_k(\boldsymbol{v}) \in \mathscr{G}_n^k \tag{7.3.9}$$

只要取式(7.3.3)中的待定多项式 $\boldsymbol{q}_k(\boldsymbol{v})$满足同调方程

$$\mathrm{ad}_A\boldsymbol{q}_k(\boldsymbol{v}) - \boldsymbol{f}_k(\boldsymbol{v}) = \boldsymbol{0} \tag{7.3.10}$$

则式(7.3.6)可简化为

$$\dot{\boldsymbol{v}} = \boldsymbol{A}\boldsymbol{v} + \boldsymbol{g}_2(\boldsymbol{v}) + \cdots + \boldsymbol{g}_{k-1}(\boldsymbol{v}) + \boldsymbol{g}_k(\boldsymbol{v}) + o(\|\boldsymbol{v}\|^k) \tag{7.3.11}$$

上式称为式(7.3.1)的第 k 阶 Poincaré – Birkhoff 规范型,简称为第 k 阶 P – B 规范型。类似地,称下式为式(7.3.1)的第 k 阶截断 P – B 规范型

$$\dot{\boldsymbol{v}} = \boldsymbol{A}\boldsymbol{v} + \boldsymbol{g}_2(v) + \cdots + \boldsymbol{g}_{k-1}(\boldsymbol{v}) + \boldsymbol{g}_k(\boldsymbol{v}) \tag{7.3.12}$$

在平衡点附近,k 阶($k \geqslant 2$)截断 P – B 规范型携带了非线性系统派生方程所没有的非线性信息。当然,略去的高阶小量是否对分析结果有影响是非常复杂的数学问题。

7.3.2 规范型的计算

回顾向量空间$\mathscr{H}_n^k$,其 n 维向量的各分量都是 n 元 k 次齐次多项式,故该空间的维数为

$$N \equiv \dim\mathscr{H}_n^k = nC_{n+k-1}^{n-1} \tag{7.3.13}$$

选择$\mathscr{H}_n^k$的一组基向量 $\boldsymbol{e}_i(\boldsymbol{v}), i \in I_N$,将同调算子 ad_A 对它们的作用结果表示为矩阵形式

$$[\mathrm{ad}_A\boldsymbol{e}_1(\boldsymbol{v}) \quad \mathrm{ad}_A\boldsymbol{e}_2(\boldsymbol{v}) \quad \cdots \quad \mathrm{ad}_A\boldsymbol{e}_N(\boldsymbol{v})] = [\boldsymbol{e}_1(\boldsymbol{v}) \quad \boldsymbol{e}_2(\boldsymbol{v}) \quad \cdots \quad \boldsymbol{e}_N(\boldsymbol{v})]\boldsymbol{L} \tag{7.3.14}$$

其中,矩阵 $\boldsymbol{L}$ 的第 i 列是向量 $\mathrm{ad}_A\boldsymbol{e}_i(\boldsymbol{v})$的坐标列阵。记 $\boldsymbol{L}$ 的值域为$\mathscr{F}_n^k$,$\dim\mathscr{F}_n^k = \mathrm{rank}\ \boldsymbol{L}$,$\mathrm{ad}_A\boldsymbol{e}_i(\boldsymbol{v}), i \in I_N$ 是$\mathscr{F}_n^k$的基向量。对于任意 $\boldsymbol{f}_k(\boldsymbol{v}) \in \mathscr{F}_n^k$,均可由这组基向量线性表示。

对于$\mathscr{F}_n^k$的补空间$\mathscr{G}_n^k$,记 $M \equiv \dim\mathscr{G}_n^k = N - \mathrm{rank}\ \boldsymbol{L}$。将$\mathscr{G}_n^k$的基向量表示为

$$\tilde{\boldsymbol{e}}_j(\boldsymbol{v}) = [\boldsymbol{e}_1(\boldsymbol{v}) \quad \boldsymbol{e}_2(\boldsymbol{v}) \quad \cdots \quad \boldsymbol{e}_N(\boldsymbol{v})]\boldsymbol{x}_j, \quad j \in I_M \tag{7.3.15}$$

其中,$\boldsymbol{x}_j$ 是 $\tilde{\boldsymbol{e}}_j(\boldsymbol{v})$的坐标列阵。为了确定坐标列阵 $\boldsymbol{x}_j$,可要求它与向量 $\mathrm{ad}_A\boldsymbol{e}_i(\boldsymbol{v}), i \in I_N$ 的坐标列阵均正交,即

$$\boldsymbol{x}_j^{\mathrm{T}}\boldsymbol{L} = \boldsymbol{0} \quad \Rightarrow \quad \boldsymbol{L}^{\mathrm{T}}\boldsymbol{x}_j = \boldsymbol{0}, \quad j \in I_M \tag{7.3.16}$$

求解上述线性方程组的基础解系 $\boldsymbol{x}_j, j = \in I_M$,将其代回式(7.3.15),即得到基向量 $\tilde{\boldsymbol{e}}_j(\boldsymbol{v})$,进而得到式(7.3.11)中的待求结果

$$\boldsymbol{g}_k(\boldsymbol{v}) = \sum_{j=1}^{M} c_j\tilde{\boldsymbol{e}}_j(\boldsymbol{v}) \tag{7.3.17}$$

值得指出,由上述基向量 $\tilde{\boldsymbol{e}}_j(v)$所张的空间是$\mathscr{F}_n^k$的 M 维正交补空间$(\mathscr{F}_n^k)^{\perp} \subset \mathscr{G}_n^k$。对于补空间$\mathscr{G}_n^k$,其基向量不必满足式(7.3.16),可根据需要选择。例如,取上述基向量 $\tilde{\boldsymbol{e}}_j, j \in I_M$

与$\mathscr{F}_n^k$的基向量$\mathrm{ad}_A\boldsymbol{e}_i(v)$，$i\in I_N$进行线性组合，可作为补空间$\mathscr{G}_n^k$的基向量。

例 7.3.1[M] 对于二维自治系统

$$\dot{\boldsymbol{u}}=\boldsymbol{A}\boldsymbol{u}+\boldsymbol{f}(\boldsymbol{u}),\quad \boldsymbol{A}=\begin{bmatrix}0 & 1\\ 0 & 0\end{bmatrix},\quad \boldsymbol{f}(\boldsymbol{u})=o(\|\boldsymbol{u}\|),\quad \boldsymbol{u}\in\mathscr{R}^2 \tag{a}$$

计算该系统的第二阶截断P-B规范型。

解 根据矩阵$\boldsymbol{A}$的形式，同调算子ad_A作用于任意二元二阶齐次多项式向量$\boldsymbol{q}(\boldsymbol{v})=[q_1(v_1,v_2)\quad q_2(v_1,v_2)]^{\mathrm{T}}\in\mathscr{H}_2^2$的结果形如

$$\mathrm{ad}_A\boldsymbol{q}(\boldsymbol{v})=\boldsymbol{D}\boldsymbol{q}(\boldsymbol{v})\boldsymbol{A}\boldsymbol{v}-\boldsymbol{A}\boldsymbol{q}(\boldsymbol{v})=\begin{bmatrix}\dfrac{\partial q_1}{\partial v_1} & \dfrac{\partial q_1}{\partial v_2}\\ \dfrac{\partial q_2}{\partial v_1} & \dfrac{\partial q_2}{\partial v_2}\end{bmatrix}\begin{bmatrix}v_2\\ 0\end{bmatrix}-\begin{bmatrix}q_2\\ 0\end{bmatrix} \tag{b}$$

其中，$N=\dim\mathscr{H}_2^2=2C_3^1=6$。取$\mathscr{H}_2^2$的6个基向量为

$$\boldsymbol{e}_1=\begin{bmatrix}v_1^2\\ 0\end{bmatrix},\quad \boldsymbol{e}_2=\begin{bmatrix}v_1v_2\\ 0\end{bmatrix},\quad \boldsymbol{e}_3=\begin{bmatrix}v_2^2\\ 0\end{bmatrix},\quad \boldsymbol{e}_4=\begin{bmatrix}0\\ v_1^2\end{bmatrix},\quad \boldsymbol{e}_5=\begin{bmatrix}0\\ v_1v_2\end{bmatrix},\quad \boldsymbol{e}_6=\begin{bmatrix}0\\ v_2^2\end{bmatrix} \tag{c}$$

将上述基向量作为$\boldsymbol{q}(\boldsymbol{v})$依次代入式(b)，得到

$$\begin{cases}\mathrm{ad}_A\boldsymbol{e}_1=\begin{bmatrix}2v_1 & 0\\ 0 & 0\end{bmatrix}\begin{bmatrix}v_2\\ 0\end{bmatrix}-\begin{bmatrix}0\\ 0\end{bmatrix}=\begin{bmatrix}2v_1v_2\\ 0\end{bmatrix}=2\boldsymbol{e}_2,\quad \mathrm{ad}_A\boldsymbol{e}_2=\begin{bmatrix}v_1^2\\ 0\end{bmatrix}=\boldsymbol{e}_3,\quad \mathrm{ad}_A\boldsymbol{e}_3=\boldsymbol{0}\\ \mathrm{ad}_A\boldsymbol{e}_4=\begin{bmatrix}-v_1^2\\ 2v_1v_2\end{bmatrix}=2\boldsymbol{e}_5-\boldsymbol{e}_1,\quad \mathrm{ad}_A\boldsymbol{e}_5=\begin{bmatrix}-v_1v_2\\ v_2^2\end{bmatrix}=\boldsymbol{e}_6-\boldsymbol{e}_2,\quad \mathrm{ad}_A\boldsymbol{e}_6=\begin{bmatrix}-v_2^2\\ 0\end{bmatrix}=-\boldsymbol{e}_3\end{cases} \tag{d}$$

由此得到基向量$\mathrm{ad}_A\boldsymbol{e}_i(\boldsymbol{v})$，$i\in I_6$的坐标矩阵$\boldsymbol{L}\in\mathscr{R}^{6\times 6}$，并得到对应的转置矩阵$\boldsymbol{L}^{\mathrm{T}}$，即

$$\boldsymbol{L}=\begin{bmatrix}0 & 0 & 0 & -1 & 0 & 0\\ 2 & 0 & 0 & 0 & -1 & 0\\ 0 & 1 & 0 & 0 & 0 & -1\\ 0 & 0 & 0 & 0 & 0 & 0\\ 0 & 0 & 0 & 2 & 0 & 0\\ 0 & 0 & 0 & 0 & 1 & 0\end{bmatrix},\quad \boldsymbol{L}^{\mathrm{T}}=\begin{bmatrix}0 & 2 & 0 & 0 & 0 & 0\\ 0 & 0 & 1 & 0 & 0 & 0\\ 0 & 0 & 0 & 0 & 0 & 0\\ -1 & 0 & 0 & 0 & 2 & 0\\ 0 & -1 & 0 & 0 & 0 & 1\\ 0 & 0 & -1 & 0 & 0 & 0\end{bmatrix} \tag{e}$$

矩阵$\boldsymbol{L}$的第2列和第6列成比例，第3列为零，即$\mathrm{rank}\,\boldsymbol{L}=4$，代入式(7.3.16)得到基础解系

$$\boldsymbol{x}_1=[0\quad 0\quad 0\quad 1\quad 0\quad 0]^{\mathrm{T}},\quad \boldsymbol{x}_2=[2\quad 0\quad 0\quad 0\quad 1\quad 0]^{\mathrm{T}} \tag{f}$$

由此得到二维正交补空间$(\mathscr{F}_2^2)^{\perp}$的两个基向量

$$\tilde{\boldsymbol{e}}_1=\boldsymbol{e}_4=\begin{bmatrix}0\\ v_1^2\end{bmatrix},\quad \tilde{\boldsymbol{e}}_2=2\boldsymbol{e}_1+\boldsymbol{e}_5=\begin{bmatrix}2v_1^2\\ v_1v_2\end{bmatrix} \tag{g}$$

将式(g)代入式(7.3.17)，得到

$$\boldsymbol{g}_2(\boldsymbol{v})=c_1\tilde{\boldsymbol{e}}_1+c_2\tilde{\boldsymbol{e}}_2=\begin{bmatrix}2c_2v_1^2\\ c_1v_1^2+c_2v_1v_2\end{bmatrix} \tag{h}$$

其中，c_1和c_2是常数。由此得到该系统的第二阶截断P-B规范型

$$\begin{cases}\dot{v}_1=v_2+2c_2v_1^2\\ \dot{v}_2=c_1v_1^2+c_2v_1v_2\end{cases} \tag{i}$$

显然,常数 c_1 和 c_2 与式(a)中的非线性项有关。为具体确定它们,需将式(7.3.3)写成分量形式,将其代入式(a)的幂级数展开式,与式(i)比较同次幂的系数,进而确定这些常数。

若将上述推导由正交补空间$(\mathscr{F}_2^2)^{\perp}$拓展到补空间$\mathscr{G}_2^2$,可为其定义两个基向量

$$\hat{\boldsymbol{e}}_1=\tilde{\boldsymbol{e}}_1=\begin{bmatrix}0\\ v_1^2\end{bmatrix},\quad \hat{\boldsymbol{e}}_2=\frac{1}{5}(2\tilde{\boldsymbol{e}}_2-\mathrm{ad}_A\boldsymbol{e}_4)=\begin{bmatrix}v_1^2\\ 0\end{bmatrix} \tag{j}$$

由此得到另一种形式的第二阶截断 P－B 规范型

$$\begin{cases}\dot{v}_1=v_2+c_2v_1^2\\ \dot{v}_2=c_1v_1^2\end{cases} \tag{k}$$

根据 3.1.2 节的分析,如果略去式(a)中的非线性项,则式(a)具有图 3.2.8 所示的不稳定奇线 $u_2=0$。为考察式(i)和式(k)的差异,取 $c_1=c_2=1$,在 Maple 平台上用 Runge－Kutta 法求解式(i)和式(k),得到图 7.3.1 所示相图。由图可见,这两张相图在原点(0,0)的邻域内相似,非线性项使上述不稳定奇线 $u_2=0$ 变为孤立奇点(0,0);但在原点(0,0)的邻域外,两张相图有显著差异,式(i)在点(1/2,－1/2)处有不稳定结点,而式(k)在原点(0,0)的邻域外无奇点。因此,这两种第二阶截断规范型仅在原点(0,0)的邻域内等价,均属于局部简化模型。

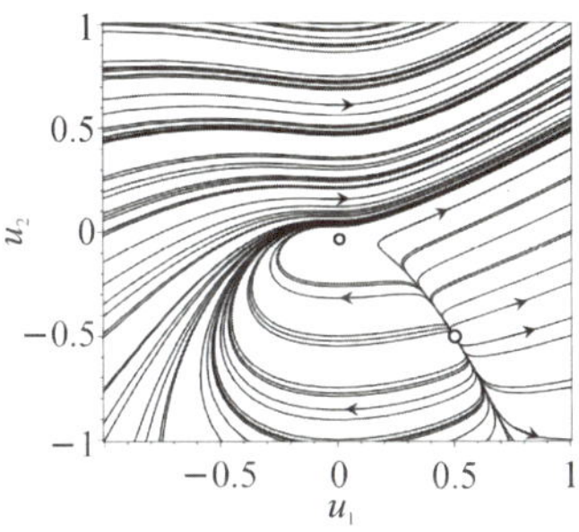

(a) 式(i)的相图

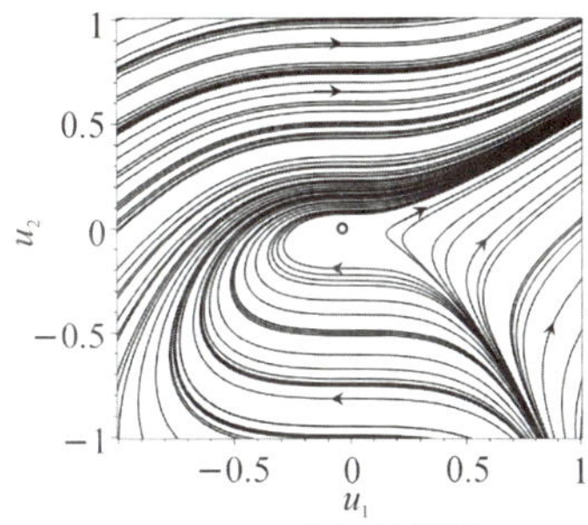

(b) 式(k)的相图

图 7.3.1　两种第二阶截断 P－B 规范型的相图对比($c_1=c_2=1$)

式(7.3.13)表明,向量空间$\mathscr{H}_n^k$的维数 N 随着 n 和 k 的增加迅速增大。例如,对于 $n=4$ 和 $k=3$ 这样规模不大的问题,将有 $N=\dim\mathscr{H}_4^3=4C_6^3=80$。这时,用矩阵表示法来计算规范型的工作量绝非手工所能胜任。因此,人们在 Maple 等计算机代数软件平台上发展了一些程序化方法。此外,还运用共轭算子、李代数等数学工具构造了一些新算法。

7.3.3　共振与非共振*

在具体计算 P－B 规范型前,如果能确定式(7.3.11)中哪些 $\boldsymbol{g}_k(\boldsymbol{v})=\boldsymbol{0}$,即式(7.3.2)中哪些 $\boldsymbol{h}_k(\boldsymbol{v})\in\mathscr{F}_n^k$,无疑会有帮助。为此,引进矩阵特征值共振的概念。

定义 7.3.1　将矩阵 $\boldsymbol{A}$ 的特征值记为向量 $\boldsymbol{\lambda}\equiv[\lambda_1\ \ \cdots\ \ \lambda_n]^{\mathrm{T}}$,约定向量 $\boldsymbol{k}\equiv[k_1\ \ \cdots\ \ k_n]^{\mathrm{T}}$ 的元素均为自然数,并定义 $k\equiv\sum_{i=1}^{n}k_i\geqslant 2$;如果存在某个指标 $j\in I_n$ 使得

$$\lambda_j=\langle\boldsymbol{k},\boldsymbol{\lambda}\rangle\equiv\sum_{i=1}^{n}k_i\lambda_i \tag{7.3.18}$$

则称矩阵 $\boldsymbol{A}$ 的特征值是共振的,而 k 为共振的阶。

例如,满足 $\lambda_2=2\lambda_1$ 的特征值是 2 阶共振的,这正是第 6 章的 2 阶内共振条件。由于此处对特征值的正负无限制,故上述共振概念很宽。又如,满足 $\lambda_1+\lambda_2=0$ 的特征值是奇数阶共振的,因为对于任给的正整数 k_1 和 $k_2=k_1+1$ 皆有 $\lambda_2=k_1\lambda_1+k_2\lambda_2$,且 $k=2k_1+1$。

欲使式(7.3.11)中的 $\boldsymbol{g}_k(\boldsymbol{v})=\boldsymbol{0}$,就是要对给定的非零多项式 $\boldsymbol{h}_k(\boldsymbol{v})\in\mathscr{F}_n^k$,考察下述同调方程是否有解

$$\mathrm{ad}_A\boldsymbol{q}_k(\boldsymbol{v})-\boldsymbol{h}_k(\boldsymbol{v})=\boldsymbol{0} \tag{7.3.19}$$

换言之,同调算子 ad_A 的表示矩阵是否可逆?现针对矩阵 $\boldsymbol{A}$ 已化为 Jordan 标准型的情况,进行具体讨论。

首先,考察矩阵 $\boldsymbol{A}$ 有互异特征值 $\lambda_i,i\in I_n$ 的情况,$\boldsymbol{e}_i,i\in I_n$ 是其对应的特征向量。此时,可用 $\boldsymbol{e}_i,i\in I_n$ 作为$\mathscr{R}^n$的基向量,记 $\boldsymbol{v}=[v_1\quad v_2\quad\cdots\quad v_n]^{\mathrm{T}}\in\mathscr{R}^n$,将$\mathscr{H}_n^k$中元素分量的最简形式表示为

$$v^k\equiv v_1^{k_1}v_2^{k_2}\cdots v_n^{k_n},\quad k\equiv\sum_{i=1}^n k_i \tag{7.3.20}$$

取 $\boldsymbol{q}_k(\boldsymbol{v})=v^k\boldsymbol{e}_j$,它是 $\boldsymbol{A}$ 的第 j 个特征向量。不难发现,向量 $\mathbf{D}\boldsymbol{q}_k(\boldsymbol{v})\boldsymbol{A}\boldsymbol{v}$ 也是 $\boldsymbol{A}$ 的第 j 个特征向量,其各分量中只有第 j 个分量不为零,且等于

$$\frac{\partial v^k}{\partial\boldsymbol{v}^{\mathrm{T}}}\boldsymbol{A}\boldsymbol{v}=\left[k_1v_1^{k_1-1}\cdots v_n^{k_n}\quad\cdots\quad k_nv_1^{k_1}\cdots v_n^{k_n-1}\right]^{\mathrm{T}}\begin{bmatrix}\lambda_1&\boldsymbol{0}&0\\\boldsymbol{0}&\ddots&\boldsymbol{0}\\0&\boldsymbol{0}&\lambda_n\end{bmatrix}\begin{bmatrix}v_1\\\vdots\\v_n\end{bmatrix}=\langle\boldsymbol{k},\boldsymbol{\lambda}\rangle v^k \tag{7.3.21}$$

再注意到特征值问题

$$\boldsymbol{A}(v^k\boldsymbol{e}_j)=\lambda_jv^k\boldsymbol{e}_j \tag{7.3.22}$$

将式(7.3.21)和式(7.3.22)代入式(7.3.7),得到

$$\mathrm{ad}_A\boldsymbol{q}_k(\boldsymbol{v})=\mathbf{D}(v^k\boldsymbol{e}_j)\boldsymbol{A}\boldsymbol{v}-\boldsymbol{A}(v^k\boldsymbol{e}_j)=[\langle\boldsymbol{k},\boldsymbol{\lambda}\rangle-\lambda_j]v^k\boldsymbol{e}_j=[\langle\boldsymbol{k},\boldsymbol{\lambda}\rangle-\lambda_j]\boldsymbol{q}_k(\boldsymbol{v}) \tag{7.3.23}$$

这说明,同调算子 ad_A 对应的矩阵是对角阵,其特征值具有$\langle\boldsymbol{k},\boldsymbol{\lambda}\rangle-\lambda_j$ 的形式。由此可见,当矩阵 $\boldsymbol{A}$ 的特征值非共振时,ad_A 表示矩阵的所有特征值均非零,同调算子 ad_A 可逆。

其次,当矩阵 $\boldsymbol{A}$ 有重特征值时,取其 Jordan 标准型为上三角矩阵。此时,同调算子 ad_A 有相应的 Jordan 块,且其特征值仍具有$\langle\boldsymbol{k},\boldsymbol{\lambda}\rangle-\lambda_j$ 的形式,进而得到相同结论。

总结上述分析,得到本节的主要结论。

定理 7.3.1 当矩阵 $\boldsymbol{A}$ 是上三角 Jordan 标准型时,总可适当选择式(7.3.3),使式(7.3.1)的右端向量函数仅由满足共振条件(7.3.18)的多项式 $\boldsymbol{q}_k(\boldsymbol{v})=v^k\boldsymbol{e}_j$ 组成。

上述 P-B 规范型约化方法还可推广到由共轭复变量描述的常微分方程,以下举例说明如何用共振条件判断这类 P-B 规范型的阶次。在 7.6.2 节,将通过研究对应分岔介绍计算过程,届时将式(7.3.16)中的转置矩阵 $\boldsymbol{L}^{\mathrm{T}}$ 改为共轭转置矩阵 $\boldsymbol{L}^*$,即可求解复子空间的基向量。

例 7.3.2 考察具有共轭复变量的微分方程规范型

$$\begin{bmatrix}\dot{z}\\\dot{\bar{z}}\end{bmatrix}'=\begin{bmatrix}\mathrm{i}\omega&0\\0&-\mathrm{i}\omega\end{bmatrix}\begin{bmatrix}z\\\bar{z}\end{bmatrix}+o(|z|),\quad\omega>0,\quad z\in\mathscr{C} \tag{a}$$

解　显然，式(a)的矩阵特征值为$\lambda_1 = \mathrm{i}\omega$和$\lambda_2 = -\mathrm{i}\omega$，恰好满足$\lambda_1 + \lambda_2 = 0$，具有奇数阶共振。因此，存在无穷多、但可列个共振条件

$$\lambda_2 = k_1\lambda_1 + k_2\lambda_2 = k_1\lambda_1 + (k_1+1)\lambda_2, \quad k_1 = 1,2,\cdots \tag{b}$$

根据共振阶次$k = 2k_1 + 1$可知，式(a)的规范型仅含对应于上述共振条件的奇次项，即

$$\begin{cases} \dot{z} = \mathrm{i}\omega z + c_3\bar{z}|z|^2 + c_5\bar{z}|z|^4 + \cdots + c_{2k+1}\bar{z}|z|^{2k} + \cdots \\ \dot{\bar{z}} = -\mathrm{i}\omega\bar{z} + \bar{c}_3 z|z|^2 + \bar{c}_5 z|z|^4 + \cdots + \bar{c}_{2k+1} z|z|^{2k} + \cdots \end{cases} \tag{c}$$

7.4　周期运动的稳定性

根据前几章的分析，系统平衡点是动力学方程的定常解，而主共振等周期运动是将该方程经过某种平均处理后的常微分方程定常解。不难想象，两者的稳定性分析具有联系，但后者更为复杂。本节按先非自治系统、再自治系统的顺序，讨论周期运动的稳定性。

7.4.1　非自治系统的周期运动稳定性

考察n维非自治系统

$$\dot{\boldsymbol{u}} = \boldsymbol{f}(\boldsymbol{u},t), \quad \boldsymbol{u} \in U \subset \mathscr{R}^n, \quad t \in \mathscr{R} \tag{7.4.1}$$

其中，向量函数$\boldsymbol{f}(\boldsymbol{u},t)$以$T_0 > 0$为周期，即

$$\boldsymbol{f}(\boldsymbol{u},t+T_0) = \boldsymbol{f}(\boldsymbol{u},t), \quad t \in \mathscr{R} \tag{7.4.2}$$

以下研究该系统的周期运动$\boldsymbol{u}_{\mathrm{p}}(t)$，它满足

$$\boldsymbol{u}_{\mathrm{p}}(t+T) = \boldsymbol{u}_{\mathrm{p}}(t), \quad T = mT_0, \quad t \in \mathscr{R} \tag{7.4.3}$$

其中，m为正整数。通常，将这种周期运动简称为m倍周期运动或周期轨道。以简谐激励下的Duffing系统为例，其1/3亚谐共振就是3倍周期运动或3倍周期轨道。

现将平衡点在Lyapunov意义下的稳定性概念推广到周期运动。

定义7.4.1　任给$\varepsilon > 0$，存在$\delta(\varepsilon,t_0) > 0$，只要$t = t_0$时与周期运动$\boldsymbol{u}_{\mathrm{p}}(t)$相邻的运动$\boldsymbol{u}(t)$满足$\|\boldsymbol{u}(t_0) - \boldsymbol{u}_{\mathrm{p}}(t_0)\| < \delta(\varepsilon,t_0)$，恒有$\|\boldsymbol{u}(t) - \boldsymbol{u}_{\mathrm{p}}(t)\| < \varepsilon, t \geqslant t_0$，则称周期运动$\boldsymbol{u}_{\mathrm{p}}(t)$是稳定的，否则称为不稳定的。若在稳定前提下还有$\lim\limits_{t\to+\infty}\boldsymbol{u}(t) = \boldsymbol{u}_{\mathrm{p}}(t)$，则称周期运动$\boldsymbol{u}_{\mathrm{p}}(t)$是渐近稳定的。

现研究周期运动的稳定性判据。记周期运动$\boldsymbol{u}_{\mathrm{p}}(t)$的扰动为

$$\Delta\boldsymbol{u}(t) \equiv \boldsymbol{u}(t) - \boldsymbol{u}_{\mathrm{p}}(t) \tag{7.4.4}$$

如果向量函数$\boldsymbol{f}(\boldsymbol{u},t)$关于$\boldsymbol{u}$可微，则微扰动$\Delta\boldsymbol{u}(t)$满足线性常微分方程

$$\Delta\dot{\boldsymbol{u}}(t) = \mathbf{D}_{\boldsymbol{u}}\boldsymbol{f}(\boldsymbol{u}_{\mathrm{p}}(t),t)\Delta\boldsymbol{u}(t) = \boldsymbol{A}(t)\Delta\boldsymbol{u}(t) \tag{7.4.5}$$

其中，$\boldsymbol{A}(t) \equiv \mathbf{D}_{\boldsymbol{u}}\boldsymbol{f}(\boldsymbol{u}_{\mathrm{p}}(t),t)$是向量函数$\boldsymbol{f}(\boldsymbol{u},t)$在周期运动$\boldsymbol{u}_{\mathrm{p}}(t)$处的Jacobi矩阵。根据式(7.4.2)和式(7.4.3)，该矩阵具有周期性，即

$$\boldsymbol{A}(t) = \mathbf{D}_{\boldsymbol{u}}\boldsymbol{f}(\boldsymbol{u}_{\mathrm{p}}(t),t) = \mathbf{D}_{\boldsymbol{u}}\boldsymbol{f}(\boldsymbol{u}_{\mathrm{p}}(t+T),t+T) = \boldsymbol{A}(t+T), \quad t \in \mathscr{R} \tag{7.4.6}$$

因此，式(7.4.5)是具有周期系数的线性常微分方程。将5.5节介绍的Floquet理论推广到高维系统，则式(7.4.5)的解形如

$$\Delta\boldsymbol{u}(t) = \sum_{j=1}^{n} c_j\boldsymbol{p}_j(t)\exp(\mu_j t) \tag{7.4.7}$$

其中,$c_j, j\in I_n$ 是常数,$\boldsymbol{p}_j(t), j\in I_n$ 是以 T 为周期的向量函数。由上式可以证明如下定理。

定理 7.4.1 若式(7.4.5)的所有特征指数满足 $\mathrm{Re}\,\mu_j<0, j\in I_n$,则周期运动 $\boldsymbol{u}_{\mathrm{p}}(t)$ 渐近稳定;反之亦然。

定理 7.4.2 若式(7.4.5)的某个特征指数满足 $\mathrm{Re}\,\mu_j>0$,则周期运动 $\boldsymbol{u}_{\mathrm{p}}(t)$ 不稳定;反之亦如此。

需要指出,计算式(7.4.5)的特征指数并非易事,需采用 9.2 节的数值方法。在某些特殊情况下,式(7.4.5)满足 Mathieu 方程,可根据 5.5 节结果来完成周期运动的稳定性分析。

例 7.4.1[M] 考察简谐激励下的 Duffing 系统

$$\ddot{u}(t)+2\zeta\omega_0\dot{u}(t)+\omega_0^2u(t)+\varepsilon\omega_0^2u^3(t)=F_0\cos(\omega t),\quad 0<\varepsilon\ll 1 \tag{a}$$

试给出下述主共振定常解的失稳条件

$$u_{\mathrm{p}}(t)=\bar{a}\cos(\omega t+\bar{\varphi}) \tag{b}$$

解 根据式(a),周期运动 $u_{\mathrm{p}}(t)$ 附近的小扰动 $\Delta u(t)$ 满足

$$\Delta\ddot{u}(t)+2\zeta\omega_0\Delta\dot{u}(t)+\omega_0^2\left[1+3\varepsilon u_{\mathrm{p}}^2(t)\right]\Delta u(t)=0 \tag{c}$$

将式(b)代入式(c),对三角函数的二次项做积化和差,得到

$$\Delta\ddot{u}(t)+2\zeta\omega_0\Delta\dot{u}(t)+\omega_0^2\left[\left(1+\frac{3\varepsilon\bar{a}^2}{2}\right)+\frac{3\varepsilon\bar{a}^2}{2}\cos\left(2(\omega t+\bar{\varphi})\right)\right]\Delta u(t)=0 \tag{d}$$

引入新的时间变量、扰动量及常数

$$\tau=\omega t+\bar{\varphi},\quad v(\tau)=\Delta u\left(\frac{\tau-\bar{\varphi}}{\omega}\right),\quad \xi=\frac{\zeta\omega_0}{\omega},\quad \delta=\left(1+\frac{3\varepsilon\bar{a}^2}{2}\right)\frac{\omega_0^2}{\omega^2},\quad \eta=\frac{3\varepsilon\bar{a}^2\omega_0^2}{4\omega^2} \tag{e}$$

可将式(d)表示为 Mathieu 方程

$$\frac{\mathrm{d}^2v(\tau)}{\mathrm{d}\tau^2}+2\xi\frac{\mathrm{d}v(\tau)}{\mathrm{d}\tau}+\left[\delta+2\eta\cos(2\tau)\right]v(\tau)=0 \tag{f}$$

鉴于主共振对激励频率的限制条件 $\omega\approx\omega_0$,必有 $\delta\approx 1$。根据式(5.5.51),得到该 Mathieu 方程零解的失稳条件

$$|\delta-1|<\sqrt{\eta^2-4\xi^2}\quad\Rightarrow\quad 4\xi^2+(\delta-\eta-1)(\delta+\eta-1)<0 \tag{g}$$

将式(e)中诸常数代入式(g),得到主共振定常解的失稳条件

$$4\zeta^2\omega_0^2+\left(\omega^2-\omega_0^2-\frac{3\varepsilon\omega_0^2\bar{a}^2}{4}\right)\left(\omega^2-\omega_0^2-\frac{9\varepsilon\omega_0^2\bar{a}^2}{4}\right)<0 \tag{h}$$

根据式(5.1.2)定义的符号,可得到

$$\varepsilon\mu=\zeta\omega_0,\quad \omega^2-\omega_0^2\approx 2\omega_0(\omega-\omega_0)=2\varepsilon\omega_0\sigma \tag{i}$$

将式(i)代入式(h)后化简,得到与 5.1.3 节相同的失稳条件

$$\Gamma\equiv\mu^2+\left(\sigma-\frac{3\omega_0\bar{a}^2}{8}\right)\left(\sigma-\frac{9\omega_0\bar{a}^2}{8}\right)<0 \tag{j}$$

附录 A7 提供了上述推导的 Maple 程序及结果。

7.4.2 自治系统的周期运动稳定性

现考察 n 维自治系统

$$\dot{\boldsymbol{u}}=\boldsymbol{f}(\boldsymbol{u}),\quad \boldsymbol{u}\in U\subset\mathscr{R}^n \tag{7.4.8}$$

研究下述周期运动的稳定性

$$\boldsymbol{u}_{\mathrm{p}}(t+T)=\boldsymbol{u}_{\mathrm{p}}(t),\ t\in\mathscr{R} \tag{7.4.9}$$

1. 轨道稳定性概念

类似于对非自治系统的讨论，周期运动 $\boldsymbol{u}_{\mathrm{p}}(t)$ 的受扰运动满足

$$\Delta\dot{\boldsymbol{u}}(t)=\mathbf{D}\boldsymbol{f}(\boldsymbol{u}_{\mathrm{p}}(t))\Delta\boldsymbol{u}(t)\equiv\boldsymbol{A}(t)\Delta\boldsymbol{u}(t) \tag{7.4.10}$$

不难验证，周期运动 $\dot{\boldsymbol{u}}_{\mathrm{p}}(t)$ 是式(7.4.10)的解，即

$$\frac{\mathrm{d}}{\mathrm{d}t}\dot{\boldsymbol{u}}_{\mathrm{p}}(t)=\frac{\mathrm{d}}{\mathrm{d}t}\boldsymbol{f}(\boldsymbol{u}_{\mathrm{p}}(t))=\mathbf{D}\boldsymbol{f}(\boldsymbol{u}_{\mathrm{p}}(t))\dot{\boldsymbol{u}}_{\mathrm{p}}(t)=\boldsymbol{A}(t)\dot{\boldsymbol{u}}_{\mathrm{p}}(t) \tag{7.4.11}$$

由于 $\dot{\boldsymbol{u}}_{\mathrm{p}}(t)$ 以 T 为周期，根据推论 5.5.1 可知，式(7.4.10)的特征乘数中至少有一个为 1。因此，自治系统的周期运动不可能具有定义 7.4.1 所描述的渐近稳定性。

回顾 3.4 节中介绍的自激振动，它不仅是周期运动，而且其周围的相轨线随着时间延续最终趋于该周期运动。但按照上述分析，这种周期运动不符合定义 7.4.1 所规定的渐近稳定性。问题何在呢?

出现上述矛盾的根源在于:定义 7.4.1 中的稳定性要求，对于任意的 $t>t_0$，受扰运动 $\boldsymbol{u}(t)$ 与周期运动 $\boldsymbol{u}_{\mathrm{p}}(t)$ 在同一时刻必须非常接近。这对于自治系统来说是过于苛刻的要求。为了放松该限制，需重新考虑对两个运动接近程度的描述。现将周期运动 $\boldsymbol{u}_{\mathrm{p}}(t)$ 视为相空间中的闭轨 Γ，定义相空间中点 $\boldsymbol{u}$ 到闭轨 Γ 的距离为

$$d(\boldsymbol{u},\Gamma)\equiv\inf_{\boldsymbol{v}\in\Gamma}\|\boldsymbol{u}-\boldsymbol{v}\| \tag{7.4.12}$$

其中，符号 inf 代表取下确界。在此基础上，可引入 Poincaré 意义下的轨道稳定性概念。

定义 7.4.2　任给 $\varepsilon>0$，存在 $\delta(\varepsilon,t_0)>0$，只要 $t=t_0$ 时闭轨 Γ 相邻的运动 $\boldsymbol{u}(t)$ 满足 $d(\boldsymbol{u}(t_0),\Gamma)<\delta(\varepsilon,t_0)$，恒有 $d(\boldsymbol{u}(t),\Gamma)<\delta(\varepsilon,t_0)<\varepsilon,\ t\geqslant t_0$，则称闭轨 Γ 在 Poincaré 意义下轨道稳定，简称轨道稳定；否则称为轨道不稳定。若在轨道稳定前提下还有 $\lim\limits_{t\to+\infty}d(\boldsymbol{u}(t),\Gamma)=0$，则称闭轨 Γ 为轨道渐近稳定。

例 7.4.2　考虑由极坐标描述的二维自治系统

$$\dot{r}=0,\quad\dot{\theta}=r \tag{a}$$

研究其闭轨的稳定性。

解　该系统具有闭轨

$$r=r_0,\quad\theta=r_0t+\theta_0,\quad r_0,\theta_0=\mathrm{const.},\quad t>0 \tag{b}$$

如果该闭轨的半径 r_0 受到小扰动 $\delta>0$，则受扰相轨线满足

$$r=r_0+\delta,\quad\theta=(r_0+\delta)t+\theta_0 \tag{c}$$

对照式(b)和式(c)可见:尽管这两条闭轨间的距离是 δ，但同一时刻的相位差将是 δt，随着时间延续而趋于无限。因此，该闭轨是轨道稳定的，但在 Lyapunov 意义下是不稳定的。

2. 轨道渐近稳定性定理

定理 7.4.3　若式(7.4.10)的特征乘数满足 $|\lambda_j|<1,\ j\in I_{n-1},\ \lambda_n=1$，则自治系统(7.4.8)的周期运动在 Poincaré 意义下轨道渐近稳定。

该定理的几何意义是:对于轨道渐近稳定的闭轨，其受到的小扰动 $\Delta\boldsymbol{u}$ 可分解为 n 个分量，沿闭轨切线方向的扰动分量对应特征值 $\lambda_n=1$，随时间增加保持不变，而其余 $n-1$ 个扰动分量将衰减为零。该定理的证明涉及较多知识，留待 7.4.3 节完成。

定理 7.4.4 对于二维自治系统的闭轨,记其周期为 T,若有

$$\int_0^T \mathrm{div}\boldsymbol{f}(\boldsymbol{u}_\mathrm{p}(t))\,\mathrm{d}t = \int_0^T \left(\frac{\partial f_1}{\partial u_1} + \frac{\partial f_2}{\partial u_2}\right)\mathrm{d}t < 0 \tag{7.4.13}$$

则闭轨是轨道渐近稳定的。

证明 根据线性微分方程理论中的 Liouville 公式,可写出

$$\exp\left(\int_0^T \mathrm{tr}\boldsymbol{A}(t)\,\mathrm{d}t\right) = \lambda_1\lambda_2 = \exp(\mu_1 T)\exp(\mu_2 T) = \exp((\mu_1+\mu_2)T) \tag{a}$$

因此,式(7.4.13)等价于

$$\mu_1+\mu_2 = \frac{1}{T}\int_0^T \mathrm{tr}\boldsymbol{A}(t)\,\mathrm{d}t = \frac{1}{T}\int_0^T \left(\frac{\partial f_1}{\partial u_1} + \frac{\partial f_2}{\partial u_2}\right)\mathrm{d}t < 0 \tag{b}$$

根据对式(7.4.11)的讨论,可取系统特征乘数 $\lambda_2=1$,这对应 $\mu_2=0$;根据式(b),必有 $\mu_1<0$,即特征乘数 $|\lambda_1|<1$。根据定理 7.4.3 知,该闭轨是轨道渐近稳定的。证毕。

例 7.4.3 考察 Van der Pol 系统

$$\ddot{u} + \omega_0^2 u = \varepsilon(1-u^2)\dot{u}, \quad 0<\varepsilon\ll 1 \tag{a}$$

研究其一次近似解的稳定性。

解 将式(a)写作状态变量形式

$$\begin{bmatrix}\dot{u}_1\\ \dot{u}_2\end{bmatrix} = \begin{bmatrix} u_2 \\ -\omega_0^2 u_1 + \varepsilon(1-u_1^2)u_2\end{bmatrix} \tag{b}$$

根据例 4.2.2,系统的一次近似解为

$$u_1 = 2\cos(\omega_0 t) \tag{c}$$

其周期为 $T=2\pi/\omega_0$。根据式(7.4.13),得到

$$\int_0^T \left(\frac{\partial f_1}{\partial u_1} + \frac{\partial f_2}{\partial u_2}\right)\mathrm{d}t = \varepsilon\int_0^T [1-u_1^2(t)]\,\mathrm{d}t = \varepsilon\int_0^{2\pi/\omega_0} [1-4\cos^2(\omega_0 t)]\,\mathrm{d}t = -\frac{2\pi\varepsilon}{\omega_0} < 0 \tag{d}$$

根据定理 7.4.4,Van der Pol 系统的一次近似解具有轨道渐近稳定性。

7.4.3 Poincaré 映射与不动点的稳定性

对于式(7.4.8)所描述的自治系统,将式(7.4.9)中的闭轨记作 Γ。本小节先引入 Poincaré 映射和离散系统的一些概念,然后从 Poincaré 映射不动点的角度来研究闭轨 Γ 的轨道稳定性及其相邻相轨线的特性。

1. Poincaré 映射

定义 7.4.3 设 $\Sigma\subset\mathscr{R}^n$ 是某个 $n-1$ 维超曲面的一部分,如果对于任意 $u\in\Sigma$,Σ 的法向量 $\boldsymbol{n}(\boldsymbol{u})$ 与向量场 $\boldsymbol{f}(\boldsymbol{u})$ 满足条件

$$\boldsymbol{n}(\boldsymbol{u})\cdot\boldsymbol{f}(\boldsymbol{u}) \neq 0 \tag{7.4.14}$$

则定义 Σ 为向量场 $\boldsymbol{f}(\boldsymbol{u})$ 的Poincaré 截面;式(7.4.14)的几何意义是向量 $\boldsymbol{f}(\boldsymbol{u})$ 与 Σ 不相切。

例 7.4.4 针对简谐激励下的单自由度系统

$$\ddot{u}(t) + f(u(t),\dot{u}(t)) = f_0\sin(\omega t) \tag{a}$$

建立其 Poincaré 截面。

解 式(a)是二维非自治系统,可将其表示为三维扩张空间 $\mathscr{R}^3$ 中的自治系统

$$\dot{\boldsymbol{u}} \equiv \begin{bmatrix} \dot{u}_1 \\ \dot{u}_2 \\ \dot{u}_3 \end{bmatrix} = \begin{bmatrix} u_2 \\ -f(u_1, u_2) + f_0 \sin(\omega u_3) \\ 1 \end{bmatrix} \equiv \boldsymbol{f}(\boldsymbol{u}) \tag{b}$$

在三维空间$\mathscr{R}^3$中构造平面

$$\Sigma \equiv \{(u_1, u_2, u_3) \mid u_3 = \mathrm{mod}(2\pi/\omega)\} \tag{c}$$

此时,该平面的法向量$\boldsymbol{n}(\boldsymbol{u}) = [0 \quad 0 \quad 1]^{\mathrm{T}}$满足式(7.4.14),即

$$\boldsymbol{n}(\boldsymbol{u}) \cdot \boldsymbol{f}(\boldsymbol{u}) = 1 \neq 0 \tag{d}$$

因此,平面Σ是系统的 Poincaré 截面。

为了简洁起见,也可直接取

$$\Sigma \equiv \{(u_1, u_2, t) \mid t = \mathrm{mod}(2\pi/\omega)\} \tag{e}$$

这种构造 Poincaré 截面的方法可推广到受周期激励的非自治系统。

定义 7.4.4　对于图 7.4.1 所示n维相空间中轨道Γ,任取点$\boldsymbol{u}_{\mathrm{p}} \in \Gamma$,做足够小的 Poincaré 截面$\Sigma$,使$\Gamma$与$\Sigma$仅相交于点$\boldsymbol{u}_{\mathrm{p}}$。根据微分方程的解关于初始条件连续性,存在点$\boldsymbol{u}_{\mathrm{p}}$的邻域$U_\Gamma \equiv \delta(\boldsymbol{u}_{\mathrm{p}}) \subset \Sigma$,使从任意$\boldsymbol{u} \in U_\Gamma$出发的相轨线回到$\Sigma$。由此定义首次回归映射

$$\boldsymbol{P}: U_\Gamma \to \Sigma \tag{7.4.15}$$

并将该$n-1$维映射称作Poincaré 映射。

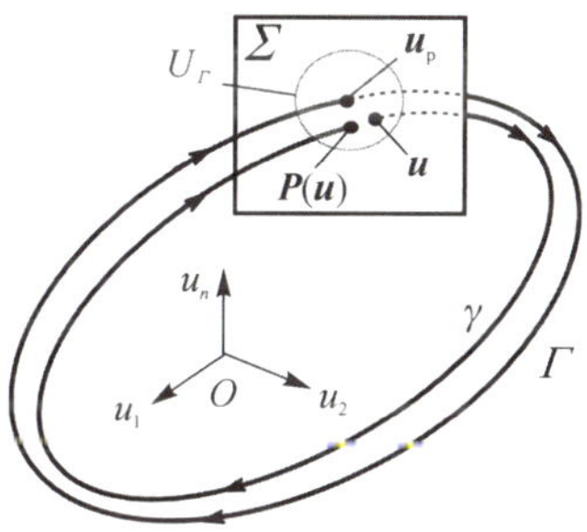

图 7.4.1　Poincaré 映射与不动点

现以$\boldsymbol{\varphi}_t(\boldsymbol{u})$代表自$\boldsymbol{u} \in U_\Gamma \subset \mathscr{R}^{n-1}$出发的相轨线$\gamma$在$t$时刻的值,则式(7.4.15)可理解为

$$\boldsymbol{P}(\boldsymbol{u}) = \boldsymbol{\varphi}_{\tau(\boldsymbol{u})}(\boldsymbol{u}) \cap \Sigma, \quad \boldsymbol{u} \in U_\Gamma \tag{7.4.16}$$

其中,下标$\tau(\boldsymbol{u})$是相轨线自$\boldsymbol{u} \in U_\Gamma$出发到首次返回$\Sigma$所需的时间,即$\tau(\boldsymbol{u}_{\mathrm{p}}) = T$。

如果对于$\boldsymbol{u}_{\mathrm{p}} \in \Sigma$,存在

$$\boldsymbol{P}(\boldsymbol{u}_{\mathrm{p}}) = \boldsymbol{\varphi}_T(\boldsymbol{u}_{\mathrm{p}}) \cap \Sigma = \boldsymbol{u}_{\mathrm{p}} \tag{7.4.17}$$

则说明Γ是闭轨,这等价于 Poincaré 映射具有不动点$\boldsymbol{u}_{\mathrm{p}}$,常记为$\boldsymbol{u}_{\mathrm{f}}$。因此,研究式(7.4.8)的闭轨及其附近的相轨线,等价于研究 Poincaré 映射的不动点及其邻近映射点的性质。由于 Poincaré 映射定义在$n-1$维 Poincaré 截面上,其研究比原系统的研究要容易些。

2. 离散系统的概念

鉴于 Poincaré 映射是$n-1$维离散系统,在对其不动点进行研究之前,先介绍$n-1$维离散系统的基本概念及其性质。

定义 7.4.5　记$\mathscr{Z}$是全体自然数的集合,$U \subset \mathscr{R}^{n-1}$是开集,$\boldsymbol{P}: U \to U$是一对一的映射,称映射序列$\boldsymbol{P}^k, k \in \mathscr{Z}$是$U$上的离散系统,并约定

$$\boldsymbol{P}^0=\boldsymbol{I},\quad \boldsymbol{P}^k=\boldsymbol{P}\boldsymbol{P}^{k-1},\quad \boldsymbol{P}^{-k}=(\boldsymbol{P}^{-1})^k \tag{7.4.18}$$

定义 7.4.6 将下述映射点序列称为离散系统 $\boldsymbol{P}$ 过点 $\boldsymbol{u}$ 的相轨线

$$\gamma=\{\boldsymbol{P}^k(\boldsymbol{u})\,|\,\boldsymbol{u}\in U,k\in\mathscr{Z}\} \tag{7.4.19}$$

特别地,如果存在正整数 m 使得

$$\boldsymbol{P}^m(\boldsymbol{u}_{\mathrm{p}})=\boldsymbol{u}_{\mathrm{p}} \tag{7.4.20}$$

则称 $\boldsymbol{u}_{\mathrm{p}}$ 是 $\boldsymbol{P}$ 的周期 $\boldsymbol{m}$ 点或$\boldsymbol{P}-\boldsymbol{m}$ 点,使上式成立的最小正整数 m 称为 $\boldsymbol{u}_{\mathrm{p}}$ 的周期,过周期 m 点 $\boldsymbol{u}_{\mathrm{p}}$ 的相轨线称为周期轨道。当 $m=1$ 时,称 $\boldsymbol{u}_{\mathrm{p}}$ 是 $\boldsymbol{P}$ 的$\boldsymbol{P}-1$ 点或不动点,记为 $\boldsymbol{u}_{\mathrm{f}}$。

3. 不动点稳定性的概念

定义 7.4.7 设 $\boldsymbol{u}_{\mathrm{f}}$ 是映射 $\boldsymbol{P}$ 的不动点。如果任给 $\varepsilon>0$,存在 $\delta>0$,只要 $\boldsymbol{u}\in\delta(\boldsymbol{u}_{\mathrm{f}})$,对于任意的 $k\in\mathscr{Z}$ 恒有 $\|\boldsymbol{P}^k(\boldsymbol{u})-\boldsymbol{u}_{\mathrm{f}}\|<\varepsilon$,则称不动点 $\boldsymbol{u}_{\mathrm{f}}$ 稳定;反之,则称为不稳定。如果在稳定的前提下还有 $\lim\limits_{k\to+\infty}\boldsymbol{P}^k(\boldsymbol{u})=\boldsymbol{u}_{\mathrm{f}}$,则称不动点 $\boldsymbol{u}_{\mathrm{f}}$ 是渐近稳定的。

对于 Poincaré 映射,上述距离 $\|\boldsymbol{P}^k(\boldsymbol{u})-\boldsymbol{u}_{\mathrm{f}}\|$ 定义在 Poincaré 截面上,对时间并无要求。因此,Poincaré 映射不动点的稳定性等价于周期运动的轨道稳定性。

4. 线性映射的性质

定理 7.4.5 对于由 $n-1$ 阶可逆方阵 $\boldsymbol{A}$ 构成的线性映射

$$\boldsymbol{u}_{k+1}\equiv\boldsymbol{A}\boldsymbol{u}_k,\quad \boldsymbol{u}_k\in\mathscr{R}^{n-1},\quad k\in\mathscr{Z} \tag{7.4.21}$$

记其特征值为 $\lambda_j,j\in I_{n-1}$,则 $\boldsymbol{A}$ 的不动点 $\boldsymbol{u}_{\mathrm{f}}=\boldsymbol{0}$ 可分为三类:

(a) 若所有特征值均满足 $|\lambda_j|<1,j\in I_{n-1}$,则不动点 $\boldsymbol{u}_{\mathrm{f}}$ 渐近稳定;

(b) 若某个特征值满足 $|\lambda_j|>1$,则不动点 $\boldsymbol{u}_{\mathrm{f}}$ 不稳定;

(c) 若特征值 $|\lambda_j|\leqslant 1,j\in I_{n-1}$,按特征值模为 1 时 $\boldsymbol{A}$ 可否对角化,不动点稳定或不稳定。

证明 现以款(a)为例,给出证明要点。

当 $n=2$ 时,方阵 $\boldsymbol{A}$ 退化为标量 $A\neq 0$,其特征值就是 $A\neq 0$;当 $|A|<1$ 时,映射序列 $u_{k+1}=Au_k\to 0,k\in\mathscr{Z}$,即线性映射的不动点 $u_{\mathrm{f}}=0$ 渐近稳定。

当 $n=3$ 时,记 λ_1 和 λ_2 是二阶方阵 $\boldsymbol{A}$ 的特征值。如果 $\lambda_1\neq\lambda_2$,则方阵 $\boldsymbol{A}$ 必有两个线性无关的特征向量;如果 $\lambda_1=\lambda_2$,方阵 $\boldsymbol{A}$ 可能有两个线性无关的特征向量。对于这两种情况,均存在相似变换矩阵 $\boldsymbol{Q}$ 使 $\boldsymbol{A}$ 对角化为

$$\boldsymbol{Q}^{-1}\boldsymbol{A}\boldsymbol{Q}=\begin{bmatrix}\lambda_1 & 0\\ 0 & \lambda_2\end{bmatrix} \tag{a}$$

取 $\boldsymbol{v}_k=\boldsymbol{Q}^{-1}\boldsymbol{u}_k,k\in\mathscr{Z}$,根据式(7.4.21)可知

$$\boldsymbol{v}_{k+1}=\boldsymbol{Q}^{-1}\boldsymbol{u}_{k+1}=\boldsymbol{Q}^{-1}\boldsymbol{A}\boldsymbol{u}_k=\boldsymbol{Q}^{-1}\boldsymbol{A}\boldsymbol{Q}\boldsymbol{v}_k=\begin{bmatrix}\lambda_1 & 0\\ 0 & \lambda_2\end{bmatrix}\boldsymbol{v}_k=\cdots=\begin{bmatrix}\lambda_1^k & 0\\ 0 & \lambda_2^k\end{bmatrix}\boldsymbol{v}_0 \tag{b}$$

因此,当 $|\lambda_j|<1,j=1,2$ 时,$\lim\limits_{k\to+\infty}\boldsymbol{v}_k=\boldsymbol{0}$,即 $\lim\limits_{k\to+\infty}\boldsymbol{u}_k=\boldsymbol{0}=\boldsymbol{u}_{\mathrm{f}}$,表明不动点 $\boldsymbol{u}_{\mathrm{f}}$ 渐近稳定。

如果二阶方阵 $\boldsymbol{A}$ 只有一个线性无关特征向量,此时必有 $\lambda_1=\lambda_2=\lambda$,并存在相似变换矩阵 $\boldsymbol{Q}$,使 $\boldsymbol{A}$ 化为 Jordan 标准形

$$\boldsymbol{Q}^{-1}\boldsymbol{A}\boldsymbol{Q}=\begin{bmatrix}\lambda & 1\\ 0 & \lambda\end{bmatrix} \tag{c}$$

仍取 $\boldsymbol{v}_k=\boldsymbol{Q}^{-1}\boldsymbol{u}_k,k\in\mathscr{Z}$,根据式(7.4.21)可知

$$\boldsymbol{v}_{k+1}=\boldsymbol{Q}^{-1}\boldsymbol{A}\boldsymbol{Q}\boldsymbol{v}_k=\begin{bmatrix}\lambda & 1\\ 0 & \lambda\end{bmatrix}\boldsymbol{v}_k=\begin{bmatrix}\lambda^2 & 2\lambda\\ 0 & \lambda^2\end{bmatrix}\boldsymbol{v}_{k-1}=\cdots=\begin{bmatrix}\lambda^k & k\lambda^{k-1}\\ 0 & \lambda^k\end{bmatrix}\boldsymbol{v}_0 \tag{d}$$

因此，当 $|\lambda_j|=|\lambda|<1, j=1,2$ 时，$\lim\limits_{k\to+\infty}\boldsymbol{v}_k=\boldsymbol{0}$，即 $\lim\limits_{k\to+\infty}\boldsymbol{u}_k=\boldsymbol{0}=\boldsymbol{u}_f$，不动点 $\boldsymbol{u}_f$ 渐近稳定。

对于 $n>3$ 的一般情况，方阵 $\boldsymbol{A}$ 总可相似变换为 Jordan 标准形。对每个 Jordan 块，当其特征值的模小于 1 时，相应分量的映射序列趋于不动点。证毕。

类似于连续线性系统，对由 $n-1$ 阶方阵 $\boldsymbol{A}$ 定义的线性映射，根据其特征值 $\lambda_j, j\in I_{n-1}$ 的模取值，将特征向量 $\boldsymbol{\varphi}_j, j\in I_{n-1}$ 分为三组，定义三种子空间：

(a) 对于所有的 $|\lambda_i|<1$，记 $\boldsymbol{\varepsilon}^{s}\equiv\text{span}\{\boldsymbol{\varphi}_{i_1},\boldsymbol{\varphi}_{i_2},\cdots,\boldsymbol{\varphi}_{n_s}\}$，称其为稳定子空间；

(b) 对于所有的 $|\lambda_j|>1$，记 $\boldsymbol{\varepsilon}^{u}\equiv\text{span}\{\boldsymbol{\varphi}_{j_1},\boldsymbol{\varphi}_{j_2},\cdots,\boldsymbol{\varphi}_{n_u}\}$，称其为不稳定子空间；

(c) 对于所有的 $|\lambda_k|=1$，记 $\boldsymbol{\varepsilon}^{c}\equiv\text{span}\{\boldsymbol{\varphi}_{k_1},\boldsymbol{\varphi}_{k_2},\cdots,\boldsymbol{\varphi}_{n_c}\}$，称其为中心子空间；

不难证明，它们都是不变子空间，且有直和分解 $\mathscr{R}^{n-1}=\boldsymbol{\varepsilon}^{s}\oplus\boldsymbol{\varepsilon}^{u}\oplus\boldsymbol{\varepsilon}^{c}$。

5. 非线性映射的中心流形定理

考察具有不动点 $\boldsymbol{u}_f$ 的非线性映射 $\boldsymbol{P}(\boldsymbol{u})$，将其在不动点 $\boldsymbol{u}_f$ 附近表示为

$$\boldsymbol{P}(\boldsymbol{u})=\boldsymbol{P}(\boldsymbol{u}_f)+\mathbf{D}\boldsymbol{f}(\boldsymbol{u}_f)(\boldsymbol{u}-\boldsymbol{u}_f)+o(\|\boldsymbol{u}-\boldsymbol{u}_f\|)=\boldsymbol{u}_f+\boldsymbol{A}(\boldsymbol{u}-\boldsymbol{u}_f)+o(\|\boldsymbol{u}-\boldsymbol{u}_f\|) \tag{7.4.22}$$

如果矩阵 $\boldsymbol{A}\equiv\mathbf{D}\boldsymbol{f}(\boldsymbol{u}_f)$ 的所有特征值的模均不为 1，则称 $\boldsymbol{u}_f$ 为双曲不动点，否则称为非双曲不动点。对于非线性映射 $\boldsymbol{P}(\boldsymbol{u})$，可类比非线性连续系统，得到如下中心流形定理。

定理 7.4.6　若非线性映射满足 $\boldsymbol{P}(\boldsymbol{u})\in C^m, m\geqslant 1$，则其在不动点 $\boldsymbol{u}_f$ 附近的形态如下：

(a) 存在与 $\boldsymbol{\varepsilon}^{s}$ 相切、唯一的 C^m 阶局部稳定流形 W^s，与 $\boldsymbol{\varepsilon}^{u}$ 相切、唯一的 C^m 阶局部不稳定流形 W^u；对于充分大的正整数 k，可将 W^s 和 W^u 表示为

$$W^s=\{\boldsymbol{u}\in\delta(\boldsymbol{u}_f)\,|\,\boldsymbol{P}^k(\boldsymbol{u})\in\delta(\boldsymbol{u}_f),\lim_{k\to+\infty}\boldsymbol{P}^k(\boldsymbol{u})=\boldsymbol{u}_f\} \tag{7.4.23a}$$

$$W^u=\{\boldsymbol{u}\in\delta(\boldsymbol{u}_f)\,|\,\boldsymbol{P}^{-k}(\boldsymbol{u})\in\delta(\boldsymbol{u}_f),\lim_{k\to+\infty}\boldsymbol{P}^{-k}(\boldsymbol{u})=\boldsymbol{u}_f\} \tag{7.4.23b}$$

(b) 存在与 $\boldsymbol{\varepsilon}^{c}$ 相切、但未必唯一的 C^{m-1} 阶局部中心流形 W^c；相轨线在流形 W^c 上如何演化将取决于映射 $\boldsymbol{P}(\boldsymbol{u})$ 的非线性部分，即相轨线可能具有式(7.4.23)所描述的渐近特性，也可能不具有这样的特性，甚至呈现复杂的游荡特征。

考察图 7.4.2 所示三维空间中不稳定闭轨 Γ，取 Γ 上任意点 $\boldsymbol{u}_f$ 做二维 Poincaré 截面，则 $\boldsymbol{u}_f$ 是二维 Poincaré 映射的不动点。该不动点具有一维局部稳定流形 W^s 和一维局部不稳定流形 W^u，反映了映射点序列在不稳定不动点 $\boldsymbol{u}_f$ 附近的演化趋势。若让 $\boldsymbol{u}_f$ 沿闭轨 Γ 移动，则得

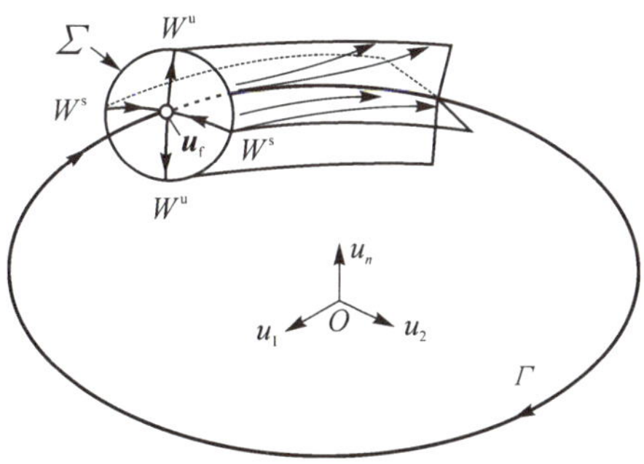

图 7.4.2　不动点的局部不变流形

到沿闭轨 Γ 的二维局部稳定流形和二维局部不稳定流形,图中给出这两个流形上的相轨线走向。参考图 7.4.2,读者就不难理解图 1.3.1(b)所示的管状稳定流形和不稳定流形。

6. 周期运动的轨道稳定性

现利用 Poincaré 映射来证明定理 7.4.3。为便于理解,将论证内容分为三条定理。

定理 7.4.7 记 $\boldsymbol{\varphi}_t(\boldsymbol{u})$为式(7.4.8)的相轨线,$\Gamma$ 是周期为 T 的闭轨,取 $\boldsymbol{u}_f\in\Gamma$。则有:

(a) 矩阵 $\mathbf{D}\boldsymbol{\varphi}_T(\boldsymbol{u}_f)$必有一个特征值为 $\lambda_n=1$,其相应的特征向量为 $\boldsymbol{f}(\boldsymbol{u}_f)$,与 Γ 相切;

(b) Poincaré 映射 $\boldsymbol{P}(\boldsymbol{u})$满足

$$\mathbf{D}\boldsymbol{P}(\boldsymbol{u}_f)=\mathbf{D}\boldsymbol{\varphi}_T(\boldsymbol{u}_f)\big|_{\mathscr{Q}} \tag{7.4.24}$$

其中,$\mathscr{Q}$ 是除 $\lambda_n=1$ 以外的特征值对应的 $n-1$ 维不变子空间,且 Poincaré 截面 $\Sigma\subset\mathscr{Q}$。

证明 任取闭轨 Γ 上的相邻两点 $\boldsymbol{u}_f$ 和 $\boldsymbol{u}$,记由此出发的相轨线分别为 $\boldsymbol{\varphi}_t(\boldsymbol{u}_f)$和 $\boldsymbol{\varphi}_t(\boldsymbol{u})$,它们具有相同周期 T,进而得到

$$\boldsymbol{u}-\boldsymbol{u}_f=\boldsymbol{\varphi}_T(\boldsymbol{u})-\boldsymbol{\varphi}_T(\boldsymbol{u}_f)=\mathbf{D}\boldsymbol{\varphi}_T(\boldsymbol{u}_f)(\boldsymbol{u}-\boldsymbol{u}_f)+o(\|\boldsymbol{u}-\boldsymbol{u}_f\|) \tag{a}$$

将上式两端除以 $\|\boldsymbol{u}-\boldsymbol{u}_f\|$,并取 $\boldsymbol{u}\to\boldsymbol{u}_f$;注意到$(\boldsymbol{u}-\boldsymbol{u}_f)/\|\boldsymbol{u}-\boldsymbol{u}_f\|\to\boldsymbol{f}(\boldsymbol{u}_f)/\|\boldsymbol{f}(\boldsymbol{u}_f)\|$,得到

$$\mathbf{D}\boldsymbol{\varphi}_T(\boldsymbol{u}_p)\boldsymbol{f}(\boldsymbol{u}_f)=\boldsymbol{f}(\boldsymbol{u}_f) \tag{b}$$

这表明,矩阵 $\mathbf{D}\boldsymbol{\varphi}_T(\boldsymbol{u}_p)$具有特征值 $\lambda_n=1$,其特征向量为 $f(\boldsymbol{u}_f)$,并与闭轨 Γ 相切。

现对$\mathscr{R}^n$做直和分解$\mathscr{R}^n=\mathscr{P}\oplus\mathscr{Q}$。其中,$\mathscr{P}$是一维子空间,对应 $\mathbf{D}\boldsymbol{\varphi}_T(\boldsymbol{u}_p)$的特征值 $\lambda_n=1$;$\mathscr{Q}$ 是 $n-1$ 维子空间,对应矩阵 $\mathbf{D}\boldsymbol{\varphi}_T(\boldsymbol{u}_p)$的其他特征值。任取 Poincaré 截面上的点 $\boldsymbol{u}\in\Sigma\subset\mathscr{Q}$,按照式(7.4.16)构造 Poincaré 映射 $\boldsymbol{P}(\boldsymbol{u})=\boldsymbol{\varphi}_{\tau(\boldsymbol{u})}(\boldsymbol{u})$,将其在子空间$\mathscr{Q}$上对向量 $\boldsymbol{u}$ 求偏导数,然后代入 $\boldsymbol{u}=\boldsymbol{u}_f$ 和 $\tau(\boldsymbol{u})=T$,则有

$$\mathbf{D}\boldsymbol{P}(\boldsymbol{u}_f)=\mathbf{D}\boldsymbol{\varphi}_T(\boldsymbol{u}_f)\big|_{\mathscr{Q}}+\frac{\partial}{\partial\tau}\boldsymbol{\varphi}_T(\boldsymbol{u}_f)\mathbf{D}\tau(\boldsymbol{u}_f) \tag{c}$$

可以证明①,式(c)中的 $\mathbf{D}\tau(\boldsymbol{u}_f)=\mathbf{0}$,由此得到式(7.4.24)。证毕。

定理 7.4.8 记式(7.4.10)的单值矩阵为 $\boldsymbol{\Phi}(T)$,其具有特征值 $\lambda_j, j\in I_{n-1}$ 和 $\lambda_n=1$,则 Poincaré 映射 $\boldsymbol{P}$ 的 Jacobi 矩阵 $\mathbf{D}\boldsymbol{P}(\boldsymbol{u}_f)$具有特征值 $\lambda_j, j\in I_{n-1}$。

证明 式(7.4.8)自 $\boldsymbol{u}\in\Sigma$ 出发的相轨线满足

$$\boldsymbol{\varphi}_t(\boldsymbol{u})=\boldsymbol{u}+\int_0^t\boldsymbol{f}(\boldsymbol{\varphi}_s(\boldsymbol{u}))\mathrm{d}s \tag{a}$$

将其对初始状态向量 $\boldsymbol{u}$ 求偏导数,代入 $\boldsymbol{u}=\boldsymbol{u}_f$,得到

$$\mathbf{D}\boldsymbol{\varphi}_t(\boldsymbol{u}_f)=\boldsymbol{I}+\int_0^t\mathbf{D}\boldsymbol{f}(\boldsymbol{\varphi}_s(\boldsymbol{u}_f))\mathbf{D}\boldsymbol{\varphi}_s(\boldsymbol{u}_f)\mathrm{d}s \tag{b}$$

再对时间 t 求导数,得到

$$\frac{\mathrm{d}}{\mathrm{d}t}\mathbf{D}\boldsymbol{\varphi}_t(\boldsymbol{u}_f)=\mathbf{D}\boldsymbol{f}(\boldsymbol{\varphi}_t(\boldsymbol{u}_f))\mathbf{D}\boldsymbol{\varphi}_t(\boldsymbol{u}_f)=\boldsymbol{A}(t)\mathbf{D}\boldsymbol{\varphi}_t(\boldsymbol{u}_f) \tag{c}$$

这是具有周期系数矩阵 $\boldsymbol{A}(t)$的线性常微分方程,$\boldsymbol{\Phi}(t)\equiv\mathbf{D}\boldsymbol{\varphi}_t(\boldsymbol{u}_f)$是其解矩阵,并满足初始条件 $\boldsymbol{\Phi}(0)=\mathbf{D}\boldsymbol{\varphi}_0(\boldsymbol{u}_f)=\boldsymbol{I}$。因此,式(c)的单值矩阵为 $\boldsymbol{\Phi}(T)=\mathbf{D}\boldsymbol{\varphi}_T(\boldsymbol{u}_f)$。根据定理 7.4.7,$\boldsymbol{\Phi}(T)$具有特征值 $\lambda_j, j\in I_{n-1}$ 和 $\lambda_n=1$,它们就是式(7.4.10)的特征乘数。其中,$\lambda_j, j\in I_{n-1}$ 是 $\mathbf{D}\boldsymbol{P}(\boldsymbol{u}_f)$的特征值。证毕。

① 陆启韶.常微分方程的定性方法和分叉.北京:北京航空航天大学出版社,1989:264.

定理 7.4.9　记 Γ 为式(7.4.8)的闭轨，点 $\boldsymbol{u}_{\mathrm{f}} \in \Gamma$ 是 Poincaré 映射 $\boldsymbol{P}$ 的不动点，若矩阵 $\mathbf{DP}(\boldsymbol{u}_{\mathrm{f}})$的特征值满足$|\lambda_j|<1, j \in I_{n-1}$，则 Γ 是轨道渐近稳定的。

证明　首先，根据定义 7.4.4 构造 $n-1$ 维 Poincaré 截面 Σ 和 Poincaré 映射 $\boldsymbol{P}$，设其在不动点 $\boldsymbol{u}_{\mathrm{f}} \in \Gamma$ 处的 Jacobi 矩阵 $\mathbf{DP}(\boldsymbol{u}_{\mathrm{f}})$的特征值皆满足$|\lambda_j|<1, j \in I_{n-1}$。定理 7.4.5 保证线性映射 $\mathbf{DP}(\boldsymbol{u}_{\mathrm{f}})$在不动点 $\boldsymbol{u}_{\mathrm{f}}$ 处渐近稳定。根据定理 7.4.6，不动点 $\boldsymbol{u}_{\mathrm{f}}$ 具有局部稳定流形，因此是 Poincaré 映射 $\boldsymbol{P}$ 的渐近稳定不动点。

其次，由于不动点 $\boldsymbol{u}_{\mathrm{f}}$ 渐近稳定，对 $\boldsymbol{u}_{\mathrm{f}}$ 的任何邻域 $U \subset \Sigma$，都存在点 $\boldsymbol{u}_{\mathrm{f}}$ 的一个邻域 $V \subset \Sigma$，使得对一切 $k \geqslant 0$ 和 $\boldsymbol{u} \in V$，均有 $\boldsymbol{P}^k(\boldsymbol{u}) \in U$。根据常微分方程的解关于初值连续性，闭轨 $\Gamma=\boldsymbol{\varphi}_t(\boldsymbol{u}_{\mathrm{f}})$是轨道稳定的。

最后证明，任取 $\boldsymbol{u} \in V$，皆有 $\lim\limits_{t \to +\infty} d(\boldsymbol{\varphi}_t(\boldsymbol{u}), \Gamma)=0$。记 $\boldsymbol{u}_k=\boldsymbol{P}^k(\boldsymbol{u}), k \in \mathscr{Z}, \tau_k=\tau(\boldsymbol{u}_k)$为相轨线自 $\boldsymbol{u}_k \in \Sigma$ 出发到首次返回 Σ 所需的时间。由于 $k \to +\infty$ 时 $\boldsymbol{u}_k \to \boldsymbol{u}_{\mathrm{f}}$，而 $\tau(\boldsymbol{u})$关于 $\boldsymbol{u}$ 的连续性使得 $k \to +\infty$ 时，$\tau_k=\tau(\boldsymbol{u}_k) \to \tau(\boldsymbol{u}_{\mathrm{f}})=T$。该极限说明数集$\{\tau_k\}$有上界 $\bar{\tau}$。对于任何 $t>0$，总有正整数 $k(t)$使得 $t_k<t \leqslant t_{k+1}$，而 $t_k \equiv \sum\limits_{j=0}^{k} \tau_j$。记 $t=t_k+s, s \in(0, \bar{\tau}]$，则有

$$\boldsymbol{\varphi}_t(\boldsymbol{u})=\boldsymbol{\varphi}_s(\boldsymbol{u}_k) \tag{a}$$

根据 $\boldsymbol{\varphi}_t(\boldsymbol{u})$关于 $\boldsymbol{u}$ 的连续性及 $k \to +\infty$ 时 $\boldsymbol{u}_k \to \boldsymbol{u}_{\mathrm{f}}$，任给 $\varepsilon>0$，存在 $N>0$，使得当 $k>N$ 时，对于 $s \in(0, \bar{\tau}]$均有

$$\|\boldsymbol{\varphi}_s(\boldsymbol{u}_k)-\boldsymbol{\varphi}_s(\boldsymbol{u}_{\mathrm{f}})\|<\varepsilon \tag{b}$$

根据式(a)和式(b)，对于上述 $\varepsilon>0$，有充分大的 $t>T$，使得 $k(t)>N$，进而有

$$d(\boldsymbol{\varphi}_t(\boldsymbol{u}), \Gamma) \leqslant\|\boldsymbol{\varphi}_t(\boldsymbol{u})-\boldsymbol{\varphi}_s(\boldsymbol{u}_{\mathrm{f}})\|=\|\boldsymbol{\varphi}_s(\boldsymbol{u}_k)-\boldsymbol{\varphi}_s(\boldsymbol{u}_{\mathrm{f}})\|<\varepsilon \tag{c}$$

证毕。

综合上述三个定理，若式(7.4.10)的特征乘数满足$|\lambda_j|<1, j \in I_n, \lambda_n=1$，则矩阵$\mathbf{DP}(\boldsymbol{u}_{\mathrm{f}})$的特征值满足$|\lambda_j|<1, j \in I_{n-1}$，进而可判断 Γ 是轨道渐近稳定的，这就是定理 7.4.3。

7.5　平衡点的静态分岔

若系统某个参数达到临界值时，系统行为发生突然变化，则称这种现象为分岔。例如，当轴向压力超过 Euler 所发现的临界值后，压杆的平衡状态会发生突然变化呈现屈曲，属于平衡点的静态分岔。本节针对非线性系统的平衡点，讨论静态分岔问题。

7.5.1　分岔的概念

为定量研究分岔现象，考察含参数的一维动力学系统

$$\dot{u}=f(u, p), \quad u \in U \subseteq \mathscr{R}, \quad p \in P \subseteq \mathscr{R} \tag{7.5.1}$$

其中，$f(u, p)$是二元光滑函数。该系统的静平衡方程为

$$f(u, p)=0 \tag{7.5.2}$$

设参数 $p=p_0$ 时系统的平衡点为 $u=u_0$，现研究(u_0, p_0)附近平衡点 u 对参数 p 的依赖关系。

将式(7.5.2)对参数 p 求导，得到

$$D_u f(u,p)\frac{du}{dp}+D_p f(u,p)=0 \tag{7.5.3}$$

如果在(u_0,p_0)处有$D_u f(u_0,p_0)\neq 0$,则可由式(7.5.3)解出

$$\left.\frac{du}{dp}\right|_{p=p_0}=-[D_u f(u_0,p_0)]^{-1}D_p f(u_0,p_0) \tag{7.5.4}$$

根据隐函数定理,在p_0的邻域中存在唯一的函数

$$u(p)=u_0+\int_{p_0}^{p}\frac{du(q)}{dp}dq \tag{7.5.5}$$

因此,无法获得唯一函数$u(p)$的条件是

$$D_u f(u_0,p_0)=0 \tag{7.5.6}$$

这样的点(u_0,p_0)称为式(7.5.2)所描述平衡方程的**奇异点**。

有别于许多文献,本书将奇异点分为两种情况:

(a) 若$D_p f(u_0,p_0)\neq 0$,则$du/dp|_{p=p_0}\to\infty$,即$u(p)$在奇异点具有铅垂切线,这样的奇异点被称作**转折点**,又称为**极限点**或**鞍结点**;

(b) 若$D_p f(u_0,p_0)=0$,则$du/dp|_{p=p_0}\to 0/0$,即$u(p)$在奇异点的切方向不定,这样的奇异点被称为**分岔点**。

例 7.5.1 考察含参数的平衡方程

$$f(u,p)\equiv(u-p+1)[(u-2)^2-p+1]=0,\quad u\in\mathcal{R},\quad p\in\mathcal{R} \tag{a}$$

讨论平衡点u与参数p的关系。

解 由式(a)求出平衡点u与参数p间的关系

$$\begin{cases}u=p-1\\ u=2\pm\sqrt{p-1},\quad p\geqslant 1\end{cases} \tag{b}$$

令

$$D_u f(u,p)=[(u-2)^2-p+1]+2(u-2)(u-p+1)=0 \tag{c}$$

将式(b)的三个解支代入式(c),得到图7.5.1中三个奇异点$A=(2,1)$,$B=(1,2)$和$C=(4,5)$。

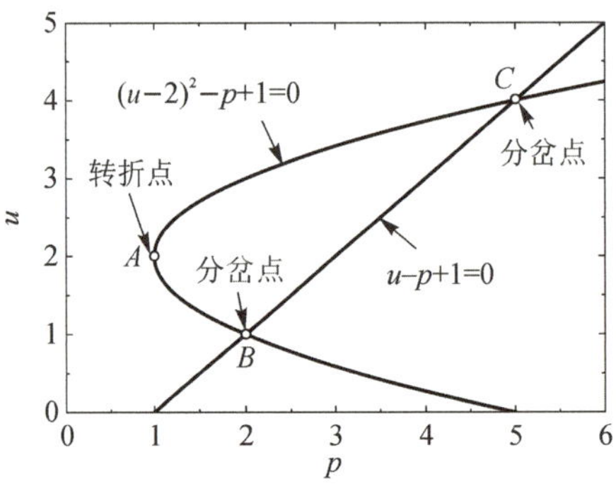

图 7.5.1 含参数的一维平衡方程分岔图

将上述三个奇异点依次代入

$$D_p f(u,p)=-[(u-2)^2-p+1]-(u-p+1) \tag{d}$$

可对它们的类型判别如下:

① 对于点A,由$D_p f(2,1)=-2\neq 0$可知,它是转折点;

② 对于点 B，由 $D_p f(1,2)=0$ 可知，它是分岔点；

③ 对于点 C，由 $D_p f(4,5)=0$ 可知，它也是分岔点。

对照图 7.5.1 可见：在点 A，解曲线发生转折；在点 B 和 C，有两条解曲线相交，造成解曲线的切方向不唯一。

基于上述直观认识，下面引入高维系统平衡点的静态分岔定义。

定义 7.5.1　对于含 m 维参数向量的 n 维系统静平衡方程

$$\boldsymbol{f}(\boldsymbol{u},\boldsymbol{p})=\boldsymbol{0},\quad \boldsymbol{u}\in U\subseteq \mathscr{R}^n,\quad \boldsymbol{p}\in P\subseteq \mathscr{R}^m \tag{7.5.7}$$

记 $l(\boldsymbol{p})$ 是式(7.5.7)在参数向量 $\boldsymbol{p}$ 处解的个数。若 $l(\boldsymbol{p})$ 在 $\boldsymbol{p}=\boldsymbol{p}_0$ 处突变，则称 $(\boldsymbol{u}_0,\boldsymbol{p}_0)$ 是一静态分岔点，$\boldsymbol{p}=\boldsymbol{p}_0$ 为参数向量 $\boldsymbol{p}$ 的分岔值。

记 $\mathbf{D}_u\boldsymbol{f}(\boldsymbol{u}_0,\boldsymbol{p}_0)$ 是函数向量 $\boldsymbol{f}(\boldsymbol{u},\boldsymbol{p})$ 在 $(\boldsymbol{u}_0,\boldsymbol{p}_0)$ 处的 Jacobi 矩阵。读者不难验证静态分岔具有如下三个相互等价的必要条件：

(a) $\boldsymbol{f}(\boldsymbol{u}_0,\boldsymbol{p}_0)=\boldsymbol{0}$，且 $\det[\mathbf{D}_u\boldsymbol{f}(\boldsymbol{u}_0,\boldsymbol{p}_0)]=0$；

(b) $\boldsymbol{f}(\boldsymbol{u}_0,\boldsymbol{p}_0)=\boldsymbol{0}$，且矩阵 $\mathbf{D}_u\boldsymbol{f}(\boldsymbol{u}_0,\boldsymbol{p}_0)$ 有零特征值；

(c) $\boldsymbol{f}(\boldsymbol{u}_0,\boldsymbol{p}_0)=\boldsymbol{0}$，且齐次线性代数方程 $\mathbf{D}_u\boldsymbol{f}(\boldsymbol{u}_0,\boldsymbol{p}_0)=\boldsymbol{0}$ 至少有一个基础解。

7.5.2　一维系统平衡点的静态分岔

考虑式(7.5.1)描述的一维系统静平衡方程，设其在(0,0)处满足静态分岔的必要条件

$$f(0,0)=0,\quad f_u(0,0)=0 \tag{7.5.8}$$

为了研究解的数目 $l(p)$，需要了解二元函数 $f(u,p)$ 在原点附近的拓扑结构，这是属于代数几何问题。自 20 世纪 40 年代起，许多数学家致力于这方面的研究，建立了奇异性理论。20 世纪 70 年代末，美国数学家戈卢比茨基（Martin Golubisky，1945—）和沙弗（David G. Scheaffer，1938—）将该理论与群论相结合，系统地研究分岔问题。在他们的专著中①，提供了三方面的数学理论及方法：

(a) 识别分岔的充分条件；

(b) 划分分岔种类的依据；

(c) 系统在分岔现象附近受小扰动后所有可能的拓扑结构变化。

现以二元函数 $f(u,p)$ 为例，介绍如何判别分岔。利用式(7.5.8)将式(7.5.1)表示为

$$f(u,p)=\alpha p+\frac{1}{2}au^2+bpu+\frac{1}{2}cp^2+\frac{1}{6}du^3+\cdots \tag{7.5.9}$$

其中

$$\alpha\equiv D_p f(0,0),\quad a\equiv D_{uu}f(0,0),\quad b\equiv D_{up}f(0,0),\quad c\equiv D_{pp}f(0,0),\quad d\equiv D_{uuu}f(0,0) \tag{7.5.10}$$

此外，引入海森（Ludwig O. Hesse，1811—1874）矩阵的行列式

$$\Delta\equiv\det\begin{bmatrix}a & b\\ b & c\end{bmatrix}=ac-b^2 \tag{7.5.11}$$

现根据展开式中的系数 $\alpha,a,b,c,d,\cdots$，讨论几种简单且重要的分岔。

① Golubitsky M, Schaeffer D G. Singularities and Groups in Bifurcation Theory [M]. New York: Springer-Verlag, 1985.

1. 鞍结分岔

若式(7.5.9)满足静态分岔的必要条件式(7.5.8)以及非退化条件

$$\alpha \neq 0, \quad a \neq 0 \tag{7.5.12}$$

则称原点(0,0)为鞍结点。在该点的邻域中,式(7.5.9)具有解支

$$p(u) = -\frac{a}{2\alpha}u^2 + o(u^2) \tag{7.5.13}$$

因此,$l(p)$在 $p=0$ 左右发生从 2 到 1 再到 0 的变化。

例 7.5.2 考察一维系统

$$\dot{u} = f(u,p) \equiv p - u^2 \tag{a}$$

研究平衡解及其稳定性。

解 式(a)的平衡方程是

$$f(u,p) = p - u^2 = 0 \tag{b}$$

由式(b)求解 u,得到

$$u = \begin{cases} \pm\sqrt{p}, & p \geq 0 \\ \text{无解}, & p < 0 \end{cases} \tag{c}$$

注意到

$$D_u f(u,p) = -2u = \mp 2\sqrt{p}, \quad p \geq 0 \tag{d}$$

式(c)的上半解支(粗实线)稳定,下半解支(虚线)不稳定,如图 7.5.2 所示。

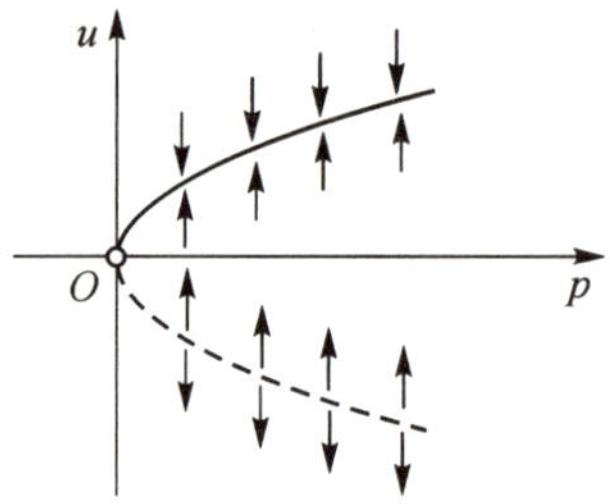

图 7.5.2 鞍结分岔

2. 跨临界分岔

若式(7.5.9)满足静态分岔的必要条件(7.5.8)以及

$$\begin{cases} \alpha = 0, & \text{(限定条件)} \\ a \neq 0,\ \Delta < 0 & \text{(非退化条件)} \end{cases} \tag{7.5.14}$$

则称原点(0,0)为跨临界分岔点。在该点的邻域中,式(7.5.9)具有两个相交的解支

$$u = \frac{1}{a}(-b \pm \sqrt{\Delta})p + o(p) \tag{7.5.15}$$

因此,$l(p)$在 $p=0$ 左右发生从 2 到 1 再到 2 的变化。

例 7.5.3 考察一维系统

$$\dot{u} = f(u,p) \equiv u(p-u) \tag{a}$$

研究平衡解及其稳定性。

解 由式(a)对应的平衡方程得到两个在原点相交的解支

$$u = 0, \quad p \in \mathscr{R}; \quad u = p, \quad p \in \mathscr{R} \tag{b}$$

由于

$$D_u f(u,p) = p - 2u \tag{c}$$

对于解支 $u=0$,$D_u f(u,p)=p$,故 $p<0$ 时平衡点渐近稳定,而 $p>0$ 时不稳定;对于解支 $u=p$,$D_u f(u,p)=-p$,其稳定性恰好相反。解曲线的形态如图 7.5.3 所示。

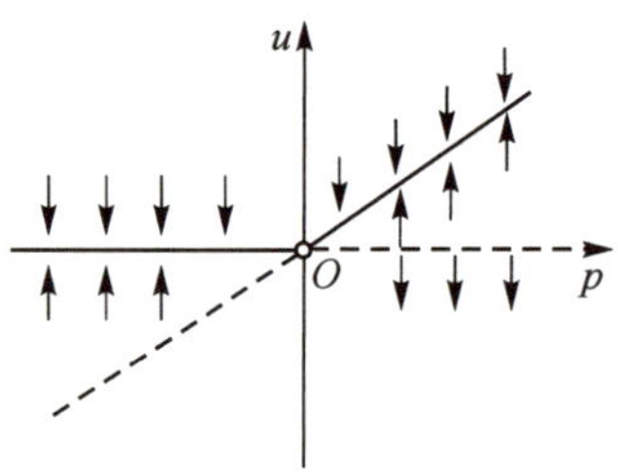

图 7.5.3 跨临界分岔

3. 叉形分岔

若式(7.5.9)满足静态分岔的必要条件式(7.5.8)以及

$$\begin{cases} \alpha = 0, & a = 0, \quad (\text{限定条件}) \\ b \neq 0, & d \neq 0, \quad (\text{非退化条件}) \end{cases} \tag{7.5.16}$$

则称原点(0,0)为叉形分岔点。在该点的邻域中,式(7.5.9)有两条解曲线相交于原点

$$\begin{cases} u = -\dfrac{c}{2b}p + o(p) \\ p = -\dfrac{d}{6b}u^2 + o(u^2) \end{cases} \tag{7.5.17}$$

因此,$l(p)$在 $p=0$ 左右发生从 1 到 3 的变化。

例 7.5.4　考察一维系统

$$\dot{u} = f(u,p) \equiv u(p-u^2) \tag{a}$$

研究平衡解及其稳定性。

解　根据式(a)对应的平衡方程,得到三个解支

$$u=0, \quad p \in \mathscr{R}; \quad u = \pm\sqrt{p}, \quad p \geqslant 0 \tag{b}$$

注意到

$$\mathrm{D}_u f(u,p) = p - 3u^2 \tag{c}$$

解支 $u=0$ 的稳定性与例 7.5.3 中相同;而对于解支 $u=\pm\sqrt{p}$,$p\geqslant 0$,由 $\mathrm{D}_u f(u,p) = -2p \leqslant 0$ 可知其稳定。因此,式(a)的解曲线分岔形态如图 7.5.4 所示。

例 7.5.5　考察一维系统

$$\dot{u} = f(u,p) \equiv u(p+u^2) \tag{a}$$

研究平衡解及其稳定性。

解　由式(a)对应的平衡方程得三个解支

$$u=0, \quad p \in \mathscr{R}; \quad u = \pm\sqrt{-p}, \quad p \leqslant 0 \tag{b}$$

注意到

$$\mathrm{D}_u f(u,p) = p + 3u^2 \tag{c}$$

解支 $u=0$ 的稳定性与例 7.5.4 中相同;而对于解支 $u=\pm\sqrt{-p}$,$p\leqslant 0$,由 $\mathrm{D}_u f(u,p) = -2p \geqslant 0$ 可知其不稳定。因此,式(a)的解曲线分岔形态如图 7.5.5 示。

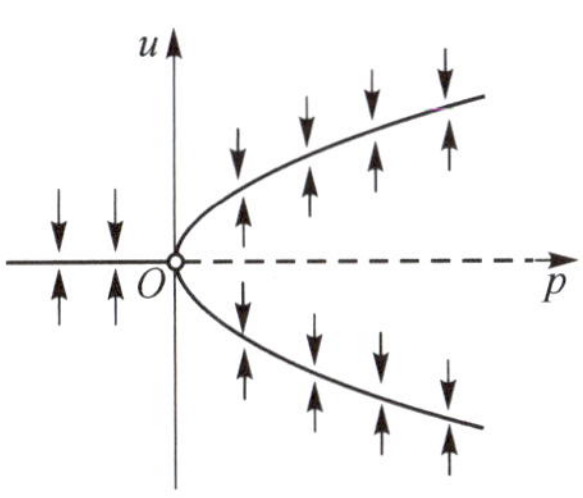

图 7.5.4　超临界叉形分岔

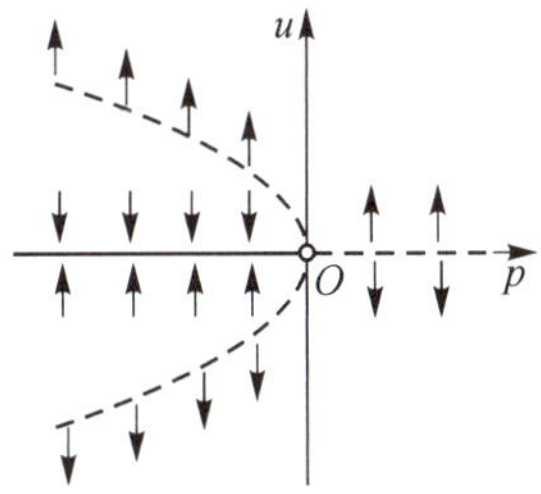

图 7.5.5　亚临界叉形分岔

例 7.5.4 和例 7.5.5 是两种典型叉形分岔。前者在 $p>0$ 时出现非平凡解,即非平凡解

对应的参数大于临界值 $p=0$,这种情况称为超临界叉形分岔。例如,压杆的失稳过程是一超临界叉形分岔。与此相反,后者在 $p<0$ 时出现非平凡解,故称之为亚临界叉形分岔。

7.5.3 高维系统平衡点的静态分岔*

考察含参数的 n 维自治系统

$$\dot{\boldsymbol{u}}=\boldsymbol{f}(\boldsymbol{u},\boldsymbol{p}),\quad \boldsymbol{u}\in U\subseteq\mathcal{R}^n,\quad \boldsymbol{p}\in P\subseteq\mathcal{R}^m \tag{7.5.18}$$

其平衡方程为

$$\boldsymbol{f}(\boldsymbol{u},\boldsymbol{p})=\boldsymbol{0},\quad \boldsymbol{u}\in U\subseteq\mathcal{R}^n,\quad \boldsymbol{p}\in P\subseteq\mathcal{R}^m \tag{7.5.19}$$

设平衡点$(\boldsymbol{0},\boldsymbol{0})$是奇异点。研究这样高维非线性方程零解的分岔问题,通常先设法降低其维数,并使低维非线性方程仍保持原方程的分岔行为。以下介绍两种常用方法:一种是德国数学家施密特(Erhard Schmidt,1876—1959)提出的正交分解法,又称Lyapunov - Schmidt 方法,简称L - S 方法;另一种是中心流形方法。

1. Lyapunov - Schmidt 方法

记 $\boldsymbol{A}\equiv\mathbf{D}_u\boldsymbol{f}(\boldsymbol{0},\boldsymbol{0})$,定义矩阵 $\boldsymbol{A}$ 的零空间(即核)和值域分别为

$$\mathcal{N}(\boldsymbol{A})\equiv\{\boldsymbol{u}\,|\,\boldsymbol{A}\boldsymbol{u}=\boldsymbol{0},\boldsymbol{u}\in U\subseteq\mathcal{R}^n\},\quad \mathcal{R}(\boldsymbol{A})\equiv\{\boldsymbol{v}\,|\,\boldsymbol{v}=\boldsymbol{A}\boldsymbol{u},\boldsymbol{u}\in U\subseteq\mathcal{R}^n\} \tag{7.5.20}$$

记相应的正交补空间为

$$\mathcal{M}_1\equiv\mathcal{N}(A)^{\perp},\quad \mathcal{M}_2\equiv\mathcal{R}(A)^{\perp} \tag{7.5.21}$$

由此得到$\mathcal{R}^n$的直和分解

$$\mathcal{R}^n=\mathcal{N}(A)\oplus\mathcal{M}_1=\mathcal{R}(A)\oplus\mathcal{M}_2 \tag{7.5.22}$$

根据上述定义,可推知

$$\begin{cases}k\equiv\dim\mathcal{M}_2=\dim\mathcal{N}(\boldsymbol{A})\\ \dim\mathcal{M}_1=\dim\mathcal{R}(\boldsymbol{A})=n-k\end{cases} \tag{7.5.23}$$

庆幸的是,绝大多数实际问题满足 $1\leqslant k\ll n$,并且常有 $k=1$。L - S 方法的基本思想就是将式(7.5.19)投影到子空间$\mathcal{N}(\boldsymbol{A})$上,并使投影过程不丧失方程在原点附近的结构信息。

先对向量 $\boldsymbol{u}\in U\subseteq\mathcal{R}^n$ 做分解

$$\boldsymbol{u}=\boldsymbol{v}+\boldsymbol{w},\quad \boldsymbol{v}\in\mathcal{N}(\boldsymbol{A}),\quad \boldsymbol{w}\in\mathcal{M}_1 \tag{7.5.24}$$

然后对式(7.5.19)做投影

$$\begin{cases}\boldsymbol{P}\boldsymbol{f}(\boldsymbol{u},\boldsymbol{p})=\boldsymbol{0}\in\mathcal{R}(\boldsymbol{A}) & (7.5.25\text{a})\\ \boldsymbol{Q}\boldsymbol{f}(\boldsymbol{u},\boldsymbol{p})=\boldsymbol{0}\in\mathcal{M}_2 & (7.5.25\text{b})\end{cases}$$

其中,$\boldsymbol{P}$ 是从$\mathcal{R}^n$到$\mathcal{R}(\boldsymbol{A})$的投影算子,$\boldsymbol{Q}\equiv\boldsymbol{I}-\boldsymbol{P}$ 是从$\mathcal{R}^n$到$\mathcal{M}_2$的投影算子。将分解式(7.5.24)代入式(7.5.25a),可得

$$\boldsymbol{g}(\boldsymbol{v},\boldsymbol{w},\boldsymbol{p})\equiv\boldsymbol{P}\boldsymbol{f}(\boldsymbol{v}+\boldsymbol{w},\boldsymbol{p})=\boldsymbol{0} \tag{7.5.26}$$

显然,式(7.5.26)的左端满足

$$\begin{cases}\boldsymbol{g}(\boldsymbol{0},\boldsymbol{0},\boldsymbol{0})=\boldsymbol{P}\boldsymbol{f}(\boldsymbol{0},\boldsymbol{0})=\boldsymbol{0}\\ \mathbf{D}_w\boldsymbol{g}(\boldsymbol{0},\boldsymbol{0},\boldsymbol{0})=\boldsymbol{P}\mathbf{D}_u\boldsymbol{f}(\boldsymbol{0},\boldsymbol{0})=\boldsymbol{P}\boldsymbol{A}=\boldsymbol{A}\end{cases} \tag{7.5.27}$$

如果限制矩阵 $\boldsymbol{A}$ 作用在 $\boldsymbol{w}\in\mathcal{M}_1$ 上,则 $\boldsymbol{A}$ 是可逆线性算子。根据隐函数定理,式(7.5.26)在原点的邻域中有唯一解

$$\boldsymbol{w}=\boldsymbol{w}(\boldsymbol{v},\boldsymbol{p}),\quad \boldsymbol{w}(\boldsymbol{0},\boldsymbol{0})=\boldsymbol{0} \tag{7.5.28}$$

将该解代入式(7.5.25b)，得到

$$\boldsymbol{h}(\boldsymbol{v},\boldsymbol{p})\equiv \boldsymbol{Q}\boldsymbol{f}(\boldsymbol{v}+\boldsymbol{w}(\boldsymbol{v},\boldsymbol{p}),\boldsymbol{p})=\boldsymbol{0} \tag{7.5.29}$$

由于在原点的邻域中，式(7.5.19)与式(7.5.29)的零点具有一一对应关系

$$\boldsymbol{u}=\boldsymbol{v}+\boldsymbol{w}(\boldsymbol{v},\boldsymbol{p}) \tag{7.5.30}$$

所以，式(7.5.19)已被约化为式(7.5.29)中的 k 维平衡方程。当 $k=1$ 并且 $m=1$ 时，可直接利用本节 7.5.2 中一维系统平衡点分岔的结论。

例 7.5.6　用 L－S 方法研究含实参数 p 的二维系统平衡方程在原点的分岔

$$\boldsymbol{f}(\boldsymbol{u},p)\equiv\begin{bmatrix} pu_1+u_1u_2-u_1^3 \\ u_2+u_1^2-u_2^2 \end{bmatrix}=\boldsymbol{0} \tag{a}$$

解　显然

$$\mathbf{D}_u\boldsymbol{f}(\boldsymbol{u},p)=\begin{bmatrix} p+u_2-3u_1^2 & u_1 \\ 2u_1 & 1-2u_2 \end{bmatrix},\quad \boldsymbol{A}=\mathbf{D}_u\boldsymbol{f}(\boldsymbol{0},0)=\begin{bmatrix} 0 & 0 \\ 0 & 1 \end{bmatrix} \tag{b}$$

矩阵 $\boldsymbol{A}$ 的特征值和特征向量为

$$\begin{cases} \lambda_1=0, & \boldsymbol{\varphi}_1=[1\quad 0]^{\mathrm{T}} \\ \lambda_2=1, & \boldsymbol{\varphi}_2=[0\quad 1]^{\mathrm{T}} \end{cases} \tag{c}$$

由此可得到矩阵 $\boldsymbol{A}$ 的零空间和值域

$$\mathcal{N}(\boldsymbol{A})\equiv\{(u_1,u_2)\,|\,u_2=0\},\quad \mathcal{R}(\boldsymbol{A})\equiv\{(u_1,u_2)\,|\,u_1=0\} \tag{d}$$

即式(7.5.24)恰好为

$$\boldsymbol{u}=u_1\boldsymbol{\varphi}_1+u_2\boldsymbol{\varphi}_2 \tag{e}$$

将式(a)投影到$\mathcal{R}(\boldsymbol{A})$，得到

$$g(u_1,u_2,p)\equiv\boldsymbol{\varphi}_2^{\mathrm{T}}\boldsymbol{f}(\boldsymbol{u},p)=u_2+u_1^2-u_2^2=0 \tag{f}$$

式(f)可显式求解，得到两个解

$$u_2=\frac{1}{2}\left(1\pm\sqrt{1+4u_1^2}\right)\approx\frac{1}{2}\left[1\pm(1+2u_1^2)\right]=\begin{cases} 1+u_1^2 \\ -u_1^2 \end{cases} \tag{g}$$

根据隐函数定理检查式(g)，只有第二个解 $u_2\approx-u_1^2$ 位于原点的邻域中。将该解代入另一个投影关系，得到约化后的一维平衡方程

$$h(u_1,p)\equiv\boldsymbol{\varphi}_1^{\mathrm{T}}\boldsymbol{f}(u_1\boldsymbol{\varphi}_1+u_2(u_1)\boldsymbol{\varphi}_2,p)=pu_1-2u_1^3=0 \tag{h}$$

根据 7.5.2 节的讨论，该系统平衡点具有超临界叉形分岔，其形态如图 7.5.4 所示。值得注意，当 $p<0$ 时，虽然式(h)的实解为 $u_1=0$，但 $u_1=\pm\mathrm{i}\sqrt{|p|/2}$ 会导致非零解支 $u_2\approx|p|/2$。

最后指出，在例 7.5.6 中，式(f)是可显式求解的。在一般情况下，对式(7.5.26)的求解则需借助幂级数展开等近似方法。

2. 中心流形方法

该方法的基本思路是：将式(7.5.18)向奇异点处的中心流形投影，获得低维微分方程。为此，先将式(7.5.18)在奇异点处表示为

$$\dot{\boldsymbol{u}}=\boldsymbol{A}\boldsymbol{u}+\boldsymbol{q}(\boldsymbol{u},\boldsymbol{p}),\quad \boldsymbol{u}\in U\subseteq\mathcal{R}^n,\quad \boldsymbol{p}\in P\subseteq\mathcal{R}^m \tag{7.5.31}$$

其中，$\boldsymbol{A}\equiv\mathbf{D}_u\boldsymbol{f}(\boldsymbol{0},\boldsymbol{0})$。根据 7.1.3 节的符号，用矩阵 $\boldsymbol{A}$ 的特征向量构成可逆方阵

$$\boldsymbol{\Phi} \equiv [\boldsymbol{\varphi}_{k_1} \boldsymbol{\varphi}_{k_2} \cdots \boldsymbol{\varphi}_{n_c} \boldsymbol{\varphi}_{i_1} \boldsymbol{\varphi}_{i_2} \cdots \boldsymbol{\varphi}_{n_s} \boldsymbol{\varphi}_{j_1} \boldsymbol{\varphi}_{j_2} \cdots \boldsymbol{\varphi}_{n_u}] \tag{7.5.32}$$

引入线性变换

$$\boldsymbol{u} = \boldsymbol{\Phi} \begin{bmatrix} \boldsymbol{v} \\ \boldsymbol{w} \end{bmatrix}, \quad \boldsymbol{v} \in \boldsymbol{\varepsilon}^{c}, \quad \boldsymbol{w} \in \boldsymbol{\varepsilon}^{s} \oplus \boldsymbol{\varepsilon}^{u} \tag{7.5.33}$$

可将式(7.5.31)化为

$$\begin{bmatrix} \dot{\boldsymbol{v}} \\ \dot{\boldsymbol{w}} \end{bmatrix} = \begin{bmatrix} \boldsymbol{B} & \boldsymbol{0} \\ \boldsymbol{0} & \boldsymbol{C} \end{bmatrix} \begin{bmatrix} \boldsymbol{v} \\ \boldsymbol{w} \end{bmatrix} + \begin{bmatrix} \boldsymbol{g}(\boldsymbol{v},\boldsymbol{w},\boldsymbol{p}) \\ \boldsymbol{h}(\boldsymbol{v},\boldsymbol{w},\boldsymbol{p}) \end{bmatrix}, \quad \begin{bmatrix} \boldsymbol{B} & \boldsymbol{0} \\ \boldsymbol{0} & \boldsymbol{C} \end{bmatrix} \equiv \boldsymbol{\Phi}^{\mathrm{T}} \boldsymbol{A} \boldsymbol{\Phi} \tag{7.5.34}$$

为采用不含参数的自治系统中心流形定理,将式(7.5.34)扩张为$\mathscr{R}^{n+m}$中的自治系统

$$\begin{cases} \dot{\boldsymbol{v}} = \boldsymbol{B}\boldsymbol{v} + \boldsymbol{g}(\boldsymbol{v},\boldsymbol{w},\boldsymbol{p}) & (7.5.35\text{a}) \\ \dot{\boldsymbol{w}} = \boldsymbol{C}\boldsymbol{w} + \boldsymbol{h}(\boldsymbol{v},\boldsymbol{w},\boldsymbol{p}) & (7.5.35\text{b}) \\ \dot{\boldsymbol{p}} = \boldsymbol{0} & (7.5.35\text{c}) \end{cases}$$

根据定理 7.1.9,式(7.5.35)在原点附近具有 $n_c + m$ 维局部中心流形

$$\boldsymbol{w} = \boldsymbol{z}(\boldsymbol{v},\boldsymbol{p}) \tag{7.5.36}$$

由于中心流形过原点,并且与中心子空间相切的方向为 $\boldsymbol{w}=\boldsymbol{0}$,故有

$$\boldsymbol{z}(\boldsymbol{0},\boldsymbol{0}) = \boldsymbol{0}, \quad \mathrm{D}_{\boldsymbol{v}}\boldsymbol{z}(\boldsymbol{0},\boldsymbol{0}) = \boldsymbol{0}, \quad \mathrm{D}_{\boldsymbol{p}}\boldsymbol{z}(\boldsymbol{0},\boldsymbol{0}) = \boldsymbol{0} \tag{7.5.37}$$

将式(7.5.36)代入式(7.5.35a),得到

$$\dot{\boldsymbol{v}} = \boldsymbol{B}\boldsymbol{v} + \boldsymbol{g}(\boldsymbol{v},\boldsymbol{z}(\boldsymbol{v},\boldsymbol{p}),\boldsymbol{p}) \tag{7.5.38}$$

这是系统在 $n_c + m$ 维局部中心流形上的投影,可近似反映系统在原点附近的性态。

为了确定中心流形,将式(7.5.36)和式(7.5.35a)代入式(7.5.35b),得到

$$\mathrm{D}_{\boldsymbol{v}}\boldsymbol{z}(\boldsymbol{v},\boldsymbol{p})[\boldsymbol{B}\boldsymbol{v} + \boldsymbol{g}(\boldsymbol{v},\boldsymbol{z}(\boldsymbol{u},\boldsymbol{p}),\boldsymbol{p})] - \boldsymbol{C}\boldsymbol{z}(\boldsymbol{v},\boldsymbol{p}) - \boldsymbol{h}(\boldsymbol{v},\boldsymbol{z}(\boldsymbol{v},\boldsymbol{p}),\boldsymbol{p}) = \boldsymbol{0} \tag{7.5.39}$$

将式(7.5.39)与式(7.5.37)联立,即构成确定中心流形的定解问题。虽然由式(7.5.39)求解中心流形的解析表达式极为困难,但如果仅关注系统在局部中心流形上的投影,则只要获得中心流形在原点的幂级数展开式。根据式(7.5.37),可设 $\boldsymbol{z}(\boldsymbol{v},\boldsymbol{p})$ 为具有 $\boldsymbol{v}$ 和 $\boldsymbol{p}$ 的二次幂以上的幂级数展开,将该展开式代入式(7.5.39)后命同次幂系数平衡,即可得到 $\boldsymbol{z}(\boldsymbol{v},\boldsymbol{p})$ 的近似表达式。现举例说明具体求解过程。

例 7.5.7 考察具有实参数 p 的二维自治系统

$$\begin{cases} \dot{u}_1 = pu_1 + u_1 u_2 - u_1^3 \\ \dot{u}_2 = u_2 + u_1^2 - u_2^2 \end{cases} \tag{a}$$

用中心流形方法研究系统在原点的分岔。

解 回顾例 7.5.6,其式(a)就是此处式(a)的右端向量场。利用例 7.5.6 中的式(b),将其与式(7.5.35)中前两式对比可见

$$v = u_1, \quad w = u_2, \quad B = p, \quad C = 1, \quad g = u_1 u_2 - u_1^3, \quad h = u_1^2 - u_2^2 \tag{b}$$

根据例 7.5.6 得到的派生系统特征值和特征向量,该系统具有与 $\boldsymbol{\varphi}_1$ 相切的局部中心流形。根据式(7.5.37),设系统平衡点的中心流形具有幂级数展开式

$$u_2 = z(u_1, p) = a(p)u_1^2 + \cdots \tag{c}$$

将式(b)和式(c)代入式(7.5.39),得到

$$2au_1[pu_1 + u_1(au_1^2 + \cdots) - u_1^3] - (au_1^2 + \cdots) - [u_1^2 - (au_1^2 + \cdots)^2] = 0 \tag{d}$$

比较上式两端 u_1^2 的系数,得到

$$2ap - a - 1 = 0 \tag{e}$$

由此解出

$$\alpha(p) = \frac{1}{2p-1} \approx -(1+2p) \tag{f}$$

因此，该中心流形的幂级数展开式可表示为

$$u_2 \approx -(1+2p)u_1^2 \tag{g}$$

将其代入式(a)的第一式并注意到$|p| \ll 1/2$，得到系统在该中心流形上的投影

$$\dot{u}_1 = pu_1 - u_1(1+2p)u_1^2 - u_1^3 \approx pu_1 - 2u_1^3 \tag{h}$$

式(h)的平衡方程与例 7.5.6 的结果相同，系统平衡点具有超临界叉型分岔。

最后，将 L-S 方法和中心流形方法做比较，可看到两者均采用投影思想。当 $p=0$ 时，例 7.5.7 的中心流形 $u_2 \approx -(1+2p)u_1^2$ 恰好就是例 7.5.6 得到的局部近似解 $u_2 \approx -u_1^2$。因此，两种方法的结果相同。值得注意的是，隐函数定理对函数光滑性的要求可放松到广义可微，因此 L-S 方法可用于处理分段光滑系统。

7.6 平衡点的动态分岔

7.6.1 平衡点的失稳

考察含单参数 p 的 n 维自治系统

$$\dot{\boldsymbol{u}} = \boldsymbol{f}(\boldsymbol{u}, p), \quad \boldsymbol{u} \in U \subseteq \mathscr{R}^n, \quad p \in P \subseteq \mathscr{R} \tag{7.6.1}$$

在区间 P 中，记以原点为中心、$\delta>0$ 为半径的邻域为 $\delta(0)$。设对于任意的 $p \in \delta(0)$，$\boldsymbol{u}=\boldsymbol{0}$ 保持为系统的平衡点。记

$$\boldsymbol{A}(p) \equiv \mathbf{D}_{\boldsymbol{u}}\boldsymbol{f}(\boldsymbol{0}, p) \in \mathscr{R}^{n\times n} \tag{7.6.2}$$

矩阵 $\boldsymbol{A}(p)$的特征值与参数 p 有关，记作 $\lambda_j(p)$，$j \in I_n$。如果考察诸特征值随参数 p 增加的变化情况，则存在两种可能性。

(a) 在 $p=0$ 时，某个 $\lambda_j(p)$由负实数变为正实数，而其余特征值的实部为负。对于二维系统，这可理解为在图 3.2.9 中取 $P<0$，而 $Q\equiv -p$ 穿越横轴；平衡点由渐近稳定结点变为鞍点，丧失稳定性。在参数 p 的变化过程中，由于 $\lambda_j(0)=0$ 导致 $\det\boldsymbol{A}(0)=0$，故解的数目 $l(p)$ 在 $p=0$ 时发生变化，属于 7.5 节已讨论过的静态分岔。

(b) 在 $p=0$ 时，某对共轭特征值 $\lambda_j(p)$和 $\bar{\lambda}_j(p)$的实部由负变为正，而其余特征值的实部为负。对于二维系统，这可理解为在图 3.2.9 中取 $Q>0$，而 $P\equiv p$ 穿越纵轴；平衡点由渐近稳定焦点变为不稳定焦点。上述特征值性质使得 $\det\boldsymbol{A}(p)\neq 0$，隐函数定理保证系统平衡点的数目没变化。$p>0$ 时平衡点失稳，受扰运动受非线性因素制约可能成为某种稳态运动。这种现象称为平衡点的动态分岔。在式(3.4.5)所描述的 Van der Pol 系统中取 $p=\varepsilon$，则当 $p>0$ 时系统的自激振动就属于动态分岔。

显然，条件 $\mathrm{Re}(\lambda_j(0))=\mathrm{Re}(\bar{\lambda}_j(0))=0$ 意味着：当 $p=0$ 时，式(7.6.1)在平衡点处具有二维中心流形，可根据中心流形定理将该 n 维系统的分岔问题化为二维系统的分岔问题。为此，本节讨论二维系统的动态分岔，尤其是以奥地利数学家霍夫(Eberhard Hopf，1902—1983)

名字命名的霍夫(Hopf)分岔。

7.6.2 二维系统平衡点的 Hopf 分岔

1. 问题的描述及简化

取 $n=2$，将式(7.6.1)在平衡点$(\mathbf{0},p)$附近表示为

$$\dot{\boldsymbol{u}}=\boldsymbol{f}(\boldsymbol{u},p)=\boldsymbol{A}(p)\boldsymbol{u}+\boldsymbol{g}(\boldsymbol{u},p),\quad \boldsymbol{u}\in U\subseteq\mathscr{R}^2,\quad p\in P\subseteq\mathscr{R} \tag{7.6.3}$$

其中，$\boldsymbol{g}(\boldsymbol{u},p)\equiv o(\|\boldsymbol{u}\|)$。设矩阵 $\boldsymbol{A}(p)$具有共轭复特征值

$$\lambda(p)=\alpha(p)\pm i\beta(p),\quad \alpha(0)=0,\quad \beta(0)\equiv\omega>0 \tag{7.6.4}$$

相应的特征向量为 $\boldsymbol{\varphi}$ 和 $\bar{\boldsymbol{\varphi}}$。以下基于 7.3 节所介绍的 P－B 规范型，对式(7.6.3)进行约化。

首先，引入复数域$\mathscr{C}$上的线性变换

$$\boldsymbol{u}=[\boldsymbol{\varphi}\quad\bar{\boldsymbol{\varphi}}]\begin{bmatrix}v\\ \bar{v}\end{bmatrix},\quad v\in\mathscr{C} \tag{7.6.5}$$

根据特征向量关于矩阵 $\boldsymbol{A}$ 的加权正交性，将式(7.6.3)变换为

$$\begin{cases}\dot{v}=\lambda(p)v+h(v,\bar{v},p)\\ \dot{\bar{v}}=\bar{\lambda}(p)\bar{v}+\bar{h}(v,\bar{v},p)\end{cases} \tag{7.6.6}$$

式(7.6.6)中的两个方程携带相同信息，只需研究第一个方程。将其展开为幂级数

$$\dot{v}=\lambda(p)v+h_2(v,\bar{v},p)+h_3(v,\bar{v},p)+\cdots \tag{7.6.7}$$

其中，$h_k(v,\bar{v},p)$，$k\geqslant 2$ 是共轭复变量 v 和 $\bar{v}$ 的 k 阶齐次多项式，并含有参数 p。

现将 7.3 节的 P－B 规范型推广到具有共轭复变量的标量函数 $q(v,\bar{v},p)$，定义同调算子

$$\mathrm{ad}_\lambda q(v,\bar{v},p)=\left[\frac{\partial q}{\partial v}\lambda(p)v+\frac{\partial q}{\partial\bar{v}}\bar{\lambda}(p)\bar{v}\right]-\lambda(p)q \tag{7.6.8}$$

以下分几步将式(7.6.7)转化为不含偶数次项的 P－B 规范型。与 7.3.2 节的区别是，在求正交补空间的基向量时，需采用坐标矩阵 $\boldsymbol{L}$ 的共轭转置矩阵$\boldsymbol{L}^*$。

第一步：简化二次项。定义$\mathscr{H}_2^2$为 v 和 $\bar{v}$ 的 2 阶齐次多项式空间，其基向量为

$$\boldsymbol{e}_1=[v^2],\quad \boldsymbol{e}_2=[v\,\bar{v}],\quad \boldsymbol{e}_3=[\bar{v}^2] \tag{7.6.9}$$

它们在式(7.6.8)作用下成为$\mathscr{F}_2^2$的如下三个基向量

$$\begin{cases}\mathrm{ad}_\lambda\boldsymbol{e}_1=\mathrm{ad}_\lambda[v^2]=\lambda(p)[v^2]=\lambda(p)\boldsymbol{e}_1\\ \mathrm{ad}_\lambda\boldsymbol{e}_2=\mathrm{ad}_\lambda[v\,\bar{v}]=\bar{\lambda}(p)[v\,\bar{v}]=\bar{\lambda}(p)\boldsymbol{e}_2\\ \mathrm{ad}_\lambda\boldsymbol{e}_3=\mathrm{ad}_\lambda[\bar{v}^2]=[2\bar{\lambda}(p)-\lambda(p)][\bar{v}^2]=[2\bar{\lambda}(p)-\lambda(p)]\boldsymbol{e}_3\end{cases} \tag{7.6.10}$$

这些基向量的坐标矩阵为

$$\boldsymbol{L}(p)=\begin{bmatrix}\lambda(p) & 0 & 0\\ 0 & \bar{\lambda}(p) & 0\\ 0 & 0 & 2\bar{\lambda}(p)-\lambda(p)\end{bmatrix} \tag{7.6.11}$$

根据式(7.6.4)，对于充分小的参数 p，$\boldsymbol{L}(p)$是满秩矩阵，其共轭转置矩阵 $\boldsymbol{L}^*(p)$的零空间是空集。因此

$$h_2(v,\bar{v},p)=0 \tag{7.6.12}$$

即式(7.6.7)中的所有二次项均可经多项式变换而消除，这与例 7.3.2 的结果一致。

第二步：简化三次项。定义$\mathscr{H}_2^3$为 v 和 $\bar{v}$ 的 3 阶齐次多项式空间，其基向量为

$$\boldsymbol{e}_1=[v^3],\quad \boldsymbol{e}_2=[v^2\bar{v}],\quad \boldsymbol{e}_3=[v\bar{v}^2],\quad \boldsymbol{e}_4=[\bar{v}^3] \tag{7.6.13}$$

它们在式(7.6.8)定义的同调算子作用下成为$\mathscr{F}_2^3$的如下四个基向量

$$\begin{cases}\mathrm{ad}_\lambda\boldsymbol{e}_1=\mathrm{ad}_\lambda[v^3]=2\lambda(p)[v^3]=2\lambda(p)\boldsymbol{e}_1\\ \mathrm{ad}_\lambda\boldsymbol{e}_2=\mathrm{ad}_\lambda[v^2\bar{v}]=[\lambda(p)+\bar{\lambda}(p)][v^2\bar{v}]=[\lambda(p)+\bar{\lambda}(p)]\boldsymbol{e}_2\\ \mathrm{ad}_\lambda\boldsymbol{e}_3=\mathrm{ad}_\lambda[v\,\bar{v}^2]=2\bar{\lambda}(p)[v\,\bar{v}^2]=2\bar{\lambda}(p)\boldsymbol{e}_3\\ \mathrm{ad}_\lambda\boldsymbol{e}_4=\mathrm{ad}_\lambda[\bar{v}^3]=[3\bar{\lambda}(p)-\lambda(p)][\bar{v}^3]=[3\bar{\lambda}(p)-\lambda(p)]\boldsymbol{e}_4\end{cases} \tag{7.6.14}$$

这些基向量的坐标矩阵为

$$\boldsymbol{L}(p)=\begin{bmatrix}2\lambda(p) & 0 & 0 & 0\\ 0 & \lambda(p)+\bar{\lambda}(p) & 0 & 0\\ 0 & 0 & 2\bar{\lambda}(p) & 0\\ 0 & 0 & 0 & 3\bar{\lambda}(p)-\lambda(p)\end{bmatrix} \tag{7.6.15}$$

根据式(7.6.4)可知

$$\mathrm{Re}(\lambda(0))+\mathrm{Re}(\bar{\lambda}(0))=2\mathrm{Re}(\lambda(0))=0 \tag{7.6.16}$$

这表明 $\boldsymbol{L}(0)$不满秩，矩阵 $\boldsymbol{L}^*(0)$的零空间具有基向量$[0\quad 1\quad 0\quad 0]^{\mathrm{T}}$，相应地有

$$h_3(v,\bar{v},p)=\gamma(p)[v^2\bar{v}] \tag{7.6.17}$$

上述式(7.6.16)正是 7.3.3 节所介绍的共振条件。

第三步：简化更高次项。考察具有 $m+n$ 次项的基向量$[v^m\,\bar{v}^n]$，它在同调算子作用下成为

$$\mathrm{ad}_\lambda v^m\,\bar{v}^n=[m\lambda(p)+n\bar{\lambda}(p)-\lambda(p)][v^m\bar{v}^n] \tag{7.6.18}$$

因此，这些基向量的坐标矩阵 $\boldsymbol{L}(p)$为对角阵。根据式(7.6.4)和式(7.6.18)，矩阵 $\boldsymbol{L}^*(0)$有零空间的条件是

$$m-n=1 \tag{7.6.19}$$

这排除了 m 和 n 相等或同时为偶数的可能性。因此，式(7.6.7)中的所有偶数次项皆可经多项式变换而消除。这与例 7.3.2 的结果一致。

第四步：简化结果。根据上述分析，式(7.6.7)可简化为

$$\dot{v}=\lambda(p)v+\gamma(p)v^2\bar{v}+o(|v|^3) \tag{7.6.20}$$

其中，$\gamma(p)$是由式(7.6.7)中 $h_3(v,\bar{v},p)$确定的系数。式(7.6.20)还可表示为等价的实函数形式

$$\begin{cases}\dot{z}_1=\alpha(p)z_1-\beta(p)z_2+[a(p)z_1-b(p)z_2](z_1^2+z_2^2)+o(z^3)\\ \dot{z}_2=\beta(p)z_1+\alpha(p)z_2+[b(p)z_1+a(p)z_2](z_1^2+z_2^2)+o(z^3)\end{cases} \tag{7.6.21}$$

此处，$z_1\equiv\mathrm{Re}v$，$z_2\equiv\mathrm{Im}v$，$z\equiv|v|$，$a(p)\equiv\mathrm{Re}(\gamma(p))$，$b(p)\equiv\mathrm{Im}(\gamma(p))$。

采用极坐标

$$z_1=r\cos\theta,\quad z_2=r\sin\theta \tag{7.6.22}$$

可将式(7.6.21)改写为更为简洁的形式

$$\begin{cases}\dot{r}=\alpha(p)r+a(p)r^3+o(r^3)\\ \dot{\theta}=\beta(p)+b(p)r^2+o(r^3)\end{cases} \tag{7.6.23}$$

为讨论方便,将式(7.6.23)中诸系数在 $p=0$ 处展开,利用式(7.6.4)并略去高次项得

$$\begin{cases}\dot{r}=cpr+ar^3 & (7.6.24\text{a})\\ \dot{\theta}=\omega+dp+br^2 & (7.6.24\text{b})\end{cases}$$

其中

$$\begin{cases}a\equiv a(0)=\dfrac{1}{16}(f_{1,111}+f_{1,122}+f_{2,112}+f_{2,222})+\\ \qquad\qquad \dfrac{1}{16\omega}[f_{1,12}(f_{1,11}+f_{1,22})-f_{2,12}(f_{2,11}+f_{2,22})-f_{1,11}f_{2,11}+f_{1,22}f_{2,22}]\\ c\equiv\left.\dfrac{\mathrm{d}\alpha}{\mathrm{d}p}\right|_{p=0},\quad d\equiv\left.\dfrac{\mathrm{d}\beta}{\mathrm{d}p}\right|_{p=0},\quad b\equiv b(0)\end{cases}\tag{7.6.25}$$

此处,具有 4 位和 3 位下标的量分别是 3 阶和 2 阶偏导数,如 $f_{1,122}\equiv\partial^3 f_1/\partial z_1\partial z_2\partial z_2$;而

$$f_1(z_1,z_2)\equiv\mathrm{Re}(h(v,\bar{v},p)),\quad f_2(z_1,z_2)\equiv\mathrm{Im}(h(v,\bar{v},p)),\quad z_1\equiv\mathrm{Re}v,\quad z_2\equiv\mathrm{Im}v\tag{7.6.26}$$

上述系数的计算可参见《非线性振动》①。

2. 分析结果

式(7.6.24)的特点是,第一个方程不含未知函数 θ,从而可依次求解。因此,现着重讨论其第一个方程。令

$$h(r)\equiv cpr+ar^3=0\tag{7.6.27}$$

这相当于一维自治系统的平衡方程。为了利用对静态分岔的研究结果讨论该方程,对式(7.6.27)的参数提出非退化要求

$$c=\left.\frac{\mathrm{d}\alpha}{\mathrm{d}p}\right|_{p=0}\neq 0,\quad a\neq 0\tag{7.6.28}$$

其中,第一式相当于要求特征值实部 $\alpha(p)$ 在 $p=0$ 具有横截性。

不失一般性,设 $c>0$。这样,随着参数 p 由负到正递增,$\alpha(p)$ 亦如此。在式(7.6.28)的约定下,式(7.6.24)具有两个在(0,0)点相交的解支

$$r=0,\quad p\in\mathfrak{R};\quad r=\sqrt{-\frac{cp}{a}},\quad \frac{cp}{a}\leqslant 0\tag{7.6.29}$$

它们是平面上的点和圆,分别对应于式(7.6.24)的平衡点和极限环。现考察其稳定性,记

$$h'(r)=\frac{\mathrm{d}h}{\mathrm{d}r}=cp+3ar^2\tag{7.6.30}$$

(a) 平凡解 $r=0$:由 $h'(0)=cp$ 和 $c>0$ 易见,$p<0$ 时,$r=0$ 渐近稳定;$p>0$ 时,$r=0$ 不稳定。

(b) 非平凡解 $r=\sqrt{-cp/a}$:根据 $h'(\sqrt{-cp/a})=-2cp$ 和 $c>0$ 可知,若 $a<0$,则 $p>0$ 时有渐近稳定解;若 $a>0$,则 $p<0$ 时有不稳定解。前者对应于超临界叉形分岔,后者对应于亚临界叉形分岔。

同理,可讨论 $c<0$ 的情况。归纳上述分析,可以得到如下的 Poincaré - Andronov - Hopf 定理。根据中心流形定理,该定理还可推广到一般的 n 维系统。

---

① 刘延柱,陈立群. 非线性振动[M]. 2 版. 北京:高等教育出版社,2024:445-447.

定理 7.6.1(Poincaré - Andronov - Hopf 定理)　若二维系统

$$\dot{\boldsymbol{u}}=\boldsymbol{f}(\boldsymbol{u},p)=\boldsymbol{A}(p)\boldsymbol{u}+\boldsymbol{g}(\boldsymbol{u},p),\quad \boldsymbol{u}\in U\subseteq\mathcal{R}^2,\quad p\in P\subseteq\mathcal{R} \tag{7.6.31}$$

满足如下三个条件：

(a) $\boldsymbol{f}(\boldsymbol{0},p)=\boldsymbol{0},p\in\delta(0)$；

(b) 矩阵 $\boldsymbol{A}(p)$具有共轭复特征值 $\lambda(p)=\alpha(p)\pm \mathrm{i}\beta(p),\alpha(0)=0,\beta(0)\equiv\omega>0$；

(c) 非退化要求 $c=\mathrm{d}\alpha/\mathrm{d}p\,|_{p=0}\neq 0$ 和 $a\neq 0$；

则式(7.6.31)的平衡点在 $p=0$ 时失稳，出现Hopf 分岔：当 $acp<0$ 时系统具有极限环，其稳定性与平衡点相反。

例 7.6.1　考察 Van der Pol 系统

$$\ddot{u}+\omega_0^2u=(p-u^2)\,\dot{u} \tag{a}$$

其中，$\omega_0>0$，讨论系统平衡点随实参数 p 变化时的分岔。

解　将式(a)改写为状态向量形式

$$\dot{\boldsymbol{u}}\equiv\begin{bmatrix}\dot{u}_1\\ \dot{u}_2\end{bmatrix}=\begin{bmatrix}u_2\\ -\omega_0^2u_1+(p-u_1^2)u_2\end{bmatrix}\equiv\boldsymbol{f}(\boldsymbol{u},p) \tag{b}$$

首先，易验证 $\boldsymbol{u}=\boldsymbol{0}$ 为平衡点，满足

$$\boldsymbol{f}(\boldsymbol{0},p)=\boldsymbol{0},\quad \boldsymbol{A}(p)\equiv\mathbf{D}_u\boldsymbol{f}(\boldsymbol{0},p)=\begin{bmatrix}0 & 1\\ \omega_0^2 & p\end{bmatrix} \tag{c}$$

由此解出矩阵 $\boldsymbol{A}(p)$的特征值

$$\lambda_{1,2}(p)=\alpha(p)\pm \mathrm{i}\beta(p),\quad \alpha(p)\equiv\frac{p}{2},\quad \beta(p)\equiv\frac{1}{2}\sqrt{4\omega_0^2-p^2},\quad p\leqslant 2\omega_0 \tag{e}$$

进而得到

$$\alpha(0)=0,\quad \beta(0)=\omega_0>0,\quad c=\frac{\mathrm{d}\alpha}{\mathrm{d}p}\bigg|_{p=0}=\frac{1}{2}>0 \tag{f}$$

其次，由式(7.6.25)得到

$$a=-\frac{1}{8} \tag{g}$$

根据定理 7.6.1，当 $p<0$ 时，平衡点是渐近稳定的焦点；$p=0$ 时，平衡点成为《常微分方程的定性方法和分叉》①所述的细焦点，并发生 Hopf 分岔；一旦 $p>0$，平衡点成为不稳定焦点，在其附近出现一个渐近稳定的极限环。图 7.6.1 是(u_1,u_2,p)空间中的上述演变过程及其在(u_1,u_2)平面上的典型相轨线。

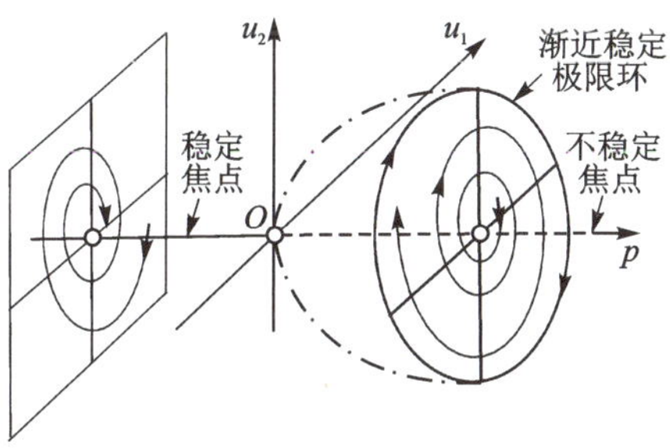

图 7.6.1　超临界 Hopf 分岔过程

① 陆启韶. 常微分方程的定性方法和分叉[M]. 北京：北京航空航天大学出版社，1989：311.

7.7 周期运动的分岔

考察含单参数的 n 维自治系统

$$\dot{\boldsymbol{u}}=\boldsymbol{f}(\boldsymbol{u},p),\quad \boldsymbol{u}\in U\subseteq\mathcal{R}^n,\quad p\in P\subseteq\mathcal{R} \tag{7.7.1}$$

设 Γ 是该系统的闭轨,其周期为 T。本节将以 Poincaré 映射为工具,研究闭轨 Γ 随参数 p 变化发生的分岔。

给定参数 p,任取 $\boldsymbol{u}_\mathrm{f}\in\Gamma$,在该点附近定义 $n-1$ 维 Poincaré 截面,构建相应的 $n-1$ 维 Poincaré 映射 $\boldsymbol{P}(\boldsymbol{u},p)$,则 $\boldsymbol{u}_\mathrm{f}$ 是其不动点。将 $\boldsymbol{P}(\boldsymbol{u},p)$在不动点 $\boldsymbol{u}_\mathrm{f}$ 附近展开

$$\begin{aligned}\boldsymbol{P}(\boldsymbol{u},p)&=\boldsymbol{P}(\boldsymbol{u}_\mathrm{f},p)+\mathbf{D}_{\boldsymbol{u}}\boldsymbol{P}(\boldsymbol{u}_\mathrm{f},p)(\boldsymbol{u}-\boldsymbol{u}_\mathrm{f})+o(\|\boldsymbol{u}-\boldsymbol{u}_\mathrm{f}\|)\\&=\boldsymbol{u}_\mathrm{f}+\boldsymbol{A}(p)(\boldsymbol{u}-\boldsymbol{u}_\mathrm{f})+o(\|\boldsymbol{u}-\boldsymbol{u}_\mathrm{f}\|)\end{aligned} \tag{7.7.2}$$

其中

$$\boldsymbol{A}(p)\equiv\mathbf{D}_{\boldsymbol{u}}\boldsymbol{P}(\boldsymbol{u}_\mathrm{f},p)\in\mathcal{R}^{(n-1)\times(n-1)} \tag{7.7.3}$$

记矩阵 $\boldsymbol{A}(p)$的特征值为 $\lambda_j(p)$,$j\in I_{n-1}$。如果不动点 $\boldsymbol{u}_\mathrm{f}$ 是渐近稳定的,则有 $|\lambda_j(p)|<1$,$j\in I_{n-1}$。若随着参数 p 的变化,某个特征值的模满足 $|\lambda_j(p_0)|=1$,进而出现 $|\lambda_j(p)|>1$,则不动点 u_f 变为不稳定。参考图 7.7.1 所示的复平面,上述过程意味着某个特征值 $\lambda_j(p)$随参数 p 变化从单位圆内移到圆外。此过程有三种可能性,对应着如下三种分岔。

(a) 切分岔(折叠分岔):某个实特征值满足 $\lambda_j(p_0)=1$;

(b) 倍周期分岔(翻转分岔):某个实特征值满足 $\lambda_j(p_0)=-1$;

(c) 内依马克-萨克(Neimark - Sacker)分岔:某对共轭复特征值满足 $\lambda_j(p_0)\bar{\lambda}_j(p_0)=1$。

本节将逐次介绍这三种分岔。为了简洁,取 $p_0=0$,并记不动点为 $\boldsymbol{u}_\mathrm{f}(p)=\boldsymbol{0}$。

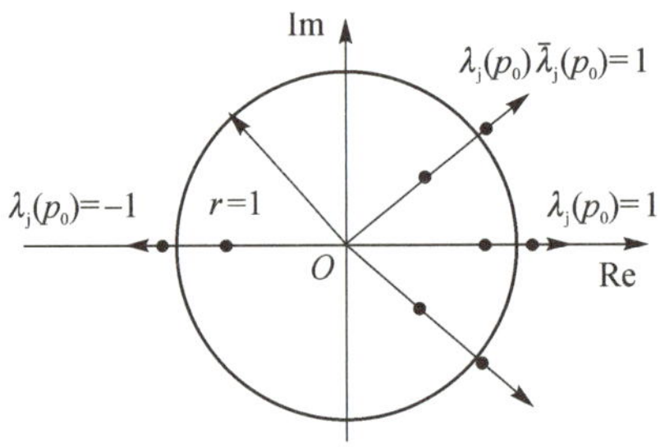

图 7.7.1 特征值穿越单位圆的三种方式

7.7.1 切分岔

定义非线性代数方程

$$\boldsymbol{Q}(\boldsymbol{u},p)\equiv\boldsymbol{P}(\boldsymbol{u},p)-\boldsymbol{u}=\boldsymbol{0} \tag{7.7.4}$$

显然,Poincaré 映射 $\boldsymbol{P}(\boldsymbol{u},p)$的不动点 $\boldsymbol{u}_\mathrm{f}(p)=\boldsymbol{0}$ 是式(7.7.4)的根,即

$$\boldsymbol{Q}(\boldsymbol{0},p)=\boldsymbol{P}(\boldsymbol{0},p)-\boldsymbol{0}=\boldsymbol{0} \tag{7.7.5}$$

根据

$$\boldsymbol{B}(p)\equiv\mathbf{D}_{\boldsymbol{u}}\boldsymbol{Q}(\boldsymbol{u}_\mathrm{f},p)=\boldsymbol{A}(p)-\boldsymbol{I}\in\mathcal{R}^{(n-1)\times(n-1)} \tag{7.7.6}$$

不难证明如下等价关系：

(a) 矩阵 $\boldsymbol{A}(0)$有某个特征值满足 $\lambda_j(0)=1$，而其他特征值满足 $|\lambda_k(0)|<1, k\neq j$；

(b) 矩阵 $\boldsymbol{B}(0)$有某个零特征值，而其他特征值具有负实部；

(c) 随着参数 p 变化，式(7.7.4)的解 $\boldsymbol{u}$ 在 $p=0$ 处产生静态分岔；

(d) Poincaré 映射 $\boldsymbol{P}(\boldsymbol{u},p)$的不动点 $\boldsymbol{u}_f(p)$在 $p=0$ 处产生分岔，简称切分岔，以区别于平衡点的静态分岔。

当 Poincaré 映射 $\boldsymbol{P}(\boldsymbol{u},p)$的不动点 $\boldsymbol{u}_f(p)$发生切分岔时，对应的周期运动 Γ 也发生切分岔，其具体种类包括鞍结分岔、跨临界分岔、叉形分岔等，具体形式取决于 Poincaré 映射高阶导算子在奇异点$(\boldsymbol{0},0)$的值。

周期运动切分岔的一个典型实例是简谐激励下 Duffing 系统主共振的跳跃现象。以对刚度硬化系统的正向扫频激励为例，系统的一个渐近稳定周期运动和一个不稳定周期运动会逐渐靠近，并突然一起消失，形成鞍结分岔。由于在它们附近不存在其他的周期运动，系统被迫跳跃到远离它们的另一个渐近稳定周期运动上。

7.7.2 倍周期分岔

首先，将映射投影到以 $\lambda_j(0)$的特征向量为切向量的一维中心流形上。以 v 作为新的空间坐标，建立一维映射

$$v \to g(v,p)=\lambda_j(p)v+a_2(p)v^2+a_3(p)v^3+o(v^3) \tag{7.7.7}$$

其次，考虑复合映射

$$\begin{aligned}g^2(v,p)&=\lambda_j(\lambda_j v+a_2v^2+a_3v^3+\cdots)+a_2(\lambda_j v+a_2v^2+\cdots)^2+a_3(\lambda_j v+\cdots)^3+o(v^3)\\&=\lambda_j^2v+a_2(\lambda_j+\lambda_j^2)v^2+\lambda_j(2a_2^2+a_3+a_3\lambda_j^2)v^3+o(v^3)\end{aligned} \tag{7.7.8}$$

构造一维非线性代数方程

$$\begin{aligned}h(v,p)&\equiv g^2(v,p)-v\\&=(\lambda_j^2-1)v+a_2\lambda_j(1+\lambda_j)v^2+\lambda_j(2a_2^2+a_3+a_3\lambda_j^2)v^3+o(v^3)\\&=0\end{aligned} \tag{7.7.9}$$

注意到 $\lambda_j(0)=-1$，不难证明点(0,0)满足式(7.7.9)作为奇异点的必要条件

$$h(0,0)=0,\quad \mathrm{D}_v h(0,0)=\lambda_j^2(0)-1=0 \tag{7.7.10}$$

同时还满足叉型分岔的限定条件

$$\mathrm{D}_p h(0,0)=0,\quad \mathrm{D}_{vv}h(0,0)=2a_2(0)\lambda_j(0)[1+\lambda_j(0)]=0 \tag{7.7.11}$$

叉型分岔的非退化条件是

$$\begin{cases}\mathrm{D}_{vp}h(0,0)=2\lambda'_j(0)\neq 0\\ \mathrm{D}_{vvv}h(0,0)=-12[a_2^2(0)+a_3(0)]\neq 0\end{cases} \tag{7.7.12}$$

而超临界叉形分岔的条件是

$$\mathrm{D}_{vp}h(0,0)\mathrm{D}_{vvv}h(0,0)<0 \tag{7.7.13}$$

其中，条件 $\lambda_j'(0)\neq 0$ 表明：当参数 p 在 $p=0$ 附近变化时，特征值 $\lambda_j(p)$与单位圆在-1 处是横截相交的。

上述分析表明，式(7.7.9)的零解在 $p=0$ 时失稳，这等价于映射 $g(v,p)$的不动点 v_f 失稳，即系统的闭轨 Γ 失稳；若式(7.7.13)所给的条件满足，则式(7.7.9)的零解在 $p=0$ 经历超

临界叉形分岔,然后出现一对渐近稳定的非零平衡点。这等价于复合映射 $g^2(v,p)$ 具有一对渐近稳定的非零不动点,即系统具有一条渐近稳定、有别于原闭轨的倍周期闭轨。

基于上述原因,闭轨的这种分岔称为倍周期分岔。参考图 7.7.2,产生倍周期分岔时,闭轨 Γ 所在的中心流形是姆比乌斯(Möbius)带,分岔产生的倍周期闭轨在 Möbius 带上旋转两圈方可首次返回 Poincaré 截面 Σ。由于 Möbius 带是三维空间中扭曲的二维曲面,这要求倍周期闭轨 Γ 位于二维以上空间,即二维自治系统的闭轨不会产生倍周期分岔。跨过分岔临界状态后,随着参数 p 的进一步变化,Möbius 带变为具有厚度的三维稳定流形,在 Poincaré 截面 Σ 上出现一对倍周期点,其距离随着 $|p|$ 的增加而递增。

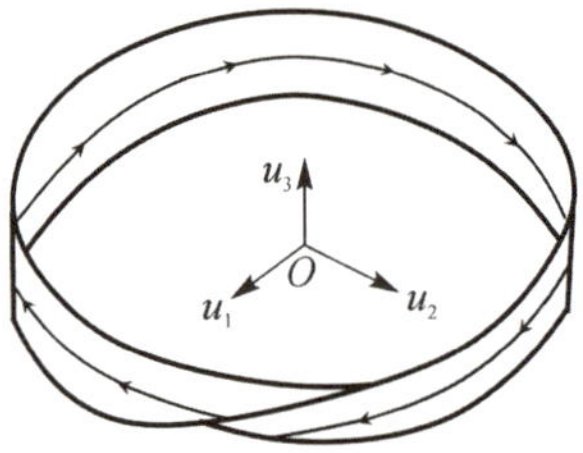

图 7.7.2　Möbius 带上的倍周期轨道

7.7.3　Neimark - Sacker 分岔*

1959 年和 1964 年,苏联数学家(Jurii I. Neimark,1920—2011)和美国数学家塞克(Robert J. Sacker,1937—)分别独立研究了这类分岔问题。

为便于理解,先考察特殊情况,即存在正整数 m,使得

$$\lambda_j^m(0)=1 \tag{7.7.14}$$

显然,$m=1$ 和 $m=2$ 对应于前面讨论的两种分岔。法国数学家伊乌斯(Gérard Iooss,1944—)证明:当 $m=3$ 和 $m=4$ 时,只要满足一定的非退化条件,闭轨 Γ 就会产生 3 倍或 4 倍周期分岔,其分析类似于倍周期分岔情况;对于 $m\geqslant 5$ 的整数,产生 m 倍周期分岔需要满足苛刻条件①。因此,通常将 $m\leqslant 4$ 时分岔产生的周期运动(亚谐共振)作为强共振,而 $m\geqslant 5$ 时分岔产生的周期运动作为弱共振。

以下讨论 $m\notin I_4$ 的一般情况。由于有一对复特征值落在单位圆上,故 Poincaré 映射在不动点 $\boldsymbol{u}_{\mathrm{p}}$ 处具有二维中心流形。将 Poincaré 映射 $\boldsymbol{P}(\boldsymbol{u},p)$ 投影到该中心流形上,得到二维 Poincaré 映射

$$\boldsymbol{v}\rightarrow \boldsymbol{g}(\boldsymbol{v},p),\quad \boldsymbol{v}\in \mathscr{R}^2,\quad p\in \mathscr{R} \tag{7.7.15}$$

它满足 $\boldsymbol{g}(\boldsymbol{0},0)=\boldsymbol{0}$,并且其 Jacobi 矩阵 $\mathbf{D}_v\boldsymbol{g}(\boldsymbol{0},0)$ 具有一对模为 1 的共轭复特征值,即

$$\lambda_j(0)\bar{\lambda}_j(0)=1 \tag{7.7.16}$$

类似于 7.6 节对二维向量函数 $\boldsymbol{f}(\boldsymbol{u},p)$ 在 Hopf 分岔条件下规范型的研究,可在式(7.7.16)的条件下推导出二维映射 $\boldsymbol{g}(\boldsymbol{v},p)$ 的复数形式规范型

$$z\rightarrow h(z,p)=\lambda_j(p)z+\gamma(p)z^2\bar{z}+o(|z|^3),\quad z,\gamma,\lambda_j\in \mathscr{C},\quad p\in \mathscr{R} \tag{7.7.17}$$

① Iooss G. Bifurcation of Maps and Applications [M]. Amsterdam: North - Holland, 1979:105-122.

通过极坐标变换

$$z = r\exp(2\pi \mathrm{i}\theta) \tag{7.7.18}$$

得到实数形式的规范型

$$\begin{cases} r \to h_1(r,p) = |\lambda_j(p)| \left[r + \mathrm{Re}\left(\dfrac{\gamma(p)}{\lambda_j(p)}\right) r^3 + o(r^3) \right] \\ \theta \to h_2(r,\theta,p) = \theta + \dfrac{1}{2\pi}\tan^{-1}\left(\dfrac{\mathrm{Im}(\gamma(p))}{\mathrm{Re}(\gamma(p))}\right) + \dfrac{1}{2\pi}\mathrm{Im}\left(\dfrac{\gamma(p)}{\lambda_j(p)}\right) r^2 + o(r^2) \end{cases} \tag{7.7.19}$$

将式(7.7.19)在 $p=0$ 处做幂级数展开，得到

$$\begin{cases} r \to h_1(r,p) = r + cpr + ar^3 + o(pr, r^3) & (7.7.20\mathrm{a}) \\ \theta \to h_2(r,\theta,p) = \theta + \varphi_0 + p\varphi_1 + br^2 + o(p, r^2) & (7.7.20\mathrm{b}) \end{cases}$$

其中

$$\begin{cases} a = \mathrm{Re}\left(\dfrac{\gamma(0)}{\lambda_j(0)}\right), \quad b = \dfrac{1}{2\pi}\mathrm{Im}\left(\dfrac{\gamma(0)}{\lambda_j(0)}\right), \quad c = \dfrac{\mathrm{d}}{\mathrm{d}p}|\lambda_j(p)|\Big|_{p=0} \\ \varphi_0 = \dfrac{1}{2\pi}\tan^{-1}\left(\dfrac{\mathrm{Im}(\gamma(0))}{\mathrm{Re}(\gamma(0))}\right), \quad \varphi_1 = \dfrac{1}{2\pi}\dfrac{\mathrm{d}}{\mathrm{d}p}\left[\tan^{-1}\left(\dfrac{\mathrm{Im}\gamma(p)}{\mathrm{Re}\gamma(p)}\right)\right]\Big|_{p=0} \end{cases} \tag{7.7.21}$$

在二维映射中，关于 r 的映射 $h_1(r,p)$ 与 θ 无关，以下重点对其进行讨论。

易见，$r_f=0$ 是映射 $h_1(r,p)$ 的不动点，它对应于原系统的闭轨 Γ。不难看出，当 $cp<0$ 时，$r_f=0$(即 Γ)渐近稳定；当 $cp>0$(或 $p=0$ 且 $a=0$)时，$r_f=0$(即 Γ)不稳定。

当 $acp<0$ 时，极坐标平面上的圆

$$S \equiv \{(r,\theta) \mid r = \sqrt{-cp/a},\ \theta \in [0, 2\pi)\} \tag{7.7.22}$$

是式(7.7.20)中映射的不变集，它代表 Poincaré 截面 Σ 上的一条闭曲线。不难想象，这是系统相轨线反复穿越 Poincaré 截面 Σ 时的截痕。当 Poincaré 截面沿闭轨 Γ 旋转一圈，该闭曲线在 $\mathscr{R}^n$ 中形成一个 $n-1$ 维环面。因此，系统相轨线在图 7.7.3 所示的环面上缠绕，称作环面运动。当 m 等于无理数时，沿环面的运动不具有周期性，成为拟周期运动。

将 $r_f \equiv \sqrt{-cp/a}$ 作为式(7.7.20a)中的映射不动点，不难证明：当 $cp>0$ 时，S(即环面运动)渐近稳定；而当 $cp<0$ 时，S 不稳定。因此，环面运动与闭轨 Γ 的稳定性相反。

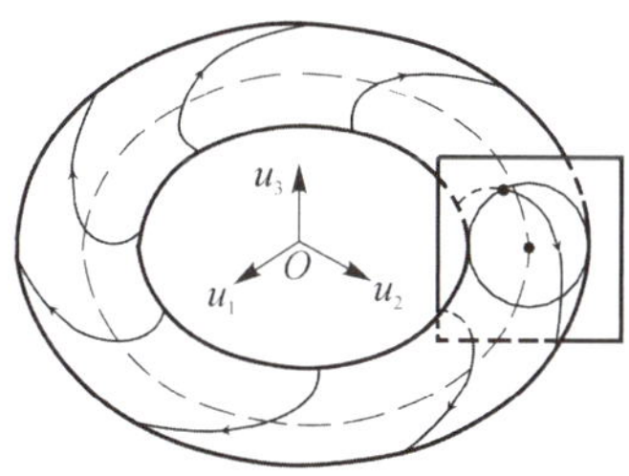

图 7.7.3　不稳定闭轨与稳定环面运动并存($cp>0$)

归纳上述分析，可列出如下四种情况。

(a) $a<0$ 且 $c>0$：$c>0$ 表明特征值 $\lambda_j(p)$ 和 $\bar{\lambda}_j(p)$ 随着 p 增加由单位圆内穿出。当 $p<0$ 时，不动点 $r_f=0$ 渐近稳定，即闭轨 Γ 保持渐近稳定；当 $p>0$ 时，$r_f=0$ 失稳，即 Γ 失稳；此时随着 p 增加，在 Poincaré 截面上出现半径逐渐增加的、渐近稳定的圆 S，即系统产生了振幅

随着 p 增加的、渐近稳定的环面运动,即Neimark - Sacker 分岔。如果观察相轨线的 Poincaré 截面,这种分岔与图 7.6.1 中的 Hopf 分岔相似,称为闭轨的 Hopf 分岔。若闭轨 Γ 源自系统平衡点的 Hopf 分岔,则称该分岔为二次 Hopf 分岔。

(b) $a>0$ 且 $c>0$:当 $p<0$ 时,$r_{\mathrm{f}}=0$ 渐近稳定,即 Γ 渐近稳定,此时 S 存在,但不稳定,即存在不稳定的环面运动;当 $p>0$ 时,$r_{\mathrm{f}}=0$ 失稳,即闭轨 Γ 失稳。

(c) $a<0$ 且 $c<0$:当 $p<0$ 时,闭轨 Γ 不稳定,但此时存在渐近稳定的环面运动,随着 p 增加,环面运动的振幅不断减小;当 $p>0$ 时,环面运动消失,闭轨 Γ 变为渐近稳定。

(d) $a>0$ 且 $c<0$:当 $p<0$ 时,闭轨 Γ 不稳定;当 $p>0$ 时,闭轨 Γ 渐近稳定,伴随不稳定的环面运动。

例 7.7.1 考察单自由度受迫振动系统

$$\ddot{u}(t)+c\dot{u}(t)+g(u(t),p)=f_{\mathrm{e}}(t) \tag{a}$$

其中,$c>0$,p 为实参数,激励 $f_{\mathrm{e}}(t)$ 具有周期 $T_0>0$。设系统振动是以 $T=mT_0$ 为周期的闭轨 Γ,试证其不可能发生 Neimark - Sacker 分岔。

证明 将式(a)写作二维相空间中的非自治系统

$$\dot{\boldsymbol{u}}\equiv\begin{bmatrix}\dot{u}_1\\ \dot{u}_2\end{bmatrix}=\begin{bmatrix}u_2\\ -g(u_1,p)-cu_2+f_{\mathrm{e}}(t)\end{bmatrix}\equiv\boldsymbol{f}(\boldsymbol{u},t,p) \tag{b}$$

根据例 7.4.4 构造二维 Poincaré 截面

$$\Sigma\equiv\{\boldsymbol{u}\mid t=\mathrm{mod}(T)\} \tag{c}$$

记 Σ 上的 Poincaré 映射为 $\boldsymbol{P}(\boldsymbol{u},p)$,闭轨 Γ 与 Σ 的交点为 $\boldsymbol{u}_{\mathrm{p}}(p)$,自该点出发的相轨线为 $\boldsymbol{\varphi}_t(\boldsymbol{u}_{\mathrm{p}},p)$,因此 $\boldsymbol{u}_{\mathrm{p}}(p)$ 满足

$$\boldsymbol{P}(\boldsymbol{u}_{\mathrm{p}},p)=\boldsymbol{\varphi}_T(\boldsymbol{u}_{\mathrm{p}},p)=\boldsymbol{u}_{\mathrm{p}}(p)\in\Sigma \tag{d}$$

参考定理 7.4.7 证明过程的式(c),上述 $\boldsymbol{\varphi}_T(\boldsymbol{u}_{\mathrm{p}},p)$ 已限定在二维子空间 $\mathscr{Q}$ 上,故有

$$\mathbf{D}_{\boldsymbol{u}}\boldsymbol{P}(\boldsymbol{u}_{\mathrm{p}},p)=\mathbf{D}_{\boldsymbol{u}}\boldsymbol{\varphi}_T(\boldsymbol{u}_{\mathrm{p}},p)=\boldsymbol{\Phi}(T,p) \tag{e}$$

此处,$\mathbf{D}_{\boldsymbol{u}}\boldsymbol{\varphi}_T(\boldsymbol{u}_{\mathrm{p}},p)$ 和 $\boldsymbol{\Phi}(T,p)$ 是下述线性微分方程初值问题在 $t=T$ 时的解矩阵和单值矩阵

$$\begin{cases}\dfrac{\mathrm{d}}{\mathrm{d}t}\mathbf{D}_{\boldsymbol{u}}\boldsymbol{\varphi}_t(\boldsymbol{u}_{\mathrm{p}},p)=\mathbf{D}_{\boldsymbol{u}}f(\boldsymbol{\varphi}_t(\boldsymbol{u}_{\mathrm{p}},p),t,p)\,\mathbf{D}_{\boldsymbol{u}}\boldsymbol{\varphi}_t(\boldsymbol{u}_{\mathrm{p}},p)=\boldsymbol{A}(t,p)\mathbf{D}_{\boldsymbol{u}}\boldsymbol{\varphi}_t(\boldsymbol{u}_{\mathrm{p}},p)\\ \mathbf{D}_{\boldsymbol{u}}\boldsymbol{\varphi}_0(\boldsymbol{u}_{\mathrm{p}},p)=\boldsymbol{I}\end{cases} \tag{f}$$

其中

$$\boldsymbol{A}(t,p)=\mathbf{D}_{\boldsymbol{u}}\boldsymbol{f}(\boldsymbol{u},t,p)=\begin{bmatrix}0 & 1\\ -\mathrm{D}_{u_1}g(u_1,p) & -c\end{bmatrix} \tag{g}$$

根据式(5.5.9),即线性微分方程理论的 Liouville 公式,得到

$$\det\mathbf{D}_{\boldsymbol{u}}\boldsymbol{P}(\boldsymbol{u}_{\mathrm{p}},p)=\det\boldsymbol{\Phi}(T,p)=\exp\left(\int_0^T\mathrm{tr}\boldsymbol{A}(t,p)\mathrm{d}t\right)=\exp(-cT) \tag{h}$$

因此,对于任意参数 p,$\mathbf{D}_{\boldsymbol{u}}\boldsymbol{P}(\boldsymbol{u}_{\mathrm{p}},p)$ 的两个特征值 $\lambda_1(p)$ 和 $\lambda_2(p)$ 总满足

$$0<\lambda_1(p)\lambda_2(p)=\exp(-cT)<1 \tag{i}$$

这说明,Neimark - Sacker 分岔的必要条件 $\lambda_1(p)\lambda_2(p)=1$ 不可能满足。证毕。

例 7.7.2 考察单自由度受迫振动系统

$$\ddot{u}(t)+c\dot{u}(t)+g(u(t),p)=f_{\mathrm{e}}(t) \tag{a}$$

其中,$c>0$,弹性恢复力和周期激励具有如下对称性:

$$g(-u,p)=-g(u,p),\quad (u,p)\in\mathscr{R}^2,\quad f_e(t+T_0/2)=-f_e(t),\quad t\in\mathscr{R}\tag{b}$$

设系统振动 $u(t)$ 具有周期 $T=mT_0$，并满足对称性条件

$$u(t+T/2)=-u(t),\quad t\in\mathscr{R},\quad T=mT_0\tag{c}$$

试证对于任意实参数 p，周期振动 $u(t)$ 不可能发生倍周期分岔。

证明　根据式(a)，对周期振动 $u(t)$ 做微扰动 $\Delta u(t)$，则其满足

$$\Delta\ddot{u}(t)+c\Delta\dot{u}(t)+k(t,p)\Delta u(t)=0\tag{d}$$

其中，$k(t,p)$ 定义为时变刚度系数，即

$$k(t,p)\equiv\frac{\partial g(u(t),p)}{\partial u}\tag{e}$$

按照例 7.7.1 定义 Poincaré 映射，其 Jacobi 矩阵是式(d)的单值矩阵 $\boldsymbol{\Phi}(T,p)$，且 $\boldsymbol{\Phi}(0,p)=\boldsymbol{I}$。

注意式(c)及奇函数的导数为偶函数，不难验证式(d)的系数 $k(t,p)$ 以 $T/2$ 为周期，即

$$k\left(t+\frac{T}{2},p\right)=\frac{\partial g(u(t+T/2),p)}{\partial u}=\frac{\partial g(-u(t),p)}{\partial u}=\frac{\partial g(u(t),p)}{\partial u}=k(t,p)\tag{f}$$

因此，式(d)还具有单值矩阵 $\boldsymbol{\Psi}(T/2,p)$，由此得到

$$\boldsymbol{\Phi}(T,p)=\boldsymbol{\Psi}\left(\frac{T}{2},p\right)\boldsymbol{\Psi}\left(\frac{T}{2},p\right)=\boldsymbol{\Psi}^2\left(\frac{T}{2},p\right)\tag{g}$$

所以，矩阵 $\boldsymbol{\Phi}(T,p)$ 的特征值 $\lambda_j(p)$ 与 $\boldsymbol{\Psi}(T/2,p)$ 的特征值 $\mu_j(p)$ 满足

$$\lambda_j(p)=\mu_j^2(p),\quad j\in I_2\tag{h}$$

若有 $\lambda_1(p)=-1$，则 $\mu_1(p)=\pm\mathrm{i}$。根据共轭关系，$\mu_2(p)=\mp\mathrm{i}$，从而有 $\lambda_2(p)=-1$。这与例 7.7.1 的式(i)相矛盾。因此，对任意的实参数 p，恒有 $\lambda_j(p)\neq-1, j\in I_2$。这说明，满足式(c)的系统周期振动不可能产生倍周期分岔。证毕。

根据例 7.7.1 和例 7.7.2，该单自由度系统的对称闭轨分岔类型只剩下切分岔，作者曾证明①，此时不会发生跨临界分岔，最有可能发生的切分岔是鞍结分岔和叉形分岔。经过鞍结分岔后，对称闭轨会消失。而经过叉形分岔后，原来渐近稳定的对称闭轨失稳，新产生一对非对称的同周期闭轨。这种现象称作对称破缺。此时若继续改变系统参数，则非对称闭轨可能产生倍周期分岔。

最后指出，本章讨论的各类分岔均限于平衡点或闭轨附近，它们并不改变系统向量场的拓扑结构，属于局部分岔。因此，可采用 L-S 方法、中心流形方法、P-B 规范型、奇异性理论等局部分析方法来进行研究。全局分岔则指分岔引起系统向量场的拓扑结构变化，通常导致较为复杂的动力学行为。例如，当三维自治系统的参数变化使得系统鞍点的稳定流形和不稳定流形发生横截相交时，系统向量场的拓扑结构会发生变化，呈现极为复杂的动力学行为，即第 8 章将要介绍的混沌运动。对全局分岔的详细介绍已超出本书的预定范围，建议读者阅读相关文献②③。

---

① Hu H Y. Symmetry and Bifurcations of the Periodic Response of an Externally Forced Nonlinear Oscillator [J]. Journal of Vibration Engineering, 1994, SEI: 26-35.

② Wiggins S. Introduction to Applied Nonlinear Dynamical Systems and Chaos [M]. New York: Springer-Verlag, 1990: 420-650.

③ 张伟，姚明辉. 高维非线性系统的全局分岔和混沌动力学(上) [M]. 北京：科学出版社，2023：1-234.

习 题

7-1 判断下列函数的定号性:

(a) $V(u_1,u_2,u_3)=-(u_1-u_2)^2-(u_2-u_3)^2-(u_3-u_1)^2$;

(b) $V(u_1,u_2,u_3)=u_1^2+(u_2+u_3)^2$;

(c) $V(u_1,u_2,u_3,t)=-(1+\sin t)u_1^2-u_2^2-\exp(-t)u_3^2$。

7-2 对于二维自治系统

$$\begin{cases}\dot{u}_1=2u_1-5u_2-7u_1^2\\ \dot{u}_2=3u_1-6u_2-9u_2^2\end{cases}$$

在 Maple 平台上,研究该系统平衡点的稳定性。

7-3 图 7-1 所示的磁悬浮车厢通过电磁力悬浮在工字型截面的导轨上,其电磁回路由电感 L 和电阻 R 构成,控制电压为 $v(t)=v_0-ku(t)$,系统的动力学方程为

$$\begin{cases}m\dfrac{\mathrm{d}^2u(t)}{\mathrm{d}t^2}+c\dfrac{\mathrm{d}u(t)}{\mathrm{d}t}+mg-\dfrac{\mu}{4(h-q)^2}i^2(t)=0\\ \dfrac{\mu}{2(h-q)}\dfrac{\mathrm{d}i(t)}{\mathrm{d}t}+\dfrac{\mu}{2(h-q)^2}i(t)\dfrac{\mathrm{d}u(t)}{\mathrm{d}t}+Ri(t)=v(t)\end{cases}$$

其中,m 为车厢质量,c 为阻尼系数,g 为重力加速度,μ 为磁铁参数,h 为车厢平衡时的间隙,$u(t)$为车厢质心相对平衡位置的垂直位移,$i(t)$为电流,v_0 是系统平衡时的控制电压,k 是反馈增益。求系统平衡的控制电压 v_0 和输入电流 i_0,分析受控系统的稳定性。

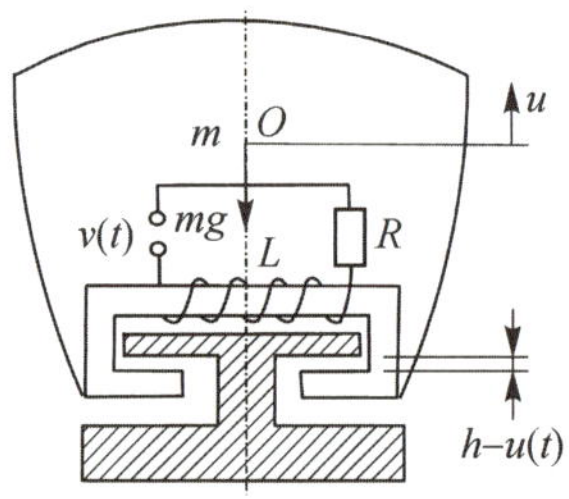

图 7-1 习题 7-3 图

7-4 对于二维非自治系统

$$\begin{cases}\dot{u}_1(t)=-\exp(-2t)u_1(t)-(4+\sin t)u_2(t)\\ \dot{u}_2(t)=[1+\exp(-2t)]u_1(t)-\dfrac{1}{4+\sin t}u_2(t)\end{cases}$$

构造 Lyapunov 函数

$$V(u_1,u_2,t)=[1+\exp(-2t)]u_1^2(t)+(4+\sin t)u_2^2(t)$$

判断系统原点的稳定性。

7-5 对于二维非线性自治系统

$$\begin{cases}\dot{u}_1=-u_2+f_1(u_1,u_2)\\ \dot{u}_2=u_1+f_2(u_1,u_2)\end{cases}$$

在 Maple 平台上，计算其 2 阶截断 P–B 规范型。

7–6　对于二维自治系统

$$\begin{cases}\dot{u}_1=-u_2+(1-u_1^2-u_2^2)u_1\\ \dot{u}_2=u_1+(1-u_1^2-u_2^2)u_2\end{cases}$$

试证：该系统具有唯一闭轨 Γ，而且 Γ 是极限环。

7–7　对于一维映射

$$v\to g(v,p)=av+bv^2+cv^3$$

分别研究当 $|a|<1$，$|a|=1$ 和 $|a|>1$ 时原点(0,0)的稳定性。

7–8　当实参数 p 在原点附近变化时，判断下述一维系统平衡点的分岔类型：

(a) $\dot{u}=p-u^2$；

(b) $\dot{u}=pu-u^2+u^3$。

7–9　对于含实参数 p 的二维自治系统

$$\begin{cases}\dot{u}_1=pu_1-u_1^2\\ \dot{u}_2=-u_2+u_1^2\end{cases}$$

用 L–S 方法讨论参数 p 在原点附近变化时系统平衡点的分岔。

7–10　在 Maple 平台上，研究习题 7–9 中的二维自治系统，求系统在原点(0,0)处的局部中心流形，给出限制在中心流形上的系统分岔图。

7–11　在 Maple 平台上，考察实参数 p 在原点附近变化时下列二维极坐标描述的自治系统相图，并考虑能否用定理 7.6.1 解释相图的变化：

(a) $\begin{cases}\dot{r}=-r(r+p)^2\\ \dot{\theta}=1\end{cases}$

(b) $\begin{cases}\dot{r}=-r(r+p)(r-p)\\ \dot{\theta}=1\end{cases}$

7–12　构思一个含单参数的二维映射，使其具有倍周期分岔。

7–13　对于二维含参数映射 $v\to g(v,p)$，$v\in\mathscr{R}^2$，$p\in\mathscr{R}$，证明：在 Neimark–Sacker 分岔条件下的复规范型为

$$z\to h(z,p)=\lambda_j(p)z+\gamma(p)z^2\bar{z}+\cdots,\quad z,\gamma,\lambda_j\in\mathscr{C},\quad p\in\mathscr{R}$$

7–14　列举一个工程系统在平衡点发生 Hopf 分岔的例子，讨论分岔后的周期运动是否会发生 Neimark–Sacker 分岔。

第 8 章　混沌运动与控制

早在远古时代，人们就思考事物发展是否具有确定性规律。1814 年，法国数学家拉普拉斯（Pierre - Simon M. de Laplace，1749—1827）基于哲理性思考提出了著名的确定论。基于系统论，可将他的论断表述为：对确定性系统施加确定性输入，则系统输出必具有确定性。该论断对于线性系统是正确的，对于非线性系统则未必正确。例如，非线性系统会发生貌似随机性的所谓混沌运动。本章介绍混沌运动及其起因，并阐述混沌运动的控制方法。

8.1　混沌运动概述

上述确定论符合人们的直觉，而否定确定论则涉及对非线性系统的认识，经历了漫长过程。1892 年，法国数学力学家 Poincaré 在研究天体力学的三体问题时发现，这类保守系统在某些不稳定周期轨道附近具有复杂运动。1954 年，苏联数学家柯尔莫哥洛夫（Andrey N. Kolmogorov，1903—1987）猜测，接近可完全积分的保守系统会具有非常复杂的相轨线结构。1962 年到 1963 年期间，苏联数学家阿诺尔德（Vladimir I. Arnold，1937—2010）和美国数学家莫泽（Jürgen Moser，1928—1999）证明了 Kolmogrov 的猜想，其结果被誉为KAM 定理。该定理针对理想化的保守系统，其表述非常抽象，未能引起科学界的广泛关注。

1963 年，美国数学家 Lorenz 在研究由天气预报抽象简化的热对流问题时，采用数值方法计算三维自治系统的初值问题

$$\begin{bmatrix}\dot{u}_1\\ \dot{u}_2\\ \dot{u}_2\end{bmatrix}=\begin{bmatrix}-\alpha & \alpha & 0\\ \gamma & -1 & 0\\ 0 & 0 & -\beta\end{bmatrix}\begin{bmatrix}u_1\\ u_2\\ u_2\end{bmatrix}+\begin{bmatrix}0\\ -u_1u_3\\ u_1u_2\end{bmatrix} \tag{8.1.1}$$

其中，系统参数为

$$\alpha=10,\quad \beta=\frac{8}{3},\quad \gamma=28 \tag{8.1.2}$$

他发现，该系统自任意初始状态出发的相轨线均呈现图 8.1.1 所示的蝴蝶形态。这种相轨线貌似随机，既不重复，也不发散。该自治系统和初始扰动都具有确定性，所以这种运动并非随机运动。该发现易于在计算机上再现，而且具有物理意义，从而引起了人们关注。

为理解上述现象，再考察简谐激励下的线性黏性阻尼 Duffing 系统，其无量纲方程为

$$\ddot{u}(t)+0.05\dot{u}(t)+u^3(t)=7.5\cos t \tag{8.1.3}$$

观察它从以下两组非常相近的初始状态出发的运动

$$u(0)=3.000,\quad \dot{u}(0)=4.000 \tag{8.1.4a}$$

$$u(0)=3.001, \quad \dot{u}(0)=4.001 \tag{8.1.4b}$$

在 Maple 平台上采用 Runge－Kutta 方法，可得到图 8.1.2 所示的系统位移时间历程。由图可见：系统位移在初始时刻的微小差异会随着时间增加迅速扩大，但仍保持有界，系统稳态位移杂乱无章，没有周期。有趣的是，即使将两组初始条件的差异缩小到 10^{-15}，这种现象依然存在。这说明，由式(8.1.3)所描述的确定性系统对初始条件异常敏感，采用有限字长的计算机无法得到可重复的位移历程。

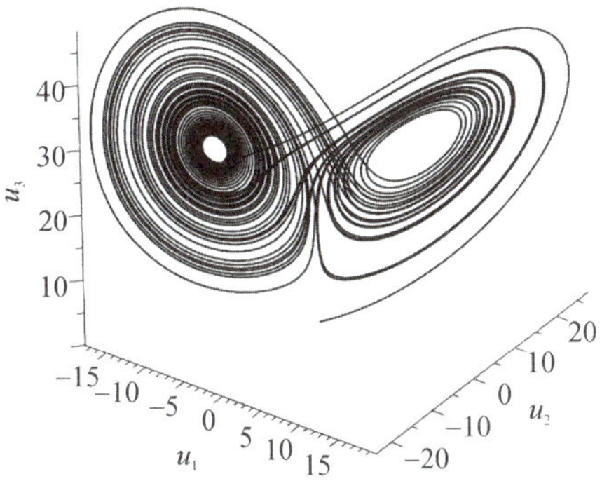

图 8.1.1 自(0.1,0.1,0.0)出发的 Lorenz 系统相轨线

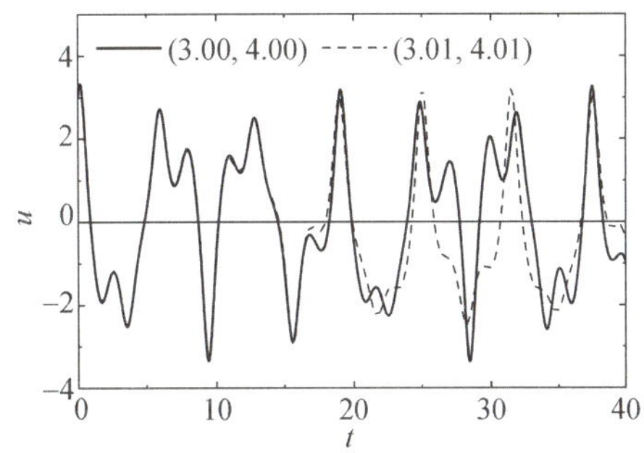

图 8.1.2 Duffing 系统的混沌运动

1961 年，正在攻读博士学位的日本青年学者上田(Yoshisuke Ueda，1936—)曾用电路模拟该 Duffing 系统，发现系统输出貌似平稳随机过程。由于他的导师对此不认可，该发现到 1973 年才公开发表。

图 8.1.1 和图 8.1.2 表明，非线性确定性系统会具有上述貌似随机的运动，人们将其称为混沌运动或混沌现象，简称混沌。它的基本特征是：

(a) 高度依赖于初始条件，从而实际不可重复；

(b) 局部不稳定(一般呈指数型发散)，但总体是有界的；

(c) 无周期、无序。

自 20 世纪 70 年代起，科学界对混沌进行了大量研究，但迄今尚未形成对混沌的严格数学定义。通常，将上述三个特征作为鉴别混沌运动的标志。混沌现象表明，在确定性现象和随机现象之间存在着某些复杂现象，由此可解释许多过去人们疑惑的问题。因此，混沌、相对论、量子力学被誉为 20 世纪物理学的三大发现。

自 20 世纪 80 年代起，对混沌的研究促使非线性科学成为一个蓬勃发展的重要学科。对混沌的研究兴趣已从数学家和物理学家扩展到力学家、生物学家、经济学家、社会学家，对各类非线性系统呈现混沌的报道和研究构成了浩瀚的文献。在国际互联网上，有许多有关混沌研究文献的网站。

自 20 世纪 90 年代起，从事应用技术的研究人员开始探索如何利用混沌造福人类。目前，学者们已在提高振动机械效率、加速化工过程、改善保密通信等方面取得了若干成果，向人们展示了混沌具有的美好应用前景。

8.2 离散系统的混沌

根据 7.4 节的定义,离散系统是映射序列,比用常微分方程描述的连续系统要简单。因此,本章从离散系统开始讨论混沌。本节先以一维映射为例,直观介绍混沌现象。然后,通过二维马蹄映射说明混沌的内在本质。

8.2.1 一维映射的混沌

含参数 p 的二次单峰映射(logistic 映射)是研究比较透彻的一维离散系统,其定义为

$$u_{k+1}=f(u_k,p)\equiv pu_k(1-u_k),\quad u_k\in[0,1],\quad p\in[0,4],\quad k\in\mathscr{Z} \tag{8.2.1}$$

该映射可作为描述生物繁殖的数学模型。下面从第一次映射开始,逐次讨论其不动点/周期点及其稳定性。

1. 第一次映射

经过第一次映射,映射的不动点 u_f 满足二次代数方程

$$f(u_f,p)-u_f=pu_f(1-u_f)-u_f=0 \tag{8.2.2}$$

由式(8.2.2)解出两个不动点

$$u_{f1}=0,\quad u_{f2}=1-\frac{1}{p}\in[0,1],\quad p\geqslant 1 \tag{8.2.3}$$

根据式(8.2.2),得到

$$\left.\frac{\partial f(u_k,p)}{\partial u_k}\right|_{u_k=u_f}=p(1-2u_f) \tag{8.2.4}$$

将式(8.2.3)代入上式,得到

$$\left.\frac{\partial f(u_k,p)}{\partial u_k}\right|_{u_k=u_{f1}}=p,\quad \left.\frac{\partial f(u_k,p)}{\partial u_k}\right|_{u_k=u_{f2}}=2-p \tag{8.2.5}$$

根据 7.5 节和 7.7 节的讨论,不难得到如下结论:

(a) 当 $p\in[0,1)$ 时,式(8.2.1)有唯一的稳定不动点 u_{f1};

(b) 当 $p=p_0=1$ 时,不动点 u_{f1} 经过跨临界分岔失稳,u_{f2} 成为稳定不动点;

(c) 当 $p\in(1,3)$ 时,式(8.2.1)有不稳定不动点 u_{f1} 和稳定不动点 u_{f2};

(d) 当 $p=p_1=3$ 时,不动点 u_{f2} 经倍周期分岔失稳,式(8.2.1)将有一对周期 2 点。

2. 第二次映射

周期 2 点满足四次代数方程

$$\begin{aligned}f^2(u_f,p)-u_f&=pf(u_f,p)[1-f(u_f,p)]-u_f\\&=p^2u_f(1-u_f)[1-pu_f(1-u_f)]-u_f=0\end{aligned} \tag{8.2.6}$$

对式(8.2.6)做因式分解,得到

$$u_f[(p-1)-pu_f][p^2u_f^2-p(p+1)u_f+(p+1)]=0 \tag{8.2.7}$$

由此得到 4 个周期 2 点

$$u_{f1}=0,\quad u_{f2}=1-\frac{1}{p},\quad u_{f3,4}=1+p\mp\frac{1}{2p}\sqrt{(p+1)(p-3)} \tag{8.2.8}$$

根据第二次映射在周期 2 点处关于 u_k 的偏导数，可证明：

(a) 当 $p\in(3,1+\sqrt{6})$ 时，不动点 u_{f1} 和 u_{f2} 不稳定，而 u_{f3} 和 u_{f4} 是稳定的周期 2 点；

(b) 当 $p=p_2=1+\sqrt{6}$ 时，u_{f3} 和 u_{f4} 经倍周期分岔失稳，式(8.2.1)有两对周期 4 点。

3. 第 n 次映射

用数学归纳法可以证明：

(a) 当 $p\in(p_{m-1},p_m)$ 时，第 n 次映射

$$u_{k+n}=f^n(u_k,p),\quad n=2^{m-1},\quad m=1,2,\cdots \tag{8.2.9}$$

具有 2^m 个周期 n 点，其中 2^{m-1} 个周期 n 点稳定，另外 2^{m-1} 个周期 n 点不稳定；

(b) 当 $p=p_m$ 时，2^{m-1} 个稳定的周期 n 点发生倍周期分岔，式(8.2.1)有 2^m 个周期 $2n$ 点。

4. 无限次映射

随着 n 增加，该映射的分岔情况如图 8.2.1 所示，式(8.2.1)具有无限重复的自相似结构。1978 年，美国数学物理学家费根鲍姆(Mitchell Feigenbaum，1944—2019)发现

$$\lim_{m\to+\infty}p_m=p_\infty=3.569945672\cdots \tag{8.2.10}$$

此时，映射点的周期 $2^m\to+\infty$，即映射点不再具有周期，而在区间[0,1]内发生无规则的游荡，呈现混沌现象。此外，他还发现如下普适常数，即Feigenbaum 常数：

$$\lim_{m\to+\infty}\delta_m=\frac{p_m-p_{m-1}}{p_{m+1}-p_m}=\delta=4.6692016091029909\cdots \tag{8.2.11}$$

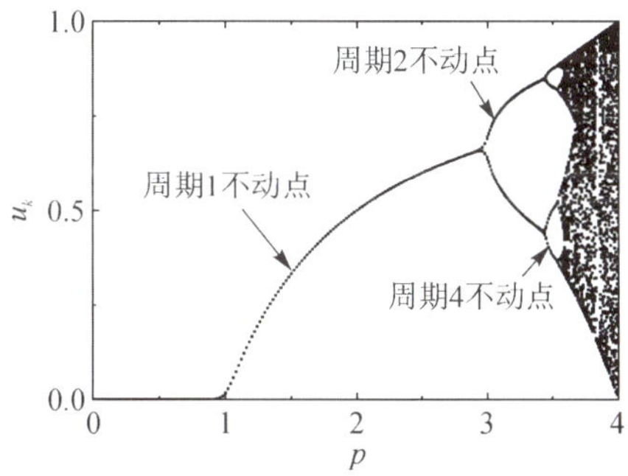

图 8.2.1　logistic 映射点的倍周期分岔序列

1975 年，美国数学家约克(James A. Yorke，1941—)和他的中国研究生李天岩(Tien-Yien Li，1945—2020)研究 logistic 映射，证明了"周期 3 意味着混沌"。他们的数学结论是：

(a) 当 $p\in[p_\infty,4]$ 时，式(8.2.1)具有非常复杂的结构；随着参数 p 的变化，除了混沌区外尚有一些稳定周期点的窗口，最宽的窗口对应于周期 3。

(b) 在稳定周期 3 窗口中，该映射具有其他任意周期的周期点，这些周期点都不稳定。

5. 一般情况

Yorke 和 Li 的论文观点新颖、通俗易懂，激发了许多学者研究含参数的一维单峰映射，发现"周期 3 意味着混沌"具有普适性。有趣的是，苏联数学家萨可夫斯基(Oleksandr M. Sarkovskii，1936—2022)展示，他曾在 1964 年的论文中证明：对于一维单峰映射

$$u_{k+1}=pf(u_k),\quad p>0,\quad k\in\mathscr{Z}\tag{8.2.12}$$

其映射点周期形成以3结尾的无穷序列

$$1,2,4,8,\cdots,7\times2^2,5\times2^2,3\times2^2,\cdots,7\times2,5\times2,3\times2,\cdots,7,5,3\tag{8.2.13}$$

Sarkovskii 的结果非常优美,可惜在 York 和 Li 的论文之后才为人所知。

8.2.2 高维映射的混沌

1. 二维马蹄映射

1963年,美国数学家 Smale 在研究复杂性问题时,构造了一个形如马蹄的分段线性二维映射,发现它具有非常复杂的行为。

记 $S\equiv[0,1]\otimes[0,1]\subset\mathscr{R}^2$,在 S 上按如下规则定义 Smale 马蹄映射 $f:S\to S$:将 S 拉伸为长和宽分别为 μ 和 λ 的矩形($\lambda\ll\mu$),再将其弯曲折叠成马蹄状放置在 S 上,记马蹄与 S 的重叠阴影部分为 V_1 和 V_2。然后,重复上述过程。

参考图8.2.2,上述马蹄映射意味着

$$\begin{cases}S\cap\boldsymbol{f}(S)=V_1\cup V_2\\ V_i=\boldsymbol{f}(H_i)\to H_i=\boldsymbol{f}^{-1}(V_i),\quad i\in I_2\end{cases}\tag{8.2.14}$$

$$\begin{cases}S\cap\boldsymbol{f}(S)\cap\boldsymbol{f}^2(S)=V_{11}\cup V_{21}\cup V_{22}\cup V_{12}\\ V_{ij}=\boldsymbol{f}^2(H_{ij})\to H_{ij}=\boldsymbol{f}^{-2}(V_{ij}),\quad i,j\in I_2\end{cases}\tag{8.2.15}$$

以此类推,$\bigcap\limits_{k=0}^{n}\boldsymbol{f}^k(S)$ 是 2^n 条宽 λ^n 的垂直阴影带的集合;$\bigcap\limits_{k=0}^{n}\boldsymbol{f}^{-k}(S)$ 是 2^n 条宽 $(1/\mu)^n$ 的水平阴影带的集合;$\bigcap\limits_{k=-n}^{n}\boldsymbol{f}^k(S)$ 是 4^n 个面积为 $(\lambda/\mu)^n$ 的阴影矩形的集合。显然,马蹄映射具有不变集

$$\Lambda\equiv\bigcap_{k=-\infty}^{+\infty}\boldsymbol{f}^k(S)\tag{8.2.16}$$

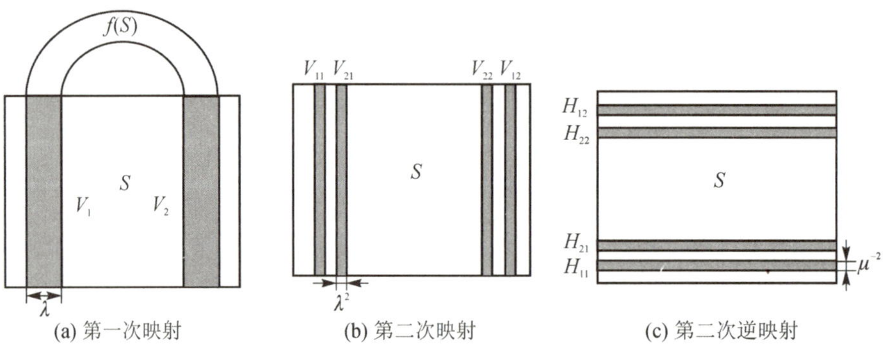

图8.2.2 Smale马蹄映射示意

定理8.2.1[①] 马蹄映射的不变集 Λ 具有如下性质:

(a) Λ 中有 $\boldsymbol{f}(S)$ 的可列个任意周期的鞍点,它们在 Λ 中处处稠密;

① Gukenheimer J, Holmes P. Nonlinear Oscillations, Dynamical Systems and Bifurcations of Vector Fields [M]. 2nd ed. New York: Springer-Verlag, 1986: 235-236.

(b) Λ 中有不可列个有界非周期映射点；

(c) Λ 中有一条稠密的轨道；

(d) 若映射 $\tilde{\boldsymbol{f}}(S)$ 与映射 $\boldsymbol{f}(S)$ 具有 C^1 阶接近，则 $\tilde{\boldsymbol{f}}(S)$ 将有与 Λ 拓扑等价的不变集 $\tilde{\Lambda}$。

为了直观理解该定理，可以设想厨师制作拉面的过程。若在拉伸前的面团上用红色和蓝色标注两个接近的圆点，由于在拉面制作过程中的反复拉伸与折叠，将很难判断它们间的距离。实际上，重复拉伸与折叠 20 次时，它们间的距离有可能被放大了 100 万倍，也可能被缩小到微米水平。定理 8.2.1 的(a)和(b)两款说明，Λ 中的任意点可能是不稳定的周期点，也可能是有界的非周期点。而拉伸与折叠过程使得定理 8.2.1 的(c)款中轨道具有局部发散而整体有界特性，这就是Smale 马蹄意义下的混沌。该定理最后的(d)款则说明，其他兼具拉伸与折叠效应的二维映射，也具有马蹄映射的性质，进而产生马蹄意义下的混沌。

2. 高维映射发生混沌的条件

如果某个二维映射兼具拉伸与折叠效应，可猜测其映射序列具有混沌现象。然而，证明它与马蹄映射 $\boldsymbol{f}(S)$ 具有 C^1 阶接近并非易事。对许多实际问题，为了研究其是否发生 Smale 马蹄意义下的混沌，可以考察映射的鞍型不动点附近的横截同宿点。

定义 8.2.1　设映射 $\boldsymbol{f}(\boldsymbol{u}):\mathcal{R}^n\to\mathcal{R}^n$，$\boldsymbol{u}_f$ 是 $\boldsymbol{f}(\boldsymbol{u})$ 的鞍型不动点，称下述非空集合

$$W^h(\boldsymbol{u}_f)\equiv\{\boldsymbol{u}\,|\,\boldsymbol{u}\in W^s(\boldsymbol{u}_f)\cap W^u(\boldsymbol{u}_f),\boldsymbol{u}\neq\boldsymbol{u}_f\} \tag{8.2.17}$$

为同宿点。若 $W^s(\boldsymbol{u}_f)$ 和 $W^u(\boldsymbol{u}_f)$ 在同宿点横截，则称同宿点为横截同宿点。

横截同宿点集的一个基本性质是它必为无限点集。事实上，由于 $W^s(\boldsymbol{u}_f)$ 和 $W^u(\boldsymbol{u}_f)$ 均为映射 $\boldsymbol{f}(\boldsymbol{u})$ 的不变集，其非空交集 $W^s(\boldsymbol{u}_f)\cap W^u(\boldsymbol{u}_f)$ 亦如此。取 $\boldsymbol{u}\in W^s(\boldsymbol{u}_f)\cap W^u(\boldsymbol{u}_f)$ 但 $\boldsymbol{u}\neq\boldsymbol{u}_f$，则对于任意整数 k 皆有 $\boldsymbol{f}^k\in W^s(\boldsymbol{u}_f)\cap W^u(\boldsymbol{u}_f)$，且 $\lim\limits_{|k|\to+\infty}\boldsymbol{f}^k(\boldsymbol{u})=\boldsymbol{u}_f$。因此，非空交集 $W^s(\boldsymbol{u}_f)\cap W^u(\boldsymbol{u}_f)$ 中必有无限多个点。

定理 8.2.2 (Smale - Birkhoff 定理)①　如果映射 $\boldsymbol{f}(\boldsymbol{u}):\mathcal{R}^n\to\mathcal{R}^n$ 在其鞍型不动点 $\boldsymbol{u}_f$ 附近具有横截同宿点，则 $\boldsymbol{f}(\boldsymbol{u})$ 具有不变集 Λ，且 $\boldsymbol{f}(\boldsymbol{u})$ 在 Λ 上具有 Smale 马蹄意义下的混沌。

现参考图 8.2.3 介绍该定理的证明思路。在鞍型不动点 $\boldsymbol{u}_f$ 附近，沿 $W^s(\boldsymbol{u}_f)$ 取弧段 B^s，沿 $W^u(\boldsymbol{u}_f)$ 取弧段 B^u，构造面元 $V=B^s\otimes B^u$。任取某个横截同宿点 $\boldsymbol{u}\in W^s(\boldsymbol{u}_f)\cap W^u(\boldsymbol{u}_f)$，在其附近沿 $W^u(\boldsymbol{u}_f)$ 取弧段 dS。对于充分大的 k，$\boldsymbol{f}^k(S)$ 将与 V 相交，从而 $\boldsymbol{f}^k(S)\cap V$ 与 B^u 充分接近。因此，可将映射 $\boldsymbol{f}(\boldsymbol{u})$ 理解为 V 上的一个 Smale 马蹄映射。

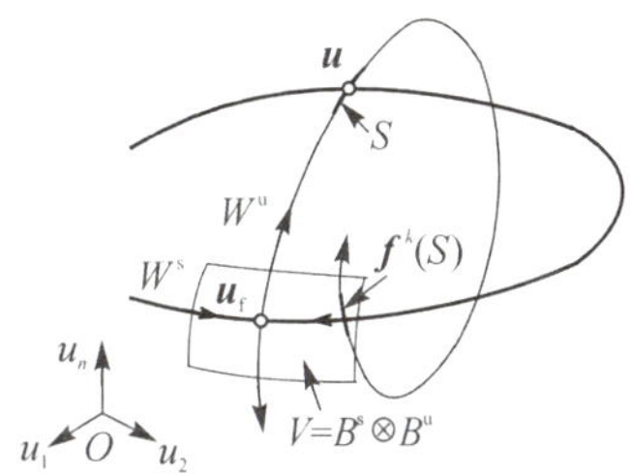

图 8.2.3　Smale - Birkhoff 定理示意图

上述结果还可进一步推广。设 $\boldsymbol{u}_{f1}$ 和 $\boldsymbol{u}_{f2}$ 是 $\boldsymbol{f}(\boldsymbol{u})$ 的两个不同的鞍型不动点，若存在异于上述不动点的 $\boldsymbol{u}\in W^s(\boldsymbol{u}_{f1})\cap W^u(\boldsymbol{u}_{f2})$ 或 $\boldsymbol{u}\in W^u(\boldsymbol{u}_{f1})\cap W^s(\boldsymbol{u}_{f2})$，则称其为 $\boldsymbol{f}(\boldsymbol{u})$ 的异宿点。若 $W^s(\boldsymbol{u}_{f1})$ 和 $W^u(\boldsymbol{u}_{f2})$ 在异宿点横截，则称异宿点为横截异宿点。此时，$\boldsymbol{f}(\boldsymbol{u})$ 也具有不变集 Λ，并且在 Λ 上具有 Smale 马蹄意义下的混沌。

需要指出，尽管鞍型不动点附近的横截同(异)宿点会导致混沌，但能否观测到这种混沌现

① Wiggins S. Introduction to Applied Nonlinear Dynamical Systems and Chaos [M]. New York: Springer - Verlag, 1990: 482-483.

象将取决于不变集 Λ 是否具有吸引性。即对于不变集 Λ 附近的任意点 $\tilde{\boldsymbol{u}} \notin \Lambda$，有

$$\lim_{k \to +\infty} f^k(\tilde{\boldsymbol{u}}) \in \Lambda \tag{8.2.18}$$

这种具有吸引性的不变集 Λ 被称为混沌吸引子。

3. Hénon 映射及其吸引子

例 8.2.1[M] 1976 年，法国天文家埃侬(Michel Hénon，1931—2013)率先研究了二维映射(简称为Hénon 映射)

$$\boldsymbol{f}:\begin{cases} u_1 \to 1 + bu_2 - au_1^2 \\ u_2 \to u_1 \end{cases} \tag{a}$$

验证该映射在 $a=1.4$ 和 $b=0.3$ 时有两个周期 1 点

$$\boldsymbol{u}_{f1} = (-1.1314, -1.1314), \quad \boldsymbol{u}_{f2} = (0.6314, 0.6314) \tag{b}$$

将映射 $\boldsymbol{f}$ 作用于任意初始点 $\boldsymbol{u} \in \mathscr{R}^2$ 形成映射序列 $\boldsymbol{f}^k(\boldsymbol{u})$，$k \in \mathscr{Z}$，略去前 100 次迭代结果，讨论该映射序列的特性。

解 采用附录 A8 中的 Maple 程序，计算得到式(b)所示的两个不动点；取初始点 $\boldsymbol{u}=\boldsymbol{0}$ 开始迭代，略去前 100 次迭代后得到映射序列。图 8.2.4(a)给出两个不动点和映射序列在(u_1, u_2)平面上的分布。变更初始点 $\boldsymbol{u} \in \mathscr{R}^2$ 重新计算，可发现图 8.2.4(a)的结果不变。这表明，该点集具有马蹄映射不变集 Λ 的基本性质和吸引性，是混沌吸引子。

将图 8.2.4(a)中的一部分放大后如图 8.2.4(b)示，若进一步放大还会得到类似的相似结果，表明该点集具有无穷自相似结构。这种无穷自相似结构被称作分形。通常，将具有分形特征的吸引子称为奇怪吸引子。

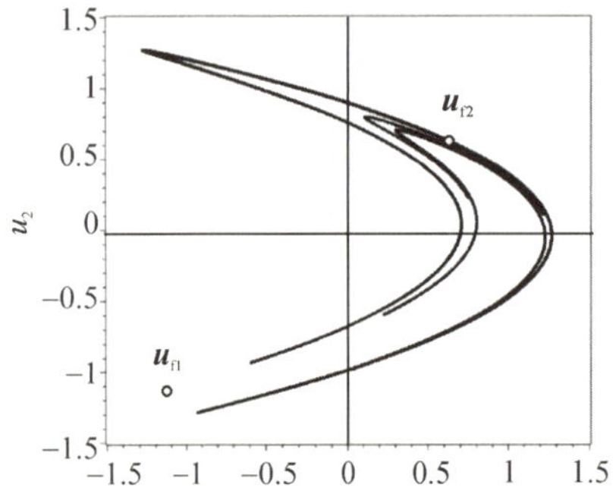

(a) 两个不动点和混沌吸引子

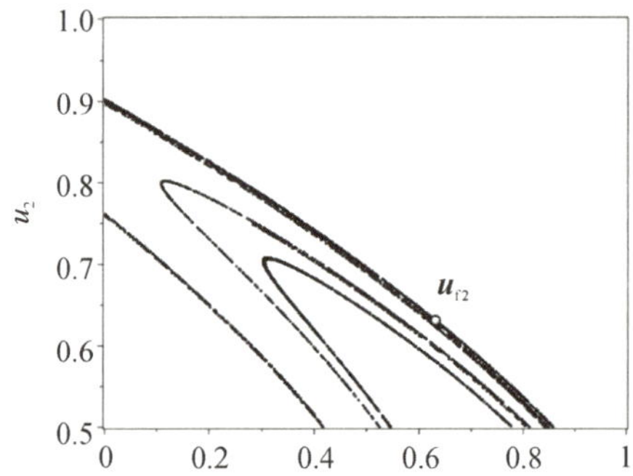

(b) 不动点$\boldsymbol{u}_{f2}$附近的局部放大结果

图 8.2.4 Hénon 映射的不动点和混沌吸引子

建议读者推导 Hénon 映射在不动点 $\boldsymbol{u}_{f2}$ 的 Jacobi 矩阵，求出其两个特征向量。沿这两个特征向量分别取点构造映射序列，并将它们与 Hénon 映射的混沌吸引子进行比较。

8.3 连续系统的混沌

本节讨论由常微分方程描述的连续系统的混沌运动。与离散系统相似，连续系统产生混沌运动的起因之一是出现稳定流形与不稳定流形横截相交。因此，本节关注连续系统双曲平

衡点的稳定流形和不稳定流形相交问题，进而讨论产生混沌运动的条件。

8.3.1　同/异宿轨线

考察 n 维自治系统

$$\dot{\boldsymbol{u}}=\boldsymbol{f}(\boldsymbol{u}),\quad \boldsymbol{u}\in\mathscr{R}^n \tag{8.3.1}$$

设 $\boldsymbol{u}_{si}$ 是系统的第 i 个双曲平衡点，若其稳定流形 $W^{s}(\boldsymbol{u}_{si})$ 和不稳定流形 $W^{u}(\boldsymbol{u}_{si})$ 满足

$$W^{s}(\boldsymbol{u}_{si})\cap W^{u}(\boldsymbol{u}_{si})\neq 0 \tag{8.3.2}$$

则称上述交集中的点为同宿点，称过 $\boldsymbol{u}_{si}$ 的相轨线为同宿轨线。若系统有两个互异的双曲平衡点 $\boldsymbol{u}_{si}$ 和 $\boldsymbol{u}_{sj}$，其稳定流形 $W^{s}(\boldsymbol{u}_{si})$ 和 $W^{s}(\boldsymbol{u}_{sj})$ 与不稳定流形 $W^{u}(\boldsymbol{u}_{si})$ 和 $W^{u}(\boldsymbol{u}_{sj})$ 满足

$$W^{s}(\boldsymbol{u}_{si})\cap W^{u}(\boldsymbol{u}_{sj})\neq 0\quad 或\quad W^{u}(\boldsymbol{u}_{si})\cap W^{s}(\boldsymbol{u}_{sj})\neq 0 \tag{8.3.3}$$

则称上述交集中的点为异宿点，称过 $\boldsymbol{u}_{si}$ 和 $\boldsymbol{u}_{sj}$ 的相轨线为异宿轨线。

例 8.3.1　受定常轴向压力的梁的横向自由振动可简化为有负线性刚度的 Duffing 系统

$$\ddot{u}+c\dot{u}-u+u^3=0 \tag{a}$$

考察其同宿轨线随阻尼系数 c 的变化。

解　将式(a)改写为状态向量形式

$$\dot{\boldsymbol{u}}\equiv\begin{bmatrix}\dot{u}_1\\ \dot{u}_2\end{bmatrix}=\begin{bmatrix}u_2\\ u_1-u_1^3-cu_2\end{bmatrix} \tag{b}$$

对于 $c=0$，式(b)是二维保守系统。根据 3.3 节的分析方法，该系统具有三个平衡点，即鞍点 $\boldsymbol{u}_{s1}=(0,0)$，两个中心 $\boldsymbol{u}_{s2}=(-1,0)$ 和 $\boldsymbol{u}_{s3}=(1,0)$。由于相轨线不能穿过中心，仅考虑过鞍点 $\boldsymbol{u}_{s1}=(0,0)$ 的相轨线。它满足总能量为零的条件

$$-\frac{1}{2}u_1^2+\frac{1}{4}u_1^4+\frac{1}{2}u_2^2=0 \tag{c}$$

如图 8.3.1(a)所示，该能量曲线就是鞍点 $\boldsymbol{u}_{s1}$ 的同宿轨线 $W^{u}(\boldsymbol{u}_{s1})\cap W^{s}(\boldsymbol{u}_{s1})$。如图 8.3.1(b)和图 8.3.1(c)所示，当 $c>0$(或 $c<0$)时，$\boldsymbol{u}_{s1}$ 仍保持为鞍点，而中心 $\boldsymbol{u}_{s3}$ 成为稳定(或不稳定)焦点。同宿轨线分裂为稳定流形 $W^{s}(\boldsymbol{u}_{s1})$和不稳定流形 $W^{u}(\boldsymbol{u}_{s1})$。

由于二维自治系统的稳态运动只有平衡点、闭轨以及同(异)宿轨线，且轨线只能在有限个平衡点处相交。因此，二维自治系统不存在同(异)宿轨线横截相交引起的混沌。

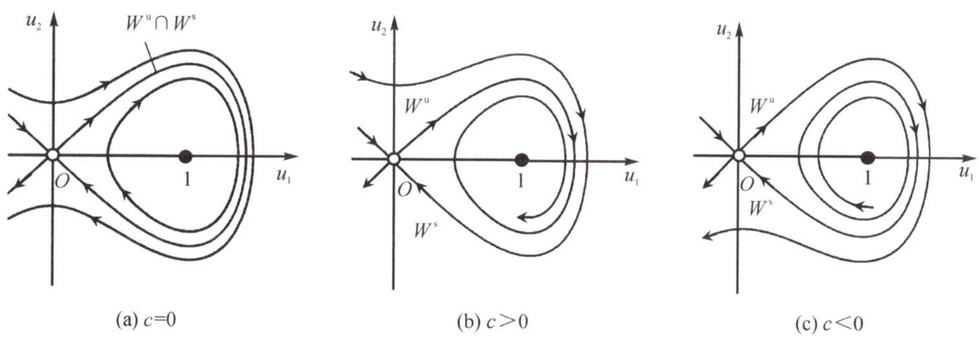

图 8.3.1　Duffing 系统的同宿轨线及其随阻尼变化

8.3.2 Melnikov 方法

1963 年,苏联数学家梅尔尼科夫(Victor K. Melnikov,1935—)在研究保守系统同(异)宿轨线受扰动后分裂时,提出了一种度量分裂后稳定流形与不稳定流形间距离的方法。下面以二维保守系统的同宿轨线受扰后分裂为例来说明该方法。采用该思路,也可分析异宿轨线分裂的情况。

1. 问题的表述

考察二维保守系统受到时变周期小扰动后的动力学问题

$$\dot{\boldsymbol{u}}(t)=\boldsymbol{f}(\boldsymbol{u}(t))+\varepsilon\boldsymbol{g}(\boldsymbol{u}(t),t),\quad \boldsymbol{u}\in\mathscr{R}^2,\quad 0\leqslant|\varepsilon|\ll 1 \tag{8.3.4}$$

设 $\varepsilon=0$ 时,未受扰的保守系统有一个鞍点 $\boldsymbol{u}_s$,其同宿轨线为 $\boldsymbol{u}^0(t)$;而扰动向量函数以 $T>0$ 为周期,即

$$\boldsymbol{g}(\boldsymbol{u},t)=\boldsymbol{g}(\boldsymbol{u},t+T),\quad t\in\mathscr{R} \tag{8.3.5}$$

根据此周期性,引入在圆 S^1 上周期性取值的相位角

$$\theta=\frac{2\pi}{T}\mathrm{mod}(t,T)\in S^1 \tag{8.3.6}$$

将式(8.3.4)改写为三维圆柱空间中的自治系统

$$\begin{cases}\dot{\boldsymbol{u}}=\boldsymbol{f}(\boldsymbol{u})+\varepsilon\boldsymbol{g}(\boldsymbol{u},\theta)\\ \dot{\theta}=2\pi/T\end{cases} \tag{8.3.7}$$

任取固定时刻 $\tau\in[0,T)$,将与 τ 对应的固定相位角平面作为 Poincaré 截面,即

$$\Sigma^\tau\equiv\left\{(\boldsymbol{u},\theta)\,\middle|\,\theta=\frac{2\pi\tau}{T}\in[0,2\pi)\right\} \tag{8.3.8}$$

记 Σ^τ 上的 Poincaré 映射为 $\boldsymbol{P}_\varepsilon^\tau$。不难看出:

(a) 当 $\varepsilon=0$ 时,未受扰系统的平衡点 $\boldsymbol{u}_s$ 就是映射 $\boldsymbol{P}_0^\tau$ 的不动点,记其对应的闭轨为 γ_0;该系统鞍点具有双曲性,可保证 $\boldsymbol{P}_0^\tau$ 在不动点 $\boldsymbol{u}_s$ 处 Jacobi 矩阵的特征值不为 1。

(b) 当 $0<|\varepsilon|\ll 1$ 时,根据隐函数定理知,映射 $\boldsymbol{P}_\varepsilon^\tau$ 在 $\boldsymbol{u}_s$ 附近具有唯一的鞍型不动点

$$\boldsymbol{u}_\varepsilon^\tau=\boldsymbol{u}_s+O(\varepsilon) \tag{8.3.9}$$

记其对应的闭轨为 γ_ε。

2. 同宿轨线分裂后的距离

记双曲型闭轨 γ_ε 的稳定流形和不稳定流形分别为 $W_\varepsilon^s(\gamma_\varepsilon)$和 $W_\varepsilon^u(\gamma_\varepsilon)$,将自 Σ^τ 出发的、位于这两个不变流形上的相轨线在同宿轨线 $\boldsymbol{u}^0(t)$处作幂级数展开

$$\begin{cases}\boldsymbol{u}_\varepsilon^s(t,\tau)=\boldsymbol{u}^0(t-\tau)+\varepsilon\boldsymbol{u}_1^s(t,\tau)+o(\varepsilon),\quad t\geqslant\tau\\ \boldsymbol{u}_\varepsilon^u(t,\tau)=\boldsymbol{u}^0(t-\tau)+\varepsilon\boldsymbol{u}_1^u(t,\tau)+o(\varepsilon),\quad t\leqslant\tau\end{cases} \tag{8.3.10}$$

将式(8.3.10)代入式(8.3.4),比较 ε 的一次幂得

$$\begin{cases}\dot{\boldsymbol{u}}_1^s(t,\tau)=\mathbf{D}\boldsymbol{f}(\boldsymbol{u}^0(t-\tau))\boldsymbol{u}_1^s(t,\tau)+\boldsymbol{g}(\boldsymbol{u}^0(t-\tau),t),\quad t\geqslant\tau\\ \dot{\boldsymbol{u}}_1^u(t,\tau)=\mathbf{D}\boldsymbol{f}(\boldsymbol{u}^0(t-\tau))\boldsymbol{u}_1^u(t,\tau)+\boldsymbol{g}(\boldsymbol{u}^0(t-\tau),t),\quad t\leqslant\tau\end{cases} \tag{8.3.11}$$

再将相轨线 $\boldsymbol{u}_\varepsilon^s(t,\tau)$与 $\boldsymbol{u}_\varepsilon^u(t,\tau)$在时刻 t 的距离向同宿轨线 $\boldsymbol{u}^0(t-\tau)$的单位法向量投影,记作

$$d(t)\equiv\boldsymbol{f}^\perp(\boldsymbol{u}^0(t-\tau))\cdot[\boldsymbol{u}_\varepsilon^u(t,\tau)-\boldsymbol{u}_\varepsilon^s(t,\tau)] \tag{8.3.12}$$

其中

$$\boldsymbol{f}^{\perp}(\boldsymbol{u}^0(t-\tau)) \equiv \frac{1}{\|\boldsymbol{f}(\boldsymbol{u}^0(t-\tau))\|}\begin{bmatrix}-f_2(\boldsymbol{u}^0(t-\tau)) \\ f_1(\boldsymbol{u}^0(t-\tau))\end{bmatrix} \tag{8.3.13}$$

为了表述方便，引入二维向量 $\boldsymbol{b}=[b_1 \quad b_2]^{\mathrm{T}}$ 和 $\boldsymbol{c}=[c_1 \quad c_2]^{\mathrm{T}}$ 的楔积，即 $\boldsymbol{b}\wedge\boldsymbol{c}\equiv b_1c_2-b_2c_1$。对于二阶方阵 $\boldsymbol{A}$ 和上述两个向量，可验证恒等式

$$\begin{aligned}(\boldsymbol{Ab})\wedge\boldsymbol{c}+\boldsymbol{b}\wedge(\boldsymbol{Ac}) &= \begin{bmatrix}a_{11} & a_{12} \\ a_{21} & a_{22}\end{bmatrix}\begin{bmatrix}b_1 \\ b_2\end{bmatrix}\wedge\begin{bmatrix}c_1 \\ c_2\end{bmatrix}-\begin{bmatrix}b_1 \\ b_2\end{bmatrix}\wedge\begin{bmatrix}a_{11} & a_{12} \\ a_{21} & a_{22}\end{bmatrix}\begin{bmatrix}c_1 \\ c_2\end{bmatrix} \\ &= (a_{11}b_1+a_{12}b_2)c_2-(a_{21}b_1+a_{22}b_2)c_1+ \\ &\quad b_1(a_{21}c_1+a_{22}c_2)-b_2(a_{11}c_1+a_{12}c_2) \\ &= (a_{11}+a_{22})(b_1c_2-b_2c_1)=\mathrm{tr}(\boldsymbol{A})(\boldsymbol{b}\wedge\boldsymbol{c})\end{aligned} \tag{8.3.14}$$

采用上述楔积符号，可将式(8.3.12)改写为

$$\begin{aligned}d(t) &= \frac{\varepsilon}{\|\boldsymbol{f}(\boldsymbol{u}^0(t-\tau))\|}\boldsymbol{f}(\boldsymbol{u}^0(t-\tau))\wedge[\boldsymbol{u}_1^{\mathrm{u}}(t,\tau)-\boldsymbol{u}_1^{\mathrm{s}}(t,\tau)]+o(\varepsilon) \\ &\equiv \frac{\varepsilon}{\|\boldsymbol{f}(\boldsymbol{u}^0(t-\tau))\|}[\Delta^{\mathrm{u}}(t,\tau)-\Delta^{\mathrm{s}}(t,\tau)]+o(\varepsilon)\end{aligned} \tag{8.3.15}$$

其中

$$\Delta^{\mathrm{u}}(t,\tau)\equiv\boldsymbol{f}(\boldsymbol{u}^0(t-\tau))\wedge\boldsymbol{u}_1^{\mathrm{u}}(t,\tau),\quad \Delta^{\mathrm{s}}(t,\tau)\equiv\boldsymbol{f}(\boldsymbol{u}^0(t-\tau))\wedge\boldsymbol{u}_1^{\mathrm{s}}(t,\tau) \tag{8.3.16}$$

根据式(8.3.16)，即可计算同宿轨线在 Σ^{τ} 上的分裂程度。以 $\Delta^{\mathrm{s}}(t,\tau)$ 为例，注意到式(8.3.11)和式(8.3.14)，可推导得到

$$\begin{aligned}\dot{\Delta}^{\mathrm{s}}(t,\tau) &= \frac{\mathrm{d}}{\mathrm{d}t}[\boldsymbol{f}(\boldsymbol{u}^0(t-\tau))\wedge\boldsymbol{u}_1^{\mathrm{s}}(t,\tau)] \\ &= \mathbf{D}\boldsymbol{f}(\boldsymbol{u}^0(t-\tau))\dot{\boldsymbol{u}}^0(t-\tau)\wedge\boldsymbol{u}_1^{\mathrm{s}}(t,\tau)+\boldsymbol{f}(\boldsymbol{u}^0(t-\tau))\wedge\dot{\boldsymbol{u}}_1^{\mathrm{s}}(t,\tau) \\ &= \mathbf{D}\boldsymbol{f}(\boldsymbol{u}^0(t-\tau))\boldsymbol{f}(\boldsymbol{u}^0(t-\tau))\wedge\boldsymbol{u}_1^{\mathrm{s}}(t,\tau)+ \\ &\quad \boldsymbol{f}(\boldsymbol{u}^0(t-\tau))\wedge[\mathbf{D}\boldsymbol{f}(\boldsymbol{u}^0(t-\tau))\boldsymbol{u}_1^{\mathrm{s}}(t,\tau)+\boldsymbol{g}(\boldsymbol{u}^0(t-\tau),t)] \\ &= \mathrm{tr}[\mathbf{D}\boldsymbol{f}(\boldsymbol{u}^0(t-\tau))]\boldsymbol{f}(\boldsymbol{u}^0(t-\tau))\wedge\boldsymbol{u}_1^{\mathrm{s}}(t,\tau)+\boldsymbol{f}(\boldsymbol{u}^0(t-\tau))\wedge\boldsymbol{g}(\boldsymbol{u}^0(t-\tau),t)\end{aligned} \tag{8.3.17}$$

由于未受扰系统是保守系统，故有

$$\mathrm{tr}(\mathbf{D}\boldsymbol{f}(\boldsymbol{u}^0))=\mathrm{div}(\boldsymbol{f}(\boldsymbol{u}^0))=0 \tag{8.3.18}$$

因此，式(8.3.17)简化为

$$\dot{\Delta}^{\mathrm{s}}(t,\tau)=\boldsymbol{f}(\boldsymbol{u}^0(t-\tau))\wedge\boldsymbol{g}(\boldsymbol{u}^0(t-\tau),t) \tag{8.3.19}$$

对式(8.3.19)沿同宿轨线正向进行积分，得到

$$\Delta^{\mathrm{s}}(+\infty,\tau)-\Delta^{\mathrm{s}}(\tau,\tau)=\int_{\tau}^{+\infty}\boldsymbol{f}(\boldsymbol{u}^0(t-\tau))\wedge\boldsymbol{g}(\boldsymbol{u}^0(t-\tau),t)\,\mathrm{d}t \tag{8.3.20}$$

注意到同宿轨线随时间增加最终要返回鞍点，故有

$$\lim_{t\to+\infty}\Delta^{\mathrm{s}}(t,\tau)=\lim_{t\to+\infty}\boldsymbol{f}(\boldsymbol{u}^0(t-\tau))\wedge\boldsymbol{u}_1^{\mathrm{s}}(t-\tau)=0 \tag{8.3.21}$$

因此，式(8.3.20)给出

$$\Delta^{\mathrm{s}}(\tau,\tau)=-\int_{\tau}^{+\infty}\boldsymbol{f}(\boldsymbol{u}^0(t-\tau))\wedge\boldsymbol{g}(\boldsymbol{u}^0(t-\tau),t)\,\mathrm{d}t \tag{8.3.22}$$

类似地有

$$\Delta^{u}(\tau,\tau)=\int_{-\infty}^{\tau} \boldsymbol{f}(\boldsymbol{u}^{0}(t-\tau)) \wedge \boldsymbol{g}(\boldsymbol{u}^{0}(t-\tau),t)\,\mathrm{d}t \tag{8.3.23}$$

最终,得到 $W_{\varepsilon}^{s}(\gamma_{\varepsilon})$ 和 $W_{\varepsilon}^{u}(\gamma_{\varepsilon})$ 在 Σ^{τ} 上的距离度量函数

$$\begin{aligned} d(\tau) &= \frac{\varepsilon}{\| \boldsymbol{f}(\boldsymbol{u}^{0}(0)) \|}\int_{-\infty}^{+\infty} \boldsymbol{f}(\boldsymbol{u}^{0}(t-\tau)) \wedge \boldsymbol{g}(\boldsymbol{u}^{0}(t-\tau),t)\,\mathrm{d}t + o(\varepsilon) \\ &= \frac{\varepsilon}{\| \boldsymbol{f}(\boldsymbol{u}^{0}(0)) \|}\int_{-\infty}^{+\infty} \boldsymbol{f}(\boldsymbol{u}^{0}(t)) \wedge \boldsymbol{g}(\boldsymbol{u}^{0}(t),t+\tau)\,\mathrm{d}t + o(\varepsilon) \end{aligned} \tag{8.3.24}$$

当 $\tau\in[0,T)$ 变化时,Poincaré 截面 Σ^{τ} 将扫过整个圆柱空间。如果在某时刻 τ 出现 $d(\tau)=0$,则意味着 $W_{\varepsilon}^{s}(\gamma_{\varepsilon})$ 和 $W_{\varepsilon}^{u}(\gamma_{\varepsilon})$ 相交。归纳以上分析,得到下述 Melnikov 定理。

3. Melnikov 定理

定理 8.3.1 对于式(8.3.4)中受周期小扰动的二维保守系统,定义Melnikov 函数

$$M(\tau)=\int_{-\infty}^{+\infty} \boldsymbol{f}(\boldsymbol{u}^{0}(t-\tau)) \wedge \boldsymbol{g}(\boldsymbol{u}^{0}(t-\tau),t)\,\mathrm{d}t \tag{8.3.25}$$

若有 $\tau\in[0,T)$ 使得 $M(\tau)=0$,而且 $\mathrm{d}M(\tau)/\mathrm{d}\tau\neq 0$,则 $W_{\varepsilon}^{s}(\gamma_{\varepsilon})$ 和 $W_{\varepsilon}^{u}(\gamma_{\varepsilon})$ 横截相交。

例 8.3.2[M] 对于简谐激励下具有负线性刚度的 Duffing 系统

$$\ddot{u}+2\varepsilon\mu\dot{u}-u+u^{3}=\varepsilon f_{0}\cos(\omega t) \tag{a}$$

采用 Melnikov 方法,在 Maple 平台上推导该系统同宿轨线横截相交的条件。

解 将式(a)写作式(8.3.4)的形式,则

$$\boldsymbol{f}(\boldsymbol{u})=\begin{bmatrix} u_2 \\ u_1-u_1^3 \end{bmatrix},\quad \boldsymbol{g}(\boldsymbol{u},t)=\begin{bmatrix} 0 \\ -2\mu u_2+f_0\cos(\omega t) \end{bmatrix} \tag{b}$$

当 $\varepsilon=0$ 时,系统退化为二维保守系统。根据例 8.3.1 知,$\boldsymbol{u}_s=(0,0)$ 是该系统的鞍点,过鞍点的同宿轨线满足

$$\dot{u}_1=u_2=\pm\sqrt{u_1^2-\frac{1}{2}u_1^4} \tag{c}$$

对式(c)分离变量,积分得到

$$\ln\left(\frac{\sqrt{2}-\sqrt{2-u_1^2}}{u_1}\right)=\mp t \tag{d}$$

由式(d)解出 u_1 后代回式(c),得到 u_2,进而获得未受扰动的同宿轨线表达式

$$u^{0}(t)=\begin{bmatrix} u_1 \\ u_2 \end{bmatrix}=\begin{bmatrix} \pm\sqrt{2}\,\mathrm{sech}\,t \\ \mp\sqrt{2}\,\mathrm{sech}\,t\cdot\tanh t \end{bmatrix} \tag{e}$$

将式(b)和式(e)代入式(8.3.25),参考附录 A8 中的 Maple 程序计算广义积分,得到

$$\begin{aligned} M(\tau) &= \int_{-\infty}^{+\infty} \boldsymbol{f}(\boldsymbol{u}^{0}(t-\tau)) \wedge \boldsymbol{g}(\boldsymbol{u}^{0}(t-\tau),t)\,\mathrm{d}t = \int_{-\infty}^{+\infty} u_2(t)\,[f_0\cos(\omega(t+\tau))-2\mu u_2(t)]\,\mathrm{d}t \\ &= -\sqrt{2}f_0\int_{0}^{+\infty}[(\mathrm{sech}\,t)(\tanh t)\cos(\omega(t+\tau))]\,\mathrm{d}t-4\mu\int_{0}^{+\infty}(\mathrm{sech}^2 t)(\tanh t)\,\mathrm{d}t \\ &= \sqrt{2}\,\pi\omega f_0\,\mathrm{sech}\left(\frac{\pi\omega}{2}\right)\sin(\omega\tau)-\frac{8\mu}{3} \end{aligned} \tag{f}$$

因此,出现同宿轨线横截相交的必要条件是

$$\sqrt{2}\,\pi\omega f_0 \operatorname{sech}\left(\frac{\pi\omega}{2}\right) > \frac{8\mu}{3} \quad \Rightarrow \quad \frac{f_0}{\mu} > \frac{8}{3\sqrt{2}\,\pi\omega}\cosh\left(\frac{\pi\omega}{2}\right) \tag{g}$$

这说明：小阻尼 $2\varepsilon\mu$ 和强激励 εf_0 可使条件(g)成立，此时同宿轨线横截相交。

需要指出，由 Melnikov 方法所确定的同宿轨线横截相交是混沌产生的一次近似条件。以例 8.3.2 中的条件(g)为例，数值计算得到的混沌运动门槛值 f_0/μ 要高于此处的解析结果。

8.3.3 保守系统的混沌运动*

对于 n 自由度定常保守系统，记其广义坐标和广义动量为 $q_i,p_i,i\in I_n$，系统哈密顿(William R. Hamilton，1805—1865)函数为 $H(q_i,p_i),i\in I_n$，系统动力学满足正则方程

$$\dot{q}_i = \frac{\partial H}{\partial p_i}, \quad \dot{p}_i = -\frac{\partial H}{\partial q_i}, \quad i \in I_n \tag{8.3.26}$$

以下先讨论该系统的可积性，再讨论可积系统受小扰动后的混沌运动。

1. 可积系统

根据分析力学，对于正则变换 $J_j(p_i,q_i),\theta_j(p_i,q_i),i,j\in I_n$，式(8.3.26)满足由新变量描述的正则方程。若存在正则变换使系统 Hamilton 函数简化为 $H(J_j),j\in I_n$，正则方程简化为

$$\dot{J}_j = \frac{\partial H}{\partial \theta_j} = 0, \quad \dot{\theta}_j = -\frac{\partial H}{\partial J_j} \equiv \omega_j(J_j), \quad j \in I_n \tag{8.3.27}$$

对式(8.3.27)积分，得到

$$J_j(t) = J_j(0), \quad \theta_j(t) = \omega_j(J_j(0))t + \theta_j(0), \quad j \in I_n \tag{8.3.28}$$

这样的系统称为可积系统，正则变量 $J_j,\theta_j,j\in I_n$ 称为作用—角度变量，可积系统的运动由 n 个角度变量 $\omega_j,j\in I_n$ 完全确定。从几何上看，可积系统的运动将始终保持于n 维环面，又称 KAM 环面。

以两自由度的无阻尼双摆为例，其运动总位于 2 维环面上。当两个角度变量之比 ω_2/ω_1 为有理数时，双摆做周期运动，对应于 2 维环面上的闭轨；当 ω_2/ω_1 为无理数时，双摆做拟周期运动，对应于 2 维环面上无穷环绕、稠密分布的相轨线。

2. 近可积系统

当可积系统受小扰动时，称为近可积系统。KAM 定理指出，对于非退化的可积系统，若其满足非共振条件，即对任意非零整数组 $k_j,j\in I_n$，$\sum_{j=1}^{n}k_j\omega_j$ 均非小量，则系统受小扰动后的 KAM 环面只发生轻微变形，系统在 KAM 环面上做周期运动和拟周期运动。然而，当可积系统满足共振条件并受较大扰动时，KAM 定理的条件将被破坏，系统会发生混沌运动。

例 8.3.3 考察两自由度保守系统，其 Hamilton 函数为

$$H(q_1,q_2,p_1,p_2) = \frac{1}{2}(p_1^2+q_2^2+q_1^2+q_2^2) + \frac{1}{2}\left(q_1^2q_2 - \frac{1}{3}q_2^3\right) \tag{a}$$

选择不同的系统能量 E，建立 Poincaré 截面，讨论系统相轨线的性质。

解 在式(a)中，第一项是可积系统的能量，第二项可视为扰动。由于式(a)不显含时间，Hamilton 函数是系统的能量积分，可记为 $H(q_1,q_2,p_1,p_2)=E$。给定系统能量 E，取 p_2 为

常数,在4维相空间中构造2维Poincaré截面$\Sigma \equiv (q_1, q_2)$。在Maple平台上调用命令Poincaré,可自动计算该系统动力学方程的数值解,并生成系统相轨线的Poincaré截面。

首先,取$E=1/24$,相轨线的Poincaré截面是图8.3.2(a)所示规则图案;包含4个稳定周期运动对应的中心(圆点),各中心附近椭圆代表的拟周期运动,3个不稳定周期运动对应的鞍点(圆圈,箭头为不变流形方向),它们均位于KAM环面上。其次,取$E=1/8$,图8.3.2(b)给出较规则图案;除了上述中心及其附近的椭圆,在右侧椭圆附近呈现周期5运动导致的5个小岛链;若细化计算网格,在椭圆外会出现复杂相轨线交点,KAM环面成为孤岛。最后,取$E=1/6$,图8.3.2(c)中相轨线的Poincaré截面呈现混沌现象,KAM环面孤岛被"混沌海"淹没。

详图

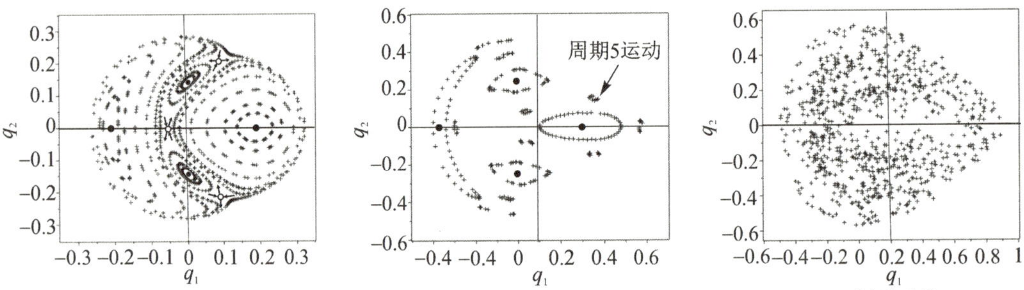

(a) E=1/24　　(b) E=1/8　　(c) E=1/6

图 8.3.2　两自由度保守系统相轨线的 Poincaré 截面

8.3.4　耗散系统的混沌运动

对于n维自治系统

$$\dot{\boldsymbol{u}} = \boldsymbol{f}(\boldsymbol{u}), \quad \boldsymbol{u} \in \mathscr{R}^n \tag{8.3.29}$$

系统耗散意味着

$$\operatorname{div}\boldsymbol{f}(\boldsymbol{u}) < 0, \quad \boldsymbol{u} \in \mathscr{R}^n \tag{8.3.30}$$

根据场论,由向量场$\boldsymbol{f}(\boldsymbol{u})$描述的流的体积随着时间增加而收缩。对于$n$维非自治系统,将其改写成$n+1$维的自治系统后也有类似结果。这表明,随着时间增加,耗散系统的稳态运动最终将收缩到$\mathscr{R}^n$或$\mathscr{R}^{n+1}$中的一个低维点集A上。因此,点集A称为系统的吸引子。

对于吸引子A,若有点集$U \subset \mathscr{R}^n$或$U \subset \mathscr{R}^{n+1}$使得

$$\lim_{t \to +\infty} \boldsymbol{\varphi}_t(\boldsymbol{u}) \in A, \quad \boldsymbol{u} \in U \tag{8.3.31}$$

则称点集U是吸引子A的吸引域。

显然,渐近稳定的平衡点、闭轨、环面运动都是吸引子,其维数分别是0,1和2。以Van der Pol系统为例,与系统渐近稳定自激振动对应的极限环是一维吸引子,极限环的内外区域都是其吸引域。那么,混沌运动是否有吸引子呢?这需要分几种情况进行讨论。

1. 吸引性混沌运动

这是最早发现的混沌现象。这种稳态混沌运动最终缩聚到相空间中的一个低维点集A,该集合被称作混沌吸引子。在多数情况下,这类点集A是具有无穷自相似结构的分形点集,所以又被称作奇怪吸引子。通常,混沌吸引子A的吸引域U是相空间中的连通域,但一般具有极为复杂的分形边界。在9.5节,将讨论如何定量分析混沌吸引子。

2. 非吸引性混沌运动

非吸引性混沌运动是指系统有可能在相当长的过渡阶段中呈现混沌运动的性态，但最终呈周期运动或拟周期运动。这种现象又被称作暂态混沌或混沌鞍。系统产生混沌鞍的条件是：周期运动或拟周期运动的吸引域具有分形边界，并且与不稳定周期运动的吸引域相互嵌套。这时，系统运动对位于分形边界附近的初始状态异常敏感，但最终仍被吸引到周期运动或拟周期运动上。例如，受简谐激励的阻尼摆在一定的参数组合下就具有这种分形边界的周期吸引子。在 9.4.1 节，将给出混沌鞍的两个数值算例。

3. 奇怪非混沌吸引运动

这种运动的吸引子具备像奇怪吸引子一样的分形结构，但从它出发的相轨线并不随时间呈指数发散。因此，这是一种对初值不甚敏感的运动。仅从统计数据上看不出这种吸引子与稳态混沌的奇怪吸引子有差异。该现象已在受拟周期激励的阻尼摆和自激振动系统的数值仿真被证实。

8.3.5　通向混沌运动的途径

自科学界发现混沌现象以来，研究最多的一个问题就是考察系统在某个参数缓慢变化下如何由普通稳态运动转变为混沌运动，简称为通向混沌的途径。以下简要介绍五种已被人们认识的现象。其中，前三种自 20 世纪 70 年代起就受到了人们的广泛重视，后两种的发现和研究则晚得多。

1. 倍周期分岔

在 8.2 节，已通过 logistic 映射介绍了重复性的倍周期分岔会导致混沌，这种通向混沌的途径普遍存在于非线性系统中。由于这是最早发现通向混沌的途径，因而得到了深入研究。在众多研究结果中，最重要的是 Feigenbaum 的发现。他基于重整化群思想证明，分岔参数的间隔比是普适常数，即式(8.2.11)中的 Feigenbaum 常数 4.669。该常数适用于任何以倍周期分岔通向混沌的过程，为探索混沌的内在规律找到了一条道路。

例如，将 Hénon 映射的参数 $b=0.3$ 固定，让参数 a 由小到大变化，可观察到无穷多次相似的倍周期分岔，直至出现混沌。由表 8.3.1 可见，发生倍周期分岔的参数间隔比趋于4.669，印证了 Feigenbaum 所发现的普适常数。对于如此精细的无穷自相似结构，如果没有理论指导，则难以确定 $m>5$ 以后的分岔值 a_m。

表 8.3.1　Hénon 映射的倍周期分岔

分岔次数 m	周期数 2^m	分岔值 a_m	a_m 的间隔比 δ_m
1	2	0.367 5	
2	4	0.912 5	4.844
3	8	1.026	4.326 9
4	16	1.051	4.696
5	32	1.056 536	4.636
6	64	1.057 730 83	4.774 8
7	128	1.057 980 893 1	4.669 6

续表 8.3.1

分岔次数 m	周期数 2^m	分岔值 a_m	a_m 的间隔比 δ_m
8	256	1.058 034 452 15	4.669 1
9	512	1.058 045 923 04	4.669 1
10	1 024	1.058 048 379 80	4.669 4
11	2 048	1.058 048 905 931	

2. 拟周期分岔

人们很早就猜测,拟周期运动若发生分岔则会产生混沌运动,而湍流就是经过无限多次拟周期分岔而来。如果将平衡点、闭轨视为0维环面 T^0 和1维环面 T^1,则对湍流发生机理有如下猜测:$T^0 \to T^1 \to \cdots \to T^k \to \cdots \to$混沌;其中,$T^0 \to T^1$ 是平衡点的 Hopf 分岔,$T^1 \to T^2$ 是闭轨的 Naimark - Sacker 分岔。目前,理论和实验都证明,$T^2 \to$混沌的途径是通有的,即在外界干扰下具有一定的鲁棒性,从而可被观测。人们基于圆周映射,像研究 logistic 映射一样发现了这种道路的普适性。此外,其他环面通向混沌的研究也有许多进展,例如 $T^3 \to$混沌的途径已被否定,$T^4 \to$混沌的途径得到了肯定。

3. 阵发性

阵发性一词来自湍流研究。在研究混沌时,用**阵发性**表示系统的时域响应随着参数变化出现规则运动与不规则运动的随机交替;随着参数继续变化,不规则运动所占时间段越来越长,最后系统完全进入不规则运动。以下通过两个例子说明阵发性现象及其机理。

例 8.3.4 考察初始静止的 Duffing 系统受迫振动,其无量纲化的动力学方程为

$$\begin{cases} \ddot{u}(t)+0.25\dot{u}(t)-u(t)+u^3(t)=f_0\sin t \\ u(0)=0.0, \quad \dot{u}(0)=0.0 \end{cases} \tag{a}$$

让激励幅值 f_0 在给定范围内缓慢变换,观察系统的动力学行为。

解 在 Maple 平台上,采用 Runge - Kutta 法计算激励幅值缓慢变化时的系统位移,得到图 8.3.3。由图可见:当激励幅值由 $f_0=0.265$ 缓慢增加到 $f_0=0.266$ 时,系统位移由原来某

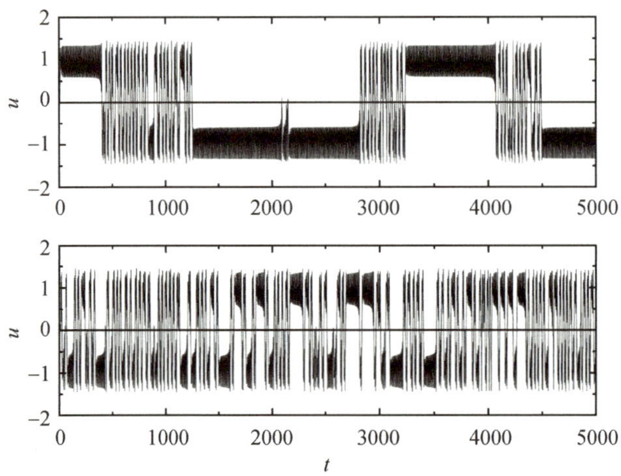

图 8.3.3 Duffing 系统受迫振动的阵发性现象

个平衡点附近的小幅振动为主、不规则振动为辅(上图),突然变为以围绕两个平衡点的大幅不规则振动为主(下图),偶尔发生围绕某个平衡点的小幅振动;后者的不规则运动所占时段显著超过前者。在该例中,混沌运动似乎突然爆发出来,这就是阵发性现象。

例 8.3.5　对于 logistic 映射

$$u_{k+1}=f(u_k,p)\equiv pu_k(1-u_k),\quad u_k\in[0,1],\quad p\in[0,4],\quad k\in\mathscr{Z} \tag{a}$$

讨论其在 $p>3.75$ 时呈现阵发性现象的机理。

解　图 8.3.4 是 logistic 映射过程的示意图。其中,点 $u_0\in[0,1]$ 经过第一次映射后成为 $f(u_0,p)$,其对应的 u_1 是 $f(u_0,p)$ 向图中斜率为 1 的细实线水平投影的交点横坐标;如此重复,即可得到后续映射序列 $f^k(u_0,p)$,$k=2,3,\cdots$。

当参数 $p>3.75$ 时,logistic 映射出现一系列奇数次周期分岔。例如,当 $p\approx1+\sqrt{8}$ 时,映射具有周期 3 分岔,曲线 $f^3(u_k,p)$ 与斜率为 1 的细实线在 3 个点相切。以图 8.3.5 为例,当 $f^3(u_k,p)$ 与该直线几乎相切时,点 u_0 的映射序列要通过许多次映射才能通过狭窄走廊。特别是在走廊最狭窄处,出现接近周期 3 点的映射序列片段。当映射点走出走廊后,便会进入暂态混沌,但很快又进入三个走廊中的下一个。由此可理解 logistic 映射的阵发性机理。

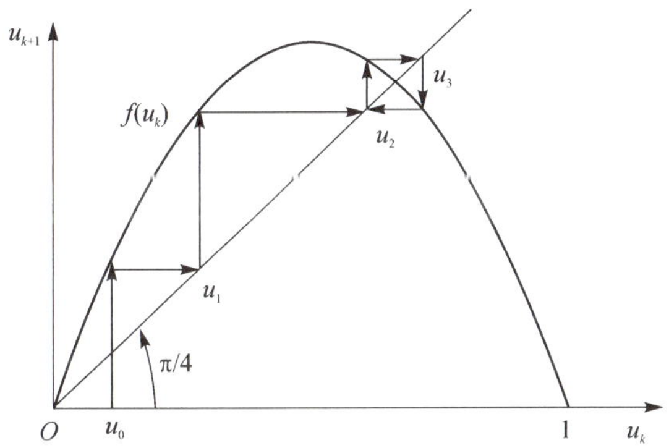

图 8.3.4　logistic 映射示意

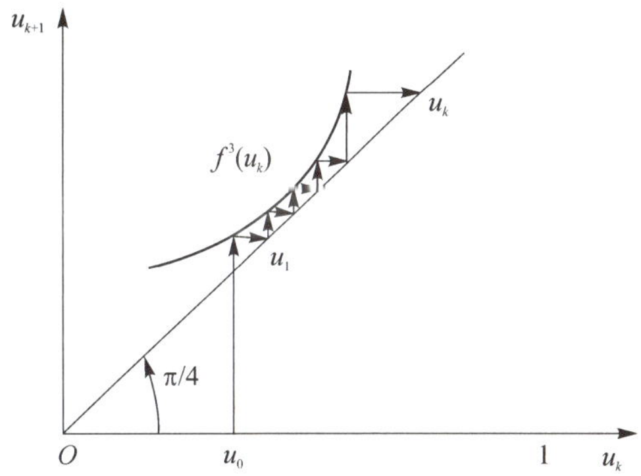

图 8.3.5　logistic 映射接近切分岔时的狭窄走廊

4. 激变①②

激变是指混沌吸引子的数目或尺寸在系统控制参数缓慢变化时发生跃变的现象,具体可分为以下三种。

(a) 边界激变:混沌吸引子突然出现或消失;

(b) 内部激变:混沌吸引子尺寸突变;

(c) 合并激变:多个混沌吸引子突然合并,或一个混沌吸引子突然分裂。

产生激变的前提是系统同时具有混沌吸引子和鞍点。如果鞍点的稳定流形是混沌吸引子的吸引域边界,随着系统参数变化,混沌吸引子与鞍点的稳定流形间距离不断减小,最终与其相接触。这时,混沌吸引子及其吸引域一起遭到破坏而消失,这就是边界激变。内部激变则是由于随着系统参数变化,混沌吸引子在其吸引域内与鞍点相接触,引起吸引子尺寸的突变。合

① Ott E. Chaos in Dynamic Systems [M]. New York: Cambridge University Press, 1993: 277-291.

② Kleczka M. Methoden zur Verzweigungsanalyse mit Anwendung auf einen Spielschwinger [M]. Dusseldorf: VDI Verlag, 1991: 119-125.

并激变是多个混沌吸引子在其吸引域公共边界上与鞍点相接触,然后合并为一。研究表明,随着系统参数变化,吸引性混沌与非吸引性混沌会经过激变相互转化。激变现象已在受简谐激励的刚度立方非线性系统和含间隙系统的数值仿真中屡屡出现。

5. 擦边分岔①②

如果系统中含有间隙、弹性约束等连续但局部非光滑的力学因素,系统运动微分方程的向量场在切换面处非光滑。当系统控制参数变化时,系统的周期运动会与向量场的切换面擦边相切,随后立即改变原来的稳定性变化趋势而产生擦边分岔。从擦边到分岔的快慢与向量场 Jacobi 矩阵在切换面上的阶跃幅度相关。如果系统中含有局部弹性预紧、干摩擦等不连续力学因素,则系统运动微分方程的向量场在切换面上发生第一类间断,向量场的 Jacobi 矩阵在切换面上产生无限大阶跃。随着系统控制参数变化,周期运动与切换面擦边即失稳,由此导致突发的混沌运动。对于碰撞振动系统,这类擦边失稳诱发的混沌已有不少理论和实验研究。例如,可用擦边分岔理论来揭示转子系统中碰摩引起的混沌运动。

8.4 混沌运动的控制

对多数力学系统而言,人们不希望其产生难以预测的混沌运动。因此,控制混沌的主要目的是消除已有的混沌运动,或降低其运动幅度。从原则上讲,通过对力学系统进行修改或施加控制,会影响混沌运动的存在条件,从而设法消除或抑制混沌运动。例如:采用动力吸振器,可消除简谐激励下 Duffing 系统的混沌运动;应用经典的随机最优控制技术,可抑制 Lorenz 热对流中的混沌;当系统同时存在周期运动和混沌运动时,采用迁移和输送控制可实现混沌运动与周期运动间的切换。然而,这些控制方法尚未利用混沌的内在动力学特性,在实现过程中要对系统做较大的修改或输入较大的控制能量。

1990 年,美国物理学家奥特(Edward Ott,1941—)、巴西物理学家格列鲍吉(Celso Grebogi,1947—)和美国数学家 Yorke 提出一种利用混沌特性的控制策略。该策略仅对系统某个参数做时变小摄动,即可将系统混沌运动稳定到指定的周期运动上。本节着重介绍以这三位学者姓氏命名的 OGY 控制方法以及若干改进,其他方面的研究可参见《力学系统混沌的主动控制》③一文。

8.4.1 OGY 方法

对于 Smale 马蹄意义下的混沌吸引子,其稠密地嵌有无限多不稳定周期运动,而混沌运动可各态历经地接近这些不稳定周期运动。OGY 方法的基本思想是:先确定混沌吸引子中嵌入的各种不稳定周期运动,选择其中之一作为控制目标;等待混沌运动游荡到该周期运动附近时,对系统某个控制参数进行小摄动,将混沌运动稳定到该周期运动上。具体地说,该方法

---

① Chin W, Ott E, Nusse H E, et al. Grazing Bifurcations in Impact Oscillations [J]. Physical Review E, 1994, 50(6): 4427-4444.

② Hu H Y. Primary Resonance of a Harmonically Forced Oscillator with a Pair of Symmetric Set-up Elastic Stops [J]. Journal of Sound and Vibration, 1997, 207(3): 393-401.

③ 胡海岩. 力学系统混沌的主动控制 [J]. 力学进展, 1996, 26(4): 453-463.

可分为以下两步。

1. 确定控制目标

借助 Poincaré 截面，可用含参数 p_k 的 n 维 Poincaré 映射描述所关心的有限维动力系统

$$\boldsymbol{u}_{k+1}=\boldsymbol{P}(\boldsymbol{u}_k,p_k),\quad \boldsymbol{u}_k\in\mathscr{R}^n,\quad p_k\in\mathscr{R},\quad k\in\mathscr{Z} \tag{8.4.1}$$

设控制参数 $p_k=\bar{p}$ 时该映射呈现混沌，其混沌吸引子中稠密地嵌有任意周期的鞍点，即原系统的不稳定周期运动。根据需要，选择其中某个周期点 $\boldsymbol{u}_f(\bar{p})$ 为控制目标，且不妨设其仅有一维不稳定流形 $W^u(\boldsymbol{u}_f(\bar{p}))$。此外，还需在周期点 $\boldsymbol{u}_f(\bar{p})$ 处指定某个邻域，以便对进入该邻域的映射点实施控制。

2. 确定控制策略

一旦映射点 $\boldsymbol{u}_k$ 游荡到指定的邻域内，就通过对控制参数 p_k 的摄动，将 $\boldsymbol{u}_k$ 稳定到 $\boldsymbol{u}_f(\bar{p})$ 上。原则上讲，这有多种方案。方案之一是通过改变参数 p_k，使映射点 $\boldsymbol{u}_{k+1}$ 落到周期点 $\boldsymbol{u}_f(\bar{p})$ 的稳定流形 $W^s(\boldsymbol{u}_f(\bar{p}))$ 上，则后继映射点会沿着 $W^s(\boldsymbol{u}_f(\bar{p}))$ 趋于 $\boldsymbol{u}_f(\bar{p})$。以图 8.4.1 为例，周期点 $\boldsymbol{u}_f(\bar{p})$ 具有一维不稳定流形 $W^u(\boldsymbol{u}_f(\bar{p}))$ 和二维稳定流形 $W^s(\boldsymbol{u}_f(\bar{p}))$。希望实施控制后，映射点 $\boldsymbol{u}_{k+1}$ 落到与 $W^s(\boldsymbol{u}_f(\bar{p}))$ 相切的平面上，随后在 $W^s(\boldsymbol{u}_f(\bar{p}))$ 上趋于 $\boldsymbol{u}_f(\bar{p})$。

为确定参数摄动量 $p_k-\bar{p}$，将式(8.4.1)在周期点 $\boldsymbol{u}_f(\bar{p})$ 和参数 $\bar{p}$ 附近线性近似为

$$\boldsymbol{u}_{k+1}=\boldsymbol{P}(\boldsymbol{u}_k,p_k)\approx\boldsymbol{u}_F(\bar{p})+\boldsymbol{A}(\boldsymbol{u}_k-\boldsymbol{u}_F(\bar{p}))+\boldsymbol{b}(p_k-\bar{p}) \tag{8.4.2}$$

其中，$\boldsymbol{A}\equiv\mathbf{D}_u\boldsymbol{P}(\boldsymbol{u}_f(\bar{p}),\bar{p})\in\mathscr{R}^{n\times n}$ 和 $\boldsymbol{b}\equiv\mathbf{D}_p\boldsymbol{P}(\boldsymbol{u}_f(\bar{p}),\bar{p})\in\mathscr{R}^n$。求解矩阵 $\boldsymbol{A}$ 的特征值问题，设其特征值 λ_j 满足 $|\lambda_j|>1$，相应的左特征向量为 $\boldsymbol{\psi}_j$。它自然与其他特征值的右特征向量正交，而这些右特征向量是稳定流形 $W^s(\boldsymbol{u}_f(\bar{p}))$ 的切向量。因此，如果令

$$\boldsymbol{\psi}_j^{\mathrm{T}}[\boldsymbol{u}_{k+1}-\boldsymbol{u}_f(\bar{p})]=0 \tag{8.4.3}$$

则可使映射点 $\boldsymbol{u}_{k+1}$ 落在稳定流形 $W^s(\boldsymbol{u}_f(\bar{p}))$ 附近。由式(8.4.2)和式(8.4.3)解出

$$p_k=\bar{p}+\frac{\lambda_j\boldsymbol{\psi}_j^{\mathrm{T}}[\boldsymbol{u}_k-\boldsymbol{u}_f(\bar{p})]}{\boldsymbol{\psi}_j^{\mathrm{T}}\boldsymbol{b}} \tag{8.4.4}$$

经过几次重复映射，映射点便趋于 $\boldsymbol{u}_f(\bar{p})$，而此时 $p_k=\bar{p}$。

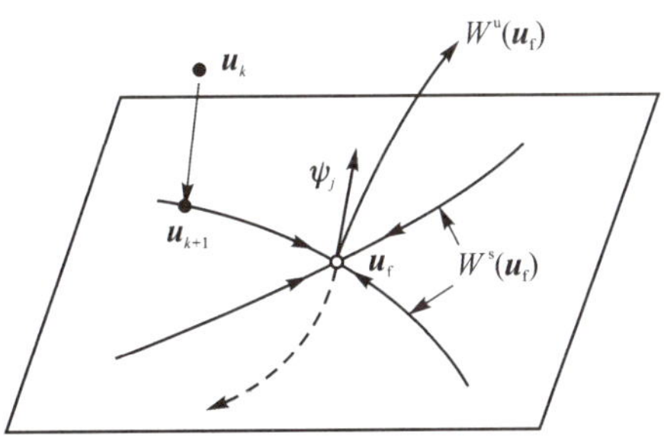

图 8.4.1　OGY 控制策略示意

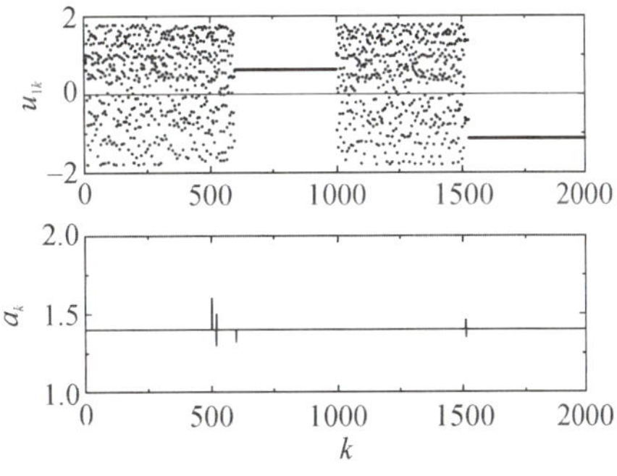

图 8.4.2　Hénon 映射的混沌及其控制过程

例 8.4.1　对于例 8.2.1 中的 Hénon 映射，选参数 a 作为随迭代次数 k 变化的控制参数 a_k，取 $b=0.3$，将映射序列从混沌运动依次稳定到两个不动点 $\boldsymbol{u}_{f2}$ 和 $\boldsymbol{u}_{f1}$ 上。

解　对于 $1\leqslant k\leqslant 500$，保持 $a_k=1.4$，则映射序列呈混沌状态。当 $501\leqslant k\leqslant 1000$ 时，启动

OGY 控制，使混沌状态稳定到不动点 $\boldsymbol{u}_{f2}=(0.6314, 0.6314)$。随后关闭控制，映射序列恢复混沌状态。当 $1501 \leqslant k \leqslant 2000$ 时，再启动 OGY 控制，使混沌状态稳定到不动点 $\boldsymbol{u}_{f1}=(-1.1314, -1.1314)$。图 8.4.2 给出上述过程中坐标 u_{1k} 和参数 a_k 随映射次数 k 的变化。

OGY 控制的主要特点如下：一是可选择混沌吸引子中嵌入的任意周期运动作为控制目标，改善系统特性；二是控制目标嵌入在当前的混沌运动中，所需的控制参数摄动量 $p_k-\bar{p}$ 很小；三是可通过实验数据来拟合式(8.4.2)，不必建立原系统的数学模型。

OGY 方法提出不久，美国物理学家 Ditto 等设计了正弦交变磁场实验，成功实现了磁弹性重力屈曲梁的混沌运动控制①。他们基于实验数据重构短周期运动，拟合出控制所需的局部线性化映射，以磁场强度的直流分量作为控制参数，在 0.796 A/m 的最大可调范围内将混沌运动稳定在周期振动上长达 20 万个周期。此后，不少实验支持了 OGY 方法。

8.4.2 OGY 方法的改进与推广

OGY 方法的精髓是选择混沌吸引子中嵌入的不稳定周期运动，等待混沌运动游荡到目标附近，通过线性控制将混沌运动稳定到周期运动上。以下介绍 OGY 方法的改进和推广。

1. 极点配置

根据控制理论中的极点配置方法，可确定 OGY 策略中的控制参数摄动量②。针对控制参数 p_k，引入控制增益为待定向量 $\boldsymbol{\sigma}$ 的线性反馈为

$$p_k-\bar{p}=-\boldsymbol{\sigma}^{\mathrm{T}}(\boldsymbol{u}_k-\boldsymbol{u}_{\mathrm{f}}(\bar{p})), \quad \boldsymbol{\sigma} \in \mathscr{R}^n \tag{8.4.5}$$

将式(8.4.2)改写为

$$\boldsymbol{u}_{k+1}-\boldsymbol{u}_{\mathrm{f}}(\bar{p})=(\boldsymbol{A}-\boldsymbol{b}\boldsymbol{\sigma}^{\mathrm{T}})[\boldsymbol{u}_k-\boldsymbol{u}_{\mathrm{f}}(\bar{p})] \tag{8.4.6}$$

在满足可控性前提下，可根据极点配置公式确定向量 $\boldsymbol{\sigma}$，使矩阵 $\boldsymbol{A}-\boldsymbol{b}\boldsymbol{\sigma}^{\mathrm{T}}$ 的全部特征值位于单位圆内，从而使后继映射点 $\boldsymbol{u}_{k+1}$ 趋于周期点 $\boldsymbol{u}_{\mathrm{f}}(\bar{p})$。

不难证明，OGY 方法要求后继映射点沿稳定流形趋于周期点，是一种控制时间最优的特殊极点配置。若放弃这一要求，则可允许映射矩阵 $\boldsymbol{A}$ 有复特征值，控制的实现也更加灵活。

2. 连续反馈控制

在 OGY 方法中，系统控制参数在相邻两次映射之间定常。因此，OGY 策略主要适用于控制那些发散比较慢的不稳定周期运动。为改进这个不足，立陶宛物理学家皮拉加斯(Kestutis Pyragas，1952—)将 OGY 控制思想推广到直接控制由微分方程描述的连续系统。他在系统状态向量 $\boldsymbol{u} \in \mathscr{R}^n$ 中选择子向量 $\boldsymbol{u}_1$ 施加控制，提出下述控制策略③

$$\begin{cases}\dot{\boldsymbol{u}}_1=\boldsymbol{f}_1(\boldsymbol{u}_1, \boldsymbol{u}_2)+\boldsymbol{\sigma}^{\mathrm{T}}[\boldsymbol{u}_1-\boldsymbol{u}_{1\mathrm{f}}] \\ \dot{\boldsymbol{u}}_2=\boldsymbol{f}_2(\boldsymbol{u}_1, \boldsymbol{u}_2)\end{cases} \tag{8.4.7}$$

其中，$\boldsymbol{u}_{1\mathrm{f}}(t)$是嵌入在混沌吸引子中待稳定的周期运动，$\boldsymbol{\sigma}$ 是控制增益向量。这种控制可在任

① Ditto W L, Rauseo S, Spano M L. Experimental Control of Chaos [J]. Physical Review Letters, 1990, 65(26): 3211-3214.

② Romeiras F J, Grebogi C, Ott E. Controlling Chaotic Dynamical Systems [J]. Physica D, 1992, 58(1): 165-192.

③ Pyragas K. Continuous Control of Chaos by Self-controlling Feedback [J]. Physics Letters A, 1992, 170(6): 421-428.

何时刻启动且勿需局部线性化，但控制增益向量 $\boldsymbol{\sigma}$ 的选取需经过大量试算。

3. 不连续系统的混沌控制[①]

当机械系统具有干摩擦、预紧弹性约束时，其运动微分方程具有不连续向量场。若系统运动与向量场的切换面擦边，则 Poincaré 映射在对应状态处不光滑，并且常诱发混沌运动。由于混沌吸引子中嵌入的是擦边或几乎擦边的周期运动，将其作为控制目标便遇到不光滑映射的混沌控制问题。作者以周期激励下含预紧弹性约束的振子为例，提出了从系统状态采样数据中重构分段线性化映射的方法，然后对分段线性化映射进行分区极点配置，构造出分段线性反馈控制策略。

8.4.3　参数自调节控制方法*

对于随环境变化的系统，通常采用自适应控制技术。其中，参数自调节控制属于最简单的自适应控制。现考虑式(8.4.1)所确定的动力系统，将参数自调节控制问题表述为

$$\begin{cases}\boldsymbol{u}_{k+1}=\boldsymbol{P}(\boldsymbol{u}_k,p_k) & (8.4.8\text{a})\\ p_{k+1}=p_k+g(\boldsymbol{u}_k-\boldsymbol{u}_\text{f}(\bar{p})) & (8.4.8\text{b})\end{cases}$$

其中，函数 $g(\cdot)$ 描述控制参数 p_{k+1} 随系统状态 $\boldsymbol{u}_k$ 偏离目标状态 $\boldsymbol{u}_\text{f}(\bar{p})$ 的误差而自调节的规律，最常用的线性自调节规律为

$$p_{k+1}=p_k-\boldsymbol{\sigma}^\text{T}[\boldsymbol{u}_k-\boldsymbol{u}_\text{f}(\bar{p})] \tag{8.4.9}$$

其中，控制增益向量 $\boldsymbol{\sigma}$ 的设计决定着控制成败。对于一维映射的渐近稳定周期点 $\boldsymbol{u}_\text{f}(\bar{p})$，在非常小的 $\boldsymbol{\sigma}$ 下，受控映射可渐近稳定地趋于 $\boldsymbol{u}_\text{f}(\bar{p})$。但该结论并不适于高维映射。此外，作为目标的周期点 $\boldsymbol{u}_\text{f}(\bar{p})$ 可能稳定也可能不稳定。式(8.4.9)中的参数自调节规律将混沌运动控制到不稳定周期点上的能力非常有限。以一维映射为例，它只有在线性化映射特征值 $\lambda\in(-3,1)$ 时有效，且控制增益向量 $\boldsymbol{\sigma}$ 的取值范围很窄。

作者将参数自调节控制律修改为[②]

$$p_{k+1}=\bar{p}-\boldsymbol{\sigma}^\text{T}[\boldsymbol{u}_k-\boldsymbol{u}_\text{f}(\bar{p})]-\varepsilon(p_k-\bar{p}) \tag{8.4.10}$$

将式(8.4.8a)在 $(\boldsymbol{u}_\text{f}(\bar{p}),\bar{p})$ 附近线性化，连同上述控制律合写为

$$\begin{bmatrix}\boldsymbol{u}_{k+1}-\boldsymbol{u}_\text{f}(\bar{p})\\ p_{k+1}-\bar{p}\end{bmatrix}=\begin{bmatrix}\boldsymbol{A} & \boldsymbol{b}\\ -\boldsymbol{\sigma}^\text{T} & -\varepsilon\end{bmatrix}\begin{bmatrix}\boldsymbol{u}_k-\boldsymbol{u}_\text{f}(\bar{p})\\ p_k-\bar{p}\end{bmatrix}=\boldsymbol{L}\begin{bmatrix}\boldsymbol{u}_k-\boldsymbol{u}_\text{f}(\bar{p})\\ p_k-\bar{p}\end{bmatrix} \tag{8.4.11}$$

其中，矩阵 $\boldsymbol{L}$ 可表示为

$$\boldsymbol{L}\equiv\begin{bmatrix}\boldsymbol{A} & \boldsymbol{b}\\ -\boldsymbol{\sigma}^\text{T} & -\varepsilon\end{bmatrix}=\begin{bmatrix}\boldsymbol{A} & \boldsymbol{b}\\ \boldsymbol{0} & 0\end{bmatrix}-\begin{bmatrix}\boldsymbol{0}\\ 1\end{bmatrix}[\boldsymbol{\sigma}^\text{T}\quad \varepsilon]\equiv\bar{\boldsymbol{A}}-\bar{\boldsymbol{b}}\bar{\boldsymbol{\sigma}}^\text{T} \tag{8.4.12}$$

将式(8.4.12)与式(8.4.6)对比可见，选取增益向量 $\bar{\boldsymbol{\sigma}}$ 是扩张维数的线性映射极点配置问题。因此，可选择 $\bar{\boldsymbol{\sigma}}$ 使矩阵 $\boldsymbol{L}$ 的特征值均位于单位圆内，从而使后继映射点 $\boldsymbol{u}_{k+1}$ 趋于周期点 $\boldsymbol{u}_\text{f}(\bar{p})$。

这提供了一种设计高维映射控制增益的方法，且不必考虑原映射周期点的稳定性。这种

---

① Hu H Y. Controlling Chaos of a Dynamical System with Discontinuous Vector Field [J]. Physica D, 1997, 106 (1): 1-8.

② Hu H Y. An Adaptive Control Scheme for Recovering Periodic Motion of Chaotic Systems [J]. Journal of Sound and Vibration, 1997, 199(2): 269-274.

参数自调节规律相当于放松了式(8.4.9)带来的约束,给极点配置增加了灵活性。仍以具有特征值 λ 的一维映射为例,为使受控映射渐近稳定,取 $\varepsilon=-\lambda$,即可保证对任意的 λ 均存在等宽度的 $\boldsymbol{\sigma}$ 取值范围。

例 8.4.2 针对初始静止、激励幅值 p 可控的受迫 Duffing 系统

$$\begin{cases}\ddot{u}(t)+0.1\dot{u}(t)+u^3(t)=p\cos t, & p\in[4.5,7]\\ u(0)=0, \quad \dot{u}(0)=0\end{cases} \tag{a}$$

采用参数自调节方法控制该系统的混沌运动。

解 选择整数倍激励周期对应时刻 $t_k=2k\pi, k=0,1,2,\cdots$,设置控制参数 p_k;在 Maple 平台上用 Runge—Kutta 法求解式(a),对系统状态采样得到 $\boldsymbol{u}_k\equiv[u(t_k) \quad \dot{u}(t_k)]^{\mathrm{T}}$,建立含控制参数的二维 Poincaré 映射 $\boldsymbol{u}_{k+1}=\boldsymbol{P}(\boldsymbol{u}_k,p_k)$。

现对初始静止系统施加幅值为 $p_k=4.5$ 的简谐激励,$k=1,2,\cdots,100$,系统运动被吸引到稳定的 P-1 轨道上。在 $k=101,102,\cdots,200$ 时,将激励幅值调整为 $p_k=7$,系统进入混沌运动。自 $k=201$ 起,将受控系统矩阵 $\boldsymbol{L}$ 的特征值配置在 -0.1,0.0 和 0.0,启动控制策略,将系统状态引导回原来的稳定 P-1 轨道。图 8.4.3 给出分别采用式(8.4.9)和式(8.4.10)进行控制的效果,后者的过渡过程明显要短。

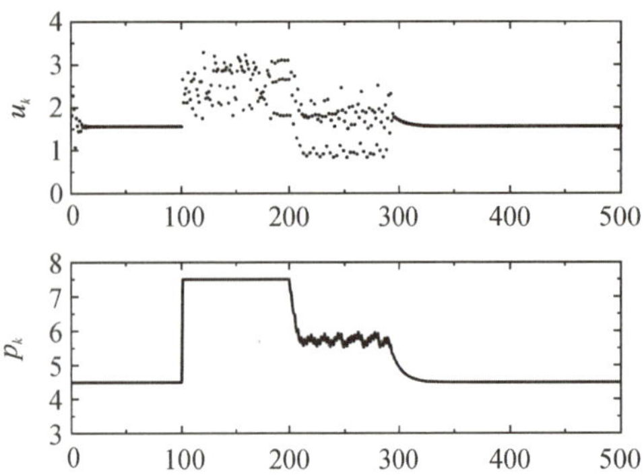

(a) 控制策略式(8.4.9)

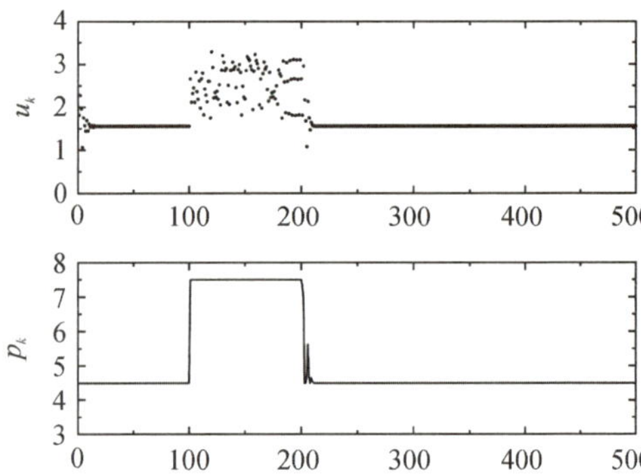

(b) 控制策略式(8.4.10)

图 8.4.3 Duffing 系统的混沌运动和参数自调节控制过程

8.4.4 实现控制中的关键问题

1. 基于延迟坐标的控制策略

对于高维系统的控制,需要大量传感器及采样通道。一种简化方案是基于 9.5.1 节将要介绍的嵌入定理,用系统状态 $\boldsymbol{u}(t)$ 的标量观测函数 $f(\boldsymbol{u}(t))$ 构造 m 维延迟坐标向量

$$\boldsymbol{w}(t)=[f(\boldsymbol{u}(t)) \quad f(\boldsymbol{u}(t+\tau)) \quad f(\boldsymbol{u}(t+2\tau)) \quad \cdots \quad f(\boldsymbol{u}(t+(m-1)\tau))]^{\mathrm{T}} \tag{8.4.13}$$

其中,τ 为延时量。如果混沌吸引子落入某个 n_A 维流形,则当 $m=2n_A+1$ 时,$\boldsymbol{w}(t)$就可完整描述混沌吸引子。因此,实验中仅需一个传感器和单个采样通道。对于混沌控制所关心的吸引子局部嵌入特性,只需取 $m=n_A$;而取延时量 τ 使采样序列的自相关首次获得极小值。

若控制参数时变,则延迟坐标向量 $\boldsymbol{w}(t)$依赖于控制参数在时间段$(t,t+(n-1)\tau)$内的变

化。以受周期 T 激励的系统为例。取 Poincaré 截面为固定激励相位下的状态子空间，记 l 是满足 $(n-1)\tau \leqslant lT$ 的最小整数，则式(8.4.1)在延迟坐标向量 $\boldsymbol{w}(t)$ 下形如

$$\boldsymbol{w}_{k+1}=\boldsymbol{Q}(\boldsymbol{w}_k,p_k,p_{k-1},\cdots,p_{k-l}) \tag{8.4.14}$$

为了基于延迟坐标进行混沌控制，需根据式(8.4.14)对控制策略做少量修改。方法之一是采用下述扩阶状态向量代替原状态向量

$$\widetilde{\boldsymbol{w}}_k=[\boldsymbol{w}_k\ p_{k-1}\ \cdots\ p_{k-l}]^{\mathrm{T}} \tag{8.4.15}$$

这可使上述控制策略保持形式不变。

2. 过渡过程

在控制混沌运动时，总希望过渡过程要短。以 OGY 为例，其过渡时间 $\hat{t}$ 包含两部分：一是等待映射点游荡到周期点邻域所需的时间 $\hat{t}_1$，二是控制启动后到周期运动稳定所需的时间 $\hat{t}_2$。通常，$\hat{t}_2 \ll \hat{t}_1$，而时间 $\hat{t}_1$ 反比于周期点邻域半径 δ。因此，应取足够大的 δ 来缩短等待时间。当然，过大的 δ 会降低局部线性化映射的有效性，导致控制失败。

根据混沌运动以指数速率发散的特点，可以构建对控制参数小摄动来实现映射点快速转迁的方法①。其思路是：将式(8.4.1)关于系统状态和控制参数线性展开，获得 Poincaré 截面上的微线段 ds，将 ds 映射 n_1 次，使其像 ds'大约有单位长度；再将目标映射点所在邻域 U 逆映射 n_2 次，使其像 U'首次与 ds'相交；根据 ds'上距 U'中心最近的点，可确定微线段 ds 上对应的原像，从而得知所需的控制参数摄动量。这样，等待时间可大幅缩减。以二维 Hénon 映射为例，原需 6062 次迭代方可获得的转迁，只需 12 次迭代便可实现。

这种快速转迁已成为利用混沌的技术，对于实现力学系统的运动快速控制很有意义。例如，船用起重机吊装的货物会因船体受波浪冲击而不规则摆动，造成卸货过程难以精确定位。数值仿真和实验表明，采用该方法可使货物快速定位，加速卸货过程。

习　题

8-1　通过检索网络资料，阐述对混沌的早期研究对科学发现有何启示。

8-2　对于工程系统，举例说明混沌运动的利弊。

8-3　对于例 1.1.2 中初始静止的屈曲梁在简谐激励下的受迫振动，其计入线性黏性阻尼的动力学方程可通过 Galerkin 法和无量纲化近似为

$$\begin{cases} u''(\tau)+0.1u'(\tau)-u(\tau)+u^3(\tau)=0.2\sin\tau \\ u(0)=u_0, \quad u'(0)=0 \end{cases}$$

选择不同初始位置 u_0，在 Maple 平台上用 Runge-Kutta 法计算梁的受迫振动，讨论初始位置 u_0 对梁受迫振动的影响及其原因。

8-4　对于一维单峰映射

$$u_{k+1}=u_k^2+p, \quad u_0=0, \quad p\in[-2,2], \quad k\in\mathscr{Z}$$

① Shinbrot T, Ott E, Grebogi C, et al. Using Chaos to Direct Trajectories to Targets [J]. Physical Review Letters, 1990, 65(26): 3215-3218.

在 Maple 平台上,研究映射序列随参数 p 变化的行为。

8-5 针对例 8.2.1 中的 Hénon 映射,取 $a=1.4$ 和 $b=0.3$,确定映射的四个周期 2 点;任选一个周期 2 点,对其附近的某个点做映射,讨论映射序列的行为。

8-6 对于单自由度系统

$$\ddot{u}+u-u^2=0$$

确定系统平衡点及其类型,在 Maple 平台上绘制其鞍点的同宿轨线。

8-7 对于简谐激励下的刚度软化系统

$$\ddot{u}(t)+\varepsilon\mu\dot{u}(t)+u(t)-u^3(t)=\varepsilon f_0\cos(\omega t),\quad \mu>0,\quad f_0>0,\quad 0<\varepsilon\ll 1$$

采用 Melnikov 方法,在 Maple 平台上推导系统产生混沌运动的必要条件;与例 8.3.2 比较,讨论两者差异的原因。

8-8 对于例 8.3.3 中的两自由度定常保守系统,取系统能量为 $E=1/12$,采用平面(q_2,p_2)作为 Poincaré 截面,在 Maple 平台上绘制系统相轨线的截痕。

8-9 在 Maple 平台上,采用 Runge-Kutta 法验证例 8.3.4 中的阵发性现象。

8-10 对于习题 8-5 的 Hénon 映射,将参数 a 作为随迭代次数 k 变化的控制参数 a_k,用 OGY 方法将映射序列依次稳定到四个周期 2 点。

第9章 非线性动力学的数值分析

本书介绍的定量分析方法主要用于研究低维非线性系统的近似解，而定性分析方法主要用于研究非线性系统的局部动力学行为。在工程实践中，许多动力学问题具有维数高、非线性强、系统参数可变化等特点，有时还涉及系统初始状态对系统长期动力学行为影响这样的全局动力学问题。早在18世纪，科学先贤们就意识到，应发展数值方法来解决非线性系统的动力学计算问题。然而，数值方法的真正发展和成功应用得益于20世纪70年代以来迅猛发展的计算技术以及非线性动力学定性理论。

本章将从数值分析角度介绍如何计算非线性系统的瞬态运动、稳态运动、局部分岔、全局特性，并对混沌运动进行数值分析。

9.1 瞬态运动的计算

非线性系统瞬态运动计算的任务是要用数值方法求解常微分方程初值问题

$$\begin{cases}\dot{\boldsymbol{u}}=\boldsymbol{f}(\boldsymbol{u},t), \quad \boldsymbol{u}\in\mathscr{R}^n, \quad t>t_0\\ \boldsymbol{u}(t_0)=\boldsymbol{u}_0\end{cases} \tag{9.1.1}$$

高精度、高效地计算该问题不仅对于非线性系统的瞬态响应计算与评估具有重要意义，还将为计算非线性系统的稳态响应乃至分岔提供基本工具。

回顾例1.2.4，求解式(9.1.1)的基本思路是：对于给定的终止时刻 t_e，取足够大的正整数 N，将时间段 $[t_0,t_e]$ 离散为

$$t_k=t_0+k\Delta t, \quad \Delta t=(t_e-t_0)/N, \quad k\in I_N \tag{9.1.2}$$

在各时间区间 $[t_{k-1},t_k]$ 上对式(9.1.1)积分，根据积分中值定理，存在 $\tau_k\in[t_{k-1},t_k]$ 使得

$$\boldsymbol{u}(t_k)=\boldsymbol{u}(t_{k-1})+\int_{t_{k-1}}^{t_k}\boldsymbol{f}(\boldsymbol{u}(s),\tau)\,\mathrm{d}\tau=\boldsymbol{u}(t_{k-1})+\boldsymbol{f}(\boldsymbol{u}(\tau_k),\tau_k)\Delta t, \quad k\in I_N \tag{9.1.3}$$

显然，若能通过某种方法得到上述 $\tau_k, k\in I_N$ 的近似值，则可获得 $\boldsymbol{u}(t)$ 在 $[t_0,t_e]$ 上的离散近似值 $\boldsymbol{u}_k\equiv\boldsymbol{u}(t_k), k\in I_N$。根据计算 τ_k 所采用的信息来自区间 $[t_{k-1},t_k]$ 或 $[t_{k-m},t_k]$，$m>1$，计算式(9.1.1)的方法可以分为单步法和多步法。

这些方法已比较成熟，其理论基础有许多系统性很强的计算数学专著，而各种著名的数学软件包均提供了经过代码优化的程序，使用者一般无需自己编写程序。因此，本节侧重介绍几种常用方法的基本思路，给出 $t\geq t_k$ 时的计算格式。

9.1.1 单步法

最基本的单步法是由瑞士数学力学家 Euler 提出的，被称为Euler 法。在区间$[t_k, t_{k+1}]$上，它有向前格式和向后格式，即取$\tau_k = t_k$或$\tau_k = t_{k+1}$，分别得到

$$\boldsymbol{u}_{k+1} = \boldsymbol{u}_k + \boldsymbol{f}(\boldsymbol{u}_k, t_k)\Delta t \tag{9.1.4}$$

$$\boldsymbol{u}_{k+1} = \boldsymbol{u}_k + \boldsymbol{f}(\boldsymbol{u}_{k+1}, t_{k+1})\Delta t \tag{9.1.5}$$

式(9.1.5)的右端含有$\boldsymbol{u}_{k+1}$，要解方程才能求出$\boldsymbol{u}_{k+1}$，被称作隐式算法。与之相对应，式(9.1.4)被称作显式算法。这两种格式非常简单，但计算精度比较低。

提高精度的一种自然想法是用向量场的平均代替$\boldsymbol{f}(\boldsymbol{u}(\tau_k), \tau_k)$，即

$$\boldsymbol{u}_{k+1} = \boldsymbol{u}_k + \frac{1}{2}[\boldsymbol{f}(\boldsymbol{u}_k, t_k) + \boldsymbol{f}(\boldsymbol{u}_{k+1}, t_{k+1})]\Delta t \tag{9.1.6}$$

受此启发，人们采用向量场在$[t_k, t_{k+1}]$内的多点信息构造计算格式，这就是提高单步法精度的基本思路。现介绍两种最常用的显式单步法。

1. Runge - Kutta 方法

该方法基于对$\boldsymbol{u}_{k+1}$在$\boldsymbol{u}_k$处幂级数展开式的修正。一般取到4阶导数项。其计算格式为

$$\boldsymbol{u}_{k+1} = \boldsymbol{u}_k + \frac{1}{6}(\boldsymbol{b}_1 + 2\boldsymbol{b}_2 + 2\boldsymbol{b}_3 + \boldsymbol{b}_4) \tag{9.1.7}$$

式中

$$\begin{cases} \boldsymbol{b}_1 = \boldsymbol{f}(\boldsymbol{u}_k, t_k)\Delta t, \quad \boldsymbol{b}_2 = \boldsymbol{f}(\boldsymbol{u}_k + \boldsymbol{b}_1/2, t_k + \Delta t/2)\Delta t \\ \boldsymbol{b}_3 = \boldsymbol{f}(\boldsymbol{u}_k + \boldsymbol{b}_2/2, t_k + \Delta t/2)\Delta t, \quad \boldsymbol{b}_4 = \boldsymbol{f}(\boldsymbol{u}_k + \boldsymbol{b}_3, t_k + \Delta t)\Delta t \end{cases} \tag{9.1.8}$$

该格式采用从$(\boldsymbol{u}_k, t_k)$到$(\boldsymbol{u}_{k+1}, t_{k+1})$的4个点信息，即每前进一步要4次计算插值。若向量场与$\boldsymbol{u}$无关，则该格式简化为计算定积分的辛普森(Thomas Simpson，1710—1761)格式

$$\boldsymbol{u}_{k+1} = \boldsymbol{u}_k + \frac{1}{6}[\boldsymbol{f}(t_k) + 4\boldsymbol{f}(t_k + \Delta t/2) + \boldsymbol{f}(t_{k+1})] \tag{9.1.9}$$

Runge - Kutta 法具有中等求解精度，并且计算格式非常简单，所以应用很广。Maple 和 Matlab 等数学软件均提供了该方法。该方法的一个不足是，使用者需要根据经验事先选择积分步长。根据作者的经验，如果能事先估计到计算结果中最高谐波分量的频率$f_{\max}$，可根据计算精度要求取积分步长Δt为

$$\frac{1}{50 f_{\max}} \leqslant \Delta t \leqslant \frac{1}{10 f_{\max}} \tag{9.1.10}$$

2. Runge - Kutta - Fehlberg 方法

为了改进 Runge - Kutta 方法的上述不足，德国数学家费尔伯格(Ewin Fehlberg，1911—1990)于1969年提出分别用p阶和$p+1$阶 Runge - Kutta 法完成一步积分，然后根据两者结果的差异修正当前积分步长，对下一步积分步长给出预估。该方法已获得普遍认可，如 Maple 平台提供了$p=3$的3—4阶计算格式和$p=7$的7 - 8阶计算格式。

现简要介绍3 - 4阶计算格式，依次用下述两种格式计算步长为Δt_k时的积分

$$\hat{\boldsymbol{u}}_{k+1} = \boldsymbol{u}_k + \sum_{j=1}^{3} c_j \boldsymbol{f}_{jk}, \quad \tilde{\boldsymbol{u}}_{k+1} = \boldsymbol{u}_k + \sum_{j=1}^{4} d_j \boldsymbol{f}_{jk} \tag{9.1.11}$$

$$f_{jk} \equiv f\left(u_k + \sum_{i=0}^{j-1} b_{ji} f_{ik} \Delta t_k, t_k + a_j \Delta t_k\right), \quad j = 0,1,2,3,4 \tag{9.1.12}$$

其中,诸系数见表 9.1.1。这样构造格式的方便之处是,对向量函数的定值 f_{jk},$j=0,1,2,3$ 在计算 $\hat{u}_{k+1}$ 和 $\tilde{u}_{k+1}$ 时可公用,所以共计算向量函数 5 次,而不是 3+4=7 次。

表 9.1.1　3 - 4 阶 Runge - Kutta - Fehlberg 方法的系数

j	a_j	b_{ji}				c_j	d_j
		$i=0$	$i=1$	$i=2$	$i=3$		
0	0	0	—	—	—	$\frac{79}{490}$	$\frac{229}{1470}$
1	$\frac{2}{7}$	$\frac{2}{7}$	—	—	—	0	0
2	$\frac{7}{15}$	$\frac{77}{900}$	$\frac{343}{900}$	—	—	$\frac{2175}{3626}$	$\frac{1125}{1813}$
3	$\frac{35}{38}$	$\frac{805}{1444}$	$-\frac{77175}{54872}$	$\frac{97125}{54872}$	—	$\frac{2166}{9065}$	$\frac{13718}{81585}$
4	1	$\frac{79}{490}$	0	$\frac{2175}{3626}$	$\frac{2166}{9065}$	—	$\frac{1}{18}$

然后,检查两种方法的差异:对于给定的误差上限 $\varepsilon>0$,若有 $\|\tilde{u}_{k+1}-\hat{u}_{k+1}\|>\varepsilon$,则表明步长 Δt_k 过大,可将其减少一半后重新计算;若 $\|\tilde{u}_{k+1}-\hat{u}_{k+1}\|\leqslant\varepsilon$,则表明这步积分是成功的,下一步的积分步长可预估为

$$\Delta t_{k+1} = \alpha \Delta t_k \sqrt[4]{\frac{\varepsilon}{\|\tilde{u}_{k+1} - \hat{u}_{k+1}\|}}, \quad \alpha = 0.9 \sim 0.95 \tag{9.1.13}$$

对于 p 阶和 $p+1$ 阶 Runge - Kutta 格式,则将上式中根号次数改为 $p+1$。这种方法的优点是精度可事先给定,不足之处是程序比较长。

9.1.2　多步法*

单步法在完成由 t_k 时刻到 t_{k+1} 时刻的积分时没有利用 t_k 之前已有的信息,故计算精度受到影响。为了提高精度,需多次计算从(u_k,t_k)到(u_{k+1},t_{k+1})的向量场,增加了计算工作量。采用多步法可改善这一不足。当然,多步法无法用于整个求解过程的第一步或头几步的计算,这时需要单步法的帮助。

多步法的基本思路是:利用在 t_k 之前求解过程中获得的信息 $u_k,u_{k-1},\cdots,u_{k-m+1}$ 和 $f(u_k.t_k),f(u_{k-1},t_{k-1}),\cdots,f(u_{k-m+1},t_{k-m+1})$,构造区间$[t_{k-m+1},t_{k+1}]$上的插值多项式向量,用它代替原向量函数在区间$[t_k,t_{k+1}]$上积分,进而得到 u_{k+1}。通常,将多步法计算格式写为

$$u_{k+1} = \sum_{j=0}^{m-1} a_j u_{k-j} + \sum_{j=-1}^{m-1} b_j f(u_{k-j}, t_{k-j}) \Delta t \tag{9.1.14}$$

其中,$2m+1$ 个系数 $a_j,b_{-1},b_j,j=0,1,\cdots,m-1$ 将由 m 次插值多项式在区间$[t_k,t_{k+1}]$的积分值所确定。如果 $b_{-1}=0$,则格式是显式的;否则是隐式的,需要解方程得到 u_{k+1}。根据不同的问题和需求,常用的多步法有亚当斯-巴什福思(Admas - Bashforth)预测法、亚当斯-莫尔

顿法(Admas-Moulton)校正法、吉尔(Gear)方法等,此处仅介绍 Gear 法。

该方法由美国数学家吉尔(Charles W. Gear,1935—2022)提出,可在式(9.1.14)中取

$$m=K,\quad b_j=0,\quad j=0,1,\cdots,K-1 \tag{9.1.15}$$

然后构造多项式,积分得到 $K+1$ 个系数,如表 9.1.2 所示。该方法是隐式的,其 1 阶格式是 Euler 向后法。

表 9.1.2 Gear 方法的系数

阶次 K	a_0	a_1	a_2	a_3	a_4	a_5	b_{-1}
1	1	0	0	0	0	0	1
2	$\frac{4}{3}$	$-\frac{1}{3}$	0	0	0	0	$\frac{2}{3}$
3	$\frac{18}{11}$	$-\frac{9}{11}$	$\frac{2}{11}$	0	0	0	$\frac{6}{11}$
4	$\frac{48}{25}$	$-\frac{36}{25}$	$\frac{16}{25}$	$-\frac{3}{25}$	0	0	$\frac{12}{25}$
5	$\frac{300}{137}$	$-\frac{300}{137}$	$\frac{200}{137}$	$-\frac{75}{137}$	$\frac{12}{137}$	0	$\frac{60}{137}$
6	$\frac{360}{147}$	$-\frac{450}{147}$	$\frac{400}{147}$	$-\frac{225}{147}$	$\frac{72}{147}$	$-\frac{10}{147}$	$\frac{60}{147}$

Gear 方法除了具有一般隐式算法的优点外,特别适合于求解刚性微分方程。所谓刚性微分方程是指方程的解同时包含慢变和快变成分。例如,由刚硬弹簧连接的柔性部件系统,其自由运动呈现快变成分和慢变成分耦合。又如,对非线性系统施加低频激励会引发高频受迫振动,需要处理快慢变耦合问题。人们已对刚性微分方程的数值计算开展了大量研究,Gear 方法是目前最常用的数值计算。

例 9.1.1[M] 考察无量纲化的 Van der Pol 方程初值问题

$$\begin{cases}\ddot{u}+p(u^2-1)\dot{u}+u=0\\ u(0)=3,\quad \dot{u}(0)=0\end{cases} \tag{a}$$

取参数 $p=10$ 和 $p=50$,在 Maple 平台上分别用 Runge-Kutta 法和 Gear 法计算其振动。

解 将式(a)改写为一阶常微分方程组的初值问题

$$\begin{cases}\dot{u}_1=u_2,\quad \dot{u}_2=-u_1+p(1-u_1^2)u_2\\ u_1(0)=3,\quad u_2(0)=0\end{cases} \tag{b}$$

参考附录 A9,在 Maple 上编程求解该问题。当 $p=10$ 时,Runge-Kutta 法和 Gear 法得到相同结果,图 9.1.1(a)是系统位移时间历程,呈现张弛振动。当 $p=50$ 时,Gear 法可提供图 9.1.1(b)所示的系统位移时间历程;但 Runge-Kutta 法在计算到时间 $t=45.0$ 时失败,仅提供了图 9.1.1(b)中的两个点。由图 9.1.1(b)可见,当 $p=50$ 时,系统张弛振动的快慢变化差异加大,使微分方程(b)呈现刚性。对这类刚性微分方程,需要采用 Gear 法来求解。

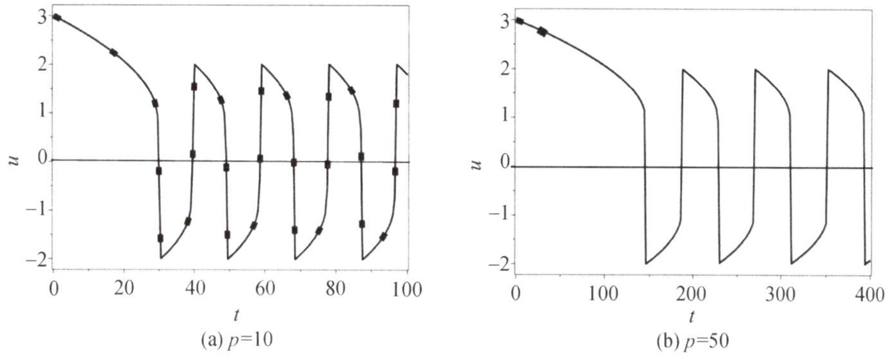

图 9.1.1　Van der Pol 系统的张弛振动(实线:Gear 法;矩形:Runge - Kutta 法)

9.1.3　应用中的问题*

1. 方法的选择

一般来说,上述几种方法在计算精度和效率上差异不大。但对某些特殊问题,不同方法的效果有所不同,现举例如下。

(a) 如果微分方程向量场具有非光滑性,甚至间断切换面,则采用低阶单步法比较好。因为,高阶方法和多步法通常隐含了对向量场高阶光滑性的要求。

(b) 如果向量场的表达式非常复杂,采用多步法的效率优于单步法。对 Admas - Bashforth 预测法,每步只需补充计算向量场一次,对于 Admas - Moulton 校正法,每步的计算次数取决于 Newton - Raphson 迭代次数。

(c) 对于刚性微分方程,通常选用 Gear 方法。

2. 变步长的考虑

根据 Runge - Kutta - Fehlberg 方法的理论和实践,在计算中对方法的阶次和积分步长进行优化,可提高计算精度及效率。因此,Maple 等数学软件中提供的方法通常具有变阶次和变步长功能。上述多步法需要等间隔构造插值函数。一旦改变步长,则要通过插值来计算解在过去若干离散时刻的值并重新计算向量场,使多步法的优点大打折扣。近年来,已有放弃等间隔构造插值函数的多步法研究。

此外,若需对计算结果进行时间序列分析或快速 Fourier 变换,使用变步长方法时需要对计算任务或计算结果做特殊处理。要么事先指定所需的时间间隔$[t_k, t_{k+1}]$,$k\in\mathscr{Z}$,仅在各间隔内允许变步长;要么对变步长计算结果进行插值,获得所需时刻的解向量。

3. 选择其他方法的可能性

微分方程数值解的重要性和复杂性促使人们发展了许多计算方法。目前,在计算高维非线性动力学问题时常用到如下两类特色互补的方法。

(a) 直接积分法:工程结构的动力学方程经离散后成为二阶常微分方程组,其自由度数高达 $10^5\sim10^7$。若将其改写为一阶常微分方程组,将大幅增加计算量。对于地震响应分析等结构动力学问题,所涉及的响应时间历程不长,精度要求不太高。因此,工程界针对二阶常微分方程组的特点,提出了一些精度适中、效率较高的算法,如中心差分法、线性加速度法、威尔逊

(Edward L. Wilson,1931—)-θ 法等①。这些方法已在振动力学、结构动力学的教科书中介绍,并被广泛地配置于有限元计算软件。

(b) 几何积分法:本节介绍的方法具有较高计算精度,但为了保证数值稳定性,一般设计为数值耗散,即具有计算阻尼。例如,用4阶 Runge-Kutta 方法计算单自由度无阻尼系统的自由振动,经过10万步积分,相轨线会自行趋于平衡点。为了计算高维保守系统的长期动力学行为,计算数学界和力学界根据保守系统具有的辛几何结构,提出了多种几何积分方法②。这类算法不会引入计算阻尼,可有效提高计算保守系统(如天体力学系统)长时间动力学问题的精度,也可提高非保守系统在接近动态失稳状态时的长期动力学计算精度。

此外,人们还尝试综合考虑精度、效率、耗散等性能,提出求解常微分方程组的若干复合时间积分方法③。

9.2 稳态运动的计算

对于耗散系统,其相轨线会随着时间延续而趋于某个渐近稳定的吸引子。这种吸引子可能是平衡点、周期运动、拟周期运动乃至混沌运动。其中,系统的平衡点和周期运动是工程界最为关心的系统行为。

如果采用计算系统瞬态响应的办法来求解周期响应,则有如下问题:一是只能求得渐近稳定的周期响应;二是计算时间太长,对于接近失稳的周期运动尤为耗时。因此,本节讨论计算非线性系统平衡点和周期运动的专门方法。

9.2.1 平衡点的求解

求解非线性系统的平衡点归结为寻求 n 维向量 $\boldsymbol{u}$ 满足非线性代数方程

$$\boldsymbol{f}(\boldsymbol{u})=\boldsymbol{0}, \quad \boldsymbol{u}\in\mathscr{R}^n \tag{9.2.1}$$

其中,光滑函数 $\boldsymbol{f}(\boldsymbol{u})$ 是系统的向量场。如果将此作为一般的数学问题求解,则非常困难。因为无论是解的数目,还是解向量 $\boldsymbol{u}$ 在 $\mathscr{R}^n$ 中的大致分布皆悬而未知。

对于许多工程问题,其背景可提供一些解决上述问题的有用信息。例如,对于第3章所讨论的单自由度自治系统,其平衡方程为

$$\boldsymbol{f}(\boldsymbol{u})=\begin{bmatrix} u_2 \\ f(u_1,u_2)\end{bmatrix}=\boldsymbol{0} \tag{9.2.2}$$

由此得平衡点位置坐标应满足的一元非线性方程 $f(u_1,0)=0$。如果 $f(u_1,0)$ 是关于 u_1 的多项式,可用多项式求根程序获得其全部根;否则,可在工程问题所给定的位移范围内,用对分法求出全部平衡点。

对于多自由度系统,如果可猜测出待求解向量 $\boldsymbol{u}$ 的某个近似向量,则可采用迭代法求得解向量 $\boldsymbol{u}$。若不然,则采用稍后介绍的参数延续算法。在迭代法中,首推英国数学家拉弗森

① 胡海岩. 机械振动基础[M]. 2版. 北京:北京航空航天大学出版社,2022:137-141.

② 邱志平,姜南. 力学数值计算中的保辛算法[M]. 北京:科学出版社,2023.

③ 邢誉峰,张慧敏,季奕. 动力学常微分方程的时间积分方法[M]. 北京:科学出版社,2022.

(Joseph Raphson,1668—1715)基于 Newton 所建立导数概念而构造的迭代格式。

1. Newton - Raphson 迭代法

记式(9.2.1)的解向量 $\boldsymbol{u}_s$ 的某个近似向量为 $\boldsymbol{u}_k$,但将其代入式(9.2.1)的残差向量范数过大。即对于给定的 $\varepsilon>0$,有

$$\| \boldsymbol{f}(\boldsymbol{u}_k) \| \geqslant \varepsilon \tag{9.2.3}$$

现构造迭代解 $\boldsymbol{u}_{k+1}$,使得

$$\boldsymbol{f}(\boldsymbol{u}_{k+1}) \approx \boldsymbol{f}(\boldsymbol{u}_k) + \mathbf{D}\boldsymbol{f}(\boldsymbol{u}_k)(\boldsymbol{u}_{k+1} - \boldsymbol{u}_k) = \mathbf{0} \tag{9.2.4}$$

如果向量函数 $\boldsymbol{f}(\boldsymbol{u})$的 Jacobi 矩阵 $\mathbf{D}\boldsymbol{f}(\boldsymbol{u}_k)$可逆,则由式(9.2.4)可解出

$$\boldsymbol{u}_{k+1} = \boldsymbol{u}_k - [\mathbf{D}\boldsymbol{f}(\boldsymbol{u}_k)]^{-1}\boldsymbol{f}(\boldsymbol{u}_k) \tag{9.2.5}$$

此时,若残差向量的范数满足

$$\| \boldsymbol{f}(\boldsymbol{u}_{k+1}) \| < \varepsilon \tag{9.2.6}$$

则取 $\boldsymbol{u}_s=\boldsymbol{u}_{k+1}$,结束迭代;否则重复上述过程。由于在上述计算过程中已得到近似的 Jacobi 矩阵 $\mathbf{D}\boldsymbol{f}(\boldsymbol{u}_s)$,因此可顺便计算其特征值,判断平衡点的稳定性。

在数学上可证明,Newton - Raphson 迭代法具有超线性收敛速度。在实践中,一般 3～4 次迭代即可获得满足工程精度需要的解向量。该方法的不足之处是,它对初始迭代向量的要求比较高。若迭代 7～8 次后的残差范数仍较大,一般应考虑更换初始迭代向量。

2. 参数延续算法

选择某个系统参数(或引入一个参数)$p\in\mathscr{R}$,将式(9.2.1)改写为

$$\boldsymbol{f}(\boldsymbol{u},p) = \mathbf{0}, \quad \boldsymbol{u} \in \mathscr{R}^n, \quad p \in \mathscr{R} \tag{9.2.7}$$

使得当参数 p 取某个常数 p_0 时,下述方程为线性方程或易于求解的方程

$$\boldsymbol{f}(\boldsymbol{u},p_0) = \mathbf{0}, \quad \boldsymbol{u} \in \mathscr{R} \tag{9.2.8}$$

将参数区间$[p_0,p]$离散为 $p_0,p_1,\cdots,p_n=p$,记式(9.2.8)和式(9.2.7)的解分别为 $\boldsymbol{u}(p_0)$和 $\boldsymbol{u}(p)$。显然,原任务可简化为:从式(9.2.8)求解 $\boldsymbol{u}(p_0)$;然后以 $\boldsymbol{u}(p_0)$来近似 $\boldsymbol{u}(p_1)$,通过 Newton - Raphson 迭代法求得 $\boldsymbol{u}(p_1)$;如此重复,直至求得 $\boldsymbol{u}(p)$。

需要指出的是:在使用参数延续算法的求解过程中,可能会有某个参数值 p_k 使得矩阵 $\mathbf{D}\boldsymbol{f}(\boldsymbol{u}(p_k))$不可逆,导致 Newton - Raphson 迭代法失败。根据定义 7.5.1,这种现象对应于系统平衡点的静态分岔。如何处理分岔问题留待 9.3 节讨论。

9.2.2　周期运动的求解

考察具有周期激励的 n 维非自治系统

$$\dot{\boldsymbol{u}}(t) = \boldsymbol{f}(\boldsymbol{u}(t),t), \quad \boldsymbol{u} \in \mathscr{R}^n, \quad t > 0 \tag{9.2.9}$$

其中,$\boldsymbol{f}(\boldsymbol{u},t)=\boldsymbol{f}(\boldsymbol{u},t+T_0)$,$T_0>0$ 是激励周期。现讨论如何求解该系统的周期 m 运动

$$\boldsymbol{u}(t) = \boldsymbol{u}(t+T), \quad T = mT_0, \quad t > 0 \tag{9.2.10}$$

以下介绍两种方法,获得该问题的数值解。

1. 打靶法

首先,在$\mathscr{R}^{n+1}$中定义 n 维 Poincaré 截面

$$\Sigma \equiv \{(\boldsymbol{u},t) \,|\, \mathrm{mod}(t,T_0)=0\} \tag{9.2.11}$$

然后,在 Σ 上定义 Poincaré 映射

$$\boldsymbol{P}(\boldsymbol{u})=\boldsymbol{u}+\int_0^{T_0}\boldsymbol{f}(\boldsymbol{v}(s),s)\mathrm{d}s,\quad \boldsymbol{u}\in\Sigma \tag{9.2.12}$$

以及 Σ 上的非线性算子方程

$$\boldsymbol{Q}(\boldsymbol{u})\equiv\boldsymbol{P}^m(\boldsymbol{u})-\boldsymbol{u}=\boldsymbol{0},\quad \boldsymbol{u}\in\Sigma \tag{9.2.13}$$

根据上述定义,式(9.2.10)中周期运动与 Poincaré 截面 Σ 的交点 $\boldsymbol{u}_{\mathrm{p}}$ 是 m 次 Poincaré 映射 $\boldsymbol{P}^m(\boldsymbol{u})$的不动点,即 Poincaré 映射 $\boldsymbol{P}(\boldsymbol{u})$的周期 m 点。此外,$\boldsymbol{u}_{\mathrm{p}}$ 是式(9.2.13)的解向量。

根据 9.2.1 节的讨论,求取式(9.2.10)可归结为求解式(9.2.13)的解向量 $\boldsymbol{u}_{\mathrm{p}}$。一般可采用参数延续算法,获得 $\boldsymbol{u}_{\mathrm{p}}$ 的近似向量 $\boldsymbol{u}_k\in\Sigma$,然后用 Newton - Raphson 方法构造迭代式

$$\begin{aligned}\boldsymbol{u}_{k+1}&=\boldsymbol{u}_k-[\mathbf{D}\boldsymbol{Q}(\boldsymbol{u}_k)]^{-1}\boldsymbol{Q}(\boldsymbol{u}_k)\\&=\boldsymbol{u}_k-[\mathbf{D}\boldsymbol{P}^m(\boldsymbol{u}_k)-\boldsymbol{I}]^{-1}[\boldsymbol{P}^m(\boldsymbol{u}_k)-\boldsymbol{u}_k]\end{aligned} \tag{9.2.14}$$

进而确定更加接近 $\boldsymbol{u}_{\mathrm{p}}$ 的向量 $\boldsymbol{u}_{k+1}$。不难看出,这种求解过程是先将近似周期点 $\boldsymbol{u}_k\in\Sigma$ 映射为 $\boldsymbol{P}^m(\boldsymbol{u}_k)\in\Sigma$,然后根据误差 $\boldsymbol{P}^m(\boldsymbol{u}_k)-\boldsymbol{u}_k$ 做修正,获得新的近似周期点 $\boldsymbol{u}_{k+1}$,再进行映射并检查误差,犹如打靶。因此,这种方法被称为打靶法。

在具体计算时,定义两个常微分方程的初值问题

$$\begin{cases}\dot{\boldsymbol{u}}=\boldsymbol{f}(\boldsymbol{u},t),\quad \boldsymbol{u}:t\to\mathscr{R}^n\\ \boldsymbol{u}(0)=\boldsymbol{u}_k\end{cases} \tag{9.2.15}$$

$$\begin{cases}\dot{\boldsymbol{\Phi}}(t)=\mathbf{D}_u\boldsymbol{f}(\boldsymbol{u}(t),t)\boldsymbol{\Phi}(t),\quad \boldsymbol{\Phi}:t\to\mathscr{R}^{n\times n}\\ \boldsymbol{\Phi}(0)=\boldsymbol{I}\end{cases} \tag{9.2.16}$$

将式(9.2.12)定义的 Poincaré 映射视为式(9.2.15)在 $t=T_0$ 时刻的解,即 $\boldsymbol{P}(\boldsymbol{u}_k)=\boldsymbol{u}(T_0)$,这可用 9.1 节的数值方法完成。仿照定理 7.4.8 的推理可证明,Poincaré 映射在 $\boldsymbol{u}_k$ 处的 Jacobi 矩阵归结为式(9.2.16)在 $t=T_0$ 时刻的解,即 $\mathbf{D}\boldsymbol{P}(\boldsymbol{u}_k)=\boldsymbol{\Phi}(T_0)$。由于 $\boldsymbol{\Phi}(T)$可按列分别计算,相当于求解 n 个初值问题,也可用 9.1 节的数值方法完成。因此,每步打靶过程要计算 $n+1$ 个初值问题。

由于在上述计算过程中得到了 Poincaré 映射的 Jacobi 矩阵 $\mathbf{D}\boldsymbol{P}^m(\boldsymbol{u}_{\mathrm{p}})$,因此可顺便计算其特征值,判断周期运动的稳定性。当 Jacobi 矩阵 $\mathbf{D}\boldsymbol{P}^m(\boldsymbol{u}_{\mathrm{p}})$的特征值为 1 时,矩阵 $\mathbf{D}\boldsymbol{P}^m(\boldsymbol{u}_{\mathrm{p}})$不可逆,求解过程将遇到困难。这对应于周期运动的静态分岔,在 9.3 节将对此进行讨论。

例 9.2.1[M] 考察受简谐激励的强非线性 Duffing 系统

$$\ddot{u}(t)+0.002\dot{u}(t)+u(t)-u^3(t)=0.2\cos(\omega t) \tag{a}$$

针对 $\omega=1.0$ 和 $\omega=3.0$,分别计算系统的主共振和 1/3 次亚谐共振周期解。

解 Maple 平台提供了求解常微分方程两点边值问题的打靶法,附录 A9 提供了调用方法和本题计算过程。以下概述两种共振问题的边值条件和计算结果。

首先,考虑主共振周期解问题,其边值条件可表示为

$$u(0)=u_0,\quad u(2\pi/\omega)=u_0,\quad \dot{u}(0)=\dot{u}_0,\quad \dot{u}(2\pi/\omega)=\dot{u}_0 \tag{b}$$

其中,$(u_0,\dot{u}_0)$是待求周期解的初始状态,后不赘述。在 Maple 平台上计算主共振周期解,图 9.2.1(a)是系统相平面上的闭轨,图 9.2.1(b)表明该振动的周期与激励周期相同。

其次,考虑 1/3 次亚谐共振周期解问题。该周期解的频率为 $\omega/3=1.0$,导致边值条件与式(b)相同,计算结果是主共振解,因此需要更换边值条件。鉴于 1/3 亚谐共振解的周期 T 是

激励周期 T_0 的 3 倍，可将 Poincare 截面 Σ 设置在 $\mathrm{mod}(t, T/2)=0$，即设置系统在 $t=0$ 和 $T/2$ 时相轨线重合的边值条件

$$u(0)=u_0,\quad u(\pi/(\omega/3))=u_0,\quad \dot{u}(0)=\dot{u}_0,\quad \dot{u}(\pi/(\omega/3))=\dot{u}_0 \tag{c}$$

图 9.2.1(c)给出系统相平面上的对称闭轨；图 9.2.1(d)表明该振动的周期是激励周期的 3 倍，即闭轨确实是 1/3 亚谐共振周期解。

受此启发，可再设置系统在 $t=0$ 和 $T/4$ 时的对称和反对称边值条件

$$u(0)=u_0,\quad u(\pi/(2\omega/3))=\pm u_0,\quad \dot{u}(0)=\dot{u}_0,\quad \dot{u}(\pi/(2\omega/3))=\pm\dot{u}_0 \tag{d}$$

计算得到两个左右反对称的闭轨，如图 9.2.1(e)和图 9.2.1(f)所示。这表明，该 Duffing 系统具有 3 个共存的 1/3 亚谐共振周期解。建议读者用本节介绍的方法分析这三个周期解的稳定性，进而讨论对称周期解与反对称周期解之间的关系。

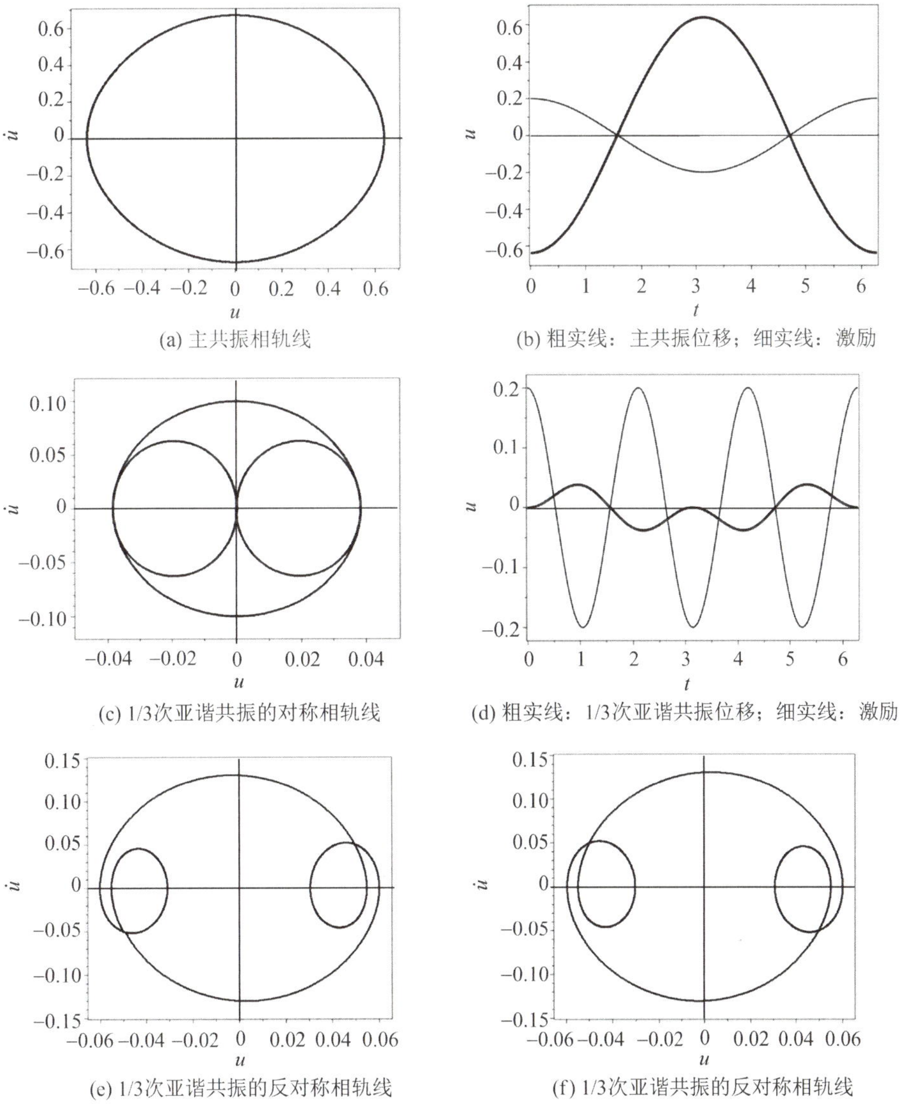

图 9.2.1　简谐激励下 Duffing 系统的主共振和亚谐共振周期解

最后指出,上述格式的打靶法仅适用于周期激励的非自治系统。对于自治系统来说,通常其周期运动的周期 T 是未知的。此时,需要对打靶过程进行改进,将周期 T 也作为待求的未知量。

2. 增量谐波平衡法①

设式(9.2.9)的近似周期解为 $\boldsymbol{u}(t)$,记待求的修正解为

$$\tilde{\boldsymbol{u}}(t)=\boldsymbol{u}(t)+\Delta\boldsymbol{u}(t) \tag{9.2.17}$$

将式(9.2.17)代入式(9.2.9)后取线性近似,得到增量 $\Delta\boldsymbol{u}(t)$ 所满足的常微分方程

$$\Delta\dot{\boldsymbol{u}}(t)=\mathbf{D}_u\boldsymbol{f}(\boldsymbol{u}(t),t)\Delta\boldsymbol{u}(t)+\boldsymbol{f}(\boldsymbol{u}(t),t)-\dot{\boldsymbol{u}}(t) \tag{9.2.18}$$

现在的任务是:求解增量 $\Delta\boldsymbol{u}(t)$,进而获得更接近于真实解的 $\tilde{\boldsymbol{u}}(t)$。

如果将 $\boldsymbol{u}(t)$ 和 $\Delta\boldsymbol{u}(t)$ 皆限定于周期函数空间内,其有限 Fourier 展开为

$$\boldsymbol{u}(t)=\sum_{k=0}^{N}[\boldsymbol{a}_k\cos(k\omega t)+\boldsymbol{b}_k\sin(k\omega t)],\quad \omega\equiv\frac{2\pi}{T} \tag{9.2.19}$$

$$\Delta\boldsymbol{u}(t)=\sum_{k=0}^{N}[\Delta\boldsymbol{a}_k\cos(k\omega t)+\Delta\boldsymbol{b}_k\sin(k\omega t)] \tag{9.2.20}$$

其中,$\boldsymbol{a}_k\in\mathscr{R}^n$,$k\in\{0,I_N\}$ 和 $\boldsymbol{b}_k\in\mathscr{R}^n$,$k\in I_N$ 是 $2N+1$ 个已知的参数向量,而 $\Delta\boldsymbol{a}_k\in\mathscr{R}^n$,$k\in\{0,I_N\}$ 和 $\Delta\boldsymbol{b}_k\in\mathscr{R}^n$,$k\in I_N$ 是 $2N+1$ 个未知向量,$\boldsymbol{b}_0$ 和 $\Delta\boldsymbol{b}_0$ 为零向量。将式(9.2.19)和(9.2.20)代入式(9.2.18),得到具有时变系数的线性代数方程

$$\sum_{k=0}^{N}\boldsymbol{P}_k(t)\Delta\boldsymbol{a}_k+\sum_{k=1}^{N}\boldsymbol{Q}_k(t)\Delta\boldsymbol{b}_k=\boldsymbol{r}(t) \tag{9.2.21}$$

其中

$$\begin{cases}\boldsymbol{P}_k(t)=\mathbf{D}_u\boldsymbol{f}\left(\sum\limits_{k=0}^{N}[\boldsymbol{a}_k\cos(k\omega t)+\boldsymbol{b}_k\sin(k\omega t)],t\right)\cos(k\omega t)+k\omega\sin(k\omega t)\boldsymbol{I}\\ \boldsymbol{Q}_k(t)=\mathbf{D}_u\boldsymbol{f}\left(\sum\limits_{k=0}^{N}[\boldsymbol{a}_k\cos(k\omega t)+\boldsymbol{b}_k\sin(k\omega t)],t\right)\sin k\omega t-k\omega\cos(k\omega t)\boldsymbol{I}\\ \boldsymbol{r}(t)=\boldsymbol{f}\left(\sum\limits_{k=0}^{N}[\boldsymbol{a}_k\cos(k\omega t)+\boldsymbol{b}_k\sin(k\omega t)],t\right)-\sum\limits_{k=0}^{N}k\omega[\boldsymbol{b}_k\cos(k\omega t)-\boldsymbol{a}_k\sin(k\omega t)]\end{cases} \tag{9.2.22}$$

采用 Galerkin 方法,可将式(9.2.22)化为 $2N+1$ 个线性代数方程组

$$\begin{cases}\sum\limits_{k=0}^{N}(\boldsymbol{A}_{kj}\Delta\boldsymbol{a}_k+\boldsymbol{B}_{kj}\Delta\boldsymbol{b}_k)=\boldsymbol{E}_j,\quad j\in\{0,I_N\}\\ \sum\limits_{k=0}^{N}(\boldsymbol{C}_{kj}\Delta\boldsymbol{a}_k+\boldsymbol{D}_{kj}\Delta\boldsymbol{b}_k)=\boldsymbol{F}_j,\quad j\in I_N\end{cases} \tag{9.2.23}$$

其中

$$\begin{cases}\boldsymbol{A}_{kj}\equiv\int_0^T\boldsymbol{P}_k(t)\cos(j\omega t)\mathrm{d}t,\quad \boldsymbol{B}_{kj}\equiv\int_0^T\boldsymbol{Q}_k(t)\cos(j\omega t)\mathrm{d}t,\quad \boldsymbol{C}_{kj}\equiv\int_0^T\boldsymbol{P}_k(t)\sin(j\omega t)\mathrm{d}t\\ \boldsymbol{D}_{kj}\equiv\int_0^T\boldsymbol{Q}_k(t)\sin(j\omega t)\mathrm{d}t,\quad \boldsymbol{E}_j\equiv\int_0^T\boldsymbol{r}(t)\cos(j\omega t)\mathrm{d}t,\quad \boldsymbol{F}_j\equiv\int_0^T\boldsymbol{r}(t)\sin(j\omega t)\mathrm{d}t\end{cases} \tag{9.2.24}$$

---

① Chen Y S, Leung A Y T. Bifurcation and Chaos in Engineering [M]. London: Springer-Verlag, 1998: 312-315.

由式(9.2.23)解出 $\Delta \boldsymbol{a}_k \in \mathscr{R}^n, k \in \{0, I_N\}$ 和 $\Delta \boldsymbol{b}_k \in \mathscr{R}^n, k \in I_N$，代回式(9.2.20)即得到增量 $\Delta \boldsymbol{u}(t)$，进而由式(9.2.17)得到修正解 $\tilde{\boldsymbol{u}}(t)$。

此时，若 $\|\Delta \boldsymbol{u}(t)\| / \|\boldsymbol{u}(t)\|$ 已足够小，则表明不必继续修正；否则，将修正解再作为近似解 $\boldsymbol{u}(t)$ 重复上述过程，直至 $\|\Delta \boldsymbol{u}(t)\| / \|\boldsymbol{u}(t)\|$ 足够小为止。

3. 对两种方法的讨论[①]

(a) 从求解工作量看：打靶法是在 Poincaré 截面 $\Sigma \subset \mathscr{R}^n$ 上寻找周期点 $\boldsymbol{u}_p$，其计算过程涉及求解 $n+1$ 个 n 维常微分方程初值问题以及求解一个 n 维的线性代数方程；增量谐波平衡法则是在空间 $\mathscr{R}^{(2N+1)n}$ 中寻找解向量 $[\boldsymbol{a}_0^T \quad \boldsymbol{a}_1^T \quad \cdots \quad \boldsymbol{a}_N^T \quad \boldsymbol{b}_1^T \quad \cdots \quad \boldsymbol{b}_N^T]^T$，其求解过程涉及计算式(9.2.24)中 $(2N+1)(2N+2)n^2$ 个数值积分和求解式(9.2.23)中的 $(2N+1)n$ 个线性代数方程。自然，后者的计算量大。

(b) 从求解精度看：打靶法求出的是近似周期运动，增量谐波平衡法则是精确的周期运动。但后者的正确性依赖于对谐波成分的正确假设。

(c) 从数值稳定性看：增量谐波平衡法比较好，打靶法则与待求周期运动关于初始条件的敏感性有关。因此，可在时间段 $[0, T]$ 上建立多个 Poincaré 截面，将原来的 Poincaré 映射分解为几个映射的复合，构成多级打靶法[②]。

(d) 这两种方法本质上都是 Newton－Raphson 迭代法，均要计算 Jacobi 矩阵 $\mathbf{D}_u \boldsymbol{f}(\boldsymbol{u}, t)$。当系统含有间隙、预紧约束、干摩擦等非光滑因素时，计算要做特殊处理。为此，作者提出一种曲线拟合法，可免去计算 $\mathbf{D}_u \boldsymbol{f}(\boldsymbol{u}, t)$，通过系统瞬态响应来预测周期运动[③]。

9.3　局部分岔的计算

根据 7.7 节的分析，引入 Poincaré 映射后，周期运动的分岔归结为周期点的分岔，与平衡点的分岔有相似之处。本节讨论平衡点分岔的计算，读者不难将其推广到周期运动的分岔。

9.3.1　分岔计算的任务

考察含实参数 p 的 n 维系统平衡方程

$$\boldsymbol{f}(\boldsymbol{u}, p) = \boldsymbol{0}, \quad \boldsymbol{u} \in \mathscr{R}^n, \quad p \in \mathscr{R} \tag{9.3.1}$$

设已得到参数 $p = p_0$ 时系统的平衡点 $\boldsymbol{u}(p_0) = \boldsymbol{u}_0$，现讨论参数 $p > p_0$ 时系统平衡点 $\boldsymbol{u}(p)$ 的演化情况。该问题不仅具有实际背景，而且与 9.2 节中的参数延续算法密切相关。

为了求解系统在 $p > p_0$ 时的平衡点 $\boldsymbol{u}(p)$，将式(9.3.1)对参数 p 求导数，得到

$$\mathbf{A}(\boldsymbol{u}, p)\boldsymbol{u}' + \mathbf{D}_p \boldsymbol{f}(\boldsymbol{u}, p) = \boldsymbol{0} \tag{9.3.2}$$

其中，$\mathbf{A}(\boldsymbol{u}, p) \equiv \mathbf{D}_u \boldsymbol{f}(\boldsymbol{u}, p)$，$\boldsymbol{u}' \equiv \mathrm{d}\boldsymbol{u}/\mathrm{d}p$。如果对于任意 $p > p_0$，均有

$$\det \mathbf{A}(\boldsymbol{u}, p) \neq 0 \tag{9.3.3}$$

---

① 胡海岩. 非光滑动力系统周期响应的数值分析［J］. 南京航空学院学报，1992，24(4)：394-402.

② 凌复华. 常微分方程数值方法及其在力学中的应用［M］. 重庆：重庆大学出版社，1990.

③ Hu H Y. Numerical Scheme of Locating the Periodic Response of Non-smooth Non-autonomous Systems of High Dimension[J]. Computer Methods in Applied Mechanics and Engineering，1995，123(1)：53-62.

则可由式(9.3.2)得到 $p>p_0$ 时系统平衡点 $\boldsymbol{u}(p)$ 所满足的初值问题

$$\begin{cases}\boldsymbol{u}'=-\boldsymbol{A}(\boldsymbol{u},p)^{-1}\mathbf{D}_p\boldsymbol{f}(\boldsymbol{u},p)\\ \boldsymbol{u}(p_0)=\boldsymbol{u}_0\end{cases} \tag{9.3.4}$$

这样,就可从 $\boldsymbol{u}(p_0)$ 出发,采用9.1节介绍的常微分方程初值问题数值解法求得平衡点 $\boldsymbol{u}(p)$。式(9.3.3)意味着:随着参数 p 变化,式(9.3.1)不出现奇异点。

如果式(9.3.3)不能满足,则存在某个参数 p_c 使平衡点 $\boldsymbol{u}_c=\boldsymbol{u}(p_c)$ 成为式(9.3.1)的奇异点。从计算平衡点的角度看,此时需要解决以下两个问题:

(a) 随着参数 p 增加,如何准确定位产生奇异点的参数分岔值 $p=p_c$;

(b) 如何处理 $p\geqslant p_c$ 时系统平衡点 $\boldsymbol{u}(p)$ 的求解问题。

9.3.2 奇异点的确定

为了在计算过程中确定奇异点,定义检验函数

$$q(\boldsymbol{u},p)\equiv\det\boldsymbol{A}(\boldsymbol{u},p) \tag{9.3.5}$$

显然,它满足 $q(\boldsymbol{u}_c,p_c)=0$。

参考图9.3.1,根据当前第 k 步的检验函数值 $q_k\equiv q(\boldsymbol{u}(p_k),p_k)$ 和前一步的检验函数值 $q_{k-1}\equiv q(\boldsymbol{u}(p_{k-1}),p_{k-1})$,可写出

$$\frac{q_k}{q_{k-1}}=\frac{p_k-\hat{p}_c}{p_{k-1}-\hat{p}_c} \tag{9.3.6}$$

由此得到线性插值预报

$$\hat{p}_c=\frac{p_{k-1}q_k-p_kq_{k-1}}{q_k-q_{k-1}} \tag{9.3.7}$$

为了提高定位精度,当 $q_{k-1}q_k<0$ 时,可在 $[p_{k-1},p_k]$ 内用对分法获得精确的参数分岔值 p_c。将其代入式(9.3.1),可求得奇异点 $\boldsymbol{u}_c$。

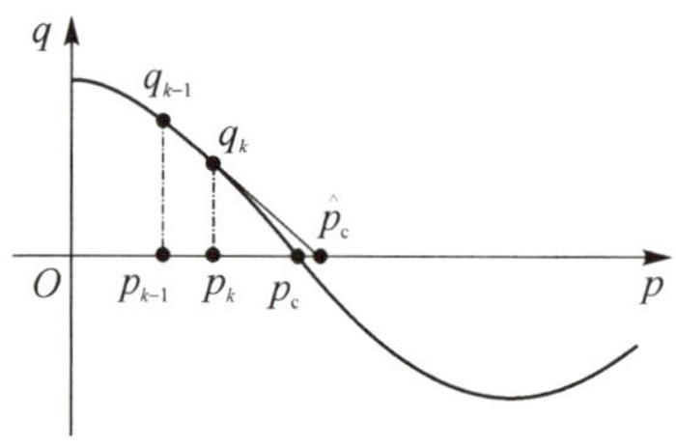

图9.3.1 基于两点插值的奇异点预报

9.3.3 通过奇异点的方法*

根据7.5节的讨论,奇异点分为转折点和分岔点两类,以下分别讨论这两种情况。

1. 转折点问题

首先,考察一维系统的平衡方程。在转折点 (u_c,p_c) 处,方程的偏导数满足

$$\mathrm{D}_uf(u_c,p_c)=0,\quad \mathrm{D}_pf(u_c,p_c)\neq 0 \tag{9.3.8}$$

形象地看,式(9.3.8)的解曲线如图9.3.2所示。在转折点 (u_c,p_c) 附近,对于参数 p_k,u 的值

不唯一。受该图启发，可以颠倒 u 和 p 的角色，将 p 作为待求未知量，以 u 作为参数，在转折点(u_c,p_c)附近寻求函数关系 $p(u)$。更一般地，可引进某个新参数 s 来求该问题的解。

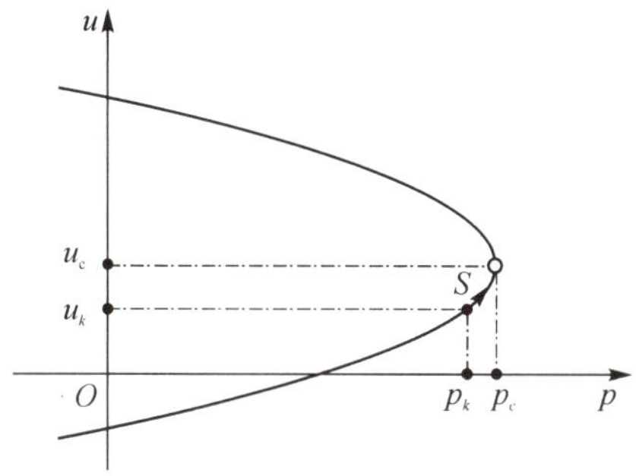

图 9.3.2　转折点附近的解曲线示意图

具体说，对于式(9.3.1)中的 n 维系统平衡方程，其转折点(u_c,p_c)所满足的条件是

$$\operatorname{rank}\mathbf{D}_{\boldsymbol u}\boldsymbol f(\boldsymbol u_c,p_c)=n-1,\quad \operatorname{rank}[\mathbf{D}_{\boldsymbol u}\boldsymbol f(\boldsymbol u_c,p_c)\quad \mathbf{D}_p\boldsymbol f(\boldsymbol u_c,p_c)]=n \tag{9.3.9}$$

选择与转折点(u_c,p_c)充分接近的点$(\boldsymbol u_k,p_k)$作为起点，并设 $p_k<p_c$。取自点$(\boldsymbol u_k,p_k)$起度量的弧长 s 作为参数，寻求如下参数形式的解：

$$\boldsymbol u=\boldsymbol u(s),\quad p=p(s),\quad s>0 \tag{9.3.10}$$

其中，弧长 s 足够短，进而满足

$$[\boldsymbol u(s)-\boldsymbol u_k]^{\mathrm T}[\boldsymbol u(s)-\boldsymbol u_k]+[p(s)-p_k]^2-s^2=0 \tag{9.3.11}$$

将式(9.3.1)和式(9.3.11)合并，写成 $n+1$ 维的平衡方程

$$\begin{bmatrix}\boldsymbol f(\boldsymbol u(s),p(s))\\ [\boldsymbol u(s)-\boldsymbol u_k]^{\mathrm T}[\boldsymbol u(s)-\boldsymbol u_k]+[p(s)-p_k]^2-s^2\end{bmatrix}=\mathbf 0 \tag{9.3.12}$$

将式(9.3.12)对弧长 s 求导数，可构造常微分方程组的初值问题

$$\begin{bmatrix}\mathbf{D}_{\boldsymbol u}\boldsymbol f(\boldsymbol u,p) & \mathbf{D}_p\boldsymbol f(\boldsymbol u,p)\\ (\boldsymbol u-\boldsymbol u_k)^{\mathrm T} & (p-p_k)\end{bmatrix}\begin{bmatrix}\boldsymbol u'\\ p'\end{bmatrix}-\begin{bmatrix}\mathbf 0\\ s\end{bmatrix}=\mathbf 0,\quad \begin{bmatrix}\boldsymbol u(0)\\ p(0)\end{bmatrix}=\begin{bmatrix}\boldsymbol u_k\\ p_k\end{bmatrix} \tag{9.3.13}$$

其中，$(\ )'\equiv \mathrm d(\ )/\mathrm ds$。根据式(9.3.9)，对于充分接近点$(\boldsymbol u_c,p_c)$的点$(\boldsymbol u,p)\neq(\boldsymbol u_k,p_k)$，式(9.3.13)的系数矩阵可逆，从而可将式(9.3.13)改写为常微分方程组的初值问题

$$\begin{bmatrix}\boldsymbol u'\\ p'\end{bmatrix}\approx\begin{bmatrix}\mathbf{D}_{\boldsymbol u}\boldsymbol f(\boldsymbol u,p) & \mathbf{D}_p\boldsymbol f(\boldsymbol u,p)\\ (\boldsymbol u-\boldsymbol u_k)^{\mathrm T} & (p-p_k)\end{bmatrix}^{-1}\begin{bmatrix}\mathbf 0\\ s\end{bmatrix},\quad \begin{bmatrix}\boldsymbol u(0)\\ p(0)\end{bmatrix}=(1+\varepsilon)\begin{bmatrix}\boldsymbol u_k\\ p_k\end{bmatrix} \tag{9.3.14}$$

其中，$|\varepsilon|=10^{-4}\sim10^{-6}$ 是为避免初始条件导致系数矩阵奇异而选的计算参数。用 9.1 节的数值方法求解式(9.3.14)，可顺利通过转折点$(\boldsymbol u_c,p_c)$。该方法被称作弧长法，又称伪弧长法。

例 9.3.1　用弧长方法获得一维静力学方程在转折点附近的近似解。

解　根据式(9.3.13)，取自(u_k,p_k)出发的弧长 s 描述一维静力学方程，其初值问题为

$$\begin{bmatrix}\mathrm D_u f(u,p) & \mathrm D_p f(u,p)\\ u-u_k & p-p_k\end{bmatrix}\begin{bmatrix}u'\\ p'\end{bmatrix}=\begin{bmatrix}0\\ s\end{bmatrix},\quad \begin{bmatrix}u(0)\\ p(0)\end{bmatrix}=\begin{bmatrix}u_k\\ p_k\end{bmatrix} \tag{a}$$

为避免初始条件导致式(a)的系数矩阵奇异，现用另一种近似方法求解式(a)。由式(9.3.8)可知，$\mathrm D_u f(u,p)\approx0$，由此可将式(a)中的微分方程组简化为

$$\begin{bmatrix}u'\\ p'\end{bmatrix}=\frac{1}{\mathrm D_u f(u,p)(p-p_k)-\mathrm D_p f(u,p)(u-u_k)}\begin{bmatrix}-s\mathrm D_p f(u,p)\\ s\mathrm D_u f(u,p)\end{bmatrix}\approx\begin{bmatrix}s/(u-u_k)\\ \delta s\end{bmatrix} \tag{b}$$

其中

$$\delta \equiv \frac{D_u f(u,p)}{D_p f(u,p)(u_k - u)} \approx \frac{D_{uu} f(u_c,p_c)}{D_p f(u_c,p_c)} \tag{c}$$

这表明 δ 可近似为常数,对式(b)分离变量积分并代入式(a)的初始条件,得到

$$(u-u_k)^2 = s^2, \quad p - p_k = \delta s^2 \tag{d}$$

消去式(d)中的弧长参数 s^2,得到静力学方程在(u_k,p_k)附近的近似抛物线解

$$p = p_k + \delta(u-u_k)^2 \tag{e}$$

2. 静态分岔点问题

首先,考察含参数 p 的一维系统平衡方程。在分岔点(u_c,p_c)处,该方程的偏导数满足

$$D_u f(u_c,p_c)=0, \quad D_p f(u_c,p_c)=0 \tag{9.3.15}$$

而其二阶偏导数满足7.5节中的非退化条件。图9.3.3是这种情况下的解曲线示意图,在分岔点(u_c,p_c)处,有两条以上的解曲线发生交叉。对于一维平衡方程,可用数值方法获得解曲线在分岔点的所有分支方向,进而可沿这些分支方向逐个继续求解。

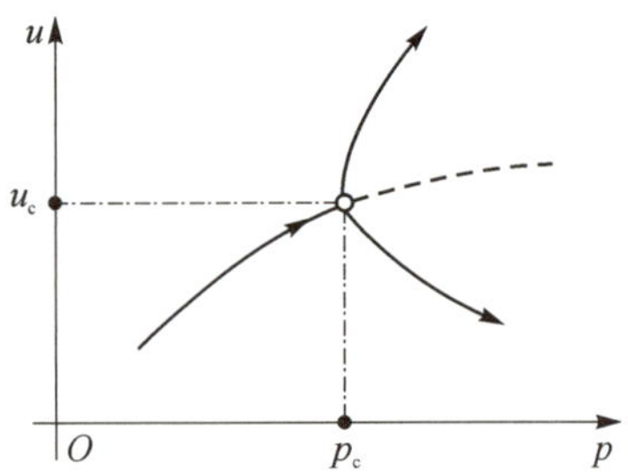

图9.3.3 分岔点附近的解曲线示意图

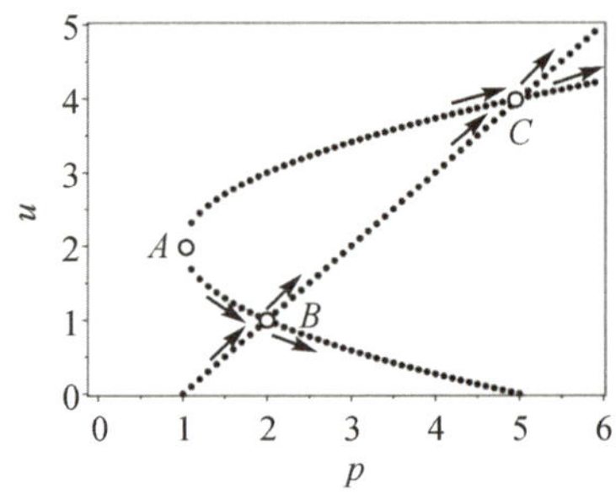

图9.3.4 含参数的一维平衡方程分岔图

例9.3.2[M] 对于给定区域内的下述一维平衡方程

$$f(u,p) \equiv (u-p+1)[(u-2)^2-p+1]=0, \quad u\in[0,5], \quad p\in[1,6] \tag{a}$$

采用数值方法确定其分岔解支。

解 将参数区间[1,6]均匀离散为51个点,对于参数值 $p_k, k\in I_{51}$,依次调用Maple平台的非线性方程求根命令solve,求得 $f(u,p_k)$的三个根 $u_j(p_k), j\in I_3$,进而得到图9.3.4所示的各个解支。其中,圆圈 A 是转折点,圆圈 B 和 C 是分岔点,箭头是解支穿过分岔点的演化方向。该数值结果与例7.5.1中的解析结果完全一致。

其次,考察由式(9.3.1)描述的含参数 p 的 n 维系统,讨论如何将其简化为便于用数值优化求解的低维问题。现将参数 p 视作状态变量,定义 $n+1$ 维状态空间中的平衡方程

$$\boldsymbol{g}(\boldsymbol{v}) = \begin{bmatrix} \boldsymbol{f}(\boldsymbol{v}) \\ 0 \end{bmatrix} = \boldsymbol{0}, \quad \boldsymbol{v} \equiv \begin{bmatrix} \boldsymbol{u} \\ p \end{bmatrix} \in \mathcal{R}^{n+1} \tag{9.3.16}$$

再定义 $n+1$ 阶方阵

$$\boldsymbol{A}(\boldsymbol{v}) \equiv \mathbf{D}\boldsymbol{g}(\boldsymbol{v}) = \begin{bmatrix} \mathbf{D}_u \boldsymbol{f}(\boldsymbol{u},p) & \mathbf{D}_p \boldsymbol{f}(\boldsymbol{u},p) \\ \boldsymbol{0} & 0 \end{bmatrix} \tag{9.3.17}$$

则分岔点 $\boldsymbol{v}_c \equiv [\boldsymbol{u}_c^{\mathrm{T}}, p_c]^{\mathrm{T}}$ 满足的条件是

$$\operatorname{rank} \boldsymbol{A}(\boldsymbol{v}_c) = \operatorname{rank}[\mathbf{D}_u \boldsymbol{f}(\boldsymbol{u}_c,p_c) \quad \mathbf{D}_p \boldsymbol{f}(\boldsymbol{u}_c,p_c)] < n \tag{9.3.18}$$

这说明,$n+1$ 阶方阵 $\boldsymbol{A}(\boldsymbol{v}_c)$至少有 $m\geqslant 2$ 个零特征值,记 $\boldsymbol{\varphi}_k, k\in I_m$ 是与这些零特征值对应的

线性无关特征向量，则方阵 $\boldsymbol{A}(\boldsymbol{v}_c)$ 的零空间为

$$\mathcal{N}(\boldsymbol{A}(\boldsymbol{v}_c))=\mathrm{span}\{\boldsymbol{\varphi}_1,\boldsymbol{\varphi}_2,\cdots,\boldsymbol{\varphi}_m\} \tag{9.3.19}$$

它与 $\boldsymbol{v}_c$ 的中心流形相切。根据中心流形定理，如果以 $\boldsymbol{g}(\boldsymbol{v})$ 为向量场构成动力学系统，其平衡点只能位于中心流形上。因此，可将式(9.3.16)的第二式在 $\boldsymbol{v}_c$ 附近的解近似为

$$\boldsymbol{v}=\boldsymbol{v}_c+\sum_{k=1}^{m}a_k\boldsymbol{\varphi}_k \tag{9.3.20}$$

以下讨论如何确定式(9.3.20)中的系数 $a_k, k\in I_m$。

取 $\boldsymbol{v}_c$ 为球心、d 为半径的球面 $S_d(\boldsymbol{v}_c)$，令式(9.3.20)使 $\|\boldsymbol{g}(\boldsymbol{v})\|_2^2$ 在 $S_d(\boldsymbol{v}_c)$ 上取极小值

$$\min_{\boldsymbol{v}\in S_d(\boldsymbol{v}_c)}\|\boldsymbol{g}(\boldsymbol{v})\|_2^2 \tag{9.3.21}$$

引入 Lagrange 乘子 λ，将式(9.3.21)转化为无条件极值问题

$$\min_{a_k,k\in I_m,\lambda}\left[\left\|\boldsymbol{g}\left(\boldsymbol{v}_c+\sum\nolimits_{k=1}^{m}a_k\boldsymbol{\varphi}_k\right)\right\|_2^2+\lambda\left(\sum\nolimits_{k=1}^{m}a_k^2-d^2\right)\right] \tag{9.3.22}$$

将式(9.3.22)对诸 a_k 和 λ 求偏导数，得到式(9.3.22)取极值的 $m+1$ 个必要条件

$$\begin{cases}\boldsymbol{g}\left(\boldsymbol{v}_c+\sum\limits_{j=1}^{m}a_j\boldsymbol{\varphi}_j\right)^{\mathrm{T}}\boldsymbol{A}\left(\boldsymbol{v}_c+\sum\limits_{j=1}^{m}a_j\boldsymbol{\varphi}_j\right)\boldsymbol{\varphi}_k+\lambda a_k=0, \quad k\in I_m\\ \sum\limits_{j=1}^{m}a_j^2-d^2=0\end{cases} \tag{9.3.23}$$

这是降维的非线性代数方程组，共有 $m+1$ 个未知量 $a_k, k\in I_m$ 和 λ。通常，$2\leqslant m\ll n$，可像例 9.3.2 那样，用数值方法得到该方程组的全部解，然后代回式(9.3.20)得到近似解。

对于许多问题，$m=2$ 且只有两个解支在分岔点相交，例如跨临界分岔和叉型分岔。由于解的半个分支已由参数延续法求出，可以记向量 $\boldsymbol{\psi}_1$ 为该解支在分岔点的切向量，而取另一解支的试探切向量为满足如下正交条件的单位向量 $\boldsymbol{\psi}_2$：

$$\boldsymbol{\psi}_1^{\mathrm{T}}\boldsymbol{\psi}_2=\boldsymbol{\psi}_1^{\mathrm{T}}(a_1\boldsymbol{\varphi}_1+a_2\boldsymbol{\varphi})=0 \tag{9.3.24}$$

然后取

$$\boldsymbol{v}=\boldsymbol{v}_c+\delta\boldsymbol{\psi}_2, \quad \delta=O(\|\boldsymbol{u}_k-\boldsymbol{u}_c\|) \tag{9.3.25}$$

作为试探解，通过 Newton - Raphson 迭代法提高其逼近真实解支的程度。

高维系统平衡点的分岔计算富有挑战，还有许多值得研究的问题，如本章尚未涉及的 Hopf 分岔计算方法①。

9.4　全局特性的计算*

对非线性系统进行全局特性分析，主要研究系统初始状态对系统长时间历程动力学行为的影响。具体地说，对于 n 维自治系统的动力学问题

$$\begin{cases}\dot{\boldsymbol{u}}=\boldsymbol{f}(\boldsymbol{u}), \quad \boldsymbol{u}\in\Omega\subset\mathcal{R}^n\\ \boldsymbol{u}(t_0)=\boldsymbol{u}_0\end{cases} \tag{9.4.1}$$

就是研究初始条件 $\boldsymbol{u}_0\in\Omega\subset\mathcal{R}^n$ 对稳态解 $\boldsymbol{u}(t)$ 的影响。对该问题的理论研究极为困难，迄今仅

① 武际可，周鹍. 非线性问题和分岔问题及其散值方法 [J]. 力学与实践，1994，16(1)：1-8.

对二维自治系统有较为丰富的结果。从数值计算角度研究该问题,在原则上可将区域 Ω 离散为具有代表性的点集,然后以点集中的每个点作为系统初始状态,采用 9.1 节的方法计算初值问题至足够长的时间,记下系统状态。该方法称为系统状态的点映射,其计算量巨大。以两自由度系统为例,若将所关心的四维初始状态区域 Ω 离散为 100^4 点,自每个点出发计算系统状态至 1000 步,则总计数值积分达到 10^{11} 步!

9.4.1 胞映射方法

20 世纪 80 年代初,美国华裔力学家徐皆苏(Chieh - Su Hsu,1922—2014)提出用有限尺寸的胞映射来替代点映射,成功获得了若干三维系统的全局动力学形态。

为介绍该方法,考察具有周期激励的二维非自治系统

$$\dot{\boldsymbol{u}} = \boldsymbol{f}(\boldsymbol{u},t) \equiv \boldsymbol{f}(\boldsymbol{u},t+T_0), \quad \boldsymbol{u} \in \Omega \subset \mathscr{R}^2, \quad T_0 > 0 \tag{9.4.2}$$

该方法的思路是:将 Ω 离散为一系列单元(称作胞),取第 i 胞中一点作为系统初始状态,计算由此出发的相轨线至 $t=T_0$,记下此时它落入的胞号 j,这样就形成了一个胞与胞之间的整数映射 $j=p(i)$。如果胞尺寸足够小,可认为系统在胞中各点的行为是相同的,从而只需讨论映射序列的性质。这样可免去对每条相轨线数值积分到稳态的要求,将全局分析的工作量降低 2~3 个数量级。以下先引入几个基本概念,再扼要介绍几种胞映射方法。

1. 基本概念

现以图 9.4.1 所示的矩形区域 $\Omega \equiv [a_1, a_2] \otimes [b_1, b_2] \subset \mathscr{R}^2$ 为例,说明胞的定义。将 Ω 离散为 $N = n_1 \times n_2$ 个小矩形,依次记为 Ω_k,称作第 k 个胞,$k \in I_N$。此外,将 Ω 以外的区域 $\mathscr{R}^n - \Omega$ 定义为陷胞,记作 Ω_0。

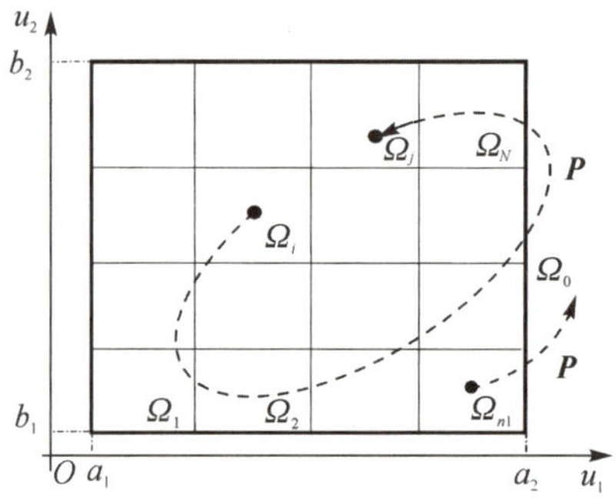

图 9.4.1 胞的定义

如果系统在 t_m 时刻的状态 $\boldsymbol{u}(t_m) \in \Omega_i$,引入离散状态变量 $z(m)=i$ 来表征该事件。图 9.4.1 中自 $\boldsymbol{u}(t_m) \in \Omega_i$ 出发的相轨线在 t_{m+1} 时刻落入 $\boldsymbol{u}(t_{m+1}) \in \Omega_j$,将该事件记作 $z(m+1)=j$。由此可定义两种映射

$$\boldsymbol{u}(t_{m+1}) = \boldsymbol{P}(\boldsymbol{u}(t_m)) \equiv \boldsymbol{u}(t_m) + \int_{t_m}^{t_{m+1}} \boldsymbol{f}(\boldsymbol{u},t)\mathrm{d}t, \quad m \in \mathscr{Z} \tag{9.4.3}$$

和

$$j = p(i), \quad i \in I_N \tag{9.4.4}$$

前者是由相空间中点 $\boldsymbol{u}(t_m)$ 到点 $\boldsymbol{u}(t_{m+1})$,故称作点映射,是无限序列;当 Ω 取为 Poincaré 截

面 Σ 上的区域时，这就是 Poincaré 映射。后者是由第 i 个胞到第 j 个胞的映射，故称作胞映射，是有限序列。当胞的尺寸非常小时，胞映射与点映射很接近，但两者有所不同。例如，由图 9.4.2 可见，式(9.4.4)并不意味着

$$\Omega_j = \boldsymbol{P}(\Omega_i),\quad i \in I_N \tag{9.4.5}$$

采用胞映射的主要目的是：仅对胞中有代表性的点做一次点映射，然后用胞映射分析其后继行为，即映射序列的行为。

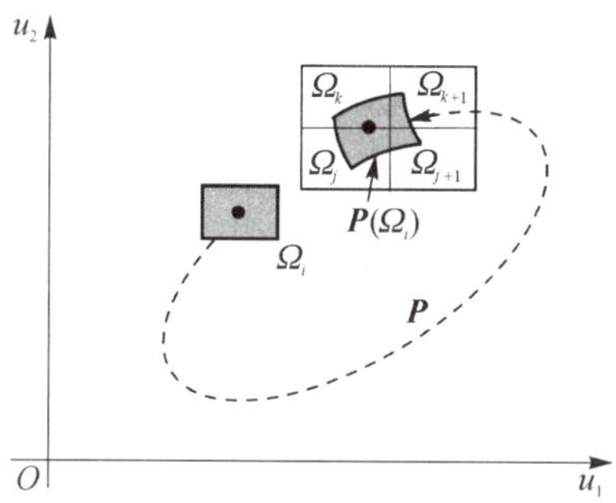

图 9.4.2　典型胞的映射

2. 简单胞映射法

由于式(9.4.5)未必成立，在胞映射中必须引入一些假设方可完成后继映射，构造映射序列。在简单胞映射法中，引入如下两个基本假设：

(a) 胞的尺寸足够小，从而以胞 Ω_i 的中心点代表 Ω_i 中的全部点，即认为

$$p(i)=j \quad \Leftrightarrow \quad \boldsymbol{P}(\Omega_i)=\Omega_j,\quad i \in I_N \tag{9.4.6}$$

(b) 一旦某个胞的中心点映入陷胞 Ω_0，则不再关心其后继行为，即约定对任意的 i

$$p(i)=0 \quad \Leftrightarrow \quad \boldsymbol{P}(\Omega_i)=\Omega_0,\quad p(0)=0,\quad i \in I_N \tag{9.4.7}$$

基于上述两条假设的方法很粗糙，但它体现了 Hsu 的最初思想。根据式(9.4.6)和式(9.4.7)，可以对 Ω 中的胞进行如下分类。

(a) 周期胞：若有正整数 k，使得

$$z(m+k)=p^k(z(m))=z(m) \tag{9.4.8}$$

则称胞 $\Omega_m,\Omega_{m+1},\cdots,\Omega_{m+k}$ 构成周期 k 胞集。当 $k>1$ 时，它是一个胞集。当 Ω 是 Poincaré 截面 Σ 上的区域时，周期 k 胞集是周期 k 点的近似描述。因此，称周期 k 胞集上的离散变量为周期 k 运动，记作 $\bar{z}(1),\bar{z}(2),\cdots,\bar{z}(k)$ 或 $\bar{z}$。

(b) 平衡胞：它是周期胞在 $k=1$ 时的特款。当 t_m 任意时，它是平衡点的近似描述。此外由式(9.4.7)知，陷胞 Ω_0 也是平衡胞。

(c) 吸引域：若存在某个整数关系 $1 \leqslant l \leqslant k$ 使

$$p^l(z(j))=\bar{z}(i) \tag{9.4.9}$$

则称胞 Ω_j 与周期 k 运动 $\bar{z}$ 相距 l 步。与周期 k 运动 $\bar{z}$ 相距不超过 l 步的胞集称作 l 步吸引域，记作 $A_l(\bar{z})$。周期 k 运动 $\bar{z}$ 的吸引域定义为并集 $\bigcup_l A_l(\bar{z})$。

由于 Ω 被离散为有限多个胞，在简单胞映射下，对 Ω 中所有胞的映射序列(即长期动力学行为)可分类为：

(a) 陷胞 Ω_0 的吸引域；

(b) 某个周期 k 运动 $\bar{z}$；

(c) 某个周期 k 运动 $\bar{z}$ 的吸引域。

当然，周期运动可能有多个，相应的吸引域也有多个。

总结上述结果，可列出简单胞映射法的算法流程：首先，用9.1节中的数值积分方法对 Ω 中 N 个胞的中心点做一次点映射，用二元整数组记录其映射关系

$$j=p(i),\quad i\in I_N \tag{9.4.10}$$

然后，对 $i\in I_N$ 依次检查映射序列 $i\to p(i)\to p^2(i)\to\cdots$，其结果不外乎两类：

(a) 存在整数 $l>0$ 使 $h^l(i)=0$，即 Ω_i 是陷胞 Ω_0 的吸引域，结束检查；

(b) 存在整数 $l\geqslant 0$ 使 $h^{k+l}(i)=h^l(i)$，即 Ω_i 是周期 k 运动的吸引域，结束检查。

3. 插值胞映射法

为了兼顾计算精度和效率，美国学者 Tongue 等在点映射结果附近选四个点进行插值，改进简单胞映射的计算精度①。作者采用插值思想，提出如下更为简洁的三点插值方案。

记 Ω 中位于第 i 行第 j 列的胞为 (i,j) 胞，将中心点 $\boldsymbol{u}_{ij}^0$ 的一次点映射记作

$$\boldsymbol{u}_{ij}^1\equiv \boldsymbol{P}(\boldsymbol{u}_{ij}^0)=\boldsymbol{u}_{ij}^0+\int_0^{T_0}\boldsymbol{f}(\boldsymbol{u},t)\mathrm{d}t,\quad i\in I_{n_1},\quad j\in I_{n_2} \tag{9.4.11}$$

为了分析映射点 $\boldsymbol{u}_{ij}^1$ 的后继演化序列 $\boldsymbol{u}_{ij}^2,\boldsymbol{u}_{ij}^3,\cdots,\boldsymbol{u}_{ij}^m,\boldsymbol{u}_{ij}^{m+1},\cdots$，采用与 $\boldsymbol{u}_{ij}^m$ 相邻的三个胞中心点的首次点映射建立对 $\boldsymbol{u}_{ij}^m$ 点映射的线性逼近，即插值映射。

具体地说，不妨设 $\boldsymbol{u}_{ij}^m$ 落入了由三个胞中心点 $\boldsymbol{u}_{kl}^0,\boldsymbol{u}_{k(l+1)}^0$ 和 $\boldsymbol{u}_{(k+1)l}^0$ 组成的三角形中，并且与 $\boldsymbol{u}_{kl}^0$ 的距离最小。用它们的点映射 $\boldsymbol{u}_{kl}^1,\boldsymbol{u}_{k(l+1)}^1$ 和 $\boldsymbol{u}_{(k+1)l}^1$ 构造 $\boldsymbol{u}_{ij}^m$ 的下一次近似映射

$$\boldsymbol{u}_{ij}^{m+1}=\boldsymbol{P}(\boldsymbol{u}_{ij}^m)\approx \boldsymbol{u}_{kl}^0+\mathbf{DP}(\boldsymbol{u}_{kl}^0)\Delta\boldsymbol{u} \tag{9.4.12}$$

其中

$$\mathbf{DP}(\boldsymbol{u}_{kl}^0)\approx\begin{bmatrix}\dfrac{\boldsymbol{u}_{(k+1)l}^1-\boldsymbol{u}_{kl}^1}{\Delta u_1} & \dfrac{\boldsymbol{u}_{k(l+1)}^1-\boldsymbol{u}_{kl}^1}{\Delta u_2}\end{bmatrix},\quad \begin{bmatrix}\Delta u_1\\ \Delta u_2\end{bmatrix}=\Delta\boldsymbol{u}=\boldsymbol{u}_{ij}^m-\boldsymbol{u}_{kl}^0 \tag{9.4.13}$$

与 Tongue 的四点插值计算相比，这种方案不仅简单，还可适应 $\boldsymbol{P}(\Omega_i)$ 发生大畸变的情况。

上述插值映射可用于对胞 (i,j) 中任意点的后继分析。例如，可基于比较粗的胞划分(如100×100的平面网格)对中心点做一次点映射，然后对比较细的胞(如300×300的平面网格)进行后继映射分析。这无疑可兼顾计算精度和效率。

例9.4.1 对于下述单摆受迫振动问题

$$\ddot{u}(t)+0.2\dot{u}(t)+\sin(u(t))=2\cos t \tag{a}$$

用插值胞映射方法研究其全局特性。

解 将式(a)表示为扩张相空间中的自治系统

$$\begin{bmatrix}\dot{u}_1\\ \dot{u}_2\\ \dot{u}_3\end{bmatrix}=\begin{bmatrix}u_2\\ -\sin u_1-0.2u_2+2\cos u_3\\ 1\end{bmatrix} \tag{b}$$

定义 Poincaré 截面为

---

① Tougue B H, Gu K. Interpolated Cell Mapping of Dynamical Systems [J]. Journal of Applied Mechanics, 1998, 55 (4): 461-466.

$$\Sigma \equiv \{(u_1, u_2, u_3)(u_3 = \mathrm{mod}(u_3, 2\pi))\} \tag{c}$$

在 Poincaré 截面 Σ 上取矩形域 $\Omega \equiv [-\pi,\pi] \otimes [-4,4]$，将其划分为 100×100 个胞，对每个胞的中心点做一次点映射，然后用 300×300 个胞进行插值分析，得到图 9.4.3 所示结果。其中，白色区域和黑色区域分别是周期 1 点（黑色）和周期 1 点（白色）的吸引域，它们之间具有分形边界。Tongue 曾用相同的胞数计算过该问题，得到的吸引域边界比较模糊。图 9.4.3 的结果与 Tongue 采用 751×751 个胞的计算精度相当。

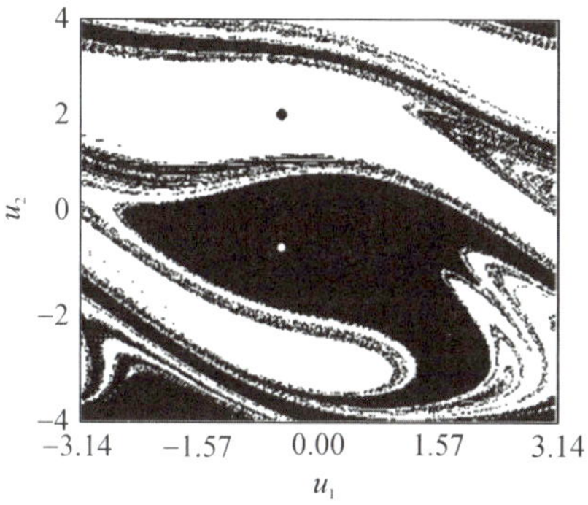

图 9.4.3　简谐激励下单摆的插值胞映射分析结果

4. 广义胞映射法

在简单胞映射法中，式(9.4.6)是不尽合理的假设。为放弃该假设，Hsu 提出了广义胞映射法。其主要思想是：在每个胞内布置若干初值点，进行一步映射 P，得到每个胞所对应子集的一步映射。此时，胞 Ω_i 的一步映射可能有多个像胞，即 $P(\Omega_i) \subset \{\Omega_i, \Omega_j, \Omega_k, \cdots\}$。根据条件概率公式，胞 Ω_i 历经一步映射进入胞 $\Omega_j, j \in I_N$ 的概率为

$$P_{ji} = \int_{\Omega_j} p(\boldsymbol{u}, T_0 | \boldsymbol{u}_i, 0)\mathrm{d}\boldsymbol{u}, \quad \boldsymbol{u}_i \in \Omega_i, \quad i,j \in I_N \tag{9.4.14}$$

其中，$p(\boldsymbol{u}, T_0 | \boldsymbol{u}_i, 0)$ 为条件概率密度函数。

由此可定义一步概率转移矩阵 $\boldsymbol{P} \equiv [P_{ji}] \in \mathscr{R}^{N\times N}$，再将系统第 k 步映射时所有胞的概率排列为向量 $\boldsymbol{p}(k) \in \mathscr{R}^N$，则广义胞映射可视为有限齐次马科夫（Andrei Markov，1856—1922）过程，表示为

$$\boldsymbol{p}(k+1) = \boldsymbol{P}^{k+1}\boldsymbol{p}(0) \tag{9.4.15}$$

Hsu 将一步概率转移矩阵表示为标准型

$$\boldsymbol{P} = \begin{bmatrix} \boldsymbol{P}_1 & \boldsymbol{0} & \cdots & \boldsymbol{0} & \boldsymbol{T}_1 \\ \boldsymbol{0} & \boldsymbol{P}_2 & \cdots & \boldsymbol{0} & \boldsymbol{T}_2 \\ \vdots & \vdots & \ddots & \vdots & \vdots \\ \boldsymbol{0} & \boldsymbol{0} & \cdots & \boldsymbol{P}_l & \boldsymbol{T}_l \\ \boldsymbol{0} & \boldsymbol{0} & \cdots & \boldsymbol{0} & \boldsymbol{Q} \end{bmatrix}, \quad \boldsymbol{Q} = \begin{bmatrix} \boldsymbol{Q}_1 & \boldsymbol{0} & \cdots & \boldsymbol{0} & \boldsymbol{R}_1 \\ \boldsymbol{0} & \boldsymbol{Q}_2 & \cdots & \boldsymbol{0} & \boldsymbol{R}_2 \\ \vdots & \vdots & \ddots & \vdots & \vdots \\ \boldsymbol{0} & \boldsymbol{0} & \cdots & \boldsymbol{Q}_m & \boldsymbol{R}_m \\ \boldsymbol{0} & \boldsymbol{0} & \cdots & \boldsymbol{0} & \boldsymbol{S} \end{bmatrix} \tag{9.4.16}$$

其中，$\boldsymbol{P}_1, \boldsymbol{P}_2, \cdots, \boldsymbol{P}_l$ 称为永久自循环集，对应于系统的吸引子①；$\boldsymbol{Q}_1, \boldsymbol{Q}_2, \cdots, \boldsymbol{Q}_m$ 称为暂态自循

① Hsu C S. Global Analysis of Dynamical Systems Using Posets and Digraphs [J]. International Journal Bifurcation Chaos, 1995, 5: 1085-1118.

环集,对应于系统的鞍型不变集①;其余非零子矩阵为暂态集。基于有向图理论,将胞作为顶点,胞至胞的映射关系作为有向边,可利用深度优先搜索算法确定式(9.4.16)中的所有子矩阵。再通过对暂态集的胞进行分析,可进一步得到鞍型不变集的稳定流形和不稳定流形。因此,广义胞映射法可在给定胞尺度下提供系统全局动力学的完整信息。

例 9.4.2 对于下述受外激励和参数激励的系统

$$\begin{cases}\dot{u}_1 = u_2 \\ \dot{u}_2 = -2.620u_1 - 25.000u_1^3 - 0.173u_2 + (3.496 + 1.748u_1)[1 - \cos(2t)]\end{cases} \tag{a}$$

采用广义胞映射方法,分析其全局特性。

解 在三维空间中,建立 Poincaré 截面 $\Sigma \equiv \{(u_1, u_2, t) \mid t = \bmod \pi\}$,在其上选定区域 $\Omega \equiv [-1,1] \otimes [-3,3]$,将 Ω 离散为 $N = 500 \times 500$ 的胞,在每个胞内均匀分布 40 个初值点。

采用广义胞映射法,得到图 9.4.4 所示的系统全局动力学结果。它包括黑色吸引域中的周期 1 吸引子(白色);白色吸引域中的周期 3 吸引子(黑色);两个吸引域边界上由圆圈所示的鞍点,其稳定流形是两个吸引域的边界;以及在白色吸引域内的灰色混沌鞍。

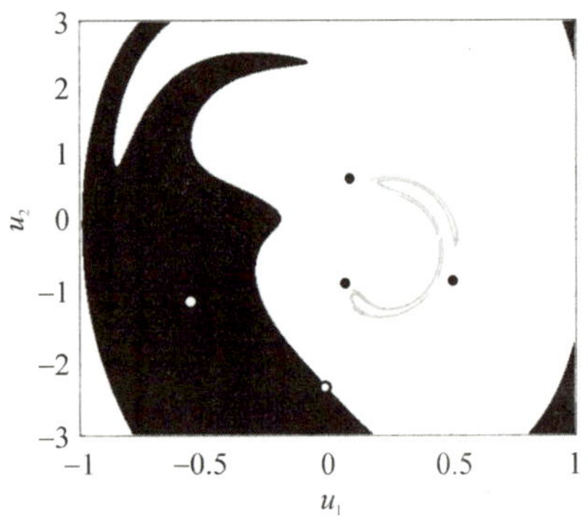

图 9.4.4 受外激励和参数激励系统的广义胞映射分析结果

5. 胞参考点映射方法

前述点映射将状态空间视作无穷多状态点构成的连续空间,而胞映射则将状态空间视为由离散胞构成的离散空间。对于选定区域,点映射法选择均匀分布的初值点,通过时域积分至系统稳态响应(吸引子),进而确定吸引子和初值点所属吸引域。此过程不仅耗时,而且无法利用系统瞬态响应及其携带的动力学信息。胞映射法则通过对胞内初值点的一步映射,获得有限个胞的一步映射近似信息,可通过简单胞映射法提升计算效率或通过广义胞映射法提高信息利用率。然而,随着系统维数增长,胞映射的计算代价和存储空间呈指数增长,是有待解决的瓶颈问题。

胞参考点映射方法是一种将点映射和胞映射结合的两尺度分析方法②。它既有点映射法的计算准确性和灵活性,又有胞映射法充分利用动力学信息的能力。该方法的基本思想是:在

---

① Hong L, Xu J X. Crises and Chaotic Transients Studied by the Generalized Cell Mapping Digraph Method [J]. Physics Letters A, 1999, 262: 361-375.

② Jiang J, Xu J X. A Method of Point Mapping under Cell Reference Method for Global Analysis of Nonlinear Dynamical Systems [J]. Physics Letters A, 1994, 188: 137-145.

连续状态空间上附加一个胞坐标系，其中的胞具有双重属性，既可表征离散状态空间的胞状态，也可视为连续状态空间中的局域观察器，用于捕捉和统计经过胞的相轨线演化信息。

胞参考点映射方法的主要实施步骤如下：

(a) 在连续状态空间中选择区域 $\Omega \subset \mathcal{R}^n$，建立由 $n_1 \times n_2 \times \cdots \times n_n = N$ 个胞构成的胞参考系，并将其按一定方式排列为 $\Omega_i, i \in I_N$。

(b) 选择布置初值点的区域 $D_\mathrm{I} \subseteq \Omega$，在 D_I 内按一定方式布置 N_p 个初值点

$$S \equiv \{\boldsymbol{u}_{0j} \in D_\mathrm{I} \subseteq \Omega, \quad j \in I_{N_\mathrm{p}}\}, \quad \dim D_\mathrm{I} \leqslant n \tag{9.4.17}$$

(c) 从上述初值点出发，对系统动力学方程进行数值积分，得到 N_p 条点映射相轨线。

(d) 在胞参考系上建立特征标记：$\mathrm{Id}(\Omega_i), i \in I_N$；其中，$\mathrm{Id}(\Omega_i)=0$ 表示无相轨线通过胞 Ω_i；$\mathrm{Id}(\Omega_i)=k$ 表示趋于第 k 个吸引子的相轨线经过胞 Ω_i；$\mathrm{Id}(\Omega_i)=-k$ 表示胞 Ω_i 包含第 k 个吸引子的点；$\mathrm{Id}(\Omega_i)=N$ 表示胞 Ω_i 含有趋于不同吸引子的相轨线，并称为边界胞。将有相轨线通过的胞记为激活胞，其数量 $N_A \leqslant N$。另外，还可类似于广义胞映射法，记录每个胞的像胞数及像胞编号。

(e) 根据 $\mathrm{Id}(\Omega_i)$ 的绝对值，可在给定胞尺度下得到吸引集（全局吸引子）部分覆盖胞，从中去除包含吸引子的胞，可得到不稳定不变集的部分覆盖胞。若利用胞的像胞信息，还可以对激活胞进行类似于广义胞映射的分析。

(f) 在不稳定不变集的覆盖胞上，可有针对性地采用 PIM – triple 方法或 Stagger – step 方法①②确定鞍型不变集，特别是混沌鞍。

例 9.4.3　采用胞参考点映射方法，讨论例 9.4.1 中受简谐激励单摆的全局特性。

解　在二维状态空间中选定区域 $\Omega \equiv [-\pi, \pi] \otimes [-4, 4]$，在 Ω 上定义 $N=50 \times 50$ 的胞参考系。为确定系统的吸引子和描述吸引域，取 $D_\mathrm{I}=\Omega$ 并在其上均布 $N_\mathrm{p}=400 \times 400$ 个初值点，即每个胞内有 $8 \times 8=64$ 个初始点。

执行步骤①到步骤④，可求得系统的两个周期 1 吸引子及其吸引域，如图 9.4.5(a)所示。其中，正向摆动的周期 1 吸引子（白色）的吸引域为黑色，反向摆动周期 1 吸引子（黑色）的吸引域为白色。从胞尺度看，可得到图 9.4.5(b)所示吸引域边界胞（灰色）和两个吸引域核心区域的覆盖胞。此时，各胞均有相轨线通过，即所有胞均为激活胞，即 $N_A=N$。

进一步，可选择满足 $|\mathrm{Id}(\Omega_j)|>64$ 的胞，即通过这些胞的相轨线数大于胞内的初值点数，得到图 9.4.5(c)所示吸引集的一个近似覆盖集。该集合包含三组胞，分别对应于两个吸引域内以及边界上不稳定不变集的覆盖胞。采用基于点映射确定鞍型不变集的 PIM – triple 方法和 Bisection 方法，可得到图 9.4.5(d)所示的吸引域内以及吸引域边界上的三个混沌鞍。

采用胞参考点映射法时，可利用点映射的灵活性，在高维空间的低维子集上分布初值点，并通过相轨线信息求得系统在高维空间中的吸引子及鞍型不变集。例如，可获得四维耦合神经元系统的全局动力学特性③。

---

① Nusse H E, Yorke J A. A Procedure for Finding Numerical Trajectories on Chaotic Saddles [J]. Physica D, 1989, 36: 137-156.

② Sweet D, Nusse H E, Yorke J A. Stagger-and-step Method: Detecting and Computing Chaotic Saddles in Higher Dimensions [J]. Physical Review Letters, 2001, 86: 2261-2264.

③ Jiang J. A Two Scaled Numerical Method for Global Analysis of High Dimensional Nonlinear Systems [J]. Theoretical and Applied Mechanics Letter, 2011, 1: 063001.

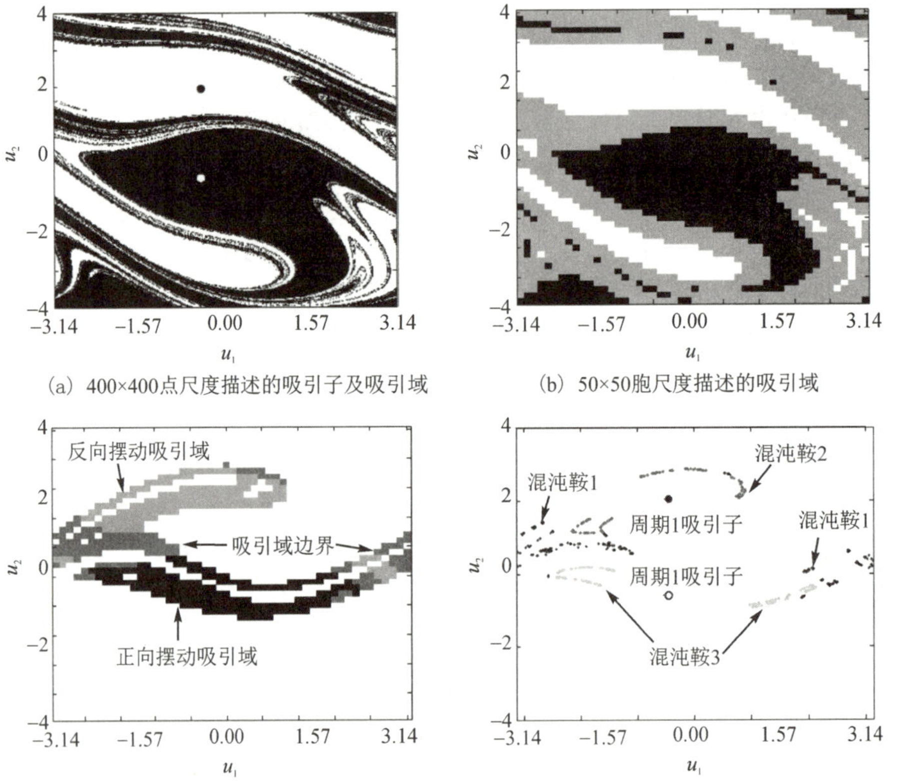

(a) 400×400点尺度描述的吸引子及吸引域　(b) 50×50胞尺度描述的吸引域

(c) 不稳定不变集的覆盖胞　(d) 点尺度描述的两个吸引子及三个混沌鞍

图 9.4.5　简谐激励单摆的胞参考点映射分析结果

9.4.2　不变流形的计算

在研究非线性动力学问题时,常需确定系统鞍点(或周期运动)的不变流形。一方面,其不稳定流形提供了渐近稳定平衡点(或周期运动)的吸引域边界(例如图 5.1.3 所示)。另一方面,稳定流形与不稳定流形横截相交是产生 Smale 马蹄意义下混沌的前提。现以鞍型平衡点为例,讨论不变流形的计算问题。读者可通过建立 Poincaré 映射,将周期运动转化为 Poincaré 映射的周期点,进而计算其不变流形①。

考察 n 维自治系统

$$\dot{\boldsymbol{u}} = \boldsymbol{f}(\boldsymbol{u}), \quad \boldsymbol{u} \in \mathscr{R}^n \tag{9.4.18}$$

设它在平衡点 $\boldsymbol{u}_s$ 处具有 $n-1$ 维稳定流形 $W^s(\boldsymbol{u}_s)$ 和 1 维不稳定流形 $W^u(\boldsymbol{u}_s)$,即 Jacobi 矩阵 $\mathbf{D}\boldsymbol{f}(\boldsymbol{u}_s)$ 具有 $n-1$ 个实部为负的特征值 $\lambda_1,\lambda_2,\cdots,\lambda_{n-1}$ 和一个正特征值 λ_n。现讨论不稳定流形 $W^u(\boldsymbol{u}_s)$ 的计算问题。

记 λ_n 所对应的归一化特征向量为 $\boldsymbol{\varphi}_n$,它在 $\boldsymbol{u}_s$ 处与不稳定流形 $W^u(\boldsymbol{u}_s)$ 相切。将 $W^u(\boldsymbol{u}_s)$ 按是否与 $\boldsymbol{\varphi}_n$ 同向分为 $W^{u+}(\boldsymbol{u}_s)$ 和 $W^{u-}(\boldsymbol{u}_s)$。以 $W^{u+}(\boldsymbol{u}_s)$ 为例,如果能找到与 $\boldsymbol{u}_s$ 相邻近的点 $\boldsymbol{u}_0 \in W^{u+}(\boldsymbol{u}_s)$,将 $\boldsymbol{u}_0$ 与 $\boldsymbol{u}_s$ 的连线作为 $W^{u+}(\boldsymbol{u}_s)$ 的第一段近似描述,然后计算初值问题

① Parker T S, Chua L O. Practical Numerical Algorithms for Chaotic Systems [M]. New York: Springer-Verlag, 1989: 154-165.

$$\begin{cases}\dot{\boldsymbol{u}}=\boldsymbol{f}(\boldsymbol{u}), & \boldsymbol{u}\in\mathscr{R}^n \\ \boldsymbol{u}(0)=\boldsymbol{u}_0\end{cases} \tag{9.4.19}$$

即可得到 $W^{u+}(\boldsymbol{u}_s)$。因此,问题的关键是如何获得 $\boldsymbol{u}_0$。

通常,可以取

$$\hat{\boldsymbol{u}}_0=\boldsymbol{u}_s+\alpha\boldsymbol{\varphi}_n, \quad 0<\alpha\ll 1 \tag{9.4.20}$$

作为 $\boldsymbol{u}_0$ 的近似描述。然而,参数 α 的选择并非易事。当 α 过大时,无法保证 $\hat{\boldsymbol{u}}_0$ 与 $W^{u+}(\boldsymbol{u}_s)$ 足够接近;而 α 过小时,会导致 $W^{u+}(\boldsymbol{u}_s)$ 的高计算代价。值得注意的是,当 α 小到与计算平衡点的误差相当时,可能会出现图 9.4.6 所示的情况。即由于计算得到的平衡点位于 $\hat{\boldsymbol{u}}_s$,使 $\hat{\boldsymbol{u}}_0$ 可能更接近于 $W^{u-}(\boldsymbol{u}_s)$。这自然导致后续计算失败。

为了选择 α,可要求其下限满足

$$\alpha_{\min}\gg\delta_a+\delta_r\|\boldsymbol{u}_s\|_2 \tag{9.4.21}$$

其中,δ_a 和 δ_r 分别是求解平衡点时的绝对误差上界和相对误差上界。然后,暂取 $\alpha=2\alpha_{\min}$,由式(9.4.20)得到 $\hat{\boldsymbol{u}}_0$。取 $\boldsymbol{u}_0=\hat{\boldsymbol{u}}_0$ 计算式(9.4.19),直至 $t=1/\lambda_n$。引入

$$\varepsilon\equiv\|\boldsymbol{u}(1/\lambda_n)-\hat{\boldsymbol{u}}_0\|_2 \tag{9.4.22}$$

只要 ε 足够小,就可继续增加 α 的值,直至 $\alpha_{\max}=1$。从计算实践看,当 λ_n 比较小时,$W^{u+}(\boldsymbol{u}_s)$ 比较弯曲,需要选较小的 α。反之,则可选较大的 α。

由于所选的 $\hat{\boldsymbol{u}}_0$ 难以精确落在 $W^{u+}(\boldsymbol{u}_s)$ 上,随着时间的延续,计算出的不稳定流形 $\hat{W}^{u+}(\boldsymbol{u}_s)$ 会逐渐偏离 $W^{u+}(\boldsymbol{u}_s)$,进而失去可信性。因此,需要对从不同 $\hat{\boldsymbol{u}}_0$ 出发的 $\hat{W}^{u+}(\boldsymbol{u}_s)$ 进行比较,验证其可靠性。究竟 $\hat{W}^{u+}(\boldsymbol{u}_s)$ 在多大范围内有效,是值得探讨的问题。

对于一维稳定流形 $W^s(\boldsymbol{u}_s)$,选择适宜的 $\hat{\boldsymbol{u}}_0$ 后采用逆向时间($t\to-\infty$)的数值积分即可得到其近似解。

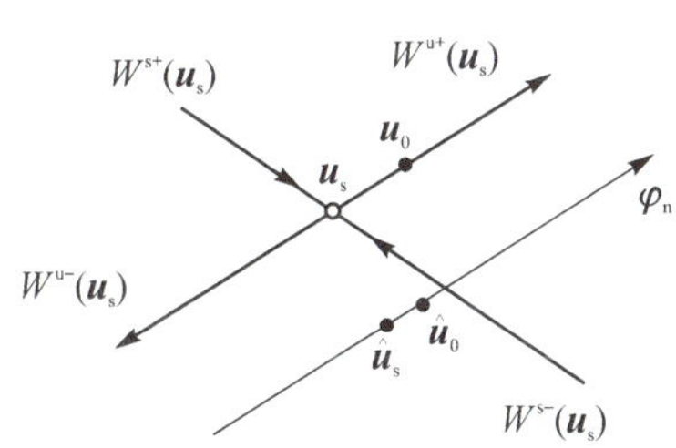

图 9.4.6　初始点的错误选择

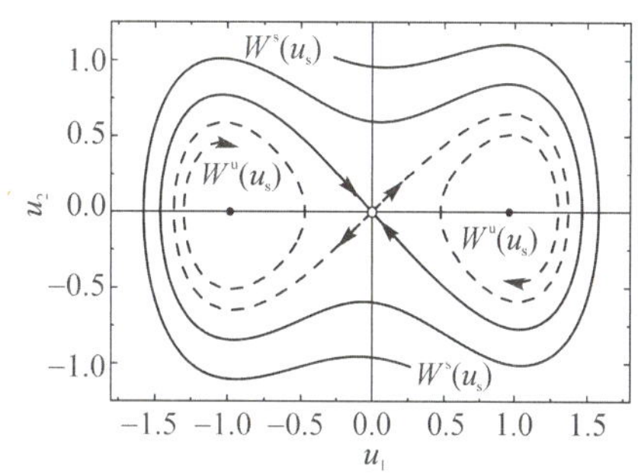

图 9.4.7　Duffing 系统的鞍点不变流形

例 9.4.4　考察具有负刚度的 Duffing 系统

$$\ddot{u}+0.1\dot{u}-u+u^3=0 \tag{a}$$

计算其鞍点的不变流形。

解　将式(a)改写为状态变量形式的二维自治系统

$$\dot{\boldsymbol{u}}=\begin{bmatrix}\dot{u}_1\\ \dot{u}_2\end{bmatrix}=\begin{bmatrix}u_2\\ u_1-u_1^3-0.1u_2\end{bmatrix}=\boldsymbol{f}(\boldsymbol{u}) \tag{b}$$

系统的鞍点是 $\boldsymbol{u}_s=(0,0)$，易见

$$\mathbf{D}\boldsymbol{f}(\boldsymbol{u}_s)=\begin{bmatrix}0 & 1\\ 1 & -0.1\end{bmatrix} \tag{c}$$

其特征值和相应的归一化特征向量为

$$\begin{cases}\lambda_1=-1.0513, & \boldsymbol{\varphi}_1=[0.6892 \quad -0.7245]^{\mathrm{T}}\\ \lambda_2=0.9513, & \boldsymbol{\varphi}_2=[0.7245 \quad 0.6892]^{\mathrm{T}}\end{cases} \tag{d}$$

取 $\alpha=0.1$，基于4阶Runge-Kutta法和上述方法相结合，计算鞍点的不变流形，结果如图9.4.7所示。图中，实线为稳定流形，虚线为不稳定流形。

近年来，非线性系统的不变流形理论和计算已成功用于工程设计。在例1.3.1中，展示了日-地系统 L_2 点附近拟周期轨道的稳定流形 W^s 和不稳定流形 W^u。我国航天专家用少量燃料将“嫦娥二号”月球探测器转移到该轨道的稳定流形 W^s 上，使探测器几乎不消耗燃料而自动飞往 L_2 点实施探测；然后再用少量燃料将探测器转移到该轨道的不稳定流形 W^u 上，使其自动飞往Toutatis小行星进行探测。

9.5 混沌的数据分析

在研究非线性系统的混沌问题时，像Melnikov方法这样的解析手段寥寥无几。因此，对混沌的判断和分析必须使用数值方法。本节讨论如何根据非线性系统的计算数据或实验数据来判断混沌现象，并分析其特性。

9.5.1 混沌序列的判断

非线性系统动力学的计算或实测响应数据常常看上去杂乱无章。这种杂乱数据代表的是混沌运动，还是受到各种误差污染的周期运动或拟周期运动？例如，已知系统某处位移的等间隔采样序列 $u(t_j),j\in I_N$，并且 N 足够大，可采用下述方法来进行检验。

1. 谱分析

由于混沌运动是非周期的，因此可对序列 $u(t_j),j\in I_N$ 做Fourier变换，观察其幅值谱或功率谱。周期运动和拟周期运动一般具有若干个突出的谐波成分，而混沌运动和瞬态运动的谱成分比较复杂，在比较宽的频带内具有明显的连续谱。为了剔除瞬态运动，在计算或实验采样时要有足够长的等待时间，确保系统已进入稳态运动。

2. 吸引子的Poincaré截面

周期运动和拟周期运动的相轨线在Poincaré截面上为孤立的周期点和封闭曲线，而混沌吸引子的Poincaré截面是具有无穷自相似结构的离散点集。因此，可通过构造Poincaré截面来观察序列 $u(t_j),j\in I_N$ 的特征。一般可先对该位移序列进行数值微分得到速度序列，形成一条相轨线序列 $(u(t_j),\dot{u}(t_j)),j\in I_N$。若系统受到周期激励，可用激励周期为间隔对相轨线序列进行采样；若不然，可根据上述幅值谱中各个峰最低频率对应的周期进行采样。将二次采样得到的新序列 $(u(t_{j_k}),\dot{u}(t_{j_k})),k\in I_M$ 在 $(u,\dot{u})$ 平面上以离散点绘出。只要 M 足够大，就可观察到吸引子在Poincaré截面上的特征。

3. 吸引子的重构

吸引子的重构不是一种独立方法，而是为了减少构造吸引子 Poincaré 截面的工作量而提出的辅助手段。一般来说，为了完整描述某 n 维系统的吸引子 A，应对系统状态 $\boldsymbol{u}\in\mathscr{R}^n$ 进行测量，获得采样向量序列 $\boldsymbol{u}(t_j)$，$j\in I_N$，然后构造吸引子 A 的各个 Poincaré 截面。这不仅工作量大，而且对传感器和采样系统的要求很高。下面将说明，如果系统具有光滑向量场，仅用一个标量采样序列就可构造该系统吸引子的 Poincaré 截面。

具体说，从标量采样序列 $u(t_j)$，$j\in I_N$ 出发，通过选择一个适宜的时间滞后量 $\tau=t_k-t_j$，$k-j=m>0$，构造 n 维向量的时间序列

$$\begin{aligned}\boldsymbol{v}(t_j)&\equiv[u(t_j)\quad u(t_j+\tau)\quad u(t_j+2\tau)\quad\cdots\quad u(t_j+(n-1))\tau]^{\mathrm{T}}\\&=[u(t_j)\quad u(t_{j+m})\quad u(t_{j+2m})\quad\cdots\quad u(t_{j+(n-1)m})]^{\mathrm{T}},\quad j\in I_{N-(n-1)m}\end{aligned}\tag{9.5.1}$$

不难证明，系统状态向量 $\boldsymbol{u}(t_j)$ 与向量 $\boldsymbol{v}(t_j)$ 是一一对应的。事实上，如果给定 $\boldsymbol{u}(t_j)$，由常微分方程解的唯一性知，$\boldsymbol{v}(t_j)$ 是唯一的；反之，若给定 $\boldsymbol{v}(t_j)$，可构造常微分方程的边值问题，将 $\boldsymbol{u}(t_j)$ 唯一确定下来。因此，可将向量 $\boldsymbol{v}(t_j)$ 视为系统的状态向量，构造吸引子 A 的 Poincaré 截面。通常，称 $\boldsymbol{v}(t_j)$ 为延迟坐标向量。

对于耗散系统，其吸引子 A 位于某个 n_A 维流形上，而 $n_A\ll n$。此时，只需在低维相空间中研究 A。可以证明，为了保证 A 所在的复杂流形能嵌入低维相空间，该相空间的维数至少为 $2n_A+1$①。因此，采用 $2n_A+1$ 维延迟坐标向量 $\boldsymbol{v}(t_j)$ 即可构造 A。

在使用延迟坐标向量时，关键是选择适当的时滞 τ，亦即 m。若 m 过小，则 $u(t_{j+m})$ 与 $u(t_j)$ 几乎相同，独立性不足；而若 m 过大，对于混沌吸引子而言，$u(t_{j+m})$ 与 $u(t_j)$ 缺乏关联性。适中的选择方法是，计算序列 $u(t_j)$，$j\in I_N$ 的自相关序列

$$r_k\equiv\frac{1}{N^2}\sum_{j=1}^{N}u(t_j)u(t_{j+k}),\quad k\in\{0,I_N\}\tag{9.5.2}$$

取 m 为 r_k 获得极小值所对应的最小 k 值。这时，$u(t_{j+m})$ 携带 $u(t_j)$ 所不具备的最多信息。

值得指出，上述几种方法都是定性的，具有一定主观性。当 N 不够大或序列 $u(t_j)$，$j\in I_N$ 中含有系统瞬态响应时，会影响判断的准确性。

例 9.5.1　针对下述 Duffing 系统

$$\begin{cases}\ddot{u}(t)+0.05\dot{u}(t)+u^3(t)=7.5\cos t\\u(0)=3,\quad\dot{u}(0)=4\end{cases}\tag{a}$$

分别采用状态变量和位移延迟坐标绘制其稳态振动的相轨线和 Ueda 吸引子。

解　采用 Runge－Kutta 法求解式(a)，略去系统瞬态响应，记录系统状态$(u,\dot{u})$；设置 Poincaré 截面 $\Sigma\equiv\{(u_1,u_2,t)\mid t=\mathrm{mod}(2\pi)\}$，记下相轨线正向穿越 Poincaré 截面的状态。图 9.5.1(a)和图 9.5.1(b)是采用系统状态变量$(u,\dot{u})$描述的相轨线及其吸引子的 Poincaré 截面；图 9.5.1(c)和图 9.5.1(d)是由位移延迟坐标$(u(t),u(t+\pi/5))$描述的相轨线及吸引子的 Poincaré 截面。

---

① Taken F. Detecting Strange Attractors in Turbulence [M] // Rand D, Young L S. Lecture Notes in Mathematics 898. New York: Springer－Verlag, 1980, 366-381.

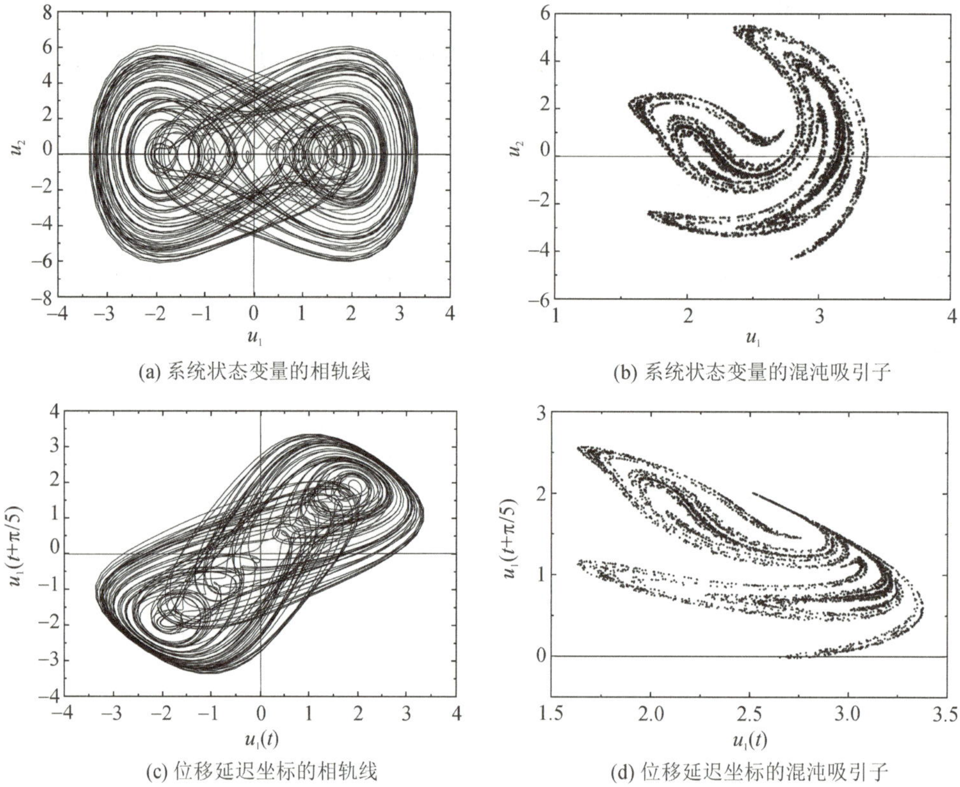

(a) 系统状态变量的相轨线　(b) 系统状态变量的混沌吸引子

(c) 位移延迟坐标的相轨线　(d) 位移延迟坐标的混沌吸引子

图 9.5.1　Ueda 混沌吸引子的不同表示

9.5.2　Lyapunov 指数

对于系统平衡点和周期运动，可用系统在平衡点的 Jacobi 矩阵特征值实部和周期运动扰动方程的特征指数实部来判断其稳定性。Lyapunov 指数是对上述特征值和特征指数的一种推广，可给出对系统任意相邻相轨线平均发散程度或平均收敛程度的度量，是判断混沌的主要定量方法。

1. Lyapunov 指数的定义

考察由常微分方程组描述的连续系统

$$\dot{\boldsymbol{u}}(t)=\boldsymbol{f}(\boldsymbol{u}(t),t),\quad \boldsymbol{u}\in\mathscr{R}^n,\quad t\in\mathscr{R}\tag{9.5.3}$$

针对相轨线 $\bar{\boldsymbol{u}}(t)$，研究其相邻相轨线 $\boldsymbol{u}(t)$ 与它的距离随着时间延续的发散程度。记

$$\boldsymbol{w}(t)\equiv\boldsymbol{u}(t)-\bar{\boldsymbol{u}}(t),\quad \boldsymbol{w}_0\equiv\boldsymbol{u}(0)-\bar{\boldsymbol{u}}(0)\tag{9.5.4}$$

对于充分小的 $\|\boldsymbol{w}(t)\|$，$\boldsymbol{w}(t)$ 满足线性变系数常微分方程组

$$\begin{cases}\dot{\boldsymbol{w}}(t)=\mathbf{D}_u\boldsymbol{f}(\bar{\boldsymbol{u}}(t),t)\boldsymbol{w}(t)\\ \boldsymbol{w}(0)=\boldsymbol{w}_0\end{cases}\tag{9.5.5}$$

定义 $\bar{\boldsymbol{u}}(t)$ 与具有初始距离 $\boldsymbol{w}_0$ 的相邻相轨线 $\boldsymbol{u}(t)$ 间的Lyapunov 指数为

$$\sigma(\bar{\boldsymbol{u}},\boldsymbol{w}_0)\equiv\lim_{t\to+\infty}\frac{1}{t}\ln\left(\frac{\|\boldsymbol{w}(t)\|}{\|\boldsymbol{w}_0\|}\right)\tag{9.5.6}$$

该定义具有普遍性,但应用不便,有必要对其做进一步讨论。

首先,考察

$$\sigma(\bar{\boldsymbol{u}},\boldsymbol{w}_0)=\lim_{t\to+\infty}\frac{\ln\|\boldsymbol{w}(t)\|}{t}-\lim_{t\to+\infty}\frac{\ln\|\boldsymbol{w}_0\|}{t}=\lim_{t\to+\infty}\frac{\ln\|\boldsymbol{w}(t)\|}{t} \tag{9.5.7}$$

当 $t\to+\infty$时,$\|\boldsymbol{w}_0\|$ 在定义中并不起作用。式(9.5.5)是线性常微分方程组,其解 $\boldsymbol{w}(t)$可表示为基本解矩阵 $\boldsymbol{W}(t)$中各列的线性组合

$$\boldsymbol{w}(t)=\boldsymbol{W}(t)\boldsymbol{w}_0=\sum_{k=1}^{n}w_{0k}\boldsymbol{W}_k(t) \tag{9.5.8}$$

其中,$\boldsymbol{W}(0)=\boldsymbol{I}$。因此,可定义 $\bar{\boldsymbol{u}}(t)$与基本解矩阵 $\boldsymbol{W}(t)$中各列向量间的 Lyapunov 指数

$$\sigma_k(\bar{\boldsymbol{u}})\equiv\lim_{t\to+\infty}\frac{\ln\|\boldsymbol{W}_k(t)\|}{t},\quad k\in I_n \tag{9.5.9}$$

通常约定(若不然,则重新排序)

$$\sigma_1\geqslant\sigma_2\geqslant\cdots\geqslant\sigma_n \tag{9.5.10}$$

例 9.5.2　考察线性定常系统,根据式(9.5.9)计算解 $\bar{\boldsymbol{u}}(t)$的 Lyapunov 指数。

解　对于线性定常系统,其解 $\bar{\boldsymbol{u}}(t)$的任意扰动 $\boldsymbol{w}(t)$均满足原系统方程,对应的基本解可表示为

$$\boldsymbol{W}_k(t)=\boldsymbol{\varphi}_k\exp(\lambda_k t),\quad k\in I_n \tag{a}$$

其中,λ_k,$\boldsymbol{\varphi}_k$,$k\in I_n$ 是系统矩阵的特征值和特征向量。由此可得到

$$\begin{aligned}\sigma_k(\bar{\boldsymbol{u}})&=\lim_{t\to+\infty}\frac{\ln\|\boldsymbol{W}_k(t)\|}{t}=\lim_{t\to+\infty}\frac{\ln|\exp(\lambda_k t)|+\ln\|\boldsymbol{\varphi}_k\|}{t}\\&=\lim_{t\to+\infty}\frac{\ln|\exp(\lambda_k t)|}{t}=\lim_{t\to+\infty}\frac{\ln(\exp(\mathrm{Re}(\lambda_k t)))}{t}=\mathrm{Re}\lambda_k,\quad k\in I_n\end{aligned} \tag{b}$$

这说明:对于线性定常系统,其解 $\bar{\boldsymbol{u}}(t)$的 Lyapunov 指数就是系统矩阵特征值的实部。不难证明,对于具有周期系数的线性系统,Lyapunov 指数与系统的特征指数实部相同。因此,Lyapunov 指数是对系统特征值和特征指数的推广。

其次,考察 $\sigma(\bar{\boldsymbol{u}},\boldsymbol{w}_0)$与诸 $\sigma_k(\bar{\boldsymbol{u}})$间的关系。为了简单起见,不妨设 $\bar{\boldsymbol{u}}(t)$是平衡点或闭轨。因此,式(9.5.5)是常系数或周期系数的线性微分方程。根据基本解的结构以及式(9.5.10)的约定,对于充分长的时间 t 有

$$\begin{aligned}\|\boldsymbol{w}(t)\|&=\Big\|\sum_{k=1}^{n}w_{0k}\boldsymbol{W}_k(t)\Big\|=\Big\|\sum_{k=1}^{n}w_{0k}\boldsymbol{p}_k(t)\exp(\lambda_k t)\Big\|\\&=|\exp(\lambda_1 t)|\,\Big\|w_{01}\boldsymbol{p}_1(t)+\sum_{k=2}^{n}w_{0k}\boldsymbol{p}_k(t)\exp((\lambda_k-\lambda_1)t)\Big\|\\&\to|\exp(\lambda_1 t)|\,\|w_{01}\boldsymbol{p}_1(t)\|=|w_{01}|\,\|\boldsymbol{W}_1(t)\|\end{aligned} \tag{9.5.11}$$

其中,$\boldsymbol{p}_k(t)$,$k\in I_n$ 是常向量或周期函数向量。若 $w_{01}\neq0$,则有

$$\sigma(\bar{\boldsymbol{u}},\boldsymbol{w}_0)=\lim_{t\to+\infty}\frac{\ln\|\boldsymbol{w}(t)\|}{t}=\lim_{t\to+\infty}\frac{\ln|w_{01}|}{t}+\lim_{t\to+\infty}\frac{\ln\|\boldsymbol{W}_1(t)\|}{t}=\sigma_1(\bar{\boldsymbol{u}}) \tag{9.5.12}$$

该结论对于任意相轨线 $\bar{\boldsymbol{u}}(t)$也成立。一般地,若 $w_{0j}=0$,$j\in\{0,I_{k-1}\}$,但 $w_{0k}\neq0$,则有

$$\sigma(\bar{\boldsymbol{u}},\boldsymbol{w}_0)=\lim_{t\to+\infty}\frac{\ln\|\boldsymbol{W}_k(t)\|}{t}=\sigma_k(\bar{\boldsymbol{u}}) \tag{9.5.13}$$

这说明,诸 $\sigma_k(\bar{\boldsymbol{u}})$ 从大到小依次制约相轨线 $\bar{\boldsymbol{u}}(t)$ 的扩张速度。

对于线性系统,根据式(9.5.10)所约定的 Lyapunov 指数排序还给出一个有用的结论,即存在子空间序列

$$W_1=\mathrm{span}\{\boldsymbol{\varphi}_1,\boldsymbol{\varphi}_2,\cdots,\boldsymbol{\varphi}_n\},\quad W_2=\mathrm{span}\{\boldsymbol{\varphi}_2,\boldsymbol{\varphi}_3,\cdots,\boldsymbol{\varphi}_n\},\quad \cdots,\quad W_n=\mathrm{span}\{\boldsymbol{\varphi}_n\} \tag{9.5.14}$$

满足

$$\dim W_1=n,\quad \dim W_2=n-1,\quad \cdots,\quad \dim W_{n-1}=2,\quad \dim W_n=1 \tag{9.5.15}$$

$$W_1\supset W_2\supset\cdots\supset W_{n-1}\supset W_n \tag{9.5.16}$$

对于平衡点的初始扰动

$$\boldsymbol{u}(0)=\sum_{i=k}^{n}c_i\boldsymbol{\varphi}_i\in W_k,\quad c_i\in\mathcal{R} \tag{9.5.17}$$

当时间 t 充分长时,所有的 $\exp(\sigma_i t)$,$i>k$ 与 $\exp(\sigma_k t)$ 相比皆可忽略不计,因此

$$\boldsymbol{u}(t)=\sum_{i=k}^{n}c_i\boldsymbol{\varphi}_i\exp(\sigma_i t)\to c_k\boldsymbol{\varphi}_k\exp(\sigma_k t) \tag{9.5.18}$$

最后,考察 Lyapunov 指数与吸引子的关系。由于 Lyapunov 指数的定义包含了 $t\to+\infty$ 的要求,因此它可度量系统吸引子的渐近特性,并成为划分吸引子类型的判据。表 9.5.1 给出了 n 维系统吸引子与 Lyapunov 指数的关系,其中的分数维见 9.5.3 节。

表 9.5.1 Lyapunov 指数与系统吸引子的关系

序　号	吸引子类型	Lyapunov 指数
1	渐近稳定平衡点(零维)	$\sigma_k<0,k=1,2,\cdots,n$
2	渐近稳定闭轨(一维)	$\sigma_1=0,\sigma_k<0,k=2,3,\cdots,n$
3	渐近稳定环面(二维)	$\sigma_1=\sigma_2=0,\sigma_k<0,k=3,4,\cdots,n$
4	渐近稳定 K -环面(K 维)	$\sigma_k=0,k=1,2,\cdots,K,\sigma_k<0,k=K+1,K+2,\cdots,n$
5	混沌吸引子(分数维)	$\sigma_1>0,\sigma_k\leqslant 0,k=2,3,\cdots,n$
6	超混沌吸引子(分数维)	$\sigma_1>0,\sigma_2>0,\sigma_k\leqslant 0,k=3,4,\cdots,n$

例 9.5.3 基于 Lyapunov 指数,讨论三维耗散自治系统的吸引子类型。

解 这类系统的吸引子可分为如下四种类型。

① 对于渐近稳定平衡点,其 Lyapunov 指数的正负号为(−,−,−),表明相邻相轨线沿 3 个方向趋于该平衡点。

② 对于渐近稳定闭轨,其 Lyapunov 指数的正负号为(0,−,−),表明相邻相轨线沿闭轨切方向既不收缩也不扩张,而沿其他两个方向趋于闭轨。

③ 对于渐近稳定环面运动,其 Lyapunov 指数的正负号为(0,0,−),即相邻相轨线沿环面切平面上的任意方向无收缩和扩张,而沿环面法线方向趋于环面。

④ 对于混吸引子,其 Lyapunov 指数的正负号为(+,0,−),即相轨线沿某一方向发散,而沿另一方向收缩,其折中结果是相轨线发生无限多次的拉伸与折叠。

2. Lyapunov 指数的计算

根据定义直接计算 Lyapunov 指数存在若干技术问题,如计算病态、实际可用的时间序列

并不很长等。现介绍如何根据系统动力学方程计算某根相轨线的全部 Lyapunov 指数。关于如何由实验数据计算 Lyapunov 指数，可参考有关文献①②。

此方法的基本依据是式(9.5.17)和式(9.5.18)所刻画的线性系统性质，即在子空间 W_k 中的任意初始扰动将最终趋于 $c_k\boldsymbol{\varphi}_k\exp(\sigma_k t)$。对于选定的相轨线 $\bar{\boldsymbol{u}}(t)$，可根据式(9.5.5)中的线性常微分方程组，由大到小给出计算 Lyapunov 指数的方法。

(a) 关于 σ_1 的计算。由于任意的初始扰动皆落入 W_1，所以任选初始扰动 $\boldsymbol{w}_0$，将式(9.5.5)数值积分至 $t=KT$，得到 $\boldsymbol{w}(KT)$；其中，T 可选为 10 倍于线性化系统的最长固有周期。根据 Lyapunov 指数的定义以及式(9.5.12)，当 K 充分大时

$$\sigma_1(\bar{\boldsymbol{u}}) \approx \frac{1}{KT}\ln(\|\boldsymbol{w}(KT)\|) \tag{9.5.19}$$

对于混沌吸引子，$\sigma_1(\bar{\boldsymbol{u}})>0$ 会导致计算 $\boldsymbol{w}(KT)$时数值不稳定。因此，通常将积分过程在时域分为 K 段$[0,T]$，$[T,2T]$，…，$[(K-1)T,KT]$，每当 $t=kT, k\in I_K$ 时暂停积分，将当前解向量按范数进行归一化，然后作为下段积分的初始向量。如果将这样逐段处理后得到的解向量记作 $\tilde{\boldsymbol{w}}(t)$，则

$$\boldsymbol{w}(KT)=\|\tilde{\boldsymbol{w}}(T)\|\ \|\tilde{\boldsymbol{w}}(2T)\|\cdots\|\tilde{\boldsymbol{w}}(K-T)\|\tilde{\boldsymbol{w}}(KT) \tag{9.5.20}$$

因此

$$\sigma_1(\bar{\boldsymbol{u}}) \approx \frac{1}{KT}\ln\Big(\prod_{k=1}^{K}\tilde{\boldsymbol{w}}(kT)\Big)=\frac{1}{KT}\sum_{k=1}^{K}\ln(\tilde{\boldsymbol{w}}(kT)) \tag{9.5.21}$$

计算中，可从比较大的 k 开始，观察 σ_1 随着 k 增加的变化，到变化不明显时即终止计算。

(b) 关于 σ_2 的计算。由于式(9.5.5)具有时变系数，即使 $\boldsymbol{w}_0\in W_2$，随着 t 的增加仍会出现 $\boldsymbol{w}(t)\to \boldsymbol{W}_1(t)$。现将设法使 $\boldsymbol{w}(t)$不完全被 $\exp(\sigma_1 t)$主宰。

选择两个线性无关的初扰动向量 $\boldsymbol{w}_{10}$ 和 $\boldsymbol{w}_{20}$，对式(9.5.5)进行数值积分至 $t=T$，得到两个解向量 $\boldsymbol{w}_1(T)$和 $\boldsymbol{w}_2(T)$。对 $\boldsymbol{w}_1(T)$和 $\boldsymbol{w}_2(T)$做 Schmidt 正交化和范数归一化处理，引入

$$\begin{cases}\tilde{\boldsymbol{w}}_{11}=\boldsymbol{v}_{11}/\|\boldsymbol{v}_{11}\|, & \boldsymbol{v}_{11}=\boldsymbol{w}_1(T)\\ \tilde{\boldsymbol{w}}_{21}=\boldsymbol{v}_{21}/\|\boldsymbol{v}_{21}\|, & \boldsymbol{v}_{21}=\boldsymbol{w}_2(T)-(\tilde{\boldsymbol{w}}_{11}^{\mathrm{T}}\boldsymbol{w}_2(T))\tilde{\boldsymbol{w}}_{11}\end{cases} \tag{9.5.22}$$

这样选择的 $\tilde{\boldsymbol{w}}_{11}$ 和 $\tilde{\boldsymbol{w}}_{21}$ 彼此正交，而且保证所张的子空间与向量 $\boldsymbol{w}_1(T)$和 $\boldsymbol{w}_2(T)$所张的子空间相同。以 $\tilde{\boldsymbol{w}}_{11}$ 和 $\tilde{\boldsymbol{w}}_{21}$ 作为新的初始向量，继续将式(9.5.5)数值积分至 $t=2T$，得到解向量 $\tilde{\boldsymbol{w}}_1(2T)$和 $\tilde{\boldsymbol{w}}_2(2T)$，然后重复上述 Schmidt 过程得到

$$\begin{cases}\tilde{\boldsymbol{w}}_{12}=\boldsymbol{v}_{12}/\|\boldsymbol{v}_{12}\|, & \boldsymbol{v}_{12}=\tilde{\boldsymbol{w}}_1(2T)\\ \tilde{\boldsymbol{w}}_{22}=\boldsymbol{v}_{22}/\|\boldsymbol{v}_{22}\|, & \boldsymbol{v}_{22}=\tilde{\boldsymbol{w}}_2(2T)-(\tilde{\boldsymbol{w}}_{12}^{\mathrm{T}}\tilde{\boldsymbol{w}}_2(2T))\tilde{\boldsymbol{w}}_{12}\end{cases} \tag{9.5.23}$$

如此重复下去直至 $t=KT$，而 K 充分大。

由于自 $\boldsymbol{w}_{10}$ 出发的解向量 $\boldsymbol{w}_1(t)$当 $t=kT, k\in I_K$ 时仅做了关于自身的归一化处理，因此 $\tilde{\boldsymbol{w}}_1(t)\to \boldsymbol{W}_1(t)$；而自 $\boldsymbol{w}_{20}$ 出发的解向量 $\boldsymbol{w}_2(t)$每逢 $t=kT, k\in I_K$ 时进行了关于 $\tilde{\boldsymbol{w}}_1(kT)$的正交化和关于自身的归一化处理，从而 $\tilde{\boldsymbol{w}}_2(kT)\in W_2$。所以，当 K 充分大时，得到

---

① Wolf A, Swift J, Swinney H L, et al. Determining Lyapunov Exponents from a Time Series [J]. Physica D, 1985, 16(1): 285-317.

② Zeng X, Eykholt R, Pielke R A. Estimating the Lyapunov Exponent Spectrum from Short Time Series of Low Precision [J]. Physical Review Letters, 1991, 66(24): 3229-3232.

$$\sigma_1 \approx \frac{1}{KT}\ln\left(\prod_{k=1}^{K}\|\boldsymbol{v}_{1k}\|\right)=\frac{1}{KT}\sum_{k=1}^{K}\ln(\|\boldsymbol{v}_{1k}\|),$$

$$\sigma_2 \approx \frac{1}{KT}\ln\left(\prod_{k=1}^{K}\|\boldsymbol{v}_{2k}\|\right)=\frac{1}{KT}\sum_{k=1}^{K}\ln(\|\boldsymbol{v}_{2k}\|) \tag{9.5.24}$$

这表明可同时得到最大和次大的 Lyapunov 指数。

(c) 关于全部 Lyapunov 指数的计算。为了同时计算全部 Lyapunov 指数,需要选 n 个线性无关的初始扰动 $\boldsymbol{w}_{i0}$,$i\in I_n$,不妨选式(9.5.5)中 Jacobi 矩阵 $\mathbf{D}_u\boldsymbol{f}(\bar{\boldsymbol{u}}(0),0)$的特征子空间中向量。然后,分别以它们作为初始向量,对式(9.5.5)进行积分;每逢 $t=kT$,$k\in I_K$ 时暂停下来,对解向量进行 Schmidt 正交化和归一化处理,即

$$\begin{cases}\tilde{\boldsymbol{w}}_{1k}=\boldsymbol{v}_{1k}/\|\boldsymbol{v}_{1k}\|, & \boldsymbol{v}_{1k}=\tilde{\boldsymbol{w}}_1(kT)\\ \tilde{\boldsymbol{w}}_{2k}=\boldsymbol{v}_{2k}/\|\boldsymbol{v}_{2k}\|, & \boldsymbol{v}_{2k}=\tilde{\boldsymbol{w}}_2(kT)-(\tilde{\boldsymbol{w}}_{1k}^{\mathrm{T}}\tilde{\boldsymbol{w}}_2(kT))\tilde{\boldsymbol{w}}_{1k}\\ \quad\vdots & \\ \tilde{\boldsymbol{w}}_{nk}=\boldsymbol{v}_{nk}/\|\boldsymbol{v}_{nk}\|, & \boldsymbol{v}_{nk}=\tilde{\boldsymbol{w}}_n(kT)-(\tilde{\boldsymbol{w}}_{1k}^{\mathrm{T}}\tilde{\boldsymbol{w}}_n(kT))\tilde{\boldsymbol{w}}_{1k}-\cdots-(\tilde{\boldsymbol{w}}_{(n-1)k}^{\mathrm{T}}\tilde{\boldsymbol{w}}_n(kT))\tilde{\boldsymbol{w}}_{(n-1)k}\end{cases} \tag{9.5.25}$$

然后,以 $\tilde{\boldsymbol{w}}_{ik}$,$i\in I_n$ 作为新的初始向量积分;对于充分大的 K,得到全部 Lyapunov 指数

$$\sigma_i \approx \frac{1}{KT}\ln\left(\prod_{k=1}^{K}\|\boldsymbol{v}_{ik}\|\right)=\frac{1}{KT}\sum_{k=1}^{K}\ln\|\boldsymbol{v}_{ik}\|,\quad i\in I_n \tag{9.5.26}$$

最后指出,这种算法只是众多 Lyapunov 指数算法中的一种,但却是最基本的。其他算法中也都包含了不断将初始向量归一化和正交化的步骤。

9.5.3 分形与分数维*

8.2.2 节指出,Hénon 映射的混沌吸引子具有无穷自相似结构,并称该结构为分形。分形是指具有无限精细、非常不规则、无穷自相似结构和非整数维数的点集。在大自然中,海岸线、雪花、云雾这些不规则形体可理想化为分形。动物体内血管的分支再分支、肺的内部结构等也具有分形特征。

20 世纪 60 年代,法国波兰裔数学家曼德布罗特(Benoit B. Mandelbrot,1924—2010)在探索棉花价格随时间变化的规律时,注意到分形问题,并于 1975 年出版了专著《分形、机遇和维数》。半个多世纪以来,分形理论及其应用已发展成为非线性科学的重要分支。

回顾历史,从数学角度研究分形可追溯到 1875 年德国俄裔数学家康托(Georg F. L. P. Cantor,1845—1918)在直线段上构造的镂空集合,简称Cantor 集。此后,波兰数学家谢尔宾斯基(Waclaw F. Sierpinski,1882—1969)在正方形上构造了镂空集合,简称Sierpinski 地毯。这两种集合都具有分形特征。在数学中,通常用维数和测度来描述几何体或点集所占据的空间大小。例如,直线、平面的维数是自然数,而零测度集合(如全体有理数)是稀疏点集。但用整数维或测度来描述某些点集时,会遇到问题。

例 9.5.4 考察 Cantor 集在区间$[0,1]\subset\mathcal{R}$上占有点的测度。

解 Cantor 将闭区间$[0,1]\subset\mathcal{R}$做三等分,去掉中间的区间(1/3,2/3),剩下 2 个闭区间,各长 1/3;分别将闭区间[0,1/3]和[2/3,1]做三等分,去掉各自中间的区间(1/9,2/9)和(7/9,8/9),剩下 2^2 个闭区间,各长$(1/3)^2$;如此重复下去,直至无穷,将最终剩下的点集记作 Ω_1。

显然，Ω_1 具有无穷自相似结构，点的分布有密有疏。该点集的测度是

$$m(\Omega_1)=\lim_{k\to+\infty}2^k\times\left(\frac{1}{3}\right)^k=\lim_{k\to+\infty}\left(\frac{2}{3}\right)^k=0 \tag{a}$$

显然，用测度不能反映无穷点集 Ω_1 在区间[0,1]中占有点的份额。

例 9.5.5　考察 Sierpinski 地毯在正方形$[0,1]\otimes[0,1]\subset\mathscr{R}^2$上所占有点的测度。

解　Sierpinski 用细实线将正方形$[0,1]\otimes[0,1]$等分为图 9.5.2(a)所示的 9 个小正方形，挖去中间的阴影区，完成第一次操作；然后，将图 9.5.2(b)中剩下的每个小正方形再等分为 9 个更小的正方形，挖去各正方形中间的阴影区，完成第二次操作；如此重复，直至无穷，并记最终结果为 Ω_2。

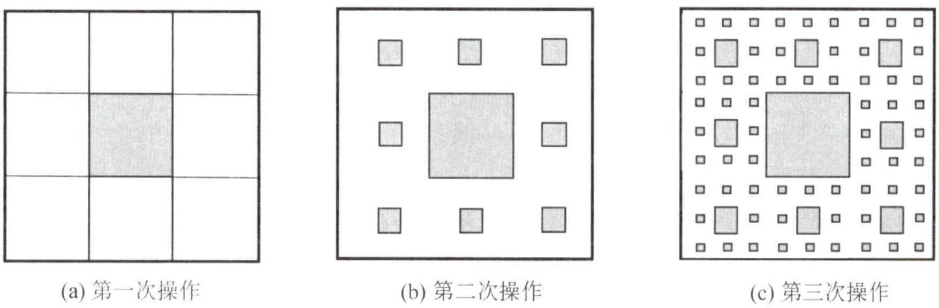

图 9.5.2　Sierpinski 地毯的构造过程

显然，Sierpinski 地毯 Ω_2 也具有无穷自相似结构，点的分布有密有疏。Ω_2 的测度是

$$m(\Omega_2)=\lim_{k\to+\infty}8^k\times\left(\frac{1}{9}\right)^k=\lim_{k\to+\infty}\left(\frac{8}{9}\right)^k=0 \tag{a}$$

同样，用测度无法反映 Ω_2 在正方形$[0,1]\otimes[0,1]\subset\mathscr{R}^2$中占有点的份额。

在这两个例子启发下，读者可将任意 n 维实心几何体挖成具有零测度的分形。这自然留下一个问题，即这类分形的维数是多少？为刻画上述分形在空间占有点的份额，人们转向拓宽维数概念，提出了多种新的维数定义。在描述混沌吸引子方面，经常使用以下几种维数。

1. 容积维数

考察面积为 S 的区域 $\Omega\subset\mathscr{R}^2$，若它恰好被 $N(\varepsilon)$个边长为 ε 的正方形覆盖，则 $N(\varepsilon)\approx S/\varepsilon^2$，即

$$\ln N(\varepsilon)=\ln S+2\ln\frac{1}{\varepsilon} \tag{9.5.27}$$

由此可得到 Ω 的维数估计

$$\lim_{\varepsilon\to0}\frac{\ln N(\varepsilon)}{\ln(1/\varepsilon)}=2=\dim\Omega \tag{9.5.28}$$

对于一般点集 $\Omega\subset\mathscr{R}^n$，如果它可由 $N(\varepsilon)$个边长为 ε 的 n 维超立方体覆盖，定义

$$\dim_B\Omega\equiv\lim_{\varepsilon\to0}\frac{\ln N(\varepsilon)}{\ln(1/\varepsilon)} \tag{9.5.29}$$

并称其为点集 Ω 的容积维数或盒维数。

该定义隐含的一个问题是，选择不同的覆盖是否会导致不同的容积维数？细致研究的结论确实如此。为避免歧义，一般取最小计算结果作为容积维数。

对于 Cantor 三分集 Ω_1，在其构造过程中的第 k 步，所有点被 $N=2^k$ 根长度为 $\varepsilon=1/3^k$ 的

线段所覆盖,因此其容积维数为

$$\dim_B \Omega_1 = \lim_{\varepsilon \to 0} \frac{\ln N(\varepsilon)}{\ln(1/\varepsilon)} = \lim_{k \to +\infty} \frac{\ln 2^k}{\ln[1/(1/3^k)]} = \frac{\ln 2}{\ln 3} \approx 0.6309 < 1 \quad (9.5.30)$$

类似地,可计算出 Sierpinski 地毯 Ω_2 的容积维数为$\dim_B \Omega_2 = \ln 8/\ln 3 \approx 1.893 < 2$。由此可见,这两种具有无穷自相似结构的分形点集的维数是无理数。通常,人们仍习惯用分数维这一术语来表示分形所具有的非整数维性质。

由于混沌吸引子具有分形特征,因此容积维数是描述它的重要不变量。为了计算容积维数,可在混沌吸引子 A 所占据的 n 维区域上划分很密的网格,得到大量边长为 ε 的正方形(超立方体),然后对混沌吸引子 A 所占据的正方形(超立方体)计数得到 $N(\varepsilon)$,最后求得 A 的近似容积维数

$$\dim_B A \approx \frac{\ln N(\varepsilon)}{\ln(1/\varepsilon)} \quad (9.5.31)$$

根据这种方法可得到:二维 Hénon 映射的混沌吸引子具有容积维数 1.26,而三维 Lorenz 系统的混沌吸引子的容积维数约为 2.06。

显然,按照上述方法来计算吸引子 A 的容积维数仅限于低维情况。根据式(9.5.29)可见

$$N(\varepsilon) \approx \left(\frac{1}{\varepsilon}\right)^{\dim_B A} \quad (9.5.32)$$

如果计算某个$\dim_B A \approx 5$ 的吸引子,对于 $\varepsilon = 0.01$ 这样并非很细的网格尺度,就有 $N(\varepsilon) \approx 10^{10}$。这个数字只是对所计算的吸引子点数的最低要求。仅记录这些点所需的计算机内存量就已超过了绝大多数计算机的容量。因此,不少学者致力于研究容积维数的计算方法,一种与 Monte Carlo 随机方法相结合的高效算法见《Efficient Algorithms for Computing Fractal Dimensions》①。

2. 信息维数

容积维数建立在纯粹的度量概念基础上,没有反映系统动力学行为,信息维数则对此有所改进。鉴于系统的空间位置只能在一定的精度 ε 内确定,记点集 Ω 落入边长为 ε 的第 k 个超立方体的概率为 $P_k(\varepsilon)$,美国数学家香农(Claude E. Shannon,1916—2001)将刻画系统状态精度至 ε 量级所需的信息量定义为熵

$$I(\varepsilon) \equiv -\sum_{k=1}^{N(\varepsilon)} P_k(\varepsilon) \ln P_k(\varepsilon) \quad (9.5.33)$$

在此基础上,定义 Ω 的信息维数为

$$\dim_I \Omega \equiv \lim_{\varepsilon \to 0} \frac{I(\varepsilon)}{\ln(1/\varepsilon)} \quad (9.5.34)$$

显然,当 Ω 以等概率落入各超立方体时,$P_k(\varepsilon) = 1/N(\varepsilon)$,即 $I(\varepsilon) = \ln N(\varepsilon)$,进而得到$\dim_I \Omega = \dim_B \Omega$。一般情况下,$\dim_I \Omega \leqslant \dim_B \Omega$。

3. Lyapunov 维数

1979 年,美国物理学家开普兰(Joseph Kaplan,1902—1991)和 Yorke 引入了 Lyapunov

---

① Hunt F, Sullivan F. Efficient Algorithms for Computing Fractal Dimensions[M] // Mayer - Kress G. Dimensions and Entropies in Chaotic Systems. New York: Springer - Verlag, 1986: 74-81.

维数概念。他们考察 n 维自治系统的吸引子 A，记其 Lyapunov 指数为 $\sigma_1 \geqslant \sigma_2 \geqslant \cdots \geqslant \sigma_n$，设有正整数 $m < n$，使得 $\sigma_1 + \sigma_2 + \cdots + \sigma_m \geqslant 0$，将吸引子 A 的Lyapunov 维数定义为

$$\dim_L A \equiv m + \frac{\sigma_1 + \sigma_2 + \cdots + \sigma_m}{|\sigma_{m+1}|} \tag{9.5.35}$$

如果 A 是渐近稳定的平衡点或闭轨，则不存在上述 m，定义$\dim_L A = 0$。

Kaplan 和 Yorke 提出这种定义是基于一种猜测，即由式(9.5.35)定义的维数与容积维数相等。这一猜想迄今未得到严格证明，但得到了许多算例支持。例如，由式(9.5.35)得到 Hénon 混沌吸引子的 Lyapunov 维数是 1.264 ± 0.002，而其容积维数为 1.261 ± 0.003。

现给出该猜测的一个直观解释。取由吸引子 A 出发的任意相轨线，考察随其演化的 n 维超立方体 C，其边长为 ε。对于充分小的 ε，使 C 的第 i 条边与向量场 Jacobi 矩阵的第 i 个特征向量平行，使它的变化规律为 $\varepsilon \exp(\sigma_i t)$，而 σ_i 是相轨线的第 i 个 Lyapunov 指数，$i \in I_n$。为了计算容积维数，在 $t=0$ 时用一边长为 ε 的超立方体 B 覆盖 C。选择指标 k 使 $\sigma_{k+1} < 0$，令 B 的各条边以速率 $\varepsilon \exp(\sigma_{k+1} t)$ 收缩。因此，在时刻 t 覆盖 C 所需的超立方体 B 的数目为

$$N(t) = \frac{\varepsilon \exp(\sigma_1 t)}{\varepsilon \exp(\sigma_{k+1} t)} \cdot \frac{\varepsilon \exp(\sigma_2 t)}{\varepsilon \exp(\sigma_{k+1} t)} \cdots \frac{\varepsilon \exp(\sigma_k t)}{\varepsilon \exp(\sigma_{k+1} t)} = \exp((\sigma_1 + \sigma_2 + \cdots + \sigma_k - k\sigma_{k+1})t) \tag{9.5.36}$$

由此得到对吸引子 A 的容积维数估计

$$\dim_B A < -\lim_{t \to +\infty} \frac{\ln N(t)}{\ln(\varepsilon \exp(\sigma_{k+1} t))} = k - \frac{\sigma_1 + \sigma_2 + \cdots + \sigma_k}{\sigma_{k+1}} \tag{9.5.37}$$

取不等号的原因是这还不是最小的估计。可以证明①，最小估计发生在 $k=m$ 时，从而有

$$\dim_B A = m + \frac{\sigma_1 + \sigma_2 + \cdots + \sigma_m}{|\sigma_{m+1}|} = \dim_L A \tag{9.5.38}$$

采用 Lyapunov 维数的好处之一是可利用计算 Lyapunov 指数的算法。此外，它可以对低维系统混沌吸引子的维数进行估计。以三维耗散自治系统为例，混沌吸引子 A 的 Lyapunov 指数满足 $\sigma_1 > 0$，$\sigma_2 = 0$，$\sigma_3 < 0$，并且 $\sigma_1 + \sigma_2 + \sigma_3 < 0$。因此，该吸引子的 Lyapunov 维数为

$$\dim_L A = 2 + \frac{\sigma_1}{|\sigma_3|} \tag{9.5.39}$$

由此可见，$2 < \dim_L A < 3$。这正是 Lorenz 吸引子所对应的情况。

4. 维数的应用

(a) 上述几种维数各有特点，并无哪种维数最好的定论。在选择维数时，通常取决于是否有高效的计算方法。

(b) 维数的一个重要用途是提供了系统建模所需的最低自由度数。譬如，闭轨是 1 维的，可由最低维数为 2 的系统来实现。若数据表明某混沌吸引子是 2.26 维的，则系统模型的最低维数是 3。为了保证吸引子所在的流形可嵌入系统的状态空间，建模时上述系统的维数分别应取为 3 和 6。这些估计对于重构混沌吸引子以及控制混沌具有重要意义。

---

① Frederickson P, Kaplan J, Yorke E, et al. The Lyapunov Dimension of Strange Attractors[J]. Journal of Differential Equations, 1983, 49(2): 185-207.

习 题

9-1 考察图 9-1 所示的细长悬臂梁，其长度为 0.5 m，材料线密度为 $\rho A=0.11\ \mathrm{kg/m}$，抗弯刚度为 $EI=0.96\ \mathrm{N\cdot m^2}$，简谐激励幅值为 $f_0=0.5\ \mathrm{N}$，激励频率为 $\omega=42\ \mathrm{rad/s}$；当梁右端位移满足 $w(l,t)=\delta=10\ \mathrm{mm}$ 时，梁端部与固定边界发生点接触，产生完全弹性碰撞。取悬臂梁的前三阶固有振型作为基函数，模态阻尼比为 $\zeta_k=0.01, k\in I_3$，在 Maple 平台上用 Galerkin 法建立悬臂梁的三自由度动力学方程；对于初始静止的悬臂梁，编写程序计算梁的稳态振动。

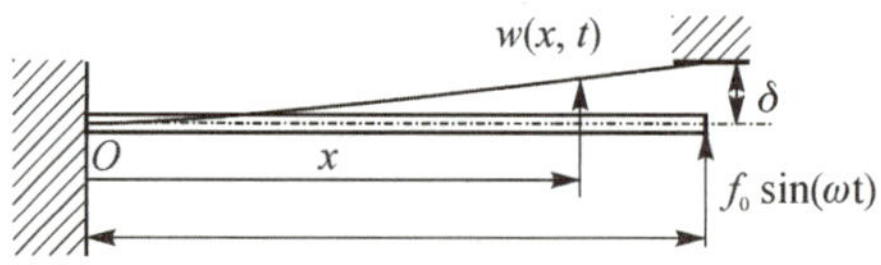

图 9-1 题 9-1 图

9-2 在图 9-2 中，质量为 m 的质点在转速为 $\omega>\sqrt{g/a}$ 的圆环上做无摩擦运动；其中，$g=9.8\ \mathrm{m/s^2}$，$a=0.2\ \mathrm{m}$。建立质点的动力学方程；在 Maple 平台上，用数值方法计算该系统的平衡点，并在圆柱面上绘制系统的相图。

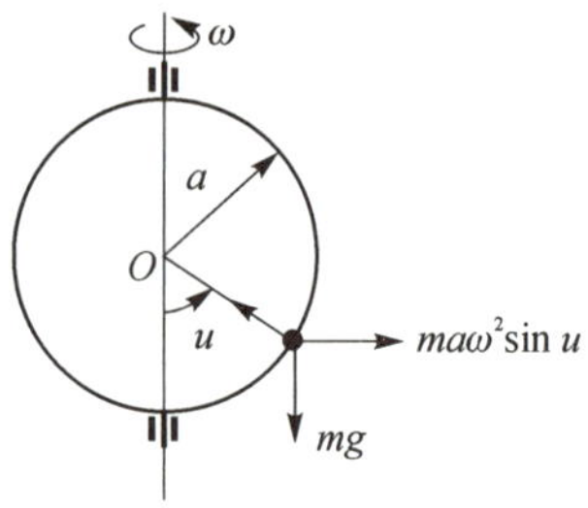

图 9-2 题 9-2 图

9-3 回顾例 9.2.1 中的 Duffing 系统，其在 $\omega=3$ 时具有三个共存的 1/3 亚谐共振周期解。在 Maple 平台上，计算相应 Poincaré 映射的 Jacobi 矩阵，判断这些周期解的稳定性。

9-4 考察简谐激励下的强非线性 Duffing 系统

$$\ddot{u}(t)+0.01\dot{u}(t)+u(t)-u^3(t)=0.5\sin(\omega t)$$

在 Maple 平台上，编写打靶法的程序，计算系统在 $\omega=1$ 时的主共振周期解和 $\omega=1/3$ 时的三次超谐共振周期解。

9-5 对于含实参数 $p\in[-0.2,0.2]$ 的二维系统平衡方程

$$\begin{cases}pu_1+u_1u_2-u_1^3=0\\u_2+u_1^2-u_2^2=0\end{cases}$$

在 Maple 平台上，用数值方法计算其在原点附近的解支，并与例 7.5.6 的解析结果比较。

9-6 针对题 9-4，在 Maple 平台上编写弧长法的程序，计算激励频率 $\omega\in[0.2,1.2]$ 时系统

稳态主共振的幅频曲线。

9-7　回顾例 9.2.1 中的 Duffing 系统，其在 $\omega=3$ 时具有多个共存的周期振动。在 Maple 平台上，编写简单胞映射程序，计算这些周期振动的吸引域。

9-8　对具有非线性阻尼的刚度软化 Duffing 系统

$$\ddot{u}+0.01\dot{u}\,|\dot{u}|+u-u^3=0$$

在 Maple 平台上，计算并绘制鞍点的稳定流形和不稳定流形。

9-9　在 Maple 平台上，计算简谐激励下 Duffing 系统的混沌运动

$$\begin{cases}\ddot{u}(t)+0.05\dot{u}(t)+u^3(t)=7.5\cos t\\ u(0)=3,\quad \dot{u}(0)=4\end{cases}$$

采用位移延迟坐标 $(u(t+\pi/6),u(t+\pi/4))$ 绘制其 Poincaré 截面，并与图 9.5.1 作比较。

9-10　构造一个二维映射序列，使其有一个 Lyapunov 指数为零。

9-11　考察 Lorenz 系统

$$\begin{bmatrix}\dot{u}_1\\ \dot{u}_2\\ \dot{u}_3\end{bmatrix}=\begin{bmatrix}-10 & 10 & 0\\ 28 & -1 & 0\\ 0 & 0 & -8/3\end{bmatrix}\begin{bmatrix}u_1\\ u_2\\ u_3\end{bmatrix}+\begin{bmatrix}0\\ -u_1u_3\\ u_1u_2\end{bmatrix}$$

任选初始条件，在 Maple 平台上计算系统的最大 Lyapunov 指数 σ_1。

9-12　在 Maple 平台上编写程序，计算题 9-9 中系统混沌运动的 Lyapunov 指数。

9-13　将单位正方面积分为 l^2 个小块，去掉其中的 m 个小方块（$l\geqslant m+1$，l，m 为整数）。然后对每个剩下的小方块（其面积为 $1/l^2$）重复上述过程，直至无穷。证明最终形成的点集的分数维为 $D=\ln(l^2-m^2)/\ln l$。

9-14　对于 Hénon 映射

$$f:\begin{cases}u_1\rightarrow 1+0.3u_2-1.4u_1^2\\ u_2\rightarrow u_1\end{cases}$$

任选正方形闭区域 $[-2,2]\otimes[-2,2]$ 中两点，分别产生迭代序列，计算各自的容积维数。

第 10 章　非线性动力学的应用

非线性系统具有复杂的动力学行为,会呈现多种稳态运动共存、与激励频率不同频的共振、分岔和混沌等现象。早期,工程界总是尽量回避处理非线性动力学问题。自 20 世纪下半叶起,工程界对非线性共振现象有了一定认识,开始在振动筛、压路机等机械产品的设计中利用非线性共振现象,改善产品性能。进入 21 世纪以来,工程界日益关注和利用非线性动力学的研究成果,并取得了巨大成功。例如,1.3.2 节介绍了我国航天专家利用非线性动力学系统的不变流形,为“嫦娥二号”探测器成功设计了低能耗的深空探测轨道。

本章将依次介绍基于非线性共振的能量采集技术、基于准零刚度装置的非线性隔振技术、基于干摩擦阻尼的绳系卫星纵向振动抑制技术,帮助读者了解非线性动力学理论和方法的应用潜力。

10.1　振动能量采集技术

自 21 世纪以来,振动能量采集技术引起人们广泛关注。该技术利用环境振动产生电能,为远离输电线的监测设备、通信设备、物联网等提供不间断电源。在能量采集技术中,通常用压电换能器将环境振动转换为电能。压电换能器具有结构简单、转换效率高、抗干扰能力强等优点,但所采用的无机压电材料无法直接承受振动。因此,能量采集装置通常是压电换能器与弹性结构的组合系统,常用的弹性结构包括悬臂梁、悬臂板、周边固支板等。

实践表明,基于线弹性结构的能量采集系统只能在狭窄的共振频段输出电能。为此,人们尝试采用非线性系统来拓展能量采集系统的工作频段,实现非线性系统的举措包括对线弹性结构施加预载荷、设置碰撞边界、附加磁场等。本节介绍一种在悬臂梁端部附加磁铁,通过非线性磁力来拓展能量采集系统工作频段的技术。

10.1.1　具有非线性磁力的能量采集系统

图 10.1.1 是悬臂梁式的能量采集系统的示意图。其中,悬臂梁的长度为 l,高度为 $h \ll l$,宽度为 $2e$,梁自由端安装了边长为 $2e$ 的立方体磁铁 M_A;灰色基础在环境激励下产生运动 $z(t)$,其对应梁自由端处安装了与磁铁 M_A 参数相同、极性方向相反的磁铁 M_B,两磁铁间的距离为 d;悬臂梁根部上下表面粘贴了长度为 l_p、高度为 h_p、宽度为 $2e$ 的压电换能器,相互串联后输出电流,其电极输出端与负载电阻 R 形成闭合回路。

从力学角度看,该悬臂梁是细长梁(Euler 梁),其受迫振动形态可近似为梁的一阶固有振型。根据 Galerkin 法,将梁右端振动近似表示为 $w(l,t)=\varphi_1(l)q_1(t)$;其中,$\varphi_1(l)$ 为梁的一

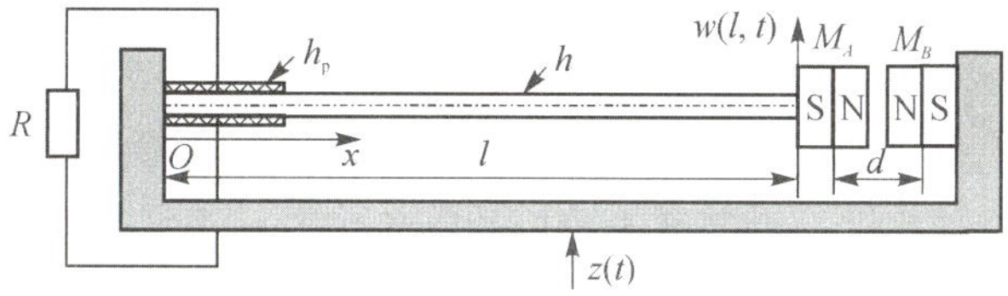

图 10.1.1　悬臂梁式能量采集系统示意图

阶固有振型在梁右端的值，$q_1(t)$为对应的模态坐标。从磁学角度看，磁力随着两磁铁间的距离和相对角度变化，可表示为梁右端振动 $w(l,t)=\varphi_1(l)q_1(t)$的函数。从力学-电学耦合角度看，将压电换能器安装在悬臂梁应变最大的梁左端，可输出最大电能；压电换能器的输出电路满足 Kirchhoff 定律，其输出电压 $v_R(t)$与模态坐标 $q_1(t)$间具有机电耦合关系。

根据上述分析，综合考虑基础激励、磁铁的磁力作用、压电换能器及其机电耦合效应，基于 Lagrange 方程，建立能量采集系统的动力学方程

$$\begin{cases}\ddot{q}_1(t)+2\zeta_1\omega_1\dot{q}_1(t)+(\omega_1^2+k_1)q_1(t)+k_2q_1^3(t)-\mu v_R(t)=-\gamma\ddot{z}(t)\\ C_p\dot{v}_R(t)+\dfrac{1}{R}v_R(t)+\mu\dot{q}_1(t)=0\end{cases}\tag{10.1.1}$$

其中，ω_1，ζ_1 和 γ 分别为悬臂梁的第一阶固有频率、对应的模态阻尼比和基础激励系数，$\mu>0$ 和 C_p 分别为压电换能器的机电耦合系数和等效电容，$v_R(t)$为负载电阻 R 两端的电压，k_1 和 k_2 是由磁力决定的刚度系数。当 $\omega_1^2+k_1>0$ 且 $k_2>0(<0)$时，系统呈现单稳态刚度硬化（软化）特性；当 $\omega_1^2+k_1<0$ 且 $k_2>0$ 时，系统呈现双稳态特性。

例 10.1.1　针对上述悬臂梁式能量采集系统，取悬臂梁参数为 $l=0.1$ m，$h=0.002$ m，$e=0.01$ m，密度 $\rho_b=2\ 700$ kg/m^3，弹性模量 $E_b=70$ GPa；压电换能器参数为 $h_p=0.000\ 1$ m，$l_p=0.02$ m，密度 $\rho_p=7\ 500$ kg/m^3，弹性模量 $E_p=60.6$ GPa；磁铁 M_A 的参数为质量 $m_m=0.059\ 2$ kg，绕质心转动惯量 $I_m=3.947\times10^{-6}$ kg·m^2，磁化强度 $M=1.0027\times10^{6}$ A/m，讨论该能量采集系统的磁力特性。

解　首先，计算悬臂梁的第一阶固有模态。考虑到梁的截面变化，将固有振型表示为

$$\varphi_1(x)=\begin{cases}\varphi_{11}(x), & 0\leqslant x<l_p\\ \varphi_{12}(x), & l_p\leqslant x\leqslant l\end{cases}\tag{a}$$

根据 Euler 梁的固有振动理论，上述两段固有振型函数可表示为

$$\begin{cases}\varphi_{11}(x)=c_1\cos(\beta_{11}x)+c_2\sin(\beta_{11}x)+c_3\cosh(\beta_{11}x)+c_4\sinh(\beta_{11}x)\\ \varphi_{12}(x)=c_5\cos(\beta_{12}x)+c_6\sin(\beta_{12}x)+c_7\cosh(\beta_{12}x)+c_8\sinh(\beta_{12}x)\end{cases}\tag{b}$$

式(a)应满足梁左端固支边界条件、梁右端动力边界条件和梁截面突变处协调条件，即

$$\begin{cases}\varphi_{11}(0)=0, \quad \varphi'_{11}(0)=0\\ (EI)_2\varphi'''_{12}(l)+m_m\omega_1^2[\varphi_{12}(l)+e\varphi'_{12}(l)]=0\\ (EI)_2\varphi''_{12}(l)+(EI)_2\varphi'''_{12}(l)e-I_m\omega_1^2\varphi'_{12}(l)=0\end{cases}\tag{c}$$

$$\begin{cases}\varphi_{11}(l_p)=\varphi_{12}(l_p), \quad \varphi'_{11}(l_p)=\varphi'_{12}(l_p)\\ (EI)_1\varphi''_{11}(l_p)=(EI)_2\varphi''_{12}(l_p),\\ (EI)_1\varphi'''_{11}(l_p)=(EI)_2\varphi'''_{12}(l_p)\end{cases}\tag{d}$$

其中，$(\ )'\equiv\partial(\ )/\partial x$，$(EI)_1$ 和$(EI)_2$ 分别为两段梁的弯曲刚度，可通过梁和压电换能器的参

数确定;式(c)中第三式描述梁右端剪力与磁铁铅垂运动的惯性力平衡,因子 $\varphi_{12}(l)+e\varphi'_{12}(l)$ 代表磁铁质心的铅垂位移;第四式描述梁右端弯矩、剪力矩与磁铁绕质心转动的惯性力矩平衡。

将式(b)代入式(c)和式(d),得到描述梁固有振动的特征方程。解方程得到梁的第一阶固有频率为 $\omega_1=183.565\ 2$ rad/s,即 $f_1=29.22$ Hz;相应的波数为 $\beta_{11}=7.888\ 6$ 1/m 和 $\beta_{12}=7.902\ 1$ 1/m;固有振型系数为 $c_1=-c_3=0.283\ 8$,$c_2=-c_4=-0.329\ 8$,$c_5=0.362\ 9$,$c_6=-0.410\ 5$,$c_7=-0.364\ 7$ 和 $c_8=0.433\ 8$。

其次,考察磁力对应的磁势能函数,它与磁铁间距 d 和模态坐标 q_1 的关系为①

$$V_m(q_1)=\frac{\kappa\left[2d^2-(3d\varphi_{1l}\varphi'_{1l}+\varphi_{1l}^2)q_1^2\right]}{(1+\varphi'^2_{1l}q_1^2)^{1/2}(d^2+\varphi_{1l}^2q_1^2)^{5/2}} \tag{e}$$

其中,$\kappa\equiv\mu_0(Me^3)^2/(4\pi)$,$\mu_0=4\pi\times10^{-7}$ N/A^2 为真空磁导率,$\varphi_{1l}\equiv\varphi_1(l)$,$\varphi'_{1l}\equiv\varphi'_1(l)$。将上式关于 q_1^2 进行幂级数展开,得到

$$V_m(q_1)=k_0+\frac{1}{2}k_1q_1^2+\frac{1}{4}k_2q_1^4+o(q_1^4) \tag{f}$$

其中

$$\begin{cases}k_0=\dfrac{2\kappa}{d^3},\quad k_1=-\dfrac{2\kappa}{d^5}(d^2\varphi'^2_{1l}+3d\varphi'_{1l}\varphi_{1l}+6\varphi_{1l}^2)\\ k_2=\dfrac{3\kappa}{d^7}(d^4\varphi'^4_{1l}+2d^3\varphi'^3_{1l}\varphi_{1l}+4d^2\varphi'^2_{1l}\varphi_{1l}^2+10d\varphi'_{1l}\varphi_{1l}^3+15\varphi_{1l}^4)\end{cases} \tag{g}$$

现考察图10.1.2所示的系统势能曲线,图中总势能 V 为弹性势能 V_e 与磁势能 V_m 之和;下凹的点划线代表悬臂梁的弹性势能,粗实线和粗虚线分别代表 $d=25$ mm 时的总势能与磁势能,细实线和细虚线分别代表 $d=35$ mm 时的总势能和磁势能。由图可见,磁铁间距 d 对系统磁势能和总势能有很大影响。当 $d=25$ mm 时,总势能曲线呈现一个中心势垒和两个对称势阱,即系统有一个不稳定平衡点和两个稳定平衡点,呈双稳态特性;当 $d=35$ mm 时,磁势能比较弱,系统仅有一个势阱,呈单稳态特性。

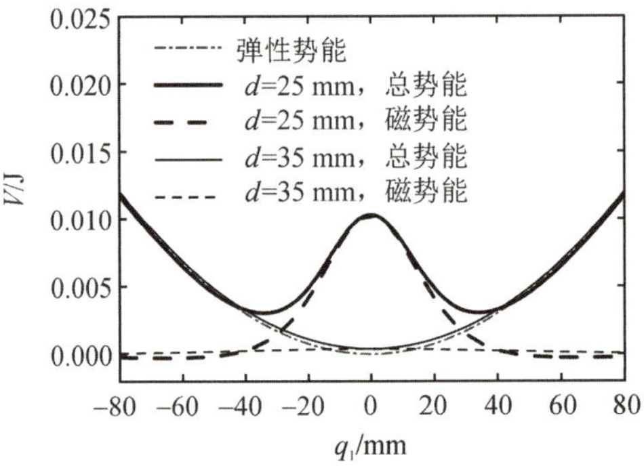

图10.1.2 不同磁铁间距的系统势能曲线

最后,考察磁力的垂直分量 f_v,它与磁铁间距 d 和模态坐标 q_1 相关,导致系统具有非线性项 $k_2q_1^3$。如图10.1.3所示,当 $d=25$ mm 时,磁力的垂直分量 f_v 与模态坐标 q_1 呈显著非

① 唐炜,王小璞,曹景军. 非线性磁式压电振动能量采集系统建模与分析[J]. 物理学报,2014,63(24):76-89.

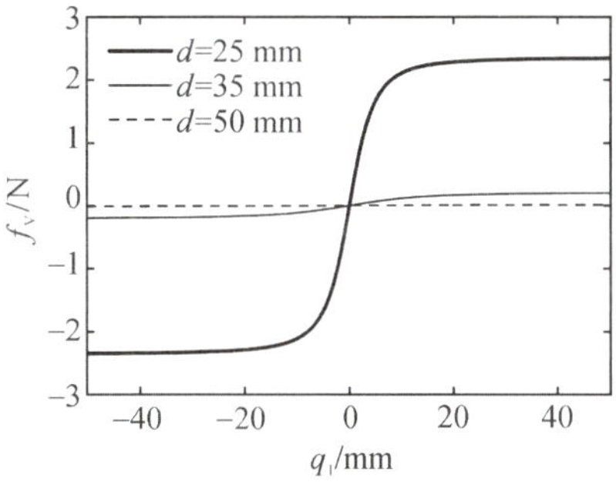

图 10.1.3　不同磁铁间距的磁力与模态坐标关系

线性关系。随着距离 d 增大，系统的非线性程度逐渐减小，f_v 的幅值随之降低。当磁铁间距增加到 $d=50$ mm 时，f_v 几乎可以忽略不计，系统基本呈现线性特性。

10.1.2　非线性能量采集系统的输出特性

首先，基于多尺度法研究单稳态能量采集系统的输出特性。然后，采用数值方法讨论双稳态能量采集系统的输出特性。

1. 单稳态刚度硬化能量采集系统

记基础振动加速度为 $\ddot{z}(t)=z_0\cos(\omega t)$，引入无量纲的时间、位移和电压

$$\tau\equiv\omega_1 t,\quad u\equiv\frac{q_1}{l},\quad v\equiv\frac{C_p v_R}{\mu l}\tag{10.1.2}$$

将式(10.1.1)改写为无量纲的动力学方程

$$\begin{cases}u''(\tau)+2\zeta_1 u'(\tau)+\alpha_1 u(\tau)+\alpha_3 u^3(\tau)-\beta v(\tau)=f_0\cos(\lambda\tau)\\ v'(\tau)+\eta v(\tau)+u'(\tau)=0\end{cases}\tag{10.1.3}$$

此处，将撇号定义变更为$(\;)'\equiv \mathrm{d}(\;)/\mathrm{d}\tau$；方程中的参数为

$$\alpha_1\equiv 1+\frac{k_1}{\omega_1^2},\quad \alpha_3\equiv\frac{k_2 l^2}{\omega_1^2},\quad \beta\equiv\frac{\mu^2}{\omega_1^2 C_p},\quad f_0\equiv-\frac{\gamma z_0}{\omega_1^2 l},\quad \lambda\equiv\frac{\omega}{\omega_1},\quad \eta\equiv\frac{1}{\omega_1 RC_p}\tag{10.1.4}$$

考虑弱阻尼和弱非线性条件下的主共振，重新标记式(10.1.3)中的参数，将动力学方程改写为

$$\begin{cases}u''(\tau)+2\varepsilon\zeta_1 u'(\tau)+\alpha_1 u(\tau)+\varepsilon\alpha_3 u^3(\tau)-\varepsilon\beta v(\tau)=\varepsilon f_0\cos(\lambda\tau)\\ v'(\tau)+\eta v(\tau)+u'(\tau)=0\end{cases}\tag{10.1.5}$$

现采用多尺度方法求式(10.1.5)的一次近似解。为此，引入两个时间变量 $T_0\equiv\tau$ 和 $T_1\equiv\varepsilon\tau$，将待求的一次近似解表示为

$$\begin{cases}u(\tau)=u_0(T_0,T_1)+\varepsilon u_1(T_0,T_1)\\ v(\tau)=v_0(T_0,T_1)+\varepsilon v_1(T_0,T_1)\end{cases}\tag{10.1.6}$$

参考 4.3 节，采用对 T_0 和 T_1 的偏导数算子 D_0 和 D_1 表示对无量纲时间 τ 的导数

$$\frac{\mathrm{d}}{\mathrm{d}\tau}=\frac{\partial}{\partial T_0}+\varepsilon\frac{\partial}{\partial T_1}+o(\varepsilon)\equiv \mathrm{D}_0+\varepsilon\mathrm{D}_1+o(\varepsilon),\qquad \frac{\mathrm{d}^2}{\mathrm{d}\tau^2}=\mathrm{D}_0^2+2\varepsilon\mathrm{D}_0\mathrm{D}_1+o(\varepsilon)\tag{10.1.7}$$

将式(10.1.6)和式(10.1.7)代入式(10.1.5),比较 ε 同次幂的系数,得到

$$\begin{cases} D_0^2 u_0 + \alpha_1 u_0 = 0 \\ D_0 v_0 + \eta v_0 + D_0 u_0 = 0 \end{cases} \tag{10.1.8}$$

$$\begin{cases} D_0^2 u_1 + \alpha_1 u_1 = -2D_0 D_1 u_0 - 2\zeta_1 D_0 u_0 - \alpha_3 u_0^3 + \beta v_0 + f_0 \cos(\lambda T_0) \\ D_0 v_1 + \eta v_1 = -D_1 v_0 - D_0 u_1 - D_1 u_0 \end{cases} \tag{10.1.9}$$

由于系统呈现单稳态刚度硬化特性,即 $\alpha_1 > 0$,记 $\omega_0 \equiv \sqrt{\alpha_1}$,将式(10.1.8)的解表示为

$$\begin{cases} u_0 = A_1(T_1)\exp(\mathrm{i}\omega_0 T_0) + \mathrm{cc}, \quad A_1(T_1) \equiv \dfrac{1}{2} a(T_1)\exp(\mathrm{i}b(T_1)) \\ v_0 = B_1(T_1)\exp(\mathrm{i}\omega_0 T_0) + \mathrm{cc} \end{cases} \tag{10.1.10}$$

将式(10.1.10)代入式(10.1.8)中的第二个方程,得到

$$\mathrm{i}\omega_0 B_1 + \eta B_1 + \mathrm{i}\omega_0 A_1 = 0 \tag{10.1.11}$$

由此解出

$$B_1(T_1) = \frac{-\mathrm{i}\omega_0}{\mathrm{i}\omega_0 + \eta} A_1(T_1) \tag{10.1.12}$$

将式(10.1.10)和式(10.1.12)代入式(10.1.9)的第一个方程,其消除永年项的条件为

$$2\mathrm{i}\omega_0(D_1 A_1 + \zeta_1 A_1) + 3\alpha_3 A_1^2 \bar{A}_1 - \beta B_1 - \frac{f_0}{2}\exp(\mathrm{i}(\lambda T_0 - \omega_0 T_0)) = 0 \tag{10.1.13}$$

引入激励频率失调参数 σ,记 $\lambda = \omega_0 + \varepsilon\sigma$,将其连同式(10.1.12)代入式(10.1.13),得到

$$2\mathrm{i}\omega_0(D_1 A_1 + \zeta_1 A_1) + 3\alpha_3 A_1^2 \bar{A}_1 + \frac{\mathrm{i}\omega_0 \beta}{\mathrm{i}\omega_0 + \eta} A_1 - \frac{f_0}{2}\exp(\mathrm{i}\sigma T_1) = 0 \tag{10.1.14}$$

将式(10.1.10)中 $A_1(T_1)$ 的极坐标表达式代入式(10.1.14),分离其实部和虚部,得到

$$\begin{cases} D_1 a = -\mu_1 a - \dfrac{f_0}{2\omega_0}\sin\varphi \\ a D_1 \varphi = -\sigma_1 a + \dfrac{3\alpha_3}{8\omega_0} a^3 - \dfrac{f_0}{2\omega_0}\cos\varphi \end{cases} \tag{10.1.15}$$

其中

$$\varphi(T_1) \equiv b(T_1) - \sigma T_1, \quad \mu_1 \equiv \zeta_1 + \frac{\beta\eta}{2(\omega_0^2 + \eta^2)}, \quad \sigma_1 \equiv \sigma - \frac{\beta\omega_0}{2(\omega_0^2 + \eta^2)} \tag{10.1.16}$$

因此,能量采集系统的无量纲位移响应和输出电压具有一次近似解

$$\begin{cases} u(t) = a(\varepsilon t)\cos(\lambda t + \varphi(\varepsilon t)) \\ v(t) = \dfrac{\omega_0}{\sqrt{\omega_0^2 + \eta^2}} a(\varepsilon t)\cos(\lambda t + \varphi(\varepsilon t) + \theta) \end{cases} \tag{10.1.17}$$

其中,$\theta = \arctan(\eta/\omega_0)$。

为确定式(10.1.17)的稳态解,将 $D_1 a = 0$ 和 $D_1 \varphi = 0$ 代入式(10.1.15),得到

$$\begin{cases} \mu_1 \bar{a} + \dfrac{f_0}{2\omega_0}\sin\bar{\varphi} = 0 \\ \sigma_1 \bar{a} - \dfrac{3\alpha_3}{8\omega_0}\bar{a}^3 + \dfrac{f_0}{2\omega_0}\cos\bar{\varphi} = 0 \end{cases} \tag{10.1.18}$$

消去式(10.1.18)中的三角函数，得到系统的稳态主共振位移幅频响应方程

$$\left(\sigma_1\bar{a}-\frac{3\alpha_3\bar{a}^3}{8\omega_0}\right)^2+(\mu_1\bar{a})^2=\left(\frac{f_0}{2\omega_0}\right)^2 \tag{10.1.19}$$

根据式(10.1.17)，此时系统的稳态输出电压幅值为

$$\bar{v}=\frac{\omega_0}{\sqrt{\omega_0^2+\eta^2}}\bar{a} \tag{10.1.20}$$

上述多尺度分析表明：虽然式(10.1.3)描述的能量采集系统有别于 Duffing 系统，但由于其机电耦合关系满足线性微分方程，系统动力学行为与 5.1 节所介绍的 Duffing 系统受迫主共振相同。

由式(10.1.19)和式(10.1.20)可见，能量采集系统的位移振幅和输出电压均与非线性磁力导致的立方刚度系数 α_3 有关。图 10.1.4(a)给出三种典型磁力对应的无量纲位移幅频曲线。当 $\alpha_3=0$ 时，线性系统的工作频段非常狭窄。调整磁铁间距 d，可使 $\omega_0\equiv\sqrt{\alpha_1}$ 变小，α_3 变大；随着 α_3 增大，非线性磁力引起系统幅频曲线向右弯曲的趋势增加，系统的工作频段变宽。因此，在能量采集系统设计中，磁铁间距 d 是极为重要的设计参数。

由于电路方程为线性微分方程，故系统电压响应幅值与位移振幅成比例。图 10.1.4(b)给出三种典型激励对应的无量纲电压幅频曲线。当激励幅值较小时，磁铁间的相互作用较弱，位移响应和电压响应均较小，系统的输出能量较小；当激励幅值增大时，磁铁间的相互作用增强，系统位移响应和输出电压均提高，系统的输出能量增加。由此可见，在一定范围内增大基础激励幅值有利于拓宽能量采集系统的工作频带，提高系统的能量输出能力。

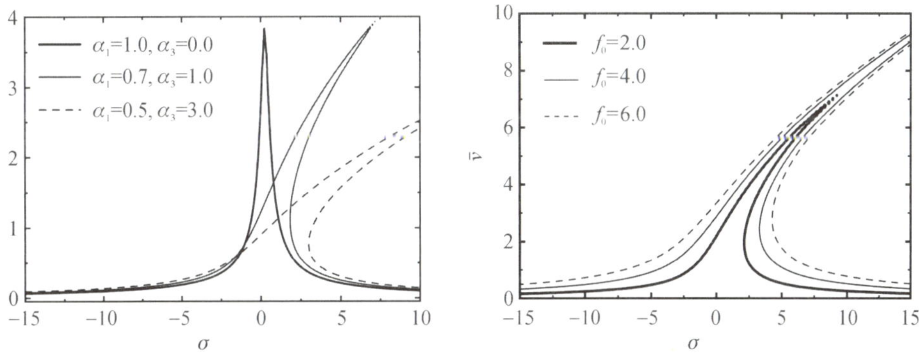

(a) 无量纲位移振幅(f_0=2)　(b) 无量纲电压(α_1=0.7, α_3=1)

图 10.1.4　系统幅频响应($\zeta_1=0.01,\ \varepsilon=0.1,\ \eta=1$)

2. 双稳态能量采集系统

根据 10.1.1 小节的讨论，当两磁铁间距离小到一定程度时，系统总势能曲线具有一个最大值和两个最小值，即系统有一个不稳定平衡点和两个稳定平衡点。因此，在一定的激励条件下，能量采集系统可产生围绕两个稳定平衡点的大幅振动，进而输出较大功率。鉴于双稳态动力学比较复杂，现采用数值方法给出直观结果。

例 10.1.2　考察初值静止的能量采集系统，其激励参数为 $f_0=0.2$，$\lambda=0.2$，针对如下两组设计参数，比较能量采集系统的力学和电学输出。

① 单稳态情况：$\zeta_1=0.01,\quad \eta=1.0,\quad \beta=0.000\ 01,\quad \alpha_1=0.7,\quad \alpha_2=1.0$　(a)

② 双稳态情况：$\zeta_1=0.01$，　$\eta=1.0$，　$\beta=0.000\,01$，　$\alpha_1=-2$，　$\alpha_2=30$　　　　(b)

解　在 Maple 平台上，采用 Runge-Kutta 法计算式(10.1.3)的初值问题，得到能量采集系统的无量纲位移、速度和电压。图 10.1.5 给出无量纲相轨线和单位负载电阻上的功率 $P(\tau)=v^2(\tau)$。

由图 10.1.5 可见，对于上述设计参数，在系统远离单稳态主共振时，即 $\lambda=0.2\ll\sqrt{\alpha_1}=0.837$ 时，双稳态能量采集系统可比单稳态能量采集系统输出更大的无量纲位移和速度；单位电阻上的无量纲功率 $P(\tau)=v^2(\tau)$ 也如此。图 10.1.5(b)所示的无量纲功率随着时间振荡，不便于作为电源。通常，需采用整流电路将能量采集系统输出的交流电转换为直流电。本书限于篇幅，不再讨论整流电路问题。

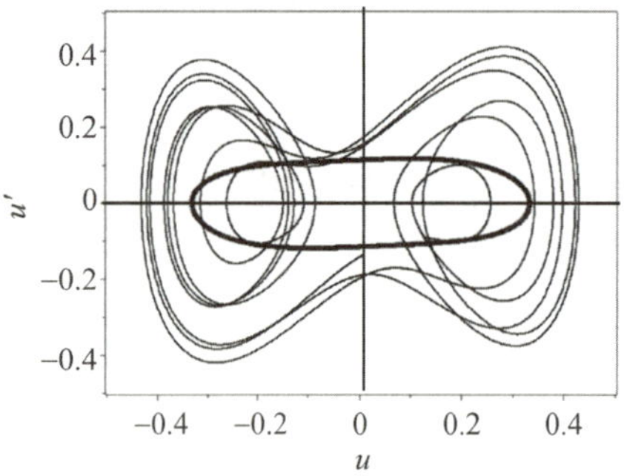

(a) 无量纲相轨线

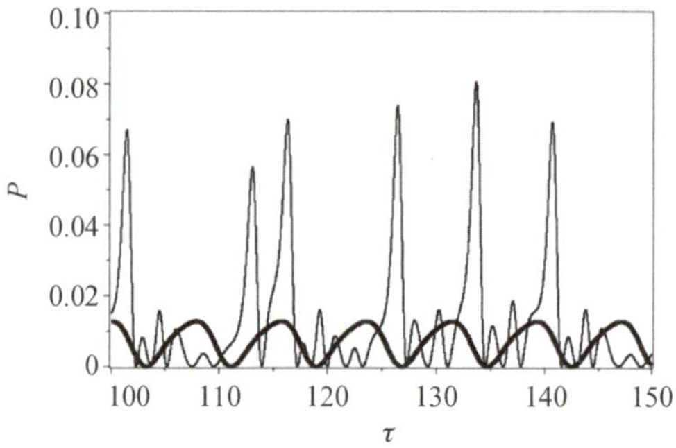

(b) 无量纲功率

图 10.1.5　能量采集系统的相轨线和输出功率

粗实线：$\alpha_1=0.7$，$\alpha_2=1.0$；细实线：$\alpha_1=-2$，$\alpha_2=30$

($\zeta_1=0.01$，$\eta=1.0$，$\beta=0.00001$，$f_0=0.2$，$\lambda=0.4$)

最后指出，上述结论高度依赖于激励幅值和频率。为此，许多学者致力于研究复杂激励条件下多稳态能量采集系统的非线性动力学特性，进而提高其能量采集效率。

10.1.3　单稳态能量采集系统实验

为验证前两节的建模和分析，作者设计了图 10.1.6 所示的悬臂梁式能量采集系统，其悬臂梁、磁铁和压电换能器的参数与例 10.1.1 的参数相同。图示电磁激振器对厚板施加激励，模拟基础振动。在悬臂梁右端，安装 PCB352A24 型加速度传感器，通过积分获得梁右端的位移响应。在厚板的激励点，安装 PCB33B52 型加速度传感器测量基础振动幅值，提供调节电磁激振器输出的参考信息。通过改变移动支撑与厚板的连接位置，可调节两磁铁的间距。采用 Spider-81 型数据采集系统进行实验数据采集和分析。

针对例 10.1.2 所讨论的单稳态情况，选择不同磁铁间距，对能量采集实验系统进行正弦扫频实验；激励频率范围为 25～30 Hz，频率间隔为 0.01 Hz。根据例 10.1.1，该系统的第一阶固有频率计算值为 29.22 Hz，在实验中测得系统第一阶固有频率为 28.20 Hz，两者的相对误差为 3.48%。将测量的系统位移振幅和输出电压进行无量纲化处理，与图 10.1.4 的理论结果进行对比，得到图 10.1.7。由图可见，该实验结果可支持理论结果。

最后值得指出，该实验所用的压电换能器比较薄，当悬臂梁做大幅振动时发生了开裂，导致未能获得比图 10.1.7 中结果更大的系统位移和输出电压。对于双稳态情况，自然要选用力

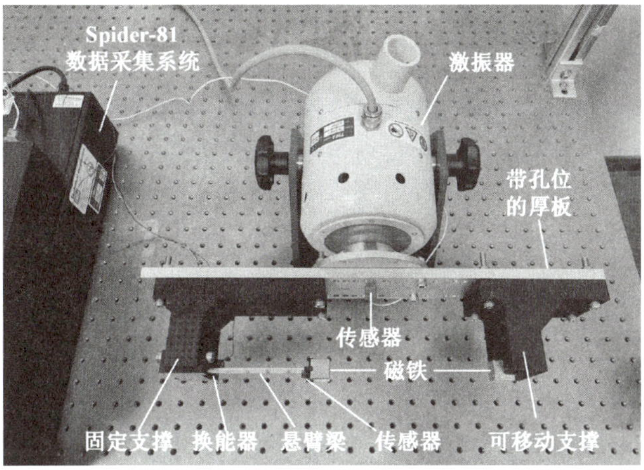

图 10.1.6　悬臂梁式能量采集器实验系统

彩图

学性能更好的压电换能器，方可获得跨越两个势阱的大幅振动和高输出电压。

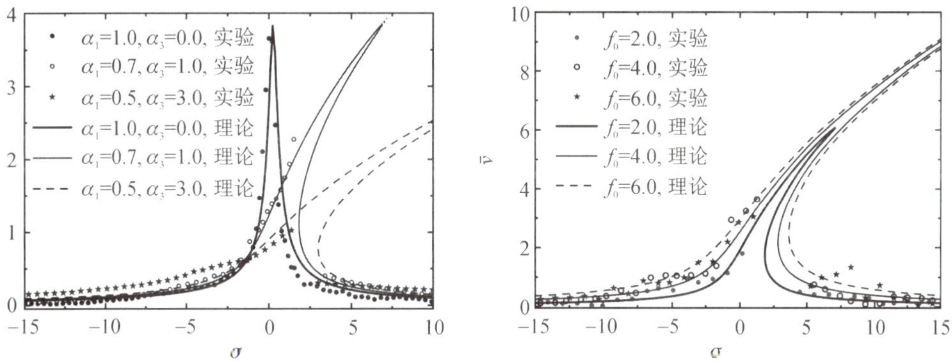

(a) 无量纲位移振幅(f_0=2)　　(b) 无量纲电压(α_1=0.7 α_3=1)

图 10.1.7　能量采集系统的输出幅频特性对比($\zeta_1=0.01$, $\varepsilon=0.1$, $\eta=1$)

10.2　准零刚度隔振技术

根据对单自由度线性系统在简谐激励下的稳态振动分析，系统的隔振条件是：激励频率大于系统固有频率的$\sqrt{2}$倍。为了对给定质量的设备实施低频隔振，必须降低隔振器刚度。然而，这会导致隔振器产生很大静变形，不仅需要足够的安装空间，还可能导致侧向失稳。在工程实践中，若要隔离 2～5 Hz 频率的低频振动，会遇到不少困难。此外，对于引力波探测、集成电路光刻机等超精密设备，需要隔离频率为 0.02～0.2 Hz 的振动。这类超低频隔振技术是公认的难题。如果采用现有隔振技术，需将多级隔振平台进行串联，导致隔振系统的结构复杂，体积庞大。

近年来，学者们提出了准零刚度系统。这类系统由提供正刚度的弹性元件和提供负刚度的辅助机构并联组成，具有较高的静刚度和很低的动刚度，在不改变系统静承载能力的前提下可实现低频隔振。本节分别介绍准零刚度系统及相应的非线性隔振技术。

10.2.1 准零刚度隔振系统设计

图 10.2.1(a)是经典的弹簧连杆式准零刚度隔振系统示意图。其中,质量为 m 的设备、刚度系数为 k_0 的弹簧、阻尼系数为 c 的阻尼器构成线性隔振系统;两个长度为 L 的连杆和两个刚度系数为 k_1 的水平弹簧,组成提供负刚度的辅助机构。在系统静平衡位置 $\theta=0$ 处,通过调节水平弹簧的预压缩量 δ_1 与垂直弹簧组合,可实现具有高静刚度、低动刚度的隔振系统。

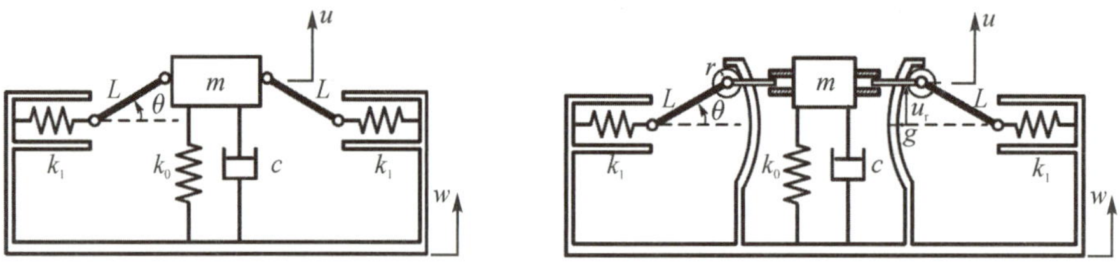

(a) 经典的准零刚度隔振系统　　(b) 改进后准零刚度隔振系统

图 10.2.1　准零刚度隔振系统示意图

然而,上述隔振系统的准零刚度范围有限,负刚度辅助机构往往会引入刚度硬化的非线性特性。在静平衡位置附近,系统的动刚度近似为零;但随着位移增大,动刚度可能超过等效的线性系统,影响系统的稳定性和隔振效果。为此,作者提出图 10.2.1(b)所示增加曲线导轨—滚轮的隔振系统,进而有效提高准零刚度隔振系统的隔振效果。本节介绍该隔振系统的力学原理和设计准则。

在图 10.2.1(b)所示的准零刚度隔振系统中,两根连杆端部连接着可沿曲线导轨运动、半径为 r 的滚轮,通过图中未显示的直线轴承约束,实现滚轮与设备在竖直方向的运动同步。通过对曲线导轨的设计,可以改变原隔振系统的刚度。

在图 10.2.1(b)所示的第二类隔振问题中,刚性基础受到简谐位移激励 $w(t)=w_0\cos(\omega t)$。将设备与刚性基础之间的相对位移记为 $u_r(t)\equiv u(t)-w(t)$,则其满足动力学方程

$$m\ddot{u}_r(t)+c\dot{u}_r(t)+f(u_r(t))=-m\ddot{w}(t)=mw_0\omega^2\cos(\omega t) \tag{10.2.1}$$

其中,$f(u_r(t))$是隔振系统的弹性反力,需通过下述几何关系和受力分析来确定。

为研究几何关系,记曲线导轨的轮廓线为函数 $g(u_r)$,根据相对位移的连续性和对称性,可要求函数 $g(u_r)$满足 $g(0)=0$ 和 $\mathrm{d}g/\mathrm{d}u_r|_{u_r=0}=0$。与设备相对位移 u_r 相比,滚轮半径 r 可忽略。此时,单个水平弹簧的压缩量 σ 是设备相对位移 u_r 的函数,可表示为

$$\sigma(u_r)=\sqrt{L^2-u_r^2}-L+\delta_1+g(u_r) \tag{10.2.2}$$

根据图 10.2.1(b)中的几何关系,得到

$$\tan\theta=\frac{u_r}{\sqrt{L^2-u_r^2}} \tag{10.2.3}$$

为简化受力分析,可利用系统的左右镜像对称性,只关注图 10.2.2 所示的系统右侧连杆和滚轮。其中,灰色连杆和滚轮位于初始位置,黑色连杆和滚轮位于当前位置。为避免图形重叠,图中只绘出弹簧的当前位置。记 f_n 是曲线导轨作用在滚轮上的反力,$f_v=k_0u_r$ 和 $f_h=k_1\sigma(u_r)$分别是铅垂弹簧与水平弹簧提供的弹性反力。根据连杆在水平方向与铅垂方向的力平衡条件,得到

$$\begin{cases} f_{h} = f_{n}\cos\varphi \\ f_{h}\tan\theta + f(u_{r})/2 - f_{v}/2 = f_{n}\sin\varphi \end{cases} \tag{10.2.4}$$

若忽略滚轮半径 r，则滚轮中心的运动轨迹与曲线导轨的轮廓线近似重合，此时 $\tan\varphi$ 等于函数 $g(u_{r})$ 的斜率。

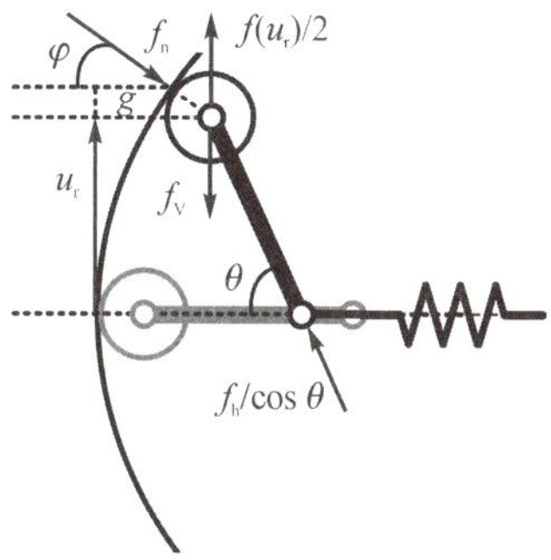

图 10.2.2　机构的受力分析

基于上述分析，可由式(10.2.4)解出隔振系统的弹性反力 $f(u_{r})$，并将其表示为

$$\begin{aligned} f(u_{r}) &= k_{0}u_{r} - 2k_{1}\sigma(u_{r})\tan\theta + 2k_{1}\sigma(u_{r})\frac{\mathrm{d}g(u_{r})}{\mathrm{d}u_{r}} \\ &= k_{0}u_{r} - 2k_{1}\sigma(u_{r})\left[\frac{u_{r}}{\sqrt{L^{2}-u_{r}^{2}}} - \frac{\mathrm{d}g(u_{r})}{\mathrm{d}u_{r}}\right] \end{aligned} \tag{10.2.5}$$

式(10.2.5)可表示为如下无量纲形式：

$$\begin{cases} \bar{f}(\bar{u}_{r}) \equiv \dfrac{f(u_{r})}{k_{0}L} = \bar{u}_{r} - 2\bar{k}\bar{\sigma}(\bar{u}_{r})\left(\dfrac{\bar{u}_{r}}{\sqrt{1-\bar{u}_{r}^{2}}} - \dfrac{\mathrm{d}\bar{g}}{\mathrm{d}\bar{u}_{r}}\right) \\ \bar{u}_{r} \equiv \dfrac{u_{r}}{L},\quad \bar{k} \equiv \dfrac{k_{1}}{k_{0}},\quad \bar{\delta} \equiv \dfrac{\delta_{1}}{L},\quad \bar{g} \equiv \dfrac{g}{L},\quad \bar{\sigma}(\bar{u}_{r}) \equiv \dfrac{\sigma(u_{r})}{L} = \sqrt{1-\bar{u}_{r}^{2}} - 1 + \bar{\delta} + \bar{g}(\bar{u}_{r}) \end{cases} \tag{10.2.6}$$

将式(10.2.6)对无量纲相对位移 $\bar{u}_{r}$ 求导，得到无量纲弹性反力所对应的非线性刚度

$$k(\bar{u}_{r}) \equiv \frac{\mathrm{d}\bar{f}(\bar{u}_{r})}{\mathrm{d}\bar{u}_{r}} = 1 - 2\bar{k}\left\{\bar{\sigma}(\bar{u}_{r})\left[\frac{1}{(1-\bar{u}_{r}^{2})^{3/2}} - \frac{\mathrm{d}^{2}\bar{g}}{\mathrm{d}\bar{u}_{r}^{2}}\right] - \left(\frac{\mathrm{d}\bar{g}}{\mathrm{d}\bar{u}_{r}} - \frac{\bar{u}_{r}}{\sqrt{1-\bar{u}_{r}^{2}}}\right)^{2}\right\} \tag{10.2.7}$$

在系统静平衡位置，即 $\bar{u}_{r}=0$ 处，利用条件 $\bar{g}(0)=0$ 和 $\mathrm{d}\bar{g}/\mathrm{d}\bar{u}_{r}|_{\bar{u}_{r}=0}=0$，得到系统在平衡位置的刚度和零刚度条件

$$k(0) = 1 - 2\bar{k}\bar{\delta}\left(1 - \left.\frac{\mathrm{d}^{2}\bar{g}}{\mathrm{d}\bar{u}_{r}^{2}}\right|_{\bar{u}_{r}=0}\right) \quad\Rightarrow\quad 2\bar{k}\bar{\delta}\left(1 - \left.\frac{\mathrm{d}^{2}\bar{g}}{\mathrm{d}\bar{u}_{r}^{2}}\right|_{\bar{u}_{r}=0}\right) = 1 \tag{10.2.8}$$

当 $\bar{g}(\bar{u}_{r})=0$ 时，改进的准零刚度隔振系统反力与经典的准零刚度隔振系统一致。

为了拓宽准零刚度范围，可选择曲线导轨的轮廓线 $\bar{g}(\bar{u}_{r})$，使得

$$\bar{f}(\bar{u}_{r}) = \bar{u}_{r} - 2\bar{k}\bar{\sigma}(\bar{u}_{r})\left(\frac{\bar{u}_{r}}{\sqrt{1-\bar{u}_{r}^{2}}} - \frac{\mathrm{d}\bar{g}}{\mathrm{d}\bar{u}_{r}}\right) = \kappa\bar{u}_{r} \tag{10.2.9}$$

将 $\bar{\sigma}(\bar{u}_{r})$ 的表达式代入式(10.2.9)，在 Maple 平台上求解关于函数 $\bar{g}(\bar{u}_{r})$ 的微分方程，得到

$$\bar{g}(\bar{u}_r)=1-\sqrt{1-\bar{u}_r^2}-\bar{\delta}+\sqrt{\bar{\delta}^2-\frac{1-\kappa}{2\bar{k}}\bar{u}_r^2} \tag{10.2.10}$$

回到式(10.2.9),令 $\kappa=0$,则系统在整个行程范围内具有**绝对零刚度**,并可验证式(10.2.8)同样成立。

例 10.2.1 考察经典的准零刚度隔振系统和改进的准零刚度隔振系统,选取 $\bar{k}=1.0$ 和 $\bar{\delta}=0.5$,讨论两个系统的弹性反力和刚度特性。

解 对于经典的准零刚度隔振系统,取 $\bar{g}(u_r)=0$;对于改进的准零刚度隔振系统,取 $\bar{g}(u_r)$满足式(10.2.10)。根据式(10.2.6)中的第一式和式(10.2.7),分别得到图 10.2.3 所示的弹性反力和刚度。由图可见,对于微小的相对位移,经典准零刚度隔振系统的刚度很低;随着相对位移的增加,系统弹性反力呈非线性递增,可限制隔振系统的静变形。对于改进的准零刚度隔振系统,其在图中的相对位移范围内,可保持零弹性反力和绝对零刚度。

值得指出,式(10.2.8)和(10.2.10)所提供的零刚度条件是理想化的。考虑到制造和装配误差,为了使系统不因负刚度而失稳,通常需选择系统参数使 $k(0)$略大于零,故将这类技术称为**准零刚度隔振技术**。

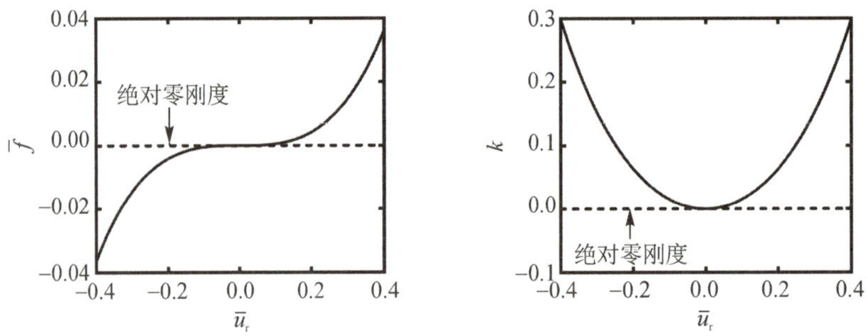

(a) 弹性反力与变形关系　　(b) 非线线刚度与变形关系

图 10.2.3 两类准零刚度隔振系统的弹性反力和非线性刚度

10.2.2 准零刚度隔振系统性能

根据式(10.2.6)和式(10.2.9),无量纲的弹性反力 $\bar{f}(\bar{u}_r)$是非线性奇函数。为便于研究,在 $\bar{u}_r=0$ 处将 $\bar{f}(\bar{u}_r)$展开为幂级数,即

$$\begin{cases}\bar{f}(\bar{u}_r)=\alpha_1\bar{u}_r+\alpha_3\bar{u}_r^3+o(|\bar{u}_r|^3)\\ \alpha_1\equiv 1-2\bar{k}\bar{\delta}\left(1-\left.\dfrac{\mathrm{d}^2\bar{g}}{\mathrm{d}\bar{u}_r^2}\right|_{\bar{u}_r=0}\right),\quad \alpha_3\equiv\bar{k}\left(1-\left.\dfrac{\mathrm{d}^2\bar{g}}{\mathrm{d}\bar{u}_r^2}\right|_{\bar{u}_r=0}\right)^2-\dfrac{1}{3}\bar{k}\bar{\delta}\left(3-\left.\dfrac{\mathrm{d}^4\bar{g}}{\mathrm{d}\bar{u}_r^2}\right|_{\bar{u}_r=0}\right)\end{cases} \tag{10.2.11}$$

对无辅助机构的线性隔振系统定义固有频率,并引入无量纲参数

$$\omega_n\equiv\sqrt{\frac{k_0}{m}},\quad \tau\equiv\omega_n t,\quad \lambda\equiv\frac{\omega}{\omega_n},\quad \zeta\equiv\frac{c}{2m\omega_n},\quad \bar{w}_0\equiv\frac{w_0}{L} \tag{10.2.12}$$

将式(10.2.11)和式(10.2.12)代入式(10.2.1),得到描述无量纲相对位移的动力学方程

$$\bar{u}''_{r}(\tau)+2\zeta\bar{u}'_{r}(\tau)+\alpha_1\bar{u}_{r}(\tau)+\alpha_3\bar{u}_{r}^3(\tau)=\bar{w}_0\lambda^2\cos(\lambda\tau) \tag{10.2.13}$$

其中，$(\ )'\equiv \mathrm{d}(\ )/\mathrm{d}\tau$。

注解 10.2.1[M]　虽然式(10.2.13)描述了 Duffing 系统的受迫振动，但由于 $|\alpha_1|\approx 0$ 和 $|\alpha_3|\gg 0$，故该系统并非弱非线性系统。根据第 5 章知，对于单自由度非线性系统的稳态振动，其各次谐波分量分别满足动力学方程，可采用谐波平衡法求解稳态振动。以下给出简要推导，建议读者参考附录 A10 的 Maple 程序及与数值解的对比。

现将系统相对位移的主共振稳态解表示为

$$\bar{u}_{r}(\tau)=\bar{a}\cos(\lambda\tau+\psi) \tag{10.2.14}$$

将式(10.2.14)代入式(10.2.13)，得到

$$\begin{aligned}&-\bar{a}\lambda^2\cos(\lambda\tau+\psi)-2\zeta\bar{a}\lambda\sin(\lambda\tau+\psi)+\alpha_1\bar{a}\cos(\lambda\tau+\psi)+\alpha_3\bar{a}^3\cos^3(\lambda\tau+\psi)\\&=\bar{w}_0\lambda^2\cos\lambda\tau\end{aligned} \tag{10.2.15}$$

将式(10.2.15)等号左端的最后一项和等号右端项改写为

$$\begin{cases}\alpha_3\bar{a}^3\cos^3(\lambda\tau+\psi)=\dfrac{\alpha_3\bar{a}^3}{4}[3\cos(\lambda\tau+\psi)+\cos(3\lambda\tau+3\psi)]\\ \bar{w}_0\lambda^2\cos(\lambda\tau)=(\bar{w}_0\lambda^2\cos\psi)\cos(\lambda\tau+\psi)+(\bar{w}_0\lambda^2\sin\psi)\sin(\lambda\tau+\psi)\end{cases} \tag{10.2.16}$$

将式(10.2.16)代入式(10.2.15)，得到稳态主共振的基波平衡条件

$$\begin{cases}\alpha_1\bar{a}-\lambda^2\bar{a}+\dfrac{3}{4}\alpha_3\bar{a}^3=\bar{w}_0\lambda^2\cos\psi\\ -2\zeta\lambda\bar{a}=\bar{w}_0\lambda^2\sin\psi\end{cases} \tag{10.2.17}$$

由此可得到稳态主共振的幅频响应方程和相频响应方程

$$[(\lambda^2-\alpha_1-3\alpha_3\bar{a}^2/4)^2+(2\lambda\zeta)^2]\,\bar{a}^2=\bar{w}_0^2\lambda^4 \tag{10.2.18a}$$

$$\psi=\tan^{-1}\left(\frac{2\zeta\lambda}{\lambda^2-\alpha_1-3\alpha_3\bar{a}^2/4}\right) \tag{10.2.18b}$$

在第二类隔振问题中，主要关注系统的绝对位移 $u(t)$ 振幅，其无量纲形式为

$$|\bar{u}(t)|_{\max}=|\bar{w}(t)+\bar{u}_{r}(t)|_{\max}=\sqrt{(\bar{a}\cos\psi+\bar{w}_0)^2+(\bar{a}\sin\psi)^2} \tag{10.2.19}$$

从式(10.2.17)解出 $\cos\psi$ 和 $\sin\psi$ 后代入式(10.2.19)，利用式(10.2.18a)化简，得到

$$\begin{aligned}|\bar{u}(t)|_{\max}&=\sqrt{\left(\frac{\alpha_1\bar{a}^2-\lambda^2\bar{a}^2+3\alpha_3\bar{a}^4/4}{\bar{w}_0\lambda^2}+\bar{w}_0\right)^2+\left(\frac{2\zeta\lambda\bar{a}^2}{\bar{w}_0\lambda^2}\right)^2}\\&=\frac{1}{\lambda}\sqrt{(3\alpha_3/2)\bar{a}^4+(2\alpha_1-\lambda^2)\bar{a}^2+\bar{w}_0^2\lambda^2}\end{aligned} \tag{10.2.20}$$

由此得到隔振系统的绝对位移传递率

$$T_{\mathrm{d}}\equiv\frac{|\bar{u}(t)|_{\max}}{\bar{w}_0}=\frac{\sqrt{(3\alpha_3/2)\bar{a}^4+(2\alpha_1-\lambda^2)\bar{a}^2+\bar{w}_0^2\lambda^2}}{\bar{w}_0\lambda} \tag{10.2.21}$$

图 10.2.4 给出在 $\bar{g}(\bar{u}_{r})=0$ 时不同弹簧预压缩量下准零刚度非线性隔振系统的绝对位移传递率，以及与线性隔振系统的效果对比，图中虚线代表不稳定解支。显然，随着弹簧预压缩量增大，准零刚度隔振系统的隔振频段下限和传递率峰值均减小，明显优于线性隔振系统。

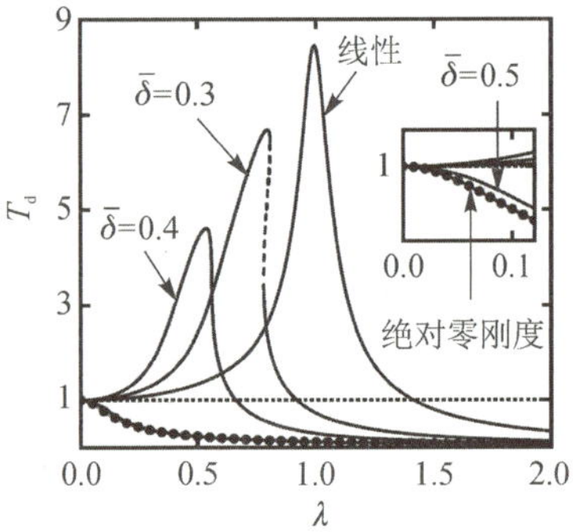

图 10.2.4　准零刚度隔振系统的绝对位移传递率($\zeta=0.06$, $\bar{w}_0=0.1$, $\bar{k}=1$)

10.2.3　准零刚度隔振系统实验

在准零刚度隔振系统中,负刚度辅助机构的设计是关键。近年来,已有许多成功的设计和案例。例如,作者基于 10.2.1 小节提出的设计思路,研制了图 10.2.5(a)所示隔振系统,利用弹簧-连杆-滚轮-曲线导轨提供负刚度,实现对 1.8 kg 的集中质量振动隔离。图 10.2.5(b)是对该隔振系统的正弦扫频激励实验结果。与等效线性系统的对比表明,准零刚度隔振系统的有效隔振频带显著拓展,共振传递率很低,适用于低频隔振。

值得指出,准零刚度隔振技术也有不足之处。例如,由于准零刚度隔振系统具有非线性,当系统阻尼较小或经受强激励时,其稳态主共振可能失稳或发生跳跃,影响隔振效果。因此,在设计和使用准零刚度隔振系统时,必须高度重视其工作环境的变化。

彩图

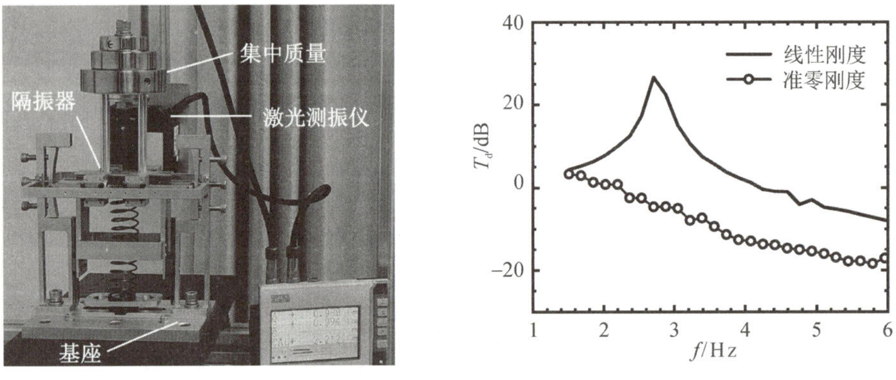

(a) 准零刚度隔振系统实验　　(b) 实验结果与线性系统结果的对比

图 10.2.5　具有弹簧-连杆-滚轮-曲线导轨的准零刚度隔振系统实验

10.3　绳系卫星振动抑制技术*

绳系卫星技术是指基于空间站、飞船、主卫星等航天器,通过柔软系绳释放和回收子卫星,完成航天器轨道调整、碎片捕获、系绳发电等任务,并将上述子卫星称为绳系卫星。在绳系卫星释放后的状态保持阶段，其可能受到自身变轨或空间环境等扰动而产生沿系绳纵向的振动，进而通过非线性耦合效应导致绳系卫星发生横向摆动。

本节研究如何为主卫星(简称主星)设计一种摩擦装置来抑制系绳的上述纵向振动，进而避免子卫星(简称子星)的横向摆动。为此，考虑两体绳系卫星状态保持阶段的纵向振动问题，引入如下假设：

(a) 主星轨道高度不变化，子星发生沿系绳的纵向振动，而系绳始终处于张拉状态；

(b) 系绳长度远大于主星和子星的尺度，可将主星和子星均作为质点；

(c) 系绳具有线性弹性和黏性阻尼特征。

10.3.1　系统动力学建模与化简

如图 10.3.1 所示，在主星上安装可产生摩擦的装置。该装置由两轮传送带和质量-弹簧-阻尼器系统组成，质量块右端与系绳相连，系绳穿过光滑孔连接到子星上。当传送带以给定速度运动时，法向力作用下的质量-弹簧-阻尼器系统与传送带间的摩擦力会导致子星沿系绳的运动出现 Hopf 分岔。抑制绳系子星振动的思路是：通过破坏 Hopf 分岔，实现振动抑制。

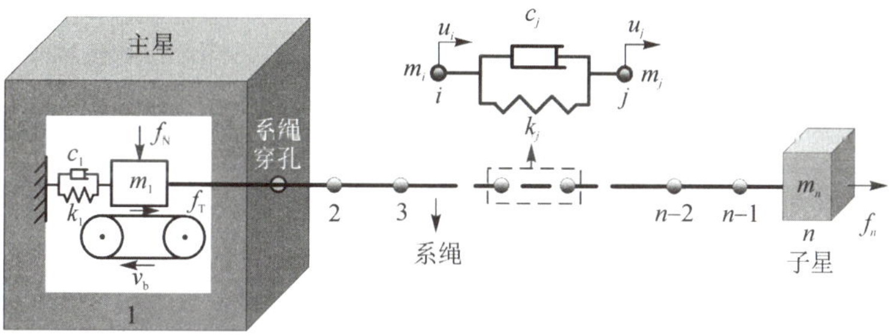

图 10.3.1　用摩擦装置抑制绳系卫星纵向振动的示意图

记摩擦装置中单自由度系统的质量为 m_1，刚度系数为 k_1，阻尼系数为 c_1，系统水平位移为 u_1；传送带在电机驱动下以给定水平速度(简称带速)v_b 运动，记单自由度系统与传送带之间的法向压力为 f_N，切向摩擦力为 f_T。记系绳长度为 L，密度为 ρ，横截面积为 A。记子星质量为 m_n，作用在子星上的纵向外力为恒定力 f_n。

现将系绳等距离离散为 $n-2$ 个质点，其质量均为 $m_2 \equiv \rho AL/(n-2)$，在相邻质点 i 和 j 间引入线性弹簧和阻尼器来描述系绳的弹性和黏性阻尼，其刚度系数为 k_j，阻尼系数为 c_j，两质点的纵向位移为 u_i 和 u_j。由于系绳不可压缩，这两个质点间的系绳内力可表示为

$$T_{ij} = \begin{cases} k_j(l_{ij} - l_0) + c_j v_{ij}, & l_{ij} > l_0 \\ 0, & l_{ij} \leqslant l_0 \end{cases} \tag{10.3.1}$$

其中，$k_j \equiv EA/l_0$，E 为系绳弹性模量，$l_0>0$ 和 $l_{ij}>0$ 分别为相邻质点间的系绳原始长度和当前长度，$v_{ij} \equiv \dot{u}_j - \dot{u}_i$ 为相邻质点的相对速度。

将摩擦力 f_T 视为外力，则系统的动力学方程可表示为矩阵形式

$$\boldsymbol{M}\ddot{\boldsymbol{u}}(t) + \boldsymbol{C}\dot{\boldsymbol{u}}(t) + \boldsymbol{K}\boldsymbol{u}(t) = \boldsymbol{f}(t) \tag{10.3.2}$$

其中，$\boldsymbol{u} \in \mathscr{R}^n$ 为位移列阵，$\boldsymbol{f} \in \mathscr{R}^n$ 为激励列阵，$\boldsymbol{M} \in \mathscr{R}^{n\times n}$、$\boldsymbol{C} \in \mathscr{R}^{n\times n}$ 和 $\boldsymbol{K} \in \mathscr{R}^{n\times n}$ 分别为质量矩阵、阻尼矩阵和刚度矩阵，其表达式为

$$
\begin{cases}
\boldsymbol{u} \equiv [u_1 \quad u_2 \quad \cdots \quad u_{n-1} \quad u_n]^{\mathrm{T}}, \quad \boldsymbol{f} \equiv [f_{\mathrm{T}} \quad 0 \quad \cdots \quad 0 \quad f_n]^{\mathrm{T}} \\
\boldsymbol{M} \equiv \mathrm{diag}[m_1, m_2, \cdots, m_{n-1}, m_n] \\
\boldsymbol{C} \equiv \begin{bmatrix} c_1 + c_2 & -c_2 & \cdots & 0 & 0 \\ -c_2 & c_2 + c_3 & \cdots & 0 & 0 \\ \vdots & \vdots & \ddots & \vdots & \vdots \\ 0 & 0 & \cdots & c_{n-1} + c_n & -c_n \\ 0 & 0 & \cdots & -c_n & c_n \end{bmatrix} \\
\boldsymbol{K} \equiv \begin{bmatrix} k_1 + k_2 & -k_2 & \cdots & 0 & 0 \\ -k_2 & k_2 + k_3 & \cdots & 0 & 0 \\ \vdots & \vdots & \ddots & \vdots & \vdots \\ 0 & 0 & \cdots & k_{n-1} + k_n & -k_n \\ 0 & 0 & \cdots & -k_n & k_n \end{bmatrix}
\end{cases}
\tag{10.3.3}
$$

为简化摩擦装置的设计，设质量块相对于传送带的速度总满足 $v_{\mathrm{r}} \equiv \dot{u}_1 - v_{\mathrm{b}} \neq 0$，将两者间的滑动摩擦力表示为

$$
f_{\mathrm{T}} = -\mathrm{sgn}(v_{\mathrm{r}})\mu(v_{\mathrm{r}})f_{\mathrm{N}}, \quad v_{\mathrm{r}} \neq 0 \tag{10.3.4}
$$

其中，f_{N} 为法向压力，μ 为动摩擦因数。为了描述相对速度较低时的摩擦特性，将动摩擦因数 μ 随相对速度 v_{r} 的变化表示为

$$
\mu(v_{\mathrm{r}}) = \mu_{\infty} + \Delta\mu \exp(-\gamma |v_{\mathrm{r}}|), \quad \Delta\mu \equiv \mu_{\mathrm{s}} - \mu_{\infty} \tag{10.3.5}
$$

其中，μ_{∞} 为最小动摩擦因数，μ_{s} 表示最大静摩擦因数，$\gamma > 0$ 为指数衰减因子。显然，动摩擦因数 μ 随着相对速度 v_{r} 增加而趋于最小动摩擦因数 μ_{∞}。

将式(10.3.2)表示为无量纲形式，用撇号表示对无量纲时间 $\tau \equiv \omega_1 t$ 求导，得到

$$
\boldsymbol{w}''(\tau) + \tilde{\boldsymbol{C}}\boldsymbol{w}'(\tau) + \tilde{\boldsymbol{K}}\boldsymbol{w}(\tau) = \tilde{\boldsymbol{f}}(\tau) \tag{10.3.6}
$$

其中，位移列阵为 $\boldsymbol{w} \equiv [w_1 \quad w_2 \quad \cdots \quad w_{n-1} \quad w_n]^{\mathrm{T}} \in \mathscr{R}^n$，$w_i \equiv u_i / u_0$，$i \in \boldsymbol{I}_n$，$u_0 \equiv f_{\mathrm{N}} / (m_1 \omega_1^2)$，$\omega_1 \equiv \sqrt{(k_1 + k_2)/m_1}$；激励列阵为 $\tilde{\boldsymbol{f}} \equiv [\tilde{f}_{\mathrm{T}}/u_0 \quad 0 \quad \cdots \quad 0 \quad f_n/(m_n f_{\mathrm{N}}/m_1)]^{\mathrm{T}} \in \mathscr{R}^n$，$\tilde{f}_{\mathrm{T}} = -\mathrm{sgn}(w_1' - v)\,[\mu_{\infty} + \Delta\mu \exp(-\gamma\alpha |w_1' - v|)]\,f_{\mathrm{N}}$，$v \equiv v_{\mathrm{b}}/\alpha$，$\alpha \equiv \omega_1 u_0$；系统阻尼矩阵和刚度矩阵分别为

$$
\begin{cases}
\tilde{\boldsymbol{C}} \equiv \begin{bmatrix} 2\zeta_1 & -2\eta_1\sigma\zeta_2 & \cdots & 0 & 0 \\ -2\sigma\zeta_2 & 4\sigma\zeta_2 & \cdots & 0 & 0 \\ \vdots & \vdots & \ddots & \vdots & \vdots \\ 0 & 0 & \cdots & 4\sigma\zeta_2 & -2\sigma\zeta_2 \\ 0 & 0 & \cdots & -2\eta_2\sigma\zeta_2 & 2\eta_2\sigma\zeta_2 \end{bmatrix} \in \mathscr{R}^{n\times n} \\
\tilde{\boldsymbol{K}} \equiv \begin{bmatrix} 1 & -\eta_1\sigma^2 & 0 & \cdots & 0 & 0 \\ -\sigma^2 & 2\sigma^2 & -\sigma^2 & \cdots & 0 & 0 \\ 0 & -\sigma^2 & 2\sigma^2 & \cdots & 0 & 0 \\ \vdots & \vdots & \vdots & \ddots & \vdots & \vdots \\ 0 & 0 & \cdots & -\sigma^2 & 2\sigma^2 & -\sigma^2 \\ 0 & 0 & \cdots & 0 & -\eta_2\sigma^2 & \eta_2\sigma^2 \end{bmatrix} \in \mathscr{R}^{n\times n}
\end{cases}
\tag{10.3.7}
$$

式中

$$\zeta_1 \equiv \frac{c_1 + c_2}{2m_1\omega_1},\quad \zeta_2 \equiv \frac{c_2}{2m_2\omega_2},\quad \omega_2 \equiv \sqrt{\frac{k_2}{m_2}},\quad \sigma \equiv \frac{\omega_2}{\omega_1},\quad \eta_1 \equiv \frac{m_2}{m_1},\quad \eta_2 \equiv \frac{m_2}{m_n} \tag{10.3.8}$$

令 $\boldsymbol{w}''=\boldsymbol{0}$ 和 $\boldsymbol{w}'=\boldsymbol{0}$，求得系统的平衡位置 $\boldsymbol{w}=\bar{\boldsymbol{w}}$。定义新的位移向量

$$\tilde{\boldsymbol{w}}(\tau) \equiv \boldsymbol{w}(\tau) - \bar{\boldsymbol{w}} \tag{10.3.9}$$

将系统坐标原点移到平衡态。在该平衡态附近，对式(10.3.6)进行线性化并取 $\tilde{w}_1' < v$，得到

$$\tilde{\boldsymbol{w}}''(\tau) + \hat{\boldsymbol{C}}\tilde{\boldsymbol{w}}'(\tau) + \tilde{\boldsymbol{K}}\tilde{\boldsymbol{w}}(\tau) = \boldsymbol{0} \tag{10.3.10}$$

其中

$$\hat{\boldsymbol{C}} \equiv \begin{bmatrix} 2\zeta_1 - \gamma\alpha\Delta\mu\exp(-\gamma\alpha v) & -2\eta_1\sigma\zeta_2 & \cdots & 0 & 0 \\ -2\sigma\zeta_2 & 4\sigma\zeta_2 & \cdots & 0 & 0 \\ \vdots & \vdots & \ddots & \vdots & \vdots \\ 0 & 0 & \cdots & 4\sigma\zeta_2 & -2\sigma\zeta_2 \\ 0 & 0 & \cdots & -2\eta_2\sigma\zeta_2 & 2\eta_2\sigma\zeta_2 \end{bmatrix} \in \mathscr{R}^{n\times n} \tag{10.3.11}$$

10.3.2　系统纵向振动的 Hopf 分岔

记式(10.3.10)的特征方程为

$$\lambda^{2n} + a_1\lambda^{2n-1}\cdots + a_{2n-1}\lambda + a_{2n} = 0 \tag{10.3.12}$$

其中，$a_i, i\in I_{2n}$ 是特征多项式的系数。基于 7.6 节的讨论，取无量纲带速 v 作为分岔参数，则系统发生 Hopf 分岔的条件是：当 $v=v_c$ 时，式(10.3.12)有一对复共轭特征值穿越虚轴，且其虚部不为零；而其余特征值均有负实部。

为便于理解，以下研究 $n=2$ 的情形。此时，式(10.3.12)简化为

$$\lambda^4 + a_1\lambda^3 + a_2\lambda^2 + a_3\lambda + a_4 = 0 \tag{10.3.13}$$

其中

$$\begin{cases} a_1 = [2\zeta_1 - \gamma\alpha\Delta\mu\exp(-\gamma\alpha v)] + 2\zeta_2\sigma \\ a_2 = 1 + 2\zeta_2[2\zeta_1 - \gamma\alpha\Delta\mu\exp(-\gamma\alpha v)]\sigma + (1 - 4\eta_1\zeta_2{}^2)\sigma^2 \\ a_3 = 2\zeta_2\sigma + [2\zeta_1 - \gamma\alpha\Delta\mu\exp(-\gamma\alpha v)]\sigma^2 - 4\eta_1\zeta_2\sigma^3 \\ a_4 = \sigma^2 - \eta_1\sigma^4 \end{cases} \tag{10.3.14}$$

给定一组系统参数并令无量纲带速 v 递减，将式(10.3.14)的计算结果代入式(10.3.13)，即可求出系统特征值，进而考察系统平衡态随无量纲带速 v 递减的稳定性和分岔。

为减少计算量，还可直接计算系统的临界特征值 $\lambda=\pm\mathrm{i}s, s\neq 0$。将该特征值代入式(10.3.13)后分离实部和虚部，得到

$$s^4 - a_2 s^2 + a_4 = 0,\quad -a_1 s^2 + a_3 = 0 \tag{10.3.15}$$

对于 $a_1\neq 0$，由式(10.3.15)的第二个方程得到 $s^2=a_3/a_1$，将其代入第一个方程，得到

$$\frac{a_3^2}{a_1^2} - a_2\frac{a_3}{a_1} + a_4 = 0 \tag{10.3.16}$$

给定一组系统参数,可由式(10.3.16)求出无量纲临界带速 v_c,进而确定临界特征值的虚部 s。

当系统发生 Hopf 分岔时,特征值穿越虚轴的横截性条件是

$$\mathrm{Re}\left(\frac{\mathrm{d}\lambda}{\mathrm{d}v}\bigg|_{v=v_c}\right)\neq 0 \tag{10.3.17}$$

将式(10.3.13)中的 λ 和 $a_i, i\in I_4$ 均视为无量纲带速 v 的函数,对该式关于 v 求导数得到

$$\frac{\mathrm{d}\lambda}{\mathrm{d}v}[4\lambda^3+3a_1\lambda^2+2a_2\lambda+a_3]+\frac{\mathrm{d}a_1}{\mathrm{d}v}\lambda^3+\frac{\mathrm{d}a_2}{\mathrm{d}v}\lambda^2+\frac{\mathrm{d}a_3}{\mathrm{d}v}\lambda+\frac{\mathrm{d}a_4}{\mathrm{d}v}=0 \tag{10.3.18}$$

将 $\lambda=\pm \mathrm{i}s$ 和 $v=v_c$ 代入式(10.3.18),得到

$$\frac{\mathrm{d}\lambda}{\mathrm{d}v}\bigg|_{v=v_c}=\frac{\Theta_{2R}+\mathrm{i}\Theta_{2I}}{\Theta_{1R}-\mathrm{i}\Theta_{1I}}\bigg|_{v=v_c} \tag{10.3.19}$$

其中

$$\Theta_{1R}\equiv 3a_1s^2+a_3,\quad \Theta_{1I}\equiv 4s^3-2a_2s,\quad \Theta_{2R}\equiv\frac{\mathrm{d}a_2}{\mathrm{d}v}s^2-\frac{\mathrm{d}a_4}{\mathrm{d}v},\quad \Theta_{2I}\equiv\frac{\mathrm{d}a_1}{\mathrm{d}v}s^3-\frac{\mathrm{d}a_3}{\mathrm{d}v}s \tag{10.3.20}$$

因此,通过提取式(10.3.19)的实部,即得到 Hopf 分岔的横截性条件

$$\Theta_{1R}\Theta_{2R}-\Theta_{1I}\Theta_{2I}\neq 0 \tag{10.3.21}$$

例 10.3.1 取参数 $\zeta_1=\zeta_2=0.025, \sigma=0.7, \gamma=3, \alpha=0.4, \Delta\mu=0.2, \eta_1=\eta_2=1$,确定带速递减时系统平衡态发生 Hopf 的条件,并讨论摩擦参数对系统平衡态稳定性的影响。

解 将上述参数代入式(10.3.14),采用 Maple 求解式(10.3.16),得到系统特征值为纯虚根的两个无量纲临界带速 $v_{c1}=1.79$ 和 $v_{c2}=0.673$。

经验证,在无量纲临界带速 $v_{c1}=1.79$ 处,系统的复共轭特征值 $\lambda_{1,2}$ 从左向右穿越复平面虚轴,并满足横截条件 $\mathrm{Re}(\mathrm{d}\lambda_{1,2}/\mathrm{d}v)|_{v=1.79}=-0.0043\neq 0$,表明系统发生 Hopf 分岔。在无量纲临界带速 $v_{c2}=0.673$ 处,系统复共轭特征值 $\lambda_{3,4}$ 从左向右穿越复平面虚轴,而复共轭特征值 $\lambda_{1,2}$ 仍在复平面右侧,因此系统不产生新的 Hopf 分岔。

现选择与摩擦相关的参数 $\gamma=3,4,5$ 和 $\Delta\mu=0.1,0.2,0.3$,分别考察系统平衡态稳定性在参数平面 (α, v) 上的变化情况。用小步长迭代计算获得系统平衡态的稳定性边界,如图 10.3.2 所示。由图可见,随着无量纲带速 v 减小,系统平衡态易于失稳。由图 10.3.2(a)可见,随着 γ 增加,稳定边界线向左下方移动,但其峰值基本保持不变。由图 10.3.2(b)可见,$\Delta\mu$ 的增加对稳定边界的影响相反。在图 10.3.2(b)中,圆点的坐标值表明,$v_{c1}=1.79$ 是分岔点,这与前面

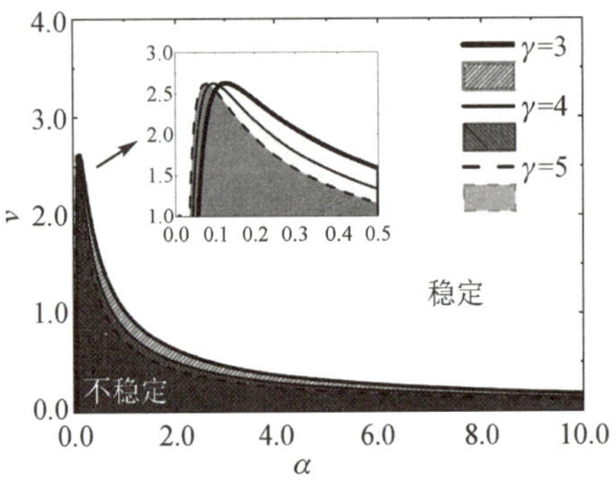

(a) 不同γ值对稳定区边界的影响

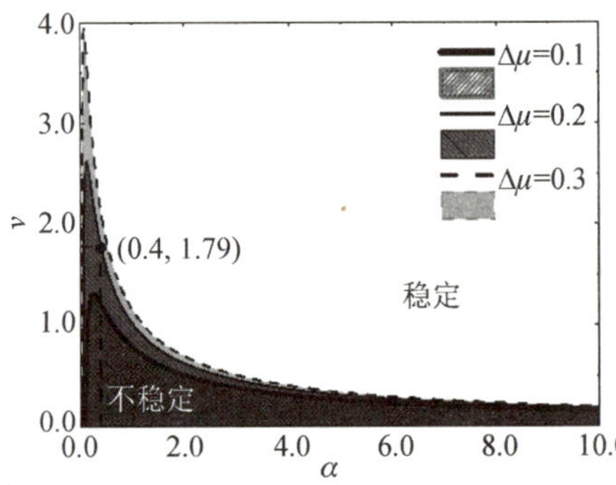

(b) 不同$\Delta\mu$值对稳定区边界的影响

图 10.3.2 参数 γ 和 $\Delta\mu$ 对于稳定区边界的影响

的特征值分析结果一致。因此，减少 $\Delta\mu$ 或增加 γ 可以扩大稳定区，从而改善系统稳定性。

例 10.3.2　取系绳长度 $L=1\,000$ m，直径 $d=0.001\,8$ m，线密度 $\rho A=0.001$ kg/m，弹性模量 $E=1.96\times10^{10}$ N/m^2，摩擦装置的集中质量 $m_1=1$ kg，子星质量 $m_n=10$ kg，阻尼比 $\zeta_1=\zeta_2=0.01$，外力 $f_n=0.1$ N。研究绳系卫星模型随带速 v_b 递减时的纵向振动。

解　将系绳划分为 9 个单元，其各段刚度系数和阻尼系数相同。选择 $u_1=0$ 作为 Poincaré 截面，采用 Runge－Kutta 法计算式(10.3.2)的相轨线。当相轨线正向穿过 Poincaré 截面时，用线性插值确定其交点位置 u_n，得到图 10.3.3 中子星位移 u_n 随带速 v_b 变化的分岔图。由图可见，随着带速 v_b 的递减，子星周期振动 u_n 在临界带速 $v_{bc}=0.22$ m/s 处失去稳定性，并在更低的带速时出现混沌运动。将临界带速 v_{bc} 无量纲化，可得到 $v_c=1.8$，这与前述特征值分析结果一致。

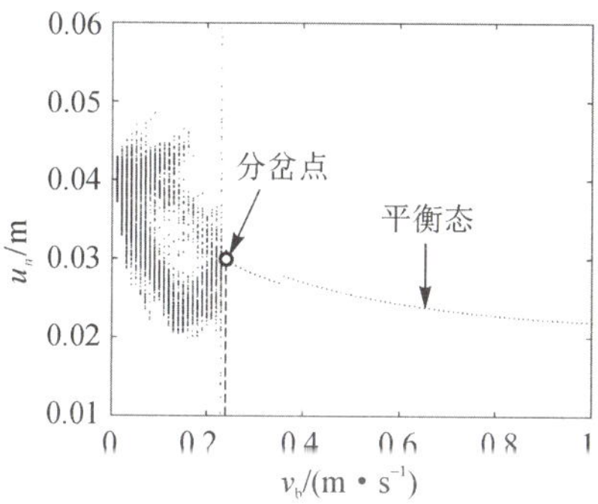

图 10.3.3　子星位移在 Poincaré 截面上的分岔图

对于带速 v_b 递减的三个取值，图 10.3.4 给出子星位移时间历程和相轨线。当带速为 $v_b=0.5$ m/s 时，系统相轨线趋于平衡态，表明系统渐近稳定；在临界带速为 $v_{bc}=0.22$ m/s 附近，系统相轨线趋于极限环，表明系统进入周期振动；当带速为 $v_b=0.1$ m/s 时，子星呈现倍

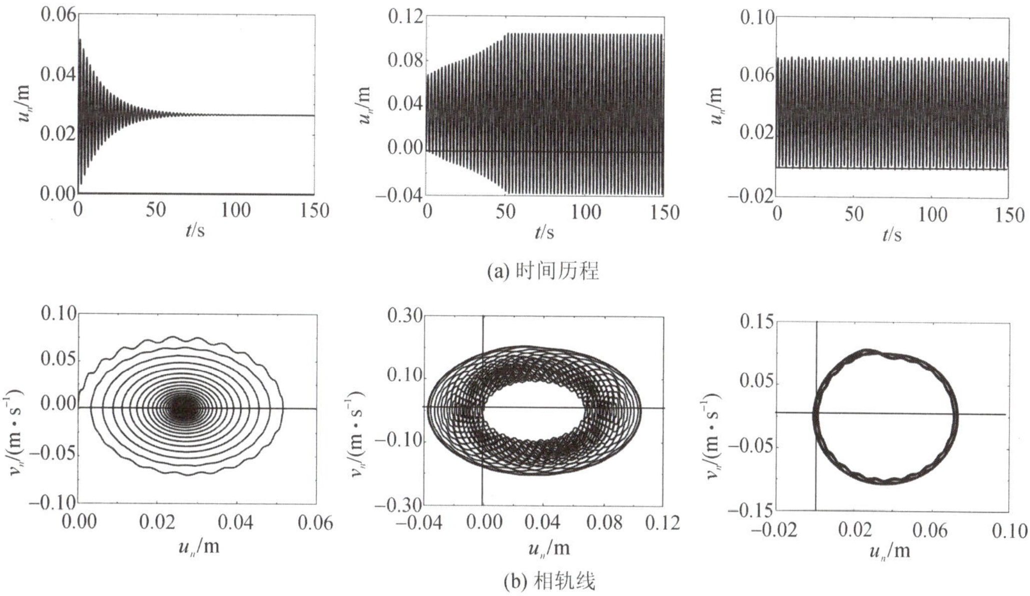

图 10.3.4　不同带速下的子星运动(左：$v_b=0.5$ m/s；中：$v_b=0.22$ m/s；右：$v_b=0.1$ m/s)

周期运动。上述结果表明,系统在不同带速 v_b 下的动态行为差异显著。在高带速下,系统平衡态渐近稳定;在低带速下,系统平衡态易发生 Hopf 分岔并进入周期振动。这为理解和控制带有摩擦装置的两体绳系卫星系统纵向振动提供了基本依据。

10.3.3 系统纵向振动抑制的模拟实验

为验证上述理论分析,作者设计加工了图 10.3.5 所示带摩擦装置的实验系统。该系统主要由摩擦装置、系绳、模拟子星(简称子星)等组成。在摩擦装置中,质量块放置在传送带上,其左侧通过弹簧 1 与固定支架连接,而右侧通过弹簧 2 和系绳与悬挂在系绳末端的子星连接,通过电机驱动器精确调节传送带速度,即带速。在实验台右边缘,安装一个低摩擦的滑轮供系绳通过。上述系统位于同一平面上,弹簧处于预紧状态以模拟系绳的张拉作用。在子星上方,安装激光测振仪,用于精确测量子星位移。此外,采用 Spider - 81 数据采集系统进行动态信号采集和分析。

彩图

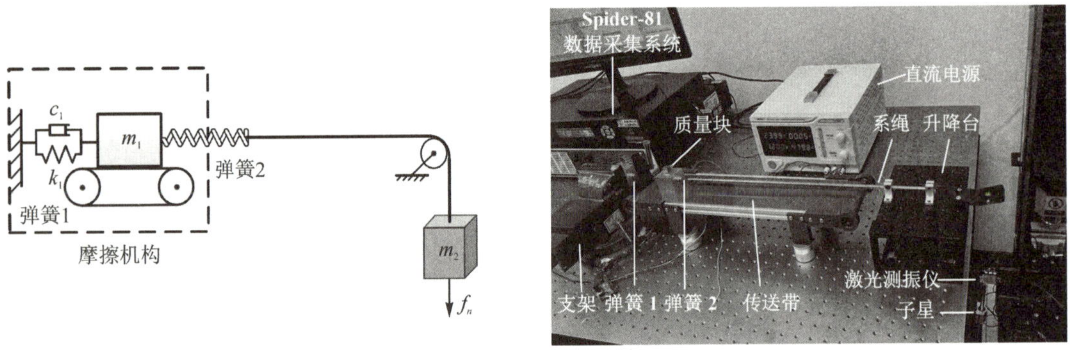

(a) 原理图　　(b) 实验系统

图 10.3.5　摩擦装置抑制绳系子星纵向振动实验

首先,不启动电机驱动器并使摩擦装置中的质量块静止,让子星从 100 mm 高度自由下落;随后,通过电机驱动器改变摩擦装置的带速;重复上述实验过程,记录不同带速下的子星位移变化情况。对比可见,在无摩擦装置时,系绳会因子星下落的冲击力产生较大的纵向振动,并且摩擦装置的质量块位置不随系绳移动。采用摩擦装置后,若所取参数范围内恰好出现 Hopf 分岔,子星会产生等幅周期振动。

在图 10.3.6 中,当摩擦装置的带速为零时,子星自由下落到系绳张力与重力相互平衡的 0 mm 位置后减速,直至到达位于−12 mm 最低点;随后子星经历衰减振动,并在约三个周期后趋于上述平衡位置,该过程持续时间约 1 s。当带速达到临界值 $v_{bc}=0.06$ m/s 时,子星下落的最低点为−17.8 mm;此后,摩擦装置的质量块在静平衡位置附近振动,导致子星在−2 mm 附近衰减振动,振幅逐渐减小。当带速增加到 $v_b=0.15$ m/s 时,子星下落后仅在 $t=0.15$ s 时有轻微过冲,随后迅速衰减到系绳张力、摩擦力、重力相互平衡的位置,没有残余振动。这表明,该摩擦装置可以有效抑制子星的纵向振动。

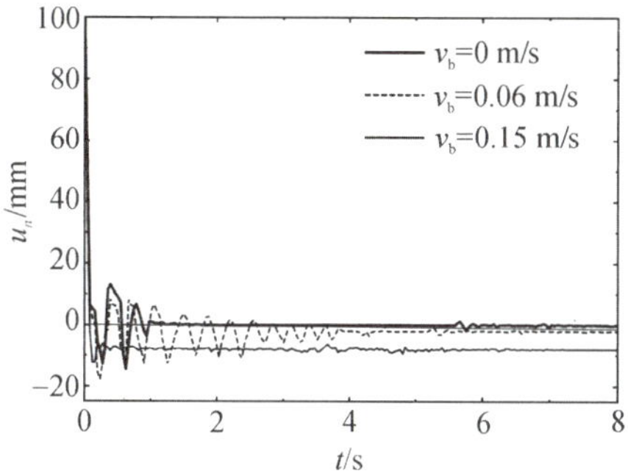

图 10.3.6　不同带速下的子星位移时间历程

习　题

10－1　通过阅读学术文献，评述非线性动力学对能量采集技术的推动作用。

10－2　针对例 10.1.2 中所讨论的双稳态能量采集系统，选择不同的无量纲激励幅值 f_0 和激励频率 λ，在 Maple 平台上用 Runge－Kutta 法计算能量采集系统在零初始条件下的位移响应和电压响应，讨论其优于单稳态能量采集系统的条件。

10－3　通过阅读学术文献，分析准零刚度隔振技术的优点和缺点。

10－4　对于 10.2 节中改进的准零刚度隔振系统，计入滚轮与曲线导轨之间的摩擦力矩，研究该因素对系统隔振效果的影响。

10－5　针对 10.3 节介绍的绳系卫星纵向振动抑制问题，将系绳离散为 20 个自由度的质量-弹簧系统；在 Maple 平台上，研究通过 Hopf 分岔抑制绳系卫星纵向振动的可行性。

10－6　设计一个含摩擦的自激振动实验系统，通过实验研究系统的 Hopf 分岔。

附录A　用Maple求解非线性动力学问题

Maple是与Matlab、Mathematica齐名的三大通用数学软件之一。它最初由加拿大Waterloo大学研制，现在是Maplesoft公司的主打产品。Maple提供强大的符号计算和数值计算功能、丰富的可视化工具、多样的外部接口等，可求解各类数学问题。

Maple内置了6000多个计算命令，100多个不同领域的专用包，覆盖众多数学领域，包括：微积分、线性代数、积分变换、微分几何、概率统计、数据处理、组合数学、微分动力系统、最优化方法等，可以处理信号处理、控制设计等众多工程技术中的数学问题。

本附录旨在激发初学者对Maple的兴趣，通过例题熟悉常用命令的基本用法，进而在Maple的帮助下学习本书并完成习题。因此，附录中的程序力求易读，而其过程未必最优。

A0　常用命令举例

启动Maple，其界面显示如下两种文件模式选项。

(a) 文档模式(document)。它类似于Word文字处理软件，可插入数学公式、插入图表等，且可直接运行Maple命令并显示运算结果，具有交互功能。

(b) 工作表模式(worksheet)。它是Maple早期版本的主要文件格式，可实现文档模式的部分功能，但界面和样式有所不同，且没有文档模式灵活。本附录重点介绍Maple的计算功能与图示功能及其实现，不涉及排版、交互等高级功能，故采用工作表模式介绍Maple 2018的常用命令的基本用法。

在Maple的工作表模式下，系统显示的工作窗口有“菜单栏”“工具栏”和“命令栏”等，由用户根据需求选择。

1. 基本命令

Maple的命令提示符为“＞”，命令注释符为“#”，赋值符为“:＝”，命令结束符为“;”或“:”，分别代表显示运算结果或不显示运算结果。若要调用前一步的计算结果，可用“%”。输入数字和符号时，必须选择英文输入模式。本书用黑色细圆正体显示Maple命令中的符号，用蓝色字体显示Maple输出结果中的符号(数字)。

Maple的命令通常是命令英文单词的前几个字母，有的则是英文单词全拼或单词组合，计算结果可按人们习惯的书写格式显示。Maple自带丰富的帮助文件，可通过“帮助”菜单或工具条上的搜索框或命令提示符“＞”后输入“? ＋命令”等方式获得相关命令的帮助文档。

Maple的基本运算符有：＋(加)、－(减)、*(乘)、/(除)、^(乘方与开方)、sqrt(开平方)；关系运算符有：＜＝(小于等于)、＞＝(大于等于)、＜(小于)、＞(大于)、＝(等于)、〈〉(不等于)；

逻辑运算符有：and（与）、or（或）、nor（非）。

例如，在命令栏输入如下两条命令和一条注释，得到输出结果。

```
>a*x^2+b*x: f:=%+Pi;  #定义第一个表达式；再调用前步结果%，生成和输出第二个表达式
```

$$f:=ax^2+bx+\pi$$

此处，Pi 是圆周率 π 的专用符号，其值是 3.141592653…，但 pi 则表示希腊字母，不能进行数值计算。类似的专用符号还有单位虚数，用英文大写字母 I 表示。需注意的是，“a=b”与“a:=b”不同。前者表示等式，Maple 不自动判断其正确性；后者表示将 b 赋值给 a。

在 Maple 中，20/3 与 20.0/3 的含义不同；前者输出分数 20/3，后者输出浮点数 6.666666667。在浮点数运算中，Maple 默认的有效数字是 10 位。有两种方式可改变计算结果的有效数字位数。一是键入“Digits:=n”将有效数位统一设置为 n；二是利用命令 evalf(expr, n)使表达式 expr 的计算结果保留 n 位有效数字。例如，evalf(Pi/3)的结果是 1.047197551，evalf(Pi/3, 18)的结果是 1.04719755119659775。

2. 表达式与函数的定义

在使用 Maple 时，需要区分表达式与函数。表达式是由数、符号、函数及其运算等构成的一个整体。要使表达式成为函数或算子，必须明确它是哪些量或符号的函数；否则，即便表达式中有 x，y，z 等常用的变量记号，Maple 也不会将表达式默认为是这些变量的函数。以下是若干常用命令的举例。

```
>f:=m*g*l*sin(theta):  #定义 f 的表达式，但并未明确它是 theta 的函数
>subs(theta=Pi/2, f): value(%);  #计算并输出表达式 f 在 theta=Pi/2 时的值
```

$$mgl$$

```
>f:=theta->m*g*l*sin(theta): f(Pi/2);  #定义 f 为 theta 的函数，输出函数在 Pi/2 的值
```

$$mgl$$

```
>diff(theta, t);  #Maple 将不同记号或字母（如 theta 与 t）默认为独立记号或字母，故求导数为零
```

$$0$$

```
>diff(theta(t), t);  #求函数 theta(t)对 t 的一阶导数，输出结果
```

$$\frac{\mathrm{d}}{\mathrm{d}t}\theta(t)$$

```
>diff(theta(t), t, t): diff(theta(t), t$2):  #用两种方式定义函数 theta(t)的二阶导数
>eq:=diff(theta(t), t, t)+g/l*sin(theta(t))=0;  #定义 eq 为单摆的动力学方程并输出结果
```

$$eq:=\frac{\mathrm{d}^2}{\mathrm{d}t^2}\theta(t)+\frac{g}{l}\sin(\theta(t))=0$$

```
>subs(sin(theta(t))=theta(t), eq);  #得到单摆在平衡点 theta=0 的线性化动力学方程
```

3. 常规运算

Maple 可对表达式作各种各样的常规运算，如分解因式、合并同类项、提取等式左边或右边的表达式、提取某个幂次的系数、作变量代换、按特定运算规则或条件对表达式变形、变换和化简等。建议读者首先逐行拷贝下述命令，观察和理解输出结果，然后替换输入或修改选项，观察和理解输出结果。为节约篇幅，以下一般不再输出结果。

>expand(sin(x + y)); combine(sin(x) * cos(y) + cos(x) * sin(y), trig); # 将表达式展开与化简

>combine(sin(x)^3, trig); combine(exp(x) * exp(y), exp); # 按三角函数、指数函数规则合并化简

>expand((1 + x) * (2 - x + x^2)); collect(% , x); coeff(% , x, 2) ; # 将表达式展开,合并同类项,提取平方项系数

>convert(sin(omega * t), exp); # 用 Euler 公式将正弦表达式转化为指数表达式

>evalc(exp(I * x)); coeff(% , I, 0); coeff(% % , I, 1); # 求 exp(I * x)的实部与虚部,I 为单位虚数

>assume(x::real); Re(exp(I * x)); Im(exp(I * x)); # 在 x 为实数条件下,分离并求 exp(I * x)的实部与虚部

>f: = a * sin(x) + b * x + c = 0: lhs(f); rhs(f); # 定义等式并提取等式的左边与右边

>lhs(f): select(has, % , sin); remove(has, % % , sin); # 提取等式左边含 sin 的项,删去等式左边含 sin 的项

>x: = 0: a * x^2 + b * x + c; x: = 'x': a * x^2 + b * x + c; # 分别对字母 x 赋值与取消赋值,观察结果

在数学推导中,常借助幂级数展开将复杂表达式简化为多项式。例如,可用幂级数展开将上述单摆动力学方程简化为三次非线性方程。

>taylor(sin(x), x, 4): convert(% , polynom): subs(x = theta(t), %): # 将正弦函数 sin(x)展开为 4 阶幂级数展开式;删除余项使其成为 3 次多项式;将变量 x 替换为 theta(t)

>subs(sin(theta(t)) = % , eq); # 将前面定义的单摆动力学方程 eq 中 sin(theta(t))替换为 3 次多项式

$$\frac{d^2}{dt^2}\theta(t)+\frac{g}{l}\left(\theta(t)-\frac{1}{6}\theta^3(t)\right)=0$$

4. 图形绘制

Maple 的基本绘图命令是 plot 和 plot3d,前者输出二维图形,后者输出三维图形。隐函数作图要用绘图包 plots 里的命令 implicitplot 和 implicitplot3d,等等。通过绘图命令中的各种选项,可生成满足不同要求的图形。

>f1: = x^4 - 5 * x^3 + x^2 + 6 * x - 1; f2: = 0; # 定义仅含 x 的表达式 f1,并将 0 赋值给 f2

>plot([f1, f2], x = - 2..5, thickness = [3, 1], color = [black,black], axesfont = [Roman,32], axes = boxed); # 在给定区间内绘制函数 f1 和 f2,线条粗细分别为 3pt 和 1pt,颜色均为黑色,坐标为 32pt 的 Roman 字体,结果如图 A1(a)

>plot([sin(2 * t), cos(3 * t), t = 0..2 * Pi], scaling = constrained, axes = boxed); # 基于参数方程绘制李萨育(Lissajous)曲线,用 scaling 选项要求纵轴与横轴的比例相同,结果如图 A1(b)

>plot([[sin(2 * t), cos(3 * t), t = 0..2 * Pi], [sin(5 * t), cos(7 * t), t = 0..2 * Pi]], scaling = constrained, color = [red, blue]); # 用红蓝色绘制两条 Lissajous 曲线

>plot3d(x^2 + y^2, x = - 2..2, y = - 2..2); # 绘制三维空间曲面

>plot3d([2 * cos(phi) * cos(psi), 2 * cos(phi) * sin(psi), 2 * sin(phi)], phi = 0..Pi/2, psi = 0..2 * Pi, scaling = constrained); # 利用球坐标绘制半径为 2 的上半球面,结果如图 A1(c)

>plot([[1, 6], [2, 5], [3, 4], [4, 3], [5, 2], [6, 1]], style = point, view = [0..6, 0..6]); # 绘制 6 个坐标点

>plot(<<1, 2, 3, 4, 5, 6>|<6, 5, 4, 3, 2, 1>>, style = point, view = [0..6, 0..6]); # 按另一种命令绘制上述图形

>with(plots): nops(%); # 调用绘图包 plots,显示其包含 57 个命令

>implicitplot(x^2/2^2 + y^2/3^2 = 1, x = - 2..2, y = - 3..3); # 利用隐函数作图命令绘制椭圆

>implicitplot((x^2 + y^2 - 1) * (x^2 + y^2 - 2) * (x^2 + y^2 - 3) * (x^2 + y^2 - 4), x = - 2..2, y = - 2..

2，gridrefine = 2)； #绘制 4 个同心圆；用 gridrefine 选项调整网格粗细，获得足够光滑的曲线

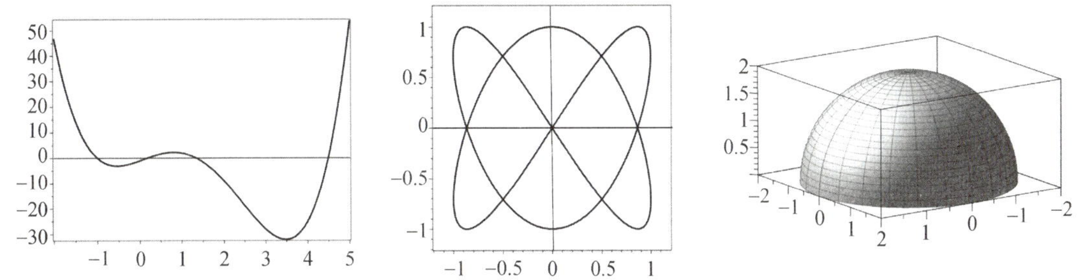

(a) 四次幂函数曲线　　(b) Lissajous曲线　　(c) 上半球面

图 A1 典型函数的绘图结果

5. 方程求解

Maple 提供了对代数方程、线性方程组、代数方程组、差分方程与方程组、微分方程与方程组的求解命令与可视化命令，可根据具体方程求解析解、近似解或数值解。当然，对于绝大多数方程只能求近似解或数值解。

＞solve(a * x^2 + b * x + c, x)； %[1]； %%[2]； #解一元二次方程，顺序提取其两个解

＞solve(x^5 + x - 1 = 0, x)； evalf(%, 4)； #求五次方程的根，给出四位有效数字的近似值

＞fsolve(x^5 + x - 1 = 0, x)； #用数值方法求五次方程的实数解

＞fsolve(f1, x = 1..2)； #根据图 A1(a)，f1 = 0 有 4 个零点，在给定范围内求其中之

＞solve({a11 * x1 + a12 * x2 = b1, a21 * x1 + a22 * x2 = b2}, {x1,x2})； x1； x2； #解二元一次线性方程组，x1 与 x2 未赋值

＞solve({a11 * x1 + a12 * x2 = b1, a21 * x1 + a22 * x2 = b2}, {x1,x2})；assign(%)： x1； x2； #求二元一次线性方程组的解，将解分别赋值给 x1 和 x2，显示 x1 和 x2 的值

＞dsolve(diff(x(t), t) + t * x(t) = t^3, x(t))； #求一阶线性微分方程的通解，结果中的_C1 是任意常数

＞dsolve({diff(y(x), x) + x * y(x) = x^3, y(0) = 3}, y(x))； #求一阶微分方程初值问题的解

＞dsolve(diff(y(x), x) = - y(x)^3/x, y(x), implicit)； #以隐函数形式表示微分方程的解，_C1 是任意常数

＞dsolve(diff(u(t), t $ 2) + 2 * diff(u(t), t) - 3 * u(t) = t, u(t))； #求二阶微分方程的通解，_C1, _C2 是任意常数

$$u(t)=\mathrm{e}^{t}\_C1+\mathrm{e}^{-3t}\_C2-\frac{1}{3}t-\frac{2}{9}$$

＞dsolve({diff(u(t), t $ 2) + 2 * diff(u(t), t) - 3 * u(t) = t, u(0) = 3, D(u)(0) = - 2}, u(t))； #求二阶微分方程初值问题的解

$$u(t)=2\mathrm{e}^{t}+\frac{11}{9}\mathrm{e}^{-3t}-\frac{1}{3}t-\frac{2}{9}$$

＞plot(rhs(%), t = 0..6)； #根据前一个微分方程的解析解，绘制解的时间历程

＞dsolve({diff(u(t), t, t) + 2 * diff(u(t), t) - 3 * u(t) = t, u(0) = 1, u(5) = - 2}, u(t))； #求二阶微分方程边值问题的解

＞plot(rhs(%), t = 0..6)； #根据前一个微分方程的解析解，绘制解的时间历程

＞eq： = {diff(x(t), t) = y(t), diff(y(t), t) = - x(t) - x(t)^3, x(0) = 1, y(0) = 0}： #定义一阶微分方程组及初始条件

```
>sol: = dsolve(eq, numeric, output = listprocedure):  #求非线性微分方程组的数值解,dsolve 有很多选项,包括求解数值方法、步长、可容许误差、线型等
>sol(1.2);  #查看 t = 1.2 时的数值解
>xt: = eval(x(t), sol); [seq([i/100, xt(i/100)], i = 0..5000)]: plot(%);  #由数值解提取 x(t)及其在 5001 个等间隔点处的数值,绘制解在[0, 50]时段的历程
>plots[odeplot](sol, [t, x(t)], t = 0..50); plots[odeplot](sol, [[t, x(t)], [t, y(t)]], t = 0..50);  #调用绘图包 plots 中命令 odeplot,绘制解的时间历程
>plots[odeplot](sol, [x(t), y(t)], t = 0..50, numpoints = 500, frames = 20);  #用动画显示解的相轨线,选中图形,点击左上角的播放按钮播放动画,由动画观察相轨线走向
```

针对微分方程,Maple 还有常/偏微分方程工具包 DEtools 和 PDEtools,分别集成了 130 个命令和 51 个命令,可以解决求解微分方程遇到的更多计算与可视化问题。

6. 集合与代数

在 Maple 中,大括号表示集合,其中的元素不重复、无固定顺序;中括号表示有序组。集合有并、交、差等运算,可对有序数组提取元素、合并元素等。向量与矩阵是有序数组,一般用 Vector、Matrix 或符号< >来定义,可进行加法、数乘、乘法与逆运算,还可对方阵求特征值与特征向量。

```
>A1: = {0, 1, 2, 3}: A1[1];  #定义集合 A1,求其第一个元素;因集合元素无固定顺序,A1[1]的结果可能是不定的,这个用法不太适合提取集合中的特定元素
>A2: = {1, a, b}; A1 union A2;  #定义集合 A2,计算 A1 和 A2 的并集
>B1: = [0, 1, 2, 3]: B1[1]; B1[2..3];  #定义有序数组 B1,提取数组元素
>B2: = [1, a, b]; [op(B1), op(B2)]; [op(B2), op(B1)];  #定义数组 B2,将两数组合并,顺序不同则结果不同
>B3: = [seq(n, n = 1..10)];  #用另一种方式定义有规律的数组 B3
>A: = Matrix([[1, 2], [3, 4]]);  #定义二阶矩阵 A,按行输入
>A: = <<1, 3>|<2, 4>>;  #定义二阶矩阵 A,按列输入
>B: = Matrix(2, 3, [1, 2, 3, 4, 5]);  #定义 2×3 矩阵 B,前 3 个数在第一行,后 2 个数在第二行,不足元素填 0
>2 * A - 3 * B[1..2, 1..2];  #矩阵数乘与减法
>A.<5, 6>; A.B[1..2, 1..2];  #矩阵 A 与向量相乘,矩阵 A 与矩阵 B 相乘,其运算符号是小数点.
>A^(-1);  #计算矩阵 A 的逆矩阵
>with(LinearAlgebra): nops(%);  #调用线性代数包 LinearAlgebra,显示其中有 130 个命令
>Determinant(A);  #计算矩阵 A 的行列式
>lambda * IdentityMatrix(2) - A: Determinant(%): collect(%, lambda);  #求矩阵 A 的特征多项式,合并同类项,此处 IdentityMatrix(2)表示 2 阶单位矩阵
>Eigenvalues(A); Eigenvectors(A);  #计算矩阵 A 的特征值和特征向量
```

扫码下载

A1 第 1 章程序

例 1.1.1 计算并绘制单摆在给定初始摆角下自由振动的时间历程。

```
>restart:  #重启,清除此前所有命令及执行结果
```

＞eqa：= diff(theta(t)，t，t) + g/l * sin(theta(t)) = 0：　# 根据式(a)定义微分方程，并按公式编号取记号为 eqa

＞g：= 9.8：l：= 0.25：　# 为求微分方程的数值解，对参数赋值

＞with(plots)：　# 调用绘图包 plots，本题仅使用其中的命令 odeplot 和 display

＞# 在不同初值条件下，绘制时间历程图

＞sol1：= dsolve({eqa，theta(0) = 0.1 * Pi，D(theta)(0) = 0}，theta(t)，numeric，method = rkf45)：　# 初值问题的数值解

＞p1：= odeplot(sol1，[t，theta(t)]，0..5，color = black，thickness = 4)：　# 绘制时间历程，黑色粗实线

＞sol2：= dsolve({eqa，theta(0) = 0.25 * Pi，D(theta)(0) = 0}，theta(t)，numeric，method = rkf45)：　# 改变初值条件求解

＞p2：= odeplot(sol2，[t，theta(t)]，0..5，color = black，thickness = 2)：　# 绘制时间历程，黑色细实线

＞sol3：= dsolve({eqa，theta(0) = 0.5 * Pi，D(theta)(0) = 0}，theta(t)，numeric，method = rkf45)：　# 改变初值条件求解

＞p3：= odeplot(sol3，[t，theta(t)]，0..5，color = black，linestyle = dash)：　# 绘制时间历程，黑色虚线

＞# 在同一个坐标系中显示上述三个不同初始条件下单摆角位移的时间历程

＞display(p1，p2，p3，view = [0..5，- 2..2]，font = [times，16]，labelfont = [times，16])；　# 点击鼠标右键可选绘图方式

例 1.1.2　针对图 1.1.2 所示受轴向压力的平面细长梁，绘制时间历程图 1.1.2(c)和 1.1.2(d)。

＞restart：alias(tau = t)：　# 定义简化记号，用 t 表示 tau

＞eqa：= diff(w(t)，t $ 2) + 0.1 * diff(w(t),t) - w(t) + w(t)^3 = 0.2 * sin(t)；　# 根据式(a)定义微分方程

＞eqa：= diff(w(t)，t) = v(t)，diff(v(t)，t) = - 0.1 * diff(w(t),t) + w(t) - w(t)^3 + 0.2 * sin(t)：　# 改写为等价的微分方程组

＞with(DEtools，DEplot)：　# 调用微分方程工具包 DEtools 中命令 DEplot，它将命令 dsolve 与 odeplot 合并

＞DEplot([eqa]，[w(t)，v(t)]，t = 0..200，[[w(0) = 0.1，v(0) = 0]]，numpoints = 2000，scene = [t，w(t)])；　# 计算非零初始条件下的受迫振动，绘制图 1.1.2(c)

＞DEplot([eqa]，[w(t)，v(t)]，t = 0..200，[[w(0) = 0，v(0) = 0]]，numpoints = 2000，scene = [t，w(t)]，linecolor = blue)；　# 计算零初始条件下的受迫振动并绘制图 1.1.2(d)

例 1.2.3　针对例 1.2.1 的情况②，求卫星运动的近似解。

＞restart：alias(epsilon = e,omega = w)：　# 定义简化记号

＞eqa：= diff(wx(t)，t) + (eta - (1 + e)) * wz(t) * wy(t)，(1 + e) * diff(wy(t)，t) + (1 - eta) * wx(t) * wz(t)，eta * diff(wz(t)，t) + e * wy(t) * wx(t)；　# 根据式(a)定义微分方程组，为简便起见，形如 eqa = 0 的方程或方程组只需输入左边 eqa

＞wx：= t - ＞wx0(t) + e * wx1(t)；wy：= t - ＞wy0(t) + e * wy1(t)；wz：= t - ＞wz0(t) + e * wz1(t)；# 根据式(b)定义近似解的形式

＞# 推导一次近似解的系数所满足的微分方程组

＞tmp：= map(xi - ＞simplify(expand(xi)，{e^2 = 0})，[eqa])；　# 代入、展开并利用二次及更高次幂为零的条件化简，其中的命令 map 详见程序后解释

```
>for i from 1 to nops([eqa]) do  c[i]:= coeff(tmp[i], e, 0) = 0; end do;  #由零次幂系数得式(c)
>for i from 1 to nops([eqa]) do  d[i]:= coeff(tmp[i], e, 1) = 0; end do;  #由一次幂系数得式(d)
>#依次求解线性微分方程组
>dsolve({c[1], c[2], c[3], wx0(0) = wx00, wy0(0) = wy00, wz0(0) = wz00}, {wx0(t), wy0(t), wz0(t)}): assign(%):  #解式(c)并赋值
>subs(wz00 = w/(eta-1), wx0(t)); subs(wz00 = w/(eta-1), wy0(t));  #引入记号化简 wx0(t)和 wy0(t)
>assume(eta>1): assume(wz00>0):  #引入限定条件
>d[3]: remove(has, lhs(%), wz1): expand(-%): combine(%, trig): tmp1:= collect(%, [sin, cos]);  #化简表达式 wx0(t)*wy0(t),展开式 expand(-%)中的负号表示从方程左边移项到右边
>wx00:= -wy00: #根据式(c)引入初始条件
>dsolve({diff(wz1(t), t) = tmp1, wz1(0) = 0}, wz1(t)): combine(%, trig): collect(%, [sin, cos]): map(xi->factor(xi), %): subs(wz00 = w/(eta-1), %); assign(%):  #解微分方程得到式(g)中的 wz1(t)
>wz(t);  #得到式(h)表示的 wz(t)的一次近似解
>subs(w = (eta-1)*wz00, wz(t));  #换回原来的记号
```

最后指出,例题1.2.3程序中第5行和倒数第3行的命令 map(command, expr)很有用,其作用是对 expr 中的各元素实施命令 command。建议读者执行如下命令,观察和理解输出结果。

```
>map(f, x+y*z); map(f, y*z); map(f, {a, b, c});  #分别得到 f(x)+f(y*z)和 f(y)*f(z)以及{f(a), f(b), f(c)}
>map(x->x^2, x+y);map(x->sin(x)-2, x^2-y);  #分别得到 x^2+y^2 和 sin(x^4)-4-sin(y)
>map(t->diff(t, x), x-2/x);  map(t->diff(t, x), 2/x);  #分别得到 1+2/x^2 和 0
>A:= <<x^2+2*x+1, a^2+2*a*b+b^2>|<a^2-b^2, x^3+y^3>>;  #二阶矩阵,按列输入
>map(t->factor(t), A);  #对矩阵 A 的每个元素进行因式分解
>B:= {x^2+2*x+1, x^3+3*x^2*y+3*x*y^2+y^3};  #定义集合
>map(t->select(has, t, x), B); map(t->select(has, t, x^2),B); map(t->remove(has, t, x), B);  #对集合 B 中各元素提取或移除满足特定条件的项
```

A2 第2章程序

Maple 的强项是符号演算,也就是推导公式。例如,基于 Lagrange 方程和如下 Maple 命令,可推导图1.1.1(a)所示单摆的动力学方程。仿照这些命令,可推导更复杂的动力学方程。

```
>restart: alias(theta = th,omega = w):  #定义简化记号
>J:= m*l^2: T:= 1/2*J*w^2;  #定义动能,用 w 表示角速度
>V:= -m*g*l*cos(th);  #定义势能
>L:= T-V:  #定义 Lagrange 函数
>diff(L,w): subs(w = diff(th(t), t), %): tmp1:= diff(%, t):  #将 Lagrange 方程左边第一项赋值给 tmp1
>diff(L, th): tmp2:= subs(th = th(t), %):  #Lagrange 方程左边第二项,赋值为 tmp2
>eq:= tmp1-tmp2 = 0;  #根据 Lagrange 方程得到单摆的动力学方程
```

>eqa：= map(t->expand(t/(m*l^2), eq)；　#将方程两边除以 m*l^2，整理得到式(a)

例 2.2.1　基于第二类 Lagrange 方程，建立图 2.2.1(c)中两自由度系统的动力学方程。

>restart：alias(theta = th, omega = w)：　#定义简化记号

>**#第一种方法：按照例题步骤推导**

>T：= m[a]/2 * dua^2 + m[b]/2 * (dua^2 + 2 * l * dua * w * cos(th) + l^2 * w^2)；　#按式(b)定义动能，用 dua 和 w 分别表示 u[a]和 th 对时间 t 的导数

>V：= k/2 * ua^2 + m[b] * g * l * (1 - cos(th))；　#按式(c)定义势能

>dTduap：= diff(T, dua)；dTdua：= diff(T, ua)；dVdua：= diff(V, ua)；　#计算 Lagrange 方程中与第一个广义坐标 u[a]及其导数相关的偏导数

>dTdthp：= diff(T, w)；dTdth：= diff(T, th)；dVdth：= diff(V, th)；　#计算 Lagrange 方程中与第二个广义坐标 th 及其导数相关的偏导数

>subs(ua = u[a](t), th = th(t), dua = diff(u[a](t), t), w = diff(th(t), t), [dTduap, dTdua, dVdua])：diff(%[1], t) - %[2] + %[3] = f[a] - c * diff(u[a](t), t)：eqe1：= collect(%, diff)；　#得到式(e)的第一个方程

>subs(ua = u[a](t), th = th(t), dua = diff(u[a](t), t), w = diff(th(t), t), [dTdthp, dTdth, dVdth])：diff(%[1], t) - %[2] + %[3] = 0：eqe2：= collect(%, diff)；　#得到式(e)的第二个方程

>remove(has, lhs(eqe1), diff(th(t),t)^2)：eqf1：= subs(sin(th(t)) = th(t), cos(th(t)) = 1, %) - op(2, rhs(eqe1)) = f[a]；　#对于小幅摆角情形，去掉含 diff(th(t),t)^2 的非线性项，对三角函数做近似，移项，得到式(f)的第一个方程

>eqf2：= subs(sin(th(t)) = th(t), cos(th(t)) = 1, eqe2)；　#对于小幅摆角情形，得到式(f)的第二个方程

>subs(sin(th(t)) = th(t) - th(t)^3/3!, cos(th(t)) = 1 - th(t)^2/2!, [eqe1, eqe2])；　#对于中幅摆角情形，对三角函数的展开式保留不超过三次幂的项，稍加变形后得式(g)

>**#第二种方法：将推导 Lagrange 方程的命令集成为一个名为 LagrangeEq 的程序**

```
>LagrangeEq：= proc(q,T,V,Q) local n,i,dq,dTd2q,dTdq,dVdq,eq,k：
    n：= nops(q)：　#确定广义坐标的个数
    for i from 1 to n do　dq[i]：= cat(q[i],'')：end do：　#定义导数记号
    for i from 1 to n do
        dTd2q[i]：= diff(T, dq[i])：dTdq[i]：= diff(T, q[i])：dVdq[i]：= diff(V, q[i])：#计算广义坐标及导数相关的偏导数
        subs(seq(q[j] = u[j](t), j = 1..n), [dTd2q[i], dTdq[i], dVdq[i]])：　#将 q[j]代换为 u[j]
        subs(seq(dq[j] = diff(u[j](t), t), j = 1..n), %)：　#将 dq[j]代换为 u[j]的导数
        eq[i]：= collect(diff( %[1], t) - %[2] + %[3], diff) = Q[i]：　#生成第 i 个微分方程
    end do：
    for k from 1 to n do　print(eq[k])；　end do：
  end proc：
```

>T：= m[a]/2 * 'ua''^2 + m[b]/2 * ('ua''^2 + 2 * l * 'ua'' * 'th'' * cos(th) + l^2 * 'th''^2)；　#定义动能，用'ua''和'th''分别表示 u[a]和 th 对时间 t 的导数，此式和前面的动能 T 相同，只是导数记号不同；势能无变化，不再定义。

>q：= [ua, th]：Q：= [f[a] - c * diff(u[1](t), t), 0]：LagrangeEq(q,T,V,Q)；　#输出式(e)，此处 u[1](t) = u[a](t), u[2](t) = th(t)

例 2.2.2　对于图 2.2.2 所示的简支梁，推导式(2.2.31)；取梁的第一阶固有振型 $\varphi_1(x) = \sin(\pi x/l)$作为基函数，推导对应的单自由度系统动力学方程。

>restart: alias(theta = th):　#定义简化记号

>sin(th): = diff(w(x,t), x);　cos(th): = 1 - diff(w(x,t), x)^2/2;　#根据式(2.2.19),取三角函数为梁挠度的 2 阶截断

>N(x,t): = E * A * (diff(u(x, t), x) + diff(w(x, t), x)^2/2) * cos(th);　#按式(2.2.23)定义轴向力

>M(x,t): = E * J * (1 - 3 * diff(w(x,t), x)^2/2) * diff(w(x,t), x, x);　#按式(2.2.26)定义弯矩。请注意两点:一是 Maple 中的 I 是单位虚数的专用记号,故将截面惯性矩改用 J 表示;二是对式(2.2.26)中的 cos^3(th)已略去 diff(w(x,t), x)的二次以上幂次项,否则式(2.2.31)的五次幂系数有所不同

>#形成梁的动力学方程并施加二次截断

>eq2218: = rho * A * diff(u(x,t), t $ 2) - (diff(N(x, t) * cos(th) + diff(M(x, t), x) * sin(th) * cos(th), x) * cos(th)), rho * A * diff(w(x, t), t $ 2) - (diff(N(x, t) * sin(th) - diff(M(x, t), x) * cos(th) * cos(th), x) * cos(th)):

>eq1: = collect(simplify(eq2218[1], {diff(w(x, t), x)^3 = 0}), diff(w(x, t), x)) = 0;　#对(2.2.18)第一个方程化简合并

>eq2: = collect(simplify(eq2218[2], {diff(w(x, t), x)^3 = 0}), diff(w(x, t), x)) = 0;　#对(2.2.18)第二个方程化简合并

>#再化简:忽略横向运动对纵向运动的影响,假定纵向运动定常并忽略纵向惯性效应,进而取梁的第一阶固有振型,采用 Galerkin 方法将偏微分方程化为单自由度常微分方程

>subs(diff(u(x, t), x $ 2) = 0, diff(u(x, t), x) = - P[0]/E/A, lhs(eq2)):　#将简化条件代入上述方程

>eq2231: = collect(% , diff(w(x, t), x)) = 0;　#得到式(2.2.31)

>w(x,t): = sin(Pi * x/l) * q(t):　#取梁的横向位移为第一阶固有振型

>int(lhs(eq2231) * sin(Pi * x/l), x = 0..l):　#将式(2.2.31)和假设位移代入 Galerkin 条件进行积分

>collect(expand(% /(rho * A * l/2)), q(t)) = 0;　#得到式(a)中的单自由度系统动力学方程

例 2.3.4　考察 Lorenz 系统,取采样周期和采样点数为 $\Delta t = 0.01, n = 5000$,用 Runge - Kutta 法计算系统动力学方程的数值解作为训练数据,基于该数据辨识系统模型。

>restart:with(LinearAlgebra):　#调用线性代数包 LinearAlgebra

>#**第一步:生成训练数据**

>lorenz: = D(u1)(t) = 10 * (u2(t) - u1(t)), D(u2)(t) = 28 * u1(t) - u2(t) - u1(t) * u3(t), D(u3)(t) = - 8/3 * u3(t) + u1(t) * u2(t):　#根据式(a)和系统参数定义微分方程组,用 D 表示对时间 t 的导数算子

>var: = u1(t), u2(t), u3(t):　#定义状态变量

>ini: = u1(0) = - 8.0, u2(0) = 7.0, u3(0) = 27.0:　#设置初始条件

>sol: = dsolve({lorenz, ini}, {var},type = numeric, method = rkf45):　#计算数值解

>#由数值解产生模型辨识所需要的数据与矩阵

>lorenz_data: = Matrix(5001, 3):　#定义训练数据矩阵,第一列为 u1,第二列为 u2,第三列为 u3

```
>for i from 0 to 5000 do
      for j from 1 to 3 do
          lorenz_data[i + 1,j]: = rhs(sol(0.01 * i)[j + 1]):
      end do:
  end do:
```

>#**第二步:定义辨识模型**

>Ud: = Matrix(5001,3):　#定义导数矩阵,第一列为 u1 的导数,第二列为 u2 的导数,第三列为 u3 的导数

>for i from 1 to 5001 do

```
        Ud[i,1]: = 10 * (lorenz_data[i,2] - lorenz_data[i,1]):   # u1 的导数,对应第一个微分方程
        Ud[i,2]: = 28 * lorenz_data[i,1] - lorenz_data[i,2] - lorenz_data[i,1] * lorenz_data[i,3]:   # u2 的导数
        Ud[i,3]: = - 8/3 * lorenz_data[i,3] + lorenz_data[i,1] * lorenz_data[i,2]:   # u3 的导数
    end do:
> FU: = Matrix(5001, 20):   # 定义由模型基函数生成的矩阵
> for i from 1 to 5001 do
        FU[i, 1]: = 1:   # FU 矩阵元素赋值,第一列全为 1
        FU[i, 2]: = lorenz_data[i, 1]:   # 第二列为 u1
        FU[i, 3]: = lorenz_data[i, 2]:   FU[i, 4]: = lorenz_data[i, 3]:
        FU[i, 5]: = lorenz_data[i, 1]^2: FU[i, 6]: = lorenz_data[i, 1] * lorenz_data[i, 2]:
        FU[i, 7]: = lorenz_data[i, 1] * lorenz_data[i, 3]: FU[i, 8]: = lorenz_data[i, 2]^2:
        FU[i, 9]: = lorenz_data[i, 2] * lorenz_data[i, 3]: FU[i, 10]: = lorenz_data[i, 3]^2:
        FU[i, 11]: = lorenz_data[i, 1]^3:   FU[i, 12]: = lorenz_data[i, 1]^2 * lorenz_data[i, 2]:
        FU[i, 13]: = lorenz_data[i, 1] * lorenz_data[i, 2]^2: FU[i, 14]: = lorenz_data[i, 1]^2 * lorenz_data[i, 3]:
        FU[i, 15]: = lorenz_data[i, 1] * lorenz_data[i, 3]^2: FU[i, 16]: = lorenz_data[i, 2]^3:
        FU[i, 17]: = lorenz_data[i, 2]^2 * lorenz_data[i, 3]: FU[i, 18]: = lorenz_data[i, 2] * lorenz_data[i, 3]^2:
        FU[i, 19]: = lorenz_data[i, 3]^3: FU[i, 20]: = lorenz_data[i, 1] * lorenz_data[i, 2] * lorenz_data[i, 3]:
    end do:
> P: = Matrix(20, 3, symbol = p):   # 定义模型系数矩阵,第一列为 u1 的导数在所选定基下的表示系数,第二列为 u2 的导数的表示系数,第三列为 u3 的导数的表示系数
> # 第三步:定义最小二乘问题并求解
> residual: = Ud - FU.P:   # 定义辨识偏差矩阵
> Transpose(FU).FU: %^(-1): P: = %.Transpose(FU).Ud:   # 计算最小二乘解,结果为矩阵 P
> # 检验解矩阵 P 的稀疏性,打印非零元素
> for i from 1 to 20 do
        for j from 1 to 3 do
            if abs(P[i, j])>10^(-8) then print(p[i, j] = evalf(P[i , j], 8)); end if:   # 打印绝对值超 10^(-8)的元素
        end do:
    end do:   # 解矩阵 P 中仅有 7 个元素的绝对值超 10^(-8),8 位有效数字计算结果与原参数值相同
> identify(evalf(P[4, 3], 9));   # 此数的 9 位有效数字为 - 2.66666667,可以认为是 - 8/3 的近似值
> # 第四步:讨论随机噪声对辨识结果的影响
> with(SignalProcessing, GenerateGaussian):   # 调用信号处理包 SignalProcessing 中命令 GenerateGaussian 产生服从高斯分布的噪声
> noisy_data: = map(t - >t + GenerateGaussian(200, 0, 2)[100], lorenz_data):   # 每次产生 200 个随机数,均值为 0,标准差为 2,取其中的第 100 个随机数加到原来的数值解中;此处 u1, u2, u3 的取值范围较大,可取较大的标准差
> plot([seq([i, lorenz_data[i, 1]], i = 1..1000)], color = red): plot([seq([i, noisy_data[i, 1]], i = 1..1000)], color = blue): plots[display](% , % %);   # 比较 u1 的前 1000 个数据
> MatrixNorm(lorenz_data - noisy_data, Frobenius);   # 用 Frobenius 范数比较两个数据矩阵的
```

误差

>#修改前面的矩阵 Ud 和 FU,将原来所有用到 lorenz_data[i, j]的地方代换为 noisy_data[i, j],例如

```
>NUd:=Matrix(5001, 3):
>for i from 1 to 5001 do
    NUd[i,1]:=10*(noisy_data[i,2]-noisy_data[i,1]):    #u1 的导数,对应第一个微分方程
    NUd[i,2]:=28*noisy_data[i,1]-noisy_data[i,2]-noisy_data[i,1]*noisy_data[i,3]:
#第二个方程
    NUd[i,3]:=-8/3*noisy_data[i,3]+noisy_data[i,1]*noisy_data[i,2]:    #第三个方程
  end do:
>MatrixNorm(NUd-Ud, Frobenius);
```

>#根据修改后的矩阵 NUd 和 NFU,重复用最小二乘问题的求解公式,可得到相同辨识结果。这说明该辨识方法具有较好的鲁棒性。需要指出:Maple 中浮点计算的默认精度是 10 位有效数字,可通过设置 Digits:=n 来改变有效数字位数,而 n 对辨识结果有明显的影响。

A3 第3章程序

例 3.2.1 考察含线性黏性阻尼的单摆,绘制图 3.2.10 所示的相图。

```
>#在相平面上的矩形区域[ul, ur]x[vl, vr]内绘制相轨线
>restart: with(plots):    #调用绘图包 plots
>ul:=-3.2: ur:=3.2: vl:=-5: vr:=5: n1:=10: n2:=10:    #设置初值范围和网格数 n1xn2
>tl:=-5: tr:=5: n:=200:    #设置时间范围和节点数
>pendphaseplot:=proc(xi,w0)
    local s, i, a, j, b, ode, sol, p:
    s:={}:    #定义空集合,用于存放不同初值条件下的相轨线
    for i from 0 to n1 do
        a:=ul+(ur-ul)/n1*i:
        for j from 0 to n2 do
            b:=vl+(vr-vl)/n2*j:
            ode:=diff(u[1](t),t)=u[2](t), diff(u[2](t),t)=-w0^2*sin(u[1](t))-2*xi
*w0*u[2](t):    #定义微分方程组
            sol:=dsolve({ode,u[1](0)=a, u[2](0)=b}, {u[1](t), u[2](t)}, type=numeric,
method=rkf45):    #求数值解
            p:=odeplot(sol, [u[1](t), u[2](t)], tl..tr, numpoints=n, view=[ul..ur,vl..
vr], color=black):    #绘制相轨线
            s:=s union p:    #将相轨线合并
        end do:
    end do:
    display([op(s)]);    #显示相图
  end proc:
>pendphaseplot(0, 1);    #xi=0.0, w[0]=1,图 3.2.10(a)
>pendphaseplot(0.2, 1);    #xi=0.2, w[0]=1,图 3.2.10(b)
>pendphaseplot(1.0, 1);    #xi=1.0, w[0]=1,图 3.2.10(c)
```

>pendphaseplot(2.0, 1); #xi = 2.0, w[0] = 1,图 3.2.10(d)

例 3.4.2 选择不同参数 c,计算和绘制 Van der Pol 系统的相轨线。

>restart:with(plots): #本题采用多种求解命令和绘图命令,供读者了解 MAPLE 的功能

>eq345: = diff(u(t), t) = v(t), diff(v(t), t) = - u(t) - c * (u(t)^2 - 1) * v(t); #按式(3.4.5),将其写为等价的微分方程组

>c: = 0.1: #针对图 3.4.2(a),设置系统参数

>DEtools[phaseportrait]([eq345], [u(t), v(t)], t = 0..20, [[u(0) = - 2, v(0) = 2], [u(0) = 1,v(0) = 1]], stepsize = 0.05, linecolor = [black, blue]); #绘制两个初值问题的相轨线,向量场的箭头方向为相轨线的切线方向

>c: = 1.0: #针对图 3.4.2(b),设置系统参数;以下用另一种方式绘制相轨线

>sol: = dsolve({eq345, u(0) = - 2, v(0) = 2}, {u(t), v(t)}, type = numeric, method = rkf45): #按初始条件解微分方程

>p1: = odeplot(sol, [u(t), v(t)], 0..50, numpoints = 1000, color = black, frames = 20): #绘制相轨线 1 赋予 p1

>sol: = dsolve({eq345, u(0) = 1, v(0) = 1}, {u(t), v(t)}, type = numeric, method = rkf45): #改变初始条件后求解

>p2: = odeplot(sol, [u(t), v(t)], 0..50, numpoints = 1000, color = red, frames = 20): #绘制相轨线 2 赋予 p2

>display(p1, p2); #在同一张图中显示两条相轨线;可用鼠标选中图形,点击右键选择播放动画

>c: = 10: #针对图 3.4.3,设置系统参数

>sol: = dsolve({eq345, u(0) = - 2, v(0) = 2}, {u(t), v(t)}, type = numeric, method = rkf45): #按初始条件解微分方程

>p3: = odeplot(sol, [t, u(t)], 0..50, view = [0..50, - 2..2], numpoints = 1000): #绘制位移历程并赋值 p3

>p4: = odeplot(sol, [t, v(t)], 0..50, view = [0..50, - 15..15], numpoints = 1000): #绘制速度历程并赋值 p4

>display(<p3|p4>, thickness = 3, size = [600, 300]); #显示 1x2 图阵,p3 和 p4 分别为左右子图

>display(<p3, p4>, thickness = 3, size = [800, 200]); #图 3.4.3(a),显示 2x1 图阵,p3 和 p4 分别为上下子图;可用鼠标选中图形,点击右键后调节边框

>#绘制图 3.4.3(b)所示相轨线

>odeplot(sol, [u(t), v(t)], 10..50, numpoints = 2000, view = [- 2.2..2.2, - 16..16], thickness = 3);

例 3.4.5 验证系统具有一个渐近稳定的极限环。

>restart: with(plots): #此处采用有别于第 3.4.3 节的思路来讨论问题

>eqa: = diff(u[1](t), t) = u[2](t) + u[1](t)/sqrt(u[1](t)^2 + u[2](t)^2) * (1 - u[1](t)^2 - u[2](t)^2), diff(u[2](t), t) = - u[1](t) + u[2](t)/sqrt(u[1](t)^2 + u[2](t)^2) * (1 - u[1](t)^2 - u[2](t)^2): #按式(a)定义微分方程组

>u[1]: = t - >rho(t) * cos(theta(t)); u[2]: = t - >rho(t) * sin(theta(t)); #定义极坐标变换

>assume(rho(t)> = 0): #假设极径为非负

>solve({eqa}, {diff(rho(t), t), diff(theta(t), t)}): eqa_new: = simplify(% , trig); #求解极坐标下的微分方程组

>select(has, eqa_new, theta)[1]; #提取极角微分方程,极角导数等于 - 1,表示沿顺时针方向匀

速转动

>theta: = t - > - t:　＃通解 theta = - t + C,取 C = 0 得 theta 的一个特解

>dr: = select(has, eqa_new, rho)[1];　＃得到极径的微分方程;点在单位圆内(外)时,极径的导数大于零(小于零),极径增加(减小),最终进入单位圆,单位圆为极限环

>dsolve(dr, rho(t), implicit);　＃解一阶微分方程得到极径的解析表达式,任意常数_C1 由初始条件确定

>＃验证结果:用极径与极角的表达式构造四条相轨线的参数方程,并将其在同一个坐标系中显示

>dsolve({dr, rho(0) = 3}, rho(t)); assign(%): u11: = u[1](t); u21: = u[2](t);　＃取初始极径为 3,起始点在单位圆外,得到相轨线的参数方程

>p1: = plot([u11, u21, t = 0..20],color = black):　＃利用参数方程绘制相轨线

>rho: = t - >'rho'(t): dsolve({dr, rho(0) = 2}, rho(t)); assign(%): u12: = u[1](t); u22: = u[2](t);　＃取消变量 rho(t)的赋值,使其重新成为函数变量;取初始极径为 2,起始点在单位圆外,得到相轨线的参数方程

>p2: = plot([u12, u22, t = 0..20],color = red):　＃利用参数方程绘制相轨线

>rho: = t - >'rho'(t): dsolve({dr, rho(0) = 0.8}, rho(t)); assign(%): u13: = u[1](t); u23: = u[2](t);　＃取初始极径为 0.8,起始点在单位圆内,得到相轨线参数方程

>p3: = plot([u13, u23, t = 0..20],color = blue):　＃利用参数方程绘制相轨线

>rho: = t - >'rho'(t): dsolve({dr, rho(0) = 0.2}, rho(t)); assign(%): u14: = u[1](t); u24: = u[2](t);　＃取初始极径为 0.2,起始点在单位圆内,得到相轨线的参数方程

>p4: = plot([u14, u24, t = 0..20],color = green):　＃利用参数方程绘制相轨线

>display(p1, p2, p3, p4, scaling = constrained);　＃显示上述 4 条相轨线

A4　第 4 章程序

例 4.2.2　用平均法研究 Van der Pol 系统在初始扰动下的自激振动。

>restart:　＃为有助于理解平均法,此处从式(4.2.1)开始推导

>eqa: = diff(u(t), t) = v(t), diff(v(t), t) = - u(t) + e * (1 - u(t)^2) * v(t);　＃将式(a)改写为等价微分方程组

>u: = t - >a(t) * cos(t + phi(t)): v: = t - > - a(t) * sin(t + phi(t)):　＃按式(4.2.1)定义新状态变量,此处 psi(t) = t + phi(t)

>solve({eqa}, {diff(a(t), t), diff(phi(t), t)}): eq424: = simplify(% , trig);　＃按式(4.2.4)求新状态变量的导数并化简

>select(has, eq424, diff(a(t), t)); %[1]: rhs(%): da_rhs: = subs(a(t) = a, phi(t) = phi, %);　＃从式(4.2.4)中提取振幅微分方程及其等式右边表达式

>eq425a_rhs: = factor(int(da_rhs, t = 0..2 * Pi)/(2 * Pi));　＃根据式(4.2.5a)的右端项,对 da_rhs 在一个周期内平均并分解因式,得到式(b)右端项

>select(has, eq424, diff(phi(t), t)); %[1]: rhs(%): dp_rhs: = subs(a(t) = a, phi(t) = phi, %);　＃提取初相位微分方程

>int(dp_rhs, t = 0..2 * Pi)/2/Pi: simplify(%);　＃得到式(c)右端项,初相位角 phi 的导数为零导致 phi 为常数

>adeq: = diff(a(t), t) = e * a(t) * (1 - a(t)^2/4)/2;　＃得到式(d)表示的振幅微分方程

>assume(a0>0): assume(e>0):

>dsolve({adeq, a(0) = a0}, a(t), implicit); at_sol: = solve(% , a(t));　＃初值问题的隐式解与

显式解

>at_sol[2]; limit(%, t = +infinity);　#得到式(f)和式(h)的极限值

>a_sol: = solve(eq425a_rhs, a);　#求振幅微分方程的定常解;其中,a = 0 对应 Van der Pol 方程的零解,a = 2 和 a = -2 对应半径为 2 的圆,是 Van der Pol 系统的唯一极限环

>diff(eq425a_rhs, a): subs(a = a_sol[1], %); subs(a = a_sol[2], %%); subs(a = a_sol[3], %%%);　#利用振幅微分方程右端函数的导数取值判断定常解稳定性,导数值小于零(大于零)时定常解渐近稳定(不稳定)

例 4.3.1　用多尺度法研究 Van der Pol 系统振动在初始扰动下的自激振动,分别用复指数函数和三角函数计算其二次近似解。

>restart: alias(epsilon = e, T[0] = t0, T[1] = t1, T[2] = t2):　#定义小参数和时间尺度的简便记号

>e: = (t0, t1, t2) -> e:　#小参数 e 是与时间无关的常数

>eqa: = (D@@2)(x) - e*(1 - x^2)*D(x) + x;　#用导数算子表示式(a);因后面用到记号 u[0], u[1], u[2],为避免记号混用可能引起的问题,将变量 u(t)改为 x(t)

>#对非线性微分方程引入近似,将其求解转化为依次求解三个线性振动方程

>eq1: = subs(D = sum(e^(i - 1)*D[i], i = 1..3), eqa);　#对导数算子采用三个时间尺度导数算子的二次近似,用算子记号 D[i]表示函数对第 i 个变量求偏导数

>x: = sum(u[i]*e^i, i = 0..2);　#按式(b)设二次近似解

>eq2: = simplify(collect(eq1, e), {e^3 = 0});　#略去 e 的三次及以上的项并化简

>for i from 0 to 2 do eq[i]: = select(has, coeff(eq2, e, i), u[i]) = remove(has, -coeff(eq2, e, i), u[i]); end do;　#获得式(c),用负号表示从方程左边移项到右边,等式右边未整理

>#以下提供两种方法依次求解三个线性振动方程

>#**方法 1:采用 4.4 节介绍的复指数函数求解**

>u[0]: = (t0, t1, t2) -> A(t1, t2)*exp(I*t0) + B(t1, t2)*exp(-I*t0);　#根据式(d),定义 u[0]的复指数函数表达式;其中,B 为 A 的复共轭,在抽象符号运算时应避免用命令 conjugate 表示共轭复数

>rhs(eqa[1])(t0, t1, t2): expand(%): combine(%, exp): du1right: = collect(%, exp):　#简化 u[1]的方程右端项

>stermexp: = factor(coeff(%, exp(I*t0), 1)/I);　#根据上述右端项消除永年项条件 stermexp = 0,得到式(f)

>d1A: = solve(stermexp, D[1](A)(t1, t2));　#由消除永年项条件求得微分方程 D[1](A)(t1,t2) = d1A

>d1Ac: = subs(A = B1, B = A, B1 = B, d1A);　#得到对应的共轭微分方程右端表达式

>subs(D[1](A)(t1 ,t2) = d1A, du1right): simplify(%): subs(D[1](B)(t1, t2) = d1Ac, %): eqh_rhs: = simplify(%):　#利用 stermexp = 0 化简 u[1]的微分方程右端表达式

>dsolve(diff(u[1](t0, t1, t2), t0 $ 2) + u[1](t0, t1, t2) = eqh_rhs, u[1](t0,t1,t2)):　#解 u[1]的二阶线性微分方程,得到 u[1]的通解,相应齐次方程的通解贡献体现在 u[0]中,在 u[1]中应被忽略

>subs(sin(t0) = 0, cos(t0) = 0, rhs(%)): u[1]: = unapply(%, (t0, t1, t2));　#在 u[1]的通解中,去掉相应齐次方程的通解,得 u[1]的一个特解,即式(g)

>rhs(eq[2])(t0, t1, t2): subs(D[1](A)(t1, t2) = d1A, D[1](B)(t1, t2) = d1Ac, %):　#利用求 u[1]得到的消除永年项条件及其共轭形式,化简 u[2]所满足二阶线性微分方程的右端表达式,即式(h)的右端

>expand(%): combine(%, exp):du2right: = collect(%, exp):　#将上式展开并按指数函数规则合并同类项

>c2s: = coeff(%, exp(I*t0), 1); c2c: = coeff(%%, exp(-I*t0),1);　#为使 u[2]为周期解,利用 c2s = 0 和 c2c = 0 再次消除永年项;因两个条件互为共轭,以下仅用其中之一

>subs(D[1, 1](A)(t1, t2) = diff(d1A, t1), c2s): subs(diff(A(t1, t2), t1) = d1A, diff(B(t1, t2),

t1) = d1Ac, %):subs(D[1](A)(t1, t2) = d1A, D[1](B)(t1, t2) = d1Ac, %): simplify(%); d2A: = solve(% , D[2](A)(t1, t2)); #利用消除永年项条件 c2s = 0 导出式(i);其中,两次用命令 subs 来处理 A 的二阶导数

>remove(has, du2right, {exp(I * t0), exp(- I * t0)}): dsolve(diff(u[2](t0,t1,t2), t0 $ 2) + u[2](t0,t1,t2) = % , u[2](t0, t1, t2)): #得到 u[2]的通解表达式;其中,相应齐次方程的通解贡献体现在 u[0]中,在 u[2]中应被忽略

>remove(has, rhs(%), {sin(t0), cos(t0)}): u[2]: = unapply(map(t - >factor(t), %), (t0, t1, t2)); #得到 u[2]的一个特解,即式(j)

>u[0](t0, t1, t2) + e * u[1](t0, t1, t2) + e^2 * u[2](t0, t1, t2); #得到 Van der Pol 方程的二次近似解,它由 A(t1,t2)及其共轭确定

>#现利用消除永年项条件进一步确定 A(t1,t2)

>e * d1A + e^2 * d2A: Aright: = subs(A(t1, t2) = A(t), B(t1, t2) = B(t), %); #确定式(k)的右端表达式;其中,B(t)为 A(t)的共轭

>A: = t - >a(t)/2 * exp(I * phi(t)):B: = t - >a(t)/2 * exp(- I * phi(t)): #定义式(l)及其共轭

>eqk: = diff(A(t), t) - Aright: #得到式(k)

>expand(eqk): combine(% , exp): convert(% , trig): rp: = coeff(% , I, 0): ip: = coeff(%% ,I,1): #分离上式实部与虚部

>aphi_diffeq: = solve({rp, ip}, {diff(a(t), t), diff(phi(t), t)}); #得到式(m)

>select(has, aphi_diffeq, diff(a(t), t))[1]; dsolve({ % , a(0) = a0}, a(t)); #得到式(n)

>rhs(select(has, aphi_diffeq, diff(phi(t), t))[1])/rhs(select(has, aphi_diffeq, diff(a(t), t))[1]): subs(a(t) = a, %): diff(phi(a), a) = % ; #得到式(o)

>dsolve(% , phi(a), implicit): combine(% , ln); #解上述微分方程得到式(p)

>u[0](t0,t1,t2) + e * u[1](t0,t1,t2): convert(% , trig): expand(%): coeff(% , I, 0): combine(% , trig); #得到结果式(q)

>#**方法 2:采用实三角函数求解**

>#从 u[0](t),u[1](t),u[2](t)的二阶线性微分方程开始,到式(m)结束

>u[0]: = (t0, t1, t2) - >a(t1, t2) * cos(t0 + phi(t1, t2)): #将解 u[0]表示为三角函数

>u1diffeqright: = combine(convert(rhs(eq[1])(t0, t1, t2), diff), trig): #得到 u[1]的微分方程右端表达式,将导数算子形式化为通常的导数形式

>expand(%): combine(% , trig): collect(% , [sin, cos]): sterms1: = remove(has, % ,sin(3 * t0 + 3 * phi(t1, t2))); #为使 u[1]为周期函数,必须有 sterms1 = 0,即式(f)的实数形式

>coeff(sterms1, sin(t0 + phi(t1, t2)), 1): dadT1: = solve(% , diff(a(t1, t2), t1)); #消除永年项条件,由此得振幅微分方程的右端表达式;其中,dadT1 表示振幅对 t1 的导数

>coeff(sterms1, cos(t0 + phi(t1, t2)), 1): dphidT1: = solve(% , diff(phi(t1, t2), t1)); #消除永年项条件,由此得初相位角的微分方程右边表达式;其中,dphidT1 表示初相位角对 t1 的导数

>u[1]: = 'u[1]': #前面已将 u[1]赋值给一个特解,为解微分方程 eq[1] = 0 需重新将 u[1]定义为记号

>convert(lhs(eq[1])(t0, t1, t2), diff) = select(has, u1diffeqright, 3 * t0); dsolve(% , u[1](t0, t1, t2)): u1sp: = select(has, rhs(%), 3 * t0); #得到 u[1]的简化微分方程,其通解为一个特解加上相应齐次微分方程的通解,其特解记为 u1sp,即式(g)的实数形式

>u[1]: = unapply(u1sp, (t0, t1, t2)): #u1sp 是表达式,必须将其转化为函数的形式

>du2right: = collect(combine(convert(rhs(eq[2])(t0, t1, t2), diff), trig), [sin, cos]): #将 u[0],u[1]代入 u[2]的微分方程右端表达式,即式(h),并按三角函数合并同类项

>sterms2: = remove(has, % ,{3 * t0,5 * t0}): #在上式中仅保留基频项,即永年项

>dadT12: = diff(dadT1,t1);dphidT12: = diff(dphidT1,t1); #计算 a 和 phi 对 t1 的二阶导数

＞sterms2_sp：= subs(diff(a(t1，t2)，t1，t1) = dadT12，diff(phi(t1，t2)，t1，t1) = dphidT12，diff(a(t1，t2)，t1) = dadT1，diff(phi(t1，t2)，t1) = dphidT1，sterms2)；　＃用 a 和 phi 对 t1 的导数来简化永年项 sterms2

＞coeff(sterms2_sp，sin(t0 + phi(t1,t2))，1)：dadT2：= solve(%，diff(a(t1，t2)，t2))；　＃由永年项解出 a 对 t2 的导数

＞subs(diff(a(t1，t2)，t2) = dadT2，sterms2_sp)：dphidT2：= solve(%，diff(phi(t1，t2)，t2))；＃解出 phi 对 t2 的导数

＞diff(a(t)，t) = subs(a(t1，t2) = a(t)，e * dadT1 + e^2 * dadT2)；　＃得到式(m)的第一个方程

＞diff(phi(t)，t) = subs(a(t1，t2) = a(t)，e * dphidT1 + e^2 * dphidT2)；　＃得到式(m)的第二个方程

A5　第 5 章程序

注解 5.1.1　针对 Duffing 系统受迫振动问题，从式(5.1.5)出发，用多尺度法推导主共振一次近似解；推导稳态主共振及其稳定性条件；绘制稳态主共振的幅频和相频曲线。

＞restart：alias(epsilon = e，omega = w，omega[0] = w0，T[0] = t0，T[1] = t1)：　＃定义小参数和时间尺度的简便记号

＞e：= (t0，t1) - ＞e：w0：= (t0，t1) - ＞w0：f：= (t0，t1) - ＞f：mu：= (t0，t1) - ＞mu：sigma：= (t0，t1) - ＞sigma：　＃定义常数

＞eq515b_rhs：= - 2 * diff(diff(u[0](t0,t1)，t0)，t1) - 2 * mu * diff(u[0](t0，t1)，t0) - w0^2 * (u[0](t0，t1))^3 + ft；　＃定义式(5.1.5b)右端项

＞ft：= f0 * (exp(I * w0 * t0 + I * sigma * t1) + exp(- I * w0 * t0 - I * t1 * sigma))/2：　＃定义由 Euler 公式表示的余弦激励

＞**＃第一步：推导主共振一次近似解**

＞u[0]：= (t0，t1) - ＞A(t1) * exp(I * w0 * t0) + B(t1) * exp(- I * w0 * t0)；　＃由式(5.1.6)得到 u[0]；其中，B 是 A 的复共轭

＞expand(eq515b_rhs)：collect(%，[exp(I * t0 * w0)，exp(- I * t0 * w0)])：combine(%，exp)：eq518_right：= collect(%，exp(I * w0 * t0))；　＃对式(5.1.5b)右端项化简

＞eq519：= coeff(eq518_right，exp(I * t0 * w0)，1)；eq519_cc：= coeff(eq518_right，exp(- I * t0 * w0)，1)；＃得到消除永年项条件，即式(5.1.9)及其共轭

＞A：= t1 - ＞a(t1)/2 * exp(I * b(t1))；B：= t1 - ＞a(t1)/2 * exp(- I * b(t1))：　＃定义式(5.1.7)及其共轭

＞solve({eq519，eq519_cc}，{diff(a(t1)，t1)，diff(b(t1)，t1)})：eq5110：= simplify(%)；＃解出 a 和 b 对 t1 的导数

＞b：= t1 - ＞sigma * t1 + phi(t1)：　＃按式(5.1.11)进行变量代换

＞eq5112：= expand(solve(eq5110，{diff(a(t1)，t1),diff(phi(t1)，t1)}))；　＃由式(5.1.10)得到式(5.1.12)

＞eq5112_rhs：= [rhs(select(has，eq5112，diff(a(t1)，t1))[1])，rhs(select(has，eq5112，diff(phi(t1)，t1))[1])]；　＃取式(5.1.12)右端项，留作后续稳定性分析时用

＞**＃第二步：推导稳态主共振**

＞a(t1)：= a：phi(t1)：= phi：

＞select(has，eq5110，sin)[1]：expand(lhs(%) - rhs(%))：eq5114a：= remove(has，%，sin) = - select(has，%，sin)；

>select(has, eq5110, cos)[1]: expand(lhs(%) - rhs(%)): eq5114b: = a * remove(has, % , cos) = - a * select(has, % , cos);

>eq5115a: = lhs(eq5114a)^2 + lhs(eq5114b)^2 = simplify(rhs(eq5114a)^2 + rhs(eq5114b)^2, trig);

>eq5115b: = phi = arctan(lhs(eq5114a)/lhs(eq5114b));

>eq5116a: = subs(mu = zeta * w0, sigma = w - w0, a^2 * w0 = a^2 * w0 * e, f0 = F0, eq5115a);

>eq5116b: = subs(mu = zeta * w0, sigma = w - w0, a^2 * w0 = a^2 * w0 * e, f0 = F0, eq5115b);

>solve(eq5116a, w): eq5117: = map(t - >expand(t), { % });

>subsop(2 = 0, lhs(eq5116a)) = rhs(eq5116a); algsubs(a^2 = a2, %): solve(% , a2): a_max: = sqrt(%); #式(5.1.16a)左端第二项非负,其取值为零时振幅最大,解出振幅最大值 a_max

>remove(has, eq5117[1], F0): w = collect(% , w0); #当振幅最大时,式(5.1.17)中根式为零,解出幅频关系

>**#第三步:推导稳态主共振的渐近稳定性条件**

>with(VectorCalculus, Jacobian): with(LinearAlgebra): #调用向量分析包和线性代数包

>scphi: = solve(eq5112_rhs, {sin(phi), cos(phi)});

>Jacobian(eq5112_rhs, [a, phi]): subs(scphi, %): % - lambda * IdentityMatrix(2); tmp: = Determinant(%); #计算 Jacobi 矩阵,构建特征值问题,得到与式(5.1.22)等价的特征多项式

>remove(has, tmp, {lambda, mu}): factor(%); eq5122: = select(has, tmp, {lambda, mu}) + % = 0; #得到式(5.1.22)

>eq5123: = coeff(lhs(eq5122), lambda, 0)<0; #得到稳定性条件,即式(5.1.23)

>**#第四步:数值算例,基于 MAPLE 功能,采用有别于 5.1.2 节的方法绘图**

>e: = 0.2: F0: = 1: zeta: = 0.1: w0: = 1: #设置刚度硬化系统参数

>algsubs(a^2 = a2, eq5116a): a2s: = solve(% , a2): #从式(5.1.16a)解出 a^2,共有 3 个根;以下分 3 段分别绘制图 5.1.1(a)中的幅频曲线和相频曲线

>plot([sqrt(% [1]), sqrt(% [2]), sqrt(% [3])], w = 0..4, numpoints = 3000, color = [black, blue, red], view = [0..4,0..6]); #绘制幅频曲线

>plot([[w, algsubs(a^2 = a2s[1], rhs(eq5116b)), w = 0..2.87], [w, algsubs(a^2 = a2s[2], rhs(eq5116b)) - Pi, w = 0..4], [w, algsubs(a^2 = a2s[3], rhs(eq5116b)) - Pi, w = 0..4]], view = [0..4, - Pi..0], numpoints = 2000, color = [black, blue, red]); #绘制相频曲线

>e: = - 0.1: #设置刚度软化系统参数

>with(algcurves,plot_real_curve): #将式(5.1.16a)视为 a 与 w 的代数方程,用此命令来绘制幅频曲线

>subs(w = x, a = y, lhs(eq5116a) - rhs(eq5116a)): plot_real_curve(% , x, y, view = [0..2, 0..6], thickness = 3);

注解 5.2.1 对于 Duffing 系统受迫振动问题,从式(5.2.9)出发,用多尺度法推导 1/3 次亚谐共振一次近似解;推导稳态亚谐共振及其稳定性条件;绘制亚谐共振的幅频和相频曲线。

>restart: alias(epsilon = e, omega = w, omega[0] = w0, T[0] = t0, T[1] = t1): #定义简便记号

>**#第一步:推导次共振条件**

>eq529a: = diff(u[0](t0, t1), t0 $ 2) + w0^2 * u[0](t0, t1) - F0 * cos(w * t0); #按式(5.2.9a)定义微分方程 eq529a = 0

>u[0]: = (t0, t1) - >B * cos(w * t0); #设式(5.2.9a)具有特解,其系数 B 待定

>expand(eq529a): collect(% , [sin, cos]): coeff(% , cos(w * t0), 1): Br: = solve(% , B)/2; #求特解的系数 B

>u[0]: = (t0, t1) - >'u[0](t0, t1)': #将前面已经赋值的特解 u[0]换回一般记号

>eq529b_rhs: = - 2 * diff(diff(u[0](t0, t1), t0), t1) - 2 * mu * diff(u[0](t0, t1), t0) - w0^2 * u

```
[0](t0, t1)^3;  #按式(5.2.9b)定义微分方程右端项
>u[0]: = (t0, t1) - >A(t1) * exp(I * w0 * t0) + Ac(t1) * exp( - I * w0 * t0) + B * (exp(I * w * t0) + exp( - I * w * t0)):  #按式(5.2.10)定义 u[0];其中,Ac 为 A 的复共轭,B = Br
>expand(eq529b_rhs): combine( % , exp): collect( % , exp): eq5211_rhs: = map(t - >factor(t), % ):  #由式(5.2.9b)得到式(5.2.11)的右端项
>#第二步:求 1/3 次亚谐共振一次近似解
>w: = 3 * w0 + e * sigma;  #根据式(5.2.11)的右端项,设置 1/3 亚谐共振的激励频率
>expand(eq5211_rhs): subs(exp(I * t0 * e * sigma) = exp(I * t1 * sigma), % ): expand( % ): combine( % , exp): tmp: = collect( % , exp):  #对式(5.2.11)的右端项进行整理
>select(has, tmp, {I * w0 * t0, I * w0 * t1 + I * w0 * t0}): expand( % ): eq5213: = coeff( % , exp(I * w0 * t0), 1) = 0;  #得到消除永年项条件,即式(5.2.13)
>A: = t1 - >a(t1)/2 * exp(I * (sigma * t1 + phi(t1))/3): Ac: = t1 - >a(t1)/2 * exp( - I * (sigma * t1 + phi(t1))/3):  #按式(5.2.14)设定一次近似解的复幅值及其复共轭表达式
>expand(lhs(eq5213)): evalc( % ): solve({coeff( % , I, 0), coeff( % , I, 1)}, {diff(a(t1), t1), diff(phi(t1), t1)}): eq5215: = combine( % , trig);  #由式(5.2.13)分离实部和虚部,得到一次近似解的微分方程组,即式(5.2.15)
>#第三步:求 1/3 次亚谐共振稳态解
>a: = t1 - >a: phi: = t1 - >phi:  #设置稳态解
>select(has, eq5215, sin)[1]; eq5217a: = - remove(has, rhs( % ), sin) = select(has, rhs( % ), sin);  #得到式(5.2.17a)
>select(has, eq5215, cos)[1]; eq5217b: = - remove(has, rhs( % ), cos) = select(has, rhs( % ), cos);  #得到式(5.2.17b)
>eq5218: = (lhs(eq5217a) * 3/a)^2 + lhs(eq5217b)^2 = simplify((rhs(eq5217a) * 3/a)^2 + rhs(eq5217b)^2, trig);  #消去三角函数项,得到幅频方程,即式(5.2.18)
>algsubs(a^2 = a2, eq5218): expand( % ): solve( % , a2): eq5219_rhs: = map(t - >expand(t), { % });  #Maple 不建议直接解出表达式 a^2,故先令 a2 = a^2,再求 a2
>P: = - 6 * B^2 + 8 * sigma/9/w0; Q: = (8/9/w0)^2 * (9 * mu^2 + (sigma - 9 * w0 * B^2)^2); P^2 - Q: factor( % ): sqrt( % );  #为验证 5.2 节的结果,按式(5.2.20 定义表达式 P 和 Q
>algsubs(B^2 = B2, P^2 - Q = 0): expand( % ): collect( % , B2); B2_sol: = solve( % , B2);
>B2_sol[1] * w0/4 * 63 - sigma;
>eq5222: = abs(B^2 * w0/4 * 63 - sigma) = sqrt(sigma^2 - 63 * mu^2);  #得到亚谐共振条件,即式(5.2.22)
>w: = 'w':  #将已赋值的 w 换为一般记号
>eq5223: = subs(B = Br, sigma = (w - 3 * w0)/e, eq5222);  #得到式(5.2.23)
>#第四步:数值算例和绘图
>with(plots):
>af_eq: = subs(B = Br, sigma = (w - 3 * w0)/e, F0 = 10, eq5218);  #给出 F0 = 10 时的幅频方程
>w0: = 1: e: = 0.5: mu: = zeta * w0/e:  #设置系统参数
>zeta: = 0.02:
>p1: = implicitplot(eq5223, w = 3..6, F0 = 0..60, numpoints = 20000, color = black,thickness = 3):
>p3: = implicitplot(af_eq, w = 3..6, a = 0..3, numpoints = 20000, color = black,thickness = 3):
>zeta: = 0.1:
>p2: = implicitplot(eq5223, w = 3..6, F0 = 0..60, numpoints = 20000, color = black):
>p4: = implicitplot(af_eq, w = 3..6, a = 0..3, numpoints = 20000, color = black):
>display(p1, p2, view = [3..6, 0..60],thickness = 3);  #显示图 5.2.1
>display(p3, p4, view = [3..6, 0..3], thickness = 3);  #显示图 5.2.2
```

A6 第6章程序

注解 6.1.1 针对两自由度系统内共振问题,推导阻尼系统的定常解及其稳定性条件;推导无阻尼系统的非定常解守恒关系,即式(6.1.37)。

>restart: alias(epsilon = e): # 定义简化记号

> # **第一步:阻尼系统定常解及其稳定性条件**

>eq6118: = D[1](a1) + mu1 * a1 - b1/(4 * w1) * a1 * a2 * sin(phi) = 0, D[1](a2) + mu2 * a2 + b2/(4 * w2) * a1^2 * sin(phi) = 0, D[1](phi) - sigma - (b1/(2 * w1) * a2 - b2/(4 * w2) * a1^2/a2) * cos(phi) = 0; # 按式(6.1.18)定义微分方程组,并约去第三个微分方程中的非零因子 a2;此处 D[1]为导数算子,其作用是求函数对时间 t 的导数

>eq6118_rhs: = map(t ->remove(has, t, D), [- lhs(eq6118[1]), - lhs(eq6118[2]), - lhs(eq6118[3])]); # 取各微分方程左端不含导数算子 D 的项,用负号表示将方程左端项变为右端项

>solve(eq6118_rhs[1], sin(phi)): subs(sin(phi) = % , eq6118_rhs[2]): algsubs(a1^2 = a12, %):

>eq6121: = a1^2 = solve(% , a12); # 得到式(6.1.21)

>eq6123: = algsubs(eq6121, eq6118_rhs[3]) = 0; # 得到式(6.1.23)

>solve(eq6123, cos(phi))/solve(eq6118_rhs[1], sin(phi)): eq6124: = cot(phi) = subs(sigma = (w2 - 2 * w1)/e, %); # 得到式(6.1.24)

>eq6125: = a2 = solve(eq6118_rhs[1], a2); # 得到式(6.1.25)

>eq6126: = a1 = sqrt(rhs(eq6121)/a2^2) * abs(a2); # 得到式(6.1.26)

> # 为推导稳定性条件,考察特殊情况:phi = Pi/2

>subs(phi = Pi/2, eq6125): tmp: = value(%); # 化简式(6.1.25)

>with(VectorCalculus,Jacobian): with(LinearAlgebra): # 调用向量微积分包和线性代数包

>Jacobian(eq6118_rhs, [a1, a2, phi]): subs(phi = Pi/2, eq6121, tmp, %): # 计算 Jacobi 矩阵

>lambda * IdentityMatrix(3) - % : Determinant(%): expand(%): subs(eq6121,tmp, %): # 推导特征多项式

>eq6127: = factor(%) = 0; # 得到特征方程,即式(6.1.27)

>solve(eq6127, lambda); # 解特征值问题,得到式(6.1.28),即可得到式(6.1.29)中的稳定性条件

> # **第二步:无阻尼系统的定常解**

>mu1: = 0: mu2: = 0: # 取阻尼参数为零

>eq6130: = eq6118; # 得到式(6.1.30);其中,第三个方程两端已约去因子 a2

>solve(eq6130[1], sin(phi)): subs(sin(phi) = % , eq6130[2]): subs(b1 = b2 * w1 * nu/w2, %): # 化简式(6.1.30)前两式

>eq6131: = numer(lhs(%)) = 0; # 得到式(6.1.31)

>eq6132: = a1^2 + nu * a2^2 = E; # 积分得到式(6.1.32)

>D[1](phi): = diff(phi(a2),a2) * D[1](a2); # 视 phi 为 a2 的函数,按复合函数求导数

>D1a2: = solve(eq6130[2], D[1](a2)); # 由式(6.1.30)的第二式解出 D[1](a2)

>lhs(eq6130[3]): subs(b1 = b2 * w1 * nu/w2, D[1](a2) = D1a2, w2 * %): collect(% , [sin, cos]): # 将 D[1](a2)代入式(6.1.30)的第三式并进行整理

>eq6134: = map(t ->factor(t)/b2 * 4, - %) = 0; # 由上式得到式(6.1.34),此处负号表示移项

>algsubs(a1^2 = a12, eq6132): a12: = solve(% , a12): # Maple 不建议直接从等式中求出表达式,故先将第一个能量关系式(6.1.32)中的表达式 a1^2 代换为 a12,然后从中求出 a12

>subs(sin(phi) = sin(phi(a2)), cos(phi) = cos(phi(a2)), lhs(eq6134)): algsubs(a1^2 = a12, %):

```
#为了解式(6.1.34),需明确记号 phi 是 a2 的函数,并将 a1^2 代换为刚才求得的表达式
>dsolve(%, phi(a2), implicit): remove(has, lhs(%), _C1): tmp: = collect(expand(%/b2), cos);
#求微分方程的隐式解并整理
>solve(eq6132, nu): subs(nu = %, cos(phi(a2)) = cos(phi), tmp):   #由式(6.1.32)解出 nu 并代入上式
>eq6137: = - expand(%) = L;   #得到式(6.1.37),负号可表示移项
```

注解 6.2.1　在内共振条件下,用数值算例验证式(6.2.39)所确定的受迫振动饱和特性。

```
>restart: with(plots): alias(epsilon = e, omega = w):   #定义简化记号
>第一步:给定动力学方程和近似解
>eq621: = diff(u1(t), t, t) + 2 * e * mu1 * diff(u1(t), t) + w1^2 * u1(t) - b1 * u1(t) * u2(t) = F1 * cos(w * t),diff(u2(t),t,t) + 2 * e * mu2 * diff(u2(t), t) + w2^2 * u2(t) - b2 * u1(t)^2 = F2 * cos(w * t);
#按式(6.2.1)定义微分方程组
>F1: = e * f1: F2: = f2 * e^2:   #按式(6.2.3a)定义激励幅值
>w = w2 + e * sigma1: w2 - 2 * w1 = - e * sigma2:   #按式(6.2.3b)和式(6.2.14)给出激励频率和内共振条件
>P1: = 2 * w1 * w2/(b1 * b2) * (2 * mu1 * mu2 + sigma1 * (sigma2 - sigma1));   #按式(6.2.35)定义 P1
>P3: = (2 * w1 * w2/(b1 * b2))^2 * (2 * sigma1 * mu1 - mu2 * (sigma2 - sigma1))^2;   #按式(6.2.38)定义 P3
>g1: = 2 * abs(b2 * sqrt(P3)); g2: = 2 * abs(b2) * sqrt(P1^2 + P3);   #按式(6.2.41)定义两个临界值
>a11: = 2 * sqrt( - P1 + sqrt(f2^2/(4 * b2^2) - P3)): a12: = 2 * sqrt( - P1 - sqrt(f2^2/(4 * b2^2) - P3)):   #按式(6.2.39)的第一式,给出 u1 的两个非零解
>a21: = (2 * w1/b1) * sqrt(4 * mu1^2 + (sigma2 - sigma1)^2): a22: = f2/(2 * w2 * sqrt(mu2^2 + sigma1^2)):   #按式(6.2.39)的第二式和式(6.2.26),给出 u2 的两个非零解
>ics: = u1(0) = u10, D(u1)(0) = 0, u2(0) = u20, D(u2)(0) = 0:   #设置初始条件,u10 和 u20 是待定值
>#第二步:为考察 f2 对系统稳态响应的影响,编写名为 u1u2vsf2 的程序
>u1u2vsf2: = proc(f2)
    global eq621, ics: local sol, p01, p02:
    sol: = dsolve({eq621, ics}, numeric, method = rkf45, maxfun = 10000000):
    p01: = odeplot(sol, [t, u1(t)], t = 3000..3100, numpoints = 1000, color = black):   #仅关心稳态响应
    p02: = odeplot(sol, [t, u2(t)], t = 3000..3100, numpoints = 1000, color = red):   #仅关心稳态响应
    print(eq621); print(ics); display(p01, p02);
  end proc:
>#第三步:数值算例
>f1: = 0:   #考察 f1 = 0 的特殊情况
>e: = 0.1: mu1: = 0.2: mu2: = 0.3: b1: = 1: b2: = 1: w1: = 1: w2: = 2 * w1:
>w: = w2 + 0.1: sigma1: = (w - w2)/e: sigma2: = - (w2 - 2 * w1)/e:
>P1; g1; g2;   #求解 P1<0 的情形
>plot([a11, a12, a21, a22], f2 = 0..20, color = [black, black, red, red], numpoints = 1000););
#绘制图 6.2.1(a)
>fsolve(a21 = a22, f2 = 9);   #交点横坐标正好是 g2 的值
>#验证式(6.2.39)的定常解
```

```
>#情况 a (f2<g1):   u1 衰减到零,u2 未饱和
>u10:=0.5: u20:=0:   #初始位移
>f2:=0.02*g1: u1u2vsf2(f2); f2:=0.2*g1: u1u2vsf2(f2); f2:=0.4*g1: u1u2vsf2(f2);   #随着激励幅值 f2 增加,u2 的振幅线性递增
>#情况 b (g1<f2<g2): u1 有两个稳态解,由不同的初始条件确定;u2 未饱和
>f2:=g1+0.5*(g2-g1);
>u10:=0.1: u20:=0.0: u1u2vsf2(f2); u10:=0.5: u20:=0.5: u1u2vsf2(f2);
>f2:=g1+0.9*(g2-g1);
>u10:=0.1: u20:=0.0: u1u2vsf2(f2); u10:=1.0: u20:=0.5: u1u2vsf2(f2);
>#情况 c (f2>g2):   u1 有两个稳态解,由不同的初始条件确定;u2 饱和
>f2:=g1+1.2*(g2-g1): u1u2vsf2(f2); display(%,view=[3000..3100, -0.35..0.35]);   #u1 的最大振幅小于 0.6,u2 的最大振幅约为 0.35
>f2:=g1+2*(g2-g1); u1u2vsf2(f2); display(%, view=[3000..3100, -0.35..0.35]);   #u1 的最大振幅明显超过 0.6,u2 的最大振幅仍然约为 0.35
>w:=w2: sigma1:=(w-w2)/e: P1; g2;   #求解 P1>0 的情形
>f2:='f2':
>plot([a11, a12, a21, a22], f2=0..3, color=[black, black, red, red]);   #绘制图 6.2.1(b)
>#情况 d (f2<g2): u2 未饱和,u1 衰减到零
>f2:=0.4*g2; u1u2vsf2(f2);
>f2:=0.8*g2; u1u2vsf2(f2);
>#情况 e (f2>g2):   u2 饱和,u1 的振幅超过 u2
>f2:=1.5*g2; u1u2vsf2(f2); display(%, view=[3000..3100, -0.1..0.1]);
>f2:=3.0*g2; u1u2vsf2(f2); display(%, view=[3000..3100, -0.2..0.2]);
```

A7 第 7 章程序

例 7.3.1 计算具有二重零特征值的二维自治系统 P-B 规范型。

```
>restart: with(LinearAlgebra):   #调用线性代数包
>A:=<<0, 0>|<1, 0>>;   #按式(a)定义矩阵 A
>adA:=(q1, q2)-><<D[1](q1), D[1](q2)>|<D[2](q1), D[2](q2)>>.(A.<v1, v2>)-A.<q1, q2>; #按式(b)定义同调算子
>D[1](v1):=1: D[1](v2):=0: D[2](v1):=0: D[2](v2):=1:   #定义求导数规则
>#计算同调算子对基向量的作用结果,并将结果表述为基向量的线性组合
>adA(v1^2, 0);   #将算子 adA 作用到第一个基向量
>t1:=2*e2;   #观察结果,将其表示为基向量的线性组合,即式(d)的第一个等式
>adA(v1*v2, 0); adA(v2^2, 0); adA(0, v1^2); adA(0, v1*v2); adA(0,v2^2);   # 依次完成对其他基向量的作用
>t2:=e3; t3:=0; t4:=-e1+2*e5; t5:=-e2+e6; t6:=-e3;   #依次完成线性组合,得到式(d)的第二至第六个等式
>GenerateMatrix([t1, t2, t3, t4, t5, t6], [e1, e2, e3, e4, e5, e6]); L:=Transpose(%[1]);   #生成式(e)中矩阵 L
>basis:=NullSpace(Transpose(L));   #计算矩阵 L 转置的零空间基向量,得到式(f)
>g1:=2*<v1^2, 0>+1*<0, v1*v2>: g2:=1*<0, v1^2>:   #根据式(f),得到式(g)
```

```
>g2v:= c1 * g1 + c2 * g2;    #得到简化的二次项,即式(h)
>eqh_rhs:= A.<v1,v2> + g2v;    #得到二阶截断P-B规范型,即式(i)的右端项
```

例7.4.1 针对简谐激励下的Duffing系统主共振定常解,推导其失稳条件。

```
>restart: with(LinearAlgebra): alias(epsilon = e, omega = w):
>#第一步:定义Duffing方程及其主共振定常解,推导小扰动所满足的线性微分方程
>eqa:= diff(u(t), t, t) + 2 * zeta * w0 * diff(u(t), t) + w0^2 * u(t) + e * w0^2 * u(t)^3 - F0 * cos(w * t);    #按式(a)定义微分方程
>up:= t->a * cos(w * t + phi);    #按式(b)定义主共振解up
>subs(u(t) = up(t), eqa): cond:= value(%);    #将主共振解代入微分方程,得到其满足的条件cond
>u:= t->du(t) + up(t);    #定义对主共振定常解up的扰动解u,扰动量为du(t)
>value(eqa): collect(%, du): simplify(%, {du(t)^2 = 0}):    #将扰动解u代入微分方程,保留du(t)的线性项
>simplify(%, {cond = 0}): combine(%, trig): eqd:= collect(%, [du, w0]) = 0;    #对上述结果化简,得到式(d)
#第二步:通过引入新变量和新参数,将式(d)化为Mathieu方程
>with(PDEtools, dchange):    #调用微分方程工具包中变量代换命令
>tr:= {t = (tau - phi)/w, du(t) = v(tau)};    #根据式(e),引入新的时间与状态
>dchange(tr, eqd, [v(tau), tau]): map(p->p/w^2, %): expand(%): tmp1:= collect(%, v(tau));    #用式(e)简化式(d)
>op(1,lhs(tmp1));subs(cos(tau)^2 = combine(cos(tau)^2,trig),%);    #取上式第一项对三角函数积化和差
>subsop(1 = (delta + 2 * eta * cos(2 * tau)) * v(tau), lhs(tmp1)): subs(zeta = xi * w/w0, %): eqf:= % = 0;    #得到式(f)
>#第三步:建立主共振定常解的失稳条件
>eqg:= 4 * xi^2 + (delta - eta - 1) * (delta + eta - 1)<0;    #根据式(5.5.51),Mathieu方程的零解失稳条件为式(g)
>tmp2:= subs(xi = zeta * w0/w, delta = (1 + 3 * e * a^2/2) * w0^2/w^2, eta = 3 * e * a^2 * w0^2/4/w^2, lhs(eqg));    #将式(e)的参数代入eqg,记该结果为tmp2
>tmp3:= w^2 - w0^2 = subsop(2 = 2 * w0, %);    #根据主共振条件,将w^2 - w0^2近似为tmp3:= 2 * w0 * (w - w0),并利用此近似关系化简以下两式
>op([2,1], tmp2):  % * w^2:  expand(%);  tmp4:= expand(subs(w^2 = w0^2 + 2 * w0 * (w - w0), %/2)/w0);
>op([2,2], tmp2):  % * w^2:  expand(%);  tmp5:= expand(subs(w^2 = w0^2 + 2 * w0 * (w - w0), %/2)/w0);
>eqj:= op(1,tmp2)/4 * w^2 + tmp4 * tmp5<0;    #得到式(j),即主共振定常解稳定性条件
```

A8 第8章程序

例8.2.1 计算Hénon映射在$a=1.4$和$b=0.3$时的不动点;将该Hénon映射作用于任意初始点形成序列,略去序列的前100项后绘图。

```
>restart: with(plots):
>#计算和绘制映射的不动点
>eqa1:= 1 + 0.3 * u2 - 1.4 * u1^2: eqa2:= u1:    #按式(a)定义映射
```

```
>fp:= solve([eqa1 = u1, eqa2 = u2], [u1, u2]);    # 计算不动点
>fixpoints:= [seq([rhs(fp[i][1]), rhs(fp[i][2])], i = 1..2)]:
># 通过重叠绘实心圆,获得加粗的不动点
>p1:= pointplot(fixpoints, style = point, symbol = circle, symbolsize = 10, view = [-1.5..1.5, -1.5..1.5], color = white):
>p2:= pointplot(fixpoints, style = point, symbol = circle, symbolsize = 15, view = [-1.5..1.5, -1.5..1.5], color = black):
># 编写计算混沌吸引子的程序 henonmap
>henonmap:= proc(a,b)
        local inum,x, y, i, points:
        inum:= 10000:    # 设置迭代次数
        x[0]:= 0.1: y[0]:= 0:    # 设置初始值
        for i from 0 to inum do
            x[i+1]:= 1 + b * y[i] - a * x[i]^2:
            y[i+1]:= x[i]:
        end do:
        points:= [seq([x[n], y[n]], n = 101..inum)]:    # 略去前 100 次迭代结果
        pointplot(points, style = point, symbol = solidcircle, symbolsize = 4, color = black):
    end proc:
>henonmap(1.4, 0.3): p3:= %:
># 在同一坐标系中显示混沌吸引子和不动点
>display(p3,p2, p1, view = [-1.5..1.5, -1.5..1.5], axesfont = [Roman,32]);  # 显示图 8.2.4(a)
>display(p3,p2, p1, view = [0..1.0, 0.5..1.0],axesfont = [Roman,32]);    # 显示图 8.2.4(b)
```

例 8.3.2 针对简谐激励下具有负刚度的 Duffing 系统,计算其同宿轨线横截相交的条件。

提示 推导中对下述广义积分实施分部积分,进而将其转化为 Fourier 变换

$$\int_{-\infty}^{+\infty}\operatorname{sech}(T)\tanh(T)\sin(\omega T)\mathrm{d}T = -\operatorname{sech}(T)\sin(\omega T)\Big|_{-\infty}^{+\infty} + \omega\int_{-\infty}^{+\infty}\operatorname{sech}(T)\cos(\omega T)\mathrm{d}T$$
$$= \omega\int_{-\infty}^{+\infty}\operatorname{sech}(T)\cos(\omega T)\mathrm{d}T = \omega\int_{-\infty}^{+\infty}\operatorname{sech}(T)\exp(-\mathrm{i}\omega T)\mathrm{d}T$$

其中,最后一个等式来自 Euler 公式和奇函数 $\operatorname{sech}(T)\sin(\omega T)$在$(-\infty,+\infty)$的积分为零。

```
>restart: with(LinearAlgebra): alias(omega = w):
>u0:= t -> <sqrt(2) * sech(t), - sqrt(2) * sech(t) * tanh(t)>;    # 根据式(e)建立同宿轨线的参数方程
>f:= t -> <u0(t)[2], u0(t)[1] - (u0(t)[1])^3>; g:= t -> <0, - 2 * mu * u0(t)[2] + f[0] * cos(w * t1)>;    # 根据式(b)建立保守系统向量场及其扰动
><f(t - tau)|g(t - tau)>: Determinant(%):    # Melnikov 函数是无穷积分,该行列式给出被积函数
>subs(t1 = t, t = T + tau, %): fg:= expand(%);    # 对被积函数做变量代换,并将结果展开
```

$$fg := -4\mu\operatorname{sech}^2(T)\tanh^2(T) - \sqrt{2}f\cos(\omega\tau)\operatorname{sech}(T)\tanh(T)\cos(\omega T) + \sqrt{2}f\sin(\omega\tau)\operatorname{sech}(T)\tanh(T)\sin(\omega T)$$

```
>i1:= int(op(1, fg), T = - infinity..infinity);    # 对被积函数的第一项进行积分
>i2:= int(op(2, fg), T = - infinity.. + infinity);    # 对被积函数的第二项进行积分
>i3:= int(op(3, fg), T = - infinity.. + infinity);    # Maple 无法直接计算第三项的广义积分
># 为计算积分 i3,考察略去常数因子 sqrt(2) * f[0] * sin(w * tau)的被积函数
```

>diff(- sech(x), x); #结果表明 - sech(x)是 sech(x) * tanh(x)的一个原函数

>limit(sech(x), x = + infinity); limit(sech(x), x = - infinity); #结果表明 sech(x)在无穷远处趋于零

>tmp: = limit(sin(w * T) * (- sech(T)), T = + infinity) - limit(sin(w * T) * (- sech(T)), T = - infinity) + w * int(sech(T) * cos(w * T), T = - infinity.. + infinity); #根据分部积分法,得到提示结果

>with(inttrans):fs: = fourier(sech(x), x, w); #调用积分变换命令包,计算函数 sech(T)的 Fourier 变换

>i3: = sqrt(2) * f[0] * sin(w * tau) * w * fs; #将 Fourier 变换乘上常数因子,得到广义积分 i3

>M: = i1 + i2 + i3; #得到式(f)

A9 第 9 章程序

例 9.1.1 对于无量纲化的 Van der Pol 系统初值问题,取参数 $p=10$ 和 $p=50$,分别用 Runge - Kutta 法和 Gear 法计算其振动。

>restart: with(plots):

>eqb: = diff(u1(t), t) = u2(t), diff(u2(t), t) = - u1(t) + p * (1 - u1(t)^2) * u2(t); #按式(b)定义微分方程组

>p: = 10: #第一种情况,Runge - Kutta 法与 Gear 法都有效

>sol1: = dsolve({eqb, u1(0) = 3, u2(0) = 0}, {u1(t), u2(t)}, type = numeric, method = rkf45): #用 Runge - Kutta 法求解

>p1: = odeplot(sol1, [t, u1(t)], t = 0 .. 100, linestyle = spacedot, thickness = 8, color = black): #在后台以点线绘制位移时间历程

>sol2: = dsolve({eqb, u1(0) = 3, u2(0) = 0}, {u1(t), u2(t)}, type = numeric, method = gear): #用 Gear 法求解

>p2: = odeplot(sol2, [t, u1(t), thickness = 3, color = black], 0..100): #在后台以实线绘制位移时间历程

>display(p1, p2, thickness = 3, view = [0..100, - 2.2..3.2], axesfont = [Roman, 28]); #绘制图 9.1.1(a),两个结果相同

>p: = 50: #第二种情况,Runge - Kutta 法失败,而 Gear 法有效

>sol1: = dsolve({eqb, u1(0) = 3, u2(0) = 0}, {u1(t), u2(t)}, type = numeric, method = rkf45): #用 Runge - Kutta 法求解

>p1: = odeplot(sol1, [t, u1(t)], t = 0.. 400, linestyle = spacedot, thickness = 8, color = black): #在后台以点线绘制位移时间历程;当 t>45.0 时,Runge - Kutta 法失败

>sol2: = dsolve({eqb, u1(0) = 3, u2(0) = 0}, {u1(t), u2(t)}, type = numeric, method = gear): #用 Gear 法求解

>p2: = odeplot(sol2, [t, u1(t), color = black], 0..400): #在后台以实线绘制位移时间历程

>display(p1, p2, thickness = 3, view = [0..400, - 2.2..3.2], axesfont = [Roman, 28]); #绘制图 9.1.1(b);其中,Runge - Kutta 只绘制出 t<45.0 时的两个点

例 9.2.1 针对简谐激励下的强非线性 Duffing 系统,采用打靶法求解其主共振、3 次超谐共振和 1/3 次亚谐共振的周期解。

>restart: with(plots):

>eqa: = diff(u(t), t, t) + 0.002 * diff(u(t), t) + u(t) - u(t)^3 = 0.2 * cos(w * t); #按式(a)定义微分方程

>#**第一步:求解主共振周期解**

>w: = 1: #设置激励频率与派生系统固有频率相同

>bvcs: = u(0) = u0, u(2 * Pi/w) = u0, D(u)(0) = du0, D(u)(2 * Pi/w) = du0; #设置主共振边值条件

>sol1: = dsolve({eqa, bvcs}, numeric, output = operator, abserr = 1. * 10^(- 12)): #用打靶法解边值问题

>sol1(0); sol1(0)[2]; sol1(0)[3]; sol1(0)[4]; #查看 sol1(0)

>sol2: = dsolve({eqa, sol1(0)[2], sol1(0)[3]}, numeric, method = rkf45): #用打靶法得到的初始位移和速度解初值问题验证结果

>odeplot(sol2, [u(t), D(u)(t)], t = 0..2 * Pi/w, numpoints = 2000, color = black, thickness = 3, axesfont = [Roman,28]); #绘图 9.2.1(a),验证相轨线是闭轨

>odeplot(sol2, [[t, u(t), thickness = 3], [t, F0 * cos(w * t), thickness = 1]], 0..2 * Pi/w); #绘图 9.2.1(b),验证位移周期与激励周期相同

>#**第二步:求解 1/3 次亚谐共振周期解,即周期 3 闭轨**

>w: = 3.0: #设置激励频率为派生系统固有频率的 3 倍

>bvcs: = u(0) = u0, u(Pi/(w/3)) = u0, D(u)(0) = du0, D(u)(Pi/(w/3)) = du0; #设置 1/2 周期处的对称边值条件

>sol3: = dsolve({eqa, bvcs}, numeric, output = operator, abserr = 1. * 10^(- 12)): #用打靶法解边值问题

>sol4: = dsolve({eqa, sol3(0)[2], sol3(0)[3]}, numeric, method = rkf45): #用打靶法得到的初始位移和速度解初值问题

>odeplot(sol4, [u(t), D(u)(t)], t = 0..6 * Pi/w, numpoints = 2000, thickness = 3, color = black, axesfont = [Roman, 28]); #绘图 9.2.1(c),验证相轨线是对称闭轨

>odeplot(sol4, [[t, u(t), thickness = 1], [t, F0 * cos(w * t), thickness = 3]], 0..6 * Pi/w); #绘图 9.2.1(d),验证位移周期是激励周期的 3 倍

>#类似地,设置 1/4 周期处的对称或反对条件,可得到一对反对称的周期 3 闭轨,即图 9.2.1(e)和图 9.2.1(f)

例 9.3.2 搜索确定一维平衡方程的分岔解支并绘制分岔图。

>restart; with(plots);

>eqa: = (u - p + 1) * ((u - 2)^2 - p + 1) = 0: #按式(a)定义平衡方程

>p0: = 1: p1: = 6: n: = 50: dp: = (p1 - p0)/n: #定义参数搜索范围和步长

>for k from 0 to n do p: = p0 + k * dp: rt: = solve(eqa, u): up[k][1]: = p: up[k][2]: = rt[1]: up[k][3]: = rt[2]: up[k][4]: = rt[3]: end do: #对参数 p 的每个值,用一元方程求根程序获得全部平衡点 u

>pt1: = pointplot([seq([up[k][1], up[k][2]], k = 0..n)]): pt2: = pointplot([seq([up[k][1], up[k][3]], k = 0..n)]): pt3: = pointplot([seq([up[k][1], up[k][4]], k = 0.. n)]): #在后台绘制平衡点 u 关于参数 p 的解支分岔图

>display([pt1, pt2, pt3], style = point, symbol = solidcircle, symbolsize = 8, color = black); #显示解支分岔图

A10　第 10 章程序

注解 10.2.1　求准零刚度隔振系统的主共振解。

>restart: with(plots): alias(tau = t, lambda = l):　# 定义简化记号

>**# 第一步:采用谐波平衡法求稳态主共振**

>eq10213: = diff(u(t), t, t) + 2 * xi * diff(u(t), t) + a1 * u(t) + a3 * u(t)^3 - w0 * l^2 * cos(l * t);　# 按式(10.2.13)定义微分方程

>u: = unapply(a * cos(l * t + psi), t);　# 按式(10.2.14)定义主共振解

>combine(eq10213, trig): collect(% , [sin, cos]): subs(cos(l * t) = cos(l * t + psi) * cos(psi) + sin(l * t + psi) * sin(psi), %): tmp: = collect(% , [sin(l * t + psi), cos(l * t + psi)]);　# 对谐波平衡关系进行化简

>cc: = coeff(tmp, cos(l * t + psi), 1); cs: = coeff(tmp, sin(l * t + psi), 1);　# 得到式(10.2.17)

>eq10218a: = remove(has, cc, cos)^2 + remove(has, cs, sin)^2 = simplify(select(has, cc, cos)^2 + select(has, cs, sin)^2,trig);　# 得到式(10.2.18a),即幅频方程

>eq10218b: = psi = arctan(remove(has, cs, sin)/remove(has, cc, cos));　# 得到式(10.2.18b),即相频方程

>**# 第二步:采用数值方法求稳态主共振**

>u: = 'u'; eq_x: = subs(u(t) = x(t), eq10213);　# 为求解方便,采用新变量表示式(10.2.13)

>xi: = 0.06: w0: = 0.1: a1: = 0.01: a3: = 5:　l: = 1:　# 设置系统参数

>bvcs: = x(0) = x0, x(2 * Pi/l) = x0, D(x)(0) = dx0, D(x)(2 * Pi/l) = dx0;　# 设置边值条件

>sol: = dsolve({eq_x, bvcs}, numeric, output = operator, abserr = 1. * 10^(- 10)):　# 求解微分方程边值问题

>sol: = dsolve({eq_x, sol(0)[2], sol(0)[3]}, numeric, method = rkf45):　# 解初值问题

>odeplot(sol, [x(t), D(x)(t)], t = 0..200 * Pi/l, numpoints = 2000);　# 用 100 个周期的相轨线检验其为闭轨

>**# 第三步:对比两种方法的结果**

>asol: = fsolve(eq10218a, a);　# 由解析结果得到三个振幅值分别约为 0.1045, 0.4652, 0.5483

>odeplot(sol, [[t, x(t), color = black], [t, D(x)(t), color = red]], t = 0..4 * Pi/l, numpoints = 2000);　# 绘制系统在两个周期内的位移时间历程,可见其在 t = 3 附近的振幅最大,在 t = 3 附近搜寻数值解的振幅

>for i from 0 to 1000 do

if abs(rhs(sol(3 + i/1000)[3]))<10^(- 4) then break: end if:　# 当速度绝对值接近零时,停止搜索

end do

>print(sol(3 + i/1000));　# 得到最大振幅约为 0.1047,与解析结果 0.1045 几乎相同

附录 B　Lyapunov 方程的可解性条件

定理 B1　考察任意矩阵 $\boldsymbol{A}\in\mathscr{R}^{n\times n}$ 和对称矩阵 $\boldsymbol{C}\in\mathscr{R}^{n\times n}$ 构成的矩阵 Lyapunov 方程

$$\boldsymbol{A}^{\mathrm{T}}\boldsymbol{B}+\boldsymbol{B}\boldsymbol{A}=\boldsymbol{C} \tag{B1}$$

该方程有唯一对称矩阵解 $\boldsymbol{B}\in\mathscr{R}^{n\times n}$ 的充分必要条件是:矩阵 $\boldsymbol{A}$ 的特征值满足

$$\lambda_k+\lambda_l\neq 0,\quad k\leqslant l\in I_n \tag{B2}$$

证明　根据线性代数,存在满秩矩阵 $\boldsymbol{P}\in\mathscr{R}^{n\times n}$ 将矩阵 $\boldsymbol{A}$ 化为 Jordan 标准型

$$\tilde{\boldsymbol{A}}\equiv[\tilde{a}_{ij}]\equiv\boldsymbol{P}^{-1}\boldsymbol{A}\boldsymbol{P},\quad \tilde{a}_{ij}=0,\quad i>j\in I_n \tag{B3}$$

其主对角线元素为矩阵 $\boldsymbol{A}$ 的特征值 λ_k,$k\in I_n$。将式(B3)代入式(B1),得到

$$\tilde{\boldsymbol{A}}^{\mathrm{T}}\tilde{\boldsymbol{B}}+\tilde{\boldsymbol{B}}\tilde{\boldsymbol{A}}=\tilde{\boldsymbol{C}} \tag{B4}$$

其中

$$\tilde{\boldsymbol{B}}\equiv[\tilde{b}_{ij}]\equiv\boldsymbol{P}^{T}\boldsymbol{B}\boldsymbol{P},\quad \tilde{\boldsymbol{C}}\equiv[\tilde{c}_{ij}]\equiv\boldsymbol{P}^{T}\boldsymbol{C}\boldsymbol{P} \tag{B5}$$

将式(B4)按矩阵 $\tilde{\boldsymbol{C}}$ 的元素展开,得到

$$\begin{cases}2\lambda_1\tilde{b}_{11}=\tilde{c}_{11}\\ \tilde{a}_{12}\tilde{b}_{11}+(\lambda_1+\lambda_2)\tilde{b}_{12}=\tilde{c}_{12}\\ \tilde{a}_{13}\tilde{b}_{11}+\tilde{a}_{23}\tilde{b}_{12}+(\lambda_1+\lambda_3)\tilde{b}_{13}=\tilde{c}_{13}\\ \qquad\cdots\cdots\end{cases} \tag{B6}$$

这是关于 $n(n+1)/2$ 个未知量 $\tilde{b}_{ij}$,$i\leqslant j\in I_n$ 的线性方程组,其系数矩阵为下三角矩阵,对应的 $n(n+1)/2$ 阶行列式为

$$\Delta=\prod_{1=k\leqslant l=n}(\lambda_k+\lambda_l) \tag{B7}$$

因此,式(B6)有唯一解的充分必要条件是式(B2)成立。由式(B6)的解构成对称矩阵 $\tilde{\boldsymbol{B}}$,将其代回式(B5)中第一式,得到对称矩阵 $\boldsymbol{B}=\boldsymbol{P}^{-\mathrm{T}}\tilde{\boldsymbol{B}}\boldsymbol{P}^{-1}$。证毕。

参考文献

[1] Nayfeh A H, Mook D T. Nonlinear Oscillations [M]. New York: John Wiley & Sons, 1979.

[2] Iooss G. Bifurcation of Maps and Applications [M]. Amsterdam: North-Holland, 1979.

[3] Chow S N, Hale J K. Methods of Bifurcation Theory [M]. New York: Springer-Verlag, 1981.

[4] Golubitsky M, Schaeffer D G. Singularities and Groups in Bifurcation Theory [M]. Vol. 1, New York: Springer-Verlag, 1985.

[5] Gukenheimer J, Holmes P. Nonlinear Oscillations, Dynamical Systems and Bifurcations of Vector Fields [M]. 2nd ed. New York:Springer-Verlag, 1986.

[6] Hsu C S. Cell-to-Cell Mapping [M]. New York: Springer-Verlag, 1987.

[7] Parker T S, Chua L O. Practical Numerical Algorithms for Chaotic Systems [M]. New York: Springer-Verlag, 1989.

[8] Ott E. Chaos in Dynamic Systems [M]. New York: Cambridge University Press, 1993.

[9] Chen Y S, Leung A Y T. Bifurcation and Chaos in Engineering [M]. London: Springer-Verlag, 1998.

[10] Virgin L N. Introduction to Experimental Nonlinear Dynamics [M]. Canbridge: Cambridge University Press, 2000.

[11] Hu H Y, Wang Z H. Dynamics of Controlled Mechanical Systems with Delayed Feedback [M]. Berlin: Springer-Verlag, 2002.

[12] Fidlin A. Nonlinear Oscillations in Mechanical Engineering [M]. Berlin: Springer-Verlag, 2006.

[13] Chicone C. Ordinary Differential Equations with Applications [M]. New York: Springer-Verlag, 2006.

[14] Ding W J. Self-Excited Vibration [M]. Berlin: Springer-Verlag, 2010.

[15] Seydel R. Practical Bifurcation and Stability Analysis [M]. 3rd ed. New York: Springer-Verlag, 2010.

[16] Lynch S. Dynamical Systems with Applications Using Maple [M]. 2nd ed. Boston: Birkäuser, 2010.

[17] Luo A C J. Regularity and Complexity in Dynamical Systems [M]. New York: Springer-Verlag, 2012.

[18] Wiggins S. Introduction to Applied Nonlinear Dynamical Systems and Chaos [M]. 2nd ed. New York: Springer-Verlag, 2013.

[19] Cao Q J, Léger A. A Smooth and Discontinuous Oscillator [M]. Berlin: Springer-Verlag, 2017.

[20] Sun J Q, Xiong F R, Schütze O. et al. Cell Mapping Methods [M]. Singapore: Springer Nature, 2019.

[21] Brunton S L, Kutz J N. Data-Driven Science and Engineering: Machine Learning, Dynamical Systems and Control [M]. 2nd ed. Cambridge: Cambridge University, 2021.

[22] Datseris G, Parlitz U. Nonlinear Dynamics: A Concise Introduction Interlaced with Code [M]. Cham: Springer-Nature, 2022.

[23] 陆启韶. 常微分方程的定性方法和分岔 [M]. 北京：北京航空航天大学出版社，1989.

[24] 王海期. 非线性振动 [M]. 北京：高等教育出版社，1992.
[25] 刘曾荣. 混沌的微扰判据 [M]. 上海：上海科技教育出版社，1994.
[26] 陆启韶. 分岔与奇异性 [M]. 上海：上海科技教育出版社，1995.
[27] 褚亦清，李翠英. 非线性振动分析 [M]. 北京：北京理工大学出版社，1996.
[28] 张芷芬，李承志，郑志明，等. 向量场的分岔理论基础 [M]. 北京：高等教育出版社，1997.
[29] 陈予恕. 非线性振动 [M]. 北京：高等教育出版社，2002.
[30] 张素英，邓子辰. 非线性动力学系统的几何积分理论及应用 [M]. 西安：西北工业大学出版社，2004.
[31] 唐驾时，符文斌，钱长照，等. 非线性系统的分岔控制 [M]. 北京：科学出版社，2016.
[32] 张伟，姚明辉. 高维非线性系统的全局分岔和混沌动力学 [M]. 北京：科学出版社，2023.
[33] 刘延柱，陈立群. 非线性振动 [M]. 2版. 北京：高等教育出版社，2024.
[34] 胡海岩. 力学工程问题 [M]. 北京：科学出版社，2024.